BASE DE MADRIDEJOS.

BASE CENTRALE

DE LA TRIANGULATION GÉODÉSIQUE

D'ESPAGNE,

PAR

D. CÁRLOS IBAÑEZ E IBAÑEZ,
COLONEL, LIEUTENANT-COLONEL DU GÉNIE;
Membre de l'Académie Royale des Sciences.

D. FRUTOS SAAVEDRA MENESES,
DIRECTEUR GÉNÉRAL DES TRAVAUX PUBLICS;
Membre de l'Académie Royale des Sciences.

D. FERNANDO MONET,
COMMANDANT D'ÉTAT MAJOR.

D. CESÁREO QUIROGA,
COLONEL, COMMANDANT D'ÉTAT MAJOR.

OUVRAGE PUBLIÉ PAR ORDRE DE LA REINE.

TRADUIT DE L'ESPAGNOL

PAR

A. LAUSSEDAT,
CHEF DE BATAILLON DU GÉNIE, PROFESSEUR À L'ÉCOLE POLYTECHNIQUE, PROFESSEUR SUPPLÉANT
AU CONSERVATOIRE DES ARTS ET MÉTIERS.

MADRID,
IMPRIMERIE ET STÉRÉOTYPIE DE M. RIVADENEYRA,
rue du Duc d'Osuna, numéro 3.

1863.

AVANT-PROPOS DU TRADUCTEUR.

Ce volume fait suite à celui qui a été publié en 1860, sous le titre d'*Expériences faites avec l'appareil à mesurer les bases appartenant à la Commission de la Carte d'Espagne*. On retrouvera dans ce nouveau compte-rendu de travaux longs, pénibles et délicats tout-à-la fois, le même désir d'approcher de la perfection qui avait animé les auteurs pendant la détermination du coefficient de dilatation de leur règle et son étalonnage. Pour atteindre ce but, la plus scrupuleuse exactitude devait être associée à une connaissance approfondie des meilleurs préceptes formulés par la science moderne. Les méthodes dont les Officiers espagnols ont fait usage sont, pour la plupart, celles qui ont déjà si bien réussi en Allemagne.

Cette traduction pouvait donc avoir le double objet de faire connaitre les importantes opérations qui se poursuivent en Espagne et de fournir un exemple de plus de l'application des méthodes qui tendent à remplacer celles que les savants français avaient eu le mérite de créer. Les relations affectueuses que j'ai continué à entretenir avec les auteurs de cet ouvrage, me faisaient d'ailleurs en quelque sorte un devoir de me charger de la traduction du noveau volume, comme je m'étais déjà chargé de celle du premier. Mais je dois prévenir que les conditions dans lesquelles elle a été faite n'étaient rien moins que favorables à la bonne exécution de ce genre de travail.

Obligés, pour profiter de la composition des tableaux numériques, de faire imprimer simultanément, à Madrid, les feuilles du texte et celles de la traduction française, les auteurs m'envoyaient à la hâte les épreuves de leur livre, sur lesquelles je faisais immédiatement la version, et que je leur retournais sans délai. Bien que le sujet me fût familier, il m'est arrivé assez souvent de regretter de n'avoir pas sous les yeux les feuilles précédentes. Enfin, je n'ai pas corrigé les épreuves, et, malgré le zèle de l'imprimeur, l'incorrection de mon écriture peut avoir çà et là occasionné quelques erreurs, pour lesquelles je sollicite l'indulgence du lecteur. Je me propose d'ailleurs de les signaler, avec les fautes d'impression, dans un *Errata*, placé à la fin de ce volume.

Paris, le 20 novembre 1865.

AVERTISSEMENT.

Un Décret royal en date du 14 octobre 1853 chargea une Commision composée d'Officiers d'artillerie, du génie et de l'état-major, de construire la Carte d'Espagne. Cette Commission procéda à ses travaux en cherchant, au Sud de Madrid, un terrain convenable à la mesure d'une Base ou ligne de départ de la triangulation géodésique qui devait rayonner du centre à la périphérie de la péninsule (*). Après plusieurs reconnaissances, on choisit, dans la province de Tolède, non loin de la ville de Madridejos, une plaine qui remplissait avantageusement toutes les conditions désirables, et l'on y traça une ligne de 14 kilomètres et demi de longueur dont les extremités furent fixées d'une manière permanente par deux constructions en maçonnerie. Cette partie du travail fut exécutée sous la direction de MM. les Officiers Ruiz Moreno, Corcuera et Zea.

Pendant ce temps, l'excellent artiste M. Brunner construisait à Paris l'appareil à mesurer les Bases proposé par MM. Ibañez et Saavedra Meneses, qui, après avoir fait les expériences relatives à la dilatation et la comparaison de leur règle avec le *module* ou type fondamental du système métrique, transportèrent celle-ci en Espagne. La mesure de la Base de Madridejos fut effectuée du mois de mai au mois d'octobre 1858 par MM. Ibañez et Saavedra, en collaboration avec MM. Monet et Quiroga. M. Laussedat,

(*) On trouvera, dans l'*Appendice N.° 11*, les noms des personnes qui ont concouru à ces travaux et une indication de l'état d'avancement auquel ceux-ci étaient parvenus à la date du 30 octobre 1865.

Professeur de géodésie à l'École polytechnique, chargé par M. le Ministre de la Guerre de France de suivre les détails de ce travail, vint y prendre part dans le courant du mois d'août.

L'année suivante, on exécuta une triangulation destinée non seulement à vérifier les résultats obtenus, mais à éclaircir en même temps la question de savoir si l'on doit mesurer de grandes bases, ou si les bases d'une petite longueur sont suffisantes, question très-controversée par les différentes personnes qui avaient exécuté, dans d'autres pays, des travaux géodésiques importants. M. Monet, chargé de procéder à d'autres observations, ne concourut pas à cette triangulation, et, pour le même motif, M. Quiroga fut remplacé par le capitaine d'artillerie D. Francisco Cabello, à l'époque où l'on entreprit les calculs du réseau de vérification. On employa en outre à ces calculs plusieurs auxiliaires de la Junte générale de Statistique, dans les atributions de laquelle était passé, en vertu de la Loi du 5 juin 1859, tout ce qui concernait les déterminations géographiques.

Après avoir été rapporté à Madrid, l'appareil à mesurer les bases servit, en 1862, à la comparaison de règles semblables construites pour le Gouvernement Egyptien. Les résultats de cette comparaison sont consignés dans *l'Appendice N.° 9* (*).

Pour les opérations de la plaine de Madridejos, on a pris pour guides les ouvrages d'auteurs justement célèbres, tels que Bessel, Baeyer, Struve et Biot, et l'on a employé les instruments des plus habiles constructeurs, en ayant soin de n'omettre aucune des précautions de nature à diminuer les causes d'erreurs. L'accord des résultats semble indiquer que l'on est parvenu, dans la mesure de la Base centrale de la triangulation espagnole, au degré d'exactitude que peuvent atteindre actuellement les déterminations géodésiques.

(*) Cet *Appendice N.° 9* a été écrit en français par l'un des auteurs de l'ouvrage espagnol. *L'Appendice N.° 10* contient les titres des principales publications relatives aux travaux géodésiques exécutés dans différents pays.

CHAPITRE PREMIER.

—

DISPOSITIONS PRÉPARATOIRES.

§ 1. Dans les deux lieux désignés sous les noms de *Carbonera* et de *Bolos*, que l'on avait choisis pour y établir les constructions destinées à devenir les termes de la Base de Madridejos, les marnes que constituent le terrain se trouvèrent très-abondantes en sels, de l'action desquels il fallait préserver ces constructions. Dans ce but, après avoir ouvert les puits *A*, *A*... (*fig.* 1, 3), on les remplit de bonne argile bien damée, le sol de l'excavation de *Bolos* ayant reçu préalablement la consistance qui lui manquait. Pour y parvenir, sans recourir à un pilotis en bois, on fit avec un pieu ferré enfoncé à coups de masse soixante-dix-sept trous verticaux *t*, *t*... (*) que l'on remplit de sable fin, ainsi que la cavité inférieure *d* et les trous supérieurs *aa*, *aa*... Les constructions en pierre de taille se composent de socles *B*, *B*, sur lesquels reposent les dés de granit *S*, *S*, destinés à contenir les cylindres de platine *C*, *C*

(*) Toutes les fois que les lettres sont sans indication de figures, c'est que celles-ci continuent à être les mêmes que dans la dernière parenthèse.

dont les axes déterminent les extrémités de la Base. Ces dés sont entourés d'une enceinte de pierres de taille *DD*, *DD* supportant une margelle *EE*..., *EE*... (*fig.* 1, 2, 3, 4), recouverte d'une grande dalle *F*. Une bordure *HH*..., *HH*... sur fondations en briques *GG*, *GG*, limite la construction complétée à sa partie supérieure par un pavé *I*, *I*... *I*, *I*... posé sur sable. Les cylindres de platine *C*, *C* ne furent pas immédiatement mis en place, mais quant au reste, les deux construtions furent achevées dans l'automne de 1856, un an et demi avant que l'on entreprît la mesure de la Base.

§ 2. Cette Base fut tracée sur le terrain en novembre 1857 ; on se servit à cet effet de la lunette d'un théodolite et de signaux de toile blanche que l'on plaçait approximativement sur la ligne déterminée par les centres des deux constructions extrêmes. On traçait en même temps à droite et à gauche deux autres lignes à égale distance de la première, de manière à former une bande de huit mètres de largeur qui fut dressée et passée au rouleau sur toute son étendue, après que l'on eût arraché les arbres et les broussailles qui la couvraient dans le bosquet de la *Carbonera* (*Planche I*).

§ 3. Afin de pouvoir comparer le résultat de la mesure directe avec celui que l'on obtiendrait au moyen des observations angulaires, on choisit dans la plaine de Madridejos et sur les hauteurs qui en forment la limite septentrionale (*Planche I*) les quatre points *Carril*, *Paredon*, *Conde*, *Paniagua*, et quatre autres *Lindero*, *Huertas*, *Yesos*,

Corral, situés à très-peuprès sur l'alignement de la Base et qui la divisaient en cinq sections. Les deux extrémités de la Base et les autres points indiqués formaient un système de dix sommets (*fig.* 5) de chacun desquels on voyait les neuf autres et dont la position relative permettait d'appliquer complétement la méthode des diagonales et d'opérer la compensation générale des erreurs angulaires.

§ 4. Dans les premiers jours d'avril 1858, on proceda à la pose des cylindres de platine *C*, *C* (*fig.* 1, 2, 3, 4, 12, 13), en enlevant à cet effet, à l'aide d'une chèvre et de quatre chaînes passées dans les anneaux *o*, *o*..., les deux dalles *F*, *F*, qui furent déposées sur un charriot solide, et retirées vers l'un des côtés de la construction. On polit les surfaces supérieures des dés *S*, *S*, et l'on fit usage d'un gran niveau à bulle d'air pour les dresser horizontalement, puis on grava sur chacune d'elles les huit droites representées sur la figura 4. Ces droites concourent au point extrême de la Base ou en sont également distantes et pourraient servir à le déterminer de nouveau, quant bien même une petite partie de leur longueur seulement serait conservée. Les cylindres de platine *C*, *C* (*fig.* 12, 13), construits à Paris avec la plus grande perfection portent aussi, gravées sur leur base supérieure *r*, deux circonférences concentriques et deux diamètres perpendiculaires, dont les intersections correspondent exactement aux axes de ces cylindres. Pour placer ceux-ci dans les trous percés à cet effet dans les dés *S*, *S* (*fig.* 1, 3, 4), on se servit d'un croisillon de cuivre *X* (*fig.* 9, 10, 11); ce croisillon repose sur quatre appuis d'égale hauteur *af*, *bg*, *ci*, *dh*, portant des traits *n*, qui déterminent deux plans dont l'intersection perpendiculaire à la face supérieure des bras *ab*, *cd*, coincide avec l'axe de la partie saillante *j* et du trou *jm* (*fig.* 11) dans lequel s'ajuste le cylindre de platine *C* (*fig.* 12, 13). La base *r* du cylindre en contact avec le fond *m* (*fig.* 11) se trouve alors dans le même plan *hfi* que les appuis. Après avoir posé le croisillon sur le dé *S* (*fig.* 4), de telle sorte que les quatre traits *n* (*fig.* 9) coincidassent avec deux des lignes qui se coupent à angles droits au centre de la pierre, et après s'être assuré que cet appareil était horizontal, au moyen d'un niveau à bulle d'air posé sur la face supérieure des bras *ab*, *cd* (*fig.* 9, 10, 11), on introduisit le cylindre de platine en l'enfonçant jusqu'en *m*, et l'on replaça le croisillon sur la pierre dans la même position qu'auparavant. On remplit alors de plomb fondu le petit intervalle existant entre la paroi du trou et le cylindre qui se trouva ainsi parfaitement scellé et exactement vertical ; les entailles *s*, *s*... (*fig.* 12) contribuaient d'ailleurs à rendre sa position plus invariable. Après avoir enlevé le croisillon et coupé les bavures du plomb, on appliqua sur la surface annulaire de ce métal, qui restait visible, une composition imperméable, et les mêmes opérations furent répétées à l'autre extrémité de la Base.

§ 5. Au lieu des grandes dalles *F*, *F* (*fig.* 1, 2, 3, 4), on fit reposer sur la margelle *E*, *E*... deux carreaux de granit *L*, *L* (*fig.* 14, 15,) percés d'un trou ou canal *abca'*. On se servit, pour les mettre en place, de la chèvre dont il a déjà été question et des quatre chaînes passées dans les petits anneaux *h*, *h*... Sur chaque carreau on établit un pilier en pierre *P* (*fig.* 16, 17), également muni d'anneaux pour le transport *t*, *t*..., avec un canal vertical *n* et une espèce de soupirail *r q s o* correspondant au canal *a b c a'* (*fig.* 14, 15), au moyen duquel la surface supérieure *r* (*fig.* 12, 13) du cylindre de platine était éclairée. Il devenait alors possible d'observer le point d'intersection des deux diamètres tracés sur cette surface, à travers les trous ouverts dans les pierres *L* et *P* (*fig.* 14, 16).

§ 6. L'instrument qui devait servir à l'alignement de la Base, était un théodolite réitérateur, construit par Ertel, dont la lunette avait un objectif de 47^{mm} d'ouverture et 0^{m},49 de distance focale, donnant avec un oculaire astronomique l'amplification linéaire de 40 fois. Sur le cercle azimutal de 0^{m},37 de diamètre, on évaluait la seconde, à l'aide de deux microscopes micrométriques diamétralement opposés.

Pour placer le centre du théodolite sur la verticale de l'axe du cylindre de platine *C* (*fig.* 3, 4, 12, 13), on fit usage d'un trépied en bois *T* (*fig.* 18, 19). La hauteur de ce trépied était telle, qu'en faisant reposer les appuis *u*, *u*, *u* sur les bords de la margelle *E*, *E*... (*fig.* 1, 2), on pût disposer le théodolite sur le pilier *P* (*fig.* 16, 17), au dessous du plateau *v v v* (*fig.* 18, 19) sur lequel on établissait l'un des cercles de l'appareil à mesurer les bases (*)

(*) Voyez les §§ 10 et 17 du volume intitulé : *Expériences faites avec l'appareil à mesurer les bases appartenant à la Commission de la Carte d'Espagne.*—Madrid, 1859.—Paris, 1860.

avec la lunette destinée à l'observation des points de repère fixés sur le terrain. Ce cercle étant nivelé, on effectuait les rectifications nécessaires pour qu'en faisant tourner ses verniers de 180° et de 90°, l'intersection des fils du réticule restât en coïncidence avec l'image du point de concours des deux diamètres perpendiculaires gravés sur la surface *r* (*fig.* 12, 13) du cylindre de platine. Cela fait, on plaçait le théodolite sur les crapaudines disposées sur la face *m*, *m*... (*fig.* 16, 17) du pilier, en ayant soin de ne pas toucher au trépied *T* (*fig.* 18, 19). Après avoir nivelé l'instrument, on appliquait au centre de sa partie supérieure un petit papier blanc, sur lequel était tracée une croix en traits fins, puis en faisant varier la hauteur de la lentille intermédiaire de la lunette de repère, on amenait de nouveau le réticule de cette lunette au point de collimation, au moyen de mouvements de rotation du cercle de l'appareil et d'observations faites sur la croix. En faisant ensuite parcourir des arcs de 180° et de 90° au limbe du théodolite et en corrigeant, par de petits mouvements de translation de ses crapaudines et du papier, les déviations que l'on apercevait dans chacune des positions opposées, on parvenait enfin à ce que, dans les mouvements de rotation du limbe, l'image du point de concours des deux traits restât en coïncidence avec l'intersection des fils de la lunette supérieure. Il résultait de là que les axes du théodolite, du cercle de l'appareil et du cylindre de platine *C* (*fig.* 3, 4, 12, 13) étaient sur une même verticale. Pour garantir les instruments de l'action directe des rayons du soleil, on opérait à l'intérieur de l'une des travées de la galerie mobile dont il sera question dans le § 15.

§ 7. Sur le pilier *P* (*fig.* 16, 17) du terme de *Carbonera*, on centra de la même manière sur le cylindre de platine *C* (*fig.* 1, 12, 13) un héliotrope dont la description sera donnée dans le chapitre III et sur lequel on devait pointer avec la lunette du théodolite placé à *Bolos*.

§ 8. Chacune des trois mires *M* (*fig.* 24, 25), construites pour l'alignement, se compose d'un montant en bois *aa* supporté par les trois poutrelles *b*, *b*, *b*, maintenues elles-mêmes par les trois autres *c*, *c*, *c*. Trois tirants *d*, *d*, *d* consolident le montant dans sa position. Les pièces de fer *ff*, *f′f′*, solidement fixées à ce montant *aa*, sont percées, au milieu de leur largueur, de trous circulaires, à travers lesquels passe la barre *ee*. Celle ci présente une partie taraudée qui sert à la faire monter ou descendre quand on fait tourner un écrou en cuivre soutenu par *f′f′*. Une autre pièce prismatique également en cuivre et dans laquelle s'ajuste cette barre, repose sur *ff*, et peut se déplacer latéralement, ainsi que l'écrou, au moyen des vis *r*, *r*, *r*, *r*, *r′*, *r′*, *r′*, *r′* opposées deux à deux, qui, conjointement avec les vis *t*, *t*, *t* conduites par la manivelle *m*, permettent de placer la barre *ee* verticalement au dessus du point que l'on veut. On se guide à cet effet sur les indications d'un niveau *n* qui tourne avec elle et dont les extrémités peuvent prendre des positions inverses sur leur support. La plaque triangulaire *uuu*, sur laquelle on effectue le pointé, a plusieurs ouvertures pour laisser passer l'air et présente une raie noire *vv* de largeur variable, qui sert pour les petites distances; une petite sphère argentée *o* qui termine la barre peut aussi servir de point de mire, lorsqu'elle est bien illuminée. Les extrémités des vis *t*, *t*, *t*, reposent sur l'une des plate-formes de granit *P* (*fig.* 20, 21, 24) qui seront décrites dans le § 13.

§ 9. Après avoir rectifié le théodolite sur le pilier *P* (*fig.* 16, 17) du terme *Bolos* (*fig.* 5), et après avoir pointé sa lunette de telle sorte, que la lumière solaire réfléchie par le miroir de l'héliotrope de *Carbonera*, vint briller au centre du réticule, on procéda à l'alignement. Dans ce but on plaça à *Huertas* une des mires *M*... (*fig.* 24, 25), puis en utilisant ses divers mouvements et en se guidant sur les signaux faits à *Bolos*, on parvint à rendre la barre *ee* verticale, en même temps que l'image de la plaque triangulaire *uuu* se trouvait au milieu des fils centraux de la lunette. Les deux autres mires furent alignées de la même manière à *Yesos* et à *Corral;* on se servit ensuite de la première à *Lindera*, et les resultats de l'opération furent conservés en ces quatre points par des marques faites sur de petites dalles engagées dans le sol.

§ 10. Ayant ainsi déterminé les points qui devaient servir de termes pour les sections de la Base et de sommets à la triangulation projetée, on s'occupa d'y construire des piliers. Chacun de ceux-ci *B*... (*fig.* 26, 27, 28) repose sur une fondation en maçonnerie *m m*, dont le centre présente une cavité quadrangulaire dans laquelle se trouve une petite pierre de taille S, posée sur le cube de maçonnerie *c*. L'intervalle *aa* qui reste autour de cette pierre, était rempli de sable fin. A l'aide de points de repères, on fit correspondre le centre d'une plaque carrée de cuivre *p* scellée sur la face supérieure de la pierre *S* avec le point d'alignement déterminé antérieurement. Le pilier devait avoir la stabilité nécessaire pour recevoir non seulement les cercles de l'appareil, mais le théodolite destiné à la mesure des angles; il devait être en outre disposé de manière à ce que l'on pût observer la plaque *p* convenablement illuminée. A cet effet, au bas de la face Nord on avait laissé une ouverture *v* par laquelle pouvait entrer la lumière, et la construction en briques fut terminée comme elle est représentée par la figure. Le tout fut recouvert d'une dalle *ll* en pierre calcaire présentant une ouverture *n* correspondant à la cavité centrale du pilier. Sur les faces latérales de ces dalles on fit graver les mots *Base* et *Mapa*, le millésime de l'année de l'operation et le numéro d'ordre avec lequel le point devait figurer parmi les sommets de la triangulation. Pour terminer ce qui se rapporte aux travaux préparatoires de la triangulation, ajoutons que l'on établit plus tard à *Conde*, à *Paredon*, à *Paniagua* et à *Carril*, quatre autres piliers *C*... (*fig.* 29, 30, 31) avec une petite cavité intérieure *z* audessus du point de repère enfoui avec la fondation *mm*.

§ 11. Quoiqu'il ne fût pas indispensable que les cinq sections de la Base se trouvâssent en ligne droite, pourvu que l'on connût les angles qu'elles formaient entre elles, on fit cependant en sorte que les déviations fussent très-petites. Pour y parvenir, on pointa de nouveau la lunette du théodolite placé à *Bolos* sur l'héliotrope de *Carbonera*, et l'on détermina de nouveau sur chacun des piliers de *Corral*, *Yesos* et *Huertas* le point correspondant de l'alignement, en se servant pour cela d'une petite planche peinte en noir que l'on faisait mouvoir d'après les signes faits par l'observateur. Le théodolite ayant été ensuite transporté à *Carbonera*, et l'héliotrope à *Bolos*, on procéda de la même manière à *Lindero*, *Huertas* et *Yesos*. Le théodolite fut enfin placé et centré en ce dernier point (§ 6) et la lunette fut dirigée sur les deux extrémités de la Base et sur les trois autres piliers intermédiaires. Ayant pris les moyennes des faibles écarts résultant des différents alignements, on traça sur la face accidentale de chaque pilier deux larges traits noirs verticaux sur fond blanc destinés à servir de mire permanente pendant toute la durée des opérations.

§ 12. Deux des trois mires mobiles *M*... (*fig*. 24, 25) furent installées sur la ligne de la première section, à des intervalles convenables de ses deux extrémites et la troisième mire fut disposée sur la seconde section. Ces mires une fois alignées de *Carbonera* avec la lunette du théodolite dirigée sur les traits noirs de *Lindero*, on enterra, aux poins déterminés par les barres verticales *e e*, de petites bornes S. Après avoir de nouveau rectifié chaque mire, on recommença à l'aligner avec le plus grand soin, puis l'on traça, sur la plaque *p* scellée dans la pierre S, deux traits en croix dont l'intersection correspondait à la pointe inférieure de la barre. Sur ces points de repère, fixés sur le terrain, il était facile de corriger ensuite les changements de position que pouvaient éprouver les mires. Celle qui était située à l'Est de *Lindero* devait servir, pendant la mesure de la dernière partie de la première section, de second point de visée pour éviter les déviations latérales. Les autres sections furent alignées par la suite de la même manière, le théodolite ayant été centré par le procédé indiqué (§ 6), sur le pilier de l'extrémité occidentale de chacune d'elles.

§ 13. Les plateformes de granite *P*... (*fig.* 20, 21) sur lesquelles on devait placer les trépieds des cercles de l'appareil, reposaient sur le terrain par trois hémisphères *e, e, e,* et afin qu'elles n'empêchassent pas les observations des points de repère des commencements et des fins de journée, elles étaient creusées sur le côté correspondant à l'alignement, lequel était marqué de deux traits noirs *l l*, *l l*, sur la face supérieure de la pierre. On disposait cette face horizontalement à l'aide d'un niveau à perpendicule. On avait également préparé d'autres pierres triangulaires de granit *P'*... (*fig.* 22, 23) pour les trépieds du banc de l'appareil. La droite *l' l'* tracée sur chacune d'elles devait correspondre à l'alignement. Les plateformes des deux espèces étaient au nombre de 60 et chacune d'elles pesait 130 kilogrammes environ.

§ 14. On répartit tout le long de la Base 80 petites bornes semblables à *S*... (*fig.* 24, 25) portant une plaque de cuivre p, destinée à recevoir les deux traits en croix qui déterminent le point de repère auquel venait aboutir la mesure de chaque jour.

§ 15. L'appareil était préservé des rayons du soleil et de l'action du vent qui se fait sentir avec assez de force dans la plaine de Madridejos, par une galerie de bois composée de neuf travées mobiles indépendamment les unes des autres (*). Chacune de ces travées pouvait se fermer des quatre côtés au moyen de volets en planches minces que l'on accrochait à la partie supérieure et à la partie inférieure et dont quelques-uns étaient munis de fenêtres vitrées pour laisser entrer la lumière. Le plancher sur lequel marchaient les observateurs et leurs aides était isolé des supports des règles et des cercles de l'appareil, et les poteaux de chaque travée reposaient sur le terrain à deux mètres de distance des plateformes.

(*) Voyez la Planche qui représente la vue générale de la mesure et qui est la copie d'une épreuve photographique prise sur le terrain. Quelques-uns des volets du toit des travées de la galerie ont été enlevés afin d'en laisser voir plus nettement l'intérieur.

CHAPITRE II.

MESURE DE LA BASE.

§ 16. Dans le chapitre XI des *Expériences* (*) on a indiqué les différentes manières de se servir de l'appareil et on a décrit avec détail celle que l'on considérait comme la meilleure, dans la plupart des cas. Elle consiste à suivre l'alignement et à observer les mêmes traits des règles dans toutes leurs positions successives, en leur laissant prendre l'inclinaison du terrain. Ce système ayant été adopté pour la Base de Madridejos, il serait inutile de répéter ici ce qui a été exposé dans l'ouvrage que l'on vient de citer et auquel le lecteur qui désirerait entrer dans les détails de l'opération pourra recourir.

§ 17. L'appareil fut transporté avec les précautions nécessaires au bosquet de la *Carbonera* (*Planche I*) où l'on établit le campement des quatre Officiers observateurs et celui de la troupe du cinquième régiment d'artillerie à pied qui avait été désignée pour les aider dans leurs travaux.

(*) Voyez la note du § 6.

Deux Officiers se chargèrent d'observer avec les microscopes, un autre s'occupa de l'alignement et le quatrième de préparer les calculs et de vérifier l'éxactitude apportée à la copie des carnets originaux d'observation sur un registre général.

§ 18. Chacune des travées dont se composait la galerie était transportée d'une des extrémités à l'autre, par douze artilleurs armés de deux grandes barres de bois que l'on introduisait dans des crochets de fer fixés aux montants de ces travées (*). Quatre hommes portaient sur des brancards les plateformes de pierre pour les trépieds ; trois autres les mettaient en place en se servant d'une forme en bois *V* (*fig.* 36, 37) dont la règle *m* était dirigée d'après les signaux que l'observateur chargé de l'alignement faisait avec un petit drapeau. La forme reposait par l'hémisphère *a* sur un support de hauteur variable, qui permettait de l'élever un peu plus que les plateformes, afin de pouvoir déplacer celles-ci et les amener dans la position convenable, en maintenant leurs faces supérieures dans un plan horizontal. A l'intérieur de la galerie, un des aides était chargé de transporter successivement les cercles, après avoir fermé auparavant toutes les coulisses. Deux autres, à l'aide de la forme *V'* (*fig.* 34, 35) dont on alignait la règle *m* avec la lunette, faisaient coincider avec les lignes *r*, *r'*, les traits correspondants tracés sur les trépieds des microscopes et plaçaient les trépieds de la règle

(*) Voyez la planche qui représente la vue générale de la mesure.

en contact avec les tringles *t*, *t'*, après quoi l'un d'eux transportait les supports et l'autre nivelait le dernier cercle, en faisant mouvoir sa coulisse transversale jusqu'à ce qu'il fut amené sur le point indiqué par l'observateur chargé de l'alignement. Deux aides chargés spécialement de la manœuvre des règles nivelaient les supports et plaçaient la forme *V''* (*fig.* 32, 33), de manière que les tablettes *a*, *a'* reposent sur les galets horizontaux placés à la hauteur convenable. Ils reglaient en suite la distance du cercle suivant en se guidant sur le trait *r*, l'intervalle entre l'extrémité *c* et le banc de l'appareil étant déterminé par un coin en bois que l'on introduisait avec le plus grand soin, en touchant seulement à la partie *cd*. Les cinq aides de l'intérieur de la galerie coopéraient en outre pour accélérer la pose des cercles et des supports. Le personnel de la troupe était relevé au milieu des observations de chaque jour.

§ 19. Le 22 mai 1858, on commença la mesure, en partant du terme de *Carbonera* (*Planche I*) et le 7 septembre on atteignit celui de *Bolos*. L'opération avait exigé soixante-dix-huit jours de travail. Le matériel ayant été transporté entièrement au terme de *Huertas* de la section centrale, on recommença la mesure de cette section le 18 septembre, et elle fut terminée le 5 octobre. Les mêmes points de repère établis à la fin de chacune des douze journées employées à la première mesure servirent de nouveau, et la différence des températures auxquelles furent exécutées les deux mesures s'élèva à plus de 14°.

§ 20. Lorsqu'on achevait d'observer la quatrième position des règles et pendant le reste de la journée, de cinq en cinq de ces positions, on lisait un thermomètre à mercure, divisé en parties d'égale capacité et placé à une petite distance de l'appareil. De la comparaison de ces températures de l'air avec celles des règles déduites des lectures micrométriques par la formule (91) des *Expériences*, il résulte que quoique l'on opéra presque toujours avec la galerie entièrement ouverte du côté du Nord, sur 895 de ces doubles observations, 14 seulement diffèrent de plus de 2° et 746 présentent des différences inférieures à 1°, comme on peut le voir dans l'*Appendice N.° 1* dans lequel on les a toutes réunies.

§ 21. Les *Tableaux* qui suivent contiennent toutes les données nécessaires pour calculer la longueur des cinq sections de la Base. On y trove d'abord les moyennes des lectures ordinaires dont les sommes doivent entrer dans les formules, puis celles qui sont relatives aux observations des commencements et des fins de journée. Au bas de chaque page, on a indiqué les noms des observateurs; à gauche est celui de l'observateur qui se plaçait près du zéro ou de l'origine des divisions des règles. A partir de l'époque où l'on mesura 240 mètres par jour, les Officiers se relevaient au milieu du travail. Mr. Laussedat, Proffeseur de géodésie à l'École polytechnique de Paris, qui était venu pour assister aux opérations en cours d'exécution, prit part aux observations de la journée du 24 août.

TABLEAUX

COMPRENANT LES MOYENNES DES OBSERVATIONS ORDINAIRES DE CHAQUE JOURNÉE DE MESURE.

1.ère JOURNÉE.

1.ère SECTION. 22 MAI 1858.

Heures	Positions des règles	I	$c = 7797 \sin^2 \frac{1}{2} I$	p'	p''	l'	l''
h m		° ′ ″	mm	T	T	T	T
7 43	1	— 1 10 00	0,8082		10,919	7,706	7,304
8 39	2	— 2 54 20	5,0117	13,613	14,054	6,319	4,993
9 15	3	— 1 49 50	1,9895	13,240	14,505	6,208	5,147
50	4	— 1 12 00	0,8350	13,103	15,019	6,049	5,718
10 18	5	— 0 36 30	0,2197	14,009	14,603	7,252	4,987
41	6	— 1 31 50	1,3909	14,109	14,183	7,542	4,631
11 0	7	— 1 15 10	0,9319	13,716	15,573	7,381	5,749
43	8	— 1 57 00	2,2576	13,629	14,488	7,519	4,860
12 4	9	— 1 05 00	0,6968	13,441	14,514	7,122	4,901
1 0	10	— 1 17 00	0,9779	14,088	14,872	8,175	5,261
43	11	— 0 50 20	0,4179	12,281	14,382	6,211	4,783
2 10	12	— 0 40 20	0,2683	13,192	15,650	7,112	5,989
45	13	— 1 23 50	1,1591	12,673	14,016	6,401	4,471
3 4	14	— 1 08 00	0,7626	13,239	14,702	7,023	5,159
28	15	— 0 29 20	0,1119	12,939	14,541	6,765	4,963
54	16	— 1 03 10	0,6581	12,776	14,817	6,614	5,243
5 9	17	— 0 27 00	0,1202	13,196	16,603	6,558	7,450
40	18	— 0 37 20	0,2299	12,908		11,116	6,516
	18 R.		18,8972	226,152	247,241	129,074	98,125

Ibañez. Saavedra.

1.ère SECTION. 23 MAI 1858.

Heures	Positions des règles	I	$c_1 = 7797 \sin^2 \frac{1}{2} I$	p'	p''	l'	l''
h m		° ′ ″	mm	T	T	T	T
6 50	19	— 0 45 00	0,3310		8,398	6,916	5,690
7 26	20	— 1 27 30	1,2627	14,539	13,139	6,205	5,590
51	21	— 1 04 50	0,6933	14,010	13,870	5,988	5,770
8 20	22	— 0 45 00	0,3310	14,093	13,575	6,213	5,285
33	23	— 1 31 00	1,3658	13,993	13,876	6,408	5,274
49	24	— 0 25 20	0,1039	14,209	14,934	6,812	6,173
9 9	25	— 0 30 30	0,1534	13,852	14,062	6,747	4,979
26	26	— 0 46 40	0,3592	13,579	14,251	6,610	5,059
45	27	— 0 15 00	0,0371	13,769	15,116	6,929	6,116
10 4	28	— 0 58 00	0,5548	13,686	15,211	6,954	5,822
23	29	— 0 21 00	0,0727	13,639	14,106	7,123	4,881
11 6	30	— 0 00 50	0,0001	13,286	14,842	6,814	5,311
23	31	— 0 13 00	0,0279	12,982	14,554	6,520	4,934
40	32	— 0 14 40	0,0355	13,281	14,581	6,768	5,056
57	33	— 0 51 50	0,4431	13,170	14,332	6,728	4,720
12 8	34	— 0 03 10	0,0017	13,179	15,205	6,728	5,607
24	35	— 0 22 50	0,0860	13,185	14,635	6,774	5,019
38	36	— 0 54 00	0,4809	13,572	15,097	7,201	5,545
58	37	— 0 12 30	0,0258	13,291	14,361	6,958	4,757
1 14	38	— 0 42 10	0,2933	13,367	14,971	6,818	5,539
34	39	— 0 53 30	0,4721	13,139	14,449	6,695	4,903
46	40	— 0 57 10	0,5390	13,138	14,020	6,575	4,561
59	41	— 0 37 20	0,2299	13,554	14,608	7,051	5,083
2 14	42	— 0 12 30	0,0258	13,333	14,335	6,847	4,754
25	43	— 0 16 30	0,0449	12,908	13,983	6,471	4,426
48	44	— 0 16 00	0,0122	13,046	14,536	6,576	4,950
3 1	45	— 1 01 00	0,6137	13,143	14,325	6,634	4,771
15	46	— 1 22 30	1,1226	12,839	14,321	6,358	4,778
30	47	— 0 14 00	0,0323	12,848	14,287	6,102	4,934
59	48	— 1 07 30	0,7515	13,459	15,016	6,577	5,825
4 19	49	— 1 03 50	0,6721	13,632	14,450	6,676	5,244
47	50	— 0 50 50	0,4262	13,585		11,495	6,072
	32 R.		11,6395	417,338	442,376	218,354	167,557

Ibañez. Saavedra.

3.ème JOURNÉE.

1.ère Section. 24 mai 1858.

Heures	Positions des règles	I	$c_1 = 7797 \sin^2 \frac{1}{2} I$	p'	p''	l'	l''
h m		° ′ ″	mm	T	T	T	T
7 26	51	— 1 13 40	0,8950		14,477	7,489	11,588
54	52	— 1 27 00	1,2183	14,197	13,212	5,942	5,237
8 26	53	— 1 36 40	1,5411	14,018	13,671	5,934	5,507
39	54	— 1 27 40	1,2675	13,834	14,055	5,840	5,832
54	55	— 1 07 30	0,7515	13,944	13,769	6,106	5,424
9 14	56	— 1 10 40	0,8236	13,599	14,405	5,779	5,973
44	57	— 1 33 00	1,4265	13,406	14,408	5,918	5,623
10 1	58	— 1 42 20	1,7271	13,729	14,427	6,194	5,819
21	59	— 1 04 30	0,6862	13,425	14,338	6,095	5,383
45	60	— 1 13 00	0,8789	13,552	15,800	6,171	4,978
11 6	61	— 1 10 30	0,8198	13,475	14,164	6,266	5,167
25	62	— 0 21 50	0,0786	13,849	14,463	6,669	5,398
40	63	— 1 01 30	0,6238	13,778	13,606	6,756	4,404
52	61	— 1 12 10	0,8590	13,492	15,726	6,577	6,472
12 5	65	— 0 47 30	0,3721	13,270	14,103	6,334	4,824
18	66	— 1 04 10	0,6791	13,444	13,723	6,668	4,414
38	67	— 0 33 30	0,1851	13,722	14,208	7,017	4,806
50	68	— 1 12 20	0,8629	13,160	14,674	6,398	5,327
1 4	69	— 0 31 40	0,1654	13,730	14,864	7,189	5,416
20	70	— 0 23 40	0,0924	13,156	14,503	6,611	5,057
37	71	— 0 55 30	0,5080	13,676	15,428	7,158	5,939
50	72	— 0 20 20	0,0682	13,566	14,871	7,003	5,390
2 20	73	— 1 34 20	1,4677	13,433	14,348	6,946	4,854
37	74	— 1 05 50	0,7148	13,307	14,720	6,727	5,299
54	75	— 1 01 30	0,6238	13,180	14,358	6,570	4,931
3 23	76	— 1 26 30	1,2340	13,081	14,909	6,532	5,475
46	77	— 1 05 30	0,7076	12,959	14,491	6,270	5,167
4 3	78	— 1 19 00	1,0293	13,358	14,527	6,637	5,234
52	79	— 1 06 20	0,7257	14,192	14,281	7,273	5,197
5 45	80	— 0 41 20	0,9818	13,774		11,199	6,807
	30 R.		23,3448	393,306	416,530	200,568	166,932

Ibañez. Saavedra.

4.ème JOURNÉE.

1.ère SECTION. 27 MAI 1858.

Heures	Positions des règles	I	c = 7797 sin² ½ I	p′	p″	t′	t″
h m		° ′ ″	mm	T	T	T	T
7 30	81	— 0 57 50	0,5517		8,362	14,070	13,668
50	82	— 0 49 00	0,3960	8,437	7,547	12,268	12,714
8 15	83	— 1 23 40	1,1545	8,322	7,122	12,319	12,103
22	84	— 0 34 30	0,1963	7,904	7,344	11,997	12,282
39	85	— 0 36 00	0,2138	8,008	7,159	12,188	12,002
52	86	— 0 35 20	0,2059	7,818	7,256	12,072	12,064
9 6	87	— 0 40 00	0,2639	7,645	7,866	11,972	12,563
18	88	— 0 59 30	0,5839	7,808	7,384	12,215	12,017
33	89	— 0 37 00	0,2258	8,016	7,673	12,532	12,204
50	90	— 0 33 20	0,1833	7,497	7,348	12,083	11,781
10 0	91	— 0 57 10	0,5390	7,232	6,784	11,918	11,121
9	92	— 0 33 10	0,1707	7,258	8,083	12,028	12,380
22	93	— 0 49 10	0,3987	7,324	7,711	12,126	11,913
38	94	— 0 52 10	0,4188	7,523	7,938	12,351	12,193
48	95	— 0 25 40	0,1087	7,761	7,335	12,622	11,501
57	96	— 0 50 00	0,4123	7,633	7,982	12,530	12,167
11 7	97	— 0 32 00	0,1689	7,311	7,342	12,307	11,400
26	98	— 0 46 00	0,3490	7,021	7,842	12,132	11,768
36	99	— 0 20 20	0,0683	8,048	6,870	13,206	10,772
50	100	— 0 46 00	0,3490	6,890	9,113	12,058	12,953
12 54	101	— 0 58 10	0,5580	7,666	6,576	13,225	9,981
1 8	102	— 1 09 10	0,7890	7,309	8,538	12,962	11,920
23	103	— 0 42 20	0,2956	7,924	7,101	13,573	10,501
41	104	— 0 45 50	0,3465	7,095	8,058	12,701	11,488
55	105	— 0 03 10	0,0017	7,732	7,421	13,402	10,789
2 17	106	— 0 51 30	0,4374	6,745	8,146	12,479	11,463
32	107	— 0 31 50	0,1671	6,741	8,166	12,539	11,388
45	108	— 0 55 30	0,5080	6,852	8,001	12,636	11,233
57	109	— 0 43 40	0,3145	6,896	7,844	12,692	11,096
3 9	110	— 0 34 20	0,1944	6,859	8,051	12,670	11,305
22	111	— 0 28 00	0,1293	7,092	7,253	12,901	10,463
36	112	— 1 37 50	1,5786	7,123	8,358	12,934	11,556
4 12	113	— 0 41 50	0,2886	6,785	7,966	12,607	11,251
30	114	— 0 58 30	0,5644	6,500	8,419	12,333	11,658
53	115	— 0 15 20	0,0388	6,969		12,760	13,561
	35 R.		13,2003	251,714	261.950	439,438	411,253

Ibañez. Saavedra.

5.ème JOURNÉE.

1.ère SECTION. 28 MAI 1858.

Heures	Positions des règles	1	$c_1 = 7797 \sin^2 \frac{1}{2} 1$	p'	p''	l'	l''
h m		° ′ ″	mm	T	T	T	T
7 47	116	— 0 43 40	0,3145		7,781	15,533	11,884
8 10	117	— 0 29 20	0,1419	7,344	7,900	12,327	11,904
22	118	— 0 25 00	0,1031	7,466	7,758	12,594	11,684
36	119	— 0 55 50	0,5142	7,580	7,656	12,686	11,566
46	120	— 0 36 40	0,2217	7,157	7,553	12,371	11,411
58	121	— 1 00 20	0,6004	7,158	8,037	12,403	11,863
9 10	122	— 0 43 20	0,3097	7,338	6,891	12,586	10,640
20	123	— 0 39 20	0,2552	7,637	7,992	12,952	11,663
32	124	— 0 36 00	0,2138	7,361	7,526	12,723	11,155
46	125	— 1 13 20	0,8870	7,713	7,578	13,196	11,073
59	126	— 0 45 [illegible]	0,3415	7,342	7,386	12,818	10,818
10 10	127	— 0 33 [illegible]	0,1851	7,707	8,002	13,207	11,486
21	128	— 0 24 10	0,0963	7,188	7,466	12,745	10,993
31	129	— 0 19 10	0,0606	7,654	8,066	13,289	11,417
43	130	— 1 05 20	0,7040	7,177	7,020	12,833	10,396
11 30	131	— 0 43 20	0,3097	7,296	8,000	12,938	11,293
44	132	— 1 00 40	0,6070	6,967	7,913	12,710	11,133
57	133	— 0 47 10	0,3669	7,555	8,079	13,358	11,272
12 9	134	— 0 27 30	0,1247	7,142	7,768	12,978	10,902
20	135	— 0 17 40	0,0515	6,928	8,715	12,772	11,829
31	136	— 0 12 20	0,0251	6,900	8,143	12,803	11,230
41	137	— 0 18 40	0,0575	7,588	7,971	13,523	11,007
53	138	— 0 32 10	0,1707	7,306	7,803	13,151	10,913
1 6	139	— 0 19 20	0,0616	7,089	7,747	12,978	10,799
24	140	— 0 28 50	0,1371	6,688	7,956	12,606	11,018
38	141	— 0 23 30	0,0911	7,128	8,491	13,138	11,448
50	142	— 0 44 50	0,3315	6,961	8,037	12,987	11,064
2 3	143	— 0 31 20	0,1619	7,357	8,202	13,314	11,248
14	144	— 0 36 20	0,2177	6,957	8,004	12,908	11,085
30	145	— 0 02 10	0,0008	6,825	8,497	12,776	11,803
41	146	— 0 50 40	0,4234	7,089	7,664	13,060	10,709
55	147	— 0 19 30	0,0627	6,940	8,736	12,896	11,838
3 10	148	— 0 43 40	0,3145	6,947	7,676	12,859	10,813
24	149	— 0 19 50	0,0649	7,067	8,511	12,963	11,659
57	150	— 0 29 20	0,1419	7,005	8,152	12,920	11,293
4 10	151	— 0 23 30	0,0911	6,977	8,699	12,905	11,857
28	152	— 0 44 50	0,3315	7,373	8,397	13,200	11,618
51	153	— 0 39 30	0,2573	7,459	8,374	13,248	11,627
5 28	154	— 0 44 40	0,3291	7,306	7,637	12,979	11,043
53	155	— 0 36 00	0,2138	6,819		12,369	13,696
	40 R.		9,8940	281,191	309,867	518,624	453,760

Ibañez. Saavedra.

6.ème JOURNÉE.

1.ère Section. 29 mai 1858.

Heures	Positions des règles	I	$c_{,} = 7797 \sin^2 \frac{1}{2} I$	p'	p''	l'	l''
h m		° ′ ″	mm	T	T	T	T
8 9	156	— 0 02 50	0,0013		7,704	13,327	11,957
34	157	— 0 42 10	0,2933	7,882	7,444	12,840	11,477
9 0	158	— 0 48 10	0,3827	8,104	7,952	13,252	11,818
14	159	— 0 25 20	0,1059	7,522	7,572	12,670	11,385
28	160	— 0 23 20	0,0898	7,659	7,596	12,951	11,314
45	161	— 0 29 10	0,1405	7,364	7,891	12,638	11,603
56	162	+ 0 03 10	0,0017	7,677	7,360	13,054	10,990
10 19	163	— 0 41 40	0,2863	6,800	7,822	12,308	11,386
33	164	— 0 16 00	0,9526	7,528	7,567	12,987	11,011
46	165	— 0 49 00	0,3960	8,168	8,015	13,750	11,377
56	166	— 0 27 30	0,1247	7,210	8,020	12,842	11,377
11 10	167	— 0 42 00	0,2909	7,399	8,226	13,052	11,549
20	168	— 0 14 40	0,0555	7,246	7,562	12,926	10,857
34	169	— 0 32 20	0,1724	6,670	8,717	12,397	11,967
44	170	— 0 22 10	0,0810	7,152	7,777	12,904	11,003
55	171	— 0 44 00	0,3193	6,997	8,537	12,904	11,602
12 7	172	— 0 43 10	0,5073	6,862	7,956	12,682	11,085
19	173	— 0 23 20	0,0898	7,119	8,335	13,056	11,336
1 3	174	— 0 23 00	0,0873	6,991	8,532	12,981	11,334
15	175	— 0 05 40	0,0053	6,529	8,762	12,523	11,763
27	176	— 0 15 30	0,0396	7,259	7,941	13,301	10,863
40	177	— 0 34 10	0,1707	6,889	9,036	12,966	11,929
51	178	+ 0 06 40	0,0073	7,132	8,709	13,218	11,667
2 4	179	— 1 05 40	0,7112	7,220	8,236	13,280	11,192
13	180	— 0 20 30	0,0693	7,101	8,276	13,218	11,179
26	181	— 0 40 20	0,2683	7,128	8,614	13,238	11,474
41	182	— 0 30 20	0,1518	6,979	7,945	13,091	10,837
57	183	— 0 48 40	0,3906	7,144	9,423	13,242	12,280
3 13	184	— 0 17 00	0,0177	6,991	7,632	13,092	10,526
30	185	— 0 20 20	0,0682	7,698	8,878	13,752	11,816
40	186	— 0 13 20	0,0293	7,060	8,481	13,155	11,363
54	187	— 0 08 50	0,0129	7,208	8,706	13,278	11,626
4 13	188	— 0 27 40	0,1262	6,874	7,860	12,906	10,835
37	189	— 1 01 30	9,6238	6,783	8,902	12,760	11,942
5 11	190	— 0 38 10	0,2403	7,014		12,821	13,602
	35 R.		7,4206	215,478	277,066	457,302	401,552

Ibañez. Saavedra.

7.ème JOURNÉE.

1.ère Section. 31 mai 1858.

Heures	Positions des règles	1	$c_1 = 7797 \sin^2 \frac{1}{2} 1$	p'	p''	t'	t''
h m		° ′ ″	mm	T	T	T	T
7 49	191	— 0 15 30	0,0396		7,729	13,308	11,953
8 8	192	— 0 31 30	0,1637	7,756	8,051	12,719	12,119
24	193	— 0 34 40	0,1982	7,578	7,731	12,803	11,498
39	194	— 0 20 20	0,0682	7,229	7,807	12,653	11,421
53	195	— 0 21 10	0,0739	7,743	7,296	13,305	10,739
9 7	196	— 0 23 10	0,0885	7,128	8,884	12,794	12,234
20	197	— 0 28 10	0,1309	7,443	7,513	13,226	10,772
37	198	— 0 30 40	0,1551	7,647	8,473	13,132	11,567
51	199	— 0 30 20	0,1518	7,115	7,740	13,201	10,583
10 5	200	— 0 20 10	0,0671	6,931	8,490	13,091	11,359
17	201	— 0 19 20	0,0616	7,023	8,273	13,948	10,917
27	202	— 0 42 20	0,2956	6,657	8,365	13,003	10,994
38	203	— 0 41 20	0,2818	6,761	8,245	13,194	10,827
46	204	— 0 02 40	0,0012	7,002	9,323	13,462	11,798
57	205	— 0 45 30	0,3115	6,924	8,325	13,381	10,791
11 7	206	— 0 15 30	0,0396	6,356	8,297	12,955	10,647
16	207	— 0 28 10	0,1309	6,917	8,586	13,543	10,918
25	208	— 0 25 20	0,1059	6,901	8,357	13,469	10,783
12 14	209	+ 0 00 40	0,0001	7,509	8,723	14,417	10,786
28	210	— 0 49 30	0,4041	6,973	8,811	13,823	10,912
41	211	— 0 28 40	0,1333	6,355	8,820	13,437	10,700
52	212	— 0 16 40	0,0458	6,577	8,670	13,698	10,506
1 4	213	— 0 41 10	0,2793	6,735	9,226	13,750	11,182
15	214	— 0 26 30	0,1158	6,990	8,836	14,059	10,677
28	215	— 0 08 30	0,0119	5,994	8,985	13,123	10,843
39	216	— 0 26 50	0,1188	6,192	8,744	13,333	10,569
48	217	— 0 17 30	0,0505	6,506	8,357	13,679	10,133
57	218	— 0 31 00	0,1585	6,637	8,832	13,663	10,785
2 7	219	— 0 22 10	0,0810	6,784	8,975	13,901	10,840
17	220	— 0 19 10	0,0606	6,432	8,305	13,611	10,093
27	221	— 0 34 20	0,1944	6,627	8,447	13,801	10,312
40	222	— 0 10 40	0,0188	6,509	8,841	13,659	10,626
51	223	— 0 10 00	0,0165	6,310	9,315	13,309	11,301
3 1	224	— 0 04 40	0,0036	6,444	8,575	13,440	10,653
11	225	— 0 37 50	0,2361	6,030	8,784	12,891	10,927
25	226	— 0 14 20	0,0339	6,940	8,747	13,848	10,881
45	227	— 0 53 00	0,4633	6,247	8,747	12,934	11,095
4 19	228	— 0 35 20	0,2059	7,084	8,945	13,660	11,434
45	229	— 0 24 20	0,0977	6,225	8,901	12,684	11,544
5 15	230	— 0 18 40	0,0575	6,897		13,152	13,120
	40 R.		5,1849	266,617	332,099	537,395	441,837

Ibañez. Saavedra.

8.ème JOURNÉE.

1.ère SECTION. — 1.er JUIN 1858.

Heures	Positions des règles	I	$c_1 = 7797 \sin^2 \frac{1}{2} I$	p'	p'' *	l'	l''
h m		° ′ ″	mm	T	T	T	T
8 40	231	— 0 18 40	0,0575		7,951	15,380	11,516
9 14	232	— 0 16 30	0,0449	7,695	8,390	13,484	11,576
31	233	— 0 00 20	0,0000	6,920	8,333	12,804	11,444
45	234	— 1 08 40	0,7777	7,229	8,338	13,191	11,319
10 3	235	— 0 02 20	0,0009	7,549	8,758	13,569	11,700
14	236	— 0 29 50	0,1468	6,984	8,646	13,085	11,504
27	237	— 0 23 30	0,0911	6,900	8,659	13,181	11,376
41	238	— 0 43 20	0,3097	6,953	8,636	13,426	11,166
11 35	239	— 0 17 00	0,0477	6,508	8,953	13,224	11,205
48	240	+ 0 05 30	0,0050	6,362	8,977	13,207	11,086
12 1	241	— 1 03 00	0,6546	6,697	8,243	13,505	10,435
14	242	— 0 43 40	0,3140	6,988	8,868	13,901	10,909
30	243	— 0 23 30	0,0911	6,223	8,761	13,189	10,755
43	244	— 0 35 20	0,2059	6,289	8,743	13,323	10,677
57	245	0 00 00	0,0000	7,093	8,616	14,142	10,511
1 20	246	— 0 27 10	0,1217	6,531	8,868	13,511	10,932
44	247	— 0 04 50	0,0059	6,343	8,333	13,147	10,554
2 2	248	— 0 13 00	0,0371	7,014	8,905	13,961	10,941
25	249	0 00 00	0,0000	6,653	9,271	13,436	11,563
38	250	— 0 05 40	0,0053	6,639	8,812	13,487	11,016
51	251	— 0 19 20	0,0616	6,249	9,084	13,064	11,254
3 3	252	— 0 28 50	0,1371	7,033	8,938	13,867	11,117
39	253	— 0 16 10	0,0431	6,134	8,395	13,008	10,491
53	254	— 0 09 30	0,0149	6,764	9,026	13,580	11,178
4 52	255	— 0 10 00	0,0165	6,164		12,518	13,945
	25 R.		3,2181	161,913	208,500	336,190	280,170

Ibañez. Quiroga.

9.ème JOURNÉE.

1.ère SECTION. 2 JUIN 1858.

Heures	Positions des règles	I	$C_{,} = 7797 \sin^2 \frac{1}{2} I$	p'	p''	l'	l''
h m		° ′ ″	min	T	T	T	T
8 3	256	— 0 32 40	0,1700		8,190	13,191	12,496
17	257	— 0 05 30	0,0050	8,121	7,905	12,017	12,135
24	258	— 0 37 40	0,2340	8,108	8,234	12,096	12,356
42	259	+ 0 11 10	0,0531	8,105	7,921	12,508	11,966
53	260	— 0 19 40	0,0638	7,532	7,714	11.692	11,657
9 6	261	— 0 20 00	0,0690	7,738	7,932	12,070	11,699
29	262	— 0 13 40	0,0105	7,623	8,576	12,310	11,941
40	263	— 0 19 30	0,0627	7,948	8,273	12,760	11,592
52	264	— 0 24 50	0,1047	7,630	8,037	12,683	11,088
10 3	265	— 0 05 00	0,0011	7,278	8,610	12,387	11,576
12	266	— 0 21 00	0,0727	7,275	8,882	12,554	11,764
23	267	— 0 17 20	0,0196	7,213	8,804	12,565	11,543
33	268	— 0 30 50	0,1568	7,038	8,516	12,500	11,115
42	269	— 0 22 10	0,0810	7,490	8,886	13,010	11,399
54	270	— 0 20 00	0,0660	7,916	8,602	13,597	11,029
11 2	271	— 0 26 20	0,1144	7,335	8,849	13,166	11,159
8	272	— 0 12 10	0,0244	7,752	8,215	13,628	10,459
18	273	— 0 07 30	0,0093	7,357	8,392	13,179	10,637
32	274	— 0 18 00	0,0534	6,521	8,925	12,574	11,016
50	275	— 0 10 30	0,0182	6,891	8,804	12,898	10,892
12 37	276	— 0 02 30	0,0010	7,038	8,912	13,191	10,775
50	277	— 0 13 40	0,0308	7,076	9,088	13,367	10,869
58	278	— 0 22 00	0,0798	6,819	8,322	13,161	10,084
1 11	279	— 0 06 00	0,0059	6,764	9,113	13,117	10,845
19	280	— 0 08 10	0,0110	6,939	8,617	13,300	10,343
30	281	— 0 31 20	0,1619	6,969	9,095	13,212	10,973
41	282	— 0 06 00	0,0059	6,812	9,059	13,252	10,651
52	283	— 0 17 40	0,0515	6,331	9,406	12,781	11,034
2 4	284	— 0 20 30	0,0695	6,758	8,849	13,262	10,452
17	285	+ 0 14 00	0,0323	6,192	9,462	12,677	11,176
29	286	— 0 22 50	0,0860	6,902	9,640	13,178	11,524
38	287	+ 0 00 40	0,0001	6,878	9,187	13,121	11,101
49	288	— 0 12 40	0,0267	6,834	9,111	13,140	11,025
59	289	— 0 09 40	0,0154	7,077	9,200	13,312	11,147
3 14	290	— 0 19 00	0,0595	6,705	9,234	12,906	11,151
24	291	+ 0 03 00	0,0179	7,333	9,063	13,517	11,029
33	292	— 0 05 00	0,0011	7,255	9,055	13,273	11,225
47	293	— 0 15 50	0,0413	7,149	8,024	13,231	10,819
4 30	294	— 1 06 30	0,7291	6,859	8,832	12,835	11,057
5 0	295	+ 0 33 20	0,1833	7,272		13,192	13,226
	40 R.		3,0336	281,165	340,187	518,400	450,026

Ibañez. Quiroga.

10.ème JOURNÉE.

1.ère Section. 4 juin 1858.

Heures	Positions des règles	I	$c = 7797 \sin^2 \frac{1}{2} I$	p'	p''	t'	t''
h m		° ' ''	mm	T	T	T	T
9 2	296	− 0 30 10	0,1501		7,989	16,005	11,375
31	297	+ 0 11 00	0,0200	7,193	8,661	12,147	11,914
47	298	− 0 39 00	0,2509	7,131	8,211	12,239	11,233
10 0	299	− 0 28 10	0,1309	7,563	8,641	12,835	11,539
15	300	− 0 11 10	0,0206	6,102	8,221	11,411	11,135
25	301	− 0 02 50	0,0013	7,155	8,837	12,509	11,706
36	302	− 0 28 10	0,1309	7,263	8,361	12,848	10,944
49	303	− 0 06 30	0,0070	7,233	9,215	12,925	11,768
57	304	− 0 18 50	0,0585	7,921	8,560	13,097	10,989
11 8	305	− 0 06 20	0,0066	6,910	8,889	12,751	11,218
26	306	− 0 22 30	0,0835	6,838	8,752	12,761	10,990
12 20	307	− 0 30 10	0,1501	7,961	8,735	14,088	10,790
37	308	− 0 00 30	0,0000	7,217	8,735	13,105	10,678
1 2	309	− 0 21 10	0,0739	6,833	9,008	13,197	10,987
20	310	− 0 26 50	0,1188	6,870	8,733	13,700	11,261
31	311	− 0 20 40	0,0704	6,234	8,680	13,223	11,019
43	312	− 0 38 20	0,2424	6,438	8,827	13,391	11,268
55	313	− 0 00 30	0,0000	7,256	8,766	14,241	11,127
2 7	314	− 0 18 10	0,0544	5,398	8,844	12,534	11,203
17	315	− 0 02 30	0,0010	8,389	9,184	15,297	11,544
27	316	− 0 11 40	0,0224	5,969	8,619	13,026	10,845
41	317	− 0 01 10	0,0002	6,239	9,118	13,301	11,350
51	318	− 0 03 50	0,0024	6,744	7,942	13,865	10,144
3 7	319	− 0 29 10	0,1403	7,013	8,881	14,094	11,025
19	320	− 0 05 10	0,0044	5,724	8,931	12,865	11,028
30	321	− 0 18 50	0,0585	6,525	9,294	13,596	11,508
40	322	+ 0 01 30	0,0004	6,444	8,794	13,562	10,980
4 4	323	+ 0 01 00	0,0002	6,828	8,839	13,978	10,980
25	324	− 0 16 50	0,0467	6,213	8,612	13,353	10,796
5 0	325	+ 0 03 50	0,0024	6,534		13,597	13,746
	30 R.		1,8492	198,673	252,866	400,772	337,217

Saavedra. Quiroga.

11.ème JOURNÉE.

1.ère SECTION. 3 JUIN 1858.

Heures	Positions des règles	I	$c_i = 7797 \sin^2 \frac{1}{2} I$	p'	p''	l'	l''
h m		° ′ ″	mm	v	v	v	v
9 16	326	+ 0 06 40	0,0073		8,205	16,288	12,088
32	327	— 0 00 30	0,0000	7,658	8,317	13,229	12,116
45	328	+ 0 17 00	0,0477	6,950	8,068	12,579	11,748
10 0	329	— 1 51 40	2,0565	7,402	8,101	13,207	11,599
13	330	— 0 01 40	0,0005	7,325	8,130	13,233	11,480
25	331	+ 0 36 40	0,2217	7,251	9,135	13,301	12,295
39	332	— 0 25 40	0,1087	6,897	8,373	13,202	11,274
52	333	— 0 32 10	0,1707	6,909	8,337	13,286	11,211
11 6	334	— 0 49 30	0,1041	5,878	8,590	12,330	11,400
28	335	— 0 14 20	0,0339	7,076	9,507	13,658	12,168
38	336	— 0 44 50	0,3315	5,724	9,091	12,320	11,791
47	337	— 0 27 20	0,1232	6,156	8,550	12,844	11,161
58	338	— 0 34 50	0,2001	6,478	8,992	13,178	11,526
12 9	339	— 0 16 00	0,0122	8,088	8,927	11,854	11,406
48	340	— 0 10 40	0,0188	6,493	8,969	13,343	11,415
1 0	341	— 0 06 10	0,0062	6,513	7,874	13,446	10,157
10	342	+ 0 01 50	0,0006	6,571	10,857	13,655	12,951
39	343	— 0 17 40	0,0515	6,009	9,285	12,902	11,684
52	344	— 0 47 40	0,3748	6,344	8,803	13,283	11,141
2 5	345	— 0 09 20	0,0144	6,102	9,511	13,106	11,780
20	346	— 0 05 10	0,0044	6,441	8,977	13,328	11,403
34	347	— 0 34 40	0,1982	6,217	8,781	13,130	11,221
3 10	348	+ 0 00 30	0,0000	6,232	8,540	13,011	11,057
48	349	— 0 19 10	0,0606	7,828	8,959	11,437	11,674
4 10	350	— 0 13 10	0,0286	6,119		12,950	13,919
	25 R.		1,5062	160,970	210,879	334,151	291,637

Saavedra. Quiroga.

12.ème JOURNÉE.

1.ère Section. 7 juin 1858.

Heures	Positions des règles	I	$c_{,} = 7797 \sin^2 \frac{1}{2} I$	p'	p''	l'	l''
h m		° ' "	mm	T	T	T	T
9 2	351	— 0 10 40	0,0188		7,470	13,251	12,338
16	352	— 0 18 40	0,0575	8,212	7,350	12,122	12,359
30	353	— 0 11 50	0,0231	7,861	7,446	12,140	12,394
45	354	— 0 10 30	0,0182	8,656	7,841	13,088	13,693
52	355	— 0 09 30	0,0149	5,609	7,592	10,212	12,283
10 2	356	— 0 07 40	0,0097	7,818	7,852	12,181	12,434
13	357	— 0 26 30	0,1158	7,770	7,631	12,455	12,141
23	358	— 0 09 10	0,0139	8,150	7,551	12,912	12,056
32	359.	— 0 02 10	0,0008	7,622	7,918	12,462	12,362
42	360	— 0 10 20	0,0176	7,920	7,807	12,739	12,219
51	361	— 0 16 00	0,0422	7,521	7,861	12,183	12,173
11 3	362	— 0 10 30	0,0194	7,607	8,196	12,630	12,427
12	363	— 0 05 30	0,0056	7,584	8,312	12,635	12,543
21	364	— 0 15 20	0,3390	7,576	8,011	12,677	12,219
32	365	+ 0 51 10	0,1839	7,397	7,617	12,555	11,765
54	366	— 0 01 50	0,0006	7,258	8,206	12,517	12,214
12 7	367	— 0 53 20	0,4691	7,342	7,927	12,592	11,931
18	368	— 0 32 10	0,1707	7,378	7,837	12,659	11,857
58	369	+ 0 05 30	0,0030	7,008	8,047	12,108	12,024
1 10	370	— 0 09 20	0,0144	7,477	8,256	12,820	12,098
20	371	— 0 14 10	0,0331	7,316	7,650	12,671	11,554
30	372	— 0 17 00	0,0477	7,650	7,950	12,920	11,829
38	373	+ 0 02 20	0,0009	7,598	8,281	13,014	12,424
48	374	— 0 08 30	0,0119	7,400	8,079	12,793	11,999
58	375	— 0 04 40	0,0036	7,117	8,359	12,569	12,196
2 7	376	— 0 22 30	0,0835	7,694	8,181	13,136	11,960
19	377	— 0 06 50	0,0077	7,288	8,201	12,754	11,995
29	378	— 0 10 40	0,0188	6,833	8,231	12,295	12,040
39	379	— 0 05 40	0,0053	6,813	8,366	12,219	12,205
49	380	— 0 21 20	0,0751	7,103	8,019	12,522	11,914
59	381	— 0 13 40	0,0308	7,396	7,900	12,821	11,846
3 12	382	— 0 13 20	0,0388	7,033	8,225	12,370	12,153
25	383	+ 0 08 20	0,0115	7,059	7,793	13,013	11,725
35	384	— 0 17 00	0,0477	7,424	8,280	12,856	12,155
46	385	0 00 00	0,0000	7,141	7,540	12,067	11,372
57	386	— 0 17 30	0,0505	6,974	8,172	12,447	12,122
4 8	387	— 0 11 00	0,0200	7,253	7,905	12,052	11,915
17	388	+ 0 08 10	0,0124	7,316	7,984	12,000	12,063
40	389	— 0 05 50	0,0056	7,232	7,377	12,558	11,198
5 0	390	— 0 26 20	0,1144	7,241		12,172	15,231
	40 R.		2,1595	289,307	308,834	505,561	486,482

Saavedra. Quiroga.

13.ème JOURNÉE.

1.ère SECTION. 8 JUIN 1858.

Heures	Positions des règles	I	$c_{,} = 7797 \sin^2 \frac{1}{2} I$	p'	p''	l'	l''
h m		° ′ ″	mm	T	T	T	T
8 0	391	— 0 20 00	0,0660		8,106	14,902	13,655
22	392	— 0 14 40	0,0355	8,243	7,745	12,274	12,993
36	393	— 0 02 10	0,0008	7,802	7,507	11,901	12,531
47	394	— 0 24 40	0,1001	8,256	7,480	12,341	12,679
9 0	395	— 0 09 00	0,0131	8,154	7,270	12,294	12,464
9	396	— 0 22 20	0,0823	7,898	7,313	12,055	12,476
22	397	— 0 01 00	0,0002	8,332	7,711	12,519	12,768
32	398	— 0 13 00	0,0279	8,264	7,422	12,477	12,430
41	399	— 0 10 40	0,0188	8,157	7,311	12,682	12,000
55	400	— 0 01 10	0,0002	8,022	8,350	12,024	13,007
10 3	401	— 0 22 00	0,0798	7,938	7,688	12,570	12,399
12	402	— 0 08 30	0,0119	7,827	7,487	12,442	12,152
22	403	+ 0 14 50	0,0363	7,770	7,823	12,517	12,341
32	404	— 0 18 10	0,0544	7,579	7,661	12,290	12,242
40	405	— 0 01 20	0,0003	7,713	7,690	12,482	12,229
49	406	— 0 27 40	0,1262	8,450	7,715	13,270	12,161
59	407	— 0 04 30	0,0053	8,100	7,904	12,895	12,413
11 10	408	+ 0 00 10	0,0000	7,732	7,751	12,543	12,209
17	409	+ 0 06 30	0,0070	5,767	7,636	10,682	12,014
30	410	— 0 12 20	0,0251	7,866	8,144	12,795	12,472
39	411	+ 0 00 50	0,0000	7,836	7,718	12,661	12,140
47	412	+ 0 08 40	0,0124	7,840	7,541	12,546	12,505
58	413	+ 0 24 30	0,0990	7,442	7,846	12,186	12,354
12 16	414	— 0 21 00	0,0950	7,652	7,781	12,611	12,007
1 0	415	+ 0 02 10	0,0008	7,836	7,612	12,781	11,902
9	416	— 0 11 30	0,0218	7,894	7,915	12,995	12,061
20	417	+ 0 25 20	0,1059	7,883	8,059	13,069	12,100
34	418	+ 0 02 20	0,0009	7,770	7,882	12,848	12,076
44	419	+ 0 18 50	0,0585	7,241	7,706	12,128	11,719
55	420	+ 0 30 00	0,1484	7,403	8,037	12,692	11,950
2 5	421	+ 0 24 20	0,0977	7,731	7,863	13,143	11,750
15	422	+ 0 40 20	0,2683	7,292	8,170	12,556	12,157
21	423	+ 0 25 20	0,1059	7,672	7,679	12,904	11,772
31	424	+ 0 05 40	0,0053	7,737	7,811	13,002	11,810
45	425	+ 0 17 20	0,0496	7,746	8,005	13,044	12,063
55	426	+ 0 06 50	0,0077	7,481	7,917	12,684	12,019
3 5	427	— 0 19 30	0,0627	7,772	7,970	13,095	11,935
17	428	— 0 36 00	0,2138	7,371	7,975	12,624	12,065
42	429	+ 0 08 00	0,0106	7,769	7,742	12,989	11,825
4 8	430	— 0 23 10	0,1045	7,909		13,204	13,200
	40 R.		2,1586	303,150	303,141	506,687	495,153

Saavedra. Quiroga.

14.me JOURNÉE.

1.re SECTION. 9 JUIN 1858.

Heures	Positions des règles	I	$c_{,} = 7797 \sin^2 \frac{1}{2} I$	p'	p''	l'	l''
h m		° ′ ″	mm	r	r	r	r
	431	− 0 36 10	0,2157		7,686	15,798	12,173
9 52	432	− 0 16 10	0,0431	7,858	7,842	12,743	12,160
10 5	433	− 0 38 30	0,2445	5,330	7,150	10,124	11,549
19	434	− 0 53 50	0,4780	9,108	7,690	14,307	11,982
37	435	− 0 24 40	0,1004	7,562	7,558	12,491	11,788
55	436	− 0 37 10	0,2278	7,700	7,622	12,759	11,771
11 6	437	− 0 55 50	0,5142	5,771	7,546	11,088	11,441
17	438	− 0 19 00	0,0595	7,120	7,400	12,140	11,308
34	439	− 0 19 00	0,0595	7,192	7,576	12,630	11,400
12 26	440	− 0 13 00	0,0279	7,568	7,824	12,947	11,737
45	441	− 0 20 20	0,0682	7,270	7,351	12,775	11,082
1 6	442	0 00 00	0,0000	7,198	8,083	12,772	11,762
22	443	+ 0 05 10	0,0044	7,227	7,889	12,846	11,487
34	444	− 0 23 50	0,0937	7,486	8,140	12,749	11,824
47	445	− 0 02 00	0,0007	7,256	7,854	12,871	11,527
57	446	− 0 06 40	0,0073	7,018	8,243	12,701	11,822
2 10	447	− 0 07 30	0,0093	7,163	8,196	12,797	11,806
20	448	− 0 04 30	0,0033	7,346	9,253	12,898	12,972
33	449	− 0 07 30	0,0093	6,825	7,020	12,641	10,411
3 0	450	− 0 01 20	0,0003	7,239	8,443	12,906	11,864
12	451	− 0 06 10	0,0062	6,997	8,240	12,974	11,460
23	452	− 0 00 40	0,0001	7,005	8,178	12,971	11,414
29	453	+ 0 15 10	0,0379	6,939	8,195	12,865	11,538
45	454	− 0 17 40	0,0515	7,196	7,997	13,015	11,466
56	455	− 0 23 50	0,0937	7,375	7,738	13,171	11,313
4 10	456	− 0 02 40	0,0012	7,372	8,542	13,159	12,077
22	457	− 0 12 10	0,0244	7,387	8,553	13,230	12,001
34	458	+ 0 25 50	0,0937	6,901	9,120	12,771	12,856
5 7	459	+ 0 00 20	0,0000	6,971	7,809	12,770	11,330
	460	+ 0 08 30	0,0119	6,629		12,122	13,988
	30 R.		2,1877	208,007	231,038	384,726	355,319

Saavedra. Monet.

15.ème JOURNÉE.

1.ère SECTION. 11 JUIN 1858.

Heures	Positions des règles	i	c_i = 7797 $\sin^2 \frac{1}{4}$ i	p'	p''	l'	l''
h m		° ′ ″	mm	T	T	T	T
7 32	461	+ 0 08 40	0,0124		7,546	13,340	12,241
55	462	+ 0 21 10	0,0739	8,105	7,675	12,898	12,175
8 4	463	+ 0 07 00	0,0081	7,621	7,879	12,538	12,229
12	464	— 0 17 20	0,0196	7,492	8,082	12,451	12,588
21	465	— 1 01 20	0,6201	7,529	8,005	12,556	12,251
30	466	— 1 46 40	1,8763	7,467	7,762	12,566	11,910
39	467	— 1 16 00	0,9526	7,471	8,124	12,715	12,106
45	468	— 0 31 40	0,1982	7,450	8,031	12,809	11,911
54	469	— 0 09 20	0,0141	7,812	8,301	13,292	12,115
9 1	470	— 0 23 30	0,0011	6,670	8,191	12,129	12,002
11	471	+ 0 07 20	0,0089	7,739	8,033	13,291	11,776
18	472	+ 0 02 50	0,0013	6,699	8,304	12,318	11,943
25	473	— 0 09 40	0,0154	7,312	8,239	12,961	11,858
32	474	— 0 53 50	0,4780	7,265	8,072	12,908	11,701
41	475	+ 0 29 50	0,1468	7,593	8,092	13,310	11,641
50	476	+ 0 28 50	0,1371	7,474	8,179	13,268	11,958
58	477	+ 0 41 30	0,2886	7,270	8,173	13,083	11,576
10 5	478	+ 0 16 50	0,0449	7,307	8,392	13,187	11,730
13	479	— 0 21 00	0,0727	7,776	8,340	13,786	11,548
21	480	— 0 15 50	0,0113	7,891	8,390	13,911	11,568
30	481	— 0 32 50	0,1712	7,403	8,366	13,552	11,506
38	482	— 0 06 10	0,0062	7,438	8,368	13,575	11,446
52	483	— 0 22 50	0,0800	7,194	8,597	13,411	11,607
11 2	484	— 0 21 40	0,0774	7,524	8,529	13,798	11,493
9	485	— 0 06 20	0,0069	7,638	8,514	13,931	11,471
20	486	— 0 25 40	0,1087	7,609	8,521	13,931	11,471
12 3	487	— 0 02 00	0,0007	7,048	8,540	13,499	11,388
11	488	— 0 03 50	0,0159	7,817	8,573	14,348	11,376
19	489	— 0 10 20	0,0176	7,351	8,656	13,911	11,378
28	490	— 0 16 10	0,0431	7,556	8,703	13,960	11,577
36	491	— 0 18 10	0,0344	7,459	8,991	14,089	11,579
46	492	— 0 12 10	0,0244	7,274	8,758	13,973	11,327
55	493	+ 0 21 10	0,0739	7,684	8,315	14,112	10,840
1 2	494	— 0 51 50	0,4431	6,381	8,921	13,202	11,533
11	495	— 0 02 10	0,0008	6,812	8,817	13,672	11,259
20	496	— 0 22 10	0,0810	7,206	8,846	14,032	11,198
27	497	— 0 13 30	0,0301	6,370	8,814	13,301	11,139
36	498	— 0 12 50	0,0272	7,519	8,925	14,395	11,413
44	499	— 0 06 20	0,0096	7,269	8,969	14,062	11,174
52	500	— 0 19 40	0,0658	7,196	8,761	13,992	11,237
2 3	501	0 00 00	0,0000	7,307	8,671	14,116	11,234
11	502	— 0 11 40	0,0221	7,032	8,677	13,829	11,156
20	503	+ 0 05 20	0,0047	7,023	8,832	13,846	11,298
28	504	— 0 25 10	0,0885	7,380	8,805	14,197	11,301
35	505	— 0 05 50	0,0056	7,408	8,705	14,226	11,221
43	506	— 0 23 20	0,1144	7,088	8,675	13,829	11,212
51	507	+ 0 06 50	0,0077	7,135	8,651	13,869	11,275
3 0	508	— 0 19 20	0,0616	6,775	8,069	13,552	11,149
1	509	+ 0 00 40	0,0154	7,411	8,070	14,305	11,055
4 5	510	+ 0 14 00	0,0325	7,216		13,877	10,304
	50 R.		6,8235	359,848	443,951	678,157	583,643

Ibañes. Quiroga.

16.ème JOURNÉE.

1.ère Section. 14 juin 1858.

Heures	Positions des règles	I	$c_i = 7797 \sin^2 \frac{1}{2} I$	p'	p''	l'	l''
h m		° ′ ″	mm	T	T	T	T
9 2	511	+ 0 02 10	0,0008		7,938	15,209	11,953
17	512	— 0 11 50	0,0363	7,341	7,916	12,677	11,881
27	513	— 0 08 20	0,0115	7,778	7,999	13,147	11,864
36	514	— 0 04 20	0,0031	7,765	8,142	13,204	11,916
45	515	— 0 04 00	0,0026	7,854	8,136	13,404	11,844
56	516	+ 0 17 00	0,0477	7,670	8,079	13,297	11,660
10 5	517	— 0 11 00	0,0200	7,834	8,092	13,571	11,564
15	518	— 0 20 50	0,0716	7,906	8,027	13,689	11,499
23	519	+ 0 15 40	0,0103	7,657	8,280	13,494	11,686
31	520	— 0 19 00	0,0305	7,233	8,325	13,019	11,739
40	521	+ 0 05 00	0,0011	7,776	8,617	13,718	11,960
48	522	+ 0 02 20	0,0009	7,683	8,312	13,639	11,639
11 0	523	— 0 32 20	0,1724	7,653	8,453	13,684	11,633
10	524	— 0 07 50	0,0101	7,776	8,397	13,874	11,525
18	525	— 0 05 40	0,0022	7,611	8,292	13,814	11,351
27	526	— 0 17 20	0,0196	6,712	8,531	12,974	11,564
37	527	— 0 18 00	0,0334	6,913	8,365	13,236	11,251
46	528	— 0 18 50	0,0585	7,148	8,611	13,519	11,468
54	529	+ 0 29 50	0,1168	7,054	8,559	13,432	11,428
12 2	530	— 0 24 10	0,0963	7,486	9,146	13,837	11,962
42	531	— 0 20 20	0,0682	6,957	8,610	13,115	11,347
50	532	— 0 02 10	0,0008	6,578	8,718	13,191	11,343
1 1	533	— 0 18 00	0,0534	6,546	8,873	13,169	11,481
9	534	— 0 07 30	0,0005	7,088	8,645	13,721	11,225
19	535	— 0 01 50	0,0006	7,097	8,805	13,873	11,320
28	536	+ 0 13 20	0,3097	6,809	8,616	13,578	11,099
37	537	— 0 13 50	0,0316	6,728	8,775	13,531	11,232
46	538	— 0 14 50	0,0565	6,356	8,651	13,326	11,112
55	539	+ 0 15 00	0,0371	6,820	8,788	13,694	11,125
2 3	540	+ 0 32 20	0,1724	7,051	8,852	13,911	11,193
12	541	— 0 04 50	0,0159	6,824	8,688	13,806	10,910
22	542	— 0 24 20	0,0077	6,384	8,941	13,517	11,259
33	543	— 0 09 20	0,0144	6,684	8,747	13,651	11,057
41	544	+ 0 08 20	0,0115	6,492	8,894	13,173	11,183
50	545	+ 0 23 40	0,1087	6,569	8,955	13,529	11,175
59	546	+ 0 01 40	0,0005	6,462	8,803	13,422	11,110
3 11	547	+ 0 07 00	0,0081	6,500	9,008	13,525	11,437
25	548	— 0 07 10	0,0085	6,484	8,775	13,450	11,031
4 0	549	+ 0 05 00	0,0015	6,303	8,849	13,485	11,141
19	550	+ 0 02 10	0,0008	6,447		13,292	12,873
	40 R.		1,8629	276,220	333,234	540,700	459,033

Ibañez. Quiroga.

1.ère SECTION. 15 JUIN 1858.

Heures	Positions des règles	I	$c_{i} = 7797 \sin^2 \frac{1}{2} I$	p'	p''	t'	t''
h m		° ′ ″	mm	T	T	T	T
8 8	551	+ 0 18 50	0,0585		7,738	14,956	12,118
21	552	+ 0 05 40	0,0053	7,707	7,906	12,643	12,196
30	553	— 0 03 20	0,0018	7,405	7,987	12,431	12,232
38	554	+ 0 08 10	0,0110	7,678	7,796	12,740	11,941
47	555	— 0 04 00	0,0026	7,564	7,824	12,729	11,893
56	556	+ 0 04 10	0,0029	7,593	7,917	12,861	12,001
9 4	557	— 0 21 50	0,0786	7,562	8,235	12,838	12,212
13	558	+ 0 05 50	0,0056	7,731	8,018	13,010	11,986
21	559	— 0 11 10	0,0206	7,958	8,128	13,371	11,883
28	560	— 0 05 40	0,0053	7,461	7,894	12,869	11,728
36	561	— 0 06 50	0,0077	8,069	7,933	13,602	11,637
45	562	— 0 11 00	0,0200	8,112	8,159	13,695	11,805
59	563	— 0 15 10	0,0379	6,855	8,398	12,548	11,939
10 11	564	— 0 19 40	0,0638	7,231	8,155	12,995	11,621
22	565	— 0 13 30	0,0301	7,027	8,227	12,807	11,618
29	566	— 0 13 20	0,0293	7,224	8,167	13,071	11,535
40	567	— 0 30 00	0,1484	7,117	8,253	13,093	11,493
51	568	— 1 13 20	0,8870	7,208	8,421	13,232	11,593
59	569	— 0 20 00	0,0660	7,209	8,425	13,357	11,462
11 7	570	— 0 27 10	0,1217	7,008	8,384	13,200	11,392
19	571	+ 0 09 20	0,0144	7,171	8,594	13,417	11,582
27	572	— 0 08 40	0,0124	7,358	8,459	13,647	11,363
36	573	— 0 25 00	0,1031	6,928	8,596	13,432	11,317
44	574	— 0 06 10	0,0062	6,859	8,702	13,369	11,380
55	575	— 0 38 10	0,2403	6,797	8,642	13,435	11,214
12 4	576	— 1 01 20	0,6204	6,695	8,764	13,414	11,305
56	577	— 0 13 30	0,0301	6,605	9,094	13,360	11,637
1 6	578	— 0 11 10	0,0206	6,583	8,741	13,239	11,348
14	579	— 1 01 10	0,6171	6,424	8,665	12,991	11,415
22	580	— 0 33 10	0,1814	6,763	8,636	13,331	11,397
30	581	— 0 11 30	0,0218	6,389	8,586	13,228	11,223
38	582	+ 0 10 00	0,0165	6,631	8,656	13,459	11,135
47	583	— 1 15 50	0,9485	6,369	8,793	13,145	11,225
55	584	— 0 48 00	0,3800	6,807	8,840	13,683	11,188
2 3	585	— 0 07 50	0,0101	6,466	8,822	13,326	11,180
11	586	— 1 14 00	0,9032	6,570	8,670	13,397	11,136
19	587	— 1 02 00	0,6340	6,553	8,823	13,365	11,280
26	588	— 0 31 50	0,1671	6,630	8,825	13,437	11,301
3 3	589	— 0 39 10	0,2530	6,484	8,698	13,272	11,174
19	590	— 0 42 10	0,2933	6,769		13,535	12,545
	40 R.		7,0776	275,770	327,601	529,539	463,686

Ibañez. Quiroga.

1.ère Section. 16 juin 1858.

Heures	Positions des règles	I	$c_1 = 7797 \sin^2 \frac{1}{2} I$	p'	p''	l'	l''
h m		° ′ ″	mm	T	T	T	T
7 51	591	− 0 30 10	0,1501		7,886	15,038	12,235
8 6	592	− 0 32 20	0,1724	7,558	7,887	12,551	12,115
17	593	− 0 20 00	0,0660	7,893	7,904	12,957	12,049
28	594	+ 0 15 20	0,0388	7,551	7,788	12,699	11,845
36	595	− 0 21 50	0,0786	7,650	7,978	12,905	11,917
45	596	+ 0 16 10	0,0431	7,686	8,125	12,986	11,981
53	597	− 0 13 00	0,0371	7,465	8,215	12,937	11,886
9 1	598	− 0 17 20	0,0496	7,281	8,296	12,779	11,948
9	599	− 0 05 00	0,0041	7,438	8,308	13,127	11,794
17	600	− 0 14 30	0,0347	7,493	8,148	13,258	11,564
27	601	− 0 00 30	0,0000	7,578	8,447	13,483	11,719
35	602	+ 0 07 10	0,0085	7,318	8,203	13,275	11,444
43	603	− 0 18 20	0,0554	7,100	8,604	13,139	11,772
51	604	+ 0 15 10	0,0379	6,996	8,406	13,092	11,556
10 0	605	− 0 05 50	0,0056	6,888	8,506	13,044	11,602
7	606	+ 0 09 40	0,0151	6,861	8,405	13,071	11,443
15	607	+ 0 13 00	0,0279	7,007	8,559	13,329	11,445
28	608	+ 0 03 00	0,0015	7,184	8,598	13,542	11,491
37	609	+ 0 53 50	0,5142	7,047	8,624	13,419	11,484
47	610	+ 0 42 20	0,2956	7,377	8,691	13,947	11,383
56	611	+ 0 42 50	0,3026	6,937	8,461	13,441	11,191
11 4	612	+ 2 00 30	2,3947	6,901	8,682	13,390	11,404
20	613	+ 1 54 00	2,1433	6,689	8,734	13,229	11,464
30	614	+ 1 08 40	0,7777	7,068	8,730	13,539	11,447
48	615	+ 1 40 00	1,6493	6,519	8,654	13,109	11,356
12 29	616	+ 1 47 00	1,8882	6,980	8,728	13,740	11,217
40	617	+ 1 50 00	1,9956	6,595	8,725	13,414	11,164
50	618	+ 0 35 30	0,2079	6,628	8,749	13,446	11,196
57	619	+ 0 40 40	0,2728	6,316	8,863	13,236	11,172
1 7	620	+ 0 15 20	0,0388	6,818	8,882	13,797	11,099
15	621	+ 0 31 50	0,1671	6,819	8,880	13,710	11,226
24	622	+ 0 31 40	0,1654	7,506	8,741	14,362	11,191
33	623	− 0 01 10	0,0002	6,151	8,609	13,052	11,054
42	624	+ 0 30 30	0,1534	6,399	8,874	13,311	11,256
52	625	+ 0 06 40	0,0073	6,232	8,825	13,077	11,320
2 0	626	+ 0 38 40	0,2466	6,828	8,909	13,704	11,360
7	627	+ 0 02 40	0,0012	6,527	8,783	13,435	11,206
17	628	− 0 21 10	0,0739	6,742	8,636	13,647	11,065
48	629	+ 0 35 10	0,2040	6,099	8,760	12,919	11,218
3 6	630	− 0 31 10	0,1925	7,173		13,999	12,035
	40 R.		14,5190	273,266	331,786	531,165	460,892

Ibañez. Quiroga.

1.ère Section. 18 juin 1858.

Heures	Positions des règles	I	$c_1 = 7797 \sin^2 \frac{1}{2} I$	p'	p''	t'	t''
h m		° ′ ″	mm	T	T	T	T
7 41	631	+ 0 44 10	0,3217		7,975	14,531	12,764
57	632	+ 0 12 10	0,0244	7,951	7,573	12,449	12,273
8 11	633	+ 0 03 20	0,0018	7,581	7,641	12,245	12,170
21	634	— 0 01 40	0,0005	7,482	7,771	12,223	12,216
30	635	+ 0 06 20	0,0066	7,640	7,900	12,450	12,253
40	636	+ 0 11 10	0,0206	7,591	7,794	12,481	12,085
53	637	— 0 11 10	0,0206	7,818	8,240	12,929	12,261
9 6	638	+ 0 09 00	0,0134	7,427	7,759	12,684	11,634
15	639	— 0 31 40	0,1654	7,402	8,193	12,819	12,008
24	640	— 0 06 10	0,0062	7,596	8,074	12,976	11,875
35	641	+ 0 06 40	0,0073	7,312	8,061	12,755	11,801
44	642	+ 0 13 40	0,0308	7,103	8,123	12,570	11,823
53	643	— 0 27 00	0,1202	7,319	8,217	12,878	11,861
10 3	644	0 00 00	0,0000	7,396	8,140	12,944	11,742
12	645	+ 0 11 00	0,0200	7,529	8,212	13,182	11,739
22	646	+ 0 11 20	0,0212	7,155	8,371	12,869	11,844
31	647	— 0 08 40	0,0124	7,315	8,520	12,958	12,064
40	648	+ 0 02 50	0,0013	7,725	8,227	13,429	11,730
48	649	— 0 08 30	0,0119	7,995	8,160	13,765	11,544
58	650	+ 0 05 30	0,0050	8,043	8,367	13,851	11,720
11 58	651	+ 0 50 40	0,4234	7,402	8,443	13,403	11,595
12 7	652	+ 0 15 50	0,0413	7,753	8,329	13,858	11,414
17	653	+ 0 38 00	0,2382	8,208	8,780	14,348	11,830
31	654	+ 0 07 00	0,0081	7,617	8,238	13,701	11,311
41	655	— 0 35 40	0,2098	6,278	8,360	12,327	11,518
55	656	+ 0 10 30	0,0182	6,732	8,508	12,981	11,505
1 5	657	+ 0 12 40	0,0265	6,502	8,622	12,723	11,593
12	658	— 0 00 50	0,0001	6,913	8,630	13,163	11,578
23	659	— 0 40 30	0,2705	6,722	8,678	12,933	11,712
30	660	0 00 00	0,0000	7,060	8,431	13,336	11,336
40	661	+ 0 20 40	0,7704	6,726	8,627	12,971	11,590
50	662	+ 0 10 00	0,0165	6,916	8,489	13,292	11,378
58	663	— 0 10 20	0,0176	6,838	8,716	13,152	11,593
2 7	664	+ 0 44 10	0,3217	6,928	8,494	13,204	11,462
19	665	— 0 18 20	0,0551	6,955	8,532	13,381	11,328
28	666	— 0 16 30	0,0449	6,444	8,620	13,005	11,300
36	667	+ 0 14 30	0,0347	6,602	8,471	13,095	11,195
45	668	+ 0 10 10	0,0170	6,730	8,499	13,252	11,149
3 30	669	— 0 01 00	0,0002	6,640	8,667	13,218	11,331
53	670	— 0 31 20	0,1619	6,489		13,079	12,800
	40 R.		2,7877	281,895	323,542	525,140	469,925

Ibañez. Quiroga.

20.ème JOURNÉE.

1.ère Section. | 10 juin 1858.

Heures	Positions des règles	1	$c_1 = 7797 \sin^2 \frac{1}{2} 1$	p'	p''	i'	i''
h m		° ′ ″	mm	τ	τ	τ	τ
8 17	671	+ 0 32 50	0,1778		8,139	15,463	12,123
31	672	— 0 03 40	0,0022	7,191	8,074	12,551	11,901
40	673	— 0 06 50	0,0077	7,498	8,265	12,961	11,956
47	674	+ 0 03 20	0,0293	7,218	8,279	12,711	11,950
55	675	— 0 16 30	0,0449	7,792	8,198	13,380	11,805
9 3	676	+ 0 07 00	0,0081	7,522	8,212	13,161	11,757
11	677	— 0 08 40	0,0124	6,562	8,113	12,187	11,629
11	678	— 0 22 50	0,0660	7,080	8,338	12,736	11,822
27	679	+ 0 08 00	0,0106	6,906	8,290	12,593	11,754
35	680	+ 0 11 00	0,0200	7,068	8,314	12,820	11,711
43	681	+ 0 04 10	0,0029	6,429	8,329	12,257	11,674
51	682	— 0 05 30	0,0050	7,231	8,355	13,075	11,673
10 1	683	— 0 16 50	0,0467	6,660	8,471	12,623	11,712
9	684	+ 0 14 00	0,0323	7,128	8,322	13,128	11,466
17	685	— 0 01 00	0,0002	7,037	8,389	13,229	11,404
26	686	— 0 05 40	0,0053	6,847	8,482	13,085	11,474
34	687	— 0 10 30	0,0182	6,618	8,443	12,827	11,442
43	688	— 0 11 40	0,0224	6,747	8,551	13,058	11,460
53	689	+ 0 18 30	0,0564	6,158	8,670	12,323	11,757
11 2	690	— 0 08 10	0,0110	6,913	8,402	13,139	11,414
11	691	— 0 18 10	0,0544	7,115	8,811	13,401	11,728
20	692	— 0 11 10	0,0206	6,679	8,434	12,919	11,363
27	693	— 0 08 00	0,0106	6,694	8,396	13,032	11,234
35	694	+ 0 05 10	0,0044	6,550	8,503	12,873	11,361
45	695	— 0 23 50	0,0937	6,639	8,656	13,100	11,414
12 43	696	+ 0 10 00	0,0165	6,612	8,722	13,266	11,270
52	697	+ 0 06 20	0,0066	6,565	8,493	13,230	11,036
1 2	698	— 0 21 50	0,0786	6,734	8,658	13,406	11,213
11	699	— 0 02 20	0,0009	6,667	8,794	13,455	11,146
20	700	— 0 15 50	0,0413	6,488	8,738	13,269	11,127
27	701	+ 0 14 00	0,0323	6,828	8,814	13,588	11,245
38	702	— 0 07 10	0,0085	6,721	8,744	13,587	11,088
45	703	— 0 20 10	0,0671	6,513	8,860	13,407	11,094
54	704	+ 0 06 30	0,0070	6,673	8,559	13,706	10,770
2 7	705	+ 0 01 30	0,0004	6,450	8,554	13,665	10,534
16	706	+ 0 01 20	0,0003	6,529	8,885	13,763	10,847
25	707	+ 0 40 50	0,2750	6,746	8,879	14,012	10,810
39	708	— 0 16 50	0,0467	6,391	9,018	13,697	10,926
3 1	709	+ 0 35 20	0,2059	6,695	9,031	14,064	10,881
28	710	— 1 03 40	0,6685	6,068		13,298	12,584
	40 R.		2,2387	264,952	332,285	528,010	457,555

Ibañez. Quiroga.

21.ème JOURNÉE.

1.ère SECTION. 21 JUIN 1858.

Heures	Positions des règles	I	$c_{,}=$ 7797 $\sin^2 \frac{1}{2}$ I	p'	p''	l'	l''
h m		° ′ ″	mm	T	T	T	T
7 25	711	+ 0 15 30	0,0396		7,290	15,591	11,226
47	712	− 0 11 40	0,0224	7,511	8,354	12,914	12,122
58	713	− 0 30 20	0,1518	7,053	8,143	12,622	11,743
8 10	714	− 0 11 40	0,0224	7,120	8,299	12,729	11,850
20	715	− 0 22 20	0,0823	7,657	8,623	13,371	12,106
30	716	− 0 09 10	0,0139	7,645	8,485	13,380	11,920
44	717	− 0 08 00	0,0106	6,730	9,016	12,511	12,393
54	718	− 0 26 10	0,1129	7,248	8,518	13,142	11,164
9 4	719	+ 0 04 30	0,0033	7,021	9,106	12,975	12,301
16	720	− 0 31 30	0,1637	7,369	8,587	13,491	11,740
30	721	− 0 13 40	0,0308	7,102	7,734	13,321	10,682
39	722	− 0 06 20	0,0066	7,557	6,688	13,883	9,595
50	723	− 0 39 00	0,2509	7,109	8,745	13,472	11,507
10 0	724	− 0 24 10	0,0963	6,997	8,417	13,458	11,132
12	725	+ 0 16 40	0,0458	5,349	8,766	11,913	11,408
21	726	− 0 36 10	0,2157	6,277	8,531	12,893	10,904
32	727	− 0 33 30	0,1851	6,973	9,449	13,578	11,987
41	728	− 0 38 40	0,2466	6,991	8,870	13,643	11,306
51	729	− 0 15 10	0,0379	5,483	8,976	12,212	11,417
11 1	730	− 0 17 50	0,0505	7,040	8,977	13,756	11,402
10	731	− 0 11 10	0,0206	6,394	9,170	13,222	11,506
21	732	− 0 15 10	0,0379	6,989	8,502	13,839	10,902
31	733	− 0 24 30	0,0990	6,255	9,014	13,128	11,342
12 17	734	+ 0 01 20	0,0003	6,566	8,498	13,548	10,680
29	735	− 0 35 40	0,2098	6,396	10,238	13,453	12,358
39	736	+ 0 11 00	0,0200	6,424	8,351	13,399	10,533
50	737	− 0 00 10	0,0000	6,300	8,574	13,324	10,685
58	738	− 0 23 10	0,0885	6,686	8,569	13,722	10,651
1 8	739	+ 0 12 20	0,0251	5,221	9,902	12,301	11,993
23	740	− 0 11 40	0,0224	6,801	8,951	13,881	11,008
32	741	− 0 02 00	0,0007	5,852	7,795	12,926	9,866
42	742	+ 0 22 00	0,0798	6,528	9,017	13,650	11,026
48	743	− 0 14 00	0,0323	6,126	10,284	13,259	12,279
59	744	+ 0 20 50	0,0716	6,777	9,063	13,981	11,033
2 11	745	− 0 07 50	0,0101	6,740	9,165	13,957	11,134
24	746	+ 0 27 40	0,1262	6,838	8,720	14,069	10,735
34	747	0 00 00	0,0000	6,518	10,161	13,711	12,073
44	748	+ 0 06 30	0,0070	6,358	9,136	13,523	11,162
3 26	749	+ 0 09 40	0,0154	6,322	9,063	13,353	11,022
59	750	− 0 06 30	0,0050	6,402		13,639	12,198
	40 R.		2,6608	260,725	341,842	534,740	454,693

Saavedra. Monet.

22.ème JOURNÉE.

1.ère SECTION. 22 JUIN 1858.

Heures	Positions des règles	I	$c_{,} = 7797 \sin^2 \frac{1}{2} I$	p'	p''	l'	l''
h m		° ′ ″	mm	T	T	T	T
9 16	751	+ 0 32 00	0,1689		7,878	11,981	12,076
25	752	+ 0 12 50	0,0272	7,798	8,092	12,911	12,260
58	753	+ 0 12 50	0,0272	7,672	8,345	12,976	12,285
10 16	754	+ 0 17 10	0,0486	7,972	10,931	13,471	14,731
33	755	+ 0 06 10	0,0062	7,232	8,483	12,769	12,128
43	756	+ 0 16 50	0,0467	7,623	8,525	13,202	12,230
57	757	+ 0 07 50	0,0101	7,247	8,074	12,892	11,661
11 6	758	− 0 03 30	0,0020	7,933	8,100	13,588	11,652
47	759	+ 0 19 20	0,0616	6,782	8,321	12,631	11,685
57	760	− 0 03 40	0,0022	6,758	8,635	12,699	11,901
12 7	761	− 0 04 00	0,0026	7,043	8,481	12,962	11,789
15	762	+ 0 26 40	0,1173	7,044	8,227	12,983	11,509
26	763	− 0 01 40	0,0036	6,928	8,560	13,007	11,693
34	764	− 0 00 50	0,0001	6,854	8,278	12,900	11,440
43	765	+ 0 16 00	0,0422	7,022	6,960	13,128	10,126
54	766	− 0 01 10	0,0002	7,191	8,542	13,326	11,650
1 5	767	+ 0 11 40	0,0224	7,072	8,679	13,203	11,741
13	768	+ 0 13 40	0,0308	6,996	8,476	13,019	11,593
21	769	− 0 11 10	0,0206	7,103	8,538	13,137	11,701
29	770	+ 0 00 40	0,0001	7,071	8,001	13,091	11,102
40	771	− 0 01 10	0,0002	7,118	9,027	13,316	12,097
48	772	+ 0 35 00	0,2020	6,972	8,462	13,097	11,571
58	773	+ 0 29 30	0,1435	6,817	8,124	13,027	11,183
2 7	774	− 0 04 40	0,0036	6,895	8,514	13,093	11,495
16	775	− 0 25 10	0,1045	7,548	8,974	13,783	11,908
24	776	+ 0 10 00	0,0165	7,135	8,502	13,350	11,428
32	777	+ 0 38 40	0,2466	6,886	8,611	13,194	11,530
41	778	− 0 16 20	0,0440	7,208	8,511	13,510	11,392
50	779	+ 0 19 00	0,0595	7,110	6,602	13,489	9,479
56	780	− 0 06 30	0,0070	6,851	8,654	13,206	11,543
3 6	781	− 0 06 00	0,0059	6,976	8,537	13,331	11,397
15	782	+ 0 08 10	0,0110	6,730	8,939	13,166	11,732
25	783	− 0 06 10	0,0062	6,949	9,105	13,327	11,940
33	784	− 0 05 40	0,0053	6,990	8,504	13,399	11,337
4 3	785	+ 0 12 00	0,0238	6,711	8,507	13,063	11,396
13	786	− 0 12 40	0,0265	6,817	8,003	13,208	10,807
31	787	+ 0 00 40	0,0001	6,634	8,969	13,017	11,786
56	788	− 0 13 10	0,0286	6,878	8,681	13,221	11,561
5 11	789	+ 0 10 00	0,0165	6,621	8,530	12,886	11,546
54	790	− 1 34 10					
	39 R.		1,5919	260,190	329,882	514,501	451,084

Saavedra. *Monet.*

23.ème JOURNÉE.

2.ème SECTION. 23 JUIN 1858.

Heures	Positions des règles	I	$c_1 = 7797 \sin^2 \frac{1}{2} I$	p'	p''	l'	l''
h m		° ' "	mm	T	T	T	T
9 22	791	+ 0 37 20	0,2299		7,861	13,033	12,092
49	792	— 0 16 20	0,0440	7,662	7,908	12,737	11,996
10 7	793	+ 0 02 40	0,0012	7,520	7,919	12,683	11,934
16	794	— 0 15 00	0,0371	7,576	7,808	12,793	11,784
25	795	— 0 00 20	0,0000	7,522	8,171	12,848	12,046
37	796	+ 0 23 30	0,0911	7,452	8,195	12,825	11,992
45	797	— 0 28 30	0,1340	7,174	7,830	12,631	11,556
49	798	— 0 01 00	0,0002	7,346	8,150	12,849	11,808
11 1	799	— 0 10 40	0,0188	7,171	8,288	12,672	11,978
9	800	+ 0 18 40	0,0575	7,424	8,324	12,910	12,010
18	801	+ 0 03 30	0,0020	7,299	8,340	12,940	11,868
27	802	— 0 20 50	0,0716	7,378	8,041	13,004	11,595
36	803	+ 0 22 20	0,0823	7,082	8,451	12,772	12,003
45	804	— 0 15 50	0,0413	7,171	8,035	12,834	11,556
54	805	+ 0 11 40	0,0224	7,258	7,750	12,904	11,336
12 46	806	— 0 07 00	0,0081	7,311	8,338	13,271	11,579
55	807	— 0 24 10	0,0963	6,971	8,314	12,968	11,523
1 3	808	— 0 13 10	0,0286	6,828	8,464	12,768	11,707
10	809	— 0 18 10	0,0544	7,188	8,254	13,183	11,454
20	810	— 0 29 30	0,1435	7,128	7,862	13,165	11,041
26	811	— 0 08 00	0,0106	6,972	8,457	13,090	11,502
35	812	— 0 46 40	0,3592	7,085	8,418	13,248	11,436
44	813	+ 0 33 50	0,1888	7,121	8,521	13,329	11,527
57	814	— 0 14 40	0,0355	6,821	8,053	13,012	11,063
2 6	815	— 0 22 10	0,0810	6,771	9,144	13,007	12,143
15	816	+ 0 19 50	0,0649	7,074	8,653	13,335	11,630
24	817	— 0 19 30	0,0627	6,798	8,282	13,110	11,235
31	818	— 0 15 30	0,0396	6,827	8,088	13,096	11,084
41	819	— 0 36 40	0,2217	6,947	9,234	13,266	12,129
49	820	— 0 09 20	0,0144	7,184	8,784	13,434	11,793
58	821	— 0 26 50	0,1188	6,808	8,592	13,001	11,652
3 6	822	— 0 27 40	0,1262	6,777	8,490	13,058	11,442
16	823	+ 0 17 40	0,0315	6,935	8,745	13,204	11,723
24	824	+ 0 08 30	0,0119	7,179	8,552	13,450	11,554
33	825	+ 0 45 10	0,3365	7,047	8,900	13,297	11,894
48	826	+ 0 01 00	0,0002	6,838	8,266	13,101	11,258
57	827	+ 0 20 10	0,0671	6,698	9,271	12,965	12,223
4 6	828	+ 0 19 30	0,0627	6,732	8,568	12,945	11,582
49	829	— 0 05 00	0,0041	7,040	8,315	13,153	11,531
5 23	830	+ 0 19 50	0,0649	6,929		12,953	13,316
	40 R.		3,0866	276,934	325,666	522,836	468,015

Saavedra. Monet.

24.ème JOURNÉE.

2.ème SECTION. 25 JUIN 1858.

Heures	Positions des règles	I	$c_i = 7797 \sin^2 \frac{1}{2} I$	p'	p''	l'	l''
h m		° ′ ″	mm	T	T	T	T
7 52	831	+ 0 07 00	0,0081		7,859	14,871	12,275
8 4	832	+ 0 01 00	0,0002	7,779	7,800	12,740	12,072
13	833	+ 0 27 20	0,1232	7,507	8,096	12,530	12,238
22	834	+ 0 06 50	0,0077	7,769	7,583	12,802	11,781
30	835 *	+ 0 29 50	0,1468	7,598	7,717	12,729	11,840
38	836	+ 0 21 20	0,0751	7,645	7,644	12,766	11,694
45	837	+ 0 22 30	0,0835	7,415	8,029	12,647	11,982
53	838	+ 0 30 30	0,1534	7,532	8,172	12,756	12,121
9 1	839	+ 0 16 50	0,0467	7,300	8,132	12,705	11,985
9	840	+ 0 34 30	0,1963	7,636	7,931	12,999	11,756
16	841	+ 0 47 20	0,3695	7,601	8,214	13,016	12,016
23	842	− 0 10 00	0,0165	7,533	8,095	12,980	11,848
30	843	+ 0 36 40	0,2217	7,131	8,476	12,664	12,165
37	844	− 0 06 30	0,0070	7,230	8,308	12,775	11,962
45	845	+ 0 34 50	0,2001	7,065	7,877	12,651	11,512
52	846	− 0 05 00	0,0041	7,083	7,702	12,688	11,357
10 0	847	+ 0 14 00	0,0323	7,396	5,879	13,079	9,443
7	848	+ 0 18 10	0,0544	7,081	7,797	12,700	11,381
14	849	+ 0 02 50	0,0013	7,144	8,377	12,891	11,813
21	850	− 0 11 10	0,0206	7,087	7,960	12,796	11,398
30	851	+ 0 06 40	0,0073	6,874	8,219	12,737	11,589
37	852	− 0 17 20	0,0496	7,110	8,134	12,970	11,466
44	853	− 0 00 50	0,0001	7,122	7,507	13,004	10,806
51	854	− 0 11 20	0,0212	7,225	8,327	13,069	11,651
59	855	− 0 25 30	0,1073	7,044	8,428	13,015	11,670
11 6	856	− 0 05 20	0,0047	6,800	8,478	12,730	11,795
13	857	− 0 08 50	0,0129	7,139	8,249	13,156	11,478
21	858	− 0 27 50	0,1247	7,271	8,276	13,226	11,509
33	859	− 0 43 30	0,3121	7,243	8,671	13,144	11,792
40	860	+ 0 05 00	0,0041	6,737	8,628	12,854	11,713
50	861	− 0 40 40	0,2728	6,973	8,573	13,087	11,701
57	862	− 0 35 10	0,2040	6,923	8,389	13,041	11,505
12 5	863	− 0 02 50	0,0013	7,066	8,324	13,194	11,490
14	864	− 0 43 30	0,3121	7,103	8,482	13,252	11,553
23	865	− 0 14 40	0,0355	6,894	7,849	13,126	10,838
1 0	866	− 0 10 40	0,0188	6,974	8,600	13,284	11,501
7	867	− 0 39 40	0,2595	6,732	8,919	13,082	11,784
20	868	+ 0 14 00	0,0323	6,900	8,651	13,183	11,609
30	869	+ 0 27 30	0,1247	6,832	7,988	13,121	10,927
39	870	− 1 42 20	1,7271	6,772	8,493	13,001	11,489
49	871	− 0 53 30	0,4721	6,756	8,806	13,110	11,700
57	872	− 0 35 20	0,2059	6,503	8,526	12,877	11,387
2 5	873	+ 0 02 30	0,0010	6,793	8,566	13,137	11,515
12	874	− 0 35 40	0,2098	6,846	8,461	13,229	11,289
22	875	− 0 23 50	0,0937	6,616	8,550	12,999	11,466
29	876	− 0 17 40	0,0515	6,553	8,650	12,882	11,564
38	877	− 0 11 50	0,0231	6,769	8,535	13,097	11,471
47	878	− 0 36 00	0,2138	7,178	8,552	13,510	11,403
3 25	879	− 0 26 20	0,1144	6,807	8,698	13,121	11,513
50	880	− 0 28 00	0,1293	6,783		13,125	13,228
	50 R.		6,9152	347,960	402,180	650,909	581,079

Saavedra. *Monet.*

25.ème JOURNÉE.

2.ème SECTION. 26 JUIN 1858.

Heures	Positions des règles	t	$c_{,} = 7797 \sin^2 \frac{1}{2} t$	p'	p''	l'	l''
h m		° ′ ″	mm		T	T	T
9 9	881	— 0 01 20	0,0003		7,486	15,363	11,726
31	882	— 0 35 20	0,2069	7,766	8,003	12,836	12,150
42	883	— 0 26 40	0,1173	7,380	7,247	12,491	11,338
58	884	— 0 47 10	0,3669	7,172	8,155	12,306	12,203
10 7	885	— 0 39 50	0,2617	7,337	7,744	12,539	11,707
20	886	— 0 44 40	0,3291	6,945	8,030	12,298	11,859
32	887	— 0 42 50	0,3026	7,213	8,296	12,672	11,978
44	888	— 0 24 30	0,0990	7,315	8,493	12,769	12,195
55	889	— 0 20 50	0,0716	7,227	8,238	12,886	11,703
11 6	890	— 0 51 20	0,4869	7,220	8,688	12,881	12,146
15	891	— 0 44 10	0,3217	7,222	8,254	12,967	11,646
25	892	— 0 24 30	0,0990	7,375	8,280	13,188	11,620
35	893	— 1 06 50	0,7367	7,162	8,333	12,931	11,763
46	894	— 0 18 00	0,0534	7,064	8,172	12,878	11,536
57	895	— 0 56 10	0,5203	7,500	8,067	13,490	11,272
12 6	896	— 0 52 00	0,1460	6,995	8,553	13,114	11,604
16	897	— 1 02 20	0,6408	7,493	8,321	13,653	11,293
1 0	898	— 1 45 00	1,8183	6,317	8,422	12,427	11,506
5	899	— 1 23 30	1,1499	6,628	8,049	12,801	11,050
21	900	— 1 00 00	0,5938	7,225	8,436	13,454	11,382
30	901	— 1 20 30	1,0688	6,706	8,486	12,983	11,403
40	902	— 1 30 00	1,3329	6,621	8,620	12,925	11,486
50	903	— 0 17 40	0,0515	7,153	8,634	13,499	11,444
57	904	— 0 56 40	0,5296	6,905	8,652	13,260	11,475
2 6	905	— 1 26 10	1,2245	5,779	8,660	12,142	11,522
14	906	— 1 03 30	0,6651	7,043	8,795	13,401	11,615
30	907	— 1 21 20	1,0910	7,281	8,824	13,714	11,522
39	908	— 1 11 00	0,8314	6,707	8,081	13,106	10,934
52	909	— 0 46 50	0,3618	7,468	8,841	13,912	11,632
3 0	910	— 1 05 50	0,7148	7,142	8,488	13,601	11,272
8	911	— 0 46 50	0,3618	6,784	8,320	13,291	11,285
18	912	— 0 50 50	0,4262	6,556	8,704	13,111	11,355
26	913	— 0 53 30	0,4721	7,075	8,554	13,520	11,367
35	914	— 0 45 50	0,3465	6,865	8,723	13,360	11,319
45	915	— 0 53 20	0,4691	6,953	8,256	13,178	10,959
54	916	— 0 40 30	0,2705	6,665	8,978	13,248	11,647
4 3	917	— 0 49 40	0,4069	6,390	8,314	12,970	11,017
13	918	— 0 02 50	0,0010	6,344	8,981	12,973	11,580
50	919	— 0 42 40	0,3003	6,571	8,863	13,026	11,671
5 0	920	— 1 07 00	0,7401	5,503		11,860	13,445
	40 R.		20,2904	271,085	327,221	525,345	465,827

Quiroga. *Monet.*

2.ème SECTION. 29 JUIN 1858.

Heures	Positions des règles	I	$C_1 =$ 7797 $\sin^2 \frac{1}{2}$ I	p'	p''	i'	i''
h m		° ′ ″	mm	T	T	T	T
8 51	921	− 0 03 10	0,0017		8,225	15,456	12,376
9 7	922	− 0 42 20	0,2956	7,620	7,627	13,778	11,668
17	923	− 0 27 50	0,1278	7,280	7,816	12,550	11,759
26	924	− 0 09 20	0,0144	7,852	8,039	13,142	11,978
35	925	− 0 19 00	0,0595	7,383	8,028	12,691	11,910
43	926	− 0 11 00	0,0200	7,194	7,757	12,588	11,568
51	927	− 0 10 50	0,0194	6,528	8,046	12,006	11,820
53	928	− 0 21 10	0,0739	7,133	7,667	12,648	11,367
10 6	929	− 0 12 50	0,0272	7,166	8,007	12,819	11,553
15	930	− 0 18 50	0,0385	7,323	8,173	13,007	11,803
23	931	+ 0 38 50	0,2487	7,505	8,059	13,192	11,695
31	932	+ 0 21 20	0,0751	7,239	7,935	12,935	11,595
41	933	+ 0 37 10	0,2278	7,137	8,229	12,865	11,774
50	934	+ 0 42 20	0,2956	7,888	8,229	13,694	11,668
57	935	+ 0 51 40	0,4403	8,095	8,292	13,985	11,659
11 4	936	+ 0 59 00	0,5741	6,630	8,374	12,483	11,777
12	937	+ 0 53 00	0,4633	6,979	7,892	12,813	11,360
20	938	+ 0 17 20	0,0496	7,261	8,395	13,130	11,793
30	939	+ 1 23 40	1,1545	7,268	8,226	13,260	11,505
40	940	+ 0 01 30	0,0053	7,123	8,331	13,267	11,461
12 28	941	+ 0 55 40	0,5111	7,100	8,797	13,116	11,734
35	942	+ 0 21 00	0,0727	6,414	8,708	12,716	11,594
42	943	+ 0 14 20	0,0359	6,815	8,192	13,142	11,092
51	944	+ 0 08 30	0,0119	6,578	8,366	12,885	11,303
59	945	− 0 01 00	0,0002	6,629	8,708	13,015	11,572
1 9	946	− 0 18 00	0,0534	6,606	8,666	12,954	11,609
18	947	− 0 17 20	0,0496	6,655	8,642	13,068	11,514
26	948	− 0 05 50	0,0024	6,785	8,426	13,165	11,283
35	949	+ 0 26 00	0,1115	6,348	8,765	12,780	11,632
42	950	+ 0 16 20	0,0440	6,646	8,549	13,078	11,432
52	951	+ 0 41 30	0,2841	6,988	8,702	13,400	11,503
2 10	952	+ 0 54 40	0,4929	6,633	8,840	12,984	11,709
20	953	+ 0 52 10	0,4488	7,062	8,727	13,503	11,582
29	954	+ 1 04 00	0,6756	7,107	9,056	13,569	11,884
32	955	+ 1 19 10	1,0337	7,682	9,025	14,104	11,915
52	956	+ 1 33 30	1,5042	6,784	8,720	13,361	11,647
3 4	957	+ 1 26 20	1,2293	6,885	8,871	13,262	11,075
43	958	+ 0 54 00	0,4809	6,522	8,377	12,902	11,479
49	959	+ 1 23 50	1,1591	7,053	8,603	13,443	11,604
4 17	960	+ 0 25 50	0,1101	6,447		12,929	13,953
	40 R.		12,5397	274,407	326,107	521,913	468,195

Quiroga. Monet.

27.ème JOURNÉE.

2.ème SECTION. 1.er JUILLET 1858.

Heures	Positions des règles	I	$c_1 = 7797 \sin^2 \frac{1}{2} I$	p'	p''	t'	t''
h m		° ′ ″	mm	T	T	T	T
8 52	961	+ 1 03 30	0,6651		7,627	15,005	12,396
9 12	962	+ 0 32 10	0,1707	7,542	7,611	12,364	12,256
29	963	+ 0 49 20	0,4014	7,678	7,014	12,620	12,431
38	964	+ 0 33 40	0,1869	7,363	7,908	12,354	12,387
54	965	+ 0 32 50	0,1778	7,754	7,719	12,813	12,117
10 3	966	+ 0 51 10	0,4318	7,551	7,878	12,648	12,198
27	967	+ 0 10 50	0,0194	7,537	7,943	12,824	12,073
38	968	+ 0 33 10	0,1814	7,495	8,350	12,810	12,449
46	969	+ 0 52 50	0,4604	7,808	7,707	13,323	11,638
55	970	+ 0 18 30	0,0564	6,703	7,835	12,271	11,680
11 3	971	+ 0 20 00	0,0060	7,185	8,165	12,850	11,925
10	972	+ 0 30 20	0,1518	7,123	8,092	12,805	11,788
18	973	+ 0 21 20	0,0977	7,027	8,059	12,740	11,712
26	974	+ 0 27 30	0,1247	6,514	8,480	12,320	12,056
34	975	+ 0 03 00	0,0015	7,414	8,503	13,270	11,847
45	976	+ 0 24 40	0,1004	7,578	8,551	13,557	11,772
12 25	977	+ 0 22 00	0,0798	6,976	8,530	13,156	11,526
33	978	+ 0 09 10	0,0139	6,528	8,441	12,689	11,675
40	979	+ 0 20 20	0,0682	6,858	8,553	12,917	11,889
48	980	+ 0 28 20	0,1324	6,650	8,970	12,717	12,313
55	981	+ 0 16 00	0,0422	7,478	8,336	13,497	11,768
1 3	982	+ 0 12 00	0,0238	6,425	8,556	12,455	11,952
10	983	+ 0 24 20	0,0977	7,091	8,427	13,127	11,867
18	984	+ 0 55 50	0,5142	6,485	8,314	12,526	11,692
26	985	+ 1 20 00	1,0556	7,327	8,373	13,365	11,792
35	986	+ 0 00 20	0,0000	6,508	8,507	12,487	11,950
43	987	— 0 51 20	0,1346	7,071	8,540	13,107	11,682
51	988	— 0 17 00	0,0477	6,488	8,565	12,611	11,614
59	989	+ 0 18 30	0,0564	6,901	8,078	12,976	11,368
2 6	990	+ 0 01 30	0,0004	6,537	8,751	12,657	11,631
15	991	— 0 02 50	0,0013	6,853	8,544	12,905	11,897
21	992	— 0 06 30	0,0070	7,330	8,119	13,412	11,474
30	993	+ 0 01 00	0,0002	7,024	8,318	13,178	11,610
38	994	— 0 04 00	0,0026	6,942	8,588	13,090	11,814
47	995	+ 0 22 20	0,0823	7,082	8,695	13,259	11,031
55	996	+ 0 01 10	0,0002	7,258	8,602	13,411	11,770
3 1	997	— 0 09 20	0,0144	7,182	8,475	13,358	11,706
11	998	— 0 08 50	0,0129	6,878	8,594	13,007	11,829
48	999	+ 0 13 30	0,0301	6,447	8,183	12,562	11,454
	1000	+ 0 01 50	0,0006	6,093		12,237	13,016
	40 R.		6,0119	274,644	322,001	517,239	476,548

Quiroga. Monet.

28.ème JOURNÉE.

2.ème Section. 2 juillet 1858.

Heures	Positions des règles	I	$c = 7797 \sin^2 \frac{1}{2} I$	p'	p''	l'	l''
h m		° ′ ″	mm	T	T	T	T
9 57	1001	− 0 00 10	0,0000		8,125	13,729	12,183
10 10	1002	+ 0 17 20	0,0496	8,269	8,031	13,686	11,986
20	1003	− 0 01 30	0,0033	7,362	8,003	12,815	11,894
27	1004	+ 0 02 20	0,0009	7,825	8,288	13,515	12,165
38	1005	+ 0 07 10	0,0085	7,664	8,214	13,228	12,057
45	1006	− 0 11 40	0,0224	7,425	8,095	12,918	11,927
53	1007	− 0 11 50	0,0231	7,256	8,084	12,884	11,827
59	1008	− 0 04 40	0,0036	7,092	8,471	12,746	12,190
11 7	1009	+ 0 16 50	0,0467	6,677	8,266	12,452	11,850
13	1010	+ 0 01 30	0,0004	7,289	8,157	13,061	11,741
20	1011	+ 0 01 30	0,0004	7,460	8,219	13,242	11,842
25	1012	+ 0 04 20	0,0031	7,079	8,193	12,867	11,774
31	1013	+ 0 12 20	0,0251	6,902	8,346	12,763	11,889
37	1014	+ 0 30 50	0,1568	7,395	8,496	13,271	12,028
44	1015	+ 0 28 00	0,1293	7,220	8,580	13,180	12,000
51	1016	− 0 06 30	0,0070	6,953	8,462	12,889	11,855
57	1017	+ 0 01 30	0,0004	7,236	8,598	13,745	11,953
12 6	1018	− 0 14 10	0,0331	7,011	8,614	13,041	11,945
37	1019	+ 0 26 30	0,1158	7,620	8,753	13,746	11,967
50	1020	+ 0 23 20	0,0898	6,701	8,683	12,895	11,834
58	1021	0 00 00	0,0000	7,525	8,360	13,455	11,599
1 4	1022	− 0 13 30	0,0301	7,055	8,291	13,211	11,496
12	1023	+ 0 24 40	0,1004	5,612	9,128	11,861	12,343
20	1024	− 0 20 50	0,0716	6,399	8,770	12,636	11,962
27	1025	+ 0 23 20	0,0898	7,459	8,702	13,819	11,729
35	1026	− 0 16 20	0,0440	6,317	8,856	12,723	11,816
42	1027	− 0 10 00	0,0165	7,186	8,216	13,582	11,226
48	1028	− 0 05 50	0,0056	6,516	8,390	12,970	11,531
55	1029	+ 1 09 00	0,7852	6,299	8,707	12,786	11,588
2 2	1030	− 0 05 10	0,0044	6,459	7,964	12,890	10,950
11	1031	− 0 28 50	0,1371	6,676	8,172	12,983	11,324
17	1032	− 0 09 40	0,0154	7,022	8,417	13,338	11,500
26	1033	+ 0 17 00	0,0177	6,903	8,706	13,341	11,652
33	1034	+ 0 07 40	0,0097	6,533	8,816	11,913	11,805
41	1035	− 0 20 40	0,0704	6,834	8,632	13,314	11,538
48	1036	− 0 38 30	0,2445	6,920	9,289	13,441	12,206
57	1037	− 0 34 20	0,1941	5,693	8,229	12,175	11,225
3 5	1038	− 0 48 00	0,3800	7,106	8,231	13,514	11,260
33	1039	− 0 02 30	0,0010	6,853	8,460	13,293	11,491
43	1040	− 0 30 00	0,1481	6,154		12,550	13,608
	40 R.		3,1155	272,256	320,244	525,274	472,761

Quiroga. *Monet.*

29.ème JOURNÉE.

2.ème Section. 3 juillet 1858.

Heures	Positions des règles	l	$c_1 = 7797 \sin^2 \frac{1}{2} l$	p'	p''	t'	t''
h m		° ′ ″	mm	T	T	T	T
12 1	1041	− 0 40 00	0,2639		8,774	15,359	13,132
11	1042	− 0 42 20	0,2956	7,092	7,758	12,211	12,145
18	1043	− 0 09 30	0,0149	7,627	8,030	12,738	12,468
26	1044	− 1 01 50	0,6306	7,370	8,413	12,462	12,819
35	1045	− 0 25 00	0,1031	7,201	7,661	12,406	11,913
43	1046	− 1 06 10	0,7221	7,468	7,859	12,678	12,144
52	1047	− 0 40 00	0,2639	7,743	7,906	12,946	12,178
59	1048	− 0 54 10	0,4839	7,575	7,923	12,741	12,206
1 6	1049	− 0 33 00	0,1796	7,684	7,416	12,850	11,795
15	1050	− 0 48 20	0,3853	7,150	7,903	12,269	12,266
26	1051	− 0 28 40	0,1355	7,413	7,831	12,444	12,315
35	1052	− 1 02 30	0,6445	7,620	7,882	12,437	12,567
42	1053	− 0 54 50	0,4959	7,624	7,267	12,006	12,336
50	1054	− 1 24 50	1,1869	8,586	7,584	12,860	12,778
2 0	1055	− 0 53 10	0,4662	7,960	7,332	12,137	12,649
7	1056	− 1 21 10	1,0896	7,573	7,156	11,705	12,549
15	1057	− 0 58 50	0,5709	7,040	7,301	11,262	12,565
22	1058	− 0 47 20	0,3695	8,466	7,381	12,725	12,586
45	1059	− 0 34 50	0,1963	7,777	7,373	12,238	12,407
3 0	1060	− 0 31 50	0,1671	7,145		11,516	15,253
	20 R.		8,6621	144,094	146,750	249,990	251,071

Quiroga. *Monet.*

30.ème JOURNÉE.

2.ème SECTION. 7 JUILLET 1858.

Heures	Positions des règles	I	$c_1 = 7797 \sin^2 \frac{1}{2} I$	p'	p''	l'	l''
h m		° ' "	mm	T	T	T	T
8 37	1061	— 0 27 30	0,1247		7,426	13,976	12,509
55	1062	— 1 07 30	0,7515	7,653	7,477	11,970	12,540
9 9	1063	— 0 48 00	0,3800	8,199	7,564	12,638	12,517
18	1064	— 0 39 40	0,2595	8,330	7,371	12,791	12,336
28	1065	— 0 49 40	0,4069	7,234	7,561	11,856	12,400
39	1066	— 1 08 50	0,7815	8,425	7,735	12,967	12,499
51	1067	— 1 09 50	0,8043	7,784	7,779	12,170	12,459
10 5	1068	— 1 15 50	0,9401	7,953	7,682	12,659	12,322
15	1069	— 1 07 00	0,7404	7,632	7,767	12,446	12,318
25	1070	— 1 05 50	0,7148	6,810	7,913	11,678	12,421
34	1071	— 1 27 00	1,2483	7,617	7,859	12,507	12,367
43	1072	— 1 28 40	1,2966	7,762	7,790	12,695	12,248
54	1073	— 1 00 40	0,6070	7,307	7,824	12,398	12,126
11 2	1074	— 1 19 10	1,0337	6,823	8,188	12,027	12,376
10	1075	— 1 41 20	1,6935	7,117	7,636	12,258	11,950
18	1076	— 1 29 40	1,5260	6,667	7,812	11,787	12,151
26	1077	— 1 05 50	0,7148	7,144	7,832	12,280	12,170
34	1078	— 1 31 50	1,3909	7,186	7,674	12,322	12,006
43	1079	— 0 58 30	0,5644	7,420	7,721	12,522	12,033
53	1080	— 1 19 00	1,0293	6,877	7,794	12,058	12,083
12 31	1081	— 1 17 10	0,9821	5,557	7,450	10,727	11,759
42	1082	— 1 23 30	1,1489	6,634	7,767	11,865	11,971
52	1083	— 0 14 50	0,0363	7,199	7,679	12,346	11,924
1 0	1084	— 0 45 30	0,3415	7,305	8,268	12,466	12,453
7	1085	— 1 13 10	0,8829	7,386	7,760	12,857	11,845
14	1086	— 1 53 50	2,2128	7,125	7,930	12,452	11,980
28	1087	— 1 08 20	0,7701	7,400	8,004	12,664	12,474
35	1088	— 1 17 00	0,9779	7,286	7,837	12,590	11,981
43	1089	— 1 03 20	0,6616	6,925	7,820	12,142	12,047
51	1090	— 0 53 00	0,4989	7,727	7,711	12,905	11,923
2 0	1091	— 1 30 30	1,3508	7,237	7,792	12,404	12,071
7	1092	— 1 11 20	0,8592	7,768	7,709	12,915	12,028
14	1093	— 1 08 10	0,7664	7,705	7,896	12,927	12,079
22	1094	— 1 10 50	0,8275	7,457	7,931	12,717	12,080
30	1095	— 1 11 30	0,8432	6,929	8,054	12,105	12,216
38	1096	— 0 44 10	0,3217	7,042	7,721	12,236	12,030
48	1097	— 0 53 40	0,4750	7,574	7,789	12,847	11,964
3 0	1098	— 0 37 30	0,2319	7,397	7,903	12,709	11,984
31	1099	— 0 40 40	0,2728	7,182	7,786	12,332	12,139
42	1100	— 0 49 00	0,3060	7,673		12,851	15,141
	40 R.		31,6467	286,658	303,172	497,362	489,950

Monet. *Ibañez.*

31.ème JOURNÉE.

2.ème SECTION. 8 JUILLET 1858.

Heures	Positions des règles	I	$C_{,} = 7797 \sin^2 \frac{1}{2} I$	p'	p''	l'	l''
h m		° ′ ″	mm	T	T	T	T
8 13	1101	— 0 20 50	0,0716		7,555	11,636	12,508
32	1102	— 1 02 00	0,6340	7,301	7,689	11,818	12,544
46	1103	— 0 32 50	0,1778	8,316	7,589	12,928	13,313
57	1104	— 0 05 50	0,0056	7,694	7,963	12,362	12,658
9 6	1105	+ 0 01 50	0,0006	7,672	7,731	12,417	13,326
16	1106	+ 0 46 50	0,3618	7,495	7,852	12,300	12,411
26	1107	+ 0 45 50	0,3465	8,248	7,908	13,193	12,353
37	1108	— 0 41 10	0,2795	7,715	8,182	12,751	12,464
48	1109	— 0 09 30	0,0149	7,764	7,785	12,943	11,992
58	1110	+ 0 13 50	0,0316	7,229	8,203	12,480	12,332
10 7	1111	+ 0 11 00	0,0200	7,821	7,451	13,149	11,500
15	1112	+ 0 37 30	0,2319	7,466	8,303	12,897	12,238
26	1113	+ 0 32 30	0,1742	6,721	8,188	12,130	12,179
35	1114	+ 0 43 10	0,3365	7,389	8,124	12,722	12,140
43	1115	+ 0 57 50	0,5517	7,505	8,115	12,957	12,089
50	1116	+ 0 55 50	0,5142	7,098	8,221	12,523	12,218
58	1117	+ 1 00 50	0,6104	7,752	7,991	13,148	11,977
11 7	1118	+ 0 52 50	0,4601	7,195	8,294	12,597	12,350
14	1119	+ 0 56 10	0,5203	7,319	8,109	12,745	12,131
23	1120	+ 0 50 00	0,4262	7,637	8,341	13,092	12,251
12 0	1121	+ 0 33 00	0,1796	7,285	8,025	12,918	11,719
8	1122	+ 0 15 50	0,0113	7,171	8,504	12,855	12,184
16	1123	+ 0 15 20	0,0388	7,018	8,085	12,633	11,903
24	1124	+ 0 26 20	0,1144	7,053	8,382	12,725	12,154
33	1125	+ 0 55 20	0,5050	7,093	8,180	12,862	11,788
40	1126	+ 0 41 20	0,2818	7,312	8,383	13,004	12,041
49	1127	+ 1 10 00	0,8082	6,755	8,152	12,546	11,765
58	1128	+ 1 33 00	1,4265	7,432	8,138	13,079	11,839
1 6	1129	+ 2 05 50	2,6113	7,065	7,923	12,796	11,602
26	1130	+ 2 41 20	4,2923	7,218	8,278	13,093	11,755
36	1131	+ 1 25 10	1,1963	7,252	8,331	13,190	11,708
45	1132	+ 1 51 30	2,0504	6,689	8,398	12,715	11,743
53	1133	+ 1 46 50	1,8823	7,016	8,191	12,953	11,632
2 0	1134	+ 2 01 00	2,4146	6,510	8,466	12,425	11,910
11	1135	+ 1 43 40	1,7724	7,477	8,216	13,153	11,675
21	1136	+ 1 16 20	0,9610	7,377	8,180	13,226	11,970
29	1137	+ 2 00 50	2,4079	7,491	8,328	13,503	11,644
39	1138	+ 1 34 50	1,4833	7,076	8,681	13,050	12,130
3 3	1139	+ 1 01 40	0,6272	7,372	8,197	13,235	11,805
21	1140	+ 1 17 20	0,9864	7,311		13,251	13,942
	40 R.		31,8507	286,358	317,005	515,282	483,883

Monet. *Ibañez.*

32.ème JOURNÉE.

2.ème Section. 9 juillet 1858.

Heures	Positions des règles	I	$c = 7797 \sin^2 \frac{1}{2} I$	p'	p''	l'	l''
h m		° ′ ″	mm	T	T	T	T
8 2	1141	+ 1 27 00	1,2483		7,530	14,831	12,489
15	1142	+ 1 35 40	1,5094	7,976	7,585	12,404	12,486
26	1143	+ 1 21 50	1,1045	7,673	7,566	12,152	12,441
35	1144	+ 1 36 30	1,5358	7,786	7,700	12,300	12,597
41	1145	+ 1 27 10	1,2531	7,452	7,599	12,189	12,430
51	1146	+ 1 24 40	1,1823	7,739	7,566	12,312	12,352
9 6	1147	+ 1 16 50	0,9652	7,800	7,688	12,371	12,459
14	1148	+ 1 34 00	1,4573	7,515	7,692	12,133	12,400
22	1149	+ 1 32 10	1,4010	7,922	7,460	12,530	12,210
30	1150	+ 1 37 30	1,5678	7,691	7,642	12,334	12,343
39	1151	+ 1 27 20	1,2579	7,993	7,779	12,681	12,434
48	1152	+ 1 57 30	2,2769	7,508	7,680	12,235	12,279
57	1153	+ 0 49 50	0,4096	7,880	7,621	12,556	12,284
10 8	1154	+ 0 21 50	0,0786	8,152	7,650	12,913	12,208
16	1155	+ 1 11 50	0,8132	7,312	7,751	12,152	12,266
22	1156	+ 0 54 00	0,4809	7,517	7,898	12,471	12,291
31	1157	— 0 20 40	0,0701	7,208	7,909	12,095	12,333
40	1158	— 0 32 40	0,1760	7,311	7,770	12,337	12,104
48	1159	+ 0 08 30	0,0119	7,390	7,984	12,475	12,242
57	1160	— 0 19 30	0,0627	7,629	7,839	12,746	12,018
11 5	1161	— 0 27 30	0,1247	7,445	7,991	12,556	12,231
12	1162	— 0 46 00	0,3490	7,342	7,879	12,492	12,095
18	1163	— 0 20 20	0,0682	7,878	7,624	13,123	11,795
25	1164	— 0 34 50	0,2001	7,477	7,761	12,698	11,928
33	1165	— 0 10 40	0,0188	7,382	8,099	12,520	12,116
40	1166	— 0 34 00	0,1907	7,843	8,065	12,940	12,089
12 15	1167	— 0 21 30	0,0762	7,289	8,192	12,635	11,940
21	1168	— 0 16 20	0,0440	7,348	8,218	12,738	11,955
28	1169	— 0 23 40	0,0924	7,065	8,177	12,401	12,042
35	1170	— 0 22 50	0,0860	7,188	7,959	12,557	11,774
41	1171	— 0 13 40	0,0405	7,409	8,011	12,751	11,955
47	1172	— 0 41 50	0,2886	7,620	7,917	12,917	11,765
54	1173	+ 0 11 00	0,0200	6,970	8,091	12,391	11,838
1 1	1174	— 0 45 40	0,3440	6,893	8,035	12,279	11,831
11	1175	— 0 30 40	0,1551	7,552	8,781	13,025	12,432
18	1176	— 0 35 10	0,2040	6,977	8,377	12,565	11,930
25	1177	— 0 35 00	0,2030	6,743	8,077	12,296	11,726
32	1178	— 0 34 10	0,1925	7,364	7,951	12,900	11,615
39	1179	— 0 00 40	0,0001	6,955	8,064	12,479	11,744
47	1180	— 0 40 40	0,2728	7,176	8,019	12,700	11,653
54	1181	— 0 21 30	0,0762	7,212	8,098	12,801	11,707
2 1	1182	— 0 36 50	0,2238	7,354	7,932	12,875	11,554
8	1183	— 0 36 40	0,2217	6,772	8,227	12,301	11,830
16	1184	— 0 12 40	0,0265	7,124	8,009	12,699	11,634
24	1185	— 0 11 10	0,0331	7,181	8,039	12,811	11,631
32	1186	— 0 41 50	0,2886	7,127	8,110	12,720	11,709
41	1187	— 0 04 00	0,0026	6,901	8,023	12,501	11,640
49	1188	— 0 28 50	0,1371	6,050	8,151	12,567	11,737
3 11	1189	— 0 13 50	0,0316	7,133	8,033	12,761	11,661
26	1190	— 0 33 30	0,2079	7,201		12,773	13,051
	50 R.		23,1116	362,581	387,717	629,997	603,902

Monet. *Ibañes.*

33.ème JOURNÉE.

2.ème Section. — 10 juillet 1858.

Heures	Positions des règles	I	$c_{,} = 7797 \sin^2 \frac{1}{2} I$	p'	p''	l'	l''
h m		° ′ ″	mm	T	T	T	T
7 50	1191	− 0 14 30	0,0347		7,365	14,130	12,708
8 2	1192	− 0 28 00	0,1293	7,920	7,362	11,979	12,621
12	1193	− 0 23 40	0,0924	8,080	7,385	12,126	12,573
19	1194	− 0 17 20	0,0196	7,863	7,361	11,992	12,506
27	1195	− 0 30 10	0,1501	7,906	7,410	12,089	12,552
34	1196	− 0 33 20	0,1833	7,903	7,365	12,161	12,466
41	1197	− 0 43 10	0,3073	7,827	7,631	12,107	12,681
50	1198	− 0 44 10	0,3217	7,708	7,290	12,026	12,302
57	1199	− 0 09 40	0,0154	7,593	7,737	11,988	12,631
9 7	1200	− 0 57 50	0,5517	7,623	7,598	12,114	12,424
14	1201	− 0 34 10	0,1925	7,750	7,536	12,328	12,231
22	1202	− 0 52 00	0,4460	7,608	7,628	12,262	12,296
34	1203	− 0 55 10	0,5020	7,453	7,627	12,139	12,201
37	1204	− 0 44 10	0,3217	7,498	7,638	12,262	12,228
43	1205	− 0 33 00	0,1796	7,478	7,782	12,248	12,378
50	1206	− 0 44 20	0,3242	7,830	7,769	12,678	12,276
59	1207	− 0 45 30	0,3415	7,580	7,710	12,120	12,145
10 6	1208	− 0 49 40	0,4069	7,622	7,726	12,490	12,202
15	1209	− 0 25 30	0,1073	7,474	7,831	12,487	12,139
22	1210	− 0 32 20	0,1724	7,643	7,989	12,686	12,208
30	1211	− 0 37 30	0,2319	7,472	7,935	12,549	12,161
37	1212	− 0 32 20	0,1724	7,504	7,785	12,589	11,986
45	1213	+ 0 07 50	0,0101	7,391	7,990	12,537	12,158
54	1214	+ 0 35 20	0,2059	7,305	7,957	12,477	12,092
11 6	1215	− 1 46 20	1,8648	7,324	7,909	12,601	11,927
16	1216	− 0 34 10	0,1925	7,527	8,059	12,841	12,044
23	1217	− 0 45 30	0,3415	7,198	8,054	12,517	11,975
30	1218	− 0 28 30	0,1340	7,485	8,049	12,849	11,948
37	1219	− 0 10 40	0,0188	7,101	7,899	12,540	11,754
45	1220	− 0 37 00	0,2258	7,694	7,988	13,203	11,702
12 37	1221	− 0 45 20	0,3390	6,976	8,183	12,587	11,824
46	1222	− 0 46 30	0,3566	7,112	7,981	12,789	11,561
52	1223	− 0 39 20	0,2552	7,033	8,178	12,729	11,722
1 0	1224	− 0 28 30	0,1340	7,224	8,181	12,901	11,744
10	1225	− 0 29 10	0,1403	7,049	8,012	12,713	11,610
17	1226	− 0 48 10	0,3827	7,770	8,487	13,423	11,995
24	1227	− 0 20 00	0,0660	7,303	8,415	12,998	12,013
31	1228	− 0 42 40	0,3003	7,289	8,244	12,957	11,830
38	1229	− 0 09 40	0,0154	7,055	8,379	12,748	12,027
45	1230	− 0 27 10	0,1217	7,293	8,207	13,008	11,762
54	1231	− 0 23 20	0,0898	6,716	8,172	12,550	11,898
2 0	1232	− 0 28 20	0,1324	7,126	8,259	12,876	11,742
9	1233	− 0 09 10	0,0139	7,218	8,267	13,142	11,581
17	1234	+ 0 16 30	0,0449	7,010	8,291	12,935	11,509
28	1235	− 0 46 20	0,3541	6,745	8,165	12,787	11,741
35	1236	− 0 52 50	0,4601	6,847	8,230	12,800	11,564
42	1237	− 1 00 30	0,6037	7,522	8,110	13,167	11,510
50	1238	− 1 10 10	0,8120	6,758	8,185	12,649	11,631
3 19	1239	− 1 07 00	0,7404	7,126	8,275	13,062	11,683
32	1240	− 1 03 50	0,6721	7,090		13,011	13,741
	50 R.		14,2622	362,609	388,151	631,697	604,226

Monet. Ibañez.

31.ème JOURNÉE.

2.ème SECTION. 12 JUILLET 1858.

Heures	Positions des règles	I	$c_1 = 7797 \sin^2 \frac{1}{2} I$	p'	p''	l'	l''
h m		° ' "	mm	T	T	T	T
7 32	1241	— 0 21 40	0,1004		7,182	11,811	12,400
46	1242	— 0 53 10	0,1663	7,867	7,643	12,350	12,176
55	1243	— 0 16 30	0,0449	7,877	7,863	12,129	12,671
8 6	1244	— 0 38 20	0,2424	7,654	7,580	12,241	12,336
21	1245	— 0 09 50	0,0159	7,848	7,572	12,533	12,222
31	1246	— 0 28 10	0,1309	7,602	7,931	12,355	12,491
41	1247	— 1 00 50	0,6101	7,654	7,682	12,503	12,127
50	1248	— 0 38 20	0,2424	7,555	7,885	12,515	12,241
58	1249	— 0 37 50	0,2361	7,657	7,961	12,660	12,200
9 7	1250	— 1 37 50	1,5786	7,641	7,919	12,739	12,108
15	1251	— 1 06 10	0,7221	7,430	7,992	12,608	12,116
24	1252	— 1 22 20	1,1180	7,226	7,895	12,442	11,988
31	1253	— 1 12 00	0,8550	7,096	7,952	12,437	11,860
38	1254	— 1 16 50	0,9736	7,141	7,902	12,164	11,867
47	1255	— 1 11 40	0,8471	7,428	7,900	12,813	11,836
54	1256	— 1 36 00	1,5200	7,699	8,147	13,061	12,053
10 3	1257	— 1 06 00	0,7184	7,111	8,007	12,642	11,760
17	1258	— 1 19 10	1,0337	7,217	8,035	12,774	11,792
20	1259	— 1 39 50	1,6138	7,097	8,164	12,666	11,837
29	1260	— 1 58 00	2,2964	6,927	8,090	12,569	11,745
38	1261	— 2 13 10	3,0131	7,255	8,111	12,922	11,726
47	1262	— 2 56 40	5,1467	6,976	8,251	12,687	11,810
11 0	1263	— 2 57 40	5,2052	7,326	8,439	13,137	11,870
14	1264	— 2 14 00	2,9612	6,751	8,225	12,647	11,616
22	1265	— 2 32 00	3,8101	7,149	8,172	13,014	11,570
33	1266	— 3 52 30	8,9125	7,209	8,407	13,056	11,778
51	1267	— 3 19 20	6,5518	7,254	8,453	13,210	11,722
12 2	1268	— 1 58 30	2,3159	6,900	8,296	12,871	11,575
49	1269	— 1 00 30	0,6057	7,277	8,535	13,411	11,594
58	1270	— 0 53 10	0,4962	6,805	8,381	12,938	11,474
1 8	1271	— 0 31 50	0,2001	7,083	8,536	13,217	11,613
18	1272	— 0 23 40	0,0924	7,340	8,432	13,493	11,514
27	1273	— 0 10 40	0,0188	6,634	8,603	12,950	11,542
36	1274	— 0 04 40	0,0036	6,807	8,386	13,085	11,362
44	1275	— 0 24 10	0,0963	6,743	8,480	13,033	11,467
54	1276	— 0 10 00	0,0165	7,173	8,494	13,462	11,472
2 4	1277	+ 0 03 20	0,0018	6,603	8,580	12,950	11,450
13	1278	— 0 25 10	0,1015	6,909	8,513	13,430	11,589
21	1279	+ 0 14 10	0,0331	7,078	8,523	13,452	11,403
30	1280	— 0 11 40	0,0224	6,880	8,624	13,073	11,518
40	1281	+ 0 03 40	0,0022	7,099	8,493	13,449	11,428
49	1282	— 0 17 50	0,0525	6,560	8,527	12,894	11,525
59	1283	— 0 02 10	0,0008	6,896	8,733	13,211	11,706
3 8	1284	+ 0 04 40	0,0036	7,261	8,404	13,670	11,306
18	1285	+ 0 16 20	0,0140	6,689	8,517	13,076	11,407
26	1286	— 0 01 10	0,0002	6,651	8,627	13,058	11,562
34	1287	— 0 08 00	0,0103	6,694	8,608	13,014	11,549
42	1288	— 0 13 40	0,0308	7,117	8,696	13,416	11,611
4 12	1289	+ 0 29 50	0,1468	6,860	8,509	13,219	11,489
29	1290	— 0 13 50	0,0316	7,203		13,539	13,288
	50 R.		55,2053	350,776	403,184	618,291	500,683

Nouel. Saavedra.

35.ème JOURNÉE.

2.ème Section. 13 juillet 1858.

Heures	Positions des règles	I	$c_{,}=$ 7797 $\sin^2 \frac{1}{2}$ I	p'	p''	l'	l''
h m		° ′ ″	mm	T	T	T	T
7 59	1291	+ 0 06 50	0,0077		7,408	14,741	12,274
8 11	1292	− 0 04 30	0,0033	8,056	7,531	12,784	12,305
23	1293	+ 0 10 50	0,0194	7,614	7,669	12,467	12,273
30	1294	+ 0 05 10	0,0044	7,593	7,722	12,553	12,239
40	1295	+ 0 06 50	0,0077	7,304	7,776	12,362	12,135
49	1296	+ 0 09 50	0,0159	7,815	7,783	12,986	12,057
58	1297	+ 0 04 20	0,0031	7,867	7,950	13,181	11,977
9 6	1298	+ 0 16 50	0,0467	6,914	7,944	12,345	11,964
15	1299	+ 0 30 40	0,1551	7,172	8,080	12,704	11,985
24	1300	+ 0 55 10	0,5020	6,967	7,961	12,597	11,860
32	1301	+ 0 22 20	0,0823	6,993	8,188	12,660	11,926
39	1302	+ 0 26 20	0,1144	7,311	8,175	13,026	11,901
47	1303	+ 0 43 10	0,3073	6,742	8,303	12,534	11,945
54	1304	+ 1 26 00	1,2198	7,213	8,145	13,093	11,764
10 6	1305	+ 2 01 10	2,4213	7,090	8,253	13,017	11,747
16	1306	+ 1 37 40	1,5732	7,385	8,333	13,517	11,688
29	1307	+ 0 43 10	0,3073	6,803	8,359	13,018	11,526
40	1308	+ 0 10 00	0,0165	6,998	8,251	13,370	11,323
49	1309	+ 0 09 30	0,0149	6,681	8,568	13,153	11,487
57	1310	− 0 01 10	0,0002	6,690	8,533	13,178	11,476
11 6	1311	+ 0 40 20	0,2683	6,831	8,551	13,250	11,567
16	1312	+ 1 41 40	1,7017	6,520	8,467	13,035	11,441
27	1313	+ 2 52 30	4,9069	7,220	8,739	13,711	11,669
12 16	1314	+ 1 10 10	0,8120	6,329	8,556	13,173	11,088
25	1315	+ 1 25 10	1,1963	5,933	8,915	12,778	11,552
35	1316	+ 1 37 10	1,5571	6,249	8,714	13,032	11,541
45	1317	+ 1 27 10	1,2531	6,701	8,727	13,615	11,251
56	1318	+ 1 57 20	2,2705	7,015	8,800	14,027	11,181
1 5	1319	+ 2 04 50	2,5700	6,268	8,882	13,345	11,145
15	1320	+ 1 57 40	2,2834	6,830	8,851	13,918	11,173
28	1321	+ 1 52 00	2,0688	6,441	8,856	13,637	11,095
39	1322	+ 1 32 20	1,4061	6,425	8,901	13,560	11,167
48	1323	+ 1 49 50	1,9895	6,753	8,994	13,801	11,344
58	1324	+ 1 59 30	2,3551	6,439	8,767	13,407	11,224
2 9	1325	+ 2 06 30	2,6391	6,553	9,053	13,598	11,418
20	1326	+ 1 50 40	2,0198	7,077	8,999	14,002	11,451
28	1327	+ 2 07 50	2,6950	6,840	8,667	14,001	10,899
39	1328	+ 2 05 50	2,6113	6,284	8,903	13,500	11,160
49	1329	+ 2 14 10	2,9686	6,451	8,918	13,431	11,387
57	1330	+ 1 57 30	2,2769	6,749	8,606	13,753	11,019
3 8	1331	+ 2 27 00	3,5656	6,960	8,719	14,087	10,983
18	1332	+ 2 25 50	3,5072	6,288	9,035	13,129	11,299
29	1333	+ 2 25 50	3,5072	6,148	8,949	13,216	11,256
37	1334	+ 2 29 50	3,7023	6,170	8,870	13,165	11,244
59	1335	+ 2 52 30	4,9069	6,740	9,017	13,723	11,459
4 1	1336	+ 2 33 30	3,8857	6,277	8,840	13,301	11,212
8	1337	+ 2 37 40	4,0991	6,725	8,914	13,736	11,322
20	1338	+ 2 30 20	3,7270	7,018	8,843	14,019	11,247
5 0	1339	+ 2 35 00	3,9619	6,742	8,819	13,629	11,469
20	1340	+ 2 03 30	2,5151	7,247		14,054	12,950
	50 R.		86,0516	333,306	416,892	666,393	578,094

Monet. Saavedra.

36.ème JOURNÉE.

2.ème Section. 14 juillet 1858.

Heures	Positions des règles	I	$c_{1} = 7797 \sin^2 \frac{1}{2} I$	p'	p''	i'	i''
h m		° ′ ″	mm	T	T	T	T
9 43	1341	+ 1 50 30	2,0138		8,658	16,631	11,405
56	1342	+ 1 24 50	1,1869	7,365	8,751	13,978	11,455
10 7	1343	+ 0 58 00	0,5548	6,511	8,954	13,237	11,587
15	1344	+ 0 55 50	0,5142	7,205	8,751	13,975	11,268
25	1345	+ 0 58 40	0,5677	6,703	9,000	13,489	11,531
35	1346	+ 0 12 20	0,0251	7,003	8,993	13,741	11,510
43	1347	+ 0 26 50	0,1188	7,048	8,854	13,956	11,250
56	1348	+ 0 21 50	0,0786	7,586	9,083	14,711	11,309
11 25	1349	+ 0 29 00	0,1387	6,377	9,030	13,534	11,182
30	1350	+ 0 22 30	0,0833	6,769	8,841	13,951	10,943
38	1351	+ 0 22 20	0,0823	6,483	8,958	13,774	11,001
47	1352	+ 0 24 00	0,0950	5,872	8,743	13,192	10,858
56	1353	+ 0 42 50	0,3026	6,737	8,904	14,012	11,041
12 5	1354	+ 0 30 50	0,1568	6,431	8,832	13,720	10,913
14	1355	+ 0 12 50	0,0272	6,442	9,067	13,800	11,105
22	1356	+ 0 10 10	0,0170	6,823	9,160	14,184	11,139
32	1357	+ 0 21 00	0,0727	6,223	8,838	13,489	10,929
52	1358	− 0 08 40	0,0124	6,610	8,901	13,919	11,003
2 7	1359	− 0 18 00					
	18 R.		6,0481	114,188	160,318	251,293	201,429

Quiroga. Monet.

37.ème JOURNÉE.

3.ème SECTION. 16 JUILLET 1858.

Heures	Positions des règles	I	$c_i = 7797 \sin^2 \frac{1}{2} I$	p'	p''	l'	l''
h m		° ′ ″	mm	T	T	T	T
7 33	1360	+ 1 21 10	1,1684		7,510	14,761	12,333
52	1361	+ 0 09 30	0,0149	7,809	7,739	12,671	12,329
8 2	1362	+ 0 00 50	0,0001	7,831	7,696	12,637	12,234
12	1363	+ 0 00 50	0,0001	7,646	7,790	12,582	12,247
22	1364	+ 0 16 50	0,0467	7,640	7,516	12,713	11,847
30	1365	— 0 01 00	0,0002	7,455	7,932	12,573	12,115
37	1366	— 0 01 50	0,0006	7,450	8,051	12,648	12,312
46	1367	+ 0 17 30	0,0505	7,469	7,940	12,706	12,026
54	1368	+ 0 05 40	0,0053	7,377	8,008	12,799	11,890
9 1	1369	— 0 05 00	0,0011	7,334	8,226	12,848	12,076
11	1370	+ 0 19 40	0,0638	7,234	8,140	12,884	11,848
22	1371	+ 0 26 30	0,1158	7,367	8,213	13,036	11,847
31	1372	+ 0 45 40	0,3440	7,251	8,228	12,936	11,926
40	1373	+ 0 03 10	0,0017	7,349	8,147	13,023	11,854
50	1374	+ 0 04 40	0,0036	7,284	8,187	13,040	11,780
58	1375	— 0 32 00	0,1689	7,233	8,206	12,989	11,797
10 8	1376	— 0 26 40	0,1173	7,135	8,084	13,028	11,589
14	1377	+ 0 11 00	0,0200	7,097	8,368	13,021	11,797
19	1378	— 0 15 10	0,0379	7,189	8,339	13,138	11,750
30	1379	— 0 01 00	0,0002	7,042	8,286	12,969	11,694
41	1380	— 0 09 10	0,0139	7,010	8,467	13,003	11,842
49	1381	— 0 02 20	0,0009	7,011	8,354	13,027	11,653
56	1382	+ 0 01 50	0,0006	7,152	8,380	13,219	11,639
11 4	1383	— 0 09 20	0,0144	6,972	8,319	13,122	11,551
14	1384	+ 0 01 00	0,0002	6,940	8,412	13,139	11,601
23	1385	+ 0 06 20	0,0066	6,878	8,572	13,109	11,715
30	1386	— 0 21 10	0,0739	6,898	8,475	13,158	11,592
36	1387	+ 0 07 40	0,0097	6,790	8,369	13,036	11,650
43	1388	+ 0 01 00	0,0002	6,940	8,379	13,189	11,619
53	1389	+ 0 08 50	0,0129	6,903	8,312	13,174	11,488
12 2	1390	+ 0 22 30	0,0835	6,885	8,429	13,265	11,384
11	1391	— 0 04 30	0,0033	6,726	8,545	13,158	11,535
19	1392	— 0 37 20	0,2299	7,034	8,393	13,429	11,440
27	1393	— 0 13 10	0,0286	6,858	8,316	13,235	11,395
37	1394	+ 0 24 30	0,0990	6,958	8,383	13,350	11,440
44	1395	— 0 03 30	0,0020	6,893	8,416	13,317	11,431
55	1396	— 0 24 00	0,0950	6,831	8,451	13,276	11,441
1 6	1397	+ 0 13 50	0,0316	6,830	8,717	13,339	11,650
14	1398	— 0 13 50	0,0316	5,590	8,651	12,110	11,559
23	1399	+ 0 18 20	0,0554	6,856	8,745	13,329	11,649
30	1400	— 0 23 20	0,0898	5,467	8,580	12,011	11,509
37	1401	+ 0 02 10	0,0008	8,268	8,495	14,719	11,435
47	1402	— 0 09 10	0,0139	6,863	8,617	13,328	11,532
54	1403	— 0 12 40	0,0265	6,822	8,613	13,280	11,508
2 2	1404	— 0 09 10	0,0139	6,888	8,303	13,419	11,123
9	1405	+ 0 07 50	0,0101	6,669	8,697	13,199	11,507
16	1406	— 0 12 10	0,0244	6,772	8,438	13,343	11,330
22	1407	— 0 05 50	0,0050	6,716	8,518	13,247	11,441
30	1408	— 0 13 30	0,0301	6,787	8,702	13,327	11,605
37	1409	— 0 11 40	0,0224	8,580	8,438	14,826	11,364
49	1410	+ 0 00 10	0,0000	6,881	8,714	13,447	11,617
59	1411	— 0 28 40	0,1355	6,738	8,668	13,278	11,570
3 1	1412	— 0 07 00	0,0081	6,803	8,647	13,371	11,549
9	1413	+ 0 03 30	0,0020	6,773	8,658	13,261	11,597
17	1414	— 0 07 50	0,0101	6,766	8,553	13,288	11,494
24	1415	— 0 12 30	0,0258	6,705	8,566	13,185	11,568
33	1416	— 0 30 40	0,1551	6,769	8,901	13,200	11,940
45	1417	+ 0 11 10	0,0206	6,800	8,452	13,198	11,499
4 10	1418	— 0 23 30	0,0911	6,896	8,559	13,292	11,683
33	1419	— 0 14 40	0,0358	6,721		12,956	13,489
	60 R.		3,6780	414,631	492,808	789,201	702,925

Ibañes. Quiroga. — Saavedra. Monet.

3.ème SECTION. 17 JUILLET 1858.

Heures	Positions des règles	I	$c_1 = 7797 \sin^2 \frac{1}{2} I$	p'	p''	t'	t''
h m		° ′ ″	mm	T	T	T	T
7 55	1420	+ 0 05 30	0,0030		7,697	13,178	11,968
8 14	1421	— 0 10 50	0,0194	7,838	7,473	13,077	11,540
25	1422	+ 0 18 40	0,0575	7,806	7,501	12,974	11,491
33	1423	— 0 42 00	0,2909	7,288	8,183	12,647	12,121
41	1424	— 1 00 40	0,6070	7,253	8,287	12,742	12,105
49	1425	— 0 37 50	0,2361	7,381	8,137	12,871	11,918
57	1426	— 0 31 40	0,1654	7,371	7,922	13,049	11,557
9 6	1427	— 0 09 40	0,0154	7,238	8,162	13,004	11,684
15	1428	— 0 07 00	0,0081	7,294	8,266	13,158	11,721
22	1429	— 0 18 10	0,0544	7,013	8,367	12,903	11,711
30	1430	— 0 27 50	0,1278	6,951	8,425	12,930	11,750
37	1431	— 0 42 00	0,2909	7,062	8,512	13,072	11,846
50	1432	— 0 15 20	0,0388	7,259	8,390	13,327	11,653
56	1433	— 0 20 00	0,0660	6,944	8,465	13,037	11,752
10 2	1434	— 0 21 50	0,0786	6,969	8,307	13,117	11,506
10	1435	— 0 10 20	0,0176	7,093	8,448	13,267	11,540
19	1436	— 0 10 40	0,0188	7,080	8,686	13,326	11,757
27	1437	— 0 36 40	0,2217	6,923	8,480	13,165	11,573
36	1438	— 0 27 20	0,1232	7,157	8,349	13,416	11,445
44	1439	— 0 12 00	0,0238	6,943	8,509	13,258	11,546
55	1440	— 0 20 30	0,0693	6,749	6,446	13,109	9,420
11 5	1441	— 0 28 20	0,1324	6,821	8,515	13,208	11,492
14	1442	— 0 38 50	0,2487	6,917	8,487	13,391	11,315
41	1443	— 0 50 10	0,4151	6,419	8,592	12,886	11,419
29	1444	— 0 46 30	0,3566	6,684	8,609	13,213	11,458
40	1445	— 1 41 10	1,6880	6,717	8,539	13,241	11,361
55	1446	— 2 10 10	2,7943	6,680	8,642	13,224	11,426
12 3	1447	— 1 52 10	2,0750	6,790	8,660	13,357	11,593
11	1448	— 0 41 00	0,2773	6,776	8,985	13,380	11,706
22	1449	— 0 07 00	0,0081	6,720	9,141	13,337	11,795
30	1450	— 0 27 10	0,1217	6,784	9,260	13,437	11,907
42	1451	— 0 32 00	0,1689	6,757	8,664	13,446	11,295
50	1452	— 0 21 40	0,0774	6,647	8,790	13,317	11,433
55	1453	— 0 19 00	0,0595	6,800	8,494	13,492	11,122
1 1	1454	— 0 28 20	0,1324	6,581	8,579	13,361	11,076
10	1455	— 0 30 50	0,1568	6,722	8,767	13,519	11,292
19	1456	— 0 43 10	0,3073	6,645	8,626	13,486	11,128
27	1457	— 0 15 50	0,0413	6,631	8,725	13,460	11,228
38	1458	— 0 17 50	0,0525	6,784	8,735	13,618	11,277
46	1459	— 0 50 00	0,4123	6,823	8,658	13,658	11,134
55	1460	— 0 21 10	0,0739	6,712	8,670	13,582	11,181
2 1	1461	— 0 30 50	0,2617	6,488	8,889	13,330	11,441
9	1462	— 0 19 40	0,0638	6,689	8,793	13,578	11,516
16	1463	— 0 13 40	0,0308	6,626	8,838	13,501	11,409
25	1464	— 0 13 20	0,0293	6,720	8,841	13,595	11,357
32	1465	— 0 20 30	0,0693	6,671	9,127	13,514	11,677
40	1466	— 0 31 20	0,1619	6,718	8,695	13,612	11,231
49	1467	— 0 37 50	0,2361	6,557	8,858	13,419	11,377
57	1468	+ 0 12 20	0,0251	6,692	8,823	13,583	11,373
3 5	1469	+ 0 09 10	0,0139	6,576	8,793	13,424	11,370
14	1470	+ 0 39 30	0,2573	6,505	8,639	13,393	11,137
22	1471	— 0 06 50	0,0077	6,546	8,793	13,406	11,550
30	1472	+ 0 07 20	0,0089	6,754	8,780	13,603	11,334
38	1473	+ 0 37 20	0,2290	6,577	8,866	13,428	11,420
47	1474	+ 0 47 10	0,3669	6,613	8,747	13,465	11,357
56	1475	+ 1 34 00	1,4573	6,652	8,759	13,469	11,417
4 6	1476	+ 0 20 00	0,0660	6,765	8,587	13,559	11,299
14	1477	+ 0 08 30	0,0119	6,703	8,798	13,488	11,523
40	1478	+ 0 40 30	0,2705	6,784	8,529	13,407	11,314
57	1479	+ 1 19 40	1,0468	6,518		13,111	12,978
	60 R.		16,7503	404,006	503,373	800,108	688,737

Saavedra. *Morel.* – *Ibañez.* *Quiroga.*

39.ème JOURNÉE.

3.ème SECTION. 19 JUILLET 1858.

Heures	Positions des règles	1	c = 7797 sin² ½ 1	p′	p″	l′	l″
h m		° ′ ″	mm	T	T	T	T
7 55	1480	+ 0 36 40	0,2217		10,303	11,079	9,891
8 13	1481	+ 1 37 30	1,5678	9,438	10,140	10,667	9,801
23	1482	+ 0 33 40	0,1869	9,421	10,211	10,788	9,777
30	1483	+ 0 40 00	0,2639	9,312	10,275	10,777	9,759
42	1484	+ 0 49 00	0,3960	9,504	9,607	11,082	8,951
50	1485	+ 0 13 30	0,0301	9,111	10,304	10,734	9,628
57	1486	+ 0 52 50	0,1604	9,447	10,300	11,142	9,573
9 4	1487	— 0 06 50	0,0077	9,152	10,469	10,889	9,673
11	1488	+ 0 38 30	0,2145	9,180	10,499	10,975	9,600
17	1489	+ 0 33 40	0,1869	9,075	10,506	10,947	9,499
25	1490	+ 0 18 00	0,0531	8,972	10,424	10,869	9,444
31	1491	+ 0 42 00	0,2900	9,123	10,551	11,080	9,492
38	1492	+ 0 11 10	0,0206	9,019	10,535	11,007	9,475
46	1493	+ 0 37 30	0,2319	9,092	10,534	11,116	9,428
52	1494	+ 0 32 40	0,1760	9,448	10,558	11,563	9,374
59	1495	+ 0 11 00	0,0200	8,927	10,735	11,043	9,507
10 8	1496	+ 0 35 50	0,2148	8,956	10,573	11,163	9,257
15	1497	+ 0 08 20	0,0145	8,771	10,680	11,088	9,251
22	1498	+ 0 13 50	0,0316	8,926	10,692	11,214	9,317
30	1499	+ 0 29 40	0,1452	8,846	10,783	11,242	9,313
38	1500	+ 0 15 10	0,0379	8,928	10,975	11,291	9,539
46	1501	+ 0 49 40	0,4069	8,756	10,739	11,153	9,261
54	1502	+ 0 26 30	0,1158	8,880	10,713	11,291	9,242
11 3	1503	+ 0 14 10	0,0331	8,960	10,879	11,537	9,305
11	1504	+ 0 34 00	0,1907	8,565	10,980	11,137	9,381
18	1505	+ 0 21 10	0,0759	8,612	10,842	11,112	9,320
27	1506	+ 0 12 40	0,0265	8,740	10,796	11,248	9,197
33	1507	— 0 03 00	0,0015	8,704	10,696	11,219	9,131
39	1508	— 0 00 20	0,0000	8,855	10,734	11,436	9,073
45	1509	+ 0 08 10	0,0110	9,062	11,099	11,363	9,100
52	1510	— 0 05 20	0,0047	8,692	11,033	11,429	9,221
12 0	1511	+ 0 18 00	0,0534	8,650	11,072	11,511	9,119
9	1512	— 0 27 20	0,1232	8,732	10,434	11,627	8,337
16	1513	— 0 02 40	0,0012	8,530	10,909	11,469	8,976
24	1514	— 0 15 00	0,0371	8,674	11,029	11,700	8,910
30	1515	— 0 07 30	0,0093	8,724	11,238	11,779	9,083
38	1516	— 0 16 20	0,0440	8,141	11,263	11,554	9,090
45	1517	— 1 20 10	1,0800	8,182	11,218	11,170	9,141
53	1518	— 0 26 00	0,1115	8,777	10,987	11,830	8,833
1 0	1519	— 0 25 00	0,0873	8,479	10,046	11,436	8,007
7	1520	— 0 26 10	0,1129	8,540	10,987	11,690	8,798
15	1521	— 0 00 30	0,0000	8,402	11,217	11,631	8,951
23	1522	— 0 17 10	0,0486	8,519	11,060	11,722	8,856
30	1523	— 0 35 20	0,1833	8,497	11,286	11,738	9,025
41	1524	— 0 01 20	0,0003	8,549	11,535	11,898	9,221
50	1525	— 0 21 50	0,0786	8,642	11,158	11,932	9,101
59	1526	— 0 21 40	0,0774	8,342	11,137	11,674	8,689
2 7	1527	— 0 27 10	0,1217	8,325	11,221	11,751	8,701
16	1528	+ 0 07 30	0,0093	8,552	10,633	11,911	8,189
25	1529	+ 0 09 30	0,0149	8,143	11,349	11,470	8,929
32	1530	+ 0 16 20	0,0440	8,619	11,351	11,888	8,907
39	1531	+ 0 23 20	0,0898	8,546	11,535	11,638	9,150
47	1532	+ 0 11 20	0,0212	8,751	10,876	12,037	8,515
56	1533	+ 0 20 20	0,0382	8,200	10,824	11,565	8,379
3 4	1534	+ 0 16 30	0,0449	8,416	11,210	11,872	8,675
11	1535	+ 0 08 20	0,0145	8,078	11,405	11,528	8,307
19	1536	+ 1 05 20	0,6616	8,152	11,099	11,567	8,622
30	1537	+ 0 26 20	0,1144	8,366	11,469	11,825	8,978
4 7	1538	+ 0 31 40	0,1634	8,443	12,091	11,791	9,653
30	1539	+ 0 25 10	0,1045	7,931		11,249	8,023
	60 R.		9,1695	515,559	640,527	683,170	547,615

Ibañez. Monet. — Saavedra. Quiroga.

40.ème JOURNÉE.

3.ème Section. — 20 juillet 1858.

Heures	Positions des règles	I	$c = 7797 \sin^2 \frac{1}{2} I$	p'	p''	t'	t''
h m		° ′ ″	mm	T	T	T	T
8 54	1540	+ 0 08 10	0,0110		10,510	11,635	9,924
9 26	1541	+ 0 58 20	0,5612	9,041	10,504	10,855	9,648
37	1542	+ 0 03 20	0,0018	9,182	10,460	11,067	9,518
52	1543	− 0 01 10	0,0002	9,209	10,541	11,160	9,528
58	1544	+ 0 19 40	0,0638	8,891	10,609	10,952	9,484
10 5	1545	− 0 05 20	0,0047	9,033	10,631	11,121	9,494
12	1546	+ 0 29 20	0,1419	8,953	10,680	11,251	9,313
21	1547	− 0 16 20	0,0440	8,942	10,851	11,339	9,417
32	1548	+ 0 12 50	0,0272	8,976	10,787	11,463	9,276
40	1549	+ 0 23 30	0,1340	8,678	10,862	11,224	9,264
48	1550	− 0 06 00	0,0059	8,795	10,821	11,362	9,200
54	1551	+ 0 24 20	0,0977	8,714	10,856	11,169	9,347
11 1	1552	− 0 12 50	0,0272	8,763	10,656	11,411	8,883
9	1553	+ 0 01 20	0,0003	8,710	10,863	11,447	9,036
19	1554	+ 0 20 40	0,0704	8,734	10,950	11,658	8,967
25	1555	− 0 11 00	0,0200	8,582	11,082	11,516	9,063
32	1556	+ 0 30 30	0,1534	8,815	10,998	11,777	8,970
39	1557	+ 0 04 20	0,0031	8,542	11,056	11,472	9,035
49	1558	+ 0 03 00	0,0015	8,672	11,044	11,614	9,016
54	1559	+ 0 02 00	0,0007	8,610	11,091	11,593	9,024
12 3	1560	− 0 02 10	0,0008	8,542	11,056	11,582	8,950
14	1561	+ 0 51 30	0,4374	7,647	11,113	10,641	9,060
25	1562	+ 0 10 30	0,0182	8,692	11,083	11,646	9,069
35	1563	+ 0 46 40	0,3592	8,631	11,206	11,605	9,134
45	1564	− 0 37 40	0,2340	8,427	11,015	11,456	8,932
54	1565	− 0 34 10	0,1925	8,462	11,130	11,522	9,000
1 2	1566	+ 0 17 10	0,0486	8,552	11,107	11,636	9,021
11	1567	− 0 19 30	0,0627	8,551	11,036	11,594	8,975
21	1568	+ 0 11 20	0,0212	8,523	11,036	11,557	8,956
32	1569	− 0 04 00	0,0026	8,633	11,160	11,630	9,076
39	1570	+ 0 08 30	0,0119	8,641	10,948	11,646	8,900
47	1571	+ 0 17 10	0,0486	8,567	11,128	11,574	9,045
55	1572	− 0 14 40	0,0355	8,510	11,116	11,554	9,039
2 4	1573	− 0 07 30	0,0093	8,576	11,096	11,613	9,038
12	1574	+ 0 09 40	0,0154	8,522	11,161	11,612	9,044
20	1575	− 0 20 10	0,0671	8,420	11,074	11,519	8,945
29	1576	+ 0 24 20	0,0977	8,489	11,144	11,531	9,117
37	1577	− 0 09 40	0,0154	8,704	11,333	11,714	9,267
44	1578	− 0 14 00	0,0323	8,663	11,019	11,649	9,046
54	1579	− 0 07 40	0,0097	8,916	11,294	11,826	9,341
3 1	1580	− 0 11 10	0,0206	8,585	11,161	11,461	9,302
9	1581	+ 0 15 30	0,0396	8,619	10,902	11,468	9,033
18	1582	− 0 15 50	0,0413	9,119	10,880	11,962	9,022
26	1583	− 0 21 50	0,1017	8,743	10,888	11,625	8,368
34	1584	− 0 10 20	0,0176	8,680	10,829	11,545	8,932
42	1585	+ 0 10 20	0,0176	8,884	11,093	11,734	9,154
49	1586	+ 0 25 40	0,1087	8,602	11,032	11,464	9,144
4 0	1587	− 1 19 30	1,0424	8,520	10,898	11,398	8,982
8	1588	− 0 04 30	0,0033	8,615	11,190	11,464	9,308
16	1589	− 0 06 00	0,0059	8,524	11,153	11,318	9,367
27	1590	− 0 01 40	0,0005	8,737	10,801	11,475	8,998
35	1591	+ 0 14 30	0,0317	8,533	10,888	11,304	9,138
44	1592	− 0 10 10	0,0170	8,678	11,087	11,470	9,286
51	1593	− 0 01 50	0,0006	8,631	11,038	11,361	9,251
5 0	1594	+ 0 09 40	0,0154	8,707	10,740	11,309	9,037
7	1595	− 0 24 20	0,0077	8,663	10,917	11,330	9,203
15	1596	+ 0 32 50	0,1778	8,771	10,860	11,346	9,327
22	1597	− 0 17 00	0,0177	8,824	10,913	11,358	9,358
52	1598	− 0 02 10	0,0003	8,797	10,958	11,228	9,562
6 13	1599	− 0 05 00	0,0015	8,790		11,037	8,969
	60 R.		4,8825	512,574	646,333	686,940	542,705

Saavedra. Quiroga. — Ibañez. Monet

41.ème JOURNÉE.

3.ème SECTION. 21 JUILLET 1858.

Heures	Positions des règles	I	$c_{,} = 7797 \sin^2 \frac{1}{2} I$	p'	p''	l'	l''
h m		° ′ ″	mm	T	T	T	T
8 8	1600	— 0 05 30	0,0050		9,787	10,914	10,088
18	1601	+ 0 13 50	0,0316	9,733	9,971	10,398	10,228
26	1602	— 0 00 50	0,0001	9,762	9,928	10,300	10,118
33	1603	+ 0 05 50	0,0056	9,623	10,033	10,450	10,200
40	1604	+ 0 11 20	0,0212	9,663	9,927	10,550	10,017
48	1605	— 0 19 10	0,0606	9,580	9,967	10,513	9,989
59	1606	+ 0 32 00	0,1689	9,550	9,901	10,471	9,872
9 6	1607	— 0 17 00	0,0477	9,522	10,008	10,499	9,961
14	1608	— 0 10 10	0,0170	9,498	10,029	10,506	9,983
21	1609	+ 0 07 10	0,0085	9,601	9,986	10,599	9,950
29	1610	+ 0 01 10	0,0002	9,502	10,088	10,508	10,020
37	1611	+ 0 33 30	0,1851	9,538	10,090	10,584	10,000
45	1612	— 0 10 40	0,0188	9,348	10,061	10,435	9,919
53	1613	— 0 08 40	0,0124	9,415	10,044	10,546	9,890
10 1	1614	— 0 12 40	0,0265	9,372	10,131	10,532	9,930
7	1615	+ 0 00 30	0,0000	9,388	10,126	10,556	9,912
15	1616	+ 0 18 50	0,0385	9,339	10,077	10,502	9,890
21	1617	— 0 11 50	0,0231	9,473	10,139	10,650	9,925
28	1618	— 0 02 50	0,0013	9,356	9,490	10,541	9,270
35	1619	+ 0 08 20	0,0115	9,435	10,061	10,598	9,871
42	1620	— 0 06 40	0,0073	9,397	10,177	10,648	9,857
50	1621	+ 0 20 00	0,0660	9,440	10,201	10,739	9,867
59	1622	— 0 34 30	0,1963	9,284	10,134	10,614	9,750
11 5	1623	— 0 11 20	0,0212	9,372	10,467	10,735	10,038
12	1624	+ 0 10 40	0,0188	9,289	10,212	10,714	9,733
19	1625	— 0 20 00	0,0660	9,205	10,295	10,649	9,822
26	1626	+ 0 29 50	0,1468	9,313	10,115	10,781	9,637
34	1627	— 0 23 20	0,0898	9,198	10,244	10,684	9,748
41	1628	+ 0 03 20	0,0018	9,211	10,334	10,675	9,822
49	1629	+ 0 00 50	0,0001	9,291	10,171	10,757	9,630
57	1630	— 0 10 10	0,0170	9,306	10,252	10,800	9,644
12 5	1631	+ 0 23 30	0,0011	9,191	10,316	10,760	9,701
13	1632	— 0 15 30	0,0596	9,110	10,299	10,706	9,651
20	1633	+ 0 01 20	0,0003	9,142	10,188	10,734	9,584
26	1634	+ 0 01 20	0,0003	9,270	10,185	10,870	9,539
33	1635	+ 0 31 50	0,1671	9,272	10,279	10,849	9,627
40	1636	+ 0 19 50	0,0649	9,352	10,266	10,918	9,609
47	1637	— 0 14 30	0,0347	9,229	10,269	10,818	9,710
55	1638	— 0 15 20	0,0388	9,645	10,320	11,312	9,734
1 2	1639	+ 0 01 00	0,0002	9,346	10,452	11,058	9,668
11	1640	— 0 04 20	0,0031	9,403	10,457	11,059	9,780
17	1641	+ 0 31 10	0,1602	9,142	10,301	10,811	9,610
25	1642	— 0 09 20	0,0144	9,280	10,299	10,975	9,600
33	1643	+ 0 11 00	0,0200	9,194	10,376	10,874	9,622
42	1644	+ 0 36 00	0,2138	9,161	10,355	10,895	9,573
48	1645	+ 0 18 50	0,0385	9,258	10,365	10,987	9,548
56	1646	+ 0 24 40	0,1001	9,146	10,507	11,166	9,757
2 3	1647	— 0 12 10	0,0241	9,300	10,237	10,991	9,511
13	1648	— 0 01 00	0,0002	9,087	10,376	10,906	9,488
20	1649	— 0 10 10	0,0170	9,101	10,465	10,960	9,547
28	1650	— 0 01 30	0,0001	9,117	10,389	10,971	9,506
37	1651	+ 0 20 10	0,0671	9,178	10,368	11,072	9,435
42	1652	— 0 27 40	0,1262	9,019	10,429	10,816	9,597
50	1653	— 0 07 20	0,0089	9,132	10,436	10,958	9,577
59	1654	+ 0 17 20	0,0496	9,148	10,574	11,011	9,486
3 9	1655	+ 0 25 10	0,1045	9,098	10,492	10,951	9,621
15	1656	— 0 21 40	0,1004	9,490	10,445	11,058	9,562
21	1657	— 0 45 00	0,3340	9,212	10,537	11,077	9,657
57	1658	— 0 35 40	0,1869	9,199	10,520	11,021	9,642
4 20	1659	— 0 08 10	0,0110	9,133		10,927	9,629
	60 R.		3,3727	550,421	602,775	646,307	585,100

Ibañez. Quiroga.—Saavedra. Monet.

42.ème JOURNÉE.

3.ème SECTION. 23 JUILLET 1858.

Heures	Positions des règles	I	$c_1 = 7797 \sin^2 \frac{1}{2} I$	p'	p''	t'	t''
h m		° ′ ″	mm	τ	τ	τ	τ
7 38	1660	— 0 17 10	0,0186		9,986	11,216	9,976
56	1661	+ 0 15 10	0,0379	9,540	9,955	10,681	9,776
8 5	1662	— 0 34 40	0,1982	9,498	10,072	10,747	9,769
12	1663	+ 0 05 10	0,0014	9,467	10,162	10,787	9,826
20	1664	+ 0 00 50	0,0001	9,419	10,161	10,879	9,686
28	1665	— 0 28 30	0,1340	9,408	10,168	10,897	9,608
36	1666	+ 0 13 30	0,0301	9,441	10,307	11,073	9,630
44	1667	— 0 28 10	0,1300	9,121	10,367	10,819	9,598
52	1668	+ 0 10 50	0,0194	9,179	10,437	10,985	9,590
9 0	1669	— 0 11 20	0,0212	9,137	10,447	11,028	9,556
7	1670	— 0 06 10	0,0062	9,242	10,530	11,238	9,513
15	1671	+ 0 29 40	0,1452	9,135	10,430	11,165	9,377
21	1672	— 0 26 10	0,1129	8,928	10,546	11,097	9,360
32	1673	+ 0 21 20	0,0751	8,990	10,588	11,176	9,387
39	1674	— 0 16 50	0,0467	9,120	10,690	11,368	9,393
46	1675	— 0 07 30	0,0093	8,985	10,670	11,274	9,381
54	1676	+ 0 25 00	0,1031	8,922	10,608	11,202	9,307
10 1	1677	— 0 36 40	0,2217	8,900	10,658	11,218	9,320
9	1678	+ 0 10 10	0,0170	8,878	10,640	11,227	9,239
16	1679	+ 0 06 10	0,0062	8,921	10,706	11,279	9,271
23	1680	— 0 22 20	0,0823	8,849	10,679	11,355	9,125
33	1681	+ 0 24 30	0,0990	8,772	10,750	11,251	9,224
41	1682	— 0 13 30	0,0301	8,774	10,801	11,377	9,164
50	1683	+ 0 07 40	0,0097	8,744	10,887	11,352	9,248
57	1684	+ 0 04 50	0,0050	8,815	10,812	11,412	9,172
11 4	1685	— 0 38 00	0,2382	8,659	10,738	11,237	9,145
12	1686	+ 0 27 20	0,1252	8,781	10,841	11,399	9,131
19	1687	— 0 25 20	0,1059	8,723	10,796	11,331	9,155
26	1688	+ 0 12 10	0,0244	8,828	10,833	11,449	9,151
35	1689	— 0 20 20	0,0682	8,676	10,806	11,445	8,980
42	1690	— 0 20 00	0,0660	8,585	11,121	11,412	9,218
49	1691	— 0 27 40	0,1262	8,609	10,862	11,318	9,015
12 0	1692	— 2 10 40	2,8158	8,716	10,820	11,441	9,026
9	1693	— 2 34 20	3,9280	8,544	10,131	11,349	8,281
18	1694	+ 0 38 00	0,2382	8,707	10,817	11,501	8,965
27	1695	+ 1 48 40	1,9173	8,693	10,974	11,489	9,134
36	1696	+ 2 10 30	2,8086	8,823	11,044	11,701	9,107
44	1697	+ 0 43 40	0,3113	8,847	11,113	11,672	9,211
54	1698	+ 1 12 40	0,8700	8,602	10,937	11,635	8,866
1 6	1699	+ 0 24 50	0,1017	8,288	11,175	11,275	9,076
18	1700	+ 0 06 20	0,0063	8,656	11,066	11,526	9,103
26	1701	+ 0 20 30	0,0393	8,557	10,809	11,352	8,889
34	1702	— 0 10 10	0,0170	8,625	11,026	11,441	9,008
41	1703	+ 0 15 30	0,0398	8,584	11,157	11,395	9,192
48	1704	+ 0 08 10	0,0110	8,661	11,114	11,525	9,110
55	1705	— 0 12 30	0,0258	8,512	10,521	11,152	8,504
2 3	1706	+ 0 21 10	0,0063	8,565	11,178	11,542	9,086
11	1707	— 0 10 30	0,0182	8,568	10,968	11,522	8,879
18	1708	+ 0 06 50	0,0077	8,617	10,885	11,694	8,696
27	1709	— 0 09 40	0,0154	8,526	10,970	11,644	8,753
35	1710	— 0 16 50	0,0167	8,361	11,644	11,509	9,358
42	1711	+ 0 27 30	0,1247	8,526	11,079	11,660	8,885
52	1712	— 0 15 20	0,0388	8,517	11,141	11,708	8,875
3 0	1713	+ 0 00 30	0,0000	8,420	11,184	11,620	8,885
8	1714	— 0 01 20	0,0003	8,505	11,155	11,752	8,843
15	1715	+ 0 02 10	0,0008	8,311	11,301	11,516	9,066
23	1716	+ 0 18 00	0,0534	8,502	11,001	11,699	8,789
30	1717	+ 0 01 10	0,0002	8,369	11,126	11,619	8,815
4 1	1718	+ 0 00 30	0,0000	8,290	11,059	11,437	8,830
18	1719	+ 0 03 50	0,0024	8,525		11,620	8,056
	60 R.		13,9447	518,530	635,119	681,108	549,703

Saavedra. Quiroga.— Ibañez. Monet.

43.ème JOURNÉE.

3.ème Section. 24 juillet 1858.

Heures	Positions des règles	I	$c = 7797 \sin^2 \frac{1}{2} I$	p'	p''	t'	t''
h m		° ′ ″	mm	T	T	T	T
8 37	1720	— 0 25 10	0,1015		10,212	11,052	9,790
48	1721	— 0 48 10	0,3827	9,417	10,295	10,909	9,761
58	1722	— 0 41 40	0,2863	9,140	10,302	10,780	9,634
9 7	1723	+ 0 33 20	0,1833	9,334	10,312	11,025	9,573
16	1724	— 0 25 00	0,0673	9,481	10,427	10,983	9,561
25	1725	— 0 33 10	0,1814	9,145	10,452	11,005	9,513
31	1726	+ 0 12 30	0,0258	9,092	10,553	11,219	9,350
41	1727	— 0 21 20	0,0751	9,020	10,585	11,251	9,303
49	1728	+ 0 05 50	0,0056	9,179	10,492	11,531	9,079
56	1729	— 0 20 20	0,0682	8,978	10,630	11,387	9,173
10 3	1730	— 0 10 00	0,0165	8,857	10,672	11,306	9,175
11	1731	+ 0 12 20	0,0251	8,757	10,678	11,257	9,100
17	1732	+ 0 13 00	0,0279	8,688	10,799	11,392	9,017
21	1733	— 0 14 10	0,0331	8,725	10,772	11,479	8,975
31	1734	— 0 18 10	0,0544	8,626	10,948	11,529	9,004
35	1735	— 0 02 50	0,0013	8,552	10,904	11,556	8,921
47	1736	+ 0 10 40	0,0188	8,528	11,021	11,587	8,911
53	1737	— 0 15 50	0,0413	8,630	11,105	11,585	9,083
11 1	1738	— 0 01 40	0,0005	8,386	10,941	11,370	8,850
7	1739	+ 0 07 50	0,0101	8,512	10,973	11,473	8,898
16	1740	+ 0 15 30	0,0396	8,490	11,040	11,169	8,961
22	1741	+ 0 37 40	0,2340	8,683	11,083	11,662	8,992
29	1742	— 1 15 40	0,9443	8,434	11,129	11,588	8,887
34	1743	— 0 27 40	0,1262	8,476	11,074	11,662	8,822
43	1744	+ 0 02 30	0,0010	8,170	11,468	11,501	8,749
50	1745	— 0 20 00	0,0660	8,133	11,200	11,418	8,829
57	1746	+ 0 15 00	0,0371	7,928	11,004	11,246	8,592
12 3	1747	— 0 23 40	0,0924	8,473	11,189	11,739	8,820
11	1748	+ 0 21 20	0,0731	8,692	11,167	11,961	8,822
19	1749	— 0 18 10	0,0544	8,250	11,245	11,557	8,919
30	1750	— 0 10 00	0,0165	8,504	11,225	11,856	8,780
38	1751	+ 0 15 20	0,0388	8,367	11,362	11,783	8,844
47	1752	— 0 24 10	0,0963	8,150	11,343	11,504	8,801
56	1753	— 0 05 20	0,0017	8,212	11,510	11,744	8,911
1 4	1754	— 0 01 30	0,0033	8,262	10,974	11,794	8,460
13	1755	— 0 11 30	0,0218	8,082	11,370	11,597	8,781
20	1756	+ 0 28 00	0,1293	8,406	11,193	11,873	8,665
27	1757	— 0 31 40	0,1634	8,411	11,239	11,885	8,687
38	1758	— 0 09 50	0,0159	8,342	11,185	11,856	8,633
41	1759	+ 0 14 10	0,0331	8,239	11,444	11,823	8,790
55	1760	— 0 24 00	0,0350	8,637	11,267	12,155	8,624
2 5	1761	+ 0 19 30	0,0927	8,230	11,372	11,750	8,723
15	1762	— 0 17 50	0,0325	8,483	11,287	12,036	8,622
23	1763	— 0 01 10	0,0002	8,396	11,741	11,980	9,012
31	1764	+ 0 17 20	0,0196	8,528	11,571	12,075	8,712
42	1765	— 0 46 10	0,3515	8,331	11,537	11,871	8,888
51	1766	+ 0 21 30	0,0762	8,385	11,593	11,924	8,934
3 0	1767	— 0 17 40	0,0515	8,290	11,407	11,874	8,720
8	1768	+ 0 07 50	0,0101	8,233	11,351	11,743	8,709
16	1769	— 0 20 00	0,0660	8,206	11,397	11,722	8,831
21	1770	— 0 03 20	0,0047	8,378	11,329	11,883	8,744
33	1771	+ 0 21 40	0,0774	8,151	11,389	11,022	8,874
43	1772	— 0 15 00	0,0371	8,404	11,307	11,903	8,758
50	1773	+ 0 31 40	0,0774	8,359	11,454	11,911	8,850
59	1774	— 0 03 20	0,0018	8,315	11,150	11,787	8,611
4 6	1775	— 0 23 20	0,0898	7,391	11,306	10,891	8,736
15	1776	+ 0 17 30	0,0505	8,389	11,356	11,876	8,772
23	1777	— 1 17 10	0,9821	8,170	11,464	11,610	8,984
59	1778	— 0 10 50	0,0194	8,205	11,151	11,401	8,890
5 35	1779	— 0 40 00	0,2639	8,134		11,514	8,194
	60 R.		6,2438	501,362	655,416	695,318	535,834

Monet. Ibañez. — Quiroga. Saavedra.

3.ème Section. 26 juillet 1858.

Heures	Positions des règles	I.	c_s = 7797 sin² ½ I	p′	p″	t′	t″
h m		° ′ ″	mm	T	T	T	T
8 46	1780	— 0 55 30	0,5080		10,798	12,403	9,500
9 3	1781	— 0 01 00	0,0002	9,356	10,640	11,236	9,580
16	1782	— 0 45 20	0,3390	9,251	10,417	10,916	9,612
26	1783	— 0 14 30	0,0347	8,854	10,506	10,459	9,812
35	1784	— 0 28 20	0,1324	9,159	10,310	11,052	9,663
46	1785	— 0 23 50	0,0937	8,942	10,419	10,586	9,762
55	1786	— 0 07 30	0,0093	9,072	10,297	10,728	9,620
10 13	1787	— 0 17 50	0,0525	9,011	10,711	10,989	9,698
28	1788	— 0 17 10	0,0486	9,211	10,517	11,300	9,397
38	1789	— 0 21 00	0,0727	8,897	10,542	10,956	9,483
45	1790	— 0 20 00	0,0660	9,076	10,459	11,123	9,347
52	1791	+ 0 08 30	0,0119	9,029	10,449	11,121	9,336
11 4	1792	— 0 31 40	0,1654	8,984	10,728	11,216	9,473
11	1793	+ 0 04 00	0,0026	8,753	10,869	11,029	9,561
21	1794	— 0 09 10	0,0139	9,724	10,695	12,038	9,359
30	1795	— 0 05 50	0,0056	8,971	10,605	11,294	9,221
39	1796	— 0 25 00	0,1031	8,892	10,656	11,266	9,200
48	1797	— 0 31 50	0,1671	8,735	10,644	11,197	9,209
57	1798	+ 0 07 00	0,0081	8,997	10,681	11,459	9,205
12 7	1799	+ 0 09 20	0,0144	8,929	10,816	11,488	9,224
16	1800	— 0 16 20	0,0440	8,913	10,610	11,601	8,878
21	1801	+ 0 17 10	0,0486	8,723	10,987	11,548	9,140
35	1802	— 0 14 30	0,0347	8,666	11,010	11,588	9,047
43	1803	— 0 10 50	0,0194	8,540	11,235	11,559	9,175
52	1804	+ 0 11 40	0,0224	8,592	11,094	11,652	8,907
1 2	1805	— 0 28 20	0,1324	8,516	11,085	11,588	8,996
12	1806	+ 0 15 50	0,0413	8,579	11,745	11,376	9,912
23	1807	— 0 17 30	0,0505	8,588	11,013	11,128	9,489
32	1808	+ 0 17 50	0,0525	9,766	10,741	11,928	9,550
41	1809	— 0 13 40	0,0308	8,795	10,577	10,921	9,399
52	1810	— 0 09 50	0,0159	8,916	10,679	11,082	9,475
59	1811	+ 0 16 00	0,0422	8,945	10,002	11,125	9,394
2 6	1812	+ 0 02 40	0,0012	8,774	10,620	10,895	9,519
13	1813	+ 0 15 30	0,0396	9,030	10,676	11,052	9,615
20	1814	+ 0 18 10	0,0544	8,977	10,935	10,910	9,605
28	1815	+ 0 16 50	0,0467	9,078	10,505	10,891	9,665
37	1816	+ 0 04 50	0,0039	9,080	10,319	10,524	9,856
45	1817	— 0 13 10	0,0286	9,554	10,333	10,917	9,951
50	1818	+ 0 02 20	0,0009	9,349	10,152	10,772	9,655
58	1819	+ 0 11 10	0,0206	9,055	10,369	10,587	9,775
3 4	1820	— 0 05 00	0,0041	9,156	10,402	10,843	9,678
11	1821	+ 0 26 40	0,1173	9,205	10,520	10,954	9,721
14	1822	— 0 16 40	0,0458	9,064	10,539	10,837	9,668
26	1823	+ 0 19 50	0,0649	9,051	10,365	10,770	9,784
32	1824	+ 0 22 30	0,0835	9,259	10,365	10,909	9,658
40	1825	+ 0 16 40	0,0458	9,292	10,455	10,357	9,720
50	1826	+ 0 50 20	0,4179	9,230	10,302	10,974	9,551
4 0	1827	+ 0 13 30	0,0301	9,176	10,405	10,972	9,551
6	1828	+ 0 50 00	0,4123	8,903	10,459	10,641	9,682
15	1829	+ 0 02 40	0,0012	9,343	10,132	10,975	9,755
22	1830	+ 0 07 40	0,0097	9,289	10,393	10,960	9,647
28	1831	+ 0 38 00	0,2382	9,173	10,465	10,851	9,710
35	1832	— 0 03 30	0,0020	9,158	10,328	10,840	9,588
42	1833	+ 0 13 40	0,0308	9,156	10,464	10,906	9,652
48	1834	— 0 01 10	0,0002	9,068	10,491	10,852	9,627
56	1835	+ 0 04 30	0,0033	9,165	10,388	10,884	9,586
5 5	1836	+ 0 26 10	0,1129	9,087	10,429	10,906	9,561
12	1837	— 0 16 50	0,0467	8,857	10,565	10,782	9,779
33	1838	+ 0 07 00	0,0081	9,136	10,302	10,665	9,711
6 10	1839	+ 0 00 30	0,0000	9,284		10,747	9,868
	60 R.		4,2546	553,004	625,019	664,454	571,802

Quiroga. Saavedra.— Monet. Ibañez.

3.ème SECTION. 27 JUILLET 1858.

Heures	Positions des règles	I	$c_i = 7797 \sin^2 \frac{1}{2} I$	p'	p''	l'	l''
h m		° ′ ″	mm	T	T	T	T
7 30	1840	+ 0 13 30	0,0301		10,075	11,358	9,928
45	1841	+ 0 26 40	0,1173	9,340	10,062	10,490	9,842
53	1842	— 0 20 30	0,0093	9,329	10,135	10,576	9,827
8 0	1843	+ 0 23 50	0,0057	9,133	10,171	10,710	9,815
6	1844	— 0 04 30	0,0033	9,280	10,081	10,608	9,647
12	1845	— 0 06 40	0,0073	9,195	10,204	10,578	9,740
20	1846	+ 0 46 00	0,3490	9,141	10,306	10,701	9,631
27	1847	+ 0 13 00	0,0279	9,250	10,355	10,896	9,604
33	1848	+ 2 00 40	2,4013	9,116	10,410	10,879	9,532
43	1849	+ 1 23 30	1,1499	9,073	10,470	10,875	9,513
52	1850	— 1 09 20	0,7928	9,065	10,440	10,853	9,560
9 2	1851	— 2 09 00	2,7441	9,259	10,400	11,105	9,459
9	1852	— 1 23 00	1,1562	8,889	10,483	10,861	9,463
15	1853	— 1 10 40	0,8256	8,831	10,435	10,857	9,103
22	1854	— 0 16 10	0,0131	9,063	10,159	11,151	9,356
28	1855	— 0 11 10	0,0206	8,958	10,526	11,012	9,372
34	1856	+ 0 17 30	0,0505	8,005	10,555	10,150	9,385
40	1857	— 0 30 00	0,1484	8,993	10,604	11,154	9,367
47	1858	+ 0 08 30	0,0119	9,128	10,570	11,344	9,318
53	1859	— 0 04 20	0,0031	8,976	10,592	11,276	9,283
10 0	1860	— 0 15 40	0,0105	8,856	10,667	11,000	9,391
7	1861	+ 0 14 00	0,0523	8,953	10,651	11,216	9,306
12	1862	— 0 11 40	0,0244	8,854	10,626	11,143	9,281
19	1863	+ 0 29 30	0,1155	8,842	10,757	11,108	9,449
26	1864	— 0 03 40	0,0022	8,929	10,560	11,169	9,326
33	1865	— 0 38 00	0,2582	8,810	10,637	11,093	9,406
41	1866	— 0 06 30	0,0070	8,897	10,655	11,180	9,435
47	1867	— 0 18 30	0,0561	8,739	10,671	10,983	9,421
55	1868	+ 0 10 30	0,0182	8,882	10,576	11,056	9,378
11 4	1869	— 0 24 50	0,1017	8,830	10,667	11,012	9,422
13	1870	+ 0 06 10	0,0062	8,958	10,690	10,962	9,582
20	1871	+ 0 19 40	0,0638	9,104	10,512	11,083	9,517
27	1872	+ 0 30 00	0,1484	8,761	10,528	10,689	9,537
34	1873	+ 0 07 30	0,0093	8,716	10,578	10,727	9,560
41	1874	+ 0 22 40	0,0847	9,015	10,561	10,919	9,596
49	1875	0 00 00	0,0000	8,682	10,617	10,648	9,563
56	1876	+ 0 05 30	0,0050	9,100	10,625	11,491	9,143
12 5	1877	— 0 21 30	0,0990	9,012	10,663	11,192	9,450
11	1878	+ 0 02 20	0,0009	8,977	10,705	11,229	9,395
16	1879	— 0 02 10	0,0008	8,977	10,740	11,398	9,267
26	1880	— 0 20 20	0,0682	8,871	10,704	11,489	9,004
34	1881	+ 0 19 40	0,0638	8,754	10,950	11,515	9,105
42	1882	— 0 37 00	0,2258	8,670	10,963	11,352	9,186
50	1883	+ 0 08 20	0,0115	8,718	11,152	11,319	9,480
57	1884	— 0 10 20	0,0176	8,848	10,844	11,553	9,070
1 6	1885	— 0 10 00	0,0165	7,731	10,956	10,425	9,185
15	1886	+ 0 09 00	0,0134	8,844	10,789	11,581	8,951
21	1887	— 0 18 50	0,0585	8,737	10,987	11,488	9,150
32	1888	— 0 01 00	0,0003	8,675	11,020	11,515	9,145
41	1889	— 0 05 50	0,0056	8,515	11,048	11,522	9,198
48	1890	— 0 06 10	0,0062	8,713	10,823	11,333	9,137
55	1891	+ 0 19 50	0,0649	8,687	10,912	11,260	9,288
2 4	1892	— 0 22 00	0,0798	8,763	10,866	11,426	9,116
12	1893	+ 0 12 20	0,0251	8,766	10,867	11,411	9,183
15	1894	— 0 12 50	0,0272	8,744	11,095	11,391	9,362
23	1895	+ 0 12 50	0,0272	8,631	11,202	11,217	9,534
29	1896	+ 0 32 50	0,1778	8,851	10,790	11,473	9,188
34	1897	— 0 11 20	0,0212	8,931	10,799	11,499	9,138
55	1898	+ 0 00 30	0,0000	8,688	10,083	11,335	8,341
3 19	1899	— 0 13 10	0,0286	8,965		11,578	8,566
	60 R.		12,0153	521,306	626,874	666,056	562,075

Monet. *Ibañez. — Quiroga.* *Saavedra.*

Heures	Positions des règles	I	$c_{,} = 7797 \sin^2 \frac{1}{2} I$	p'	p''	l'	l''
h m		° ′ ″	mm	T	T	T	T
8 55	1900	+ 0 10 00	0,0165		9,808	10,778	10,146
9 5	1901	+ 0 08 10	0,0110	9,439	9,841	10,018	10,169
14	1902	— 0 15 50	0,0413	9,756	9,737	10,381	10,002
20	1903	+ 0 16 20	0,0440	9,652	9,906	10,331	10,140
27	1904	— 0 01 30	0,0004	9,683	9,876	10,384	10,070
34	1905	— 0 21 00	0,0727	9,620	9,906	10,387	10,102
44	1906	+ 0 32 00	0,1689	9,463	9,952	10,264	10,089
54	1907	— 0 08 50	0,0129	9,528	9,867	10,311	10,050
10 0	1908	+ 0 04 00	0,0026	9,682	9,920	10,526	10,014
7	1909	+ 0 10 00	0,0165	9,571	9,977	10,492	9,987
14	1910	+ 0 04 40	0,0056	9,666	9,949	10,564	9,977
21	1911	+ 0 45 50	0,3465	9,510	9,922	10,459	9,931
31	1912	— 0 03 00	0,0015	9,727	10,024	10,847	9,861
38	1913	+ 0 08 00	0,0106	9,563	10,091	10,696	9,915
44	1914	— 0 32 30	0,1742	9,535	10,107	10,718	9,870
51	1915	— 0 05 30	0,0020	9,180	10,100	10,396	9,822
59	1916	+ 0 10 30	0,0182	9,310	10,161	10,500	9,863
11 7	1917	— 0 29 10	0,1403	9,227	10,132	10,509	9,791
16	1918	+ 0 07 40	0,0085	9,059	10,208	10,404	9,777
25	1919	+ 0 04 50	0,0039	9,342	10,238	10,713	9,790
30	1920	— 0 26 50	0,1188	9,283	10,250	10,672	9,762
36	1921	+ 0 03 00	0,0015	9,122	10,214	10,844	9,671
45	1922	— 0 15 00	0,0371	9,227	10,250	10,723	9,649
50	1923	+ 0 07 00	0,0081	9,083	10,311	10,595	9,694
58	1924	— 0 01 00	0,0026	9,382	10,344	10,944	9,680
12 5	1925	— 0 16 20	0,0440	9,184	10,378	10,746	9,691
11	1926	+ 0 18 20	0,0554	9,223	10,316	10,796	9,634
18	1927	— 0 11 20	0,0212	9,104	10,316	10,724	9,623
25	1928	+ 0 04 40	0,0056	9,540	10,429	11,273	9,598
32	1929	— 0 02 50	0,0010	9,082	10,597	10,935	9,715
39	1930	— 0 18 20	0,0554	9,179	10,468	10,919	9,622
45	1931	+ 0 15 50	0,0413	9,052	10,506	10,875	9,594
52	1932	— 0 22 30	0,0835	9,193	10,463	11,107	9,447
59	1933	+ 0 02 40	0,0012	8,977	10,552	10,864	9,565
1 6	1934	— 0 17 10	0,0486	9,013	10,476	10,852	9,542
13	1935	— 0 07 00	0,0081	9,139	11,227	11,000	10,289
19	1936	— 0 25 00	0,1031	9,003	10,483	10,876	9,573
25	1937	— 0 32 20	0,1724	9,014	10,395	10,905	9,461
32	1938	+ 0 41 30	0,2841	9,175	10,680	11,063	9,753
38	1939	— 0 44 50	0,3315	9,251	10,538	11,147	9,529
45	1940	— 1 15 30	0,9401	9,073	10,574	10,995	9,576
53	1941	+ 0 07 30	0,0093	9,010	10,600	10,984	9,551
2 0	1942	— 0 09 00	0,0134	9,368	10,329	11,345	9,210
7	1943	+ 0 06 00	0,0059	9,039	10,710	11,053	9,598
14	1944	+ 0 12 00	0,0238	8,977	10,659	11,019	9,479
20	1945	— 0 13 00	0,0279	8,674	10,680	10,743	9,512
30	1946	+ 0 31 30	0,1637	8,791	10,259	10,932	9,090
37	1947	— 0 19 30	0,0627	8,933	10,638	11,023	9,487
44	1948	+ 0 03 00	0,0015	9,092	10,540	11,170	9,537
51	1949	— 0 06 10	0,0062	9,022	10,587	11,136	9,348
57	1950	— 0 26 50	0,1188	9,074	10,492	11,173	9,290
3 6	1951	+ 0 25 40	0,1087	8,964	10,682	11,052	9,520
10	1952	— 0 33 50	0,1888	8,829	10,592	10,961	9,393
17	1953	— 0 08 40	0,0124	8,927	10,551	11,066	9,350
26	1954	— 0 02 20	0,0009	8,931	10,400	11,110	9,193
32	1955	— 0 11 30	0,0218	8,968	10,705	11,157	9,440
38	1956	— 0 02 10	0,0008	9,052	10,583	11,180	9,340
45	1957	— 0 25 40	0,1087	8,945	10,090	11,066	9,464
4 17	1958	— 0 14 00	0,0523	8,780	10,569	10,985	9,301
38	1959	— 0 17 50	0,0525	9,039		11,152	9,369
	60 R.		4,4188	543,507	609,787	648,946	580,348

Quiroga. Ibañez. — Monet. Saavedra.

47.ème JOURNÉE.

3.ème Section. 29 juillet 1858.

Heures	Positions des règles	I	$c_1 = 7797 \sin^2 \frac{1}{2} I$	p'	p''	l'	l''
h m		° ′ ″	mm	T	T	T	T
8 52	1960	— 0 17 10	0,0486		10,057	11,371	9,803
9 5	1961	+ 0 22 50	0,0800	9,331	10,165	10,569	9,890
13	1962	— 0 54 00	0,4809	9,389	10,150	10,679	9,818
20	1963	— 0 19 40	0,0638	9,328	10,190	10,613	9,851
26	1964	— 0 05 20	0,0047	9,317	10,174	10,661	9,793
31	1965	— 0 26 40	0,1173	9,290	10,132	10,626	9,738
41	1966	+ 0 00 50	0,0001	9,454	10,217	10,860	9,719
49	1967	— 0 39 50	0,2617	9,292	10,289	10,703	9,761
55	1968	— 0 30 20	0,1518	9,217	10,278	10,686	9,733
10 1	1969	— 0 28 40	0,1355	9,210	10,261	10,755	9,670
7	1970	— 0 44 30	0,3266	9,252	10,326	10,863	9,636
12	1971	— 0 20 20	0,0682	9,288	10,218	10,875	9,585
19	1972	— 1 15 40	0,9443	9,128	10,291	10,794	9,558
25	1973	— 1 05 00	0,6958	9,182	10,297	10,877	9,526
33	1974	— 0 53 50	0,4780	9,312	10,361	11,113	9,524
39	1975	— 1 18 00	1,0034	9,079	10,348	10,830	9,486
47	1976	— 0 51 40	0,4403	9,130	10,360	10,913	9,466
54	1977	— 1 23 50	1,1591	9,010	10,534	10,824	9,629
11 0	1978	— 1 16 40	0,9694	9,199	10,414	11,101	9,413
6	1979	— 0 50 30	0,5839	8,968	10,563	10,870	9,582
12	1980	— 1 37 20	1,5625	9,046	10,516	11,031	9,403
20	1981	— 0 28 50	0,1371	8,928	10,569	10,934	9,502
30	1982	— 1 22 50	1,1316	9,001	10,497	11,052	9,363
36	1983	— 0 49 30	0,4041	8,930	10,566	10,989	9,453
43	1984	— 0 47 50	0,3774	8,888	10,475	10,903	9,438
50	1985	— 0 48 20	0,3853	9,028	10,466	11,057	9,391
57	1986	— 0 13 00	0,0371	8,861	10,761	10,940	9,612
12 3	1987	— 0 34 40	0,1982	8,945	10,539	11,061	9,355
10	1988	— 0 29 30	0,1135	9,187	10,590	11,311	9,384
16	1989	— 0 41 10	0,2795	8,835	10,618	11,012	9,390
21	1990	— 0 27 20	0,1232	8,816	10,870	11,038	9,565
32	1991	+ 0 06 40	0,0075	8,770	10,728	11,096	9,340
38	1992	+ 0 07 40	0,0097	8,870	10,827	11,140	9,480
45	1993	+ 0 30 10	0,1501	8,672	10,921	11,045	9,461
53	1994	+ 1 07 00	0,7404	8,913	10,497	11,334	9,015
1 2	1995	+ 0 26 30	0,1158	8,825	11,027	11,188	9,611
10	1996	— 0 08 20	0,0115	8,799	10,812	11,122	9,410
17	1997	+ 0 00 20	0,0000	8,990	10,931	11,305	9,513
25	1998	+ 0 19 30	0,0627	8,841	11,165	11,200	9,698
32	1999	— 0 07 50	0,0101	8,802	10,838	11,128	9,362
38	2000	+ 0 03 40	0,0022	8,670	10,865	11,007	9,322
48	2001	+ 0 42 40	0,3003	8,914	10,901	11,394	9,285
55	2002	+ 0 12 30	0,0258	8,669	10,578	11,136	9,000
2 2	2003	+ 0 17 50	0,0525	8,870	10,897	11,400	9,263
9	2004	+ 0 33 00	0,1796	8,857	10,767	11,297	9,169
17	2005	+ 0 05 40	0,0033	8,702	10,840	11,212	9,215
24	2006	+ 0 01 10	0,0002	8,863	10,898	11,343	9,299
32	2007	— 0 10 40	0,0188	8,808	10,875	11,255	9,269
40	2008	+ 0 57 50	0,5517	8,891	10,955	11,368	9,384
47	2009	+ 0 41 00	0,2773	8,803	10,779	11,276	9,227
54	20 0	+ 0 44 30	0,3276	8,816	10,669	11,393	8,988
3 2	2011	+ 0 53 10	0,4662	8,775	10,954	11,428	9,216
9	2012	+ 0 19 00	0,0595	8,866	11,007	11,505	9,297
16	2013	+ 0 18 30	0,0564	8,601	11,057	11,207	9,354
22	2014	+ 0 41 40	0,2863	8,735	11,084	11,321	9,391
28	2015	+ 0 29 50	0,1468	8,799	10,972	11,370	9,335
35	2016	+ 1 20 00	1,0356	8,926	10,717	11,482	9,017
41	2017	— 0 40 40	0,2748	8,711	10,681	11,331	8,938
4 9	2018	— 0 29 40	0,1452	8,690	11,148	11,203	9,561
28	2019	— 0 31 00	0,1907	8,746		11,285	8,587
	60 R.		18,3273	529,155	626,532	664,792	566,072

Quiroga. Ibañez. — Monet. Saavedra.

Heures	Positions des règles	I	$c_{1} = 7797 \sin^2 \frac{1}{2} I$	p'	p''	l'	l''
h m		° ′ ″	mm	T	T	T	T
8 3	2020	+ 0 02 20	0,0000		9,830	11,215	9,819
15	2021	− 0 05 50	0,0056	9,524	10,090	10,170	10,055
22	2022	− 0 31 00	0,1585	9,601	10,044	10,588	9,959
28	2023	− 0 23 30	0,0911	9,425	10,127	10,294	9,988
36	2024	+ 0 06 40	0,0073	9,425	10,193	10,482	10,020
43	2025	− 0 26 40	0,1173	9,169	10,159	10,535	10,024
50	2026	+ 0 17 20	0,0496	9,403	10,039	10,169	9,914
57	2027	− 0 00 30	0,0000	9,189	10,077	10,565	9,901
9 4	2028	+ 0 22 20	0,0823	9,189	10,034	10,600	9,761
10	2029	+ 1 05 00	0,6968	9,116	10,289	10,555	10,016
17	2030	+ 0 24 30	0,0990	9,128	10,212	10,607	9,843
24	2031	− 0 26 00	0,1115	9,357	10,300	10,583	9,980
30	2032	0 00 00	0,0000	9,357	10,289	10,527	9,950
37	2033	+ 0 18 00	0,0534	9,402	10,260	10,658	9,884
45	2034	− 0 45 30	0,3115	9,721	10,317	11,009	9,919
52	2035	+ 0 23 10	0,0885	9,269	10,241	10,613	9,840
10 0	2036	+ 0 45 00	0,3310	9,259	10,328	10,715	9,768
7	2037	+ 0 25 30	0,1073	9,097	10,408	10,640	9,814
14	2038	+ 0 20 40	0,0704	9,262	10,299	10,782	9,656
22	2039	+ 0 43 00	0,3050	9,169	10,266	10,786	9,573
28	2040	+ 0 30 00	0,1484	9,054	10,436	10,629	9,715
35	2041	+ 0 41 00	0,2773	9,201	10,374	10,724	9,741
42	2042	+ 0 13 30	0,0301	9,320	10,292	10,823	9,650
51	2043	+ 0 15 30	0,0396	9,131	10,276	10,634	9,662
59	2044	+ 0 45 00	0,3310	9,300	10,289	10,859	9,619
11 5	2045	− 0 00 10	0,0000	9,404	10,397	10,934	9,767
12	2046	+ 1 00 40	0,6070	9,511	10,375	11,191	9,588
21	2047	+ 0 07 10	0,0085	9,007	10,560	10,750	9,682
28	2048	+ 0 29 30	0,1155	9,167	10,536	10,921	9,683
34	2049	− 0 02 20	0,0009	9,181	10,487	11,021	9,572
40	2050	+ 0 01 40	0,0005	8,956	10,627	10,808	9,656
46	2051	+ 0 13 20	0,0293	9,028	10,455	10,833	9,541
52	2052	− 0 09 10	0,0139	9,099	10,180	11,053	9,470
58	2053	− 0 06 20	0,0066	9,081	10,490	11,050	9,454
12 4	2054	+ 0 01 40	0,0005	8,849	10,541	10,820	9,515
11	2055	− 0 14 50	0,0363	9,002	10,190	10,946	9,495
18	2056	+ 0 18 00	0,0531	9,123	10,543	10,906	9,572
25	2057	− 0 17 20	0,0196	9,117	10,561	11,002	9,478
32	2058	− 0 18 20	0,0554	8,701	10,555	10,778	9,407
38	2059	+ 0 02 00	0,0007	8,582	10,588	10,651	9,418
45	2060	− 0 21 20	0,0751	8,739	10,526	10,800	9,357
53	2061	+ 0 14 10	0,0331	8,871	10,572	10,949	9,433
1 1	2062	− 0 25 40	0,1087	8,965	10,456	10,902	9,337
8	2063	− 0 22 20	0,0823	9,049	10,602	11,044	9,532
16	2064	+ 0 03 40	0,0022	8,813	10,575	10,879	9,408
22	2065	0 00 00	0,0000	8,855	10,613	10,919	9,429
31	2066	+ 0 35 20	0,2059	8,997	10,560	11,033	9,418
55	2067	− 1 34 40	1,4780	8,905	10,002	10,968	9,469
2 22	2068	− 0 54 10	0,4839	8,980	10,362	11,080	9,176
40	2069	+ 0 37 50					
	49 R.		7,0247	440,596	508,054	528,836	473,935

Monet. Saavedra.— Quiroga. Ibañez.

Heures	Positions des règles	I	$c_{,} = 7797 \sin^2 \frac{1}{2} I$	p'	p''	t'	t''
h m		° ′ ″	mm	T	T	T	T
8 63	2070	— 0 44 50	0,3315		9,951	11,111	9,997
9 7	2071	+ 1 38 50	1,6110	9,582	10,012	10,514	10,003
15	2072	— 0 30 40	0,1551	9,576	9,998	10,581	9,967
22	2073	— 0 08 00	0,0106	9,442	9,974	10,483	9,913
30	2074	— 0 35 00	0,2020	9,222	10,073	10,353	9,891
37	2075	— 0 11 10	0,0331	9,457	10,129	10,621	9,900
43	2076	+ 0 00 40	0,0001	9,392	10,318	10,640	10,011
49	2077	— 0 30 00	0,1481	9,339	10,172	10,620	9,835
55	2078	— 0 34 10	0,1925	9,274	10,160	10,671	9,695
10 1	2079	— 0 11 30	0,0218	9,056	10,256	10,494	9,725
8	2080	— 0 35 20	0,2059	9,231	10,167	10,797	9,551
15	2081	— 0 12 50	0,0272	9,238	10,359	10,896	9,608
22	2082	— 0 37 40	0,2340	9,151	10,407	10,911	9,559
27	2083	— 0 26 10	0,1129	9,133	10,392	10,920	9,531
33	2084	— 0 25 40	0,1087	9,125	10,465	10,867	9,577
38	2085	— 0 42 10	0,2933	9,172	10,391	10,948	9,477
44	2086	— 0 18 20	0,0554	9,009	10,421	10,914	9,477
50	2087	— 0 32 20	0,1724	9,122	10,486	10,925	9,557
58	2088	— 0 15 40	0,0405	9,070	10,478	10,942	9,474
11 4	2089	— 0 21 20	0,0751	9,125	10,435	11,016	9,454
11	2090	— 0 34 50	0,2001	8,987	10,518	11,004	9,377
17	2091	+ 0 12 20	0,0251	9,111	10,733	11,196	9,515
23	2092	+ 0 28 50	0,1371	8,950	10,606	11,017	9,445
30	2093	— 1 36 50	1,5465	9,093	10,411	11,183	9,251
37	2094	— 1 01 40	0,0272	9,044	10,630	11,250	9,361
44	2095	— 0 47 20	0,3695	8,953	10,561	11,205	9,233
51	2096	— 0 18 20	0,0554	8,816	10,641	11,223	9,132
57	2097	— 1 03 00	0,6546	8,699	10,738	11,088	9,286
12 4	2098	— 0 27 50	0,1278	8,923	10,715	11,286	9,313
12	2099	— 0 35 00	0,2020	8,928	10,710	11,278	9,265
20	2100	— 0 49 50	0,4096	8,855	10,660	11,273	9,155
27	2101	— 0 25 00	0,1031	8,938	10,739	11,335	9,220
34	2102	— 1 28 50	1,3015	8,741	10,836	11,260	9,217
41	2103	— 1 01 30	0,6861	8,884	10,811	11,371	9,241
48	2104	— 0 56 40	0,5206	8,864	10,881	11,154	9,179
56	2105	— 1 14 40	0,9195	8,591	10,841	11,125	9,238
1 28	2106	— 0 32 10	0,1707	8,707	10,790	11,338	9,065
36	2107	— 1 36 40	1,5411	8,731	10,793	11,368	9,071
47	2108	— 0 50 40	0,4234	8,643	10,912	11,397	9,065
54	2109	— 0 55 10	0,5020	8,587	10,904	11,584	9,049
2 0	2110	— 1 04 30	0,6862	8,492	10,827	11,192	9,025
7	2111	— 1 50 10	2,0016	9,101	10,772	11,674	9,130
19	2112	— 2 10 00	2,7871	8,750	10,768	11,260	9,143
29	2113	— 1 10 40	0,8236	8,731	10,735	11,240	9,158
36	2114	— 0 55 40	0,5111	8,656	10,750	11,234	9,173
45	2115	— 0 57 00	0,5359	8,713	10,814	11,286	9,166
53	2116	— 0 29 10	0,1403	8,825	10,828	11,430	9,127
3 1	2117	— 1 24 10	1,1684	8,785	10,779	11,309	9,071
7	2118	— 0 26 20	0,1144	8,842	10,871	11,165	9,149
13	2119	— 0 58 00	0,5548	8,707	10,882	11,333	9,170
20	2120	+ 0 46 50	0,3618	8,704	10,825	11,288	9,184
27	2121	+ 0 19 50	0,0627	8,644	10,835	11,236	9,135
36	2122	— 0 36 40	0,2217	8,776	10,843	11,118	9,120
43	2123	+ 0 30 30	0,1531	8,739	10,850	11,437	9,072
50	2124	+ 0 30 20	0,1518	8,688	10,806	11,401	9,075
57	2125	+ 0 33 50	0,1888	8,587	10,885	11,245	9,132
4 4	2126	+ 0 21 30	0,0762	8,732	10,914	11,382	9,141
12	2127	— 1 08 20	0,7701	8,721	10,917	11,366	9,175
47	2128	+ 1 44 50	1,8125	8,698	10,928	11,246	9,240
58	2129	+ 1 12 00	0,8550	8,709		11,217	8,558
	60 R.		28,5400	527,446	625,301	667,044	561,002

Quiroga. *Ibañez.* — *Monet.* *Ibañez.*

Heures	Positions des règles	i	$C_i = 7797 \sin^2 \frac{1}{2} i$	p'	p''	l'	l''
h m		° ′ ″	mm	T	T	T	T
7 28	2130	+ 1 49 10	1,9655		10,068	11,140	9,786
40	2131	+ 2 05 40	2,6041	9,405	10,222	10,755	9,750
47	2132	+ 1 16 20	0,9610	9,380	10,223	10,844	9,627
55	2133	+ 1 36 50	1,5465	9,292	10,282	10,824	9,590
8 4	2134	+ 1 36 40	1,5411	9,253	10,377	10,971	9,502
10	2135	+ 0 56 10	0,5203	9,138	9,891	10,916	8,921
19	2136	+ 1 41 30	1,8010	9,050	10,586	11,015	9,384
26	2137	+ 0 35 30	0,2079	8,918	10,511	11,028	9,281
34	2138	— 0 01 10	0,0029	8,976	10,607	11,201	9,248
41	2139	+ 1 03 50	0,6721	8,817	10,759	11,126	9,351
48	2140	+ 0 48 10	0,3827	8,774	10 701	11,196	9,117
55	2141	+ 1 26 20	1,2293	8,769	10,787	11,264	9,185
9 1	2142	+ 0 38 00	0,2382	8,734	10,781	11,325	9,092
7	2143	+ 0 51 10	0,4318	8,644	10,807	11,281	9,107
13	2144	+ 1 05 40	0,7112	8,700	10,859	11,383	9,051
21	2145	+ 0 25 50	0,1101	8,621	10,893	11,356	9,058
27	2146	+ 1 14 20	0,9113	8,635	11,160	11,422	9,252
34	2147	+ 0 29 50	0,1468	8,575	10,851	11,410	8,896
41	2148	+ 0 54 20	0,4869	8,563	10,998	11,452	8,956
47	2149	+ 0 27 10	0,1217	8,589	11,341	11,487	9,505
55	2150	+ 0 25 00	0,1031	8,562	11,096	11,557	8,958
10 3	2151	+ 0 46 50	0,3618	8,411	11,106	11,395	8,979
9	2152	+ 0 04 20	0,0031	8,522	11,253	11,573	9,072
38	2153	+ 0 52 20	0,1724	8,337	11,307	11,500	9,008
46	2154	— 0 15 40	0,0379	8,476	11,120	11,627	8,801
51	2155	— 0 20 30	0,0693	8,415	11,091	11,625	8,730
11 3	2156	+ 0 21 50	0,0786	8,362	11,167	11,634	8,722
10	2157	— 0 12 40	0,0265	8,256	11,315	11,631	8,764
16	2158	+ 0 55 40	0,5111	8,401	10,656	11,682	8,188
24	2159	— 0 03 10	0,0017	8,380	11,201	11,600	8,821
31	2160	— 1 32 10	1,4010	8,267	11,871	11,409	9,564
38	2161	— 0 11 20	0,0212	8,501	10,991	11,629	8,712
44	2162	— 0 28 40	0,1355	8,407	11,261	11,701	8,776
51	2163	— 0 12 50	0,0272	8,322	11,342	11,785	8,724
57	2164	— 0 32 50	0,1778	8,155	11,292	11,600	8,613
12 3	2165	— 0 45 50	0,3465	8,359	11,218	11,788	8,566
12	2166	+ 0 15 40	0,0105	8,337	11,608	11,768	9,045
18	2167	— 0 47 10	0,3669	8,100	11,287	11,561	8,752
26	2168	+ 0 19 00	0,0595	8,270	11,625	11,532	9,206
35	2169	+ 0 12 00	0,0238	8,466	11,210	11,679	8,822
41	2170	— 0 08 50	0,0129	8,596	11,169	11,791	8,580
49	2171	+ 0 26 40	0,1173	8,392	11,349	11,825	8,744
58	2172	— 0 12 10	0,0241	8,358	11,346	11,778	8,742
1 5	2173	+ 0 08 20	0,0115	8,281	11,317	11,634	8,829
14	2174	+ 0 14 40	0,0375	8,406	11,359	11,864	8,695
22	2175	— 0 17 30	0,0305	8,325	11,345	11,709	8,820
29	2176	+ 0 51 10	0,4318	8,261	11,232	11,567	8,811
35	2177	— 0 20 10	0,0671	8,199	11,387	11,517	8,954
42	2178	+ 0 24 40	0,1004	8,436	11,276	11,651	8,869
50	2179	+ 0 15 20	0,0388	8,549	11,237	11,755	8,884
57	2180	+ 0 00 40	0,0001	8,335	11,186	11,527	8,842
2 4	2181	+ 0 27 20	0,1252	8,351	11,306	11,587	8,906
10	2182	+ 0 24 40	0,1004	8,467	11,108	11,731	8,661
17	2183	+ 0 30 00	0,1484	8,413	11,271	11,677	8,871
24	2184	+ 0 21 50	0,0786	8,689	11,324	11,850	8,969
30	2185	— 0 55 40	0,5111	8,348	11,131	11,519	8,788
38	2186	— 0 03 30	0,0020	8,241	11,227	11,130	8,866
44	2187	— 0 51 40	0,1103	8,470	11,162	11,671	8,799
3 15	2188	+ 0 09 40	0,0154	8,346	11,058	11,547	8,748
40	2189	— 0 00 10	0,0000	8,566		11,718	8,130
	60 R.		22,8678	503,996	651,455	689,419	537,716
				Ibañez.	*Moxet.* —	*Quiroga.*	*Moxet.*

4.ème SECTION. — 4 AOÛT 1858.

Heures	Positions des règles	I	$c_1 = 7797 \sin^2 \frac{1}{2} I$	p'	p''	l'	l''
h m		° ′ ″	mm	T	T	T	T
8 31	2190	− 0 24 20	0,0977		10,247	11,593	9,721
44	2191	+ 0 19 40	0,0638	9,567	10,233	11,007	9,691
53	2192	− 0 38 00	0,2582	9,244	10,278	10,795	9,614
59	2193	− 0 07 40	0,0097	9,310	10,287	10,884	9,604
9 5	2194	+ 0 02 20	0,0009	9,235	10,336	10,867	9,573
12	2195	− 0 22 50	0,0860	9,130	10,443	10,819	9,637
18	2196	+ 0 25 00	0,1034	9,244	10,455	11,010	9,531
24	2197	− 0 31 10	0,1602	9,073	10,381	10,881	9,435
30	2198	+ 0 04 50	0,0039	9,225	10,450	11,151	9,373
36	2199	+ 0 03 50	0,0024	9,129	10,602	11,118	9,500
41	2200	− 0 21 10	0,0739	8,886	10,590	10,965	9,401
50	2201	+ 0 27 40	0,1292	9,122	10,580	11,271	9,347
57	2202	− 0 19 50	0,0649	9,009	10,607	11,264	9,485
10 4	2203	+ 0 05 30	0,0050	8,900	10,677	11,253	9,218
11	2204	− 0 04 20	0,0031	8,746	10,814	11,187	9,271
16	2205	− 0 07 40	0,0097	8,683	10,770	11,165	9,198
23	2206	+ 0 28 00	0,1293	8,648	10,741	11,145	9,126
29	2207	+ 0 25 20	0,1059	8,857	10,910	11,390	9,295
35	2208	+ 0 02 40	0,0012	8,720	10,828	11,296	9,124
42	2209	+ 0 05 50	0,0020	8,599	10,810	11,189	9,075
48	2210	− 0 05 50	0,0056	8,574	10,857	11,228	9,073
11 25	2211	+ 0 21 20	0,0751	8,704	10,965	11,654	8,954
35	2212	− 0 30 30	0,1534	8,590	11,004	11,483	8,800
44	2213	+ 0 02 30	0,0010	8,479	11,103	11,605	8,856
53	2214	+ 0 07 50	0,0104	8,264	11,080	11,285	8,951
12 1	2215	− 0 24 00	0,0727	8,740	10,945	11,756	8,854
11	2216	+ 0 17 00	0,0477	8,727	11,221	11,931	8,886
19	2217	− 0 25 30	0,1073	8,445	11,083	11,717	8,670
26	2218	+ 0 07 20	0,0089	8,354	11,259	11,607	8,872
35	2219	− 0 04 10	0,0029	8,387	11,043	11,704	8,589
42	2220	− 0 23 10	0,0885	8,329	11,363	11,690	8,853
49	2221	+ 0 29 30	0,1435	8,272	11,271	11,537	8,859
56	2222	− 0 22 50	0,0860	8,477	11,255	11,792	8,780
1 5	2223	+ 0 04 30	0,0053	8,203	10,888	11,497	8,433
18	2224	− 0 04 30	0,0033	8,582	11,151	12,066	8,539
22	2225	− 0 08 20	0,0115	8,293	11,420	11,856	8,711
29	2226	+ 0 26 10	0,1129	8,200	11,346	11,806	8,606
35	2227	− 0 14 00	0,0323	8,355	11,258	11,940	8,486
45	2228	+ 0 19 40	0,0638	8,246	11,343	11,918	8,539
50	2229	+ 0 48 40	0,3906	8,194	11,293	11,775	8,604
58	2230	+ 1 21 10	1,0866	8,138	11,329	11,758	8,563
2 4	2231	− 0 00 10	0,0000	8,196	11,518	11,804	8,786
12	2232	− 1 28 00	1,2772	8,134	11,096	11,648	8,432
20	2233	+ 0 02 00	0,0007	8,174	11,264	11,659	8,617
28	2234	+ 0 08 50	0,0129	8,104	11,598	11,525	8,812
35	2235	− 0 11 10	0,0206	8,279	11,294	11,674	8,708
43	2236	+ 0 19 40	0,0638	8,309	11,148	11,697	8,571
49	2237	− 0 13 10	0,0286	8,325	11,365	11,740	8,791
57	2238	+ 0 14 30	0,0347	8,384	11,147	11,894	8,400
3 3	2239	+ 0 04 50	0,0039	8,351	11,329	11,874	8,669
10	2240	− 0 14 40	0,0355	8,276	11,294	11,708	8,720
18	2241	+ 0 32 20	0,1724	8,280	11,288	11,691	8,700
26	2242	− 0 13 20	0,0295	8,307	11,321	11,749	8,662
32	2243	+ 0 15 50	0,0413	8,292	11,232	11,821	8,548
38	2244	− 0 09 30	0,0149	8,290	11,295	11,806	8,655
44	2245	− 0 08 00	0,0106	8,285	11,302	11,809	8,696
52	2246	+ 0 39 00	0,2509	8,377	11,110	11,996	8,561
58	2247	− 0 22 50	0,0860	8,175	11,360	11,827	8,668
4 32	2248	+ 0 11 00	0,0200	8,253	11,253	11,597	8,779
53	2249	+ 0 42 10	0,3003	8,366		11,794	7,645
	60 R.		6,1977	501,758	618,438	691,155	531,623
				Monet.	*Quiroga. —*	*Ibañez.*	*Quiroga*

4.ème SECTION. 5 AOÛT 1858.

Heures	Positions des règles	I	$c_1 = 7797 \sin^2 \frac{1}{2} I$	p'	p''	l'	l''
h m		° ′ ″	mm	T	T	T	T
9 41	2250	+ 0 01 40	0,0005		10,008	11,155	9,883
52	2251	— 0 45 10	0,3365	9,484	10,195	10,618	9,980
59	2252	— 0 47 50	0,3774	9,393	10,177	10,614	9,874
10 4	2253	+ 0 05 00	0,0041	9,270	10,222	10,483	9,906
10	2254	— 0 02 30	0,0010	9,466	10,414	10,777	9,701
17	2255	— 0 03 20	0,0018	9,413	10,160	10,792	9,689
26	2256	— 0 01 30	0,0004	9,368	10,279	10,842	9,687
32	2257	— 0 19 50	0,0649	9,294	10,290	10,809	9,661
38	2258	— 0 05 20	0,0047	9,294	10,317	10,889	9,595
43	2259	— 0 18 40	0,0575	9,352	10,343	11,002	9,591
49	2260	— 0 26 10	0,1129	9,162	10,436	10,907	9,610
59	2261	+ 0 06 20	0,0066	9,389	10,448	11,190	9,550
11 5	2262	+ 0 27 10	0,1217	9,473	10,493	11,359	9,550
11	2263	— 0 17 10	0,0486	9,015	10,487	10,971	9,471
17	2264	— 0 15 40	0,0405	8,962	10,487	10,938	9,116
25	2265	— 0 26 50	0,1188	8,937	10,543	10,957	9,160
30	2266	— 0 01 00	0,0002	9,882	10,516	11,933	9,391
35	2267	— 0 55 10	0,5020	8,953	10,524	11,056	9,380
42	2268	— 0 13 30	0,0301	9,081	10,614	11,272	9,317
49	2269	— 0 24 30	0,0990	8,982	10,603	11,210	9,300
54	2270	— 0 35 20	0,2059	8,748	10,666	11,056	9,326
59	2271	— 0 16 40	0,0458	8,704	10,676	11,061	9,261
12 5	2272	— 0 59 20	0,5806	8,770	10,660	11,109	9,270
10	2273	— 0 08 20	0,0115	8,899	10,689	11,270	9,258
15	2274	— 0 20 30	0,0693	8,731	10,763	11,147	9,303
35	2275	— 3 15 10	6,2808	9,096	10,809	11,606	9,280
47	2276	+ 1 28 50	1,3015	9,186	10,840	11,827	9,099
1 30	2277	— 0 13 20	0,0293	8,566	10,930	11,391	8,979
37	2278	— 0 23 00	0,0873	8,646	10,881	11,511	8,919
43	2279	— 0 26 40	0,1173	8,654	10,978	11,354	9,009
50	2280	— 1 11 10	0,8553	8,684	10,987	11,567	8,968
57	2281	— 0 05 50	0,0056	8,778	11,006	11,699	8,981
2 4	2282	— 0 53 50	0,4780	8,456	10,981	11,126	8,948
10	2283	— 0 34 10	0,1925	8,645	10,959	11,600	8,960
16	2284	— 0 44 40	0,5291	8,470	11,012	11,168	8,920
21	2285	— 0 35 30	0,2079	8,368	11,019	11,158	8,898
27	2286	— 0 00 10	0,0000	8,454	11,094	11,564	8,876
33	2287	— 0 19 40	0,1069	8,284	11,028	11,462	8,790
39	2288	— 0 38 50	0,2187	8,360	11,150	11,530	8,918
45	2289	— 0 05 20	0,0018	8,499	11,011	11,670	8,801
52	2290	— 0 25 10	0,1048	8,436	11,117	11,534	8,906
58	2291	+ 0 02 20	0,0009	8,110	11,183	11,508	8,918
3 4	2292	— 0 46 10	0,3515	8,410	11,111	11,653	8,706
8	2293	— 0 16 20	0,0440	8,454	11,234	11,668	8,925
15	2294	— 0 26 30	0,1158	8,452	11,222	11,716	8,823
20	2295	— 0 20 00	0,0660	8,592	11,151	11,808	8,757
24	2296	— 0 14 00	0,0325	8,304	11,291	11,588	8,837
30	2297	+ 0 03 30	0,0020	8,497	11,207	11,856	8,744
35	2298	+ 0 08 40	0,0124	8,013	11,208	11,105	8,705
41	2299	— 1 55 00	2,1811	8,022	11,309	11,414	8,809
48	2300	— 1 41 00	1,6824	8,310	11,166	11,671	8,737
53	2301	+ 0 35 00	0,2020	8,288	11,179	11,545	8,812
4 0	2302	— 0 41 00	0,2773	8,419	11,119	11,633	8,772
5	2303	— 0 02 30	0,0010	8,387	11,173	11,669	8,835
10	2304	— 0 30 00	0,1481	8,323	11,144	11,617	8,788
15	2305	+ 0 02 20	0,0009	8,413	11,184	11,785	9,051
20	2306	+ 0 12 00	0,0238	8,100	11,305	11,522	8,783
25	2307	— 0 48 40	0,3906	8,263	11,284	11,665	8,784
55	2308	— 1 02 30	0,6113	8,348	11,402	11,675	9,002
5 14	2309	— 0 56 00	0,5172	8,500		11,770	8,028
	60 R.		20,1627	516,169	658,766	681,343	518,570

Quiroga. Ibañez. — Monet. Ibañez.

53.ème JOURNÉE.

4.ème Section. 6 août 1858.

Heures	Positions des règles	I	$c_{,}$ = 7797 $\sin^2 \frac{1}{2}$ I	p'	p''	l'	l''
h m		° ′ ″	mm	T	T	T	T
8 2	2310	— 1 11 50	0,8511		9,928	11,270	9,947
14	2311	— 1 20 00	1,0556	9,541	10,031	10,531	9,955
21	2312	— 2 05 10	2,5837	9,448	10,077	10,499	9,933
28	2313	— 1 13 20	0,8870	9,468	10,036	10,573	9,823
34	2314	— 1 45 10	1,8241	9,421	10,060	10,576	9,813
40	2315	— 1 54 40	2,1685	9,427	10,053	10,612	9,737
46	2316	— 1 31 50	1,4833	9,422	9,976	10,736	9,524
51	2317	— 1 45 10	1,8241	9,267	10,220	10,646	9,748
57	2318	— 1 15 30	0,9401	9,259	10,230	10,696	9,661
9 4	2319	— 1 23 50	1,1591	9,237	10,264	10,709	9,718
10	2320	— 1 20 00	1,0556	9,372	10,259	10,920	9,606
16	2321	— 0 09 30	0,0149	9,205	10,239	10,795	9,567
22	2322	— 1 02 20	0,6408	9,202	10,413	10,989	9,532
35	2323	+ 0 06 50	0,0077	9,062	10,297	10,958	9,348
42	2324	+ 0 48 40	0,3906	8,966	10,598	10,937	9,512
50	2325	+ 0 21 30	0,0762	8,929	10,534	10,931	9,466
10 0	2326	— 0 28 00	0,1293	9,006	10,423	11,001	9,314
6	2327	— 1 23 30	1,1493	9,062	10,598	11,110	9,453
15	2328	— 0 52 20	0,4517	9,077	10,566	11,191	9,374
20	2329	— 1 30 00	1,3359	8,919	10,503	11,098	9,341
26	2330	— 1 56 20	2,2320	8,923	10,677	11,096	9,415
34	2331	— 1 11 40	0,8471	8,951	10,445	11,136	9,195
42	2332	— 1 54 50	2,1748	8,951	10,536	11,165	9,219
49	2333	— 1 14 10	0,9072	8,901	10,562	11,174	9,180
55	2334	— 1 38 30	1,6002	8,805	10,686	11,141	9,221
11 1	2335	— 1 47 40	1,9118	8,812	10,720	11,160	9,247
9	2336	— 1 01 00	0,6137	8,788	10,883	11,204	9,335
15	2337	— 1 39 40	1,6383	8,846	10,599	11,319	9,017
23	2338	— 1 09 30	0,7967	8,715	10,687	11,227	9,037
31	2339	— 1 24 30	1,1776	8,622	10,769	11,184	9,085
40	2340	— 1 53 30	2,1246	8,660	10,878	11,268	9,148
47	2341	— 1 06 40	0,7530	8,729	10,812	11,370	9,034
56	2342	— 1 43 40	1,7724	8,798	10,880	11,488	9,085
12 4	2343	— 1 22 30	1,1226	8,670	10,812	11,410	8,951
12	2344	— 1 20 30	1,0688	8,719	10,868	11,541	8,903
20	2345	— 1 36 10	1,5253	8,522	10,935	11,389	8,979
27	2346	+ 0 19 10	0,0606	8,633	10,917	11,539	8,959
36	2347	— 0 55 20	0,5050	8,752	11,011	11,698	8,996
43	2348	+ 0 08 10	0,0110	8,709	10,976	11,713	8,883
50	2349	+ 0 22 40	0,0847	8,601	11,070	11,673	8,912
57	2350	+ 0 24 30	0,0990	8,559	10,959	11,597	8,812
1 5	2351	+ 1 01 30	0,6238	8,801	11,016	11,896	8,845
13	2352	— 0 12 50	0,0272	8,463	11,085	11,679	8,789
20	2353	+ 0 14 10	0,0331	8,674	11,049	11,922	8,728
28	2354	+ 0 13 30	0,0301	8,520	11,140	11,709	8,649
36	2355	+ 0 10 00	0,0165	8,383	11,352	11,771	8,869
43	2356	+ 1 23 40	1,1545	8,109	11,239	11,461	8,830
51	2357	+ 0 47 20	0,3695	8,595	11,084	11,868	8,760
2 0	2358	+ 0 23 30	0,0011	8,509	11,119	11,747	8,816
7	2359	— 0 05 00	0,0041	8,344	10,932	11,522	8,618
16	2360	— 0 05 50	0,0056	8,467	11,300	11,707	8,998
25	2361	+ 1 07 00	0,7404	8,514	11,101	11,818	8,786
33	2362	— 0 01 50	0,0006	8,737	11,186	12,192	8,647
42	2363	+ 1 16 30	0,9652	8,262	11,293	11,731	8,718
51	2364	+ 1 08 10	0,7664	8,513	11,106	11,970	8,559
58	2365	+ 1 11 40	0,8171	8,477	11,223	11,932	8,666
3 5	2366	+ 1 31 50	1,3909	8,326	11,257	11,836	8,728
14	2367	+ 0 49 50	0,4096	8,122	11,390	11,511	8,912
40	2368	+ 1 11 50	0,8511	8,396	11,228	11,813	8,745
4 11	2369	+ 0 48 00	0,3800	8,866		12,146	7,881
	60 R.		51,7424	519,854	633,279	679,620	548,678

Ibañez. *Monet. — Saavedra.* *Quiroga.*

Heures	Positions des règles	I	$C_1 = 7797 \sin^2 \frac{1}{2} I$	p'	p''	l'	l''
h m		° ' "	mm	T	T	T	T
8 51	2370	+ 0 48 00	0,3800		10,002	11,435	9,786
9 3	2371	+ 1 25 10	1,1963	9,402	10,090	10,624	9,788
14	2372	+ 1 03 50	0,6721	9,444	10,237	10,830	9,764
20	2373	+ 0 30 10	0,1501	9,349	10,211	10,788	9,698
27	2374	− 0 08 40	0,0124	9,241	10,348	10,742	9,778
33	2375	− 0 09 00	0,0134	9,251	10,258	10,784	9,657
39	2376	+ 0 39 20	0,2552	9,293	10,363	10,952	9,602
46	2377	+ 0 02 40	0,0012	9,227	10,480	10,920	9,679
52	2378	+ 0 02 10	0,0008	9,183	10,518	10,996	9,605
59	2379	+ 0 19 00	0,0595	9,174	10,399	11,074	9,388
6	2380	− 0 53 20	0,4691	8,949	10,496	11,017	9,333
10 13	2381	− 0 54 50	0,4959	9,008	10,514	11,121	9,289
22	2382	− 2 06 50	2,6530	8,910	10,661	11,088	9,353
30	2383	− 2 01 40	2,4413	8,950	10,649	11,110	9,310
39	2384	− 2 36 40	4,0476	8,890	10,679	11,115	9,286
46	2385	− 3 00 00	5,3428	8,864	10,618	11,172	9,149
59	2386	− 3 02 00	5,4621	8,847	10,563	11,224	9,030
11 4	2387	− 3 45 50	8,4089	8,796	10,820	11,226	9,240
13	2388	− 3 01 30	5,4322	8,802	10,712	11,293	9,068
20	2389	− 2 56 30	5,1370	8,703	10,941	11,268	9,212
29	2390	− 2 35 50	4,0047	8,759	10,798	11,383	9,010
12 7	2391	− 1 49 00	1,9595	8,607	11,095	11,526	9,062
15	2392	− 2 24 40	3,4514	8,507	10,982	11,325	9,011
24	2393	− 1 15 10	0,9319	8,596	10,881	11,413	8,955
31	2394	− 1 03 10	0,6581	8,643	10,906	11,456	8,967
38	2395	− 1 37 10	1,5571	8,588	10,975	11,388	9,015
46	2396	− 1 00 00	0,5938	8,581	10,962	11,439	8,937
53	2397	− 1 51 40	2,0565	8,661	11,161	11,550	9,133
1 1	2398	− 1 03 20	0,6616	8,583	11,087	11,591	8,940
7	2399	− 0 33 30	0,1851	8,518	11,093	11,511	8,999
14	2400	− 0 06 40	0,0073	8,465	11,112	11,477	8,989
21	2401	+ 0 33 10	0,1814	8,457	11,119	11,453	9,002
28	2402	− 1 07 40	0,7552	8,545	10,986	11,591	8,816
34	2403	− 1 03 10	0,6581	8,338	11,223	11,457	8,963
43	2404	− 0 40 10	0,2961	8,564	11,013	11,748	8,690
51	2405	− 0 40 00	0,2639	8,408	11,108	11,575	8,789
2 5	2406	− 2 22 40	3,3566	8,630	11,229	11,813	8,871
31	2407	+ 3 31 20	7,5611	8,401	10,983	11,623	8,630
40	2408	+ 3 51 10	8,8106	8,551	11,020	11,931	8,522
51	2409	+ 3 48 20	8,5960	8,518	11,399	11,955	8,859
3 4	2410	+ 3 51 50	8,8615	8,388	11,253	11,807	8,743
12	2411	+ 3 52 20	8,8997	8,294	11,409	11,700	8,910
20	2412	+ 3 24 50	6,9182	8,271	11,303	11,580	8,916
38	2413	+ 3 33 00	7,4807	8,355	11,261	11,638	8,911
51	2414	+ 2 59 20	5,3033	8,412	11,128	11,767	8,678
4 0	2415	+ 2 51 20	4,8108	8,291	11,277	11,621	8,808
11	2416	+ 3 21 40	6,7060	8,437	11,304	11,710	8,891
17	2417	+ 2 46 20	4,5624	8,121	11,221	11,735	8,761
25	2418	+ 3 00 40	5,3824	8,512	11,239	11,816	8,835
35	2419	+ 2 14 10	2,9786	8,249	11,240	11,521	8,852
42	2420	+ 1 57 10	2,2610	8,323	11,246	11,539	8,909
47	2421	+ 2 49 00	4,7098	8,279	11,249	11,475	8,965
52	2422	+ 1 47 20	1,9000	8,193	11,166	11,653	8,910
5 8	2423	+ 2 01 50	2,4480	8,146	11,318	11,630	9,044
16	2424	+ 2 00 40	2,4013	8,425	11,226	11,573	8,912
23	2425	+ 1 33 40	1,4469	8,354	11,128	11,475	8,941
36	2426	+ 1 48 40	1,9175	8,657	11,056	11,643	8,982
43	2427	+ 0 14 20	0,0530	8,455	11,093	11,433	9,025
6 18	2428	+ 1 03 10	0,6581	8,569	10,990	11,408	9,069
36	2429	+ 1 11 30	0,9154	8,180		10,931	8,575
	60 R.		109,5984	511,107	643,828	685,757	541,952
				Ibañez.	*Saavedra.*--	*Quiroga.*	*Saavedra.*

Heures	Positions des règles	I	$c_i = 7797 \sin^2 \frac{1}{2} I$	p'	p''	l'	l''
h m		° ′ ″	mm	T	T	T	T
8 40	2430	+ 0 27 00	0,1202		9,853	10,868	10,083
47	2431	+ 0 43 30	0,3121	9,728	9,890	10,437	10,019
56	2432	+ 0 13 00	0,0279	9,581	9,950	10,377	9,962
9 4	2433	+ 0 42 50	0,3026	9,657	10,004	10,534	9,968
12	2434	+ 0 34 40	0,1982	9,532	10,037	10,509	9,869
18	2435	+ 0 41 40	0,2863	9,604	10,039	10,679	9,801
26	2436	+ 1 41 50	1,6991	9,259	10,161	10,452	9,769
32	2437	+ 0 57 20	0,5422	9,250	10,200	10,479	9,762
40	2438	+ 1 19 20	1,0380	9,372	10,222	10,681	9,698
48	2439	+ 1 26 00	1,2198	9,140	10,223	10,566	9,622
55	2440	+ 1 36 50	1,5465	9,219	10,336	10,721	9,613
10 0	2441	+ 2 02 10	2,4614	9,291	10,300	10,889	9,544
6	2442	+ 1 11 00	0,8314	9,050	10,390	10,617	9,595
13	2443	+ 1 37 40	1,5732	9,342	10,391	11,040	9,504
20	2444	+ 1 26 50	1,2436	9,114	10,377	10,846	9,417
28	2445	+ 1 03 00	0,6546	9,111	10,392	10,894	9,436
34	2446	+ 1 07 00	0,7401	9,071	10,473	10,886	9,473
41	2447	+ 0 27 00	0,1202	9,202	10,516	11,036	9,471
48	2448	+ 1 42 00	1,7159	9,016	10,567	10,993	9,400
56	2449.	— 0 08 50	0,0129	8,911	10,532	10,951	9,350
11 3	2450	— 0 46 20	0,3544	8,869	10,540	10,928	9,320
41	2451	+ 0 00 20	0,0000	8,639	10,744	11,040	9,182
51	2452	— 0 42 20	0,2956	8,743	10,771	11,135	9,186
58	2453	+ 0 16 10	0,0431	8,871	10,806	11,250	9,259
12 5	2454	— 0 12 50	0,0272	8,609	10,812	11,069	9,149
14	2455	+ 0 10 00	0,0165	8,715	10,899	11,292	9,118
22	2456	+ 1 11 20	0,8392	8,667	11,018	11,324	9,172
29	2457	+ 0 15 00	0,0371	8,719	10,940	11,494	8,948
36	2458	— 0 46 10	0,3515	8,441	10,936	11,138	9,071
43	2459	— 0 06 50	0,0077	8,597	10,942	11,211	9,134
52	2460	— 0 37 10	0,2278	8,748	10,974	11,388	9,154
59	2461	+ 0 29 20	0,1419	8,590	11,252	11,298	9,371
1 6	2462	— 0 32 00	0,1689	8,760	10,851	11,406	9,016
14	2463	+ 0 20 20	0,0682	8,679	10,968	11,360	9,068
22	2464	+ 0 09 30	0,0149	8,809	10,864	11,523	8,959
29	2465	— 0 21 50	0,0786	8,622	10,949	11,394	9,000
36	2466	+ 0 17 10	0,0486	8,684	10,790	11,544	8,753
44	2467	— 0 23 10	0,0885	8,687	11,013	11,627	8,892
51	2468	+ 0 07 30	0,0093	8,472	10,989	11,360	8,940
57	2469	+ 0 01 10	0,0002	8,554	10,981	11,441	8,920
2 4	2470	+ 0 02 50	0,0013	8,544	11,002	11,434	8,943
11	2471	+ 0 18 00	0,0534	8,539	10,990	11,402	8,919
18	2472	— 0 34 40	0,1982	8,545	10,095	11,440	8,922
24	2473	+ 0 02 50	0,0013	8,486	11,091	11,457	8,950
32	2474	— 0 12 00	0,0238	8,624	10,904	11,517	8,834
39	2475	— 0 22 10	0,0810	8,434	11,050	11,376	8,988
46	2476	+ 0 12 00	0,0238	8,476	10,905	11,382	8,853
53	2477	— 0 16 40	0,0458	8,552	11,070	11,425	9,022
3 0	2478	— 0 13 40	0,0308	8,528	10,983	11,405	8,938
6	2479	+ 0 01 30	0,0004	8,473	11,002	11,362	8,900
14	2480	— 0 22 40	0,0847	8,638	10,921	11,481	8,944
21	2481	+ 0 18 20	0,0551	8,495	11,033	11,350	9,011
28	2482	— 0 24 10	0,0963	8,620	10,915	11,384	9,024
35	2483	+ 0 06 10	0,0062	8,600	11,050	11,378	9,096
42	2484	+ 0 07 50	0,0101	8,682	10,983	11,442	9,082
48	2485	— 0 16 20	0,0440	8,669	11,001	11,397	9,007
55	2486	0 00 00	0,0000	8,612	10,947	11,310	9,093
4 3	2487	— 0 42 00	0,2909	8,839	11,111	11,533	9,245
37	2488	+ 0 12 10	0,0244	8,797	10,824	11,330	9,133
52	2489	— 0 14 40	0,0355	8,774		11,318	8,185
	60 R.		20,5727	521,847	631,658	668,910	554,009

Saavedra. Quiroga. — Ibañez. Quiroga.

4.ème SECTION. 10 AOÛT 1858.

Heures	Positions des règles	I	$c_{,} = 7797 \sin^2 \frac{1}{2} I$	p'	p''	l'	l''
h m		° ′ ″	mm	T	T	T	T
8 23	2490	— 0 00 10	0,0000		9,765	10,734	10,126
33	2491	+ 0 26 40	0,1173	9,741	9,829	10,364	10,000
41	2492	— 0 28 50	0,1371	9,649	9,894	10,334	10,055
48	2493	+ 0 00 40	0,0001	9,720	9,930	10,468	10,064
55	2494	+ 0 29 60	0,1468	9,579	9,935	10,413	9,976
9 0	2495	— 0 27 10	0,1217	9,479	9,980	10,300	9,963
5	2496	+ 0 16 50	0,0467	9,518	9,937	10,496	9,864
10	2497	— 0 09 20	0,0144	9,444	10,068	10,436	9,970
15	2498	— 0 03 40	0,0022	9,488	10,002	10,522	9,847
20	2499	+ 0 04 40	0,0036	9,421	10,060	10,457	9,895
25	2500	— 0 03 20	0,0018	9,629	10,075	10,699	9,868
30	2501	— 0 14 40	0,0355	9,481	10,052	10,610	9,778
35	2502	— 0 17 20	0,0496	9,474	10,057	10,621	9,729
40	2503	— 0 18 40	0,0575	9,183	10,053	10,363	9,770
45	2504	+ 0 13 00	0,0279	9,405	10,158	10,622	9,792
50	2505	— 0 19 20	0,0616	9,344	10,151	10,637	9,735
55	2506	+ 0 19 20	0,0616	9,369	10,074	10,674	9,601
10 0	2507	— 0 21 10	0,0739	9,324	10,192	10,744	9,705
5	2508	+ 0 03 50	0,0024	9,357	10,223	10,759	9,656
12	2509	— 0 01 10	0,0002	9,247	10,260	10,708	9,661
19	2510	— 0 19 20	0,0616	9,218	10,319	10,660	9,719
26	2511	+ 0 21 40	0,0774	9,249	10,310	10,730	9,688
32	2512	— 0 12 00	0,0238	9,241	10,330	10,746	9,652
37	2513	+ 0 04 40	0,0056	9,150	10,319	10,687	9,636
44	2514	+ 0 03 50	0,0024	9,111	10,365	10,675	9,612
50	2515	— 0 06 00	0,0059	9,258	10,291	10,835	9,521
57	2516	+ 0 21 50	0,0786	9,178	10,451	10,802	9,660
11 3	2517	— 0 14 30	0,0347	9,174	10,445	10,811	9,612
8	2518	— 0 04 40	0,0056	9,119	10,578	10,813	9,712
15	2519	— 0 09 50	0,0150	9,140	10,435	10,933	9,471
23	2520	— 0 17 20	0,0496	8,945	10,371	10,771	9,386
28	2521	+ 0 33 50	0,1888	9,238	10,510	11,050	9,545
12 10	2522	— 0 10 50	0,0194	8,979	10,583	11,071	9,316
15	2523	— 0 08 00	0,0106	8,871	10,674	10,978	9,418
20	2524	— 0 03 00	0,0015	8,800	10,613	10,890	9,392
27	2525	+ 0 00 50	0,0001	8,950	10,678	11,076	9,381
32	2526	+ 0 16 00	0,0422	8,874	10,606	11,015	9,257
38	2527	— 0 04 30	0,0033	8,870	10,614	11,002	9,305
44	2528	— 0 04 10	0,0029	8,928	10,637	11,061	9,329
50	2529	+ 0 10 40	0,0188	8,944	10,068	11,100	9,338
55	2530	+ 0 14 00	0,0323	8,933	10,698	11,215	9,193
1 0	2531	+ 1 04 10	0,6791	8,970	10,765	11,289	9,229
8	2532	— 1 07 40	0,7552	8,745	10,731	11,145	9,165
19	2533	— 0 38 30	0,2445	8,778	10,743	11,137	9,189
24	2534	— 0 01 00	0,0003	8,862	10,742	11,236	9,179
29	2535	— 0 11 00	0,0200	8,712	10,818	11,084	9,281
34	2536	+ 0 25 10	0,1045	8,715	10,773	11,012	9,296
39	2537	— 0 15 00	0,0371	8,879	10,793	11,161	9,321
45	2538	— 0 12 00	0,0238	8,959	10,714	11,253	9,202
50	2539	+ 0 07 00	0,0081	8,903	10,609	11,220	9,112
58	2540	— 0 13 30	0,0301	8,858	10,720	11,148	9,200
2 3	2541	+ 0 24 50	0,1017	8,788	10,773	11,125	9,239
10	2542	— 0 19 20	0,0616	8,979	10,685	11,413	9,025
17	2543	— 0 04 10	0,0029	8,844	10,884	11,336	9,196
23	2544	+ 0 32 30	0,1742	8,740	10,930	11,205	9,282
29	2545	+ 0 20 40	0,0704	8,690	10,776	11,133	9,186
35	2546	+ 0 09 50	0,0159	8,795	10,763	11,300	9,106
42	2547	— 1 13 20	0,8870	8,714	10,815	11,150	9,212
3 28	2548	— 0 15 00	0,0371	8,711	10,797	11,154	9,164
40	2549	— 0 30 10	0,1501	8,665		11,068	8,719
	60 R.		5,0424	537,398	614,986	632,509	570,701

Quiroga. *Ibañez.— Saavedra.* *Ibañez.*

57.ème JOURNÉE.

4.ème SECTION. 11 AOÛT 1858.

Heures	Positions des règles	i	$c_i = 7797 \sin^2 \frac{1}{2} i$	p'	p''	i'	i''
h m		° ′ ″	mm	T	T	T	T
8 45	2550	— 0 02 40	0,0012		9,870	11,026	10,004
54	2551	+ 0 24 50	0,1017	9,008	9,929	10,474	9,919
9 0	2552	— 0 23 00	0,0873	9,673	10,024	10,549	9,998
6	2553	— 0 07 00	0,0081	9,574	10,038	10,505	9,989
12	2554	— 0 00 50	0,0001	9,577	10,018	10,501	9,948
18	2555	— 0 18 50	0,0585	9,519	10,007	10,495	9,904
24	2556	+ 0 13 40	0,0508	9,498	10,233	10,510	10,048
30	2557	— 0 16 10	0,0431	9,567	10,156	10,680	9,902
36	2558	— 0 18 50	0,0585	9,492	10,134	10,681	9,795
42	2559	+ 0 15 40	0,0405	9,339	10,096	10,543	9,761
48	2560	— 0 35 30	0,2079	9,422	10,229	10,720	9,755
54	2561	+ 0 41 50	0,2886	9,350	10,340	10,708	9,831
10 0	2562	— 0 49 50	0,4096	9,358	10,293	10,744	9,740
7	2563	+ 0 06 00	0,0059	9,318	10,338	10,786	9,730
14	2564	+ 0 00 20	0,0000	9,256	10,223	10,771	9,532
21	2565	+ 0 16 40	0,0458	9,329	10,326	10,860	9,655
28	2566	+ 0 57 30	0,5453	9,301	10,409	10,909	9,661
35	2567	— 0 54 40	0,4929	9,239	10,368	10,873	9,591
42	2568	+ 0 01 10	0,0002	9,184	10,271	10,933	9,405
48	2569	+ 0 00 50	0,0159	9,100	10,473	10,909	9,580
54	2570	— 0 47 50	0,3774	9,149	10,441	10,987	9,438
11 0	2571	— 0 10 50	0,0194	8,968	10,535	10,822	9,581
6	2572	— 0 40 30	0,2705	9,075	10,438	10,847	9,522
12	2573	— 0 21 40	0,0774	9,230	10,327	11,056	9,331
18	2574	— 0 19 30	0,0627	9,015	10,499	10,964	9,442
26	2575	— 0 33 40	0,1869	8,989	10,502	10,962	9,402
35	2576	— 0 05 30	0,0050	9,124	10,473	11,112	9,343
12 28	2577	— 0 14 20	0,0339	8,848	10,759	11,132	9,317
37	2578	— 0 13 20	0,0293	8,953	10,572	11,213	9,092
44	2579	— 0 11 10	0,0206	8,841	10,768	11,096	9,299
50	2580	— 0 16 10	0,0431	8,858	10,655	11,139	9,152
56	2581	+ 0 23 30	0,0911	8,895	10,661	11,208	9,167
1 3	2582	— 0 31 40	0,1651	8,871	10,830	11,383	9,145
10	2583	— 0 19 40	0,0638	8,768	10,806	11,375	9,035
16	2584	— 0 00 40	0,0001	8,506	10,996	11,055	9,251
22	2585	— 0 01 20	0,0003	8,817	10,739	11,312	9,101
29	2586	+ 0 20 10	0,0671	8,797	10,808	11,446	8,981
35	2587	— 0 22 50	0,0860	8,730	10,800	11,195	8,869
42	2588	— 0 00 10	0,0000	8,606	10,967	11,310	9,134
49	2589	+ 0 02 00	0,0007	8,651	11,089	11,281	9,297
56	2590	— 0 09 50	0,0159	8,656	10,846	11,168	9,137
2 2	2591	+ 0 21 30	0,0762	8,840	10,811	11,364	9,101
8	2592	— 0 02 30	0,0010	8,722	10,895	11,337	9,104
14	2593	+ 0 01 00	0,0002	8,654	10,968	11,273	9,168
21	2594	+ 0 04 30	0,0033	8,767	10,881	11,331	9,176
28	2595	— 0 07 20	0,0089	8,778	10,749	11,255	9,118
34	2596	+ 0 29 30	0,1435	8,800	10,890	11,325	9,126
41	2597	+ 0 03 30	0,0024	8,745	10,906	11,273	9,179
50	2598	+ 0 10 30	0,0182	8,785	10,866	11,294	9,178
57	2599	+ 0 11 10	0,0206	8,720	10,855	11,229	9,167
3 6	2600	— 0 10 20	0,0176	8,616	10,897	11,201	9,124
13	2601	+ 0 33 10	0,1814	8,692	10,999	11,241	9,274
23	2602	— 0 10 10	0,0170	8,784	10,866	11,385	9,136
29	2603	+ 0 15 20	0,0388	8,661	10,830	11,219	9,119
37	2604	+ 0 01 30	0,0033	8,786	10,899	11,321	9,228
45	2605	— 0 06 00	0,0059	8,727	10,829	11,265	9,157
52	2606	+ 0 51 20	0,4346	8,785	10,880	11,323	9,199
59	2607	+ 0 50 40	0,4234	8,670	10,849	11,259	9,090
4 28	2608	+ 0 46 40	0,3592	8,810	10,913	11,304	9,266
44	2609	+ 0 10 30	0,0182	8,936		11,414	8,655
	60 R.		5,8322	531,330	621,072	663,155	563,383

Quiroga. Saavedra.— Ibañez. Saavedra.

58.ème JOURNÉE.

4.ème Section. 12 août 1858.

Heures	Positions des règles	I	$c_{,} = 7797 \sin^2 \frac{1}{2} I$	p'	p''	t'	t''
h m		° ′ ″	mm	T	T	T	T
8 28	2610	− 0 10 50	0,0194		9,811	10,935	10,035
38	2611	+ 0 15 50	0,0413	9,647	9,881	10,497	9,954
44	2612	− 0 15 30	0,0396	9,572	9,978	10,476	9,957
50	2613	+ 0 09 10	0,0139	9,589	10,017	10,537	9,952
56	2614	+ 0 05 00	0,0041	9,476	10,015	10,605	9,730
9 0	2615	− 0 00 30	0,0000	9,409	10,141	10,597	9,798
14	2616	+ 0 04 30	0,0033	9,559	10,235	10,986	9,625
21	2617	+ 0 13 10	0,0286	9,270	10,288	10,744	9,650
27	2618	+ 0 08 30	0,0119	9,162	10,296	10,769	9,527
33	2619	+ 0 05 10	0,0017	9,088	10,427	10,724	9,635
42	2620	− 0 24 00	0,0950	9,658	10,364	11,339	9,501
48	2621	+ 0 23 50	0,0937	9,127	10,315	10,885	9,419
58	2622	− 0 27 40	0,1262	9,140	10,425	10,882	9,510
10 5	2623	+ 0 18 20	0,0554	9,092	10,381	10,851	9,420
12	2624	+ 0 01 00	0,0002	9,086	10,338	10,919	9,322
17	2625	− 0 10 50	0,0194	9,063	10,474	10,910	9,420
23	2626	+ 0 20 10	0,0671	9,004	10,599	10,892	9,533
30	2627	− 0 16 10	0,0451	9,087	10,475	11,019	9,360
40	2628	+ 0 16 20	0,0440	9,052	10,617	10,949	9,476
49	2629	− 0 00 30	0,0000	9,156	10,528	11,100	9,427
54	2630	− 0 14 10	0,0334	9,074	10,525	10,908	9,402
11 0	2631	+ 0 26 50	0,1188	9,019	10,564	10,918	9,477
4	2632	− 0 21 00	0,0727	9,134	10,168	10,909	9,419
8	2633	+ 0 19 50	0,0619	9,025	10,539	10,894	9,193
12	2634	+ 0 02 20	0,0009	9,087	10,374	10,955	9,361
18	2635	+ 0 26 30	0,1158	9,112	10,459	10,998	9,397
25	2636	− 0 29 40	0,1452	9,021	10,527	11,013	9,338
36	2637	− 0 21 40	0,0774	8,952	10,648	11,151	9,288
46	2638	− 0 19 40	0,0638	8,871	10,675	11,107	9,236
12 17	2639	− 0 04 30	0,0033	8,720	10,870	11,309	9,098
25	2640	− 0 13 10	0,0286	8,599	10,928	11,135	9,168
31	2641	+ 0 29 10	0,1403	9,041	10,854	11,650	9,105
38	2642	− 0 20 30	0,0693	8,358	10,781	10,995	8,933
43	2643	+ 0 10 00	0,0165	8,684	10,881	11,460	8,967
49	2644	− 0 01 00	0,0002	8,647	10,919	11,499	8,920
54	2645	− 0 18 40	0,0575	8,670	11,015	11,527	8,984
1 0	2646	+ 0 23 40	0,0924	8,640	10,963	11,503	8,924
5	2647	− 0 27 00	0,1202	8,468	11,169	11,323	9,131
14	2648	+ 0 15 20	0,0293	8,685	10,886	11,591	8,846
20	2649	− 0 07 00	0,0081	8,581	11,137	11,503	9,071
26	2650	− 0 12 30	0,0258	8,580	10,987	11,492	8,914
33	2651	+ 0 20 10	0,0671	8,723	10,998	11,574	8,963
40	2652	− 0 15 50	0,0413	8,606	11,052	11,535	8,956
45	2653	+ 0 28 00	0,1293	8,691	11,014	11,627	8,898
52	2654	+ 0 48 40	0,3906	8,659	10,931	11,670	8,820
57	2655	− 0 42 30	0,2979	8,537	11,041	11,559	8,841
2 3	2656	− 0 18 20	0,0554	8,491	11,094	11,473	8,920
11	2657	− 0 41 30	0,2841	8,508	11,047	11,455	8,939
19	2658	− 0 40 00	0,2639	8,671	11,001	11,580	8,910
25	2659	+ 0 03 20	0,0018	8,461	11,066	11,398	8,973
32	2660	− 0 13 50	0,0516	8,539	11,125	11,452	9,042
39	2661	+ 0 25 30	0,0911	8,495	10,955	11,399	8,954
45	2662	− 0 20 20	0,0682	8,515	11,052	11,541	8,931
52	2663	+ 0 40 00	0,2650	8,527	10,952	11,422	8,924
3 1	2664	− 0 01 10	0,0002	8,638	10,970	11,481	9,011
8	2665	− 0 13 50	0,0413	8,692	10,795	11,524	8,787
15	2666	+ 0 50 00	0,4123	8,628	10,957	11,450	8,950
22	2667	+ 0 16 20	0,0440	8,592	10,923	11,374	8,980
56	2668	+ 0 12 00	0,0238	8,614	10,919	11,418	8,971
4 4	2669	− 0 25 00	0,1031	8,555		11,318	8,906
	60 R.		1,0029	521,364	629,775	670,919	553,719
				Saavedra.	*Ibañez.* —	*Quiroga.*	*Ibañez.*

59.ème JOURNÉE.

4.ème Section. — 13 Août 1858.

Heures	Positions des règles	I	$c_{,}=7797\sin^2\frac{1}{2}I$	p'	p''	t'	t''
h m		° ′ ″	mm	T	T	T	T
8 48	2670	— 0 07 30	0,0093		10,207	11,158	9,834
59	2671	+ 0 22 20	0,0823	9,566	10,176	10,915	9,691
9 7	2672	— 0 17 20	0,0196	9,285	10,244	10,725	9,605
15	2673	+ 0 11 10	0,0331	9,105	10,249	10,906	9,629
22	2674	+ 0 28 00	0,1245	9,209	10,319	10,898	9,593
31	2675	+ 0 00 10	0,0000	9,367	10,435	11,140	9,486
42	2676	+ 0 23 20	0,0898	9,129	10,519	11,049	9,418
47	2677	— 0 09 40	0,0154	9,085	10,505	11,187	9,282
58	2678	+ 0 27 10	0,1217	8,991	10,558	11,258	9,164
10 4	2679	+ 0 08 50	0,0129	8,901	10,651	11,229	9,205
11	2680	— 0 00 50	0,0159	8,863	10,685	11,301	9,112
17	2681	+ 0 39 40	0,2395	8,902	10,882	11,394	9,271
25	2682	— 0 06 00	0,0059	8,775	10,779	11,352	9,062
32	2683	— 0 10 20	0,0176	8,801	10,812	11,405	9,087
40	2684	+ 0 05 40	0,0033	8,679	10,844	11,388	8,997
46	2685	— 0 10 50	0,0194	8,676	10,848	11,399	8,941
57	2686	+ 0 02 30	0,0010	8,633	10,969	11,406	9,017
11 6	2687	— 1 18 00	1,0034	8,518	10,977	11,316	9,023
12	2688	+ 0 35 50	0,2118	8,590	11,088	11,358	9,197
18	2689	+ 0 08 00	0,0106	8,608	10,971	11,434	8,959
26	2690	— 0 27 30	0,1247	8,578	11,024	11,115	8,998
12 31	2691	+ 0 08 20	0,0115	8,532	10,984	11,320	9,074
39	2692	— 0 15 00	0,0371	8,740	10,808	11,616	8,753
45	2693	+ 0 02 40	0,0012	8,557	10,963	11,515	8,866
51	2694	— 0 03 10	0,0017	8,404	10,976	11,428	8,767
57	2695	— 0 21 30	0,0762	8,502	11,089	11,572	8,824
1 4	2696	+ 0 25 20	0,1059	8,336	11,086	11,478	8,746
11	2697	— 0 11 20	0,0212	8,428	11,178	11,443	9,021
20	2698	+ 0 19 30	0,0627	8,601	11,259	11,644	9,017
27	2699	+ 0 18 40	0,0575	8,589	11,014	11,517	8,955
35	2700	0 00 00	0,0000	8,455	11,181	11,470	9,020
45	2701	+ 1 05 50	0,6721	8,357	11,025	11,334	8,960
53	2702	+ 0 43 20	0,3097	8,121	10,953	11,150	8,809
2 0	2703	+ 0 10 30	0,0182	8,402	11,189	11,286	9,186
8	2704	0 00 00	0,0000	8,874	10,960	11,760	8,919
16	2705	— 0 18 00	0,0534	8,698	11,030	11,557	9,075
22	2706	+ 0 19 20	0,0616	8,700	10,953	11,510	8,081
33	2707	— 0 21 30	0,0762	8,691	11,017	11,559	8,999
40	2708	— 0 03 20	0,0017	8,535	10,911	11,770	8,844
48	2709	— 0 02 20	0,0003	8,524	11,110	11,469	9,025
54	2710	— 0 10 00	0,0165	8,664	10,976	11,559	8,912
3 1	2711	+ 0 12 30	0,0258	8,507	11,008	11,455	9,036
8	2712	— 0 20 00	0,0670	8,617	11,030	11,445	9,085
15	2713	+ 0 05 20	0,0066	8,631	11,034	11,379	9,181
22	2714	+ 0 31 00	0,1585	8,682	10,901	11,348	9,170
30	2715	+ 0 00 10	0,0000	8,610	10,873	11,231	9,190
37	2716	+ 0 31 40	0,1654	8,892	10,807	11,180	9,140
44	2717	— 0 05 30	0,0050	8,760	10,861	11,365	9,136
51	2718	+ 0 00 20	0,0000	8,780	10,849	11,284	9,211
58	2719	+ 0 17 20	0,0196	8,850	10,780	11,320	9,214
4 4	2720	— 0 11 50	0,0231	8,595	10,813	10,930	9,368
10	2721	+ 0 23 50	0,0937	8,903	10,674	11,189	9,247
16	2722	— 0 14 10	0,0555	8,816	10,653	11,082	9,256
22	2723	+ 0 05 30	0,0020	8,694	10,639	10,938	9,271
29	2724	+ 0 16 20	0,0140	9,585	10,739	11,829	9,328
35	2725	— 0 23 00	0,0873	8,979	10,708	11,290	9,263
41	2726	+ 0 30 50	0,1568	8,849	10,755	11,275	9,184
48	2727	— 0 01 00	0,0002	8,911	10,752	11,535	9,151
5 16	2728	+ 0 10 10	0,2661	8,768	10,734	11,175	9,225
40	2729	+ 0 05 20	0,0017	9,185		11,135	9,015
	60 R.		4,9071	517,273	639,152	680,968	548,207
				Saavedra.	*Quiroga.* -	*Monet.*	*Quiroga.*

4.ème SECTION. 14 AOÛT 1858.

Heures	Positions des règles	I	$c_{,} = 7797 \sin^2 \frac{1}{2} I$	p'	p''	t'	t''
h m		° ′ ″	mm	T	T	T	T
8 47	2730	— 0 15 30	0,0596		10,173	11,384	9,844
56	2731	+ 0 15 50	0,0113	9,378	10,301	10,679	9,789
9 3	2732	— 0 31 00	0,1585	9,356	10,244	10,748	9,719
10	2733	+ 0 36 30	0,2197	9,434	10,256	10,881	9,677
17	2734	+ 0 41 20	0,3242	9,306	10,198	10,870	9,461
24	2735	— 0 15 00	0,0371	9,179	10,107	10,808	9,335
29	2736	— 0 27 40	0,1262	9,075	10,437	10,785	9,578
35	2737	— 0 22 00	0,0798	9,240	10,435	10,969	9,359
40	2738	+ 0 11 20	0,0212	9,218	10,321	11,102	9,371
47	2739	+ 0 01 50	0,0006	8,973	10,511	10,883	9,456
55	2740	— 0 16 50	0,0467	8,940	10,501	10,907	9,391
10 2	2741	+ 0 28 20	0,1324	8,973	10,368	10,969	9,456
7	2742	— 0 20 20	0,0682	9,055	10,438	10,924	9,436
13	2743	+ 0 04 20	0,0031	9,095	10,435	10,971	9,452
19	2744	+ 0 25 00	0,1031	9,061	10,590	10,970	9,581
25	2745	— 0 08 00	0,0106	8,997	10,419	10,962	9,341
32	2746	+ 0 19 40	0,0638	8,917	10,519	10,927	9,361
38	2747	— 0 24 30	0,0990	9,043	10,459	11,128	9,255
44	2748	+ 0 17 50	0,0505	8,780	10,558	10,910	9,248
50	2749	+ 0 01 00	0,0002	8,811	10,601	10.941	9,360
55	2750	— 0 02 40	0,0012	8,834	10,544	10,962	9,281
11 0	2751	+ 0 11 40	0,0224	8,979	10,602	11,134	9,309
6	2752	— 0 31 40	0,1654	8,857	10,641	11,132	9,228
12	2753	+ 0 23 20	0,0898	9,086	10,909	11,412	9,436
19	2754	+ 0 01 00	0,0002	8,639	10,900	10,929	9,592
25	2755	— 0 14 20	0,0339	8,766	10,636	10,958	9,403
31	2756	+ 0 14 20	0,0339	8,919	10,668	11,143	9,403
36	2757	— 0 16 50	0,0419	8,883	10,489	11,086	9,251
42	2758	— 0 08 20	0,0115	9,037	10,730	11,296	9,383
12 25	2759	— 0 01 10	0,0002	8,874	10,597	11,164	9,199
31	2760	— 0 22 00	0,0798	8,891	10,648	11,197	9,216
38	2761	+ 0 38 10	0,2403	8,926	10,695	11,219	9,259
45	2762	— 0 40 10	0,2661	8,808	10,688	11,060	9,317
50	2763	— 0 10 20	0,0176	8,804	10,646	11,099	9,238
56	2764	— 0 24 40	0,1004	8,847	10,876	11,021	9,571
1 2	2765	— 0 25 20	0,1059	8,791	10,606	10,962	9,319
11	2766	+ 0 06 30	0,0070	8,975	10,609	11,107	9,320
33	2767	+ 0 06 20	0,0066	8,737	10,706	10,945	9,400
51	2768	— 0 01 40					
	38 R.		2,8529	332,554	400,064	418,554	357,595

Quiroga. *Monet.*

61.ème JOURNÉE.

5.ème SECTION. 17 AOÛT 1858.

Heures	Positions des règles	I	$c = 7797 \sin^2 \frac{1}{2} I$	p'	p''	l'	l''
h m		° ′ ″	mm	T	T	T	T
9 23	2769	— 1 01 40	0,6272		10,174	11,329	9,795
33	2770	— 0 22 30	0,0835	9,409	10,190	10,738	9,794
47	2771	— 0 09 40	0,0154	9,235	10,191	10,748	9,580
53	2772	— 0 15 00	0,0371	9,201	10,360	10,742	9,709
10 0	2773	— 0 20 30	0,0693	9,268	10,375	10,864	9,651
7	2774	— 0 04 40	0,0036	9,189	10,359	10,822	9,595
14	2775	— 0 21 50	0,0786	9,088	10,378	10,815	9,562
21	2776	+ 0 14 30	0,0347	9,254	10,388	10,950	9,586
29	2777	— 0 10 00	0,0165	9,302	10,430	11,115	9,483
35	2778	— 0 08 10	0,0110	8,910	10,458	10.759	9,507
42	2779	+ 0 14 40	0,0355	9,112	10,457	11,046	9,429
49	2780	— 0 19 00	0,0595	8,915	10,372	10,845	9,359
56	2781	— 0 40 10	0,2661	9,047	10,479	11,040	9,298
11 2	2782	— 0 30 20	0,1518	8,897	10,710	10,953	9,507
8	2783	— 0 17 20	0,0496	8,999	10,500	11,066	9,343
15	2784	+ 0 00 40	0,0001	8,869	10,533	10,964	9,391
22	2785	— 0 18 50	0,0585	9,031	10,357	11,161	9,345
29	2786	— 0 14 10	0,0331	9,055	10,568	11,225	9,347
36	2787	— 0 33 00	0,1796	8,687	10,631	10,867	9,354
42	2788	— 0 10 30	0,0182	8,974	10,509	11,135	9,298
49	2789	+ 0 05 50	0,0056	8,816	10,673	11,079	9,366
56	2790	— 0 40 00	0,2639	8,749	10,702	11,019	9,383
12 2	2791	— 0 08 20	0,0115	8,718	10,767	11,002	9,405
8	2792	— 0 09 10	0,0139	9,037	10,770	11,370	9,381
52	2793	— 0 14 40	0,0355	8,828	10,782	11,147	9,336
1 3	2794	0 00 00	0,0000	9,012	10,776	11,348	9,312
10	2795	+ 0 00 20	0,0000	8,838	10,783	11,183	9,350
18	2796	+ 0 01 00	0,0002	8,600	10,759	10,979	9,261
27	2797	— 0 12 50	0,0272	8,788	10,537	11,244	8,966
35	2798	— 0 11 50	0,0231	8,731	10,789	11,278	9,170
41	2799	+ 0 11 30	0,0218	8,574	10,901	11,014	9,391
47	2800	— 0 21 30	0,0762	8,672	10,852	11,117	9,296
53	2801	+ 0 08 50	0,0129	8,890	10,779	11,297	9,204
2 0	2802	— 0 31 10	0,1602	8,774	10,770	11,263	9,138
9	2803	— 0 12 10	0,0244	8,785	10,850	11,222	9,269
14	2804	— 0 05 50	0,0056	8,836	10,799	11,212	9,249
21	2805	— 1 11 10	0,8353	8,804	10,709	11,277	9,088
28	2806	— 0 52 20	0,4517	8,580	10,817	11,090	9,291
34	2807	— 0 31 10	0,1602	8,799	10,570	11,243	9,121
40	2808	— 0 17 50	0,0525	8,690	10,819	11,135	9,335
47	2809	— 0 01 40	0,0003	9,422	10,704	11,869	9,257
53	2810	— 0 46 30	0,3566	8,749	10,770	11,232	9,252
3 0	2811	— 0 22 00	0,0798	8,708	10,694	11,078	9,289
9	2812	— 0 33 50	0,1888	8,859	10,771	11,186	9,424
18	2813	— 0 35 20	0,2059	8,767	10,701	11,070	9,388
24	2814	— 0 09 10	0,0139	8,857	10,605	11,140	9,322
32	2815	— 0 53 50	0,4780	8,903	10,539	11,131	9,247
38	2816	— 0 41 30	0,2811	8,891	10,623	11,124	9,336
45	2817	— 0 53 10	0,4662	8,699	10,609	10,887	9,351
52	2818	— 1 00 30	0,6037	6,897	10,570	11,068	9,362
4 0	2819	— 0 10 50	0,0194	8,979	10,537	11,002	9,437
6	2820	— 0 23 10	0,0885	8,976	10,638	11,056	9,524
13	2821	— 1 02 10	0,6374	8,871	10,187	10,964	9,089
20	2822	— 1 26 30	1,2340	8,519	10,649	10,629	9,508
28	2823	— 0 45 30	0,3415	8,996	10,506	11,032	9,434
34	2824	— 0 28 40	0,1355	8,933	10,597	10,956	9,555
40	2825	— 1 16 00	0,9526	8,920	10,548	10,922	9,510
5 0	2826	— 0 31 30	0,1637	9,001	10,508	11,027	9,446
26	2827	— 0 46 00	0,3490	8,903	10,467	10,881	9,400
40	2828	— 0 35 50	0,2118	8,955		10,854	9,106
	60 R.		10,8215	525,768	625,024	663,901	562,490

Monet. Saavedra.— Quiroga. Saavedra.

62.ème JOURNEE.

5.ème Section. 18 Août 1858.

Heures	Positions des règles	I	$c_{,} = 7797 \sin^2 \frac{1}{2} I$	p'	p''	l'	l''
h m		° ′ ″	mm	τ	τ	τ	τ
9 21	2829	— 0 12 00	0,0238		10,187	11,386	9,735
41	2830	— 0 59 10	0,5774	9,351	10,329	10,796	9,751
49	2831	— 0 25 20	0,1059	9,202	10,326	10,612	9,839
57	2832	— 0 38 00	0,2382	9,257	10,188	10,662	9,721
10 5	2833	— 0 42 00	0,2909	9,352	10,337	10,742	9,872
10	2834	— 0 04 40	0,0036	9,233	10,246	10,630	9,739
21	2835	— 0 34 30	0,1965	9,138	10,290	10,577	9,738
28	2836	— 0 09 40	0,0154	9,301	10,213	10,783	9,636
36	2837	— 0 11 30	0,0218	9,095	10,415	10,568	9,859
44	2838	+ 0 08 40	0,0124	9,310	10,269	10,781	9,762
50	2839	+ 0 02 50	0,0013	9,257	10,282	10,694	9,823
57	2840	+ 0 04 50	0,0039	9,349	10,280	10,780	9,817
11 6	2841	+ 0 02 10	0,0008	9,277	10,158	10,692	9,671
13	2842	— 0 21 00	0,0727	9,278	10,104	10,689	9,644
20	2843	— 0 08 00	0,0106	9,349	10,141	10,801	9,592
30	2844	+ 0 21 20	0,0751	9,259	10,321	10,743	9,710
34	2845	— 0 13 20	0,0293	9,190	10,285	10,750	9,620
47	2846	— 1 14 50	0,9236	9,140	10,310	10,726	9,603
12 32	2847	— 1 00 40	0,6070	9,000	10,333	10,882	9,501
41	2848	— 1 22 10	1,1135	9,030	10,360	10,947	9,506
49	2849	— 0 51 00	0,4290	8,959	10,525	10,874	9,481
57	2850	— 1 32 00	1,3959	8,869	10,500	10,847	9,431
1 4	2851	— 0 44 40	0,3291	8,907	10,469	10,850	9,463
13	2852	— 1 31 10	1,3708	8,881	10,572	10,782	9,546
20	2853	— 1 16 20	0,9610	9,001	10,566	10,909	9,514
27	2854	— 0 36 10	0,2157	9,113	10,352	11,049	9,544
37	2855	— 1 17 30	0,9906	8,771	10,511	10,649	9,536
41	2856	— 1 08 00	0,7626	9,002	10,480	10,975	9,416
48	2857	— 0 37 50	0,2361	8,892	10,579	10,903	9,432
55	2858	— 0 49 00	0,3960	8,792	10,645	10,800	9,475
2 1	2859	— 0 56 00	0,5172	9,071	10,588	10,970	9,535
11	2860	— 0 43 00	0,3050	8,938	10,543	10,904	9,481
18	2861	— 0 51 00	0,4290	8,822	10,627	10,856	9,487
25	2862	— 1 34 30	1,4728	9,016	10,621	11,050	9,478
32	2863	— 1 14 41	0,9195	9,059	10,811	10,956	9,816
38	2864	— 1 16 20	0,9610	9,104	10,419	10,953	9,519
44	2865	— 1 12 50	0,8749	9,008	10,467	10,835	9,536
50	2866	— 1 13 50	0,8991	9,041	10,356	10,826	9,533
55	2867	— 0 54 00	0,4809	9,005	10,480	10,848	9,574
3 1	2868	— 0 47 40	0,3748	9,039	10,554	10,944	9,579
8	2869	— 0 23 50	0,0937	8,949	10,456	10,773	9,528
15	2870	— 0 39 40	0,2595	9,050	10,587	10,936	9,597
22	2871	— 0 22 30	0,0835	9,155	10,526	10,923	9,642
29	2872	— 1 12 10	0,8590	8,973	10,472	10,770	9,622
35	2873	— 0 16 40	0,0458	9,212	10,460	10,972	9,589
41	2874	— 0 07 10	0,0085	9,088	10,470	10,810	9,624
48	2875	— 0 41 30	0,2841	8,991	10,420	10,574	9,665
54	2876	— 0 19 10	0,0606	9,202	10,398	10,789	9,702
4 0	2877	— 0 23 40	0,0924	9,162	10,405	10,669	9,802
6	2878	— 0 02 10	0,0008	9,255	10,272	10,721	9,811
14	2879	+ 0 21 40	0,0774	9,321	10,311	10,742	9,890
21	2880	— 0 28 00	0,1293	9,272	10,326	10,679	9,858
28	2881	— 0 36 00	0,2138	9,345	10,145	10,617	9,795
38	2882	— 0 45 40	0,3440	9,339	10,201	10,569	9,880
44	2883	— 0 10 40	0,0188	9,369	10,060	10,588	9,789
50	2884	+ 0 30 20	0,1518	9,436	10,031	10,634	9,800
56	2885	— 0 12 00	0,0238	9,364	10,033	10,599	9,737
5 2	2886	+ 0 22 30	0,0835	9,455	10,134	10,715	9,809
37	2887	— 0 14 10	0,0331	9,549	10,009	10,565	9,904
53	2888	+ 0 20 40	0,1452	9,398		10,366	10,049
	60 R.		21,6531	539,545	612,358	647,023	579,556
				Saavedra.	*Monet. - -*	*Quiroga.*	*Monet.*

63.ème JOURNÉE.

5.ème Section. 19 août 1858.

Heures	Positions des règles	I	$c_1 = 7797 \sin^2 \frac{1}{2} I$	p'	p''	l'	l''
h m		° ' "	mm	T	T	T	T
8 45	2889	+ 0 24 00	0,0950		9,329	9,756	10,487
54	2890	− 0 18 10	0,0544	10,132	9,390	9,957	10,485
9 0	2891	+ 0 08 20	0,0115	10,102	9,513	10,028	10,498
6	2892	+ 0 00 40	0,0001	10,035	9,573	9,994	10,550
12	2893	+ 0 05 40	0,0022	9,977	9,487	10,006	10,374
18	2894	− 0 10 20	0,0176	9,954	9,546	9,980	10,403
25	2895	− 0 33 40	0,1869	9,914	9,601	10,075	10,381
30	2896	− 0 07 20	0,0089	9,823	9,594	10,012	10,319
35	2897	− 0 08 30	0,0119	9,959	9,645	10,180	10,255
41	2898	− 0 30 20	0,1518	9,900	9,585	10,197	10,177
47	2899	− 0 01 00	0,0002	9,908	9,817	10,362	10,249
54	2900	− 0 58 10	0,5580	9,707	9,794	10,224	10,151
59	2901	− 0 30 30	0,1518	9,741	9,790	10,262	10,128
10 4	2902	− 0 37 10	0,2278	9,793	9,803	10,344	10,137
10	2903	− 0 23 40	0,0924	9,756	9,744	10,247	10,145
17	2904	− 0 27 10	0,1217	9,774	9,780	10,271	10,186
22	2905	− 0 56 40	0,5296	9,675	9,778	10,210	10,090
28	2906	− 0 40 00	0,2659	9,763	9,857	10,551	10,148
33	2907	− 0 48 30	0,3889	9,511	9,833	10,060	10,167
38	2908	− 0 50 10	0,4151	9,855	9,798	10,406	10,114
43	2909	− 0 43 40	0,3145	9,733	9,851	10,506	9,946
50	2910	− 0 50 10	0,4151	9,483	9,967	10,270	10,056
56	2911	− 0 26 10	0,1129	9,576	9,965	10,343	10,070
11 1	2912	− 0 37 50	0,2361	9,689	9,958	10,445	10,100
6	2913	− 0 40 20	0,2683	9,625	9,943	10,354	10,081
13	2914	− 0 17 00	0,0477	9,573	9,969	10,429	10,001
19	2915	− 0 46 30	0,3566	9,532	10,006	10,377	10,012
25	2916	− 0 35 40	0,2098	9,496	10,004	10,329	10,013
30	2917	− 0 24 20	0,0977	9,607	9,985	10,413	10,033
12 6	2918	− 0 18 40	0,0575	9,696	9,973	10,598	9,868
19	2919	− 0 24 00	0,0950	9,401	9,868	10,470	9,668
29	2920	− 0 53 00	0,4633	9,552	10,089	10,575	9,929
36	2921	− 0 35 40	0,2098	9,404	10,116	10,472	9,876
43	2922	− 0 24 00	0,0950	9,501	10,099	10,578	9,835
56	2923	− 0 12 00	0,0238	9,369	10,111	10,478	9,828
1 3	2924	+ 0 41 30	0,2811	9,479	10,005	10,614	9,807
7	2925	− 0 24 00	0,0950	9,386	10,162	10,598	9,807
16	2926	− 2 12 40	2,9026	9,109	10,196	10,385	9,756
24	2927	− 1 19 00	1,0293	9,260	10,286	10,526	9,873
30	2928	− 1 13 50	0,8991	9,352	10,190	10,557	9,803
37	2929	− 0 32 50	0,1778	9,501	10,186	10,823	9,684
44	2930	− 0 54 10	0,4839	9,329	10,559	10,775	9,737
52	2931	− 0 45 40	0,3140	9,263	10,394	10,804	9,689
59	2932	− 0 40 10	0,2661	9,269	10,396	10,821	9,668
2 5	2933	− 0 40 10	0,2661	9,340	10,215	10,854	9,518
12	2934	− 0 00 10	0,0000	9,126	10,445	10,688	9,696
19	2935	− 1 14 40	0,9195	9,293	10,421	10,851	9,676
26	2936	− 0 51 10	0,4318	9,358	10,314	10,981	9,531
33	2937	− 0 28 50	0,1371	8,934	10,525	10,197	9,791
41	2938	− 0 43 40	0,3145	9,226	10,231	10,727	9,569
47	2939	− 0 41 10	0,2795	9,231	10,336	10,873	9,514
57	2940	− 0 55 00	0,4989	9,224	10,439	11,008	9,528
3 1	2941	− 0 11 20	0,0212	8,942	10,522	10,614	9,707
7	2942	− 0 28 40	0,1355	9,114	10,430	10,726	9,661
14	2943	− 1 07 40	0,7552	9,218	10,373	10,743	9,697
22	2944	− 0 15 30	0,0396	9,217	10,299	10,744	9,618
30	2945	− 0 46 20	0,3541	9,236	10,365	10,749	9,696
38	2946	− 0 57 30	0,5153	9,188	10,198	10,697	9,554
4 5	2947	− 0 26 00	0,1115	8,734	10,330	10,158	9,819
32	2948	− 1 36 10	1,5253	9,257		10,628	9,333
	60 R.		19,1089	561,006	590,871	626,962	596,537
				Monet.	*Quiroga.—*	*Saavedra.*	*Quiroga.*

64.ème JOURNÉE.

3.ème SECTION. 20 AOÛT 1858.

Heures	Positions des règles	I	$c_1 = 7797 \sin^2 \frac{1}{2} I$	p'	p''	l'	l''
h m		° ′ ″	mm	T	T	T	T
9 45	2949	+ 0 40 20	0,2683		9,846	10,589	10,016
59	2950	− 0 55 00	0,4989	9,587	9,904	10,530	9,887
10 7	2951	− 0 18 50	0,0385	9,170	10,054	10,455	9,960
15	2952	− 0 37 40	0,2340	9,173	10,011	10,582	9,818
23	2953	− 0 17 50	0,0525	9,436	10,080	10,560	9,829
29	2954	+ 0 05 00	0,0011	9,444	10,117	10,579	9,856
36	2955	− 0 32 30	0,1742	9,351	10,138	10,536	9,870
42	2956	− 0 27 20	0,1232	9,392	10,087	10,585	9,874
48	2957	− 0 27 50	0,1278	9,323	10,171	10,527	9,846
54	2958	− 0 22 50	0,0860	9,220	10,082	10,428	9,822
11 4	2959	− 0 12 10	0,0244	9,278	10,166	10,582	9,766
13	2960	− 0 57 30	0,5453	9,257	10,192	10,603	9,771
21	2961	+ 0 10 50	0,0194	9,421	10,113	10,833	9,699
29	2962	− 0 33 50	0,1888	9,164	10,251	10,644	9,736
37	2963	− 0 25 30	0,1073	9,272	10,329	10,769	9,764
46	2964	− 0 04 20	0,0031	9,063	10,356	10,650	9,689
50	2965	− 0 38 50	0,2487	9,133	10,270	10,695	9,592
57	2966	− 0 14 10	0,0331	8,999	10,349	10,560	9,692
12 5	2967	− 0 20 30	0,0693	9,181	10,418	10,711	9,729
14	2968	− 0 30 30	0,1534	9,218	10,310	10,702	9,668
20	2969	− 0 15 20	0,0358	9,199	10,383	10,720	9,669
25	2970	− 0 11 20	0,0212	8,431	10,169	10,108	9,385
33	2971	− 1 15 00	0,9277	9,104	10,365	10,882	9,460
1 28	2972	− 1 14 20	0,9113	9,175	10,367	10,866	9,524
35	2973	− 0 57 50	0,5517	9,120	10,427	10,902	9,498
41	2974	− 0 46 20	0,3341	9,059	10,491	10,860	9,547
54	2975	− 1 19 10	1,0337	8,957	10,575	10,761	9,621
2 1	2976	− 1 00 20	0,6001	8,937	10,489	10,780	9,486
8	2977	− 1 12 20	0,8629	8,976	10,467	10,781	9,504
15	2978	− 1 12 00	0,8550	9,251	10,439	11,091	9,472
24	2979	− 1 23 30	1,1499	9,068	10,427	10,911	9,402
33	2980	− 1 25 20	1,2010	9,100	10,435	10,997	9,380
39	2981	− 1 04 20	0,6826	8,991	10,454	10,903	9,396
46	2982	− 1 23 00	1,1362	9,149	10,478	11,040	9,409
56	2983	− 1 24 30	1,1776	9,205	10,554	11,083	9,522
3 4	2984	− 0 40 40	0,2728	8,895	10,504	10,806	9,456
13	2985	− 1 15 50	0,9485	9,086	10,466	11,014	9,475
22	2986	− 0 48 10	0,3827	9,290	10,508	11,297	9,358
28	2987	− 1 21 40	1,1000	9,236	10,512	11,133	9,450
34	2988	− 1 04 10	0,6791	8,938	10,515	10,856	9,457
40	2989	− 0 47 40	0,3748	9,055	10,607	10,961	9,582
41	2990	− 1 54 30	2,1622	9,060	11,387	10,930	10,374
53	2991	− 0 52 30	0,4546	9,000	10,520	10,900	9,521
59	2992	− 1 28 00	1,2772	9,072	10,472	10,958	9,463
4 5	2993	− 0 53 30	0,4721	9,079	10,482	10,976	9,482
10	2994	− 0 43 00	0,3050	9,072	11,110	10,945	10,444
17	2995	− 0 51 40	0,4403	9,028	10,522	10,874	9,554
24	2996	− 0 10 00	0,0165	9,024	10,386	10,840	9,441
30	2997	− 0 11 20	0,0212	9,039	10,507	10,855	9,579
37	2998	− 0 11 00	0,0200	9,066	10,466	10,863	9,564
43	2999	− 0 12 00	0,0238	9,175	10,311	10,991	9,601
49	3000	− 0 34 30	0,1963	9,058	10,377	10,831	9,455
56	3001	+ 0 42 20	0,2956	8,997	10,398	10,782	9,476
5 3	3002	− 0 08 40	0,0124	9,121	10,355	10,916	9,443
9	3003	+ 0 11 00	0,0200	9,123	10,469	10,874	9,615
16	3004	− 0 04 00	0,0026	9,157	10,365	10,890	9,543
23	3005	+ 0 33 50	0,2118	9,158	10,429	10,871	9,590
35	3006	+ 0 17 20	0,0496	9,113	10,401	10,828	9,582
6 15	3007	+ 0 44 30	0,3266	9,279	10,219	10,794	9,712
36	3008	+ 0 46 00	0,3190	9,458		10,835	8,086
	60 R.		24,9391	559,992	612,685	647,623	576,462

Monet. *Saavedra.—Quiroga.* *Saavedra.*

Heures	Positions des règles	I	$c_{,} =$ 7797 $\sin^2 \frac{1}{2}$ I	p'	p''	l'	l''
h m		° ′ ″	mm	T	T	T	T
8 28	3009	+ 3 49 40	8,6967		9,467	8,850	10,283
40	3010	+ 1 21 10	1,0866	9,707	9,764	10,126	10,322
52	3011	+ 1 24 00	1,1637	9,749	9,699	10,209	10,168
9 0	3012	+ 2 03 30	2,5151	9,760	9,744	10,255	10,175
7	3013	+ 1 53 20	2,1183	9,762	9,732	10,296	10,200
14	3014	+ 2 27 30	3,5879	9,791	9,755	10,373	10,132
22	3015	+ 1 40 30	1,6658	9,734	9,770	10,378	9,969
30	3016	+ 1 37 30	1,5678	9,680	9,846	10,393	10,021
38	3017	+ 1 47 20	1,9000	9,431	9,905	10,218	10,028
46	3018	+ 1 06 10	0,7221	9,587	9,797	10,445	9,843
59	3019	+ 1 30 40	1,3358	9,490	9,994	10,376	9,908
10 5	3020	+ 0 26 50	0,1188	9,410	9,983	10,341	9,956
12	3021	+ 1 04 40	0,6897	9,529	9,981	10,583	9,798
19	3022	— 0 45 30	0,3415	9,445	10,144	10,531	9,912
27	3023	+ 0 31 30	0,1637	9,431	10,165	10,598	9,852
35	3024	+ 1 00 40	0,6070	9,449	10,111	10,631	9,796
43	3025	+ 0 26 40	0,1173	9,291	10,241	10,556	9,822
50	3026	+ 0 44 00	0,3193	9,339	10,123	10,627	9,709
57	3027	+ 0 16 50	0,0467	9,302	10,282	10,679	9,735
11 5	3028	+ 1 04 20	0,6826	9,365	10,280	10,790	9,733
12	3029	+ 1 05 50	0,7148	9,249	10,259	10,649	9,780
19	3030	+ 0 51 30	0,4374	9,289	10,229	10,762	9,662
26	3031	+ 1 06 20	0,7257	9,226	10,244	10,706	9,648
34	3032	+ 0 51 30	0,4374	9,151	10,369	10,665	9,750
41	3033	+ 1 11 30	0,8132	9,232	10,279	10,780	9,631
47	3034	+ 0 55 50	0,5412	9,145	10,302	10,663	9,673
53	3035	+ 0 40 40	0,2728	9,182	10,346	10,812	9,604
57	3036	+ 0 56 20	0,5234	9,177	10,344	10,787	9,641
12 5	3037	+ 0 42 40	0,3003	9,051	10,347	10,752	9,529
12	3038	+ 1 05 50	0,7148	9,034	10,371	10,763	9,515
18	3039	+ 0 51 00	0,4290	9,093	10,369	10,786	9,525
26	3040	+ 0 34 30	0,1963	9,265	10,386	10,912	9,548
34	3041	+ 0 53 30	0,4721	9,131	10,416	10,865	9,536
43	3042	+ 0 48 40	0,3906	9,195	10,401	10,932	9,316
51	3043	+ 0 56 10	0,5203	8,994	10,444	10,761	9,531
56	3044	+ 0 57 50	0,5517	9,131	10,508	10,946	9,559
1 4	3045	+ 0 48 20	0,3853	9,193	10,437	10,975	9,515
10	3046	+ 1 12 00	0,8550	9,173	10,521	10,956	9,574
17	3047	+ 0 56 10	0,5203	9,110	10,465	10,946	9,475
23	3048	+ 1 04 10	0,6791	9,022	10,524	10,778	9,620
32	3049	+ 1 35 20	1,1989	9,175	10,506	10,941	9,566
38	3050	+ 1 00 20	0,0004	9,006	10,494	10,788	9,554
47	3051	+ 1 13 20	0,8870	9,151	10,440	10,989	9,443
53	3052	+ 0 50 20	0,4179	9,105	10,537	10,937	9,545
2 0	3053	+ 1 22 40	1,1271	9,106	10,451	10,919	9,513
6	3054	+ 1 18 50	1,0250	9,045	10,515	10,889	9,551
15	3055	+ 0 36 00	0,2138	9,078	10,545	10,903	9,578
21	3056	+ 0 56 40	0,5296	9,120	10,560	10,910	9,628
27	3057	+ 0 51 10	0,4318	9,018	10,510	10,875	9,501
34	3058	+ 0 22 40	0,0817	9,111	10,513	10,945	9,545
41	3059	+ 1 06 50	0,7367	9,220	10,471	11,067	9,473
49	3060	+ 0 13 00	0,0279	9,066	10,408	10,849	9,486
3 0	3061	+ 1 09 00	0,7852	8,880	10,486	10,670	9,547
6	3062	+ 0 30 40	0,1551	9,110	10,423	10,950	9,483
13	3063	+ 0 25 40	0,0024	9,003	10,503	10,876	9,471
20	3064	+ 0 35 10	0,2040	9,011	10,586	10,873	9,607
27	3065	+ 0 28 00	0,1293	9,079	10,487	10,968	9,467
35	3066	+ 0 12 10	0,0244	9,147	10,483	10,983	9,526
4 6	3067	+ 0 04 20	0,0031	9,049	10,532	10,776	9,674
21	3068	+ 0 21 20	0,0077	9,273		10,996	7,738
	60 R.		49,0224	546,031	605,820	641,738	580,138

Saavedra. Monet. — Quiroga. Ibañez.

66.ème JOURNÉE.

5.ème Section. 23 Août 1858.

Heures	Positions des règles	1	$c_1 = 7797 \sin^2 \frac{1}{2} 1$	p'	p''	l'	l''
h m		° ′ ″	mm	T	T	T	T
8 32	3069	+ 0 21 30	0,0762		9,517	9,721	10,516
41	3070	— 0 04 00	0,0026	9,997	9,488	9,908	10,404
49	3071	+ 0 39 00	0,2509	10,044	9,541	10,135	10,363
56	3072	+ 0 44 20	0,3242	10,007	9,608	10,167	10,353
9 2	3073	+ 0 02 50	0,0013	9,829	9,622	10,131	10,225
10	3074	+ 0 03 50	0,0024	9,942	9,709	10,325	10,253
19	3075	+ 0 10 10	0,0170	9,853	9,781	10,370	10,208
26	3076	+ 0 13 10	0,0286	9,702	9,812	10,256	10,171
32	3077	+ 0 38 20	0,2424	9,779	9,751	10,381	10,051
40	3078	— 1 14 40	0,9195	9,671	9,812	10,332	10,051
50	3079	— 0 57 20	0,5422	9,664	9,892	10,355	10,086
57	3080	— 0 22 50	0,0660	9,670	9,949	10,413	10,121
10 6	3081	— 0 04 50	0,0039	9,657	9,938	10,496	10,030
14	3082	+ 0 14 30	0,0347	9,567	9,922	10,438	9,969
21	3083	— 0 18 10	0,0544	9,551	9,985	10,454	9,974
29	3084	+ 0 23 50	0,0911	9,524	9,990	10,457	9,953
36	3085	— 0 12 40	0,0265	9,503	10,051	10,495	9,956
44	3086	— 0 06 20	0,0066	9,420	10,013	10,455	9,882
52	3087	+ 0 13 30	0,0301	9,592	10,226	10,687	10,008
59	3088	— 0 04 00	0,0026	9,348	10,049	10,487	9,812
11 9	3089	+ 0 22 20	0,0823	9,377	10,114	10,534	9,856
17	3090	— 0 09 20	0,0144	9,418	10,137	10,568	9,882
26	3091	— 0 14 10	0,0331	9,451	10,056	10,546	9,862
35	3092	— 0 01 30	0,0004	9,445	10,057	10,587	9,821
40	3093	— 0 02 00	0,0007	9,426	10,143	10,674	9,795
47	3094	+ 0 10 20	0,0176	9,437	10,149	10,741	9,738
55	3095	— 0 30 00	0,1484	9,347	10,129	10,820	9,578
12 4	3096	— 0 12 20	0,0251	9,351	10,265	10,812	9,715
14	3097	+ 0 12 20	0,0251	9,255	10,230	10,749	9,630
24	3098	+ 0 36 40	0,2217	9,339	10,226	10,851	9,619
30	3099	+ 1 04 20	0,6826	8,675	10,291	10,293	9,539
38	3100	— 1 35 20	1,4989	9,172	10,326	10,813	9,551
46	3101	— 0 29 00	0,1387	9,169	10,327	10,806	9,385
53	3102	+ 0 09 20	0,0144	9,126	10,252	10,790	9,504
1 0	3103	+ 0 10 20	0,0176	9,169	10,353	10,900	9,491
6	3104	+ 0 20 00	0,0660	9,079	10,407	10,791	9,552
13	3105	+ 0 14 30	0,0347	9,015	10,463	10,732	9,625
20	3106	+ 0 11 10	0,0206	9,184	10,379	10,904	9,550
27	3107	+ 0 34 50	0,2001	8,989	10,466	10,721	9,653
36	3108	+ 0 29 50	0,1468	9,191	10,419	10,919	9,707
44	3109	+ 0 38 10	0,2403	9,161	10,389	10,911	9,570
52	3110	+ 0 22 50	0,0860	9,176	10,398	10,890	9,533
2 0	3111	+ 0 49 50	0,4096	9,137	10,340	10,868	9,550
7	3112	+ 1 00 50	0,6101	9,223	10,384	10,959	9,549
14	3113	+ 1 05 00	0,6968	9,220	10,446	10,976	9,596
21	3114	+ 1 40 50	1,6768	9,244	10,379	10,951	9,512
30	3115	+ 1 09 30	0,7967	9,197	10,418	10,887	9,622
37	3116	— 1 06 20	0,7257	9,175	10,323	10,859	9,562
45	3117	+ 0 53 10	0,4662	9,162	10,291	10,812	9,567
52	3118	+ 0 32 30	0,1742	9,245	10,151	10,863	9,507
59	3119	+ 1 00 50	0,6104	9,131	10,366	10,721	9,693
3 5	3120	+ 0 24 20	0,0977	9,251	10,212	10,761	9,605
12	3121	+ 0 37 40	0,2340	9,246	9,977	10,728	9,363
20	3122	+ 0 48 40	0,3906	9,258	10,244	10,732	9,649
27	3123	+ 0 28 30	0,1340	9,179	10,278	10,698	9,644
34	3124	+ 0 51 40	0,4403	9,253	10,130	10,722	9,567
41	3125	+ 0 19 20	0,0616	9,221	10,251	10,696	9,750
50	3126	+ 0 03 00	0,0015	9,278	10,332	10,727	9,743
4 19	3127	+ 0 08 30	0,0119	9,212	10,273	10,637	9,777
5 49	3128	+ 0 05 10	0,0044	9,293		10,629	9,314
	60 R.		14,0015	553,198	597,522	637,140	587,134

Ibañez. Quiroga. —Saavedra. Monet.

5.ème SECTION. 24 AOÛT 1858.

Heures	Positions des règles	i	$c_{i} = 7797 \sin^2 \frac{1}{2} i$	p'	p''	l'	l''
h m		° ′ ″	mm	v	v	v	v
2 15	3129	+ 1 23 10	1,1408		9,770	10,285	10,152
38	3130	— 0 09 00	0,0134	9,574	9,891	10,042	10,384
53	3131	+ 0 34 10	0,1925	9,956	9,559	10,343	10,079
3 5	3132	+ 0 31 30	0,1637	9,631	9,718	10,116	10,160
13	3133	+ 0 07 30	0,0093	9,641	9,831	10,080	10,258
23	3134	+ 0 42 40	0,3003	9,957	9,723	10,400	10,189
31	3135	+ 0 02 20	0,0009	9,769	9,720	10,179	10,220
40	3136	— 0 01 20	0,0003	9,892	9,747	10,308	10,248
48	3137	+ 0 44 40	0,3291	9,774	9,720	10,227	10,201
56	3138	+ 0 01 50	0,0006	10,022	9,696	10,473	10,155
4 10	3139	+ 0 28 10	0,1509	9,743	9,666	10,261	10,076
20	3140	— 0 12 40	0,0265	9,562	9,864	10,191	10,348
29	3141	0 00 00	0,0000	9,767	9,900	10,241	10,384
37	3142	+ 0 05 40	0,0053	9,738	9,703	10,149	10,198
46	3143	— 0 20 10	0,0671	9,799	9,601	10,158	10,175
54	3144	+ 0 05 10	0,0044	9,722	9,698	10,106	10,267
5 1	3145	+ 0 16 20	0,0440	9,729	9,673	10,091	10,207
8	3146	+ 0 16 20	0,0440	9,634	9,687	10,004	10,267
29	3147	+ 0 42 00	0,2909	9,829	9,597	10,099	10,256
45	3148	+ 0 18 30	0,0564	9,905		10,278	10,364
	20 R.		2,8204	185,644	184,773	204,031	204,588
				Laussedat.	*Quiroga.* —	*Quiroga.*	*Laussedat.*

5.ème Section. — 25 août 1858.

Heures	Positions des règles	I	$c_{,} = 7797 \sin^2 \frac{1}{4} I$	p'	p''	l'	l''
h m		° ′ ″	mm	T	T	T	T
10 8	3149	+ 0 17 10	0,0186		9,717	10,300	10,158
18	3150	+ 0 30 10	0,1504	9,837	9,845	10,386	10,134
24	3151	+ 0 46 50	0,3618	9,616	9,863	10,317	10,069
35	3152	+ 2 32 20	3,8268	9,806	9,937	10,565	10,104
40	3153	+ 0 36 40	0,2217	9,504	9,971	10,355	10,018
47	3154	— 0 20 40	0,0704	9,647	10,021	10,516	10,001
55	3155	+ 0 54 20	0,1869	9,620	10,058	10,624	9,923
11 2	3156	+ 0 07 30	0,0093	9,524	10,019	10,599	9,826
10	3157	+ 1 04 10	0,6791	9,385	10,117	10,600	9,797
17	3158	+ 0 23 30	0,0911	9,439	10,139	10,612	9,831
26	3159	+ 0 53 00	0,1989	9,399	10,205	10,635	9,834
33	3160	+ 0 13 00	0,0279	9,356	10,142	10,598	9,816
41	3161	+ 0 33 30	0,1851	9,346	10,076	10,610	9,698
51	3162	+ 0 48 00	0,3800	9,585	10,151	10,930	9,702
58	3163	+ 0 10 50	0,0194	9,268	10,184	10,688	9,619
12 4	3164	— 0 17 00	0,0477	9,109	10,320	10,550	9,782
50	3165	— 0 07 50	0,0101	9,348	10,208	10,860	9,554
57	3166	— 0 08 50	0,0129	9,299	10,243	10,840	9,552
1 3	3167	— 0 03 20	0,0018	9,004	10,143	10,559	9,749
9	3168	+ 0 07 20	0,0089	9,132	10,277	10,715	9,564
16	3169	+ 0 04 50	0,0039	8,986	10,351	10,570	9,638
23	3170	— 0 15 20	0,0388	9,265	10,218	10,729	9,631
30	3171	+ 1 02 40	0,6477	9,191	10,239	10,939	9,635
38	3172	— 0 22 30	0,0835	9,070	10,250	10,549	9,588
46	3173	— 1 29 00	1,3064	9,526	10,327	10,924	9,553
54	3174	— 0 48 40	0,3906	9,171	10,421	10,851	9,582
2 4	3175	— 0 39 00	0,2509	9,125	10,453	19,877	9,527
14	3176	— 0 09 00	0,0134	9,420	10,421	11,235	9,454
24	3177	+ 0 11 00	0,0200	9,059	10,121	10,838	9,520
31	3178	— 1 07 50	0,7589	8,970	10,299	10,689	9,402
38	3179	— 1 34 50	1,4833	8,951	10,574	10,811	9,553
46	3180	— 1 37 30	1,5678	9,162	10,513	11,000	9,537
52	3181	— 1 02 50	0,6512	9,089	10,502	10,930	9,526
58	3182	— 0 50 40	0,4234	9,088	10,462	10,931	9,423
3 4	3183	— 0 45 50	0,3465	9,129	10,150	10,910	9,450
11	3184	— 0 41 30	0,2841	9,008	10,588	10,835	9,560
23	3185	— 1 27 40	1,2673	9,216	10,363	10,840	9,561
30	3186	— 0 56 50	0,5327	9,021	10,504	10,652	9,512
58	3187	— 0 51 40	0,1103	9,113	10,335	10,764	9,570
4 30	3188	— 1 17 10	0,9821	9,178		10,835	8,856
	49 R.		18,6315	362,290	399,637	428,557	386,879

Monet. Quiroga.

5.ème SECTION. 26 AOÛT 1858.

Heures	Positions des règles	I	$c_1 = 7797 \sin^2 \frac{1}{2} I$	p'	p''	l'	l''
h m		° ' "	mm	T	T	T	T
9 0	3189	— 0 31 20	0,1619		9,802	10,503	10,091
11	3190	— 1 16 10	0,9568	9,661	9,927	10,333	10,132
20	3191	— 0 28 00	0,1293	9,651	9,848	10,130	9,996
30	3192	— 0 48 10	0,3827	9,576	9,956	10,433	9,976
37	3193	— 0 00 10	0,0000	9,501	10,069	10,430	10,010
45	3194	— 0 08 00	0,0106	9,524	10,061	10,466	9,994
53	3195	— 0 18 40	0,0575	9,484	10,119	10,565	9,888
10 0	3196	+ 0 29 00	0,1387	9,471	10,116	10,617	9,848
7	3197	— 0 18 20	0,0534	9,374	10,200	10,531	9,892
14	3198	— 0 50 40	0,4234	9,453	10,069	10,655	9,734
24	3199	— 0 46 20	0,3541	9,419	10,214	10,805	9,733
32	3200	— 0 18 30	0,0564	9,341	10,236	10,729	9,675
39	3201	+ 0 12 40	0,0265	9,281	10,275	10,723	9,675
46	3202	+ 0 05 50	0,0056	9,273	10,301	10,753	9,676
54	3203	+ 0 22 40	0,0847	9,320	10,312	10,855	9,629
11 0	3204	+ 1 11 10	0,8353	9,246	10,312	10,768	9,628
7	3205	+ 0 49 00	0,3960	9,288	10,273	10,794	9,609
15	3206	+ 2 07 20	2,6739	9,203	10,327	10,729	9,647
22	3207	+ 2 16 30	3,0727	9,336	10,345	10,939	9,609
31	3208	+ 2 45 10	4,4987	9,180	10,293	10,826	9,508
40	3209	+ 2 33 20	3,8773	9,200	10,407	10,880	9,575
47	3210	+ 2 02 40	2,4816	9,249	10,348	11,024	9,405
56	3211	+ 2 07 00	2,6600	9,138	10,584	10,905	9,612
12 2	3212	+ 1 49 40	1,9835	9,138	10,435	10,856	9,497
9	3213	+ 1 34 10	1,4625	9,191	10,478	10,875	9,589
16	3214	+ 1 03 20	0,6616	9,226	10,400	10,955	9,503
22	3215	+ 0 29 40	0,1452	9,050	10,422	10,924	9,400
30	3216	+ 0 58 30	0,5644	9,124	10,510	10,993	9,516
37	3217	+ 0 54 20	0,4869	9,054	10,233	11,045	9,101
46	3218	+ 1 07 40	0,7552	8,992	10,604	11,020	9,411
55	3219	+ 1 03 50	0,6721	8,738	10,589	10,650	9,512
1 8	3220	+ 0 39 00	0,2509	9,038	10,545	10,940	9,493
15	3221	— 0 10 40	0,0188	9,285	10,511	11,071	9,569
29	3222	+ 0 30 00	0,1484	8,725	10,519	10,599	9,492
36	3223	+ 0 29 00	0,1387	9,191	10,554	11,032	9,586
44	3224	+ 1 02 10	0,6374	9,124	10,305	10,969	9,325
51	3225	+ 0 16 30	0,0449	9,281	10,468	11,225	9,387
58	3226	+ 0 53 10	0,5020	9,042	10,577	11,084	9,388
2 5	3227	— 0 17 50	0,0525	9,170	10,628	11,119	9,551
12	3228	+ 0 51 00	0,4290	9,052	10,511	10,962	9,420
19	3229	+ 0 50 50	0,4262	9,546	10,530	11,181	9,530
26	3230	+ 0 12 50	0,0272	9,170	10,483	11,039	9,445
34	3231	+ 0 40 00	0,2639	8,930	10,479	10,912	9,388
43	3232	+ 0 06 00	0,0059	9,131	10,560	11,057	9,432
55	3233	+ 0 31 20	0,1619	8,988	10,550	10,914	9,455
3 2	3234	+ 0 37 10	0,2278	9,079	10,510	10,988	9,450
10	3235	+ 0 04 00	0,0026	8,873	10,588	10,765	9,541
16	3236	+ 0 30 00	0,1484	9,146	10,519	11,002	9,495
23	3237	+ 0 27 00	0,1202	8,893	10,492	10,808	9,437
31	3238	+ 0 37 00	0,2258	9,393	10,488	11,298	9,449
39	3239	+ 0 36 10	0,2157	9,353	10,520	11,229	9,505
47	3240	+ 0 06 40	0,0073	8,979	10,550	10,842	9,551
53	3241	+ 0 40 00	0,2639	9,191	10,444	11,003	9,499
59	3242	— 0 01 30	0,0004	9,048	10,450	10,898	9,456
4 7	3243	+ 0 03 00	0,0015	8,890	10,441	10,709	9,303
13	3244	+ 0 28 30	0,1340	9,125	10,450	10,911	9,534
20	3245	— 0 15 30	0,0396	9,190	10,429	10,916	9,565
27	3246	+ 0 35 30	0,2079	9,135	10,409	10,846	9,569
5 1	3247	— 0 30 00	0,1484	9,358	10,353	10,973	9,586
35	3248	+ 0 50 00	0,4123	8,892		10,371	8,094
	60 R.		35,3340	542,785	611,937	650,673	573,793

Ibañez. Saavedra.— Monet. Quiroga.

Heures	Positions des règles	I	$c = 7797 \sin^2 \frac{1}{2} I$	p'	p''	l'	l''
h m		° ' "	mm	T	T	T	T
8 39	3249	+ 0 11 30	0,0218		9,766	9,326	9,977
9 6	3250	— 0 17 30	0,0505	9,482	10,100	10,542	10,060
15	3251	+ 0 26 00	0,1115	9,392	10,132	10,554	9,882
26	3252	+ 0 12 20	0,0251	9,277	10,016	10,508	9,738
35	3253	— 0 01 30	0,0004	9,406	10,203	10,748	9,755
43	3254	— 0 03 50	0,0024	9,317	10,229	10,696	9,690
10 29	3255	— 0 22 20	0,0823	9,155	10,397	10,772	9,620
36	3256	+ 0 25 50	0,1101	9,169	10,463	10,896	9,589
42	3257	+ 0 22 40	0,0847	9,265	10,192	11,019	9,264
48	3258	— 0 13 20	0,0293	9,070	10,463	10,820	9,573
54	3259	— 0 16 10	0,0451	9,191	10,598	11,012	9,635
59	3260	— 0 29 10	0,1403	9,025	10,407	10,877	9,416
11 6	3261	+ 0 05 40	0,0053	9,155	10,583	10,977	9,583
10	3262	+ 0 06 30	0,0050	9,165	11,448	10,959	10,477
18	3263	+ 0 19 00	0,0595	8,841	10,628	10,746	9,561
25	3264	+ 0 01 30	0,0033	8,914	10,551	10,841	9,533
32	3265	— 0 23 00	0,0873	9,048	10,489	11,016	9,390
36	3266	— 0 19 30	0,0627	9,032	10,501	11,074	9,362
41	3267	— 0 14 40	0,0355	8,817	10,569	10,910	9,314
47	3268	— 0 04 30	0,0033	8,964	10,541	11,070	9,293
51	3269	— 0 04 10	0,0029	8,990	10,738	11,170	9,443
12 0	3270	— 0 23 10	0,0885	8,827	10,702	11,023	9,367
6	3271	— 0 19 10	0,0606	8,864	10,538	10,959	9,368
12	3272	— 0 25 40	0,1087	9,021	10,506	11,171	9,231
18	3273	— 0 24 10	0,0963	8,871	10,699	11,016	9,465
25	3274	— 0 20 10	0,0671	9,144	10,595	11,311	9,272
48	3275	— 0 52 10	0,4488	9,070	10,740	11,371	9,272
55	3276	— 0 26 30	0,1158	8,721	10,859	11,045	9,582
1 1	3277	— 0 28 10	0,1309	8,770	10,768	11,148	9,241
7	3278	— 0 37 10	0,2278	8,768	10,988	11,071	9,531
14	3279	— 0 23 40	0,0924	8,955	10,762	11,270	9,315
20	3280	— 0 43 50	0,3169	8,765	10,823	11,072	9,350
26	3281	— 0 16 40	0,0458	8,889	10,508	11,236	8,992
32	3282	— 0 11 00	0,0200	8,794	10,776	11,052	9,307
39	3283	— 0 26 10	0,1129	8,704	10,747	11,048	9,201
44	3284	— 0 15 20	0,0388	8,811	10,753	11,231	9,131
51	3285	— 0 50 10	0,4151	8,861	10,687	11,259	9,098
58	3286	— 0 13 20	0,0293	8,887	10,693	11,188	9,249
2 4	3287	— 0 32 00	0,1689	8,792	10,899	11,155	9,339
10	3288	— 0 17 20	0,0496	8,904	10,629	11,177	9,180
17	3289	— 0 23 30	0,0911	8,861	10,665	11,252	9,094
23	3290	— 0 42 10	0,2933	8,824	10,765	11,252	9,153
30	3291	— 0 16 50	0,0467	8,827	10,830	11,271	9,210
35	3292	— 0 09 20	0,0144	8,830	10,793	11,288	9,147
42	3293	— 0 27 40	0,1262	8,798	10,755	11,155	9,235
48	3294	— 0 10 20	0,0176	8,802	10,808	11,145	9,324
54	3295	— 0 30 00	0,1484	8,812	10,896	11,167	9,442
3 0	3296	— 0 07 20	0,0069	8,854	10,668	11,168	9,204
6	3297	— 0 02 10	0,0008	8,810	10,458	11,066	9,054
12	3298	— 0 20 30	0,0693	8,886	10,643	11,068	9,265
19	3299	+ 0 26 20	0,1144	8,938	10,647	10,989	9,441
20	3300	— 0 07 10	0,0085	8,989	10,478	11,027	9,295
31	3301	— 0 38 00	0,2382	8,991	10,466	11,048	9,251
37	3302	— 0 46 00	0,3490	9,085	10,472	11,118	9,266
43	3303	— 0 19 10	0,0606	8,991	10,635	11,105	9,353
50	3304	— 0 24 30	0,0990	8,897	10,555	11,051	9,288
56	3305	— 0 38 40	0,2466	8,911	10,357	11,002	9,109
4 2	3306	— 0 25 40	0,1087	8,961	10,690	11,040	9,430
26	3307	— 0 18 10	0,0544	9,079	10,598	10,945	9,522
45	3308	— 0 23 40	0,1087	9,103		10,950	7,538
	60 R.		5,8053	529,340	624,833	660,443	562,104
				Quiroga.	*Monel. — Ibañez*		*Monel.*

71.ème JOURNÉE.

5.ème SECTION. 30 AOÛT 1858.

Heures	Positions des règles	I	$o_{,} = 7797 \sin^2 \frac{1}{2} I$	p'	p''	l'	l''
h m		° ′ ″	mm	T	T	T	T
9 46	3309	— 0 19 20	0,0616		9,243	8,701	10,572
10 2	3310	— 0 53 40	0,4750	10,230	9,302	9,983	10,433
9	3311	— 0 17 40	0,0515	10,200	9,476	10,057	10,499
15	3312	— 1 12 20	0,8629	9,982	9,576	9,940	10,497
21	3313	— 0 34 40	0,1982	10,026	9,378	10,072	10,188
27	3314	— 0 47 00	0,3643	9,926	9,593	10,060	10,345
33	3315	— 1 09 40	0,8005	9,961	9,658	10,211	10,327
40	3316	— 0 56 10	0,5203	9,814	9,722	10,119	10,319
49	3317	— 0 57 00	0,5359	9,811	9,643	10,199	10,158
56	3318	— 1 04 10	0,6791	9,972	9,640	10,366	10,111
11 3	3319	— 1 02 40	0,6477	9,758	9,668	10,244	10,029
9	3320	— 1 37 50	1,5786	9,693	9,877	10,255	10,214
16	3321	— 0 18 20	0,0554	9,730	9,785	10,326	10,065
22	3322	— 0 38 10	0,2403	9,722	9,861	10,374	10,080
59	3323	— 0 04 00	0,0026	9,518	9,966	10,298	9,959
12 9	3324	— 0 01 20	0,0003	9,622	9,947	10,493	9,987
16	3325	— 0 34 20	0,1944	9,484	10,012	10,400	9,941
23	3326	— 0 28 10	0,1509	9,348	10,129	10,255	10,054
30	3327	— 0 22 10	0,0810	9,465	9,851	10,301	9,813
37	3328	+ 0 27 40	0,1262	9,665	10,030	10,512	10,003
43	3329	+ 0 37 40	0,2340	9,576	10,037	10,492	9,953
50	3330	+ 0 05 20	0,0047	9,638	10,049	10,603	9,880
56	3331	+ 0 23 30	0,0911	9,452	10,127	10,566	9,831
1 2	3332	— 0 06 20	0,0066	9,346	10,145	10,474	9,881
10	3333	+ 0 28 10	0,1309	9,607	10,123	10,830	9,765
19	3334	+ 1 01 40	0,6272	9,355	10,151	10,693	9.721
26	3335	+ 0 18 10	0,0544	9,339	10.249	10,450	9,939
32	3336	+ 1 16 10	0,9568	9,490	10,150	10,598	9,834
40	3337	— 0 01 00	0,0002	9,419	10,133	10,641	9,693
45	3338	+ 1 16 50	0,9736	9,332	10,299	10,624	9,839
51	3339	+ 1 16 20	0,9610	9,556	10,319	10,823	9,898
58	3340	+ 0 58 00	0,5548	9,310	10,013	10,596	9,598
2 2	3341	+ 1 28 10	1,2820	9,321	10,387	10,608	9,927
10	3342	+ 1 04 40	0,6897	9,485	10,277	10,689	9,813
16	3343	+ 1 01 50	0,6306	9,470	10,212	10,801	9,677
22	3344	+ 1 21 50	1,1045	9,472	10,173	10,787	9,698
30	3345	— 0 27 30	0,1247	9,179	10,145	10,611	9,548
35	3346	+ 1 13 50	0,8901	9,117	10,232	10,512	9,691
41	3347	+ 0 34 20	0,1944	9,305	10,261	10,591	9,760
47	3348	+ 1 07 20	0,7478	9,426	10,317	10,676	9,860
53	3349	+ 0 55 00	0,4989	9,411	10,289	10,734	9,769
59	3350	+ 0 07 50	0,0101	9,418	10,307	10,760	9,751
3 6	3351	+ 0 43 00	0,3050	9,201	10,241	10,190	9,753
12	3352	+ 0 19 40	0,0638	9,389	10,253	10,676	9,777
20	3353	+ 0 24 10	0,0963	9,571	10,299	10,912	9,744
25	3354	+ 0 00 30	0,0000	9,307	10,399	10,662	9,814
32	3355	+ 0 34 40	0,1982	9,277	10,250	10,704	9,630
37	3356	— 0 23 20	0,1059	9,244	10,293	10,719	9,649
45	3357	— 1 17 40	0,9949	9,267	10,308	10,748	9,664
50	3358	— 1 11 20	0,8392	9,162	10,329	10,713	9,640
4 2	3359	— 2 21 30	3,3020	9,290	10,322	10,584	9,834
9	3360	— 2 05 00	2,5760	9,203	10,295	10,330	9,990
18	3361	+ 0 33 40	0,1869	9,668	10,265	10,602	10,164
25	3362	+ 1 54 10	2,0381	9,710	9,950	10,640	9,832
32	3363	+ 0 42 30	0,2979	9,543	10,052	10,440	9,969
38	3364	+ 1 08 10	0,7664	9,432	10,022	10,358	10,009
43	3365	+ 0 09 10	0,0139	10,035	9,975	10,911	9,912
49	3366	+ 0 35 20	0,2059	9,543	10,000	10,427	9,956
5 25	3367	+ 0 22 40	0,0847	9,532	10,011	10,395	10,003
40	3368	+ 0 21 10	0,0739	9,309		10,113	9,187
	60 R.		30,5337	+ 562,664	592,014	627,709	593,477

Ibañez. *Monet. — Quiroga.* *Monet.*

5.ème Section. 31 août 1858.

Heures	Positions des règles	I	$c_i = 7797 \sin^2 \frac{1}{2} I$	p'	p''	i'	i''
h m		° ′ ″	mm	T	T	T	T
9 0	3369	− 0 02 10	0,0008		9,740	9,425	10,317
8	3370	− 0 37 10	0,2278	9,829	9,731	10,160	10,230
16	3371	− 0 20 00	0,0660	9,828	9,659	10,237	10,049
22	3372	− 0 20 50	0,0716	9,766	9,706	10,230	10,101
28	3373	− 0 12 50	0,0272	9,631	9,820	10,132	10,130
40	3374	+ 1 02 40	0,6477	9,788	9,803	10,347	10,058
46	3375	+ 0 17 00	0,0477	9,698	9,862	10,337	10,057
51	3376	− 0 29 20	0,1419	9,559	9,979	10,225	10,148
57	3377	− 0 20 40	0,0704	9,541	9,853	10,205	9,991
10 5	3378	− 1 11 50	0,8511	9,625	9,845	10,348	9,964
10	3379	− 0 32 50	0,1778	9,620	9,989	10,351	10,071
17	3380	− 1 09 40	0,8005	9,654	9,835	10,375	9,956
23	3381	+ 0 02 20	0,0009	9,539	9,914	10,327	9,923
29	3382	+ 0 00 50	0,0001	9,561	9,989	10,444	9,950
35	3383	+ 0 00 50	0,0001	9,443	9,904	10,346	9,907
41	3384	+ 0 14 20	0,0339	9,609	10,108	10,337	9,970
47	3385	− 0 16 10	0,0431	9,582	10,109	10,472	9,957
52	3386	+ 0 06 00	0,0059	9,512	10,121	10,542	9,918
58	3387	+ 0 04 40	0,0036	9,516	10,138	10,553	9,918
11 4	3388	+ 0 16 50	0,0467	9,613	10,224	10,612	9,991
10	3389	+ 0 16 50	0,0467	9,659	10,090	10,636	9,918
17	3390	− 0 12 40	0,0265	9,598	10,104	10,542	9,920
28	3391	+ 0 05 40	0,0053	9,621	10,192	10,625	10,014
33	3392	+ 0 17 50	0,0525	9,610	10,097	10,655	9,875
40	3393	+ 0 28 30	0,1340	9,454	10,161	10,501	9,925
46	3394	− 0 48 30	0,3880	9,549	10,172	10,601	9,875
52	3395	− 0 00 50	0,0001	9,545	10,107	10,443	9,807
58	3396	+ 0 43 20	0,3097	9,442	10,112	10,513	9,858
12 4	3397	+ 1 08 50	0,7815	9,475	10,072	10,596	9,791
11	3398	− 0 56 20	0,5234	9,389	10,787	10,564	10,425
16	3399	+ 1 11 30	0,8432	9,432	10,114	10,539	9,825
23	3400	+ 0 22 40	0,0847	9,442	10,136	10,485	9,876
30	3401	+ 1 25 50	1,2151	9,648	10,124	10,772	9,831
36	3402	+ 1 10 40	0,8236	9,264	9,897	10,449	9,576
42	3403	+ 1 00 00	0,5938	9,384	10,107	10,479	9,838
48	3404	+ 1 37 50	1,5786	9,500	10,091	10,599	9,786
59	3405	+ 1 08 20	0,7701	9,438	10,234	10,548	9,932
1 9	3406	+ 0 22 30	0,0835	9,493	10,252	10,628	9,892
16	3407	+ 0 14 10	0,0331	9,417	10,189	10,583	9,796
23	3408	+ 0 10 00	0,0165	9,338	10,161	10,542	9,780
30	3409	+ 0 41 20	0,2818	9,282	10,210	10,496	9,793
38	3410	+ 0 05 50	0,0024	9,411	10,189	10,628	9,772
47	3411	+ 0 19 20	0,0616	9,330	10,192	10,491	9,932
53	3412	+ 0 21 00	0,0727	9,559	10,110	10,637	9,827
2 0	3413	+ 0 05 30	0,0020	9,267	10,202	10,444	9,847
6	3414	+ 0 20 10	0,0671	9,461	10,174	10,661	9,804
13	3415	− 0 00 20	0,0000	9,309	10,222	10,519	9,856
19	3416	+ 0 07 00	0,0081	9,286	10,066	10,521	9,792
28	3417	+ 0 17 20	0,0496	9,352	10,127	10,541	9,683
34	3418	+ 0 15 50	0,0413	9,347	10,206	10,583	9,807
40	3419	+ 0 24 20	0,0977	9,447	10,281	10,650	9,932
47	3420	− 0 18 10	0,0544	9,374	10,151	10,548	9,815
55	3421	+ 0 40 20	0,2683	9,400	10,205	10,528	9,877
3 2	3422	+ 0 31 40	0,1654	9,494	10,192	10,615	9,833
10	3423	+ 0 07 40	0,0097	9,395	10,216	10,592	9,907
17	3424	+ 0 43 00	0,3050	9,476	10,221	10,665	9,863
26	3425	+ 0 08 10	0,0110	9,432	10,196	10,600	9,812
34	3426	+ 0 39 30	0,2573	9,351	10,102	10,520	9,769
4 5	3427	+ 0 31 50	0,1671	9,398	10,203	10,600	9,824
25	3428	+ 0 31 40	0,1654	9,307		10,481	8,831
	60 R.		13,6626	560,020	503,083	628,853	503,714

Quiroga. Monet. — Ibañez. Saavedra.

73.ème JOURNÉE.

5.ème Section. — 1.er septembre 1858.

Heures	Positions des règles	I	$C_1 = 7797 \sin^2 \frac{1}{2} I$	p'	p''	l'	l''
h m		° ′ ″	mm	T	T	T	T
8 47	3429	+ 1 05 00	0,6968		9,545	9,150	10,394
56	3430	+ 0 21 30	0,0762	9,978	9,557	10,068	10,340
9 5	3431	+ 0 44 40	0,3291	9,871	9,633	10,101	10,281
12	3432	+ 0 30 10	0,1501	9,881	9,073	10,146	10,259
21	3433	+ 0 49 00	0,3960	9,869	9,688	10,234	10,175
29	3434	+ 0 49 20	0,4014	9,855	9,730	10,272	10,164
35	3435	+ 0 17 40	0,0545	9,725	9,757	10,239	10,117
43	3436	+ 0 47 50	0,3774	9,718	9,769	10,287	10,059
50	3437	+ 0 48 40	0,3906	9,701	9,928	10,367	10,104
57	3438	+ 0 42 10	0,2933	9,683	9,871	10,372	10,032
10 6	3439	+ 0 39 50	0,2617	9,522	9,954	10,296	10,052
13	3440	+ 1 02 30	0,6443	9,616	9,959	10,427	10,005
22	3441	+ 1 21 30	1,0935	9,589	9,996	10,521	9,859
30	3442	+ 0 43 20	0,3097	9,507	9,963	10,466	9,870
36	3443	− 0 22 40	0,0847	9,306	10,088	10,369	9,888
43	3444	+ 0 19 50	0,0649	9,496	10,098	10,505	9,827
50	3445	+ 0 21 40	0,0774	9,331	10,201	10,561	9,770
56	3446	+ 0 56 40	0,5296	9,273	10,190	10,501	9,802
11 3	3447	+ 0 40 20	0,2683	9,327	10,143	10,567	9,702
10	3448	+ 0 25 10	0,1045	9,414	10,262	10,708	9,798
17	3449	+ 0 58 00	0,5548	9,426	10,228	10,844	9,663
25	3450	+ 0 23 40	0,0924	9,366	10,234	10,872	9,568
34	3451	+ 0 40 50	0,2750	9,288	10,308	10,837	9,616
41	3452	+ 0 48 00	0,3800	9,143	10,455	10,610	9,752
50	3453	+ 1 02 20	0,6408	9,241	10,305	10,645	9,670
56	3454	+ 0 50 20	0,4179	9,478	10,203	10,906	9,501
12 3	3455	+ 0 19 30	0,0627	9,253	10,136	10,835	9,596
10	3456	+ 0 46 50	0,3618	9,104	10,455	10,741	9,671
17	3457	+ 1 06 50	0,7367	9,174	10,401	10,817	9,344
24	3458	+ 0 41 50	0,2886	9,132	10,389	10,784	9,557
31	3459	+ 0 51 30	0,4374	9,100	10,390	10,671	9,581
37	3460	+ 0 40 30	0,2705	9,342	10,548	10,931	9,677
43	3461	+ 0 31 50	0,1637	9,209	10,477	10,950	9,527
50	3462	+ 0 24 10	0,0963	9,231	10,317	10,971	9,378
55	3463	− 0 14 40	0,0355	9,146	10,512	11,081	9,397
1 2	3464	+ 0 21 30	0,0762	8,974	10,679	10,946	9,509
8	3465	+ 0 11 10	0,0206	8,987	10,657	10,926	9,545
14	3466	+ 0 36 30	0,2197	8,609	10,500	10,562	9,374
21	3467	+ 0 45 40	0,3440	9,070	10,523	11,029	9,394
29	3468	+ 0 44 10	0,3217	9,221	10,538	11,116	9,445
36	3469	+ 0 52 50	0,4601	8,998	10,602	10,772	9,600
42	3470	+ 0 19 40	0,0638	8,921	10,525	10,737	9,464
48	3471	+ 0 53 10	0,4662	8,849	10,635	10,825	9,500
54	3472	+ 0 54 00	0,4809	8,986	10,530	10,946	9,361
2 0	3473	+ 1 11 10	0,8353	9,124	10,510	11,082	9,370
6	3474	+ 1 08 30	0,7739	9,131	10,511	11,135	9,283
13	3475	+ 0 27 40	0,1262	8,854	10,668	10,813	9,542
19	3476	+ 1 09 20	0,7928	8,975	10,613	10,915	9,438
26	3477	+ 1 25 20	1,2010	8,991	10,700	10,993	9,536
32	3478	+ 0 39 40	0,2595	9,264	10,559	11,300	9,313
39	3479	+ 1 36 30	1,5358	9,050	10,599	11,115	9,441
45	3480	+ 1 22 20	1,1180	8,983	10,620	10,966	9,448
53	3481	− 0 41 10	0,2795	8,910	10,530	10,842	9,401
59	3482	+ 0 05 20	0,0047	9,075	10,573	10,906	9,469
3 4	3483	+ 0 15 10	0,0379	9,299	10,602	11,274	9,158
10	3484	+ 0 21 30	0,0762	9,162	10,609	11,104	9,137
16	3485	− 0 02 10	0,0008	9,015	10,601	11,065	9,301
22	3486	+ 0 03 20	0,0018	8,961	10,601	11,069	9,262
58	3487	+ 0 06 00	0,0059	8,983	10,525	10,821	9,502
4 5	3488	+ 0 08 20	0,0115	9,517		11,316	8,249
	60 R.		20,9314	547,192	607,814	643,418	578,810
				Ibañez.	*Saavedra.*—	*Monet.*	*Saavedra.*

74.ème JOURNÉE.

5.ème Section. 2 septembre 1858.

Heures	Positions des règles	I	$c_1 = 7797 \sin^2 \frac{1}{2} I$	p'	p''	l'	l''
h m		° ′ ″	mm	v	v	v	v
9 3	3489	+ 0 11 50	0,0231		9,515	9,252	10,275
13	3490	− 0 16 20	0,0410	10,000	9,648	10,298	10,243
20	3491	+ 0 21 30	0,0762	9,812	9,721	10,241	10,200
26	3492	+ 0 10 00	0,0165	9,799	9,742	10,268	10,147
33	3493	+ 0 22 30	0,0835	9,750	9,820	10,355	10,067
39	3494	+ 0 35 00	0,2020	9,771	9,791	10,178	9,927
46	3495	− 0 07 50	0,0101	9,608	9,874	10,419	9,877
52	3496	+ 0 29 40	0,1452	9,569	9,957	10,485	9,890
59	3497	+ 0 23 00	0,0873	9,493	10,056	10,501	9,882
10 5	3498	+ 0 21 10	0,0963	9,521	9,970	10,600	9,725
11	3499	+ 0 20 20	0,0684	9,398	10,218	10,578	9,866
17	3500	− 0 15 50	0,0443	9,356	10,097	10,576	9,728
24	3501	+ 0 31 30	0,1963	9,369	10,218	10,677	9,755
32	3502	− 0 10 40	0,0188	9,289	10,171	10,662	9,663
39	3503	+ 0 06 30	0,0070	9,390	10,144	10,837	9,561
44	3504	+ 0 06 40	0,0073	9,320	10,222	10,789	9,619
50	3505	− 0 15 40	0,0405	9,266	10,365	10,832	9,531
56	3506	+ 0 11 50	0,0231	9,075	10,437	10,687	9,628
11 2	3507	− 0 12 20	0,0251	9,163	10,400	10,860	9,487
8	3508	+ 0 04 30	0,0033	9,132	10,417	10,843	9,490
14	3509	+ 0 11 20	0,0212	9,131	10,407	10,867	9,485
19	3510	− 0 20 50	0,0716	9,093	10,380	10,772	9,461
26	3511	+ 0 36 40	0,2217	9,169	10,450	10,800	9,606
32	3512	− 0 15 20	0,0588	9,145	10,400	10,806	9,517
39	3513	− 0 14 30	0,0347	9,132	10,422	10,802	9,536
44	3514	− 0 45 30	0,3415	9,272	10,340	10,899	9,478
50	3515	− 1 31 40	1,3858	9,093	10,420	10,748	9,537
56	3516	− 0 41 40	0,3291	9,256	10,462	10,913	9,540
12 0	3517	+ 0 16 20	0,0440	9,181	10,471	10,888	9,546
48	3518	+ 1 18 50	1,0250	9,030	10,461	10,949	9,260
55	3519	+ 0 42 30	0,2979	9,068	10,610	11,060	9,343
1 0	3520	+ 0 09 20	0,0144	8,928	10,742	11,030	9,117
12	3521	+ 2 02 40	2,4816	9,037	10,610	11,114	9,315
21	3522	+ 2 30 20	3,7270	9,069	10,471	11,209	9,074
30	3523	+ 2 48 30	4,6820	8,728	10,913	10,822	9,615
40	3524	+ 3 23 30	6,9633	8,973	10,817	10,931	9,649
49	3525	+ 2 19 00	3,1863	9,021	10,674	11,039	9,421
56	3526	+ 2 11 50	2,8662	9,001	10,632	10,998	9,451
2 4	3527	+ 0 53 40	0,4750	9,078	10,507	11,112	9,397
12	3528	+ 0 44 00	0,3193	9,010	10,661	11,107	9,353
17	3529	+ 0 02 20	0,0003	9,039	10,875	11,146	9,562
26	3530	− 0 25 20	0,1059	8,997	10,512	11,108	9,128
34	3531	+ 0 23 30	0,0911	8,970	10,902	11,222	9,185
43	3532	+ 0 11 30	0,0218	8,872	10,723	11,201	9,139
49	3533	+ 0 35 30	0,2079	8,887	10,838	11,249	9,250
55	3534	+ 0 10 30	0,0182	8,790	10,804	11,155	9,212
3 5	3535	− 0 12 50	0,0272	8,977	10,879	11,255	9,389
9	3536	+ 0 36 40	0,2217	8,940	10,874	11,193	9,340
16	3537	+ 0 07 30	0,0093	8,969	10,761	11,304	9,214
22	3538	+ 0 32 20	0,1724	8,718	10,741	11,062	9,186
29	3539	+ 0 55 00	0,4989	8,878	10,859	11,254	9,298
30	3540	+ 0 20 10	0,0671	8,839	10,798	11,221	9,217
41	3541	+ 1 01 30	0,6238	8,715	10,591	11,083	9,028
46	3542	+ 0 48 10	0,3827	8,783	10,769	11,152	9,180
53	3543	+ 1 48 30	1,9115	8,856	10,689	11,204	9,119
59	3544	+ 2 02 10	2,4611	8,769	10,819	11,037	9,372
4 5	3545	+ 1 30 00	1,3359	8,844	10,679	11,142	9,197
11	3546	+ 1 38 10	1,5893	8,790	10,794	11,067	9,278
37	3547	+ 0 22 30	0,0835	8,987	10,762	11,215	9,303
58	3548	+ 1 18 20	1,0190	8,649		10,910	7,574
	60 R.		40,6140	538,788	616,423	652,334	569,033

Saavedra. Monet. — Ibañez. Monet.

75.ème JOURNÉE.

5.ème Section. 3 septembre 1858.

Heures	Positions des règles	I	$c = 7797 \sin^2 \frac{1}{2} I$	p'	p''	t'	t''
h m		° ' ''	mm	T	T	T	T
8 39	3549	+ 0 30 10	0,1501		9,710	9,449	10,222
49	3550	+ 0 13 40	0,0308	9,736	9,672	10,103	10,137
55	3551	+ 0 42 20	0,2956	9,879	9,843	10,300	10,243
9 3	3552	+ 1 04 40	0,6897	9,851	9,783	10,341	10,120
10	3553	+ 1 07 30	0,7515	9,751	9,840	10,326	10,100
16	3554	+ 1 46 50	1,8823	9,699	9,927	10,302	10,112
22	3555	+ 1 15 10	0,8319	9,761	9,916	10,502	9,981
29	3556	+ 1 31 10	1,4625	9,683	9,921	10,440	9,956
35	3557	+ 0 42 30	0,2979	9,614	9,994	10,470	9,954
41	3558	+ 0 59 00	0,5741	9,670	9,970	10,589	9,907
47	3559	+ 1 30 00	1,3359	9,504	10,142	10,543	9,948
54	3560	+ 0 59 00	0,5741	9,487	10,078	10,523	9,850
10 00	3561	+ 0 41 30	0,2841	9,170	10,040	10,579	9,741
6	3562	+ 1 37 20	1,5625	9,391	10,105	10,620	9,709
12	3563	+ 1 26 20	1,2293	9,576	10,246	10,847	9,821
18	3564	+ 1 32 10	1,4010	9,468	10,214	10,760	9,759
25	3565	+ 1 34 40	1,4780	9,653	10,298	11,016	9,793
30	3566	+ 1 31 50	1,3909	9,438	10,240	10,807	9,681
36	3567	+ 1 21 40	1,1000	9,324	10,290	10,765	9,648
42	3568	+ 1 10 00	0,8062	9,126	10,318	10,601	9,666
48	3569	+ 1 35 00	1,4883	9,337	10,382	10,869	9,675
54	3570	+ 1 00 50	0,6104	9,530	10,305	11,083	9,559
11 0	3571	+ 1 11 30	0,8432	9,109	10,401	10,737	9,591
5	3572	+ 0 58 50	0,5709	9,194	10,292	10,859	9,516
12	3573	+ 0 54 00	0,4809	9,144	10,335	10,819	9,515
18	3574	+ 0 47 20	0,3695	9,413	10,381	11,094	9,534
24	3575	— 0 03 50	0,0024	9,181	10,443	10,919	9,478
31	3576	+ 0 32 00	0,1689	9,164	10,362	10,955	9,389
38	3577	+ 0 04 50	0,6933	9,048	10,394	10,955	9,303
12 34	3578	+ 1 08 20	0,7701	8,937	10,660	11,009	9,277
42	3579	+ 0 38 00	0,2382	9,016	10,683	11,184	9,338
48	3580	+ 0 45 10	0,3365	8,967	10,597	11,202	9,173
55	3581	+ 1 22 50	1,1316	8,913	10,811	11,250	9,258
1 2	3582	+ 1 14 10	0,9072	8,966	10,658	11,308	9,114
9	3583	+ 0 29 40	0,1452	8,819	10,840	11,242	9,238
15	3584	+ 0 39 40	0,2596	8,819	10,780	11,238	9,152
23	3585	— 0 14 00	0,0323	8,693	10,883	11,211	9,172
29	3586	+ 0 15 00	0,0371	8,705	10,864	11,171	9,210
36	3587	+ 0 00 20	0,0000	8,775	10,829	11,252	9,187
43	3588	+ 0 30 10	0,1501	8,679	10,840	11,155	9,190
49	3589	+ 0 16 10	0,0431	8,819	10,830	11,161	9,255
56	3590	+ 0 11 50	0,0231	8,930	10,694	11,269	9,191
2 2	3591	+ 0 03 40	0,0022	8,810	10,763	11,204	9,172
9	3592	+ 0 14 30	0,0347	8,707	10,791	11,124	9,177
16	3593	+ 0 21 10	0,0759	8,813	10,789	11,267	9,129
22	3594	+ 0 47 20	0,3695	8,724	10,759	11,216	9,037
29	3595	+ 0 10 30	0,0182	8,727	10,911	11,318	9,053
37	3596	+ 1 07 50	0,7589	8,640	11,085	11,248	9,228
45	3597	+ 1 17 40	0,9919	8,656	10,953	11,192	9,246
51	3598	+ 1 20 50	1,0777	8,705	10,643	11,255	9,928
57	3599	+ 1 26 10	1,2245	8,002	10,836	11,054	9,198
3 5	3600	+ 0 40 50	0,2750	8,753	10,770	11,166	9,147
13	3601	+ 1 24 10	1,1684	8,829	10,786	11,345	9,045
20	3602	+ 0 51 50	0,4431	8,700	10,845	11,292	9,042
27	3603	+ 0 48 20	0,3853	8,651	10,968	11,210	9,145
34	3604	+ 0 59 50	0,5906	8,693	10,912	11,224	9,143
42	3605	+ 0 31 00	0,1585	8,738	10,894	11,251	9,196
49	3606	+ 0 57 10	0,5390	8,760	10,791	11,209	9,153
4 17	3607	+ 1 05 50	0,7148	8,812	10,761	11,185	9,170
31	3608	+ 0 34 20	0,1944	8,875		11,229	7,591
	60 R.		36,5560	537,490	618,073	655,938	566,463

Monet. Saavedra.— Ibañez. Saavedra.

Heures	Positions des règles	I	$c_1 = 7797 \sin^2 \frac{1}{2} I$	p'	p''	l'	l''
h m		° ′ ″	mm	T	T	T	T
8 41	3609	+ 1 08 00	0,7626		9,734	9,628	10,098
55	3610	+ 0 31 20	0,1619	9,845	9,869	10,419	10,109
9 1	3611	+ 0 50 30	0,1206	9,612	9,922	10,332	10,035
7	3612	+ 1 06 30	0,7294	9,713	9,974	10,507	10,004
13	3613	+ 1 05 00	0,6968	9,493	9,975	10,397	9,876
18	3614	+ 1 31 40	1,3858	9,524	9,988	10,464	9,900
25	3615	+ 0 40 20	0,2683	9,477	10,084	10,502	9,863
30	3616	+ 0 56 20	0,5234	9,534	10,064	10,581	9,843
36	3617	+ 0 57 30	0,5453	9,410	10,175	10,556	9,877
41	3618	+ 0 45 50	0,3169	9,471	10,122	10,609	9,800
47	3619	+ 0 55 40	0,5111	9,421	10,165	10,664	9,758
53	3620	+ 0 28 20	0,1324	9,426	10,198	10,702	9,735
10 0	3621	+ 1 16 00	0,9526	9,319	10,214	10,634	9,726
6	3622	+ 0 58 00	0,5548	9,339	10,151	10,649	9,656
12	3623	+ 1 17 00	0,9779	9,236	10,214	10,595	9,669
18	3624	+ 1 27 20	1,2579	9,300	10,276	10,701	9,687
25	3625	+ 1 07 10	0,7441	9,272	10,312	10,772	9,629
31	3626	+ 2 54 50	5,0405	9,256	10,294	10,782	9,559
37	3627	+ 1 28 50	1,3015	9,194	10,371	10,752	9,615
41	3628	+ 1 22 30	1,1226	9,336	10,449	10,874	9,673
50	3629	+ 1 02 30	0,6445	9,143	10,477	10,840	9,554
57	3630	+ 0 23 30	0,0911	9,153	10,450	10,951	9,480
11 6	3631	+ 1 19 30	1,0424	8,920	10,599	10,785	9,315
12	3632	+ 1 04 10	0,6791	9,010	10,461	10,957	9,353
20	3633	+ 1 19 30	1,0424	9,079	10,530	11,130	9,284
27	3634	+ 1 58 30	2,3159	8,985	10,663	11,073	9,353
34	3635	+ 0 31 40	0,1654	8,838	10,650	11,012	9,302
39	3636	+ 0 58 40	0,5677	9,093	10,715	11,242	9,337
45	3637	+ 1 30 00	1,3350	8,894	10,740	11,115	9,334
52	3638	+ 1 20 20	1,0644	9,098	10,667	11,336	9,260
12 29	3639	+ 1 47 50	1,9177	8,734	10,717	11,131	9,137
35	3640	+ 1 03 30	0,6651	8,839	10,809	11,289	9,186
41	3641	+ 0 03 50	0,6721	8,818	10,803	11,174	9,264
47	3642	+ 1 05 40	0,7112	8,931	10,628	11,256	9,099
53	3643	+ 0 54 10	0,4839	8,808	10,790	11,116	9,316
59	3644	+ 1 21 50	1,1043	8,948	10,691	11,163	9,213
1 5	3645	+ 0 57 00	0,5359	8,913	10,606	11,151	9,237
11	3646	+ 1 03 00	0,6546	9,123	10,603	11,371	9,222
17	3647	+ 1 08 30	0,7739	8,886	10,697	11,102	9,265
24	3648	+ 0 55 30	0,5080	8,850	10,741	11,106	9,262
30	3649	+ 1 23 30	1,1499	8,808	10,645	11,084	9,128
36	3650	+ 0 29 20	0,1419	8,690	10,714	10,977	9,205
41	3651	+ 0 48 00	0,3800	8,904	10,697	11,168	9,149
48	3652	+ 1 12 30	0,8669	8,713	10,822	11,080	9,214
53	3653	+ 1 00 00	0,5938	8,561	10,765	10,821	9,285
2 0	3654	+ 1 02 10	0,6374	8,877	10,676	11,121	9,241
5	3655	+ 0 19 00	0,0595	8,787	10,668	11,077	9,156
12	3656	+ 0 53 10	0,4662	9,005	10,627	11,358	9,065
18	3657	+ 0 57 10	0,5390	8,780	10,911	11,262	9,209
24	3658	+ 0 36 30	0,2197	8,729	10,850	11,183	9,110
30	3659	+ 0 52 30	0,4546	8,753	10,844	11,236	9,126
36	3660	+ 0 17 00	0,0477	8,604	10,833	11,116	9,096
42	3661	+ 0 56 20	0,5234	8,696	10,823	11,047	9,203
48	3662	+ 1 00 30	0,6037	8,776	10,728	11,009	9,196
53	3663	+ 0 45 50	0,3465	8,865	10,705	11,112	9,232
59	3664	+ 0 55 50	0,5142	8,900	10,745	11,145	9,325
3 5	3665	+ 0 45 30	0,3415	8,779	10,684	11,000	9,321
10	3666	+ 0 54 20	0,4869	8,921	10,715	11,099	9,335
36	3667	+ 1 06 00	0,7184	8,980	10,689	11,048	9,421
50	3668	+ 1 01 10	0,6272	9,112		11,125	7,759
	60 R.		45,1003	531,542	619,737	655,539	561,687

Saavedra. Ibañez. — Monet. Ibañez.

Heures	Positions des règles	1	$c_i = 7797 \sin^2 \frac{1}{2} 1$	p'	p''	l'	l''
h m		° ′ ″	mm	T	T	T	T
8 36	3669	+ 1 04 40	0,6897		9,798	9,713	10,099
50	3670	+ 0 48 30	0,3880	9,637	9,928	10,355	10,012
58	3671	+ 1 19 40	1,0468	9,645	9,934	10,500	9,962
9 7	3672	+ 0 34 00	0,1907	9,572	9,880	10,497	9,769
16	3673	+ 1 36 00	1,5200	9,521	10,092	10,559	9,825
24	3674	+ 1 55 50	2,2128	9,485	10,092	10,586	9,805
31	3675	+ 1 24 40	1,1823	9,470	10,163	10,660	9,776
43	3676	+ 1 35 20	1,4937	9,366	10,207	10,664	9,709
51	3677	+ 0 42 40	0,3003	9,286	10,339	10,738	9,648
57	3678	+ 1 02 30	0,6443	9,246	10,292	10,748	9,566
10 4	3679	+ 1 22 20	1,1180	9,191	10,364	10,790	9,511
10	3680	+ 0 58 10	0,5580	9,248	10,329	10,926	9,421
17	3681	+ 1 45 50	1,8473	9,119	10,465	10,870	9,475
23	3682	+ 1 18 20	1,0120	9,167	10,493	10,924	9,502
29	3683	+ 1 52 40	2,0935	9,061	10,535	10,887	9,524
39	3684	+ 1 50 00	1,9956	9,160	10,573	10,969	9,536
46	3685	+ 1 16 50	0,9736	9,132	10,500	10,978	9,462
55	3686	+ 2 22 50	3,3645	9,139	10,562	10,970	9,506
11 1	3687	+ 1 08 50	0,7815	8,993	10,438	10,896	9,329
12	3688	+ 1 19 50	1,0512	9,016	10,554	10,941	9,438
19	3689	+ 1 28 40	1,2966	9,058	10,603	11,005	9,450
26	3690	+ 0 52 30	0,4546	8,980	10,477	10,954	9,312
35	3691	+ 1 16 50	0,9736	9,025	10,632	10,788	9,341
44	3692	+ 1 00 10	0,5971	9,030	10,628	10,811	9,312
53	3693	+ 1 05 00	0,6968	9,149	10,648	10,943	9,277
58	3694	+ 1 24 10	1,1684	9,107	10,672	10,976	9,271
12 8	3695	+ 0 26 00	0,1115	8,901	10,720	10,764	9,217
55	3696	+ 1 14 50	0,9236	8,982	10,692	11,035	9,073
1 9	3697	+ 1 05 40	0,7112	8,922	10,880	10,915	9,269
16	3698	+ 1 26 10	1,2245	9,030	10,747	11,098	9,114
22	3699	+ 1 38 10	1,5893	8,966	10,781	11,029	9,138
32	3700	+ 0 53 00	0,4833	8,952	10,841	11,053	9,183
40	3701	+ 2 17 30	3,1179	9,011	10,797	11,107	9,130
46	3702	+ 1 48 20	1,9356	8,972	10,111	11,046	9,079
52	3703	+ 2 41 00	4,2746	8,931	10,766	11,019	9,101
2 4	3704	+ 2 32 00	3,8101	9,090	10,721	11,012	9,198
12	3705	+ 1 59 40	2,3617	9,095	10,681	11,075	9,123
18	3706	+ 1 13 30	0,8910	8,919	10,755	10,941	9,161
25	3707	+ 1 09 10	0,7890	8,984	10,852	11,105	9,246
35	3708	+ 2 15 00	3,0056	8,826	10,744	10,836	9,187
41	3709	+ 1 59 20	2,3483	9,110	10,778	11,125	9,183
47	3710	+ 1 05 10	0,7004	8,999	10,804	11,081	9,117
54	3711	+ 2 02 20	2,4681	8,966	10,857	11,022	9,219
3 2	3712	+ 1 22 40	1,1271	8,967	10,787	10,939	9,219
10	3713	+ 1 11 10	0,8353	9,268	10,901	11,221	9,401
17	3714	+ 1 25 30	1,2057	9,028	10,650	10,905	9,220
24	3715	+ 0 31 30	0,1637	8,999	10,652	10,832	9,272
33	3716	+ 1 24 30	1,1776	9,051	10,575	10,828	9,216
41	3717	+ 0 45 10	0,3365	9,093	10,674	10,830	9,348
47	3718	+ 1 06 50	0,7367	9,125	10,657	10,832	9,352
54	3719	+ 1 18 20	1,0120	9,120	10,540	10,802	9,276
4 4	3720	+ 1 01 10	0,6171	9,197	10,623	10,876	9,358
11	3721	+ 1 24 00	1,1637	9,165	10,599	10,830	9,351
17	3722	+ 1 24 40	1,1823	9,280	10,584	10,940	9,315
24	3723	+ 1 34 20	1,4677	9,165	10,627	10,876	9,323
33	3724	+ 1 52 50	2,0997	9,110	10,605	10,846	9,290
39	3725	+ 1 26 40	1,2388	9,172	10,648	10,884	9,370
46	3726	+ 1 52 00	2,0688	9,202	10,591	10,870	9,358
5 20	3727	+ 1 51 50	2,0626	9,270	10,560	10,713	9,530
39	3728	+ 1 31 50	1,3300	9,799		11,126	8,257
	60 R.		80,2630	539,480	622,508	652,061	562,032
				Ibañes.	*Saavedra.* —	*Monet.*	*Saavedra.*

5.ème SECTION. 7 SEPTEMBRE 1858.

Heures	Positions des règles	I	$c_{\circ} = 7797 \sin^2 \frac{1}{2} I$	p'	p''	l'	l''
h m		° ′ ″	mm	v	v	v	v
8 18	3729	+ 1 56 50	2,2512		9,784	8,612	10,331
30	3730	+ 1 34 20	1,4677	9,974	9,737	9,951	10,159
37	3731	+ 2 15 40	3,0353	10,007	9,703	10,025	10,149
47	3732	+ 1 50 50	2,0259	9,960	9,721	10,040	10,079
54	3733	+ 1 30 50	1,3608	9,949	9,828	10,058	10,156
9 4	3734	+ 2 20 00	3,2323	9,972	9,821	10,105	10,094
11	3735	+ 1 29 20	1,3162	9,934	9,841	10,124	10,056
18	3736	+ 2 10 30	2,8086	9,860	9,910	10,084	10,114
24	3737	+ 1 40 40	1,6713	9,846	9,922	10,130	10,079
32	3738	+ 2 07 50	2,6950	9,892	9,917	10,234	10,033
40	3739	+ 2 03 20	2,5086	9,833	9,866	10,225	9,914
46	3740	+ 1 30 30	1,3508	9,794	10,209	10,220	10,218
52	3741	+ 2 53 50	4,9830	9,731	9,949	10,166	9,929
59	3742	+ 1 40 40	1,6713	9,779	9,986	10,223	9,958
10 6	3743	+ 1 53 50	2,1371	9,746	9,958	10,253	9,872
13	3744	+ 2 34 30	3,9361	9,752	9,941	10,316	9,831
16	3745	+ 1 50 10	2,0016	9,798	10,004	10,414	9,766
27	3746	+ 2 40 30	4,2481	9,540	10,034	10,212	9,885
35	3747	+ 2 10 40	2,8158	9,578	10,131	10,269	9,824
43	3748	+ 2 43 50	4,4263	9,544	10,172	10,290	9,884
49	3749	+ 2 09 20	2,7586	9,676	10,160	10,432	9,804
11 0	3750	+ 1 58 20	2,3094	9,666	10,251	10,491	9,839
7	3751	+ 2 29 00	3,6612	9,662	10,205	10,458	9,792
14	3752	+ 2 08 00	2,7020	9,649	10,173	10,479	9,773
21	3753	+ 2 15 20	3,0205	9,653	10,262	10,529	9,821
30	3754	+ 2 30 00	3,7105	9,579	10,189	10,465	9,710
37	3755	+ 1 55 50	2,2128	9,617	10,282	10,527	9,768
44	3756	+ 2 02 20	2,4681	9,576	10,214	10,484	9,680
50	3757	+ 1 34 30	1,4728	9,553	10,326	10,536	9,743
58	3758	+ 1 38 00	1,5840	9,552	10,308	10,506	9,701
12 6	3759	+ 1 27 10	1,2531	9,487	10,281	10,463	9,655
14	3760	+ 0 57 10	0,5390	9,555	10,194	10,363	9,531
57	3761	+ 1 21 00	1,0821	9,302	10,389	10,571	9,452
1 32	3762	+ 0 36 10					
48	3763	+ 0 43 30					
2 5	3764	− 0 52 40					
	33 R.		80,7174	311,016	331,668	338,455	326,620

Monet. Saavedra.

37.ème JOURNÉE.

3.ème SECTION, REMESURÉE. 18 SEPTEMBRE 1858.

Heures	Positions des règles	I	$c_1 = 7797 \sin^2 \frac{1}{2} I$	p'	p''	l'	l''
h m		° ′ ″	mm	T	T	T	T
10 11	1	+ 1 16 30	0,9052		9,926	9,370	9,942
25	2	+ 0 03 50	0,0024	9,781	10,014	10,197	9,993
34	3	− 0 03 50	0,0024	9,736	10,056	10,251	9,956
48	4	+ 0 40 50	0,1750	9,712	10,059	10,251	9,938
55	5	+ 0 47 00	0,3643	9,714	10,088	10,313	9,919
11 8	6	+ 0 50 10	0,0014	9,627	10,163	10,376	9,836
18	7	− 0 02 10	0,0008	9,557	10,193	10,395	9,763
25	8	+ 0 12 20	0,0251	9,567	10,186	10,300	9,781
32	9	+ 0 23 30	0,0911	9,552	10,195	10,322	9,867
49	10	− 0 11 00	0,0200	9,608	10,197	10,448	9,749
54	11	+ 0 10 00	0,0165	9,529	10,298	10,586	9,674
12 1	12	+ 0 24 50	0,1017	9,190	10,238	10,519	9,092
10	13	+ 0 51 10	0,1318	9,481	10,311	10,575	9,602
16	14	+ 0 17 10	0,0186	9,389	10,337	10,481	9,633
22	15	+ 0 17 30	0,0505	9,513	10,280	10,587	9,619
28	16	− 0 27 20	0,1232	9,407	10,330	10,485	9,635
35	17	− 0 22 40	0,0847	9,457	10,365	10,562	9,673
41	18	+ 0 00 40	0,0001	9,490	10,303	10,496	9,700
47	19	+ 0 01 20	0,0003	9,527	10,207	10,414	9,678
55	20	− 0 07 00	0,0081	9,582	10,240	10,113	9,776
59	21	− 0 08 40	0,0124	9,544	10,246	10,455	9,749
1 4	22	+ 0 02 50	0,0013	9,566	10,252	10,169	9,797
10	23	− 0 21 40	0,0774	9,556	10,198	10,403	9,790
15	24	+ 0 28 30	0,1340	9,542	10,239	10,399	9,792
22	25	− 0 25 40	0,1087	9,641	10,204	10,508	9,748
29	26	+ 0 13 50	0,0316	9,614	10,183	10,460	9,755
35	27	− 0 22 10	0,0810	9,630	10,193	10,525	9,680
41	28	+ 0 04 50	0,0013	9,560	10,231	10,566	9,604
48	29	+ 0 25 40	0,1087	9,475	10,292	10,489	9,678
57	30	− 0 09 00	0,0134	9,499	10,230	10,379	9,762
2 3	31	+ 0 17 50	0,0523	9,640	10,138	10,525	9,674
9	32	− 0 01 00	0,0002	9,483	10,209	10,176	9,603
16	33	− 0 39 50	0,2617	9,480	10,199	10,434	9,627
23	34	+ 0 04 10	0,0029	9,542	10,214	10,521	9,608
29	35	+ 0 01 50	0,0006	9,412	10,347	10,438	9,701
35	36	+ 0 06 10	0,0062	9,496	10,500	10,538	9,606
41	37	− 0 26 40	0,1173	9,327	10,428	10,408	9,658
47	38	+ 0 05 30	0,0050	9,457	10,341	10,582	9,557
54	39	+ 0 07 20	0,0089	9,483	10,505	10,492	9,652
3 1	40	+ 0 00 30	0,0000	9,522	10,280	10,454	9,682
8	41	− 0 08 40	0,0124	9,457	10,241	10,305	9,675
14	42	− 0 13 50	0,0316	9,637	10,209	10,567	9,633
21	43	− 0 25 30	0,1073	9,493	10,300	10,558	9,614
27	44	+ 0 29 30	0,1435	9,487	10,337	10,555	9,640
34	45	− 0 35 10	0,2040	9,405	10,405	10,450	9,729
41	46	+ 0 12 20	0,0251	9,483	10,263	10,457	9,651
47	47	− 0 20 40	0,0701	9,526	10,509	10,657	9,561
53	48	− 0 05 20	0,0047	9,137	10,385	10,546	9,605
59	49	+ 0 15 30	0,0396	9,427	10,368	10,585	9,660
4 5	50	− 0 19 30	0,0627	9,476	10,337	10,540	9,589
11	51	− 0 08 20	0,0115	9,515	10,314	10,553	9,636
18	52	− 0 27 00	0,1202	9,491	10,334	10,530	9,636
26	53	− 0 07 40	0,0097	9,416	10,379	10,562	9,610
33	54	+ 0 12 30	0,0258	9,384	10,442	10,483	9,715
39	55	− 0 25 30	0,1073	9,492	10,408	10,487	9,801
46	56	− 0 10 20	0,0176	9,553	10,208	10,405	9,713
52	57	− 0 20 00	0,0660	9,598	10,218	10,387	9,790
50	58	− 0 05 20	0,0047	9,626	10,175	10,402	9,751
5 9	59	+ 0 00 40	0,0001	9,591	10,198	10,369	9,780
44	60	− 0 38 50					
	60 R.		4,7055	552,682	604,830	616,480	572,904

Monet. *Quiroga. — Ibañez.* *Saavedra.*

38.ème JOURNÉE.

3.ème SECTION, REMESURÉE. 21 SEPTEMBRE 1858.

Heures	Positions des règles	I	$c_{,} = 7797 \sin^2 \frac{1}{2} I$	p'	p''	l'	l''
h m		° ′ ″	mm	T	T	T	T
9 25	61	+ 0 15 20	0,0388		10,213	10,123	9,767
32	62	— 0 04 30	0,0033	9,550	10,202	10,457	9,700
38	63	+ 0 04 20	0,0051	9,515	10,228	10,561	9,590
45	64	— 0 15 30	0,0396	9,481	10,253	10,562	9,556
49	65	— 1 21 50	1,1045	9,387	10,383	10,603	9,558
56	66	— 0 28 30	0,1340	9,404	10,376	10,646	9,540
10 2	67	— 0 37 30	0,2319	9,307	10,466	10,587	9,578
8	68	— 0 10 10	0,0170	9,354	10,441	10,651	9,548
14	69	+ 0 02 00	0,0007	9,343	10,384	10,673	9,466
19	70	— 0 26 10	0,1129	9,386	10,420	10,683	9,505
25	71	— 0 34 00	0,1907	9,410	10,404	10,802	9,449
30	72	— 0 34 20	0,1944	9,301	10,473	10,715	9,473
39	73	— 0 14 10	0,0331	9,273	10,450	10,747	9,391
45	74	— 0 14 40	0,0355	9,270	10,502	10,781	9,375
50	75	— 0 38 00	0,2382	9,286	10,606	10,867	9,436
55	76	— 0 11 10	0,0206	9,207	10,554	10,785	9,379
11 1	77	— 0 04 10	0,0029	9,240	10,476	10,884	9,237
6	78	— 0 38 20	0,2424	9,183	10,739	10,849	9,423
11	79	— 0 19 40	0,0658	9,169	10,689	10,832	9,389
17	80	— 0 16 10	0,0431	9,174	10,637	10,775	9,446
24	81	— 0 22 30	0,0835	9,254	10,588	10,935	9,344
30	82	— 0 19 20	0,0616	9,209	10,575	10,920	9,267
38	83	— 0 46 40	0,3592	9,105	10,616	10,905	9,241
44	84	— 0 38 20	0,2424	9,001	10,873	10,832	9,446
51	85	— 0 59 50	0,5906	9,163	10,565	10,884	9,256
58	86	— 1 41 20	1,6935	9,191	10,514	10,932	9,140
12 6	87	— 2 07 30	2,6810	9,063	10,725	10,936	9,249
13	88	— 1 58 30	2,3159	9,056	10,772	10,968	9,251
20	89	— 0 30 40	0,1551	9,042	10,771	11,006	9,224
29	90	— 0 14 10	0,0331	9,019	10,796	11,035	9,178
36	91	— 0 25 30	0,1073	9,019	10,733	11,062	9,117
42	92	— 0 38 10	0,2403	8,949	10,792	11,020	9,137
48	93	— 0 13 20	0,0293	8,918	10,839	11,044	9,136
55	94	— 0 10 30	0,0182	8,926	10,891	11,045	9,167
1 1	95	— 0 44 20	0,3242	8,967	10,855	11,068	9,129
8	96	— 0 29 40	0,1452	8,985	10,808	11,140	9,070
14	97	— 0 41 00	0,2773	8,890	10,842	11,027	9,089
21	98	— 0 14 10	0,0331	8,839	10,917	11,062	9,097
27	99	— 0 15 50	0,0413	8,917	10,841	11,030	9,109
34	100	— 0 53 00	0,4633	9,033	10,847	11,183	9,093
43	101	— 0 26 00	0,1115	8,797	11,004	11,015	9,161
50	102	— 0 33 40	0,1869	8,867	10,905	11,099	9,045
57	103	— 0 34 00	0,1907	8,871	10,846	10,999	9,075
2 4	104	+ 0 08 20	0,0115	8,984	10,845	11,173	9,024
13	105	— 0 33 40	0,1869	8,936	10,779	11,045	9,061
21	106	— 0 10 30	0,0182	8,925	10,790	11,044	9,063
30	107	— 0 44 30	0,3266	8,926	10,873	11,124	9,085
38	108	— 0 36 50	0,2238	8,880	10,841	11,058	9,044
45	109	+ 0 23 10	0,0883	8,974	10,940	11,065	9,247
51	110	+ 0 08 20	0,0115	8,951	10,816	10,979	9,167
58	111	+ 0 27 00	0,1202	8,916	10,771	10,984	9,097
3 9	112	— 0 03 10	0,0017	9,035	10,879	11,202	9,067
15	113	+ 0 12 40	0,0265	8,831	10,950	11,021	9,122
24	114	+ 0 43 50	0,3169	8,840	10,993	11,076	9,153
30	115	+ 0 35 00	0,2020	8,885	10,799	11,009	9,086
36	116	+ 1 31 40	1,3858	9,003	10,829	11,126	9,088
43	117	+ 0 21 20	0,0751	8,939	10,935	11,105	9,182
50	118	+ 0 11 10	0,0206	8,925	10,831	11,055	9,092
57	119	+ 0 50 40	0,4234	8,905	10,843	11,104	9,069
4 19	120	+ 0 53 30					
	60 R.		16,5742	527,206	630,525	643,950	516,476

Ibañez. *Saavedra.— Monet.* *Quiroga.*

39.ème JOURNÉE.

3.ème SECTION, REMESURÉE. 23 SEPTEMBRE 1858.

Heures	Positions des règles	I	$c_1 =$ $7797 \sin^2 \frac{1}{2} I$	p'	p''	l'	l''
h m		° ′ ″	mm	T	T	T	T
9 34	121	+ 0 51 10	0,4318		9,430	8,636	10,510
43	122	+ 1 02 50	0,6512	10,320	9,411	9,726	10,425
51	123	+ 1 02 20	0,6408	10,224	9,490	9,736	10,401
57	124	+ 0 29 10	0,1403	10,276	9,490	9,820	10,348
10 4	125	+ 0 52 40	0,4575	10,111	9,620	9,800	10,384
11	126	+ 0 25 50	0,1101	10,109	9,577	9,826	10,297
17	127	+ 0 25 00	0,1031	10,195	9,589	9,945	10,310
23	128	+ 0 29 30	0,1435	10,104	9,573	9,890	10,240
29	129	+ 0 21 00	0,0727	10,062	9,722	9,909	10,340
35	130	+ 0 37 20	0,2299	10,076	9,680	9,966	10,275
42	131	+ 0 25 40	0,1087	10,007	9,698	9,957	10,255
49	132	+ 0 08 40	0,0124	9,953	9,659	9,912	10,161
57	133	+ 0 45 00	0,3340	10,038	9,773	9,932	10,313
11 4	134	+ 0 00 30	0,0149	10,123	9,617	9,956	10,157
11	135	+ 0 51 50	0,1431	10,001	9,808	10,001	10,223
17	136	+ 0 11 50	0,0231	10,006	9,782	10,004	10,209
25	137	+ 0 12 40	0,0265	10,036	9,830	10,030	10,231
33	138	+ 0 34 50	0,2001	10,069	9,738	10,056	10,142
40	139	+ 0 03 50	0,0024	10,027	9,746	10,055	10,093
46	140	+ 0 29 50	0,1468	10,096	9,845	10,120	10,173
52	141	+ 0 33 30	0,1851	10,130	9,839	10,159	10,169
58	142	+ 0 15 40	0,0405	10,121	9,782	10,150	10,163
12 5	143	+ 0 50 00	0,4123	10,034	9,770	10,060	10,122
13	144	+ 0 00 40	0,0001	10,028	9,826	10,047	10,146
20	145	+ 0 36 30	0,2197	10,031	9,799	10,076	10,118
26	146	+ 0 33 00	0,1796	10,076	9,845	10,166	10,146
33	147	— 0 10 10	0,0170	9,907	9,871	10,035	10,165
39	148	+ 0 28 00	0,1293	9,839	9,951	10,009	10,200
47	149	— 0 08 50	0,0129	9,921	9,819	10,010	10,122
1 0	150	+ 0 08 10	0,0110	10,017	9,817	10,107	10,078
7	151	+ 0 05 20	0,0047	10,078	9,831	10,142	10,156
16	152	— 0 14 00	0,0323	9,991	9,825	10,099	10,086
22	153	+ 0 14 00	0,0323	10,027	9,834	10,147	10,114
29	154	— 0 30 20	0,1518	9,951	10,087	10,077	10,360
42	155	— 0 08 50	0,0129	9,849	9,866	10,010	10,118
50	156	+ 0 02 50	0,0013	9,892	9,920	10,153	10,060
57	157	— 0 11 10	0,0206	9,879	9,840	10,101	10,059
2 4	158	— 0 56 10	0,5203	9,811	9,859	10,002	10,073
11	159	— 0 45 40	0,3140	9,855	9,869	10,093	10,046
18	160	— 0 06 10	0,0062	9,832	9,867	10,015	10,068
25	161	— 0 15 30	0,0396	9,873	9,944	10,073	10,134
32	162	— 0 31 40	0,1654	9,920	9,927	10,105	10,119
38	163	— 0 01 20	0,0031	9,901	9,932	10,070	10,171
45	164	+ 0 36 50	0,2238	9,924	9,901	10,025	10,192
59	165	— 0 03 20	0,0018	9,964	9,845	10,039	10,137
3 3	166	— 0 05 50	0,0056	9,926	9,790	10,001	10,137
9	167	— 0 14 10	0,0331	9,961	9,861	10,027	10,227
15	168	+ 0 08 10	0,0110	9,993	9,813	10,059	10,143
21	169	— 0 07 40	0,0097	9,934	9,801	10,008	10,174
28	170	+ 0 21 40	0,0774	9,990	9,841	10,023	10,219
35	171	+ 0 04 50	0,0039	10,016	9,780	10,024	10,182
41	172	+ 0 08 00	0,0106	10,018	9,781	10,001	10,226
49	173	+ 0 43 30	0,3121	10,076	9,759	10,022	10,242
55	174	— 0 11 50	0,0231	10,173	9,780	10,108	10,274
4 3	175	+ 0 29 20	0,1419	10,173	9,915	10,099	10,407
10	176	+ 0 26 40	0,1173	10,144	9,803	10,037	10,289
16	177	+ 0 35 20	0,2059	10,203	9,710	10,039	10,267
23	178	+ 0 48 20	0,3853	10,135	9,741	9,952	10,327
30	179	+ 0 18 20	0,0554	10,127	9,699	9 929	10,287
54	180	+ 0 25 10					
	60 R.		8,4528	581,575	576,768	589,636	602,249

Monet. Quiroga.— Ibañez. Saavedra.

40.ème JOURNÉE.

3.ème Section, remesurée. 24 septembre 1858.

Heures	Positions des règles	I	$c_{,} = 7797 \sin^2 \frac{1}{2} I$	p'	p''	l'	l''
h m		° ′ ″	mm	T	T	T	T
8 26	181	+ 0 26 20	0,1141		9,359	8,552	10,618
39	182	+ 0 26 50	0,1188	10,330	9,374	9,600	10,550
46	183	+ 0 20 40	0,0704	10,276	9,406	9,650	10,472
53	184	− 0 01 40	0,0036	10,286	9,451	9,738	10,440
59	185	+ 0 10 40	0,0188	10,242	9,449	9,700	10,351
9 4	186	+ 0 16 20	0,0440	10,185	9,561	9,759	10,425
11	187	− 0 01 00	0,0026	10,149	9,593	9,809	10,333
19	188	+ 0 19 30	0,0627	10,119	9,630	9,865	10,318
25	189	− 0 04 50	0,0039	10,175	9,633	9,997	10,241
31	190	+ 0 21 30	0,0990	10,200	9,695	10,080	10,250
37	191	+ 0 17 50	0,0525	10,088	9,732	10,026	10,215
43	192	− 0 01 30	0,0033	10,103	9,781	10,117	10,203
51	193	+ 0 28 20	0,1324	10,098	9,767	10,122	10,150
58	194	− 0 21 20	0,0977	10,109	9,815	10,101	10,213
10 7	195	+ 0 19 20	0,0616	10,138	9,752	10,153	10,160
14	196	+ 0 01 10	0,0002	10,101	9,736	10,095	10,167
20	197	+ 0 05 20	0,0017	10,069	9,739	10,130	10,113
26	198	+ 0 30 40	0,1551	10,117	9,828	10,199	10,173
32	199	− 0 11 10	0,0206	10,083	9,829	10,202	10,142
38	200	+ 0 10 00	0,0165	10,112	9,764	10,235	10,090
44	201	+ 0 13 40	0,0308	9,812	9,905	10,064	10,066
52	202	+ 0 15 20	0,0388	9,849	9,886	10,100	10,052
11 0	203	+ 0 48 00	0,3900	9,816	9,908	10,115	10,045
6	204	+ 0 29 20	0,1419	9,836	9,898	10,125	10,042
13	205	− 0 44 00	0,3193	9,794	9,957	10,115	10,048
19	206	− 0 17 50	0,0375	9,878	9,948	10,250	10,006
26	207	− 0 15 40	0,0405	9,731	9,983	10,111	10,022
33	208	+ 0 15 00	0,0371	9,791	9,964	10,180	10,002
39	209	− 0 10 50	0,0194	9,761	10,015	10,136	10,039
47	210	+ 0 14 30	0,0347	9,791	10,149	10,197	10,171
54	211	+ 0 04 30	0,0033	9,777	10,092	10,229	10,078
12 0	212	− 0 10 30	0,0182	9,712	10,147	10,150	10,138
7	213	− 0 16 50	0,0467	9,809	10,101	10,251	10,081
14	214	− 0 21 00	0,0727	9,749	10,191	10,214	10,155
21	215	+ 0 13 00	0,0279	9,797	10,056	10,236	9,993
28	216	+ 0 12 00	0,0238	9,883	10,333	10,358	10,264
35	217	+ 0 05 10	0,0044	9,738	10,149	10,236	10,058
46	218	+ 0 22 00	0,0798	9,787	10,460	10,336	10,332
48	219	− 0 19 50	0,0649	9,772	10,247	10,229	10,192
55	220	− 0 12 10	0,0244	9,723	10,188	10,212	10,117
1 2	221	− 0 00 10	0,0000	9,768	10,272	10,297	10,161
9	222	− 0 10 30	0,0182	9,799	10,098	10,286	10,028
16	223	+ 0 07 20	0,0089	9,845	10,143	10,359	10,050
23	224	− 0 29 10	0,1403	9,703	10,263	10,243	10,143
30	225	− 0 05 20	0,0047	9,699	10,315	10,220	10,203
37	226	+ 0 42 10	0,2933	9,810	10,193	10,332	10,099
44	227	− 0 09 30	0,0149	9,626	10,387	10,160	10,285
52	228	− 0 27 10	0,1217	9,738	10,251	10,170	10,224
59	229	− 0 24 10	0,0963	9,721	10,181	10,175	10,142
2 6	230	+ 0 10 00	0,0165	9,743	10,140	10,262	10,036
13	231	+ 0 03 40	0,0022	9,684	10,234	10,266	10,081
21	232	− 0 20 10	0,0671	9,691	10,342	10,276	10,166
28	233	+ 0 22 30	0,0835	9,702	10,269	10,322	10,070
35	234	− 0 21 10	0,0739	9,636	10,340	10,262	10,119
41	235	+ 0 17 00	0,0477	9,717	10,365	10,350	10,184
48	236	− 0 04 10	0,0029	9,660	10,379	10,330	10,156
55	237	+ 0 13 20	0,0293	9,700	10,314	10,326	10,101
3 2	238	+ 0 28 40	0,1355	9,689	10,280	10,316	10,098
10	239	− 0 19 00	0,0595	9,683	10,386	10,262	10,231
40	240	+ 0 07 10					
	60 R.		3,7603	573,403	589,655	597,215	600,092

Ibañes. Quiroga. — Monet. Saavedra.

41.ème JOURNÉE.

3.ème Section, remesurée. 25 septembre 1858.

Heures	Positions des règles	I	$c_{,} = 7797 \sin^2 \frac{1}{4} I$	p'	p''	l'	l''
h m		° ′ ″	mm	T	T	T	T
9 1	241	+ 0 01 50	0,0006		9,379	8,297	10,668
13	242	— 0 10 50	0,0194	10,393	9,384	9,535	10,636
21	243	+ 0 21 30	0,0990	10,388	9,302	9,519	10,549
28	244	— 0 01 00	0,0026	10,459	9,349	9,700	10,500
35	245	+ 0 02 40	0,0012	10,295	9,439	9,660	10,489
41	246	+ 0 04 00	0,0026	10,307	9,148	9,731	10,141
47	247	— 0 05 30	0,0050	10,272	9,539	9,800	10,442
53	248	+ 0 17 50	0,0525	10,304	9,575	9,881	10,430
10 0	249	— 0 27 30	0,1247	10,204	9,566	9,850	10,333
6	250	+ 0 12 20	0,0251	10,128	9,589	9,789	10,324
12	251	+ 0 07 40	0,0097	10,134	9,689	9,874	10,360
18	252	+ 0 02 10	0,0008	10,170	9,563	9,934	10,212
24	253	+ 0 26 50	0,1188	10,127	9,678	9,909	10,336
31	254	— 0 27 30	0,1247	10,058	9,701	9,901	10,322
37	255	— 0 14 40	0,0355	10,100	9,637	9,926	10,245
43	256	+ 0 19 00	0,0595	10,035	9,684	9,954	10,228
50	257	— 0 08 20	0,0115	10,011	9,761	9,672	10,246
54	258	— 0 08 10	0,0110	9,999	9,711	9,998	10,247
11 2	259	— 0 05 00	0,0041	10,032	9,787	9,997	10,214
8	260	+ 0 09 20	0,0144	10,081	9,747	10,032	10,193
15	261	— 0 04 20	0,0031	10,026	9,727	10,007	10,144
22	262	+ 0 08 40	0,0124	9,971	9,867	10,009	10,250
30	263	— 0 19 50	0,0619	10,022	9,779	10,060	10,177
36	264	— 0 11 30	0,0347	9,972	9,814	10,030	10,186
43	265	0 00 00	0,0000	10,017	9,827	10,098	10,158
48	266	+ 0 00 40	0,0001	10,139	9,890	10,232	10,210
54	267	— 0 02 20	0,0000	9,981	9,812	10,057	10,126
12 0	268	+ 0 10 50	0,0194	9,965	9,837	10,112	10,124
6	269	— 0 26 40	0,1173	9,991	9,953	10,178	10,181
13	270	+ 0 23 20	0,0898	9,865	9,889	10,048	10,124
19	271	— 0 11 20	0,0212	9,823	9,911	9,960	10,176
27	272	+ 0 01 50	0,0006	9,960	9,806	10,066	10,105
33	273	+ 0 11 00	0,0200	9,952	9,848	10,079	10,092
40	274	— 0 21 50	0,0786	9,935	9,801	10,018	10,081
45	275	+ 0 14 10	0,0331	9,950	9,819	10,012	10,153
52	276	+ 0 39 10	0,2530	9,974	9,967	10,013	10,301
58	277	— 0 10 40	0,0188	9,959	9,811	9,963	10,187
1 4	278	+ 0 27 20	0,1234	9,923	9,794	9,944	10,165
10	279	— 0 40 00	0,2639	10,034	9,782	9,977	10,210
16	280	+ 0 09 10	0,0139	10,011	9,791	9,962	10,224
22	281	+ 0 10 20	0,0176	10,039	9,766	9,891	10,317
30	282	+ 0 08 50	0,0129	10,093	9,686	9,896	10,275
35	283	+ 0 16 40	0,0458	10,059	9,669	9,854	10,283
41	284	— 0 01 10	0,0002	10,077	9,764	9,850	10,361
47	285	— 0 22 40	0,0847	10,158	9,662	9,894	10,312
51	286	+ 0 46 10	0,3515	10,145	9,497	9,881	10,171
57	287	— 0 08 30	0,0119	10,153	9,620	9,865	10,318
2 2	288	+ 0 22 00	0,0798	10,126	9,623	9,826	10,330
8	289	— 0 25 00	0,1031	10,135	9,501	9,823	10,312
14	290	+ 0 05 00	0,0041	10,186	9,552	9,861	10,279
19	291	— 0 00 50	0,0001	10,146	9,586	9,810	10,333
25	292	— 0 06 10	0,0062	10,180	9,586	9,841	10,326
30	293	+ 0 01 20	0,0003	10,162	9,596	9,800	10,315
36	294	— 0 13 50	0,0316	10,198	9,588	9,844	10,350
42	295	+ 0 53 50	0,4780	10,211	9,661	9,853	10,445
50	296	+ 0 32 20	0,1724	10,166	9,505	9,781	10,393
58	297	— 0 53 40	0,4750	10,220	9,568	9,809	10,361
3 4	298	— 0 10 00	0,0165	10,243	9,617	9,839	10,418
10	299	— 0 42 30	0,2970	10,246	9,560	9,818	10,389
57	300	— 0 06 30					
	60 R.		4,0812	585,920	570,745	582,935	606,807
				Morel.	*Saavedra.— Ibañez.*		*Quiroga.*

12.ème JOURNÉE.

3.ème Section, remesurée. 29 septembre 1858.

Heures	Positions des règles	I	$c_1 = 7797 \sin^2 \frac{1}{2} I$	p'	p''	l'	l''
h m		° ′ ″	mm				
10 9	301	− 0 08 20	0,0115		9,992	10,323	10,000
19	302	− 0 07 30	0,0093	9,761	10,030	10,267	9,952
26	303	− 0 00 40	0,0001	9,722	10,106	10,329	9,909
32	304	− 0 20 40	0,0704	9,703	10,096	10,344	9,839
38	305	+ 0 16 50	0,0467	9,719	10,073	10,393	9,778
44	306	− 0 03 40	0,0022	9,671	10,152	10,386	9,837
50	307	− 0 20 20	0,0682	9,651	10,143	10,490	9,897
56	308	+ 0 07 50	0,0101	9,503	10,252	10,364	9,758
11 2	309	− 0 38 10	0,2403	9,556	10,213	10,363	9,791
9	310	+ 0 04 50	0,0039	9,399	10,158	10,411	9,753
15	311	+ 0 01 30	0,0033	9,633	10,209	10,541	9,738
21	312	− 0 02 40	0,0012	9,580	10,212	10,479	9,725
26	313	+ 0 18 10	0,0544	9,524	10,310	10,453	9,795
32	314	− 0 17 30	0,0505	9,550	10,261	10,427	9,767
38	315	+ 0 00 20	0,0000	9,500	10,353	10,408	9,858
46	316	− 0 05 30	0,0050	9,576	10,277	10,502	9,730
52	317	+ 0 03 30	0,0020	9,551	10,239	10,528	9,650
58	318	− 0 03 30	0,0020	9,485	10,334	10,473	9,742
12 4	319	− 0 12 30	0,0258	9,362	10,371	10,326	9,813
10	320	+ 0 00 30	0,0000	9,431	10,252	10,357	9,779
16	321	− 0 01 30	0,0004	9,577	10,217	10,363	9,847
22	322	− 0 00 10	0,0000	9,650	10,187	10,403	9,866
28	323	+ 0 17 10	0,0486	9,612	10,164	10,368	9,865
34	324	− 0 22 40	0,0847	9,665	10,140	10,358	9,878
40	325	+ 0 08 20	0,0115	9,604	10,147	10,412	9,790
46	326	− 0 23 30	0,0911	9,556	10,189	10,377	9,788
52	327	− 0 02 30	0,0010	9,563	10,198	10,427	9,747
58	328	+ 0 06 10	0,0062	9,529	10,195	10,446	9,699
1 3	329	− 0 20 10	0,0671	9,485	10,219	10,498	9,621
11	330	+ 0 03 30	0,0020	9,589	10,363	10,361	9,846
18	331	+ 0 07 20	0,0089	9,448	10,241	10,308	9,803
25	332	− 1 01 40	0,6272	9,683	10,154	10,551	9,700
33	333	+ 1 36 30	1,5358	9,517	10,229	10,363	9,806
41	334	− 3 21 20	6,6859	9,521	10,279	10,318	9,903
50	335	+ 1 03 10	0,7004	9,615	10,280	10,315	9,924
57	336	+ 2 07 10	2,6669	9,666	10,127	10,325	9,879
2 5	337	+ 1 39 30	1,6328	9,730	10,079	10,371	9,835
12	338	+ 1 26 30	1,2340	9,676	10,188	10,331	9,926
20	339	+ 0 40 40	0,2728	9,740	10,136	10,335	9,953
28	340	+ 0 26 20	0,1144	9,726	10,113	10,253	10,011
35	341	+ 0 34 30	0,1963	9,861	10,020	10,394	9,920
42	342	− 0 05 00	0,0011	9,811	10,282	10,325	10,138
48	343	+ 0 24 20	0,0977	9,785	10,308	10,299	10,205
55	344	− 0 07 10	0,0085	9,837	10,278	10,389	10,143
3 2	345	+ 0 09 00	0,0134	9,726	10,311	10,267	10,190
8	346	+ 0 03 30	0,0020	9,654	10,231	10,120	10,135
14	347	− 0 02 00	0,0007	9,838	10,068	10,239	10,042
21	348	+ 0 18 20	0,0554	9,642	10,052	10,001	10,051
28	349	− 0 24 50	0,1017	9,841	10,108	10,195	10,145
35	350	+ 0 05 40	0,0053	9,791	10,143	10,164	10,192
42	351	− 0 02 10	0,0008	9,896	10,156	10,182	10,221
48	352	− 0 04 20	0,0031	9,813	10,159	10,161	10,220
55	353	+ 0 23 20	0,0898	9,816	10,123	10,117	10,221
4 2	354	− 0 37 10	0,2278	9,888	10,116	10,195	10,203
8	355	+ 0 17 20	0,0496	9,820	10,180	10,078	10,335
15	356	+ 0 11 10	0,0206	9,824	10,098	10,059	10,273
21	357	− 0 07 20	0,0089	9,934	10,119	10,116	10,335
29	358	+ 0 32 40	0,1760	9,872	10,203	9,973	10,462
36	359	− 0 20 10	0,0671	10,118	10,210	10,112	10,573
56	360	+ 0 00 30					
	60 R.		17,5251	560,708	601,057	609,005	586,786

Ibañez. Quiroga. — Monet. Saavedra.

43.ème JOURNÉE.

3.ème SECTION, REMESURÉE. 30 SEPTEMBRE 1858.

Heures	Positions des règles	I	$c_1 =$ 7797 $\sin^2 \frac{1}{2}$ I	p'	p''	l'	l''
h m		° ′ ″	mm	T	T	T	T
8 32	361	— 0 17 40	0,0515		9,508	9,495	10,460
41	362	— 0 15 30	0,0396	10,180	9,489	9,754	10,392
48	363	— 0 23 40	0,0924	10,218	9,543	9,814	10,369
55	364	+ 0 44 40	0,3291	10,238	9,531	9,883	10,357
9 3	365	— 0 44 20	0,3242	10,097	9,588	9,802	10,305
10	366	— 0 23 40	0,0924	10,120	9,539	9,805	10,290
17	367	— 0 05 20	0,0047	10,094	9,661	9,829	10,389
23	368	+ 0 01 50	0,0006	10,117	9,558	9,863	10,265
29	369	+ 0 06 00	0,0059	10,092	9,635	9,957	10,209
35	370	— 0 17 40	0,0515	10,067	9,734	10,029	10,218
42	371	— 0 04 00	0,0026	10,040	9,744	10,035	10,190
47	372	— 0 17 10	0,0486	10,058	9,731	10,083	10,147
52	373	+ 0 26 20	0,1144	10,026	9,747	10,144	10,070
58	374	+ 0 01 20	0,0003	9,938	9,840	10,063	10,195
10 4	375	— 0 25 00	0,1031	9,919	9,761	10,090	10,116
10	376	+ 0 04 20	0,0031	9,891	9,808	10,037	10,085
17	377	— 0 14 40	0,0355	9,915	9,760	9,929	10,166
23	378	+ 0 01 30	0,0004	9,979	9,740	10,012	10,180
29	379	+ 0 11 30	0,0218	9,973	9,759	10,092	10,218
35	380	— 0 11 20	0,0212	9,963	9,838	10,138	10,091
41	381	+ 0 28 50	0,1371	9,930	9,823	10,179	10,040
46	382	+ 0 06 30	0,0070	9,878	9,840	10,184	10,027
56	383	— 1 01 30	0,6238	9,838	9,909	10,199	9,996
11 4	384	— 0 15 40	0,0405	9,828	9,888	10,261	9,929
10	385	— 0 08 00	0,0106	9,736	9,852	10,257	9,804
16	386	— 0 03 30	0,0020	9,804	9,896	10,319	9,810
23	387	— 0 09 20	0,0144	9,673	10,065	10,299	9,852
29	388	— 0 08 50	0,0129	9,539	10,131	10,184	9,919
35	389	+ 0 23 20	0,0898	9,800	9,997	10,156	10,069
44	390	— 0 14 10	0,0331	9,854	9,944	10,106	10,071
52	391	— 0 02 40	0,0012	9,843	9,877	10,086	10,028
58	392	— 0 19 20	0,0616	9,858	9,860	10,067	10,040
12 5	393	+ 0 05 30	0,0050	9,924	9,844	10,099	10,076
13	394	+ 0 06 00	0,0059	9,863	9,857	10,003	10,126
20	395	— 0 06 10	0,0062	9,980	9,801	10,077	10,108
26	396	— 0 04 20	0,0031	9,948	9,809	10,043	10,101
33	397	— 0 09 40	0,0154	9,999	9,817	10,199	10,020
40	398	— 0 06 10	0,0062	9,936	9,896	10,186	10,051
46	399	+ 0 12 20	0,0251	9,744	9,988	10,089	10,064
52	400	— 0 10 50	0,0194	9,906	9,816	10,206	9,932
58	401	— 0 11 50	0,0231	9,747	9,949	10,115	9,955
1 4	402	+ 0 00 50	0,0001	9,677	9,983	10,099	9,973
10	403	— 0 12 30	0,0258	9,789	10,115	10,210	10,118
17	404	+ 0 14 10	0,0331	9,829	9,949	10,231	9,955
25	405	— 0 03 20	0,0018	9,708	9,956	10,165	9,936
30	406	— 0 20 10	0,0671	9,788	10,061	10,198	10,058
36	407	— 0 03 40	0,0053	9,843	10,086	10,212	10,097
42	408	— 0 12 40	0,0265	9,783	10,072	10,162	10,098
49	409	— 0 06 30	0,0070	9,751	10,102	10,186	10,101
54	410	— 0 14 50	0,0363	9,799	10,029	10,336	9,929
59	411	— 0 07 30	0,0093	9,514	10,154	10,068	10,039
2 5	412	— 0 10 00	0,0165	9,644	10,044	10,141	10,005
12	413	+ 0 03 50	0,0024	9,734	10,071	10,219	10,040
20	414	+ 0 27 30	0,1247	9,574	10,141	10,049	10,127
26	415	+ 0 04 50	0,0039	9,736	10,104	10,193	10,118
32	416	— 0 24 50	0,1017	9,692	10,095	10,176	10,030
40	417	— 0 24 10	0,0963	9,768	10,069	10,271	10,001
46	418	— 0 35 30	0,2079	9,691	10,039	10,261	9,907
52	419	— 0 05 50	0,0056	9,624	10,141	10,256	9,987
3 20	420	— 0 52 30					
	60 R.		3,2576	572,519	582,602	595,604	595,260

Saavedra. Monet. — Quiroga. Ibañez.

44.ème JOURNÉE.

3.ème SECTION, REMESURÉE. 1.er OCTOBRE 1858.

Heures	Positions des règles	I	$c_1 = 7797 \sin^2 \frac{1}{2} I$	p'	p''	l'	l''
h m		° ′ ″	mm	T	T	T	T
8 57	421	− 0 35 30	0,2079		9,362	9,166	10,528
9 4	422	− 0 40 30	0,2703	10,372	9,474	9,724	10,525
10	423	− 0 36 00	0,2138	10,279	9,506	9,750	10,460
17	424	+ 0 01 50	0,0006	10,183	9,557	9,720	10,479
25	425	− 0 42 00	0,2909	10,123	9,552	9,710	10,401
31	426	− 0 10 40	0,0188	10,141	9,532	9,774	10,358
37	427	− 0 34 00	0,1907	10,122	9,570	9,783	10,293
42	428	− 0 06 10	0,0062	10,133	9,609	9,835	10,331
47	429	+ 0 01 30	0,0004	10,085	9,626	9,793	10,348
53	430	− 0 40 40	0,2728	10,104	9,650	9,862	10,341
59	431	− 0 06 20	0,0066	10,059	9,636	9,844	10,288
10 5	432	− 0 33 20	0,1833	10,035	9,640	9,846	10,279
12	433	0 00 00	0,0000	10,087	9,649	9,912	10,244
18	434	+ 0 06 10	0,0062	10,033	9,648	9,905	10,227
24	435	− 0 10 10	0,0170	10,073	9,678	9,987	10,201
30	436	− 0 01 00	0,0002	10,062	9,646	9,982	10,159
37	437	− 0 04 20	0,0031	9,916	9,790	10,000	10,200
43	438	− 0 14 20	0,0339	10,033	9,710	10,051	10,135
50	439	− 0 26 20	0,1144	9,900	9,858	10,047	10,148
56	440	− 0 10 10	0,0170	9,870	9,878	10,024	10,157
11 3	441	− 0 02 00	0,0007	9,819	9,866	10,011	10,093
9	442	− 0 15 40	0,0405	9,918	9,890	10,112	10,119
15	443	− 0 00 10	0,0000	9,851	9,862	10,075	10,065
22	444	+ 0 05 20	0,0047	9,893	9,886	10,105	10,105
30	445	− 0 11 40	0,0224	9,939	9,815	10,148	10,009
36	446	− 0 08 00	0,0106	9,826	9,898	10,150	10,113
43	447	− 0 13 50	0,0316	9,857	9,874	10,137	10,017
49	448	− 0 01 10	0,0002	9,789	9,955	10,105	10,064
55	449	+ 0 19 20	0,0616	9,891	9,913	10,215	10,019
12 1	450	− 0 15 20	0,0388	9,898	9,890	10,327	9,687
8	451	+ 0 03 20	0,0018	9,758	10,037	10,262	9,938
15	452	− 0 09 00	0,0134	9,758	10,048	10,258	9,921
21	453	+ 0 04 00	0,0026	9,692	10,031	10,185	9,936
27	454	+ 0 15 00	0,0371	9,847	10,021	10,393	9,904
34	455	+ 0 20 20	0,0682	9,677	10,105	10,282	9,939
39	456	− 0 20 50	0,0716	9,710	10,029	10,330	9,843
45	457	+ 0 21 10	0,0739	9,569	10,085	10,233	9,856
52	458	+ 0 05 50	0,0056	9,624	10,166	10,302	9,926
57	459	+ 0 17 20	0,0496	9,618	10,086	10,274	9,924
1 5	460	− 0 04 20	0,0031	9,600	10,108	10,309	9,853
11	461	+ 0 10 00	0,0165	9,697	10,003	10,250	9,845
20	462	− 0 07 00	0,0081	9,708	10,064	10,286	9,903
26	463	+ 0 00 10	0,0000	9,667	10,001	10,221	9,849
32	464	+ 0 41 10	0,2795	9,693	10,086	10,319	9,872
39	465	+ 0 00 40	0,0001	9,713	10,077	10,299	9,919
45	466	+ 0 35 10	0,2040	9,139	10,041	10,290	9,874
51	467	+ 0 18 00	0,0534	9,707	10,089	10,329	9,927
58	468	+ 0 33 10	0,1814	9,681	10,079	10,287	9,870
2 6	469	+ 0 58 30	0,5644	9,691	10,116	10,284	9,948
13	470	− 0 09 20	0,0144	9,632	10,087	10,247	9,876
21	471	+ 0 18 30	0,0364	9,715	10,116	10,320	9,925
27	472	+ 0 13 00	0,0279	9,665	10,061	10,244	9,889
33	473	+ 0 18 00	0,0334	9,678	10,078	10,174	9,975
39	474	+ 0 11 40	0,0224	9,712	10,019	10,137	10,001
44	475	+ 0 04 00	0,0026	9,761	9,984	10,176	9,987
50	476	+ 0 08 20	0,0115	9,822	9,971	10,216	9,991
57	477	− 0 08 20	0,0115	9,789	9,985	10,185	10,019
3 3	478	+ 0 03 20	0,0018	9,824	9,945	10,204	9,963
10	479	+ 0 26 40	0,1173	9,738	10,020	10,139	9,998
34	480	− 0 16 40					
	60 R.		4,0189	571,869	582,960	595,562	594,260

Quiroga. Ibañez. — Saavedra. Morel.

3.ème SECTION, REMESURÉE. — 2 OCTOBRE 1858.

Heures	Positions des règles	I	$c = 7797 \sin^2 \frac{1}{2} I$	p'	p''	l'	l''
h m		° ′ ″	mm	T	T	T	T
9 25	481	+ 0 26 00	0,1115		9,428	9,476	10,417
29	482	− 0 01 20	0,0003	10,211	9,500	9,700	10,436
42	483	+ 0 15 40	0,0405	10,204	9,572	9,772	10,418
50	484	+ 0 03 40	0,0022	10,203	9,597	9,825	10,421
57	485	− 0 06 00	0,0059	10,167	9,619	9,823	10,370
10 2	486	+ 0 03 30	0,0020	10,132	9,566	9,844	10,334
8	487	+ 0 14 00	0,0323	10,130	9,588	9,893	10,285
15	488	+ 1 40 40	1,6713	10,108	9,633	9,871	10,307
22	489	+ 1 47 20	1,9000	10,114	9,636	9,982	10,250
30	490	+ 1 34 10	1,4625	10,378	9,719	10,292	10,238
37	491	− 0 59 10	0,5774	10,053	9,798	10,023	10,270
46	492	− 2 03 00	2,4951	10,215	9,764	10,205	10,163
50	493	− 0 45 50	0,3465	10,119	9,753	10,147	10,154
57	494	− 1 39 50	1,6438	10,143	9,803	10,256	10,114
11 16	495	− 0 07 30	0,0093	10,182	9,789	10,385	10,017
20	496	+ 0 02 40	0,0012	9,828	9,834	10,063	10,067
24	497	+ 0 00 10	0,0000	9,890	9,895	10,179	10,081
32	498	+ 0 04 10	0,0029	9,898	9,912	10,121	10,001
39	499	+ 0 05 10	0,0044	9,863	9,923	10,179	10,089
46	500	− 0 07 00	0,0081	9,815	9,921	10,170	10,044
52	501	+ 0 17 40	0,0515	9,801	9,921	10,171	9,981
12 0	502	− 0 24 20	0,0977	9,831	9,909	10,213	9,966
6	503	+ 0 28 00	0,1293	9,786	9,882	10,276	9,848
13	504	− 0 02 50	0,0013	9,787	10,018	10,318	9,969
21	505	+ 0 03 10	0,0017	9,718	9,971	10,287	9,874
28	506	− 0 21 30	0,0762	9,692	10,021	10,283	9,861
35	507	− 0 34 00	0,1907	9,616	10,091	10,211	9,898
41	508	− 0 14 20	0,0339	9,702	10,042	10,355	9,836
51	509	− 0 13 10	0,0286	9,633	10,105	10,407	9,791
55	510	− 0 10 00	0,0165	9,695	10,105	10,468	9,777
1 1	511	+ 0 08 00	0,0106	9,668	10,288	10,533	9,922
6	512	− 0 10 50	0,0194	9,524	10,190	10,403	9,801
14	513	+ 0 08 40	0,0124	9,637	10,144	10,553	9,730
21	514	− 0 34 20	0,1944	9,556	10,193	10,489	9,717
27	515	− 0 14 00	0,0323	9,575	10,241	10,526	9,794
32	516	+ 0 03 20	0,0018	9,494	10,249	10,450	9,765
39	517	− 0 08 20	0,0115	9,538	10,166	10,412	9,790
45	518	− 0 01 20	0,0003	9,578	10,180	10,470	9,768
51	519	− 0 32 50	0,1778	9,509	10,223	10,431	9,731
57	520	+ 0 11 20	0,0212	9,498	10,277	10,480	9,781
2 5	521	− 0 02 40	0,0012	9,396	10,255	10,931	9,870
12	522	− 0 14 10	0,0331	9,648	10,175	10,493	9,759
19	523	+ 0 01 00	0,0026	9,590	10,203	10,406	9,810
25	524	− 0 23 20	0,0898	9,530	10,191	10,389	9,718
33	525	+ 0 08 20	0,0115	9,521	10,250	10,415	9,761
41	526	− 0 12 00	0,0238	9,517	10,269	10,448	9,740
47	527	− 0 10 20	0,0176	9,656	10,204	10,547	9,751
53	528	+ 0 14 40	0,0355	9,489	10,192	10,334	9,788
3 0	529	− 0 24 20	0,0977	9,637	10,201	10,521	9,732
6	530	+ 0 05 00	0,0041	9,542	10,219	10,350	9,796
14	531	+ 0 02 00	0,0007	9,500	10,179	10,332	9,729
20	532	− 0 30 00	0,1484	9,523	10,219	10,362	9,770
28	533	+ 0 38 30	0,2143	9,497	10,238	10,352	9,801
35	534	− 0 15 40	0,0405	9,594	10,267	10,443	9,800
40	535	− 0 05 20	0,0047	9,583	10,203	10,529	9,646
47	536	− 0 11 50	0,0231	9,484	10,329	10,502	9,713
53	537	+ 0 15 00	0,0371	9,490	10,318	10,513	9,719
59	538	+ 0 25 00	0,1031	9,480	10,331	10,470	9,765
4 7	539	− 0 23 00	0,0873	9,568	10,290	10,471	9,780
32	540	− 0 15 30					
	60 R.		12,4326	565,664	591,010	606,750	586,677

Saavedra. Monet. — Quiroga. Ibañez.

46.ème JOURNÉE.

3.ème SECTION, REMESURÉE. · 3 OCTOBRE 1858.

Heures	Positions des règles	I	$c_1 = 7797 \sin^2 \frac{1}{2} I$	p'	p''	l'	l''
h m		° ′ ″	mm	T	T	T	T
9 12	541	+ 0 17 30	0,0525		9,281	9,027	10,028
24	542	— 0 15 40	0,0405	10,446	9,385	9,597	10,678
30	543	+ 0 01 30	0,0004	10,450	9,371	9,614	10,608
37	544	+ 0 29 30	0,1435	10,451	9,375	9,689	10,605
44	545	— 0 18 00	0,0534	10,328	9,453	9,674	10,529
50	546	— 0 02 50	0,0013	10,341	9,475	9,705	10,526
56	547	— 0 06 50	0,0077	10,232	9,481	9,677	10,450
10 2	548	+ 0 21 30	0,0762	10,305	9,460	9,809	10,389
8	549	+ 0 12 10	0,0244	10,200	9,504	9,781	10,366
15	550	+ 0 08 50	0,0129	10,167	9,571	9,749	10,387
20	551	— 0 06 20	0,0066	10,164	9,562	9,776	10,361
26	552	+ 0 27 10	0,1217	10,269	9,573	9,927	10,381
32	553	+ 0 23 20	0,0898	10,157	9,598	9,879	10,323
37	554	+ 0 09 50	0,0159	10,114	9,583	9,867	10,299
43	555	— 0 49 50	0,4096	10,106	9,616	9,883	10,247
50	556	+ 0 10 30	0,0182	10,062	9,639	9,909	10,214
56	557	— 0 24 20	0,0977	10,010	9,724	9,881	10,318
11 2	558	— 0 05 20	0,0047	10,012	9,698	9,921	10,275
9	559	+ 0 16 20	0,0440	9,795	9,740	9,705	10,270
14	560	— 0 02 50	0,0013	9,916	9,695	9,861	10,200
20	561	— 0 11 40	0,0224	9,798	9,738	9,789	10,171
25	562	— 0 24 20	0,0977	9,798	9,742	9,772	10,186
30	563	— 0 03 30	0,0010	9,858	9,792	9,859	10,212
35	564	+ 0 14 30	0,0347	9,872	9,790	9,913	10,162
41	565	— 0 07 10	0,0085	9,753	9,886	9,849	10,215
46	566	— 0 07 50	0,0101	9,808	9,848	9,965	10,110
52	567	— 0 09 20	0,0144	9,736	9,878	9,929	10,109
57	568	+ 0 09 10	0,0139	9,885	9,880	10,095	10,098
12 2	569	+ 0 19 00	0,0595	9,863	9,933	10,093	10,129
17	570	— 0 15 50	0,0413	9,903	9,855	10,131	10,030
23	571	— 0 03 30	0,0020	9,882	9,910	10,115	10,097
29	572	— 0 10 00	0,0165	9,964	9,936	10,208	10,082
35	573	— 0 02 20	0,0009	9,860	9,896	10,150	10,030
41	574	+ 0 08 30	0,0119	9,920	9,931	10,239	10,071
48	575	— 0 33 30	0,1851	9,850	9,925	10,194	10,038
54	576	+ 0 08 20	0,0115	9,859	9,977	10,179	10,093
1 0	577	— 0 07 50	0,0101	9,792	9,937	10,127	10,045
6	578	— 0 20 20	0,0682	9,797	9,975	10,121	10,082
12	579	+ 0 27 40	0,1262	9,816	9,900	10,106	10,032
18	580	— 0 54 30	0,4899	9,894	9,954	10,190	10,089
26	581	— 0 54 40	0,4929	9,884	9,891	10,210	10,001
32	582	— 0 22 10	0,0810	9,832	9,915	10,197	10,022
37	583	— 0 02 40	0,0012	9,781	9,998	10,261	9,992
43	584	+ 0 18 10	0,0544	9,739	10,018	10,228	9,971
50	585	+ 0 05 10	0,0044	9,723	9,936	10,229	9,896
55	586	— 0 01 00	0,0002	9,680	10,000	10,212	9,922
2 1	587	+ 0 09 40	0,0154	9,779	10,010	10,304	9,946
7	588	— 0 01 00	0,0002	9,711	10,051	10,247	9,945
13	589	+ 0 06 50	0,0077	9,642	10,064	10,167	9,980
19	590	— 0 10 50	0,0194	9,743	10,046	10,308	9,944
25	591	— 0 21 20	0,0751	9,717	10,041	10,311	9,921
31	592	— 0 01 30	0,0004	9,748	10,111	10,340	9,918
36	593	— 0 14 30	0,0347	9,658	10,037	10,232	9,930
42	594	— 0 01 00	0,0002	9,735	10,058	10,339	9,877
48	595	— 0 16 20	0,0440	9,730	10,111	10,292	9,935
54	596	+ 0 01 10	0,0002	9,699	10,018	10,286	9,890
3 0	597	— 0 25 40	0,1087	9,687	10,084	10,306	9,921
7	598	— 0 08 40	0,0124	9,681	10,083	10,273	9,926
16	599	— 0 07 10	0,0085	9,683	10,036	10,257	9,896
36	600	— 0 38 50					
	60 R.		3,4091	575,285	578,972	590,954	598,998

Saavedra. *Ibañez.* — *Quiroga.* *Monet.*

47.ème JOURNÉE.

3.ème SECTION, REMESURÉE. 4 OCTOBRE 1858.

Heures	Positions des règles	I	$c = 7797 \sin^2 \frac{1}{2} I$	p'	p''	l'	l''
h m		° ′ ″	mm	T	T	T	T
9 27	601	+ 0 15 00	0,0371		9,385	9,303	10,510
39	602	— 0 12 40	0,0265	10,330	9,356	9,683	10,435
45	603	— 0 43 50	0,3169	10,322	9,524	9,751	10,532
51	604	— 0 03 00	0,0013	10,333	9,461	9,774	10,436
59	605	— 0 25 10	0,1013	10,303	9,543	9,736	10,517
10 5	606	— 0 11 20	0,0212	10,283	9,225	9,728	10,217
11	607	— 0 24 40	0,1004	10,288	9,515	9,712	10,503
17	608	— 0 40 20	0,2683	10,255	9,441	9,706	10,451
24	609	+ 0 06 10	0,0062	10,264	9,522	9,700	10,500
31	610	— 0 42 40	0,3003	10,189	9,459	9,602	10,450
37	611	— 0 34 20	0,1944	10,313	9,503	9,777	10,452
44	612	— 0 55 10	0,5020	10,237	9,525	9,693	10,520
52	613	— 0 51 30	0,4839	10,278	9,533	9,787	10,474
58	614	— 0 55 20	0,5050	10,207	9,506	9,740	10,452
11 4	615	— 1 06 20	0,7257	10,236	9,526	9,816	10,425
10	616	— 1 10 00	0,8089	10,169	9,465	9,757	10,313
18	617	— 1 25 30	1,1499	10,200	9,553	9,822	10,401
25	618	— 1 02 30	0,6143	10,150	9,586	9,812	10,364
31	619	— 0 59 00	0,5741	10,241	9,569	9,839	10,384
37	620	— 1 17 50	0,9992	10,092	9,616	9,719	10,426
44	621	— 1 19 20	1,0380	10,201	9,506	9,796	10,404
51	622	— 1 05 10	0,7004	10,185	9,521	9,753	10,376
56	623	— 1 16 10	0,9568	10,202	9,526	9,800	10,376
12 2	624	— 0 20 50	0,0716	10,220	9,618	9,833	10,443
10	625	— 1 03 10	0,6584	10,221	9,557	9,820	10,333
18	626	— 0 36 10	0,2157	10,117	9,578	9,808	10,300
25	627	— 0 48 10	0,3827	10,214	9,571	9,882	10,370
32	628	— 0 11 00	0,0323	10,155	9,577	9,886	10,340
40	629	— 0 17 50	0,0525	10,162	9,564	9,906	10,274
47	630	— 0 28 20	0,1321	10,054	9,659	9,809	10,360
54	631	— 0 31 00	0,1585	10,057	9,643	9,820	10,332
1 0	632	— 0 17 10	0,0486	10,141	9,619	9,885	10,316
6	633	+ 0 11 10	0,0206	10,173	9,618	9,923	10,320
11	634	+ 1 01 50	0,6933	10,129	9,633	9,870	10,331
19	635	+ 0 45 10	0,3365	10,145	9,646	9,939	10,317
27	636	+ 0 19 00	0,0395	10,144	9,629	9,921	10,301
34	637	+ 0 40 10	0,2661	10,089	9,673	9,904	10,283
40	638	+ 0 15 40	0,0105	10,137	9,674	9,965	10,272
46	639	+ 0 44 00	0,3193	10,073	9,890	9,953	10,474
53	640	— 0 21 20	0,0751	10,058	9,651	9,950	10,251
2 0	641	+ 0 23 00	0,0873	10,066	9,687	9,916	10,258
5	642	— 0 11 10	0,0206	10,076	9,692	9,964	10,267
11	643	+ 0 23 30	0,0911	10,089	9,714	10,020	10,279
18	644	+ 0 49 20	0,4014	10,197	9,711	10,094	10,245
24	645	+ 0 11 00	0,0323	10,169	9,766	10,148	10,246
30	646	+ 0 17 00	0,0177	10,236	9,745	10,151	10,219
36	647	+ 0 35 50	0,2118	10,170	9,766	10,110	10,283
42	648	+ 0 28 10	0,1309	10,296	9,735	10,219	10,250
48	649	+ 1 16 40	0,9694	10,234	9,742	10,167	10,267
55	650	+ 0 32 50	0,1778	10,186	9,809	10,106	10,290
3 0	651	+ 0 40 40	0,2728	10,234	9,749	10,140	10,256
6	652	+ 0 29 20	0,1419	10,205	9,718	10,110	10,243
12	653	+ 0 40 40	0,2728	10,203	9,770	10,141	10,280
17	654	+ 0 36 50	0,2197	10,179	9,748	10,103	10,289
23	655	+ 0 19 30	0,0327	10,257	9,703	10,119	10,288
29	656	+ 0 40 40	0,2728	10,320	9,707	10,107	10,278
36	657	+ 1 02 00	0,6510	10,320	9,664	10,164	10,240
42	658	— 0 33 20	0,1833	10,211	9,701	10,060	10,295
49	659	— 0 08 50	0,0129	10,233	9,696	10,074	10,285
4 18	660	— 0 15 20					
	60 R.		18,2773	594,533	567,406	583,890	610,732
				Quiroga.	*Mozet.*	*—Saavedra.*	*Ibañez.*

48.ème JOURNÉE.

3.ème SECTION, REMESURÉE. 5 OCTOBRE 1858.

Heures	Positions des règles	I	$c_{,}=$ 7797 $\sin^2 \frac{1}{2}$ I	p'	p''	l'	l''
h m		° ′ ″	mm	T	T	T	T
10 0	661	+ 0 23 00	0,0873		9,301	9,417	10,359
10	662	— 0 42 20	0,2956	10,188	9,589	9,869	10,351
18	663	— 0 03 20	0,0018	10,103	9,643	9,870	10,309
25	664	— 0 32 30	0,1742	10,141	9,633	9,920	10,228
32	665	— 0 02 10	0,0008	10,054	9,690	9,919	10,200
37	666	— 0 09 50	0,0159	10,110	9,714	10,068	10,192
44	667	— 0 13 10	0,0286	10,131	9,758	10,140	10,173
49	668	+ 0 35 10	0,2040	10,058	9,821	10,100	10,201
56	669	— 0 08 20	0,0115	10,128	9,806	10,229	10,142
11 1	670	+ 1 09 20	0,7928	10,138	9,825	10,252	10,135
9	671	+ 0 25 30	0,1073	10,174	9,832	10,367	10,059
15	672	+ 0 03 00	0,0015	9,901	9,905	10,120	10,096
21	673	+ 0 33 40	0,1869	9,896	9,893	10,139	10,058
27	674	+ 0 00 40	0,0001	9,871	9,855	10,139	10,002
33	675	+ 0 45 40	0,3440	9,819	9,916	10,135	10,006
40	676	+ 0 32 30	0,1742	9,930	9,904	10,280	10,003
45	677	+ 0 17 40	0,0515	9,796	9,970	10,220	9,976
52	678	+ 0 59 50	0,5906	9,841	9,955	10,201	9,997
57	679	+ 0 18 50	0,0585	9,784	9,987	10,241	9,958
12 1	680	+ 0 34 00	0,1907	9,724	9,934	10,159	9,911
8	681	+ 0 24 00	0,0950	9,718	9,961	10,211	9,881
15	682	+ 0 11 50	0,0231	9,933	9,982	10,208	9,903
21	683	+ 0 49 50	0,4096	9,696	10,021	10,229	9,906
27	684	— 0 04 00	0,0026	9,732	10,034	10,249	9,907
32	685	+ 0 55 40	0,5111	9,747	10,075	10,381	9,892
38	686	+ 0 15 10	0,0379	9,642	10,139	10,250	9,917
43	687	+ 0 32 10	0,1707	9,642	10,097	10,288	9,914
50	688	+ 0 34 40	0,1982	9,622	10,235	10,219	10,010
55	689	+ 0 17 50	0,0525	9,729	10,078	10,302	9,935
1 1	690	+ 0 01 10	0,0002	9,739	10,009	10,301	9,891
7	691	+ 0 11 20	0,0212	9,660	10,008	10,245	9,867
15	692	+ 0 24 20	0,0977	9,698	10,096	10,276	9,933
24	693	— 0 35 20	0,2059	9,728	10,054	10,320	9,900
30	694	— 0 22 00	0,0798	9,679	10,062	10,262	9,849
37	695	+ 0 04 10	0,0029	9,677	10,118	10,349	-9,850
43	696	— 0 04 20	0,0031	9,490	10,132	10,221	9,815
51	697	— 0 17 00	0,0477	9,650	10,095	10,335	9,805
58	698	+ 0 05 30	0,0050	9,675	10,154	10,394	9,854
2 5	699	— 0 22 00	0,0798	9,617	10,140	10,390	9,773
11	700	+ 0 07 40	0,0097	9,555	10,182	10,342	9,808
17	701	— 0 01 00	0,0002	9,632	10,120	10,410	9,769
24	702	— 0 18 30	0,0564	9,544	10,192	10,377	9,788
31	703	— 0 16 30	0,0449	9,685	10,207	10,434	9,820
37	704	— 0 16 10	0,0431	9,592	10,185	10,310	9,834
45	705	— 0 04 00	0,0036	9,619	10,145	10,381	9,780
51	706	+ 0 12 20	0,0251	9,576	10,184	10,347	9,832
3 0	707	— 0 16 10	0,0431	9,626	10,267	10,445	9,873
13	708	— 0 11 10	0,0206	9,662	10,202	10,455	9,795
31	709	+ 0 26 30	0,1158	9,570	10,083	10,366	9,717
4 1	710	— 0 18 50					
	49 R.		5,7233	469,921	489,388	501,142	488,196

Saavedra. *Ibañez. — Quiroga.* *Monet.*

TABLEAUX

COMPRENANT LES MOYENNES DES OBSERVATIONS FAITES AU COMMENCEMENT ET À LA FIN DE CHAQUE JOURNÉE DE MESURE.

$$h^{\text{I}} = \frac{10}{k_1^{\text{I}} - k_2^{\text{I}}}. \qquad h^{\text{II}} = \frac{10}{k_1^{\text{II}} - k_2^{\text{II}}}.$$

Sections	Journées	k_1^{I}	k_2^{I}	h^{I}	Différences avec la moyenne h	k_1^{II}	k_2^{II}	h^{II}	Différences avec la moyenne h
1	1	15,682	5,540	0,9860	+ 0,0002	14,586	4,433	0,9849	− 0,0009
	2	14,761	4,568	0,9811	− 0,0047	15,046	4,900	0,9856	− 0,0002
	3	15,852	5,675	0,9826	− 0,0032	14,939	4,764	0,9828	− 0,0030
	4	14,843	4,701	0,9860	+ 0,0002	15,480	5,366	0,9887	+ 0,0029
	5	15,160	5,019	0,9855	− 0,0003	14,845	4,645	0,9804	− 0,0054
	6	15,046	4,899	0,9855	− 0,0003	14,661	4,469	0,9812	− 0,0046
	7	15,171	5,037	0,9868	+ 0,0010	15,844	5,635	0,9827	− 0,0031
	8	15,124	4,980	0,9858	0,0000	15,044	4,899	0,9860	+ 0,0002
	9	14,903	4,765	0,9864	+ 0,0006	15,092	4,949	0,9859	+ 0,0001
	10	14,903	4,766	0,9865	+ 0,0007	15,168	5,027	0,9861	+ 0,0003
	11	15,119	4,984	0,9867	+ 0,0009	14,793	4,670	0,9878	+ 0,0020
	12	14,714	4,601	0,9859	+ 0,0001	15,680	5,566	0,9887	+ 0,0029
	13	14,978	4,793	0,9818	− 0,0040	15,550	5,433	0,9884	+ 0,0026
	14	14,948	4,760	0,9815	− 0,0043	15,825	5,712	0,9888	+ 0,0030
	15	15,245	5,075	0,9833	− 0,0025	15,163	5,040	0,9878	+ 0,0020
	16	15,006	4,877	0,9873	+ 0,0015	15,063	4,935	0,9874	+ 0,0016
	17	15,217	5,125	0,9879	+ 0,0021	15,127	4,982	0,9857	− 0,0001
	18	14,831	4,668	0,9840	− 0,0018	15,741	5,588	0,9849	− 0,0009
	19	14,937	4,746	0,9813	− 0,0045	15,240	5,129	0,9890	+ 0,0032
	20	14,555	4,401	0,9851	− 0,0007	15,620	5,481	0,9863	+ 0,0005
	21	14,467	4,350	0,9884	+ 0,0026	14,628	4,501	0,9875	+ 0,0017
	22	15,152	4,988	0,9839	− 0,0019	14,504	4,421	0,9832	− 0,0026
2.	23	15,131	5,017	0,9884	+ 0,0026	15,270	5,120	0,9852	− 0,0006
	24	14,989	4,852	0,9865	+ 0,0007	15,412	5,356	0,9895	+ 0,0037
	25	15,160	4,900	0,9833	− 0,0025	15,120	4,950	0,9841	− 0,0017
	26	15,178	5,003	0,9828	− 0,0030	15,050	4,903	0,9855	− 0,0003
	27	14,885	4,725	0,9842	− 0,0016	14,959	4,807	0,9870	+ 0,0012
	28	15,025	4,869	0,9846	− 0,0012	15,043	4,905	0,9864	+ 0,0006
	29	14,982	4,754	0,9777	− 0,0081	14,872	4,736	0,9866	+ 0,0008
	30	14,986	4,844	0,9860	+ 0,0002	15,019	4,830	0,9814	− 0,0044
	31	14,798	4,699	0,9902	+ 0,0044	14,760	4,619	0,9861	+ 0,0003
	32	14,661	4,529	0,9870	+ 0,0012	14,837	4,680	0,9845	− 0,0013
	33	14,892	4,792	0,9901	+ 0,0043	15,139	5,005	0,9868	+ 0,0010
	34	14,260	4,104	0,9846	− 0,0012	14,849	4,715	0,9868	+ 0,0010
	35	14,809	4,671	0,9864	+ 0,0006	15,228	5,108	0,9881	+ 0,0023
	36	14,590	4,411	0,9824	− 0,0034	15,018	4,892	0,9875	+ 0,0017
3	37	15,327	5,131	0,9827	− 0,0031	15,469	5,320	0,9853	− 0,0005
	38	14,873	4,737	0,9866	+ 0,0008	15,110	5,271	0,9863	+ 0,0005
	39	15,240	5,102	0,9864	+ 0,0006	15,098	4,948	0,9852	− 0,0006
	40	15,237	5,108	0,9853	− 0,0005	15,311	5,399	0,9889	+ 0,0031
	41	14,905	4,764	0,9861	+ 0,0003	15,080	4,956	0,9877	+ 0,0019
	42	14,939	4,798	0,9861	+ 0,0003	15,193	5,372	0,9880	+ 0,0022
	43	15,071	4,952	0,9882	+ 0,0024	14,998	4,818	0,9823	− 0,0035
	44	14,601	4,453	0,9854	− 0,0004	15,060	4,887	0,9830	− 0,0028
	45	15,540	5,408	0,9870	+ 0,0012	15,120	4,934	0,9817	− 0,0041
	46	15,211	5,063	0,9854	− 0,0004	15,061	4,926	0,9867	+ 0,0009
	47	15,220	5,137	0,9878	+ 0,0020	15,056	4,944	0,9857	− 0,0001
	48	14,436	4,288	0,9854	− 0,0004	15,081	4,938	0,9859	+ 0,0001

Sections	Journées	k'_1	k'_2	h'	Différences avec la moyenne h	k''_1	k''_2	h''	Différences avec la moyenne h
		T	T	D	D	T	T	D	D
4	49	15,222	5,083	0,9863	+ 0,0005	14,850	4,738	0,9889	+ 0,0031
	50	15,044	4,868	0,9827	− 0,0031	15,092	4,932	0,9842	− 0,0016
	51	14,891	4,891	0,9901	+ 0,0043	15,035	4,887	0,9854	− 0,0004
	52	15,203	5,045	0,9844	− 0,0014	14,792	4,616	0,9856	− 0,0002
	53	14,978	4,825	0,9849	− 0,0009	14,818	4,663	0,9847	− 0,0011
	54	14,990	4,841	0,9853	− 0,0005	15,045	4,871	0,9829	− 0,0029
	55	15,005	4,848	0,9845	− 0,0013	15,283	5,165	0,9883	+ 0,0025
	56	14,858	4,722	0,9885	+ 0,0027	14,806	4,664	0,9860	+ 0,0002
	57	14,511	4,364	0,9855	− 0,0003	15,700	5,551	0,9853	− 0,0005
	58	14,800	4,659	0,9861	+ 0,0003	15,093	4,976	0,9879	+ 0,0021
	59	14,988	4,850	0,9844	− 0,0014	15,061	4,902	0,9843	− 0,0015
	60	15,068	4,946	0,9879	+ 0,0021	15,020	4,870	0,9852	− 0,0006
5	61	15,043	5,527	0,9885	+ 0,0027	15,030	4,936	0,9907	+ 0,0049
	62	14,977	4,812	0,9838	− 0,0020	15,070	4,871	0,9805	− 0,0053
	63	15,959	4,803	0,9846	− 0,0012	15,155	5,010	0,9857	− 0,0001
	64	14,874	4,748	0,9876	+ 0,0018	15,095	4,911	0,9848	− 0,0010
	65	14,569	4,451	0,9883	+ 0,0025	15,017	4,900	0,9884	+ 0,0026
	66	14,985	4,806	0,9824	− 0,0034	15,268	5,437	0,9871	+ 0,0013
	67	15,184	5,013	0,9832	− 0,0026	15,019	4,825	0,9810	− 0,0048
	68	14,990	4,844	0,9844	− 0,0014	15,019	4,928	0,9880	+ 0,0022
	69	14,907	4,868	0,9873	+ 0,0015	15,012	4,896	0,9885	+ 0,0027
	70	14,732	4,577	0,9847	− 0,0011	15,164	5,028	0,9866	+ 0,0008
	71	14,972	4,845	0,9873	+ 0,0015	15,048	4,892	0,9846	− 0,0012
	72	15,165	5,020	0,9857	− 0,0001	15,440	5,316	0,9877	+ 0,0019
	73	15,205	5,074	0,9870	+ 0,0012	15,073	4,919	0,9848	− 0,0010
	74	15,131	4,974	0,9845	− 0,0013	15,433	5,286	0,9856	− 0,0002
	75	15,021	4,879	0,9860	+ 0,0002	15,501	5,339	0,9860	+ 0,0002
	76	14,695	4,566	0,9872	+ 0,0014	15,139	5,037	0,9899	+ 0,0041
	77	15,358	5,215	0,9859	+ 0,0001	15,035	4,954	0,9879	+ 0,0021
	78	14,420	4,268	0,9850	− 0,0008	15,093	4,937	0,9844	− 0,0014
3 (remesurée)	37	15,108	4,961	0,9855	− 0,0003	15,207	5,017	0,9842	− 0,0016
	38	15,065	4,906	0,9843	− 0,0015	15,008	4,882	0,9876	+ 0,0018
	39	15,389	5,273	0,9885	+ 0,0027	15,608	5,461	0,9858	0,0000
	40	15,052	4,918	0,9868	+ 0,0010	15,582	5,466	0,9885	+ 0,0027
	41	15,296	5,161	0,9867	+ 0,0009	15,005	4,863	0,9862	+ 0,0004
	42	15,064	4,926	0,9864	+ 0,0006	15,491	5,326	0,9835	− 0,0023
	43	15,085	4,970	0,9886	+ 0,0028	15,565	5,449	0,9856	− 0,0002
	44	15,245	5,118	0,9876	+ 0,0018	15,008	4,846	0,9841	− 0,0017
	45	15,061	4,926	0,9867	+ 0,0009	15,200	5,077	0,9878	+ 0,0020
	46	15,100	4,968	0,9861	+ 0,0003	14,979	4,823	0,9846	− 0,0012
	47	14,666	4,525	0,9859	+ 0,0001	14,975	4,835	0,9862	+ 0,0004
	48	15,080	4,948	0,9870	+ 0,0012	14,652	4,543	0,9863	+ 0,0005

$$h''' = \frac{10}{k'''_1 - k'''_2}.$$

Sections	Journées	k'''_1	k'''_2	h'''	Différences avec la moyenne
		T	T	D	D
1	22	15,196	5,055	0,9861	+ 0,0003
2	36	14,601	4,458	0,9859	+ 0,0001
3	48	14,950	4,810	0,9862	+ 0,0004
4	60	15,074	4,932	0,9860	+ 0,0002
5	78	14,313	4,168	0,9857	− 0,0001
3 (remesurée)	48	14,932	4,779	0,9849	− 0,0009

MOYENNES.

$$\left.\begin{array}{l} h' = 0^{\mathrm{D}},9857 \\ h'' = 0,9859 \end{array}\right\} \therefore h = 0^{\mathrm{D}},9858 \qquad h''' = 0^{\mathrm{D}},9858$$

$$H = \frac{50}{q_1 - q_2}.$$ $$V = \frac{g_1 - g_2}{I_2 - I_1}.$$

Sections	Journées	q_1	q_2	H	g_1	g_2	I_1	I_2	V
		T	T	D	T	T	P	P	
1	1	9,987	8,549	34,771	9,550	9,099	8,2	26,5	0,0236
	»	9,921	8,533	36,023	9,153	9,042	7,7	28,4	0,0199
	2	10,355	8,948	35,536	9,366	8,943	7,3	26,3	0,0223
	3	9,785	8,426	36,792	9,391	9,008	8,2	27,2	0,0203
	4	9,993	8,600	35,894	9,378	9,045	8,0	26,6	0,0179
	5	»	»	»	9,303	8,902	8,8	26,2	0,0250
	»	10,050	8,647	35,638	9,378	8,952	8,6	26,2	0,0242
	6	10,049	8,651	35,765	9,455	8,969	8,7	27,0	0,0266
	7	10,794	9,418	36,337	9,362	8,922	9,0	26,6	0,0250
	8	11,238	9,848	35,971	9,316	8,960	7,4	27,4	0,0178
	9	»	»	»	9,432	9,019	8,0	26,9	0,0229
	»	10,711	9,334	36,311	9,385	9,069	7,2	26,7	0,0162
	10	11,631	10,256	36,364	9,389	9,072	6,5	26,6	0,0158
	11	10,061	8,692	36,523	9,303	8,902	8,8	26,2	0,0230
	12	9,796	8,427	36,523	9,392	8,976	9,7	26,3	0,0251
	13	9,729	8,371	36,819	9,381	8,992	9,5	25,9	0,0237
	14	9,598	8,225	36,417	9,432	9,019	8,9	26,9	0,0229
	15	10,221	8,820	35,689	9,538	9,084	8,2	27,3	0,0238
	16	10,982	9,601	36,206	9,356	8,864	7,9	26,9	0,0259
	17	9,434	8,057	36,311	9,480	9,059	8,8	26,9	0,0233
	18	9,919	8,542	36,311	9,501	9,034	8,4	27,7	0,0238
	19	9,900	8,535	36,630	9,482	9,050	8,8	27,1	0,0236
	20	9,883	8,510	36,417	9,506	9,039	7,9	27,4	0,0239
	21	10,397	9,000	35,791	9,544	9,090	7,8	27,0	0,0232
	22	10,547	9,132	35,336	9,471	9,065	9,0	26,2	0,0223
2	23	9,828	8,458	36,496	9,499	9,173	9,0	25,1	0,0202
	24	9,891	8,515	36,337	9,491	9,116	8,4	21,5	0,0286
	25	9,891	8,479	35,411	9,454	8,976	8,4	27,1	0,0252
	26	9,753	8,390	36,684	9,431	9,011	8,9	26,0	0,0245
	27	9,829	8,457	36,443	9,470	9,018	8,6	26,4	0,0237
	28	10,025	8,666	36,792	9,607	9,224	8,6	26,2	0,0218
	29	10,496	9,122	36,390	9,647	9,235	10,1	24,9	0,0278
	30	9,927	8,550	36,311	9,488	9,057	8,7	26,3	0,0245
	31	9,980	8,591	35,997	9,501	9,060	8,3	26,6	0,0241
	32	9,951	8,566	36,101	9,490	9,045	8,3	26,6	0,0243
	33	9,797	8,400	36,023	9,567	9,111	8,0	26,6	0,0245
	34	10,702	9,331	36,470	10,150	9,761	9,3	26,2	0,0230
	35	10,663	9,304	36,792	10,227	9,788	8,6	26,8	0,0241
	36	10,703	9,310	35,894	9,798	9,424	13,2	29,6	0,0230
3	37	»	»	»	9,491	9,106	8,4	24,4	0,0296
	»	9,854	8,465	36,603	9,497	9,023	8,6	27,3	0,0253
	38	10,498	9,120	36,284	9,529	9,092	8,6	27,2	0,0235
	39	10,718	9,361	36,928	9,670	9,071	8,3	27,8	0,0307
	40	9,824	8,449	36,364	9,518	9,079	8,5	26,5	0,0244
	41	9,879	8,501	36,284	9,511	9,042	8,6	27,2	0,0253
	42	9,819	8,433	36,075	9,642	9,125	6,8	27,2	0,0253
	43	10,679	9,314	36,630	10,072	9,620	8,4	27,2	0,0240
	44	10,601	9,240	36,738	9,492	9,119	9,2	26,4	0,0217
	45	10,737	9,367	36,496	10,248	9,815	8,5	27,0	0,0234
	46	10,681	9,331	37,037	10,209	9,873	9,2	24,7	0,0217
	47	10,698	9,313	36,000	10,514	10,111	8,2	26,3	0,0223
	48	9,770	8,362	35,511	9,556	9,101	7,9	26,9	0,0239
4	49	9,926	8,554	36,443	9,549	9,070	7,6	27,2	0,0244
	50	9,826	8,451	36,364	9,621	9,108	6,9	27,3	0,0251
	51	9,968	8,583	36,101	9,534	9,092	8,1	27,0	0,0234
	52	9,936	8,554	36,180	9,572	9,079	7,2	27,7	0,0240
	53	9,968	8,589	36,258	9,532	9,087	7,9	27,2	0,0251
	54	10,673	9,293	36,232	10,293	9,837	8,4	27,2	0,0243
	55	9,798	8,421	36,311	9,500	9,122	7,8	26,8	0,0251
	56	9,962	8,592	36,496	9,535	9,073	7,8	27,2	0,0238
	57	10,697	9,338	36,792	10,211	9,828	8,7	26,7	0,0229
	58	9,959	8,579	36,232	9,569	9,087	7,5	27,3	0,0243
	59	9,910	8,534	35,562	9,340	8,962	8,9	26,1	0,0220
	60	10,682	9,321	36,810	10,080	9,768	7,4	26,7	0,0162

Sections	Journées	q_1	q_2	H	g_1	g_2	l_1	l_2	V
		T	T	D	T	T	P	P	
5	61	»	»	»	10,187	9,873	10,7	25,8	0,0208
	»	10,668	9,290	36,281	10,319	9,923	9,0	25,6	0,0239
	62	9,887	8,516	36,470	9,521	9,143	9,4	25,7	0,0232
	63	9,893	8,518	36,361	9,500	9,113	9,2	26,0	0,0230
	64	10,688	9,506	36,180	10,157	9,769	10,0	26,1	0,0241
	65	9,901	8,512	35,997	9,491	9,036	8,2	27,0	0,0242
	66	9,830	8,450	36,233	9,567	9,180	9,1	26,0	0,0229
	67	9,928	8,555	36,417	9,565	9,116	8,7	26,5	0,0252
	68	9,908	8,532	36,337	9,532	9,148	9,4	26,5	0,0225
	69	9,892	8,497	35,842	9,472	9,088	9,7	26,3	0,0231
	70	9,749	8,385	36,657	9,461	9,066	8,7	25,8	0,0231
	71	9,808	8,426	36,180	9,478	9,103	9,2	25,8	0,0226
	72	10,702	9,337	36,630	10,187	9,880	10,7	25,8	0,0203
	73	10,623	9,266	36,846	10,223	9,852	9,8	26,6	0,0221
	74	9,701	8,337	36,657	9,502	9,006	7,9	27,4	0,0254
	75	10,655	9,295	36,765	10,175	9,772	9,1	26,9	0,0226
	76	10,003	8,619	36,127	9,522	9,067	8,2	27,0	0,0242
	77	10,489	9,119	36,496	10,258	9,886	9,7	26,2	0,0225
	78	10,472	9,080	35,920	10,183	9,829	9,9	26,2	0,0217
3 (remesurée)	37	9,946	8,534	35,411	9,487	9,129	10,2	26,4	0,0221
	»	10,224	8,852	35,920	10,179	9,845	9,7	24,8	0,0221
	38	10,680	9,311	36,523	9,533	9,127	8,5	27,0	0,0219
	39	9,927	8,555	36,413	9,456	9,201	11,3	24,1	0,0199
	40	10,204	8,821	36,153	9,479	9,191	10,1	24,5	0,0200
	41	10,639	9,269	36,496	9,523	9,168	9,5	25,4	0,0223
	42	10,080	8,697	36,153	9,461	9,144	10,5	25,2	0,0216
	43	9,911	8,537	36,390	9,545	9,165	9,2	25,6	0,0232
	44	9,850	8,483	36,576	9,558	9,170	9,1	25,6	0,0235
	45	9,859	8,488	36,470	9,520	9,171	9,8	25,5	0,0222
	46	9,901	8,537	36,657	9,507	9,167	9,6	25,4	0,0215
	47	9,911	8,546	36,630	9,445	9,202	12,1	24,2	0,0201
	48	9,787	8,420	36,576	9,566	9,097	9,0	26,6	0,0266

$$v = \frac{p_1 - p_2}{l'_2 - l'_1}.$$

Sections	Journées	p_1	p_2	l'_1	l'_2	v	Différences avec la moyenne
		T	T	P	P		
1	4	11,272	9,257	10,4	25,9	0,130	+ 0,005
	5	11,412	9,078	9,5	25,9	0,124	— 0,001
	9	11,101	9,217	9,4	25,1	0,120	— 0,005
	13	11,002	8,945	10,1	26,3	0,127	+ 0,002
	17	11,223	9,386	9,3	25,0	0,117	— 0,008
	21	11,007	9,124	10,6	25,2	0,129	+ 0,004
2	23	11,276	9,382	9,6	24,4	0,128	+ 0,005
	27	11,113	9,163	9,8	25,4	0,125	0,000
	31	11,432	9,353	8,7	25,6	0,123	— 0,002
	35	11,334	9,319	9,4	24,6	0,130	+ 0,005
3	37	11,057	9,030	9,5	25,3	0,127	+ 0,002
	41	11,160	9,068	10,1	26,7	0,126	+ 0,001
	45	11,509	9,066	10,2	26,5	0,113	— 0,012
	48	11,157	9,170	8,6	24,5	0,125	0,000
4	49	11,551	9,505	9,4	25,6	0,124	— 0,001
	53	11,128	9,090	9,5	25,3	0,129	+ 0,004
	57	11,365	9,202	8,4	25,3	0,128	+ 0,003
5	61	11,444	9,332	9,4	26,0	0,125	0,000
	65	11,636	9,306	8,8	27,0	0,128	+ 0,003
	69	11,755	9,611	9,8	27,5	0,121	— 0,004
	73	11,876	9,718	9,7	26,3	0,130	+ 0,005
	77	11,178	9,510	10,0	25,5	0,127	+ 0,002
3 (remesurée)	37	11,818	9,504	9,0	26,8	0,130	+ 0,005
	41	11,125	8,911	9,1	26,4	0,128	+ 0,003
	45	11,432	9,368	9,3	26,5	0,120	— 0,005
	48	11,315	9,505	10,0	26,0	0,115	— 0,010
1	4	11,165	9,739	9,9	24,6	0,097*	0,000
	8	11,397	9,797	9,2	25,7	0,097*	0,000
2	36	11,351	9,792	9,4	25,2	0,097*	0,000
4	60	11,773	10,240	9,3	25,1	0,097*	0,000

MOYENNE... $v = 0,125$.

Les valeurs qui portent cette marque * correspondent à des observations faites avec le niveau n.° 2, et on n'en a pas tenu compte pour déterminer la moyenne 0,125.

$g'_e = \frac{1}{2}\left(g'_{\text{I}} - g'_{\text{II}} + (\text{I}_{\text{I}} - \text{I}_{\text{II}})\text{V}\right).$ $g''_e = \frac{1}{2}\left(g''_{\text{I}} - g''_{\text{II}} + (\text{I}_{\text{I}} - \text{I}_{\text{II}})\text{V}\right).$

Sections	Journées	g'_{I}	g'_{II}	I_{I}	I_{II}	$\text{H}'g'_e$	g''_{I}	g''_{II}	I_{I}	I_{II}	$\text{H}''g''_e$
		T	T	P	P	D	T	T	P	P	D
1	1	9,202	9,218	19,2	19,6	— 0,4123	9,189	9,221	17,0	17,2	— 0,6480
	2	9,213	9,212	16,4	16,2	+ 0,0897	9,079	9,229	18,5	17,1	— 2,1105
	3	9,202	9,214	14,7	14,5	— 0,1340	9,232	9,199	15,9	15,4	+ 0,7936
	4	9,219	9,223	13,5	13,5	— 0,0736	9,207	9,194	15,0	16,6	— 0,2807
	5	9,223	9,228	17,5	17,4	— 0,0185	9,076	9,109	20,5	20,5	— 0,5880
	6	9,221	9,215	17,2	17,2	+ 0,1069	9,230	9,222	19,1	18,4	+ 0,4760
	7	9,236	9,229	17,7	17,5	+ 0,2203	9,225	9,316	14,8	16,1	— 2,2438
	8	9,209	9,203	18,5	18,5	+ 0,0727	9,213	9,234	15,0	14,9	— 0,3457
	9	9,220	9,220	17,7	17,7	0,0000	9,148	9,215	22,0	22,0	— 1,2164
	10	9,236	9,236	16,6	16,8	— 0,0588	11,239	11,212	17,1	18,9	— 0,5716
	11	9,231	9,212	16,7	16,7	— 0,2000	9,160	9,268	21,5	19,9	— 1,3002
	12	9,214	9,217	18,6	18,6	— 0,0348	9,221	9,223	16,9	20,3	— 1,5950
	13	9,218	9,217	18,1	18,0	+ 0,0639	9,159	9,287	18,8	18,4	— 2,1819
	14	9,215	9,221	18,9	18,8	— 0,0666	9,215	9,212	19,0	19,3	— 0,0703
	15	9,225	9,229	17,8	17,8	— 0,0728	13,302	13,298	18,8	20,2	— 0,5232
	16	9,234	9,228	19,3	19,3	+ 0,1071	9,214	9,227	19,9	19,6	— 0,0945
	17	9,236	9,229	18,9	19,0	— 0,1010	10,248	10,238	19,0	20,0	— 0,2415
	18	9,244	9,241	18,9	19,0	+ 0,0120	9,238	9,219	19,3	19,3	+ 0,1634
	19	9,232	9,250	18,6	18,5	+ 0,0795	9,243	9,270	18,5	18,4	— 0,4513
	20	9,252	9,256	18,1	18,2	— 0,1165	9,251	9,286	18,4	19,0	— 0,8984
	21	9,271	9,262	17,5	17,7	+ 0,0768	9,261	9,305	20,3	21,0	— 1,0780
	22	9,240	9,254	21,5	21,9	— 0,1166	9,216	9,299	22,1	22,3	— 1,5452
						— 0,9566					—16,5512
2	23	9,252	9,251	21,8	21,6	+ 0,0965	9,246	9,250	22,0	23,7	— 0,3310
	24	9,231	9,255	22,2	21,8	— 0,2905	9,149	9,252	22,0	21,7	— 1,3521
	25	9,258	9,260	19,3	19,1	+ 0,0670	9,180	9,256	20,6	20,7	— 1,3902
	26	9,260	9,263	18,7	18,7	+ 0,1062	9,181	9,329	19,6	20,1	— 2,9391
	27	9,231	9,249	19,3	19,3	+ 0,0367	9,220	9,278	18,7	20,5	— 1,8542
	28	9,259	9,264	18,7	18,4	+ 0,0383	9,411	9,150	17,7	19,5	+ 4,0795
	29	9,262	9,262	18,1	18,1	0,0000	9,384	9,099	18,3	20,2	+ 4,2245
	30	9,261	9,255	18,9	19,0	+ 0,0586	9,234	9,217	19,0	19,2	— 0,3250
	31	9,257	9,257	18,4	18,4	0,0000	9,218	9,269	19,1	19,2	— 0,4212
	32	9,257	9,252	18,4	18,4	+ 0,0900	9,224	9,242	19,3	19,3	— 0,3249
	33	9,267	9,249	17,9	18,0	+ 0,2989	9,250	9,280	19,5	19,4	— 0,4960
	34	9,230	9,269	18,6	18,3	— 0,5699	9,286	9,263	17,2	17,9	+ 0,1258
	35	9,233	9,229	18,6	18,3	+ 0,1988	9,223	9,268	19,2	20,6	— 1,4485
	36	9,248	9,256	19,5	19,3	— 0,0585	9,298	9,261	19,3	18,3	+ 1,8844
						+ 0,0727					— 0,5480
3	37	9,260	9,267	18,7	18,6	+ 0,0890	9,260	9,163	18,7	19,1	+ 1,5000
	38	9,250	9,248	18,5	18,1	+ 0,0827	9,280	9,208	19,5	19,7	+ 1,2210
	39	9,239	9,241	18,8	18,7	+ 0,0062	9,307	9,280	17,6	17,0	+ 0,8386
	40	9,250	9,250	18,3	18,4	— 0,0365	9,219	9,331	19,6	19,6	— 1,4909
	41	9,262	9,263	18,6	18,6	— 0,0182	9,259	9,259	19,2	19,3	— 0,0457
	42	9,260	9,260	18,8	18,8	0,0000	9,286	9,230	20,4	19,7	+ 1,3294
	43	9,257	9,264	18,8	18,9	— 0,1717	9,291	9,230	19,4	19,3	+ 0,9963
	44	9,260	9,258	19,0	19,0	+ 0,0366	9,261	9,262	19,3	19,1	+ 0,0613
	45	9,267	9,277	18,0	18,0	— 0,1857	9,280	9,240	19,2	19,5	+ 0,6018
	46	9,270	9,263	18,3	18,3	+ 0,1277	9,266	9,218	19,6	19,4	+ 0,9693
	47	9,251	9,250	19,0	19,0	+ 0,0185	9,243	9,260	19,5	20,8	— 0,8183
	48	9,253	9,271	18,4	18,6	— 0,4144	9,263	9,259	19,3	19,4	+ 0,0284
						— 0,4838					+ 5,2312

Sections	Journées	g'_{I}	g'_{II}	I_{I}	I_{II}	$H'g'_{e}$	g''_{I}	g''_{II}	I_{I}	I_{II}	$H''g''_{e}$
		T	T	P	P	D	T	T	P	P	D
4	49	9,263	9,271	19,0	19,0	— 0,1420	9,255	9,251	19,3	19,4	— 0,0262
	50	9,265	9,268	19,2	19,1	— 0,0102	9,271	9,259	19,3	20,1	— 0,1469
	51	9,259	9,265	18,9	19,1	— 0,2004	9,250	9,263	20,2	20,2	— 0,2347
	52	9,261	9,260	18,2	18,2	+ 0,0180	9,240	9,248	20,2	20,0	— 0,0579
	53	9,265	9,265	19,6	19,0	+ 0,0362	9,264	9,263	19,6	20,2	— 0,2331
	54	9,255	9,259	19,0	19,1	— 0,1142	9,286	9,277	19,8	17,0	+ 1,3956
	55	9,252	9,252	18,8	18,8	0,0000	9,276	9,257	19,7	19,7	+ 0,7081
	56	9,261	9,259	18,2	18,4	— 0,0176	9,270	9,240	19,6	19,6	+ 0,5471
	57	9,258	9,257	18,3	18,3	+ 0,0182	9,260	9,262	18,3	18,9	— 0,2895
	58	9,250	9,250	18,7	18,8	— 0,0119	9,269	9,260	19,5	19,7	+ 0,0750
	59	9,262	9,261	18,8	18,8	+ 0,0181	9,273	9,266	18,4	20,2	— 0,5797
	60	9,269	9,271	19,3	19,3	— 0,0356	9,217	9,282	18,2	17,0	— 0,8387
						— 0,5014					+ 0,3194
5	61	9,262	9,252	19,3	19,2	+ 0,2221	9,271	9,251	19,7	19,4	+ 0,1927
	62	9,266	9,273	19,5	19,4	— 0,0835	9,236	9,249	19,6	19,6	+ 0,1276
	63	9,258	9,265	19,0	19,4	— 0,2969	9,270	9,254	18,9	19,0	+ 0,2491
	64	9,258	9,262	19,3	19,3	— 0,0727	9,244	9,235	20,4	20,1	+ 0,1628
	65	9,222	9,223	19,7	19,9	— 0,1053	9,219	9,235	19,7	19,8	— 0,3315
	66	9,270	9,269	19,9	19,7	+ 0,1051	9,271	9,257	21,1	20,0	+ 1,0721
	67	9,256	9,255	20,8	20,7	+ 0,0594	9,256	9,255	21,1	21,3	+ 0,7493
	68	9,254	9,252	21,4	21,4	+ 0,0364	9,261	9,250	21,6	21,6	+ 0,1909
	69	9,260	9,263	21,2	21,0	+ 0,0273	9,219	9,212	21,5	21,3	— 0,3294
	70	9,260	9,256	21,0	20,9	+ 0,1129	9,211	9,237	19,5	20,4	— 0,8574
	71	9,200	9,204	20,4	20,6	— 0,1580	9,218	9,226	21,1	21,2	— 0,1856
	72	9,220	9,226	20,9	20,8	— 0,0677	9,198	9,228	20,3	21,8	— 1,1070
	73	9,231	9,234	21,4	21,3	— 0,0176	9,220	9,240	20,3	20,3	— 0,3685
	74	9,234	9,247	20,7	20,7	— 0,2595	9,205	9,277	19,7	20,1	— 1,5059
	75	9,238	9,243	20,5	20,6	— 0,1382	9,229	9,247	19,7	20,7	— 0,7163
	76	9,259	9,248	20,5	20,4	— 0,1230	9,241	9,251	20,0	20,2	— 0,2681
	77	9,244	9,251	20,3	20,2	— 0,0827	9,251	9,253	19,4	19,7	— 0,1595
	78	9,219	9,228	20,1	20,3	— 0,2164	9,226	9,229	20,2	20,2	— 0,0539
						— 1,0680					— 2,8591
3 (remesurée)	37	9,262	9,285	21,0	21,0	— 0,4072	9,246	9,255	20,8	20,7	+ 0,2371
	38	9,271	9,252	21,2	21,2	+ 0,1616	9,264	9,251	20,4	20,3	+ 0,2772
	39	9,265	9,260	21,0	21,0	+ 0,0913	9,246	9,234	21,3	21,3	+ 0,2187
	40	9,250	9,256	20,7	20,6	— 0,0729	9,244	9,249	21,3	21,3	— 0,0904
	41	9,270	9,274	20,8	21,1	— 0,1808	9,271	9,260	20,9	21,0	+ 0,1598
	42	9,221	9,240	21,5	21,5	— 0,2920	9,240	9,228	20,5	22,5	— 0,5640
	43	9,235	9,249	21,5	21,5	— 0,2531	9,246	9,240	21,8	21,2	+ 0,3024
	44	9,254	9,254	21,3	21,3	0,0000	9,238	9,229	22,0	21,8	+ 0,2505
	45	9,259	9,234	21,7	21,7	+ 0,0914	9,241	9,248	22,0	21,6	+ 0,0343
	46	9,260	9,259	21,0	21,0	+ 0,0182	9,244	9,257	21,2	21,6	— 0,0293
	47	9,265	9,256	21,0	20,9	+ 0,1675	9,237	9,241	21,8	21,8	— 0,0733
	48	9,250	9,261	21,4	21,5	— 0,2381	9,216	9,231	21,2	21,7	+ 0,0311
						— 0,9141					+ 0,8131

Sections	Journées	p'_1	p'_s	I'_1	I'_{11}	p''_n	p''_s	I''_1	I''_{11}
		T	T	P	P	T	T	P	P
1	1	10,448	10,427	18,4	19,2	10,483	10,400	16,2	16,3
	2	10,376	10,375	16,1	16,1	10,014	9,914	17,7	17,0
	3	10,772	10,832	15,8	15,7	10,123	10,206	15,7	14,9
	4	10,561	10,706	13,5	13,5	10,269	10,390	»	»
	5	10,716	10,746	17,6	17,6	10,091	10,032	20,3	20,1
	6	10,558	10,198	17,4	17,5	10,335	10,310	18,8	18,4
	7	10,436	10,316	17,6	17,3	10,279	10,255	15,2	15,2
	8	9,934	9,858	18,5	18,3	11,217	11,140	»	»
	9	11,142	11,252	18,0	17,9	11,004	10,761	21,9	21,8
	10	11,227	11,123	18,9	15,3	11,161	11,522	17,9	18,3
	11	10,802	10,638	17,2	15,3	11,050	11,028	20,8	20,8
	12	9,174	9,173	18,7	18,2	11,031	11,080	18,6	17,6
	13	11,211	11,208	18,4	17,7	11,216	11,103	18,5	18,5
	14	11,024	11,058	19,3	18,3	10,129	10,568	19,3	19,5
	15	10,709	10,696	18,3	18,1	13,679	13,807	19,1	19,8
	16	10,081	10,060	19,6	19,6	10,398	10,327	19,8	19,8
	17	10,115	10,059	18,9	19,1	10,057	10,030	19,6	19,6
	18	10,186	10,035	19,3	19,2	10,069	10,085	19,2	19,2
	19	10,183	10,225	18,5	18,5	10,138	10,127	18,7	18,7
	20	10,297	10,271	18,1	18,2	10,548	10,303	19,1	19,0
	21	10,306	10,246	17,0	17,5	10,203	10,216	20,8	20,7
	22	10,012	10,020	21,5	22,1	»	»	»	»
2	23	10,124	10,045	22,2	21,9	10,031	10,006	22,0	22,4
	24	10,036	10,012	21,9	21,9	10,328	10,302	21,7	21,6
	25	10,401	10,320	18,8	18,8	10,453	10,320	19,8	19,6
	26	10,378	10,337	18,7	18,7	10,812	9,565	19,3	19,5
	27	10,250	10,247	19,1	19,2	10,360	10,308	19,5	20,2
	28	10,111	10,114	18,4	18,7	10,513	10,507	18,5	18,9
	29	10,245	10,195	18,5	18,5	10,134	10,122	19,0	19,3
	30	9,661	9,605	18,8	18,8	11,182	11,232	19,0	19,0
	31	10,216	10,252	18,6	18,6	10,493	10,162	19,1	19,1
	32	10,451	10,321	18,4	18,2	10,078	10,177	19,2	19,2
	33	10,151	10,279	17,8	17,8	10,339	10,329	19,6	19,7
	34	10,318	10,325	19,4	18,2	10,234	10,251	17,5	17,7
	35	10,122	10,007	19,5	18,1	10,212	10,300	19,6	19,7
	36	10,040	10,038	19,5	19,7	»	»	»	»
3	37	10,099	10,121	18,4	18,6	10,190	10,238	19,1	19,1
	38	10,119	10,078	18,8	18,8	10,056	10,023	19,6	19,6
	39	10,032	10,036	18,8	18,8	10,367	10,354	17,3	17,2
	40	10,108	10,090	18,5	18,7	10,209	10,228	19,7	19,9
	41	10,260	10,251	18,6	18,6	10,489	10,460	18,9	19,1
	42	10,267	10,254	19,0	19,1	10,201	10,179	19,7	19,5
	43	10,293	10,283	19,0	19,2	10,209	10,257	20,5	20,5
	44	10,224	10,227	19,6	19,6	10,304	10,310	19,2	19,1
	45	10,299	10,274	18,4	18,6	10,273	10,285	19,9	19,5
	46	10,216	10,223	17,9	18,3	10,528	10,428	19,6	19,5
	47	10,177	10,163	18,8	18,3	10,184	10,293	19,9	20,1
	48	10,314	10,330	18,1	18,8	»	»	»	»
4	49	10,228	10,204	19,0	19,2	10,275	10,278	19,5	19,5
	50	10,245	10,231	19,2	19,1	10,412	10,415	20,1	20,1
	51	10,180	10,188	18,8	19,2	10,373	10,232	20,2	20,2
	52	10,197	10,216	18,8	18,8	10,223	10,382	20,1	20,0
	53	10,340	10,341	19,1	19,0	10,216	10,219	19,7	19,7
	54	10,331	10,363	19,4	19,3	10,465	10,342	19,2	18,2
	55	10,282	10,246	18,8	18,7	10,158	10,218	19,7	19,7
	56	10,257	10,244	18,3	19,3	10,300	10,300	19,8	19,7
	57	10,291	10,276	18,4	18,4	10,268	10,330	18,7	18,9
	58	10,246	10,215	19,1	18,9	10,136	10,146	19,8	19,6
	59	10,225	10,229	19,1	18,7	10,390	10,383	19,6	19,4
	60	10,201	10,202	19,4	19,3	»	»	»	»

Sections	Journées	p'_{1}	p'_{s}	l'_{1}	l'_{11}	p''_{n}	p''_{s}	l''_{1}	l''_{11}
		T	T	P	P	T	T	P	P
5	61	10,012	10,000	18,0	19,1	9,973	9,958	19,6	19,3
	62	10,065	10,013	19,3	19,1	10,070	10,029	19,2	19,2
	63	9,991	9,989	19,4	19,4	9,865	9,837	19,5	19,5
	64	9,800	9,813	19,2	19,0	8,550	8,514	20,4	20,3
	65	8,729	8,711	18,9	19,1	8,582	8,591	20,1	19,9
	66	9,788	9,791	19,9	19,4	9,745	9,648	20,4	20,3
	67	9,751	9,764	21,8	20,9	9,782	9,774	21,3	21,4
	68	9,866	9,960	21,3	21,3	9,666	9,680	21,6	21,5
	69	9,886	9,873	20,8	20,1	8,719	8,720	21,4	21,1
	70	8,597	8,546	21,2	21,0	8,552	8,614	19,9	20,0
	71	9,121	9,109	20,2	20,5	9,137	9,068	21,1	21,2
	72	9,174	9,151	21,0	20,9	9,135	9,188	20,8	20,8
	73	9,176	9,152	21,4	21,3	9,257	9,189	21,1	21,1
	74	9,156	9,131	21,1	21,0	9,005	8,981	19,6	19,7
	75	9,156	9,128	20,5	20,5	9,127	9,219	20,3	20,2
	76	9,208	9,136	20,1	19,7	8,950	8,958	19,9	20,0
	77	9,159	9,146	20,3	20,0	9,138	9,127	20,2	20,2
	78	8,722	8,689	20,5	20,7	»	»	»	»
3 (remesurée)	37	9,056	9,050	21,2	20,8	»	»	»	»
	38	9,280	9,278	21,2	21,2	»	»	»	»
	39	9,310	9,325	20,8	20,9	»	»	»	»
	40	9,315	9,353	20,6	20,6	»	»	»	»
	41	9,211	9,298	21,1	21,5	»	»	»	»
	42	9,908	9,921	21,6	21,9	»	»	»	»
	43	10,019	9,934	20,9	21,4	»	»	»	»
	44	9,891	9,850	21,4	21,3	»	»	»	»
	45	10,082	10,029	21,6	21,2	»	»	»	»
	46	9,924	9,870	20,5	21,2	»	»	»	»
	47	10,031	10,058	20,8	21,0	»	»	»	»
	48	9,859	9,784	20,8	21,4	»	»	»	»

Sections	Journées	L'_{n}	l'	P'_{n}	p'	P''_{n}	p''_{n}	p''_{s}	l''_{1}	l''_{11}	l''	p''
			T		T		T	T	P	P	T	T
1	22	610	12,597	510	6,780	17900	9,999	9,963	22,3	22,5	12,240*	8,501*
2	36	610	13,965	510	6,508	24800	10,088	10,391	19,6	18,4	11,793*	9,872*
3	48	610	11,151	510	8,973	26900	10,056	10,079	19,3	19,2	9,532*	10,726*
4	60	610	10,576	510	8,874	25800	10,194	10,171	17,2	16,9	9,474*	10,314*
5	78	610	10,576	510	9,293	23400	9,716	»	»	»	»	»
	»	»	»	16800	9,314	39535	9,213	»	»	»	8,259	»
	»	610	9,705	510	9,441	39485	8,669	8,666	20,6	19,7	7,765	»
3 (remesurée)	37	610	9,582	510	9,032	39398	9,207	9,188	20,7	20,3	9,053	»
	38	610	10,602	510	8,456	39307	9,214	9,212	20,3	20,3	7,513	»
	39	610	9,304	510	9,673	39868	9,180	9,059	20,7	21,0	9,924	»
	40	610	9,887	510	9,371	39838	9,167	9,155	20,6	21,2	9,062	»
	41	610	10,408	510	10,900	39716	9,150	9,474	22,2	22,2	10,581	»
	42	610	9,925	510	10,053	39762	9,925	9,872	20,2	22,5	10,433	»
	43	610	10,113	510	9,862	39889	9,899	9,842	21,3	21,1	9,739	»
	44	610	10,160	510	9,764	39730	9,868	9,882	21,9	21,9	9,875	»
	45	610	10,076	510	9,177	39726	9,871	9,865	21,8	21,6	9,317	»
	46	610	9,760	510	9,251	39683	10,019	10,021	21,2	21,3	9,915	»
	47	610	9,627	510	9,878	39813	9,735	9,614	21,9	21,1	10,358	»
	48	593	10,797	493	10,112	27000	9,652	9,600	21,1	21,8	10,555*	10,653*

Les valeurs qui portent cette marque * sont des moyennes d'observations faites avec le microscope n.° 3, auquel se rapporte $h''' = \overset{D}{0},9858$.

§ 22. Les formules (152), (153) des *Expériences* ont été établies dans toute leur généralité, en introduisant de différentes valeurs des tours de chaque micromètre pour chaque journée de mesure; mais le *Tableau* qui les comprend toutes montre que h' et h'' peuvent être considérées comme égales dans l'appareil et que l'on peut adopter pour toutes deux une valeur unique, ce qui abrège les calculs.

En désignant par :

h... la moyenne de toutes les valeurs de h' et h'',

et en conservant les notations employées dans l'ouvrage cité, avec cette différence que les parenthèses rectangulaires représentent les sommes des termes analogues correspondant à une section de la Base, les formules nécessaires pour calculer sa longueur seront :

$$(1)\quad [p''_e]-[p'_e]=\tfrac{1}{2}\Big([p''_n]-[p'_1]+[p'_e]-[p''_e]+([I''_1]-[I''_n]+[I'_n]-[I'_1])\,v\Big),$$

$$(2)\quad [Q]'=h\Big([p'']-[p']+[p''_e]-[p'_e]\Big)+[H'g'_e]-[H''g''_e],$$

$$(3)\quad [M]'=h\Big([l'']-[l']+[p']-[p'']+[p'_1]-[p''_n]\Big),$$

$$(4)\quad C_n=\frac{N_n+Q_n}{N+rM}R,$$

$$(5)\quad [D]'=\Big([n]-1\Big)R+\Big([Q]'-r[M]'\Big)\overset{mm}{0{,}1}+C_n-\Big([c_1]'+c_n\Big).$$

§ 23. La formule (4) a été également employée pour calculer la longueur des trois dernièrs intervalles correspondant aux positions de l'appareil voisines du terme *Bolos*.

Les valeurs trouvées pour les cinq sections de la Base sont, tous calculs faits :

		mm
Section	1.e...	3077800,64
	2.e...	2216641,32
	3.e...	2766908,66
	4.e...	2723723,13
	5.e...	3879426,34

En calculant séparément la longueur correspondant à chacune des journées employées à mesurer et à répéter la mesure de la 3.e section, on obtient :

		Différences.
mm	mm	mm
D_{37} = 233929,23	D'_{37} = 233929,00	+ 0,23
D_{38} = 233922,40	D'_{38} = 233922,60	— 0,20
D_{39} = 233936,99	D'_{39} = 233936,50	+ 0,49
D_{40} = 233943,31	D'_{40} = 233943,31	0,00
D_{41} = 233922,62	D'_{41} = 233922,64	— 0,02
D_{42} = 233928,27	D'_{42} = 233928,50	— 0,23
D_{43} = 233947,11	D'_{43} = 233947,43	— 0,32
D_{44} = 233931,86	D'_{44} = 233931,47	+ 0,39
D_{45} = 233927,09	D'_{45} = 233927,18	— 0,09
D_{46} = 233924,78	D'_{46} = 233925,06	— 0,28
D_{47} = 233919,52	D'_{47} = 233919,16	+ 0,36
D_{48} = 193675,48	D'_{48} = 193675,62	— 0,14
2766908,66	2766908,47	+ 0,19

et en prenant la moyenne de ces deux valeurs, on a pour la Base entière :

$$14664{,}^{m}5000.$$

§ 24. L'erreur probable de la section centrale dépend de celle de R dans les expériences faites avec le comparateur et en outre des erreurs accidentelles commises dans l'opération de la mesure.

En désignant par :

$n_1, n_2, n_3 \ldots n_m$, le nombre des règles correspondant à chacune des journées d'observation,

$d_1, d_2, d_3 \ldots d_m$, les différences des résultats de la mesure et de la répétition de la mesure de chacune des distances comprises entre deux repères de fin de journée,

l'erreur moyenne due à la dernière des causes indiquées sera :

$$(6) \quad \tfrac{1}{2}\sqrt{\frac{n_1+n_2+..n_m}{n_1}d_1^2+\frac{n_1+n_2+..n_m}{n_2}d_2^2+..\frac{n_1+n_2+..n_m}{n_m}d_m^2}$$

et l'erreur probable de la 3.ᵉ section :

$$\sqrt{(0,027)^2+(1,089)^2} = \pm \overset{mm}{1,089}.$$

En deduisant par analogie l'erreur probable de la Base, on trouve :

$$\pm \overset{mm}{2,508},$$

ou $\frac{1}{5850000}$ de la longueur totale.

CHAPITRE III.

THÉODOLITE ET SIGNAUX.

§ 25. Le théodolite de Repsold, dont on s'est servi dans la triangulation de Madridejos, se compose d'un cercle *CC* (*fig.* 48, 49, 50, 51) ajusté à l'axe d'acier *SSS* autour duquel tournent à la fois les branches *XXYY* et *DD*, qui supportent respectivement la lunette *TT* et les microscopes I, II, au moyen desquels on fait les lectures micrométriques des angles azimutaux. Les distances zénithales se mesurent sur le cercle *ZZ*, au moyen des autres microscopes *A*, *B*, réunis au niveau latéral *n n*. Le niveau supérieur *NN*, sert à déterminer l'inclinaison de l'axe de rotation de l'instrument et celle de l'axe des tourillons de la lunette. On peut corriger toutes les deux à l'aide des vis de calage et de rectification.

§ 26. Le cercle azimutal *CC*, de 0,^{m}32 de diamètre, est divisé de 4′ en 4′ par des traits gravés sur argent et il porte en outre une autre division de 10′ en 10′, avec les degrés numerotés de cinq en cinq dont on lit celui qui correspond à l'index *i* (*fig.* 51). Les numéros vont en croissant de gauche à droite, pour un observateur placé au centre du cercle. Quoique ce cercle soit maintenu par un collier *j j* (*fig.* 49), il peut tourner sous un effort de la main sur ses rais, et l'on fait ainsi varier l'origine des angles pour réitérer leur mesure sur différents arcs et diminuer l'effet des petites erreurs de la division. L'axe *SSS* est invariablement fixé aux bras inferieurs *V*, *V*, *U* (*fig.* 48, 50, 51), qui reposent, au moyen des vis à caler, sur des crapaudines établies sur le pilier d'observation.

§ 27. La branche *DD*, que l'on assujettit, au moyen de la vis *d*, à la partie mobile de l'instrument, supporte les microscopes micrométriques I, II, qui se placent dans les colliers *g*, *g*... On amène ces microscopes à la distance convenable du cercle *CC*, et l'on fait marcher les petites vis *t*, *t*..., jusqu'à ce que les divisions correspondent au centre du champ de chacun des microscopes. Ces microscopes ont un grossissement linéaire de 25 fois et portent à leur extrémité inférieure un tube à mouvement de rotation, muni d'un réflecteur.

§ 28. Le micromètre *M*, placé au dessous de l'oculaire *o*, *o* (*fig.* 38, 39, 40), se compose d'une boîte *aa*, à l'intérieure de laquelle se trouve un châssis mobile *bc*, avec un réticule formé de deux fils d'araignée parallèles *vv*, et d'un autre *hh* qui leur est perpendiculaire. Contre le rebord *b* de ce châssis agit un ressort *mm*, enroulé en hélice autour d'une tige maintenue dans la boite *aa*, par une goupille *s*. Le châssis se meut longitudinalement, quand on fait tourner la vis micrométrique *rr*, qui est construite avec une grande précision. On agit sur cette vis à l'aide de la tête *l* avec laquelle tourne aussi un tambour *tt*, dont la circonférence est divisée en 60 parties égales, numérotées de dix en dix, et qui servent avec l'index fixe *y*, à évaluer les diverses fractions de tour. Le guide *nn*, qui traverse le rebord *b*, touche par ses deux extrémités au fond et audessus de la boite *aa*, dans toute l'étendue du mouvement longitudinal, que l'on peut rendre plus ou moins doux, en desserrant ou en serrant la vis *d*. Pour indiquer le nombre de tours entiers, il y a à la partie supérieure du micromètre une petite plaque mince *p* (*fig.* 40, 41) dont le bord a la forme d'un *peigne* construit de telle sorte que la distance entre deux sommets consécutifs des angles saillants des dents correspond à un pas de la vis micrométrique. Le nombre de tours faits par celle-ci, à partir d'une position initiale des fils jusqu'à une autre quelconque *vv* (*fig.* 39, 41), s'obtient en observant avec l'oculaire *o*, *o* (*fig.* 38, 40) les dents comprises entre les deux positions, et en prenant pour zéro ou pour origine des indications du peigne, la dent centrale qui se distingue des autres par un petit trou circulaire (*fig.* 41). Si, lorsque l'index *y* (*fig.* 38, 39) coïncide avec le zéro des divisions du tambour *tt*, les fils parallèles du réticule ne correspondaient pas à peu près au sommet de l'un des angles saillants du peigne, on retirerait la clé *l*, on desserrerait un peu l'écrou qui maintient le tambour et l'on ferait tourner celui-ci de la quantité nécessaire. En relâchant ensuite les colliers *g*, *g*... (*fig.* 48, 50, 51) des microscopes, et en faisant légèrement tourner ceux-ci, on réglerait convenablement la direction des fils *vv* (*fig.* 39).

§ 29. Après avoir noté le degré marqué par l'index *i* (*fig.* 51), pour achever la lecture correspondante à une position déterminée de la lunette dans le sens azimutal, on compte, sur chacun des microscopes, le nombre de divisions entières comprises entre le zéro du peigne *p* (*fig.* 41) et le long trait du degré le plus voisin vers la droite, mais qui se voit du côté gauche à cause du renversement produit par le microscope. On fait ensuite mouvoir la tête *l* (*fig.* 39) de la vis micrométrique, de manière que les fils parallèles *vv* marchent vers le trait qui termine les divisions comptées, en faisant en sorte que l'image de ce trait et spécialement la partie centrale voisine du fil *hh* (*fig.* 41), se trouve, le plus exactement possible, au milieu de l'intervalle compris entre ces deux fils (*). Cet intervalle correspond sur le cercle à 50″ et la grosseur des traits gravés sur argent équivaut á peu près à 20″. La lecture, en ce qui concerne l'observation micrométrique, se compose du nombre de tours entiers indiqué par les

(*) Sur la *fig.* 41 on a indiqué une position du microscope pour laquelle on compterait neuf divisions du cercle; les fils *vv* se trouvent dans la situation qu'il faudrait leur donner pour observer le trait correspondant. La figure représente les divisions cinq fois plus petites qu'on ne le verrait dans le microscope et cinq fois plus grandes qu'elles ne sont en réalité.

dents du peigne, et des parties de tour marquées par l'index g (*fig.* 38, 40). La valeur qui correspond sur le cercle à chacun des tours de la vis micrométrique, diffère peu d'une demi division du cercle et chaque partie du tambour tt (*fig.* 38, 39) donne, par conséquent, $\frac{1}{120}$ de division ou à très-peu près 2″.

§ 30. La lunette TT (*fig.* 48, 50, 51), se compose d'un objectif achromatique de 40mm d'ouverture et de 525mm de distance focale, placé à l'extrémité d'un tube coudé à angle droit. Ce tube porte, dans le cube central JJ, un prisme fixe qui réfléchit vers l'autre extrémité où se trouve l'oculaire astronomique O, les rayons de lumière qui entrent par l'objectif. L'axe des tourillons, autour duquel tourne la lunette, est également creux dans la moitié opposée à O, et on peut ouvrir le bout F pour illuminer le réticule pendant les observations nocturnes. Ce réticule formé de six fils d'araignée parallèles vv, ii, ii... (*fig.* 47) (*) et de deux autres fils hh perpendiculaires aux premiers, se trouve à l'extrémité d'un petit tube intérieur d (*fig.* 45, 46), voisin de l'oculaire. Pour le placer convenablement, après avoir fait tourner le manchon q (*fig.* 50), on desserre les vis f, f (*fig.* 45, 46), et avec la vis g on fait avancer ou reculer le réticule jusqu'à ce qu'il vienne au foyer de l'objectif; on serre ensuite les vis f, f qui maintiennent le carré e fixé au tube d, et l'on recouvre le tout par un autre tour du manchon q (*fig.* 50). L'erreur de collimation se

(*) La *fig.* 47 représente les distances entre les fils cinq fois plus petites qu'elles ne paraissent dans l'oculaire.

corrige au moyen des vis opposées *x*, *x* (*fig.* 45, 46, 48, 50) qui agissent sur le disque *bb* (*fig.* 45, 46) mobile dans la coulisse formée par les plaques *a*, *a* qui sont unies aux tubes extérieurs par les vis *z*, *z*... Les quatre fils centraux *vv*, *hh* (*fig.* 47) forment un petit carré au milieu duquel on observe avec beaucoup de précision les objets terrestres. Le côté de ce carré correspond à peu près à 35″ et le grossissement linéaire de la lunette est de 44 fois.

§ 31. Le cercle *ZZ* (*fig.* 48, 50, 51) est ajusté à l'axe des tourillons, mais il peut tourner comme *CC*, sous un effort exercé par la main sur les rais. Il a 0,^{m}285 de diamètre et sa division sur argent est de 4′ en 4′, comme la division azimutale. Celle de 10′ en 10′ est tracée sur un autre cercle *GG* sur lequel un index fixe *y* marque les degrés. Le secteur *QQ*, plein dans sa partie opposée à la lunette, lui sert de contrepoids et donne prise pour effectuer à la main la rotation dans le sens vertical.

§ 32. Les microscopes micrométriques *A*, *B*, pareils aux microscopes I, II (§§ 27, 28) sont assujettis par les colliers *g*, *g*... et les vis *t*, *t*... à un support sur lequel le niveau *nn*, repose au moyen de deux autres petites vis *k*, *k*. On amène la bulle de ce niveau dans la position convenable, par l'action combinée de la vis *s* et du ressort *r* qui maintiennent la tige verticale du support dont il vient d'être question. Auprès de l'oculaire *O*, il y a un disque *RR* qui sert de contrepoids à tout ce qui se trouve sur la partie opposée de l'axe des tourillons. En se servant du niveau *NN* posé sur ces tourillons et des vis à coler *v*, *v*, *u*, on peut corriger le défaut de verticalité de l'axe de rotation de l'instrument ; et en retournant ce niveau, on parvient, à l'aide des vis *c*, *f*, de l'un des coussinets, à rendre l'axe des tourillons perpendiculaire à l'axe de rotation. Les divisions du niveau *N N* ont une valeur angulaire de 2″ environ et avec les vis *o*, *z*, on place la bulle de manière à pouvoir l'observer.

§ 33. Les mouvements rapides dans le sens azimutal s'exécutent à la main après avoir desserré la vis de pression *P* qui agit sur l'axe du théodolite. Pour les mouvements de rappel, après avoir serré cette vis, on fait marcher celle *L* qui traverse l'un des deux bras *j*, *j*, et dont l'action se combine mais en sens contraire avec celle d'un ressort enroulé en hélice à l'intérieur du cylindre *m*. La pièce *h h h* et avec elle toute la partie de l'instrument qui peut prendre un mouvement de rotation, se déplace par l'action de la vis et du ressort. L'axe S S S (*fig.* 49) se trouve pressé contre la surface intérieure de cette partie tournante par le ressort *m* assujetti par la vis *K*. Avant de faire tourner la lunette à la main dans le sens vertical, on desserre la vis *p* (*fig.* 48), pour rendre libre le secteur *Q Q*; et le mouvement de rappel s'obtient en serrant cette vis et en faisant marcher la seconde *l* (*fig.* 48, 51) dont l'action se combine avec celle du ressort *e*.

§ 34. Pour retourner facilement les tourillons et les changer de coussinet, il y a audessous de l'axe creux *S S S* (*fig.* 49) une roue dentée *a a*, mise en mouvement par une clé qui agit sur une longue tige *E*; cette roue engrène avec une seconde *bb* qui fait tourner la vis *cc*. L'action de cette dernière combinée avec celle du ressort en hélice *rr* élève la pièce d'acier *d* qui a seulement un mouvement longitudinal et que le guide *f* passant dans une échancrure du diaphragme *gg* empêche de tourner. Le tube également en acier *h' h'* est ajusté dans la cavité centrale de l'écrou de cuivre *tt*, placé à l'extrémité de la partie fixe *SSS*. Avec ce tube *h' h'* et la tige *d* qu'il recouvre, montent et descendent les fourchettes d'appui *H, H*... (*fig.* 48, 50, 51) de l'axe de rotation de la lunette. Avant de toucher à la clé de la tige *E*, on a soin d'interrompre l'action du ressort *r*, afin que toute la partie supérieure de l'instrument soit tout-a-fait libre. Quand celle-ci a été portée à la hauteur nécessaire, on effectue un mouvement de rotation de 180° dans le sens horizontal. La position des extrémités de l'axe par rapport aux supports *XX, YY* se trouve ainsi intervertie et un mouvement inverse de la tige *E* fait reposer de nouveau les tourillons sur les coussinets.

§ 35. Les valeurs angulaires correspondant aux lectures micrométriques du cercle azimutal ont été déterminées à Madrid, le théodolite ayant été, à cet effet, posé sur un pilier en pierre. Après avoir amené l'index *i* (*fig.* 51) en face du zéro de la graduation et serré la vis *P* (*fig.* 48, 50, 51), on faisait avec le microscope I deux lectures successives (§ 29) sur les deux traits qui limitaient la division du cercle la plus rapprochée du zéro du peigne, du côté gauche apparent, et l'on opérait de même sur le microscope II. On desserrait alors la vis P, on faisait tourner l'index de 30° et l'on faisait de nouveau les lectures avec les deux microscopes. On continuait de même dans les douze positions équidistantes qui complètent le tour entier. Dans chacune de ces positions on lisait un thermomètre à mercure placé auprès de l'instrument et quoique l'opération complète ait été répétée quatre fois sur les mêmes divisions du cercle, les températures ayant varié de 1°,5 à 27°,3, quoiqu'on ait fait ensuite d'autres séries de 30° en 30°, en partant d'une origine différente, il ne se manifesta aucune loi indiquant l'effet produit par les dilatations. En consequence, on adopta pour la valeur d'une partie du tambour de chaque microscope le quotient des 240″ que représente une division du cercle par la moyenne de toutes les mesures faites avec le micromètre correspondant. On procéda de la même manière avec les microscopes A, B, relativement à la graduation du cercle ZZ et à celle du cercle vertical d'un autre instrument de même forme, construit par Brunner. L'*Appendice N.° 2* (*) contient les observations dont il s'agit et leurs résultats, ainsi que les tables qu'ils ont servi à construire, et qui sont destinées à faciliter la reduction en minutes et secondes de toutes les lectures micrométriques du théodolite de Repsold, et de celles qui se rapportent à l'observation des distances zénithales, à

(*) Dans ces observations, comme dans celles que contiennent les *Appendices* qui viennent après le *N.°* 2, on a compté les heures à partir du passage du soleil au méridien, de 0 à 24ʰ.

l'aide du théodolite de Brunner qui devait concourir avec le premier à l'exécution du nivellement projeté.

§ 36. La valeur angulaire des parties du tube du niveau *nn* a éte déterminée au moyen d'une éprouvette dont la vis micrométrique a un pas de 0,^{mm}2 et se trouve à 697,^{mm}3 de l'axe de rotation du bras sur lequel on pose les tubes. A ce pas de vis correspond donc un mouvement angulaire de 59″,16. L'index qui tourne avec la vis donne les fractions de tour sur un cercle divisé en 60 parties égales. Si l'on prend pour unité des valeurs angulaires celle qui correspond à 5 divisions de ce cercle, et que l'on introduise dans les formules établies antérieurement (*) les moyennes des lectures de la bulle qui sont inscrites dans l'*Appendice N.° 3*, on obtient les 28 équations suivantes :

$$
\begin{aligned}
18{,}60\, s - y' &= \Delta'_1 \\
-1 + 21{,}90\, s - y' &= \Delta'_2 \\
-2 + 25{,}15\, s - y' &= \Delta'_3 \\
-3 + 28{,}30\, s - y' &= \Delta'_4 \\
-4 + 30{,}60\, s - y' &= \Delta'_5 \\
-5 + 33{,}60\, s - y' &= \Delta'_6 \\
-6 + 35{,}95\, s - y' &= \Delta'_7
\end{aligned}
$$

$$
\begin{aligned}
20{,}05\, s - y'' &= \Delta''_1 \\
-1 + 24{,}05\, s - y'' &= \Delta''_2 \\
-2 + 26{,}40\, s - y'' &= \Delta''_3 \\
-3 + 29{,}40\, s - y'' &= \Delta''_4 \\
-4 + 31{,}80\, s - y'' &= \Delta''_5 \\
-5 + 34{,}60\, s - y'' &= \Delta''_6 \\
-6 + 36{,}20\, s - y'' &= \Delta''_7
\end{aligned}
$$

(*) Voyez l'*Appendice N.° 1* du volume des *Expériences* etc.

$$
\begin{aligned}
19{,}55\,\varepsilon - y''' &= \Delta'''_1 \\
-1 + 25{,}10\,s - y''' &= \Delta'''_2 \\
-2 + 27{,}25\,s - y''' &= \Delta'''_3 \\
-3 + 30{,}20\,s - y''' &= \Delta'''_4 \\
-4 + 35{,}10\,s - y''' &= \Delta'''_5 \\
-5 + 35{,}40\,s - y''' &= \Delta'''_6 \\
-6 + 37{,}50\,s - y''' &= \Delta'''_7
\end{aligned}
$$

$$
\begin{aligned}
21{,}85\,s - y^{iv} &= \Delta^{iv}_1 \\
-1 + 25{,}65\,s - y^{iv} &= \Delta^{iv}_2 \\
-2 + 28{,}80\,s - y^{iv} &= \Delta^{iv}_3 \\
-3 + 31{,}30\,s - y^{iv} &= \Delta^{iv}_4 \\
-4 + 33{,}70\,s - y^{iv} &= \Delta^{iv}_5 \\
-5 + 36{,}30\,s - y^{iv} &= \Delta^{iv}_6 \\
-6 + 37{,}80\,s - y^{iv} &= \Delta^{iv}_7
\end{aligned}
$$

En effectuant les calculs numériques, il vient :

$$s = \frac{310{,}20}{870{,}97} = 0{,}3562$$

$$y' = 6{,}88 \qquad y''' = 7{,}59$$
$$y'' = 7{,}30 \qquad y^{iv} = 7{,}96$$

Et en introduisant ces résultats dans les 28 équations précédentes, on trouve les erreurs suivantes :

$$
\begin{aligned}
\Delta'_1 &= -0{,}25 & \Delta'''_1 &= -0{,}63 \\
\Delta'_2 &= -0{,}08 & \Delta'''_2 &= +0{,}35 \\
\Delta'_3 &= +0{,}08 & \Delta'''_3 &= +0{,}12 \\
\Delta'_4 &= +0{,}20 & \Delta'''_4 &= +0{,}17 \\
\Delta'_5 &= +0{,}02 & \Delta'''_5 &= +0{,}20 \\
\Delta'_6 &= +0{,}09 & \Delta'''_6 &= +0{,}02 \\
\Delta'_7 &= -0{,}07 & \Delta'''_7 &= -0{,}25
\end{aligned}
$$

$$
\begin{aligned}
\Delta''_1 &= -0{,}16 & \Delta^{iv}_1 &= -0{,}18 \\
\Delta''_2 &= +0{,}27 & \Delta^{iv}_2 &= +0{,}18 \\
\Delta''_3 &= +0{,}10 & \Delta^{iv}_3 &= +0{,}30 \\
\Delta''_4 &= +0{,}17 & \Delta^{iv}_4 &= +0{,}19 \\
\Delta''_5 &= +0{,}05 & \Delta^{iv}_5 &= +0{,}04 \\
\Delta''_6 &= +0{,}02 & \Delta^{iv}_6 &= -0{,}05 \\
\Delta''_7 &= -0{,}41 & \Delta^{iv}_7 &= -0{,}50
\end{aligned}
$$

L'erreur moyenne d'une observation est donc :

$$\sqrt{\frac{1,5349}{28-5}} = \pm 0,258$$

par conséquent l'erreur probable de s est elle-même :

$$0,6745 \frac{0,258}{\sqrt{870,97}} = \pm 0,006$$

et comme 5 divisions du cercle de l'éprouvette correspondent à 4″,93, la valeur d'une partie du tube nn sera :

$$s = 1'',756$$

avec l'erreur probable :

$$\Delta_s = \pm 0'',03.$$

En opérant d'une manière analogue sur le niveau latéral du théodolite de Brunner et en introduisant les moyennes des lectures de la bulle inscrites dans le même *Appendice N.° 3*, on forme 40 équations desquelles on déduit enfin :

$$S = 1'',797$$

avec l'erreur probable :

$$\Delta_S = \pm 0'',01.$$

§ 37. Dans l'alignement de la Base de Madridejos on a employé comme signal un héliotrope construit par Brunner et composé d'une lunette A (*fig.* 42, 43, 44) de 39^{mm} d'ouverture et de 457^{mm} de distance focale qui, avec un oculaire astronomique *O*, donne un grossissement linéaire de 30 fois. Cette lunette repose sur deux collets qui s'élèvent aux extrémités de la règle *BB* et peut y tourner, soit rapidement, si l'on enlève la chape *XX*, en la faisant pivoter autour de *N*, soit lentement au moyen de la vis sans fin *T* qui engrène avec les dents d'un disque fixé au tube de la lunette, lorsqu'on serre la pince *J* et que le ressort *G* exerce son action. Au-devant de l'objectif s'avancent les bras *Y*, *Y* qui soutiennent deux miroirs plans *E*, *D*, disposés à angle droit et mobiles autour de la droite *QQ* au moyen du pignon *H* qui engrène avec le quadrant denté *RR*. Toute la partie supérieure de l'instrument peut tourner à la main, quand la pince *P* est desserrée, ou bien lentement, quand on arrête le cercle *CC* avec cette pince et que l'on agit sur la vis *L* dont l'action se combine avec celle du ressort en hélice *M*. Les vis à caler *U*, *U*, *Z* permettent de donner à l'axe optique de la lunette les légères inclinaisons que peuvent avoir habituellement les côtés des triangles géodésiques.

§ 38. Après avoir corrigé cet axe optique à l'aide des petites vis *K*, *K*, *V*, *V*, de manière à le rendre parallèle à l'axe de rotation du tube, et après avoir placé le réticule à la distance convenable, au moyen du pignon *F*, on fait coïncider la croisée des fils avec l'image d'un objet terrestre et on arrête l'instrument dans cette position. La lunette peut toutefois se mouvoir librement autour de son axe optique et en commençant par la faire tourner rapidement à la main, puis avec la vis *T* et en combinant ce dernier mouvement avec celui du pignon *H*, on parvient à amener l'image du soleil réfléchie par le miroir *D* et observée à travers un des verres de couleur *S*, à coïncider avec les fils. Le miroir *E* réfléchit alors la lumière solaire dans la même direction, mais en sens contraire, et l'envoie par conséquent à l'objet terrestre choisi pour point de mire. Ce miroir, vu d'une grande distance, a l'apparence d'une étoile sur laquelle on peut pointer très-exactement avec les lunettes des instruments géodésiques. Celui qui est chargé de cette observation doit avoir auprès de lui un autre signal sur lequel se dirige l'aide qui manœuvre l'héliotrope avec lequel il faut suivre en outre constamment le mouvement apparent du soleil, pour que le miroir brille sans interruption. Ce résultat s'obtient en conservant l'image de l'astre sur la croisée des fils au moyen des vis *T* et *H*. En se servant des autres vis *I*, *I*... et d'une équerre en métal, on corrige facilement les variations que pourrait éprouver l'angle des deux miroirs; la surface du miroir *E* qui est tournée vers l'extérieur doit être recouverte en grande partie quand on a à pointer sur l'héliotrope, d'un point rapproché.

§ 39. Aux neuf sommets de la triangulation de Madridejos que l'on devait observer de chaque station, furent placées des mires de bois en forme de croix *S* (*fig.* 29, 30, 31) dont les bras égaux entre eux, étaient plus ou moins longs et plus ou moins larges, selon la distance à laquelle on devait pointer sur eux. Leur surface entière était peinte en noir. Sur les piliers *C* qui n'avaient pas de cavité intérieure, on fixait le signal, au moyen des écrous *t*, *t*, à une barre de fer *ee*, soudée avec un châssis du même métal *nnn*, que l'on fixait sur la pièce de bois *b* assemblée elle-même sur une autre pièce de bois *a*. Cette dernière reposait sur le terrain et était solidement reliée au pilier par des frettes *dd*, *gg*... *ff*, *hh*... que l'on calait de manière à rendre la barre *ee* verticale et à faire correspondre son extrémité inférieure au centre de la pierre quadrangulaire *ll*. Le signal *S* pouvait tourner autour de *ee* quand on desserrait les écrous *t'*, *t'* et on le présentait toujours de face à la direction dans laquelle il devait être observé. Sur le piliers creux *B* (*fig.* 26, 27, 28) on introduisait en *n* une barre bien droite et de longueur suffisante pour arriver jusqu'en *p*, que l'on calait fortement, tant à son extrémité inférieure que dans la pierre *ll*, afin de lui conserver sa verticalité, ce que l'on vérifiait à l'aide d'un niveau à bulle d'air.

CHAPITRE IV.

TRIANGULATION.

§ 40. La triangulation exécutée dans les environs de Madridejos devait procurer les données nécessaires pour calculer la longueur de chacune des sections 1, 2, 4 et 5 de la Base et la longueur totale de celle-ci, en partant de celle obtenue par les deux mesures directes de la section 3 ou section centrale, et en se servant des angles formés par les droites qui joignent entre eux les dix sommets (*fig.* 5) choisis à cet effet (§ 3). Ces observations angulaires avaient le double objet de contrôler les résultats de toute la mesure directe et de parvenir, au moyen de triangles convénablement disposés, d'une petite ligne à une autre cinq fois plus grande, ce qui permettrait de se prononcer sur la question de savoir s'il est nécessaire de mesurer de grandes bases géodésiques ou si les bases d'une petite longueur sont suffisantes.

§ 41. Le 1.er mai 1859, on commença l'observation des directions azimutales au sommet *Huertas*, en opérant à l'intérieur de l'une des travées de la galerie mobile (§ 15) et sur un plancher isolé du pilier *B* (*fig.* 26, 27, 28). Le théodolite fut centré sur le point correspondant à l'intersection des droites tracées sur la face supérieure de la pierre *H*. Cette intersection avait été elle-même rapportée, par les moyens indiqués dans le § 6, à la croix gravée sur la plaque *p*, à l'époque de la mesure de la Base. Après avoir corrigé l'erreur de collimation (§ 30), on rectifia la position verticale de l'axe du théodolite (§ 32) et celle de l'axe des tourillons *OF* (*fig.* 48, 50) qui doit être perpendiculaire au premier. Un des observateurs, placé sur un siège de hauteur convenable, dirigea la lunette, avec le cercle vertical à gauche, vers le signal (§ 39) du sommet *Conde*, en faisant tourner l'instrument de gauche à droite et en employant les mouvements rapides et les mouvements de rappel (§ 33) tant azimutaux que verticaux, jusqu'à ce que l'image de ce signal lui parut centrée, le plus exactement posible, dans le petit carré formé par les fils *vv*, *hh* (*fig.* 47) du réticule. Pour lui faire atteindre cette position, l'observateur continuait à faire tourner azimutalement de gauche à droite, en ayant soin de faire marcher la vis de rappel *L* (§ 30) toujours dans le même sens et non en sens contraire. Pendant que celui-ci achevait de perfectionner le pointé, un autre observateur notait sur un petit carnet préparé à cet effet, le nombre de degrés marqués par l'index *i* (*fig.* 51) et se plaçant ensuite en face du microscope II (*fig.* 48, 50, 51), au moyen duquel il faisait la lecture, il inscrivait cette lecture sur le carnet à la suite de celle du microscope I, faite et dictée à haute voix par le premier des deux observateurs. On procéda de la même manière pour les signaux (§ 39) des sommets *Bolos*, *Corral*, *Yesos*, *Paredon*, *Carril*, *Carbonera*, *Lindero* et *Paniagua*, en pointant sur eux au fur et à mesure qu'ils se présentaient dans le champ de la lunette quand on continuait à faire tourner le théodolite de gauche à droite, et en commençant par le plus éloigné quand deux ou un plus grand nombre se trouvaient à très peu-près sur le même alignement. Ce tour d'horizon fut suivi d'un autre effectué dans l'ordre inverse, en faisant marcher la lunette de droite à gauche, et l'on eut soin, en pointant de nouveau sur chaque signal, de faire marcher toujours la vis *L* dans le sens indiqué, opposé à celui dans lequel on avait opéré les premiers mouvements de rappel, afin d'annuler ainsi les effets des petits déplacements qu'éprouve quelquefois la pièce *hhh* quand on retire la main de la vis *L*. Les deux tours d'horizon terminés, le second observateur remettait le carnet de notes au premier et se disposait à remplir les mêmes fonctions que celui-ci, mais sans changer de place. A cet effet, il faisait tourner de 180° le théodolite autour de l'axe vertical et la lunette autour de l'axe horizontal, de telle sorte que dans le pointé, celle-ci se trouvât à droite du cercle ZZ. Il déplaçait ensuite le cercle *CC* de manière à lui faire parcourir sous l'index *i* (§ 26) un arc de 20° environ, puis il rectifiait la verticalité de l'axe de l'instrument. L'observation des signaux de tous les sommets était alors réitérée, en allant d'abord de gauche à droite puis en sens contraire, en se conformant en tout au procédé qui vient d'être décrit. Le système employé pour ces quatre tours d'horizon fut suivi également pour tous les autres qui furent exécutés. On changait de deux en deux la position du cercle vertical, en faisant tourner le cercle azimutal de 20°. Les trois officiers chargés des observations alternèrent pour compléter 36 tours d'horizon. Ce nombre fut considéré comme suffisant lorsque dans tous les tours d'horizon on pouvait pointer sur les neuf signaux.

§ 42. Le théodolite et la travée de la galerie furent transportés successivement aux sommets *Carbonera*, *Lindero*, *Paredon*, *Yesos*, *Conde*, *Paniagua*, *Bolos* et *Carril* où l'on exécuta de même 36 tours d'horizon. A la station de *Conde* on prit pour direction initiale celle de *Paniagua*; mais dans toutes les autres on commença par observer le signal de *Conde* qui en raison de sa hauteur au dessus de la plaine se présentait dans des conditions très-favorables de visibilité.

§ 43. Du sommet de *Corral* il ne fut pas possible d'observer le soir les signaux alors mal éclairés de *Yesos*, *Huertas*, *Lindero* et *Carbonera*, et comme le même inconvénient se présenta avec ceux de *Paniagua*, *Bolos*, *Carril* et *Paredon* pendant quelques heures de la matinée, on pointa seulement, à chaque tour d'horizon, sur les objets dont les images se trouvaient dans des conditions convenables d'éclairage et de calme, en laissant les autres de côté. Par cette circonstance on porta le nombre des tours d'horizon à 64. L'*Appendice N.° 4* contient toutes les observations relatives à la triangulation. Les lectures faites avec les microscopes I et II y sont données réduites en minutes et secondes d'après les tables de l'*Appendice N.° 2* (§ 35), ainsi que les moyennes qui en résultent. Au bas des pages se trouvent indiqués les noms des observateurs; celui de gauche désigne l'observateur qui pointait avec la lunette quand le cercle vertical était de ce côté.

§ 44. En prenant, pour chaque tour d'horizon, les différences entre la moyenne relative à l'objet pris pour origine, à la station considérée, et les valeurs analogues relatives aux autres signaux pointés dans le même tour d'horizon, on a obtenu les *directions observées*, telles qu'elles sont indiquées dans les *Tableaux* suivants. Les moyennes inscrites au bas des différentes colonnes de ces tableaux sont les *directions les plus probables relatives à chaque station isolée*, car elles résultent de pointés effectués le même nombre de fois sur tous les objets. Quant à la station de *Corral* qui ne se trouve pas dans ce cas, il y a lieu de déterminer les directions les plus probables, en appliquant aux observations les formules convenables.

STATION DE

N.°	JOURNÉES	HEURES	CONDE	BOLOS	CORRAL
		h m	° ′ ″	° ′ ″	° ′ ″
1	1.er mai 1859	5 17	0 0 0,00	38 46 33,11	38 46 34,01
2		5 41	0,00	34,22	32,71
3		17 20	0,00	35,82	34,62
4		17 48	0,00	35,03	33,53
5	2	4 21	0,00	33,70	31,60
6		4 48	0,00	33,01	30,21
7		5 16	0,00	29,81	29,62
8		17 15	0,00	31,32	30,02
9		17 44	0,00	34,61	34,41
10		18 13	0,00	34,11	33,12
11	3	5 10	0,00	32,72	32,32
12		5 39	0,00	31,72	31,62
13		17 24	0,00	34,10	33,40
14		17 54	0,00	35,50	33,80
15		18 24	0,00	35,12	34,72
16	4	5 29	0,00	34,03	34,43
17		5 57	0,00	34,10	33,50
18		6 25	0,00	36,50	33,50
19		17 27	0,00	30,90	30,32
20	5	5 3	0,00	31,52	31,71
21		5 30	0,00	35,31	34,71
22		5 59	0,00	35,91	35,81
23		17 28	0,00	30,72	30,52
24		17 56	0,00	32,20	31,90
25		18 22	0,00	32,50	31,80
26	6	5 12	0,00	33,12	33,02
27		5 50	0,00	33,03	33,63
28		6 19	0,00	33,72	32,32
29		17 30	0,00	33,60	33,90
30		17 58	0,00	36,59	35,19
31		18 25	0,00	33,70	32,70
32	7	5 7	0,00	35,32	33,71
33	8	5 15	0,00	32,31	32,91
34		5 42	0,00	35,61	35,51
35	10	5 26	0,00	34,51	33,12
36		5 54	0,00	34,40	34,21
		Moyennes..	0 0 0,00	38 46 33,717	38 46 33,050

Observateurs : *Ibañez*,

HUERTAS..1.

YESOS	PAREDON	CARRIL	CARBONERA	LINDERO	PANIAGUA
° ′ ″	° ′ ″	° ′ ″	° ′ ″	° ′ ″	° ′ ″
38 46 32,71	103 13 18,54	130 14 26,76	218 46 31,51	218 46 32,41	348 32 39,89
32,32	18,44	27,75	29,61	31,41	39,69
34,42	21,84	29,74	33,02	33,82	43,66
34,23	19,24	28,94	31,45	32,82	42,66
30,20	20,19	30,79	29,91	30,41	42,65
30,71	20,10	29,61	29,22	30,02	42,36
30,82	18,52	28,32	27,61	30,01	41,55
30,62	16,42	29,12	27,02	28,92	40,38
32,52	22,43	34,34	31,93	31,73	45,05
32,82	22,63	33,24	30,73	30,93	43,95
31,42	21,90	33,80	29,12	30,23	42,68
31,92	24,81	33,71	28,62	30,02	40,58
33,50	21,11	30,41	30,20	31,40	39,95
33,70	21,21	30,71	32,50	31,80	40,95
34,22	24,23	32,44	32,54	32,04	42,36
34,83	24,23	32,44	32,53	32,53	41,46
32,80	21,89	31,09	33,80	33,50	41,75
33,90	21,90	32,19	33,50	34,00	43,65
29,52	16,72	28,23	25,71	28,01	40,48
31,61	17,42	29,12	26,22	28,52	41,77
34,11	21,52	31,63	34,91	35,81	41,98
35,11	20,72	30,73	34,02	35,02	42,48
30,72	17,94	29,13	29,70	29,20	43,88
30,80	16,43	28,04	29,60	28,60	42,78
32,70	20,41	31,45	26,23	28,52	39,48
31,43	21,53	33,05	27,05	29,45	43,08
32,42	21,72	33,92	30,01	31,41	43,75
32,42	21,72	33,33	29,81	29,81	44,95
32,31	23,32	31,93	28,88	30,79	43,55
33,89	24,53	33,82	30,97	31,78	42,15
33,40	23,84	30,46	28,32	29,82	40,58
33,12	21,23	33,55	30,34	31,33	42,28
33,31	23,52	31,03	32,72	33,52	41,25
33,41	23,52	30,24	31,32	31,82	41,66
32,62	19,73	29,24	31,11	32,31	41,79
31,01	19,42	28,84	30,70	32,01	42,00
38 46 32,677	103 13 21,139	130 14 30,921	218 46 30,345	218 46 31,270	348 32 42,089

Saavedra, Quiroga.

STATION DE

N.°	JOURNÉES	HEURES	CONDE	PANIAGUA	CORRAL
		h m	° ′ ″	° ′ ″	° ′ ″
1	14 juin 1859	6 18	0 0 0,00	41 29 6,03	115 53 33,07
2		6 50	0,00	5,33	32,77
3		17 00	0,00	6,50	31,45
4		17 35	0,00	4,41	30,35
5	15	6 3	0,00	2,34	32,17
6		6 39	0,00	2,34	31,17
7		17 3	0,00	5,02	36,05
8		17 41	0,00	3,61	33,85
9	16	5 50	0,00	2,53	34,76
10		6 21	0,00	1,83	35,56
11		17 20	0,00	4,11	34,76
12		17 50	0,00	3,73	35,46
13	17	5 59	0,00	3,43	36,65
14		6 30	0,00	4,23	36,15
15	18	5 45	0,00	5,54	36,65
16		6 6	0,00	6,64	36,85
17		6 31	0,00	6,01	33,93
18		17 37	0,00	4,51	33,73
19	19	5 8	0,00	3,72	33,05
20		5 41	0,00	6,02	33,85
21		6 16	0,00	4,72	31,26
22		6 48	0,00	4,42	31,66
23		17 9	0,00	4,62	31,56
24		17 35	0,00	3,23	31,85
25		18 9	0,00	2,62	33,46
26	20	4 12	0,00	2,44	32,77
27		4 51	0,00	1,63	34,74
28		5 24	0,00	1,63	36,24
29		5 52	0,00	2,42	35,53
30		6 25	0,00	2,42	35,16
31		17 00	0,00	5,11	37,34
32		17 28	0,00	4,42	36,74
33		17 57	0,00	3,92	33,96
34	21	5 36	0,00	5,03	35,76
35		6 4	0,00	6,43	33,85
36		6 33	0,00	5,94	34,75
		Moyennes...	0 0 0,00	41 29 4,191	115 53 34,191

Observateurs : *Ibañez*,

YESOS..2.

BOLOS	CARRIL	PAREDON	CARBONERA	LINDERO	HUERTAS
° ′ ″	° ′ ″	° ′ ″	° ′ ″	° ′ ″	° ′ ″
115 53 33,77	233 16 29,47	240 28 30,06	295 53 30,55	295 53 32,35	295 53 31,35
33,87	30,66	29,96	29,95	31,55	31,75
34,65	28,86	28,57	28,78	31,08	29,48
30,65	28,06	28,07	28,48	31,97	30,48
32,47	24,97	24,76	27,66	28,35	29,15
32,37	24,97	25,17	28,35	29,35	29,25
35,75	28,37	27,78	32,18	33,47	34,17
33,65	28,07	26,57	30,38	33,87	32,58
34,96	25,96	26,16	31,45	32,55	32,63
35,86	26,26	25,95	32,35	33,35	33,25
34,76	28,17	28,37	32,87	34,47	34,47
35,76	28,88	28,48	33,28	35,18	34,58
36,05	28,16	27,86	31,54	32,55	31,95
36,45	28,26	27,56	31,25	34,04	32,45
36,43	30,08	28,69	32,66	30,96	31,36
37,45	30,78	29,19	32,56	32,26	32,66
34,25	31,74	30,44	30,35	32,54	33,14
34,05	30,34	29,54	30,35	32,14	33,14
33,05	30,76	28,97	30,06	31,36	31,16
33,83	30,67	29,27	30,56	30,96	31,86
31,16	26,86	26,96	27,96	29,55	29,75
32,36	27,46	27,76	28,46	29,55	29,85
32,05	25,66	24,67	29,17	30,67	30,47
33,05	25,86	24,97	29,47	30,47	30,37
33,86	27,06	25,96	29,55	32,25	32,55
33,67	27,49	25,58	30,66	31,26	31,66
34,94	26,87	25,67	32,66	34,65	34,05
36,54	27,07	25,67	32,56	34,55	33,95
35,65	25,57	26,57	32,55	33,65	34,64
36,05	26,27	26,47	33,45	34,84	34,94
37,24	30,05	30,55	32,26	33,66	35,26
37,34	29,96	30,56	32,66	35,46	35,06
35,76	30,26	29,06	31,35	34,85	33,54
33,46	30,66	29,46	32,64	35,24	34,94
34,15	28,98	29,09	28,88	32,37	32,87
34,15	29,88	29,39	29,47	32,77	32,37
115 53 34,459	233 16 28,318	240 28 27,778	295 53 30,816	295 53 32,504	295 53 32,421

Saavedra, Quiroga.

STATION DE

N.°	JOURNÉES	HEURES	PANIAGUA	BOLOS	CORRAL
		h m	° ′ ″	° ′ ″	° ′ ″
1	29 juin 1859	5 59	0 0 0,00	69 40 32,17	82 0 13,80
2		6 29	0,00	31,37	11,20
3		17 22	0,00	28,85	10,18
4		18 1	0,00	29,35	9,59
5	30	6 6	0,00	28,18	8,81
6		6 32	0,00	27,58	9,61
7		17 24	0,00	30,64	11,68
8		17 51	0,00	28,36	9,99
9	1.er juillet 1859	5 0	0,00	30,18	11,61
10		5 26	0,00	28,87	10,61
11		5 58	0,00	31,24	12,68
12		6 28	0,00	31,45	12,98
13		17 0	0,00	34,36	16,99
14		17 28	0,00	34,16	15,39
15		18 6	0,00	34,15	14,40
16		18 38	0,00	34,25	14,89
17	2	4 20	0,00	33,64	13,99
18		4 48	0,00	33,34	14,39
19		5 15	0,00	33,45	13,99
20		5 41	0,00	31,86	13,89
21		17 0	0,00	30,96	11,98
22		17 29	0,00	29,85	10,79
23	3	5 12	0,00	28,64	11,50
24		5 39	0,00	28,35	9,89
25		6 9	0,00	29,05	10,90
26		6 34	0,00	28,86	10,70
27		17 5	0,00	30,25	11,88
28		17 35	0,00	30,15	11,59
29		18 2	0,00	31,76	14,80
30		18 30	0,00	31,96	13,00
31	4	5 6	0,00	33,13	13,87
32		5 38	0,00	32,74	14,57
33		6 7	0,00	33,45	13,29
34		6 34	0,00	33,15	16,29
35		17 4	0,00	33,64	13,59
36		17 33	0,00	34,33	15,17
		Moyennes..	0 0 0,00	69 40 31,339	82 0 12,819

Observateurs : *Ibañez*,

CONDE..3.

YESOS	PAREDON	CARBIL	HUERTAS	LINDERO	CARBONERA
° ′ ″	° ′ ″	° ′ ″	° ′ ″	° ′ ″	° ′ ″
121 33 17,95	159 38 22,35	163 55 11,59	198 40 18,47	216 38 11,13	225 3 60,48
17,34	21,95	11,39	18,77	12,63	60,68
15,91	22,52	12,98	19,65	10,02	59,98
13,92	21,13	10,86	18,36	12,61	60,28
15,45	20,66	10,79	16,57	9,52	57,21
15,55	22,85	11,18	15,88	9,72	58,03
17,21	21,42	13,18	17,25	10,22	58,58
15,13	23,13	12,09	17,66	10,33	59,39
17,14	22,25	14,09	17,07	10,52	58,68
17,05	22,35	12,59	15,78	10,02	58,98
18,43	24,03	12,60	18,66	9,71	59,96
18,23	25,44	11,80	17,36	10,91	59,66
21,12	25,03	12,57	17,87	11,33	60,78
21,32	25,64	13,47	18,77	12,53	62,08
17,13	21,93	9,40	17,66	11,91	61,48
17,53	22,41	10,70	18,67	12,22	62,08
18,13	22,14	9,98	19,45	14,11	62,47
18,83	21,14	9,88	18,66	13,21	62,37
15,14	23,84	12,40	19,75	15,11	64,66
14,35	22,61	12,10	19,25	13,81	63,56
16,53	23,41	13,17	19,66	13,12	61,88
15,33	23,43	12,38	19,96	12,62	61,38
14,93	22,73	12,19	16,84	11,10	60,75
13,74	21,03	11,19	15,64	10,70	60,55
17,35	22,86	13,19	18,77	8,63	59,19
16,95	22,46	12,19	18,37	9,23	58,79
16,92	22,42	12,38	15,94	10,30	57,46
16,83	22,43	12,19	16,04	9,30	58,36
20,34	23,76	12,29	17,88	9,41	59,19
19,64	23,66	12,99	16,38	9,84	58,59
19,82	23,91	12,58	17,03	13,09	62,21
19,03	23,92	11,16	17,04	12,08	62,34
18,15	22,46	10,79	18,27	11,92	61,47
18,35	22,46	11,29	18,17	11,92	61,87
17,23	21,23	10,17	17,84	12,51	60,67
16,32	20,92	11,26	18,93	12,89	61,26
121 33 17,226	159 38 22,639	163 55 11,862	198 40 17,898	216 38 11,396	225 4 0,483

Saavedra, Quiroga.

STATION DE

N.°	JOURNÉES	HEURES	CONDE	PANIAGUA	YESOS
		h m	° ′ ″	° ′ ″	° ′ ″
1	2 juin 1859	5 12	0 0 0,00	10 8 56,94	22 23 23,17
2		5 57	0,00	56,41	23,67
3		17 2	0,00	58,03	23,24
4		17 31	0,00	58,73	24,14
5	3	5 44	0,00	58,64	24,07
6		6 15	0,00	58,45	24,57
7		17 43	0,00	57,34	22,85
8		18 12	0,00	56,64	23,25
9		18 37	0,00	55,65	21,27
10	4	5 56	0,00	55,75	21,58
11	6	6 9	0,00	57,54	22,56
12		6 33	0,00	56,74	22,66
13	7	6 7	0,00	57,04	23,87
14		6 35	0,00	57,84	23,68
15		16 58	0,00	57,08	24,94
16		17 30	0,00	56,84	23,76
17		17 57	0,00	56,24	23,27
18		18 24	0,00	56,65	24,07
19	8	5 2	0,00	56,53	22,65
20		5 29	0,00	58,53	23,25
21		6 0	0,00	56,95	24,47
22		6 28	0,00	57,04	24,26
23		17 27	0,00	57,94	22,55
24		17 54	0,00	57,64	23,56
25	9	16 48	0,00	56,74	22,96
26		17 20	0,00	56,34	21,57
27		17 51	0,00	56,23	20,45
28		18 18	0,00	55,94	20,46
29	10	5 29	0,00	55,34	22,48
30		5 58	0,00	56,64	22,87
31		6 24	0,00	56,04	23,26
32		17 11	0,00	56,13	23,94
33		17 42	0,00	57,05	24,47
34	11	5 3	0,00	55,54	23,37
35		5 20	0,00	58,34	21,46
36		17 20	0,00	58,64	24,65
		Moyennes.. .	0 0 0,00	10 8 57,004	22 23 23,238

Observateurs : *Ibañez*,

PAREDON..4.

CORRAL	BOLOS	CARRIL	CARBONERA	LINDERO	HUERTAS
° ′ ″	° ′ ″	° ′ ″	° ′ ″	° ′ ″	° ′ ″
49 15 64,83	61 45 23,63	189 15 33,01	278 2 45,94	293 5 11,13	322 15 14,46
63,63	23,93	33,41	46,01	10,63	13,96
63,00	22,71	33,93	46,51	8,84	14,67
63,20	23,21	34,03	47,31	9,24	15,87
64,94	21,05	33,24	46,05	13,03	16,46
61,24	20,45	32,94	45,95	12,93	16,36
61,51	21,62	33,34	46,92	11,01	17,16
62,11	21,33	32,75	47,62	12,34	17,27
60,43	21,13	32,23	48,13	13,52	16,35
60,55	21,65	34,64	48,46	13,64	17,66
63,13	23,14	34,64	50,94	16,26	18,18
61,83	21,44	33,85	49,04	13,36	18,08
63,54	25,54	32,83	52,45	17,73	19,57
63,73	25,73	31,12	52,83	17,82	19,26
64,41	24,51	33,93	51,21	13,93	15,46
64,32	23,95	33,84	52,51	15,04	15,97
63,52	23,93	33,24	49,35	12,53	13,27
63,53	25,24	32,61	49,95	12,44	13,87
63,82	24,53	32,34	46,05	9,54	14,47
64,42	25,23	33,03	47,65	11,24	14,27
61,34	21,25	33,34	43,14	9,55	13,38
62,83	23,73	33,74	44,53	8,65	13,97
60,92	21,24	34,34	47,25	9,64	13,87
60,22	21,14	33,84	46,75	10,93	14,37
61,02	22,83	34,24	48,14	12,03	16,05
59,73	20,33	34,84	46,94	9,44	15,16
59,01	22,01	33,42	48,53	12,52	15,66
60,62	21,53	33,13	49,74	13,23	16,77
62,34	23,95	32,06	49,96	14,15	17,77
62,84	24,95	33,36	50,76	15,63	18,07
64,01	24,22	34,22	51,04	15,33	17,47
63,11	23,81	33,32	50,82	15,01	18,36
64,33	21,94	33,36	53,14	16,83	18,16
63,33	22,65	33,95	49,36	13,04	15,27
63,22	24,93	33,15	49,16	11,75	15,08
64,71	24,82	33,63	50,64	13,44	16,57
49 16 2,563	61 45 23,118	189 15 33,610	278 2 48,689	293 5 12,706	322 15 16,072

Saavedra, Quiroga.

STATION DE

N.°	JOURNÉES	HEURES	CONDE	HUERTAS	TESOS
		h m	° ′ ″	° ′ ″	° ′ ″
1	19 mai 1859	6 2	0 0 0,00	20 48 41,55	20 48 42,75
2		17 25	0,00	41,65	43,04
3	20	4 20	0,00	40,94	40,74
4		4 49	0,00	41,34	40,63
5	21	4 0	0,00	39,86	39,25
6		4 29	0,00	38,55	39,95
7		4 59	0,00	39,33	39,43
8		5 28	0,00	41,18	41,58
9		5 59	0,00	39,16	37,95
10		17 55	0,00	39,65	39,85
11		18 24	0,00	40,54	42,04
12	22	5 2	0,00	42,14	41,74
13		5 30	0,00	39,55	40,04
14		5 59	0,00	40,44	40,64
15		17 42	0,00	41,74	41,74
16		18 12	0,00	40,74	41,04
17	23	17 31	0,00	39,85	39,45
18		18 20	0,00	39,44	40,04
19	24	5 23	0,00	40,84	41,54
20		5 52	0,00	41,44	41,64
21	25	5 19	0,00	41,45	42,55
22		5 49	0,00	40,84	38,65
23	26	5 2	0,00	38,35	38,15
24		5 29	0,00	38,85	39,25
25		5 56	0,00	39,15	40,05
26		17 34	0,00	39,85	40,04
27	27	5 33	0,00	40,06	40,25
28		6 1	0,00	39,25	41,15
29		17 58	0,00	39,54	40,04
30	28	6 1	0,00	39,34	38,94
31	29	18 0	0,00	40,24	41,04
32	30	4 34	0,00	39,94	40,34
33		5 2	0,00	40,64	41,34
34		5 30	0,00	39,84	40,24
35		5 59	0,00	39,34	39,94
36		17 47	0,00	39,83	40,73
		Moyennes..	0 0 0,00	20 48 40,154	20 48 40,502

Observateurs : *Ibañez*,

LINDERO..5.

CORRAL	BOLOS	PAREDON	CABRIL	CARBONERA	PANIAGUA
° ′ ″	° ′ ″	° ′ ″	° ′ ″	° ′ ″	° ′ ″
20 48 43,95	20 48 44,05	56 5 31,18	90 33 56,04	200 48 39,63	312 42 50,49
41,95	44,54	26,19	57,25	38,74	49,40
39,43	40,44	25,26	52,12	38,55	51,51
42,24	41,14	26,87	55,02	40,16	52,20
39,55	43,05	21,70	48,66	34,44	48,60
39,75	40,54	22,09	49,95	34,63	47,29
40,83	42,53	23,66	52,73	36,35	49,99
39,99	41,68	24,61	53,98	38,21	50,74
39,45	39,63	25,89	55,35	36,14	50,99
40,15	41,35	23,09	54,15	35,53	51,99
42,14	43,44	25,77	56,05	34,97	51,30
41,74	42,24	26,07	58,22	36,37	52,89
41,14	40,94	26,67	56,32	35,03	47,99
40,84	41,74	28,47	58,41	36,53	50,39
42,44	43,24	26,88	56,04	35,56	48,00
41,34	43,14	27,08	57,04	37,56	48,50
41,45	40,15	26,68	54,84	36,03	45,90
41,54	41,34	26,77	55,25	36,13	47,39
40,94	41,34	27,27	55,22	38,76	50,59
42,13	41,74	26,37	54,82	39,76	50,19
42,25	43,84	26,77	54,43	38,04	51,49
39,74	41,94	24,48	52,72	37,94	49,79
38,95	38,75	22,68	50,03	35,46	46,40
38,65	38,85	22,28	49,13	35,26	47,70
40,75	41,85	22,59	53,83	38,14	48,90
40,94	42,25	24,39	53,45	36,55	50,20
40,15	41,05	25,97	55,82	37,15	51,70
40,15	41,35	23,68	54,92	36,33	52,59
40,34	41,34	24,88	55,63	35,25	50,79
40,04	40,54	26,16	56,70	36,35	49,19
40,54	42,14	25,77	57,93	36,95	49,90
40,64	41,24	27,46	57,42	36,55	51,10
41,54	42,54	28,47	57,93	37,94	47,59
40,84	41,74	27,67	57,63	37,25	48,30
39,24	40,84	26,27	51,63	34,86	47,30
41,93	41,23	27,06	54,73	37,65	46,70
20 48 40,824	20 48 41,660	56 5 25,751	90 33 54,844	200 48 36,855	312 42 49,611

Saavedra, Quiroga.

STATION DE

N.°	JOURNÉES	HEURES	CONDE	PANIAGUA	BOLOS
		h m	° ′ ″	° ′ ″	° ′ ″
1	1.er août 1859	17 29	0 0 0,00	50 31 24,48	155 26 40,51
2		18 00	0,00	24,29	40,70
3		18 28	0,00	—	—
4		18 47	0,00	—	—
5	2	5 45	0,00	20,80	39,73
6		6 00	0,00	20,69	39,22
7		6 17	0,00	21,48	42,00
8		6 32	0,00	21,58	42,00
9		17 35	0,00	—	—
10		17 52	0,00	—	—
11	3	17 42	0,00	—	—
12		17 59	0,00	—	—
13	4	6 9	0,00	22,37	42,80
14		6 25	0,00	21,79	42,71
15		18 00	0,00	22,19	41,61
16		18 29	0,00	22,08	40,81
17	5	17 39	0,00	26,18	41,92
18		18 8	0,00	25,99	42,82
19	7	5 52	0,00	25,09	38,72
20		6 11	0,00	24,58	37,91
21		17 40	0,00	—	—
22		17 56	0,00	—	—
23	8	5 26	0,00	24,67	39,42
24		5 42	0,00	24,16	39,22
25		17 45	0,00	—	—
26		18 2	0,00	—	—
27	9	18 0	0,00	21,26	39,99
28	10	18 9	0,00	20,17	39,59
29	11	17 49	0,00	20,38	40,61
30		18 21	0,00	21,18	39,52
31	12	17 52	0,00	—	—
32		18 9	0,00	—	—
33	13	5 56	0,00	22,25	43,59
34		6 12	0,00	22,26	43,29
35		17 46	0,00	24,69	43,63
36		18 15	0,00	23,88	42,82
37	14	18 00	0,00	23,07	40,90
38		18 30	0,00	23,19	41,08
39	15	5 46	0,00	25,48	40,92
40		6 2	0,00	25,97	41,23
41		17 45	0,00	24,47	39,19
42		18 17	0,00	23,67	38,49
43	16	17 48	0,00	—	—
44		18 4	0,00	—	—
45	17	5 55	0,00	20,48	39,80
46		6 11	0,00	21,30	40,91
47		17 45	0,00	19,01	41,12
48		18 12	0,00	19,50	40,91
49		18 43	0,00	—	—
50.		18 59	0,00	—	—
51	18	17 56	0,00	22,49	43,61
52		18 21	0,00	21,29	43,00
53		18 52	0,00	—	—
54		19 8	0,00	—	—
55	19	17 52	0,00	23,57	40,81
56		18 19	0,00	23,86	41,60
57	20	4 41	0,00	25,67	42,20
58		4 58	0,00	24,98	42,00
59		5 16	0,00	25,37	39,71
60		5 30	0,00	25,39	40,10
61		18 12	0,00	—	—
62		18 27	0,00	—	—
63	21	17 45	0,00	21,58	39,51
64		18 12	0,00	21,19	38,91

Observateurs : *Ibanez.*

CORRAL..6.

CARRIL	PAREDON	YESOS	HUERTAS	LINDERO	CARBONERA
° ′ ″	° ′ ″	° ′ ″	° ′ ″	° ′ ″	° ′ ″
290 31 9,75	306 54 11,38	335 26 38,62	335 26 38,72	335 26 37,82	335 26 37,72
9,64	11,66	39,21	38,51	38,21	37,41
—	—	38,75	37,95	37,95	36,35
—	—	38,45	38,25	38,55	36,75
7,82	11,67	—	—	—	—
7,91	11,06	—	—	—	—
9,62	13,37	—	—	—	—
9,72	13,37	—	—	—	—
—	—	41,31	41,11	40,71	40,51
—	—	41,71	41,21	40,91	40,41
—	—	39,82	38,02	37,72	37,62
—	—	39,92	38,92	38,72	38,32
14,21	16,36	—	—	—	—
13,92	15,97	—	—	—	—
11,50	14,86	38,81	38,71	38,01	37,21
11,50	14,06	38,81	38,11	38,81	37,51
13,82	16,27	41,72	41,22	40,62	39,12
13,61	16,87	42,12	42,12	41,52	41,12
10,92	11,48	—	—	—	—
9,81	11,87	—	—	—	—
—	—	38,39	37,29	37,49	36,60
—	—	37,99	37,49	37,59	37,10
7,72	12,42	—	—	—	—
7,88	12,42	—	—	—	—
—	—	39,72	39,92	39,02	38,32
—	—	39,92	39,92	39,12	38,32
7,63	10,66	38,01	37,81	37,51	37,01
6,53	10,26	38,11	37,20	36,80	35,91
5,94	10,26	38,41	37,21	37,01	35,51
6,04	11,36	39,11	38,21	37,21	35,91
—	—	41,51	40,11	39,71	38,71
—	—	40,51	40,11	39,41	38,61
13,02	15,85	—	—	—	—
12,32	15,95	—	—	—	—
12,84	16,16	41,71	40,41	40,71	39,11
12,54	16,26	41,71	40,11	39,81	39,71
10,64	14,27	38,22	37,32	37,12	35,82
11,23	14,26	39,11	38,41	38,21	36,41
9,62	12,34	—	—	—	—
10,43	12,86	—	—	—	—
7,72	10,18	36,52	35,42	35,02	33,13
9,22	11,28	35,72	35,42	35,22	33,53
—	—	37,40	35,80	35,90	35,50
—	—	38,20	36,10	35,90	35,80
6,43	8,89	—	—	—	—
6,73	10,09	—	—	—	—
7,82	11,38	39,72	38,32	37,62	37,92
8,31	11,47	40,61	38,62	38,11	37,71
—	—	40,20	39,00	38,60	37,51
—	—	40,60	39,30	39,50	38,41
12,80	14,66	41,51	40,00	39,81	38,81
12,29	14,75	41,20	40,39	39,70	39,00
—	—	39,61	38,11	38,31	37,11
—	—	39,51	37,91	37,81	37,51
11,32	15,05	39,61	37,90	38,00	36,81
12,11	15,34	40,20	38,69	38,59	37,50
10,31	13,07	—	—	—	—
10,21	12,76	—	—	—	—
7,92	11,97	—	—	—	—
8,91	12,86	—	—	—	—
—	—	38,61	37,51	37,51	36,70
—	—	39,01	37,71	37,31	36,91
7,02	10,27	38,01	36,92	36,82	35,11
6,92	9,87	38,51	36,62	36,42	35,41

Saavedra, Quiroga.

STATION DE

N.°	JOURNÉES	HEURES	CONDE	HUERTAS	LINDERO
		h m	° ′ ″	° ′ ″	° ′ ″
1	6 juillet 1859	6 2	0 0 0,00	7 12 63,91	19 20 62,71
2		6 31	0,00	62,82	61,72
3	7	4 20	0,00	61,42	59,21
4		5 0	0,00	62,03	58,92
5	8	5 7	0,00	62,51	60,81
6		5 34	0,00	63,01	60,01
7		16 39	0,00	60,92	59,63
8		17 18	0,00	61,22	59,03
9	9	6 7	0,00	61,52	58,82
10		6 31	0,00	60,72	58,41
11		17 35	0,00	61,02	58,03
12		18 10	0,00	61,13	59,84
13		18 38	0,00	61,33	61,02
14	10	6 25	0,00	61,21	59,31
15		17 10	0,00	61,23	61,33
16		17 45	0,00	59,93	60,24
17	11	6 28	0,00	62,12	61,62
18	12	6 5	0,00	62,11	61,31
19		17 59	0,00	61,83	61,63
20		18 9	0,00	61,83	59,64
21		18 38	0,00	62,82	61,22
22		19 9	0,00	62,72	62,02
23	13	6 8	0,00	59,61	59,52
24		6 36	0,00	60,82	60,82
25		17 20	0,00	61,62	58,62
26		17 51	0,00	61,42	59,22
27		18 22	0,00	60,33	59,64
28		19 0	0,00	60,13	59,24
29	14	6 0	0,00	62,42	60,32
30		6 31	0,00	63,42	61,22
31		17 19	0,00	61,33	57,54
32		17 49	0,00	61,83	58,74
33		18 21	0,00	62,71	64,51
34		18 52	0,00	62,82	64,12
35	15	6 17	0,00	62,21	60,61
36		6 45	0,00	62,12	60,02
		Moyennes.. .	0 0 0,00	7 13 1,726	19 21 0,295

Observateurs : *Ibañez*,

PANIAGUA..7.

CARBONERA	BOLOS	CORRAL	TESOS	CABRIL	PAREDON
° ′ ″	° ′ ″	° ′ ″	° ′ ″	° ′ ″	° ′ ″
29 34 32,11	281 17 31,75	312 31 36,44	313 2 22,63	349 31 5,70	349 47 20,88
31,42	30,46	35,75	21,04	3,84	19,99
27,22	25,87	34,95	19,34	3,91	20,15
27,53	26,28	34,06	20,64	4,32	19,76
27,92	27,95	34,14	22,04	6,58	21,60
27,52	28,95	34,34	20,64	5,67	21,19
27,73	25,65	35,44	21,64	2,31	19,26
26,73	26,65	35,35	22,84	3,11	20,86
27,12	30,36	38,15	22,75	3,89	20,40
25,32	31,44	38,34	22,33	3,28	20,29
27,83	31,64	37,84	21,83	3,71	19,45
26,34	31,04	38,85	22,64	3,71	20,76
29,22	33,43	38,44	22,54	5,09	21,19
27,01	32,34	37,14	20,93	4,67	20,36
30,73	31,13	37,14	21,73	3,40	18,39
28,53	31,63	36,54	20,93	3,50	18,49
30,41	30,22	34,65	19,14	3,57	20,88
29,51	31,75	35,25	20,04	4,68	21,46
31,13	28,44	35,34	21,14	3,61	19,59
31,43	29,54	35,64	20,84	3,81	19,89
29,51	28,03	35,54	20,04	2,48	17,86
30,01	26,94	35,24	21,23	3,48	18,86
30,41	27,06	34,44	17,94	1,51	17,49
29,23	28,87	33,46	19,84	1,32	18,90
26,32	26,92	35,33	21,73	3,78	18,69
26,52	27,62	35,63	20,83	4,98	19,39
27,34	29,34	37,14	21,84	5,11	20,79
26,84	29,34	37,54	21,84	5,01	20,89
28,42	31,95	39,65	22,54	5,38	20,59
28,62	32,85	39,34	23,54	5,98	21,09
28,05	30,94	36,94	20,14	3,01	19,59
29,85	31,74	36,85	20,84	4,21	20,20
30,50	33,74	37,73	20,23	3,67	19,68
30,82	33,22	37,44	21,13	2,68	20,39
29,52	30,36	36,04	20,14	4,50	20,18
29,13	31,16	35,55	19,85	3,91	19,40
29 34 28,718	281 17 29,903	312 31 36,315	343 2 21,149	349 31 3,982	349 47 19,970

Saavedra, Quiroga.

STATION DE

N.°	JOURNÉES	HEURES	CONDE	PAREDON	PANIAGUA
		h m	° ′ ″	° ′ ″	° ′ ″
1	24 août 1859	5 21	0 0 0,00	4 58 46,39	5 35 53,10
2		5 51	0,00	46,59	52,80
3		17 51	0,00	46,39	52,30
4		18 21	0,00	47,30	52,30
5	25	4 35	0,00	46,00	51,71
6		5 2	0,00	46,69	52,10
7		5 30	0,00	46,40	51,91
8		5 58	0,00	44,90	51,71
9	26	5 0	0,00	47,00	52,51
10		5 28	0,00	46,89	52,21
11		5 57	0,00	47,60	51,81
12	27	5 47	0,00	45,79	50,31
13	28	5 7	0,00	45,79	51,71
14		5 34	0,00	45,30	51,41
15		18 3	0,00	44,59	49,41
16		18 33	0,00	45,59	50,81
17	29	5 27	0,00	47,49	51,01
18		5 54	0,00	47,48	51,70
19	30	5 20	0,00	45,70	53,01
20		5 48	0,00	46,10	53,41
21		17 47	0,00	47,49	53,30
22		18 11	0,00	47,19	53,21
23	31	5 25	0.00	45,99	52,70
24		5 54	0.00	45,70	52,11
25	1.er septembre 1859	5 38	0,00	47,39	53,40
26	2	5 35	0,00	47,19	52,80
27	3	4 37	0,00	45,79	52,60
28		5 5	0,00	44,89	51,71
29		5 35	0,00	48,80	53,31
30	4	5 16	0,00	47,49	51,80
31	5	5 12	0,00	46,79	52,51
32		5 39	0,00	46,09	51,71
33	6	5 7	0,00	47,89	53,40
34		5 37	0,00	46,99	53,40
35	7	4 55	0,00	45,58	52,00
36		5 22	0,00	45,59	51,71
		Moyennes.. .	0 0 0,00	4 58 46,462	5 35 52,192

Observateurs : *Ibañez*,

CARRIL..8.

YESOS	CORRAL	BOLOS	CARBONERA	LINDERO	HUERTAS
° ′ ″	° ′ ″	° ′ ″	° ′ ″	° ′ ″	° ′ ″
10 51 37,59	28 36 12,56	42 57 31,15	301 1 17,42	325 16 53,35	344 59 40,73
35,80	10,76	29,45	16,12	53,25	39,93
35,59	11,96	29,53	15,43	50,85	38,63
36,80	11,57	29,87	15,84	50,37	39,01
36,80	9,27	28,97	15,63	53,95	38,35
37,29	9,96	28,76	15,92	52,61	38,84
35,41	8,87	28,36	15,95	54,46	39,34
35,71	8,67	27,16	16,14	53,36	38,54
36,61	9,83	29,87	18,81	56,74	40,74
36,50	10,47	29,26	18,91	56,04	40,94
36,60	11,67	29,17	19,84	58,07	40,25
35,80	9,86	27,96	19,62	57,26	40,54
34,10	8,96	29,36	20,11	56,25	37,24
35,40	8,57	29,55	18,92	56,35	37,04
35,40	11,07	31,16	18,92	54,01	38,37
36,10	12,76	32,56	20,12	55,24	39,37
36,70	11,36	30,05	15,53	54,75	36,34
35,70	10,86	30,85	15,55	55,93	36,44
38,70	12,66	31,56	16,63	52,27	38,44
38,40	11,97	31,36	17,03	52,57	38,54
39,10	12,87	30,87	16,03	53,85	39,04
40,00	12,37	31,27	15,52	54,25	39,24
36,90	9,97	28,96	15,12	53,05	38,17
35,91	9,87	27,97	14,53	52,96	38,38
35,70	10,36	27,95	17,12	54,55	39,84
36,50	9,86	28,25	17,22	53,93	39,04
35,10	10,06	28,06	17,92	55,06	39,94
34,80	9,86	27,66	17,92	55,26	39,84
36,90	10,17	28,76	21,05	57,86	39,45
37,19	11,36	29,55	19,52	57,75	40,64
37,39	11,76	31,85	20,32	55,56	39,94
36,69	11,06	30,15	20,52	56,56	39,74
37,89	11,55	32,55	20,82	57,25	40,74
37,99	14,05	32,85	29,31	56,15	40,44
35,19	12,45	30,91	16,32	53,96	37.54
35,60	11,16	30,15	16,83	53,47	37,15
10 51 36,510	28 36 10,994	42 57 29,852	301 1 17,654	325 16 54,662	344 59 39,069

Saavedra, Quiroga.

STATION DE

N.°	JOURNÉES	HEURES	CONDE	LINDERO	BUERTAS
		h m	° ′ ″	° ′ ″	° ′ ″
1	11 mai 1859	4 28	0 0 0,00	12 22 48,19	12 22 48,78
2		4 57	0,00	48,68	48,98
3		5 25	0,00	46,68	47,58
4		5 54	0,00	48,38	48,08
5	12	5 33	0,00	46,00	47,50
6		6 2	0,00	46,49	47,19
7		17 47	0,00	47,19	47,89
8	13	4 2	0,00	47,38	47,88
9		4 30	0,00	46,69	47,39
10		4 59	0,00	48,68	47,88
11		5 27	0,00	46,58	47,48
12		5 57	0,00	46,28	46,68
13		17 48	0,00	46,88	47,58
14		18 17	0,00	47,18	49,18
15	14	5 3	0,00	49,40	50,09
16		5 31	0,00	48,00	48,50
17	15	4 28	0,00	47,79	48,69
18		4 55	0,00	48,70	48,60
19		5 23	0,00	47,99	48,88
20		5 52	0,00	47,78	48,19
21		17 20	0,00	46,19	46,69
22		17 56	0,00	45,88	46,99
23		18 24	0,00	48,09	48,49
24	16	5 2	0,00	48,09	48,79
25		5 29	0,00	47,08	47,58
26		5 58	0,00	47,08	48,08
27		17 43	0,00	45,98	47,68
28	17	4 58	0,00	47,06	48,46
29		5 27	0,00	47,29	47,79
30		5 56	0,00	47,29	48,79
31		17 39	0,00	47,37	48,47
32		18 7	0,00	46,78	47,98
33	18	5 24	0,00	47,49	47,79
34		5 52	0,00	47,09	47,79
35		17 20	0,00	48,39	49,19
36		17 47	0,00	47,99	47,99
		Moyennes...	0 0 0,00	12 22 47,591	12 22 48,079

Observateurs : *Ibañez*,

CARBONERA..9.

YESOS	CORRAL	BOLOS	PAREDON	CABRIL	PANIAGUA
° ′ ″	° ′ ″	° ′ ″	° ′ ″	° ′ ″	° ′ ″
12 22 49,58	12 22 51,28	12 22 52,08	32 37 15,03	59 52 30,47	344 30 27,62
50,49	49,18	52,08	14,63	31,57	27,52
49,08	48,78	49,68	13,50	27,48	27,22
49,18	49,38	51,58	13,91	28,48	28,52
48,90	50,39	51,69	10,33	28,00	26,53
48,19	49,79	50,58	12,02	27,20	27,12
48,49	48,89	49,78	9,83	25,99	26,72
48,48	49,18	50,68	11,80	27,16	29,22
48,58	50,68	51,38	12,71	29,98	27,91
49,38	48,29	51,28	11,51	31,08	26,72
48,58	48,28	49,48	10,51	27,99	28,02
48,09	48,79	50,28	11,12	27,79	27,72
48,48	50,38	50,88	13,10	30,27	29,11
48,98	49,98	51,58	12,80	30,86	28,91
50,00	51,79	51,99	15,17	33,82	30,50
50,29	50,89	51,29	13,29	31,97	29,20
50,09	50,59	49,90	13,51	31,58	25,93
48,99	49,79	49,79	12,72	31,59	27,53
50,18	50,38	51,18	13,91	29,78	25,72
49,88	50,78	51,68	14,40	30,56	25,63
47,68	48,28	49,58	11,33	27,90	25,82
48,28	48,18	49,78	12,49	27,37	25,72
49,48	49,88	51,39	13,22	32,18	29,32
48,19	49,69	50,28	12,52	33,69	27,82
48,39	48,49	49,28	11,60	25,29	27,02
47,48	49,18	51,28	11,40	26,09	27,83
48,58	49,88	50,78	9,70	26,00	28,22
48,46	50,06	50,16	9,65	26,23	29,17
49,18	49,08	50,18	12,50	30,08	26,82
49,09	51,28	51,88	13,81	31,98	27,52
49,68	49,18	50,87	8,51	29,66	29,91
49,28	49,98	50,08	12,20	30,76	28,61
48,89	48,69	50,78	11,82	30,30	27,22
48,89	50,99	50,89	13,50	29,87	28,22
48,89	50,98	50,10	13,80	28,69	25,83
47,79	49,19	50,08	11,91	27,79	24,93
12 22 48,951	12 22 49,756	12 22 50,734	32 37 12,582	59 52 29,377	344 30 27,503

Saavedra, Quiroga.

STATION DE

N.°	JOURNÉES	HEURES	CONDE	PANIAGUA	CARRIL.
		h m	° ′ ″	° ′ ″	° ′ ″
1	16 juillet 1859	17 11	0 0 0,00	31 56 60,73	317 12 9,04
2		17 40	0,00	60,94	9,51
3	17	17 23	0,00	60,04	10,16
4		17 54	0,00	59,64	10,16
5	18	17 19	0,00	59,14	8,55
6		17 50	0,00	58,34	7,65
7	21	18 10	0,00	58,73	10,46
8		18 40	0,00	57,93	10,86
9		19 12	0,00	57,55	12,02
10		19 41	0,00	57,35	12,12
11	22	6 6	0,00	59,25	15,23
12		6 35	0,00	59,44	13,93
13	23	6 0	0,00	59,83	11,63
14		6 31	0,00	59,44	11,74
15		18 0	0,00	61,53	11,46
16		18 31	0,00	60,23	11,63
17	24	6 5	0,00	61,54	9,54
18		6 34	0,00	60,24	10,04
19		17 42	0,00	62,23	8,87
20		18 14	0,00	63,02	9,46
21	25	6 7	0,00	61,83	10,61
22		6 33	0,00	60,74	10,93
23		17 28	0,00	58,83	9,05
24		18 0	0,00	58,54	10,35
25	26	5 52	0,00	59,04	12,34
26		6 20	0,00	58,74	11,83
27		17 26	0,00	59,53	12,15
28		17 56	0,00	58,93	12,25
29	27	5 30	0,00	60,33	13,96
30		18 26	0,00	59,93	13,96
31	28	6 0	0,00	60,94	13,54
32		6 27	0,00	60,24	13,64
33		17 30	0,00	61,13	9,15
34		18 0	0,00	61,13	8,83
35	29	5 35	0,00	62,14	11,24
36		6 6	0,00	61,24	11,03
		Moyennes.. .	0 0 0,00	31 57 0,008	317 12 11,094

Observateurs : *Ibañez*,

BOLOS..10.

PAREDON.	CORRAL	YESOS	HUERTAS	LANDERO	CARBONERA
° ′ ″	° ′ ″	° ′ ″	° ′ ″	° ′ ″	° ′ ″
331 43 16,05	347 46 23,41	347 46 23,90	347 46 22,41	347 46 21,81	347 46 20,81
16,45	23,81	22,41	22,21	22,41	21,91
15,54	23,11	23,11	22,61	22,21	21,11
15,44	24,01	22,51	22,51	20,91	21,31
16,24	23,71	22,12	21,31	21,02	20,22
15,34	23,02	22,22	20,82	20,62	20,22
17,16	23,11	22,31	22,31	21,51	21,21
18,96	23,31	23,11	23,41	23,51	22,12
18,10	23,70	23,60	22,51	22,01	20,31
18,11	23,80	23,01	22,41	21,71	20,70
18,95	25,61	24,91	23,41	23,71	22,41
18,32	23,81	23,51	23,01	22,11	21,21
15,95	22,41	21,91	21,50	21,11	20,51
16,26	22,62	21,41	21,12	20,92	19,92
16,93	22,81	23,31	22,01	21,81	21,62
17,03	23,11	23,01	22,71	21,41	21,52
11,87	23,31	22,22	21,02	20,92	19,82
15,27	22,62	21,02	20,92	20,22	19,12
15,67	23,02	21,72	21,52	21,12	20,92
15,86	23,11	22,51	22,01	21,31	21,51
16,15	26,00	24,30	22,60	21,80	21,90
17,06	25,81	25,21	23,61	22,71	22,41
16,26	22,91	22,31	21,21	20,31	20,21
15,56	24,01	23,01	22,51	21,71	20,91
18,06	24,71	24,61	23,61	23,22	22,82
19,26	24,81	24,31	23,31	22,52	21,72
17,25	24,41	23,31	22,51	21,91	21,11
16,35	23,31	23,51	22,41	22,11	22,41
17,84	24,41	23,51	22,52	22,42	21,82
18,04	24,92	23,21	22,42	21,92	21,82
18,16	24,61	23,81	22,91	22,01	21,61
17,95	24,01	23,41	22,61	22,21	21,01
16,54	22,42	21,52	20,32	19,22	18,12
16,34	22,62	22,02	19,92	20,32	18,93
15,63	23,64	22,11	21,41	20,72	20,22
14,92	22,51	21,61	21,20	20,60	20,11
331 43 16,799	347 46 23,689	347 46 22,967	347 46 22,134	347 46 21,607	347 46 20,997

Saavedra, Quiroga.

§ 45. En supposant qu'il n'ait pas été possible de voir complètement les différents signaux dans tous les tours d'horizon, et que l'on ait formé avec les directions observées d'une station différents groupes, où n'entrent que les tours dans lesquels on a pointé sur les mêmes objets, si l'on designe par :

1, 2, 3,... les objets compris dans le premier groupe,

0, a, b,... les directions observées sur ces objets dans le premier tour,

0, A, B.... les directions les plus probables relatives à la station isolée,

on pourra considérer comme égales entre elles les différences :

$$0, \quad a-A, \quad b-B,$$

puisque les objets ont été observés une seule fois et dans des circonstances analogues. Si donc l'on représente par l'inconnue x cette différence commune, il sera permis d'établir les équations suivantes :

$$0=x, \quad a-A=x, \quad b-B=x,$$

et en désignant par :

0, a', b',... les directions obtenues dans le second tour d'horizon,

on aura aussi, les conditions d'observation n'ayant pas varié :

$$0=x, \quad a'-A=x, \quad b'-B=x.$$

En désignant par :

m... le nombre des objets compris dans ce premier groupe,

n... le nombre des tours contenus dans ce même groupe, on aura les équations :

$$
(7) \qquad
\begin{array}{c|ccccc}
 & 1 & 2 & 3 & & \dots m \\
1 & x=0, & x+A=a, & x+B=b & & \\
2 & x=0, & x+A=a', & x+B=b' & & \\
\vdots & & & & & \\
n & & & & &
\end{array}
$$

et en adoptant la notation ordinaire :

$$
(8) \qquad
\begin{array}{l}
a+a'+\dots=[a] \\
b+b'+\dots=[b],
\end{array}
$$

on aura les équations suivantes :

$$
(9) \qquad
\begin{array}{cl}
1 & nx.\;.\;.\;.=0 \\
2 & nx+n\,A=[a] \\
3 & nx+n\,B=[b] \\
\vdots & \\
m &
\end{array}
$$

desquelles on déduit :

$$
(10) \qquad nx=\frac{[a]+[b]}{m}-\frac{n}{m}(A+B).
$$

Si dans le second groupe de directions, l'on désigne par :

m'... le nombre des objets,

n'... celui des tours d'horizon,

$$\left.\begin{array}{l}0, \alpha, \beta, \gamma \\ 0, \alpha', \beta', \gamma' \\ 0, \alpha'', \beta'', \gamma''\end{array}\right\} \ldots$$ les directions observées dans ces tours,

x'... la différence avec les directions les plus probales 0, A, B, C relatives à la station,

on aura d'une manière analogue :

$$(11)\quad \begin{array}{lllll} & 1 & 2 & 3 & 4 \quad \ldots m' \\ 1 & x'=0, & x'+A=\alpha, & x'+B=\beta, & x'+C=\gamma \\ 2 & x'=0, & x'+A=\alpha', & x'+B=\beta', & x'+C=\gamma' \\ 3 & x'=0, & x'+A=\alpha'', & x'+B=\beta'', & x'+C=\gamma'' \\ \vdots & & & & \\ n' & & & & \end{array}$$

$$(12)\quad \begin{array}{ll} 1 & n'x'\ldots\ldots = 0 \\ 2 & n'x'+n'A=[\alpha] \\ 3 & n'x'+n'B=[\beta] \\ 4 & n'x'+n'C=[\gamma] \\ \vdots & \\ m' & \end{array}$$

$$(13)\qquad n'x' = \frac{[\alpha]+[\beta]+[\gamma]}{m'} - \frac{n'}{m'}(A+B+C),$$

et ainsi successivement pour les autres groupes de directions observées.

Le nombre des inconnues A, B, C..., x, x'... est égal à celui de tous les objets moins un, plus celui des groupes; et comme le nombre total des équations (7), (11)... est beaucoup plus grand, puis qu'il est égal à la somme des produits du nombre des objets de chaque groupe par celui des directions qui y sont contenues, il convient d'appliquer à leur résolution la *méthode des moindres carrés*.

Si l'on représente par 2S la somme des carrés des erreurs que l'on a pu commettre en considérant comme exactes les équations (7), (11)... on aura :

$$
(14)\quad
\begin{aligned}
2S = x^2 &+ (A+x-a)^2 + (B+x-b)^2 + \ldots + x^2 + (A+x-a')^2 \\
&+ (B+x-b')^2 + \ldots + x'^2 + (A+x'-\alpha)^2 + (B+x'-\beta)^2 \\
&+ (C+x'-\gamma)^2 + \ldots + x'^2 + (A+x'-\alpha')^2 + (B+x'-\beta')^2 \\
&+ (C+x'-\gamma')^2 + \ldots + x'^2 + (A+x'-\alpha'')^2 + (B+x'-\beta'')^2 \\
&+ (C+x'-\gamma'')^2 + \ldots
\end{aligned}
$$

et en différentiant par rapport à x et à x', on trouve :

$$(15)\quad \frac{dS}{dx} = 0 = + mn\,x + n(A+B) - ([a]+[b])$$

$$(16)\quad \frac{dS}{dx'} = 0 = + m'n'x' + n'(A+B+C) - ([\alpha]+[\beta]+[\gamma]),$$

d'où l'on déduit les mêmes valeurs de nx et de $n'x'$ que l'on avait trouvées précédemment [(10) et (13)]. Maintenant si l'on différentie par rapport à A, B et C, on aura :

$$(17)\quad \frac{dS}{dA} = 0 = nA - [a] + nx + n'A - [\alpha] + n'x'$$

$$(18)\quad \frac{dS}{dB} = 0 = nB - [b] + nx + n'B - [\beta] + n'x'$$

$$(19)\quad \frac{dS}{dC} = 0 = n'C - [\gamma] + n'x',$$

et en introduisant dans ces équations les valeurs de nx, $n'x'$ [(10) et (13)], puis en désignant par $[a n]$ la somme des constantes, et par $[aa]$, $[ab]$, $[ac]$ les sommes des coefficients de A, B, C, on obtiendra pour équations finales, les équations suivantes :

$$(20)\qquad \begin{aligned} [an] &= +[aa]A-[ab]B-[ac]C \\ [bn] &= -[ab]A+[bb]B-[bc]C \\ [cn] &= -[ac]A-[bc]B+[cc]C, \end{aligned}$$

dont la résolution conduit aux valeurs de A, B, C.

Pour simplifier les calculs numériques, on opère seulement sur la partie variable des directions, en s'arrêtant aux unités de seconde; et de cette manière, A, B, C deviennent les corrections les plus probables des valeurs approchées admises provisoirement pour poser les équations.

§ 46. Le nombre de ces équations étant assez grand pour plusieurs stations, on a dû adopter un système qui, en simplifiant les calculs, permît d'y employer un personnel assez nombreux et familiarisé seulement avec les opérations arithmétiques les plus élémentaires. Par le procédé ordinaire d'élimination, on aurait eu à former pour n équations, $\frac{n\,(n+1)\,(2n+4)}{1\,.\,2\,.\,3}$ coefficients numériques; tandis que la méthode qui va être exposée et qui est due au célèbre Gauss, réduit ce nombre à $\frac{n\,(n+1)\,(n+5)}{1\,.\,2\,.\,3}$ et procure le moyen d'opérer facilement et avec beaucoup d'ordre.

Supposons qu'il s'agisse de résoudre les équations suivantes, abstraction faite des signes des coefficients :

$$
(21) \quad
\begin{aligned}
[an] &= [aa]x + [ab]y + [ac]z + [ad]v \\
[bn] &= [ab]x + [bb]y + [bc]z + [bd]v \\
[cn] &= [ac]x + [bc]y + [cc]z + [cd]v \\
[dn] &= [ad]x + [bd]y + [cd]z + [dd]v.
\end{aligned}
$$

En multipliant successivement la première par les quotients $\frac{[ab]}{[aa]}$, $\frac{[ac]}{[aa]}$, $\frac{[ad]}{[aa]}$; puis retranchant les trois équations ainsi obtenues des trois dernières du groupe (21), et faisant pour simplifier :

$$
(22) \quad
\begin{aligned}
&[bn] - \frac{[ab]}{[aa]}[an] = [bn.1] \\
&[bb] - \frac{[ab]}{[aa]}[ab] = [bb.1] \\
&[bc] - \frac{[ab]}{[aa]}[ac] = [bc.1] \\
&[bd] - \frac{[ab]}{[aa]}[ad] = [bd.1] \\
&[cn] - \frac{[ac]}{[aa]}[an] = [cn.1] \\
&[cc] - \frac{[ac]}{[aa]}[ac] = [cc.1] \\
&[cd] - \frac{[ac]}{[aa]}[ad] = [cd.1] \\
&[dn] - \frac{[ad]}{[aa]}[an] = [dn.1] \\
&[dd] - \frac{[ad]}{[aa]}[ad] = [dd.1],
\end{aligned}
$$

on a :

$$(23)\qquad \begin{aligned}[bn.1]&=[bb.1]y+[bc.1]z+[bd.1]v\\ [cn.1]&=[bc.1]y+[cc.1]z+[cd.1]v\\ [dn.1]&=[bd.1]y+[cd.1]z+[dd.1]v.\end{aligned}$$

Actuellement si l'on multiplie la première par les quotiens $\frac{[bc.1]}{[bb.1]}, \frac{[bd.1]}{[bb.1]}$; puis que l'on retranche les équations qui en résultent des autres du groupe (23), enfin que l'on fasse :

$$(24)\qquad \begin{aligned}[cn.1]-\frac{[bc.1]}{[bb.1]}[bn.1]&=[cn.2]\\ [cc.1]-\frac{[bc.1]}{[bb.1]}[bc.1]&=[cc.2]\\ [cd.1]-\frac{[bc.1]}{[bb.1]}[bd.1]&=[cd.2]\\ [dn.1]-\frac{[bd.1]}{[bb.1]}[bn.1]&=[dn.2]\\ [dd.1]-\frac{[bd.1]}{[bb.1]}[bd.1]&=[dd.2],\end{aligned}$$

il vient :

$$(25)\qquad \begin{aligned}[cn.2]&=[cc.2]z+[cd.2]v\\ [dn.2]&=[cd.2]z+[dd.2]v.\end{aligned}$$

En procédant d'une manière analogue avec ces équations, et faisant comme précédemment :

$$(26)\qquad \begin{aligned}[dn.2]-\frac{[cd.2]}{[cc.2]}[cn.2]&=[dn.3]\\ [dd.2]-\frac{[cd.2]}{[cc.2]}[cd.2]&=[dd.3],\end{aligned}$$

on obtient :

$$v = \frac{[dn.3]}{[dd.3]}, \tag{27}$$

et au moyen des expressions (25), (23), (21), on trouve pour les autres inconnues :

$$z = \frac{[cn.2]}{[cc.2]} - \frac{[cd.2]}{[cc.2]} v \tag{28}$$

$$y = \frac{[bn.1]}{[bb.1]} - \frac{[bc.1]}{[bb.1]} z - \frac{[bd.1]}{[bb.1]} v \tag{29}$$

$$x = \frac{[an]}{[aa]} - \frac{[ab]}{[aa]} y - \frac{[ac]}{[aa]} z - \frac{[ad]}{[aa]} v. \tag{30}$$

Le *Tableau* suivant offre le *type* du calcul pour la résolution des quatre équations (21); il est très-facile de l'étendre par analogie à un nombre quelconque d'équations avec autant d'autres inconnues.

TYPE DU

$[an]$	$x\,[aa]$	$y\,[ab]$	$z\,[ac]$	$v\,[ad]$	$[bn]$	$[bb]$	$[bc]$
$\log.[an]$	$\log.[aa]$	$\log.[ab]$	$\log.[ac]$	$\log.[ad]$	$-\frac{[ab]}{[aa]}[an]$	$-\frac{[ab]}{[aa]}[ab]$	$-\frac{[ab]}{[aa]}[ac]$
$\log.\frac{[an]}{[aa]}$		$\log.\frac{[ab]}{[aa]}$	$\log.\frac{[ac]}{[aa]}$	$\log.\frac{[ad]}{[aa]}$	$[bn.1]$	$y\,[bb.1]$	$z\,[bc.1]$
$\frac{[an]}{[aa]}$		$\log.\,y$	$\log.\,z$	$\log.\,v$	$\log.[bn.1]$	$\log.[bb.1]$	$\log.[bc.1]$
$-y\frac{[ab]}{[aa]}$		$\log.\,y\frac{[ab]}{[aa]}$	$\log.\,z\frac{[ac]}{[aa]}$	$\log.\,v\frac{[ad]}{[aa]}$	$\log.\frac{[bn.1]}{[bb.1]}$		$\log.\frac{[bc.1]}{[bb.1]}$
$-z\frac{[ac]}{[aa]}$					$\frac{[bn.1]}{[bb.1]}$		$\log.\,z$
$-v\frac{[ad]}{[aa]}$					$-z\frac{[bc.1]}{[bb.1]}$		$\log.\,z\frac{[bc.1]}{[bb.1]}$
x					$-v\frac{[bd.1]}{[bb.1]}$		
					y''		

CALCUL.

[bd]	[cn]	[cc]	[cd]	[dn]	[dd]
$-\frac{[ab]}{[aa]}[ad]$	$-\frac{[ac]}{[aa]}[an]$	$-\frac{[ac]}{[aa]}[ac]$	$-\frac{[ac]}{[aa]}[ad]$	$-\frac{[ad]}{[aa]}[an]$	$-\frac{[ad]}{[aa]}[ad]$
$v\,[bd.1]$	$[cn.1]$	$[cc.1]$	$[cd.1]$	$[dn.1]$	$[dd.1]$
$log.\,[bd.1]$	$-\frac{[bc.1]}{[bb.1]}[bn.1]$	$-\frac{[bc.1]}{[bb.1]}[bc.1]$	$-\frac{[bc.1]}{[bb.1]}[bd.1]$	$-\frac{[bd.1]}{[bb.1]}[bn.1]$	$-\frac{[bd.1]}{[bb.1]}[bd.1]$
$log.\,\frac{[bd.1]}{[bb.1]}$	$[cn.2]$	$s\,[cc.2]$	$v\,[cd.2]$	$[dn.2]$	$[dd.2]$
$log.\,r$	$log.\,[cn.2]$	$log.\,[cc.2]$	$log.\,[cd.2]$	$-\frac{[cd.2]}{[cc.2]}[cn.2]$	$-\frac{[cd.2]}{[cc.2]}[cd.2]$
$log.\,v\,\frac{[bd.1]}{[bb.1]}$	$log.\,\frac{[cn.2]}{[cc.2]}$		$log.\,\frac{[cd.2]}{[cc.2]}$	$[dn.3]$	$r\,[dd.3]$
	$\frac{[cn.2]}{[cc.2]}$		$log.\,v$	$log.\,[dn.3]$	$log.\,[dd.3]$
	$-v\,\frac{[cd.2]}{[cc.2]}$		$log.\,v\,\frac{[cd.2]}{[cc.2]}$	$log.\,\frac{[dn.3]}{[dd.3]}$	
	s			v	

§ 47. On se sert également, pour la résolution des équations normales, de la méthode indirecte des approximations successives qui est ordinairement préférable à la précédente, quand les calculateurs ont l'habileté nécessaire pour profiter des circonstances favorables qui se présentent dans la marche de l'opération. Les équations étant formées de manière que les valeurs des inconnues soient très-petites (§ 45), on suppose toutes ces inconnues moins une égales à zéro, ce qui permet d'obtenir une première valeur approchée de celle des inconnues qui est conservée. Si l'on substitue cette valeur approchée, affectée d'une correction inconnue, dans les équations primitives, on les transformera en d'autres qui contiendront au lieu de l'inconnue elle-même, la première correction qu'il faut appliquer à cette valeur approchée. En dégageant une autre inconnue et substituant sa valeur également affectée d'une correction, on obtiendra de nouvelles équations, et en continuant de la même manière, on trouvera pour chaque inconnue une première valeur approchée et les quantités qui correspondent à la première, à la seconde et aux autres corrections, dont la somme donnera la valeur définitive. On pourrait poursuivre le calcul jusqu'à ce que les termes constants disparussent et que les inconnues fussent par conséquent complètement déterminées; mais ordinairement on continue seulement jusqu'à ce que ces inconnues soient obtenues avec le degré d'exactitude que l'on juge nécessaire. Avant chaque transformation générale, il convient de calculer approximativement la valeur de toutes les inconnues, dont on choisit la plus grande pour la nouvelle substitution, parceque de cette manière les altérations éprouvées par les termes constants sont plus considérables et le nombre des substitutions à faire en est diminué. Pour assurer la marche du calcul, il faut chercher quelques équations de vérification, soit en mettant à profit la forme spéciale des équations primitives, soit en leur en adjoignant une que l'on peut composer de la somme de toutes ces équations, dont les signes ont été changés. Il est quelquefois avantageux de commencer par transformer les premières équations, et même d'en établir d'autres approchées, avec des coefficients plus simples, qui permettent de trouver promptement les valeurs des inconnues.

Dans chacune des équations qui proviennent de l'observation des directions relatives à une station géodésique, il y a toujours une inconnue dont le coefficient est plus grand que ceux des autres et de signe contraire; ce coefficient prépondérant se trouve sur la diagonale du groupe des équations, quand celles-ci sont ordonnées. En admettant une valeur moyenne pour tous les coefficients de chaque équation, excèpté pour celui qui est le plus grand; ces équations pourront être mises sous la forme suivante :

$$(31)\quad \begin{cases} 0=a+n\ x-m\ (x+y+z+\ldots) \\ 0=b+n'\ y-m'\ (x+y+z+\ldots) \\ 0=c+n''z-m''(x+y+z+\ldots), \end{cases}$$

et en faisant :

(32) $$x+y+z+\ldots=S,$$

on aura :

(33)
$$x=-\frac{a}{n}+\frac{m}{n}S$$
$$y=-\frac{b}{n'}+\frac{m'}{n'}S$$
$$z=-\frac{c}{n''}+\frac{m''}{n''}S.$$

Si l'on admet un nombre entier comme coefficient de toutes les inconnues, à l'exception de celle qui a le coefficient prépondérant, on formera, en se conformant aux expressions (31) de nouvelles équations approchées d'où l'on tirera les inconnues [(33)] en fonction de S [(32)], et l'on trouvera une valeur approchée de cette somme ; on procède ensuite aux substitutions successives pour chacune desquelles on choisit, comme on l'a dit précédemment, l'inconnue qui a la plus grande valeur.

§ 48. Le *Tableau* suivant présente les groupes que l'on a formés, d'après les règles établies dans le § 45, avec les directions observées du sommet *Corral* (§ 44). Dans le haut de la dernière colonne on a indiqué les valeurs que l'on a considérées comme aprochées et qui, avec les corrections A, B, C... H doivent composer les directions les plus probables relatives à la station dont il s'agit. Au bas des directions observées relatives à chaque objet dans les trois groupes distincts, on trouve la somme des quantités dont ces directions diffèrent de la valeur approchée admise, et à laquelle on doit appliquer la correction la plus probable. Cette somme est facile à obtenir, car elle égale à celle des directions, diminuée du produit de la valeur approchée par le nombre de tours du groupe. Avec ces sommes on a établi les équations numériques contenues dans la dernière colonne du *Tableau*, semblablement aux équations (9), (10), (12) et (13).

STATION DE

CONDE	A PANIAGUA	B BOLOS	C CARRIL	D PAREDON	E YESOS
° ′ ″	° ′ ″	° ′ ″	° ′ ″	° ′ ″	° ′ ″
0 00 00,00	50 34 24,48	155 26 40,51	290 31 9,75	306 54 11,38	335 23 38,62
0,00	21,29	40,70	9,64	11,66	39,21
0,00	23,49	41,61	11,50	14,86	38,81
0,00	22,08	40,81	11,50	14,06	38,81
0,00	26,18	41,92	13,84	16,37	41,72
0,00	25,99	42,82	13,61	16,87	42,12
0,00	21,26	39,99	7,63	10,66	38,01
0,00	20,47	39,59	6,53	10,26	38,11
0,00	20,38	40,61	5,94	10,26	38,41
0,00	21,18	39,52	6,01	11,36	39,11
0,00	24,69	43,63	12,84	16,16	41,71
0,00	25,88	42,82	12,54	16,26	41,71
0,00	23,07	40,90	10,64	14,27	38,22
0,00	23,19	41,08	11,23	14,26	39,11
0,00	24,47	39,19	7,72	10,18	36,52
0,00	23,67	38,49	9,22	11,28	35,72
0,00	19,01	41,12	7,82	11,38	39,72
0,00	19,50	40,91	8,31	11,47	40,61
0,00	22,49	43,61	12,80	14,66	41,51
0,00	21,29	43,00	12,29	14,75	41,20
0,00	23,57	40,81	11,32	15,06	39,61
0,00	23,86	41,60	12,11	15,34	40,20
0,00	21,58	39,51	7,02	10,27	38,01
0,00	21,19	38,91	6,92	9,87	38,31
24	−7,44	−0,34	−1,26	+0,84	+9,09
0,00	20,80	39,73	7,82	11,67	
0,00	20,60	39,22	7,91	11,06	
0,00	21,48	42,00	9,62	13,37	
0,00	21,58	42,00	9,72	13,37	
0,00	22,37	42,80	14,21	16,36	
0,00	21,79	42,71	13,92	15,97	
0,00	25,09	38,72	10,92	11,48	
0,00	24,58	37,91	9,84	11,87	
0,00	24,67	39,42	7,72	12,42	
0,00	24,16	39,22	7,88	12,12	
0,00	22,25	43,50	13,02	15,85	
0,00	22,96	43,29	12,32	15,95	
0,00	25,46	40,92	9,62	12,34	
0,00	25,97	41,23	10,43	12,86	
0,00	20,48	39,80	6,43	8,89	
0,00	21,50	40,91	6,73	10,09	
0,00	25,67	42,20	10,31	13,07	
0,00	24,98	42,00	10,21	12,76	
0,00	25,37	39,71	7,92	11,97	
0,00	25,39	40,40	8,91	12,86	
20	+6,34	−2,22	−4,57	−3,37	
0,00					38,75
0,00					38,45
0,00					41,31
0,00					41,71
0,00					39,82
0,00					39,92
0,00					38,39
0,00					37,99
0,00					39,72
0,00					39,92
0,00					41,54
0,00					40,51
0,00					37,40
0,00					38,20
0,00					40,20
0,00					40,60
0,00					39,61
0,00					39,54
0,00					38,61
0,00					39,01
20					+11,44

CORRAL..6.

F HUERTAS	G LINDERO	H CARBONERA
° ′ ″	° ′ ″	° ′ ″
335 26 38,72	335 26 37,82	335 26 37,72
38,51	38,21	37,41
38,71	38,01	37,21
38,11	38,81	37,51
41,22	40,62	39,12
42,12	41,52	41,12
37,81	37,51	37,01
37,20	36,80	35,91
37,21	37,01	35,51
38,21	37,21	35,91
40,41	40,71	39,11
40,11	39,81	39,71
37,32	37,12	35,82
38,41	38,21	36,41
35,42	35,02	33,13
35,42	35,22	33,53
38,32	37,62	37,92
38,62	38,11	37,71
40,00	39,81	38,81
40,39	39,70	39,00
37,90	38,00	36,81
38,69	38,59	37,50
36,92	36,82	35,11
36,62	36,42	35,41
+10,37	+2,68	+2,41
37,95	37,95	36,35
38,25	38,55	36,75
41,11	40,71	40,51
41,21	40,91	40,41
38,02	37,72	37,62
38,92	38,72	38,32
37,29	37,49	36,60
37,49	37,59	37,10
39,92	39,02	38,32
39,92	39,12	38,32
40,11	39,71	38,71
40,11	39,41	38,61
35,80	35,90	35,50
36,10	35,90	35,80
39,00	38,60	37,51
39,30	39,30	38,41
38,11	38,51	37,11
37,91	37,81	37,51
37,51	37,51	36,70
37,71	37,31	36,91
+11,71	+7,51	+13,07

	°	′	″
Conde....	0	0	0
Paniagua..	50	34	25+A
Bolos....	155	26	41+B
Carril...	290	31	10+C
Paredon. .	306	54	13+D
Yesos....	335	26	39+E
Huertas...	335	26	38+F
Lindero.. .	335	26	38+G
Carbonera.	335	26	37+H

$$24x \ldots = 0$$
$$24x+24A = -7,44$$
$$24x+24B = -0,34$$
$$24x+24C = -1,26$$
$$24x+24D = +0,84$$
$$24x+24E = +9,00$$
$$24x+24F = +10,37$$
$$24x+24G = +2,68$$
$$24x+24H = +2,41$$

$$24x = +1,8167-2,6667(A+B+C+D+E+F+G+H)$$

$$20x' \ldots = 0$$
$$20x'+20A = +6,34$$
$$20x'+20B = -2,22$$
$$20x'+20C = -4,57$$
$$20x'+20D = -3,57$$

$$20x' = -0,7610-4(A+B+C+D)$$

$$20x'' \ldots = 0$$
$$20x''+20E = +11,14$$
$$20x''+20F = +11,71$$
$$20x''+20G = +7,54$$
$$20x''+20H = +13,07$$

$$20x'' = +8,0980-4(E+F+G+H)$$

Les données qui précèdent permettent de former, au moyen des expressions (17), (18), (19), les huit équations finales suivantes, qui sont analogues à celles indiquées (20):

$$(34)\quad \begin{aligned}
-\,2{,}1527 &= +37{,}3333A - 6{,}6667B - 6{,}6667C - 6{,}6667D - 2{,}6667E - 2{,}6667F \\ &\quad - 2{,}6667G - 2{,}6667H \\
-\,3{,}6127 &= -\,6{,}6667A + 37{,}3333B - 6{,}6667C - 6{,}6667D - 2{,}6667E - 2{,}6667F \\ &\quad - 2{,}6667G - 2{,}6667H \\
-\,6{,}3827 &= -\,6{,}6667A - 6{,}6667B + 37{,}3333C - 6{,}6667D - 2{,}6667E - 2{,}6667F \\ &\quad - 2{,}6667G - 2{,}6667H \\
-\,3{,}5827 &= -\,6{,}6667A - 6{,}6667B - 6{,}6667C + 37{,}3333D - 2{,}6667E - 2{,}6667F \\ &\quad - 2{,}6667G - 3{,}6667H \\
+\,9{,}7155 &= -\,2{,}6667A - 2{,}6667B - 2{,}6667C - 2{,}6667D + 37{,}3333E - 6{,}6667F \\ &\quad - 6{,}6667G - 6{,}6667H \\
+11{,}5955 &= -\,2{,}6667A - 2{,}6667B - 2{,}6667C - 2{,}6667D - 6{,}6667E + 37{,}3333F \\ &\quad - 6{,}6667G - 6{,}6667H \\
-\,0{,}2917 &= -\,2{,}6667A - 2{,}6667B - 2{,}6667C - 2{,}6667D - 6{,}6667E - 6{,}6667F \\ &\quad + 37{,}3333G - 6{,}6667H \\
+\,1{,}9655 &= -\,2{,}6667A - 2{,}6667B - 2{,}6667C - 2{,}6667D - 6{,}6667E - 6{,}6667F \\ &\quad - 6{,}6667G + 37{,}3333H
\end{aligned}$$

Ces équations sont résolues dans le *Tableau* suivant, conformément au *type* de calcul du § 46 :

[illegible]	[illegible]	[illegible]	[illegible]	[illegible]	[illegible]	[illegible]	[illegible]	[illegible]	[illegible]	[illegible]	[illegible]	[illegible]	[illegible]	[illegible]	[illegible]	[illegible]
[illegible]	[illegible]	[illegible]	[illegible]	[illegible]	[illegible]	[illegible]	[illegible]	[illegible]	[illegible]	[illegible]	[illegible]	[illegible]	[illegible]	[illegible]	[illegible]	[illegible]
[illegible]		[illegible]	[illegible]	[illegible]	[illegible]	[illegible]	[illegible]	[illegible]	[illegible]	[illegible]	[illegible]	[illegible]	[illegible]	[illegible]	[illegible]	[illegible]
[illegible]		[illegible]	[illegible]	[illegible]	[illegible]	[illegible]	[illegible]	[illegible]	[illegible]	[illegible]	[illegible]	[illegible]	[illegible]	[illegible]	[illegible]	[illegible]
[illegible]		[illegible]	[illegible]	[illegible]	[illegible]	[illegible]	[illegible]	[illegible]	[illegible]		[illegible]	[illegible]	[illegible]	[illegible]	[illegible]	[illegible]
[illegible]									[illegible]		[illegible]	[illegible]	[illegible]	[illegible]	[illegible]	[illegible]
[illegible]									[illegible]		[illegible]	[illegible]	[illegible]	[illegible]	[illegible]	[illegible]
[illegible]									[illegible]							
[illegible]									[illegible]							
[illegible]									[illegible]							
[illegible]									[illegible]							
[illegible]									[illegible]							

[illegible]	[illegible]	[illegible]	[illegible]	[illegible]	[illegible]	[illegible]
[illegible] ..41,4523	[illegible] 65661	[illegible] ,88667	[illegible] ,75661	[illegible] 16663	[illegible] ,20881	[illegible] ,39687
[illegible]	[illegible] 1,6903	[illegible] 1,1905	[illegible] 0,5767	[illegible] 0,6767	[illegible] 0,5762	[illegible] 0,5762
[illegible]	[illegible]	[illegible]	[illegible]	[illegible]	[illegible]	[illegible]
log [illegible]	log [illegible]	log [illegible]	log [illegible]	log [illegible]	log [illegible]	log [illegible]
	log [illegible]	log [illegible]	log [illegible]	log [illegible]	log [illegible]	log [illegible]
	log C [illegible]	log D [illegible]	log E [illegible]	log F [illegible]	log G [illegible]	log H [illegible]
	log C [illegible]	log D [illegible]	log E [illegible]	log F [illegible]	log G [illegible]	log H [illegible]

[illegible]	[illegible]	[illegible]	[illegible]	[illegible]
[illegible] ,68823	[illegible]	[illegible] 66661	[illegible] 36663	[illegible] 76661
[illegible] 0,5616	[illegible]	[illegible]	[illegible]	[illegible]
[illegible]	[illegible]	[illegible]	[illegible]	[illegible]
[illegible]	[illegible]	[illegible]	[illegible]	[illegible]
[illegible]	[illegible]	[illegible]	[illegible]	[illegible]
log [illegible]	log [illegible]	log [illegible]	log [illegible]	log [illegible]
log [illegible]		log [illegible]	log [illegible]	log [illegible]
[illegible]		log D [illegible]	log E [illegible]	log F [illegible]
D [illegible]		log D [illegible]	log E [illegible]	log F [illegible]
E [illegible]				
F [illegible]				
G [illegible]				
H [illegible]				
C [illegible]				

[illegible]	[illegible]	[illegible]	[illegible]	[illegible]
[illegible]	[illegible]	[illegible]	[illegible]	[illegible]
[illegible]	[illegible]	[illegible]	[illegible]	[illegible]
[illegible]	[illegible]	[illegible]	[illegible]	[illegible]
[illegible]	[illegible]	[illegible]	[illegible]	[illegible]
[illegible]	[illegible]	[illegible]	[illegible]	[illegible]
log [illegible]	log [illegible]	[illegible]	[illegible]	[illegible]
log [illegible]	log [illegible]	[illegible]	[illegible]	[illegible]
log G [illegible]	log H [illegible]	log [illegible]	log [illegible]	log [illegible]
log G [illegible]	log H [illegible]	log [illegible]		log [illegible]
		[illegible]		log E [illegible]
		E [illegible]		log E [illegible]
		F [illegible]		
		G [illegible]		
		H [illegible]		
		D [illegible]		

[illegible]	[illegible]	[illegible]	[illegible]	[illegible]	[illegible]	[illegible]	[illegible]	[illegible]	[illegible]	[illegible]	[illegible]	[illegible]	[illegible]	[illegible]
[illegible]	[illegible]	[illegible]	[illegible]	[illegible]	[illegible]	[illegible]	[illegible]	[illegible]	[illegible]	[illegible]	[illegible]	[illegible]	[illegible]	[illegible]
[illegible]	[illegible]	[illegible]	[illegible]	[illegible]	[illegible]	[illegible]	[illegible]	[illegible]	[illegible]	[illegible]	[illegible]	[illegible]	[illegible]	[illegible]
[illegible]	[illegible]	[illegible]	[illegible]	[illegible]	[illegible]	[illegible]	[illegible]	[illegible]	[illegible]	[illegible]	[illegible]	[illegible]	[illegible]	[illegible]
[illegible]	log [illegible]	log [illegible]	log [illegible]	log [illegible]	log [illegible]	log [illegible]	log [illegible]	log [illegible]	log [illegible]	log [illegible]	[illegible]	log [illegible]	log [illegible]	log [illegible]
[illegible]	log [illegible]	log [illegible]	log [illegible]	log [illegible]	log [illegible]	log [illegible]	log [illegible]	log [illegible]	log [illegible]	log [illegible]	log [illegible]	log [illegible]	log [illegible]	log [illegible]
[illegible]	log E [illegible]	log F [illegible]	log G [illegible]	log H [illegible]	log [illegible]		log E [illegible]	log F [illegible]	log G [illegible]	log H [illegible]	[illegible]	log F [illegible]	log G [illegible]	log H [illegible]
[illegible]	log E [illegible]	log F [illegible]	log G [illegible]	log H [illegible]	[illegible]		log E [illegible]	log F [illegible]	log G [illegible]	log H [illegible]	log [illegible]		log F [illegible]	log G [illegible]
					E [illegible]						F [illegible]			
					F [illegible]						G [illegible]			
					G [illegible]						H [illegible]			
					H [illegible]						E [illegible]			
					D [illegible]									

[illegible]	[illegible]	[illegible]	[illegible]	[illegible]	[illegible]	[illegible]	[illegible]	[illegible]	[illegible]	[illegible]	[illegible]	[illegible]	[illegible]	[illegible]	[illegible]
[illegible]	[illegible]	[illegible]	[illegible]	[illegible]	[illegible]	[illegible]	[illegible]	[illegible]	[illegible]	[illegible]	[illegible]	[illegible]	[illegible]	[illegible]	[illegible]
[illegible]	[illegible]	[illegible]	[illegible]	[illegible]	[illegible]	[illegible]	[illegible]	[illegible]	[illegible]	[illegible]	[illegible]	[illegible]	[illegible]	[illegible]	[illegible]
[illegible]	[illegible]	[illegible]	[illegible]	[illegible]	[illegible]	[illegible]	[illegible]	[illegible]	[illegible]	[illegible]	[illegible]	[illegible]	[illegible]	[illegible]	[illegible]
[illegible]	[illegible]	[illegible]	[illegible]	[illegible]	[illegible]	[illegible]	[illegible]	[illegible]	[illegible]	[illegible]	[illegible]	[illegible]	[illegible]	[illegible]	[illegible]
[illegible]	[illegible]	[illegible]	[illegible]	[illegible]	[illegible]	[illegible]	[illegible]	[illegible]	[illegible]	[illegible]	[illegible]	[illegible]	[illegible]	[illegible]	[illegible]
[illegible]	[illegible]	[illegible]	[illegible]	[illegible]	[illegible]	[illegible]	[illegible]	[illegible]	[illegible]	[illegible]	[illegible]	[illegible]	[illegible]	[illegible]	[illegible]
[illegible]	[illegible]	[illegible]	[illegible]	[illegible]	[illegible]	[illegible]	[illegible]	[illegible]	[illegible]	[illegible]	[illegible]	[illegible]	[illegible]	[illegible]	[illegible]
[illegible]	[illegible]	[illegible]	[illegible]	[illegible]	[illegible]	[illegible]	[illegible]	[illegible]	[illegible]	[illegible]	[illegible]	[illegible]	[illegible]	[illegible]	[illegible]
[illegible]	[illegible]	[illegible]	[illegible]	[illegible]	[illegible]	[illegible]	[illegible]	[illegible]	[illegible]	[illegible]	[illegible]	[illegible]	[illegible]	[illegible]	[illegible]
[illegible]	[illegible]	[illegible]		[illegible]	[illegible]	[illegible]	[illegible]	[illegible]	[illegible]	[illegible]	[illegible]	[illegible]	[illegible]	[illegible]	[illegible]
		[illegible]		[illegible]	[illegible]	[illegible]	[illegible]		[illegible]	[illegible]	[illegible]	[illegible]	[illegible]	[illegible]	[illegible]
		[illegible]		[illegible]	[illegible]	[illegible]	[illegible]		[illegible]	[illegible]	[illegible]	[illegible]	[illegible]	[illegible]	[illegible]
		[illegible]					[illegible]		[illegible]	[illegible]	[illegible]		[illegible]	[illegible]	[illegible]
		[illegible]					[illegible]				[illegible]		[illegible]	[illegible]	[illegible]
		K [illegible]					F [illegible]				[illegible]		[illegible]	[illegible]	
											[illegible]			[illegible]	

§ 49: Si l'on veut appliquer aux équations (34) la méthode d'élimination indirecte (§ 47), il faudra auparavant les transformer en d'autres analogues aux équations (31); mais à cause de leur disposition spéciale, on devra diviser en deux la somme des inconnues, en faisant :

$$(35)\qquad \begin{aligned} A+B+C+D&=\alpha \\ E+F+G+H&=\beta \\ \alpha+\beta&=S. \end{aligned}$$

D'après cela ces équations deviennent :

$$(36)\qquad \begin{aligned} -\ 6,4581&=132A-20\alpha-\ 8\beta \\ -10,8381&=132B-20\alpha-\ 8\beta \\ -20,6481&=132C-20\alpha-\ 8\beta \\ -10,7481&=132D-20\alpha-\ 8\beta \\ +29,1459&=132E-\ 8\alpha-20\beta \\ +34,7859&=132F-\ 8\alpha-20\beta \\ -\ 0,8841&=132G-\ 8\alpha-20\beta \\ +14,8959&=132H-\ 8\alpha-20\beta, \end{aligned}$$

et en faisant aussi :

$$(37)\qquad \begin{aligned} &+\ 6,4581=a &\quad &-29,1459=e \\ &+10,8381=b &\quad &-34,7859=f \\ &+20,6481=c &\quad &+\ 0,8841=g \\ &+10,7481=d &\quad &-14,8959=h \end{aligned}$$

$$a+b+c+d+e+f+g+h=s,$$

on obtient les équations suivantes :

$$(38)\quad \begin{aligned} 0&=a+132A-20S+12\beta \\ 0&=b+132B-20S+12\beta \\ 0&=c+132C-20S+12\beta \\ 0&=d+132D-20S+12\beta \\ 0&=e+132E-20S+12\alpha \\ 0&=f+132F-20S+12\alpha \\ 0&=g+132G-20S+12\alpha \\ 0&=h+132H-20S+12\alpha, \end{aligned}$$

dont la somme donne la valeur :

$$(39)\quad S=-\frac{s}{20},$$

qui, substituée dans les équations (38), dans chacune desquelles on néglige le dernier terme, procure les valeurs approchées :

$$(40)\quad \begin{aligned} A&=-\frac{a+s}{132} & E&=-\frac{e+s}{132} \\ B&=-\frac{b+s}{132} & F&=-\frac{f+s}{132} \\ C&=-\frac{c+s}{132} & G&=-\frac{g+s}{132} \\ D&=-\frac{d+s}{132} & H&=-\frac{h+s}{132}. \end{aligned}$$

On peut suivre avec ces valeurs approchées, la marche ordinaire (§ 47).

Dans le *Tableau* suivant qui contient cette résolution indirecte, on a désigné par :

$\Delta_1, \Delta_2, \Delta_3$... les corrections successives qui en résultent pour chaque inconnue.

La première ligne de ce *Tableau* renferme les valeurs des termes constants et leur somme (37); dans la seconde, on trouve la valeur approchée de la plus grande des inconnues (40), les termes constants qui s'introduisent quand on substitue cette valeur dans les équations (34), et leur somme tirée de l'équation (39) qui peut servir d'équation de vérification; la troisième ligne contient la réduction des deux termes constants de chaque équation et celle des deux quantités inscrites dans la dernière colonne, qui sert à vérifier le calcul en additionnant dans le sens horizontal. Quand on a trouvé la nouvelle inconnue la plus grande, on continue de même, et si dans l'équation (39) on substitue pour s sa première valeur (37), le résultat :

$$S = +1,46256,$$

comparé avec la somme des valeurs déjà trouvées pour les inconnues, donnera une idée de l'approximation obtenue. Au bas du *Tableau*, on trouve les valeurs définitives, et dans la dernière colonne, leur somme qui vérifie les différentes opérations, en n'indiquant qu'une petite différence dans la quatrième décimale.

APPROXIMATIONS SUCCESSIVES	a	b	c	d
	+ 6,4581	+10,8381	+20,6481	+10,7481
F=+0,4	— 3,2000	— 3,2000	— 3,2000	— 3,2000
	+ 3,2581	+ 7,6381	+17,4481	+ 7,5481
E=+0,4	— 3,2000	— 3,2000	— 3,2000	— 3,2000
	+ 0,0581	+ 4,4381	+14,2481	+ 4,3481
H=+0,3	— 2,4000	— 2,4000	— 2,4000	— 2,4000
	— 2,3419	+ 2,0381	+11,8481	+ 1,9481
G=+0,2	— 1,6000	— 1,6000	— 1,6000	— 1,6000
	— 3,9419	+ 0,4381	+10,2481	+ 0,3481
Δ_1F=+0,08	— 0,6400	— 0,6400	— 0,6400	— 0,6400
	— 4,5819	— 0,2019	+ 9,6081	— 0,2919
C=—0,06	+ 1,2000	+ 1,2000	— 6,7200	+ 1,2000
	— 3,3819	+ 0,9981	+ 2,8881	+ 0,9081
Δ_1E=+0,04	— 0,3200	— 0,3200	— 0,3200	— 0,3200
	— 3,7019	+ 0,6781	+ 2,5681	+ 0,5881
A=+0,04	+ 4,4800	— 0,8000	— 0,8000	— 0,8000
	+ 0,7781	— 0,1219	+ 1,7681	— 0,2119
Δ_1H=+0,03	— 0,2100	— 0,2100	— 0,2100	— 0,2100
	+ 0,5381	— 0,3619	+ 1,5281	— 0,4519
Δ_1G=+0,01	— 0,0800	— 0,0800	— 0,0800	— 0,0800
	+ 0,4581	— 0,4419	+ 1,4481	— 0,5319
Δ_1C=—0,008	+ 0,1600	+ 0,1600	— 0,8960	+ 0,1600
	+ 0,6181	— 0,2819	+ 0,5521	— 0,3719
Δ_2F=+0,007	— 0,0560	— 0,0560	— 0,0560	— 0,0560
	+ 0,5621	— 0,3379	+ 0,4961	— 0,4279
Δ_2G=+0,007	— 0,0560	— 0,0560	— 0,0560	— 0,0560
	+ 0,5061	— 0,3939	+ 0,4401	— 0,4839
Δ_2H=+0,007	— 0,0560	— 0,0560	— 0,0560	— 0,0560
	+ 0,4501	— 0,4499	+ 0,3841	— 0,5399
D=+0,005	— 0,1000	— 0,1000	— 0,1000	+ 0,5600
	+ 0,3501	— 0,5499	+ 0,2841	+ 0,0201
B=+0,004	— 0,0800	+ 0,4480	— 0,0800	— 0,0800
	+ 0,2701	— 0,1019	+ 0,2041	— 0,0599
Δ_2E=+0,004	— 0,0320	— 0,0320	— 0,0320	— 0,0320
	+ 0,2381	— 0,1339	+ 0,1721	— 0,0919
Δ_1A=—0,002	— 0,2240	+ 0,0400	+ 0,0400	+ 0,0400
	+ 0,0141	— 0,0959	+ 0,2121	— 0,0519
Δ_2C=—0,002	+ 0,0400	+ 0,0400	— 0,2240	+ 0,0400
	+ 0,0541	— 0,0559	— 0,0119	— 0,0119
Δ_1B=+0,0005	— 0,0100	+ 0,0560	— 0,0100	— 0,0100
	+ 0,0441	+ 0,0021	— 0,0219	— 0,0219
Δ_3H=—0,0006	+ 0,0048	+ 0,0048	+ 0,0048	+ 0,0048
	+ 0,0489	+ 0,0069	— 0,0171	— 0,0171
Δ_3E=+0,0004	— 0,0032	— 0,0032	— 0,0032	— 0,0032
	+ 0,0457	+ 0,0037	— 0,0203	— 0,0203
Δ_2A=—0,0003	— 0,0336	+ 0,0060	+ 0,0060	+ 0,0060
	+ 0,0121	+ 0,0097	— 0,0143	— 0,0143
Δ_3F=+0,0002	— 0,0016	— 0,0016	— 0,0016	— 0,0016
	+ 0,0105	+ 0,0081	— 0,0159	— 0,0159
Δ_3C=+0,0002	— 0,0040	— 0,0040	+ 0,0224	— 0,0040
	+ 0,0065	+ 0,0041	+ 0,0065	— 0,0199
Δ_1D=+0,0001	— 0,0020	— 0,0020	— 0,0020	+ 0,0112
	+ 0,0045	+ 0,0021	+ 0,0045	— 0,0087
	A	B	C	D
	+ 0,04 — 0,002 — 0,0003	+ 0,004 + 0,0005	— 0,06 — 0,008 — 0,002 + 0,0002	+ 0,005 + 0,0001
	+ 0,0377	+ 0,0015	— 0,0698	+ 0,0051

e	*f*	*g*	*h*	*s*
−29,1459	−34,7859	+ 0,8841	−14,8959	−29,2512
− 8,0000	+41,8000	− 8,0000	− 8,0000	+ 8,0000
−37,1459	+10,0141	− 7,1159	−22,8959	−21,2512
+44,8000	− 8,0000	− 8,0000	− 8,0000	+ 8,0000
+ 7,6541	+ 2,0141	−15,1159	−30,8959	−13,2512
− 6,0000	− 6,0000	− 6,0000	+33,6000	+ 6,0000
+ 1,6541	− 3,9859	−21,1159	+ 2,7041	− 7,2512
− 4,0000	− 4,0000	+22,4000	− 4,0000	+ 4,0000
− 2,3459	− 7,9859	+ 1,2841	− 1,2959	− 3,2512
− 1,6000	+ 8,9600	− 1,6000	− 1,6000	+ 1,6000
− 3,9459	+ 0,9741	− 0,3159	− 2,8959	− 1,6512
+ 0,4800	+ 0,4800	+ 0,4800	+ 0,4800	− 1,2000
− 3,4659	+ 1,4541	+ 0,1641	− 2,4159	− 2,8512
+ 4,4800	− 0,8000	− 0,8000	− 0,8000	+ 0,8000
+ 1,0141	+ 0,6541	− 0,6359	− 3,2159	− 2,0512
− 0,3200	− 0,3200	− 0,3200	− 0,3200	+ 0,8000
+ 0,6941	+ 0,3341	− 0,9559	− 3,5359	− 1,2512
− 0,6000	− 0,6000	− 0,6000	+ 3,3600	+ 0,6000
+ 0,0941	− 0,2659	− 1,5559	− 0,1759	− 0,6512
− 0,2000	− 0,2000	+ 1,1200	− 0,2000	+ 0,2000
− 0,1059	− 0,4659	− 0,4359	− 0,3759	− 0,4512
+ 0,0640	+ 0,0640	+ 0,0640	+ 0,0640	− 0,1600
− 0,0419	− 0,4019	− 0,3719	− 0,3119	− 0,6112
− 0,1400	+ 0,7840	− 0,1400	− 0,1400	+ 0,1400
− 0,1819	+ 0,3821	− 0,5119	− 0,4519	− 0,4712
− 0,1400	− 0,1400	+ 0,7840	− 0,1400	+ 0,1400
− 0,3219	+ 0,2421	+ 0,2721	− 0,5919	− 0,3312
− 0,1400	− 0,1400	− 0,1400	+ 0,7840	+ 0,1400
− 0,4619	+ 0,1021	+ 0,1321	+ 0,1921	− 0,1912
− 0,0400	− 0,0400	− 0,0400	− 0,0400	+ 0,1000
− 0,5019	+ 0,0621	+ 0,0921	+ 0,1521	− 0,0912
− 0,0320	− 0,0320	− 0,0320	− 0,0320	+ 0,0800
− 0,5339	+ 0,0301	+ 0,0601	+ 0,1201	− 0,0112
+ 0,4480	− 0,0800	− 0,0800	− 0,0800	+ 0,0800
− 0,0859	− 0,0499	− 0,0199	+ 0,0401	+ 0,0688
+ 0,0160	+ 0,0160	+ 0,0160	+ 0,0160	− 0,0100
− 0,0699	− 0,0339	− 0,0039	+ 0,0561	+ 0,0288
+ 0,0160	+ 0,0160	+ 0,0160	+ 0,0160	− 0,0400
− 0,0539	− 0,0179	+ 0,0121	+ 0,0721	− 0,0112
− 0,0040	− 0,0040	− 0,0040	− 0,0040	+ 0,0100
− 0,0579	− 0,0219	+ 0,0081	+ 0,0681	− 0,0012
+ 0,0120	+ 0,0120	+ 0,0120	− 0,0672	− 0,0120
− 0,0459	− 0,0099	+ 0,0201	+ 0,0009	− 0,0132
+ 0,0448	− 0,0080	− 0,0060	− 0,0060	+ 0,0080
− 0,0011	− 0,0179	+ 0,0121	− 0,0071	− 0,0052
+ 0,0024	+ 0,0024	+ 0,0024	+ 0,0024	− 0,0060
+ 0,0013	− 0,0155	+ 0,0145	− 0,0047	− 0,0112
− 0,0040	+ 0,0224	− 0,0040	− 0,0040	+ 0,0040
− 0,0027	+ 0,0069	+ 0,0105	− 0,0087	− 0,0072
− 0,0016	− 0,0016	− 0,0016	− 0,0016	+ 0,0040
− 0,0043	+ 0,0053	+ 0,0089	− 0,0103	− 0,0032
− 0,0008	− 0,0008	− 0,0008	− 0,0008	+ 0,0020
− 0,0051	+ 0,0045.	+ 0,0081	− 0,0111	− 0,0012
E	F	G	H	S
+ 0,4	+ 0,4	+ 0,2	+ 0,3	
+ 0,04	+ 0,08	+ 0,01	+ 0,03	
+ 0,004	+ 0,007	+ 0,007	+ 0,007	
+ 0,0004	+ 0,0002		− 0,0006	
+ 0,4444	+ 0,4872	+ 0,2170	+ 0,3361	+ 1,4625

On a présenté les solutions précédentes comme des exemples de la manière d'opérer avec les équations finales, bien que pour les équations (34), à cause de leur disposition spéciale, l'élimination directe eût donné facilement les mêmes résultats.

Les valeurs trouvées pour les inconnues sont :

A=+0,037	E=+0,444
B=+0,005	F=+0,487
C=−0,070	G=+0,217
D=+0,005	H=+0,336

et il en résulte (§ 48) pour les directions les plus probables, à la station de *Corral* considérée isolément :

	°	′	″
Conde. . . .	0	0	0,000
Paniagua.. .	50	34	23,037
Bolos. . . .	155	26	41,005
Carril. . . .	290	31	9,930
Paredon.. .	306	54	13,005
Yesos. . . .	335	26	39,444
Huertas. . .	235	26	38,487
Lindero. . .	335	26	38,217
Carbonera..	335	26	37,336.

CHAPITRE V.

COMPENSATION DU RÉSEAU TRIGONOMÉTRIQUE.

§ 50. Dans le chapitre précédent on a considéré séparément les observations faites à chacun des dix sommets, mais comme le système de tous ces sommets forme un réseau composé de triangles, de quadrilatères, etc., il a fallu corriger les résultats de l'observation, de manière à ce qu'ils satisfissent complètement aux conditions propres de chacune de ces figures et de tout le système polygonal qu'elles constituent.

§ 51. Désignons par :

A', B', C'... les directions correspondant à celles A, B, C (§ 45), mais corrigées de manière à satisfaire à toutes les conditions de la méthode d'observation et de la forme du réseau trigonométrique,

et supposons que les équations générales au moyen desquelles on peut exprimer ces conditions soient :

$$(41)\qquad \begin{aligned} u &= 0 = \mathfrak{A}' + \alpha A' + \alpha' B' + \alpha'' C' \\ u' &= 0 = \mathfrak{B}' + \beta A' + \beta' B' + \beta'' C' \\ u'' &= 0 = \mathfrak{C}' + \gamma A' + \gamma' B' + \gamma'' C'. \end{aligned}$$

Actuellement, multiplions ces équations par les coefficients corrélatifs représentés par les numéros I, II, III, différentions-les par rapport à A′, B′, C′ et ajoutons-les avec les équations (17), (18) et (19), nous trouverons :

$$(42)\qquad \begin{aligned} 0&=\frac{dS}{dA'}+\frac{du}{dA'}\mathrm{I}+\frac{du'}{dA'}\mathrm{II}+\frac{du''}{dA'}\mathrm{III}\\ 0&=\frac{dS}{dB'}+\frac{du}{dB'}\mathrm{I}+\frac{du'}{dB'}\mathrm{II}+\frac{du''}{dB'}\mathrm{III}\\ 0&=\frac{dS}{dC'}+\frac{du}{dC'}\mathrm{I}+\frac{du'}{dC'}\mathrm{II}+\frac{du''}{dC'}\mathrm{III}. \end{aligned}$$

Le premier terme de chacun des seconds membres de ces expressions équivaut à l'une des équations (20), et comme les quantités qui multiplient I, II, III sont respectivement égales à $\alpha, \alpha', \alpha'', \beta, \beta', \beta'', \gamma, \gamma', \gamma''$ [(41)], ces équations pourront être converties dans celles qui suivent :

$$(43)\qquad \begin{aligned} &+[aa]A'-[ab]B'-[ac]C'=[an]+\alpha\mathrm{I}+\beta\mathrm{II}+\gamma\mathrm{III}\\ &-[ab]A'+[bb]B'-[bc]C'=[bn]+\alpha'\mathrm{I}+\beta'\mathrm{II}+\gamma'\mathrm{III}\\ &-[ac]A'-[bc]B'+[cc]C'=[cn]+\alpha''\mathrm{I}+\beta''\mathrm{II}+\gamma''\mathrm{III}, \end{aligned}$$

d'où l'on déduira pour les valeurs de A′, B′, C′, en fonction de I, II, III, des expressions de la forme suivante :

$$(44)\qquad \begin{aligned} A'&=P+q\mathrm{I}+r\mathrm{II}+s\mathrm{III}\\ B'&=Q+q'\mathrm{I}+r'\mathrm{II}+s'\mathrm{III}\\ C'&=R+q''\mathrm{I}+r''\mathrm{II}+s''\mathrm{III}, \end{aligned}$$

et en les substituent dans les équations de condition (41), on obtiendra autant d'équations qu'il y a de coefficients corrélatifs I, II, III, dont les valeurs introduites dans les expressions (44) feront connaitre celles de A', B', C'.

§ 52. Bien qu'en suivant la marche qui vient d'être exposée, on obtienne immédiatement les *directions compensées*, on a coutume de modifier ce procédé, en cherchant d'abord, comme cela a été indiqué (§ 45), les directions les plus probables relatives à chaque station, et en préparant successivement les calculs pour obtenir à la fin les corrections qui se rapportent à la compensation générale.

Les équations (20) qui lient entre elles les directions correspondant à chaque station isolée pourront se transformer dans les équations suivantes

$$
(45)\qquad \begin{aligned}
A &= [an]\alpha\alpha + [bn]\alpha\beta + [cn]\alpha\gamma \\
B &= [an]\alpha\beta + [bn]\beta\beta + [cn]\beta\gamma \\
C &= [an]\alpha\gamma + [bn]\beta\gamma + [cn]\gamma\gamma,
\end{aligned}
$$

pourvu que les coefficients $\alpha\alpha$, $\alpha\beta$, $\alpha\gamma$,.. soient convenablement déduits des mêmes équations (20). Si à cet effet, on substitue dans les expressions (45) les valeurs de $[an]$, $[bn]$, $[cn]$, donnés par les expressions (20) et que l'on ordonne par rappot à A, B, C, il viendra :

$$
(46)\qquad \begin{aligned}
A = &+A\left(+[aa]\alpha\alpha - [ab]\alpha\beta - [ac]\alpha\gamma\right) \\
&+B\left(-[ab]\alpha\alpha + [bb]\alpha\beta - [bc]\alpha\gamma\right) \\
&+C\left(-[ac]\alpha\alpha - [bc]\alpha\beta + [cc]\alpha\gamma\right)
\end{aligned}
$$

$$
(46)\qquad
\begin{aligned}
B &= +A\left(+[aa]\alpha\beta-[ab]\beta\beta-[ac]\beta\gamma\right)\\
&\quad+B\left(-[ab]\alpha\beta+[bb]\beta\beta-[bc]\beta\gamma\right)\\
&\quad+C\left(-[ac]\alpha\beta-[bc]\beta\beta+[cc]\beta\gamma\right)\\[1ex]
C &= +A\left(+[aa]\alpha\gamma-[ab]\beta\gamma-[ac]\gamma\gamma\right)\\
&\quad+B\left(-[ab]\alpha\gamma+[bb]\beta\gamma-[bc]\gamma\gamma\right)\\
&\quad+C\left(-[ac]\alpha\gamma-[bc]\beta\gamma+[cc]\gamma\gamma\right).
\end{aligned}
$$

Pour que ces équations correspondent, dans tous les cas, aux équations (45) d'où elles sont déduites, la valeur de A devra y être indépendante de B et de C, celle de B indépendante de A et de C, et celle de C indépendante de A et de B; ce qui exige que les facteurs qui multiplient B et C soient nuls dans la première, [(46)] nuls dans la seconde ceux de A et C, et enfin nuls dans la troisième ceux de A et B. Pour déterminer les coefficients inconnus, on aura donc les neuf équations :

$$
(47)\qquad
\begin{aligned}
1 &= +[aa]\alpha\alpha-[ab]\alpha\beta-[ac]\alpha\gamma\\
0 &= -[ab]\alpha\alpha+[bb]\alpha\beta-[bc]\alpha\gamma\\
0 &= -[ac]\alpha\alpha-[bc]\alpha\beta+[cc]\alpha\gamma\\[1ex]
0 &= +[aa]\alpha\beta-[ab]\beta\beta-[ac]\beta\gamma\\
1 &= -[ab]\alpha\beta+[bb]\beta\beta-[bc]\beta\gamma\\
0 &= -[ac]\alpha\beta-[bc]\beta\beta+[cc]\beta\gamma\\[1ex]
0 &= +[aa]\alpha\gamma-[ab]\beta\gamma-[ac]\gamma\gamma\\
0 &= -[ab]\alpha\gamma+[bb]\beta\gamma-[bc]\gamma\gamma\\
1 &= -[ac]\alpha\gamma-[bc]\beta\gamma+[cc]\gamma\gamma.
\end{aligned}
$$

et en admettant les notations (22), (24), on obtiendra en général, abstraction faite des signes, les expressions :

$$
(48)\quad
\begin{aligned}
1&=[aa]\alpha\alpha+[ab]\alpha\beta+[ac]\alpha\gamma\\
0&=[ab]\alpha\alpha+[bb]\alpha\beta+[bc]\alpha\gamma\\
0&=[ac]\alpha\alpha+[bc]\alpha\beta+[cc]\alpha\gamma\\[6pt]
1&=[bb.1]\beta\beta+[bc.1]\beta\gamma\\
0&=[bc.1]\beta\beta+[cc.1]\beta\gamma\\[6pt]
1&=[cc.2]\gamma\gamma,
\end{aligned}
$$

d'où l'on pourra déduire les valeurs de $\alpha\alpha$, $\alpha\beta$... en appliquant séparément à chaque groupe d'équations l'une quelconque des méthodes d'élimination indiquées ci-dessus (§§ 46, 47).

§ 53. Lorsque, dans les différents tours d'horizon d'une station, on aura pointé sur tous les signaux, les directions observées constitueront un seul groupe, et comme alors $n'=0$ (§ 45), on aura :

$$
(49)\quad
\begin{aligned}
[aa]&=[bb]=[cc]=n-\frac{n}{m}\\
[ab]&=[ac]=[bc]=-\frac{n}{m},
\end{aligned}
$$

et il sera facile de former le premier groupe des équations (48), le seul qui existera dans le cas dont il s'agit.

§ 54. Désignons par :

(1), (2), (3)... les corrections que doivent recevoir les quantités A, B, C, (§ 45) pour que les directions (§ 51) soient compensées, si dans les expressions (20), on remplace A par A+(1), B par B+(2), C par C+(3), les constantes $[an]$, $[bn]$, $[cn]$ seront elles-mêmes modifiées, et en représentant par :

[1], [2], [3] les altérations de $[an]$, $[bn]$, $[cn]$,

on aura :

$$\begin{aligned} [1] &= +[aa](1)-[ab](2)-[ac](3) \\ [2] &= -[ab](1)+[bb](2)-[bc](3) \\ [3] &= -[ac](1)-[bc](2)+[cc](3). \end{aligned} \qquad (50)$$

une semblable substitution effectuée dans les expressions (45) les transformera dans les suivantes :

$$\begin{aligned} (1) &= \alpha\alpha[1]+\alpha\beta[2]+\alpha\gamma[3] \\ (2) &= \alpha\beta[1]+\beta\beta[2]+\beta\gamma[3] \\ (3) &= \alpha\gamma[1]+\beta\gamma[2]+\gamma\gamma[3]. \end{aligned} \qquad (51)$$

§ 55. Ayant formé ces équations (51) qui servent de lien entre les calculs qui se rapportent à chaque station isolée et ceux qu'exige la compensation de tout le sistème polygonal, si dans les équations générales de condition (41), on remplace les inconnues A', B', C', par A+(1), B+(2), C+(3), (§ 54) et que l'on désigne par $\mathfrak{A}$, $\mathfrak{B}$, $\mathfrak{C}$, les termes constants respectifs, on aura :

$$\begin{aligned} 0 &= \mathfrak{A}+\alpha(1)+\alpha'(2)+\alpha''(3) \\ 0 &= \mathfrak{B}+\beta(1)+\beta'(2)+\beta''(3) \\ 0 &= \mathfrak{C}+\gamma(1)+\gamma'(2)+\gamma''(3), \end{aligned} \qquad (52)$$

et en procédant de la même manière à l'égard des expressions (43), en vertu des équations (20) et (50) on obtiendra les valeurs suivantes :

$$
(53)\qquad
\begin{aligned}
[1] &= \alpha\mathrm{I} + \beta\mathrm{II} + \gamma\mathrm{III}\\
[2] &= \alpha'\mathrm{I} + \beta'\mathrm{II} + \gamma'\mathrm{III}\\
[3] &= \alpha''\mathrm{I} + \beta''\mathrm{II} + \gamma''\mathrm{III},
\end{aligned}
$$

qui substituées dans le groupe (51) feront connaître les corrections (1), (2), (3) en fonction des coefficients corrélatifs. En les introduisant dans les expressions (52), on formera les équations finales dont la résolution conduira aux valeurs de I, II, III, et celles-ci substituées dans le même groupe (51) transformé comme on vient de l'indiquer, feront connaître complétement les corrections (1), (2), (3).

§ 56. En chaque station, considérée isolément, on a rapporté les directions les plus probables à celle que l'on a regardée comme invariable, en la représentant par zéro (§ 45); mais les corrections (1), (2), (3)... relatives à la compensation de tout le système polygonal, exercent une influence sur ces directions initiales qui doivent satisfaire avec toutes les autres aux conditions qui résultent de la forme du réseau trigonométrique.

Si, dans une station isolée, on désigne par :

z... la valeur la plus probable de la *direction initiale* que l'on avait supposée égale à zéro (§ 45),

les équations (7), (11) se transformeront en :

$$
(54)\qquad
\begin{array}{c|cccc}
 & 1 & 2 & 3 & \ldots m\\
1 & x+z=0, & x+z+A=a, & x+z+B=b & \\
2 & x+z=0, & x+z+A=a', & x+z+B=b' & \\
\vdots & & & & \\
n & & & &
\end{array}
$$

$$
(55)\quad
\begin{array}{llllll}
 & 1 & 2 & 3 & 4 & \dots m' \\
1 & x'+z=0, & x'+z+A=\alpha, & x'+z+B=\beta, & x'+z+C=\gamma & \\
2 & x'+z=0, & x'+z+A=\alpha', & x'+z+B=\beta', & x'+z+C=\gamma' & \\
3 & x'+z=0, & x'+z+A=\alpha'', & x'+z+B=\beta'', & x'+z+C=\gamma'' & \\
\vdots & & & & & \\
n' & & & & &
\end{array}
$$

et par conséquent [(14)] :

$$
(56)\quad
\begin{aligned}
\frac{dS}{dz}=0=&(mn+m'n')z+mnx+m'n'x'+n(A+B)\\
&+n'(A+B+C)-([a]+[b])-([\alpha]+[\beta]+[\gamma]),
\end{aligned}
$$

d'où, en introduisant les corrections (1), (2), (3), (§ 54) et en vertu des expressions (15), (16), on déduira :

$$
(57)\quad 0=(mn+m'n')z+(n+n')(1)+(n+n')(2)+n'(3).
$$

$mn+m'n'$ est le nombre total des directions observées comprises dans les deux groupes [(54), (55)], $n+n'$ est celui des pointés faits au second et au troisième signal, et n' celui des pointés dirigés vers le quatrième ; si l'on désigne donc par :

h, h', h'', h'''... le nombre des pointés faits respectivement sur le premier signal, le second signal, etc.,

on obtiendra :

$$
(58)\quad 0=z(h+h'+h''+h''')+h'(1)+h''(2)+h'''(3),
$$

et en introduisant les valeurs de (1), (2), (3), (§ 55), on trouvera la valeur z qu'il faut substituer au zéro de la direction initiale et dont on devra corriger les autres directions correspondant à la même station, pour que les équations (52) soient satisfaites.

§ 57. Les conditions propres d'un réseau géodésique, auxquelles doivent satisfaire les valeurs définitives de ses divers éléments pour que ceux-ci ne se contrarient pas, peuvent se traduire en équations de deux espèces. De ces équations, les unes expriment que la somme des angles de chaque triangle est égale à 180° plus l'*excès sphérique*, et les autres se déduisent de ce que toutes les directions d'un même signal observées des différentes stations doivent concourir exactement en un même point. On désigne ordinairement les équations de la première classe sous le nom d'*équations d'angle* et celles de la seconde sous le nom d'*équations de côté*. Pour les établir, il faut prendre l'un des côtés pour origine et suivre la formation du réseau de triangles, dans l'ordre dans lequel les diverses directions s'enchaînent successivement, en ayant soin de n'omettre aucune des conditions nécessaires, ni de répéter celles qui sont déjà établies, soit explicitement, soit implicitement.

En partant du côté AB (*fig.* 6) et en prenant réciproquement pour zéros ou pour points de départ des observations; à A l'extrémité B, et à B l'extrémité A, deux directions suffisent pour déterminer un troisième sommet C. Si les observations ont fourni plus de deux données, le nombre de celles qui sont en excès sera celui des équations qu'il faut établir pour cette détermination. Dans le cas, par exemple, où du point C, on a aussi observé les points A et B, et en considérant l'un d'eux comme point de départ, on aura une direction de plus, qui avec les deux précédentes, procurera trois données et par conséquent une équation qui sera une équation d'angle. Si des trois sommets A, D, B, déjà déterminés, on a observé le sommet C, et que de celui-ci on ait également observé les autres, en prenant toujours pour point de départ l'un de ces sommets, on aura cinq directions auxquelles correspondront trois équations de condition, deux d'angle et une de côté relative à la troisième ligne qui doit concourir en C.

§ 58. En supposant que de chacun des quatre points A, B, C, D on ait observé les trois autres, et que les directions les plus probables affectées des corrections correspondantes (§ 54) soient (*fig.* 6) :

En A	En B	En C	En D
$C \ldots 0$,	$D \ldots 0$,	$B \ldots 0$,	$A \ldots 0$,
$B \ldots a+(1)$,	$A \ldots e+(3)$,	$D \ldots g+(5)$,	$C \ldots c+(7)$,
$D \ldots (a+b)+(2)$,	$C \ldots (e+f)+(4)$,	$A \ldots (g+h)+(6)$,	$B \ldots (c+d)+(8)$,

si l'on désigne par :

$\varepsilon \ldots$ l'excès sphérique calculé séparément pour chacun des triangles,

le premier de ceux-ci ABC donnera l'équation d'angle :

$$0 = a+(1)+f+(4)-(3)+(g+h)+(6)-180^\circ-\varepsilon. \tag{59}$$

La détermination du point D par les points A, B, C résulte de cinq directions, et des triangles ABD, ACD on deduit les équations d'angle respectives :

(60) $0=b+(2)-(1)+(e)+(5)+(c+d)+(8)-180°-\varepsilon$

(61) $0=(a+b)+(2)+h+(6)-(5)+c+(7)-180°-\varepsilon.$

§ 59. Pour former l'équation de côté correspondante, les triangles sphériques *BCD*, *ABD*, *ABC* donnent :

(62)
$$\frac{\sin BC}{\sin BD}=\frac{\sin(d+(8)-(7))}{\sin(g+(5))}$$
$$\frac{\sin BD}{\sin AB}=\frac{\sin(b+(2)-(1))}{\sin((c+d)+(8))}$$
$$\frac{\sin AB}{\sin BC}=\frac{\sin((g+h)+(6))}{\sin(a+(1))},$$

d'où résulte :

(63)
$$\sin(g+(5))\sin((c+d)+(8))\sin(a+(1))=\sin(d+(8)-(7))$$
$$.\sin(b+(2)-(1))\sin((g+h)+(6)),$$

et comme les corrections (1), (2)... (8) sont des quantités très-petites, en représentant par :

$\Delta_1, \Delta_2 \ldots \Delta_8$, les différences logarithmiques correspondant, pour chacun des différents sinus, à la variation de 1'', on aura :

(64)
$$\log.\sin g+\Delta_1(5)+\log.\sin(c+d)+\Delta_2(8)+\log.\sin a+\Delta_3(1)$$
$$=\log.\sin d+\Delta_4((8)-(7))+\log.\sin b+\Delta_5((2)-(1))$$
$$+\log.\sin(g+h)+\Delta_6(6),$$

et comme équation de côté :

$$(65)\quad 0=\log.\frac{\sin(g+h)\sin b\sin d}{\sin(c+d)\sin a\sin g}-(\Delta_1+\Delta_2)(1)+\Delta_2(2)-\Delta_5(5)$$
$$+\Delta_6(6)-\Delta_7(7)+(\Delta_7-\Delta_8)(8).$$

Dans le but d'obtenir une formule plus commode pour le calcul, on peut appliquer les logarithmes à celle (63), en développant chacun de ses facteurs suivant la formule de *Taylor* limitée aux premières puissances, ce qui donne, par exemple, pour le premièr facteur :

$$(66)\qquad \log.\sin(g+(5))=\log.\sin g+\frac{d\log.\sin g}{dg}(5),$$

et comme en désignant par :

M... le module du système de logarithmes,

il vient :

$$(67)\qquad d\log.\sin g=M\cot g\,dg,$$

l'équation (63) se transformera dans la suivante :

$$0=\log.\sin g+\log.\sin(c+d)+\log.\sin a-\Big(\log.\sin d+\log.\sin b$$
$$(68)\quad +\log.\sin(g+h)\Big)+M\Big(\cot g(5)+\cot(c+d)(8)+\cot a(1)$$
$$-\cot d((8)-(7))-\cot b((2)-(1))-\cot(g+h)(6)\Big).$$

ou bien :

$$
(69)\quad \begin{aligned} 0 &= \frac{1}{M}\log.\frac{\sin(c+d)\sin a \sin g}{\sin(g+h)\sin b \sin d} + (\cot a + \cot b)(1) - \cot b(2) + \cot g(5) \\ & - \cot(g+h)(6) + \cot d(7) + (\cot(c+d) - \cot d)(8). \end{aligned}
$$

Les expressions (62) ou (63) donnent :

$$
(70)\quad \frac{\sin((c+d)+(8))\sin(a+(1))\sin(g+(5))}{\sin((g+h)+(6))\sin(b+(2)-(1))\sin(d+(8)-(7))} = 1,
$$

alors si dans l'équation (69), on formait le numérateur et le dénominateur du terme constant avec les sinus des angles corrigés, comme cela a lieu dans l'équation (70), le quotient serait égal à l'unité.

En faisant donc :

$$
(71)\quad \frac{\sin(c+d)\sin a \sin g}{\sin(g+h)\sin b \sin d} = v,
$$

la différence $v-1$ sera toujours assez petite pour que l'on puisse négliger ses puissances supérieures, et par conséquent :

$$
(72)\quad \begin{aligned} 0 = \log.1 = \log.(v-(v-1)) &= \log v - \frac{d\log.v}{dv}(v-1) \\ &= \log.v + \left(\frac{1}{v} - 1\right)M, \end{aligned}
$$

d'où l'on déduit :

$$(73)\qquad \log.v = \left(1-\frac{1}{v}\right)M,$$

ou son équivalente [(71)] :

$$(74)\qquad \log.\frac{\sin(c+d)\sin a\sin g}{\sin(g+h)\sin b\sin d} = \left(1-\frac{\sin(g+h)\sin b\sin d}{\sin(c+d)\sin a\sin g}\right)M.$$

En substituant cette valeur dans la formule (69) et multipliant son terme constant par $\frac{1}{\sin 1''}$, pour qu'il exprime des secondes, la seconde étant l'unité à la quelle on rapporte les corrections (1), (2)... (8), on obtient enfin l'équation de côté :

$$(75)\qquad \begin{aligned} 0 = &\frac{1}{\sin 1''}\left(\frac{\sin(g+h)\sin b\sin d}{\sin(c+d)\sin a\sin g}-1\right)-(\cot a+\cot b)(1)+\cot b(2) \\ &-\cot g(5)+\cot(g+h)(6)-\cot d(7)+(\cot d-\cot(c+d))(8). \end{aligned}$$

§ 60. Dans un polygône quelconque $ABCDE$ (*fig.* 7) dont les sommets sont unis à un point intérieur O, le terme constant de l'équation de côté serait :

$$(76)\qquad \frac{1}{\sin 1''}\left(\frac{\sin b\sin d\sin f\sin h\sin q}{\sin a\sin c\sin e\sin g\sin p}-1\right),$$

dans lequel la fraction renfermée entre parenthèses serait égale à l'unité, si l'on tenait compte des corrections respectives de a, b, c... Pour former cette fraction, on peut établir comme règle [(76)] : que le numérateur se compose du produit des sinus des angles qui, en parcourant le périmètre, se trouvent à la droite des lignes qui se dirigent vers le centre, et le dénominateur se compose du produit des sinus de ceux de gauche. Cette règle s'applique aussi au cas où le point O est situé hors du polygône et même à celui où le point n'existe pas, ainsi que cela arriverait pour un quadrilatère $ABCD$ (*fig.* 6) dans lequel on aurait observé les deux diagonales ; car en imaginant que le triangle BDC a tourné autour de BD, on pourrait, au lieu du quadrilatère primitif, considérer le nouveau quadrilatère $ADC'C$ avec le point intérieur B (§ 58).

§ 61. Cherchons actuellement quel est le nombre des équations d'angle et de côté que l'on doit établir pour un réseau d'un nombre connu de sommets. En désignant par :

p... ce nombre de points ou sommets,

l... celui des lignes qui les unissent et dont les directions ont été observées réciproquement des deux extrémités,

si l'on considère seulement le polygône formé par les p lignes indispensables pour unir tous les points de manière à former un périmètre continu, la somme des angles intérieurs devra être égale à $180°(p-2)$, ce qui fait déjà une première condition. Une autre ligne des $l-p$ qui restent divisera le polygône en deux figures fermées, dont chacune sera assujettie à cette condition ; mais comme ces deux dernières étant remplies, la première se trouve implicitement satisfaite, il en résulte que cette ligne qui n'est pas indispensable, introduit seulement une nouvelle condition, et comme il en serait de même pour toutes les autres lignes de cette espèce, en représentant par :

x... le nombre des équations d'angle,

on aura :

$$(77) \qquad x=l-p+1.$$

§ 62. Aprés avoir fixé la position d'une ligne de départ, ou de deux des points p, pour déterminer les autres, il faudra $2(p-2)$ directions (§ 57), et en comptant avec ce côté de départ, il faudra $2p-3$ lignes pour fixer tous les sommets du système. En désignant par :

l'... le nombre total des lignes qui ont été ou non observées réciproquement,

z... celui des équations de côté,

on aura :

$$(78) \qquad z=l'-2p+3$$

et pour la totalité des équations de condition :

$$(79) \qquad x+z=l+l'-3p+4.$$

§ 63. En appliquant à la triangulation de Madridejos les formules générales qui ont été établies précédemment, on a formé d'une manière analogue à celles (48), et avec les coefficients numériques des équations (34) rélatives à la station de *Corral*, les 36 équations suivantes :

$1 = +37{,}3333\alpha\alpha - 6{,}6667\alpha\beta - 6{,}6667\alpha\gamma - 6{,}6667\alpha\delta - 2{,}6667\alpha\varepsilon - 2{,}6667\alpha\eta - 2{,}6667\alpha\theta - 2{,}6667\alpha\lambda$
$0 = -6{,}6667\alpha\alpha + 37{,}3333\alpha\beta - 6{,}6667\alpha\gamma - 6{,}6667\alpha\delta - 2{,}6667\alpha\varepsilon - 2{,}6667\alpha\eta - 2{,}6667\alpha\theta - 2{,}6667\alpha\lambda$
$0 = -6{,}6667\alpha\alpha - 6{,}6667\alpha\beta + 37{,}3333\alpha\gamma - 6{,}6667\alpha\delta - 2{,}6667\alpha\varepsilon - 2{,}6667\alpha\eta - 2{,}6667\alpha\theta - 2{,}6667\alpha\lambda$
$= -6{,}6667\alpha\alpha - 6{,}6667\alpha\beta - 6{,}6667\alpha\gamma + 37{,}3333\alpha\delta - 2{,}6667\alpha\varepsilon - 2{,}6667\alpha\eta - 2{,}6667\alpha\theta - 2{,}6667\alpha\lambda$
$0 = -2{,}6667\alpha\alpha - 2{,}6667\alpha\beta - 2{,}6667\alpha\gamma - 2{,}6667\alpha\delta + 37{,}3333\alpha\varepsilon - 6{,}6667\alpha\eta - 6{,}6667\alpha\theta - 6{,}6667\alpha\lambda$
$0 = -2{,}6667\alpha\alpha - 2{,}6667\alpha\beta - 2{,}6667\alpha\gamma - 2{,}6667\alpha\delta - 6{,}6667\alpha\varepsilon + 37{,}3333\alpha\eta - 6{,}6667\alpha\theta - 6{,}6667\alpha\lambda$
$0 = -2{,}6667\alpha\alpha - 2{,}6667\alpha\beta - 2{,}6667\alpha\gamma - 2{,}6667\alpha\delta - 6{,}6667\alpha\varepsilon - 6{,}6667\alpha\eta + 37{,}3333\alpha\theta - 6{,}6667\alpha\lambda$
$0 = -2{,}6667\alpha\alpha - 2{,}6667\alpha\beta - 2{,}6667\alpha\gamma - 2{,}6667\alpha\delta - 6{,}6667\alpha\varepsilon - 6{,}6667\alpha\eta - 6{,}6667\alpha\theta + 37{,}3333\alpha\lambda$

$1 = +37{,}3333\beta\beta - 6{,}6667\beta\gamma - 6{,}6667\beta\delta - 2{,}6667\beta\varepsilon - 2{,}6667\beta\eta - 2{,}6667\beta\theta - 2{,}6667\beta\lambda$
$0 = -6{,}6667\beta\beta + 37{,}3333\beta\gamma - 6{,}6667\beta\delta - 2{,}6667\beta\varepsilon - 2{,}6667\beta\eta - 2{,}6667\beta\theta - 2{,}6667\beta\lambda$
$0 = -6{,}6667\beta\beta - 6{,}6667\beta\gamma + 37{,}3333\beta\delta - 2{,}6667\beta\varepsilon - 2{,}6667\beta\eta - 2{,}6667\beta\theta - 2{,}6667\beta\lambda$
$0 = -2{,}6667\beta\beta - 2{,}6667\beta\gamma - 2{,}6667\beta\delta + 37{,}3333\beta\varepsilon - 6{,}6667\beta\eta - 6{,}6667\beta\theta - 6{,}6667\beta\lambda$
$0 = -2{,}6667\beta\beta - 2{,}6667\beta\gamma - 2{,}6667\beta\delta - 6{,}6667\beta\varepsilon + 37{,}3333\beta\eta - 6{,}6667\beta\theta - 6{,}6667\beta\lambda$
$0 = -2{,}6667\beta\beta - 2{,}6667\beta\gamma - 2{,}6667\beta\delta - 6{,}6667\beta\varepsilon - 6{,}6667\beta\eta + 37{,}3333\beta\theta - 6{,}6667\beta\lambda$
$0 = -2{,}6667\beta\beta - 2{,}6667\beta\gamma - 2{,}6667\beta\delta - 6{,}6667\beta\varepsilon - 6{,}6667\beta\eta - 6{,}6667\beta\theta + 37{,}3333\beta\lambda$

$1 = +37{,}3333\gamma\gamma - 6{,}6667\gamma\delta - 2{,}6667\gamma\varepsilon - 2{,}6667\gamma\eta - 2{,}6667\gamma\theta - 2{,}6667\gamma\lambda$
$0 = -6{,}6667\gamma\gamma + 37{,}3333\gamma\delta - 2{,}6667\gamma\varepsilon - 2{,}6667\gamma\eta - 2{,}6667\gamma\theta - 2{,}6667\gamma\lambda$
$0 = -2{,}6667\gamma\gamma - 2{,}6667\gamma\delta + 37{,}3333\gamma\varepsilon - 6{,}6667\gamma\eta - 6{,}6667\gamma\theta - 6{,}6667\gamma\lambda$
$0 = -2{,}6667\gamma\gamma - 2{,}6667\gamma\delta - 6{,}6667\gamma\varepsilon + 37{,}3333\gamma\eta - 6{,}6667\gamma\theta - 6{,}6667\gamma\lambda$
$0 = -2{,}6667\gamma\gamma - 2{,}6667\gamma\delta - 6{,}6667\gamma\varepsilon - 6{,}6667\gamma\eta + 37{,}3333\gamma\theta - 6{,}6667\gamma\lambda$
$0 = -2{,}6667\gamma\gamma - 2{,}6667\gamma\delta - 6{,}6667\gamma\varepsilon - 6{,}6667\gamma\eta - 6{,}6667\gamma\theta + 37{,}3333\gamma\lambda$

$1 = +37{,}3333\delta\delta - 2{,}6667\delta\varepsilon - 2{,}6667\delta\eta - 2{,}6667\delta\theta - 2{,}6667\delta\lambda$
$0 = -2{,}6667\delta\delta + 37{,}3333\delta\varepsilon - 6{,}6667\delta\eta - 6{,}6667\delta\theta - 6{,}6667\delta\lambda$
$0 = -2{,}6667\delta\delta - 6{,}6667\delta\varepsilon + 37{,}3333\delta\eta - 6{,}6667\delta\theta - 6{,}6667\delta\lambda$
$0 = -2{,}6667\delta\delta - 6{,}6667\delta\varepsilon - 6{,}6667\delta\eta + 37{,}3333\delta\theta - 6{,}6667\delta\lambda$
$0 = -2{,}6667\delta\delta - 6{,}6667\delta\varepsilon - 6{,}6667\delta\eta - 6{,}6667\delta\theta + 37{,}3333\delta\lambda$

$1 = +37{,}3333\varepsilon\varepsilon - 6{,}6667\varepsilon\eta - 6{,}6667\varepsilon\theta - 6{,}6667\varepsilon\lambda$
$0 = -6{,}6667\varepsilon\varepsilon + 37{,}3333\varepsilon\eta - 6{,}6667\varepsilon\theta - 6{,}6667\varepsilon\lambda$
$0 = -6{,}6667\varepsilon\varepsilon - 6{,}6667\varepsilon\eta + 37{,}3333\varepsilon\theta - 6{,}6667\varepsilon\lambda$
$0 = -6{,}6667\varepsilon\varepsilon - 6{,}6667\varepsilon\eta - 6{,}6667\varepsilon\theta + 37{,}3333\varepsilon\lambda$

$1 = +37{,}3333\eta\eta - 6{,}6667\eta\theta - 6{,}6667\eta\lambda$
$0 = -6{,}6667\eta\eta + 37{,}3333\eta\theta - 6{,}6667\eta\lambda$
$0 = -6{,}6667\eta\eta - 6{,}6667\eta\theta + 37{,}3333\eta\lambda$

$1 = +37{,}3333\theta\theta - 6{,}6667\theta\lambda$
$0 = -6{,}6667\theta\theta + 57{,}3333\theta\lambda$

$1 = +37{,}3333\lambda\lambda$

Ces équations sont résolues dans le *Tableau* que l'on trouvera ci-après, en se conformant au *type* de calcul du § 46 :

[illegible]

[illegible]	[illegible]	[illegible]	[illegible]	[illegible]	[illegible]	[illegible]	[illegible]	[illegible]	[illegible]	[illegible]	[illegible]	[illegible]	[illegible]	[illegible]	[illegible]	[illegible]
								[illegible]	[illegible]	[illegible]	[illegible]	[illegible]	[illegible]	[illegible]	[illegible]	[illegible]
															[illegible]	[illegible]

[illegible]	log. [illegible]	log. [illegible]	log. [illegible]	log. [illegible]	[illegible]	log. [illegible]	log. [illegible]	log. [illegible]	[illegible]	log. [illegible]	log. [illegible]	[illegible]
[illegible]	log. [illegible]	log. [illegible]	log. [illegible]	log. [illegible]	[illegible]	log. [illegible]	log. [illegible]	log. [illegible]	[illegible]	log. [illegible]	log. [illegible]	[illegible]
[illegible]	log. [illegible]	log. [illegible]	log. [illegible]	log. [illegible]	[illegible]	log. [illegible]	log. [illegible]	log. [illegible]	[illegible]	log. [illegible]	log. [illegible]	[illegible]
[illegible]	log. [illegible]	log. [illegible]	log. [illegible]	log. [illegible]	[illegible]	log. [illegible]	log. [illegible]	log. [illegible]	[illegible]	log. [illegible]	log. [illegible]	[illegible]

[illegible] = +1 [illegible] = 0,00000000 [illegible] = 8,4762382 [illegible] = +0,02802 [illegible] = +0,02130 [illegible] = +0,01150 [illegible] = +0,01150 = +0,06232	log. [rr·4] = 1,33257519	log. [rf·4]/[rr·4] = 9,56690376$_n$ log. εη = 8,69396334 log. εη [rf·4]/[rr·4] = 8,26085310$_n$	log. [rg·4]/[rr·4] = 9,76690376$_n$ log. εθ = 8,69399061 log. εθ [rg·4]/[rr·4] = 8,46089037$_n$	log. [rh·4]/[rr·4] = 9,76690576$_n$ log. ελ = 8,69394734 log. ελ [rh·4]/[rr·4] = 8,46085310$_n$	[fn·4] = +0,62335 − [rf·4]/[rr·4] [rn·4] = −0,23276 [fn·5] = +0,63611 log. [fn·5] = 9,81697866 log. [fn·5]/[ff·5] = 8,28836837 [fn·5]/[ff·5] = +0,01963 − εθ [fg·5]/[ff·5] = +0,01500 − ελ [fh·5]/[ff·5] = +0,01499 εη = +0,04742	log. [ff·5] = 1,52838829	log. [fg·5]/[ff·5] = 9,48199646$_n$ log. εθ = 8,69399061 log. εθ [fg·5]/[ff·5] = 8,17598707$_n$	log. [fh·5]/[ff·5] = 9,48199646$_n$ log. ελ = 8,69394734 log. ελ [fh·5]/[ff·5] = 8,17696380$_n$	[gn·4] = +0,62335 − [rg·4]/[rr·4] [rn·4] = +0,23276 [gn·5] = +0,65611 − [fg·5]/[ff·5] [fn·5] = +0,19906 [gn·6] = +0,85517 log. [gn·6] = 9,93205248 log. [gn·6]/[gg·6] = 8,44560873 [gn·6]/[gg·6] = +0,02790 − ελ [gh·6]/[gg·6] = +0,02153 εθ = +0,04943	log. [gg·6] = 1,48645173	log. [gh·6]/[gg·6] = 9,63901002$_n$ log. ελ = 8,69396334 log. ελ [gh·6]/[gg·6] = 8,33295336$_n$	[hn·4] = +0,62335 − [rh·4]/[rr·4] [rn·4] = −0,23276 [hn·5] = +0,56011 − [fh·5]/[ff·5] [fn·5] = +0,19906 [hn·6] = +0,85517 − [gh·6]/[gg·6] [gn·6] = +0,37245 [hn·7] = +1,22762 log. [hn·7] = 0,08906196 log. [hn·7]/[hh·7] = 8,69396334 ελ = +0,04847	log. [hh·7] = 1,39511662
					[fη] = 1 [fη·5] = +1 log. [fη·5] = 0,00000000 log. [fη·5]/[ff·5] = 8,47161171 [fη·5]/[ff·5] = +0,02962 − ηθ [fg·5]/[ff·5] = +0,01682 − ηλ [fh·5]/[ff·5] = +0,01682 ηη = +0,06326	log. [ff·5] = 1,52838829	log. [fg·5]/[ff·5] = 9,48199646$_n$ log. ηθ = 8,74393314 log. ηθ [fg·5]/[ff·5] = 8,22593360$_n$	log. [fh·5]/[ff·5] = 9,48199646$_n$ log. ηλ = 8,74393314 log. ηλ [fh·5]/[ff·5] = 8,22593360$_n$	[gη·5] = +1,65611 − [fg·5]/[ff·5] [fη·5] = +0,30339 [gη·6] = +0,95930 log. [gη·6] = 9,98206498 log. [gη·6]/[gg·6] = 8,49559325 [gη·6]/[gg·6] = +0,03130 − ηλ [gh·6]/[gg·6] = +0,02415 ηθ = +0,05545	log. [gg·6] = 1,48645173	log. [gh·6]/[gg·6] = 9,61901002$_n$ log. ηλ = 8,74395316 log. ηλ [gh·6]/[gg·6] = 8,38294714$_n$	[hη·5] = +0,65611 − [fh·5]/[ff·5] [fη·5] = +0,30339 [hη·6] = +0,95930 − [gh·6]/[gg·6] [gη·6] = +0,61778 [hη·7] = +1,31218 log. [hη·7] = 0,11803316 log. [hη·7]/[hh·7] = 8,71383116 ηλ = +0,05345	log. [hh·7] = 1,39511662
									[gθ] = 1 [gθ·6] = +1 log. [gθ·6] = 0,00000000 log. [gθ·6]/[gg·6] = 8,51354827 [gθ·6]/[gg·6] = +0,03262 − θλ [gh·6]/[gg·6] = +0,02116 θθ = +0,05378	log. [gg·6] = 1,48645173	log. [gh·6]/[gg·6] = 9,63901002$_n$ log. θλ = 8,75[illegible] log. θλ [gh·6]/[gg·6] = 8,39[illegible]$_n$	[hθ·6] = +0,95930 − [gh·6]/[gg·6] [gθ·6] = +0,63354 [hθ·7] = +1,59507 log. [hθ·7] = 0,11450069 log. [hθ·7]/[hh·7] = 8,74951381 θλ = +0,05616	log. [hh·7] = 1,39511662
												[hλ] = 1 [hλ·7] = +1 log. [hλ·7] = 0,00000000 log. [hλ·7]/[hh·7] = [illegible] λλ = +0,04030	log. [hh·7] = 1,39511662

On a réuni ici les valeurs determinées dans le *Tableau* précédent :

$\alpha\alpha = +0,04026$	$\alpha\beta = +0,01752$	$\alpha\gamma = +0,01754$	$\alpha\delta = +0,01754$	$\alpha\varepsilon = +0,01428$
	$\beta\beta = +0,05059$	$\beta\gamma = +0,03193$	$\beta\delta = +0,03192$	$\beta\varepsilon = +0,02603$
		$\gamma\gamma = +0,05625$	$\gamma\delta = +0,04252$	$\gamma\varepsilon = +0,03466$
			$\delta\delta = +0,05567$	$\delta\varepsilon = +0,03931$
				$\varepsilon\varepsilon = +0,06252$

$\alpha\eta = +0,01428$	$\alpha\theta = +0,01428$	$\alpha\lambda = +0,01429$
$\beta\eta = +0,02603$	$\beta\theta = +0,02602$	$\beta\lambda = +0,02602$
$\gamma\eta = +0,03165$	$\gamma\theta = +0,03165$	$\gamma\lambda = +0,03165$
$\delta\eta = +0,03932$	$\delta\theta = +0,03931$	$\delta\lambda = +0,03931$
$\varepsilon\eta = +0,04942$	$\varepsilon\theta = +0,04943$	$\varepsilon\lambda = +0,04942$
$\eta\eta = +0,06326$	$\eta\theta = +0,05545$	$\eta\lambda = +0,05545$
	$\theta\theta = +0,05708$	$\theta\lambda = +0,05616$
		$\lambda\lambda = +0,04026$

Les neuf autres équations se trouvent être dans le cas auquel se rapporte le § 53, et comme en outre les valeurs $m=36$ et $n=9$ leur sont communes, on a pu former les coefficients (49) et avec eux le groupe d'équations qui suit, lequel correspond indistinctement à l'un quelconque des sommets *Huertas*, *Yesos*, *Conde*, *Paredon*, *Lindero*, *Paniagua*, *Carril*, *Carbonera*, *Bolos*.

$$1 = +32\alpha\alpha - 4\alpha\beta - 4\alpha\gamma - 4\alpha\delta - 4\alpha\varepsilon - 4\alpha\eta - 4\alpha\theta - 4\alpha\lambda$$
$$0 = -4\alpha\alpha + 32\alpha\beta - 4\alpha\gamma - 4\alpha\delta - 4\alpha\varepsilon - 4\alpha\eta - 4\alpha\theta - 4\alpha\lambda$$
$$0 = -4\alpha\alpha - 4\alpha\beta + 32\alpha\gamma - 4\alpha\delta - 4\alpha\varepsilon - 4\alpha\eta - 4\alpha\theta - 4\alpha\lambda$$
$$0 = -4\alpha\alpha - 4\alpha\beta - 4\alpha\gamma + 32\alpha\delta - 4\alpha\varepsilon - 4\alpha\eta - 4\alpha\theta - 4\alpha\lambda$$
$$0 = -4\alpha\alpha - 4\alpha\beta - 4\alpha\gamma - 4\alpha\delta + 32\alpha\varepsilon - 4\alpha\eta - 4\alpha\theta - 4\alpha\lambda$$
$$0 = -4\alpha\alpha - 4\alpha\beta - 4\alpha\gamma - 4\alpha\delta - 4\alpha\varepsilon + 32\alpha\eta - 4\alpha\theta - 4\alpha\lambda$$
$$0 = -4\alpha\alpha - 4\alpha\beta - 4\alpha\gamma - 4\alpha\delta - 4\alpha\varepsilon - 4\alpha\eta + 32\alpha\theta - 4\alpha\lambda$$
$$0 = -4\alpha\alpha - 4\alpha\beta - 4\alpha\gamma - 4\alpha\delta - 4\alpha\varepsilon - 4\alpha\eta - 4\alpha\theta + 32\alpha\lambda$$

La résolution de ces équations (§ 46) donne :

$$\alpha\alpha = +0,05554$$

$$\alpha\beta = \alpha\gamma = \alpha\delta = \alpha\varepsilon = \alpha\eta = \alpha\theta = \alpha\lambda = +0,02778.$$

§ 64. En joignant aux directions les plus probables de chaque station isolée (§§ 44, 49) les corrections (1), (2)...(80) (§ 54), on a comme données pour la compensation :

STATION DE HUERTAS..1.

		°	′	″
Conde . .	3.	0	0	0,000
Bolos . .	10.	38	46	33,717+(1)
Corral . .	6.	38	46	33,039+(2)
Yesos . .	2.	38	46	32,677+(3)
Paredon. .	4.	103	13	21,139+(4)
Carril . .	8.	130	14	30,921+(5)
Carbonera..	9.	218	46	30,345+(6)
Lindero. .	5.	218	46	31,270+(7)
Paniagua. .	7.	348	32	42,089+(8)

STATION DE YESOS..2.

		°	′	″
Conde . .	3.	0	0	0,000
Paniagua. .	7.	41	29	4,191+(9)
Corral . .	6.	115	53	34,194+(10)
Bolos . .	10.	115	53	34,459+(11)
Carril . .	8.	233	16	28,318+(12)
Paredon. .	4.	240	28	27,778+(13)
Carbonera..	9.	295	53	30,816+(14)
Lindero. .	5.	295	53	32,504+(15)
Huertas. .	1.	295	53	32,421+(16)

STATION DE CONDE..3.

		°	′	″
Paniagua. .	7.	0	0	0,000
Bolos . .	10.	69	40	51,339+(17)
Corral . .	6.	82	0	12,819+(18)
Yesos . .	2.	121	33	17,226+(19)
Paredon. .	4.	159	38	22,639+(20)
Carril . .	8.	163	55	11,862+(21)
Huertas. .	1.	198	40	17,898+(22)
Lindero. .	5.	216	38	11,396+(23)
Carbonera..	9.	225	4	0,483+(24)

STATION DE PAREDON..4.

		°	′	″
Conde . .	3.	0	0	0,000
Paniagua. .	7.	10	8	57,004+(25)
Yesos . ..	2.	22	23	23,238+(26)
Corral . .	6.	49	16	2,563+(27)
Bolos . .	10.	61	45	23,118+(28)
Carril . .	8.	189	15	33,610+(29)
Carbonera..	9.	278	2	48,689+(30)
Liudero. .	5.	293	5	12,706+(31)
Huertas. .	1.	322	15	16,072+(32)

STATION DE LINDERO..5.

		°	′	″
Conde . .	3.	0	0	0,000
Huertas. .	1.	20	48	40,154+(33)
Yesos . .	2.	20	48	40,502+(34)
Corral . .	6.	20	48	40,824+(35)
Bolos . .	10.	20	48	41,660+(36)
Paredon. .	4.	56	5	25,754+(37)
Carril . ..	8.	90	33	54,844+(38)
Carbonera..	9.	200	48	36,855+(39)
Paniagua. .	7.	342	42	49,611+(40)

STATION DE CORRAL..6.

		°	'	"
Conde . .	3.	0	0	0,000
Paniagua. .	7.	50	34	23,037+(41)
Bolos . .	10.	155	26	41,005+(42)
Carril . .	8.	290	31	9,930+(43)
Paredon. .	4.	306	54	13,005+(44)
Yesos . .	2.	335	26	39,444+(45)
Huertas . .	1.	335	26	38,487+(46)
Lindero . .	5.	335	26	38,217+(47)
Carbonera..	9.	335	26	37,356+(48)

STATION DE PANIAGUA..7.

		°	'	"
Conde . .	3.	0	0	0,000
Huertas . .	1.	7	13	1,726+(49)
Lindero . .	5.	19	21	0,295+(50)
Carbonera..	9.	29	34	28,718+(51)
Bolos . .	10.	281	17	29,905+(52)
Corral . .	6.	312	34	36,315+(53)
Yesos . .	2.	343	2	21,149+(54)
Carril . .	8.	349	51	3,982+(55)
Paredon. .	4.	349	47	19,970+(56)

STATION DE CARRIL..8.

		°	'	"
Conde . .	3.	0	0	0,000
Paredon. .	4.	4	58	46,462+(57)
Paniagua. .	7.	5	35	52,192+(58)
Yesos . .	2.	10	54	36,540+(59)
Corral . .	6.	28	36	10,994+(60)
Bolos . .	10.	42	57	29,852+(61)
Carbonera..	9.	301	1	17,654+(62)
Lindero . .	5.	323	16	54,662+(63)
Huertas . .	1.	344	59	39,069+(64)

STATION DE CARBONERA..9.

		°	'	"
Condo . .	3.	0	0	0,000
Lindero. .	5.	12	22	47,391+(65)
Huertas. .	1.	12	22	48,079+(66)
Yesos . .	2.	12	22	48,951+(67)
Corral . .	6.	12	22	49,736+(68)
Bolos . .	10.	12	22	50,734+(69)
Paredon. .	4.	32	37	12,382+(70)
Carril . .	8.	59	52	29,377+(71)
Paniagua. .	7.	344	30	27,593+(72)

STATION DE BOLOS..10.

		°	'	"
Condo . .	3.	0	0	0,000
Paniagua. .	7.	31	37	0,008+(73)
Carril . .	8.	317	12	11,094+(74)
Paredon. .	4.	331	43	16,799+(75)
Corral . .	6.	347	46	23,689+(76)
Yesos . .	2.	347	46	22,967+(77)
Huertas. .	1.	347	46	22,134+(78)
Lindero. .	5.	347	46	21,607+(79)
Carbonera..	9.	347	46	20,997+(80)

Avec les valeurs des coefficients des formules (51) pour les dix stations (§ 63), on a pu établir les 80 expressions suivantes :

HUERTAS..1.

(1)=+0,05554[1]+0,02778[2]+0,02778[3]+0,02778[4]+0,02778[5]+0,02778[6]
+0,02778[7]+0,02778[8]

(2)=+0,02778[1]+0,05554[2]+0,02778[3]+0,02778[4]+0,02778[5]+0,02778[6]
+0,02778[7]+0,02778[8]

(3)=+0,02778[1]+0,02778[2]+0,05554[3]+0,02778[4]+0,02778[5]+0,02778[6]
+0,02778[7]+0,02778[8]

(4)=+0,02778[1]+0,02778[2]+0,02778[3]+0,05554[4]+0,02778[5]+0,02778[6]
+0,02778[7]+0,02778[8]

(5)=+0,02778[1]+0,02778[2]+0,02778[3]+0,02778[4]+0,05554[5]+0,02778[6]
+0,02778[7]+0,02778[8]

(6)=+0,02778[1]+0,02778[2]+0,02778[3]+0,02778[4]+0,02778[5]+0,05554[6]
+0,02778[7]+0,02778[8]

(7)=+0,02778[1]+0,02778[2]+0,02778[3]+0,02778[4]+0,02778[5]+0,02778[6]
+0,05554[7]+0,02778[8]

(8)=+0,02778[1]+0,02778[2]+0,02778[3]+0,02778[4]+0,02778[5]+0,02778[6]
+0,02778[7]+0,05554[8]

YESOS..2.

(9)=+0,05554[9]+0,02778[10]+0,02778[11]+0,02778[12]+0,02778[13]+0,02778[14]
+0,02778[15]+0,02778[16]

(10)=+0,02778[9]+0,05554[10]+0,02778[11]+0,02778[12]+0,02778[13]+0,02778[14]
+0,02778[15]+0,02778[16]

(11)=+0,02778[9]+0,02778[10]+0,05554[11]+0,02778[12]+0,02778[13]+0,02778[14]
+0,02778[15]+0,02778[16]

(12)=+0,02778[9]+0,02778[10]+0,02778[11]+0,05554[12]+0,02778[13]+0,02778[14]
+0,02778[15]+0,02778[16]

(13)=+0,02778[9]+0,02778[10]+0,02778[11]+0,02778[12]+0,05554[13]+0,02778[14]
+0,02778[15]+0,02778[16]

(14)=+0,02778[9]+0,02778[10]+0,02778[11]+0,02778[12]+0,02778[13]+0,05554[14]
+0,02778[15]+0,02778[16]

(15)=+0,02778[9]+0,02778[10]+0,02778[11]+0,02778[12]+0,02778[13]+0,02778[14]
+0,05554[15]+0,02778[16]

(16)=+0,02778[9]+0,02778[10]+0,02778[11]+0,02778[12]+0,02778[13]+0,02778[14]
+0,02778[15]+0,05554[16]

CONDE..3.

(17)=+0,05554[17]+0,02778[18]+0,02778[19]+0,02778[20]+0,02778[21]+0,02778[22]
+0,02778[23]+0,02778[24]

(18)=+0,02778[17]+0,05554[18]+0,02778[19]+0,02778[20]+0,02778[21]+0,02778[22]
+0,02778[23]+0,02778[24]

(19)=+0,02778[17]+0,02778[18]+0,05554[19]+0,02778[20]+0,02778[21]+0,02778[22]
+0,02778[23]+0,02778[24]

(20)=+0,02778[17]+0,02778[18]+0,02778[19]+0,05554[20]+0,02778[21]+0,02778[22]
+0,02778[23]+0,02778[24]

(21)=+0,02778[17]+0,02778[18]+0,02778[19]+0,02778[20]+0,05554[21]+0,02778[22]
+0,02778[23]+0,02778[24]

(22)=+0,02778[17]+0,02778[18]+0,02778[19]+0,02778[20]+0,02778[21]+0,05554[22]
+0,02778[23]+0,02778[24]

(23)=+0,02778[17]+0,02778[18]+0,02778[19]+0,02778[20]+0,02778[21]+0,02778[22]
+0,05554[23]+0,02778[24]

(24)=+0,02778[17]+0,02778[18]+0,02778[19]+0,02778[20]+0,02778[21]+0,02778[22]
+0,02778[23]+0,05554[24]

PAREDON..4.

(25)=+0,05554[25]+0,02778[26]+0,02778[27]+0,02778[28]+0,02778[29]+0,02778[30]
+0,02778[31]+0,02778[32]

(26)=+0,02778[25]+0,05554[26]+0,02778[27]+0,02778[28]+0,02778[29]+0,02778[30]
+0,02778[31]+0,02778[32]

(27)=+0,02778[25]+0,02778[26]+0,05554[27]+0,02778[28]+0,02778[29]+0,02778[30]
+0,02778[31]+0,02778[32]

(28)=+0,02778[25]+0,02778[26]+0,02778[27]+0,05554[28]+0,02778[29]+0,02778[30]
+0,02778[31]+0,02778[32]

(29)=+0,02778[25]+0,02778[26]+0,02778[27]+0,02778[28]+0,05554[29]+0,02778[30]
+0,02778[31]+0,02778[32]

(30)=+0,02778[25]+0,02778[26]+0,02778[27]+0,02778[28]+0,02778[29]+0,05554[30]
+0,02778[31]+0,02778[32]

(31)=+0,02778[25]+0,02778[26]+0,02778[27]+0,02778[28]+0,02778[29]+0,02778[30]
+0,05554[31]+0,02778[32]

(32)=+0,02778[25]+0,02778[26]+0,02778[27]+0,02778[28]+0,02778[29]+0,02778[30]
+0,02778[31]+0,05554[32]

LINDERO..5.

(33)=+0,05554[33]+0,02778[34]+0,02778[35]+0,02778[36]+0,02778[37]+0,02778[38]
+0,02778[39]+0,02778[40]

(34)=+0,02778[33]+0,05554[34]+0,02778[35]+0,02778[36]+0,02778[37]+0,02778[38]
+0,02778[39]+0,02778[40]

(35)=+0,02778[33]+0,02778[34]+0,05554[35]+0,02778[36]+0,02778[37]+0,02778[38]
+0,02778[39]+0,02778[40]

(36)=+0,02778[33]+0,02778[34]+0,02778[35]+0,05554[36]+0,02778[37]+0,02778[38]
+0,02778[39]+0,02778[40]

(37)=+0,02778[33]+0,02778[34]+0,02778[35]+0,02778[36]+0,05554[37]+0,02778[38]
+0,02778[39]+0,02778[40]

(38)=+0,02778[33]+0,02778[34]+0,02778[35]+0,02778[36]+0,02778[37]+0,05554[38]
+0,02778[39]+0,02778[40]

(39)=+0,02778[33]+0,02778[34]+0,02778[35]+0,02778[36]+0,02778[37]+0,02778[38]
+0,05554[39]+0,02778[40]

(40)=+0,02778[33]+0,02778[34]+0,02778[35]+0,02778[36]+0,02778[37]+0,02778[38]
+0,02778[39]+0,05554[40]

CORRAL...6.

(41)=+0,04026[41]+0,01752[42]+0,01754[43]+0,01754[44]+0,01428[45]+0,01428[46]
+0,01428[47]+0,01429[48]

(42)=+0,01752[41]+0,05059[42]+0,03193[43]+0,03192[44]+0,02603[45]+0,02603[46]
+0,02602[47]+0,02602[48]

(43)=+0,01754[41]+0,03193[42]+0,05625[43]+0,04252[44]+0,03466[45]+0,03465[46]
+0,03465[47]+0,03465[48]

(44)=+0,01754[41]+0,03192[42]+0,04252[43]+0,05567[44]+0,03931[45]+0,03932[46]
+0,03931[47]+0,03931[48]

(45)=+0,01428[41]+0,02003[42]+0,03466[43]+0,03931[44]+0,06252[45]+0,04942[46]
+0,04943[47]+0,04942[48]

(46)=+0,01428[41]+0,02603[42]+0,03465[43]+0,03932[44]+0,04942[43]+0,06326[46]
+0,05545[47]+0,05545[48]

(47)=+0,01428[41]+0,02602[42]+0,03465[43]+0,03931[44]+0,04943[45]+0,05545[46]
+0,05708[47]+0,05616[48]

(48)=+0,01429[41]+0,02602[42]+0,03465[43]+0,03931[44]+0,04942[45]+0,05545[46]
+0,05616[47]+0,04026[48]

PANIAGUA. 7.

(49) = +0,05554[49]+0,02778[50]+0,02778[51]+0,02778[52]+0,02778[53]+0,02778[54]
+0,02778[55]+0,02778[56]

(50) = +0,02778[49]+0,05554[50]+0,02778[51]+0,02778[52]+0,02778[53]+0,02778[54]
+0,02778[55]+0,02778[56]

(51) = +0,02778[49]+0,02778[50]+0,05554[51]+0,02778[52]+0,02778[53]+0,02778[54]
+0,02778[55]+0,02778[56]

(52) = +0,02778[49]+0,02778[50]+0,02778[51]+0,05554[52]+0,02778[53]+0,02778[54]
+0,02778[55]+0,02778[56]

(53) = +0,02778[49]+0,02778[50]+0,02778[51]+0,02778[52]+0,05554[53]+0,02778[54]
+0,02778[55]+0,02778[56]

(54) = +0,02778[49]+0,02778[50]+0,02778[51]+0,02778[52]+0,02778[53]+0,05554[54]
+0,02778[55]+0,02778[56]

(55) = +0,02778[49]+0,02778[50]+0,02778[51]+0,02778[52]+0,02778[53]+0,02778[54]
+0,05554[55]+0,02778[56]

(56) = +0,02778[49]+0,02778[50]+0,02778[51]+0,02778[52]+0,02778[53]+0,02778[54]
+0,02778[55]+0,05554[56]

CARRIL. 8.

(57) = +0,05554[57]+0,02778[58]+0,02778[59]+0,02778[60]+0,02778[61]+0,02778[62]
+0,02778[63]+0,02778[64]

(58) = +0,02778[57]+0,05554[58]+0,02778[59]+0,02778[60]+0,02778[61]+0,02778[62]
+0,02778[63]+0,02778[64]

(59) = +0,02778[57]+0,02778[58]+0,05554[59]+0,02778[60]+0,02778[61]+0,02778[62]
+0,02778[63]+0,02778[64]

(60) = +0,02778[57]+0,02778[58]+0,02778[59]+0,05554[60]+0,02778[61]+0,02778[62]
+0,02778[63]+0,02778[64]

(61) = +0,02778[57]+0,02778[58]+0,02778[59]+0,02778[60]+0,03651[61]+0,02778[62]
+0,02778[63]+0,02778[64]

(62) = +0,02778[57]+0,02778[58]+0,02778[59]+0,02778[60]+0,02778[61]+0,05554[62]
+0,02778[63]+0,02778[64]

(63) = +0,02778[57]+0,02778[58]+0,02778[59]+0,02778[60]+0,02778[61]+0,02778[62]
+0,05554[63]+0,02778[64]

(64) = +0,02778[57]+0,02778[58]+0,02778[59]+0,02778[60]+0,02778[61]+0,02778[62]
+0,02778[63]+0,05554[64]

CARBONERA..9.

(65)=+0,05554[65]+0,02778[66]+0,02778[67]+0,02778[68]+0,02778[69]+0,02778[70]
+0,02778[71]+0,02778[72]

(66)=+0,02778[65]+0,05554[66]+0,02778[67]+0,02778[68]+0,02778[69]+0,02778[70]
+0,02778[71]+0,02778[72]

(67)=+0,02778[65]+0,02778[66]+0,05554[67]+0,02778[68]+0,02778[69]+0,02778[70]
+0,02778[71]+0,02778[72]

(68)=+0,02778[65]+0,02778[66]+0,02778[67]+0,05554[68]+0,02778[69]+0,02778[70]
+0,02778[71]+0,02778[72]

(69)=+0,02778[65]+0,02778[66]+0,02778[67]+0,02778[68]+0,05554[69]+0,02778[70]
+0,02778[71]+0,02778[72]

(70)=+0,02778[65]+0,02778[66]+0,02778[67]+0,02778[68]+0,02778[69]+0,05554[70]
+0,02778[71]+0,02778[72]

(71)=+0,02778[65]+0,02778[66]+0,02778[67]+0,02778[68]+0,02778[69]+0,02778[70]
+0,05554[71]+0,02778[72]

(72)=+0,02778[65]+0,02778[66]+0,02778[67]+0,02778[68]+0,02778[69]+0,02778[70]
+0,02778[71]+0,05554[72]

BOLOS..10.

(73)=+0,05554[73]+0,02778[74]+0,02778[75]+0,02778[76]+0,02778[77]+0,02778[78]
+0,02778[79]+0,02778[80]

(74)=+0,02778[73]+0,05554[74]+0,02778[75]+0,02778[76]+0,02778[77]+0,02778[78]
+0,02778[79]+0,02778[80]

(75)=+0,02778[73]+0,02778[74]+0,05554[75]+0,02778[76]+0,02778[77]+0,02778[78]
+0,02778[79]+0,02778[80]

(76)=+0,02778[73]+0,02778[74]+0,02778[75]+0,05554[76]+0,02778[77]+0,02778[78]
+0,02778[79]+0,02778[80]

(77)=+0,02778[73]+0,02778[74]+0,02778[75]+0,02778[76]+0,05554[77]+0,02778[78]
+0,02778[79]+0,02778[80]

(78)=+0,02778[73]+0,02778[74]+0,02778[75]+0,02778[76]+0,02778[77]+0,05554[78]
+0,02778[79]+0,02778[80]

(79)=+0,02778[73]+0,02778[74]+0,02778[75]+0,02778[76]+0,02778[77]+0,02778[78]
+0,05554[79]+0,02778[80]

(80)=+0,02778[73]+0,02778[74]+0,02778[75]+0,02778[76]+0,02778[77]+0,02778[78]
+0,02778[79]+0,05554[80]

§ 65. Pour former les équations de condition [(52)] relatives ou réseau trigonométrique, on a suivi une marche analogue à celle qui a été exposée dans les §§ 58 (*) et 59, en partant du côté *Huertas-Yesos* (*fig.* 5). On trouve ci-après les 36 équations d'angle [(77)] et les 28 équations de côté [(78)], établies en se conformant aux expressions (59) et (75).

(*) Avec les valeurs angulaires déduites des directions les plus probables relatives à chaque station isolée, on a calculé les excès sphériques, en employant la formule :

$$\varepsilon = \frac{ab\sin C}{2R^2 \sin 1''},$$

dans laquelle *a* et *b* sont deux côtés du triangle, C l'angle compris et R le rayon terrestre à la latitude correspondante. Pour déterminer R, on se sert de l'expression :

$$R = E\sqrt{\frac{1-2e^2\sin^2 l+e^4\sin^2 l}{1-e^2\sin^2 l}},$$

dans laquelle E représente le demi grand axe de la Terre et e^2 le carré de l'excentricité, dont les valeurs :

$$E = 6378298^{m},3$$

$$e^2 = 0,00677436$$

sont données par Struve dans l'ouvrage qui a pour titre : *Arc du Méridien de 25° 20′ entre le Danube et la Mer glaciale*, et correspondent à l'aplatissement terrestre de $\frac{1}{294,73}$. Pour la latitude *l*, on a adopté comme suffisamment approchée la valeur :

$$l = 39° 30′.$$

I. *Huertas..1—Yesos..2—Conde..3.*

	°	′	″	
1. .	38	46	31,677	+ (3)
2. .	64	6	27,579	− (16)
3. .	77	7	0,672	+ (22) − (19)
	180	0	0,928	
180° + ε..	180	0	0,011	

0 = +0,917 + (3) − (16) − (19) + (22)

II. *Huertas..1—Yesos..2—Paredon..4.*

	°	′	″	
1. .	64	26	48,462	+ (4) − (3)
2. .	55	25	4,643	+ (16) − (13)
4. .	60	8	7,166	+ (26) − (32)
	180	0	0,271	
180° + ε..	180	0	0,017	

0 = +0,254 − (3) + (4) − (13) + (16) + (26) − (32)

III. *Huertas..1—Conde..3—Paredon..4.*

	°	′	″	
1. .	103	13	21,139	+ (4)
3. .	59	1	55,259	+ (22) − (20)
4. .	37	44	43,928	− (32)
	180	0	0,326	
180° + ε..	180	0	0,017	

0 = +0,309 + (4) − (20) + (22) − (32)

IV. *Paredon..4—Huertas..1—Yesos..2—Conde..3.*

$$1 = \frac{\sin 2.3.1 \sin 2.1.4 \sin 2.4.3}{\sin 2.4.1 \sin 2.1.3 \sin 2.3.4}$$

	°	′	″	
2.3.1 =	77	7	0,672	+ (22) − (19)
2.1.4 =	64	26	48,462	+ (4) − (3)
2.4.3 =	22	25	25,238	+ (26)

logs. sinus	*colangs.*
9,98892747	+ 0,22872
9,95529566	+ 0,47812
9,58081735	+ 2,42741 .
9,52504048	
9,52504927	
9,99999121 . . 0,99997977	

	°	′	″	
2.4.1 =	60	8	7,166	+ (26) − (32)
2.1.3 =	38	46	31,677	+ (3)
2.3.4 =	38	5	5,413	+ (20) − (19)

logs. sinus	*colangs.*
9,93812122	+ 0,57421
9,79676426	+ 1,24483
9,79016379	+ 1,27604
9,52504927	

0,99997977
−1
−0,00002023 . . . log. . 5,30599588

$\log. \frac{1}{\sin 1''}$ . . 5,31442513

0,62042101 . . − 4,173

0 = − 4,173 − 1,72295(3) + 0,47812(4) + 1,04732(19) − 1,27604(20) + 0,22872(22)
+ 1,85320(26) + 0,57421(32)

V. *Yesos*..2—*Paredon*..4—*Lindero*..5.

```
          °  '   "
2. .  55 25  4,726+(15)—(13)
4. .  89 18 10,532+(26)—(31)
5. .  35 16 45,252+(37)—(34)
     ─────────────
     180  0  0,510
180°+ε.. 180  0  0,030
     ─────────────
        0=+0,480—(13)+(15)+(26)—(31)—(34)+(37)
```

VI. *Conde*..3—*Paredon*..4—*Lindero*..5.

```
          °  '   "
3. .  56 59 48,757+(23)—(20)
4. .  66 54 47,294—(31)
5. .  56  5 25,754+(37)
     ─────────────
     180  0  1,805
180°+ε.. 180  0  0,039
     ─────────────
        0=+1,766—(20)+(23)—(31)+(37)
```

VII. *Lindero*..5—*Yesos*..2—*Conde*..3—*Paredon*..4.

$$1=\frac{\sin 3.5.4 \sin 3.4.2 \sin 3.2.5}{\sin 3.4.5 \sin 3.2.4 \sin 3.5.2}$$

```
              °  '   "
3.5.4=56   5 25,754+(37)
3.4.2=22  23 23,238+(26)
3.2.5=64   6 27,496—(15)

logs. sinus          colangs.
9,91903605           + 0,67221
9,58081735           + 9,42741
9,95405717           + 0,48541
──────────
9,45391057
9,45391650
──────────
9,99999407 . .   0,99998636
                 —1
                 ──────────
                 —0,00001364   . . . log. .   5,13481437
                            log. 1/sin1'' .   5,31442513
                                            ──────────
                                              0,44923966 . . — 2,813
```

```
              °  '   "
3.4.5= 66 54 47,294—(31)
3.2.4=119 31 32,222—(13)
3.5.2= 20 48 40,502+(34)

logs. sinus          colangs.
9,96371602           + 0,42627
9,93968686           — 0,56636
9,55058362           + 2,63096
──────────
9,45391650
```

$$0=-2,813-0,56636(13)-0,48541(15)+2,42741(26)+0,42627(31)-2,63096(34)$$
$$+0,67221(37)$$

VIII. *Huertas*..1—*Paredon*..4—*Lindero*..5.

```
          °   '   "
1. .  115 33 10,131+(7)—(4)
4. .   29 10  3,366+(32)—(31)
5. .   35 16 45,600+(37)—(33)
     ─────────────
      179 59 59,097
180°+ε..  180  0  0,013
     ─────────────
        0=—0,916—(4)+(7)—(31)+(32)—(33)+(37)
```

IX. *Lindero..5—Huertas..1—Conde..3—Paredon..4.*

$$1=\frac{\sin 1.5.4 \sin 1.4.3 \sin 1.3.5}{\sin 1.4.5 \sin 1.3.4 \sin 1.5.3}$$

	°	′	″	
1.5.4=	35	16	45,600	+(37)—(33)
1.4.3=	37	44	43,928	—(32)
1.3.5=	17	57	53,496	+(23)—(22)

	°	′	″	
1.4.5=	29	10	3,366	+(32)—(31)
1.3.4=	39	1	55,259	+(22)—(20)
1.5.3=	20	48	40,154	+(33)

logs. sinus	*cotangs.*	*logs. sinus*	*cotangs.*
9,76159952	+ 1,41343	9,68785521	+ 1,79167
9,78686187	+ 1,29173	9,79917152	+ 1,23349
9,48916175	+ 3,08412	9,55058169	+ 2,63098
9,03762314		9,03760822	

9,03762314
9,03760822
0,00001492 . . 1,00003435
—1
0,00003435 . . . *log.* . . 5,53592674

log. $\frac{1}{\sin 1''}$ . . 5,31442513

0,85035187 . . + 7,085

0 = + 7,085 + 1,23349(20) — 4,31761(22) + 3,08412(23) + 1,79167(31) — 3,08340(32)
— 4,04441(33) + 1,41343(37)

X. *Conde..3—Paredon..4—Corral..6.*

	°	′	″	
3. .	77	38	9,820	+(20)—(18)
4. .	49	16	2,563	+(27)
6. .	53	5	46,995	—(44)
	179	59	59,378	
180° + ε. .	180	0	0,039	

0 = —0,661 — (18) + (20) + (27) — (44)

XI. *Paredon..4—Lindero..5—Corral..6.*

	°	′	″	
4. .	116	10	49,857	+(27)—(31)
5. .	35	16	44,930	+(37)—(35)
6. .	28	32	25,212	+(47)—(44)
	179	59	59,999	
180° + ε. .	180	0	0,046	

0 = —0,047 + (27) — (31) — (35) + (37) — (44) + (47)

XII. *Corral..6—Conde..3—Paredon..4—Lindero..5.*

$$1=\frac{\sin 3.5.4 \sin 3.4.6 \sin 3.6.5}{\sin 3.4.5 \sin 3.6.4 \sin 3.5.6}$$

	°	′	″	
3.5.4=	56	5	25,751	+(37)
3.4.6=	49	16	2,563	+(27)
3.6.5=	24	33	21,783	—(47)

	°	′	″	
3.4.5=	66	54	47,294	—(31)
3.6.4=	53	5	46,905	—(44)
3.5.6=	20	48	40,824	+(35)

logs. sinus	colangs.	logs. sinus	colangs.
9,91903605	+ 0,67221	9,96374602	+ 0,42627
9,87953336	+ 0,86113	9,90289820	+ 0,75092
9,61863802	+ 2,18862	9,55058540	+ 2,63095
9,41722743		9,41722962	
9,41722962			
9,99999781 . . 0,99999495			

$$
\begin{array}{l}
0,99999495 \\
-1 \\
\hline
-0,00000505 \quad \ldots\ log.\ .\ 4,70329138 \\
\qquad log.\ \frac{1}{sin 1''}\ ..5,31442513 \\
\qquad\qquad \overline{0,01771651}\ \ldots -1,042
\end{array}
$$

$$0=-1,042+0,86113(27)+0,42627(31)-2,63093(35)+0,67221(37)+0,75092(44)$$
$$-2,18862(47)$$

XIII. *Yesos..2—Paredon..4—Corral..6.*

	°	′	″
2. .	121	34	53,584 + (13) − (10)
4. .	26	52	39,325 + (27) − (26)
6. .	28	32	26,439 + (45) − (44)
	179	59	59,348
180° + ε..	180	0	0,016

$$0=-0,668-(10)+(13)-(26)+(27)-(44)+(45)$$

XIV. *Corral..6—Yesos..2—Conde..3—Paredon..4.*

$$1=\frac{sin 2.4.6 sin 2.6.3 sin 2.3.4}{sin 2.6.4 sin 2.3.6 sin 2.4.3}$$

° ′ ″	° ′ ″
2.4.6=26 52 39,325 + (27) − (26)	2.6.4=28 32 26,439 + (45) − (44)
2.6.3=24 33 20,556 − (45)	2.3.6=39 33 4,407 + (19) − (18)
2.3.4=38 5 5,413 + (20) − (19)	2.4.3=22 23 23,238 + (26)

logs. sinus	colangs.	logs. sinus	colangs.
9,65522093	+ 1,97302	9,67923030	+ 1,83866
9,61865236	+ 2,18866	9,80398111	+ 1,21089
9,79016379	+ 1,27604	9,58081735	+ 2,42741
9,06403708		9,06402876	
9,06402876			
0,00000832 . . 1,00001917			

$$
\begin{array}{l}
1,00001917 \\
-1 \\
\hline
0,00001917 \quad \ldots\ log.\ .\ 5,28262211 \\
\qquad log.\ \frac{1}{sin 1''}\ ..5,31442513 \\
\qquad\qquad \overline{0,59704724}\ \ldots +3,954
\end{array}
$$

$$0=+3,954+1,21089(18)-2,48693(19)+1,27604(20)-4,40043(26)+1,97302(27)$$
$$+1,83866(44)-4,02732(45)$$

XV. *Huertas..1—Paredon..4—Corral..6.*

	°	′	″	
1. .	64	26	48,080	+ (4) — (2)
4. .	87	0	46,491	+ (27) — (32)
6. .	28	32	25,482	+ (46) — (44)
	180	0	0,053	
180°+ε..	180	0	0,033	

0 = + 0,020 — (2) + (4) + (27) — (32) — (44) + (46)

XVI. *Corral..6—Huertas..1—Conde..3—Paredon..4.*

$$1 = \frac{\sin 3.1.4 \sin 3.4.6 \sin 3.6.1}{\sin 3.4.1 \sin 3.6.4 \sin 3.1.6}$$

	°	′	″	
3.1.4 =	103	13	21,139	+ (4)
3.4.6 =	49	16	2,563	+ (27)
3.6.1 =	24	33	21,513	— (46)

logs. sinus	cotangs.
9,98833105	— 0,23496
9,87953336	+ 0,86113
9,61865677	+ 2,18863
9,48652118	
9,48652533	
9,99999585	

	°	′	″	
3.4.1 =	37	44	43,928	— (32)
3.6.4 =	53	5	46,995	— (44)
3.1.6 =	38	46	33,059	+ (2)

logs. sinus	cotangs.
9,78686187	+ 1,29173
9,90289820	+ 0,75092
9,79676526	+ 1,24482
9,48652533	

9,99999585 . . 0,99999044
—1
—0,00000956 . . . log. . 4,98045789

log. $\frac{1}{\sin 1''}$ . . 5,31442513

0,29488302 . . — 1,972

0 = — 1,972 — 1,24482(2) — 0,23496(4) + 0,86113(27) + 1,29173(32) + 0,75092(44)
— 2,18863(46)

XVII. *Paredon..4—Lindero..5—Paniagua..7.*

	°	′	″	
4. .	77	3	44,298	+ (25) — (31)
5. .	73	22	36,143	+ (37) — (40)
7. .	29	33	40,325	+ (50) — (56)
	180	0	0,766	
180°+ε..	180	0	0,081	

0 = + 0,685 + (25) — (31) + (37) — (40) + (50) — (56)

XVIII. *Lindero..5—Corral..6—Paniagua..7.*

	°	′	″	
5. .	38	5	51,213	+ (35) — (40)
6. .	75	7	44,820	+ (41) — (47)
7. .	66	46	23,980	+ (50) — (53)
	180	0	0,013	
180°+ε..	180	0	0,098	

0 = — 0,085 + (35) — (40) + (41) — (47) + (50) — (53)

XIX. *Paniagua..7—Paredon..4—Lindero..5—Corral..6.*

$$1=\frac{\sin 6.7.5 \sin 6.5.4 \sin 6.4.7}{\sin 6.5.7 \sin 6.4.5 \sin 6.7.4}$$

6.7.5=66° 46′ 23″,980+(50)—(53)		6.5.7= 38° 5′ 51″,213+(35)—(40)	
6.5.4=35 16 41,930+(37)—(35)		6.4.5=116 10 49,857+(27)—(31)	
6.4.7=39 7 5,559+(27)—(25)		6.7.4= 57 12 43,655+(56)—(53)	
logs. sinus	*colangs.*	*logs. sinus*	*colangs.*
9,96329276	+ 0,42915	9,79028682	+ 1,27546
9,76159752	+ 1,41344	9,95299016	— 0,49164
9,79997597	+ 1,22970	9,78158858	+ 1,31687
9,52486625		9,52486556	
9,52486556			
0,00000069 . . 1,00000159			
—1			
0,00000159 . . . *log.* . . 4,20139712			
log. $\frac{1}{\sin 1''}$ . . 5,31442513			
9,51582225 . . +0,328			

0=+0,328—1,22970(25)+1,72134(27)—0,49164(31)—2,68890(35)+1,41344(37)
+1,27546(40)+0,42915(50)+0,88772(53)—1,31687(56)

XX. *Conde..3—Corral..6—Paniagua..7.*

	°	′	″	
3. .	82	0	12,819	+(18)
6. .	50	34	23,037	+(41)
7. .	47	25	23,685	—(53)
	179	59	59,541	
180°+ε..	180	0	0,059	

0=—0,498+(18)+(41)—(53)

XXI. *Paniagua..7—Conde..3—Lindero..5—Corral..6.*

$$1=\frac{\sin 3.6.7 \sin 3.7.5 \sin 3.5.6}{\sin 3.7.6 \sin 3.5.7 \sin 3.6.5}$$

3.6.7=50° 34′ 23″,037+(41)		3.7.6=47° 25′ 23″,685—(53)	
3.7.5=19 21 0,295+(50)		3.5.7=17 17 10,589—(40)	
3.5.6=20 48 40,824+(35)		3.6.5=24 33 21,785—(17)	
logs. sinus	*colangs.*	*logs. sinus*	*colangs.*
9,88786201	+ 0,82220	9,86709706	+ 0,91880
9,52027287	+ 2,84757	9,47296875	+ 3,21335
9,55058540	+ 2,63095	9,61865802	+ 2,18802
8,95872028		8,95872383	
8,95872383			
9,99999645 . . 0,99999182			
—1			
—0,00000818 . . . *log.* . . 4,91275330			
log. $\frac{1}{\sin 1''}$ . . 5,31442513			
0,22717843 . . —1,687			

$$0 = -1{,}687 + 2{,}63095(35) + 3{,}21335(40) + 0{,}82220(41) + 2{,}18862(47) + 2{,}84757(50) + 0{,}91880(53)$$

XXII. *Yesos..2—Lindero..5—Paniagua..7.*

	°	′	″	
2. .	106	35	31,687	+ (9) − (15)
5. .	38	5	50,891	+ (34) − (40)
7. .	36	18	39,146	+ (50) − (54)
	180	0	1,724	
180°+ε..	180	0	0,063	

$$0 = +1{,}661 + (9) - (15) + (34) - (40) + (50) - (54)$$

XXIII. *Paniagua..7—Yesos..2—Paredon..4—Lindero..5.*

$$1 = \frac{\sin 2.7.5 \sin 2.5.4 \sin 2.4.7}{\sin 2.5.7 \sin 2.4.5 \sin 2.7.4}$$

	°	′	″	
2.7.5 =	36	18	39,146	+ (50) − (54)
2.5.4 =	35	16	15,252	+ (37) − (34)
2.4.7 =	12	14	26,234	+ (26) − (25)

logs. sinus	colangs.
9,77244353	+ 1,36079
9,76150848	+ 1,41344
9,32637210	+ 4,60936
8,86041413	
8,86040890	
0,00000523 . . 1,00001205	

	°	′	″	
2.5.7 =	38	5	50,891	+ (34) − (40)
2.4.5 =	89	18	10,532	+ (26) − (31)
2.7.4 =	6	44	58,824	+ (56) − (54)

logs. sinus	colangs.
9,79028595	+ 1,27546
9,99996786	+ 0,01217
9,07015509	+ 8,41937
8,86040890	

1,00001205
−1
0,00001205 . . . *log.* . . 5,08098705

$\log.\frac{1}{\sin 1''}$ . . 5,31442513

0,39541218 . . + 2,485

$$0 = +2{,}485 - 4{,}60936(25) + 4{,}59719(26) - 2{,}68890(34) + 0{,}01217(31) + 1{,}41344(37) + 1{,}27546(40) + 1{,}36079(50) + 7{,}08858(54) - 8{,}41937(56)$$

XXIV. *Huertas..1—Corral..6—Paniagua..7.*

	°	′	″	
1. .	50	13	50,970	+ (2) − (8)
6. .	75	7	41,550	+ (41) − (46)
7. .	54	38	25,411	+ (49) − (53)
	180	0	0,931	
180°+ε..	180	0	0,070	

$$0 = +0{,}861 + (2) - (8) + (41) - (46) + (49) - (53)$$

XXV. *Paniagua..7—Huertas..1—Paredon..4—Corral..6.*

$$1 = \frac{\sin 1.4.6 \sin 1.6.7 \sin 1.7.4}{\sin 1.6.4 \sin 1.7.6 \sin 1.4.7}$$

	°	′	″	
1.4.6 =	87	0	46,191	+ (27) − (32)
1.6.7 =	75	7	41,550	+ (41) − (46)
1.7.4 =	17	25	41,756	+ (49) − (56)

	°	′	″	
1.6.4 =	28	32	25,192	+ (46) − (41)
1.7.6 =	54	38	25,411	+ (49) − (53)
1.4.7 =	47	53	40,932	+ (25) − (32)

logs. sinus	*cotangs.*	*logs. sinus*	*cotangs.*
9,99910952	+ 0,05218	9,67922659	+ 1,83868
9,98520168	+ 0,26551	9,91144312	+ 0,70960
9,47641352	+ 3,18550	9,87035348	+ 0,90374
9,46102772		9,46102319	
9,46102319			
0,00000453			

0,00000453 . . 1,00001044
−1
0,00001044 . . . *log.* . 5,01870050

$log. \frac{1}{\sin 1''}$ . . 5,31442513

0,33312563 . . + 2,153

0 = +2,153 − 0,90374 (25) + 0,05218 (27) + 0,85156 (32) + 0,26551 (41) + 1,83868 (44)
− 2,10422 (46) + 2,47500 (49) + 0,70960 (53) − 3,18550 (56)

XXVI. *Lindero..5—Corral..6—Carril..8.*

	°	′	″	
5. .	69	45	14,020	+ (38) − (35)
6. .	44	55	28,287	+ (47) − (43)
8. .	65	19	16,332	+ (60) − (63)
°	179	59	58,639	
180 + ε..	180	0	0,110	

0 = −1,471 − (35) + (38) − (43) + (47) + (60) − (63)

XXVII. *Lindero..5—Paniagua..7—Carril..8.*

	°	′	″	
5. .	107	51	5,233	+ (38) − (40)
7. .	29	49	56,313	+ (50) − (55)
8. .	42	18	57,530	+ (58) − (63)
°	179	59	59,076	
180 + ε..	180	0	0,117	

0 = −1,041 + (38) − (40) + (50) − (55) + (58) − (63)

XXVIII. *Carril..8 —Lindero..5 —Corral..6 —Paniagua..7.*

$$1 = \frac{\sin 6.7.5 \sin 6.5.8 \sin 6.8.7}{\sin 6.5.7 \sin 6.8.5 \sin 6.7.8}$$

	°	′	″			°	′	″	
6.7.5 =	66	46	23,980	+ (50) − (53)	6.5.7 =	38	5	51,213	+ (35) − (40)
6.5.8 =	69	45	14,020	+ (38) − (35)	6.8.5 =	65	19	16,332	+ (60) − (63)
6.8.7 =	23	0	18,802	+ (60) − (58)	6.7.8 =	36	56	27,067	+ (55) − (53)

logs. sinus	*cotangs.*	*logs. sinus*	*cotangs.*
9,96329276	+ 0,42915	9,79028682	+ 1,27546
9,97250231	+ 0,36881	9,95840272	+ 0,45950
9,59197426	+ 2,35626	9,77886911	+ 1,32989
9,52756633		9,52755865	
9,52755865			
0,00000768			

0,00000768 . . 1,00001770
−1
0,00001770 . . . *log.* . 5,24797327

$log. \frac{1}{\sin 1''}$ . . 5,31442513

0,56239840 . . + 3,651

$$0 = +3{,}651 - 1{,}64430\,(35) + 0{,}36884\,(38) + 1{,}27546\,(40) + 0{,}42915\,(50) + 0{,}90074\,(53)$$
$$- 1{,}32989\,(55) - 2{,}35526\,(58) + 1{,}89576\,(60) + 0{,}45950\,(63)$$

XXIX. *Paredon..4—Lindero..5—Carril..8.*

	°	′	″	
4. .	103	49	39,096	+ (31) − (29)
5. .	34	28	29,090	+ (38) − (37)
8. .	41	41	51,800	+ (57) − (63)
°	179	59	59,986	
180 + ε..	180	0	0,035	

$$0 = -0{,}049 - (29) + (31) - (37) + (38) + (57) - (63)$$

XXX. *Carril..8—Paredon..4—Lindero..5—Corral..6.*

$$1 = \frac{\sin 4.5.8 \sin 4.8.6 \sin 4.6.5}{\sin 4.8.5 \sin 4.6.8 \sin 4.5.6}$$

	°	′	″	
4.5.8 =	34	28	29,090	+ (38) − (37)
4.8.6 =	23	37	21,532	+ (60) − (57)
4.6.5 =	28	32	25,212	+ (47) − (44)

logs. sinus	cotangs.
9,75284939	+ 1,45638
9,60284505	+ 2,28636
9,67922535	+ 1,83868
9,03492083	
9,03491733	
0,00000350	

	°	′	″	
4.8.5 =	41	41	51,800	+ (57) − (63)
4.6.8 =	16	23	3,075	+ (44) − (43)
4.5.6 =	35	16	44,950	+ (37) − (35)

logs. sinus	cotangs.
9,82295267	+ 1,12247
9,45036720	+ 3,40117
9,76159752	+ 1,41344
9,03491739	

0,00000350 . . 1,00000806
−1
0,00000806 . . . *log.* . . 4,90633501

$\log.\dfrac{1}{\sin 1''}$ . . 5,31442515

0,22076017 . . + 1,662

$$0 = +1{,}662 + 1{,}41344\,(35) - 2{,}86982\,(37) + 1{,}45638\,(38) + 3{,}40117\,(43) - 5{,}23985\,(44)$$
$$+ 1{,}83868\,(47) - 3{,}40883\,(57) + 2{,}28636\,(60) + 1{,}12247\,(63)$$

XXXI. *Conde..3—Lindero..5—Carril..8.*

	°	′	″	
3. .	52	42	59,534	+ (23) − (21)
5. .	90	33	54,844	+ (38)
8. .	36	43	5,338	− (63)
°	179	59	59,716	
180 + ε..	180	0	0,069	

$$0 = -0{,}353 - (21) + (23) + (38) - (63)$$

XXXII. *Carril..8—Conde..3—Lindero..5—Corral..6.*

$$1 = \frac{\sin 3.5.8 \sin 3.8.6 \sin 3.6.5}{\sin 3.6.8 \sin 3.8.5 \sin 3.5.6}$$

3.5.8 = 90° 33′ 54″,844 + (38)	3.6.8 = 69° 28′ 50″,070 — (43)
3.8.6 = 28 36 10,934 + (60)	3.8.5 = 36 43 5,338 — (63)
3.6.5 = 21 33 21,783 — (47)	3.5.6 = 20 48 40,824 + (35)

log. sinus	*colangs.*	*log. sinus*	*colangs.*
9,99997887	— 0,00987	9,97153254	+ 0,37427
9,68009850	+ 1,83390	9,77681357	+ 1,34072
9,61865802	+ 2,18862	9,55058540	+ 2,63095
9,29873539		9,29873131	
9,29873131			
0,00000408			

0,00000408 . . 1,00000940
—1
0,00000940 . . . *log.* . . 4,97312785

$log. \frac{1}{\sin 1''}$ . . 5,31442513
0,28755298 . . + 1,939

0 = + 1,939 — 2,63095 (35) — 0,00987 (38) + 0,37427 (43) — 2,18862 (47) + 1,83390 (60) + 1,34072 (63)

XXXIII. *Yesos*..2—*Lindero*..5—*Carril*..8.

	° ′ ″
2. .	62 37 4,186 + (15) — (12)
5. .	69 45 14,312 + (38) — (34)
8. .	47 37 41,878 + (50) — (63)
	180 0 0,406
180° + ε..	180 0 0,071

0 = + 0,335 — (12) + (15) — (34) + (38) + (59) — (63)

XXXIV. *Carril*..8—*Yesos*..2—*Conde*..3—*Lindero*..5.

$$1 = \frac{\sin 2.3.5 \sin 2.5.8 \sin 2.8.3}{\sin 2.8.5 \sin 2.5.3 \sin 2.3.8}$$

2.3.5 = 93° 4′ 54″,170 + (23) — (19)	2.8.5 = 47° 37′ 41″,878 + (59) — (63)
2.5.8 = 69 45 14,312 + (38) — (34)	2.5.3 = 20 48 40,502 + (34)
2.8.3 = 10 54 36,540 + (59)	2.3.8 = 42 21 54,636 + (21) — (19)

logs. sinus	*colangs.*	*logs. sinus*	*colangs.*
9,99828959	— 0,08893	9,86852001	+ 0,91222
9,97230256	+ 0,36884	9,55058362	+ 2,63096
9,27708039	+ 5,18798	9,82856545	+ 1,09648
9,24767254		9,24766908	
9,24766908			
0,00000346			

0,00000346 . . 1,00000797
—1
0,00000797 . . . *log.* . . 4,90145832

$log. \frac{1}{\sin 1''}$ . . 5,31442513
0,21588345 . . + 1,644

0 = + 1,644 + 1,18541 (19) — 1,09648 (21) — 0,08893 (23) — 2,99980 (34) + 0,36884 (38)
+ 4,27576 (59) + 0,91222 (63)

XXXV. *Huertas..1—Corral..6—Carril..8.*

	°	′	″	
1. .	91	27	57,862	+ (5) — (2)
6. .	44	55	28,557	+ (46) — (43)
8. .	43	36	31,925	+ (60) — (64)
	179	59	58,344	
180°+ε..	180	0	0,078	

0 = — 1,734 — (2) + (5) — (43) + (46) + (60) — (64)

XXXVI. *Carril..8—Huertas..1—Conde..3—Corral..6.*

$$1 = \frac{\sin 1.8.6 \sin 1.6.3 \sin 1.3.8}{\sin 1.3.6 \sin 1.6.8 \sin 1.8.3}$$

	°	′	″	
1.8.6 =	43	36	31,925	+ (60) — (64)
1.6.3 =	24	53	21,513	— (46)
1.3.8 =	34	45	6,036	+ (22) — (21)

logs. sinus	*cotangs.*
9,83868013	+ 1,04978
9,61865677	+ 2,18863
9,75589071	+ 1,44140
9,21322761	
9,21322704	
0,00000057	

	°	′	″	
1.3.6 =	116	40	5,079	+ (22) — (18)
1.6.8 =	44	55	28,557	+ (46) — (43)
1.8.3 =	15	0	20,931	— (64)

logs. sinus	*cotangs.*
9,95115365	— 0,50225
9,84891272	+ 1,00264
9,41316067	+ 3,73051
9,21322704	

0,00000057 . . 1,00000131
−1
0,00000131 . . . *log.* . . 4,11727130

$log. \frac{1}{\sin 1''}$ . . 5,31442513

9,43169643 . . + 0,270

0 = + 0,270 — 0,50225 (18) — 1,44140 (21) + 1,94365 (22) + 1,00264 (43) — 3,19127 (46) + 1,04978 (60) + 2,68076 (64)

XXXVII. *Corral..6—Carril..8—Carbonera..9.*

	°	′	″	
6. .	44	55	27,406	+ (48) — (43)
8. .	87	34	53,340	+ (60) — (62)
9. .	47	29	39,641	+ (71) — (68)
	180	0	0,387	
180°+ε..	180	0	0,154	

0 = + 0,233 — (43) + (48) + (60) — (62) — (68) + (71)

XXXVIII. *Paniagua..7—Carril..8—Carbonera..9.*

	°	′	″	
7. .	40	3	24,736	+ (51) — (55)
8. .	64	34	34,538	+ (58) — (62)
9. .	75	22	1,784	+ (71) — (72)
	180	0	1,058	
180°+ε..	180	0	0,201	

0 = + 0,857 + (51) — (55) + (58) — (62) + (71) — (72)

XXXIX. *Carbonera..9—Corral..6—Paniagua..7—Carril..8.*

$$1=\frac{\sin 6.7.9 \sin 6.9.8 \sin 6.8.7}{\sin 6.9.7 \sin 6.8.9 \sin 6.7.8}$$

° ′ ″		° ′ ″	
6.7.9 = 76 59 52,403 + (51) − (53)		6.9.7 = 27 52 22,143 + (68) − (72)	
6.9.8 = 47 29 39,641 + (71) − (68)		6.8.9 = 87 34 53,340 + (60) − (62)	
6.8.7 = 23 0 18,802 + (60) − (58)		6.7.8 = 36 56 27,667 + (55) − (53)	
logs. sinus	*cotangs.*	*logs. sinus*	*cotangs.*
9,98872024	+ 0.23091	9,66979135	+ 1,89084
9,86759161	+ 0,91651	9,99961298	+ 0,04224
9,59197126	+ 2,35526	9,77886911	+ 1,32989
9,44828311		9,44827344	
9,44827344			
0,00000967 . . 1,00002226			
−1			
0,00002226 . . . *log.* . . 5,34752516			
log. $\frac{1}{\sin 1''}$ ..5,31442513			
0,66195029 . . + 4,591			

0 = + 4,591 + 0,23091 (51) + 1,00898 (53) − 1,32989 (55) − 2,35526 (58) + 2,31302 (60) + 0,04224 (62) − 2,80735 (68) + 0,91651 (71) + 1,89084 (72)

XL. *Lindero..5—Carril..8—Carbonera..9.*

	°	′	″	
5. .	110	14	42,014	+ (39) − (38)
8. .	22	15	37,008	+ (63) − (62)
9. .	47	29	41,986	+ (71) − (65)
	180	0	1,005	
180°+ε..	180	0	0,044	

0 = − 0,961 − (38) + (39) − (62) + (63) − (65) + (71)

XLI. *Carbonera..9—Lindero..5—Paniagua..7—Carril..8.*

$$1=\frac{\sin 5.7.9 \sin 5.9.8 \sin 5.8.7}{\sin 5.9.7 \sin 5.8.9 \sin 5.7.8}$$

° ′ ″		° ′ ″	
5.7.9 = 10 13 28,423 + (51) − (50)		5.9.7 = 27 52 19,798 + (65) − (72)	
5.9.8 = 47 29 41,986 + (71) − (65)		5.8.9 = 22 15 37,008 + (63) − (62)	
5.8.7 = 42 18 57,530 + (58) − (63)		5.7.8 = 29 49 56,313 + (50) − (55)	
logs. sinus	*cotangs.*	*logs. sinus*	*cotangs.*
9,24921459	+ 5,54413	9,66978202	+ 1,89089
9,86759612	+ 0,91649	9,57842679	+ 2,44307
9,82815623	+ 1,09837	9,69676097	+ 1,74582
8,94496694		8,94496978	
8,94496978			
9,99999716 . . 0,99999346			
−1			
− 0,00000654 . . . *log.* . . 4,81557775			
log. $\frac{1}{\sin 1''}$ ..5,31442513			
0,13000288 . . − 1,349			

0=−1,349−7,28795(50)+5,54413(51)+1,74382(55)+1,09837(58)+2,44307(62)
−3,54144(63)−2,80738(65)+0,91649(71)+1,89069(72)

XLII. *Paredon..4—Paniagua..7—Carbonera..9.*

	°	′	″	
4. .	92	6	8,315	+(23)−(30)
7. .	39	47	8,748	+(51)−(56)
9. .	48	6	44,789	+(70)−(72)
	180	0	1,852	
180°+ε..	180	0	0,139	

0=+1,713+(23)−(30)+(51)−(56)+(70)−(73)

XLIII. *Carbonera..9—Paredon..4—Corral..6—Paniagua..7.*

$$1=\frac{\sin 6.7.9 \sin 6.9.4 \sin 6.4.7}{\sin 6.9.7 \sin 6.4.9 \sin 6.7.4}$$

	°	′	″	
6.7.9=	76	59	52,403	+(51)−(53)
6.9.4=	20	14	22,646	+(70)−(68)
6.4.7=	39	7	5,559	+(27)−(25)

logs. sinus	*cotangs.*
9,98872024	+ 0,23091
9,53900975	+ 2,71213
9,79997597	+ 1,22970
9,32770596	
9,32770100	
0,00000487 . . 1,00001122	

	°	′	″	
6.9.7=	27	52	22,143	+(68)−(72)
6.4.9=	131	13	13,874	+(27)−(30)
6.7.4=	37	12	43,655	+(56)−(53)

logs. sinus	*cotangs.*
9,66979135	+ 1,89084
9,87632117	− 0,87607
9,78158857	+ 1,31687
9,32770109	

1,00001122
−1
0,00001122 . . . *log.* . . 5,04999286

log. $\frac{1}{\sin 1''}$ . . 5,31442513

0,36441799 . . +2,314

0=+2,314−1,22970(25)+2,10577(27)−0,87607(30)+0,23091(51)+1,08596(53)−1,31687(56)
−4,60297(68)+2,71213(70)+1,89084(72)

XLIV. *Conde..3—Carril..8—Carbonera..9.*

	°	′	″	
3. .	61	8	48,621	+(24)−(21)
8. .	58	58	42,346	−(62)
9. .	59	52	29,577	+(71)
	180	0	0,344	
180°+ε..	180	0	0,125	

0=+0,219−(21)+(24)−(62)+(71)

XLV. *Carbonera..9—Conde..3—Lindero..5—Carril..8.*

$$1=\frac{\sin 5.3.9 \sin 5.9.8 \sin 5.8.3}{\sin 5.9.3 \sin 5.8.9 \sin 5.3.8}$$

	° ′ ″
5.3.9=	8 23 49,087 + (24) − (23)
5.9.8=	47 29 41,986 + (71) − (65)
5.8.3=	36 43 5,338 + (63)

logs. sinus	cotangs.
9,16615235	+ 6,74729
9,86759612	+ 0,91649
9,77661337	+ 1,34072
8,81036184	
8,81035552	

0,00000632 . . 1,00001456
−1
0,00001456 . . . log. . 5,16316138
log. $\frac{1}{\sin 1''}$ . . 5,31442513
0,47758651 . . + 3,005

	° ′ ″
5.9.3=	12 22 47,391 + (65)
5.8.9=	22 15 37,008 + (63) − (62)
5.3.8=	52 42 59,534 + (23) − (21)

logs. sinus	cotangs.
9,33120757	+ 4,55591
9,57842679	+ 2,44307
9,90072116	+ 0,76134
8,81035552	

0 = + 3,005 + 0,76134(21) − 7,50865(23) + 6,74729(24) + 2,44307(62) − 3,78379(63)
− 5,47240(65) + 0,91649(71)

XLVI. *Yesos..2—Carril..8—Carbonera..9.*

	°	′	″	
2. .	62	37	2,498	+ (14) − (12)
8. .	69	53	18,886	+ (59) − (62)
9. .	47	29	40,426	+ (71) − (67)
	180	0	1,810	
180° + ε. .	180	0	0,115	

0 = + 1,695 − (12) + (14) + (59) − (62) − (67) + (71)

XLVII. *Carbonera..9—Yesos..2—Conde..3—Carril..8.*

$$1 = \frac{\sin 2.3.9 \sin 2.9.8 \sin 2.8.3}{\sin 2.9.3 \sin 2.8.9 \sin 2.3.8}$$

	° ′ ″
2.3.9=	105 50 43,257 + (24) − (19)
2.9.8=	47 29 40,426 + (71) − (67)
2.8.3=	10 54 36,540 + (59)

logs. sinus	cotangs.
9,98780964	− 0,24030
9,86759311	+ 0,91651
9,27708039	+ 5,18798
9,13248314	
9,13246548	

0,00001766 . . 1,00001067
−1
0,00001067 . . . log. . 5,00027417
log. $\frac{1}{\sin 1''}$ . . 5,31442513
0,92369930 . . + 8,389

	° ′ ″
2.9.3=	12 22 46,951 + (67)
2.8.9=	69 53 18,886 + (59) − (62)
2.3.8=	12 21 54,636 + (21) − (19)

logs. sinus	cotangs.
9,33122251	+ 4,55574
9,97267749	+ 0,36617
9,82856515	+ 1,00648
9,13246548	

0 = + 8,389 + 1,35678(19) − 1,00648(21) − 0,24030(24) + 4,82181(59) + 0,36617(62)
− 5,47225(67) + 0,91651(71)

XLVIII. *Huertas..1—Carril..8—Carbonera..9.*

	°	'	"	
1. .	88	31	59,424	+(6) — (5)
8. .	43	58	21,415	+(64) — (62)
9. .	47	29	41,238	+(71) — (66)
	180	0	2,137	
180° + ε..	180	0	0,076	

0 = + 2,061 — (5) + (6) — (62) + (64) — (66) + (71)

IL. *Carbonera..9—Huertas..1—Conde..3—Carril..8.*

$$1 \cdot \frac{\sin 1.3.9 \sin 1.9.8 \sin 1.8.3}{\sin 1.9.3 \sin 1.8.9 \sin 1.3.8}$$

1.3.9 = 26° 23' 42",585 + (24) — (22)
1.9.8 = 17 29 41,298 + (71) — (66)
1.8.3 = 15 0 20,931 — (64)

1.9.3 = 12° 22' 48",079 + (66)
1.8.9 = 45 58 21,415 + (64) — (62)
1.3.8 = 34 15 6,036 + (22) — (21)

logs. sinus	cotangs.	logs. sinus	cotangs.
9,64792995	+ 2,01491	9,33121417	+ 4,55583
9,86750479	+ 0,91650	9,81155622	+ 1,03652
9,41310067	+ 3,73054	9,75589071	+ 1,44140
8,92868541		8,92866110	
8,92866110			
0,00002431			

0,00002431 . . 1,00005599
—1
0,00005599 . . . log. . 5,74811047

log. $\frac{1}{\sin 1''}$ . . 5,31442513

1,06253560 . . + 11,549

0 = + 11,549 + 1,44140(21) — 3,45631(22) + 2,01491(24) + 1,03652(62) — 4,76706(64) — 5,47233(66) + 0,91650(71)

L. *Paniagua..7—Carril..8—Bolos..10.*

	°	'	"	
7. .	68	13	34,077	+ (55) — (52)
8. .	37	21	37,660	+ (61) — (58)
10. .	74	24	48,914	+ (73) — (74)
	180	0	0,651	
180° + ε..	180	0	0,195	

0 = + 0,456 — (52) + (55) — (58) + (61) + (73) — (74)

LI. *Carril..8—Carbonera..9—Bolos..10.*

	°	'	"	
8. .	101	56	12,198	+ (61) — (62)
9. .	47	29	38,643	+ (71) — (69)
10. .	30	34	9,903	+ (80) — (74)
	180	0	0,744	
180° + ε..	180	0	0,209	

0 = + 0,535 + (61) — (62) — (69) + (71) — (74) + (80)

LII. *Bolos*..10—*Paniagua*..7—*Carril*..3—*Carbonera*..9.

$$1=\frac{\sin 7.9.8 \sin 7.8.10 \sin 7.10.9}{\sin 7.8.9 \sin 7.10.8 \sin 7.9.10}$$

	° ′ ″			° ′ ″	
7. 9. 8 =	75 22 1,784	+(71) — (72)	7. 8. 9 =	64 34 34,558	+(58) — (62)
7. 8.10 =	37 21 37,680	+(61) — (58)	7.10. 8 =	74 24 48,914	+(73) — (74)
7.10. 9 =	43 50 39,011	+(73) — (80)	7. 9.10 =	27 52 25,141	+(69) — (72)

logs. sinus	*cotangs.*	*logs. sinus*	*cotangs.*
9,98567904	+ 0,26109	9,95576549	+ 0,47554
9,78306525	+ 1,30982	9,98372853	+ 0,27856
9,84054479	+ 1,04118	9,66979532	+ 1,89082
9,60928938		9,60928714	
9,60928714			
0,00000284 . . 1,00000654			

−1

0,00000654 . . . *log.* . . 4,81557775

log. $\frac{1}{\sin 1''}$ . . 5,31442513

0,13000288 . . + 1,349

$$0=+1,349-1,78516(58)+1,30982(61)+0,47534(62)-1,89082(69)+0,26109(71)$$
$$+1,62973(72)+0,76223(73)+0,27895(74)-1,04118(80)$$

LIII. *Corral*..6—*Paniagua*..7—*Bolos*..10.

	°	′	″	
6. .	104	52	17,968	+(42) — (41)
7. .	31	17	6,410	+(53) — (52)
10. .	43	50	36,319	+(73) — (76)
	180	0	0,697	
180° + ε . .	180	0	0,049	

$$0=+0,648-(41)+(42)-(52)+(53)+(73)-(76)$$

LIV. *Bolos*..10—*Corral*..6—*Paniagua*..7—*Carril*..8.

$$1=\frac{\sin 6.10.7 \sin 6.7.8 \sin 6.8.10}{\sin 6.7.10 \sin 6.8.7 \sin 6.10.8}$$

	° ′ ″			° ′ ″	
6.10. 7 =	43 50 36,319	+(73) — (76)	6. 7.10 =	31 17 6,410	+(53) — (52)
6. 7. 8 =	36 56 27,667	+(55) — (53)	6. 8. 7 =	23 0 18,802	+(60) — (58)
6. 8.10 =	14 21 18,858	+(61) — (60)	6.10. 8 =	30 34 12,596	+(76) — (74)

logs. sinus	*cotangs.*	*logs. sinus*	*cotangs.*
9,84053889	+ 1,04121	9,71541580	+ 1,64567
9,77886911	+ 1,32989	9,59197126	+ 2,35526
9,39433454	+ 3,90741	9,70637050	+ 1,69292
9,01374254		9,01375765	
9,01375765			
9,99998489 . . 0,99996521			

−1

−0,00003479 . . . *log.* . . 5,54145443

log. $\frac{1}{\sin 1''}$ . . 5,31442513

0,85587956 . . − 7,176

0 = − 7,176 + 1,64567 (52) − 2,97556 (53) + 1,32989 (55) + 2,35526 (58) − 6,26267 (60)
+ 3,90741 (61) + 1,04421 (73) + 1,69292 (74) − 2,73415 (76)

LV. *Lindero..5—Paniagua..7—Bolos..10.*

	°	′	″	
5. .	38	5	52,049	+ (36) − (40)
7. .	98	3	30,390	+ (50) − (52)
10. .	43	50	38,401	+ (73) − (79)
°	180	0	0,840	
180 + ε..	180	0	0,147	

0 = + 0,693 + (36) − (40) + (50) − (52) + (73) − (79)

LVI. *Bolos..10—Lindero..5—Paniagua..7—Carril..8.*

$$1 = \frac{\sin 5.8.10 \sin 5.10.7 \sin 5.7.8}{\sin 5.10.8 \sin 5.7.10 \sin 5.8.7}$$

	°	′	″	
5. 8.10 =	79	40	35,190	+ (61) − (63)
5.10. 7 =	43	50	38,401	+ (73) − (79)
5. 7. 8 =	29	49	56,313	+ (50) − (55)

logs. sinus	cotangs.
9,99291187	+ 0,18216
9,84054345	+ 1,04119
9,69676097	+ 1,74382
9,53021629	
9,53020959	
0,00000670	

	°	′	″	
5.10. 8 =	30	34	10,513	+ (79) − (74)
5. 7.10 =	98	3	30,390	+ (50) − (52)
5. 8. 7 =	42	18	57,530	+ (58) − (63)

logs. sinus	cotangs.
9,70636308	+ 1,69296
9,99569028	− 0,14158
9,82815623	+ 1,09837
9,53020959	

0,00000670 . . 1,00001544
−1
0,00001544 . . . log. . 5,18864730
log. $\frac{1}{\sin 1''}$ . . 5,31442513
0,50307243 . . + 3,185

0 = + 3,185 + 1,88340 (50) − 0,14158 (52) − 1,74382 (55) − 1,09837 (58) + 0,18216 (61)
+ 0,91621 (63) + 1,04119 (73) + 1,69296 (74) − 2,73415 (79)

LVII. *Paredon..4—Paniagua..7—Bolos..10.*

	°	′	″	
4. .	51	36	26,114	+ (28) − (25)
7. .	68	29	50,065	+ (56) − (52)
10. .	59	53	43,209	+ (73) − (75)
°	179	59	59,388	
180 + ε..	180	0	0,136	

0 = − 0,748 − (25) + (28) − (52) + (56) + (73) − (75)

LVIII. *Bolos..10—Paredon..4—Lindero..5—Paniagua..7.*

$$1 = \frac{\sin 4.10.7 \sin 4.7.5 \sin 4.5.10}{\sin 4.7.10 \sin 4.5.7 \sin 4.10.5}$$

	° ′ ″	
4.10. 7 = 59 53 43,209 + (73) — (75)		4. 7.10 = 68 29 50,065 + (56) — (52)
4. 7. 5 = 29 33 40,325 + (50) — (56)		4. 5. 7 = 73 22 36,143 + (37) — (40)
4. 5.10 = 35 16 41,094 + (37) — (56)		4.10. 5 = 16 3 4,808 + (79) — (75)

logs. sinus	*cotangs.*	*logs. sinus*	*cotangs.*
9,93707163	+ 0,57979	9,96866966	+ 0,39397
9,69315774	+ 1,76310	9,98145904	+ 0,29856
9,76159503	+ 1,41345	9,44169279	+ 3,47566
9,39182440		9,39182149	
9,39182149			
0,00000291			

0,00000291 . . 1,00000671
−1
0,00000671 . . . *log.* . . 4,82672252
$log. \frac{1}{sin 1''}$ . . 5,31442513
0,14114765 . . + 1,384

0 = + 1,384 − 1,41345(36) + 1,11489(37) + 0,29856(40) + 1,76310(50) + 0,39397(52) − 2,15707(56) + 0,57979(73) + 2,89857(75) − 3,47566(79)

LIX. *Conde*..3—*Carril*..8—*Bolos*..10.

	° ′ ″	
3. .	91 14 40,523	+ (21) — (17)
8. .	42 57 29,852	+ (61)
10. .	42 47 48,906	— (74)
	179 59 59,281	
180° + ε . .	180 0 0,144	

0 = − 0,863 − (17) + (21) + (61) − (74)

LX. *Bolos*..10—*Conde*..3—*Carril*..8—*Carbonera*..9.

$$1 = \frac{sin 3.9.8 \, sin 3.8.10 \, sin 3.10.9}{sin 3.8.9 \, sin 3.10.8 \, sin 3.9.10}$$

	° ′ ″	
3. 9. 8 = 59 52 29,377 + (71)		3. 8. 9 = 58 58 42,346 — (62)
3. 8.10 = 42 57 29,852 + (61)		3.10. 8 = 42 47 48,906 — (74)
3.10. 9 = 12 13 39,003 — (80)		3. 9.10 = 12 22 50,734 + (69)

logs. sinus	*cotangs.*	*logs. sinus*	*cotangs.*
9,93698146	+ 0,58027	9,93296731	+ 0,60137
9,83344407	+ 1,07393	9,83212672	+ 1,08002
9,32591347	+ 4,61446	9,33123964	+ 4,55555
9,09633900		9,09633367	
9,09633367			
0,00000533			

0,00000533 . . 1,00001228
−1
0,00001228 . . . *log.* . . 5,08919837
$log. \frac{1}{sin 1''}$ . . 5,31442513
0,40362350 . . + 2,533

0 = + 2,533 + 1,07393(61) + 0,60137(62) − 4,55555(69) + 0,58027(71) + 1,08002(74) − 4,61446(80)

LXI. *Yesos..2—Paniagua..7—Bolos..10.*

	° ′ ″	
2. .	71 24 30,268	+(11)—(9)
7. .	61 44 51,244	+(54)—(52)
10. .	43 50 37,041	+(73)—(77)
°	179 59 58,553	
180+ε..	180 0 0,084	

0 = —1,531 — (9) + (11) — (52) + (54) + (73) — (77)

LXII. *Bolos..10—Yesos..2—Paredon..4—Paniagua..7.*

$$1 = \frac{sin2.4.10\,sin2.10.7\,sin2.7.4}{sin2.10.4\,sin2.7.10\,sin2.4.7}$$

° ′ ″	° ′ ″
2. 4.10 = 39 21 59,880 + (28) — (26)	2.10. 4 = 16 3 6,168 + (77) — (75)
2.10. 7 = 43 50 37,041 + (73) — (77)	2. 7.10 = 61 44 51,244 + (54) — (52)
2. 7. 4 = 6 44 58,821 + (56) — (54)	2. 4. 7 = 12 11 26,251 + (26) — (25)

logs. sinus	*cotangs.*	*logs. sinus*	*cotangs.*
9,80228128	+ 1,21887	9,44170275	+ 3,47557
9,84031047	+ 1,04120	9,94491214	+ 0,53737
9,07015509	+ 8,44937	9,32637210	+ 4,00056
8,71207684		8,71298699	
8,71298699			
9,99908985 . . 0,99997064			

— 1

— 0,00002336 . . . *log.* . . 5,36847284

$log. \frac{1}{\sin 1''}$ . . 5,31442513

0,68289797 . . — 4,818

0 = — 4,818 + 4,00056 (25) — 5,82823 (26) + 1,21887 (28) + 0,53737 (52) — 8,98674 (54) + 8,44937 (56) + 1,04120 (73) + 3,47557 (75) — 1,51677 (77)

LXIII. *Huertas..1—Paniagua..7—Bolos..10.*

	° ′ ″	
1. .	50 13 51,628	+(1)—(8)
7. .	85 55 31,821	+(49)—(52)
10. .	43 50 37,874	+(73)—(78)
°	180 0 1,323	
180+ε..	180 0 0,119	

0 = +1,204 + (1) — (8) + (49) — (52) + (73) — (78)

LXIV. *Bolos..10—Huertas..1—Paredon..4—Paniagua..7.*

$$1 = \frac{sin1.4.10\,sin1.10.7\,sin1.7.4}{sin1.10.4\,sin1.7.10\,sin1.4.7}$$

° ′ ″	° ′ ″
1. 4.10 = 99 30 7,046 + (28) — (32)	1. 10.4 = 16 5 5,335 + (78) — (75)
1.10. 7 = 43 50 37,874 + (73) — (78)	1. 7.10 = 85 55 31,821 + (49) — (52)
1. 7. 4 = 17 25 41,756 + (49) — (56)	1. 4. 7 = 17 53 40,952 + (25) — (32)

logs. sinus	*cotangs.*	*logs. sinus*	*cotangs.*
9,99400021	— 0,16738	9,44169665	+ 3,47562
9,84054230	+ 1,01119	9,99890093	+ 0,07125
9,47641352	+ 3,18550	9,87035348	+ 0,90371
9,31095603		9,31095106	
9,31095106			
0,00000497			

0,00000497 . . 1,00001145
−1
0,00001145 . . . *log.* . 5,05880549
log. $\frac{1}{\sin 1''}$ . . 5,31442513
0,37323062 . . +2,362

$$0 = +2,362 - 0,90371(25) - 0,16738(28) + 1,07112(32) + 3,11127(49) + 0,07125(52)$$
$$- 3,18550(56) + 1,01119(73) + 3,47562(75) - 4,51681(78)$$

§ 66. En se servant des coefficients de (1), (2)... (80) dans les équations de condition précédentes, on formera celles qui suivent et qui sont analogues aux équations (53) :

1.. [1]=+LXIII
[2]=−XV−1,24482XVI+XXIV−XXXV
[3]=+I−II−1,72295IV
[4]=+II+III+0,47812IV−VIII+XV−0,25498XVI
[5]=+XXXV−XLVIII
[6]=+XLVIII
[7]=+VIII
[8]=−XXIV−LXIII

2.. [9]=+XXII−LXI
[10]=−XIII
[11]=+LXI
[12]=−XXXIII−XLVI
[13]=−II−V−0,50636VII+XIII
[14]=+XLVI
[15]=+V−0,48541VII−XXII+XXXIII
[16]=−I+II

3.. [17]=−LIX
[18]=−X+1,21089XIV+XX−0,50225XXXVI
[19]=−I+1,04732IV−2,48695XIV+1,18541XXXIV+1,55678XLVII

[20]=−III−1,27604IV−VI+1,23549IX+X+1,27604XIV

[21]=−XXXI−1,09648XXXIV−1,41140XXXVI−XLIV+0,76134XLV−1,09648XLVII
+1,41140IL+LIX

[22]=+I+III+0,22872IV−1,51761IX+1,94565XXXVI−3,45651IL

[23]=+VI+3,08412IX+XXXI−0,08893XXXIV−7,50865XLV

[24]=+XLIV+6,74729XLV−0,24050XLVII+2,01491IL

4.. [25]=+XVII−1,22970XIX−1,60056XXXIII−0,90574XXV+XLII−1,22970XLIII−LVII
+1,60056LXII−0,90574LXIV

[26]=+II+1,85520IV+V+2,12741VII−XIII−1,40043XIV+1,59719XXIII−5,82823LXII

[27]=+X+XI+0,86113XII+XIII+1,97302XIV+XV+0,86113XVI+1,72134XIX
+0,05218XXV+2,10577XLIII

[28]=+LVII+1,21887LXII−0,16738LXIV

[29]=−XXIX

[30]=−XLII−0,87607XLIII

[31]=−V−VI+0,42627VII−VIII+1,79167IX−XI+0,42627XII−XVII−0,19164XIX
+0,01217XXIII+XXIX

[32]=−II+III+0,57424IV+VIII−3,08540IX−XV+1,29173XVI+0,85156XXV
+1,07112LXIV

5.. [33]=−VIII−1,04441IX

[34]=−V−2,65096VII+XXII−2,68890XXIII−XXXIII−2,99980XXXIV

[35]=−XI−2,65095XVII+XVIII−2,68890XIX+2,65095XXI−XXVI−1,64430XXVIII
+1,41344XXX−2,65095XXXII

[36]=+LV−1,41545LVIII

[37]=+V+VI+0,67224VII+VIII+1,41345IX+XI+0,67224XII+XVII+1,41344XIX
+1,41344XXIII−XXIX−2,86982XXX+1,11489LVIII

[38]=+XXVI+XXVII+0,36884XXVIII+XXIX+1,45638XXX+XXXI−0,00987XXXII
+XXXIII+0,36884XXXIV−XL

[39]=+XL

[40]=−XVII−XVIII+1,27546XIX+3,21335XXI−XXII+1,27546XXIII−XXVII
+1,27546XXVIII−LV+0,29856LVIII

6.. [41]=+XVIII+XX+0,82220XXI+XXIV+0,29354XXV−LIII

[42]=+LIII

[43]=−XXVI+3,40117XXX+0,37427XXXII−XXXV+1,00261XXXVI−XXXVII

[44]=−X−XI+0,75092XII−XIII+1,85866XIV−XV+0,75092XVI+1,85868XXV
−5,23985XXX

[45]=+XIII−1,02732XIV

[46]=+XV−2,18863XVI−XXIV−2,10422XXV+XXXV−3,19127XXXVI

[47]=+XI−2,18862XII−XVIII+2,18862XXI+XXVI+1,83868XXX−2,18862XXXII

[48]=+XXXVII

7.. [49]=+XXIV+2,47590XXV+LXIII+3,11127LXIV

[50]=+XVII+XVIII+0,42915XIX+2,81757XXI+XXII+1,36079XXIII+XXVII
+0,42915XXVIII−7,48795XLI+LV+1,88540LVI+1,76310LVIII

[51]=+XXXVIII+0,23091XXXIX+5,51413XLI+XLII+0,23091XLIII

[52]=−L−LIII+1,64567LIV−LV−0,14158LVI−LVII+0,39397LVIII−LXI
+0,53737LXII−LXIII+0,07123LXIV

[53]=−XVIII+0,88772XIX−XX+0,91880XXI−XXIV+0,70060XXV+0,90074XXVIII
+1,09898XXXIX+1,08596XLIII+LIII−2,97556LIV

[54]=−XXII+7,08858XXIII+LXI−8,98674LXII

[55]=−XXVII−1,32989XXVIII−XXXVIII−1,32989XXXIX+1,74382XLI+L
+1,32989LIV−1,74382LVI

[56]=−XVII−1,31687XIX−8,44937XXIII−3,18550XXV−XLII−1,31687XLIII+LVII
−2,15707LVIII+8,44937LXII−3,18550LXIV

8.. [57]=+XXIX−3,40883XXX

[58]=+XXVII−2,35526XXVIII+XXXVIII−2,35526XXXIX+1,09837XLI−L
−1,78516LII+2,35526LIV−1,09837LVI

[59]=+XXXIII+4,27576XXXIV+XLVI+4,82181XLVII

[60]=+XXVI+1,89576XXVIII+2,28636XXX+1,83390XXXII+XXXV+1,04978XXXVI
+XXXVII+2,31302XXXIX−6,26267LIV

[61]=+L+LI+1,30982LII+3,90741LIV+0,18216LVI+LIX+1,07393LX

[62]=−XXXVII−XXXVIII+0,04224XXXIX−XL+2,44307XLI−XLIV+2,44307XLV
−XLVI+0,36617XLVII−XLVIII+1,03652IL−LI+0,47534LII+0,60157LX

[63]=−XXVI−XXVII+0,43950XXVIII−XXIX+1,12247XXX−XXXI+1,34072XXXII
−XXXIII+0,91222XXXIV+XL−3,54144XLI−3,78379XLV+0,91621LVI

[64]=−XXXV+2,68076XXXVI+XLVIII−4,76706IL.

9.. [65]=−XL−2,80738XLI−5,47240XLV

[66]=−XLVIII−5,47233IL

[67]=−XLVI−5,47225XLVII

[68]=−XXXVII−2,80735XXXIX−4,60297XLIII

[69]=−LI−1,89082LII−4,55555LX

[70]=+XLII+2,71213XLIII

[71]=+XXXVII+XXXVIII+0,91654XXXIX+XL+0,91649XLI+XLIV+0,91649XLV
+XLVI+0,91651XLVII+XLVIII+0,91650IL+LI+0,26109LII+0,58027LX

[72]=—XXXVIII+1,89084XXXIX+1,89089XLI—XLII+1,89084XLIII+1,62973LII

10.. [73]=+L+0,76223LII+LIII+1,04121LIV+LV+1,04119LVI+LVII+0,57979LVIII
+LXI+1,04120LXII+LXIII+1,04119LXIV

[74]=—L—LI+0,27895LII+1,69292LIV+1,69296LVI—LIX+1,08002LX

[75]=—LVII+2,89587LVIII+3,47557LXII+3,47562LXIV

[76]=—LIII—2,73413LIV

[77]=—LXI—1,51677LXII

[78]=—LXIII—4,51681LXIV

[79]=—LV—2,73415LVI—3,47566LVIII

[80]=+LI—1,04118LII—4,61446LX

§ 67. Ces valeurs de [1], [2]... [80] étant substituées dans les équations numériques du § 64, on aura les suivantes :

(1)=+0,02778I+0,02778III—0,03458IV—0,04111XVI+0,02776LXIII

(2)=+0,02778I+0,02778III—0,03458IV—0,02776XV—0,07567XVI+0,02776XXIV
—0,02776XXXV

(3)=+0,05554I—0,02776II+0,02778III—0,08241IV—0,04111XVI

(4)=+0,02778I+0,02776II+0,05554III—0,02131IV—0,02776VIII+0,02776XV—0,04763XVI

(5)=+0,02778I+0,02778III—0,03458IV—0,04111XVI+0,02776XXXV—0,02776XLVIII

(6)=+0,02778I+0,02778III—0,03458IV—0,04111XVI+0,02776XLVIII

(7)=+0,02778I+0,02778III—0,03458IV+0,02776VIII—0,04111XVI

(8)=+0,02778I+0,02778III—0,03458IV—0,04111XVI—0,02776XXIV—0,02776LXIII

(9)=—0,02778I—0,02922VII+0,02776XXII—0,02776LXI

(10)=—0,02778I—0,02922VII—0,02776XIII

(11)=—0,02778I—0,02922VII+0,02776LXI

(12)=—0,02778I—0,02922VII—0,02776XXXIII—0,02776XLVI

(13)=—0,02778I—0,02776II—0,02776V—0,01494VII+0,02776XIII

(14)=—0,02778I—0,02922VII+0,02776XLVI

(15)=—0,02778I+0,02776V—0,04269VII—0,02776XXII+0,02776XXXIII

(16)=—0,05554I+0,02776II—0,02922VII

(17)=+0,02778XX—0,02776LIX

(18)=—0,02776X+0,03361XIV+0,05554XX—0,01394XXXVI

(19)=—0,02776I+0,02907IV—0,06904XIV+0,02778XX+0,03291XXXIV+0,05711XLVII

(20)=—0,02776III—0,03542IV—0,02776VI+0,03424IX+0,02776X+0,03542XIV+0,02778XX

(21) = +0,02778XX — 0,02776XXXI — 0,03043XXXIV — 0,04001XXXVI — 0,02776XLIV
+0,02113XLV — 0,03044XLVII + 0,04001L + 0,02776LIX

(22) = +0,02776I + 0,02776III + 0,00635IV — 0,11986IX + 0,02778XX + 0,05306XXXVI
— 0,09595IL

(23) = +0,02776VI + 0,08562IX + 0,02778XX + 0,02776XXXI — 0,00247XXXIV — 0,20844XLV

(24) = +0,02778XX + 0,02776XLIV + 0,18730XLV — 0,00667XLVII + 0,05593IL

(25) = —0,02778III + 0,06743IV — 0,02778VI + 0,07928VII — 0,03588IX + 0,02778X + 0,03576XII
— 0,06743XIV + 0,05981XVI + 0,02776XVII — 0,03414XIX — 0,12796XXIII — 0,02509XXV
+0,02776XLII — 0,03414XLIII — 0,02776LVII + 0,12796LXII — 0,02509LXIV

(26) = +0,02776II — 0,02778III + 0,11887IV + 0,02776V — 0,02778VI + 0,14667VII — 0,03588IX
+0,02778X + 0,03576XII — 0,02776XIII — 0,18959XIV + 0,05981XVI + 0,12762XXIII
— 0,16179LXII

(27) = — 0,02778III + 0,06743IV — 0,02778VI + 0,07928VII — 0,03588IX + 0,05554X + 0,02776XI
+0,05966XII + 0,02776XIII — 0,01266XIV + 0,02776XV + 0,08371XVI + 0,04778XIX
+0,00145XXV + 0,05846XLIII

(28) = —0,02778III + 0,06743IV — 0,02778VI + 0,07928VII — 0,03588IX + 0,02778X + 0,03576XII
— 0,06743XIV + 0,05981XVI + 0,02776LVII + 0,03384LXII — 0,00465LXIV

(29) = —0,02778III + 0,06743IV — 0,02778VI + 0,07928VII — 0,03588IX + 0,02778X + 0,03576XII
— 0,06743XIV + 0,05981XVI — 0,02776XXIX

(30) = —0,02778III + 0,06743IV — 0,02778VI + 0,07928VII — 0,03588IX + 0,02778X + 0,03576XII
— 0,06743XIV + 0,05981XVI — 0,02776XLII — 0,02432XLIII

(31) = —0,02778III + 0,06743IV — 0,02776V — 0,05554VI + 0,09114VII — 0,02776VIII + 0,01386IX
+0,02778X — 0,02776XI + 0,04759XII — 0,06743XIV + 0,05981XVI — 0,02776XVII
— 0,01365XIX + 0,00034XXIII + 0,02776XXIX

(32) = —0,02776II — 0,05554III + 0,08337IV — 0,02778VI + 0,07928VII + 0,02776VIII — 0,12148IX
+0,02778X + 0,03576XII — 0,06743XIV — 0,02776XV + 0,09367XVI + 0,02364XXV
+0,02973LXIV

(33) = +0,02778VI — 0,05441VII — 0,02776VIII — 0,18536IX — 0,05441XII + 0,16235XXI
+0,02778XXXI — 0,07336XXXII — 0,07309XXXIV

(34) = —0,02776V + 0,02778VI — 0,12745VII — 0,07309IX — 0,05441XII + 0,16235XXI
+0,02776XXII — 0,07461XXIII + 0,02778XXXI — 0,07336XXXII
— 0,02776XXXIII — 0,15636XXXIV

(35) = +0,02778VI — 0,05441VII — 0,07309IX — 0,02776XI — 0,12745XII + 0,02776XVIII
— 0,07461XIX + 0,23539XXI — 0,02776XXVI — 0,01565XXVIII + 0,03924XXX
+0,02778XXXI — 0,14640XXXII — 0,07309XXXIV

(36) = +0,02778VI — 0,05441VII — 0,07309IX — 0,05441XII + 0,16235XXI + 0,02778XXXI
— 0,07336XXXII — 0,07309XXXIV + 0,02776LV — 0,03924LVIII

(37) = +0,02776V + 0,05554VI — 0,03375VII + 0,02776VIII — 0,03385IX + 0,02776XI — 0,03575XII
+0,02776XVII + 0,03924XIX + 0,16235XXI + 0,03924XXIII — 0,02776XXIX — 0,07967XXX
+0,02778XXXI — 0,07336XXXII — 0,07309XXXIV + 0,03935LVIII

(38)=+0,02778VI—0,05441VII—0,07309IX—0,05441XII+0,16355XXI+0,02776XXVI
+0,02776XXVII+0,01024XXVIII+0,02776XXIX+0,04043XXX+0,05554XXXI
—0,07363XXXII+0,02776XXXIII—0,06285XXXIV—0,02776XL

(39)=+0,02778VI—0,05441VII—0,07309IX—0,05441XII+0,16255XXI+0,02778XXXI
—0,07336XXXII—0,07309XXXIV+0,02776XL

(40)=+0,02778VI—0,05441VII—0,07309IX—0,05441XII—0,02776XVII—0,02776XVIII
+0,05541XIX+0,23155XXI—0,02776XXII+0,05541XXIII—0,02776XXVII
+0,05541XXVIII+0,02778XXXI—0,07336XXXII—0,07309XXXIV
—0,02776LV+0,00829LVIII

(41)=—0,01754X—0,00526XI—0,01808XII—0,00526XIII—0,02526XIV—0,00526XV
—0,01808XVI+0,02598XVIII+0,04026XX+0,06455XXI+0,02598XXIV
+0,01289XXV—0,00526XXVI—0,00599XXX—0,02469XXXII
—0,00526XXXV—0,02798XXXVI—0,00525XXXVII
—0,02274LIII

(42)=—0,05192X—0,00590XI—0,05298XII—0,00589XIII—0,04614XIV—0,00589XV
—0,03300XVI—0,00850XVIII+0,01752XX+0,07135XXI—0,00851XXIV
+0,00857XXV—0,00591XXVI—0,01082XXX—0,01500XXXII
—0,00590XXXV—0,05106XXXVI—0,00591XXXVII
+0,05307LIII

(43)=—0,04292X—0,00787XI—0,04391XII—0,00786XIII—0,06141XIV—0,00787XV
—0,04391XVI—0,01711XVIII+0,01754XX+0,09026XXI—0,01711XXIV
+0,00993XXV—0,02160XXVI+0,05225XXX—0,05179XXXII
—0,02160XXXV—0,05418XXXVI—0,02160XXXVII
+0,01459LIII

(44)=—0,05367X—0,01636XI—0,04425XII—0,01636XIII—0,05595XIV—0,01635XV
—0,01426XVI—0,02177XVIII+0,01754XX+0,10045XXI—0,02178XXIV
+0,02428XXV—0,00321XXVI—0,07450XXX—0,07012XXXII
—0,00520XXXV—0,08285XXXVI—0,00321XXXVII
+0,01438LIII

(45)=—0,05951X+0,01012XI—0,07866XII+0,02524XIII—0,17961XIV+0,01011XV
—0,07864XVI—0,05515XVIII+0,01428XX+0,11392XXI—0,05514XXIV
—0,02792XXV+0,01477XXVI+0,00279XXX—0,09921XXXII
+0,01476XXXV—0,12236XXXVI+0,01470XXXVII
+0,01175LIII

(46)=—0,05932X+0,01613XI—0,09183XII+0,01010XIII—0,12673XIV+0,02394XV
—0,10892XVI—0,04117XVIII+0,01428XX+0,13510XXI—0,01898XXIV
—0,05702XXV+0,02080XXVI+0,01377XXX—0,10859XXXII
+0,02861XXXV—0,16714XXXVI+0,02080XXXVII
+0,01175LIII

(47)=—0,05931X+0,01777XI—0,09544XII+0,01012XIII—0,12679XIV+0,01611XV
—0,09184XVI—0,01280XVIII+0,01428XX+0,13667XXI—0,01117XXIV
—0,04061XXV+0,02245XXVI+0,01682XXX—0,11196XXXII
+0,02080XXXV—0,14222XXXVI+0,02151XXXVII
+0,01174LIII

(48) = −0,03934X+0,01685XI−0,09559XII+0,01014XIII−0,12675XIV+0,01614XV
−0,09184XVI−0,04187XVIII+0,01429XX+0,13466XXI−0,04116XXIV
−0,04061XXV+0,02151XXVI+0,01545XXX−0,10994XXXII
+0,02080XXXV−0,014222XXXVI+0,00561XXXVII
+0,01473LIII

(49) = −0,02778XX+0,10463XXI+0,02776XXIV+0,06875XXV+0,02776LXIII+0,08645LXIV

(50) = +0,02776XVII+0,02776XVIII+0,01191XIX−0,02778XX+0,18368XXI+0,02776XXII
+0,05778XXIII+0,02776XXVII+0,01191XXVIII−0,20231XLI+0,02776LV
+0,05234LVI+0,04891LVIII

(51) = −0,02778XX+0,10463XXI+0,02776XXXVIII+0,09641XXXIX+0,15390XLI
+0,02776XLII+0,00641XLIII

(52) = −0,02778XX+0,10463XXI−0,02776L−0,02776LIII+0,04568LIV−0,02776LV
−0,00395LVI−0,02776LVII+0,01094LVIII−0,02776LXI+0,01492LXII
−0,02776LXIII+0,00198LXIV

(53) = −0,02776XVIII+0,02464XIX−0,05554XX+0,15014XXI−0,02776XXIV+0,01970XXV
+0,02500XXVIII+0,03054XXXIX+0,03015XLIII+0,02776LIII−0,08261LIV

(54) = −0,02778XX+0,10463XXI−0,02776XXII+0,19678XXIII+0,02776LXI−0,24947LXII

(55) = −0,02778XX+0,10463XXI−0,02776XXVII−0,03692XXVIII−0,02776XXXVIII
−0,03692XXXIX+0,04841XLI+0,02776L+0,03692LIV−0,04841LVI

(56) = −0,02776XVII−0,03656XIX−0,02778XX+0,10463XXI−0,23455XXIII−0,08843XXV
−0,02776XLII−0,03656XLIII+0,02776LVII−0,05968LVIII+0,23455LXII
−0,08843LXIV

(57) = +0,02776XXIX−0,09463XXX−0,02778XXXI+0,08819XXXII+0,14412XXXIV
+0,10363XXXVI−0,02778XLIV−0,03725XLV+0,14412XLVII−0,10363IL
+0,02778LIX+0,04654LX

(58) = +0,02776XXVII−0,06538XXVIII−0,02778XXXI+0,08819XXXII+0,14412XXXIV
+0,10363XXXVI+0,02776XXXVIII−0,06538XXXIX+0,03049XLI−0,02778XLIV
−0,03725XLV+0,14412XLVII−0,10363IL−0,02776L−0,04956LII
+0,06538LIV−0,03049LVI+0,02778LIX+0,04654LX

(59) = −0,02778XXXI+0,08819XXXII+0,02776XXXIII+0,26282XXXIV+0,10363XXXVI
−0,02778XLIV−0,03725XLV+0,02776XLVI+0,27797XLVII−0,10363IL
+0,02778LIX+0,04654LX

(60) = +0,02776XXVI+0,05263XXVIII+0,06347XXX−0,02778XXXI+0,13910XXXII
+0,14412XXXIV+0,02776XXXV+0,13277XXXVI+0,02776XXXVII
+0,06121XXXIX−0,02778XLIV−0,03725XLV+0,14412XLVII
−0,10363IL−0,17383LIV+0,02778LIX+0,04654LX

(61) = −0,02778XXXI+0,08819XXXII+0,14412XXXIV+0,10363XXXVI−0,02778XLIV
−0,03725XLV+0,14412XLVII−0,10363IL+0,02776L+0,02776LI+0,03636LII
+0,10847LIV+0,00506LVI+0,05554LIX+0,07635LX

(62) = −0,02778XXXI+0,08819XXXII+0,14412XXXIV+0,10363XXXVI−0,02776XXXVII
−0,02776XXXVIII+0,00117XXXIX−0,02776XL+0,06782XLI−0,05554XLIV
+0,03057XLV−0,02776XLVI+0,15428XLVII−0,02776XLVIII−0,07486IL
−0,02776LI+0,01320LII+0,02778LIX+0,06323LX

(63)=-0,02776XXVI-0,02776XXVII+0,01276XXVIII-0,02776XXIX+0,03116XXX
-0,05554XXXI+0,12511XXXII-0,02776XXXIII+0,16944XXXIV
+0,10363XXXVI+0,02776XL-0,09831XLI-0,02778XLIV
-0,14229XLV+0,14112XLVII-0,10363IL+0,02543LVI
+0,02778LIX+0,04654LX

(64)=-0,02778XXXI+0,08819XXXII+0,14412XXXIV-0,02776XXXV+0,17805XXXVI
-0,02778XLIV-0,03725XLV+0,14112XLVII+0,02776XLVIII-0,23596IL
+0,02778LIX+0,04654LX

(65)=-0,02776XL-0,07795XLI+0,02778XLIV-0,27847XLV-0,12656XLVII-0,12656IL
-0,11043LX

(66)=+0,02778XLIV-0,12656XLV-0,12656XLVII-0,02776XLVIII-0,27847IL-0,11043LX

(67)=+0,02778XLIV-0,12656XLV-0,02776XLVI-0,27847XLVII-0,12656IL-0,11043LX

(68)=-0,02776XXXVII-0,07795XXXIX-0,12778XLIII+0,02778XLIV-0,12656XLV
-0,12656XLVII-0,12656IL-0,11043LX

(69)=+0,02778XLIV-0,12656XLV-0,12656XLVII-0,12656IL-0,02776LI-0,05249LII
-0,25689LX

(70)=+0,02776XLII+0,07529XLIII+0,02778XLIV-0,12656XLV-0,12656XLVII-0,12656IL
-0,11043LX

(71)=+0,02776XXXVII+0,02776XXXVIII+0,02544XXXIX+0,02776XL+0,02544XLI
+0,05554XLIV-0,10112XLV+0,02776XLVI-0,10112XLVII+0,02776XLVIII
-0,10112IL+0,02776LI+0,00725LII-0,09432LX

(72)=-0,02776XXXVIII+0,05249XXXIX+0,05249XLI-0,02776XLII+0,05249XLIII
+0,02778XLIV-0,12656XLV-0,12656XLVII-0,12656IL+0,01521LII
-0,11043LX

(73)=+0,02776L+0,02116LII+0,02776LIII+0,02890LIV+0,02776LV+0,02890LVI
+0,02776LVII+0,01600LVIII-0,02778LIX-0,09819LX+0,02776LXI
+0,02890LXII+0,02776LXIII+0,02890LXIV

(74)=-0,02776L-0,02776LI+0,00774LII+0,01700LIV+0,01700LVI-0,05554LIX
-0,06821LX

(75)=-0,02776LVII+0,08039LVIII-0,02778LIX-0,09819LX+0,09648LXII+0,09648LXIV

(76)=-0,02776LIII-0,07590LIV-0,02778LIX-0,09819LX

(77)=-0,02778LIX-0,09819LX-0,02776LXI-0,12539LXII

(78)=-0,02778LIX-0,09819LX-0,02776LXIII-0,12539LXIV

(79)=-0,02776LV-0,07530LVI-0,09648LVIII-0,02778LIX-0,09819LX

(80)=+0,02776LI-0,02890LII-0,02778LIX-0,22629LX

§ 68. En portant dans les expressions du § 65 les valeurs de (1), (2)... (80) en fonction de I, II... LXIV, on obtiendra les 64 équations finales que l'on trouvera ci-après, et dont les inconnues ont été inscrites seulement en tête des colonnes formées par leurs coefficients respectifs. Les onze pages qui les contiennent doivent être en effet considérées comme placées les unes à côté des autres, la première ligne de chacune d'elles correspondant à une seule équation et les lignes inférieures étant disposées de la même manière. On a en outre marqué d'un point les termes, en diagonale, afin de pouvoir les reconnaitre à première vue.

	I	II	III	IV
0 = + 0,917.	+ 0,16660.	— 0,05552	+ 0,05554	— 0,10513
0 = + 0,234	— 0,05552	+ 0,16656.	+ 0,05552	+ 0,09660
0 = + 0,309	+ 0,05551	+ 0,05552	+ 0,16660.	— 0,06291
0 = — 4,175	— 0,10513	+ 0,09660	— 0,06291	+ 0,17706.
0 = + 0,180	—	+ 0,05552	—	+ 0,05144
0 = + 1,766	—	—	+ 0,05551	— 0,03201
0 = — 2,813	+ 0,02922	+ 0,08311	— 0,07928	+ 0,31733
0 = — 0,916	—	— 0,05552	— 0,05552	+ 0,00267
0 = + 7,085	— 0,11986	+ 0,08560	— 0,05262	— 0,20735
0 = — 0,661	—	—	— 0,05554	+ 0,03201
0 = — 0,047	—	—	—	—
0 = — 1,012	—	—	— 0,03576	+ 0,08680
0 = — 0,668	—	— 0,05552	—	— 0,05144
0 = + 3,954	+ 0,06204	— 0,12216	+ 0,03201	— 0,50758
0 = + 0,020	—	+ 0,05552	+ 0,05552	— 0,00267
0 = — 1,972	— 0,04111	— 0,01238	— 0,14530	+ 0,21383
0 = + 0,685	—	—	—	—
0 = — 0,085	—	—	—	—
0 = + 0,528	—	—	—	—
0 = — 0,138	—	—	—	—
0 = — 1,687	—	—	—	— 0,00001
0 = + 1,661	—	—	—	—
0 = + 2,485	—	+ 0,12762	—	+ 0,23651
0 = + 0,861	—	—	—	—
0 = + 2,155	—	— 0,02364	— 0,02364	+ 0,01357
0 = — 1,471	—	—	—	—
0 = — 1,011	—	—	—	—
0 = + 3,651	—	—	—	—
0 = — 0,019	—	—	—	—
0 = + 1,662	—	—	—	—
0 = — 0,353	—	—	—	—
0 = + 1,939	—	—	—	—
0 = + 0,335	—	—	—	—
0 = + 1,614	— 0,03201	—	—	—
0 = — 1,734	—	—	—	+ 0,03447
0 = + 0,270	+ 0,05396	—	+ 0,05396	+ 0,01254
0 = + 0,235	—	—	—	—
0 = + 0,857	—	—	—	—
0 = + 4,591	—	—	—	—
0 = + 0,961	—	—	—	—
0 = — 1,349	—	—	—	—
0 = + 1,713	—	—	—	—
0 = + 2,314	—	—	—	—
0 = + 0,219	—	—	—	—
0 = + 3,003	—	—	—	—
0 = + 1,695	—	—	—	—
0 = + 8,389	— 0,03711	—	—	+ 0,03887
0 = + 2,061	—	—	—	—
0 = + 11,519	— 0,09595	—	— 0,09595	— 0,02195
0 = + 0,456	—	—	—	—
0 = + 0,535	—	—	—	—
0 = + 1,349	—	—	—	—
0 = + 0,648	—	—	—	—
0 = — 7,176	—	—	—	—
0 = + 0,693	—	—	—	—
0 = + 3,185	—	—	—	—
0 = — 0,748	—	—	—	—
0 = + 1,384	—	—	—	—
0 = — 0,863	—	—	—	—
0 = + 2,533	—	—	—	—
0 = — 1,531	—	—	—	—
0 = — 4,818	—	— 0,16179	—	— 0,29983
0 = + 1,204	—	—	—	—
0 = + 2,362	—	— 0,02973	— 0,02973	+ 0,01707

V	VI	VII	VIII	IX	X
— + 0,05552 — + 0,05144 + 0,16656. + 0,05552 + 0,14951 + 0,05552 — 0,01050 — + 0,05552 + 0,00685 — 0,05552 — 0,12216 — — + 0,05552 — + 0,05289 — — — 0,05552 + 0,24116 — — — — — — 0,05552 — 0,07967 — — + 0,05552 + 0,08327 — + 0,03095 — — — — 0,16179 — —	— — + 0,05551 — 0,03201 + 0,05552 + 0,16660. — 0,12686 + 0,05552 + 0,00367 — 0,05554 + 0,05552 — 0,08334 — + 0,03201 — — 0,05981 + 0,05552 — + 0,05289 — + 0,16235 — + 0,03890 — — — — — — 0,05552 — 0,07967 + 0,05554 — 0,07336 — — 0,07556 — — — — — — — — — — — 0,20841 — — — — — — — — — — — — + 0,03095 — — — — — —	+ 0,02922 + 0,08311 — 0,07928 + 0,51733 + 0,14951 — 0,12686 + 0,75233. + 0,00683 + 0,08836 + 0,07927 + 0,00683 + 0,22621 — 0,08310 — 0,48895 — + 0,17068 + 0,00683 — + 0,02056 — — 0,31801 — 0,05957 + 0,53268 — — — — — — 0,00683 — 0,06355 — 0,05442 + 0,14370 + 0,05957 + 0,30225 — + 0,02080 — — — — 0,39273 — —	— — 0,05552 — 0,05552 + 0,00267 + 0,05552 + 0,05552 + 0,00683 + 0,16656. + 0,01617 — + 0,05552 + 0,00683 — — — 0,05552 + 0,04238 + 0,05552 — + 0,05289 — — — + 0,05890 — + 0,02364 — — — — 0,05552 — 0,07967 — + 0,03095 — — — — — + 0,02973	— 0,11986 + 0,08560 — 0,05262 — 0,20735 — 0,01050 + 0,00367 + 0,08836 + 0,01617 + 1,92503. — 0,00165 — 0,01050 + 0,14454 — + 0,13079 + 0,08560 — 0,18783 — 0,01050 — + 0,03100 + 0,00001 — 0,42714 — + 0,05607 — — 0,07289 — — — + 0,01050 — 0,11261 + 0,01254 + 0,19501 — + 0,18468 — — 0,23298 — — — — — — — — — 0,64285 — — — + 0,41427 — — — — — — — — + 0,04375 — — — — — — 0,09167	— — — 0,03554 + 0,03201 — — 0,05554 + 0,07927 — — 0,00165 + 0,16673. + 0,04412 + 0,10389 + 0,04412 + 0,04510 + 0,04411 + 0,12797 — + 0,02177 + 0,04778 — 0,04530 — 0,10045 — — + 0,02178 — 0,02283 + 0,00321 — — — + 0,07480 — + 0,07012 — — + 0,00320 + 0,09679 + 0,00321 — — — — — + 0,05846 — — — — — — — — — — 0,01138 — — — — — — — — — — —

XI	XII	XIII	XIV	XV	XVI
—	—	—	+ 0,06904	—	— 0,04111
—	—	— 0,05552	— 0,12216	+ 0,05552	— 0,01238
—	— 0,03576	—	+ 0,03201	+ 0,05552	— 0,14330
—	+ 0,08680	— 0,05144	— 0,50758	— 0,00267	+ 0,21383
+ 0,05552	+ 0,00683	— 0,05552	— 0,12216	—	—
+ 0,05552	— 0,08534	—	+ 0,03201	—	— 0,05981
+ 0,00683	+ 0,22621	— 0,08310	— 0,48895	—	+ 0,17068
+ 0,05552	+ 0,00683	—	—	— 0,05552	+ 0,01238
— 0,01030	+ 0,14454	—	+ 0,13079	+ 0,08560	— 0,18783
+ 0,04412	+ 0,10589	+ 0,04412	+ 0,04510	+ 0,04411	+ 0,12797
+ 0,14517.	+ 0,05259	+ 0,05424	— 0,01607	+ 0,06025	— 0,02368
+ 0,05259	+ 0,55856.	— 0,01054	+ 0,19585	— 0,02370	+ 0,26535
+ 0,05424	— 0,01054	+ 0,15061.	+ 0,05337	+ 0,03422	— 0,01048
— 0,01607	+ 0,19585	+ 0,05337	+ 1,68697.	— 0,01601	+ 0,13730
+ 0,06025	— 0,02370	+ 0,05422	— 0,01601	+ 0,15133.	— 0,04858
— 0,02368	+ 0,26535	— 0,01048	+ 0,13730	— 0,04858	+ 0,50621.
+ 0,05552	+ 0,00683	—	—	—	—
— 0,04879	+ 0,00128	— 0,01338	+ 0,10153	— 0,01910	+ 0,07376
+ 0,17531	+ 0,25897	+ 0,04778	+ 0,09427	+ 0,04778	+ 0,04114
— 0,00326	— 0,01808	— 0,00326	+ 0,00835	— 0,00326	— 0,01808
— 0,03682	— 0,73586	+ 0,01947	— 0,29827	+ 0,03265	— 0,21588
—	—	—	—	—	—
+ 0,03890	+ 0,09652	— 0,12762	— 0,56158	—	—
— 0,01939	+ 0,07375	— 0,01336	+ 0,10147	— 0,05496	+ 0,05628
— 0,06544	+ 0,10836	— 0,05075	+ 0,15994	— 0,10349	+ 0,17482
+ 0,05340	+ 0,02154	+ 0,01798	— 0,06538	+ 0,02101	— 0,04795
—	—	—	—	—	—
+ 0,04565	+ 0,12010	—	—	—	—
— 0,05552	— 0,00683	—	—	—	—
— 0,02729	— 0,24977	+ 0,07759	— 0,14877	+ 0,08857	— 0,08631
—	— 0,05442	—	—	—	—
+ 0,03120	+ 0,52825	— 0,02509	+ 0,25451	— 0,03827	+ 0,18458
—	—	—	—	—	—
—	+ 0,14317	—	— 0,08184	—	—
+ 0,02100	— 0,04792	+ 0,01796	— 0,06532	+ 0,05957	— 0,03046
— 0,05936	+ 0,24903	— 0,04011	+ 0,32599	— 0,08428	+ 0,30358
+ 0,02472	— 0,01949	+ 0,01797	— 0,06554	+ 0,02401	— 0,04795
—	—	—	—	—	—
—	—	—	—	—	—
—	—	—	—	—	—
—	—	—	—	—	—
—	—	—	—	—	—
+ 0,05846	+ 0,05031	+ 0,05846	+ 0,11554	+ 0,05846	+ 0,05034
—	—	—	—	—	—
—	—	—	—	—	—
—	—	—	—	—	—
—	—	—	— 0,09220	—	—
—	—	—	—	—	—
—	—	—	—	—	—
—	—	—	—	—	—
—	—	—	—	—	—
—	—	—	—	—	—
— 0,00264	— 0,01489	— 0,00263	— 0,02088	— 0,00263	— 0,01492
—	—	—	—	—	—
—	—	—	—	—	—
—	—	—	—	—	—
—	—	—	—	—	—
+ 0,05095	+ 0,02080	—	—	—	—
—	—	—	—	—	—
—	—	—	—	—	—
—	—	—	—	—	—
—	—	+ 0,16179	+ 0,71195	—	—
—	—	—	—	—	—
—	—	—	—	— 0,02975	+ 0,05840

XVII	XVIII	XIX	XX	XXI	XXII
—	—	—	—	—	—
—	—	—	—	—	—
—	—	—	—	—	—
—	—	—	— 0,00001	—	—
+ 0,05552	—	+ 0,05289	—	—	— 0,05552
+ 0,05552	—	+ 0,05289	—	+ 0,16235	—
+ 0,00683	—	+ 0,02056	—	— 0,31801	— 0,05957
+ 0,05552	—	+ 0,05289	—	—	—
— 0,01050	—	+ 0,03100	+ 0,00001	— 0,42714	—
—	+ 0,02177	+ 0,04778	— 0,04530	— 0,10045	—
+ 0,05552	— 0,04879	+ 0,17531	— 0,00326	— 0,03682	—
+ 0,00683	+ 0,00128	+ 0,25807	— 0,01808	— 0,73386	—
—	— 0,01338	+ 0,04778	— 0,00326	+ 0,01947	—
—	+ 0,10153	+ 0,09427	+ 0,00835	— 0,29827	—
—	— 0,01940	+ 0,04778	— 0,00326	+ 0,03265	—
—	+ 0,07376	+ 0,04114	— 0,01808	— 0,21588	—
+ 0,16656.	+ 0,05552	+ 0,03181	—	— 0,01015	+ 0,05552
+ 0,05552	+ 0,17982.	— 0,12278	+ 0,05374	— 0,03494	+ 0,05552
+ 0,03181	— 0,12278	+ 0,50738.	— 0,02464	— 0,02005	— 0,02350
—	+ 0,05374	— 0,02464	+ 0,15131.	— 0,06579	—
— 0,01015	— 0,03494	— 0,02605	— 0,06579	+ 2,42226.	— 0,01015
+ 0,05552	+ 0,05552	— 0,02350	—	— 0,01015	+ 0,16656.
+ 0,14786	+ 0,00237	+ 0,58288	—	+ 0,22136	— 0,26905
—	+ 0,09191	— 0,02464	+ 0,05374	— 0,09426	—
+ 0,06334	+ 0,03380	+ 0,16729	— 0,00681	— 0,06018	—
—	— 0,05345	+ 0,07464	— 0,00326	— 0,02663	—
+ 0,05552	+ 0,05552	— 0,02350	—	— 0,01015	+ 0,05552
— 0,02350	— 0,09415	+ 0,19521	— 0,02500	+ 0,05056	— 0,02350
— 0,05552	—	— 0,05289	—	—	—
— 0,07967	+ 0,01643	— 0,21812	— 0,00599	+ 0,13515	—
—	—	—	—	+ 0,16236	—
—	+ 0,01423	+ 0,19639	— 0,02469	— 0,88624	—
—	—	—	—	—	— 0,05552
—	—	—	—	— 0,42716	— 0,08327
—	— 0,02406	—	— 0,00326	+ 0,01284	—
—	+ 0,11422	—	— 0,04133	— 0,33425	—
—	— 0,02476	—	— 0,00325	+ 0,04411	—
—	—	—	—	—	—
—	— 0,03051	+ 0,02706	— 0,03051	+ 0,02803	—
—	—	—	—	—	—
— 0,20231	— 0,20231	— 0,08682	—	— 0,57609	— 0,20231
+ 0,05552	—	+ 0,00242	—	—	—
+ 0,00242	— 0,03015	+ 0,21751	— 0,03015	+ 0,02770	—
—	—	—	—	—	—
—	—	—	—	—	—
—	—	—	—	—	—
—	—	—	—	—	—
—	—	—	—	—	—
—	—	—	—	—	—
—	—	—	—	—	—
—	—	—	—	—	—
—	—	—	—	—	—
—	— 0,06224	+ 0,02464	— 0,05050	+ 0,03250	—
—	+ 0,08261	— 0,07333	+ 0,08261	— 0,07590	—
+ 0,05552	+ 0,05552	— 0,02350	—	— 0,01015	+ 0,05552
+ 0,05234	+ 0,05234	+ 0,02246	—	+ 0,14904	+ 0,05234
— 0,05552	—	— 0,00242	—	—	—
+ 0,13148	+ 0,04065	+ 0,15417	—	+ 0,16600	+ 0,04065
—	—	—	—	—	—
—	—	—	—	—	—
—	—	—	—	—	— 0,05552
— 0,10659	—	— 0,46622	—	—	— 0,21947
—	—	—	—	—	—
+ 0,06334	—	+ 0,14730	—	—	—

XXIII	XXIV	XXV	XXVI	XXVII	XXVIII
—	—	—	—	—	—
+ 0,12762	—	— 0,02361	—	—	—
—	—	— 0,02361	—	—	—
+ 0,23651	—	+ 0,01357	—	—	—
+ 0,24116	—	—	—	—	—
+ 0,03890	—	—	—	—	—
+ 0,53268	—	—	—	—	—
+ 0,03890	—	+ 0,02361	—	—	—
+ 0,05007	—	— 0,07289	—	—	—
—	+ 0,02178	— 0,02283	+ 0,00321	—	—
+ 0,03890	— 0,01939	— 0,06344	+ 0,05340	—	+ 0,04565
+ 0,02652	+ 0,07375	+ 0,10836	+ 0,02151	—	+ 0,12010
— 0,12762	— 0,01336	— 0,05075	+ 0,01798	—	—
— 0,56158	+ 0,10147	+ 0,15994	— 0,08538	—	—
—	— 0,05496	— 0,10349	+ 0,02401	—	—
—	+ 0,05628	+ 0,17482	— 0,04793	—	—
+ 0,14786	—	+ 0,06334	—	+ 0,05552	— 0,02350
+ 0,00237	+ 0,02491	+ 0,03380	— 0,05345	+ 0,05552	— 0,09115
+ 0,58288	— 0,02464	+ 0,16729	+ 0,07161	— 0,02350	+ 0,19521
—	+ 0,05374	— 0,00681	— 0,00326	—	— 0,02500
+ 0,22136	— 0,08426	— 0,06018	— 0,02663	— 0,01015	+ 0,05056
— 0,26905	—	—	—	+ 0,05552	— 0,02350
+ 4,90592.	—	+ 0,86283	—	+ 0,00237	+ 0,06137
—	+ 0,18000.	+ 0,11894	— 0,02406	—	— 0,02500
+ 0,86283	+ 0,11894	+ 0,67676.	— 0,05054	—	+ 0,01774
—	— 0,02406	— 0,05054	+ 0,15507.	+ 0,05552	+ 0,09576
+ 0,00237	—	—	+ 0,05552	+ 0,16656.	— 0,05448
+ 0,06137	— 0,02500	+ 0,01774	+ 0,09576	— 0,03448	+ 0,46035.
— 0,03890	—	—	+ 0,05552	+ 0,05552	— 0,00252
— 0,11261	— 0,01976	— 0,16810	+ 0,01809	+ 0,00927	+ 0,08503
—	—	—	+ 0,05551	+ 0,03552	— 0,00251
—	+ 0,08370	+ 0,09259	+ 0,02929	— 0,03749	+ 0,23362
+ 0,07464	—	—	+ 0,05553	+ 0,05552	— 0,00252
+ 0,22391	—	—	— 0,01508	— 0,01508	+ 0,01542
—	— 0,05963	— 0,06695	+ 0,07016	—	+ 0,05263
—	+ 0,13911	+ 0,19192	— 0,05588	—	+ 0,05521
—	— 0,02405	— 0,05053	+ 0,07087	—	+ 0,05263
—	—	—	—	+ 0,05552	— 0,02846
—	— 0,03051	+ 0,02165	+ 0,06421	— 0,02846	+ 0,35250
—	—	—	— 0,05552	— 0,05552	+ 0,00252
— 0,27530	—	—	+ 0,09831	— 0,12192	— 0,26818
+ 0,10659	—	+ 0,06334	—	—	—
+ 0,46627	— 0,03015	+ 0,17175	—	—	+ 0,02716
—	—	—	—	—	+ 0,00001
—	—	—	+ 0,10504	+ 0,10501	— 0,04827
—	—	—	—	—	—
—	—	—	—	—	—
—	—	—	—	—	—
—	—	—	—	—	—
—	—	—	—	— 0,05552	+ 0,02846
—	—	—	—	—	—
—	—	—	—	— 0,01956	+ 0,11673
—	— 0,06225	+ 0,01538	— 0,00265	—	+ 0,02500
—	+ 0,08261	— 0,05862	— 0,17385	+ 0,02846	— 0,60708
+ 0,00237	—	—	—	+ 0,05552	— 0,02350
+ 0,07122	—	—	— 0,02543	+ 0,01483	+ 0,17034
— 0,10659	—	— 0,06331	—	—	—
+ 0,02687	—	+ 0,19075	—	+ 0,04063	+ 0,03157
—	—	—	—	—	— 0,00001
—	—	—	—	—	+ 0,00001
+ 0,19678	—	—	—	—	—
— 5,08378	—	— 0,86280	—	—	—
—	+ 0,05552	+ 0,06873	—	—	—
+ 0,86283	+ 0,08645	+ 0,54372	—	—	—

XXIX	XXX	XXXI	XXXII	XXXIII	XXXIV
—	—	—	—	—	— 0,03291
—	—	—	—	—	—
—	—	—	—	—	—
—	—	—	—	—	+ 0,03447
— 0,05552	— 0,07967	—	—	+ 0,05552	+ 0,08327
— 0,05552	— 0,07967	+ 0,05554	— 0,07336	—	— 0,07556
— 0,00683	— 0,05355	— 0,05412	+ 0,14370	+ 0,05957	+ 0,36225
— 0,05552	— 0,07967	—	—	—	—
+ 0,01050	— 0,11261	+ 0,01254	+ 0,19301	—	+ 0,18468
—	+ 0,07480	—	+ 0,07012	—	—
— 0,05552	— 0,02729	—	+ 0,03120	—	—
— 0,00683	— 0,21977	— 0,05442	+ 0,52825	—	+ 0,14317
—	+ 0,07759	—	— 0,02509	—	—
—	— 0,14877	—	+ 0,25451	—	— 0,08184
—	+ 0,08857	—	— 0,03827	—	—
—	— 0,08631	—	+ 0,18458	—	—
— 0,05552	— 0,07967	—	—	—	—
—	+ 0,01643	—	+ 0,01423	—	—
— 0,05289	— 0,21812	—	+ 0,19639	—	—
—	— 0,00599	—	— 0,02469	—	—
—	+ 0,13543	+ 0,16236	— 0,88624	—	— 0,12716
—	—	—	—	— 0,05552	— 0,08327
— 0,03890	— 0,11261	—	—	+ 0,07464	+ 0,22391
—	— 0,01976	—	+ 0,08370	—	—
—	— 0,16810	—	+ 0,09259	—	—
+ 0,05552	+ 0,01809	+ 0,05552	+ 0,02929	+ 0,05552	— 0,01508
+ 0,05551	+ 0,00927	+ 0,05552	— 0,03749	+ 0,05552	— 0,01508
— 0,00252	+ 0,08503	— 0,00251	+ 0,23362	— 0,00252	+ 0,01542
+ 0,16656.	— 0,00569	+ 0,05552	— 0,03749	+ 0,05552	— 0,01508
— 0,00669	+ 1,37815.	+ 0,00929	+ 0,02976	+ 0,00927	+ 0,04334
+ 0,05552	+ 0,00929	+ 0,16660.	— 0,19901	+ 0,05552	— 0,20433
— 0,03749	+ 0,02976	— 0,19901	+ 1,03367.	— 0,03749	+ 0,68439
+ 0,05552	+ 0,00927	+ 0,05552	— 0,03749	+ 0,16656.	+ 0,18689
— 0,01508	+ 0,04331	— 0,20433	+ 0,68439	+ 0,18689	+ 1,79680.
—	+ 0,04501	—	— 0,00269	—	—
—	+ 0,05195	— 0,06362	+ 0,67339	—	+ 0,58150
—	+ 0,04637	—	— 0,00425	—	—
—	—	—	—	—	—
—	+ 0,14681	—	+ 0,11775	—	—
— 0,05552	— 0,00927	— 0,05552	+ 0,03749	— 0,05552	+ 0,01508
+ 0,09831	— 0,11035	+ 0,09831	— 0,13181	+ 0,09831	— 0,08968
—	—	—	—	—	—
—	—	—	—	—	—
—	—	+ 0,05554	— 0,08820	—	— 0,11368
+ 0,10504	— 0,11791	— 0,08728	— 0,25908	+ 0,10504	— 0,29370
—	—	—	—	+ 0,05552	+ 0,11870
—	—	— 0,11368	+ 0,45752	+ 0,13385	+ 1,39737
—	—	—	—	—	—
—	—	+ 0,06362	— 0,32899	—	— 0,58150
—	—	—	—	—	—
—	—	—	—	—	—
—	—	—	—	—	—
—	— 0,00482	—	— 0,02030	—	—
—	— 0,39748	—	— 0,31882	—	—
—	—	—	—	—	—
— 0,02543	+ 0,02851	— 0,02545	+ 0,03100	— 0,02543	+ 0,02390
—	—	—	—	—	—
— 0,03093	— 0,08882	—	—	—	—
—	—	— 0,05554	+ 0,08820	—	+ 0,11368
—	—	— 0,04654	+ 0,11775	—	+ 0,24144
—	—	—	—	—	—
—	—	—	—	—	—
—	—	—	—	—	—
—	—	—	—	—	—

XXXV	XXXVI	XXXVII	XXXVIII	XXXIX	XL.
—	+ 0,05396	—	—	—	—
—	—	—	—	—	—
—	+ 0,05396	—	—	—	—
—	+ 0,01234	—	—	—	—
—	—	—	—	—	—
—	—	—	—	—	—
—	—	—	—	—	—
—	—	—	—	—	—
—	— 0,23298	—	—	—	—
+ 0,00320	+ 0,00679	+ 0,00321	—	—	—
+ 0,02400	— 0,05956	+ 0,02472	—	—	—
— 0,04792	+ 0,24303	— 0,01949	—	—	—
+ 0,01796	— 0,04011	+ 0,01797	—	—	—
— 0,06532	+ 0,32599	— 0,06534	—	—	—
+ 0,05957	— 0,08128	+ 0,02401	—	—	—
— 0,05046	+ 0,30358	— 0,04793	—	—	—
—	—	—	—	—	—
— 0,02406	+ 0,11122	— 0,02476	—	— 0,05051	—
—	—	—	—	+ 0,02708	—
— 0,00326	— 0,04193	— 0,00325	—	— 0,03051	—
+ 0,01284	— 0,33125	+ 0,04441	—	+ 0,02805	—
—	—	—	—	—	—
—	—	—	—	—	—
— 0,05963	+ 0,13914	— 0,02405	—	— 0,05051	—
— 0,06695	+ 0,19192	— 0,05053	—	+ 0,02165	—
+ 0,07016	— 0,05888	+ 0,07087	—	+ 0,06121	— 0,05552
—	—	—	+ 0,05552	— 0,02846	— 0,05552
+ 0,05263	+ 0,05524	+ 0,05263	— 0,02846	+ 0,35230	+ 0,00252
—	—	—	—	—	— 0,05552
+ 0,01501	+ 0,05426	+ 0,01637	—	+ 0,11681	— 0,00927
—	— 0,06362	—	—	—	— 0,05552
— 0,00269	+ 0,67339	— 0,00125	—	+ 0,11775	+ 0,05749
—	—	—	—	—	— 0,05552
—	+ 0,58150	—	—	—	+ 0,01508
+ 0,16125.	— 0,15822	+ 0,07016	—	+ 0,06121	—
— 0,15822	+ 1,26523.	— 0,05888	—	+ 0,06741	—
+ 0,07016	— 0,05888	+ 0,13825.	+ 0,05552	+ 0,16611	+ 0,05552
—	—	+ 0,05552	+ 0,16656.	— 0,05027	+ 0,05552
+ 0,06121	+ 0,06741	+ 0,16611	— 0,05027	+ 0,72802.	+ 0,02127
—	—	+ 0,05552	+ 0,05552	+ 0,02127	+ 0,16656.
—	—	— 0,01258	+ 0,01111	+ 0,02178	— 0,06276
—	—	—	+ 0,05552	— 0,04608	—
—	—	+ 0,12778	— 0,04608	+ 0,49258	—
—	— 0,06362	+ 0,05552	+ 0,05552	+ 0,02426	+ 0,05552
—	— 0,16912	— 0,04258	— 0,04258	+ 0,02618	+ 0,00419
—	—	+ 0,05552	+ 0,05552	+ 0,02127	+ 0,05552
—	+ 0,58152	+ 0,01528	+ 0,01528	+ 0,02375	+ 0,01528
— 0,05552	+ 0,07412	+ 0,05552	+ 0,05552	+ 0,02127	+ 0,05552
+ 0,13233	— 0,98550	— 0,00333	— 0,00333	+ 0,02454	— 0,00333
—	—	—	— 0,05552	+ 0,02846	—
—	—	+ 0,05552	+ 0,05552	+ 0,02127	+ 0,05552
—	—	— 0,00595	— 0,10075	+ 0,20317	— 0,00595
— 0,00264	— 0,02307	— 0,00266	—	+ 0,03051	—
— 0,17383	— 0,18250	— 0,17385	+ 0,02846	— 0,69000	—
—	—	—	—	—	—
—	—	—	+ 0,01792	+ 0,13019	+ 0,02545
—	—	—	—	—	—
—	—	—	—	—	—
—	+ 0,06372	—	—	—	—
—	+ 0,17362	— 0,00058	— 0,00058	+ 0,01547	— 0,00058
—	—	—	—	—	—
—	—	—	—	—	—
—	—	—	—	—	—
—	—	—	—	—	—

XLI	XLII	XLIII	XLIV	XLV	XLVI
—	—	—	—	—	—
—	—	—	—	—	—
—	—	—	—	—	—
—	—	—	—	—	—
—	—	—	—	—	—
—	—	—	—	— 0,20844	—
—	—	—	—	—	—
—	—	—	—	—	—
—	—	—	—	— 0,64285	—
—	—	+ 0,05846	—	—	—
—	—	+ 0,05846	—	—	—
—	—	+ 0,05034	—	—	—
—	—	+ 0,05846	—	—	—
—	—	+ 0,11534	—	—	—
—	—	+ 0,05846	—	—	—
—	—	+ 0,05034	—	—	—
— 0,20231	+ 0,05552	+ 0,00242	—	—	—
— 0,20231	—	— 0,03015	—	—	—
— 0,08682	+ 0,00242	+ 0,21751	—	—	—
—	—	— 0,03015	—	—	—
— 0,57609	—	+ 0,02770	—	—	—
— 0,20231	—	—	—	—	—
— 0,27530	+ 0,10659	+ 0.46027	—	—	—
—	—	— 0,03015	—	—	—
—	+ 0,06331	+ 0,17175	—	—	—
+ 0,09831	—	—	—	+ 0,10501	—
— 0,14193	—	—	—	+ 0,10501	—
— 0,26818	—	+ 0,02716	+ 0,00001	— 0,04827	—
+ 0,09831	—	—	—	+ 0,10501	—
— 0,11055	—	—	—	— 0,11791	—
+ 0,09831	—	—	+ 0,05554	— 0,08728	—
— 0,13181	—	—	— 0,08820	— 0,25908	—
+ 0,09831	—	—	—	+ 0,10504	+ 0,05552
— 0,08968	—	—	— 0,11368	— 0,29370	+ 0,11870
—	—	—	—	—	—
—	—	—	— 0,06364	— 0,16942	—
— 0,01238	—	+ 0,12778	+ 0,05552	— 0,01238	+ 0,05532
+ 0,01111	+ 0,05554	— 0,04608	+ 0,05554	— 0,04238	+ 0,05552
+ 0,02478	— 0,01608	+ 0,49258	+ 0,02426	+ 0,02618	+ 0,02427
— 0,06276	—	—	+ 0,05551	+ 0,00449	+ 0,05552
+ 3,30078.	+ 0,10142	+ 0,13479	— 0,04238	+ 0,98746	— 0,04238
+ 0,10142	+ 0,16656.	+ 0,05595	—	—	—
+ 0,13479	+ 0,05595	+ 1,16037.	—	—	—
— 0,04238	—	—	+ 0,16660.	+ 0,03448	+ 0,05552
+ 0,98746	—	—	+ 0,03448	+ 4,88926.	— 0,04238
— 0,04238	—	—	+ 0,05552	— 0,04238	+ 0,16656.
+ 0,04814	—	—	— 0,23163	+ 0,36333	+ 0,30104
— 0,04238	—	—	+ 0,05552	— 0,04238	+ 0,05552
+ 0,09060	—	—	— 0,01034	+ 1,21097	— 0,00333
+ 0,01792	—	—	—	—	—
— 0,04238	—	—	+ 0,05552	— 0,04238	+ 0,05552
+ 0,06999	— 0,04524	+ 0,08554	— 0,00595	+ 0,03889	— 0,00595
—	—	+ 0,03015	—	—	—
+ 0,13619	—	+ 0,08971	—	—	—
— 0,20231	—	—	—	—	—
— 0,58942	—	—	—	— 0,09622	—
—	— 0,05552	— 0,00242	—	—	—
— 0,35667	+ 0,05988	+ 0,07885	—	—	—
—	—	—	— 0,05554	— 0,01611	—
+ 0,05555	—	—	— 0,15755	+ 0,49626	— 0,00058
—	—	—	—	—	—
—	— 0,10659	— 0,46622	—	—	—
—	—	—	—	—	—
—	+ 0,06331	+ 0,14730	—	—	—

XLVII	XLVIII	IL	L	LI	LII
— 0,03741	—	— 0,09595	—	—	—
—	—	—	—	—	—
—	—	— 0,09595	—	—	—
+ 0,03887	—	— 0,02195	—	—	—
—	—	—	—	—	—
—	—	—	—	—	—
—	—	—	—	—	—
—	—	—	—	—	—
—	—	+ 0,41427	—	—	—
—	—	—	—	—	—
—	—	—	—	—	—
—	—	—	—	—	—
—	—	—	—	—	—
— 0,09229	—	—	—	—	—
—	—	—	—	—	—
—	—	—	—	—	—
—	—	—	—	—	—
—	—	—	—	—	—
—	—	—	—	—	—
—	—	—	—	—	—
—	—	—	—	—	—
—	—	—	—	—	—
—	—	—	—	—	—
—	—	—	—	—	—
—	—	—	—	—	—
—	—	—	—	—	—
—	—	—	— 0,05552	—	— 0,01956
—	—	—	+ 0,02846	—	+ 0,11673
—	—	—	—	—	—
—	—	—	—	—	—
— 0,11368	—	+ 0,06362	—	—	—
+ 0,45752	—	— 0,32899	—	—	—
+ 0,13385	—	—	—	—	—
+ 1,39737	—	— 0,58150	—	—	—
—	— 0,05552	+ 0,13233	—	—	—
+ 0,58152	+ 0,07442	— 0,98550	—	—	—
+ 0,01528	+ 0,05552	— 0,00333	—	+ 0,05552	— 0,00595
+ 0,01528	+ 0,03552	— 0,00333	— 0,05552	+ 0,05552	— 0,10075
+ 0,02375	+ 0,02427	+ 0,02454	+ 0,02846	+ 0,02427	+ 0,20947
+ 0,01528	+ 0,05552	— 0,00333	—	+ 0,05552	— 0,00595
+ 0,01814	— 0,01238	+ 0,09060	+ 0,01792	— 0,01238	+ 0,06999
—	—	—	—	—	— 0,01524
—	—	—	—	—	+ 0,08554
— 0,23163	+ 0,05552	— 0,01034	—	+ 0,05552	— 0,00595
+ 0,36333	— 0,01238	+ 1,21697	—	— 0,01238	+ 0,03889
+ 0,30101	+ 0,05552	— 0,00333	—	+ 0,05552	— 0,00595
+ 2,91258.	+ 0,01528	+ 0,01549	—	+ 0,01528	+ 0,01147
+ 0,01528	+ 0,16656.	+ 0,01645	—	+ 0,05552	— 0,00595
+ 0,01549	+ 0,01625	+ 2,98044.	—	— 0,00333	+ 0,02032
—	—	—	+ 0,16656.	+ 0,03552	+ 0,09934
+ 0,01528	+ 0,03552	— 0,00333	+ 0,05552	+ 0,16656.	+ 0,04626
+ 0,01147	— 0,00595	+ 0,02032	+ 0,09934	+ 0,04626	+ 0,36562.
—	—	—	+ 0,05552	—	+ 0,02116
—	—	—	+ 0,01623	+ 0,06147	+ 0,00051
—	—	—	+ 0,05552	—	+ 0,02116
—	—	—	— 0,02703	— 0,04194	+ 0,09620
—	—	—	+ 0,03552	—	+ 0,02116
—	—	—	+ 0,00515	—	+ 0,01226
+ 0,11368	—	— 0,06363	+ 0,05552	+ 0,05552	+ 0,02862
+ 0,76341	— 0,00058	+ 0,36155	— 0,00017	— 0,00239	+ 0,43204
—	—	—	+ 0,05552	—	+ 0,02116
—	—	—	+ 0,01393	—	+ 0,02203
—	—	—	+ 0,05552	—	+ 0,02116
—	—	—	+ 0,02692	—	+ 0,02203

LIII	LIV	LV	LVI	LVII	LVIII
—	—	—	—	—	—
—	—	—	—	—	—
—	—	—	—	—	—
—	—	—	—	—	—
—	—	—	—	—	+ 0,03095
—	—	—	—	—	+ 0,03093
—	—	—	—	—	+ 0,02080
—	—	—	—	—	+ 0,03095
—	—	—	—	—	+ 0,04375
— 0,01438	—	—	—	—	—
— 0,00264	—	—	—	—	+ 0,03096
— 0,01489	—	—	—	—	+ 0,02080
— 0,00263	—	—	—	—	—
— 0,02088	—	—	—	—	—
— 0,00263	—	—	—	—	—
— 0,01492	—	—	—	—	—
—	—	+ 0,05552	+ 0,05254	— 0,05552	+ 0,13148
— 0,06221	+ 0,08261	+ 0,05552	+ 0,05231	—	+ 0,04065
+ 0,02464	— 0,07333	— 0,02350	+ 0,02246	— 0,00242	+ 0,15417
— 0,05050	+ 0,08261	—	—	—	—
+ 0,03250	— 0,07590	— 0,01015	+ 0,14904	—	+ 0,16600
—	—	+ 0,05552	+ 0,05234	—	+ 0,04065
—	—	+ 0,00237	+ 0,07122	— 0,10659	+ 0,62687
— 0,06225	+ 0,08261	—	—	—	—
+ 0,01538	— 0,05862	—	—	— 0,06534	+ 0,19075
— 0,00263	— 0,17385	—	— 0,02543	—	—
—	+ 0,02846	+ 0,05552	+ 0,04483	—	+ 0,04065
+ 0,02500	— 0,60708	— 0,02350	+ 0,17034	—	+ 0,03157
—	—	—	— 0,02543	—	— 0,03095
— 0,00482	— 0,39718	—	+ 0,02854	—	— 0,06882
—	—	—	— 0,02543	—	—
— 0,02050	— 0,31882	—	+ 0,03409	—	—
—	—	—	— 0,02543	—	—
—	—	—	+ 0,02520	—	—
— 0,00264	— 0,17385	—	—	—	—
— 0,02307	— 0,18250	—	—	—	—
— 0,00266	— 0,17385	—	—	—	—
—	+ 0,02846	—	+ 0,01792	—	—
+ 0,03051	— 0,69600	—	+ 0,13619	—	—
—	—	—	+ 0,02343	—	—
—	+ 0,13619	— 0,20231	— 0,58942	—	— 0,35667
—	—	—	—	— 0,05552	+ 0,05988
+ 0,03015	+ 0,08971	—	—	— 0,00242	+ 0,07885
—	—	—	—	—	—
—	—	—	— 0,09622	—	—
—	—	—	—	—	—
—	—	—	—	—	—
—	—	—	—	—	—
—	—	—	—	—	—
+ 0,03552	+ 0,01623	+ 0,05552	— 0,02703	+ 0,05552	+ 0,00515
—	+ 0,06147	—	— 0,04194	—	—
+ 0,02116	+ 0,06034	+ 0,02116	+ 0,09620	+ 0,02116	+ 0,01226
+ 0,16685.	— 0,02319	+ 0,05552	+ 0,03283	+ 0,05552	+ 0,00515
— 0,02319	+ 2,33386.	— 0,01678	— 0,01323	— 0,01678	+ 0,03175
+ 0,05552	— 0,01678	+ 0,16636.	+ 0,16107	+ 0,05552	+ 0,10301
+ 0,03283	— 0,01323	+ 0,16107	+ 0,55855.	+ 0,03283	+ 0,37126
+ 0,03552	— 0,01678	+ 0,05552	+ 0,03283	+ 0,16656.	— 0,13512
+ 0,00515	+ 0,03475	+ 0,10301	+ 0,37126	— 0,13512	+ 0,88968.
—	+ 0,06148	—	— 0,04194	—	— 0,00001
—	+ 0,16723	—	+ 0,05619	—	—
+ 0,05552	— 0,01678	+ 0,05552	+ 0,03283	+ 0,05552	+ 0,00515
+ 0,01398	+ 0,05461	+ 0,01398	+ 0,02798	+ 0,05793	— 0,20591
+ 0,03552	— 0,01678	+ 0,05552	+ 0,03283	+ 0,05552	+ 0,00515
+ 0,02692	+ 0,03335	+ 0,02692	+ 0,02981	— 0,13755	+ 0,18768

LIX	LX	LXI	LXII	LXIII	LXIV
—	—	—	—	—	—
—	—	—	— 0,16179	—	— 0,02973
—	—	—	—	—	— 0,02973
—	—	—	— 0,29983	—	+ 0,01707
—	—	—	— 0,16179	—	—
—	—	—	—	—	—
—	—	—	— 0,39273	—	—
—	—	—	—	—	+ 0,02973
—	—	—	—	—	— 0,09167
—	—	—	—	—	—
—	—	—	—	—	—
—	—	—	—	—	—
—	—	—	+ 0,16179	—	—
—	—	—	+ 0,71195	—	—
—	—	—	—	—	— 0,02973
—	—	—	—	—	+ 0,03840
—	—	—	— 0,10659	—	+ 0,06334
—	—	—	—	—	—
—	—	—	— 0,46022	—	+ 0,14730
—	—	—	—	—	—
—	—	—	—	—	—
—	—	— 0,05552	— 0,24917	—	—
—	—	+ 0,19678	— 5,08378	—	+ 0,86285
—	—	—	—	+ 0,05552	+ 0,08645
—	—	—	— 0,86280	+ 0,06873	+ 0,54372
—	—	—	—	—	—
—	—	—	—	—	—
— 0,00001	+ 0,00001	—	—	—	—
—	—	—	—	—	—
—	—	—	—	—	—
— 0,05531	— 0,04654	—	—	—	—
+ 0,08820	+ 0,14775	—	—	—	—
—	—	—	—	—	—
+ 0,11368	+ 0,24144	—	—	—	—
—	—	—	—	—	—
+ 0,06362	+ 0,17362	—	—	—	—
—	— 0,00058	—	—	—	—
—	— 0,00058	—	—	—	—
—	+ 0,01547	—	—	—	—
—	— 0,00058	—	—	—	—
—	+ 0,05555	—	—	—	—
—	—	—	— 0,10659	—	+ 0,06334
—	—	—	— 0,46622	—	+ 0,14730
— 0,05534	— 0,15755	—	—	—	—
— 0,01611	+ 0,49626	—	—	—	—
—	— 0,00058	—	—	—	—
+ 0,11368	+ 0,76541	—	—	—	—
—	— 0,00058	—	—	—	—
— 0,06363	+ 0,36155	—	—	—	—
+ 0,05552	— 0,00017	+ 0,05552	+ 0,01398	+ 0,05552	+ 0,02692
+ 0,05552	— 0,00259	—	—	—	—
+ 0,02862	+ 0,43204	+ 0,02116	+ 0,02203	+ 0,02116	+ 0,02203
—	—	+ 0,05552	+ 0,01398	+ 0,05552	+ 0,02692
+ 0,06148	+ 0,16723	— 0,01678	+ 0,05464	— 0,01678	+ 0,03335
—	—	+ 0,05552	+ 0,01398	+ 0,05552	+ 0,02692
— 0,04194	+ 0,05619	+ 0,06283	+ 0,02798	+ 0,03283	+ 0,02981
—	—	+ 0,05552	+ 0,05795	+ 0,05552	— 0,13755
— 0,00001	—	+ 0,00515	— 0,20391	+ 0,00515	+ 0,48768
+ 0,16660.	+ 0,14456	—	—	—	—
+ 0,14456	+ 2,11438.	—	—	—	—
—	—	+ 0,16656.	— 0,11010	+ 0,05552	+ 0,02692
—	—	— 0,11010	+ 6,73752.	+ 0,01398	— 0,50203
—	—	+ 0,05552	+ 0,01398	+ 0,16656.	+ 0,23876
—	—	+ 0,02692	— 0,50203	+ 0,23876	+ 1,53813.

La méthode indiquée dans le § 46, appliquée à la résolution des équations précédentes, a donné pour les 64 inconnues les valeurs suivantes (*) :

I = − 26,16935	XXIII = − 8,41909
II = − 18,84399	XXIV = − 14,24726
III = + 35,15850	XXV = + 2,47859
IV = + 8,93323	XXVI = + 19,69450
V = + 6,21441	XXVII = − 6,57952
VI = − 50,39412	XXVIII = + 0,58620
VII = + 7,88537	XXIX = − 9,25734
VIII = + 15,53586	XXX = + 1,61759
IX = − 2,33966	XXXI = + 37,45520
X = − 5,82906	XXXII = − 7,91035
XI = − 15,71982	XXXIII = − 33,12177
XII = − 0,55820	XXXIV = + 3,47166
XIII = + 2,18505	XXXV = + 11,51833
XIV = + 1,52401	XXXVI = + 7,37107
XV = − 7,40600	XXXVII = + 11,33153
XVI = − 7,06080	XXXVIII = − 3,98991
XVII = + 17,20359	XXXIX = − 5,64635
XVIII = + 26,51798	XL = + 7,07375
XIX = + 18,79458	XLI = − 0,65021
XX = − 3,64495	XLII = − 6,79808
XXI = + 0,83221	XLIII = − 1,04157
XXII = − 29,82413	XLIV = − 18,67661

(*) Les calculs rélatifs à cette résolution, disposés dans une forme analogue à celle du *Tableau* du § 63, ont une étendue 65 fois plus grande que celle de ce *Tableau*.

XLV = — 0,64652	LV = + 5,89439
XLVI = + 16,81943	LVI = — 14,94216
XLVII = — 5,24814	LVII = + 18,05061
XLVIII = — 11,81007	LVIII = + 7,49385
IL = — 1,14170	LIX = + 21,66900
L = — 28,99490	LX = — 3,35395
LI = — 8,54875	LXI = + 13,33336
LII = + 9,64402	LXII = — 2,13497
LIII = — 2,25616	LXIII = — 3,48411
LIV = + 4,85670	LXIV = + 0,09148

§ 69. En substituant ces valeurs dans les équations du § 67, on a obtenu celles qui suivent :

(1) = + 0,07880	(17) = — 0,70279
(2) = — 0,09012	(18) = — 0,09216
(3) = — 0,45512	(19) = + 0,69916
(4) = + 0,10060	(20) = — 0,12716
(5) = + 0,82312	(21) = — 0,32118
(6) = — 0,15233	(22) = + 0,93721
(7) = + 0,60680	(23) = — 0,53458
(8) = + 0,66774	(24) = — 0,76966
(9) = — 0,70148	(25) = + 1,00464
(10) = + 0,43591	(26) = + 0,74778
(11) = + 0,86670	(27) = + 1,08228
(12) = + 0,94912	(28) = + 1,51172
(13) = + 0,78387	(29) = + 1,34050
(14) = + 0,96348	(30) = + 1,29736
(15) = + 0,47132	(31) = + 1,29120
(16) = + 0,69993	(32) = + 1,47359

(33) = —0,29404
(34) = —0,44304
(35) = —0,18642
(36) = —0,25586
(37) = —0,06730
(38) = +0,01467
(39) = +0,07094
(40) = +0,03231

(41) = +0,41942
(42) = +0,03943
(43) = —0,38576
(44) = +0,38590
(45) = +0,37153
(46) = +0,56711
(47) = +0,53661
(48) = +0,35581

(49) = —0,12563
(50) = +0,24986
(51) = —0,25408
(52) = +0,44862
(53) = —0,17083
(54) = +0,26228
(55) = +0,73484
(56) = +0,54944

(57) = —0,53323
(58) = +0,99448
(59) = —0,86612
(60) = —0,20344
(61) = +0,14358
(62) = —0,02158
(63) = —0,55099
(64) = —0,07115

(65) = +0,69457
(66) = +1,24334
(67) = +1,07239
(68) = +1,00060
(69) = +0,89174
(70) = +0,47492
(71) = +0,20777
(72) = +1,09264

(73) = —0,22793
(74) = —0,33745
(75) = —0,36844
(76) = —0,57863
(77) = —0,37507
(78) = —0,18739
(79) = —0,02517
(80) = —0,35346

§ 70. En formant pour chacune des stations l'équation analogue à celle (58), on a trouvé :

HUERTAS..1.

$$z_1 = -\frac{36}{324}((1)+(2)+(3)+(4)+(5)+(6)+(7)+(8))$$

YESOS..2.

$$z_2 = -\frac{36}{324}((9)+(10)+(11)+(12)+(13)+(14)+(15)+(16))$$

CONDE..3.

$$z_3 = -\frac{36}{324}((17)+(18)+(19)+(20)+(21)+(22)+(23)+(24))$$

PAREDON..4.

$$z_4 = -\frac{36}{324}((25)+(26)+(27)+(28)+(29)+(30)+(31)+(32))$$

LINDERO..5.

$$z_5 = -\frac{36}{324}((33)+(34)+(35)+(36)+(37)+(38)+(39)+40))$$

CORRAL..6.

$$z_6 = -\frac{44}{396}((41)+(42)+(43)+(44)+(45)+(46)+(47)+(48))$$

PANIAGUA..7.

$$z_7 = -\frac{36}{324}((49)+(50)+(51)+(52)+(53)+(54)+(55)+(56))$$

CABRIL..8.

$$z_8 = -\frac{36}{324}((57)+(58)+(59)+(60)+(61)+(62)+(63)+(64))$$

CARBONERA..9.

$$z_9 = -\frac{36}{324}((65)+(66)+(67)+(68)+(69)+(70)+(71)+(72))$$

BOLOS..10.

$$z_{10} = -\frac{36}{324}((73)+(74)+(75)+(76)+(77)+(78)+(79)+(80)),$$

d'où résulte :

$$z_1 = -0,17550 \qquad z_6 = -0,24222$$
$$z_2 = -0,49654 \qquad z_7 = -0,18828$$
$$z_3 = +0,10124 \qquad z_8 = +0,12316$$
$$z_4 = -1,08321 \qquad z_9 = -0,74200$$
$$z_5 = +0,12542 \qquad z_{10} = +0,27262,$$

et la modification des directions initiales introduite dans les groupes respectifs du § 69, a donné pour les corrections définitives :

HUERTAS..1.			CONDE..3.		
Conde	3.	—0,17550	Paniagua	7.	+0,10124
Bolos	10.	—0,09670	Bolos	10.	—0,60155
Corral	6.	—0,26562	Corral	6.	+0,00908
Yesos	2.	—0,63062	Yesos	2.	+0,80040
Paredon	4.	—0,07490	Paredon	4.	—0,02592
Carril	8.	+0,64762	Carril	8.	—0,21994
Carbonera	9.	—0,32785	Huertas	1.	+1,03845
Lindero	5.	+0,43130	Lindero	5.	—0,43334
Paniagua	7.	+0,49224	Carbonera	9.	—0,66842

YESOS..2.			PAREDON..4.		
Conde	3.	—0,49654	Conde	3.	—1,08321
Paniagua	7.	—1,19802	Paniagua	7.	—0,07857
Corral	6.	—0,06063	Yesos	2.	—0,33543
Bolos	10.	+0,37016	Corral	6.	—0,00093
Carril	8.	+0,45258	Bolos	10.	+0,42851
Paredon	4.	+0,28733	Carril	8.	+0,25709
Carbonera	9.	+0,46694	Carbonera	9.	+0,21415
Lindero	5.	—0,02522	Lindero	5.	+0,20799
Huertas	1.	+0,20339	Huertas	1.	+0,39058

LINDERO..5.

Conde	. . 3.	+0,12542
Huertas	. . 1.	—0,16862
Yesos	. . 2.	—0,31762
Corral	. . 6.	—0,06100
Bolos	. .10.	—0,13044
Paredon	. . 4.	+0,05812
Carril	. . 8.	+0,14009
Carbonera	. . 9.	+0,19636
Paniagua	. . 7.	+0,15773

CARRIL..8.

Conde	. . 3.	+0,12316
Paredon	. . 4.	—0,41007
Paniagua	. . 7.	+1,11764
Yesos	. . 2.	—0,74296
Corral	. . 6.	—0,08028
Bolos	. .10.	+0,26674
Carbonera	. . 9.	+0,10158
Lindero	. . 5.	—0,42783
Huertas	. . 1.	+0,05203

CORRAL..6.

Conde	. . 3.	—0,24222
Paniagua	. . 7.	+0,17720
Bolos	. .10.	—0,20279
Carril	. . 8.	—0,62798
Paredon	. . 4.	+0,14368
Yesos	. . 2.	+0,12931
Huertas	. . 1.	+0,32489
Lindero	. . 5.	+0,29439
Carbonera	. . 9.	+0,11359

CARBONERA..9.

Conde	. . 3.	—0,74200
Lindero	. . 5.	—0,04743
Huertas	. . 1.	+0,50134
Yesos	. . 2.	+0,33039
Corral	. . 6.	+0,25860
Bolos	. .10.	+0,14974
Paredon	. . 4.	—0,26708
Carril	. . 8.	—0,53423
Paniagua	. . 7.	+0,35064

PANIAGUA..7.

Conde	. . 3.	—0,18828
Huertas	. . 1.	—0,31391
Lindero	. . 5.	+0,06158
Carbonera	. . 9.	—0,44236
Bolos	. .10.	+0,26034
Corral	. . 6.	—0,35911
Yesos	. . 2.	+0,07400
Carril	. . 8.	+0,54656
Paredon	. . 4.	+0,36116

BOLOS..10.

Conde	. . 3.	+0,27262
Paniagua	. . 7.	+0,04469
Carril	. . 8.	—0,06483
Paredon	. . 4.	—0,09582
Corral	. . 6.	—0,30601
Yesos	. . 2.	—0,10245
Huertas	. . 1.	+0,08523
Lindero	. . 5.	+0,24745
Carbonera	. . 9.	—0,08084

§ 71. En appliquant aux directions les plus probables de chaque station isolée (§ 64) ces corrections définitives (§ 70), on a obtenu les *directions compensées :*

HUERTAS..1.

		°	′	″
Conde . .	3.	359	59	59,82450
Bolos . .	10.	38	46	33,62030
Corral . .	6.	38	46	32,79338
Yesos . .	2.	38	46	32,04638
Paredon. .	4.	103	13	21,06410
Carril . .	8.	130	14	31,56862
Carbonera..	9.	218	46	30,01717
Lindero . .	5.	218	46	31,70130
Paniagua. .	7.	348	32	42,58124

YESOS..2.

		°	′	″
Conde . .	3.	359	59	59,50346
Paniagua. .	7.	41	29	2,99298
Corral . .	6.	115	53	34,13337
Bolos . .	10.	115	53	34,82916
Carril . .	8.	233	16	28,77058
Paredon. .	4.	240	28	28,06533
Carbonera..	9.	295	53	31,28294
Lindero . .	5.	295	53	32,47878
Huertas . .	1.	295	53	32,62439

CONDE..3.

		°	′	″
Paniagua. .	7.	0	0	0,10124
Bolos . .	10.	69	40	30,73745
Corral . .	6.	82	0	12,82808
Yesos . .	2.	121	33	18,02640
Paredon. .	4.	159	38	22,61308
Carril . .	8.	163	55	11,64206
Huertas . .	1.	198	40	18,93645
Lindero . .	5.	216	38	10,96266
Carbonera..	9.	225	3	59,81458

PAREDON..4.

		°	′	″
Conde . .	3.	359	59	58,91679
Paniagua. .	7.	10	8	56,92543
Yesos . .	2.	22	23	22,90257
Corral . .	6.	49	16	2,56207
Bolos . .	10.	61	45	23,54651
Carril . .	8.	189	15	33,86709
Carbonera..	9.	278	2	48,90315
Lindero . .	5.	293	5	12,91399
Huertas . .	1.	322	15	16,46238

LINDERO..5.

		°	′	″
Conde . .	3.	0	0	0,12542
Huertas . .	1.	20	48	39,98538
Yesos . .	2.	20	48	40,18438
Corral . .	6.	20	48	40,76300
Bolos . .	10.	20	48	41,52956
Paredon. .	4.	56	5	25,81212
Carril . .	8.	90	33	54,98409
Carbonera..	9.	200	48	37,05136
Paniagua. .	7.	342	42	49,76873

CORRAL..6.

		°	′	″
Conde . .	3.	359	59	59,75778
Paniagua. .	7.	50	34	23,21420
Bolos . .	10.	155	26	40,80221
Carril . .	8.	290	31	9,30202
Paredon. .	4.	306	54	13,14868
Yesos . .	2.	335	26	39,57331
Huertas . .	1.	335	26	38,81189
Lindero . .	5.	335	26	38,51139
Carbonera..	9.	335	26	37,44959

PANIAGUA..7.

		°	′	″
Conde . .	3.	359	59	59,81172
Huertas . .	1.	7	13	1,41209
Lindero . .	5.	19	21	0,35658
Carbonera. .	9.	29	34	28,27564
Bolos . .	10.	281	17	30,16534
Corral . .	6.	312	34	35,95589
Yesos . .	2.	343	2	21,22300
Carril . .	8.	349	31	4,52856
Paredon. .	4.	349	47	20,33116

CARRIL..8.

		°	′	″
Conde . .	3.	0	0	0,12316
Paredon. .	4.	4	58	46,05193
Paniagua. .	7.	5	35	53,30964
Yesos . .	2.	10	54	35,79704
Corral . .	6.	28	36	10,91372
Bolos . .	10.	42	57	30,11874
Carbonera. .	9.	301	1	17,75558
Lindero . .	5.	323	16	54,23417
Huertas . .	1.	344	59	39,12103

CARBONERA..9.

		°	′	″
Conde . .	3.	359	59	59,25800
Lindero . .	5.	12	22	47,34357
Huertas . .	1.	12	22	48,58034
Yesos . .	2.	12	22	49,28139
Corral . .	6.	12	22	49,99460
Bolos . .	10.	12	22	50,88374
Paredon. .	4.	32	37	12,11492
Carril . .	8.	59	52	28,84277
Paniagua. .	7.	344	30	27,94364

BOLOS..10.

		°	′	″
Conde . .	3.	0	0	0,27262
Paniagua. .	7.	31	37	0,05269
Carril . .	8.	317	12	11,02917
Paredon. .	4.	331	45	16,70318
Corral . .	6.	347	46	23,38299
Yesos . .	2.	347	46	22,86455
Huertas. .	1.	347	46	22,21923
Lindero. .	5.	347	46	21,85445
Carbonera..	9.	347	46	20,91616

§ 72. La longueur trouvée dans les deux mesures de la section centrale de la Base, après sa réduction au niveau de la mer, est, comme on le verra dans le chapitre VI, de 2766^{m},6039. Avec ce côté de départ et les angles déduits des directions compensées, on a résolu les 64 triangles suivants, compris dans les 28 quadrilatères auxquels se rapportent les équations de condition du réseau trigonométrique. Ces triangles ont donné pour chacun des côtés communs, des valeurs égales, à moins d'un millimètre près, ce qui confirme l'exactitude des calculs numériques.

Sommets.		Angles. °	′	″	Côtés. m
Conde . .	3.	77	7	0,907	2766,6039
Yesos . .	2.	64	6	26,875	2553,148
Huertas . .	1.	38	46	32,218	1777,389
Paredon. .	4.	60	8	6,434	2766,6039
Huertas . .	1.	64	26	49,015	2878,212
Yesos . . .	2.	55	25	4,553	2626,580

Sommets.		Angles.			Côtés.
		°	′	″	m
Paredon .	. 4.	37	44	42,448	2553,148
Huertas .	. 1.	103	13	21,235	4060,215
Conde .	. 3.	39	1	56,317	2626,589
Paredon .	. 4.	22	23	23,982	1777,389
Conde .	. 3.	38	5	4,583	2878,212
Yesos .	. 2.	119	31	31,435	4060,215
Lindero .	. 5.	20	48	40,052	1777,389
Conde .	. 3.	95	4	52,930	4983,003
Yesos .	. 2.	64	6	27,018	4500,471
Lindero .	. 5.	35	16	45,618	2878,212
Yesos .	. 2.	55	25	4,403	4102,878
Paredon .	. 4.	89	18	9,979	4983,003
Lindero .	. 5.	56	5	25,674	4060,215
Conde .	. 3.	56	59	48,336	4102,878
Paredon .	. 4.	66	54	45,990	4500,471
Huertas .	. 1.	141	13	28,120	4500,471
Lindero .	. 5.	20	48	39,857	2553,148
Conde .	. 3.	17	57	52,023	2216,399
Huertas .	. 1.	115	33	10,633	4102,878
Paredon .	. 4.	29	10	3,544	2216,399
Lindero .	. 5.	35	16	45,823	2626,589
Corral .	. 6.	53	5	46,596	4060,215
Paredon .	. 4.	49	16	3,632	3847,572
Conde .	. 3.	77	38	9,772	4959,756
Corral .	. 6.	28	32	25,343	4102,878
Paredon .	. 4.	116	10	49,628	7706,425
Lindero .	. 5.	35	16	45,029	4959,756
Corral .	. 6.	24	33	21,240	4500,471
Lindero .	. 5.	20	48	40,632	3847,572
Conde .	. 3.	134	37	58,128	7706,425

Sommets.		Angles.			Côtés.
		°	′	″	m
Corral . .	6.	24	33	20,181	1777,389
Yesos . .	2.	115	55	34,625	3847,572
Conde . .	3.	39	33	5,194	2723,422
Corral . .	6.	28	32	26,420	2878,212
Paredon. .	4.	26	52	39,654	2723,422
Yesos . .	2.	124	34	53,926	4959,756
Corral . .	6.	28	32	25,652	2626,589
Paredon. .	4.	87	0	46,088	5490,026
Huertas . .	1.	64	26	48,260	4959,756
Conde . .	3.	116	40	6,401	5490,026
Corral . .	6.	24	33	20,938	2553,148
Huertas . .	1.	38	46	32,961	3847,572
Paniagua. .	7.	66	46	24,368	7706,425
Corral . .	6.	75	7	44,671	8105,216
Lindero . .	5.	38	5	50,961	5174,233
Paniagua. .	7.	29	33	39,999	4102,878
Paredon . .	4.	77	3	43,985	8105,216
Lindero . .	5.	73	22	36,016	7968,765
Corral . .	6.	103	40	10,040	7968,765
Paredon . .	4.	39	7	5,611	5174,233
Paniagua. .	7.	37	12	44,349	4959,756
Paniagua. .	7.	19	21	0,532	4500,471
Conde . .	3.	143	21	49,124	8105,216
Lindero . .	5.	17	17	10,344	4036,009
Paniagua. .	7.	47	25	23,843	3847,572
Corral . .	6.	50	54	23,443	4036,009
Conde . .	3.	82	0	12,714	5174,233
Paniagua. .	7.	36	18	39,113	4983,003
Yesos . .	2.	105	35	30,493	8105,216
Lindero . .	5.	38	5	50,394	5191,971

Sommets.		Angles.			Côtés.
		°	′	″	m
Paniagua.	7.	6	44	59,104	2878,212
Yesos	2.	161	0	34,923	7968,765
Paredon.	4.	12	14	25,973	5191,971
Huertas.	1.	50	13	50,189	5174,233
Paniagua.	7.	54	38	25,433	5490,026
Corral	6.	75	7	44,378	6506,326
Huertas	1.	114	40	38,474	7968,765
Paniagua.	7.	17	25	41,072	2626,589
Paredon.	4.	47	53	40,454	6506,326
Carril	8.	65	19	16,643	7706,425
Lindero	5.	69	45	14,185	7957,055
Corral	6.	44	55	29,172	5989,133
Carril	8.	42	18	59,036	8105,216
Lindero	5.	107	51	5,176	11459,759
Paniagua.	7.	29	49	55,788	5989,133
Carril	8.	23	0	17,574	5174,233
Paniagua.	7.	36	56	28,543	7957,055
Corral	6.	120	3	13,883	11459,759
Carril	8.	41	41	51,806	4102,878
Lindero	5.	34	28	29,160	3491,287
Paredon.	4.	103	49	39,034	5989,133
Carril	8.	23	37	24,858	4959,756
Paredon.	4.	139	59	31,300	7957,055
Corral	6.	16	23	3,842	3491,287
Conde	3.	52	42	59,297	5989,133
Carril	8.	36	43	5,866	4500,471
Lindero	5.	90	33	54,837	7527,002
Carril	8.	28	36	10,770	3847,572
Conde	3.	81	54	58,794	7957,055
Corral	6.	69	28	50,436	7527,002

Sommets.		Angles,			Côtés.
		°	′	″	m
Carril	8.	47	37	41,539	4983,003
Lindero	5.	69	45	14,777	6328,120
Yesos	2.	62	37	3,684	5989,133
Conde	3.	42	21	53,608	6328,120
Yesos	2.	126	43	30,725	7527,002
Carril	8.	10	54	35,667	1777,389
Carril	8.	43	36	31,767	5490,026
Huertas	1.	91	27	58,749	7957,055
Corral	6.	44	55	29,484	5620,944
Carril	8.	15	0	20,989	2553,148
Huertas	1.	130	14	31,730	7527,002
Conde	3.	34	45	7,281	5620,944
Carbonera	9.	75	22	0,833	11459,759
Paniagua	7.	40	3	23,680	7622,091
Carril	8.	64	34	35,487	10696,963
Corral	6.	75	7	45,719	10696,963
Carbonera	9.	27	52	22,006	5174,233
Paniagua	7.	76	59	52,278	10783,887
Carbonera	9.	47	29	38,797	7957,055
Corral	6.	44	55	28,097	7622,091
Carril	8.	87	34	53,106	10783,887
Carbonera	9.	27	52	19,388	8105,216
Paniagua	7.	10	13	27,907	3077,462
Lindero	5.	141	54	12,705	10696,963
Carbonera	9.	47	29	41,484	5989,133
Lindero	5.	110	14	42,052	7622,091
Carril	8.	22	15	36,464	3077,462
Paredon	4.	92	6	7,976	10696,963
Carbonera	9.	48	6	44,125	7968,765
Paniagua	7.	39	47	7,899	6849,764

Sommets.		Angles.			Côtés.
		°	′	″	m
Corral . .	6.	28	32	24,274	6849,764
Carbonera. .	9.	20	14	22,093	4959,756
Paredon. .	4.	131	13	13,633	10783,887
Carbonera. .	9.	12	22	48,082	4500,471
Conde . .	3.	8	25	48,848	3077,462
Lindero . .	5.	159	11	23,070	7457,747
Carbonera. .	9.	59	52	29,543	7527,002
Conde . .	3.	61	8	48,131	7622,091
Carril . .	8.	58	58	42,326	7457,747
Carbonera. .	9.	12	22	50,012	1777,389
Conde . .	3.	103	30	41,778	8060,465
Yesos . .	2.	64	6	28,210	7457,747
Carbonera. .	9.	47	29	39,523	6328,120
Yesos . .	2.	62	37	2,474	7622,091
Carril . .	8.	69	53	18,003	8060,465
Huertas . .	1.	141	13	29,804	7457,747
Carbonera. .	9.	12	22	49,320	2553,148
Conde . .	3.	26	23	40,876	5293,861
Carbonera. .	9.	47	29	40,237	5620,944
Huertas . .	1.	88	31	58,423	7622,091
Carril . .	8.	43	58	21,340	5293,861
Carbonera. .	9.	27	52	22,878	7219,545
Paniagua. .	7.	108	16	58,048	14662,889
Bolos . .	10.	43	50	39,074	10696,963
Bolos . .	10.	30	34	9,817	7622,091
Carril . .	8.	101	56	12,294	14662,889
Carbonera. .	9.	47	29	37,889	11048,460
Bolos . .	10.	74	24	48,958	11439,759
Carril . .	8.	37	21	36,744	7219,545
Paniagua. .	7.	68	13	34,298	11048,460

Sommets.		Angles.			Côtés.
		°	′	″	m
Corral	. . 6.	104	52	17,572	7219,545
Paniagua	. . 7.	31	17	5,774	3879,002
Bolos	. .10.	43	50	36,654	5174,233
Corral	. . 6.	135	4	28,481	11048,460
Bolos	. .10.	30	34	12,334	7957,055
Carril	. . 8.	14	21	19,185	3879,002
Bolos	. .10.	43	50	38,148	8105,216
Lindero	. . 5.	38	5	51,711	7219,545
Paniagua	. . 7.	98	3	30,141	11585,427
Bolos	. .10.	30	34	10,770	5989,133
Carril	. . 8.	79	40	35,830	11585,427
Lindero	. . 5.	69	45	13,400	11048,460
Paredon	. . 4.	51	36	26,576	7219,545
Paniagua	. . 7.	68	29	50,120	8570,161
Bolos	. .10.	59	53	45,304	7968,765
Paredon	. . 4.	128	40	10,610	11585,427
Lindero	. . 5.	35	16	44,261	8570,161
Bolos	. .10.	16	3	5,129	4102,878
Bolos	. .10.	42	47	49,195	7527,002
Carril	. . 8.	42	57	29,948	7549,860
Conde	. . 3.	94	14	40,857	11048,460
Bolos	. .10.	12	13	39,336	7457,747
Carbonera	. . 9.	12	22	51,606	7549,860
Conde	. . 3.	155	23	29,058	14662,889
Bolos	. .10.	43	50	37,161	5191,971
Yesos	. . 2.	74	24	31,808	7219,545
Paniagua	. . 7.	61	44	51,031	6602,425
Bolos	. .10.	16	03	6,147	2878,212
Paredon	. . 4.	59	22	0,650	6602,425
Yesos	. . 2.	124	34	53,223	8570,161

Sommets.		Angles.			Côtés.
		°	'	"	m
Bolos	.10.	43	50	37,793	6506,326
Huertas	. 1.	50	13	50,999	7219,545
Paniagua.	. 7.	85	55	31,208	9369,028
Paredon.	. 4.	99	30	7,070	9369,028
Huertas.	. 1.	64	26	47,429	8570,161
Bolos	.10.	16	3	5,501	2626,589

§ 73. Si l'on considère les corrections définitives du § 70, comme des erreurs mises en évidence par la compensation, en designant par :

$[c^2]$... la somme des carrés de ces corrections,

n... leur nombre,

Δ_o... l'erreur probable d'une direction non compensée, on aura :

$$\Delta_o = 0,6745\sqrt{\frac{[c^2]}{n-1}}. \tag{80}$$

Dans la triangulation de Madridejos dans laquelle $[c^2] = 14,390948$ et $n = 90$, cette erreur probable est de :

$$\pm 0'',27$$

CHAPITRE VI.

NIVELLEMENT.

§ 74. La différence de niveau entre les deux extrémités de la Base de Madridejos a été déterminée géodésiquement par la méthode des distances zénithales réciproques et simultanées. Ces distances zénithales ont été observées de *Carbonera* et de *Bolos* (*fig.* 5), ainsi que de chacun de ces sommets, et de celui de *Conde* que l'on choisit comme intermédiaire pour obtenir des valeurs qui, avec celles trouvées directement, pussent concourir à cette détermination et donner une idée de l'exactitude du résultat. En même temps que les observations angulaires, on en fit d'autres relatives à la température et à la pression barométrique, dans le but de déterminer les différences de niveau en appliquant les formules qui se rapportent aux trajectoires lumineuses, déduites des densités de l'air dans les deux stations.

§ 75. Les théodolites employés à ces observations étaient celui de Repsold décrit dans le chapitre III et celui de Brunner dont il a déjà été question (§§ 35, 36) et qui est muni d'un cercle vertical de $0^m,32$ de diamètre portant une division de 5′ en 5′. Pour que les fils des microscopes parcourent l'intervalle compris entre deux traits consécutifs de cette division, il faut que la vis micrométrique, dont le tambour est divisé en 60 parties, accomplisse environ deux tours et demi, et par conséquent la valeur de chacune des parties du tambour diffère peu de 2″ (*). L'objectif de la lunette a 52^{mm} d'ouverture et $0^m,64$ de distance focale. Avec un oculaire astronomique, le grossissement linéaire est de 35 fois et le côté du petit carré formé par les fils centraux du réticule correspond à peu près à 35″.

§ 76. Après avoir établi une travée de la galerie mobile (§ 41) à chacun des sommets, on plaça tout auprès une mire plane sur laquelle étaient peintes, sur un fond blanc, deux raies noires en forme de croix. Cette mire se présentait toujours de face au sommet d'où elle devait être observée, le point qu'elle occupait étant choisi de telle sorte que sa distance à ce sommet fût égale à celle qui séparait les deux stations. On avait soin en outre que la ligne médiane du bras horizontal de la croix se trouvât à la même hauteur que l'axe des tourillons de l'instrument placé à l'intérieur de la travée voisine; toutes ces précautions avaient pour objet d'éviter les réductions au centre de la station.

§ 77. Le 7 octobre 1859, après avoir établi et recti-

(*) Voyez l'*Appendice* N.° 2.

fié (§ 41), à *Bolos* le théodolite de Brunner et à *Condé* celui de Repsold, on procéda à la détermination des distances zénithales. Chacun des deux observateurs convenablement assis, dirigeait la lunette avec le cercle vertical à gauche, vers la mire (§ 76) sur laquelle il devait pointer, et quand l'image de cette mire se présentait dans de bonnes conditions de visibilité, on s'en donnait avis d'une station à l'autre, sous une forme préalablement convenue, à l'aide de signaux de toile blanche assez grands pour être bien visibles dans le champ des lunettes. Ce premier avertissement échangé, chaque observateur faisait tourner la lunette de bas en haut, en employant les mouvements rapides et les mouvements lents (§ 33) tant azimutaux que verticaux jusqu'à ce que l'image de la mire fût parfaitement amenée au centre du petit carré formé par les fils *vv*, *hh* (*fig.* 47) du réticule, position à laquelle on la faisait arriver en continuant à tourner de bas en haut et en ayant soin d'agir toujours dans le même sens, et non en sens contraire, sur la vis de rappel *l* (§ 33). Un second avertissement était alors donné des deux stations, pendant que l'on perfectionnait les pointés, et le premier des deux observateurs qui considérait l'image de la mire comme bien centrée, envoyait un troisième avis au moyen des signaux, en restant à son poste et en touchant au besoin la vis *l* (*fig.* 48, 50, 51), jusqu'à ce que le même avis lui fut revenu de l'autre station. A ce moment, les deux observateurs abandonnaient les vis et chacun d'eux, debout, notait, sur un petit carnet préparé à cet effet, les lectures des deux extrémités de la bulle du niveau latéral *nn* et le nombre de degrès marqué par l'index *y* Il s'asseyait ensuite de l'autre côté de l'instrument devant les microscopes *A* et *B* avec lesquels il faisait les lectures micrométriques qu'il inscrivait successivement sur son carnet. Il faisait alors tourner azimutalement le théodolite, de 180°, ce qui amenait à droite le cercle *ZZ*, et il dirigeait de nouveau la lunette sur la mire pour centrer son image dans le petit carré du réticule, en effectuant le mouvement vertical de haut en bas et en faisant marcher la vis *l* seulement dans ce sens opposé à celui de la coïncidence précédente (§ 41). Pendant que l'on perfectionnait les pointés, on donnait comme antérieurement le second avertissement et lorsque le troisième était échangé, les deux observateurs procédaient aux lectures du niveau latéral, de l'index et des micromètres et complétaient ainsi les données relatives à la première des distances zénithales qu'ils avaient à mesurer de chaque station. On procéda de même pour toutes les mesures successives, en laissant le cercle vertical à droite au commencement des observations paires et à gauche au commencement des observations impaires. Pour celles-ci, on faisait préalablement tourner le cercle vertical de 10° et l'on avait soin, pour les unes comme pour les autres, de répéter les avertissements à l'aide des signaux, afin de s'assurer de la simultanéité des deux pointés réciproques. Un des Officiers effectua 60 de ces mesures au sommet *Conde*, tandis que les deux autres alternaient pour faire les mesures correspondantes à *Bolos*.

§ 78. A l'intérieur de chacune des baraques d'observation, l'on avait placé un baromètre Fortin et à l'extérieur, mais à l'abri des rayons du soleil, on avait disposé deux thermomètres divesés en parties d'égale capacité, dont l'un avait son réservoir de mercure couvert d'un linge fin constamment humide. Les deux instruments étaient d'ailleurs préservés, autant que possible, des radiations locales. Pendant que l'Officier faisait les lectures relatives à chaque distance zénithale, un aide observait le baromètre et les deux thermomètres dont il notait les indications sur un petit carnet préparé à cet effet.

§ 79. Les instruments de *Bolos* furent transportés à *Carbonera* où l'un des observateurs mesura successivement 60 distances zénithales de *Conde*, pendant que les deux autres alternaient pour faire des opérations analogues, dans ce dernier sommet. On établit ensuite à *Bolos* tout le matériel d'observation de *Conde*, et les trois Officiers alternant à l'une et à l'autre station, déterminèrent 120 distances zénithales réciproques et simultanées entre les deux extremités de la Base. Chacune de ces mesures fut accompagnée, comme les précédentes, des lectures barométriques et thermométriques (§ 78).

§ 80. *L'Appendice N.° 5* contient toutes les observations de distances zénithales mentionnées dans les paragraphes qui précèdent. On y trouve réduites en secondes (§ 36) les corrections indiquées par les niveaux (*) et en minutes

(*) Ces corrections sont analogues à la valeur de y dans la formule (7), page 25 de l'ouvrage cité dans la note du § 6 et intitulé : *Expériences*, etc.

et secondes, au moyen des tables de *l'Appendice N.°* 2 (§ 35), les diférentes lectures micrométriques ainsi que leurs moyennes respectives. Dans la cinquième colonne de *l'Appendice N.°* 5, les indications varient de 10° au commencement de chaque mesure impaire faite avec le théodolite de Brunner qui a ses degrés numérotés sur le cercle vertical dont on observe les traits avec les microscopes *A* et *B*; mais comme sur le théodolite de Repsold, l'index *y* (*fig.* 48) correspond à la graduation d'un autre cercle différent de *ZZ* et mobile seulement avec la lunette *TT*, les changements de 10° ne figurent pas dans les indications du second instrument, bien qu'on les ait fait tourner tous les deux de quantités correspondantes (§§ 31, 77).

§ 81. Les observations météorologiques faites en même temps que celles des distances zénithales (§§ 78, 79) se trouvent réunies dans *l'Appendice N.°* 6, qui contient la réduction en degrès centésimaux, au moyen des tables de *l'Appendice N.°* 3 des *Expériences* (*), des lectures thermométriques faites sur les échelles de parties d'égale capacité. Cet *Appendice* renferme aussi la pression barométrique réduite à 0°, la tension de la vapeur d'eau existant dans l'atmosphère et l'humidité relative, calculées au moyen des tables publiées par Mr. Renou, dans l'Annuaire de la Société météorologique de France.

§ 82. En désignant par:

l... la moyenne des lectures faites avec les microsco-

(*) Voyez la note du § 6.

pes A, B (§ 80), quand le cercle vertical ZZ se trouve à gauche (§ 77),

D... la moyenne des lectures, quand le cercle est à droite,

y... la correction en secondes déduite des indications du niveau lateral nn (§ 80),

z... la distance zénithale apparente,

on aura :

(81) $$z=\tfrac{1}{2}(360°+\mathrm{I}-\mathrm{D})+y.$$

§ 83. En supposant que A et B (*fig.* 8) soient les deux points où ont été observées les distances zénithales réciproques et simultanées, et en représentant par :

z, z'... ces distances zénithales,

θ, θ'... les angles de réfraction $B'AB$, $A'BA$,

v... l'angle formé en C par les verticales des points A et B,

a, a'... les altitudes de ces points,

l... la distance qui les sépare, réduite au niveau de la mer,

R... le rayon terrestre,

du triangle ABC on déduira pour la difference de niveau :

(82) $$a-a'=2\mathrm{R}\,\mathrm{tang}\tfrac{1}{2}v\,\mathrm{tang}\tfrac{1}{2}(z+\theta-z'-\theta')\left(1+\frac{a+a'}{2\mathrm{R}}\right),$$

mais comme a et a' sont peu considérables relativement à R et que v est aussi un angle très-petit, en supposant les deux refractions θ et θ' égales, on pourra admettre, avec une approximation suffisante, que l'expression (82) se réduit à la suivante :

(83) $$a-a'=l\,\mathrm{tang}\,\tfrac{1}{2}(z-z').$$

§ 84. A cause de la petitesse de v, si l'on désigne par :

K... le coefficient de la réfraction, c'est-à-dire la quantité par laquelle il faut multiplier l'angle v pour obtenir un produit équivalent à la somme $\theta+\theta'$ (§ 83),

r''... le nombre de secondes comprises dans l'arc égal au rayon,

du triangle ABC on déduira aussi :

$$(84) \qquad K=1-(z+z'-180^{\circ})\frac{R}{lr''}$$

et l'expression (82) pourra prendre la forme :

$$(85) \qquad a-a'=l\,\mathrm{cotg}\left(z-\frac{lr''}{2R}(1-K)\right).$$

En représentant par :

$[d^2]$... la somme des carrés des différences entre chaque valeur de $\frac{1}{2}(z-z')$, [(83)] et la moyenne de tous ceux qui se rapportent aux deux mêmes stations conjuguées,

n... le nombre de ces valeurs pour chaque couple de stations,

Δ_p... l'erreur probable du résultat des valeurs indiquées appartenant à la même combinaison,

on aura :

$$(86) \qquad \Delta_p=0,6745\sqrt{\frac{[d^2]}{n-1}},$$

et si l'on désigne par :

$[\Delta_p^2]$... la somme des carrés des valeurs de Δ_p correspondant aux différents couples de stations,

Δ_n... l'erreur probable du résultat du nivellement,

on aura :

$$\Delta_n = \sqrt{[\Delta_p^2]}. \tag{87}$$

§ 85. En appliquant la formule (84) aux données contenues dans la quatrième et la dernière colonnes de toutes les pages de *l'Appendice N.° 5*, on a trouvé les 480 distances zénithales z, z' qui figurent dans les *Tableaux* suivants, dans lesquels on a réuni aussi les différentes valeurs de $\frac{1}{2}(z-z')$, les différences avec leur moyenne dans chaque couple de stations et les coefficients de la réfraction K que l'on a calculés [(84)] avec les distances l suffisamment approchées et en supposant (§ 65) : log.R=6,8044126.

Conde..3—Bolos..10.

N.°	Journées	Heures	z Conde	z' Bolos	$\frac{1}{2}(z-z')$	Différences avec la moyenne	$z+z'$ $-180°$	K
		h m	° ' "	° ' "	' "	"	' "	
1	7	21 50	90 42 18,81	89 21 20,69	40 29,06	—3,04	3 39,50	0,10219
2	octobre	58	18,66	24,02	27,32	—1,30	42,68	0,08912
3	1859	22 4	19,58	23,98	27,80	—1,78	43,56	0,08558
4		10	17,24	23,84	26,70	—0,68	41,08	0,09372
5		18	19,22	22,88	28,17	—2,15	42,10	0,09155
6		24	21,26	23,29	28,98	—2,96	44,55	0,08153
7		31	19,80	24,08	27,86	—1,84	43,88	0,08427
8		37	19,59	25,11	27,24	—1,22	41,70	0,08092
9		45	17,32	25,34	25,99	+0,03	42,66	0,08926
10		51	19,72	24,45	27,63	—1,61	44,17	0,08308
11		59	18,71	25,77	26,47	—0,45	44,48	0,08182
12		23 11	19,23	23,84	27,69	—1,67	43,07	0,08758
13		19	18,04	25,78	26,13	—0,11	45,82	0,08452
14		24	16,68	23,50	26,59	—0,57	40,18	0,09940
15	8	0 40	18,00	24,47	26,76	—0,74	42,47	0,09004
16		47	18,01	22,90	27,55	—1,53	40,91	0,09642
17		54	19,80	23,52	28,14	—2,12	43,32	0,08656
18		1 2	19,60	23,44	27,08	—1,06	45,04	0,07953
19		10	21,25	27,76	26,74	—0,72	49,01	0,08329
20		17	18,66	25,87	26,39	—0,37	44,53	0,08161
21		24	16,22	23,67	26,27	—0,25	39,89	0,10059
22		30	15,96	24,92	25,52	+0,50	40,88	0,09654
23		35	17,46	24,75	26,35	—0,33	42,21	0,09110
24		41	16,54	25,44	25,55	+0,47	41,98	0,09204
25		48	17,08	25,17	25,95	+0,07	42,25	0,09094
26		56	17,57	22,90	27,33	—1,31	40,47	0,09822
27		2 2	17,43	23,74	26,84	—0,82	41,17	0,09536
28		9	17,04	24,22	26,41	—0,39	41,26	0,09199
29		14	13,99	21,46	26,26	—0,24	35,45	0,11875
30		21	15,45	21,53	26,96	—0,94	36,98	0,11249
31		28	14,65	24,56	25,04	+0,98	39,21	0,10337
32		36	15,82	22,83	26,49	—0,47	38,65	0,10566
33		46	15,90	22,82	26,54	—0,52	38,72	0,10538
34		52	16,93	23,70	26,62	—0,60	40,65	0,09748
35		59	16,09	22,80	26,64	—0,62	38,89	0,10468
36		3 5	15,53	24,29	25,62	+0,40	39,82	0,10088
37		21 45	13,71	24,60	24,55	+1,47	38,31	0,10705
38		51	12,33	25,02	23,65	+2,37	37,35	0,11098
39		57	12,93	26,08	23,42	+2,60	39,01	0,10419
40		22 3	12,50	26,17	23,16	+2,86	38,67	0,10558
41		10	12,80	25,35	24,72	+1,30	36,15	0,11589
42		16	13,95	24,51	24,72	+1,30	38,16	0,10614
43		23	13,95	24,09	24,93	+1,09	38,04	0,10816
44		29	13,12	24,59	24,26	+1,76	37,71	0,10951
45		35	14,35	25,99	24,18	+1,84	40,34	0,09875
46		41	15,10	26,37	24,36	+1,66	41,47	0,09113
47		47	15,00	28,38	23,31	+2,71	43,38	0,08632
48		53	14,69	25,73	24,48	+1,54	40,42	0,09812
49		59	16,28	26,77	24,75	+1,27	43,05	0,08767
50	9	1 54	15,25	28,45	23,40	+2,62	43,70	0,08501
51		2 0	15,33	25,66	24,83	+1,19	40,99	0,09609
52		5	14,28	26,57	23,85	+2,17	40,85	0,09666
53		13	15,02	23,44	25,79	+0,23	38,16	0,10614
54		20	15 25	23,86	25,69	+0,33	39,11	0,10378
55		27	15,15	23,90	25,73	+0,29	39,44	0,10243
56		33	14,49	24,37	25,06	+0,96	38,86	0,10480
57		38	15,76	20,60	27,58	—1,56	36,36	0,11503
58		41	16,16	24,14	26,01	+0,01	40,30	0,09891
59		50	14,64	21,88	26,38	—0,36	36,52	0,11438
60		55	15,16	23,43	25,86	+0,16	38,59	0,10591
			Moyennes.	. . . .	40 26,02	1,14		

Observateurs : *Ibañez*, *Saavedra*, *Quiroga*.

CONDE..3—CARBONERA..9.

N.o	Journées	Heures	s Conde	s' Carbonera	½(s−s')	Différences avec la moyenne	s+s' −180°	K
		h m	° ′ ″	° ′ ″	′ ″	″	′ ″	
1	10 octobre 1859	23 0	90 43 46,73	89 19 37,91	42 4,41	+0,30	3 24,64	0,15263
2		12	46,33	36,81	4,76	−0,05	23,14	0,15884
3		20	46,90	39,83	3,53	+1,18	26,73	0,14397
4		28	46,76	39,04	3,86	+0,85	25,80	0,14783
5	11	0 40	46,83	38,29	4,27	+0,44	25,12	0,15064
6		47	47,91	40,11	3,90	+0,81	28,08	0,13838
7		53	47,16	39,26	3,95	+0,76	26,42	0,14526
8		59	46,38	39,30	3,54	+1,17	25,68	0,14832
9		1 6	47,72	38,90	4,41	+0,30	26,62	0,14443
10		13	45,80	37,98	3,91	+0,80	23,78	0,15619
11		20	45,92	38,38	3,77	+0,94	24,30	0,15404
12		26	46,61	38,31	4,15	+0,56	24,92	0,15147
13		35	45,91	38,56	3,67	+1,04	24,47	0,15333
14		41	46,93	38,66	4,13	+0,58	25,59	0,14870
15		48	46,66	35,21	5,71	−1,00	21,90	0,16397
16		55	47,94	39,06	4,44	+0,27	27,00	0,14286
17		2 38	46,91	36,27	5,32	−0,61	23,18	0,15868
18		46	48,32	39,36	4,48	+0,23	27,68	0,14004
19		53	48,79	37,96	5,41	−0,70	26,75	0,14389
20		3 0	48,61	38,10	5,25	−0,54	26,71	0,14406
21		6	47,36	37,45	4,93	−0,24	24,81	0,15192
22		13	48,66	37,16	5,75	−1,04	25,82	0,14774
23		20	47,47	35,99	5,74	−1,03	23,46	0,15752
24		25	46,71	37,27	4,72	−0,01	23,98	0,15536
25		32	48,12	36,59	5,76	−1,05	24,71	0,15234
26		40	47,60	35,86	5,87	−1,16	23,46	0,15752
27		23 15	48,67	42,08	3,29	+1,42	30,75	0,12733
28		25	50,29	40,55	4,88	−0,17	30,82	0,12704
29		30	49,82	41,57	4,12	+0,59	31,39	0,12468
30		35	50,21	41,69	4,26	+0,45	31,90	0,12257
31		45	49,78	41,06	4,36	+0,35	30,84	0,12696
32		50	49,47	41,42	4,02	+0,69	30,89	0,12675
33		55	49,87	42,49	3,69	+1,02	32,36	0,12066
34	12	0 1	49,21	39,58	4,83	−0,12	28,82	0,13532
35		7	49,31	39,40	4,95	−0,24	28,71	0,13578
36		13	50,89	39,65	5,62	−0,91	30,54	0,12840
37		19	50,14	40,51	4,81	−0,10	30,65	0,12774
38		28	49,65	40,33	4,66	+0,05	29,98	0,13052
39		34	49,57	40,15	4,71	0,00	29,72	0,13159
40		40	49,75	40,71	4,52	+0,19	30,46	0,12833
41		45	49,16	40,79	4,18	+0,53	29,95	0,13064
42		50	49,02	39,45	4,78	−0,07	28,47	0,13677
43		56	50,20	39,01	5,59	−0,88	29,21	0,13371
44		1 9	50,06	38,56	5,75	−1,04	28,62	0,13615
45		2 20	53,02	38,89	7,06	−2,35	31,91	0,12253
46		28	48,17	40,59	3,79	+0,92	28,76	0,13557
47		35	48,24	40,67	3,78	+0,93	28,91	0,13135
48		42	49,66	40,05	4,80	−0,09	29,71	0,13163
49		49	47,27	39,29	3,99	+0,72	26,56	0,14468
50		55	48,78	39,05	4,86	−0,15	27,83	0,13942
51		3 1	47,12	37,26	4,93	−0,22	24,38	0,15371
52		6	48,11	38,07	5,02	−0,31	26,18	0,14625
53		12	47,44	37,16	5,14	−0,43	24,60	0,15279
54		18	48,38	38,64	4,87	−0,16	27,02	0,14277
55		24	47,40	40,13	3,63	+1,08	27,53	0,14066
56		30	49,13	37,48	5,82	−1,11	26,61	0,14447
57		37	49,78	38,80	5,49	−0,78	28,58	0,13631
58		43	48,52	39,34	4,59	+0,12	27,86	0,13930
59		49	47,97	37,24	5,36	−0,65	25,21	0,15027
60		55	48,15	34,30	6,92	−2,21	22,45	0,16170
			Moyennes. . . .		42 4,71	0,65		

Observateurs : *Ibañez, Saavedra, Quiroga.*

Bolos..10—Carbonera..9.

N.°	Journées	Heures	z Bolos	z' Carbonera	$\frac{1}{2}(z-z')$	Différences avec la moyenne	$z+z'$ —180°	K
		h m	° ' "	° ' "	' "	"	' "	
1	15 octobre 1859	2 39	90 3 77,21	90 2 70,98	0 33,13	+0,62	6 88,22	0,05603
2		44	74,03	65,43	34,30	—0,55	79,46	0,07448
3		50	71,20	60,59	35,30	—1,55	71,79	0,09063
4		55	71,33	64,88	33,22	+0,53	76,21	0,08132
5		3 2	72,70	65,59	33,55	+0,20	78,29	0,07694
6		8	70,35	66,09	32,13	+1,62	76,44	0,08084
7		14	65,26	56,10	34,58	—0,83	61,36	0,11260
8		19	65,20	55,11	35,04	—1,29	60,31	0,11481
9		24	65,58	57,44	34,07	—0,32	63,02	0,10910
10		30	65,63	54,49	35,57	—1,82	60,12	0,11521
11		35	59,70	56,89	31,40	+2,35	56,59	0,12261
12		39	56,26	58,10	29,08	+4,67	54,36	0,12734
13		44	61,54	62,44	29,55	+4,20	63,98	0,10708
14		49	62,70	61,98	30,36	+3,39	64,68	0,10560
15		55	66,92	59,94	33,49	+0,26	66,86	0,10101
16		4 0	65,90	57,12	34,39	—0,64	63,02	0,10010
17		5	61,70	53,45	34,12	—0,37	55,15	0,12567
18		10	57,36	49,85	33,75	0,00	47,21	0,14240
19		15	55,84	48,38	33,73	+0,02	44,22	0,14869
20		20	57,93	47,21	35,37	—1,62	45,16	0,14671
21		26	51,38	42,11	34,68	—0,88	33,49	0,17129
22		31	47,62	37,18	35,22	—1,47	24,80	0,18959
23	16	3 5	65,12	57,19	33,96	—0,21	62,31	0,11060
24		10	64,70	59,41	32,64	+1,11	64,11	0,10680
25		15	66,90	54,87	36,01	—2,26	61,77	0,11173
26		20	65,79	55,34	35,22	—1,47	61,13	0,11308
27		25	64,16	53,23	35,46	—1,71	57,39	0,12096
28		30	63,41	52,76	35,32	—1,57	56,17	0,12353
29		34	66,36	55,71	35,32	—1,57	62,07	0,11110
30		39	65,45	55,25	35,10	—1,35	60,70	0,11399
31		44	64,12	49,92	37,10	—3,35	54,04	0,12801
32		49	64,30	50,26	37,02	—3,27	54,56	0,12692
33		53	61,63	51,63	35,00	—1,25	53,26	0,12963
34		57	61,58	50,94	35,32	—1,57	52,42	0,13142
35		4 2	61,86	48,63	36,61	—2,86	50,49	0,13549
36		6	58,40	46,68	35,86	—2,11	45,08	0,14688
37		10	56,19	50,73	32,73	+1,02	46,92	0,14301
38		15	54,20	50,50	31,85	+1,90	44,70	0,14768
39		19	54,69	48,68	33,00	+0,75	43,37	0,15048
40		24	52,41	46,28	33,06	+0,69	38,69	0,16034
41		28	51,25	46,32	32,46	+1,29	37,57	0,16270
42		33	51,73	46,12	32,80	+0,95	37,85	0,16211
43		38	52,01	42,62	34,69	—0,94	34,63	0,16889
44		44	48,53	39,85	34,34	—0,59	28,38	0,18205
45		21 7	65,41	56,70	34,35	—0,60	62,11	0,11102
46		16	65,20	54,80	35,20	—1,45	60,00	0,11546
47		23	63,10	56,39	33,35	+0,40	59,49	0,11653
48		30	62,24	58,78	31,73	+2,02	61,02	0,11331
49		37	63,00	58,22	32,39	+1,36	61,22	0,11289
50		50	63,15	66,06	29,69	+4,06	71,51	0,09122
51		56	68,75	65,69	31,53	+2,22	74,44	0,08505
52	17	1 18	77,71	71,03	33,34	+0,41	88,74	0,05193
53		25	74,04	70,12	31,96	+1,79	84,16	0,06158
54		30	72,74	64,55	34,09	—0,34	77,29	0,07905
55		35	71,76	65,75	33,00	+0,75	77,51	0,07858
56		40	72,65	64,51	34,07	—0,32	77,16	0,07932
57		46	73,69	62,17	35,76	—2,01	75,86	0,08206
58		51	71,64	63,13	34,24	—0,49	74,74	0,08442
59		55	70,58	67,04	31,77	+1,98	77,62	0,07835
60		2 0	71,74	68,15	31,79	+1,96	79,89	0,07357

Bolos..10—Carbonera..9.

N.º	Journées	Heures	s Bolos	s′ Carbonera	$\frac{1}{2}(s-s')$	Différences avec la moyenne	$s+s'$ $-180°$	K
		h m	° ′ ″	° ′ ″	′ ″	″	′ ″	
61	17 octobre 1869	2 10	90 3 70,08	80 2 65,21	0 32,43	+1,32	6 75,29	0,08326
62		14	70,61	72,46	29,07	+4,68	83,07	0,06687
63		18	68,66	60,97	33,84	−0,09	69,63	0,09518
64		23	68,63	61,04	32,29	+1,46	72,67	0,08878
65		28	69,87	64,61	32,63	+1,12	74,48	0,08497
66		32	70,27	64,33	32,97	+0,78	74,60	0,08471
67		37	71,24	71,11	29,91	+3,84	82,65	0,06776
68		43	72,59	72,89	29,85	+3,90	85,48	0,06180
69		48	74,50	66,81	33,84	−0,09	81,31	0,07058
70		53	71,25	65,85	32,70	+1,05	77,10	0,07915
71		59	67,66	61,14	33,26	+0,49	68,80	0,09693
72		3 7	65,94	54,99	35,47	−1,72	60,93	0,11350
73		15	64,80	55,77	34,51	−0,76	60,57	0,11426
74		21	64,07	52,45	35,81	−2,06	56,52	0,12279
75		27	62,97	55,46	33,75	0,00	58,43	0,11877
76		32	63,11	58,65	32,25	+1,52	61,76	0,11175
77		36	63,88	61,65	31,11	+2,64	65,53	0,10381
78		41	63,97	63,11	30,43	+3,32	67,08	0,10055
79		48	63,71	59,63	32,04	+1,71	63,34	0,10843
80		54	66,44	61,56	32,44	+1,31	68,00	0,09861
81		59	69,22	60,75	34,23	−0,48	69,97	0,09446
82		4 4	70,81	60,52	35,14	−1,39	71,33	0,09160
83		9	69,67	58,88	35,39	−1,64	68,55	0,09745
84		14	69,96	58,97	35,49	−1,74	68,93	0,09665
85		19	67,09	58,36	34,36	−0,61	65,45	0,10398
86		24	66,33	55,06	35,63	−1,88	61,39	0,11253
87	18	4 7	64,03	55,34	34,34	−0,59	59,37	0,11679
88		13	60,00	50,51	34,74	−0,99	50,51	0,13545
89		18	55,05	45,39	34,83	−1,08	40,44	0,15663
90		22	51,80	44,29	34,75	−1,00	34,09	0,17003
91		26	50,20	40,37	34,91	−1,16	30,57	0,17744
92		30	45,15	35,10	35,02	−1,27	20,25	0,19918
93		37	38,40	28,20	35,10	−1,35	6,60	0,22792
94		42	33,73	22,31	35,71	−1,96	5 56,04	0,25016
95		46	27,14	18,06	34,54	−0,79	45,20	0,27299
96		51	25,10	14,68	35,21	−1,46	39,78	0,28441
97	19	1 28	71,86	61,30	35,28	−1,53	6 73,16	0,08774
98		35	71,95	67,22	32,36	+1,39	78,97	0,07551
99		40	67,41	64,12	31,64	+2,11	71,53	0,09118
100		46	68,21	61,69	33,26	+0,49	69,90	0,09461
101		50	67,76	61,84	32,96	+0,79	69,50	0,09545
102		54	69,58	61,79	33,89	−0,14	71,37	0,09152
103		2 2	68,27	60,27	34,00	−0,25	68,54	0,09747
104		7	66,93	54,00	36,46	−2,71	60,93	0,11350
105		11	66,16	53,26	36,45	−2,70	59,42	0,11668
106		16	65,03	57,13	33,95	−0,20	62,16	0,11091
107		21	63,68	53,87	34,90	−1,15	57,55	0,12062
108		26	63,99	53,89	35,05	−1,30	57,88	0,11993
109		3 8	66,29	54,76	35,76	−2,01	61,05	0,11325
110		14	65,15	56,63	34,26	−0,51	61,78	0,11171
111		18	63,57	54,06	34,75	−1,00	57,63	0,12045
112		23	63,89	58,04	32,92	+0,83	61,93	0,11110
113		28	62,50	55,04	33,73	+0,02	57,54	0,12064
114		36	61,19	52,91	34,14	−0,39	54,10	0,12789
115		41	59,63	51,59	34,02	−0,27	51,22	0,13395
116		45	57,41	51,77	32,82	+0,93	49,18	0,13825
117		50	54,30	48,82	32,74	+1,01	43,12	0,15101
118		54	52,83	47,32	32,75	+1,00	40,15	0,15727
119		59	55,05	47,92	33,56	+0,19	42,97	0,15133
120		4 3	55,44	47,70	33,87	−0,12	43,14	0,15097
				Moyennes. . . .	33,75	1,35		

Observateurs: *Ibañez*, *Saavedra*, *Quiroga*.

§ 86. Quoique la forme et l'épaisseur des tubes des lunettes fissent présumer que leur flexion serait insensible, on entreprit cependant un travail spécial dans le but de reconnaître si cette cause d'erreur se manifestait ou non dans les observations combinées des deux instruments. Les théodolites étant placés sur deux piliers en briques dont les centres étaient distants seulement de $3^m,5$, et après avoir fait les rectifications nécessaires (§ 41), on pointa les lunettes de manière que l'image du petit carré filaire de l'une se trouvât centrée dans le carré semblable de l'autre, d'où il résultait que leurs axes optiques étaient parallèles, car à une si petite distance l'effet de la refraction est insensible. La somme des deux distances zénithales réciproques observées dans cette position, moins le petit angle v (§ 83) formé par les verticales respectives, devait par conséquent être égale à 180°, si les lunettes n'éprouvaient pas de flexion.

On commença les observations en mesurant (§ 77), avec le théodolite de Brunner, la distance zénithale du carré filaire de celui de Repsold et avec celui-ci la distance réciproque du réticule du premier. Cette détermination fut suivie d'une autre en sens inverse et l'on alterna de même pour les déterminations successives. Après six observations, on faisait tourner les cercles verticaux de 36° et l'on faisait varier la hauteur des instruments au moyen des vis calantes *v u v* (*fig.* 51). Le nombre total de mesures réciproques fut porté à 60, comme on peut le voir dans *l'Appendice N.° 7* dans lequel elles sont réunies d'une manière analogue à celle qui est indiquée dans le § 80.

§ 87. Le *Tableau* suivant renferme les différentes valeurs de z, z' [(81)] et les 60 déterminations relatives à la flexion.

N.o	Journées	Heures	z Théodolite de Repsold	z' Théodolite de Brunner	$z+z'-180°$
		h m	° ′ ″	° ′ ″	″
1	3 mai 1861	3 36	89 49 47,66	90 10 11,10	−0,91
2			89 49 47,18	90 10 12,16	−0,36
3			89 49 47,11	90 10 11,92	−0,64
4			89 49 48,80	90 10 11,31	−0,11
5			89 49 51,19	90 10 9,33	+0,52
6			89 49 51,63	90 10 10,00	+1,63
7	4	3 40	89 51 53,50	90 8 6,95	+0,15
8			89 51 51,97	90 8 7,77	−0,26
9			89 51 54,87	90 8 5,45	+0,32
10			89 51 53,88	90 8 6,65	+0,53
11			89 51 54,99	90 8 4,56	−0,45
12			89 51 52,16	90 8 5,49	+0,65
13	6	3 17	89 51 16,06	90 8 44,61	+0,67
14			89 51 15,59	90 8 45,03	+0,62
15			89 51 16,21	90 8 44,45	+0,66
16			89 51 17,50	90 8 44,20	+1,70
17			89 51 17,41	90 8 42,07	−0,52
18			89 51 16,84	90 8 43,15	−0,01
19	7	3 6	90 7 28,97	89 52 29,39	−1,64
20			90 7 31,35	89 32 29,94	+1,29
21			90 7 32,93	89 52 27,76	+0,69
22			90 7 32,48	89 52 27,94	+0,42
23			90 7 34,01	89 32 24,53	−1,46
24			90 7 36,21	89 52 21,48	+0,69
25		3 3	89 50 30,57	90 9 28,11	−1,32
26			89 50 31,45	90 9 28,03	−0,52
27			89 50 31,30	90 9 27,83	−0,87
28			89 50 31,57	90 9 27,53	−0,90
29			89 50 34,71	90 9 24,86	−0,43
30			89 50 34,37	90 9 24,76	−0,87
31	8	3 53	90 8 39,97	89 51 19,65	−0,38
32			90 8 40,34	89 51 19,15	−0,51
33			90 8 39,78	89 51 19,71	−0,51
34			90 8 40,17	89 51 18,90	−0,84
35			90 8 40,72	89 51 19,80	+0,52
36			90 8 39,05	89 51 19,94	−1,01
37	13	3 47	89 40 26,26	90 19 35,35	+1,61
38			89 40 25,52	90 19 34,60	+0,12
39			89 40 25,69	90 19 35,05	+0,74
40			89 40 25,35	90 19 34,38	−0,27
41			89 40 26,81	90 19 33,21	+0,05
42			89 40 26,36	90 19 33,48	−0,16
43	16	4 31	89 49 57,42	90 10 3,56	+0,98
44			89 49 55,19	90 10 3,75	−1,06
45			89 49 57,08	90 10 1,58	−1,34
46			89 49 57,37	90 10 3,99	+1,36
47			89 49 56,15	90 10 2,67	−1,18
48			89 49 57,72	90 10 2,80	+0,52
49	17	4 44	89 57 50,01	90 2 10,15	+0,16
50			89 57 51,66	90 2 9,47	+1,13
51			89 57 50,08	90 2 8,39	−1,53
52			89 57 51,60	90 2 8,82	+0,42
53			89 57 50,68	90 2 7,87	−1,45
54			89 57 53,34	90 2 7,72	+1,06
55	18	4 48	89 58 49,48	90 1 12,06	+1,54
56			89 58 47,68	90 1 11,63	−0,69
57			89 58 48,61	90 1 12,53	+1,14
58			89 58 49,83	90 1 9,66	−0,51
59			89 58 50,02	90 1 8,43	−1,55
60			89 58 51,30	90 1 9,16	+0,46
				Moyenne. . . .	−0,02

Observateur : *Ibañez.*

A la distance qui séparait les centres des théodolites (§ 86), l'angle des verticales correspondant à C (*fig.* 8) est : v=0",11 et comme la moyenne qui figure dans le *Tableau* précédent est —0",02, il en résulte que l'effet des flexions est de 0",13, quantité inférieure aux erreurs accidentelles d'observation et dont on doit par conséquent faire abstraction dans le calcul des différences de niveau.

§ 88. En introduisant dans la formule (83) les valeurs correspondantes de l et de $\frac{1}{2}(z-z')$, (§ 85) on a déterminé les différences de niveau des centres des deux théodolites, et comme l'axe horizontal des tourillons de celui de Brunner etait élevé de 1^m,175 audessus du pied du pilier d'observation à *Bolos* et de 1^m,190 à *Carbonera*, la hauteur analogue de celui de Repsold étant de 1^m,311 à *Conde* et de 1^m,124 à *Bolos*, on obtint les résultats suivants pour le terrain :

	m
Carbonera—Conde. . .	—91,177
Conde—Bolos. . .	+88,677
	— 2,500
Bolos—Carbonera. . .	+ 2,465

et pour les erreurs probables de chacune des trois déterminations [(86)] :

	"		m
Carbonera, Conde. . .	± 0,549	ou en hauteur	± 0,020
Conde, Bolos. . .	± 0,958	»	± 0,035
Bolos, Carbonerá. . .	± 1,143	»	± 0,081.

Les deux valeurs de la différence de niveau des deux

extrémités de la Base que l'on a trouvées, l'une au moyen de *Conde* et l'autre directement, diffèrent de $0^m,035$; mais ces résultats séparés peuvent se ramener à un seul en leur appliquant la compensation qui leur convient.

§ 89. Quand sur un réseau trigonométrique on a exécuté des nivellements sur un nombre de côtés supérieur à celui qui est indispensable pour faire connaitre la hauteur relative de tous les sommets, on évite de mettre en évidence les différentes valeurs qui correspondent à un même point, en établissant des équations de condition qui doivent être rigoureusement satisfaites. Dans un triangle, on peut mesurer trois différences de niveau et en supposant connue ou égale à zéro la cote de l'un des sommets, avec les nivellements qui partent de ce sommet on détermine les hauteurs des deux autres, d'où résulte par surcroit la différence de niveau relative au troisième côté, ce qui conduit (§ 57) à une équation de condition. Celle-ci pourra se déduire de cette considération que si l'on part de l'un des sommets d'un triangle, en parcourant son périmètre pour revenir au même point, on se sera abaissé d'autant que l'on se sera élevé, et par conséquent la somme des différences de niveau entre les trois sommets, en ayant égard aux signes, sera nécessairement égale à zéro. La même considération s'applique au périmètre d'un polygone quelconque, et toutes les déterminations de ses hauteurs doivent se conformer à cette règle pourvu qu'elle se verifie dans les différents triangles dans lesquels peut se décomposer le polygone. Il suffit donc, d'après cela, de former les équations de condition relatives à ces triangles.

En désignant par :

x'... le nombre d'équations de cette espèce qu'il faut établir,

n'... celui des sommets du réseau trigonométrique,

m' .. celui des différences de niveau déterminées,

comme le nombre des déterminations indispensables pour déduire les cotes de tous les sommets moins celui de départ est $n'-1$, on aura :

$$x'=m'-n'+1. \tag{88}$$

§ 90. En représentant par :

δ... la différence de niveau ou d'altitude $a-a'$ [(85)] d'un point par rapport à un autre,

pour connaître la variation de δ qui correspond à un léger changement de valeur de la distance zénithale, on pourra différentier l'expression (85), en remarquant que z diffère très-peu d'un angle droit, et l'on obtiendra :

$$d\delta=-\frac{l dz}{r''}. \tag{89}$$

dz sera positif ou négatif selon que z excédera ou non 90° et dans l'un et l'autre cas il est de signe contraire à celui de $d\delta$.

En désignant par :

$-\delta_1, +\delta_2, +\delta_3$... les différences de niveau non compensées des trois sommets d'un triangle,

l_1, l_2, l_3... les longueurs de ces côtés,

(1), (2), (3)... les corrections que doivent recevoir les distances zénithales pour que les différences de niveau soient compensées,
l'équation de condition sera (§ 89) :

$$(90) \qquad 0 = -\delta_1 + \delta_2 + \delta_3 + \frac{l_1}{r''}(1) - \frac{l_2}{r''}(2) - \frac{l_3}{r''}(3);$$

et en faisant pour simplifier :

$$-\delta_1 + \delta_2 + \delta_3 = \mathfrak{A},$$

$$+\frac{l_1}{r''} = a, \qquad -\frac{l_2}{r''} = a', \qquad -\frac{l_3}{r''} = a'',$$

on aura :

$$(91) \qquad 0 = \mathfrak{A} + a(1) + a'(2) + a''(3).$$

Lorsque dans les différentes stations on n'aura pas observé le même nombre de fois chaque distance zénithale, on pourra introduire la considération des poids respectifs, en les supposant proportionnels au nombre des observations. En désignant donc par :

$p_1, p_2, p_3 \ldots$ ces poids,
il sera possible d'établir les équations suivantes, analogues aux équations (14) et (91) :

$$(92) \qquad 2S = p_1(1)^2 + p_2(2)^2 + p_3(3)^2$$

$$(93) \qquad \begin{cases} 0 = \mathfrak{A} + a(1) + a'(2) + a''(3) \\ 0 = 0 + b(1) + b'(2) + b''(3), \end{cases}$$

et en opérant comme sur les équations (41), on obtiendra (§ 51):

$$(1)=-\frac{1}{p_1}(aI+bII)$$

(94) $$(2)=-\frac{1}{p_2}(a'I+b'II)$$

$$(3)=-\frac{1}{p_3}(a''I+b''II).$$

En faisant abstraction du signe des seconds membres de ces expressions et les substituant dans les équations (93), on trouve les équations finales :

$$0=\lambda+[\frac{aa}{p}]I+[\frac{ab}{p}]II$$

(95) $$0=0+[\frac{ab}{p}]I+[\frac{bb}{p}]II,$$

dont la résolution donnera les valeurs des coefficients corrélatifs I, II, qui introduits dans les équations (94) feront connaître celles des corrections (1), (2), (3) que doivent recevoir les distances zénithales, et par suite celles des différences de niveau au moyen de la formule (89).

§ 91. En considérant le sommet *Carbonera* (*fig.* 5) comme le point de départ et en suivant par *Conde* et *Bolos* le périmètre du triangle, on pourra former avec les différences de niveau obtenues (§ 88) l'équation suivante [(91)] :

$$0=-0{,}035+a(1)-a'(2)-a''(3),$$

et comme dans le cas actuel (§§ 77, 79):

$$p_1=60 \qquad p_2=60 \qquad p_3=120,$$

on obtient d'après les équations (95) et (94), les valeurs :

$$(1)=-7{,}''552 \qquad (2)=+7{,}''646 \qquad (3)=+7{,}''424,$$

desquelles, en tenant compte des signes des différences de niveau (§ 88), on déduit [(89)] les corrections :

$$+0{,}^{m}009 \qquad +0{,}^{m}009 \qquad +0{,}^{m}017$$

et en définitive les différences de niveau compensées :

Carbonera—Conde...	—91,^m168
Conde—Bolos. . .	+88,686
Bolos—Carbonera. . .	+ 2,482
	0,000

Actuellement, si l'on considère les trois corrections comme des erreurs que la compensation a fait connaitre, l'erreur probable de l'une des différences de niveau non compensée sera (§ 73):

$$\pm 0{,}^{m}010.$$

§ 92. Les observations météorologiques (§ 81) fournissent aussi les données nécessaires pour calculer les différences de niveau par les formules de Biot, en employant les pressions atmosphériques et les températures de l'air déterminées simultanément dans les deux stations et en supposant qu'une seule des distances zénithales soit connue.

Si l'on désigne par :

z'... la distance zénithale apparente observée de la station qu'a la plus faible altitude,

t', t''... les températures de l'air aux stations inférieure et supérieure,

p', p''... les pressions barométriques reduites à 0°,

δ', δ''... les densités correspondantes de l'air,

R', R''... les rayons vecteurs de la trajectoire lumineuse pasant par les deux stations,

v... l'angle que forment ces rayons,

R''_a... une valeur aprochée de R'',

ε... le coefficient 0,00366 de dilatation de l'air pour un degré centésimal de température,

k... le pouvoir réfringent 0,000146957 de l'air atmosphérique,

1... la vitesse de la lumière dans le vide,

on obtiendra la différence de niveau R''—R' au moyen des formules suivantes (*) :

$$\frac{\tang \frac{1}{2}v}{\tang(z'-\frac{1}{2}v)}=x$$

$$R''_a-R'=\frac{2R'x}{1-x} \qquad \frac{R''_a-R'}{R''_a}=s$$

(*) On trouvera la manière d'établir ces formules dans le Mémoire intitulé : *Estudios sobre nivelacion geodésica, por el coronel D. Cárlos Ibañez, publicados de Real órden.* Madrid, 1864.

(96) $$\delta'=\frac{p'}{0^{m},76(1+\varepsilon t')} \qquad \delta''=\frac{p''}{0^{m},76(1+\varepsilon t'')}$$

$$\frac{2k\delta'}{1+4k\delta'}=\alpha' \qquad \left(1-\frac{\delta''}{\delta'}\right)\frac{1}{s}=i'$$

$$\frac{i'\alpha'}{(1-i'\alpha')\tang z'}=\tang y'$$

$$-(90^\circ-z'+y')=V' \qquad \frac{i'\alpha'-\sin^2 z'}{\sin^2 z'\cos V'}=C'$$

$$2C'\sin\tfrac{1}{2}v\sin(V'-\tfrac{1}{2}v)=s'$$

(97) $$R''-R'=\frac{R's'}{1-s'}.$$

§ 93. En représentant par :

z''... le supplément de la distance zénithale observée à la station qu'a la plus grande altitude,

si l'on voulait déterminer la différence de niveau par cette valeur de z'', après avoir calculé les densités de l'air [(96)], on pourrait faire usage des expressions suivantes :

$$\frac{2k\delta''}{1+4k\delta''}=\alpha'' \qquad \frac{\delta'}{\delta''}\frac{R'}{R''_{s}}i'=i''$$

$$\frac{i''\alpha''}{(1-i''\alpha'')\tang z''}=\tang y''$$

$$-(90^\circ-z''+y'')=V'' \qquad \frac{i''\alpha''-\sin^2 z''}{\sin^2 z''\cos V''}=C''$$

$$2C'' \sin \tfrac{1}{2} v \sin(V'' - \tfrac{1}{2} v) = s''$$

(98) $$R' - R'' = \frac{R''_{2} s''}{1 - s''}.$$

§ 94. Les formules des §§ 92 et 93 peuvent être employeés pour calculer la différence de niveau des extrémités de la Base, en ne tenant compte pour chaque détermination que de l'une des deux distances zénithales. En introduisant donc, dans les équations relatives à la station inférieure, les observations de pression atmosphérique et de température (§ 81) faites en même temps que les mesures de la distance zénithale du sommet *Conde*..3 prises de celui de *Carbonera*..9 (*fig.* 5), on obtiendra plusieurs valeurs de la différence de niveau entre 3 et 9. Les formules qui se rapportent à la station supérieure (§ 93) donneront de leur côté d'autres déterminations de la même différence de niveau. Les deux pages qui suivent renfferment des exemples de calcul pour l'un et l'autre cas.

CONDE..3—CARBONERA..9. 11 OCTOBRE 1859 (0h 40m).

N.° 1.—CALCUL PAR LA STATION INFÉRIEURE..9.

$p'=0^m,69809$ $t'=11°,7$ $z'_0=89°\ 19'\ 38'',29$ | $p''=0^m,69005$ $t''=10°,4$ $v=4'\ 1'',528$

$z'=89\ 19\ 38,29$

ε.. 0,00366

log.(1+εt')..0,01821018	1+εt'..1,042822	log.(1+εt'')..0,01622113	1+εt''..1,038034
log.0,76..9,88081359		log.0,76..9,88081359	
—log.dénom..9,89902377		—log.dénom..9,89703772	
log.p'..9,84391142		log.p''..9,83888036	
log.δ'..9,91488765		log.δ''..9,91181281	

log.4k..6,76924953

log.4kδ'..6,71413718 4kδ''..0,00051770

— log.(1+4kδ')..0,00022180

log.2kδ'..6,41310718

log.α'..6,41288238

log.$\frac{\delta''}{\delta'}$..9,99696519 $\frac{\delta''}{\delta'}$..0,993013593

log.$\left(1-\frac{\delta''}{\delta'}\right)$..7,84425389 | $1-\frac{\delta''}{\delta'}$..0,006986407

—log.s..5,15925183

log.i'..2,68600206

log.α'..6,41288238

log.i'α'..9,09888444 i'α'..0,125569378

—log.(1—i'α')..9,94172526 1—i'α'..0,874430422

9,15715918

—log.tang z'..1,93028305

log.tang y'..7,22687613

—log.tang 1''..4,68557487

2,54130126

y'.. 0° 5' 47'',777

90°+y'..90 5 47,777

—z'..89 19 38,29

V'.. 0 46 9,487

log.cos V'..9,99996086

2log.sin z'..9,99991014 sin²z'..0,999862189

—log.dénom..9,99990100

log.(i'α'—sin²z')..9,94165681ₙ i'α'—sin²z'..—0,874292611

log.C'..9,94175581ₙ

log.2sin½v..7,06854233

log.sin(V'—½v)..8,14649621ₙ V'—½v..— 48' 10'',251

log.s'..5,15679135 s'..0,000014348

log.R'..6,80414426

log.R's'..1,96090561

—log.(1—s')..9,99993376 1—s'..0,999985652

log.(R''—R')..1,96091185 R''—R'.. 91,393

—0,121

3—9, *rapportés au terrain*. . 91,272

CARBONERA..9 — CONDE..3. 12 OCTOBRE 1859 ($3^h 37^m$).

N.° 12. — CALCUL PAR LA STATION SUPÉRIEURE..3.

$p' = 0^m,69959$ $t' = 17^\circ,2$ $r = 4' 1'',528$

ε.. 0,00366

log.(1 + εt')..0,02651366 1+εt'..1,062952
log.0,76..9,88081359
—log.dénom..9,90732725
log.p'..9,84484359
log.δ'..9,93751634
log.$\frac{\delta''}{\delta'}$..9,99669712 $\frac{\delta''}{\delta'}$..0,992423676
log.$\left(1-\frac{\delta''}{\delta'}\right)$..7,87945851 | $1-\frac{\delta''}{\delta'}$..0,007576324
—log.s..5,15635329
log.i'..2,72310525
log.$\frac{\delta'}{\delta''}$..0,00330288
log.R'..6,80411126
comp.log.R''_s..3,19588251
log.i''..2,72640190
log.α''..6,40221364
log.i''α''..9,12861554 i''α''..0,134466944
—log.(1—i''α'')..9,93728306 1—i''α''..0,865533056
9.19133188
—log.tang z''..1,89148219
log tang y''..7,29681969
—log.tang 1''..4,68557487
2,61127182

$p'' = 0^m,69166$ $t'' = 16^\circ,1$ $z''_0 = 90^\circ 43' 49'',78$
$z'' = 89\ 16\ 10,22$

log.(1+εt'')..0,02486561 | 1+εt''..1,058926
log.0,76..9,88081359
—log.dénom..9,90567920
log.p''..9,83989266
log.δ''..9,93421346
log.44..6,76924953
log.44δ''..6,70346299 | 44δ''..0,00505200
—log.(1+44δ'')..0,00021935
log.2Kδ''..6,10243299
log.α''..6,40221364

y''.. 0° 6' 48'',578
90°+y''..90 6 48,578
—z''..89 16 10,22
V''..— 50 38,358
sin² z''..0,999837313

log.cosV''..9,99995288
2log.sin z''..9,99992056
—log.dénom..9,99988221
log.(i''α''—sin² z'')..9,93720206$_n$ i''α''—sin² z''..—0,865370420
log.C''..9,93731982$_n$
log.2sin ½r..7,06851233$_n$
log.sin(V''—½r)..8,15058524$_n$ V''—½r..— 48' 37'',594
log.s''..5,15644739$_n$ s''..—0,000014337
log.R''_s..6,80411749
log.R''_ss''..1,96056488$_n$
—log.(1—s'')..0,00000622 1—s''..1,000014337
log.(R'—R'')..1,96055866$_n$ R'—R''..—91,318
+ 0,121
9—3, *rapportés au terrain*. . —91,197

On a calculé de la même manière les différences de niveau 3—9 et 3—10, en prenant la moyenne des résultats obtenus par 24 trajectoires lumineuses dont la moitié partaient de la station supérieure et l'autre moitié de la station inférieure. Dans le *Tableau* suivant on a réuni les diverses valeurs des différences de niveau réduites au pied de chaque pilier d'observation, les erreurs probables Δ_1, Δ_2 [(86)] correspondant à chaque couple de stations et l'erreur probable générale Δ_n [(87)] du nivellement entre 9 et 10.

Stations	3—9	Différences avec la moyenne.	Stations	3—10	Différences avec la moyenne.
	m	m		m	m
Inférieure..9.	91,272	— 0,083	Inférieure..10.	88,681	— 0,008
	91,157	+ 0,032		88,690	— 0,017
	91,136	+ 0,033		88,696	— 0,023
	91,145	+ 0,044		88,670	+ 0,003
	91,177	+ 0,012		88,195	+ 0,178
	91,210	— 0,021		88,512	+ 0,161
	91,319	— 0,130		88,681	— 0,008
	91,257	— 0,068		88,670	+ 0,003
	91,281	— 0,092		88,690	— 0,017
	91,128	+ 0,061		88,676	— 0,003
	91,314	— 0,125		88,654	+ 0,019
	91,190	— 0,001		88,626	+ 0,047
Supérieure..3.	91,075	+ 0,114	Supérieure..3.	88,680	— 0,007
	91,134	+ 0,055		88,826	— 0,153
	91,139	+ 0,050		88,680	— 0,007
	91,327	— 0,138		88,680	— 0,007
	91,358	— 0,169		88,803	— 0,130
	91,129	+ 0,060		88,670	+ 0,003
	91,017	+ 0,172		88,672	+ 0,001
	91,143	+ 0,046		88,798	— 0,125
	91,108	+ 0,081		88,733	— 0,060
	91,069	+ 0,120		88,497	+ 0,176
	91,261	— 0,072		88,690	— 0,017
	91,197	— 0,008		88,691	— 0,018
Moyennes. . .	91,189	0,075	Moyennes. . .	88,673	0,050
	$\Delta_1 = \pm 0,^m061$			$\Delta_2 = \pm 0,^m055$	

$$\Delta_n = \pm 0,^m082$$

§ 95. Si l'on compare ces différences de niveau avec celles que l'on a obtenues au moyen des 60 couples de distances zénithales réciproques et simultanées, on trouve les résultats suivants :

	(§ 88)	(§ 94)	Différences.
3— 9...	91,177 m	91,189 m	—0,012 m
3—10...	88,677	88,673	+0,004
10— 9...	2,500	2,516	—0,016.

§ 96. On a aussi calculé, par la formule (156) des *Expériences* (*), les cotes correspondant à toutes les positions occupées par l'extrémité antérieure de la règle de platine de l'appareil qu'a servi à exécuter la mesure de la Base. en adoptant pour l'extrémité *Carbonera* la hauteur obtenue dans le levé topographique (*Planche I*) dont les cotes sont rapportées à un plan inférieur à touts les points de la plaine de Madridejos. De ce calcul on a déduit le nivellement rapporté dans *l'Appendice N.° 8*, et les données qui ont servi à tracer le profil longitudinal de la *Planche II*.

§ 97. La réduction au niveau de la mer de la Base mesurée directement (§ 23) exige que l'on connaisse l'altitude de l'une de ses extrémités ; mais comme cette donnée ne sera obtenue avec une exactitude suffisante que lors qu'on aura effectué un nivellement spécial reliant cette Base à quelque point du littoral de la Péninsule, on a eu recours, en attendant, aux cotes du chemin de fer de Madrid à Alicante, en rattachant, au moyen d'un triangle, la station de *Quero*, aux sommets *Conde* et *Bolos* (*fig.* 5).

(*) Voyez la note du § 6.

D'après ces cotes, l'altitude du centre de la mire que l'on plaça auprès de la station de *Quero* était de 663^m,995, et celle que l'on a trouvée pour *Bolos* est de 722^m,379. Cette valeur a été conclue de la moyenne de 18 déterminations de différence de niveau entre les deux points, obtenues par autant de distances zénithales observées de *Bolos*, en introduisant dans la formule (85) les valeurs de K (§ 85) correspondant aux heures des observations.

§ 98. En désignant par :

L... le côté d'une triangulation géodésique mesuré directement,

l... la longueur de L réduite au niveau de la mer,

a_m... l'altitude moyenne de ce côté,

G_μ... la valeur du degré du méridien à la latitude qui correspond à la situation de L,

G_p... celle d'un degré du parallèle à la même latitude,

α... l'azimut de ce côté,

G_α... la valeur d'un degré dans la direction azimutale correspondant à L,

R_L... le rayon de courbure terrestre relatif à cette direction,

on pourra employer les expressions suivantes qui sont suffisamment exactes :

$$G_\alpha = G_\mu + (G_p - G_\mu)\sin^2\alpha \qquad R_L = \frac{G_\alpha}{3600 \sin 1''}$$

(99) $$L - l = La_m\left(\frac{1}{R_L} - \frac{a_m}{R_L^2}\right).$$

§ 99. Pour la Base de Madridejos on a admis comme

suffisamment approchée la valeur de l'azimut α=64°44', et en calculant G_α, G_p avec l'aplatissement donné par Struve (§ 65) et la latitude adoptée de 39°30', on a trouvé :

$$R_L = 6382350^m,4.$$

Les valeurs obtenues dans la mesure directe (§ 23) pour les cinq sections, ont été réduites au niveau de la mer par la formule (99), après avoir déduit leurs altitudes moyennes respectives de celle de *Bolos* (§ 97) et des cotes de *l'Appendice N.°* 8, et l'on a trouvé :

	Altitudes moyennes	Longueurs réduites au niveau de la mer
	m	m
Section 1.	709,372	3077,4586
2.	703,156	2216,3971
3.	702,849	2766,6039
4.	699,669	2723,4246
5.	700,760	3879,0004
	Base. . .	14662,8846

CONCLUSION.

§ 100. Les longueurs déterminées dans les §§ 99 y 72 sont rapportées à une même surface de niveau et par conséquent comparables. Elles font connaître les différences entre les valeurs déduites de la mesure directe des sections 1, 2, 4 et 5 de la Base et celles calculées pour ces sections, ainsi que pour la longueur totale, au moyen du réseau trigonométrique compensé. Cette comparaison conduit aux résultats suivants :

	Mesure	Triangulation	Différences
	m	m	m
Section 1.	3077,459	3077,462	—0,003
2.	2216,397	2216,399	—0,002
3.	2766,604	»	»
4.	2723,425	2723,422	+0,003
5.	3879,000	3879,002	—0,002
Base. . .	14662,885	14662,889	—0,004.

Un accord aussi remarquable n'est pas seulement une preuve de l'exactitude des mesures directes, mais il autorise en outre à limiter l'étendue des Bases géodésiques, en montrant que l'on peut adopter celles des deux à trois kilomètres, pourvu qu'elles soient reliées aux grands côtés de la triangulation, au moyen d'un système de lignes auquel on puisse appliquer la méthode de compensation décrite dans le chapitre V.

§ 101. En réunissant les déterminations contenues dans les §§ 23, 24, 85 et 91, on obtient comme résultats définitifs des opérations effectuées dans les environs de Madridejos :

Base mesurée directement

$$14664^{m},5000 \pm 0^{m},0025.$$

Différence de niveau entre les termes *Bolos* et *Carbonera*

$$2^{m},482 \pm 0^{m},010.$$

Coefficient de la réfraction dans les environs de Madridejos

0,11876.

Et comme valeur encore susceptible d'une légère correction quand on connaîtra les altitudes avec plus d'exactitude (§ 99) :

Base réduite au niveau de la mer

$$14662^{m},885.$$

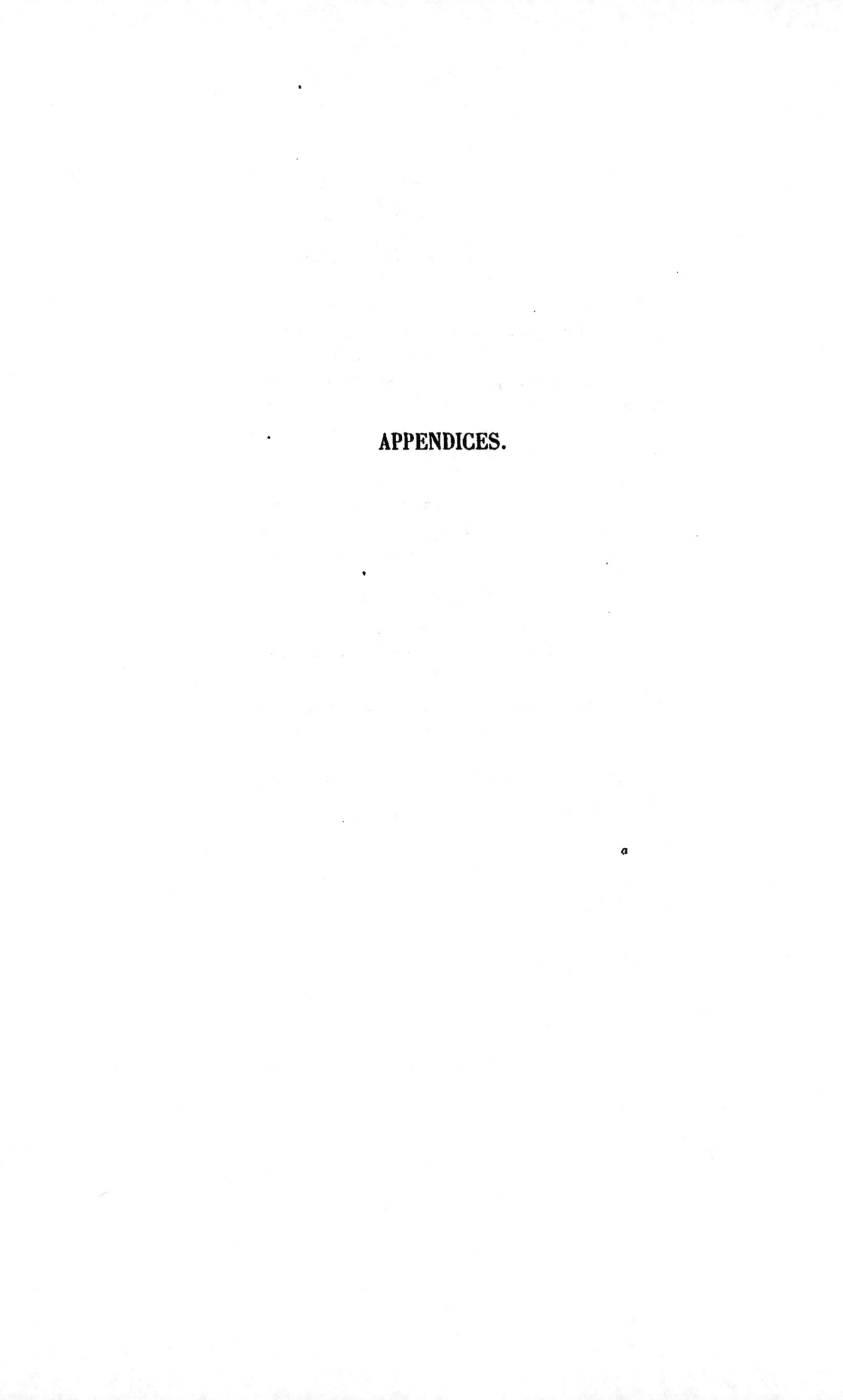

APPENDICES.

APPENDICE N.° 1.

TEMPÉRATURES OBSERVÉES PENDANT LA MESURE DE LA BASE.

$t = 21^{\circ},935 - 2^{\circ},577\,m.$ Du 22 mai au 11 juin 1858.

Heures	Positions des règles	m	t	T	t—T	Heures	Positions des règles	m	t	T	t—T
h m			°	°	°	h m			°	°	°
9 20	3	− 2,293	27,81	27,82	+ 0,02	8 47	239	− 0,057	22,08	20,10	+ 1,98
11 48	8	− 3,469	30,87	30,81	+ 0,06	9 57	264	− 1,984	27,05	26,97	+ 0,08
2 50	13	− 3,230	30,26	30,25	+ 0,01	10 46	269	− 2,965	29,58	29,63	− 0,05
5 14	17	− 2,480	28,33	28,37	− 0,04	11 42	274	− 3,907	32,00	31,95	+ 0,05
8 26	22	− 0,434	23,05	23,05	0,00	1 15	279	− 4,536	33,68	33,63	+ 0,05
9 51	27	− 2,455	28,26	28,21	+ 0,05	2 9	284	− 4,832	34,39	34,34	+ 0,05
11 47	32	− 2,970	29,59	29,64	− 0,05	3 4	289	− 4,228	32,83	32,88	− 0,05
1 5	37	− 3,225	30,25	30,19	+ 0,06	4 36	294	− 3,098	31,46	31,42	+ 0,04
2 19	42	− 3,052	29,80	30,11	− 0,31	10 6	299	− 2,339	27,96	27,96	0,00
3 36	47	− 2,511	28,41	28,36	+ 0,05	11 0	304	− 3,300	30,44	30,49	− 0,05
8 45	54	− 0,226	22,52	22,53	− 0,01	1 6	309	− 4,321	33,08	33,03	+ 0,05
10 30	59	− 1,002	26,06	26,11	− 0,05	2 10	314	− 4,484	33,49	33,54	− 0,05
11 57	64	− 2,306	27,88	27,83	+ 0,05	3 11	319	− 4,868	34,48	34,43	+ 0,05
1 9	69	− 2,866	29,32	29,37	− 0,05	4 29	324	− 4,889	34,53	34,58	− 0,05
2 42	74	− 2,801	29,15	29,10	+ 0,05	10 4	329	− 2,275	27,80	27,79	+ 0,01
4 57	79	− 2,135	27,44	27,49	− 0,05	11 9	334	− 3,501	31,19	31,14	+ 0,05
8 27	84	+ 0,833	19,79	19,77	+ 0,02	12 12	339	− 4,225	32,82	32,87	− 0,05
9 36	89	+ 0,015	21,80	21,85	− 0,05	1 56	344	− 4,566	33,70	33,65	+ 0,05
10 43	94	− 0,565	23,39	23,44	− 0,05	3 52	349	− 3,839	31,83	31,88	− 0,05
11 40	99	− 1,238	25,12	25,08	+ 0,04	9 46	354	+ 0,391	20,92	20,92	0,00
1 45	104	− 2,146	27,46	27,52	− 0,06	10 36	359	− 0,390	22,94	22,89	+ 0,05
3 2	109	− 2,508	28,40	28,35	+ 0,05	11 24	364	− 0,880	24,20	24,25	− 0,05
4 33	114	− 2,558	28,53	28,58	− 0,05	1 1	369	− 1,314	25,32	25,27	+ 0,05
8 39	119	− 1,179	24,97	24,96	+ 0,01	1 51	374	− 1,451	25,67	25,72	− 0,05
9 37	124	− 1,708	26,34	26,29	+ 0,05	2 42	379	− 1,575	25,99	25,94	+ 0,05
10 35	129	− 2,252	27,74	27,79	− 0,05	3 37	384	− 1,517	25,84	25,89	− 0,05
12 13	134	− 2,664	28,80	28,75	+ 0,05	4 43	389	− 1,168	24,94	24,90	+ 0,04
1 11	139	− 2,797	29,14	29,19	− 0,05	8 50	394	+ 1,098	19,10	19,10	0,00
2 18	144	− 2,830	29,23	29,18	+ 0,05	9 44	399	+ 0,162	21,52	21,57	− 0,05
3 29	149	− 2,739	28,99	29,04	− 0,05	10 35	404	− 0,137	22,29	22,24	+ 0,05
5 32	154	− 2,235	27,69	27,65	+ 0,04	11 20	409	− 0,529	23,30	23,35	− 0,05
9 18	159	− 1,316	25,33	25,32	+ 0,01	12 19	414	− 0,723	23,80	23,75	+ 0,05
10 36	164	− 1,937	26,98	27,03	− 0,05	1 47	419	− 1,128	24,84	24,89	− 0,05
11 38	169	− 2,412	28,23	28,18	+ 0,05	2 37	424	− 1,218	25,15	25,10	+ 0,05
1 7	174	− 2,916	29,53	29,58	− 0,05	3 45	429	− 1,121	24,82	24,87	− 0,05
2 7	179	− 3,061	29,82	29,77	+ 0,05	10 22	434	− 0,599	23,48	23,48	0,00
3 19	184	− 3,162	30,08	30,13	− 0,05	11 37	439	− 1,591	26,03	23,43	+ 2,60
4 41	189	− 2,897	29,40	29,35	+ 0,05	1 37	444	− 1,853	26,71	26,76	− 0,05
8 43	194	− 1,785	26,53	26,53	0,00	2 37	449	− 2,391	28,10	28,05	+ 0,05
9 56	199	− 3,201	30,18	30,23	− 0,05	3 48	454	− 2,317	27,98	28,03	− 0,05
10 51	204	− 3,929	32,06	32,01	+ 0,05	5 10	459	− 2,246	27,72	27,67	+ 0,05
12 21	209	− 4,777	34,24	34,30	− 0,06	8 15	464	− 0,644	23,59	24,40	− 0,81
1 20	214	− 5,155	35,22	35,17	+ 0,05	8 57	469	− 1,613	26,09	26,40	− 0,31
2 11	219	− 5,181	35,29	35,34	− 0,05	9 35	474	− 1,986	27,05	27,00	+ 0,05
3 4	224	− 4,849	34,43	34,38	+ 0,05	10 16	479	− 2,763	29,05	29,11	− 0,06
4 50	229	− 3,766	31,64	29,11	+ 2,53	11 5	484	− 3,264	30,35	30,30	+ 0,05
9 51	234	− 2,959	29,51	29,50	+ 0,01	12 22	489	− 3,784	31,69	31,74	− 0,05
11 40	239	− 4,404	33,28	33,23	+ 0,05	1 5	494	− 3,955	32,12	32,07	+ 0,05
12 48	244	− 5,029	34,89	34,35	+ 0,54	1 47	499	− 4,228	32,83	32,88	− 0,05
2 30	249	− 4,428	33,35	33,30	+ 0,05	2 31	504	− 4,259	32,91	32,86	+ 0,05
3 58	254	− 4,599	33,79	33,84	− 0,05	3 31	509	− 4,426	33,34	33,39	− 0,05

$t = 21^{\circ},935 - 2^{\circ},577\ m.$

DU 14 JUIN AU 8 JUILLET 1858.

Heures	Positions des règles	m	t	T	t—T	Heures	Positions des règles	m	t	T	t—T
h m			°	°	°	h m			°	°	°
9 39	514	— 1,612	26,17	26,06	+ 0,11	4 52	829	— 2,886	29,37	29,20	+ 0,17
10 26	519	— 2,397	28,11	28,16	— 0,05	8 25	834	— 0,823	24,06	24,40	— 0,34
11 13	524	— 2,928	29,48	29,56	— 0,08	9 4	839	— 1,469	25,72	25,20	+ 0,52
11 57	529	— 3,460	30,85	30,80	+ 0,05	9 40	844	— 1,863	26,74	26,50	+ 0,24
1 12	534	— 3,936	32,23	32,28	— 0,05	10 17	849	— 2,279	27,81	27,40	+ 0,41
1 58	539	— 4,473	33,46	33,41	+ 0,05	10 54	854	— 2,485	28,34	28,30	+ 0,04
2 41	544	— 4,626	33,86	33,91	— 0,05	11 36	859	— 2,741	29,00	30,20	— 1,20
4 3	549	— 4,625	33,85	33,80	+ 0,05	12 17	864	— 3,035	29,76	29,80	— 0,04
8 41	554	— 0,904	24,26	24,10	+ 0,16	1 33	869	— 3,303	30,45	29,90	+ 0,55
9 24	559	— 1,635	26,15	26,20	— 0,05	2 15	874	— 3,508	30,97	30,20	+ 0,77
10 14	564	— 2,266	27,77	27,72	+ 0,05	3 28	879	— 3,423	30,76	31,10	— 0,34
11 2	569	— 3,067	29,84	29,89	— 0,05	10 2	884	— 1,071	24,69	25,10	— 0,41
11 47	574	— 3,778	31,67	31,62	+ 0,05	10 57	889	— 2,163	27,51	29,00	— 1,49
1 17	579	— 3,764	31,63	31,69	— 0,06	11 48	894	— 2,416	28,16	30,20	— 2,04
1 58	584	— 4,465	33,44	33,39	+ 0,05	1 7	899	— 3,128	30,00	30,60	— 0,60
3 6	589	— 4,252	32,89	32,94	— 0,05	1 59	904	— 3,483	30,91	31,30	— 0,39
8 31	594	— 1,078	24,71	24,63	+ 0,08	2 51	909	— 3,604	31,22	31,80	— 0,58
9 12	599	— 2,171	27,51	27,49	+ 0,05	3 38	914	— 3,617	31,33	31,40	— 0,07
9 51	604	— 2,924	29,47	29,52	— 0,05	4 53	919.	— 3,596	31,20	30,40	+ 0,80
10 39	609	— 3,492	30,93	30,88	+ 0,05	9 29	924	— 1,332	25,37	25,00	+ 0,37
11 33	614	— 3,701	31,47	31,52	— 0,05	10 9	929	— 2,078	27,29	26,80	+ 0,49
1 0	619	— 4,546	33,65	33,60	+ 0,05	10 52	934	— 2,334	27,95	28,70	— 0,75
1 45	624	— 4,467	33,45	33,50	— 0,05	11 33	939	— 2,675	28,83	29,30	— 0,47
2 52	629	— 4,331	33,10	33,03	+ 0,05	12 54	944	— 3,323	30,50	31,90	— 1,40
8 24	634	— 0,202	22,69	22,66	+ 0,03	1 37	949	— 3,515	30,99	31,50	— 0,51
9 18	639	— 1,520	25,85	25,90	— 0,05	2 32	954	— 3,583	31,17	29,70	+ 1,47
10 6	644	— 1,919	26,88	26,83	+ 0,05	3 52	959	— 3,342	30,55	30,20	+ 0,35
10 51	649	— 2,353	28,00	28,05	— 0,05	9 41	964	— 0,505	23,24	23,42	— 0,18
12 34	654	— 2,909	29,59	29,54	+ 0,05	10 49	969	— 1,561	25,96	26,90	— 0,94
1 26	659	— 3,153	30,01	30,06	— 0,05	11 29	974	— 2,199	27,60	26,60	+ 1,00
2 10	664	— 3,262	30,34	30,29	+ 0,05	12 45	979	— 2,705	28,91	28,10	+ 0,81
3 33	669	— 3,859	31,88	31,93	— 0,05	1 20	984	— 2,626	28,70	27,90	+ 0,80
8 50	674	— 1,796	26,56	26,61	— 0,05	2 2	989	— 2,746	29,01	29,50	— 0,49
9 30	679	— 2,192	27,58	27,53	+ 0,05	2 41	994	— 2,881	29,36	30,50	— 1,14
10 12	684	— 2,816	29,19	29,29	— 0,10	3 51	999	— 2,804	29,16	29,30	— 0,14
10 56	689	— 3,055	29,76	29,71	+ 0,05	10 30	1004	— 1,590	26,03	26,70	— 0,67
11 38	694	— 3,416	30,74	30,79	— 0,05	11 9	1009	— 2,160	27,50	27,40	+ 0,10
1 14	699	— 4,374	33,21	33,16	+ 0,05	11 40	1014	— 2,311	27,89	27,90	— 0,01
2 0	704	— 4,853	34,44	34,49	— 0,05	12 40	1019	— 2,871	29,33	29,70	— 0,37
3 4	709	— 5,112	35,96	35,91	+ 0,05	1 22	1024	— 3,002	29,67	29,40	+ 0,27
8 13	714	— 2,029	27,16	26,60	+ 0,56	1 58	1029	— 3,556	31,10	31,70	— 0,60
9 7	719	— 2,720	28,94	28,99	— 0,05	2 35	1034	— 3,344	30,55	30,60	— 0,05
10 3	724	— 3,694	31,45	31,40	+ 0,05	3 36	1039	— 3,361	30,60	30,90	— 0,30
10 54	729	— 4,228	32,83	32,88	— 0,05	12 28	1044	— 0,676	23,68	24,00	— 0,32
12 20	734	— 4,733	34,13	34,08	+ 0,05	1 9	1049	— 0,776	23,93	23,80	+ 0,13
1 10	739	— 4,919	34,61	34,66	— 0,05	1 53	1054	+ 0,907	19,60	18,40	+ 1,20
2 4	744	— 5,161	35,23	35,19	+ 0,04	2 48	1059	+ 0,565	20,48	20,60	— 0,12
3 29	749	— 5,001	34,82	34,87	— 0,05	9 21	1064	+ 0,497	20,65	21,50	— 0,85
10 19	754	— 1,675	26,25	25,90	+ 0,35	10 18	1069	— 0,259	22,60	23,40	— 0,80
11 50	759	— 2,470	28,30	28,25	+ 0,05	11 5	1074	— 1,002	24,52	24,60	— 0,08
12 37	764	— 2,844	29,26	29,31	— 0,05	11 45	1079	— 0,779	23,94	24,60	— 0,66
1 21	769	— 2,831	29,23	29,18	+ 0,05	1 2	1084	— 0,962	24,41	25,20	— 0,79
2 10	774	— 3,172	30,11	30,16	— 0,05	1 45	1089	— 0,976	24,45	24,60	— 0,15
2 53	779	— 3,453	30,83	30,78	+ 0,05	2 24	1094	— 1,095	24,76	25,40	— 0,64
3 36	784	— 3,526	31,02	30,97	+ 0,05	3 33	1099	— 0,786	23,96	24,30	— 0,34
5 14	789	— 3,204	30,19	30,14	+ 0,05	9 0	1104	+ 0,025	21,87	22,80	— 0,93
10 19	794	— 1,221	25,09	25,40	— 0,31	9 50	1109	— 0,958	24,40	24,60	— 0,20
11 4	799	— 1,786	26,54	26,80	— 0,26	10 37	1114	— 1,209	25,28	25,80	— 0,52
11 48	804	— 2,112	27,38	27,70	— 0,32	11 17	1119	— 1,384	25,50	25,70	— 0,20
1 13	809	— 2,756	29,04	30,10	— 1,06	12 26	1124	— 1,873	26,76	28,10	— 1,34
1 59	814	— 3,136	30,02	28,60	+ 1,42	1 8	1129	— 2,092	27,33	28,00	— 0,67
2 44	819	— 3,376	30,63	29,90	+ 0,73	2 4	1134	— 2,407	28,14	28,30	— 0,16
3 27	824	— 3,223	30,24	30,40	— 0,16	3 5	1139	— 2,923	27,66	27,10	+ 0,56

$t = 21{,}935^{\circ} - 2{,}577^{\circ}\, m.$ Du 9 au 24 juillet 1858.

Heures	Positions des règles	m	t	T	t—T	Heures	Positions des règles	m	t	T	t—T
h m			°	°	°	h m			°	°	°
8 38	1144	+ 0,368	20,99	21,30	— 0,31	2 18	1463	— 4,244	32,87	32,35	+ 0,52
9 25	1149	+ 0,110	21,57	21,80	— 0,23	2 59	1468	— 4,280	32,96	32,34	+ 0,62
10 10	1154	— 0,200	22,45	23,10	— 0,65	3 40	1473	— 4,237	32,85	32,12	+ 0,73
10 51	1159	— 0,815	24,03	25,00	— 0,97	4 42	1478	— 3,755	31,61	30,77	+ 0,84
11 27	1164	— 1,039	24,61	25,80	— 1,19	8 52	1483	— 1,924	26,89	27,47	— 0,58
12 30	1169	— 1,470	25,67	26,40	— 0,73	9 13	1488	— 2,656	28,78	29,12	— 0,34
1 4	1174	— 1,568	25,98	27,60	— 1,62	9 48	1493	— 3,086	29,89	29,97	— 0,08
1 41	1179	— 1,821	26,63	27,30	— 0,67	10 24	1498	— 3,612	31,24	32,12	— 0,88
2 18	1184	— 1,925	26,89	27,10	— 0,21	11 5	1503	— 4,005	32,49	33,12	— 0,63
3 13	1189	— 1,972	27,03	27,50	— 0,48	11 41	1508	— 4,185	32,72	33,22	— 0,50
8 21	1194	+ 1,002	19,35	19,60	— 0,25	12 19	1513	— 4,893	34,54	35,25	— 0,71
8 59	1199	+ 0,402	20,67	21,50	— 0,83	12 55	1518	— 5,134	35,16	33,65	+ 1,51
9 39	1204	— 0,172	22,38	23,30	— 0,92	1 32	1523	— 5,427	35,92	36,73	— 0,81
10 18	1209	— 0,605	23,73	24,50	— 0,77	2 19	1528	— 5,722	36,68	35,41	+ 1,27
10 56	1214	— 1,022	24,57	25,50	— 0,93	2 58	1533	— 5,729	36,70	35,41	+ 1,29
11 39	1219	— 1,562	25,96	26,40	— 0,44	4 10	1538	— 5,705	36,64	35,58	+ 1,06
1 2	1224	— 2,084	27,30	27,00	+ 0,30	9 55	1543	— 2,925	29,17	29,91	— 0,14
1 40	1229	— 2,016	27,15	27,10	+ 0,05	10 31	1548	— 3,912	32,09	31,95	+ 0,14
2 20	1234	— 2,728	28,96	30,00	— 1,04	11 11	1553	— 4,500	33,53	33,87	— 0,34
3 21	1239	— 2,193	28,36	27,90	+ 0,46	11 51	1558	— 4,900	34,56	33,87	+ 0,69
8 8	1244	+ 0,186	21,46	21,80	— 0,34	12 38	1563	— 4,975	34,76	33,98	+ 0,78
9 0	1249	— 0,762	23,90	24,10	— 0,20	1 25	1568	— 5,012	34,93	34,65	+ 0,28
9 40	1254	— 1,339	25,39	25,50	— 0,11	2 6	1573	— 5,024	34,88	34,75	+ 0,13
10 22	1259	— 1,869	26,75	26,80	— 0,05	2 46	1578	— 4,890	34,54	33,43	+ 1,11
11 17	1264	— 2,470	28,30	27,40	+ 0,90	3 28	1583	— 4,735	34,14	33,14	+ 1,00
12 51	1269	— 3,030	29,74	29,50	+ 0,24	4 10	1588	— 4,065	33,96	32,31	+ 1,65
1 38	1274	— 3,256	30,33	30,40	— 0,07	4 55	1593	— 4,454	33,41	32,35	+ 1,06
2 23	1279	— 3,465	30,86	30,80	+ 0,06	5 34	1598	— 3,773	31,66	30,80	+ 0,86
3 10	1284	— 3,458	30,85	30,80	+ 0,05	8 33	1603	— 0,629	23,56	23,84	— 0,28
4 14	1289	— 3,332	30,52	30,40	+ 0,12	9 16	1608	— 1,059	24,61	23,97	+ 0,64
8 33	1294	— 0,457	23,06	24,90	— 1,84	9 55	1613	— 1,297	25,28	25,24	+ 0,04
9 17	1299	— 1,604	26,07	27,00	— 0,93	10 30	1618	— 1,373	25,48	25,18	+ 0,30
9 57	1304	— 2,229	27,68	27,20	+ 0,48	11 7	1623	— 1,767	26,49	26,41	+ 0,08
10 51	1309	— 3,503	30,96	32,20	— 1,24	11 45	1628	— 1,965	27,00	26,39	+ 0,61
12 18	1314	— 4,252	32,89	33,80	— 0,91	12 22	1633	— 2,168	27,52	27,38	+ 0,14
1 8	1319	— 4,806	34,32	34,10	+ 0,22	12 57	1638	— 2,221	27,66	27,71	— 0,05
2 0	1324	— 4,448	33,40	35,50	— 2,10	1 35	1643	— 2,400	28,12	27,71	+ 0,41
2 51	1329	— 4,474	33,46	34,20	— 0,74	2 15	1648	— 2,728	28,96	29,16	— 0,20
3 39	1334	— 4,556	33,68	33,70	— 0,02	2 52	1653	— 2,647	28,76	28,32	+ 0,44
5 2	1339	— 4,178	32,70	33,20	— 0,50	3 59	1658	— 2,662	28,79	28,28	+ 0,51
10 17	1344	— 4,193	32,74	32,77	— 0,03	8 14	1663	— 1,633	26,14	27,50	— 1,36
11 26	1349	— 4,935	34,65	34,64	+ 0,01	8 54	1668	— 2,616	28,68	28,84	— 0,16
12 7	1354	— 5,135	35,17	35,16	+ 0,01	9 34	1673	— 3,310	30,54	30,92	— 0,38
12 51	1358	— 5,131	35,16	35,16	0,00	10 11	1678	— 3,697	31,45	31,75	— 0,29
8 15	1363	— 0,472	23,15	24,19	— 1,04	10 53	1683	— 4,188	32,73	32,10	+ 0,63
8 56	1368	— 1,518	25,85	26,74	— 0,89	11 28	1688	— 4,213	32,87	31,95	+ 0,92
9 43	1373	— 1,939	26,93	27,47	— 0,54	12 11	1693	— 4,520	33,76	31,54	+ 2,22
10 21	1378	— 2,502	28,38	27,77	+ 0,61	12 37	1698	— 5,033	34,90	35,32	— 0,42
11 6	1383	— 2,877	29,35	28,92	+ 0,43	1 43	1703	— 4,700	34,07	34,38	— 0,31
11 46	1388	— 2,967	29,58	29,31	+ 0,27	2 20	1708	— 5,192	35,31	35,96	— 0,65
12 30	1393	— 3,272	30,31	30,08	+ 0,23	3 2	1713	— 5,102	35,86	35,63	+ 0,23
1 17	1398	— 3,561	31,11	30,96	+ 0,15	4 3	1718	— 5,272	35,52	34,40	+ 1,12
1 56	1403	— 3,513	30,99	31,25	— 0,26	9 9	1723	— 2,596	28,11	28,70	— 0,59
2 32	1408	— 3,586	31,18	30,33	+ 0,85	9 51	1728	— 3,715	31,51	31,29	+ 0,22
3 11	1413	— 3,490	30,95	30,64	+ 0,31	10 26	1733	— 4,489	33,50	34,51	— 1,01
4 15	1418	— 3,197	30,17	29,73	+ 0,44	11 3	1738	— 5,094	34,85	32,65	+ 2,20
8 35	1423	— 1,404	25,54	26,17	— 0,63	11 38	1743	— 5,362	35,75	35,19	+ 0,56
9 17	1428	— 2,375	28,05	28,43	— 0,38	12 15	1748	— 5,558	36,21	35,52	+ 0,69
9 50	1433	— 2,765	29,06	29,25	— 0,19	12 59	1753	— 6,015	37,54	36,40	+ 1,14
10 38	1438	— 3,119	29,97	30,61	— 0,64	1 41	1758	— 5,961	37,30	36,46	+ 0,84
11 23	1443	— 3,589	31,18	31,43	— 0,25	2 27	1763	— 6,195	37,90	36,40	+ 1,50
12 13	1448	— 3,829	31,80	32,08	— 0,28	3 10	1768	— 6,007	37,41	36,13	+ 1,28
12 57	1453	— 4,007	32,26	31,80	+ 0,46	3 53	1773	— 6,070	37,58	36,29	+ 1,29
1 40	1458	— 4,232	32,84	32,44	+ 0,40	5 2	1778	— 5,381	35,80	34,60	+ 1,20

$t = 21^{\circ},935 - 2^{\circ},577\ m.$ — Du 26 juillet au 7 août 1858.

Heures	Positions des règles	m	t	T	t—T	Heures	Positions des règles	m	t	T	t—T
h m			°	°	°	h m			°	°	°
9 29	1783	— 2,287	27,83	27,19	+ 0,64	1 49	2108	— 4,537	33,63	33,47	+ 0,16
10 31	1788	— 3,194	30,17	30,00	+ 0,17	2 31	2113	— 4,029	32,32	31,82	+ 0,50
11 14	1793	— 3,534	31,04	31,03	+ 0,01	3 9	2118	— 4,284	32,97	31,68	+ 1,29
12 0	1798	— 3,885	31,95	32,42	— 0,47	3 45	2123	— 4,391	33,26	32,67	+ 0,59
12 46	1803	— 5,008	34,84	35,08	— 0,24	4 49	2128	— 4,177	32,70	31,76	+ 0,94
1 35	1808	— 3,326	30,51	28,92	+ 1,59	7 57	2133	— 2,193	27,59	29,01	— 1,42
2 15	1813	— 3,040	29,77	28,83	+ 0,94	8 36	2138	— 3,534	31,04	31,35	— 0,31
2 52	1818	— 1,875	26,76	27,59	— 0,83	9 9	2143	— 4,276	32,95	34,31	— 1,36
3 28	1823	— 2,465	28,29	27,27	+ 1,02	9 43	2148	— 4,862	34,46	33,74	+ 0,72
4 8	1828	— 2,480	28,33	27,22	+ 1,11	10 40	2153	— 5,386	35,81	34,94	+ 0,87
4 44	1833	— 2,526	28,44	28,43	+ 0,01	11 18	2158	— 5,649	36,49	36,09	+ 0,40
5 57	1838	— 2,088	27,32	27,08	+ 0,24	11 53	2163	— 5,996	37,39	36,51	+ 0,88
8 2	1843	— 1,610	26,08	26,43	— 0,35	12 28	2168	— 5,599	36,36	35,41	+ 0,95
8 37	1848	— 2,604	28,65	28,02	+ 0,63	1 7	2173	— 5,759	36,78	35,85	+ 0,93
9 17	1853	— 3,015	29,70	29,36	+ 0,34	1 45	2178	— 5,543	36,22	35,63	+ 0,59
9 49	1858	— 3,119	30,75	29,93	+ 0,82	2 19	2183	— 5,585	36,33	35,96	+ 0,37
10 21	1863	— 3,554	31,09	29,25	+ 1,84	3 15	2188	— 5,434	35,94	35,36	+ 0,58
10 57	1868	— 3,325	30,50	29,05	+ 1,45	9 1	2193	— 2,225	27,67	28,26	— 0,59
11 37	1873	— 2,957	29,55	28,76	+ 0,79	9 32	2198	— 2,961	29,56	29,45	+ 0,11
12 14	1878	— 3,512	30,98	30,68	+ 0,30	10 6	2203	— 3,729	31,54	32,11	— 0,57
12 53	1883	— 4,213	32,79	32,13	+ 0,66	10 37	2208	— 4,220	32,81	32,39	+ 0,42
1 35	1888	— 4,651	33,92	33,12	+ 0,80	11 46	2213	— 5,248	35,59	34,04	+ 1,55
2 15	1893	— 4,268	32,93	31,69	+ 1,24	12 28	2218	— 5,561	36,27	35,85	+ 0,42
2 57	1898	— 4,328	33,09	31,85	+ 1,24	1 7	2223	— 5,669	36,54	36,40	+ 0,14
9 22	1903	— 0,439	23,07	22,07	+ 1,00	1 45	2228	— 6,383	38,39	36,40	+ 1,99
10 3	1908	— 0,739	23,84	24,08	— 0,24	2 22	2233	— 6,020	37,45	36,68	+ 0,77
10 40	1913	— 1,291	25,26	24,81	+ 0,45	2 59	2238	— 6,110	37,68	36,62	+ 1,06
11 18	1918	— 1,751	26,45	26,06	+ 0,39	3 34	2243	— 6,126	37,72	36,62	+ 1,10
11 52	1923	— 2,009	27,34	27,15	+ 0,19	4 31	2248	— 5,717	36,67	36,29	+ 0,38
12 27	1928	— 2,528	28,45	27,94	+ 0,51	10 6	2253	— 1,508	25,82	26,08	— 0,26
1 1	1933	— 2,834	29,24	28,57	+ 0,67	10 40	2258	— 2,385	27,82	28,11	— 0,29
1 31	1938	— 2,795	29,14	29,23	— 0,09	11 15	2263	— 2,898	29,40	29,49	— 0,09
2 9	1943	— 3,082	29,88	29,96	— 0,08	11 44	2268	— 3,139	30,80	30,13	+ 0,67
2 46	1948	— 3,255	30,27	30,35	— 0,08	12 12	2273	— 3,719	31,60	31,16	+ 0,44
3 19	1953	— 3,296	30,13	30,02	+ 0,11	1 39	2278	— 4,759	34,20	34,33	— 0,13
4 19	1958	— 3,422	30,75	29,69	+ 1,06	2 12	2283	— 4,885	34,52	34,73	— 0,21
9 22	1963	— 1,601	26,06	26,39	— 0,33	2 41	2288	— 5,326	35,66	35,61	+ 0,05
9 58	1968	— 1,986	27,05	27,31	— 0,26	3 11	2293	— 5,448	35,97	36,84	— 0,87
10 27	1973	— 2,431	28,20	28,62	— 0,42	3 37	2298	— 5,785	36,84	36,29	+ 0,55
11 2	1978	— 2,802	29,31	29,16	+ 0,15	4 7	2303	— 5,552	36,19	35,85	+ 0,34
11 38	1983	— 3,128	30,00	29,58	+ 0,42	4 57	2308	— 5,627	36,44	36,18	+ 0,26
12 12	1988	— 3,283	30,39	30,70	— 0,31	8 30	2313	— 1,300	25,28	25,39	— 0,11
12 47	1993	— 3,779	31,67	31,32	+ 0,35	8 59	2318	— 1,978	27,03	26,52	+ 0,51
1 27	1998	— 3,772	31,65	31,10	+ 0,55	9 37	2323	— 2,806	29,16	28,93	+ 0,23
2 4	2003	— 4,106	32,52	32,34	+ 0,18	10 15	2328	— 3,260	30,34	29,80	+ 0,54
2 42	2008	— 3,989	32,21	32,31	— 0,10	10 51	2333	— 3,601	31,21	31,03	+ 0,18
3 18	2013	— 4,219	32,88	31,67	+ 1,21	11 25	2338	— 4,084	32,46	31,57	+ 0,89
4 11	2018	— 4,013	32,35	31,62	+ 0,73	12 6	2343	— 4,537	33,63	33,87	— 0,24
8 30	2023	— 0,902	21,49	21,84	— 0,35	12 45	2348	— 5,026	34,89	35,96	— 1,07
9 6	2028	— 1,365	25,45	25,09	+ 0,36	1 21	2353	— 5,491	36,08	36,62	— 0,54
9 39	2033	— 1,600	26,08	26,41	— 0,33	2 2	2358	— 5,403	36,01	35,25	+ 0,76
10 16	2038	— 2,133	27,43	28,88	— 1,45	2 44	2363	— 5,960	37,29	36,29	+ 1,00
10 53	2043	— 2,087	27,31	27,22	+ 0,09	3 42	2368	— 5,847	37,00	36,10	+ 0,90
11 30	2048	— 2,571	28,59	29,20	— 0,61	9 22	2373	— 1,925	26,90	27,79	— 0,89
12 0	2053	— 2,963	29,57	30,39	— 0,82	9 54	2378	— 2,688	28,86	27,93	+ 0,93
12 31	2058	— 3,180	30,13	30,88	— 0,75	10 32	2383	— 3,420	30,75	30,59	+ 0,16
1 10	2063	— 3,022	29,72	29,58	+ 0,14	11 45	2388	— 4,077	32,44	32,77	— 0,33
2 24	2068	— 3,210	30,28	29,20	+ 1,08	12 26	2393	— 4,677	33,99	34,08	— 0,09
9 25	2073	— 1,087	24,71	24,94	— 0,20	1 3	2398	— 5,085	35,03	35,30	— 0,27
9 57	2078	— 1,836	26,67	26,89	— 0,22	1 36	2403	— 5,304	35,60	35,74	— 0,14
10 29	2083	— 2,611	28,66	28,50	+ 0,16	2 42	2408	— 5,793	36,86	35,73	+ 1,13
11 0	2088	— 2,836	29,24	28,61	+ 0,63	3 40	2413	— 5,554	36,25	35,66	+ 0,59
11 32	2093	— 3,234	30,27	31,10	— 0,83	4 27	2418	— 5,509	36,36	35,63	+ 0,73
12 6	2098	— 3,712	31,50	30,96	+ 0,54	5 10	2423	— 5,411	35,88	35,85	+ 0,03
12 43	2103	— 4,000	32,24	32,06	+ 0,18	6 20	2428	— 4,693	34,03	33,76	+ 0,27

$t = 21^{\circ},935 - 2,577\ m.$ Du 9 au 21 août 1858.

Heures	Positions des règles	*m*	*t*	T	*t*—T	Heures	Positions des règles	*m*	*t*	T	*t*—T
h m			°	°	°	h m			°	°	°
9 6	2133	— 0,900	24,25	25,68	— 1,43	11 14	2753	— 3,746	31,59	31,10	+ 0,49
9 42	2138	— 1,807	26,59	27,25	— 0,66	11 44	2758	— 3,556	31,10	30,35	+ 0,75
10 15	2143	— 2,519	28,50	28,37	+ 0,13	12 52	2763	— 3,654	31,34	29,90	+ 1,44
10 50	2148	— 3,100	29,92	29,78	+ 0,14	1 54	2768	— 2,506	28,39	28,87	— 0,48
12 0	2153	— 3,891	31,96	32,58	— 0,62	9 55	2772	— 2,161	27,50	28,14	— 0,64
12 38	2158	— 4,498	33,53	32,95	+ 0,58	10 31	2777	— 2,721	28,95	29,72	— 0,77
1 16	2163	— 4,517	33,58	33,43	+ 0,15	11 4	2782	— 3,213	30,22	30,37	— 0,15
1 53	2168	— 4,868	34,48	33,27	+ 1,21	11 38	2787	— 3,408	30,72	29,99	+ 0,73
2 26	2173	— 5,040	34,92	34,48	+ 0,44	12 10	2792	— 3,670	31,39	30,55	+ 0,84
3 2	2178	— 4,851	34,44	34,42	+ 0,02	1 29	2797	— 3,971	32,17	32,15	+ 0,02
3 37	2183	— 4,616	33,91	33,11	+ 0,80	2 2	2802	— 4,065	32,41	31,80	+ 0,61
4 39	2188	— 4,185	32,72	32,64	+ 0,08	2 36	2807	— 3,938	31,83	32,55	— 0,72
8 50	2193	— 0,605	23,49	23,02	+ 0,47	3 11	2812	— 3,623	31,27	31,58	— 0,31
9 17	2198	— 1,172	24,96	24,63	+ 0,33	3 47	2817	— 3,398	30,69	30,04	+ 0,65
9 42	2303	— 1,443	25,65	25,02	+ 0,63	4 22	2822	— 3,205	30,19	29,86	+ 0,33
10 7	2508	— 1,944	26,94	26,32	+ 0,62	5 28	2827	— 3,002	29,67	29,39	+ 0,28
10 39	2313	— 2,189	27,58	26,96	+ 0,62	9 59	2832	— 1,846	26,69	26,48	+ 0,21
11 10	2318	— 2,524	28,44	28,54	— 0,10	10 38	2837	— 2,001	27,09	26,72	+ 0,37
12 17	2523	— 3,316	30,48	30,71	— 0,23	11 15	2842	— 1,845	26,69	26,60	+ 0,09
12 48	2528	— 3,393	30,68	30,83	— 0,15	12 34	2847	— 2,873	29,34	29,49	— 0,15
1 21	2533	— 3,858	31,88	31,24	+ 0,64	1 15	2852	— 2,886	29,37	29,38	— 0,01
1 47	2538	— 3,753	31,61	31,34	+ 0,27	1 50	2857	— 3,116	29,96	30,33	— 0,37
2 19	2543	— 4,121	32,55	32,20	+ 0,35	2 27	2862	— 3,113	29,96	29,31	+ 0,65
3 30	2548	— 4,019	32,29	31,45	+ 0,84	2 57	2867	— 2,711	28,92	29,14	— 0,22
9 8	2553	— 0,966	24,42	23,97	+ 0,45	3 31	2872	— 2,610	28,66	27,57	+ 1,09
9 38	2558	— 1,510	25,83	25,71	+ 0,12	4 2	2877	— 2,080	27,29	26,64	+ 0,65
10 9	2563	— 2,047	27,21	27,03	+ 0,18	4 40	2882	— 1,529	25,87	25,27	+ 0,60
10 44	2568	— 2,578	28,58	28,83	— 0,25	5 39	2887	— 1,105	24,78	24,51	+ 0,27
11 14	2573	— 2,782	29,10	31,54	— 2,44	9 8	2892	+ 1,004	19,34	20,22	— 0,88
12 39	2578	— 3,688	31,44	29,97	+ 1,47	9 37	2897	+ 0,366	20,99	21,06	— 0,07
1 12	2583	— 4,317	33,06	33,93	— 0,87	10 6	2902	— 0,213	22,48	20,42	+ 2,06
1 41	2588	— 4,473	33,46	32,44	+ 1,02	10 35	2907	— 0,212	22,48	20,23	+ 2,25
2 16	2593	— 4,357	33,16	32,13	+ 1,03	11 3	2912	— 0,605	23,49	22,41	+ 1,08
2 52	2598	— 4,138	32,60	32,54	+ 0,06	11 32	2917	— 0,747	23,86	23,10	+ 0,76
3 31	2603	— 4,206	32,77	32,33	+ 0,44	12 45	2922	— 1,322	25,34	25,71	— 0,37
4 30	2608	— 4,083	32,46	32,23	+ 0,23	1 26	2927	— 1,655	26,20	24,74	+ 1,46
8 52	2613	— 0,900	24,51	25,54	— 1,03	2 1	2932	— 2,248	27,73	25,31	+ 2,42
9 29	2618	— 2,343	27,97	29,37	— 1,40	2 35	2937	— 2,265	27,77	26,91	+ 0,86
10 7	2623	— 2,682	28,85	29,23	— 0,38	3 9	2942	— 2,348	27,99	26,40	+ 1,59
10 42	2628	— 3,035	29,76	28,39	+ 1,37	4 7	2947	— 1,911	26,86	26,50	+ 0,36
11 10	2633	— 2,874	29,34	28,48	+ 0,86	10 17	2952	— 1,284	25,24	25,01	+ 0,23
11 48	2638	— 3,622	31,27	31,77	— 0,50	10 50	2957	— 1,508	25,82	26,17	— 0,35
12 45	2643	— 4,624	33,85	33,94	— 0,09	11 31	2962	— 1,967	27,00	27,07	— 0,07
1 16	2648	— 4,876	34,50	34,34	+ 0,16	12 7	2967	— 2,188	27,57	27,16	+ 0,41
1 47	2653	— 4,981	34,77	34,31	+ 0,46	1 30	2972	— 2,499	28,37	28,71	— 0,34
2 21	2658	— 4,930	34,64	33,84	+ 0,80	2 10	2977	— 2,729	28,97	28,87	+ 0,10
2 54	2663	— 4,854	34,44	33,61	+ 0,83	2 48	2982	— 2,919	29,46	28,45	+ 1,01
3 58	2668	— 4,685	34,01	33,18	+ 0,83	3 30	2987	— 2,918	29,45	29,49	— 0,04
9 17	2673	— 2,033	27,33	27,49	— 0,16	4 1	2992	— 2,854	29,29	29,01	+ 0,28
10 0	2678	— 3,610	31,24	32,55	— 1,31	4 32	2997	— 2,704	28,90	28,14	+ 0,76
10 34	2683	— 4,266	32,93	34,29	— 1,36	5 5	3002	— 2,669	28,81	27,83	+ 0,98
11 14	2688	— 4,594	33,77	34,00	— 0,23	6 17	3007	— 2,023	27,15	27,63	— 0,48
12 47	2693	— 4,984	34,78	35,12	— 0,34	9 2	3012	— 0,065	22,10	22,34	— 0,24
1 22	2698	— 5,211	35,36	34,09	+ 1,27	9 40	3017	— 0,653	23,62	23,74	— 0,12
2 2	2703	— 4,810	34,35	33,00	+ 1,35	10 21	3022	— 1,302	25,29	25,73	— 0,44
2 42	2708	— 5,257	35,48	34,22	+ 1,26	10 59	3027	— 1,897	26,82	26,30	+ 0,52
3 17	2713	— 4,534	33,62	32,58	+ 1,04	11 36	3032	— 2,103	27,35	27,85	— 0,50
3 53	2718	— 4,054	32,38	31,48	+ 0,90	12 7	3037	— 2,484	28,34	28,45	— 0,11
4 21	2723	— 3,561	31,11	31,14	— 0,03	12 45	3042	— 2,585	28,60	27,17	+ 1,43
5 18	2728	— 3,865	31,89	31,01	+ 0,88	1 19	3047	— 2,786	29,11	28,76	+ 0,35
9 12	2733	— 1,998	27,08	27,60	— 0,52	1 55	3052	— 2,784	29,11	29,38	— 0,27
9 42	2738	— 2,893	29,39	29,26	+ 0,13	2 29	3057	— 2,826	29,22	28,30	+ 0,92
10 15	2743	— 2,819	29,20	29,67	— 0,47	3 8	3062	— 2,719	28,94	29,24	— 0,30
10 46	2748	— 3,392	30,68	30,09	+ 0,59	4 8	3067	— 2,560	28,55	27,74	+ 0,81

$t = 21{,}935^{\circ} - 2{,}577^{\circ}\, m$. Du 23 août au 6 septembre 1858.

Heures	Positions des règles	m	t	T	t—T	Heures	Positions des règles	m	t	T	t—T
h m			°	°	°	h m			°	°	°
8 58	3072	+ 0,577	20,15	21,82	— 1,37	12 38	3402	— 1,483	25,76	23,81	+ 1,95
9 34	3077	— 0,298	22,70	23,11	— 0,41	1 18	3407	— 1,537	25,90	25,28	+ 0,62
10 16	3082	— 0,812	24,03	24,10	— 0,07	1 55	3412	— 1,362	25,44	25,75	— 0,31
10 51	3087	— 1,295	25,27	25,40	+ 0,13	2 30	3417	— 1,630	26,14	25,40	+ 0,74
11 37	3092	— 1,359	25,44	26,09	— 0,65	3 4	3422	— 1,487	25,77	25,85	— 0,08
12 16	3097	— 2,067	27,26	27,49	— 0,23	4 7	3427	— 1,559	25,95	25,02	+ 0,93
12 55	3102	— 2,378	28,06	28,99	— 0,93	9 11	3432	+ 0,317	21,12	21,52	— 0,40
1 29	3107	— 2,509	28,40	27,88	+ 0,52	9 52	3437	— 0,483	23,18	23,10	+ 0,08
2 9	3112	— 2,535	28,47	27,82	+ 0,65	10 32	3442	— 1,037	24,61	25,17	— 0,56
2 47	3117	— 2,344	27,97	27,16	+ 0,81	11 5	3447	— 1,657	26,20	25,79	+ 0,41
3 22	3122	— 2,010	27,19	27,00	+ 0,19	11 43	3452	— 2,167	27,52	26,79	+ 0,73
4 21	3127	— 1,894	26,82	26,06	+ 0,76	12 19	3457	— 2,468	28,29	28,15	+ 0,14
3 8	3132	— 0,012	22,04	22,96	— 0,92	12 52	3462	— 2,641	28,74	30,06	— 1,32
3 51	3137	+ 0,028	21,86	21,68	+ 0,18	1 24	3467	— 3,048	29,79	27,27	+ 2,52
4 39	3142	+ 0,083	21,72	21,27	+ 0,45	1 56	3472	— 3,082	29,88	28,59	+ 1,29
5 31	3147	+ 0,384	20,94	20,10	+ 0,84	2 28	3477	— 3,122	29,98	31,63	— 1,65
10 37	3152	— 0,584	23,44	24,25	— 0,81	3 1	3482	— 2,953	29,54	29,34	+ 0,20
11 12	3157	— 1,514	25,84	25,05	+ 0,79	4 0	3487	— 2,821	29,20	27,74	+ 1,46
11 53	3162	— 1,771	26,50	25,39	+ 1,11	9 28	3492	— 0,063	22,10	23,73	— 1,63
1 5	3167	— 2,209	27,63	27,04	+ 0,59	10 1	3497	— 1,165	24,94	25,73	— 0,79
1 40	3172	— 2,111	27,37	26,84	+ 0,53	10 34	3502	— 1,855	26,71	26,08	+ 0,63
2 26	3177	— 2,642	28,74	27,02	+ 1,72	11 4	3507	— 2,573	28,57	29,47	— 0,90
3 0	3182	— 2,812	29,26	27,26	+ 2,00	11 31	3512	— 2,508	28,40	28,02	+ 0,38
4 0	3187	— 2,372	28,05	27,74	+ 0,31	12 5	3517	— 2,592	28,61	29,46	— 0,85
9 32	3192	— 0,825	24,06	24,69	— 0,63	1 23	3522	— 3,487	30,92	31,32	— 0,40
10 9	3197	— 1,444	25,66	25,31	+ 0,35	2 6	3527	— 3,189	30,15	30,38	— 0,23
10 48	3202	— 2,076	27,28	27,29	— 0,01	2 45	3532	— 3,838	31,88	31,44	+ 0,44
11 24	3207	— 2,304	27,87	28,15	— 0,28	3 18	3537	— 3,811	31,76	31,45	+ 0,31
12 4	3212	— 2,619	28,68	28,35	+ 0,33	3 48	3542	— 3,903	31,99	31,67	+ 0,32
12 30	3217	— 3,079	29,87	27,71	+ 2,16	4 39	3547	— 3,635	31,30	31,32	— 0,02
1 31	3222	— 2,860	29,30	28,13	+ 1,17	9 5	3552	— 0,151	22,32	22,48	— 0,16
2 7	3227	— 2,984	29,62	28,48	+ 1,14	9 37	3557	— 0,883	24,21	24,19	+ 0,02
2 45	3232	— 3,011	29,69	28,77	+ 0,92	10 8	3562	— 1,602	26,06	25,22	+ 0,84
3 25	3237	— 2,928	29,48	28,30	+ 1,18	10 38	3567	— 2,032	27,22	27,13	+ 0,09
4 1	3242	— 2,804	29,16	28,07	+ 1,09	11 7	3572	— 2,407	28,14	27,49	+ 0,65
5 3	3247	— 2,319	27,99	27,16	+ 0,83	11 40	3577	— 2,956	29,55	29,53	+ 0,02
9 28	3252	— 1,488	25,77	24,25	+ 1,52	1 4	3582	— 3,852	31,81	32,11	— 0,30
10 44	3257	— 2,644	28,75	28,70	+ 0,05	1 38	3587	— 4,061	32,40	32,79	— 0,39
11 12	3262	— 2,726	28,96	29,05	— 0,09	2 11	3592	— 3,975	32,18	32,20	— 0,02
11 43	3267	— 3,301	30,44	28,84	+ 1,60	2 47	3597	— 4,184	32,72	32,36	+ 0,36
12 14	3272	— 3,376	30,63	28,48	+ 2,15	3 22	3602	— 4,333	33,10	32,92	+ 0,18
1 3	3277	— 3,847	31,85	31,64	+ 0,21	4 19	3607	— 3,909	32,01	31,45	+ 0,56
1 31	3282	— 3,675	31,40	31,93	— 0,53	9 9	3612	— 0,753	23,77	24,65	— 0,78
2 6	3287	— 3,868	31,90	30,56	+ 1,34	9 38	3617	— 1,401	25,55	25,07	+ 0,48
2 37	3292	— 4,017	32,36	30,79	+ 1,57	10 8	3622	— 1,780	26,52	25,79	+ 0,73
3 8	3297	— 3,609	31,23	30,25	+ 0,98	10 39	3627	— 2,284	27,82	27,31	+ 0,51
3 39	3302	— 3,196	30,17	30,76	— 0,59	11 14	3632	— 2,903	29,65	30,79	— 1,14
4 28	3307	— 2,901	29,41	28,50	+ 0,91	11 47	3637	— 3,576	31,15	31,14	+ 0,01
10 17	3312	+ 0,950	19,49	20,45	— 0,96	12 49	3642	— 3,800	31,73	30,70	+ 1,03
10 51	3317	+ 0,155	21,54	21,64	— 0,10	1 19	3647	— 3,597	31,20	30,45	+ 0,75
11 24	3322	— 0,427	23,03	23,33	— 0,30	1 50	3652	— 3,890	31,96	30,79	+ 1,17
12 32	3327	— 0,862	24,16	23,57	+ 0,59	2 20	3657	— 4,125	32,56	31,37	+ 1,19
1 4	3332	— 1,371	25,47	25,53	— 0,06	2 50	3662	— 3,801	31,73	30,81	+ 0,92
1 42	3337	— 1,639	26,16	27,27	— 1,11	3 38	3667	— 3,289	30,41	29,18	+ 1,23
2 12	3342	— 1,645	26,17	26,62	— 0,55	9 9	3672	— 1,021	24,57	25,51	— 0,94
2 43	3347	— 1,762	26,48	24,72	+ 1,76	9 53	3677	— 2,113	27,38	28,41	— 1,03
3 14	3352	— 1,738	26,41	25,84	+ 0,57	10 25	3682	— 2,710	28,92	29,64	— 0,72
3 47	3357	— 2,095	27,33	26,30	+ 1,03	11 3	3687	— 2,970	29,59	29,05	+ 0,54
4 27	3362	— 1,033	24,60	23,78	+ 0,82	11 46	3692	— 3,054	29,80	29,69	+ 0,11
5 27	3367	— 0,850	24,15	23,42	+ 0,73	1 11	3697	— 3,554	31,09	31,14	— 0,05
9 24	3372	— 0,068	22,11	22,73	— 0,62	1 48	3702	— 3,651	31,35	31,92	— 0,57
9 59	3377	— 0,519	23,27	23,48	— 0,21	2 27	3707	— 3,675	31,40	31,67	— 0,27
10 31	3382	— 0,920	24,33	24,08	+ 0,25	3 4	3712	— 3,490	30,93	29,91	+ 1,02
11 0	3387	— 1,239	23,13	22,47	+ 0,66	3 43	3717	— 3,020	29,72	28,46	+ 1,26
11 35	3392	— 1,249	25,15	24,77	+ 0,38	4 19	3722	— 2,888	29,38	29,23	+ 0,15
12 6	3397	— 1,382	25,50	25,57	— 0,07	5 22	3727	— 2,138	28,22	27,56	+ 0,66

$t = 21^{\circ},935 - 2^{\circ},577\ m.$ Du 7 septembre au 3 octobre 1858.

Heures	Positions des règles	m	t	T	t—T	Heures	Positions des règles	m	t	T	t—T
h m			°	°	°	h m			°	°	°
8 49	3732	+ 0,274	21,23	21,19	+ 0,01	2 10	289	+ 1,019	19,30	18,60	+ 0,70
9 26	3737	− 0,125	22,26	22,15	+ 0,11	2 38	294	+ 1,100	19,10	18,45	+ 0,65
10 1	3742	− 0,465	23,13	23,20	− 0,07	3 12	299	+ 1,239	18,74	18,08	+ 0,66
10 38	3747	− 0,984	24,47	23,92	+ 0,55	10 34	304	− 0,885	24,22	23,73	+ 0,49
11 16	3752	− 1,213	25,06	24,15	+ 0,91	11 4	309	− 1,212	25,06	24,52	+ 0,54
11 52	3757	− 1,544	25,91	25,49	+ 0,42	11 34	314	− 1,352	25,42	25,59	− 0,17
12 59	3761	− 2,175	27,54	25,62	+ 1,92	12 6	319	− 1,501	25,80	25,20	+ 0,60
10 51	4	− 0,631	23,56	20,20	+ 0,36	12 36	324	− 0,942	21,36	21,63	− 0,27
11 35	9	− 1,083	24,73	23,20	+ 1,53	1 5	329	− 1,618	26,10	25,95	+ 0,15
12 18	14	− 1,771	26,50	25,32	+ 1,18	1 43	334	− 1,457	24,92	23,97	+ 0,95
12 49	19	− 1,426	25,61	24,51	+ 1,10	2 22	339	− 0,767	23,91	23,42	+ 0,49
1 17	21	− 1,286	25,25	24,05	+ 1,20	2 57	344	− 0,677	23,68	23,29	+ 0,39
1 50	29	− 1,605	26,07	25,07	+ 1,00	3 30	349	− 0,313	22,74	22,37	+ 0,37
2 25	34	− 1,563	25,96	26,39	− 0,43	4 4	354	− 0,217	22,49	21,98	+ 0,51
2 56	39	− 1,639	26,16	25,24	+ 0,92	4 38	359	+ 0,364	20,99	20,33	+ 0,66
3 29	44	− 1,740	26,42	26,36	+ 0,06	8 57	364	+ 1,164	18,93	19,22	− 0,29
4 1	49	− 1,840	26,68	26,50	+ 0,18	9 31	369	+ 0,679	20,18	20,47	− 0,29
4 35	54	− 1,800	26,57	25,90	+ 0,67	10 0	374	+ 0,227	21,35	20,35	+ 1,00
5 11	59	− 1,179	24,97	24,66	+ 0,31	10 31	379	+ 0,335	21,07	21,66	− 0,59
9 45	64	− 1,753	26,45	27,14	− 0,69	11 6	384	− 0,387	22,93	22,98	− 0,05
10 16	69	− 2,217	27,65	27,56	+ 0,09	11 37	389	− 0,260	22,60	20,66	+ 1,94
10 47	74	− 2,601	28,64	29,12	− 0,48	12 15	394	+ 0,127	21,60	20,35	+ 1,25
11 13	79	− 2,922	29,46	28,94	+ 0,52	12 48	399	− 0,265	22,62	21,34	+ 1,28
11 46	84	− 3,212	30,22	29,01	+ 1,21	1 19	404	− 0,390	22,94	22,82	+ 0,12
12 22	89	− 3,462	30,86	30,81	+ 0,05	1 50	409	− 0,450	23,04	21,53	− 1,51
12 57	94	− 3,789	31,70	31,05	+ 0,65	2 22	414	− 0,482	23,18	22,00	+ 1,18
1 29	99	− 3,811	31,76	31,56	+ 0,20	2 54	419	− 0,755	23,88	23,26	+ 0,62
2 7	104	− 3,954	32,12	31,32	+ 0,80	9 19	424	+ 1,366	18,41	18,73	− 0,32
2 47	109	− 3,731	31,55	30,79	+ 0,76	9 49	429	+ 1,000	19,35	19,02	+ 0,33
3 26	114	− 4,019	32,29	31,34	+ 0,95	10 20	434	+ 0,697	20,13	19,88	+ 0,25
3 59	119	− 3,917	32,03	31,69	+ 0,34	10 52	439	+ 0,111	21,57	20,57	+ 1,00
8 59	124	+ 1,296	18,59	19,13	− 0,54	11 21	444	+ 0,007	21,91	21,46	+ 0,45
10 31	129	+ 0,760	19,98	19,33	+ 0,65	11 57	449	− 0,215	22,49	22,04	+ 0,45
11 6	134	+ 0,697	20,14	19,88	+ 0,26	12 29	454	− 0,656	23,63	23,55	+ 0,08
11 42	139	+ 0,315	21,12	20,33	+ 0,79	12 59	459	− 0,807	24,01	22,67	+ 1,34
12 15	144	+ 0,297	21,17	20,56	+ 0,61	1 31	464	− 0,828	24,07	22,27	+ 1,80
12 49	149	+ 0,211	21,39	20,39	+ 1,00	2 8	469	− 0,717	23,86	23,79	+ 0,07
1 34	154	+ 0,145	21,56	20,79	+ 0,77	2 41	474	− 0,437	23,06	22,13	+ 0,93
2 13	159	− 0,060	22,09	21,10	+ 0,99	3 12	479	− 0,417	23,01	22,48	+ 0,83
2 47	164	+ 0,187	21,45	20,01	+ 1,44	9 52	484	+ 1,185	18,88	18,13	+ 0,75
3 23	169	+ 0,315	21,12	20,11	+ 1,01	10 21	489	+ 0,736	20,03	20,16	− 0,13
3 57	174	+ 0,551	20,51	19,65	+ 0,86	10 59	494	+ 0,195	21,43	20,87	+ 0,56
4 32	179	+ 0,775	19,93	18,98	+ 0,95	11 41	499	− 0,148	22,33	21,96	+ 0,36
8 55	184	+ 1,515	18,03	17,62	+ 0,41	12 15	504	− 0,572	23,41	23,42	− 0,01
9 27	189	+ 0,775	19,93	18,90	+ 1,03	12 53	509	− 1,073	24,70	23,31	+ 1,39
10 0	194	+ 0,400	20,90	19,75	+ 1,15	1 25	514	− 1,389	25,51	24,50	+ 1,01
10 34	199	+ 0,194	21,44	21,12	+ 0,32	1 53	519	− 1,391	25,53	24,83	+ 0,70
11 8	204	− 0,143	22,30	21,82	+ 0,48	2 27	524	− 1,257	25,17	23,60	+ 1,37
11 41	209	− 0,346	22,83	22,65	+ 0,18	3 2	529	− 1,334	25,37	23,64	+ 1,73
12 16	214	− 0,491	23,20	22,26	+ 0,94	3 37	534	− 1,298	25,28	24,28	+ 1,00
12 50	219	− 0,505	23,24	23,27	− 0,03	4 9	539	− 1,393	25,52	23,92	+ 1,60
1 25	224	− 0,651	23,61	22,34	+ 1,27	9 39	544	+ 1,964	16,87	17,45	− 0,58
2 1	229	− 0,486	23,19	23,29	− 0,10	10 10	549	+ 1,263	18,68	18,36	+ 0,32
2 37	234	− 0,835	24,09	23,42	+ 0,67	10 39	554	+ 0,950	19,49	19,88	− 0,39
3 12	239	− 0,734	23,83	23,19	+ 0,64	11 11	559	+ 0,611	20,36	20,37	− 0,01
9 30	244	+ 1,864	17,13	16,91	+ 0,22	11 37	564	+ 0,329	21,09	21,41	− 0,32
10 2	249	+ 1,105	19,08	18,64	+ 0,44	12 1	569	− 0,034	22,02	21,69	+ 0,33
10 33	254	+ 0,767	19,95	19,23	+ 0,72	12 45	574	− 0,176	22,39	22,59	− 0,20
11 4	259	+ 0,456	20,76	20,12	+ 0,64	1 11	579	− 0,156	22,34	22,31	+ 0,03
11 38	264	+ 0,310	21,14	21,16	− 0,02	1 45	584	− 0,528	23,30	23,31	− 0,01
12 8	269	+ 0,010	21,83	21,43	+ 0,40	2 15	589	− 0,600	23,48	23,09	+ 0,39
12 42	274	+ 0,165	21,51	20,77	+ 0,74	2 46	594	− 0,774	23,93	23,31	+ 0,62
1 12	279	+ 0,478	20,70	19,88	+ 0,82	3 18	599	− 0,704	23,75	22,91	+ 0,84
1 43	284	+ 0,842	19,84	19,13	+ 0,71						

$t = 21{,}935^{\circ} - 2{,}577\,m.$ — 4 ET 5 OCTOBRE 1858.

Heures	Positions des règles	m	t	T	t—T	Heures	Positions des règles	m	t	T	t—T
h m			°	°	°	h m			°	°	°
9 53	604	+ 1,511	18,03	17,58	+ 0,45	3 54	659	+ 0,769	19,95	18,82	+ 1,13
10 26	609	+ 1,520	18,01	17,23	+ 0,78	10 27	664	+ 0,803	19,86	20,77	— 0,91
11 0	614	+ 1,393	18,34	18,34	0,00	10 58	669	+ 0,232	21,34	21,10	+ 0,24
11 33	619	+ 1,200	18,84	18,12	+ 0,72	11 29	674	— 0,119	22,24	22,39	— 0,15
12 4	624	+ 1,195	18,85	18,19	+ 0,66	11 59	679	— 0,479	23,17	22,66	+ 0,51
12 42	629	+ 0,952	19,48	19,33	+ 0,15	12 29	684	— 0,635	23,57	24,25	— 0,68
1 13	634	+ 0,911	19,50	19,36	+ 0,14	12 57	689	— 0,706	23,75	23,16	+ 0,59
1 48	639	+ 0,723	20,07	19,34	+ 0,73	1 32	694	— 0,785	23,96	23,44	+ 0,52
2 20	644	+ 0,628	20,31	20,09	+ 0,22	2 7	699	— 1,124	24,83	24,52	+ 0,31
2 50	649	+ 0,579	20,44	19,96	+ 0,48	2 39	704	— 1,054	24,65	23,88	+ 0,77
3 19	654	+ 0,608	20,36	19,00	+ 1,36	3 33	709	— 1,146	24,89	23,75	+ 1,01

APPENDICE N.° 2.

VALEURS ANGULAIRES CORRESPONDANT AUX LECTURES MICROMÉTRIQUES DES THÉODOLITES.

OBSERVATIONS.

THÉODOLITE DE REPSOLD. 12 ET 13 FÉVRIER 1859.

Heures	Thermomètre	Index	Microscope I — Trait de droite	Microscope I — Trait de gauche	Microscope I — Différences	Microscope I — Moyennes	Microscope II — Trait de droite	Microscope II — Trait de gauche	Microscope II — Différences	Microscope II — Moyennes
h m	°	°	T P	T P	T P		T P	T P	T P	
18 58	1,8	0	0 6,5	2 7,6	2+1,1		0 4,4	2 4,2	2−0,2	
	1,6	30	6,2	6,8	+0,6		4,6	4,6	0,0	
	1,6	60	6,8	7,1	+0,3		4,9	4,8	−0,1	
	1,5	90	7,9	8,0	+0,1		4,9	5,1	+0,2	
	1,5	120	7,4	7,7	+0,3		4,2	3,8	−0,4	
	1,5	150	5,5	5,9	+0,4	2+0,525	3,4	3,0	−0,4	2−0,183
	1,5	180	5,2	6,0	+0,8		3,2	3,2	0,0	
	1,7	210	8,4	9,1	+0,7		3,5	3,1	−0,4	
	1,8	240	9,4	9,9	+0,5		4,6	4,4	−0,2	
	1,9	270	6,5	6,9	+0,4		4,0	3,8	−0,2	
	2,0	300	4,3	4,7	+0,4		3,2	3,3	+0,1	
20 48	3,1	330	4,1	4,8	+0,7		3,3	2,7	−0,6	
3 5	15,0	0	0 4,4	2 5,4	2+1,0		0 1,1	2 0,6	2−0,5	
	15,0	30	4,0	3,8	−0,2		3,1	2,9	−0,2	
	15,0	60	6,9	7,5	+0,6		4,0	3,9	−0,1	
	15,8	90	5,0	5,2	+0,2		7,5	7,3	−0,2	
	15,4	120	7,7	8,4	+0,7		8,8	8,7	−0,1	
	15,4	150	6,5	7,0	+0,5	2+0,517	8,3	7,8	−0,5	2−0,217
	15,4	180	6,9	7,8	+0,9		7,2	7,3	+0,1	
	15,0	210	6,0	6,9	+0,9		5,6	5,8	+0,2	
	15,0	240	7,4	7,8	+0,4		5,7	5,7	0,0	
	14,8	270	6,3	6,6	+0,3		13,6	13,2	−0,4	
	14,6	300	7,3	8,0	+0,7		14,2	13,7	−0,5	
5 11	14,5	330	6,4	6,6	+0,2		10,0	9,6	−0,4	
18 10	7,0	0	0 4,2	2 5,2	2+1,0		0 2,3	2 2,4	2+0,1	
	7,1	30	6,2	6,7	+0,5		2,0	1,5	−0,5	
	7,1	60	7,0	7,5	+0,5		0,4	0,1	−0,3	
	7,1	90	4,1	4,3	+0,2		6,6	6,5	−0,1	
	7,0	120	6,0	6,5	+0,5		6,7	6,4	−0,3	
	7,0	150	9,3	9,6	+0,3	2+0,525	6,0	6,0	0,0	2−0,233
	7,2	180	9,0	9,7	+0,7		6,9	6,5	−0,4	
	7,1	210	6,3	7,2	+0,9		8,4	7,9	−0,5	
	7,2	240	10,1	10,6	+0,5		8,2	8,2	0,0	
	7,3	270	10,4	10,8	+0,4		8,3	7,8	−0,5	
	7,3	300	10,9	11,3	+0,4		7,4	7,5	+0,1	
20 2	7,3	330	10,2	10,8	+0,6		6,9	6,5	−0,4	

Indes.

Théodolite de Repsold. **14, 15 et 16 février 1859.**

à Heures	Thermomètre	Index	Microscope I — Trait de droite	Trait de gauche	Différences	Moyennes	Microscope II — Trait de droite	Trait de gauche	Différences	Moyennes
h m	°	°	r p	r p	r p		r p	r p	r p	
0 41	27,3	0	0 7,9	2 8,6	2+0,7		0 1,5	2 1,8	2+0,3	
	27,2	30	12,1	12,5	+0,4		3,6	3,3	−0,3	
	27,1	60	8,5	9,2	+0,7		4,1	3,6	−0,5	
	27,3	90	5,3	5,5	+0,2		7,0	6,4	−0,6	
	27,1	120	4,8	5,0	+0,2		8,7	8,4	−0,3	
	27,1	150	12,8	13,3	+0,5		8,6	8,3	−0,3	
	27,0	180	16,5	17,3	+1,0	2+0,633	7,0	7,2	+0,2	2−0,258
	26,8	210	17,1	17,9	+0,8		5,0	4,8	−0,2	
	26,8	240	10,8	11,2	+0,4		5,9	5,8	−0,1	
	26,8	270	10,9	11,3	+0,4		13,8	12,8	−1,0	
	26,9	300	11,4	12,6	+1,2		14,9	15,1	+0,2	
2 42	27,1	330	10,3	11,4	+1,1		10,5	10,0	−0,5	
—										
4 40	11,6	10	0 7,7	2 7,9	2+0,2		0 4,0	2 4,6	2+0,6	
	11,5	40	7,8	8,5	+0,7		4,2	4,3	+0,1	
	11,5	70	4,5	5,0	+0,5		4,2	4,0	−0,2	
	11,5	100	2,9	3,6	+0,7		4,5	4,2	−0,3	
	11,3	130	7,0	8,1	+1,1		4,3	3,7	−0,6	
	11,2	160	9,9	10,9	+1,0		3,9	3,3	−0,6	
	12,0	190	13,5	13,9	+0,4	2+0,542	3,3	2,5	−0,8	2−0,200
	12,3	220	7,8	8,0	+0,2		3,5	3,3	−0,2	
	12,4	250	5,6	6,2	+0,6		4,3	4,0	−0,3	
	12,6	280	4,2	4,5	+0,3		4,1	3,7	−0,4	
	12,6	310	5,7	6,0	+0,3		3,9	3,9	0,0	
6 17	12,8	340	5,9	6,4	+0,5		3,0	3,3	+0,3	
—										
1 1	11,8	20	0 7,1	2 7,4	2+0,3		0 2,5	2 2,2	2−0,3	
	12,0	50	6,8	7,4	+0,6		2,1	1,9	−0,2	
	12,2	80	2,9	3,2	+0,3		0,6	0,3	−0,3	
	12,2	110	5,3	6,2	+0,9		6,7	6,2	−0,5	
	12,2	140	7,7	8,5	+0,8		6,9	6,4	−0,5	
	12,5	170	11,0	11,5	+0,5		6,6	6,4	−0,2	
	12,8	200	15,9	16,6	+0,7	2+0,117	7,2	6,8	−0,4	2−0,308
	12,9	230	17,8	18,4	+0,3		8,5	8,0	−0,5	
	13,1	260	11,4	11,7	+0,3		8,3	8,0	−0,3	
	13,3	290	9,2	9,4	+0,2		8,3	8,2	−0,1	
	13,4	320	7,8	8,0	+0,2		7,2	7,1	−0,1	
3 3	13,7	350	9,3	9,2	−0,1		7,1	6,8	−0,3	
			Moyenne générale. .			2+0,526	Moyenne générale. .			2−0,233

$$1^{r} = \frac{4'}{120,526} = 1'',99127$$

$$1^{r} = \frac{4'}{119,767} = 2'',00389$$

Saavedra.

THÉODOLITE DE REPSOLD. 1.er ET 3 MARS 1859.

Heures	Thermomètre	Index	Microscope A — Trait de droite	Trait de gauche	Différences	Moyennes	Microscope B — Trait de droite	Trait de gauche	Différences	Moyennes
h m	°	°	r p	r p	r p		r p	r p	r p	
1 20	20,4	180	0 21,8	2 21,5	2 — 0,3		0 9,9	2 9,1	2 — 0,8	
	20,3	210	14,9	15,5	+ 0,6		5,5	5,2	— 0,3	
	20,5	240	18,0	18,6	+ 0,6		12,6	13,0	+ 0,4	
	20,4	270	11,7	11,2	— 0,5		9,3	8,5	— 0,8	
	20,6	300	10,0	9,9	— 0,1		10,4	10,9	+ 0,5	
	20,6	330	10,6	10,6	0,0	2 + 0,067	11,7	11,4	— 0,3	2 — 0,375
	20,7	0	13,5	13,7	+ 0,2		20,4	19,4	— 1,0	
	20,5	30	10,6	10,4	— 0,2		23,9	23,0	— 0,4	
	20,6	60	12,0	12,3	+ 0,3		27,6	26,9	— 0,7	
	20,5	90	13,1	13,5	+ 0,4		22,3	21,9	— 0,4	
	20,5	120	10,1	10,0	— 0,1		21,0	20,7	— 0,3	
3 26	20,6	150	11,2	11,1	— 0,1		18,4	17,7	— 0,4	
20 0	14,3	190	0 16,1	2 16,2	2 + 0,1		0 8,5	2 7,4	2 — 1,1	
	14,2	220	14,3	14,7	+ 0,4		6,2	5,6	— 0,6	
	13,9	250	15,5	15,6	+ 0,1		9,9	9,0	— 0,9	
	13,9	280	13,5	13,4	— 0,1		13,7	13,5	— 0,2	
	14,1	310	16,9	17,5	+ 0,6		20,2	20,1	— 0,1	
	14,3	340	16,1	16,2	+ 0,1	2 + 0,192	21,4	20,9	— 0,5	2 — 0,658
	14,4	10	7,6	7,3	— 0,3		17,1	16,8	— 0,3	
	14,4	40	10,4	11,1	+ 0,7		25,9	24,5	— 1,4	
	14,4	70	10,6	10,7	+ 0,1		23,8	23,0	— 0,8	
	14,5	100	11,2	11,3	+ 0,1		21,3	20,8	— 0,5	
	14,5	130	10,7	11,0	+ 0,3		19,8	19,1	— 0,7	
22 4	14,4	160	13,4	13,6	+ 0,2		13,3	12,5	— 0,8	
—										
1 45	23,0	200	0 12,6	2 12,4	2 — 0,2		0 5,0	2 4,2	2 — 0,8	
	22,8	230	10,8	10,9	+ 0,1		3,4	3,3	— 0,1	
	22,7	260	16,9	17,2	+ 0,3		13,2	12,7	— 0,5	
	23,0	290	11,3	12,2	+ 0,9		12,2	11,2	— 1,0	
	22,8	320	10,5	11,1	+ 0,6		11,9	10,5	— 1,4	
	23,0	350	14,0	14,0	0,0	2 + 0,167	18,5	17,8	— 0,7	2 — 0,708
	23,1	20	12,8	12,4	— 0,4		23,5	22,3	— 1,2	
	22,9	50	8,1	8,3	+ 0,2		20,6	20,6	0,0	
	22,8	80	11,0	11,0	0,0		23,2	22,5	— 0,7	
	22,8	110	10,7	10,8	+ 0,1		22,1	21,4	— 0,7	
	22,7	140	12,5	12,7	+ 0,2		19,0	18,2	— 0,8	
3 47	22,7	170	13,8	14,0	+ 0,2		13,7	13,4	— 0,6	
			Moyenne générale. .			2 + 0,142	Moyenne générale. .			2 — 0,580

$$1^r = \frac{4'}{120,142} = 1'',99764 \qquad 1^r = \frac{4'}{119,420} = 2'',00971$$

Saavedra.

THÉODOLITE DE BRUNNER. 23, 24 ET 25 FÉVRIER 1859.

Heures	Thermomètre	Index	Microscope A — Trait de droite	Microscope A — Trait de gauche	Microscope A — Différences	Microscope A — Moyennes	Microscope B — Trait de droite	Microscope B — Trait de gauche	Microscope B — Différences	Microscope B — Moyennes
h m	°	°	T P	T P	T P		T P	T P	T P	
1 2	15,2	0	0 4,4	2 32,3	2 27,9		0 7,4	2 37,5	2 30,1	
	15,5	30	6,6	38,2	31,6		14,5	45,0	30,5	
	15,5	60	7,3	38,6	31,3		12,8	44,0	31,2	
	15,4	90	8,1	39,8	31,7		16,2	46,6	30,4	
	15,3	120	5,9	36,8	30,9		14,0	44,3	30,3	
	15,3	150	6,4	37,5	31,1	2 30,823	13,6	43,9	30,3	2 30,400
	15,3	180	7,1	38,1	31,0		15,8	45,9	30,1	
	15,2	210	6,4	36,5	30,1		15,2	45,4	30,2	
	15,3	240	7,6	39,7	32,1		21,5	52,2	30,7	
	15,4	270	6,5	37,1	30,6		19,8	50,1	30,3	
	15,3	300	6,2	35,9	29,7		17,7	49,2	31,5	
3 6	15,3	330	7,1	39,0	31,9		20,6	49,8	29,2	
—										
1 10	23,1	10	0 7,0	2 38,1	2 31,1		0 18,1	2 50,2	2 32,1	
	22,9	40	7,8	39,7	31,9		22,7	52,9	30,2	
	22,9	70	5,9	36,4	30,5		18,1	48,9	30,8	
	22,9	100	4,4	35,0	30,6		17,1	48,1	31,0	
	22,8	130	2,2	32,8	30,6		13,8	44,7	30,9	
	22,8	160	3,5	33,8	30,3		13,7	44,0	30,3	
	22,9	190	8,7	37,6	28,9	2 30,842	16,6	46,6	30,0	2 30,833
	22,9	220	8,0	39,6	31,6		16,8	48,1	31,3	
	22,9	250	5,2	35,5	30,3		14,8	46,1	31,3	
	22,9	280	8,7	40,4	31,7		17,1	47,7	30,6	
	22,9	310	5,5	37,2	31,7		13,7	44,8	31,1	
3 17	22,8	340	6,7	37,6	30,9		15,2	45,6	30,4	
—										
2 0	25,2	20	0 6,1	2 37,6	2 31,5		0 13,6	2 44,5	2 30,9	
	25,2	50	8,1	40,4	32,3		16,7	47,9	31,2	
	25,1	80	6,0	38,2	32,2		14,0	44,9	30,9	
	24,9	110	4,7	36,1	31,4		13,7	44,2	30,5	
	25,0	140	6,7	36,6	29,9		14,6	46,0	31,4	
	25,0	170	5,1	34,8	29,7		12,8	43,1	30,3	
	25,1	200	4,3	35,2	30,9	2 30,658	12,3	43,0	30,7	2 30,733
	25,0	230	4,7	34,3	29,6		9,9	41,0	31,1	
	24,9	260	5,2	35,4	30,2		10,9	42,2	31,3	
	24,9	290	6,1	35,1	29,0		12,0	42,1	30,1	
	25,0	320	7,5	38,4	30,9		15,8	45,9	30,1	
4 5	25,1	350	6,0	36,3	30,3		15,3	45,6	30,3	
			Moyenne générale.			2 30,775	Moyenne générale.			2 30,655

$$1^{p} = \frac{5'}{150,775} = 1'',98972$$

$$1^{p} = \frac{5'}{150,655} = 1'',99130$$

Ibañez.

TABLES POUR LA RÉDUCTION DES LECTURES MICROMÉTRIQUES

EN MINUTES ET SECONDES.

THÉODOLITE DE REPSOLD. MICROSCOPE I. 0 TOURS.

Parties	r 0,0	r 0,1	r 0,2	r 0,3	r 0,4	r 0,5	r 0,6	r 0,7	r 0,8	r 0,9
	′ ″	′ ″	′ ″	′ ″	′ ″	′ ″	′ ″	′ ″	′ ″	′ ″
0	0 0,00	0 0,20	0 0,40	0 0,60	0 0,80	0 1,00	0 1,19	0 1,39	0 1,59	0 1,79
1	1,99	2,19	2,39	2,59	2,79	2,99	3,19	3,39	3,58	3,78
2	3,98	4,18	4,38	4,58	4,78	4,98	5,18	5,38	5,58	5,77
3	5,97	6,17	6,37	6,57	6,77	6,97	7,17	7,37	7,57	7,77
4	7,97	8,16	8,36	8,56	8,76	8,96	9,16	9,36	9,56	9,76
5	9,96	10,16	10,35	10,55	10,75	10,95	11,15	11,35	11,55	11,75
6	11,95	12,15	12,35	12,55	12,74	12,94	13,14	13,34	13,54	13,74
7	13,94	14,14	14,34	14,54	14,74	14,93	15,13	15,33	15,53	15,73
8	15,93	16,13	16,33	16,53	16,73	16,93	17,12	17,32	17,52	17,72
9	17,92	18,12	18,32	18,52	18,72	18,92	19,12	19,32	19,51	19,71
10	19,91	20,11	20,31	20,51	20,71	20,91	21,11	21,31	21,51	21,70
11	21,90	22,10	22,30	22,50	22,70	22,90	23,10	23,30	23,50	23,70
12	23,90	24,09	24,29	24,49	24,69	24,89	25,09	25,29	25,49	25,69
13	25,89	26,09	26,28	26,48	26,68	26,88	27,08	27,28	27,48	27,68
14	27,88	28,08	28,28	28,48	28,67	28,87	29,07	29,27	29,47	29,67
15	29,87	30,07	30,27	30,47	30,67	30,86	31,06	31,26	31,46	31,66
16	31,86	32,06	32,26	32,46	32,66	32,86	33,06	33,25	33,45	33,65
17	33,85	34,05	34,25	34,45	34,65	34,85	35,05	35,25	35,44	35,64
18	35,84	36,04	36,24	36,44	36,64	36,84	37,04	37,24	37,44	37,64
19	37,83	38,03	38,23	38,43	38,63	38,83	39,03	39,23	39,43	39,63
20	39,83	40,02	40,22	40,42	40,62	40,82	41,02	41,22	41,42	41,62
21	41,82	42,02	42,21	42,41	42,61	42,81	43,01	43,21	43,41	43,61
22	43,81	44,01	44,21	44,41	44,60	44,80	45,00	45,20	45,40	45,60
23	45,80	46,00	46,20	46,40	46,60	46,79	46,99	47,19	47,39	47,59
24	47,79	47,99	48,19	48,39	48,59	48,79	48,99	49,18	49,38	49,58
25	49,78	49,98	50,18	50,38	50,58	50,78	50,98	51,18	51,37	51,57
26	51,77	51,97	52,17	52,37	52,57	52,77	52,97	53,17	53,37	53,57
27	53,76	53,96	54,16	54,36	54,56	54,76	54,96	55,16	55,36	55,56
28	55,76	55,95	56,15	56,35	56,55	56,75	56,95	57,15	57,35	57,55
29	57,75	57,95	58,15	58,34	58,54	58,74	58,94	59,14	59,34	59,54
30	59,74	59,94	1 0,14	1 0,34	1 0,53	1 0,73	1 0,93	1 1,13	1 1,33	1 1,53
31	1 1,73	1 1,93	2,13	2,33	2,53	2,73	2,92	3,12	3,32	3,52
32	3,72	3,92	4,12	4,32	4,52	4,72	4,92	5,11	5,31	5,51
33	5,71	5,91	6,11	6,31	6,51	6,71	6,91	7,11	7,30	7,50
34	7,70	7,90	8,10	8,30	8,50	8,70	8,90	9,10	9,30	9,50
35	9,69	9,89	10,09	10,29	10,49	10,69	10,89	11,09	11,29	11,49
36	11,69	11,88	12,08	12,28	12,48	12,68	12,88	13,08	13,28	13,48
37	13,68	13,88	14,08	14,27	14,47	14,67	14,87	15,07	15,27	15,47
38	15,67	15,87	16,07	16,27	16,46	16,66	16,86	17,06	17,26	17,46
39	17,66	17,86	18,06	18,26	18,46	18,66	18,85	19,05	19,25	19,45
40	19,65	19,85	20,05	20,25	20,45	20,65	20,85	21,04	21,24	21,44
41	21,64	21,84	22,04	22,24	22,44	22,64	22,84	23,04	23,24	23,43
42	23,63	23,83	24,03	24,23	24,43	24,63	24,83	25,03	25,23	25,43
43	25,62	25,82	26,02	26,22	26,42	26,62	26,82	27,02	27,22	27,42
44	27,62	27,82	28,01	28,21	28,41	28,61	28,81	29,01	29,21	29,41
45	29,61	29,81	30,01	30,20	30,40	30,60	30,80	31,00	31,20	31,40
46	31,60	31,80	32,00	32,20	32,39	32,59	32,79	32,99	33,19	33,39
47	33,59	33,79	33,99	34,19	34,39	34,59	34,78	34,98	35,18	35,38
48	35,58	35,78	35,98	36,18	36,38	36,58	36,78	36,97	37,17	37,37
49	37,57	37,77	37,97	38,17	38,37	38,57	38,77	38,97	39,17	39,36
50	39,56	39,76	39,96	40,16	40,36	40,56	40,76	40,96	41,16	41,36
51	41,55	41,75	41,95	42,15	42,35	42,55	42,75	42,95	43,15	43,35
52	43,55	43,75	43,94	44,14	44,34	44,54	44,74	44,94	45,14	45,34
53	45,54	45,74	45,94	46,13	46,33	46,53	46,73	46,93	47,13	47,33
54	47,53	47,73	47,93	48,13	48,33	48,52	48,72	48,92	49,12	49,32
55	49,52	49,72	49,92	50,12	50,32	50,52	50,71	50,91	51,11	51,31
56	51,51	51,71	51,91	52,11	52,31	52,51	52,71	52,91	53,10	53,30
57	53,50	53,70	53,90	54,10	54,30	54,50	54,70	54,90	55,10	55,29
58	55,49	55,69	55,89	56,09	56,29	56,49	56,69	56,89	57,09	57,29
59	57,48	57,68	57,88	58,08	58,28	58,48	58,68	58,88	59,08	59,28

THÉODOLITE DE REPSOLD. MICROSCOPE I. 1 TOUR.

Parties	0,0	0,1	0,2	0,3	0,4	0,5	0,6	0,7	0,8	0,9
′	′ ″	′ ″	′ ″	′ ″	′ ″	′ ″	′ ″	′ ″	′ ″	′ ″
0	1 59,48	1 59,68	1 59,87	2 0,07	2 0,27	2 0,47	2 0,67	2 0,87	2 1,07	2 1,27
1	2 1,47	2 1,67	2 1,87	2,06	2,26	2,46	2,66	2,86	3,06	3,26
2	3,46	3,66	3,86	4,06	4,26	4,45	4,65	4,85	5,05	5,25
3	5,45	5,65	5,85	6,05	6,25	6,45	6,64	6,84	7,04	7,24
4	7,44	7,64	7,84	8,04	8,24	8,44	8,64	8,84	9,03	9,23
5	9,43	9,63	9,83	10,03	10,23	10,43	10,63	10,83	11,03	11,22
6	11,42	11,62	11,82	12,02	12,22	12,42	12,62	12,82	13,02	13,22
7	13,42	13,61	13,81	14,01	14,21	14,41	14,61	14,81	15,01	15,21
8	15,41	15,61	15,80	16,00	16,20	16,40	16,60	16,80	17,00	17,20
9	17,40	17,60	17,80	18,00	18,19	18,39	18,59	18,79	18,99	19,19
10	19,39	19,59	19,79	19,99	20,19	20,38	20,58	20,78	20,98	21,18
11	21,38	21,58	21,78	21,98	22,18	22,38	22,57	22,77	22,97	23,17
12	23,37	23,57	23,77	23,97	24,17	24,37	24,57	24,77	24,96	25,16
13	25,36	25,56	25,76	25,96	26,16	26,36	26,56	26,76	26,96	27,15
14	27,35	27,55	27,75	27,95	28,15	28,35	28,55	28,75	28,95	29,15
15	29,35	29,54	29,74	29,94	30,14	30,34	30,54	30,74	30,94	31,14
16	31,34	31,54	31,73	31,93	32,13	32,33	32,53	32,73	32,93	33,13
17	33,33	33,53	33,73	33,93	34,12	34,32	34,52	34,72	34,92	35,12
18	35,32	35,52	35,72	35,92	36,12	36,31	36,51	36,71	36,91	37,11
19	37,31	37,51	37,71	37,91	38,11	38,31	38,51	38,70	38,90	39,10
20	39,30	39,50	39,70	39,90	40,10	40,30	40,50	40,70	40,89	41,09
21	41,29	41,49	41,69	41,89	42,09	42,29	42,49	42,69	42,89	43,09
22	43,28	43,48	43,68	43,88	44,08	44,28	44,48	44,68	44,88	45,08
23	45,28	45,48	45,67	45,87	46,07	46,27	46,47	46,67	46,87	47,07
24	47,27	47,47	47,66	47,86	48,06	48,26	48,46	48,66	48,86	49,06
25	49,26	49,46	49,66	49,86	50,05	50,25	50,45	50,65	50,85	51,05
26	51,25	51,45	51,65	51,85	52,05	52,24	52,44	52,64	52,84	53,04
27	53,24	53,44	53,64	53,84	54,04	54,24	54,44	54,63	54,83	55,03
28	55,23	55,43	55,63	55,83	56,03	56,23	56,43	56,63	56,82	57,02
29	57,22	57,42	57,62	57,82	58,02	58,22	58,42	58,62	58,82	59,02
30	59,21	59,41	59,61	59,81	3 0,01	3 0,21	3 0,41	3 0,61	3 0,81	3 1,01
31	3 1,21	3 1,40	3 1,60	3 1,80	2,00	2,20	2,40	2,60	2,80	3,00
32	3,20	3,40	3,60	3,79	3,99	4,19	4,39	4,59	4,79	4,99
33	5,19	5,39	5,59	5,79	5,98	6,18	6,38	6,58	6,78	6,98
34	7,18	7,38	7,58	7,78	7,98	8,18	8,37	8,57	8,77	8,97
35	9,17	9,37	9,57	9,77	9,97	10,17	10,37	10,56	10,76	10,96
36	11,16	11,36	11,56	11,76	11,96	12,16	12,36	12,56	12,75	12,95
37	13,15	13,35	13,55	13,75	13,95	14,15	14,35	14,55	14,75	14,95
38	15,14	15,34	15,54	15,74	15,94	16,14	16,34	16,54	16,74	16,94
39	17,14	17,33	17,53	17,73	17,93	18,13	18,33	18,53	18,73	18,93
40	19,13	19,33	19,53	19,72	19,92	20,12	20,32	20,52	20,72	20,92
41	21,12	21,32	21,52	21,72	21,91	22,11	22,31	22,51	22,71	22,91
42	23,11	23,31	23,51	23,71	23,91	24,11	24,30	24,50	24,70	24,90
43	25,10	25,30	25,50	25,70	25,90	26,10	26,30	26,49	26,69	26,89
44	27,09	27,29	27,49	27,69	27,89	28,09	28,29	28,49	28,69	28,88
45	29,08	29,28	29,48	29,68	29,88	30,08	30,28	30,48	30,68	30,88
46	31,07	31,27	31,47	31,67	31,87	32,07	32,27	32,47	32,67	32,87
47	33,07	33,27	33,46	33,66	33,86	34,06	34,26	34,46	34,66	34,86
48	35,06	35,26	35,46	35,65	35,85	36,05	36,25	36,45	36,65	36,85
49	37,05	37,25	37,45	37,65	37,84	38,04	38,24	38,44	38,64	38,84
50	39,04	39,24	39,44	39,64	39,84	40,04	40,23	40,43	40,63	40,83
51	41,03	41,23	41,43	41,63	41,83	42,03	42,23	42,42	42,62	42,82
52	43,02	43,22	43,42	43,62	43,82	44,02	44,22	44,42	44,62	44,81
53	45,01	45,21	45,41	45,61	45,81	46,01	46,21	46,41	46,61	46,81
54	47,00	47,20	47,40	47,60	47,80	48,00	48,20	48,40	48,60	48,80
55	49,00	49,20	49,39	49,59	49,79	49,99	50,19	50,39	50,59	50,79
56	50,99	51,19	51,39	51,58	51,78	51,98	52,18	52,38	52,58	52,78
57	52,98	53,18	53,38	53,58	53,78	53,97	54,17	54,37	54,57	54,77
58	54,97	55,17	55,37	55,57	55,77	55,97	56,16	56,36	56,56	56,76
59	56,96	57,16	57,36	57,56	57,76	57,96	58,16	58,35	58,55	58,75

Théodolite de Repsold. **Microscope II.** **0 tours.**

Parties	$0^{p},0$	$0^{p},1$	$0^{p},2$	$0^{p},3$	$0^{p},4$	$0^{p},5$	$0^{p},6$	$0^{p},7$	$0^{p},8$	$0^{p},9$
	′ ″	′ ″	′ ″	′ ″	′ ″	′ ″	′ ″	′ ″	′ ″	′ ″
0	0 0,00	0 0,20	0 0,40	0 0,60	0 0,80	0 1,00	0 1,20	0 1,40	0 1,60	0 1,80
1	2,00	2,20	2,40	2,61	2,81	3,01	3,21	3,41	3,61	3,81
2	4,01	4,21	4,41	4,61	4,81	5,01	5,21	5,41	5,61	5,81
3	6,01	6,21	6,41	6,61	6,81	7,01	7,21	7,41	7,61	7,82
4	8,02	8,22	8,42	8,62	8,82	9,02	9,22	9,42	9,62	9,82
5	10 02	10,22	10,42	10,62	10,82	11,02	11,22	11,42	11,62	11,82
6	12,02	12,22	12,42	12,62	12,82	13,03	13,23	13,43	13,63	13,83
7	14,03	14,23	14,43	14,63	14,83	15,03	15,23	15,43	15,63	15,83
8	16,03	16,23	16,43	16,63	16,83	17,03	17,23	17,43	17,63	17,83
9	18,04	18,24	18,44	18,64	18,84	19,04	19,24	19,44	19,64	19,84
10	20,04	20,24	20,44	20,64	20,84	21,04	21,24	21,44	21,64	21,84
11	22,04	22,24	22,44	22,64	22,84	23,04	23,25	23,45	23,65	23,85
12	24,05	24,25	24,45	24,65	24,85	25,05	25,25	25,45	25,65	25,85
13	26,05	26,25	26,45	26,65	26,85	27,05	27,25	27,45	27,65	27,85
14	28,05	28,25	28,46	28,66	28,86	29,06	29,26	29,46	29,06	29,86
15	30,06	30,26	30,46	30,66	30,86	31,06	31,26	31,46	31,66	31,86
16	32,06	32,26	32,46	32,66	32,86	33,06	33,26	33,46	33,67	33,87
17	34,07	34,27	34,47	34,67	34,87	35,07	35,27	35,47	35,67	35,87
18	36,07	36,27	36,47	36,67	36,87	37,07	37,27	37,47	37,67	37,87
19	38,07	38,27	38,47	38,68	38,88	39,08	39,28	39,48	39,68	39,88
20	40,08	40,28	40,48	40,68	40,88	41,08	41,28	41,48	41,68	41,88
21	42,08	42,28	42,48	42,68	42,88	43,08	43,28	43,48	43,68	43,89
22	44,09	44,29	44,49	44,69	44,89	45,09	45,29	45,49	45,69	45,89
23	46,09	46,29	46,49	46,69	46,89	47,09	47,29	47,49	47,69	47,89
24	48,09	48,29	48,49	48,69	48,89	49,10	49,30	49,50	49,70	49,90
25	50,10	50,30	50,50	50,70	50,90	51,10	51,30	51,50	51,70	51,90
26	52,10	52,30	52,50	52,70	52,90	53,10	53,30	53,50	53,70	53,90
27	54,11	54,31	54,51	54,71	54,91	55,11	55,31	55,51	55,71	55,91
28	56,11	56,31	56,51	56,71	56,91	57,11	57,31	57,51	57,71	57,91
29	58,11	58,31	58,51	58,71	58,91	59,11	59,32	59,52	59,72	59,92
30	1 0,12	1 0,32	1 0,52	1 0,72	1 0,92	1 1,12	1 1,32	1 1,52	1 1,72	1 1,92
31	2,12	2,32	2,52	2,72	2,92	3,12	3,32	3,52	3,72	3,92
32	4,12	4,32	4,53	4,73	4,93	5,13	5,33	5,53	5,73	5,93
33	6,13	6,33	6,53	6,73	6,93	7,13	7,33	7,53	7,73	7,93
34	8,13	8,33	8,53	8,73	8,93	9,13	9,33	9,53	9,74	9,94
35	10,14	10,34	10,54	10,74	10,94	11,14	11,34	11,54	11,74	11,94
36	12,14	12,34	12,54	12,74	12,94	13,14	13,34	13,54	13,74	13,94
37	14,14	14,34	14,54	14,75	14,95	15,15	15,35	15,35	15,75	15,95
38	16,15	16,35	16,55	16,75	16,95	17,15	17,35	17,55	17,75	17,95
39	18,15	18,35	18,55	18,75	18,95	19,15	19,35	19,55	19,75	19,96
40	20,16	20,36	20,56	20,76	20,96	21,16	21,36	21,56	21,76	21,96
41	22,16	22,36	22,56	22,76	22,96	23,16	23,36	23,56	23,76	23,96
42	24,16	24,36	24,56	24,76	24,96	25,17	25,37	25,57	25,77	25,97
43	26,17	26,37	26,57	26,77	26,97	27,17	27,37	27,57	27,77	27,97
44	28,17	28,37	28,57	28,77	28,97	29,17	29,37	29,57	29,77	29,97
45	30,18	30,38	30,58	30,78	30,98	31,18	31,38	31,58	31,78	31,98
46	32,18	32,38	32,58	32,78	32,98	33,18	33,38	33,58	33,78	33,98
47	34,18	34,38	34,58	34,78	34,98	35,18	35,39	35,59	35,79	35,99
48	36,19	36,39	36,59	36,79	36,99	37,19	37,39	37,59	37,79	37,99
49	38,19	38,39	38,59	38,79	38,99	39,19	39,39	39,59	39,79	39,99
50	40,19	40,39	40,59	40,80	41,00	41,20	41,40	41,60	41,80	42,00
51	42,20	42,40	42,60	42,80	43,00	43,20	43,40	43,60	43,80	44,00
52	44,20	44,40	44,60	44,80	45,00	45,20	45,40	45,61	45,81	46,01
53	46,21	46,41	46,61	46,81	47,01	47,21	47,41	47,61	47,81	48,01
54	48,21	48,41	48,61	48,81	49,01	49,21	49,41	49,61	49,81	50,01
55	50,21	50,41	50,61	50,82	51,02	51,22	51,42	51,62	51,82	52,02
56	52,22	52,42	52,62	52,82	53,02	53,22	53,42	53,62	53,82	54,02
57	54,22	54,42	54,62	54,82	55,02	55,22	55,42	55,62	55,82	56,03
58	56,23	56,43	56,63	56,83	57,03	57,23	57,43	57,63	57,83	58,03
59	58,23	58,43	58,63	58,83	59,03	59,23	59,43	59,63	59,83	2 0,03

Théodolite de Repsold. Microscope II. 1 tour.

Parties	0,0	0,1	0,2	0,3	0,4	0,5	0,6	0,7	0,8	0,9
	′ ″	′ ″	′ ″	′ ″	′ ″	′ ″	′ ″	′ ″	′ ″	′ ″
0	2 0,23	2 0,43	2 0,63	2 0,83	2 1,03	2 1,24	2 1,44	2 1,64	2 1,84	2 2,04
1	2,24	2,44	2,64	2,84	3,04	3,24	3,44	3,64	3,84	4,04
2	4,24	4,44	4,64	4,84	5,04	5,24	5,44	5,64	5,84	6,04
3	6,25	6,45	6,65	6,85	7,05	7,25	7,45	7,65	7,85	8,05
4	8,25	8,45	8,65	8,85	9,05	9,25	9,45	9,65	9,85	10,05
5	10,25	10,45	10,65	10,85	11,05	11,25	11,46	11,66	11,86	12,06
6	12,26	12,46	12,66	12,86	13,06	13,26	13,46	13,66	13,86	14,06
7	14,26	14,46	14,66	14,86	15,06	15,26	15,46	15,66	15,86	16,06
8	16,26	16,46	16,67	16,87	17,07	17,27	17,47	17,67	17,87	18,07
9	18,27	18,47	18,67	18,87	19,07	19,27	19,47	19,67	19,87	20,07
10	20,27	20,47	20,67	20,87	21,07	21,27	21,47	21,68	21,88	22,08
11	22,28	22,48	22,68	22,88	23,08	23,28	23,48	23,68	23,88	24,08
12	24,28	24,48	24,68	24,88	25,08	25,28	25,48	25,68	25,88	26,08
13	26,28	26,48	26,68	26,89	27,09	27,29	27,49	27,69	27,89	28,09
14	28,29	28,49	28,69	28,89	29,09	29,29	29,49	29,69	29,89	30,09
15	30,29	30,49	30,69	30,89	31,09	31,29	31,49	31,69	31,89	32,10
16	32,30	32,50	32,70	32,90	33,10	33,30	33,50	33,70	33,90	34,10
17	34,30	34,50	34,70	34,90	35,10	35,30	35,50	35,70	35,90	36,10
18	36,30	36,50	36,70	36,90	37,10	37,31	37,51	37,71	37,91	38,11
19	38,31	38,51	38,71	38,91	39,11	39,31	39,51	39,71	39,91	40,11
20	40,31	40,51	40,71	40,91	41,11	41,31	41,51	41,71	41,91	42,11
21	42,32	42,52	42,72	42,92	43,12	43,32	43,52	43,72	43,92	44,12
22	44,32	44,52	44,72	44,92	45,12	45,32	45,52	45,72	45,92	46,12
23	46,32	46,52	46,72	46,92	47,12	47,32	47,53	47,73	47,93	48,13
24	48,33	48,53	48,73	48,93	49,13	49,33	49,53	49,73	49,93	50,13
25	50,33	50,53	50,73	50,93	51,13	51,33	51,53	51,73	51,93	52,13
26	52,33	52,53	52,74	52,94	53,14	53,34	53,54	53,74	53,94	54,14
27	54,34	54,54	54,74	54,94	55,14	55,34	55,54	55,74	55,94	56,14
28	56,34	56,54	56,74	56,94	57,14	57,34	57,54	57,75	57,95	58,15
29	58,35	58,55	58,75	58,95	59,15	59,35	59,55	59,75	59,95	3 0,15
30	3 0,35	3 0,55	3 0,75	3 0,95	3 1,15	3 1,35	3 1,55	3 1,75	3 1,95	2,15
31	2,35	2,55	2,75	2,96	3,16	3,36	3,56	3,76	3,96	4,16
32	4,36	4,56	4,76	4,96	5,16	5,36	5,56	5,76	5,96	6,16
33	6,36	6,56	6,76	6,96	7,16	7,36	7,56	7,76	7,96	8,17
34	8,37	8,57	8,77	8,97	9,17	9,37	9,57	9,77	9,97	10,17
35	10,37	10,57	10,77	10,97	11,17	11,37	11,57	11,77	11,97	12,17
36	12,37	12,57	12,77	12,97	13,17	13,38	13,58	13,78	13,98	14,18
37	14,38	14,58	14,78	14,98	15,18	15,38	15,58	15,78	15,98	16,18
38	16,38	16,58	16,78	16,98	17,18	17,38	17,58	17,78	17,98	18,18
39	18,39	18,59	18,79	18,99	19,19	19,39	19,59	19,79	19,99	20,19
40	20,39	20,59	20,79	20,99	21,19	21,39	21,59	21,79	21,99	22,19
41	22,39	22,59	22,79	22,99	23,19	23,39	23,60	23,80	24,00	24,20
42	24,40	24,60	24,80	25,00	25,20	25,40	25,60	25,80	26,00	26,20
43	26,40	26,60	26,80	27,00	27,20	27,40	27,60	27,80	28,00	28,20
44	28,40	28,60	28,81	29,01	29,21	29,41	29,61	29,81	30,01	30,21
45	30,41	30,61	30,81	31,01	31,21	31,41	31,61	31,81	32,01	32,21
46	32,41	32,61	32,81	33,01	33,21	33,41	33,61	33,82	34,02	34,22
47	34,42	34,62	34,82	35,02	35,22	35,42	35,62	35,82	36,02	36,22
48	36,42	36,62	36,82	37,02	37,22	37,42	37,62	37,82	38,02	38,22
49	38,42	38,62	38,82	39,03	39,23	39,43	39,63	39,83	40,03	40,23
50	40,43	40,63	40,83	41,03	41,23	41,43	41,63	41,83	42,03	42,23
51	42,43	42,63	42,83	43,03	43,23	43,43	43,63	43,83	44,03	44,24
52	44,44	44,64	44,84	45,04	45,24	45,44	45,64	45,84	46,04	46,24
53	46,44	46,64	46,84	47,04	47,24	47,44	47,64	47,84	48,04	48,24
54	48,44	48,64	48,84	49,04	49,25	49,45	49,65	49,85	50,05	50,25
55	50,45	50,65	50,85	51,05	51,25	51,45	51,65	51,85	52,05	52,25
56	52,45	52,65	52,85	53,05	53,25	53,45	53,65	53,85	54,05	54,25
57	54,46	54,66	54,86	55,06	55,26	55,46	55,66	55,86	56,06	56,26
58	56,46	56,66	56,86	57,06	57,26	57,46	57,66	57,86	58,06	58,26
59	58,46	58,66	58,86	59,06	59,26	59,46	59,67	59,87	4 0,07	4 0,27

THÉODOLITE DE REPSOLD. MICROSCOPE A. 0 TOURS.

Parties	0,0	0,1	0,2	0,3	0,4	0,5	0,6	0,7	0,8	0,9
	′ ″	′ ″	′ ″	′ ″	′ ″	′ ″	′ ″	′ ″	′ ″	′ ″
0	0 0,00	0 0,20	0 0,40	0 0,60	0 0,80	0 1,00	0 1,20	0 1,40	0 1,60	0 1,80
1	2,00	2,20	2,40	2,60	2,80	3,00	3,20	3,40	3,60	3,80
2	4,00	4,20	4,39	4,59	4,79	4,99	5,19	5,39	5,59	5,79
3	5,99	6,19	6,39	6,59	6,79	6,99	7,19	7,39	7,59	7,79
4	7,99	8,19	8,39	8,59	8,79	8,99	9,19	9,39	9,59	9,79
5	9,99	10,19	10,39	10,59	10,79	10,99	11,19	11,39	11,59	11,79
6	11,99	12,19	12,39	12,59	12,79	12,99	13,18	13,38	13,58	13,78
7	13,98	14,18	14,38	14,58	14,78	14,98	15,18	15,38	15,58	15,78
8	15,98	16,18	16,38	16,58	16,78	16,98	17,18	17,38	17,58	17,78
9	17,98	18,18	18,38	18,58	18,78	18,98	19,18	19,38	19,58	19,78
10	19,98	20,18	20,38	20,58	20,78	20,98	21,18	21,38	21,58	21,77
11	21,97	22,17	22,37	22,57	22,77	22,97	23,17	23,37	23,57	23,77
12	23,97	24,17	24,37	24,57	24,77	24,97	25,17	25,37	25,57	25,77
13	25,97	26,17	26,37	26,57	26,77	26,97	27,17	27,37	27,57	27,77
14	27,97	28,17	28,37	28,57	28,77	28,97	29,17	29,37	29,57	29,77
15	29,97	30,17	30,37	30,56	30,76	30,96	31,16	31,36	31,56	31,76
16	31,96	32,16	32,36	32,56	32,76	32,96	33,16	33,36	33,56	33,76
17	33,96	34,16	34,36	34,56	34,76	34,96	35,16	35,36	35,56	35,76
18	35,96	36,16	36,36	36,56	36,76	36,96	37,16	37,36	37,56	37,76
19	37,96	38,16	38,36	38,56	38,76	38,93	39,15	39,35	39,55	39,75
20	39,95	40,15	40,35	40,55	40,75	40,95	41,15	41,35	41,55	41,75
21	41,95	42,15	42,35	42,55	42,75	42,95	43,15	43,35	43,55	43,75
22	43,95	44,15	44,35	44,55	44,75	44,95	45,15	45,35	45,55	45,75
23	45,95	46,15	46,35	46,55	46,75	46,95	47,15	47,35	47,55	47,75
24	47,94	48,14	48,34	48,54	48,74	48,94	49,14	49,34	49,54	49,74
25	49,94	50,14	50,34	50,54	50,74	50,94	51,14	51,34	51,54	51,74
26	51,94	52,14	52,34	52,54	52,74	52,94	53,14	53,34	53,54	53,74
27	53,94	54,14	54,34	54,54	54,74	54,94	55,14	55,34	55,54	55,74
28	55,94	56,14	56,34	56,53	56,73	56,93	57,13	57,33	57,53	57,73
29	57,93	58,13	58,33	58,53	58,73	58,93	59,13	59,33	59,53	59,73
30	59,93	1 0,13	1 0,33	1 0,53	1 0,73	1 0,93	1 1,13	1 1,33	1 1,53	1 1,73
31	1 1,93	2,13	2,33	2,53	2,73	2,93	3,13	3,33	3,53	3,73
32	3,93	4,13	4,33	4,53	4,73	4,93	5,13	5,32	5,52	5,72
33	5,92	6,12	6,32	6,52	6,72	6,92	7,12	7,32	7,52	7,72
34	7,92	8,12	8,32	8,52	8,72	8,92	9,12	9,32	9,52	9,72
35	9,92	10,12	10,32	10,52	10,72	10,92	11,12	11,32	11,52	11,72
36	11,92	12,12	12,32	12,52	12,72	12,92	13,12	13,32	13,52	13,72
37	13,91	14,11	14,31	14,51	14,71	14,91	15,11	15,31	15,51	15,71
38	15,91	16,11	16,31	16,51	16,71	16,91	17,11	17,31	17,51	17,71
39	17,91	18,11	18,31	18,51	18,71	18,91	19,11	19,31	19,51	19,71
40	19,91	20,11	20,31	20,51	20,71	20,91	21,11	21,51	21,51	21,71
41	21,91	22,11	22,31	22,51	22,70	22,90	23,10	23,30	23,50	23,70
42	23,90	24,10	24,30	24,50	24,70	24,90	25,10	25,30	25,50	25,70
43	25,90	26,10	26,30	26,50	26,70	26,90	27,10	27,30	27,50	27,70
44	27,90	28,10	28,30	28,50	28,70	28,90	29,10	29,30	29,50	29,70
45	29,90	30,10	30,30	30,50	30,70	30,90	31,10	31,29	31,49	31,69
46	31,89	32,09	32,29	32,49	32,69	32,89	33,09	33,29	33,49	33,69
47	33,89	34,09	34,29	34,49	34,69	34,89	35,09	35,29	35,49	35,69
48	35,89	36,09	36,29	36,49	36,69	36,89	37,09	37,29	37,49	37,69
49	37,89	38,09	38,29	38,49	38,69	38,89	39,09	39,29	39,49	39,69
50	39,88	40,08	40,28	40,48	40,68	40,88	41,08	41,28	41,48	41,68
51	41,88	42,08	42,28	42,48	42,68	42,88	43,08	43,28	43,48	43,68
52	43,88	44,08	44,28	44,48	44,68	44,88	45,08	45,28	45,48	45,68
53	45,88	46,08	46,28	46,48	46,68	46,88	47,08	47,28	47,48	47,68
54	47,88	48,08	48,28	48,48	48,67	48,87	49,07	49,27	49,47	49,67
55	49,87	50,07	50,27	50,47	50,67	50,87	51,07	51,27	51,47	51,67
56	51,87	52,07	52,27	52,47	52,67	52,87	53,07	53,27	53,47	53,67
57	53,87	54,07	54,27	54,47	54,67	54,87	55,07	55,27	55,47	55,67
58	55,87	56,07	56,27	56,47	56,67	56,87	57,07	57,26	57,46	57,66
59	57,86	58,06	58,26	58,46	58,66	58,86	59,06	59,26	59,46	59,66

THÉODOLITE DE REPSOLD. MICROSCOPE A. 1 TOUR.

Parties	0r,0	0r,1	0r,2	0r,3	0r,4	0r,5	0r,6	0r,7	0r,8	0r,9
	′ ″	′ ″	′ ″	′ ″	′ ″	′ ″	′ ″	′ ″	′ ″	′ ″
0	1 59,86	2 0,06	2 0,26	2 0,46	2 0,66	2 0,86	2 1,06	2 1,26	2 1,46	2 1,66
1	2 1,86	2,06	2,26	2,46	2,66	2,86	3,06	3,26	3,46	3,66
2	3,86	4,06	4,26	4,46	4,66	4,86	5,06	5,26	5,46	5,66
3	5,86	6,05	6,25	6,45	6,65	6,85	7,05	7,25	7,45	7,65
4	7,85	8,05	8,25	8,45	8,65	8,85	9,05	9,25	9,45	9,65
5	9,85	10,05	10,25	10,45	10,65	10,85	11,05	11,25	11,45	11,65
6	11,85	12,05	12,25	12,45	12,65	12,85	13,05	13,25	13,45	13,65
7	13,85	14,05	14,25	14,45	14,64	14,84	15,04	15,24	15,44	15,64
8	15,84	16,04	16,24	16,44	16,64	16,84	17,04	17,24	17,44	17,64
9	17,84	18,04	18,24	18,44	18,64	18,84	19,04	19,24	19,44	19,64
10	19,84	20,04	20,24	20,44	20,64	20,84	21,04	21,24	21,44	21,64
11	21,84	22,04	22,24	22,44	22,64	22,84	23,04	23,24	23,43	23,63
12	23,83	24,03	24,23	24,43	24,63	24,83	25,03	25,23	25,43	25,63
13	25,83	26,03	26,23	26,43	26,63	26,83	27,03	27,23	27,43	27,63
14	27,83	28,03	28,23	28,43	28,63	28,83	29,03	29,23	29,43	29,63
15	29,83	30,03	30,23	30,43	30,63	30,83	31,03	31,23	31,43	31,63
16	31,83	32,02	32,22	32,42	32,62	32,82	33,02	33,23	33,42	33,62
17	33,82	34,02	34,22	34,42	34,62	34,82	35,02	35,22	35,42	35,62
18	35,82	36,02	36,22	36,42	36,62	36,82	37,02	37,22	37,42	37,62
19	37,82	38,02	38,22	38,42	38,62	38,82	39,02	39,22	39,42	39,62
20	39,82	40,02	40,22	40,42	40,62	40,81	41,01	41,22	41,41	41,61
21	41,81	42,01	42,21	42,41	42,61	42,81	43,01	43,21	43,41	43,61
22	43,81	44,01	44,21	44,41	44,61	44,81	45,01	45,21	45,41	45,61
23	45,81	46,01	46,21	46,41	46,61	46,81	47,01	47,21	47,41	47,61
24	47,81	48,01	48,21	48,41	48,61	48,81	49,01	49,21	49,40	49,60
25	49,80	50,00	50,20	50,40	50,60	50,80	51,00	51,20	51,40	51,60
26	51,80	52,00	52,20	52,40	52,60	52,80	53,00	53,20	53,40	53,60
27	53,80	54,00	54,20	54,40	54,60	54,80	55,00	55,20	55,40	55,60
28	55,80	56,00	56,20	56,40	56,60	56,80	57,00	57,20	57,40	57,60
29	57,80	58,00	58,19	58,39	58,59	58,79	58,99	59,19	59,39	59,59
30	59,79	59,99	3 0,19	3 0,39	3 0,59	3 0,79	3 0,99	3 1,19	3 1,39	3 1,59
31	3 1,79	3 1,99	2,19	2,39	2,59	2,79	2,99	3,19	3,39	3,59
32	3,79	3,99	4,19	4,39	4,59	4,79	4,99	5,19	5,39	5,59
33	5,79	5,99	6,19	0,39	6,59	6,78	6,98	7,18	7,38	7,58
34	7,78	7,98	8,18	8,38	8,58	8,78	8,98	9,18	9,38	9,58
35	9,78	9,98	10,18	10,38	10,58	10,78	10,98	11,18	11,38	11,58
36	11,78	11,98	12,18	12,38	12,58	12,78	12,98	13,18	13,38	13,58
37	13,78	13,98	14,18	14,38	14,58	14,78	14,98	15,18	15,38	15,57
38	15,77	15,97	16,17	16,37	16,57	16,77	16,97	17,17	17,37	17,57
39	17,77	17,97	18,17	18,37	18,57	18,77	18,97	19,17	19,37	19,57
40	19,77	19,97	20,17	20,37	20,57	20,77	20,97	21,17	21,37	21,57
41	21,77	21,97	22,17	22,37	22,57	22,77	22,97	23,17	23,37	23,57
42	23,77	23,97	24,16	24,36	24,56	24,76	24,96	25,16	25,36	25,56
43	25,76	25,96	26,16	26,36	26,56	26,76	26,96	27,16	27,36	27,56
44	27,76	27,96	28,16	28,36	28,56	28,76	28,96	29,16	29,36	29,56
45	29,76	29,96	30,16	30,36	30,56	30,76	30,96	31,16	31,36	31,56
46	31,76	31,96	32,16	32,36	32,56	32,76	32,95	33,15	33,35	33,55
47	33,75	33,95	34,15	34,35	34,55	34,75	34,95	35,15	35,35	35,55
48	35,75	35,95	36,15	36,35	36,55	36,75	36,95	37,15	37,35	37,55
49	37,75	37,95	38,15	38,35	38,55	38,75	38,95	39,15	39,35	39,55
50	39,75	39,95	40,15	40,35	40,55	40,75	40,95	41,15	41,35	41,54
51	41,74	41,94	42,14	42,34	42,54	42,74	42,94	43,14	43,34	43,54
52	43,74	43,94	44,14	44,34	44,54	44,74	44,94	45,14	45,34	45,54
53	45,74	45,94	46,14	46,34	46,54	46,74	46,94	47,14	47,34	47,54
54	47,74	47,94	48,14	48,34	48,54	48,74	48,94	49,14	49,34	49,54
55	49,74	49,94	50,14	50,33	50,53	50,73	50,93	51,13	51,33	51,53
56	51,73	51,93	52,13	52,33	52,53	52,73	52,93	53,13	53,33	53,53
57	53,73	53,93	54,13	54,33	54,53	54,73	54,93	55,13	55,33	55,53
58	55,73	55,93	56,13	56,33	56,53	56,73	56,93	57,13	57,33	57,53
59	57,73	57,93	58,13	58,33	58,53	58,73	58,92	59,12	59,32	59,52

THÉODOLITE DE REPSOLD. MICROSCOPE B. 0 TOURS.

Parties	$0^{p},0$	$0^{p},1$	$0^{p},2$	$0^{p},3$	$0^{p},4$	$0^{p},5$	$0^{p},6$	$0^{p},7$	$0^{p},8$	$0^{p},9$
	′ ″	′ ″	′ ″	′ ″	′ ″	′ ″	′ ″	′ ″	′ ″	′ ″
0	0 0,00	0 0,20	0 0,40	0 0,60	0 0,80	0 1,00	0 1,21	0 1,41	0 1,61	0 1,81
1	2,01	2,21	2,41	2,61	2,81	3,01	3,22	3,42	3,62	3,82
2	4,02	4,22	4,42	4,62	4,82	5,02	5,23	5,43	5,63	5,83
3	6,03	6,23	6,43	6,63	6,83	7,03	7,23	7,44	7,64	7,84
4	8,04	8,24	8,44	8,64	8,84	9,04	9,24	9,45	9,65	9,85
5	10,05	10,25	10,45	10,65	10,85	11,05	11,25	11,46	11,66	11,86
6	12,06	12,26	12,46	12,66	12,86	13,06	13,26	13,46	13,67	13,87
7	14,07	14,27	14,47	14,67	14,87	15,07	15,27	15,47	15,68	15,88
8	16,08	16,28	16,48	16,68	16,88	17,08	17,28	17,48	17,69	17,89
9	18,09	18,29	18,49	18,69	18,89	19,09	19,29	19,49	19,70	19,90
10	20,10	20,30	20,50	20,70	20,90	21,10	21,30	21,50	21,70	21,91
11	22,11	22,31	22,51	22,71	22,91	23,11	23,31	23,51	23,71	23,92
12	24,12	24,32	24,52	24,72	24,92	25,12	25,32	25,52	25,72	25,93
13	26,13	26,33	26,53	26,73	26,93	27,13	27,33	27,53	27,73	27,93
14	28,14	28,34	28,54	28,74	28,94	29,14	29,34	29,54	29,74	29,94
15	30,15	30,35	30,55	30,75	30,95	31,15	31,35	31,55	31,75	31,95
16	32,16	32,36	32,56	32,76	32,96	33,16	33,36	33,56	33,76	33,96
17	34,16	34,37	34,57	34,77	34,97	35,17	35,37	35,57	35,77	35,97
18	36,17	36,38	36,58	36,78	36,98	37,18	37,38	37,58	37,78	37,98
19	38,18	38,39	38,59	38,79	38,99	39,19	39,39	39,59	39,79	39,99
20	40,19	40,39	40,60	40,80	41,00	41,20	41,40	41,60	41,80	42,00
21	42,20	42,40	42,61	42,81	43,01	43,21	43,41	43,61	43,81	44,01
22	44,21	44,41	44,62	44,82	45,02	45,22	45,42	45,62	45,82	46,02
23	46,22	46,42	46,63	46,83	47,03	47,23	47,43	47,63	47,83	48,03
24	48,23	48,43	48,63	48,84	49,04	49,24	49,44	49,64	49,84	50,04
25	50,24	50,44	50,64	50,85	51,05	51,25	51,45	51,65	51,85	52,05
26	52,25	52,45	52,65	52,86	53,06	53,26	53,46	53,66	53,86	54,06
27	54,26	54,46	54,66	54,86	55,07	55,27	55,47	55,67	55,87	56,07
28	56,27	56,47	56,67	56,87	57,08	57,28	57,48	57,68	57,88	58,08
29	58,28	58,48	58,68	58,88	59,09	59,29	59,49	59,69	59,89	1 0,09
30	1 0,29	1 0,49	1 0,69	1 0,89	1 1,09	1 1,30	1 1,50	1 1,70	1 1,90	2,10
31	2,30	2,50	2,70	2,90	3,10	3,31	3,51	3,71	3,91	4,11
32	4,31	4,51	4,71	4,91	5,11	5,32	5,52	5,72	5,92	6,12
33	6,32	6,52	6,72	6,92	7,12	7,32	7,53	7,73	7,93	8,13
34	8,33	8,53	8,73	8,93	9,13	9,33	9,54	9,74	9,94	10,14
35	10,34	10,54	10,74	10,94	11,14	11,34	11,55	11,75	11,95	12,15
36	12,35	12,55	12,75	12,95	13,15	13,35	13,56	13,76	13,96	14,16
37	14,36	14,56	14,76	14,96	15,16	15,36	15,56	15,77	15,97	16,17
38	16,37	16,57	16,77	16,97	17,17	17,37	17,57	17,78	17,98	18,18
39	18,38	18,58	18,78	18,98	19,18	19,38	19,58	19,79	19,99	20,19
40	20,39	20,59	20,79	20,99	21,19	21,39	21,59	21,79	22,00	22,20
41	22,40	22,60	22,80	23,00	23,20	23,40	23,60	23,80	24,01	24,21
42	24,41	24,61	24,81	25,01	25,21	25,41	25,61	25,81	26,02	26,22
43	26,42	26,62	26,82	27,02	27,22	27,42	27,62	27,82	28,02	28,23
44	28,43	28,63	28,83	29,03	29,23	29,43	29,63	29,83	30,03	30,24
45	30,44	30,64	30,84	31,04	31,24	31,44	31,64	31,84	32,04	32,25
46	32,45	32,65	32,85	33,05	33,25	33,45	33,65	33,85	34,05	34,25
47	34,46	34,66	34,86	35,06	35,26	35,46	35,66	35,86	36,06	36,26
48	36,47	36,67	36,87	37,07	37,27	37,47	37,67	37,87	38,07	38,27
49	38,48	38,68	38,88	39,08	39,28	39,48	39,68	39,88	40,08	40,28
50	40,48	40,69	40,89	41,09	41,29	41,49	41,69	41,89	42,09	42,29
51	42,49	42,70	42,90	43,10	43,30	43,50	43,70	43,90	44,10	44,30
52	44,50	44,71	44,91	45,11	45,31	45,51	45,71	45,91	46,11	46,31
53	46,51	46,72	46,92	47,12	47,32	47,52	47,72	47,92	48,12	48,32
54	48,52	48,72	48,93	49,13	49,33	49,53	49,73	49,93	50,13	50,33
55	50,53	50,73	50,94	51,14	51,34	51,54	51,74	51,94	52,14	52,34
56	52,54	52,74	52,95	53,15	53,35	53,55	53,75	53,95	54,15	54,35
57	54,55	54,75	54,95	55,16	55,36	55,56	55,76	55,96	56,16	56,36
58	56,56	56,76	56,96	57,17	57,37	57,57	57,77	57,97	58,17	58,37
59	58,57	58,77	58,97	59,18	59,38	59,58	59,78	59,98	2 0,18	2 0,38

THÉODOLITE DE REPSOLD. MICROSCOPE **B**. 1 TOUR.

Parties	$0^r,0$	$0^r,1$	$0^r,2$	$0^r,3$	$0^r,4$	$0^r,5$	$0^r,6$	$0^r,7$	$0^r,8$	$0^r,9$
	′ ″	′ ″	′ ″	′ ″	′ ″	′ ″	′ ″	′ ″	′ ″	′ ″
0	2 0,58	2 0,78	2 0,98	2 1,18	2 1,39	2 1,59	2 1,79	2 1,99	2 2,19	2 2,39
1	2,59	2,79	2,99	3,19	3,40	3,60	3,80	4,00	4,20	4,40
2	4,60	4,80	5,00	5,20	5,41	5,61	5,81	6,01	6,21	6,41
3	6,61	6,81	7,01	7,21	7,41	7,62	7,82	8,02	8,22	8,42
4	8,62	8,82	9,03	9,22	9,42	9,63	9,83	10,03	10,23	10,43
5	10,63	10,83	11,03	11,23	11,43	11,64	11,84	12,04	12,24	12,44
6	12,64	12,84	13,04	13,24	13,44	13,65	13,85	14,05	14,25	14,45
7	14,65	14,85	15,05	15,25	15,45	15,65	15,86	16,06	16,26	16,46
8	16,66	16,86	17,06	17,26	17,46	17,66	17,87	18,07	18,27	18,47
9	18,67	18,87	19,07	19,27	19,47	19,67	19,88	20,08	20,28	20,48
10	20,68	20,88	21,08	21,28	21,48	21,68	21,88	22,09	22,29	22,49
11	22,69	22,89	23,09	23,29	23,49	23,69	23,89	24,10	24,30	24,50
12	24,70	24,90	25,10	25,30	25,50	25,70	25,90	26,11	26,31	26,51
13	26,71	26,91	27,11	27,31	27,51	27,71	27,91	28,11	28,32	28,52
14	28,72	28,92	29,12	29,32	29,52	29,72	29,92	30,12	30,33	30,53
15	30,73	30,93	31,13	31,33	31,53	31,73	31,93	32,13	32,34	32,54
16	32,74	32,94	33,14	33,34	33,54	33,74	33,94	34,14	34,34	34,55
17	34,75	34,95	35,15	35,35	35,55	35,75	35,95	36,15	36,35	36,56
18	36,76	36,96	37,16	37,36	37,56	37,76	37,96	38,16	38,36	38,57
19	38,77	38,97	39,17	39,37	39,57	39,77	39,97	40,17	40,37	40,58
20	40,78	40,98	41,18	41,38	41,58	41,78	41,98	42,18	42,38	42,58
21	42,79	42,99	43,19	43,39	43,59	43,79	43,99	44,19	44,39	44,59
22	44,80	45,00	45,20	45,40	45,60	45,80	46,00	46,20	46,40	46,60
23	46,81	47,01	47,21	47,41	47,61	47,81	48,01	48,21	48,41	48,61
24	48,81	49,02	49,22	49,42	49,62	49,82	50,02	50,22	50,42	50,62
25	50,82	51,03	51,23	51,43	51,63	51,83	52,03	52,23	52,43	52,63
26	52,83	53,04	53,24	53,44	53,64	53,84	54,04	54,24	54,44	54,64
27	54,84	55,04	55,25	55,45	55,65	55,85	56,05	56,25	56,45	56,65
28	56,85	57,05	57,26	57,46	57,66	57,86	58,06	58,26	58,46	58,66
29	58,86	59,06	59,27	59,47	59,67	59,87	3 0,07	3 0,27	3 0,47	3 0,67
30	3 0,87	3 1,07	3 1,27	3 1,48	3 1,68	3 1,88	2,08	2,28	2,48	2,68
31	2,88	3,08	3,28	3,49	3,69	3,89	4,09	4,29	4,49	4,69
32	4,89	5,09	5,29	5,50	5,70	5,90	6,10	6,30	6,50	6,70
33	6,90	7,10	7,30	7,51	7,71	7,91	8,11	8,31	8,51	8,71
34	8,91	9,11	9,31	9,51	9,72	9,92	10,12	10,32	10,52	10,72
35	10,92	11,12	11,32	11,52	11,73	11,93	12,13	12,33	12,53	12,73
36	12,93	13,13	13,33	13,53	13,74	13,94	14,14	14,34	14,54	14,74
37	14,94	15,14	15,34	15,54	15,74	15,95	16,15	16,35	16,55	16,75
38	16,95	17,15	17,35	17,55	17,75	17,96	18,16	18,36	18,56	18,76
39	18,96	19,16	19,36	19,56	19,76	19,97	20,17	20,37	20,57	20,77
40	20,97	21,17	21,37	21,57	21,77	21,97	22,18	22 38	22,58	22,78
41	22,98	23,18	23,38	23,58	23,78	23,98	24,19	24,39	24,59	24,79
42	24,99	25,19	25,39	25,59	25,79	25,99	26,20	26,40	26,00	26,80
43	27,00	27,20	27,40	27,60	27,80	28,00	28,20	28,41	28,61	28,81
44	29,01	29,21	29,41	29,61	29,81	30,01	30,21	30,42	30,62	30,82
45	31,02	31,22	31,42	31,62	31,82	32,02	32,22	32,43	32,63	32,83
46	33,03	33,23	33,43	33,63	33,83	34,03	34,23	34,43	34,64	34,84
47	35,04	35,24	35,44	35,64	35,84	36,04	36,24	36,44	36,65	36,85
48	37,05	37,25	37,45	37,65	37,85	38,05	38,25	38,45	38,66	38,86
49	39,06	39,26	39,46	39,66	39,86	40,06	40,26	40,46	40,67	40,87
50	41,07	41,27	41,47	41,67	41,87	42,07	42,27	42,47	42,67	42,88
51	43,08	43,28	43,48	43,68	43,88	44,08	44,28	44,48	44,68	44,89
52	45,09	45,29	45,49	45,69	45,89	46,09	46,29	46,49	46,69	46,90
53	47,10	47,30	47,50	47,70	47,90	48,10	48,30	48,50	48,70	48,90
54	49,11	49,31	49,51	49,71	49,91	50,11	50,31	50,51	50,71	50,91
55	51,12	51,32	51,52	51,72	51,92	52,12	52,32	52,52	52,72	52,92
56	53,13	53,33	53,53	53,73	53,93	54,13	54,33	54,53	54,73	54,93
57	55,13	55,34	55,54	55,74	55,94	56,14	56,34	56,54	56,74	56,94
58	57,14	57,35	57,55	57,75	57,95	58,15	58,35	58,55	58,75	58,95
59	59,15	59,36	59,56	59,76	59,96	4 0,16	4 0,36	4 0,56	4 0,76	4 0,96

THÉODOLITE DE BRUNNER. MICROSCOPE A. 0 TOURS.

Parties	0,0	0,1	0,2	0,3	0,4	0,5	0,6	0,7	0,8	0,9
	′ ″	′ ″	′ ″	′ ″	′ ″	′ ″	′ ″	′ ″	′ ″	′ ″
0	0 0,00	0 0,20	0 0,40	0 0,60	0 0,80	0 0,99	0 1,19	0 1,39	0 1,59	0 1,79
1	1,99	2,19	2,39	2,59	2,79	2,98	3,18	3,38	3,58	3,78
2	3,98	4,18	4,38	4,58	4,78	4,97	5,17	5,37	5,57	5,77
3	5,97	6,17	6,37	6,57	6,76	6,96	7,16	7,36	7,56	7,76
4	7,96	8,16	8,36	8,56	8,75	8,95	9,15	9,35	9,55	9,75
5	9,95	10,15	10,35	10,55	10,74	10,94	11,14	11,34	11,54	11,74
6	11,94	12,14	12,34	12,54	12,73	12,93	13,13	13,33	13,53	13,73
7	13,93	14,13	14,33	14,52	14,72	14,92	15,12	15,32	15,52	15,72
8	15,92	16,12	16,32	16,51	16,71	16,91	17,11	17,31	17,51	17,71
9	17,91	18,11	18,31	18,50	18,70	18,90	19,10	19,30	19,50	19,70
10	19,90	20,10	20,29	20,49	20,69	20,89	21,09	21,29	21,49	21,69
11	21,89	22,09	22,28	22,48	22,68	22,88	23,08	23,28	23,48	23,68
12	23,88	24,08	24,27	24,47	24,67	24,87	25,07	25,27	25,47	25,67
13	25,87	26,07	26,26	26,46	26,66	26,86	27,06	27,26	27,46	27,66
14	27,86	28,05	28,25	28,45	28,65	28,85	29,05	29,25	29,45	29,65
15	29,85	30,04	30,24	30,44	30,64	30,84	31,04	31,24	31,44	31,64
16	31,84	32,03	32,23	32,43	32,63	32,83	33,03	33,23	33,43	33,63
17	33,82	34,02	34,22	34,42	34,62	34,82	35,02	35,22	35,42	35,62
18	35,81	36,01	36,21	36,41	36,61	36,81	37,01	37,21	37,41	37,61
19	37,80	38,00	38,20	38,40	38,60	38,80	39,00	39,20	39,40	39,60
20	39,79	39,99	40,19	40,39	40,59	40,79	40,99	41,19	41,39	41,58
21	41,78	41,98	42,18	42,38	42,58	42,78	42,98	43,18	43,38	43,57
22	43,77	43,97	44,17	44,37	44,57	44,77	44,97	45,17	45,37	45,56
23	45,76	45,96	46,16	46,36	46,56	46,76	46,96	47,16	47,35	47,55
24	47,75	47,95	48,15	48,35	48,55	48,75	48,95	49,15	49,34	49,54
25	49,74	49,94	50,14	50,34	50,54	50,74	50,94	51,14	51,33	51,53
26	51,73	51,93	52,13	52,33	52,53	52,73	52,93	53,12	53,32	53,52
27	53,72	53,92	54,12	54,32	54,52	54,72	54,92	55,11	55,31	55,51
28	55,71	55,91	56,11	56,31	56,51	56,71	56,91	57,10	57,30	57,50
29	57,70	57,90	58,10	58,30	58,50	58,70	58,90	59,09	59,29	59,49
30	59,69	59,89	1 0,09	1 0,29	1 0,49	1 0,69	1 0,88	1 1,08	1 1,28	1 1,48
31	1 1,68	1 1,88	2,08	2,28	2,48	2,68	2,87	3,07	3,27	3,47
32	3,67	3,87	4,07	4,27	4,47	4,67	4,86	5,06	5,26	5,46
33	5,66	5,86	6,06	6,26	6,46	6,65	6,85	7,05	7,25	7,45
34	7,65	7,85	8,05	8,25	8,45	8,64	8,84	9,04	9,24	9,44
35	9,64	9,84	10,04	10,24	10,44	10,63	10,83	11,03	11,23	11,43
36	11,63	11,83	12,03	12,23	12,43	12,62	12,82	13,02	13,22	13,42
37	13,62	13,82	14,02	14,22	14,41	14,61	14,81	15,01	15,21	15,41
38	15,61	15,81	16,01	16,21	16,40	16,60	16,80	17,00	17,20	17,40
39	17,60	17,80	18,00	18,20	18,39	18,59	18,79	18,99	19,19	19,39
40	19,59	19,79	19,99	20,18	20,38	20,58	20,78	20,98	21,18	21,38
41	21,58	21,78	21,98	22,17	22,37	22,57	22,77	22,97	23,17	23,37
42	23,57	23,77	23,97	24,16	24,36	24,56	24,76	24,96	25,16	25,36
43	25,56	25,76	25,96	26,15	26,35	26,55	26,75	26,95	27,15	27,35
44	27,55	27,75	27,94	28,14	28,34	28,54	28,74	28,94	29,14	29,34
45	29,54	29,74	29,93	30,13	30,33	30,53	30,73	30,93	31,13	31,33
46	31,53	31,73	31,92	32,12	32,32	32,52	32,72	32,92	33,12	33,32
47	33,52	33,71	33,91	34,11	34,31	34,51	34,71	34,91	35,11	35,31
48	35,51	35,70	35,90	36,10	36,30	36,50	36,70	36,90	37,10	37,30
49	37,50	37,69	37,89	38,09	38,29	38,49	38,69	38,89	39,09	39,29
50	39,48	39,68	39,88	40,08	40,28	40,48	40,68	40,88	41,08	41,28
51	41,47	41,67	41,87	42,07	42,27	42,47	42,67	42,87	43,07	43,27
52	43,46	43,66	43,86	44,06	44,26	44,46	44,66	44,86	45,06	45,26
53	45,45	45,65	45,85	46,05	46,25	46,45	46,65	46,85	47,05	47,24
54	47,44	47,64	47,84	48,04	48,24	48,44	48,64	48,84	49,04	49,23
55	49,43	49,63	49,83	50,03	50,23	50,43	50,63	50,83	51,03	51,22
56	51,42	51,62	51,82	52,02	52,22	52,42	52,62	52,82	53,01	53,21
57	53,41	53,61	53,81	54,01	54,21	54,41	54,61	54,81	55,00	55,20
58	55,40	55,60	55,80	56,00	56,20	56,40	56,60	56,80	56,99	57,19
59	57,39	57,59	57,79	57,99	58,19	58,39	58,59	58,79	58,98	59,18

THÉODOLITE DE BRUNNER. **MICROSCOPE A.** 1 TOUR.

Parties	0,0	0,1	0,2	0,3	0,4	0,5	0,6	0,7	0,8	0,9
	′ ″	′ ″	′ ″	′ ″	′ ″	′ ″	′ ″	′ ″	′ ″	′ ″
0	1 59,38	1 59,58	1 59,78	1 59,98	2 0,18	2 0,38	2 0,58	2 0,77	2 0,97	2 1,17
1	2 1,37	2 1,57	2 1,77	2 1,97	2,17	2,37	2,57	2,76	2,96	3,16
2	3,36	3,56	3,76	3,96	4,16	4,36	4,56	4,75	4,95	5,15
3	5,35	5,55	5,75	5,95	6,15	6,35	6,54	6,74	6,94	7,14
4	7,34	7,54	7,74	7,94	8,14	8,34	8,53	8,73	8,93	9,13
5	9,33	9,53	9,73	9,93	10,13	10,33	10,52	10,72	10,92	11,12
6	11,32	11,52	11,72	11,92	12,12	12,32	12,51	12,71	12,91	13,11
7	13,31	13,51	13,71	13,91	14,11	14,30	14,50	14,70	14,90	15,10
8	15,30	15,50	15,70	15,90	16,10	16,29	16,49	16,69	16,89	17,09
9	17,29	17,49	17,69	17,89	18,09	18,28	18,48	18,68	18,88	19,08
10	19,28	19,48	19,68	19,88	20,07	20,27	20,47	20,67	20,87	21,07
11	21,27	21,47	21,67	21,87	22,06	22,26	22,46	22,66	22,86	23,06
12	23,26	23,46	23,66	23,86	24,05	24,25	24,45	24,65	24,85	25,05
13	25,25	25,45	25,65	25,85	26,04	26,24	26,44	26,64	26,84	27,04
14	27,24	27,44	27,64	27,85	28,03	28,23	28,43	28,63	28,85	29,03
15	29,23	29,43	29,63	29,82	30,02	30,22	30,42	30,62	30,82	31,02
16	31,22	31,42	31,62	31,81	32,01	32,21	32,41	32,61	32,81	33,01
17	33,21	33,41	33,60	33,80	34,00	34,20	34,40	34,60	34,80	35,00
18	35,20	35,40	35,59	35,79	35,99	36,19	36,39	36,59	36,79	36,99
19	37,19	37,39	37,58	37,78	37,98	38,18	38,38	38,58	38,78	38,98
20	39,18	39,37	39,57	39,77	39,97	40,17	40,37	40,57	40,77	40,97
21	41,17	41,36	41,56	41,76	41,96	42,16	42,36	42,56	42,76	42,96
22	43,16	43,35	43,55	43,75	43,95	44,15	44,35	44,55	44,75	44,95
23	45,15	45,34	45,54	45,74	45,94	46,14	46,34	46,54	46,74	46,94
24	47,13	47,33	47,53	47,73	47,93	48,13	48,33	48,53	48,73	48,93
25	49,12	49,32	49,52	49,72	49,92	50,12	50,32	50,52	50,72	50,92
26	51,11	51,31	51,51	51,71	51,91	52,11	52,31	52,51	52,71	52,90
27	53,10	53,30	53,50	53,70	53,90	54,10	54,30	54,50	54,70	54,89
28	55,09	55,29	55,49	55,69	55,89	56,09	56,29	56,49	56,69	56,88
29	57,08	57,28	57,48	57,68	57,88	58,08	58,28	58,48	58,68	58,87
30	59,07	59,27	59,47	59,67	59,87	3 0,07	3 0,27	3 0,47	3 0,66	3 0,86
31	3 1,06	3 1,26	3 1,46	3 1,66	3 1,86	2,06	2,26	2,46	2,65	2,85
32	3,05	3,25	3,45	3,65	3,85	4,05	4,25	4,45	4,64	4,84
33	5,04	5,24	5,44	5,64	5,84	6,04	6,24	6,43	6,63	6,83
34	7,03	7,23	7,43	7,63	7,83	8,03	8,23	8,42	8,62	8,82
35	9,02	9,22	9,42	9,62	9,82	10,02	10,22	10,41	10,61	10,81
36	11,01	11,21	11,41	11,61	11,81	12,01	12,21	12,40	12,60	12,80
37	13,00	13,20	13,40	13,60	13,80	14,00	14,19	14,39	14,59	14,79
38	14,99	15,19	15,39	15,59	15,79	15,99	16,18	16,38	16,58	16,78
39	16,98	17,18	17,38	17,58	17,78	17,98	18,17	18,37	18,57	18,77
40	18,97	19,17	19,37	19,57	19,77	19,96	20,16	20,36	20,56	20,76
41	20,96	21,16	21,36	21,56	21,76	21,95	22,15	22,35	22,55	22,75
42	22,95	23,15	23,35	23,55	23,75	23,94	24,14	24,34	24,54	24,74
43	24,94	25,14	25,34	25,54	25,73	25,93	26,13	26,33	26,53	26,73
44	26,93	27,13	27,33	27,53	27, 2	27,92	28,12	28,32	28,52	28,72
45	28,92	29,12	29,32	29,52	29,71	29,91	30,11	30,31	30,51	30,71
46	30,91	31,11	31,31	31,51	31,70	31,90	32,10	32,30	32,50	32,70
47	32,90	33,10	33,30	33,49	33,69	33,89	34,09	34,29	34,49	34,69
48	34,89	35,09	35,29	35,48	35,68	35,88	36,08	36,28	36,48	36,68
49	36,88	37,08	37,28	37,47	37,67	37,87	38,07	38,27	38,47	38,67
50	38,87	39,07	39,26	39,46	39,66	39,86	40,06	40,26	40,46	40,66
51	40,86	41,06	41,25	41,45	41,65	41,85	42,05	42,25	42,45	42,65
52	42,85	43,05	43,24	43,44	43,64	43,84	44,04	44,24	44,44	44,64
53	44,84	45,04	45,23	45,43	45,63	45,83	46,03	46,23	46,43	46,63
54	46,83	47,02	47,22	47,42	47,62	47,82	48,02	48,22	48,42	48,62
55	48,82	49,01	49,21	49,41	49,61	49,81	50,01	50,21	50,41	50,61
56	50,81	51,00	51,20	51,40	51,60	51,80	52,00	52,20	52,40	52,60
57	52,79	52,99	53,19	53,39	53,59	53,79	53,99	54,19	54,39	54,59
58	54,78	54,98	55,18	55,38	55,58	55,78	55,98	56,18	56,38	56,58
59	56,77	56,97	57,17	57,37	57,57	57,77	57,97	58,17	58,37	58,57

THÉODOLITE DE BRUNNER. MICROSCOPE A. 2 TOURS.

Parties	0,0	0,1	0,2	0,3	0,4	0,5	0,6	0,7	0,8	0,9
	′ ″	′ ″	′ ″	′ ″	′ ″	′ ″	′ ″	′ ″	′ ″	′ ″
0	3 58,76	3 58,96	3 50,16	3 59,36	3 59,56	3 59,76	3 59,96	4 0,16	4 0,36	4 0,55
1	4 0,75	4 0,95	4 1,15	4 1,35	4 1,55	4 1,75	4 1,95	2,15	2,35	2,54
2	2,74	2,94	3,14	3,34	3,54	3,74	3,94	4,14	4,34	4,53
3	4,73	4,93	5,13	5,33	5,53	5,73	5,93	6,13	6,32	6,52
4	6,72	6,92	7,12	7,32	7,52	7,72	7,92	8,12	8,31	8,51
5	8,71	8,91	9,11	9,31	9,51	9,71	9,91	10,11	10,30	10,50
6	10,70	10,90	11,10	11,30	11,50	11,70	11,90	12,09	12,29	12,49
7	12,69	12,89	13,09	13,29	13,49	13,69	13,89	14,08	14,28	14,48
8	14,68	14,88	15,08	15,28	15,48	15,68	15,88	16,07	16,27	16,47
9	16,67	16,87	17,07	17,27	17,47	17,67	17,87	18,06	18,26	18,46
10	18,66	18,86	19,06	19,26	19,16	19,66	19,85	20,05	20,25	20,45
11	20,65	20,85	21,05	21,25	21,45	21,65	21,84	22,04	22,24	22,44
12	22,64	22,84	23,04	23,24	23,44	23,64	23,83	24,03	24,23	24,43
13	24,63	24,83	25,03	25,23	25,43	25,62	25,82	26,02	26,22	26,42
14	26,62	26,82	27,02	27,22	27,42	27,61	27,81	28,01	28,21	28,41
15	28,61	28,81	29,01	29,21	29,41	29,60	29,80	30,00	30,20	30,40
16	30,60	30,80	31,00	31,20	31,40	31,59	31,79	31,99	32,19	32,39
17	32,59	32,79	32,99	33,19	33,38	33,58	33,78	33,98	34,18	34,38
18	34,58	34,78	34,98	35,18	35,37	35,57	35,77	35,97	36,17	36,37
19	36,57	36,77	36,97	37,17	37,36	37,56	37,76	37,96	38,16	38,36
20	38,56	38,76	38,96	39,15	39,35	39,55	39,75	39,95	40,15	40,35
21	40,55	40,75	40,95	41,14	41,34	41,54	41,74	41,94	42,14	42,34
22	42,54	42,74	42,94	43,13	43,33	43,53	43,73	43,93	44,13	44,33
23	44,53	44,73	44,93	45,12	45,32	45,52	45,72	45,92	46,12	46,32
24	46,52	46,72	46,91	47,11	47,31	47,51	47,71	47,91	48,11	48,31
25	48,51	48,71	48,90	49,10	49,30	49,50	49,70	49,90	50,10	50,30
26	50,50	50,70	50,89	51,09	51,29	51,49	51,69	51,89	52,09	52,29
27	52,49	52,68	52,88	53,08	53,28	53,48	53,68	53,88	54,08	54,28
28	54,48	54,67	54,87	55,07	55,27	55,47	55,67	55,87	56,07	56,27
29	56,47	56,66	56,86	57,06	57,26	57,46	57,66	57,86	58,06	58,26
30	58,45	58,65	58,85	59,05	59,25	59,45	59,65	59,85	5 0,05	5 0,25
31	5 0,44	5 0,64	5 0,84	5 1,04	5 1,24	5 1,44	5 1,64	5 1,84	2,04	2,24
32	2,43	2,63	2,83	3,03	3,23	3,43	3,63	3,83	4,03	4,23
33	4,42	4,62	4,82	5,02	5,22	5,42	5,62	5,82	6,02	6,21
34	6,41	6,61	6,81	7,01	7,21	7,41	7,61	7,81	8,01	8,20
35	8,40	8,60	8,80	9,00	9,20	9,40	9,60	9,80	10,00	10,19
36	10,39	10,59	10,79	10,99	11,19	11,39	11,59	11,79	11,98	12,18
37	12,38	12,58	12,78	12,98	13,18	13,38	13,58	13,78	13,97	14,17
38	14,37	14,57	14,77	14,97	15,17	15,37	15,57	15,77	15,96	16,16
39	16,36	16,56	16,76	16,96	17,16	17,36	17,56	17,76	17,95	18,15
40	18,35	18,55	18,75	18,95	19,15	19,35	19,55	19,74	19,94	20,14
41	20,34	20,54	20,74	20,94	21,14	21,34	21,54	21,73	21,93	22,13
42	22,33	22,53	22,73	22,93	23,13	23,33	23,53	23,72	23,92	24,12
43	24,32	24,52	24,72	24,92	25,12	25,32	25,51	25,71	25,91	26,11
44	26,31	26,51	26,71	26,91	27,11	27,31	27,50	27,70	27,90	28,10
45	28,30	28,50	28,70	28,90	29,10	29,30	29,49	29,69	29,89	30,09
46	30,29	30,49	30,69	30,89	31,09	31,29	31,48	31,68	31,88	32,08
47	32,28	32,48	32,68	32,88	33,08	33,27	33,47	33,67	33,87	34,07
48	34,27	34,47	34,67	34,87	35,07	35,26	35,46	35,66	35,86	36,06
49	36,26	36,46	36,66	36,86	37,06	37,25	37,45	37,65	37,85	38,05
50	38,25	38,45	38,65	38,85	39,04	39,24	39,44	39,64	39,84	40,04
51	40,24	40,44	40,64	40,84	41,03	41,23	41,43	41,63	41,83	42,03
52	42,25	42,45	42,63	42,83	43,02	43,22	43,42	43,62	43,82	44,02
53	44,22	44,42	44,62	44,82	45,01	45,21	45,41	45,61	45,81	46,01
54	46,21	46,41	46,61	46,80	47,00	47,20	47,40	47,60	47,80	48,00
55	48,20	48,40	48,60	48,79	48,99	49,19	49,39	49,59	49,79	49,99
56	50,19	50,39	50,59	50,78	50,98	51,18	51,38	51,58	51,78	51,98
57	52,18	52,38	52,57	52,77	52,97	53,17	53,37	53,57	53,77	53,97
58	54,17	54,37	54,56	54,76	54,96	55,16	55,36	55,56	55,76	55,96
59	56,16	56,36	56,55	56,75	56,95	57,15	57,35	57,55	57,75	57,95

THÉODOLITE DE BRUNNER. MICROSCOPE B. 0 TOURS.

Parties	0,0	0,1	0,2	0,3	0,4	0,5	0,6	0,7	0,8	0,9
	′ ″	′ ″	′ ″	′ ″	′ ″	′ ″	′ ″	′ ″	′ ″	′ ″
0	0 0,00	0 0,20	0 0,40	0 0,60	0 0,80	0 1,00	0 1,19	0 1,39	0 1,59	0 1,79
1	1,99	2,19	2,39	2,59	2,79	2,99	3,19	3,39	3,58	3,78
2	3,98	4,18	4,38	4,58	4,78	4,98	5,18	5,38	5,58	5,77
3	5,97	6,17	6,37	6,57	6,77	6,97	7,17	7,37	7,57	7,77
4	7,97	8,16	8,36	8,56	8,76	8,96	9,16	9,36	9,56	9,76
5	9,96	10,16	10,35	10,55	10,75	10,95	11,15	11,35	11,55	11,75
6	11,95	12,15	12,35	12,55	12,74	12,94	13,14	13,34	13,54	13,74
7	13,94	14,14	14,34	14,54	14,74	14,93	15,13	15,33	15,53	15,73
8	15,93	16,13	16,33	16,53	16,73	16,93	17,13	17,32	17,52	17,72
9	17,92	18,12	18,32	18,52	18,72	18,92	19,12	19,32	19,51	19,71
10	19,91	20,11	20,31	20,51	20,71	20,91	21,11	21,31	21,51	21,71
11	21,90	22,10	22,30	22,50	22,70	22,90	23,10	23,30	23,50	23,70
12	23,90	24,09	24,29	24,49	24,69	24,89	25,09	25,29	25,49	25,69
13	25,89	26,09	26,29	26,48	26,68	26,88	27,08	27,28	27,48	27,68
14	27,88	28,08	28,28	28,48	28,67	28,87	29,07	29,27	29,47	29,67
15	29,87	30,07	30,27	30,47	30,67	30,87	31,06	31,26	31,46	31,66
16	31,86	32,06	32,26	32,46	32,06	32,86	33,06	33,25	33,45	33,65
17	33,85	34,05	34,25	34,45	34,65	34,85	35,05	35,25	35,45	35,64
18	35,84	36,04	36,24	36,44	36,64	36,84	37,04	37,24	37,44	37,64
19	37,83	38,03	38,23	38,43	38,63	38,83	39,03	39,23	39,43	39,63
20	39,83	40,03	40,22	40,42	40,62	40,82	41,02	41,22	41,42	41,62
21	41,82	42,02	42,22	42,41	42,61	42,81	43,01	43,21	43,41	43,61
22	43,81	44,01	44,21	44,41	44,61	44,80	45,00	45,20	45,40	45,60
23	45,80	46,00	46,20	46,40	46,60	46,80	46,99	47,19	47,39	47,59
24	47,79	47,99	48,19	48,39	48,59	48,79	48,99	49,19	49,38	49,58
25	49,78	49,98	50,18	50,38	50,58	50,78	50,98	51,18	51,38	51,57
26	51,77	51,97	52,17	52,37	52,57	52,77	52,97	53,17	53,37	53,57
27	53,77	53,96	54,16	54,36	54,56	54,76	54,96	55,16	55,36	55,56
28	55,76	55,96	56,15	56,35	56,55	56,75	56,95	57,15	57,35	57,55
29	57,75	57,95	58,15	58,35	58,54	58,74	58,94	59,14	59,34	59,54
30	59,74	59,94	1 0,14	1 0,34	1 0,54	1 0,73	1 0,93	1 1,13	1 1,33	1 1,53
31	1 1,73	1 1,93	2,13	2,33	2,53	2,73	2,93	3,12	3,32	3,52
32	3,72	3,92	4,12	4,32	4,52	4,72	4,92	5,12	5,31	5,51
33	5,71	5,91	6,11	6,31	6,51	6,71	6,91	7,11	7,31	7,51
34	7,70	7,90	8,10	8,30	8,50	8,70	8,90	9,10	9,30	9,50
35	9,70	9,89	10,09	10,29	10,49	10,69	10,89	11,09	11,29	11,49
36	11,69	11,89	12,09	12,28	12,48	12,68	12,88	13,08	13,28	13,48
37	13,68	13,88	14,08	14,28	14,47	14,67	14,87	15,07	15,27	15,47
38	15,67	15,87	16,07	16,27	16,47	16,67	16,86	17,06	17,26	17,46
39	17,66	17,86	18,06	18,26	18,46	18,66	18,86	19,05	19,25	19,45
40	19,65	19,85	20,05	20,25	20,45	20,65	20,85	21,05	21,25	21,44
41	21,64	21,84	22,04	22,24	22,44	22,64	22,84	23,04	23,24	23,44
42	23,63	23,83	24,03	24,23	24,43	24,63	24,83	25,03	25,23	25,43
43	25,63	25,83	26,02	26,22	26,42	26,62	26,82	27,02	27,22	27,42
44	27,62	27,82	28,02	28,21	28,41	28,61	28,81	29,01	29,21	29,41
45	29,61	29,81	30,01	30,21	30,41	30,60	30,80	31,00	31,20	31,40
46	31,60	31,80	32,00	32,20	32,40	32,60	32,79	32,99	33,19	33,39
47	33,59	33,79	33,99	34,19	34,39	34,59	34,79	34,99	35,18	35,38
48	35,58	35,78	35,98	36,18	36,38	36,58	36,78	36,98	37,18	37,37
49	37,57	37,77	37,97	38,17	38,37	38,57	38,77	38,97	39,17	39,37
50	39,56	39,76	39,96	40,16	40,36	40,56	40,76	40,96	41,16	41,36
51	41,56	41,76	41,95	42,15	42,35	42,55	42,75	42,95	43,15	43,35
52	43,55	43,75	43,95	44,14	44,34	44,54	44,74	44,94	45,14	45,34
53	45,54	45,74	45,94	46,14	46,34	46,53	46,73	46,93	47,13	47,33
54	47,53	47,73	47,93	48,13	48,33	48,53	48,72	48,92	49,12	49,32
55	49,52	49,72	49,92	50,12	50,32	50,52	50,72	50,92	51,11	51,31
56	51,51	51,71	51,91	52,11	52,31	52,51	52,71	52,91	53,11	53,30
57	53,50	53,70	53,90	54,10	54,30	54,50	54,70	54,90	55,10	55,30
58	55,50	55,69	55,89	56,09	56,29	56,49	56,69	56,89	57,09	57,29
59	57,49	57,69	57,88	58,08	58,28	58,48	58,68	58,88	59,08	59,28

Parties	0,0	0,1	0,2	0,3	0,4	0,5	0,6	0,7	0,8	0,9
	′ ″	′ ″	′ ″	′ ″	′ ″	′ ″	′ ″	′ ″	′ ″	′ ″
0	1 59,48	1 59,68	1 59,88	2 0,08	2 0,27	2 0,47	2 0,67	2 0,87	2 1,07	2 1,27
1	2 1,47	2 1,67	2 1,87	2,07	2,27	2,46	2,66	2,86	3,06	3,26
2	3,47	3,66	3,86	4,06	4,26	4,46	4,66	4,85	5,05	5,25
3	5,45	5,65	5,85	6,05	6,25	6,45	6,65	6,85	7,04	7,24
4	7,44	7,64	7,84	8,04	8,24	8,44	8,64	8,84	9,04	9,24
5	9,43	9,63	9,83	10,03	10,23	10,43	10,63	10,83	11,03	11,23
6	11,43	11,62	11,82	12,02	12,22	12,42	12,62	12,82	13,02	13,22
7	13,42	13,62	13,82	14,01	14,21	14,41	14,61	14,81	15,01	15,20
8	15,41	15,61	15,81	16,01	16,20	16,40	16,60	16,80	17,00	17,20
9	17,40	17,60	17,80	18,00	18,20	18,40	18,59	18,79	18,99	19,19
10	19,39	19,59	19,79	19,99	20,19	20,39	20,59	20,78	20,98	21,18
11	21,38	21,58	21,78	21,98	22,18	22,38	22,58	22,78	22,98	23,17
12	23,37	23,57	23,77	23,97	24,17	24,37	24,57	24,77	24,97	25,17
13	25,36	25,56	25,76	25,96	26,16	26,36	26,56	26,76	26,96	27,16
14	27,36	27,56	27,75	27,95	28,15	28,35	28,55	28,75	28,95	29,15
15	29,35	29,55	29,75	29,94	30,14	30,34	30,54	30,74	30,94	31,14
16	31,34	31,54	31,74	31,94	32,14	32,33	32,53	32,73	32,93	33,13
17	33,33	33,53	33,73	33,93	34,13	34,33	34,52	34,72	34,92	35,12
18	35,32	35,52	35,72	35,92	36,12	36,32	36,52	36,72	36,91	37,11
19	37,31	37,51	37,71	37,91	38,11	38,31	38,51	38,71	38,91	39,10
20	39,30	39,50	39,70	39,90	40,10	40,30	40,50	40,70	40,90	41,10
21	41,30	41,49	41,69	41,89	42,09	42,29	42,49	42,69	42,89	43,09
22	43,29	43,49	43,68	43,88	44,08	44,28	44,48	44,68	44,88	45,08
23	45,28	45,48	45,68	45,88	46,07	46,27	46,47	46,67	46,87	47,07
24	47,27	47,47	47,67	47,87	48,07	48,26	48,46	48,66	48,86	49,06
25	49,26	49,46	49,66	49,86	50,06	50,26	50,46	50,65	50,85	51,05
26	51,25	51,45	51,65	51,85	52,05	52,25	52,45	52,65	52,84	53,04
27	53,24	53,44	53,64	53,84	54,04	54,24	54,44	54,64	54,84	55,04
28	55,23	55,43	55,63	55,83	56,03	56,23	56,43	56,63	56,83	57,03
29	57,23	57,42	57,62	57,82	58,02	58,22	58,42	58,62	58,82	59,02
30	59,22	59,42	59,62	59,81	3 0,01	3 0,21	3 0,41	3 0,61	3 0,81	3 1,01
31	3 1,21	3 1,41	3 1,61	3 1,81	2,00	2,20	2,40	2,60	2,80	3,00
32	3,20	3,40	3,60	3,80	4,00	4,20	4,39	4,59	4,79	4,99
33	5,19	5,39	5,59	5,79	5,99	6,19	6,39	6,58	6,78	6,98
34	7,18	7,38	7,58	7,78	7,98	8,18	8,38	8,58	8,78	8,97
35	9,17	9,37	9,57	9,77	9,97	10,17	10,37	10,57	10,77	10,97
36	11,16	11,36	11,56	11,76	11,96	12,16	12,36	12,56	12,76	12,96
37	13,16	13,36	13,55	13,75	13,95	14,15	14,35	14,55	14,75	14,95
38	15,15	15,35	15,55	15,74	15,94	16,14	16,34	16,54	16,74	16,94
39	17,14	17,34	17,54	17,74	17,94	18,13	18,33	18,53	18,73	18,93
40	19,13	19,33	19,53	19,73	19,93	20,13	20,32	20,52	20,72	20,92
41	21,12	21,32	21,52	21,72	21,92	22,12	22,32	22,52	22,71	22,91
42	23,11	23,31	23,51	23,71	23,91	24,11	24,30	24,51	24,71	24,90
43	25,10	25,30	25,50	25,70	25,90	26,10	26,30	26,50	26,70	26,90
44	27,10	27,29	27,49	27,69	27,89	28,09	28,29	28,49	28,69	28,89
45	29,09	29,29	29,48	29,68	29,88	30,08	30,28	30,48	30,68	30,88
46	31,08	31,28	31,48	31,68	31,87	32,07	32,27	32,47	32,67	32,87
47	33,07	33,27	33,47	33,67	33,87	34,06	34,26	34,46	34,66	34,86
48	35,06	35,26	35,46	35,66	35,86	36,06	36,26	36,45	36,65	36,85
49	37,05	37,25	37,45	37,65	37,85	38,05	38,25	38,45	38,64	38,84
50	39,04	39,24	39,44	39,64	39,84	40,04	40,24	40,44	40,64	40,84
51	41,03	41,23	41,43	41,63	41,83	42,03	42,23	42,43	42,63	42,83
52	43,03	43,22	43,42	43,62	43,82	44,02	44,22	44,42	44,62	44,82
53	45,02	45,22	45,42	45,61	45,81	46,01	46,21	46,41	46,61	46,81
54	47,01	47,21	47,41	47,61	47,80	48,00	48,20	48,40	48,60	48,80
55	49,00	49,20	49,40	49,60	49,80	50,00	50,19	50,39	50,59	50,79
56	50,99	51,19	51,39	51,59	51,79	51,99	52,19	52,38	52,58	52,78
57	52,98	53,18	53,38	53,58	53,78	53,98	54,18	54,38	54,58	54,77
58	54,97	55,17	55,37	55,57	55,77	55,97	56,17	56,37	56,57	56,77
59	56,96	57,16	57,36	57,56	57,76	57,96	58,16	58,36	58,56	58,76

TRÉODOLITE DE BRUNNER. MICROSCOPE B. 2 TOURS.

Parties	0,0	0,1	0,2	0,3	0,4	0,5	0,6	0,7	0,8	0,9
	′ ″	′ ″	′ ″	′ ″	′ ″	′ ″	′ ″	′ ″	′ ″	′ ″
0	3 58,97	3 59,16	3 59,35	3 59,55	3 59,75	3 59,93	4 0,15	4 0,35	4 0,55	4 0,75
1	4 0,95	4 1,15	4 1,35	4 1,54	4 1,74	4 1,94	2,14	2,34	2,54	2,74
2	2,94	3,14	3,34	3,54	3,74	3,93	4,13	4,33	4,53	4,73
3	4,93	5,13	5,33	5,53	5,73	5,93	6,12	6,32	6,52	6,72
4	6,92	7,12	7,32	7,52	7,72	7,92	8,12	8,32	8,51	8,71
5	8,91	9,11	9,31	9,51	9,71	9,91	10,11	10,31	10,51	10,70
6	10,90	11,10	11,30	11,50	11,70	11,90	12,10	12,30	12,50	12,70
7	12,90	13,09	13,29	13,49	13,69	13,89	14,09	14,29	14,49	14,69
8	14,89	15,09	15,28	15,48	15,68	15,88	16,08	16,28	16,48	16,68
9	16,88	17,08	17,28	17,48	17,67	17,87	18,07	18,27	18,47	18,67
10	18,87	19,07	19,27	19,47	19,67	19,86	20,06	20,26	20,46	20,66
11	20,86	21,06	21,26	21,46	21,66	21,86	22,06	22,25	22,45	22,65
12	22,85	23,05	23,25	23,45	23,65	23,85	24,05	24,25	24,44	24,64
13	24,84	25,04	25,24	25,44	25,64	25,84	26,04	26,24	26,44	26,64
14	26,83	27,03	27,23	27,43	27,63	27,83	28,03	28,23	28,43	28,63
15	28,83	29,02	29,22	29,42	29,62	29,82	30,02	30,22	30,42	30,62
16	30,82	31,02	31,22	31,41	31,61	31,81	32,01	32,21	32,41	32,61
17	32,81	33,01	33,21	33,41	33,60	33,80	34,00	34,20	34,40	34,60
18	34,80	35,00	35,20	35,40	35,60	35,80	35,99	36,19	36,39	36,59
19	36,79	36,99	37,19	37,39	37,59	37,79	37,99	38,18	38,38	38,58
20	38,78	38,98	39,18	39,38	39,58	39,78	39,98	40,18	40,38	40,57
21	40,77	40,97	41,17	41,37	41,57	41,77	41,97	42,17	42,37	42,57
22	42,76	42,96	43,16	43,36	43,56	43,76	43,96	44,16	44,36	44,56
23	44,76	44,96	45,15	45,35	45,55	45,75	45,95	46,15	46,35	46,55
24	46,75	46,95	47,15	47,34	47,54	47,74	47,94	48,14	48,34	48,54
25	48,74	48,94	49,14	49,34	49,54	49,73	49,93	50,13	50,33	50,53
26	50,73	50,93	51,13	51,33	51,53	51,73	51,92	52,12	52,32	52,52
27	52,72	52,92	53,12	53,32	53,52	53,72	53,92	54,12	54,31	54,51
28	54,71	54,91	55,11	55,31	55,51	55,71	55,91	56,11	56,31	56,50
29	56,70	56,90	57,10	57,30	57,50	57,70	57,90	58,10	58,30	58,50
30	58,69	58,89	59,09	59,29	59,49	59,69	59,89	5 0,09	5 0,29	5 0,49
31	5 0,69	5 0,89	5 1,08	5 1,28	5 1,48	5 1,68	5 1,88	2,08	2,28	2,48
32	2,68	2,88	3,08	3,27	3,47	3,67	3,87	4,07	4,27	4,47
33	4,67	4,87	5,07	5,27	5,47	5,66	5,86	6,06	6,26	6,46
34	6,66	6,86	7,06	7,26	7,46	7,66	7,85	8,05	8,25	8,45
35	8,65	8,85	9,05	9,25	9,45	9,65	9,85	10,05	10,24	10,44
36	10,64	10,84	11,04	11,24	11,44	11,64	11,84	12,04	12,24	12,43
37	12,63	12,83	13,03	13,23	13,43	13,63	13,83	14,03	14,23	14,43
38	14,63	14,82	15,02	15,22	15,42	15,62	15,82	16,02	16,22	16,42
39	16,62	16,82	17,01	17,21	17,41	17,61	17,81	18,01	18,21	18,41
40	18,61	18,81	19,01	19,21	19,40	19,60	19,80	20,00	20,20	20,40
41	20,60	20,80	21,00	21,20	21,40	21,59	21,79	21,99	22,19	22,39
42	22,59	22,79	22,99	23,19	23,39	23,59	23,79	23,98	24,18	24,38
43	24,58	24,78	24,98	25,18	25,38	25,58	25,78	25,98	26,17	26,37
44	26,57	26,77	26,97	27,17	27,37	27,57	27,77	27,97	28,17	28,37
45	28,56	28,76	28,96	29,16	29,36	29,56	29,76	29,96	30,16	30,36
46	30,56	30,75	30,95	31,15	31,35	31,55	31,75	31,95	32,15	32,35
47	32,55	32,75	32,95	33,14	33,34	33,54	33,74	33,94	34,14	34,34
48	34,54	34,74	34,94	35,14	35,33	35,53	35,73	35,93	36,13	36,33
49	36,53	36,73	36,93	37,13	37,33	37,53	37,72	37,92	38,12	38,32
50	38,52	38,72	38,92	39,12	39,32	39,52	39,72	39,91	40,11	40,31
51	40,51	40,71	40,91	41,11	41,31	41,51	41,71	41,91	42,11	42,30
52	42,50	42,70	42,90	43,10	43,30	43,50	43,70	43,90	44,10	44,30
53	44,49	44,69	44,89	45,09	45,29	45,49	45,69	45,89	46,09	46,29
54	46,49	46,69	46,88	47,08	47,28	47,48	47,68	47,88	48,08	48,28
55	48,48	48,68	48,88	49,07	49,27	49,47	49,67	49,87	50,07	50,27
56	50,47	50,67	50,87	51,07	51,27	51,46	51,66	51,86	52,06	52,26
57	52,46	52,66	52,86	53,06	53,26	53,46	53,65	53,85	54,05	54,25
58	54,45	54,65	54,85	55,05	55,25	55,45	55,65	55,85	56,04	56,24
59	56,44	56,64	56,84	57,04	57,24	57,44	57,64	57,84	58,04	58,23

APPENDICE N.° 3.

VALEURS ANGULAIRES DES PARTIES DES NIVEAUX.

Théodolite de Repsold. | **22 décembre 1860.**

Heures	Cercle de l'éprouvette	Niveau R	Moyennes	Heures	Cercle de l'éprouvette	Niveau R	Moyennes
h m	p	p	p	h m	p	p	p
2 33	55,0	3,9 33,3	18,60	3 3	50,0	4,1 35,0	19,55
	50,0	7,0 36,8	21,90		45,0	10,2 40,0	25,10
	45,0	10,3 40,0	25,15		40,0	12,4 42,1	27,25
	40,0	13,5 43,1	28,30		35,0	15,3 45,1	30,20
	35,0	15,8 45,4	30,60		30,0	18,2 48,0	33,10
	30,0	18,8 48,4	33,60		25,0	20,5 50,3	35,40
	25,0	21,0 50,9	35,95		20,0	22,7 52,3	37,50
	25,0	21,3 51,1	36,20		20,0	23,0 52,6	37,80
	30,0	19,7 49,5	34,60		25,0	21,4 51,2	36,30
	35,0	16,9 46,7	31,80		30,0	18,8 48,6	33,70
	40,0	14,5 44,3	29,40		35,0	16,4 46,2	31,30
	45,0	11,6 41,2	26,40		40,0	13,9 43,7	28,80
	50,0	9,1 39,0	24,05		45,0	10,8 40,5	25,65
3 0	55,0	5,1 35,0	20,05	3 31	50,0	6,9 36,8	21,85

$1^p = 1'',756$

Ibañez

THÉODOLITE DE BRUNNER. 22 DÉCEMBRE 1860.

Heures	Cercle de l'éprouvette	Niveau N	Moyennes	Heures	Cercle de l'éprouvette	Niveau N	Moyennes
h m	b	p	p	h m	b	p	p
3 35	30,0	3,0 25,1	14,05	4 11	30,0	2,5 26,0	14,25
	25,0	5,1 27,4	16,25		25,0	5,0 28,5	16,75
	20,0	7,9 30,2	19,05		20,0	7,6 31,0	19,30
	15,0	10,7 33,1	21,90		15,0	10,6 34,0	22,30
	10,0	13,4 36,0	24,70		10,0	13,5 37,0	25,25
	5,0	16,4 39,0	27,70		5,0	16,5 40,0	28,25
	0,0	19,2 42,0	30,60		0,0	19,7 43,1	31,40
	55,0	21,9 44,7	33,30		55,0	22,0 45,5	33,75
	50,0	24,1 47,0	35,55		50,0	24,2 47,9	36,05
	45,0	26,0 49,0	37,50		45,0	26,0 49,4	37,70
	45,0	26,0 49,0	37,50		45,0	26,0 49,4	37,70
	50,0	24,2 47,2	35,70		50,0	24,7 48,1	36,40
	55,0	22,0 45,1	33,55		55,0	22,5 46,0	34,25
	0,0	19,2 42,4	30,80		0,0	20,1 43,7	31,90
	5,0	16,0 39,2	27,60		5,0	17,1 40,8	28,95
	10,0	13,0 36,3	24,65		10,0	14,1 37,7	25,90
	15,0	10,0 33,3	21,65		15,0	11,0 34,7	22,85
	20,0	7,0 30,3	18,65		20,0	7,9 31,6	19,75
	25,0	4,1 27,6	15,85		25,0	5,0 28,8	16,90
4 11	30,0	2,6 25,0	13,80	4 12	30,0	2,3 26,0	14,15

$1^p = 1'',7[illegible]7$

Ibañez

APPENDICE N.° 4.

OBSERVATIONS RELATIVES À LA TRIANGULATION.

STATION DE HUERTAS..1. — 1.er MAI 1859.

N.o	Heures	Cercle vertical	Objets	Index	Microscope I		Microscope II		Moyennes
	h m			°	D T P	′ ″	D T P	′ ″	° ′ ″
1	5 17	a	Conde	0	0 1 47,2	3 33,46	0 1 34,9	3 10,17	0 3 21,81
		gauche	Bolos	38	12 1 3,5	50 6,45	12 0 51,6	49 43,40	38 49 54,92
			Corral	38	12 1 3,8	50 7,04	12 0 52,2	49 44,60	38 49 55,82
			Yesos	38	12 1 3,2	50 5,85	12 0 51,5	49 43,20	38 49 54,52
			Paredon	103	4 0 19,3	16 38,43	4 0 21,1	16 42,28	103 16 40,35
			Carril	130	4 0 53,8	17 47,13	4 0 54,9	17 50,01	130 17 48,57
			Carbonera	218	12 1 3,3	50 6,05	12 0 50,2	49 40,59	218 49 53,32
			Lindero	218	12 1 3,8	50 7,04	12 0 50,6	49 41,40	218 49 54,22
			Paniagua	348	9 0 5,6	36 11,15	8 1 55,9	35 52,25	348 36 1,70
2	5 41		Paniagua	348	9 0 5,4	36 10,75	8 1 53,7	35 51,85	348 36 1,30
			Lindero	218	12 1 3,3	50 6,05	12 0 49,9	49 39,99	218 49 53,02
			Carbonera	218	12 1 2,5	50 4,45	12 0 48,9	49 37,99	218 49 51,22
			Carril	130	4 0 54,6	17 48,72	4 0 54,9	17 50,01	130 17 49,36
			Paredon	103	4 0 19,7	16 39,23	4 0 20,4	16 40,88	103 16 40,05
			Yesos	38	12 1 2,4	50 4,26	12 0 51,7	49 43,60	38 49 53,93
			Corral	38	12 1 2,7	50 4,85	12 0 51,8	49 43,80	38 49 54,32
			Bolos	38	12 1 3,1	50 5,65	12 0 52,9	49 46,01	38 49 55,83
			Conde	0	0 1 47,2	3 33,46	0 1 34,7	3 9,77	0 3 21,61
3	17 20	a	Conde	200	0 1 37,1	3 13,35	0 1 22,3	2 44,92	200 2 59,13
		droite	Bolos	238	12 0 52,3	49 44,44	12 0 42,8	49 25,77	238 49 34,95
			Corral	238	12 0 51,9	49 43,35	12 0 42,0	49 24,16	238 49 33,75
			Yesos	238	12 0 51,4	49 42,35	12 0 42,5	49 24,76	238 49 33,55
			Paredon	303	4 0 11,4	16 22,70	4 0 9,6	16 19,24	303 16 20,97
			Carril	330	4 0 46,9	17 33,39	4 0 42,1	17 24,36	330 17 28,87
			Carbonera	58	12 0 51,1	49 42,33	12 0 40,9	49 21,96	58 49 32,15
			Lindero	58	12 0 51,8	49 43,15	12 0 41,3	49 22,76	58 49 32,95
			Paniagua	188	8 1 58,1	35 55,17	8 1 45,0	35 30,41	188 35 42,79
4	17 48		Paniagua	188	8 1 57,8	35 54,57	8 1 45,0	35 30,41	188 35 42,49
			Lindero	58	12 0 51,6	49 42,75	12 0 41,2	49 22,56	58 49 32,65
			Carbonera	58	12 0 50,2	49 39,96	12 0 41,2	49 22,56	58 49 31,26
			Carril	330	4 0 47,0	17 33,59	4 0 41,9	17 23,96	330 17 28,77
			Paredon	303	4 0 10,4	16 20,41	4 0 9,0	16 18,04	303 16 19,07
			Yesos	238	12 0 50,9	49 41,36	12 0 43,3	49 26,77	238 49 34,06
			Corral	238	12 0 50,6	49 40,76	12 0 42,9	49 25,97	238 49 33,36
			Bolos	238	12 0 51,2	49 41,95	12 0 43,8	49 27,77	238 49 34,86
			Conde	200	0 1 37,3	3 13,75	0 1 22,8	2 45,92	200 2 59,83

Ibañez. *Saavedra*

STATION DE HUERTAS. 1. 2 MAI 1859.

N.°	Heures	Cercle vertical	Objets	Index	Microscope I		Microscope II		Moyennes
	h m			°	R T P	′ ″	R T P	′ ″	° ′ ″
5	4 21	à gauche	Conde	40	0 1 39,0	3 17,14	0 1 32,5	3 5,36	40 3 11,25
			Bolos	78	12 0 55,5	49 50,52	12 0 49,6	49 39,39	78 49 44,95
			Corral	78	12 0 55,2	49 49,92	12 0 47,8	49 35,79	78 49 42,85
			Yesos	78	12 0 54,3	49 48,13	12 0 47,3	49 34,78	78 49 41,45
			Paredon	143	4 0 18,8	16 37,44	4 0 12,7	16 25,45	143 16 31,44
			Carril	170	4 0 55,8	17 51,11	4 0 46,1	17 32,98	170 17 42,01
			Carbonera	258	12 0 53,2	49 45,91	12 0 48,1	49 36,39	258 49 41,16
			Lindero	258	12 0 53,5	49 46,53	12 0 48,3	49 36,79	258 49 41,66
			Paniagua	28	8 1 59,7	35 58,35	8 1 51,5	35 49,45	28 35 53,90
6	4 48		Paniagua	28	8 1 59,9	35 58,75	8 1 51,4	35 49,25	28 35 54,00
			Lindero	258	12 0 53,9	49 47,33	12 0 47,9	49 35,99	258 49 41,66
			Carbonera	258	12 0 53,4	49 46,33	12 0 47,6	49 35,39	258 49 40,86
			Carril	170	4 0 55,1	17 49,72	4 0 46,3	17 32,78	170 17 41,25
			Paredon	143	4 0 19,2	16 38,23	4 0 12,6	16 25,25	143 16 31,74
			Yesos	78	12 0 55,2	49 49,92	12 0 47,3	49 34,78	78 49 42,35
			Corral	78	12 0 55,0	49 49,52	12 0 47,0	49 34,18	78 49 41,85
			Bolos	78	12 0 55,3	49 50,12	12 0 49,5	49 39,19	78 49 44,65
			Conde	40	0 1 39,1	3 17,33	0 1 32,8	3 5,96	40 3 11,64
7	5 16	à droite	Conde	240	0 1 53,0	3 45,01	0 1 43,9	3 28,20	240 3 36,60
			Bolos	278	12 1 8,8	50 17,00	12 0 57,8	49 55,82	278 50 6,41
			Corral	278	12 1 7,2	50 13,81	12 0 59,2	49 58,65	278 50 6,22
			Yesos	278	12 1 7,1	50 13,61	12 1 0,5	50 1,24	278 50 7,42
			Paredon	343	4 0 29,9	16 59,54	4 0 25,3	16 50,70	343 16 55,12
			Carril	10	4 1 6,2	18 11,82	4 0 58,9	17 58,03	10 18 4,92
			Carbonera	98	12 1 8,4	50 16,20	12 0 56,0	49 52,22	98 50 4,21
			Lindero	98	12 1 8,4	50 16,20	12 0 58,4	49 57,05	98 50 6,61
			Paniagua	228	9 0 12,9	36 25,69	9 0 5,3	36 10,62	228 36 18,15
8	17 15		Paniagua	228	9 0 6,4	36 12,71	8 1 59,7	35 59,87	228 36 6,30
			Lindero	98	12 1 1,2	50 1,87	12 0 53,8	49 47,81	98 49 54,84
			Carbonera	98	12 0 59,7	49 58,88	12 0 53,4	49 47,01	98 49 52,94
			Carril	10	4 1 0,8	18 1,07	4 0 54,4	17 49,01	10 17 55,04
			Paredon	343	4 0 21,6	16 43,01	4 0 20,8	16 41,68	343 16 42,34
			Yesos	278	12 1 0,7	50 0,87	12 0 56,0	49 52,22	278 49 56,54
			Corral	278	12 1 0,5	50 0,47	12 0 55,6	49 51,42	278 49 55,94
			Bolos	278	12 1 1,7	50 2,86	12 0 55,7	49 51,62	278 49 57,24
			Conde	240	0 1 47,2	3 3,46	0 1 50,0	3 18,39	240 3 25,92

Ibañez. *Quiroga.*

STATION DE HUERTAS. 1. 2 ET 3 MAI 1859.

N.°	Heures	Cercle vertical	Objets	Index	Microscope I		Microscope II		Moyennes
	h m			°	D T P	′ ″	D T P	′ ″	° ′ ″
9	17 44	à	Conde	80	0 1 34,8	3 8,77	0 1 20,2	2 40,71	80 2 54,74
		gauche	Bolos	118	12 0 50,4	49 40,36	12 0 39,1	49 18,35	118 49 29,35
			Corral	118	12 0 50,4	49 40,36	12 0 38,9	49 17,95	118 49 29,15
			Yesos	118	12 0 49,1	49 37,77	12 0 38,4	49 16,35	118 49 27,06
			Paredon	183	4 0 9,0	16 17,92	4 0 48,2	16 16,43	183 16 17,17
			Carril	210	4 0 46,6	17 32,79	4 0 42,6	17 25,37	210 17 29,08
			Carbonera	298	12 0 47,4	49 34,39	12 0 39,4	49 18,95	298 49 26,67
			Lindero	298	12 0 47,3	49 34,19	12 0 39,3	49 18,75	298 49 26,47
			Paniagua	68	8 1 56,5	35 51,98	8 1 43,6	35 27,60	68 35 39,79
10	18 43		Paniagua	68	8 1 56,0	35 50,99	8 1 42,8	35 26,00	68 35 38,49
			Lindero	298	12 0 46,8	49 33,19	12 0 38,8	49 17,75	298 49 25,47
			Carbonera	298	12 0 46,6	49 32,79	12 0 38,8	49 17,75	298 49 25,27
			Carril	210	4 0 45,8	17 31,20	4 0 42,1	17 24,36	210 17 27,78
			Paredon	183	4 0 9,2	16 18,32	4 0 8,0	16 16,03	183 16 17,17
			Yesos	118	12 0 49,6	49 38,77	12 0 37,9	49 15,95	118 49 27,36
			Corral	118	12 0 49,7	49 38,97	12 0 38,4	49 16,35	118 49 27,66
			Bolos	118	12 0 50,4	49 40,36	12 0 38,7	49 17,55	118 49 28,95
			Conde	80	0 1 31,6	3 8,37	0 1 20,2	2 40,71	80 2 54,54
11	5 10	à	Conde	280	0 1 42,2	3 23,51	0 1 33,1	3 6,56	280 3 15,03
		droite	Bolos	318	12 0 57,5	49 54,70	12 0 50,4	49 41,00	318 49 47,75
			Corral	318	12 0 57,0	49 53,50	12 0 50,5	49 41,20	318 49 47,35
			Yesos	318	12 0 56,3	49 52,11	12 0 50,3	49 40,80	318 49 46,45
			Páredon	23	4 0 22,8	16 43,40	4 0 17,2	16 31,47	23 16 39,95
			Carril	50	4 0 59,3	17 58,08	4 0 49,7	17 39,59	50 17 48,83
			Carbonera	138	12 0 54,9	49 49,32	12 0 49,4	49 38,99	138 49 44,15
			Lindero	138	12 0 55,1	49 49,72	12 0 50,3	49 40,80	138 49 45,26
			Paniagua	268	9 0 1,9	36 3,78	8 1 55,6	35 51,65	268 35 57,71
12	5 39		Paniagua	268	9 0 1,0	36 1,99	8 1 53,4	35 47,21	268 35 54,64
			Lindero	138	12 0 55,1	49 49,72	12 0 49,4	49 38,39	138 49 44,05
			Carbonera	138	12 0 54,9	49 49,32	12 0 47,9	49 35,99	138 49 42,65
			Carril	50	4 0 58,3	17 56,09	4 0 49,6	17 39,39	50 17 47,74
			Paredon	23	4 0 21,9	16 43,61	4 0 17,0	16 34,07	23 16 38,84
			Yesos	318	12 0 56,3	49 52,11	12 0 49,8	49 39,79	318 49 45,95
			Corral	318	12 0 56,5	49 52,51	12 0 49,3	49 38,79	318 49 45,65
			Bolos	318	12 0 56,6	49 52,71	12 0 49,3	49 38,79	318 49 45,75
			Conde	280	0 1 41,5	3 22,11	0 1 32,8	3 5,96	280 3 14,03

Ibañez. *Quiroga.*

STATION DE HUERTAS..1. 3 ET 4 MAI 1859.

N.°	Heures	Cercle vertical	Objets	Index	Microscope I		Microscope II		Moyennes
	h m			°	D T P	′ ″	D T P	′ ″	° ′ ″
13	17 21	à	Conde	120	0 1 48,3	3 35,65	0 1 40,1	3 20,59	120 3 28,12
		gauche	Bolos	158	12 1 6,7	50 12,82	12 0 55,7	49 51,62	158 50 2,22
			Corral	158	12 1 6,2	50 11,82	12 0 55,5	49 51,22	158 50 1,52
			Yesos	158	12 1 5,9	50 11,22	12 0 55,9	49 52,02	158 50 1,62
			Paredon	223	4 0 26,5	16 52,77	4 0 22,8	16 45,69	223 16 49,23
			Carril	250	4 1 3,4	18 6,25	4 0 55,5	17 50,82	250 17 58,53
			Carbonera	338	12 1 5,0	50 9,43	12 0 53,5	49 47,21	338 49 58,32
			Lindero	338	12 1 5,5	50 10,43	12 0 54,2	49 48,61	338 49 59,52
			Paniagua	108	9 0 7,2	36 14,34	9 0 0,9	36 1,80	108 36 8,07
14	17 51		Paniagua	108	9 0 7,2	36 14,34	9 0 0,8	36 1,60	108 36 7,97
			Lindero	338	12 1 5,2	50 9,83	12 0 53,8	49 47,81	338 49 58,82
			Carbonera	338	12 1 5,7	50 10,83	12 0 54,0	49 48,21	338 49 59,52
			Carril	250	4 1 2,6	18 4,65	4 0 55,3	17 50,82	250 17 57,73
			Paredon	223	4 0 26,1	16 51,97	4 0 22,2	16 41,49	223 16 48,23
			Yesos	158	12 1 5,6	50 10,63	12 0 55,3	49 50,82	158 50 0,72
			Corral	158	12 1 5,3	50 10,03	12 0 55,7	49 51,62	158 50 0,82
			Bolos	158	12 1 6,0	50 11,42	13 0 56,7	49 53,62	158 50 2,52
			Conde	120	0 1 48,0	3 35,06	0 1 39,3	3 18,99	120 3 27,02
15	18 21	à	Conde	320	0 1 33,7	3 6,58	0 1 20,2	2 40,71	320 2 53,64
		droite	Bolos	358	12 0 48,7	49 36,97	12 0 40,2	49 20,56	358 49 28,76
			Corral	358	12 0 49,2	49 37,97	12 0 39,3	49 18,75	358 49 28,36
			Yesos	358	12 0 48,7	49 36,97	12 0 39,3	49 18,75	358 49 27,86
			Paredon	63	4 0 9,0	16 17,92	4 0 8,9	16 17,83	63 16 17,87
			Carril	90	4 0 45,0	17 29,61	4 0 41,2	17 22,56	90 17 26,08
			Carbonera	178	12 0 45,2	49 30,01	12 0 41,1	49 22,36	178 49 26,18
			Lindero	178	12 0 45,0	49 29,61	12 0 40,8	49 21,76	178 49 25,68
			Paniagua	308	8 1 53,9	35 46,81	8 1 42,4	35 25,20	308 35 36,00
16	5 29		Paniagua	308	8 1 57,4	35 53,78	8 1 43,6	35 27,60	308 35 40,69
			Lindero	178	12 0 50,3	49 40,16	12 0 41,6	49 23,36	178 49 31,76
			Carbonera	178	12 0 50,5	49 40,56	12 0 41,4	49 22,96	178 49 31,76
			Carril	90	4 0 48,4	17 36,38	4 0 43,4	17 26,97	90 17 31,67
			Paredon	63	4 0 13,8	16 27,48	4 0 9,7	16 19,44	63 16 23,46
			Yesos	358	12 0 50,0	49 39,56	12 0 44,2	49 28,57	358 49 34,06
			Corral	358	12 0 49,9	49 39,36	12 0 43,9	49 27,97	358 49 33,66
			Bolos	358	12 0 50,0	49 39,56	12 0 43,4	49 26,97	358 49 33,26
			Conde	320	0 1 37,2	3 13,55	0 1 22,3	2 44,92	320 2 59,23

Saavedra. *Ibañes.*

STATION DE HUERTAS..1. 4 ET 5 MAI 1859.

N.°	Heures	Cercle vertical	Objets	Index	Microscope I		Microscope II		Moyennes
	h m			°	b T P	′ ″	b T P	′ ″	° ′ ″
17	5 57	à	Conde	160	0 1 37,1	3 13,95	0 1 30,3	3 0,95	160 3 7,45
		gauche	Bolos	198	12 0 55,3	49 50,12	12 0 46,4	49 32,98	198 49 41,55
			Corral	198	12 0 54,8	49 49,12	12 0 46,3	49 32,78	198 49 40,95
			Yesos	198	12 0 54,7	49 48,92	12 0 45,7	49 31,58	198 49 40,25
			Paredon	263	4 0 18,8	16 37,44	4 0 10,6	16 21,21	263 16 29,34
			Carril	290	4 0 55,6	17 50,71	4 0 43,1	17 26,37	290 17 38,54
			Carbonera	18	12 0 54,0	49 47,53	12 0 47,4	49 34,98	18 49 41,25
			Lindero	18	12 0 53,9	49 47,33	12 0 47,2	49 31,58	18 49 40,95
			Paniagua	148	8 1 57,7	35 54,37	8 1 51,8	35 44,03	148 35 49,20
18	6 25		Paniagua	148	8 1 58,0	35 54,97	8 1 51,9	35 44,21	148 35 49,60
			Lindero	18	12 0 53,3	49 46,13	12 0 46,8	49 33,78	18 49 39,95
			Carbonera	18	12 0 53,3	49 46,13	12 0 46,3	49 32,78	18 49 39,45
			Carril	290	4 0 54,6	17 48,72	4 0 43,7	17 27,57	290 17 38,14
			Paredon	263	4 0 18,0	16 35,84	4 0 10,0	16 20,04	263 16 27,94
			Yesos	198	12 0 54,8	49 49,12	12 0 45,2	49 30,58	198 49 39,85
			Corral	198	12 0 55,2	49 49,92	12 0 46,1	49 32,98	198 49 41,45
			Bolos	198	12 0 55,4	49 50,32	12 0 47,2	49 31,58	198 49 42,15
			Conde	160	0 1 36,4	3 11,96	0 1 29,8	2 59,95	160 3 5,95
19	17 27	à	Conde	0	2 1 47,8	11 34,66	2 1 38,5	11 17,38	0 11 26,02
		droite	Bolos	38	14 1 4,1	58 7,64	14 0 53,0	57 46,21	38 57 56,92
			Corral	38	14 1 0,9	58 1,27	14 0 55,6	57 51,42	38 57 56,34
			Yesos	38	14 1 0,8	58 1,07	14 0 54,9	57 50,01	38 57 55,54
			Paredon	103	6 0 21,4	24 42,61	6 0 21,4	24 42,88	103 24 42,74
			Carril	130	6 0 59,0	25 57,48	6 0 55,4	25 51,02	130 25 54,25
			Carbonera	218	14 1 0,3	58 0,07	14 0 51,6	57 43,40	218 57 51,73
			Lindero	218	14 1 1,4	58 2,26	14 0 52,8	57 45,81	218 57 54,03
			Paniagua	348	14 0 6,4	44 12,74	10 1 59,9	44 0,27	348 44 6,50
20	3 3		Paniagua	348	11 0 2,8	44 5,58	10 1 50,2	43 40,83	348 43 53,20
			Lindero	218	14 0 53,7	57 46,93	14 0 46,4	57 32,98	218 57 39,95
			Carbonera	218	14 0 52,9	57 45,31	14 0 44,9	57 29,97	218 57 37,65
			Carril	130	6 0 53,5	25 46,53	6 0 47,2	25 34,58	130 25 40,55
			Paredon	103	6 0 16,8	24 33,45	6 0 12,1	24 24,25	103 24 28,85
			Yesos	38	14 0 56,8	57 51,11	14 0 47,4	57 34,98	38 57 43,04
			Corral	38	14 0 55,9	57 51,31	14 0 47,4	57 34,98	38 57 43,14
			Bolos	38	14 0 55,4	57 50,32	14 0 47,7	57 35,59	38 57 42,95
			Conde	0	2 1 42,3	11 23,71	2 1 29,4	10 59,15	0 11 11,43

Quiroga. *Ibañez.*

STATION DE HUERTAS..1. 5 MAI 1850.

N.°	Heures	Cercle vertical	Objets	Index	Microscope I		Microscope II		Moyennes
	h m			°	b T P	′ ″	b T P	′ ″	° ′ ″
21	5 30	à	Conde	200	2 1 40,5	11 20,12	2 1 27,7	10 55,74	200 11 7,93
		gauche	Bolos	238	14 0 56,3	57 52,11	14 0 47,1	57 34,38	238 57 43,24
			Corral	238	14 0 56,1	57 51,71	14 0 46,7	57 33,58	238 57 42,64
			Yesos	238	14 0 53,8	57 51,11	14 0 46,4	57 32,98	238 57 42,04
			Paredon	303	6 0 17,0	24 33,85	6 0 12,5	24 25,05	303 24 29,45
			Carril	330	6 0 53,2	25 45,94	6 0 46,5	25 33,18	330 25 39,56
			Carbonera	58	14 0 55,9	57 51,31	14 0 47,1	57 34,38	58 57 42,84
			Lindero	58	14 0 56,5	57 52,51	14 0 47,4	57 34,98	58 57 43,74
			Paniagua	188	11 0 0,3	44 0,00	10 1 49,4	43 39,23	188 43 49,91
22	5 59		Paniagua	188	11 0 0,3	44 0,60	10 1 49,9	43 40,23	188 43 50,41
			Lindero	58	14 0 53,3	57 50,12	14 0 47,8	57 35,79	58 57 42,95
			Carbonera	58	14 0 54,8	57 49,12	14 0 47,3	57 34,78	58 57 41,95
			Carril	330	6 0 52,9	25 43,34	6 0 43,9	25 31,98	330 25 38,66
			Paredon	303	6 0 16,1	24 32,00	6 0 12,6	24 25,25	303 24 28,65
			Yesos	238	14 0 56,2	57 51,91	14 0 47,0	57 34,18	238 57 43,04
			Corral	238	14 0 56,8	57 53,10	14 0 47,1	57 34,38	238 57 43,74
			Bolos	238	14 0 56,7	57 52,91	14 0 47,3	57 34,78	238 57 43,84
			Conde	200	2 1 40,8	11 20,72	2 1 27,4	10 55,14	200 11 7,93
23	17 28	à	Conde	40	2 1 45,7	11 30,48	2 1 33,0	11 10,37	40 11 20,42
		droite	Bolos	78	14 1 0,0	57 59,48	14 0 51,3	57 42,80	78 57 51,14
			Corral	78	14 0 59,2	57 57,88	14 0 51,9	57 44,00	78 57 50,94
			Yesos	78	14 0 59,0	57 57,48	14 0 52,3	57 44,80	78 57 51,14
			Paredon	143	6 0 18,8	24 37,44	6 0 19,6	24 39,28	143 24 38,36
			Carril	170	6 0 56,9	25 53,30	6 0 52,8	25 45,81	170 25 49,55
			Carbonera	258	14 1 2,5	58 4,45	14 0 47,8	57 35,79	258 57 50,12
			Lindero	258	14 1 2,1	58 3,66	14 0 47,7	57 35,59	258 57 49,62
			Paniagua	28	11 0 5,7	44 11,35	10 1 58,4	43 57,26	28 44 4,30
24	17 56		Paniagua	28	11 0 5,3	44 10,55	10 1 57,9	43 56,26	28 44 3,40
			Lindero	258	14 1 1,7	58 2,86	14 0 47,7	57 35,59	258 57 49,22
			Carbonera	258	14 1 2,2	58 3,86	14 0 48,2	57 36,59	258 57 50,22
			Carril	170	6 0 55,9	25 51,31	6 0 52,9	25 46,01	170 25 48,66
			Paredon	143	6 0 19,2	24 38,23	6 0 17,9	24 35,87	143 24 37,05
			Yesos	78	14 1 2,2	58 3,66	14 0 49,5	57 39,19	78 57 51,42
			Corral	78	14 1 2,6	58 4,65	14 0 50,1	57 40,39	78 57 52,52
			Bolos	78	14 1 3,0	58 5,45	14 0 50,0	57 40,19	78 57 52,82
			Conde	40	2 1 46,2	11 31,47	2 1 34,7	11 9,77	40 11 20,62

Quiroga. *Saavedra.*

STATION DE HUERTAS..1. 5 ET 6 MAI 1859.

N.°	Heures	Cercle vertical	Objets	Index	Microscope I		Microscope II		Moyennes
	h m			°	D T P	′ ″	D T P	′ ″	° ′ ″
25	18 22	à	Conde	240	2 1 41,3	11 27,69	2 1 30,4	11 1,15	240 11 14,42
		gauche	Bolos	278	14 1 0,8	58 1,07	14 0 46,3	57 32,78	278 57 46,92
			Corral	278	14 1 0,5	58 0,47	14 0 45,9	57 31,98	278 57 46,22
			Yesos	278	14 1 1,1	58 1,67	14 0 46,2	57 32,58	278 57 47,12
			Paredon	343	6 0 16,6	24 33,06	6 0 18,3	24 36,67	343 24 34,86
			Carril	10	6 0 52,6	25 44,74	6 0 53,4	25 47,01	10 25 45,87
			Carbonera	98	14 0 54,7	57 48,92	14 0 46,1	57 32,38	98 57 40,65
			Lindero	98	14 0 56,5	57 52,51	14 0 46,6	57 33,38	98 57 42,94
			Paniagua	228	11 0 2,1	44 4,18	10 1 51,6	43 43,63	228 43 53,90
26	5 22		Paniagua	228	11 0 2,0	44 3,98	10 1 51,4	43 43,23	228 43 53,60
			Lindero	98	14 0 51,4	57 42,35	14 0 48,7	57 37,59	98 57 39,97
			Carbonera	98	14 0 50,2	57 39,96	14 0 47,5	57 35;18	98 57 37,57
			Carril	10	6 0 53,2	25 45,94	6 0 50,5	25 41,20	10 25 43,57
			Paredon	343	6 0 17,1	24 34,05	6 0 15,0	24 30,06	343 24 32,05
			Yesos	278	14 0 55,3	57 50,12	14 0 46,8	57 33,78	278 57 41,95
			Corral	278	14 0 56,3	57 52,11	14 0 47,4	57 34,98	278 57 43,54
			Bolos	278	14 0 56,4	57 52,31	14 0 47,4	57 31,98	278 57 43,64
			Conde	240	2 1 42,8	11 24,70	2 1 28,0	10 56,34	240 11 10,52
27	5 50	à	Conde	80	2 1 32,9	11 4,99	2 1 20,3	10 40,91	80 10 52,95
		droite	Bolos	118	14 0 46,0	57 31,60	14 0 40,1	57 20,36	118 57 25,98
			Corral	118	14 0 46,3	57 32,20	14 0 40,4	57 20,96	118 57 26,58
			Yesos	118	14 0 45,8	57 31,20	14 0 39,7	57 19,55	118 57 25,37
			Paredon	183	6 0 8,8	24 17,52	6 0 5,9	24 11,82	183 24 14,67
			Carril	210	6 0 46,4	25 32,39	6 0 40,6	25 21,36	210 25 26,87
			Carbonera	298	14 0 47,4	57 34,39	14 0 35,7	57 11,51	298 57 22,96
			Lindero	298	14 0 48,1	57 35,78	14 0 36,4	57 12,94	298 57 24,36
			Paniagua	68	10 1 54,7	43 48,40	10 1 42,3	43 25,00	68 43 36,70
28	6 19		Paniagua	68	10 1 54,8	43 48,60	10 1 43,0	43 26,40	68 43 37,50
			Lindero	298	14 0 46,7	57 32,99	14 0 33,8	57 11,74	298 57 22,36
			Carbonera	298	14 0 46,8	57 33,19	14 0 35,7	57 11,54	298 57 22,36
			Carril	210	6 0 45,9	25 31,40	6 0 40,1	25 20,36	210 25 25,88
			Paredon	183	6 0 8,9	24 17,72	6 0 5,4	24 10,82	183 24 14,27
			Yesos	118	14 0 46,2	57 32,00	14 0 38,9	57 17,95	118 57 24,97
			Corral	118	14 0 46,0	57 31,60	14 0 39,0	57 18,15	118 57 24,87
			Bolos	118	14 0 46,5	57 32,59	14 0 39,9	57 19,96	118 57 26,27
			Conde	80	2 1 32,5	11 4,19	2 1 20,3	10 40,91	80 10 52,55

Ibuñes. *Saavedra.*

STATION DE HUERTAS..1. 6 ET 7 MAI 1859.

N.°	Heures	Cercle vertical	Objets	Index	Microscope I		Microscope II		Moyennes
	h m			°	D T P	′ ″	D T P	′ ″	° ′ ″
29	17 30	à	Conde	280	2 1 50,7	11 40,43	2 1 42,6	11 25,60	280 11 33,01
		gauche	Bolos	318	14 1 9,0	58 17,40	14 0 57,8	57 55,82	318 58 6,61
			Corral	318	14 1 8,9	58 17,20	14 0 58,2	57 56,63	318 58 6,91
			Yesos	318	14 1 6,3	58 12,02	14 0 59,2	57 58,63	318 58 5,32
			Paredon	23	6 0 28,2	24 56,15	6 0 28,2	24 56,51	23 24 56,33
			Carril	50	6 1 3,4	26 6,25	6 1 1,7	26 3,64	50 26 4,94
			Carbonera	138	14 1 9,8	58 18,99	14 0 52,3	57 41,80	138 58 1,89
			Lindero	138	14 1 10,2	58 19,79	14 0 53,8	57 47,81	138 58 3,80
			Paniagua	268	11 0 10,9	44 21,70	11 0 5,7	44 11,42	268 44 16,56
30	17 58		Paniagua	268	11 0 9,7	44 19,32	11 0 4,4	44 8,82	268 44 14,07
			Lindero	138	14 1 10,2	58 19,79	14 0 53,7	57 47,61	138 58 3,70
			Carbonera	138	14 1 10,5	58 20,38	14 0 52,6	57 45,40	138 58 2,89
			Carril	50	6 1 3,1	26 5,65	6 1 2,8	26 5,84	50 26 5,74
			Paredon	23	6 0 24,8	24 49,38	6 0 31,7	25 3,52	23 24 56,45
			Yesos	318	14 1 8,8	58 17,00	14 0 57,2	57 54,62	318 58 5,81
			Corral	318	14 1 9,2	58 17,80	14 0 58,1	57 56,43	318 58 7,11
			Bolos	318	14 1 9,9	58 19,19	14 0 58,8	57 57,83	318 58 8,51
			Conde	280	2 1 50,1	11 39,24	2 1 42,1	11 24,60	280 11 31,92
31	18 25	à	Conde	120	2 1 47,1	11 33,27	2 1 30,9	11 2,15	120 11 17,71
		droite	Bolos	158	14 1 4,5	58 8,44	14 0 47,1	57 34,38	158 57 51,41
			Corral	158	14 1 4,3	58 8,04	14 0 46,3	57 32,78	158 57 50,41
			Yesos	158	14 1 4,5	58 8,44	14 0 46,8	57 33,78	158 57 51,11
			Paredon	223	6 0 20,7	24 41,22	6 0 20,9	24 41,88	223 24 41,55
			Carril	250	6 0 54,3	25 48,13	6 0 54,0	25 48,21	250 25 48,17
			Carbonera	338	14 0 59,3	57 58,08	14 0 46,9	57 33,98	338 57 46,03
			Lindero	338	14 1 0,1	57 59,68	14 0 47,6	57 35,39	338 57 47,53
			Paniagua	108	11 0 5,4	44 10,75	10 1 52,7	43 45,84	108 43 58,29
32	— 5 7		Paniagua	108	11 0 4,5	44 8,96	10 1 51,4	43 43,23	108 43 56,00
			Lindero	338	14 0 57,2	57 53,90	14 0 48,1	57 36,39	338 57 45,14
			Carbonera	338	14 0 56,6	57 52,71	14 0 47,7	57 35,59	338 57 44,15
			Carril	250	6 0 55,3	25 50,12	6 0 52,2	25 44,60	250 25 47,36
			Paredon	223	6 0 20,3	24 40,42	6 0 17,8	24 35,67	223 24 38,04
			Yesos	158	14 1 1,1	58 1,67	14 0 48,0	57 36,19	158 57 48,93
			Corral	158	14 1 0,4	58 0,27	14 0 47,3	57 34,78	158 57 47,52
			Bolos	158	14 1 1,2	58 1,87	14 0 48,1	57 36,39	158 57 49,13
			Conde	120	2 1 45,0	11 29,08	2 1 29,1	10 58,55	120 11 13,81

Ibañes. *Quiroga.*

STATION DE HUERTAS..1. 8 ET 10 MAI 1859.

N.°	Heures	Cercle vertical	Objets	Index	Microscope I (D T P)	Microscope I (° ′ ″)	Microscope II (D T P)	Microscope II (′ ″)	Moyennes
	h m			°	D T P	° ′ ″	D T P	′ ″	° ′ ″
33	5 13	à	Conde	320	2 1 40,2	11 19,53	2 1 27,4	10 55,14	320 11 7,33
		gauche	Bolos	358	11 0 53,4	57 50,32	11 0 44,4	57 28,97	358 57 39,64
			Corral	358	11 0 55,8	57 51,11	11 0 44,6	57 29,37	358 57 40,24
			Yesos	358	11 0 55,8	57 51,11	11 0 45,0	57 30,18	358 57 40,64
			Paredon	63	6 0 17,1	24 34,05	6 0 13,8	24 27,65	63 24 30,85
			Carril	90	6 0 51,3	25 42,15	6 0 47,2	25 34,58	90 25 38,36
			Carbonera	178	11 0 53,8	57 47,13	11 0 46,4	57 32,98	178 57 40,05
			Lindero	178	11 0 54,6	57 48,72	11 0 46,4	57 32,98	178 57 40,85
			Paniagua	308	10 1 59,9	43 58,75	10 1 49,0	43 38,42	308 43 48,58
34	5 42		Paniagua	308	10 1 59,9	43 58,75	10 1 49,4	43 39,23	308 43 48,99
	•		Lindero	178	11 0 54,0	57 47,53	11 0 45,3	57 30,78	178 57 39,15
			Carbonera	178	11 0 54,1	57 47,73	11 0 44,7	57 29,57	178 57 38,65
			Carril	90	6 0 50,9	25 41,36	6 0 46,8	25 33,78	90 25 37,57
			Paredon	63	6 0 17,0	24 33,85	6 0 13,9	24 27,85	63 24 30,85
			Yesos	358	11 0 55,6	57 50,71	11 0 45,3	57 30,78	358 57 40,74
			Corral	358	11 0 56,8	57 53,10	11 0 46,2	57 32,58	358 57 42,84
			Bolos	358	11 0 57,1	57 53,70	11 0 46,0	57 32,18	358 57 42,94
			Conde	320	2 1 40,2	11 19,53	2 1 27,4	10 55,14	320 11 7,33
	—								
35	5 26	à	Conde	160	2 1 41,7	11 28,49	2 1 32,8	11 5,96	160 11 17,22
		droite	Bolos	198	11 1 1,1	58 1,67	11 0 50,8	57 41,80	198 57 51,73
			Corral	198	11 0 58,8	57 57,09	11 0 51,7	57 43,60	198 57 50,34
			Yesos	198	11 0 59,0	57 57,48	11 0 51,0	57 42,20	198 57 49,84
			Paredon	263	6 0 19,6	24 39,03	6 0 17,4	24 34,87	263 24 36,95
			Carril	290	6 0 55,3	25 50,42	6 0 51,3	25 42,80	290 25 46,46
			Carbonera	18	11 1 0,3	58 0,07	11 0 48,2	57 36,59	18 57 48,33
			Lindero	18	11 1 1,2	58 1,87	11 0 48,5	57 37,19	18 57 49,53
			Paniagua	148	11 0 3,8	44 7,57	10 1 55,0	43 50,45	148 43 59,01
36	5 54		Paniagua	148	11 0 3,9	44 7,77	10 1 54,7	43 49,85	148 43 58,81
			Lindero	18	11 1 0,8	58 1,07	11 0 48,1	57 36,39	18 57 48,73
			Carbonera	18	11 1 0,4	58 0,27	11 0 47,2	57 34,58	18 57 47,42
			Carril	290	6 0 55,1	25 49,72	6 0 50,6	25 41,40	290 25 45,56
			Paredon	263	6 0 19,7	24 39,23	6 0 16,5	24 33,06	263 24 36,14
			Yesos	198	11 1 0,6	58 0,67	11 0 50,3	57 40,80	198 57 50,73
			Corral	198	11 1 0,9	58 1,27	11 0 50,2	57 40,59	198 57 50,93
			Bolos	198	11 1 1,3	58 2,06	11 0 50,0	57 40,19	198 57 51,12
			Conde	160	2 1 44,2	11 27,49	2 1 32,8	11 5,96	160 11 16,72

Saavedra. *Quiroga.*

STATION DE CARBONERA..9. 11 MAI 1859.

N.°	Heures	Cercle vertical	Objets	Index	Microscope I		Microscope II		Moyennes
	h m			°	D T P	' "	D T P	' "	° ' "
1	4 28	à gauche	Conde	0	0 1 32,1	3 3,40	0 1 20,2	2 40,71	0 2 52,05
			Lindero	12	6 0 56,5	25 52,52	6 0 43,9	25 27,97	12 25 40,24
			Huertas	12	6 0 57,0	25 53,50	6 0 44,0	25 28,17	12 25 40,83
			Yesos	12	6 0 57,2	25 53,90	6 0 44,6	25 29,37	12 25 41,63
			Corral	12	6 0 57,9	25 55,29	6 0 45,6	25 31,38	12 25 43,33
			Bolos	12	6 0 58,4	25 56,29	6 0 45,9	25 31,98	12 25 44,13
			Paredon	32	10 0 10,2	40 20,31	9 1 56,7	39 53,85	32 40 7,08
			Carril	59	13 1 47,0	55 35,07	13 1 35,8	55 11,97	59 55 22,52
			Paniagua	344	8 0 44,9	33 29,41	8 0 34,9	33 9,94	344 33 19,67
2	4 57		Paniagua	344	8 0 44,9	33 29,41	8 0 34,9	33 9,94	344 33 19,67
			Carril	59	13 1 47,5	55 34,06	13 1 36,5	55 13,38	50 55 23,72
			Paredon	32	10 0 10,2	40 20,31	9 1 56,4	39 53,25	30 40 6,78
			Bolos	12	6 0 58,1	25 56,29	6 0 46,0	25 32,18	12 25 44,23
			Corral	12	6 0 57,1	25 53,70	6 0 44,4	25 28,97	12 25 41,33
			Yesos	12	6 0 57,7	25 54,90	6 0 45,1	25 30,38	12 25 42,64
			Huertas	12	6 0 57,0	25 53,50	6 0 44,3	25 28,77	12 25 41,13
			Lindero	12	6 0 57,0	25 53,50	6 0 44,0	25 28,17	12 25 40,83
			Conde	0	0 1 32,1	3 3,40	0 1 20,3	2 40,91	0 2 52,15
3	5 23	à droite	Conde	200	0 1 40,1	3 19,33	0 1 25,6	2 51,53	200 3 5,43
			Lindero	212	6 1 4,1	26 7,64	6 0 48,2	25 36,59	212 25 52,11
			Huertas	212	6 1 4,2	26 7,84	6 0 49,0	25 38,19	212 25 53,01
			Yesos	212	6 1 5,2	26 9,83	6 0 49,5	25 39,19	212 25 54,51
			Corral	212	6 1 4,7	26 8,84	6 0 49,7	25 39,59	212 25 54,21
			Bolos	212	6 1 5,4	26 10,23	6 0 49,9	25 39,99	212 25 55,11
			Paredon	232	10 0 16,8	40 33,45	10 0 2,2	40 4,41	232 40 18,93
			Carril	230	13 1 51,4	55 41,83	13 1 41,8	55 24,00	259 55 32,91
			Paniagua	184	8 0 52,3	33 44,14	8 0 40,5	33 21,16	184 33 32,65
4	5 54		Paniagua	184	8 0 52,0	33 43,55	8 0 40,8	33 21,76	184 33 32,65
			Carril	250	13 1 51,3	55 41,63	13 1 41,6	55 23,60	259 55 32,61
			Paredon	232	10 0 15,4	40 30,67	10 0 2,7	40 5,41	232 40 18,04
			Bolos	212	6 1 5,6	26 10,63	6 0 50,3	25 40,80	212 25 55,71
			Corral	212	6 1 4,6	26 8,64	6 0 49,1	25 38,39	212 25 53,51
			Yesos	212	6 1 4,1	26 7,64	6 0 49,4	25 38,99	212 25 53,31
			Huertas	212	6 1 3,8	26 7,04	6 0 48,6	25 37,39	212 25 52,21
			Lindero	212	6 1 4,0	26 7,44	6 0 48,7	25 37,59	212 25 52,51
			Conde	200	0 1 39,1	3 17,93	0 1 25,0	2 50,33	200 3 4,13

Ibañez. *Saavedra.*

STATION DE CARBONERA..9. 12 ET 13 MAI 1859.

N.°	Heures	Cercle vertical	Objets	Index	Microscope I		Microscope II		Moyennes
	h m			°	D T P	′ ″	D T P	′ ″	° ′ ″
5	5 33	à	Conde	40	0 1 44,1	3 27,29	0 1 28,6	2 57,54	40 3 12,41
		gauche	Lindero	52	6 1 6,4	26 12,22	6 0 52,2	25 44,60	52 25 58,41
			Huertas	52	6 1 7,3	26 14,01	6 0 52,8	25 45,81	52 25 59,91
			Yesos	52	6 1 8,1	26 15,61	6 0 53,4	25 47,01	52 26 1,31
			Corral	52	6 1 8,8	26 17,00	6 0 54,2	25 48,61	52 26 2,80
			Bolos	52	6 1 9,4	26 18,19	6 0 54,9	25 50,01	52 26 4,10
			Paredon	72	10 0 16,6	40 33,06	10 0 6,2	40 12,42	72 40 22,74
			Carril	99	13 1 53,1	55 45,21	13 1 47,6	55 35,62	99 55 40,41
			Paniagua	24	8 0 56,4	33 52,31	8 0 42,7	33 25,57	24 33 38,94
6	6 2		Paniagua	24	8 0 56,2	33 51,91	8 0 42,7	33 25,57	24 33 38,74
			Carril	99	13 1 51,9	55 42,82	13 1 47,2	55 34,82	99 55 38,82
			Paredon	72	10 0 17,0	40 33,85	10 0 6,7	40 13,43	72 40 23,64
			Bolos	52	6 1 8,2	26 15,80	6 0 54,2	25 48,61	52 26 2,20
			Corral	52	6 1 7,9	26 15,21	6 0 53,7	25 47,61	52 26 1,41
			Yesos	52	6 1 6,9	26 13,22	6 0 53,1	25 46,41	52 25 59,81
			Huertas	52	6 1 6,1	26 12,22	6 0 52,6	25 45,40	52 25 58,81
			Lindero	52	6 1 5,9	26 11,22	6 0 52,4	25 45,00	52 25 58,11
			Conde	40	0 1 43,2	3 25,50	0 1 28,7	2 57,75	40 3 11,62
7	17 47	à	Conde	240	0 1 38,5	3 16,11	0 1 30,2	3 0,75	240 3 8,44
		droite	Lindero	252	6 1 2,8	26 5,05	6 0 53,0	25 46,21	252 25 55,63
			Huertas	252	6 1 2,8	26 5,05	6 0 53,7	25 47,61	252 25 56,33
			Yesos	252	6 1 3,2	26 5,85	6 0 53,9	25 48,01	252 25 56,93
			Corral	252	6 1 3,5	26 6,45	6 0 54,0	25 48,21	252 25 57,33
			Bolos	252	6 1 3,7	26 6,84	6 0 54,7	25 49,61	252 25 58,22
			Paredon	272	10 0 10,1	40 20,11	10 0 8,2	40 16,43	272 40 18,27
			Carril	299	13 1 48,1	55 35,26	13 1 46,6	55 33,61	299 55 34,43
			Paniagua	224	8 0 50,8	33 41,16	8 0 44,5	33 29,17	224 33 35,16
8	1 2		Paniagua	224	8 0 50,4	33 40,36	8 0 42,5	33 25,17	224 33 32,76
			Carril	299	13 1 51,7	55 42,42	13 1 39,3	55 18,99	299 55 30,70
			Paredon	272	10 0 14,2	40 28,28	10 0 1,2	40 2,40	272 40 15,34
			Bolos	252	6 1 3,3	26 6,05	6 0 51,1	25 42,40	252 25 54,22
			Corral	252	6 1 2,6	26 4,65	6 0 50,3	25 40,80	252 25 52,72
			Yesos	252	6 1 2,1	26 3,66	6 0 50,1	25 40,39	252 25 52,02
			Huertas	252	6 1 1,7	26 2,86	6 0 49,9	25 39,99	252 25 51,42
			Lindero	252	6 1 1,4	26 2,26	6 0 49,7	25 39,59	252 25 50,92
			Conde	240	0 1 37,8	3 14,75	0 1 26,0	2 52,33	240 3 3,54

Ibañez. *Quiroga.*

STATION DE CARBONERA..9. 13 MAI 1859.

N°	Heures	Cercle vertical	Objets	Index	Microscope I		Microscope II		Moyennes
	h m			°	D T P	′ ″	D T P	′ ″	° ′ ″
9	4 30	à gauche	Conde	80	0 1 44,3	3 27,69	0 1 29,4	2 50,15	80 3 13,42
			Lindero	92	6 1 7,4	26 14,21	6 0 52,9	25 46,01	92 26 0,11
			Huertas	92	6 1 7,7	26 14,81	6 0 53,3	25 46,81	92 26 0,81
			Yesos	92	6 1 8,3	26 16,00	6 0 53,9	25 48,01	92 26 2,00
			Corral	92	6 1 9,2	26 17,80	6 0 55,1	25 50,41	92 26 4,10
			Bolos	92	6 1 10,1	26 19,59	6 0 54,9	25 50,01	92 26 4,80
			Paredon	112	10 0 19,4	40 38,63	10 0 6,8	40 13,63	112 10 26,13
			Carril	139	13 1 55,5	55 49,99	13 1 48,2	55 36,82	139 55 43,40
			Paniagua	64	8 0 56,9	33 53,30	8 0 44,6	33 29,37	64 33 41,33
10	4 53		Paniagua	64	8 0 56,0	33 51,51	8 0 44,4	33 28,97	64 33 40,21
			Carril	139	13 1 56,3	55 51,58	13 1 48,6	55 37,62	139 55 44,60
			Paredon	112	10 0 18,8	40 37,44	10 0 6,3	40 12,62	112 40 25,03
			Bolos	92	6 1 9,7	26 18,79	6 0 55,3	25 50,82	92 26 4,80
			Corral	92	6 1 8,0	26 15,41	6 0 54,0	25 48,21	92 26 1,81
			Yesos	92	6 1 8,8	26 17,00	6 0 54,3	25 48,81	92 26 2,90
			Huertas	92	6 1 8,3	26 16,00	6 0 53,3	25 46,81	92 26 1,10
			Lindero	92	6 1 8,3	26 16,00	6 0 54,1	25 48,41	92 26 2,20
			Conde	80	0 1 44,2	3 27,49	0 1 29,6	2 50,55	80 3 13,52
11	5 27	à droite	Conde	280	0 1 41,9	3 22,91	0 1 24,4	2 40,13	280 3 6,02
			Lindero	292	6 1 5,6	26 10,63	6 0 47,2	25 34,58	292 25 52,60
			Huertas	292	6 1 5,9	26 11,22	6 0 47,8	25 35,79	292 25 53,50
			Yesos	292	6 1 6,4	26 12,22	6 0 48,4	25 36,99	292 25 54,60
			Corral	292	6 1 6,6	26 12,62	6 0 47,9	25 35,99	292 25 54,30
			Bolos	292	6 1 7,3	26 14,01	6 0 48,4	25 36,99	292 25 55,50
			Paredon	312	10 0 15,9	40 31,66	10 0 0,7	40 1,40	312 40 16,53
			Carril	339	13 1 52,1	55 43,22	13 1 42,2	55 24,80	339 55 34,01
			Paniagua	264	8 0 54,1	33 47,73	8 0 40,1	33 20,36	264 33 34,04
12	5 57		Paniagua	264	8 0 53,7	33 46,93	8 0 39,5	33 19,15	264 33 33,04
			Carril	339	13 1 51,7	55 42,42	13 1 41,7	55 23,80	339 55 33,11
			Paredon	312	10 0 15,1	40 30,07	10 0 1,4	40 2,81	312 40 16,44
			Bolos	292	6 1 6,4	26 12,22	6 0 49,4	25 38,99	292 25 55,60
			Corral	292	6 1 5,8	26 11,03	6 0 48,5	25 37,19	292 25 54,11
			Yesos	292	6 1 5,8	26 11,03	6 0 47,8	25 35,79	292 25 53,41
			Huertas	292	6 1 5,4	26 9,63	6 0 47,4	25 34,38	292 25 52,00
			Lindero	292	6 1 4,8	26 9,03	6 0 47,0	25 34,18	292 25 51,60
			Conde	280	0 1 41,2	3 21,52	0 1 24,4	2 40,13	280 3 5,32

Saavedra. *Quiroga.*

Station de Carbonera. .9. **13 et 14 mai 1859.**

N.°	Heures	Cercle vertical	Objets	Index	Microscope I		Microscope II		Moyennes
	h m			°	D T P	′ ″	D T P	′ ″	° ′ ″
13	17 48	à gauche	Conde	120	0 1 32,8	3 4,79	0 1 26,8	2 53,94	120 2 59,36
			Lindero	132	6 0 57,1	25 53,70	6 0 49,3	25 38,79	132 25 46,24
			Huertas	132	6 0 57,4	25 54,30	6 0 49,7	25 39,59	132 25 46,94
			Yesos	132	6 0 57,8	25 55,10	6 0 50,2	25 40,59	132 25 47,84
			Corral	132	6 0 58,7	25 56,89	6 0 51,2	25 42,60	132 25 49,74
			Bolos	132	6 0 59,0	25 57,48	6 0 51,4	25 43,00	132 25 50,24
			Paredon	152	10 0 9,9	40 19,71	10 0 2,6	40 5,21	152 40 12,46
			Carril	179	13 1 48,2	55 35,46	13 1 41,7	55 23,80	179 55 29,63
			Paniagua	104	8 0 47,0	33 33,59	8 0 41,6	33 23,36	104 33 28,47
14	18 17		Paniagua	104	8 0 46,9	33 33,39	8 0 40,9	33 21,96	104 33 27,67
			Carril	179	13 1 49,2	55 37,45	13 1 40,7	55 21,79	179 55 29,62
			Paredon	152	10 0 9,7	40 19,32	10 0 1,9	40 3,81	152 40 11,56
			Bolos	132	6 0 59,2	25 57,88	6 0 51,3	25 42,80	132 25 50,34
			Corral	132	6 0 58,6	25 56,69	6 0 50,3	25 40,80	132 25 48,74
			Yesos	132	6 0 57,8	25 55,10	6 0 50,1	25 40,39	132 25 47,74
			Huertas	132	6 0 57,9	25 55,29	6 0 50,2	25 40,59	132 25 47,94
			Lindero	132	6 0 57,2	25 53,90	6 0 48,9	25 37,99	132 25 45,94
			Conde	120	0 1 32,5	3 4,19	0 1 26,5	2 53,34	120 2 58,76
15	5 3	à droite	Conde	320	0 1 23,8	2 48,87	0 1 33,1	3 6,56	320 2 56,71
			Lindero	332	6 0 47,5	25 34,39	6 0 58,7	25 57,63	332 25 46,11
			Huertas	332	6 0 47,8	25 35,18	6 0 59,1	25 58,43	332 25 46,80
			Yesos	332	6 0 47,8	25 35,18	6 0 59,1	25 58,43	332 25 46,80
			Corral	338	6 0 48,8	25 37,17	6 0 59,8	25 59,83	332 25 48,50
			Bolos	332	6 0 48,9	25 37,37	6 0 59,9	26 0,03	332 25 48,70
			Paredon	352	10 0 6,2	40 12,35	10 0 5,7	40 11,42	352 40 11,88
			Carril	19	13 1 46,7	55 32,47	13 1 41,1	55 28,60	19 55 30,53
			Paniagua	304	8 0 41,0	33 21,64	8 0 46,3	33 32,78	304 33 27,21
16	5 31		Paniagua	304	8 0 40,7	33 21,04	8 0 45,9	33 31,98	304 33 26,51
			Carril	19	13 1 40,2	55 19,53	13 1 49,3	55 39,03	19 55 29,28
			Paredon	362	9 1 59,4	30 57,76	10 0 11,7	40 23,45	352 40 10,60
			Bolos	332	6 0 49,6	25 38,77	6 0 59,4	25 58,43	332 25 48,60
			Corral	332	6 0 48,9	25 37,37	6 0 59,4	25 59,05	332 25 48,20
			Yesos	332	6 0 48,4	25 36,38	6 0 59,3	25 58,83	332 25 47,00
			Huertas	332	6 0 47,5	25 34,59	6 0 58,4	25 57,03	332 25 45,81
			Lindero	332	6 0 47,3	25 34,19	6 0 58,1	25 56,43	332 25 45,31
			Conde	320	0 1 24,2	2 47,66	0 1 33,3	3 6,96	320 2 57,31

Saavedra *Ibañez.*

Station de Carbonera..9. **15 mai. 1859.**

N.°	Heures	Cercle vertical	Objets	Index	Microscope I		Microscope II		Moyennes
	h m			°	D T P	′ ″	D T P	′ ″	° ′ ″
17	4 28	à	Conde	160	0 1 46,6	3 32,27	0 1 31,8	3 3,96	160 3 18,11
		gauche	Lindero	172	6 1 10,0	26 19,39	6 0 56,1	25 52,42	172 26 5,90
			Huertas	172	6 1 10,3	26 19,99	6 0 56,7	25 53,62	172 26 6,80
			Yesos	172	6 1 11,0	26 21,38	6 0 57,4	25 55,02	172 26 8,20
			Corral	172	6 1 11,0	26 21,38	6 0 57,9	25 56,03	172 26 8,70
			Bolos	172	6 1 10,9	26 21,18	6 0 57,4	25 55,02	172 26 8,10
			Paredon	192	10 0 21,7	40 43,21	10 0 10,0	40 20,04	192 40 31,62
			Carril	219	13 1 58,7	55 56,36	13 1 51,3	55 43,03	219 55 49,69
			Paniagua	144	8 0 57,8	33 55,10	8 0 46,4	33 32,98	144 33 44,04
18	4 55		Paniagua	144	8 0 57,4	33 54,30	8 0 46,4	33 32,98	144 33 43,64
			Carril	219	13 1 58,3	55 55,57	13 1 49,7	55 39,83	219 55 47,70
			Paredon	192	10 0 19,7	40 39,23	10 0 9,2	40 18,44	192 40 28,83
			Bolos	172	6 1 9,7	26 18,79	6 0 56,4	25 53,02	172 26 5,90
			Corral	172	6 1 10,4	26 20,19	6 0 55,7	25 51,62	172 26 5,90
			Yesos	172	6 1 9,9	26 19,19	6 0 55,4	25 51,02	172 26 5,10
			Huertas	172	6 1 8,8	26 17,00	6 0 56,1	25 52,42	172 26 4,71
			Lindero	172	6 1 8,7	26 16,80	6 0 56,3	25 52,82	172 26 4,81
			Conde	160	0 1 45,2	3 29,48	0 1 31,2	3 2,75	160 3 16,11
19	5 23	à	Conde	0	2 1 37,8	11 14,75	2 1 27,4	10 55,14	0 11 4,94
		droite	Lindero	12	8 1 2,4	34 4,26	8 0 50,7	33 41,60	12 33 52,93
			Huertas	12	8 1 2,9	34 5,26	8 0 51,1	33 42,40	12 33 53,82
			Yesos	12	8 1 3,6	34 6,64	8 0 51,7	33 43,60	12 33 55,12
			Corral	12	8 1 3,6	34 6,64	8 0 51,9	33 44,00	12 33 55,32
			Bolos	12	8 1 4,0	34 7,44	8 0 52,3	33 44,80	12 33 56,12
			Paredon	32	12 0 14,0	48 27,88	12 0 4,9	48 9,82	32 48 18,85
			Carril	60	0 1 49,8	3 38,64	0 1 45,2	3 30,81	60 3 34,72
			Paniagua	344	10 0 48,8	41 37,17	10 0 42,0	41 24,16	344 41 30,66
20	5 52		Paniagua	344	10 0 48,6	41 36,78	10 0 41,6	41 23,36	344 41 30,07
			Carril	60	0 1 53,3	3 45,61	0 1 42,0	3 24,40	60 3 35,00
			Paredon	32	12 0 15,2	48 30,27	12 0 3,7	48 7,41	32 48 18,84
			Bolos	12	8 1 4,2	34 7,84	8 0 52,1	33 44,40	12 33 56,12
			Corral	12	8 1 4,0	34 7,44	8 0 51,4	33 43,00	12 33 55,22
			Yesos	12	8 1 3,3	34 6,06	8 0 51,2	33 42,60	12 33 54,32
			Huertas	12	8 1 2,4	34 4,26	8 0 50,4	33 41,00	12 33 52,63
			Lindero	12	8 1 2,2	34 3,86	8 0 50,2	33 40,59	12 33 52,22
			Conde	0	2 1 37,4	11 13,95	2 1 27,3	10 54,94	0 11 4,44

Quiroga. *Ibañez.*

STATION DE CARBONERA..9. 15 ET 16 MAI 1859.

N.°	Heures	Cercle vertical	Objets	Index	Microscope I		Microscope II		Moyennes
	h m			°	D T P	' "	D T P	' "	° ' "
21	17 29	à	Conde	200	2 1 46,5	11 32,07	2 1 35,2	11 10,77	200 11 21,42
		gauche	Lindero	212	8 1 9,8	34 18,99	8 0 58,0	33 56,23	212 34 7,61
			Huertas	212	8 1 10,1	34 19,59	8 0 58,2	33 56,63	212 34 8,11
			Yesos	212	8 1 10,6	34 20,58	8 0 58,7	33 57,63	212 34 9,10
			Corral	212	8 1 10,7	34 20,78	8 0 59,2	33 58,63	212 34 9,70
			Bolos	212	8 1 11,3	34 21,98	8 0 59,9	34 0,03	212 34 11,00
			Paredon	232	12 0 18,5	48 36,84	12 0 14,3	48 28,66	232 48 32,75
			Carril	260	0 1 55,4	3 49,79	0 1 54,3	3 49,04	260 3 49,41
			Paniagua	184	10 0 57,9	41 55,29	10 0 49,5	41 39,19	184 41 47,24
22	17 56		Paniagua	184	10 0 57,9	41 55,29	10 0 49,1	41 38,39	184 41 46,84
			Carril	260	0 1 58,9	3 56,76	0 1 49,9	3 40,23	260 3 48,49
			Paredon	232	12 0 23,5	48 46,79	12 0 10,2	48 20,44	232 48 33,61
			Bolos	212	8 1 11,5	34 22,38	8 0 59,6	33 59,43	212 34 10,90
			Corral	212	8 1 10,9	34 21,18	8 0 58,6	33 57,43	212 34 9,30
			Yesos	212	8 1 10,6	34 20,58	8 0 59,0	33 58,23	212 34 9,40
			Huertas	212	8 1 10,2	34 19,79	8 0 58,1	33 56,43	212 34 8,11
			Lindero	212	8 1 9,5	34 18,39	8 0 57,7	33 55,62	212 34 7,00
			Conde	200	2 1 46,3	11 31,67	2 1 35,1	11 10,57	200 11 21,12
23	18 21	à	Conde	40	2 1 31,2	11 1,60	2 1 25,9	10 52,13	40 10 56,86
		droite	Lindero	52	8 0 56,2	33 51,91	8 0 48,9	33 37,99	52 33 44,95
			Huertas	52	8 0 56,2	33 51,91	8 0 49,3	33 38,79	52 33 45,35
			Yesos	52	8 0 57,2	33 53,90	8 0 49,3	33 38,79	52 33 46,34
			Corral	52	8 0 57,2	33 53,90	8 0 49,7	33 39,59	52 33 46,74
			Bolos	52	8 0 57,8	33 55,10	8 0 50,6	33 41,40	52 33 48,25
			Paredon	72	12 0 5,4	48 10,75	12 0 4,7	48 9,42	72 48 10,08
			Carril	100	0 1 45,0	3 29,08	0 1 44,3	3 29,01	100 3 29,01
			Paniagua	24	10 0 45,8	41 31,20	10 0 40,5	41 21,16	24 41 26,18
24	5 2		Paniagua	24	10 0 54,7	41 48,92	10 0 42,4	41 24,96	24 41 36,94
			Carril	100	0 1 54,8	3 48,60	0 1 48,3	3 37,02	100 3 42,81
			Paredon	72	12 0 16,3	48 32,46	12 0 5,4	48 10,82	72 48 21,64
			Bolos	52	8 1 7,5	34 14,41	8 0 52,1	33 44,40	52 33 59,40
			Corral	52	8 1 6,9	34 13,22	8 0 52,1	33 44,40	52 33 58,81
			Yesos	52	8 1 6,3	34 12,02	8 0 51,2	33 42,60	52 33 57,31
			Huertas	52	8 1 6,7	34 12,82	8 0 51,4	33 43,00	52 33 57,91
			Lindero	52	8 1 6,2	34 11,82	8 0 51,2	33 42,60	52 33 57,21
			Conde	40	2 1 42,2	11 23,51	2 1 27,2	10 54,74	40 11 9,12

Quiroga. *Saavedra.*

STATION DE CARBONERA..9. 16 ET 17 MAI 1859.

N.°	Heures	Cercle vertical	Objets	Index	Microscope I		Microscope II		Moyennes
	h m			°	p t p	' "	p t p	' "	° ' "
25	5 29	à gauche	Conde	240	2 1 49,2	11 37,45	2 1 31,7	11 3,76	240 11 20,60
			Lindero	252	8 1 12,9	34 25,16	8 0 55,0	33 50,21	252 34 7,68
			Huertas	252	8 1 13,5	34 26,36	8 0 54,9	33 50,01	252 34 8,18
			Yesos	252	8 1 13,4	34 26,16	8 0 55,8	33 51,82	252 34 8,99
			Corral	252	8 1 13,6	34 26,56	8 0 55,7	33 51,62	252 34 9,09
			Bolos	252	8 1 13,9	34 27,15	8 0 56,2	33 52,62	252 34 9,88
			Paredon	272	12 0 25,1	48 49,98	12 0 7,2	48 14,43	272 48 32,20
			Carril	300	0 1 58,0	3 54,97	0 1 48,2	3 36,82	300 3 45,89
			Paniagua	224	10 1 0,6	42 0,67	10 0 47,2	41 34,58	224 41 47,62
26	5 38		Paniagua	224	10 1 0,9	42 1,27	10 0 47,6	41 35,39	224 41 48,33
			Carril	300	0 1 58,7	3 56,36	0 1 48,2	3 36,82	300 3 46,59
			Paredon	272	12 0 25,2	48 50,18	12 0 6,8	48 13,63	272 48 31,90
			Bolos	252	8 1 14,8	34 28,95	8 0 57,2	33 54,62	252 34 11,78
			Corral	252	8 1 14,2	34 27,75	8 0 55,7	33 51,62	252 34 9,68
			Yesos	252	8 1 13,3	34 25,96	8 0 54,9	33 50,01	252 34 7,98
			Huertas	252	8 1 13,9	34 27,15	8 0 54,9	33 50,01	252 34 8,58
			Lindero	252	8 1 13,2	34 25,76	8 0 54,6	33 49,41	252 34 7,58
			Conde	240	2 1 48,8	11 36,65	2 1 32,0	11 4,36	240 11 20,50
27	17 43	à droite	Conde	80	2 1 41,3	11 21,72	2 1 29,7	10 59,75	80 11 10,73
			Lindero	92	8 1 5,3	34 10,03	8 0 51,6	33 43,40	92 33 56,71
			Huertas	92	8 1 6,1	34 11,62	8 0 52,5	33 45,20	92 33 58,41
			Yesos	92	8 1 6,6	34 12,62	8 0 52,9	33 46,01	92 33 59,31
			Corral	92	8 1 7,3	34 14,01	8 0 53,5	33 47,21	92 34 0,61
			Bolos	92	8 1 7,6	34 14,61	8 0 54,1	33 48,41	92 34 1,51
			Paredon	112	12 0 17,5	48 34,85	12 0 3,0	48 6,01	112 48 20,43
			Carril	140	0 1 49,4	3 37,84	0 1 47,6	3 35,62	140 3 36,73
			Paniagua	64	10 0 53,4	41 46,33	10 0 45,7	41 31,58	64 41 38,95
28	4 58		Paniagua	64	10 0 38,4	41 16,16	10 0 46,2	41 32,58	64 41 24,52
			Carril	140	0 1 36,0	3 11,16	0 1 45,8	3 32,01	140 3 21,58
			Paredon	112	11 1 56,7	47 52,38	12 0 8,8	48 17,63	112 48 5,00
			Bolos	92	8 0 47,2	33 33,99	8 0 58,4	33 57,03	92 33 45,51
			Corral	92	8 0 47,2	33 33,99	8 0 58,3	33 56,83	92 33 45,41
			Yesos	92	8 0 46,1	33 31,80	8 0 57,8	33 55,82	92 33 43,81
			Huertas	92	8 0 46,1	33 31,80	8 0 57,8	33 55,82	92 33 43,81
			Lindero	92	8 0 45,3	33 30,20	8 0 57,2	33 54,62	92 33 42,41
			Conde	80	2 1 33,1	11 5,39	2 1 23,5	10 45,32	80 10 55,35

Ibañez. *Saavedra.*

STATION DE CARBONERA..9. 17 MAI 1859.

N.°	Heures	Cercle vertical	Objets	Index	Microscope I		Microscope II		Moyennes
	h m			°	D T P	′ ″	D T P	′ ″	° ′ ″
29	3 27	à	Conde	280	2 1 43,3	11 25,70	2 1 29,3	10 58,95	280 11 12,32
		gauche	Lindero	292	8 1 6,5	34 12,42	8 0 53,3	33 46,81	292 33 59,61
			Huertas	292	8 1 7,1	34 13,61	8 0 53,2	33 46,61	292 34 0,11
			Yesos	292	8 1 8,5	34 16,40	8 0 53,2	33 46,61	292 34 1,50
			Corral	292	8 1 8,2	34 15,80	8 0 53,4	33 47,01	292 34 1,40
			Bolos	292	8 1 9,3	34 18,00	8 0 53,4	33 47,01	292 34 2,50
			Paredon	312	12 0 19,0	48 37,83	12 0 5,9	48 11,82	312 48 24,82
			Carril	340	0 1 53,5	3 49,99	0 1 47,2	3 34,82	340 3 42,40
			Paniagua	264	10 0 55,1	41 49,72	10 0 44,2	41 28,57	264 41 39,14
30	5 56		Paniagua	246	10 0 54,9	41 49,32	10 0 44,2	41 28,57	264 41 38,94
			Carril	340	0 1 56,1	3 51,19	0 1 47,6	3 35,62	340 3 43,40
			Paredon	312	12 0 18,9	48 37,64	12 0 6,4	48 12,82	312 48 25,23
			Bolos	292	8 1 9,2	34 17,80	8 0 54,3	33 48,81	292 34 3,30
			Corral	292	8 1 9,0	34 17,40	8 0 53,9	33 48,01	292 34 2,70
			Yesos	292	8 1 8,0	34 15,41	8 0 52,7	33 45,61	292 34 0,51
			Huertas	292	8 1 7,7	34 14,81	8 0 52,7	33 45,61	292 34 0,21
			Lindero	292	8 1 7,0	34 13,42	8 0 51,9	33 44,00	292 33 58,71
			Conde	280	2 1 43,0	11 25,10	2 1 28,7	10 57,75	280 11 11,42
31	17 39	à	Conde	120	2 1 40,0	11 19,13	2 1 28,8	10 57,95	120 11 8,54
		droite	Lindero	132	8 1 4,8	34 9,03	8 0 51,3	33 42,80	132 33 55,91
			Huertas	132	8 1 5,3	34 10,03	8 0 51,9	33 44,00	132 33 57,01
			Yesos	132	8 1 5,5	34 10,43	8 0 52,9	33 46,01	132 33 58,22
			Corral	132	8 1 5,1	34 9,63	8 0 52,8	33 45,81	132 33 57,72
			Bolos	132	8 1 6,0	34 11,42	8 0 53,6	33 47,41	132 33 59,41
			Paredon	152	12 0 12,3	48 24,49	12 0 4,8	48 9,62	152 48 17,05
			Carril	180	0 1 54,3	3 47,60	0 1 44,2	3 28,81	180 3 38,20
			Paniagua	104	10 0 54,1	41 47,73	10 0 44,5	41 29,17	104 41 38,45
32	18 7		Paniagua	104	10 0 52,3	41 44,14	10 0 44,2	41 28,57	101 41 36,35
			Carril	180	0 1 54,1	3 47,20	0 1 44,7	3 29,81	180 3 38,50
			Paredon	152	12 0 15,4	48 30,67	12 0 4,6	48 9,22	152 48 19,94
			Bolos	132	8 1 4,8	34 9,03	8 0 53,2	33 46,61	132 33 57,82
			Corral	132	8 1 4,7	34 8,84	8 0 53,2	33 46,61	132 33 57,72
			Yesos	132	8 1 4,2	34 7,84	8 0 53,0	33 46,21	132 33 57,02
			Huertas	132	8 1 3,6	34 6,64	8 0 52,3	33 44,80	132 33 55,72
			Lindero	132	8 1 3,3	34 6,05	8 0 51,4	33 43,00	132 33 54,52
			Conde	120	2 1 39,1	11 17,33	2 1 28,9	10 58,15	120 11 7,74

Ibañez. *Quiroga.*

STATION DE CARBONERA..9. 18 MAI 1859.

N.°	Heures	Cercle vertical	Objets	Index	Microscope I		Microscope II		Moyennes
	h m			°	D T P	′ ″	D T P	′ ″	° ′ ″
33	5 24	à	Conde	320	2 1 37,6	11 14,35	2 1 27,2	10 54,74	320 11 4,54
		gauche	Lindero	332	8 1 1,0	34 1,47	8 0 51,2	33 42,60	332 33 52,03
			Huertas	332	8 1 1,8	34 3,06	8 0 50,7	33 41,60	332 33 52,33
			Yesos	332	8 1 2,3	34 4,06	8 0 51,3	33 42,80	332 33 53,43
			Corral	333	8 1 2,3	34 4,06	8 0 51,1	33 42,40	332 33 53,23
			Bolos	332	8 1 3,1	34 5,65	8 0 52,4	33 45,00	332 33 55,32
			Paredon	352	12 0 10,1	48 20,11	12 0 6,3	48 12,62	352 48 16,36
			Carril	20	0 1 46,9	3 32,87	0 1 48,2	3 36,82	20 3 34,84
			Paniagua	304	10 0 50,8	41 41,16	10 0 41,1	41 22,56	304 41 31,76
34	5 52		Paniagua	304	10 0 50,4	41 40,36	10 0 41,3	41 22,76	304 41 31,56
			Carril	20	0 1 51,1	3 41,23	0 1 42,4	3 25,20	20 3 33,21
			Paredon	352	12 0 13,4	48 26,68	12 0 3,5	48 7,01	352 48 16,84
			Bolos	332	8 1 2,4	34 4,26	8 0 52,0	33 44,20	332 33 54,23
			Corral	332	8 1 2,3	34 4,06	8 0 52,2	33 44,60	332 33 54,33
			Yesos	332	8 1 1,6	34 2,66	8 0 50,8	33 41,80	332 33 52,23
			Huertas	332	8 1 1,2	34 1,87	8 0 50,1	33 40,39	332 33 51,13
			Lindero	332	8 1 0,8	34 1,07	8 0 49,8	33 39,79	332 33 50,43
			Conde	320	2 1 37,2	11 13,55	2 1 26,4	10 53,14	320 11 3,34
35	17 20	à	Conde	160	2 1 41,9	11 28,88	2 1 30,2	11 0,75	160 11 14,81
		droite	Lindero	172	8 1 9,6	34 18,59	8 0 53,8	33 47,81	172 34 3,20
			Huertas	172	8 1 9,9	34 19,19	8 0 54,3	33 48,81	172 34 4,00
			Yesos	172	8 1 9,7	34 18,79	8 0 54,2	33 48,61	172 34 3,70
			Corral	172	8 1 10,9	34 21,18	8 0 55,1	33 50,41	172 34 5,79
			Bolos	172	8 1 10,3	34 19,99	8 0 54,9	33 50,01	172 34 5,00
			Paredon	192	12 0 22,3	48 44,41	12 0 6,4	48 12,82	192 48 28,61
			Carril	220	0 1 56,1	3 51,19	0 1 47,7	3 35,82	220 3 43,50
			Paniagua	144	10 0 56,5	41 52,51	10 0 44,3	41 28,77	144 41 40,64
36	17 47		Paniagua	144	10 0 56,3	41 52,11	10 0 44,2	41 28,57	144 41 40,34
			Carril	220	0 1 55,9	3 50,79	0 1 47,6	3 35,62	220 3 43,20
			Paredon	192	12 0 21,1	48 42,02	12 0 6,3	48 12,62	192 48 27,32
			Bolos	172	8 1 10,8	34 20,98	8 0 54,9	33 50,01	172 34 5,49
			Corral	172	8 1 10,4	34 20,19	8 0 54,4	33 49,01	172 34 4,00
			Yesos	172	8 1 9,8	34 18,99	8 0 53,6	33 47,41	172 34 3,20
			Huertas	172	8 1 9,7	34 18,79	8 0 53,2	33 46,61	172 34 2,70
			Lindero	172	8 1 9,8	34 18,99	8 0 53,8	33 47,81	172 34 3,40
			Conde	160	2 1 45,8	11 30,68	2 1 29,9	11 0,15	160 11 15,41

Saavedra. *Quiroga.*

STATION DE LINDERO..5. 19 ET 20 MAI 1859.

N.°	Heures	Cercle vertical	Objets	Index	Microscope I		Microscope II		Moyennes
	h m			°	D T P	′ ″	D T P	′ ″	° ′ ″
1	6 2	à	Conde	0	0 0 20,5	0 40,82	0 0 16,2	0 32,46	0 0 36,64
		gauche	Huertas	20	12 0 41,4	49 22,44	12 0 36,9	49 13,94	20 49 18,19
			Yesos	20	12 0 42,2	49 24,03	12 0 37,3	49 14,75	20 49 19,39
			Corral	20	12 0 42,9	49 25,43	12 0 37,8	49 15,75	20 49 20,59
			Bolos	20	12 0 42,9	49 25,43	12 0 37,9	49 15,95	20 49 20,69
			Paredon	56	1 1 8,0	6 15,41	1 1 0,0	6 0,23	56 6 7,82
			Carril	90	8 1 21,8	34 42,89	8 1 11,1	34 22,48	90 34 32,68
			Carbonera	200	12 0 43,2	49 26,02	12 0 35,2	49 6,53	200 49 16,27
			Paniagua	312	10 1 46,2	43 31,47	10 1 41,2	43 22,79	312 43 27,13
2	17 25		Paniagua	312	10 1 51,6	43 42,23	10 1 45,2	43 30,81	312 43 36,52
			Carbonera	200	12 0 48,2	49 35,98	12 0 37,8	49 15,75	200 49 25,86
			Carril	90	8 1 27,4	34 54,01	8 1 17,2	34 34,70	90 34 44,37
			Paredon	56	1 1 11,3	6 21,98	1 1 2,2	6 4,64	56 6 13,31
			Bolos	20	12 0 49,6	49 38,77	12 0 42,2	49 24,56	20 49 31,66
			Corral	20	12 0 48,4	49 36,38	12 0 40,8	49 21,76	20 49 29,07
			Yesos	20	12 0 48,7	49 36,97	12 0 41,6	49 23,36	20 49 30,16
			Huertas	20	12 0 48,6	49 35,98	12 0 40,7	49 21,56	20 49 28,77
			Conde	0	0 0 26,3	0 52,37	0 0 20,9	0 41,88	0 0 47,12
3	4 20	à	Conde	200	0 0 24,6	0 48,99	0 0 19,8	0 39,68	200 0 44,33
		droite	Huertas	220	12 0 47,2	49 33,99	12 0 37,3	49 14,75	220 49 24,37
			Yesos	220	12 0 47,3	49 34,19	12 0 37,9	49 15,95	220 49 25,07
			Corral	220	12 0 46,8	49 33,19	12 0 37,1	49 14,34	220 49 23,76
			Bolos	220	12 0 46,9	49 33,39	12 0 38,0	49 16,15	220 49 24,77
			Paredon	256	1 1 12,1	6 24,17	1 0 57,1	5 53,02	256 6 9,39
			Carril	290	8 1 28,1	34 55,43	8 1 8,6	34 17,47	290 34 36,45
			Carbonera	40	12 0 43,4	49 26,42	12 0 39,6	49 19,35	40 49 22,88
			Paniagua	182	10 1 47,8	43 34,66	10 1 48,3	43 37,02	182 43 35,84
4	4 19		Paniagua	182	10 1 49,2	43 37,45	10 1 46,3	43 33,01	182 43 35,23
			Carbonera	40	12 0 43,4	49 26,42	12 0 39,9	49 19,96	40 49 23,19
			Carril	290	8 1 28,3	34 55,83	8 1 10,0	34 20,27	290 34 38,05
			Paredon	256	1 1 12,2	6 23,77	1 0 57,9	5 56,03	256 6 9,90
			Bolos	220	12 0 46,9	49 33,39	12 0 37,4	49 14,95	220 49 24,17
			Corral	220	12 0 47,0	49 33,59	12 0 38,4	49 16,95	220 49 25,27
			Yesos	220	12 0 46,7	49 32,99	12 0 37,1	49 14,34	220 49 23,66
			Huertas	220	12 0 46,7	49 32,99	12 0 37,8	49 15,75	220 49 24,37
			Conde	200	0 0 23,7	0 47,19	0 0 19,4	0 38,88	200 0 43,03

Ibañez. *Saavedra.*

STATION DE LINDERO..5. 21 MAI 1859.

N°	Heures	Cercle vertical	Objets	Index	Microscope I		Microscope II		Moyennes
	h m			°	D T P	′ ″	D T P	′ ″	° ′ ″
5	4 0	à	Conde	40	0 0 19,1	0 38,03	0 0 14,3	0 28,66	40 0 33,34
		gauche	Huertas	60	12 0 38,8	49 17,27	12 0 34,5	49 9,13	60 49 13,20
			Yesos	60	12 0 38,5	49 16,66	12 0 34,2	49 8,53	60 49 12,59
			Corral	60	12 0 39,1	49 17,86	12 0 33,9	49 7,93	60 49 12,89
			Bolos	60	12 0 40,5	49 20,65	12 0 36,0	49 12,14	60 49 16,39
			Paredon	96	1 1 0,3	6 0,07	1 0 54,9	5 50,01	96 5 55,04
			Carril	130	8 1 15,0	34 29,35	8 1 7,2	34 14,66	130 34 22,00
			Carbonera	240	12 0 38,5	49 16,66	12 0 29,4	48 58,91	240 49 7,78
			Paniagua	22	10 1 42,9	43 24,90	10 1 39,3	43 18,99	22 43 21,94
6	4 20		Paniagua	22	10 1 42,2	43 23,51	10 1 38,3	43 16,98	22 43 20,24
			Carbonera	240	12 0 38,4	49 16,46	12 0 29,3	48 58,71	240 49 7,58
			Carril	130	8 1 15,7	34 30,74	8 1 7,4	34 15,06	130 34 22,90
			Paredon	96	1 1 0,3	6 0,07	1 0 54,9	5 50,01	96 5 55,04
			Bolos	60	12 0 39,0	49 17,66	12 0 34,6	49 9,33	60 49 13,49
			Corral	60	12 0 38,8	49 17,27	12 0 34,0	49 8,13	60 49 12,70
			Yesos	60	12 0 38,3	49 16,27	12 0 34,7	49 9,53	60 49 12,90
			Huertas	60	12 0 37,5	49 14,67	12 0 34,1	49 8,33	60 49 11,50
			Conde	40	0 0 18,2	0 36,24	0 0 14,8	0 29,66	40 0 32,95
7	4 59	à	Conde	240	0 0 23,4	0 46,60	0 0 14,9	0 29,86	240 0 38,23
		droite	Huertas	260	12 0 45,1	49 30,40	12 0 32,3	49 4,73	260 49 17,56
			Yesos	260	12 0 45,3	49 30,20	12 0 32,5	49 5,13	260 49 17,66
			Corral	260	12 0 46,2	49 32,00	12 0 33,0	49 6,13	260 49 19,06
			Bolos	260	12 0 46,8	49 33,19	12 0 34,1	49 8,33	260 49 20,76
			Paredon	296	1 1 10,1	6 19,59	1 0 52,0	5 44,20	206 6 1,89
			Carril	330	8 1 24,7	34 48,66	8 1 6,5	34 13,26	330 34 30,96
			Carbonera	80	12 0 40,7	49 21,04	12 0 34,0	49 8,13	80 49 14,58
			Paniagua	222	10 1 47,8	43 34,66	10 1 40,7	43 21,79	222 43 28,22
8	5 28		Paniagua	222	10 1 47,5	43 34,06	10 1 40,7	43 21,79	222 43 27,92
			Carbonera	80	12 0 40,4	49 20,45	12 0 33,1	49 10,34	80 49 15,39
			Carril	330	8 1 24,3	34 47,86	8 1 7,1	34 14,46	330 34 31,16
			Paredon	296	1 1 9,7	6 18,79	1 0 52,3	5 44,80	296 6 1,79
			Bolos	260	12 0 46,0	49 31,60	12 0 33,0	49 6,13	260 49 18,86
			Corral	260	12 0 45,0	49 29,61	12 0 32,3	49 4,73	260 49 17,17
			Yesos	260	12 0 45,8	49 31,20	12 0 33,1	49 6,33	260 49 18,76
			Huertas	260	12 0 45,6	49 30,80	12 0 32,9	49 5,93	260 49 18,36
			Conde	240	0 0 13,9	0 27,68	0 0 23,3	0 46,69	240 0 37,18

Ibañez. *Quiroga.*

STATION DE LINDERO. 5. **21 ET 22 MAI 1859.**

N.°	Heures	Cercle vertical	Objets	Index	Microscope I		Microscope II		Moyennes
	h m			°	D T P	′ ″	D T P	′ ″	° ′ ″
9	5 59	à gauche	Conde	80	0 0 17,8	0 35,44	0 0 15,2	0 30,46	80 0 32,95
			Huertas	100	12 0 36,9	49 13,48	12 0 35,5	49 10,74	100 49 12,11
			Yesos	100	12 0 36,7	49 13,08	12 0 34,3	49 8,73	100 49 10,90
			Corral	100	12 0 37,6	49 14,87	12 0 34,9	49 9,94	100 49 12,40
			Bolos	100	12 0 37,5	49 14,67	12 0 35,2	49 10,54	100 49 12,60
			Paredon	136	1 1 1,9	6 3,26	1 0 57,1	5 54,42	136 5 58,84
			Carril	170	8 1 17,8	34 34,92	8 1 10,7	34 21,68	170 31 28,30
			Carbonera	280	12 0 39,3	49 18,26	12 0 29,9	48 59,92	280 49 9,09
			Paniagua	62	10 1 43,8	43 26,69	10 1 40,4	43 21,19	62 43 23,94
10	17 55		Paniagua	62	10 1 43,4	43 25,90	10 1 37,4	43 15,18	62 43 20,54
			Carbonera	280	12 0 38,4	49 16,46	12 0 25,8	48 51,70	280 49 4,08
			Carril	170	8 1 15,9	34 31,14	8 1 7,0	34 11,26	170 31 22,70
			Paredon	136	1 1 0,4	6 0,27	1 0 53,4	5 47,01	136 5 53,64
			Bolos	100	12 0 37,4	49 14,47	12 0 32,6	49 5,33	100 49 9,90
			Corral	100	12 0 37,1	49 13,88	12 0 31,7	49 3,52	100 49 8,70
			Yesos	100	12 0 36,7	49 13,08	12 0 31,8	49 3,72	100 49 8,40
			Huertas	100	12 0 37,0	49 13,68	12 0 31,3	49 2,72	100 49 8,20
			Conde	80	0 0 16,4	0 32,66	0 0 12,2	0 24,45	80 0 28,55
11	18 24	à droite	Conde	280	0 0 20,1	0 40,02	0 0 10,3	0 20,64	280 0 30,33
			Huertas	300	12 0 42,1	49 23,83	12 0 28,9	48 57,91	300 49 10,87
			Yesos	300	12 0 42,6	49 24,83	12 0 29,9	48 59,92	300 49 12,37
			Corral	300	12 0 43,0	49 25,62	12 0 29,6	48 59,32	300 49 12,47
			Bolos	300	12 0 43,6	49 26,82	12 0 30,3	49 0,72	300 49 13,77
			Paredon	336	1 1 6,4	6 12,22	1 0 49,9	5 39,99	336 5 56,10
			Carril	10	8 1 20,5	34 40,30	8 1 6,1	34 12,16	10 34 26,38
			Carbonera	120	12 0 35,5	49 10,69	12 0 20,9	48 59,92	120 49 5,30
			Paniagua	262	10 1 44,3	43 27,69	10 1 37,6	43 15,58	262 43 21,63
12	5 2		Paniagua	262	10 1 46,2	43 31,47	10 1 41,5	43 23,39	262 43 27,43
			Carbonera	120	12 0 36,1	49 11,88	12 0 34,9	49 9,94	120 49 10,91
			Carril	10	8 1 25,1	34 49,46	8 1 7,9	34 16,06	10 34 32,76
			Paredon	336	1 1 7,4	6 14,21	1 0 53,4	5 47,01	336 6 0,61
			Bolos	300	12 0 42,1	49 24,43	12 0 34,5	49 9,13	300 49 16,78
			Corral	300	12 0 42,3	49 24,23	12 0 34,1	49 8,33	300 49 16,28
			Yesos	300	12 0 42,5	49 24,63	12 0 33,9	49 7,93	300 49 16,28
			Huertas	300	12 0 42,3	49 24,23	12 0 34,5	49 9,13	300 49 16,68
			Conde	280	0 0 20,2	0 40,22	0 0 14,4	0 28,86	280 0 34,54

Saavedra. *Quiroga.*

STATION DE LINDERO..5. 22 MAI 1859.

N.°	Heures	Cercle vertical	Objets	Index	Microscope I		Microscope II		Moyennes
	h m			°	r t p	′ ″	r t p	′ ″	° ′ ″
13	5 30	à gauche	Conde	120	0 0 13,3	0 30,47	0 0 14,9	0 29,86	120 0 30,16
			Huertas	140	12 0 33,9	49 11,49	12 0 33,9	49 7,93	140 49 9,71
			Yesos	140	12 0 36,1	49 11,88	12 0 34,2	49 8,53	140 49 10,20
			Corral	140	12 0 36,8	49 13,28	12 0 34,6	49 9,33	140 49 11,30
			Bolos	140	12 0 36,7	49 13,08	12 0 34,5	49 9,13	140 49 11,10
			Paredon	176	1 1 2,6	6 4,65	1 0 54,4	5 49,01	176 5 56,83
			Carril	210	8 1 19,5	34 38,31	8 1 7,2	34 14,66	210 34 26,48
			Carbonera	320	12 0 36,9	49 13,48	12 0 28,4	48 56,91	320 49 5,19
			Paniagua	102	10 1 39,5	43 18,13	10 1 38,9	43 18,18	102 43 18,15
14	5 59		Paniagua	102	10 1 40,9	43 20,92	10 1 38,0	43 16,38	102 43 18,65
			Carbonera	320	12 0 37,0	49 13,68	12 0 27,9	48 55,91	320 49 4,79
			Carril	210	8 1 20,8	34 40,89	8 1 6,1	34 12,16	210 34 26,61
			Paredon	176	1 1 3,0	6 5,45	1 0 53,9	5 48,01	176 5 56,73
			Bolos	140	12 0 37,3	49 14,27	12 0 32,8	49 5,73	140 49 10,00
			Corral	140	12 0 36,9	49 13,48	12 0 32,3	49 4,73	140 49 9,10
			Yesos	140	12 0 36,7	49 13,08	12 0 32,3	49 4,73	140 49 8,90
			Huertas	140	12 0 36,6	49 12,88	12 0 32,2	49 4,53	140 49 8,70
			Conde	120	0 0 15,2	0 30,27	0 0 13,1	0 26,25	120 0 28,26
15	17 12	à droite	Conde	320	0 0 21,0	0 41,82	0 0 11,2	0 22,11	320 0 32,13
			Huertas	340	12 0 43,2	49 26,02	12 0 30,8	49 1,72	340 49 13,87
			Yesos	340	12 0 43,0	49 25,02	12 0 31,0	49 2,12	340 49 13,87
			Corral	340	12 0 43,4	49 26,42	12 0 31,3	49 2,72	340 49 14,57
			Bolos	340	12 0 44,0	49 27,62	12 0 31,5	49 3,12	340 49 15,37
			Paredon	16	1 1 7,0	6 13,42	1 0 52,2	5 44,60	16 5 59,01
			Carril	50	8 1 21,3	34 41,89	8 1 7,1	34 14,46	50 34 28,17
			Carbonera	100	12 0 37,4	49 14,47	12 0 30,4	49 0,92	160 49 7,69
			Paniagua	302	10 1 44,0	43 27,09	10 1 36,4	43 13,17	302 43 20,13
16	18 12		Paniagua	302	10 1 44,0	43 27,09	10 1 36,6	43 13,58	302 43 20,33
			Carbonera	160	12 0 38,0	49 15,07	12 0 31,5	49 3,12	160 49 9,39
			Carril	50	8 1 21,4	34 42,09	8 1 7,7	34 15,66	50 34 28,87
			Paredon	16	1 1 7,0	6 13,42	1 0 52,1	5 41,40	16 5 58,91
			Bolos	340	12 0 43,5	49 26,62	12 0 31,6	49 3,32	340 49 14,97
			Corral	340	12 0 42,3	49 24,23	12 0 31,0	49 2,12	340 49 13,17
			Yesos	340	12 0 42,0	49 23,63	12 0 31,0	49 2,12	340 49 12,87
			Huertas	340	12 0 41,9	49 23,43	12 0 30,8	49 1,72	340 49 12,57
			Conde	320	0 0 20,2	0 40,22	0 0 11,7	0 23,45	320 0 31,83

Saavedra. *Ibañez.*

STATION DE LINDERO..5. 23 ET 24 MAI 1859.

N.°	Heures	Cercle vertical	Objets	Index	Microscope I		Microscope II		Moyennes
	h m			°	D T P	′ ″	D T P	′ ″	° ′ ″
17	17 51	à gauche	Conde	160	0 0 14,5	0 28,87	0 0 10,4	0 20,84	160 0 24,85
			Huertas	180	12 0 35,7	49 11,09	12 0 29,1	48 58,31	180 49 4,70
			Yesos	180	12 0 35,3	49 10,29	12 0 29,1	48 58,31	180 49 4,30
			Corral	180	12 0 36,1	49 12,48	12 0 30,0	49 0,12	180 49 6,30
			Bolos	180	12 0 35,8	49 11,29	12 0 20,3	48 58,71	180 49 5,00
			Paredon	216	1 1 0,5	6 0,47	1 0 51,2	5 42,60	216 5 51,53
			Carril	230	8 1 15,9	34 31,14	8 1 4,0	34 8,25	230 34 19,69
			Carbonera	0	12 0 36,6	49 12,88	12 0 24,4	48 48,89	0 49 0,88
			Paniagua	142	10 1 37,6	43 14,35	10 1 33,4	43 7,16	142 43 10,75
18	18 20		Paniagua	142	10 1 38,0	43 15,14	10 1 33,3	43 6,96	142 43 11,05
			Carbonera	0	12 0 35,6	49 10,89	12 0 24,3	48 48,69	0 48 59,79
			Carril	230	8 1 15,8	34 30,94	8 1 3,3	34 6,85	230 34 18,89
			Paredon	216	1 1 00,3	6 0,07	1 0 50,3	5 40,80	216 5 50,43
			Bolos	180	12 0 35,9	49 11,49	12 0 29,2	48 58,51	180 49 5,00
			Corral	180	12 0 36,0	49 11,69	12 0 29,3	48 58,71	180 49 5,20
			Yesos	180	12 0 35,2	49 10,09	12 0 28,6	48 57,31	180 49 3,70
			Huertas	180	12 0 35,0	49 9,69	12 0 28,2	48 56,51	180 49 3,10
			Conde	160	0 0 14,1	0 28,08	0 0 9,6	0 19,21	160 0 23,66
19	5 23	à droite	Conde	0	2 0 27,2	8 54,16	2 0 22,5	8 45,09	0 8 49,62
			Huertas	20	14 0 49,3	57 38,17	14 0 41,3	57 22,76	20 57 30,46
			Yesos	20	14 0 49,7	57 38,97	14 0 41,6	57 23,36	20 57 31,16
			Corral	20	14 0 49,5	57 38,57	14 0 41,2	57 22,56	20 57 30,56
			Bolos	20	14 0 49,7	57 38,97	14 0 41,4	57 22,96	20 57 30,96
			Paredon	56	3 1 15,1	14 29,54	3 1 2,0	14 4,24	56 14 16,89
			Carril	90	10 1 31,1	43 1,40	10 1 14,0	42 28,29	90 42 44,84
			Carbonera	200	14 0 45,7	57 31,00	14 0 42,8	57 25,77	200 57 28,38
			Paniagua	312	12 1 53,4	51 45,81	12 1 47,1	51 34,62	312 51 40,21
20	5 52		Paniagua	312	12 1 53,1	51 45,21	12 1 47,4	51 35,22	312 51 40,21
			Carbonera	200	14 0 47,3	57 34,19	14 0 42,6	57 25,37	200 57 29,78
			Carril	90	10 1 31,2	43 1,60	10 1 13,9	42 28,09	90 42 44,84
			Paredon	56	3 1 15,0	14 29,35	3 1 1,8	14 3,44	56 14 16,39
			Bolos	20	14 0 50,5	57 40,56	14 0 41,4	57 22,96	20 57 31,76
			Corral	20	14 0 51,0	57 41,55	14 0 41,3	57 22,76	20 57 32,15
			Yesos	20	14 0 50,8	57 41,16	14 0 41,0	57 22,16	20 57 31,66
			Huertas	20	14 0 50,8	57 41,16	14 0 40,8	57 21,76	20 57 31,46
			Conde	0	2 0 27,9	8 55,56	2 0 22,2	8 44,49	0 8 50,02

Quiroga. *Ibañez.*

STATION DE LINDERO..5. 25 ET 26 MAI 1859.

N.o	Heures	Cercle vertical	Objets	Index	Microscope I		Microscope II		Moyennes
	h m			°	D T P	′ ″	D T P	′ ″	° ′ ″
21	5 19	à	Conde	200	2 0 23,8	8 47,39	2 0 20,1	8 40,28	200 8 43,83
		gauche	Huertas	220	14 0 45,1	57 30,40	14 0 40,0	57 20,16	220 57 25,28
			Yesos	220	14 0 46,0	57 31,60	14 0 40,5	57 21,16	220 57 26,38
			Corral	220	14 0 45,6	57 30,80	14 0 40,6	57 21,36	220 57 26,08
			Bolos	220	14 0 46,6	57 32,79	14 0 41,2	57 22,56	220 57 27,67
			Paredon	256	3 1 10,9	14 21,18	3 0 59,9	14 0,03	256 14 10,60
			Carril	290	10 1 27,6	42 54,44	10 1 10,9	42 22,08	290 42 38,26
			Carbonera	40	14 0 45,0	57 29,61	14 0 37,0	57 14,14	40 57 21,87
			Paniagua	182	12 1 50,2	51 39,44	12 1 45,4	51 31,21	182 51 35,32
22	5 49		Paniagua	182	12 1 49,9	51 38,81	12 1 45,1	51 30,61	182 51 34,72
			Carbonera	40	14 0 46,0	57 31,60	14 0 37,0	57 14,14	40 57 22,87
			Carril	290	10 1 27,3	42 53,84	10 1 10,6	42 21,47	290 42 37,65
			Paredon	256	3 1 10,4	14 20,19	3 0 59,2	13 58,63	256 14 9,41
			Bolos	220	14 0 46,6	57 32,79	14 0 40,4	57 20,96	220 51 26,87
			Corral	220	14 0 45,8	57 31,20	14 0 39,0	57 18,15	220 57 24,67
			Yesos	220	14 0 45,1	57 29,81	14 0 38,6	57 17,35	220 57 23,58
			Huertas	220	14 0 46,2	57 32,00	14 0 39,7	57 19,55	220 57 25,77
			Conde	200	2 0 24,8	8 49,38	2 0 20,2	8 40,48	200 8 41,93
23	5 2	à	Conde	40	2 0 30,8	9 1,33	2 0 26,8	8 53,70	40 8 57,51
		droite	Huertas	60	14 0 51,0	57 41,55	14 0 45,0	57 30,18	60 57 35,86
			Yesos	60	14 0 51,8	57 43,15	14 0 44,3	57 28,77	60 57 35,96
			Corral	60	14 0 51,8	57 43,15	14 0 44,8	57 29,77	60 57 36,46
			Bolos	60	14 0 52,0	57 43,55	14 0 44,4	57 28,97	60 57 36,26
			Paredon	96	3 1 16,2	14 31,73	3 1 4,2	14 8,63	96 14 20,19
			Carril	130	10 1 33,0	43 5,19	10 1 14,8	42 29,89	130 42 47,54
			Carbonera	240	14 0 48,7	57 36,97	14 0 44,4	57 28,97	240 57 32,97
			Paniagua	22	12 1 54,3	51 47,60	12 1 49,9	51 40,23	22 51 43,91
24	5 29		Paniagua	22	12 1 54,6	51 48,20	12 1 51,0	51 42,43	22 51 45,31
			Carbonera	240	14 0 48,6	57 36,78	14 0 44,4	57 28,97	240 57 32,87
			Carril	130	10 1 32,4	43 3,99	10 1 14,6	42 29,49	130 42 46,74
			Paredon	96	3 1 16,2	14 31,73	3 1 3,9	14 8,05	96 14 19,89
			Bolos	60	14 0 51,8	57 43,15	14 0 44,8	57 29,77	60 57 36,46
			Corral	60	14 0 51,7	57 42 95	14 0 44,7	57 29,57	60 57 36,26
			Yesos	60	14 0 52,0	57 43,55	14 0 45,0	57 30,18	60 57 36,86
			Huertas	60	14 0 52,1	57 43,75	14 0 44,5	57 29,17	60 57 36,46
			Conde	40	2 0 31,2	9 2,13	2 0 26,5	8 53,10	40 8 57,61

Quiroga. *Saavedra.*

STATION DE LINDERO..5. 26 ET 27 MAI 1859.

N.°	Heures	Cercle vertical	Objets	Index	Microscope II		Microscope III		Moyennes
	h m			°	D T P	′ ″	D T P	′ ″	° ′ ″
25	5 56	à gauche	Conde	240	2 0 27,0	8 53,76	2 0 22,2	8 44,49	240 8 49,12
			Huertas	260	14 0 47,3	57 34,19	14 0 41,1	57 22,36	260 57 28,27
			Yesos	260	14 0 47,8	57 35,18	14 0 41,5	57 23,16	260 57 29,17
			Corral	260	14 0 48,0	57 35,58	14 0 42,0	57 24,16	260 57 29,87
			Bolos	260	14 0 48,5	57 36,58	14 0 42,6	57 25,37	260 57 30,97
			Paredon	296	3 1 14,4	14 22,18	3 1 0,5	14 1,24	296 14 11,71
			Carril	330	10 1 29,5	42 58,22	10 1 13,7	42 27,69	330 42 42,95
			Carbonera	80	14 0 47,7	57 34,98	14 0 39,7	57 19,55	80 57 27,26
			Paniagua	222	12 1 51,5	51 42,63	12 1 46,8	51 34,02	222 51 38,02
26	17 34		Paniagua	222	12 1 47,0	51 33,07	12 1 40,1	51 20,59	222 51 26,83
			Carbonera	80	14 0 41,4	57 22,44	14 0 31,9	57 3,92	80 57 13,18
			Carril	330	10 1 21,5	42 42,29	10 1 8,8	42 17,87	330 42 30,06
			Paredon	296	3 1 5,9	14 11,22	3 0 55,3	13 50,82	296 14 1,02
			Bolos	260	14 0 44,0	57 27,62	14 0 35,0	57 10,14	260 57 18,88
			Corral	260	14 0 43,2	57 26,02	14 0 34,5	57 9,13	260 57 17,57
			Yesos	260	14 0 43,1	57 25,82	14 0 33,7	57 7,55	260 57 16,67
			Huertas	200	14 0 42,8	57 23,23	14 0 33,8	57 7,73	200 57 16,48
			Conde	240	2 0 21,9	8 43,61	2 0 14,8	8 29,66	240 8 36,63
27	5 33	à droite	Conde	80	2 0 27,1	8 53,96	2 0 24,4	8 48,89	80 8 51,42
			Huertas	100	14 0 48,8	57 37,17	14 0 42,8	57 25,77	100 57 31,47
			Yesos	100	14 0 48,8	57 37,17	14 0 43,0	57 26,17	100 57 31,67
			Corral	100	14 0 49,0	57 37,57	14 0 42,7	57 25,57	100 57 31,57
			Bolos	100	14 0 49,2	57 37,97	14 0 43,4	57 26,97	100 57 32,47
			Paredon	136	3 1 15,1	14 29,54	3 1 2,5	14 5,24	136 14 17,39
			Carril	170	10 1 32,8	43 4,79	10 1 14,7	42 29,69	170 42 47,24
			Carbonera	280	14 0 46,8	57 33,19	14 0 41,9	57 23,96	280 57 28,57
			Paniagua	62	12 1 53,8	51 46,61	12 1 49,6	51 39,63	62 51 43,12
28	6 1		Paniagua	62	12 1 54,0	51 47,00	12 1 50,3	51 41,03	62 51 44,01
			Carbonera	280	14 0 46,5	57 32,59	14 0 41,4	57 22,96	280 57 27,77
			Carril	170	10 1 31,9	43 3,00	10 1 14,7	42 29,69	170 42 46,34
			Paredon	136	3 1 13,3	14 25,96	3 1 2,0	14 4,24	136 14 15,10
			Bolos	100	14 0 49,0	57 37,57	14 0 43,9	57 27,97	100 57 32,77
			Corral	100	14 0 48,4	57 36,38	14 0 43,3	57 26,77	100 57 31,57
			Yesos	100	14 0 48,9	57 37,37	14 0 43,8	57 27,77	100 57 32,57
			Huertas	100	14 0 48,1	57 35,78	14 0 42,7	57 25,57	100 57 30,67
			Conde	80	2 0 27,2	8 54,16	2 0 21,3	8 48,69	80 8 51,42

Ibañez. *Saavedra.*

STATION DE LINDERO..5. 27, 28, 29 ET 30 MAI 1859.

N.°	Heures	Cercle vertical	Objets	Index	Microscope I		Microscope II		Moyennes
	h m			°	D T P	′ ″	D T P	′ ″	° ′ ″
29	17 58	à gauche	Conde	280	2 0 20,6	8 41,02	2 0 14,3	8 28,66	280 8 31,84
			Huertas	300	14 0 41,6	57 22,84	14 0 32,9	57 5,93	300 57 14,38
			Yesos	300	14 0 41,9	57 23,43	14 0 33,1	57 6,33	300 57 14,88
			Corral	300	14 0 42,0	57 23,63	14 0 33,3	57 6,73	300 57 15,18
			Bolos	300	14 0 42,4	57 24,43	14 0 33,9	57 7,93	300 57 16,18
			Paredon	336	3 1 5,4	14 10,23	3 0 51,5	13 49,21	336 13 59,72
			Carril	10	10 1 22,0	42 43,28	10 1 8,7	42 17,67	10 42 30,47
			Carbonera	120	14 0 39,2	57 18,06	14 0 31,0	57 2,12	120 57 10,09
			Paniagua	262	12 1 46,0	51 31,07	12 1 39,9	51 20,19	262 51 25,63
30	6 1		Paniagua	262	12 1 54,6	51 48,20	12 1 51,7	51 43,83	262 51 46,01
			Carbonera	120	14 0 49,8	57 39,17	14 0 43,5	57 27,17	120 57 33,17
			Carril	10	10 1 36,8	43 12,75	10 1 17,0	42 34,30	10 42 53,52
			Paredon	336	3 1 18,7	14 36,71	3 1 4,5	14 9,25	336 14 22,98
			Bolos	300	14 0 52,4	57 44,34	14 0 45,1	57 30,38	300 57 37,36
			Corral	300	14 0 52,0	57 43,55	14 0 45,0	57 30,18	300 57 36,86
			Yesos	300	14 0 51,6	57 42,75	14 0 44,3	57 28,77	300 57 35,76
			Huertas	300	14 0 51,9	57 43,35	14 0 44,4	57 28,97	300 57 36,16
			Conde	280	2 0 29,9	8 59,54	2 0 27,0	8 54,11	280 8 56,92
31	18 0	à droite	Conde	120	2 0 22,9	8 45,60	2 0 15,2	8 30,46	120 8 38,03
			Huertas	140	14 0 44,3	57 28,21	14 0 34,1	57 8,33	140 57 18,27
			Yesos	140	14 0 44,7	57 29,01	14 0 34,5	57 9,13	140 57 19,07
			Corral	140	14 0 44,4	57 28,41	14 0 34,3	57 8,73	140 57 18,57
			Bolos	140	14 0 45,5	57 30,60	14 0 34,8	57 9,74	140 57 20,17
			Paredon	176	3 1 9,2	14 17,80	3 0 54,8	13 49,81	176 14 3,80
			Carril	210	10 1 25,9	42 51,05	10 1 10,3	42 20,87	210 42 35,96
			Carbonera	320	14 0 41,9	57 23,43	14 0 33,2	57 6,53	320 57 14,98
			Paniagua	102	12 1 46,7	51 32,47	12 1 41,5	51 23,39	102 51 27,93
32	4 34		Paniagua	102	12 1 49,0	51 37,05	12 1 44,6	51 29,61	102 51 33,33
			Carbonera	320	14 0 43,7	57 27,02	14 0 35,2	57 10,54	320 57 18,78
			Carril	210	10 1 28,6	42 56,43	10 1 11,3	42 22,88	210 42 39,65
			Paredon	176	3 1 12,3	14 23,97	3 0 57,6	13 55,42	176 14 9,69
			Bolos	140	14 0 46,3	57 32,20	14 0 37,3	57 14,75	140 57 23,47
			Corral	140	14 0 46,2	57 32,00	14 0 36,8	57 13,74	140 57 22,87
			Yesos	140	14 0 45,9	57 31,40	14 0 36,8	57 13,74	140 57 22,57
			Huertas	140	14 0 45,7	57 31,00	14 0 36,6	57 13,34	140 57 22,17
			Conde	120	2 0 23,6	8 46,90	2 0 18,7	8 37,47	120 8 42,23

Ibañez. *Quiroga.*

Station de Lindero..5. **30 mai 1859.**

N.°	Heures	Cercle vertical	Objets	Index	Microscope I		Microscope II		Moyennes
	h m			°	D T P	′ ″	D T P	′ ″	° ′ ″
33	5 2	à	Conde	320	2 0 19,9	8 39,63	2 0 14,1	8 28,25	320 8 33,94
		gauche	Huertas	340	14 0 41,2	57 22,04	14 0 33,5	57 7,13	340 57 14,58
			Yesos	340	14 0 41,8	57 23,24	14 0 33,6	57 7,33	340 57 15,28
			Corral	340	14 0 41,8	57 23,21	14 0 33,8	57 7,73	340 57 15,48
			Bolos	340	14 0 42,2	57 24,03	14 0 34,4	57 8,93	340 57 16,48
			Paredon	16	3 1 7,1	14 13,61	3 0 55,5	13 51,22	16 14 2,41
			Carril	50	10 1 23,0	42 45,28	10 1 9,1	42 18,47	50 42 31,87
			Carbonera	160	14 0 40,7	57 21,04	14 0 31,3	57 2,72	160 57 11,88
			Paniagua	302	12 1 43,7	51 26,19	12 1 38,1	51 16,58	302 51 21,53
34	5 30		Paniagua	302	12 1 43,5	51 26,10	12 1 38,0	51 16,38	302 51 21,24
			Carbonera	160	14 0 39,5	57 18,66	14 0 30,8	57 1,72	160 57 10,19
			Carril	50	10 1 22,1	42 43,48	10 1 8,7	42 17,67	50 42 30,57
			Paredon	16	3 1 6,4	14 12,22	3 0 51,4	13 49,01	16 14 0,61
			Bolos	340	14 0 41,6	57 22,84	14 0 33,2	57 6,53	340 57 14,68
			Corral	340	14 0 41,2	57 22,04	14 0 32,7	57 5,53	340 57 13,78
			Yesos	340	14 0 41,0	57 21,64	14 0 32,3	57 4,73	340 57 13,18
			Huertas	340	14 0 40,7	57 21,04	14 0 32,2	57 4,53	340 57 12,78
			Conde	320	2 0 19,0	8 37,83	2 0 14,0	8 28,05	320 8 32,91
35	5 59	à	Conde	160	2 0 23,4	8 46,60	2 0 18,8	8 37,67	160 8 42,13
		droite	Huertas	180	14 0 45,2	57 30,01	14 0 36,4	57 12,94	180 57 21,47
			Yesos	180	14 0 45,3	57 30,20	14 0 36,9	57 13,94	180 57 22,07
			Corral	180	14 0 45,2	57 30,01	14 0 36,3	57 12,74	180 57 21,37
			Bolos	180	14 0 46,0	57 31,60	14 0 37,1	57 14,34	180 57 22,97
			Paredon	216	3 1 11,2	14 21,78	3 0 57,4	13 55,02	216 14 8,40
			Carril	250	10 1 26,3	42 51,85	10 1 10,7	42 21,68	250 42 36,76
			Carbonera	0	14 0 41,1	57 21,84	14 0 36,0	57 12,14	0 57 16,99
			Paniagua	142	12 1 47,3	51 33,06	12 1 42,4	51 25,20	142 51 29,13
36	17 47		Paniagua	142	12 1 43,7	51 26,49	12 1 40,0	51 20,39	142 51 23,44
			Carbonera	0	14 0 40,5	57 20,65	14 0 34,0	57 8,13	0 57 14,39
			Carril	230	10 1 23,0	42 45,28	10 1 8,7	42 17,67	230 42 31,47
			Paredon	216	3 1 8,9	14 17,20	3 0 55,1	13 50,11	216 14 3,80
			Bolos	180	14 0 44,4	57 27,82	14 0 34,0	57 8,13	180 57 17,97
			Corral	180	14 0 44,5	57 28,61	14 0 34,3	57 8,73	180 57 18,67
			Yesos	180	14 0 43,5	57 26,62	14 0 34,1	57 8,33	180 57 17,47
			Huertas	180	14 0 43,0	57 25,62	14 0 33,7	57 7,53	180 57 16,57
			Conde	160	2 0 21,1	8 42,02	2 0 15,7	8 31,46	160 8 36,74

Saavedra. *Quiroga.*

Station de Paredon. 4. **2 juin 1859.**

N.°	Heures	Cercle vertical	Objets	Index	Microscope I		Microscope II		Moyennes
	h m			°	R T P	′ ″	R T P	′ ″	° ′ ″
1	3 12	à	Conde	0	0 0 46,0	1 31,60	0 0 31,8	1 3,72	0 1 17,66
		gauche	Paniagua	10	2 1 12,7	10 24,77	2 1 2,1	10 4,44	10 10 14,60
			Yesos	22	6 0 24,2	24 48,19	6 0 17,0	24 31,07	22 24 41,13
			Corral	49	4 0 42,8	17 25,23	4 0 39,8	17 19,73	49 17 22,49
			Bolos	61	11 1 22,0	46 43,28	11 1 19,5	46 39,31	61 46 41,29
			Carril	189	4 0 30,7	17 1,13	4 0 20,1	16 40,28	189 16 50,70
			Carbonera	278	1 0 6,0	4 11,95	0 1 57,4	3 55,26	278 4 3,60
			Lindero	293	1 1 19,4	6 38,11	1 1 9,6	6 19,47	293 6 28,79
			Huertas	322	4 0 23,1	16 46,00	4 0 9,1	16 18,24	322 16 32,12
2	5 57		Huertas	322	4 0 23,0	16 45,80	4 0 9,0	16 18,04	322 16 31,92
			Lindero	293	1 1 18,9	6 37,11	1 1 9,9	6 20,07	293 6 28,59
			Carbonera	278	1 0 5,6	4 11,15	0 1 58,2	3 56,86	278 4 4,00
			Carril	189	4 0 31,1	17 1,93	4 0 20,4	16 40,88	189 16 51,40
			Bolos	61	11 1 22,0	46 43,28	11 1 20,1	46 40,51	61 46 41,89
			Corral	49	4 0 42,3	17 24,23	4 0 39,4	17 18,95	49 17 21,59
			Yesos	22	6 0 24,1	24 47,99	6 0 17,6	24 35,27	22 24 41,63
			Paniagua	10	2 1 12,1	10 23,57	2 1 2,5	10 5,24	10 10 14,40
			Conde	0	0 0 46,0	1 31,60	0 0 32,1	1 4,32	0 1 17,96
3	17 2	à	Conde	200	0 0 48,0	1 35,58	0 0 36,1	1 12,34	200 1 23,96
		droite	Paniagua	210	2 1 16,8	10 32,93	2 1 5,4	10 11,05	210 10 21,99
			Yesos	222	6 0 29,5	24 58,74	6 0 17,8	24 35,67	222 24 47,20
			Corral	249	4 0 48,0	17 35,58	4 0 39,1	17 18,35	249 17 26,96
			Bolos	261	11 1 27,6	46 54,44	11 1 19,3	46 38,91	261 46 46,67
			Carril	29	4 0 35,1	17 9,89	4 0 22,9	16 45,89	29 16 57,89
			Carbonera	118	1 0 7,7	4 15,33	1 0 2,8	4 5,61	118 4 10,47
			Lindero	133	1 1 19,0	6 37,31	1 1 14,0	6 28,29	133 6 32,80
			Huertas	162	4 0 23,3	16 46,40	4 0 15,4	16 30,86	162 16 38,63
4	17 31		Huertas	162	4 0 23,1	16 46,60	4 0 15,5	16 31,06	162 16 38,83
			Lindero	133	1 1 19,1	6 37,51	1 1 13,3	6 26,89	133 6 32,20
			Carbonera	118	1 0 7,4	4 14,74	1 0 2,9	4 5,81	118 4 10,27
			Carril	29	4 0 34,1	17 7,90	4 0 23,0	16 46,09	29 16 56,99
			Bolos	261	11 1 26,7	46 52,64	11 1 19,7	46 39,71	261 46 46,17
			Corral	249	4 0 47,6	17 34,78	4 0 38,7	17 17,55	249 17 26,16
			Yesos	222	6 0 29,6	24 58,94	6 0 17,6	24 35,27	222 24 47,10
			Paniagua	210	2 1 17,0	10 33,33	2 1 4,9	10 10,05	210 10 21,69
			Conde	200	0 0 48,1	1 35,78	0 0 35,0	1 10,14	200 1 22,96

Ibañez. *Saavedra.*

STATION DE PAREDON..4. [illegible] 3 JUIN 1859.

N.°	Heures	Cercle vertical	Objets	Index	Microscope I		Microscope II		Moyennes
	h m			°	D T P	' "	D T P	' "	° ' "
5	5 41	à gauche	Conde	40	0 0 41,3	1 28,21	0 0 31,0	1 2,12	40 1 15,16
			Paniagua	50	2 1 11,8	10 22,97	2 1 2,2	10 4,64	50 10 13,80
			Yesos	62	6 0 23,8	24 45,40	6 0 16,5	24 33,06	62 21 39,23
			Corral	89	4 0 39,6	17 18,85	4 0 37,6	17 15,35	89 17 17,10
			Bolos	101	11 1 18,3	46 35,72	11 1 18,2	46 36,70	101 46 36,21
			Carril	229	4 0 29,7	16 59,14	4 0 18,8	16 37,67	229 16 48,40
			Carbonera	318	1 0 4,0	4 7,97	0 1 57,0	3 54,46	318 4 1,21
			Lindero	333	1 1 18,6	6 36,51	1 1 9,8	6 19,87	333 6 28,19
			Huertas	2	4 0 22,2	16 41,21	4 0 9,5	16 19,01	2 16 31,62
6	6 15		Huertas	2	4 0 21,9	16 43,61	4 0 9,9	16 19,84	2 16 31,72
			Lindero	333	1 1 18,6	6 36,51	1 1 9,9	6 20,07	333 6 28,29
			Carbonera	318	1 0 3,9	4 7,77	0 1 57,2	3 54,86	318 4 1,31
			Carril	229	4 0 29,3	16 58,34	4 0 19,1	16 38,27	229 16 48,30
			Bolos	101	11 1 18,0	46 35,32	11 1 18,0	46 36,30	101 46 35,81
			Corral	89	4 0 39,2	17 18,06	4 0 37,5	17 15,15	89 17 16,60
			Yesos	62	6 0 23,0	24 45,80	6 0 17,0	24 34,07	62 24 39,93
			Paniagua	50	2 1 11,1	10 22,18	2 1 2,6	10 5,44	50 10 13,81
			Conde	40	0 0 44,5	1 28,61	0 0 31,0	1 2,12	40 1 15,36
7	17 43	à droite	Condé	240	0 0 45,9	1 31,40	0 0 32,1	1 4,93	240 1 18,16
			Paniagua	250	2 1 13,8	10 26,96	2 1 1,9	10 4,01	250 10 15,50
			Yesos	262	6 0 26,2	24 52,17	6 0 14,9	24 29,86	262 21 41,01
			Corral	289	4 0 44,8	17 29,21	4 0 35,0	17 10,14	289 17 19,67
			Bolos	301	11 1 23,3	46 45,87	11 1 16,7	46 33,70	301 46 39,78
			Carril	69	4 0 34,1	17 1,93	4 0 20,5	16 41,08	69 16 51,50
			Carbonera	158	1 0 4,9	4 9,76	1 0 0,2	4 0,40	158 4 5,08
			Lindero	173	1 1 17,4	6 34,12	1 1 12,0	6 24,28	173 6 29,20
			Huertas	202	4 0 22,4	16 44,60	4 0 13,0	16 26,05	202 16 35,32
8	18 12		Huertas	202	4 0 22,0	16 43,81	4 0 12,8	16 25,65	202 16 34,73
			Lindero	173	1 1 18,0	6 35,32	1 1 12,0	6 24,28	173 6 29,80
			Carbonera	158	1 0 4,9	4 9,76	1 0 0,2	4 0,40	158 4 5,08
			Carril	69	4 0 30,3	17 0,34	4 0 20,0	16 40,08	69 16 50,21
			Bolos	301	11 1 22,9	46 45,08	11 1 16,1	46 32,50	301 46 38,79
			Corral	289	4 0 44,7	17 29,01	4 0 35,0	17 10,14	289 17 19,57
			Yesos	262	6 0 26,1	24 51,97	6 0 14,7	24 29,46	262 24 40,71
			Paniagua	250	2 1 13,3	10 25,96	2 1 1,0	10 2,24	250 10 14,10
			Conde	240	0 0 45,8	1 31,20	0 0 31,8	1 3,72	240 1 17,46

Ibañez. *Quiroga.*

STATION DE PAREDON..4. 3, 4 ET 6 JUIN 1859.

N.°	Heures	Cercle vertical	Objets	Index	Microscope I		Microscope II		Moyennes
	h m			°	D T P	′ ″	D T P	′ ″	° ′ ″
9	18 37	à gauche	Conde	80	0 0 43,4	1 26,43	0 0 31,4	1 2,92	80 1 14,67
			Paniagua	90	2 1 9,2	10 17,80	2 1 1,3	10 2,84	90 10 10,32
			Yesos	103	6 0 20,1	24 40,02	6 0 15,9	24 31,86	102 24 35,94
			Corral	129	4 0 38,5	17 16,66	4 0 36,7	17 13,54	129 17 15,10
			Bolos	141	11 1 18,6	46 36,51	11 1 17,4	46 35,10	141 46 35,80
			Carril	269	4 0 29,6	16 58,94	4 0 17,4	16 34,87	269 16 46,90
			Carbonera	358	1 0 5,7	4 11,35	0 1 36,9	3 54,25	358 4 2,80
			Lindero	13	1 1 19,1	6 37,51	1 1 9,3	6 18,87	13 6 28,19
			Huertas	42	4 0 23,1	16 44,01	4 0 9,0	16 18,01	42 16 31,02
10	5 56		Huertas	42	4 0 20,4	16 40,62	4 0 8,2	16 16,43	42 16 28,52
			Lindero	13	1 1 16,1	6 31,54	1 1 8,6	6 17,47	13 6 24,50
			Carbonera	358	1 0 2,1	4 4,18	0 1 57,0	3 54,46	358 3 59,32
			Carril	269	4 0 29,6	16 58,94	4 0 16,0	16 32,06	269 16 45,50
			Bolos	141	11 1 16,2	46 31,73	11 1 16,5	46 33,30	141 46 32,51
			Corral	129	4 0 36,5	17 12,68	4 0 35,0	17 10,14	129 17 11,41
			Yesos	102	6 0 19,5	24 38,83	6 0 13,0	24 26,05	102 24 32,44
			Paniagua	90	2 1 8,8	10 17,00	2 0 58,0	9 56,23	90 10 6,61
			Conde	80	0 0 43,0	1 25,62	0 0 28,0	0 56,11	80 1 10,86
11	6 0	à droite	Conde	280	0 0 53,4	1 46,33	0 0 34,3	1 8,73	280 1 27,53
			Paniagua	290	2 1 21,4	10 42,09	2 1 3,9	10 8,05	290 10 25,07
			Yesos	302	6 0 32,4	25 4,52	6 0 17,8	24 35,67	302 24 50,09
			Corral	329	4 0 49,0	17 37,57	4 0 41,8	17 23,76	329 17 30,66
			Bolos	341	11 1 29,6	46 58,42	11 1 21,3	46 42,92	341 46 50,67
			Carril	109	4 0 39,1	17 17,86	4 0 23,2	16 46,49	109 17 2,17
			Carbonera	198	1 0 10,0	4 19,91	1 0 8,5	4 17,03	198 4 18,47
			Lindero	213	1 1 23,7	6 46,67	1 1 20,3	6 40,91	213 6 43,79
			Huertas	242	4 0 28,5	16 56,73	4 0 17,3	16 34,67	242 16 45,71
12	6 33		Huertas	242	4 0 28,7	16 57,15	4 0 17,7	16 35,47	242 16 46,31
			Lindero	213	1 1 22,4	6 44,08	1 1 19,4	6 39,11	213 6 41,59
			Carbonera	198	1 0 9,5	4 18,92	1 0 7,8	4 15,63	198 4 17,27
			Carril	109	4 0 37,9	17 15,47	4 0 24,3	16 48,69	109 17 2,08
			Bolos	341	11 1 28,5	46 56,23	11 1 21,4	46 43,12	311 46 49,67
			Corral	329	4 0 49,6	17 38,77	4 0 40,6	17 21,36	329 17 30,06
			Yesos	302	6 0 33,0	25 5,71	6 0 18,0	24 36,07	302 24 50,89
			Paniagua	290	2 1 21,6	10 42,49	2 1 3,6	10 7,45	290 10 24,97
			Conde	280	0 0 53,6	1 46,73	0 0 31,8	1 9,74	280 1 28,23

Saavedra. *Quiroga.*

STATION DE PAREDON..4. 7 JUIN 1859.

N.°	Heures	Cercle vertical	Objets	Index	Microscope I		Microscope II		Moyennes
	h m			°	r t p	' "	r t p	' "	° ' "
13	6 7	à gauche	Conde	120	0 0 43,6	1 26,82	0 0 26,9	0 53,90	120 1 10,36
			Paniagua	130	2 1 10,4	10 20,19	2 0 57,2	9 54,02	130 10 7,40
			Yesos	142	6 0 22,0	24 43,81	6 0 12,3	24 21,63	142 24 31,23
			Corral	169	4 0 39,2	17 18,06	4 0 31,8	17 9,74	169 17 13,90
			Bolos	181	11 1 19,3	46 37,91	11 1 16,8	46 33,90	181 46 35,90
			Carril	309	4 0 30,1	16 59,94	4 0 13,2	16 26,45	309 16 43,19
			Carbonera	38	1 0 4,6	4 9,16	0 1 58,0	3 56,46	38 4 2,81
			Lindero	53	1 1 18,5	6 36,31	1 1 9,8	6 19,87	53 6 28,09
			Huertas	82	4 0 20,6	16 41,02	4 0 9,4	16 18,81	82 16 29,93
14	6 53		Huertas	82	4 0 20,4	16 40,62	4 0 9,3	16 18,64	82 16 29,63
			Lindero	53	1 1 18,6	6 36,51	1 1 9,8	6 19,87	53 6 28,19
			Carbonera	38	1 0 5,2	4 10,35	0 1 57,8	3 56,06	38 4 3,20
			Carril	309	4 0 30,5	17 0,73	4 0 11,1	16 28,23	309 16 44,19
			Bolos	181	11 1 19,3	46 37,91	11 1 17,0	46 34,30	181 46 36,10
			Corral	169	4 0 39,1	17 17,86	4 0 35,1	17 10,34	169 17 14,10
			Yesos	142	6 0 21,3	24 42,41	6 0 12,8	24 25,65	142 24 34,03
			Paniagua	130	2 1 10,0	10 19,39	2 0 58,4	9 57,03	130 10 8,21
			Conde	120	0 0 42,7	1 25,03	0 0 27,8	0 55,71	120 1 10,37
15	16 58	à droite	Conde	320	0 0 45,0	1 29,61	0 0 32,8	1 5,73	320 1 17,67
			Paniagua	330	2 1 12,8	10 24,96	2 1 . 2,1	10 4,44	330 10 14,70
			Yesos	342	6 0 26,0	24 51,77	6 0 16,7	24 33,46	342 24 42,61
			Corral	9	4 0 44,2	17 28,01	4 0 38,0	17 16,15	9 17 22,08
			Bolos	21	11 1 25,0	46 49,26	11 1 17,4	46 35,10	21 46 42,18
			Carril	149	4 0 31,2	17 2,13	4 0 20,5	16 41,08	149 16 51,60
			Carbonera	238	1 0 6,1	4 12,15	1 0 2,8	4 5,61	238 4 8,88
			Lindero	253	1 1 17,8	6 34,92	1 1 14,0	6 28,29	253 6 31,60
			Huertas	282	4 0 20,8	16 41,42	4 0 12,4	16 24,85	282 16 33,13
16	17 30		Huertas	282	4 0 20,9	16 41,62	4 0 12,0	16 24,05	282 16 32,83
			Lindero	253	1 1 18,1	6 35,52	1 1 14,0	6 28,29	253 6 31,90
			Carbonera	238	1 0 6,8	4 13,54	1 0 2,6	4 5,21	238 4 9,37
			Carril	149	4 0 30,9	17 1,53	4 0 19,9	16 39,88	149 16 50,70
			Bolos	21	11 1 23,0	46 45,28	11 1 18,0	46 36,30	21 46 40,79
			Corral	9	4 0 43,3	17 26,22	4 0 38,0	17 16,15	9 17 21,18
			Yesos	342	6 0 25,2	24 50,18	6 0 15,5	24 31,06	342 24 40,62
			Paniagua	330	2 1 12,5	10 24,37	2 1 1,4	10 3,04	330 10 13,70
			Conde	320	0 0 45,0	1 29,61	0 0 32,0	1 4,12	320 1 16,86

Saavedra. *Ibañez.*

STATION DE PAREDON..4. 7 ET 8 JUIN 1859.

N.°	Heures	Cercle vertical	Objets	Index	Microscope I		Microscope II		Moyennes
	h m			°	D T P	′ ″	D T P	′ ″	° ′ ″
17	17 57	à	Conde	160	0 0 44,1	1 27,82	0 0 27,8	0 55,71	160 1 11,76
		gauche	Paniagua	170	2 1 10,7	10 20,78	2 0 57,5	9 55,22	170 10 8,00
			Yesos	182	6 0 22,3	24 44,21	6 0 12,9	24 25,85	182 24 35,03
			Corral	209	4 0 40,7	17 21,04	4 0 31,7	17 9,53	209 17 15,28
			Bolos	221	11 1 20,6	46 40,50	11 1 15,3	46 30,89	221 46 35,69
			Carril	349	4 0 29,4	16 58,54	4 0 15,7	16 31,46	349 16 45,00
			Carbonera	78	1 0 3,9	4 7,77	0 1 57,0	3 54,46	78 4 1,11
			Lindero	93	1 1 16,5	6 32,33	1 1 8,0	6 16,26	93 6 24,29
			Huertas	122	4 0 18,7	16 37,24	4 0 6,4	16 12,82	122 16 25,03
18	18 24		Huertas	122	4 0 18,6	16 37,04	4 0 6,4	16 12,82	122 16 24,93
			Lindero	93	1 1 15,9	6 31,14	1 1 7,8	6 15,86	93 6 23,50
			Carbonera	78	1 0 3,9	4 7,77	0 1 56,9	3 51,25	78 4 1,01
			Carril	349	4 0 28,9	16 57,55	4 0 14,9	16 29,86	349 16 43,70
			Bolos	221	11 1 20,5	46 40,30	11 1 16,0	46 32,50	221 46 36,30
			Corral	209	4 0 40,2	17 20,05	4 0 31,5	17 9,13	209 17 14,59
			Yesos	182	6 0 22,3	24 44,41	6 0 12,9	24 25,85	182 24 35,13
			Paniagua	170	2 1 9,7	10 18,79	2 0 58,2	9 56,63	170 10 7,71
			Conde	160	0 0 43,4	1 26,42	0 0 27,8	0 55,71	160 1 11,06
19	5 2	à	Conde	0	2 0 45,1	9 29,81	2 0 30,0	9 0,12	0 9 14,96
		droite	Paniagua	10	4 1 12,8	18 24,96	4 0 58,9	17 58,03	10 18 11,49
			Yesos	22	8 0 24,9	32 49,58	8 0 12,8	32 25,65	22 32 37,61
			Corral	49	6 0 43,6	25 26,82	6 0 35,3	25 10,74	49 25 18,78
			Bolos	61	13 1 22,7	54 44,68	13 1 17,0	54 34,30	61 54 39,49
			Carril	189	6 0 30,0	24 59,74	6 0 17,4	24 34,87	180 24 47,30
			Carbonera	278	3 0 3,9	12 7,77	2 1 56,9	11 54,25	278 12 1,01
			Lindero	293	3 1 15,3	14 30,34	3 1 9,2	14 18,67	293 14 24,50
			Huertas	322	6 0 20,1	24 40,02	6 0 9,4	24 18,84	322 24 29,43
20	5 29		Huertas	322	6 0 19,5	24 38,83	6 0 9,0	24 18,04	322 24 28,43
			Lindero	293	3 1 16,0	14 31,34	3 1 9,6	14 19,47	293 14 25,40
			Carbonera	278	3 0 4,4	12 8,76	2 1 57,2	11 54,86	278 12 1,81
			Carril	189	6 0 30,7	25 1,13	6 0 16,6	24 33,26	189 24 47,19
			Bolos	61	13 1 22,0	54 43,28	13 1 17,6	54 35,50	61 54 39,39
			Corral	49	6 0 43,2	25 26,02	6 0 35,5	25 11,14	49 25 18,58
			Yesos	22	8 0 25,0	32 49,78	8 0 12,5	32 25,05	22 32 37,41
			Paniagua	10	4 1 13,6	18 26,56	4 0 59,3	17 58,83	10 18 12,69
			Conde	0	2 0 44,9	9 29,41	2 0 29,4	8 58,91	0 9 14,16

Quiroga. *Ibanez.*

STATION DE PAREDON..4. 8 JUIN 1859..

N.°	Heures	Cercle vertical	Objets	Index	Microscope I		Microscope II		Moyennes
	h m			°	D T P	′ ″	D T P	′ ″	° ′ ″
21	6 0	à	Conde	200	2 0 42,4	9 24,43	2 0 25,8	8 51,70	200 9 8,06
		gauche	Paniagua	210	4 1 8,8	18 17,00	4 0 56,4	17 53,02	210 18 5,01
			Yesos	222	8 0 20,8	32 41,42	8 0 11,8	32 23,65	222 32 32,53
			Corral	249	6 0 37,1	25 13,88	6 0 32,4	25 4,93	249 25 9,40
			Bolos	261	13 1 16,0	54 31,34	13 1 13,5	54 27,29	261 54 29,31
			Carril	29	6 0 28,3	24 56,35	6 0 15,2	24 30,46	29 24 43,40
			Carbonera	118	2 1 59,0	11 56,96	2 1 54,5	11 49,45	118 11 53,20
			Lindero	133	3 1 12,5	14 24,37	3 1 5,3	14 10,85	133 14 17,61
			Huertas	162	6 0 13,8	24 31,46	6 0 5,7	24 11,42	162 24 21,44
22	6 28		Huertas	162	6 0 16,0	24 31,86	6 0 6,2	24 12,42	162 24 22,14
			Lindero	133	3 1 11,2	14 21,78	3 1 5,8	14 11,86	133 14 16,82
			Carbonera	118	2 1 59,0	11 56,96	2 1 54,0	11 48,44	118 11 52,70
			Carril	29	6 0 27,0	24 53,76	6 0 15,0	24 30,06	29 24 41,91
			Bolos	261	13 1 17,8	54 34,92	13 1 11,3	54 28,89	261 54 31,90
			Corral	249	6 0 37,7	25 15,07	6 0 33,4	25 6,93	249 25 11,00
			Yesos	222	8 0 20,1	32 40,02	8 0 12,4	32 24,85	222 32 32,43
			Paniagua	210	4 1 8,6	18 16,60	4 0 56,8	17 53,82	210 18 5,21
			Conde	200	2 0 41,5	9 22,64	2 0 26,8	8 53,70	200 9 8,17
23	17 27	à	Conde	40	2 0 44,6	9 28,81	2 0 31,2	9 2,52	40 9 15,66
		droite	Paniagua	50	4 1 12,5	18 24,37	4 1 1,3	18 2,84	50 18 13,60
			Yesos	62	8 0 24,8	32 49,38	8 0 13,5	32 27,05	62 32 38,21
			Corral	89	6 0 41,9	25 23,43	6 0 34,8	25 9,74	89 25 16,58
			Bolos	101	13 1 20,7	54 40,70	13 1 16,4	54 33,10	101 54 36,90
			Carril	229	6 0 31,3	25 2,33	6 0 18,8	24 37,67	229 24 50,00
			Carbonera	318	3 0 5,0	12 9,96	2 1 57,7	11 55,86	318 12 2,91
			Lindero	333	3 1 17,0	14 33,35	3 1 8,5	14 17,27	333 14 25,30
			Huertas	2	6 0 19,5	24 38,83	6 0 10,1	24 20,24	2 24 29,53
24	17 54		Huertas	2	6 0 20,0	24 39,83	6 0 10,1	24 20,24	2 24 30,03
			Lindero	333	3 1 17,5	14 34,32	3 1 9,5	14 18,87	333 14 26,59
			Carbonera	318	3 0 5,0	12 9,96	2 1 57,2	11 54,86	318 12 2,41
			Carril	229	6 0 31,0	25 1,73	6 0 18,6	24 37,27	229 24 49,50
			Bolos	101	13 1 20,5	54 40,30	13 1 16,5	54 33,30	101 54 36,80
			Corral	89	6 0 41,5	25 22,61	6 0 34,5	25 9,13	89 25 15,88
			Yesos	62	8 0 25,0	32 49,78	8 0 14,3	32 28,66	62 32 39,22
			Paniagua	50	4 1 12,3	18 23,97	4 1 1,2	18 2,64	50 18 13,30
			Conde	40	2 0 44,6	9 28,81	2 0 31,2	9 2,52	40 9 15,66

Quiroga. *Saavedra.*

Station de Paredon..4. 9 juin 1859.

N.°	Heures	Cercle vertical	Objets	Index	Microscope I		Microscope II		Moyennes
	h m			°	b v p	′ ″	b v p	′ ″	° ′ ″
25	16 48	à	Conde	240	2 0 42,4	9 24,43	2 0 27,4	8 54,94	240 9 9,67
		gauche	Paniagua	250	4 1 9,3	18 18,00	4 0 57,3	17 54,82	250 18 6,41
			Yesos	262	8 0 20,3	32 40,42	8 0 12,4	32 24,85	262 32 32,63
			Corral	289	6 0 38,9	25 17,46	6 0 31,9	25 3,92	289 25 10,69
			Bolos	301	13 1 19,0	54 37,31	13 1 13,7	54 27,69	301 54 32,50
			Carril	69	6 0 28,0	24 53,76	6 0 16,0	24 32,06	69 24 43,91
			Carbonera	158	3 0 3,4	12 6,17	2 1 54,5	11 49,45	158 11 57,81
			Lindero	173	3 1 16,0	14 31,34	3 1 5,9	14 12,06	173 14 21,70
			Huertas	202	6 0 20,0	24 39,83	6 0 5,8	24 11,62	202 24 25,72
26	17 20		Huertas	202	6 0 20,1	24 40,02	6 0 5,6	24 11,22	202 24 25,62
			Lindero	173	3 1 15,0	14 29,35	3 1 5,1	14 10,45	173 14 19,90
			Carbonera	158	3 0 3,3	12 6,57	2 1 53,9	11 48,24	158 11 57,40
			Carril	69	6 0 28,8	24 57,35	6 0 16,6	24 33,26	69 24 45,30
			Bolos	301	13 1 18,6	54 36,51	13 1 12,4	54 25,08	301 54 30,79
			Corral	289	6 0 39,1	25 17,86	6 0 31,2	25 2,52	289 25 10,19
			Yesos	262	8 0 21,0	32 41,82	8 0 11,1	32 22,24	262 32 32,03
			Paniagua	250	4 1 9,8	18 18,99	4 0 57,2	17 51,62	250 18 6,80
			Conde	240	2 0 43,8	9 27,22	2 0 26,8	8 53,70	240 9 10,46
27	17 54	à	Conde	80	2 0 44,1	9 27,82	2 0 30,1	9 0,32	80 9 14,07
		droite	Paniagua	90	4 1 11,5	18 22,38	4 0 59,0	17 58,23	90 18 10,30
			Yesos	102	8 0 23,4	32 46,69	8 0 11,2	32 22,44	102 32 34,52
			Corral	129	6 0 41,3	25 22,24	6 0 31,9	25 3,92	129 25 13,08
			Bolos	141	13 1 22,4	54 44,08	13 1 13,9	54 28,09	141 54 36,08
			Carril	269	6 0 31,8	25 3,32	6 0 15,8	24 31,66	269 24 47,49
			Carbonera	358	3 0 5,5	12 10,95	2 1 56,9	11 54,25	358 12 2,60
			Lindero	13	3 1 17,8	14 34,92	3 1 9,0	14 18,27	13 14 26,59
			Huertas	42	6 0 20,7	24 41,22	6 0 9,1	24 18,24	42 24 29,73
28	18 18		Huertas	42	6 0 20,7	24 41,22	6 0 9,1	24 18,24	42 24 29,73
			Lindero	13	3 1 17,6	14 34,52	3 1 8,8	14 17,87	13 14 26,19
			Carbonera	358	3 0 5,5	12 10,95	2 1 57,0	11 54,46	358 12 2,70
			Carril	269	6 0 30,7	25 1,13	6 0 15,5	24 31,06	269 24 46,09
			Bolos	141	13 1 21,0	54 41,29	13 1 13,7	54 27,69	141 54 34,49
			Corral	129	6 0 41,4	25 22,44	6 0 32,3	25 4,73	129 25 13,58
			Yesos	102	8 0 22,8	32 45,40	8 0 10,7	32 21,44	102 32 33,42
			Paniagua	90	4 1 11,0	18 21,38	4 0 58,1	17 56,43	90 18 8,90
			Conde	80	2 0 44,0	9 27,62	2 0 29,1	8 58,31	80 9 12,96

Ibañez. *Saavedra.*

STATION DE PAREDON..4. 10 JUIN 1859.

N.°	Heures	Cercle vertical	Objets	Index	Microscope I		Microscope II		Moyennes
	h m			°	D T P	′ ″	D T P	′ ″	° ′ ″
29	5 29	à gauche	Conde	280	2 0 45,0	9 29,61	2 0 23,5	8 47,09	280 9 8,35
			Paniagua	290	4 1 10,9	18 21,18	4 0 53,0	17 46,21	290 18 3,69
			Yesos	302	8 0 21,0	32 41,82	8 0 9,9	32 19,84	302 32 30,83
			Corral	329	6 0 38,8	25 17,27	6 0 32,0	25 4,12	329 25 10,09
			Bolos	341	13 1 18,5	54 36,31	13 1 14,0	54 28,29	341 54 32,30
			Carril	109	6 0 26,5	24 52,77	6 0 14,0	24 28,05	109 24 40,41
			Carbonera	198	3 0 2,1	12 4,18	2 1 56,0	11 52,45	198 11 58,31
			Lindero	213	3 1 15,2	14 29,74	3 1 7,5	14 15,26	213 14 22,50
			Huertas	242	6 0 20,2	24 40,22	6 0 6,9	24 12,02	248 24 26,12
30	5 58		Huertas	242	6 0 20,0	24 39,83	6 0 6,1	24 12,22	242 24 26,02
			Lindero	213	3 1 13,8	14 30,94	3 1 8,0	14 16,26	213 14 23,60
			Carbonera	198	3 0 2,2	12 4,38	2 1 56,3	11 53,05	198 11 58,71
			Carril	109	6 0 26,6	24 52,97	6 0 [illegible]	24 29,66	109 24 41,31
			Bolos	341	13 1 18,7	54 36,71	13 1 14,4	54 29,09	341 54 32,90
			Corral	329	6 0 38,9	25 17,46	6 0 32,0	25 4,12	329 25 10,79
			Yesos	302	8 0 21,2	32 42,21	8 0 9,7	32 19,44	301 32 30,82
			Paniagua	290	4 1 10,8	18 20,98	4 0 54,0	17 48,21	290 18 4,59
			Conde	280	2 0 43,7	9 27,02	2 0 24,4	8 48,89	280 9 7,95
31	6 24	à droite	Conde	120	2 0 44,1	9 27,82	2 0 29,0	8 58,11	120 9 12,96
			Paniagua	130	4 1 11,2	18 21,78	4 0 58,0	17 56,23	130 18 9,00
			Yesos	142	8 0 24,3	32 48,39	8 0 12,0	32 24,05	142 32 36,22
			Corral	169	6 0 43,2	25 26,02	6 0 33,9	25 7,93	169 25 16,97
			Bolos	181	13 1 22,9	54 45,08	13 1 14,5	54 29,29	181 54 37,18
			Carril	309	6 0 33,3	25 6,31	6 0 14,0	24 28,05	309 24 47,18
			Carbonera	38	3 0 5,8	12 11,55	2 1 58,0	11 56,46	38 12 4,00
			Lindero	53	3 1 18,1	14 35,52	3 1 10,4	14 21,07	53 14 28,29
			Huertas	82	6 0 20,1	24 40,02	6 0 10,4	24 20,84	82 24 30,43
32	17 11		Huertas	82	6 0 18,5	24 36,84	6 0 9,0	24 18,04	82 24 27,44
			Lindero	53	3 1 16,5	14 32,33	3 1 7,8	14 15,86	53 14 24,09
			Carbonera	38	3 0 4,3	12 8,56	2 1 55,4	11 51,25	38 11 59,90
			Carril	303	6 0 28,6	24 56,95	6 0 13,9	24 27,85	309 24 42,40
			Bolos	181	13 1 20,0	54 39,30	13 1 13,1	54 26,48	181 54 32,89
			Corral	169	6 0 40,0	25 19,65	6 0 32,3	25 4,73	169 25 12,19
			Yesos	142	8 0 21,8	32 43,41	8 0 11,3	32 22,64	142 32 33,02
			Paniagua	130	4 1 8,4	18 16,20	4 0 57,0	17 54,22	130 18 5,21
			Conde	120	2 0 40,3	9 20,25	2 0 28,9	8 57,91	120 9 9,08

Ibañez. *Quiroga.*

STATION DE PAREDON. 4. 10 ET 11 JUIN 1859.

N.°	Heures	Cercle vertical	Objets	Index	Microscope I		Microscope II		Moyennes
	h m			°	D T P	′ ″	D T P	′ ″	° ′ ″
33	17 42	à	Conde	320	2 0 40,8	9 21,24	2 0 21,0	8 48,09	320 9 4,66
		gauche	Paniagua	330	4 1 7,8	18 15,01	4 0 54,1	17 48,41	330 18 1,71
			Yesos	342	8 0 19,8	32 39,43	8 0 9,4	32 18,84	342 32 29,13
			Corral	9	6 0 38,1	25 15,87	6 0 31,0	25 2,12	9 25 8,99
			Bolos	21	13 1 17,0	54 33,33	13 1 12,8	54 25,88	21 54 29,60
			Carril	149	6 0 21,1	24 47,99	6 0 14,0	24 28,05	149 24 38,02
			Carbonera	238	3 0 3,9	12 7,77	2 1 53,7	11 47,84	238 11 57,80
			Lindero	253	3 1 16,8	14 32,93	3 1 4,9	14 10,05	253 14 21,49
			Huertas	282	6 0 19,4	24 38,63	6 0 3,5	24 7,01	282 24 22,82
34	5 3		Huertas	282	6 0 17,0	24 33,85	6 0 2,4	24 4,81	282 24 19,33
			Lindero	253	3 1 12,9	14 25,16	3 1 4,4	14 9,05	253 14 17,10
			Carbonera	238	3 0 0,0	12 0,00	2 1 53,2	11 46,84	238 11 53,42
			Carril	149	6 0 25,1	24 49,98	6 0 13,0	24 26,05	149 24 38,01
			Bolos	21	13 1 15,0	54 29,35	13 1 11,9	54 24,08	21 54 26,71
			Corral	9	6 0 37,4	25 14,47	6 0 30,1	25 0,32	9 25 7,39
			Yesos	342	8 0 19,5	32 38,83	8 0 8,0	32 16,03	342 32 27,43
			Paniagua	330	4 1 8,0	18 15,41	4 0 51,8	17 43,80	330 17 59,60
			Conde	320	2 0 41,8	9 23,24	2 0 22,4	8 44,89	320 9 4,06
35	5 29	à	Conde	160	2 0 42,1	9 23,83	2 0 26,3	8 52,70	160 9 8,26
		droite	Paniagua	110	4 1 10,5	18 20,38	4 0 56,3	17 52,82	170 18 6,60
			Yesos	182	8 0 23,0	32 45,80	8 0 9,8	32 19,64	182 32 32,72
			Corral	209	6 0 41,1	25 21,84	6 0 30,5	25 1,12	209 25 11,48
			Bolos	221	13 1 20,6	54 40,50	13 1 12,8	54 25,88	221 54 33,19
			Carril	349	6 0 31,3	23 2,53	6 0 12,2	24 24,45	349 24 43,39
			Carbonera	78	3 0 1,5	12 2,99	2 1 55,7	11 51,85	78 11 57,42
			Lindero	93	3 1 13,0	14 25,36	3 1 7,2	14 14,66	93 14 20,01
			Huertas	122	6 0 16,9	24 33,65	6 0 6,5	24 13,05	122 24 23,34
36	17 20		Huertas	122	6 0 15,9	24 31,66	6 0 7,2	24 14,43	122 24 23,04
			Lindero	93	3 1 13,3	14 25,96	3 1 6,8	14 13,86	93 14 19,91
			Carbonera	78	3 0 1,9	12 3,78	2 1 55,0	11 50,45	78 11 57,11
			Carril	349	6 0 28,0	24 55,76	6 0 12,2	24 24,45	349 24 40,10
			Bolos	221	13 1 19,4	54 38,11	13 1 12,1	54 24,48	221 54 31,29
			Corral	209	6 0 40,0	25 19,63	6 0 31,5	25 2,72	209 25 11,18
			Yesos	182	8 0 21,2	32 42,21	8 0 10,0	32 20,04	182 32 31,12
			Paniagua	170	4 1 8,6	18 16,60	4 0 56,7	17 53,62	170 18 5,11
			Conde	160	2 0 39,8	9 19,25	2 0 26,8	8 53,70	160 9 6,47

Saavedra. *Quiroga.*

STATION DE YESOS..2. 14 JUIN 1859.

N.º	Heures	Cercle vertical	Objets	Index	Microscope I		Microscope II		Moyennes
	h m			°	b T P	′ ″	b T P	′ ″	° ′ ″
1	6 18	à	Conde	0	0 0 13,9	0 27,68	0 0 5,0	0 10,02	0 0 18,85
		gauche	Paniagúa	41	7 0 45,2	29 30,01	7 0 39,8	29 19,75	41 29 24,88
			Corral	115	13 1 2,5	34 4,45	13 0 49,6	53 30,39	115 53 51,92
			Bolos	115	13 1 2,8	34 5,03	13 0 50,0	53 40,19	115 53 52,62
			Carril	233	4 0 28,0	16 55,76	4 0 20,4	16 40,88	233 16 48,32
			Paredon	240	7 0 29,1	28 57,95	7 0 19,9	28 39,89	240 28 48,91
			Carbonera	293	13 1 5,5	54 10,43	13 0 44,1	53 28,37	295 53 49,40
			Lindero	295	13 1 6,2	54 11,82	13 0 45,2	53 30,58	295 53 51,20
			Huertas	295	13 1 5,3	54 10,43	13 0 44,9	53 29,97	295 53 50,20
2	6 50		Huertas	295	13 1 5,3	34 10,43	13 0 45,0	53 30,18	295 53 50,30
			Lindero	295	13 1 5,8	54 11,03	13 0 44,5	53 29,17	295 53 50,10
			Carbonera	295	13 1 4,7	34 8,84	13 0 44,0	53 28,17	295 53 48,50
			Paredon	240	7 0 29,0	28 57,75	7 0 19,6	28 39,28	240 28 48,51
			Carril	233	4 0 28,4	16 56,55	4 0 20,9	16 41,88	230 16 49,21
			Bolos	115	13 1 2,1	34 4,26	13 0 50,2	53 40,59	115 53 52,42
			Corral	115	13 1 2,2	54 3,86	13 0 49,3	53 38,79	115 53 51,32
			Paniagua	41	7 0 45,0	29 29,61	7 0 39,0	29 18,15	41 29 23,88
			Conde	0	0 0 13,8	0 27,48	0 0 4,8	0 9,62	0 0 18,55
3	11 0	à	Conde	200	0 0 19,9	0 39,63	0 0 12,4	0 24,85	200 0 32,24
		droite	Paniagua	241	7 0 54,6	29 48,72	7 0 44,3	29 28,77	241 29 38,74
			Corral	315	13 1 11,2	34 21,78	13 0 52,7	53 45,61	315 54 3,69
			Bolos	315	13 1 11,4	54 22,18	13 0 52,7	53 45,61	315 54 3,89
			Carril	73	4 0 34,2	17 8,10	4 0 27,0	16 54,11	73 17 1,10
			Paredon	80	7 0 33,3	29 6,31	7 0 27,6	28 55,31	80 29 0,81
			Carbonera	135	13 1 5,6	54 10,63	13 0 55,6	53 51,42	135 54 1,02
			Lindero	135	13 1 6,6	54 12,62	13 0 56,9	53 54,02	135 54 3,32
			Huertas	135	13 1 5,9	54 11,22	13 0 56,0	53 52,22	135 54 1,72
4	17 35		Huertas	135	13 1 6,5	54 12,42	13 0 56,5	53 53,22	135 54 2,82
			Lindero	135	13 1 7,1	54 13,61	13 0 57,1	53 55,02	135 54 4,31
			Carbonera	135	13 1 5,5	54 10,43	13 0 55,5	53 51,22	135 54 0,82
			Paredon	80	7 0 33,1	29 5,91	7 0 27,4	28 51,91	80 29 0,41
			Carril	73	4 0 33,8	17 7,30	4 0 26,7	16 53,50	73 17 0,40
			Bolos	315	13 1 11,5	54 22,38	13 0 51,7	53 43,60	315 54 2,99
			Corral	315	13 1 11,1	54 21,58	13 0 51,8	53 43,80	315 54 2,69
			Paniagua	241	7 0 53,6	29 46,73	7 0 43,3	29 26,77	241 29 36,75
			Conde	200	0 0 20,0	0 39,83	0 0 12,4	0 24,85	200 0 32,31

Ibañez. *Saavedra.*

STATION DE YESOS..2. 15 JUIN 1859.

N.°	Heures	Cercle vertical	Objets	Index	Microscope I		Microscope II		Moyennes
	h m			°	D T P	′ ″	D T P	′ ″	° ′ ″
5	6 3	à	Conde	40	0 0 13,5	0 26,88	0 0 5,2	0 10,42	40 0 18,65
		gauche	Paniagua	81	7 0 42,9	29 25,43	7 0 38,2	29 16,55	81 29 20,99
			Corral	155	13 1 2,1	54 3,66	13 0 48,9	53 37,99	155 53 50,82
			Bolos	155	13 1 2,5	54 4,45	13 0 48,8	53 37,79	155 53 51,12
			Carril	273	4 0 26,3	16 52,37	4 0 17,4	16 34,87	273 16 43,62
			Paredon	280	7 0 26,9	28 53,57	7 0 16,6	28 33,26	280 28 43,41
			Carbonera	335	13 1 3,5	54 6,45	13 0 43,0	53 26,17	335 53 46,31
			Lindero	333	13 1 4,0	54 7,44	13 0 43,2	53 26,57	335 53 47,00
			Huertas	335	13 1 4,1	54 7,64	13 0 43,9	53 27,97	335 53 47,80
6	6 39		Huertas	335	13 1 4,1	54 7,64	13 0 43,8	53 27,77	335 53 47,70
			Lindero	335	13 1 4,4	54 8,24	13 0 43,6	53 27,37	335 53 47,80
			Carbonera	335	13 1 4,0	54 7,44	13 0 43,0	53 26,17	335 53 46,80
			Paredon	280	7 0 26,6	28 52,97	7 0 17,1	28 34,27	280 28 43,62
			Carril	273	4 0 26,5	16 52,77	4 0 17,0	16 34,07	273 16 43,42
			Bolos	155	13 1 2,1	54 3,66	13 0 48,9	53 37,99	155 53 50,82
			Corral	155	13 1 1,5	54 2,46	13 0 48,3	53 36,79	155 53 49,62
			Paniagua	81	7 0 42,9	29 25,43	7 0 38,0	29 16,15	81 29 20,79
			Conde	40	0 0 13,5	10 26,88	0 0 5,0	0 10,02	40 0 18,45
7	17 3	à	Conde	240	0 0 13,9	0 27,68	0 0 6,3	0 18,62	240 0 20,15
		droite	Paniagua	281	7 0 47,1	29 33,79	7 0 38,2	29 16,55	281 29 25,17
			Corral	355	13 1 7,0	54 13,42	13 0 49,4	53 38,99	355 53 56,20
			Bolos	355	13 1 6,9	54 13,22	13 0 49,2	53 38,59	355 53 55,90
			Carril	113	4 0 26,8	16 53,37	4 0 21,8	16 43,68	113 16 48,52
			Paredon	120	7 0 26,0	28 51,77	7 0 22,0	28 41,09	120 28 47,93
			Carbonera	175	13 1 2,1	54 3,66	13 0 50,4	53 41,00	175 53 52,33
			Lindero	175	13 1 2,9	54 5,25	13 0 50,9	53 42,00	175 53 53,62
			Huertas	175	13 1 3,1	54 5,65	13 0 51,4	53 43,00	175 0 54,32
8	17 41		Huertas	175	13 1 2,4	54 4,26	13 0 50,5	53 41,20	175 53 52,73
			Lindero	175	13 1 3,0	54 5,45	13 0 51,2	53 42,60	175 53 54,02
			Carbonera	175	13 1 1,2	54 1,87	13 0 49,5	53 39,19	175 53 50,53
			Paredon	120	7 0 25,8	28 51,37	7 0 21,0	28 42,08	120 28 46,72
			Carril	113	4 0 26,6	16 52,97	4 0 21,7	16 43,48	113 16 48,22
			Bolos	355	13 1 6,0	54 11,42	13 0 48,0	53 36,19	355 53 53,80
			Corral	355	13 1 6,2	54 11,82	13 0 48,0	53 36,19	355 53 54,00
			Paniagua	281	7 0 46,9	29 33,39	7 0 37,0	29 14,11	281 29 23,76
			Conde	240	0 0 11,2	0 28,28	0 0 6,0	0 12,02	240 0 20,15

Ibañez. *Quiroga.*

STATION DE YESOS..2. 16 JUIN 1859.

N.°	Heures	Cercle vertical	Objets	Index	Microscope I		Microscope II		Moyennes
	h m			°	D T P	′ ″	D T P	′ ″	° ′ ″
9	5 50	à	Conde	80	0 0 11,6	0 23,10	0 0 6,0	0 12,02	80 0 17,56
		gauche	Paniagua	121	7 0 42,5	29 24,63	7 0 37,7	29 15,55	121 29 20,09
			Corral	195	13 1 3,5	54 6,45	13 0 49,0	53 38,19	195 53 52,32
			Bolos	195	13 1 3,6	54 6,45	13 0 49,2	53 38,59	195 53 52,52
			Carril	313	4 0 26,6	16 52,97	4 0 17,0	16 34,07	313 16 43,52
			Paredon	320	7 0 26,9	28 53,57	7 0 16,9	28 33,87	320 28 43,72
			Carbonera	15	13 1 4,2	54 7,84	13 0 45,0	53 30,18	15 53 49,01
			Lindero	15	13 1 4,5	54 8,44	13 0 45,8	53 31,78	15 53 50,11
			Huertas	15	13 1 4,5	54 8,44	13 0 45,9	53 31,98	15 53 50,21
10	6 21		Huertas	15	13 1 4,5	54 8,44	13 0 46,0	53 32,18	15 53 50,31
			Lindero	15	13 1 4,5	54 8,44	13 0 46,1	53 32,38	15 53 50,41
			Carbonera	15	13 1 4,1	54 7,64	13 0 45,5	53 31,18	15 53 49,41
			Paredon	320	7 0 26,7	28 53,17	7 0 16,4	28 32,86	320 28 43,01
			Carril	313	4 0 26,6	16 52,97	4 0 16,8	16 33,67	313 16 43,32
			Bolos	195	13 1 3,4	54 6,25	13 0 49,7	53 39,59	195 53 52,92
			Corral	195	13 1 3,3	54 6,05	13 0 49,5	53 39,19	195 53 52,62
			Paniagua	121	7 0 41,8	29 23,21	7 0 37,2	29 14,54	121 29 18,89
			Conde	80	0 0 11,4	0 22,70	0 0 5,7	0 11,42	80 0 17,06
11	17 20	à	Conde	280	0 0 15,2	0 30,27	0 0 6,8	0 13,63	280 0 21,95
		droite	Paniagua	321	7 0 48,2	29 35,98	7 0 38,0	29 16,15	321 29 26,06
			Corral	35	13 1 6,3	54 12,02	13 0 50,6	53 41,40	35 53 56,71
			Bolos	35	13 1 6,3	54 12,02	13 0 50,6	53 41,40	35 53 56,71
			Carril	153	4 0 28,0	16 55,76	4 0 22,2	16 44,49	153 16 50,12
			Paredon	160	7 0 28,0	28 55,76	7 0 22,4	28 44,89	160 28 50,32
			Carbonera	215	13 1 2,9	54 5,25	13 0 52,1	53 44,40	215 53 54,82
			Lindero	215	13 1 3,7	54 6,84	13 0 52,9	53 46,01	215 53 56,42
			Huertas	215	13 1 3,8	54 7,04	13 0 52,8	53 45,81	215 53 56,42
12	17 50		Huertas	215	13 1 3,5	54 6,45	13 0 52,4	53 45,00	215 53 55,72
			Lindero	215	13 1 3,8	54 7,04	13 0 52,7	53 45,61	215 53 56,32
			Carbonera	215	13 1 2,7	54 4,85	13 0 51,9	53 44,00	215 53 54,42
			Paredon	160	7 0 27,5	28 54,76	7 0 22,2	28 44,19	160 28 49,62
			Carril	153	4 0 28,1	16 55,95	4 0 22,0	16 44,09	153 16 50,02
			Bolos	35	13 1 7,1	54 13,61	13 0 50,0	53 40,19	35 53 56,90
			Corral	35	13 1 7,0	54 13,42	13 0 49,8	53 39,79	35 53 56,60
			Paniagua	321	7 0 47,4	29 34,39	7 0 37,6	29 15,35	321 29 24,87
			Conde	280	0 0 14,8	0 29,47	0 0 6,4	0 12,82	280 0 21,14

Saavedra. *Quiroga.*

STATION DE YESOS..2. 17 ET 18 JUIN 1859.

N.°	Heures	Cercle vertical	Objets	Index	Microscope I		Microscope II		Moyennes
	h m			°	t v p	' ''	t v p	' ''	° ' ''
13	5 59	à	Conde	120	0 0 11,0	0 21,90	0 0 6,0	0 12,02	120 0 16,96
		gauche	Paniagua	161	7 0 42,0	29 23,63	7 0 38,5	29 17,15	161 29 20,39
			Corral	235	13 1 4,5	54 8,44	13 0 49,3	53 38,79	235 53 53,61
			Bolos	235	13 1 4,0	54 7,44	13 0 49,2	53 38,59	235 53 53,01
			Carril	353	4 0 26,4	16 52,57	4 0 18,8	16 37,67	353 16 45,12
			Paredon	0	7 0 26,8	28 53,37	7 0 18,1	28 36,27	0 28 44,82
			Carbonera	55	13 1 3,9	54 7,24	13 0 44,8	53 29,77	55 53 48,50
			Lindero	55	13 1 4,7	54 8,84	13 0 45,0	53 30,18	55 53 49,51
			Huertas	55	13 1 4,0	54 7,44	13 0 45,1	53 30,38	55 53 48,91
14	6 30		Huertas	55	13 1 4,2	54 7,84	13 0 45,1	53 30,38	55 53 49,11
			Lindero	55	13 1 5,2	54 9,83	13 0 45,7	53 31,58	55 53 50,70
			Carbonera	55	13 1 3,4	54 6,25	13 0 44,7	53 29,57	55 53 47,91
			Paredon	0	7 0 26,8	28 52,97	7 0 17,7	28 35,47	0 28 44,22
			Carril	353	4 0 26,5	16 52,77	4 0 18,5	16 37,07	353 16 44,92
			Bolos	235	13 1 4,3	54 8,04	13 0 49,0	53 38,19	235 53 53,11
			Corràl	235	13 1 4,1	54 7,64	13 0 48,9	53 37,99	235 53 52,81
			Paniagua	161	7 0 42,1	29 23,83	7 0 38,9	29 17,95	161 29 20,89
			Conde	120	0 0 10,9	0 21,70	0 0 5,8	0 11,62	120 0 16,66
15	5 45	à	Conde	320	0 0 13,7	0 27,28	0 0 4,9	0 9,82	320 0 18,55
		droite	Paniagua	1	7 0 43,4	29 26,43	7 0 40,8	29 21,76	1 29 24,09
			Corral	75	13 1 6,4	54 12,22	13 0 49,0	53 38,19	75 53 55,20
			Bolos	75	13 1 6,2	54 11,82	13 0 49,0	53 38,19	75 53 55,00
			Carril	193	4 0 24,7	16 49,18	4 0 24,0	16 48,00	193 16 48,63
			Paredon	200	7 0 24,2	28 48,19	7 0 23,1	28 46,29	200 28 47,24
			Carbonera	255	13 1 3,8	54 7,04	13 0 47,6	53 35,39	255 53 51,21
			Lindero	255	13 1 2,9	54 5,25	13 0 46,8	53 33,78	255 53 49,51
			Huertas	255	13 1 3,1	54 5,65	13 0 47,0	53 34,18	255 53 49,91
16	6 6		Huertas	255	13 1 3,5	54 6,45	13 0 47,5	53 35,18	255 53 50,81
			Lindero	255	13 1 3,2	54 5,83	13 0 47,4	53 34,98	255 53 50,41
			Carbonera	255	13 1 3,4	54 6,23	13 0 47,5	53 35,18	255 53 50,71
			Paredon	200	7 0 24,3	28 48,39	7 0 23,1	28 46,29	200 28 47,34
			Carril	193	4 0 24,9	16 49,58	4 0 24,1	16 48,29	193 16 48,93
			Bolos	75	13 1 6,8	54 13,02	13 0 49,0	53 38,19	75 53 55,60
			Corral	75	13 1 6,2	54 11,87	13 0 49,0	53 38,19	75 53 55,00
			Paniagua	1	7 0 44,0	29 27,62	7 0 40,9	29 21,96	1 29 24,79
			Conde	320	0 0 13,2	0 26,28	0 0 5,0	0 10,02	320 0 18,15

Saavedra. *Ibañes.*

STATION DE YESOS. 2. — 18 ET 19 JUIN 1859.

N.°	Heures	Cercle vertical	Objets	Index	Microscope I		Microscope II		Moyennes
	h m			°	D T P	′ ″	D T P	′ ″	° ′ ″
17	6 31	à	Conde	160	0 0 5,4	0 10,75	0 0 1,9	0 3,81	160 0 7,28
		gauche	Paniagua	201	7 0 39,5	29 18,65	7 0 33,9	29 7,93	201 29 13,29
			Corral	275	13 0 58,7	53 56,89	13 0 42,7	53 25,57	275 53 41,23
			Bolos	275	13 0 58,9	53 57,29	13 0 42,8	53 25,77	275 53 41,53
			Carril	33	4 0 24,4	16 48,59	4 0 14,7	16 29,46	33 16 39,02
			Paredon	40	7 0 24,0	28 47,79	7 0 13,8	28 27,65	40 28 37,72
			Carbonera	95	13 0 57,0	53 53,53	13 0 40,8	53 21,76	95 53 37,63
			Lindero	95	13 0 58,3	53 56,09	13 0 41,7	53 23,56	95 53 39,82
			Huertas	95	13 0 58,6	53 56,69	13 0 42,0	53 24,16	95 53 40,42
18	17 57		Huertas	95	13 0 58,7	53 56,89	13 0 41,9	53 23,96	95 53 40,42
			Lindero	95	13 0 58,2	53 55,89	13 0 41,4	53 22,96	95 53 39,42
			Carbonera	95	13 0 57,2	53 53,90	13 0 40,6	53 21,36	95 53 37,63
			Paredon	40	7 0 23,4	28 46,60	7 0 13,5	28 27,05	40 28 36,82
			Carril	33	4 0 24,0	16 47,79	4 0 13,7	16 27,45	33 16 37,62
			Bolos	275	13 0 58,6	53 56,69	13 0 42,9	53 25,97	275 53 41,33
			Corral	275	13 0 58,4	53 56,29	13 0 42,8	53 25,77	275 53 41,03
			Paniagua	201	7 0 39,0	29 17,66	7 0 32,9	29 5,93	201 29 11,79
			Conde	160	0 0 5,6	0 11,15	0 0 1,7	0 3,41	160 0 7,28
19	5 8	à	Conde	0	2 0 15,1	8 30,07	2 0 7,7	8 15,43	0 8 22,75
		droite	Paniagua	41	9 0 47,5	37 34,59	9 0 41,1	37 22,36	41 37 28,47
			Corral	116	0 1 6,8	2 13,02	0 0 49,2	1 38,59	116 1 55,80
			Bolos	116	0 1 7,0	2 13,42	0 0 49,0	1 38,19	116 1 55,80
			Carril	233	6 0 29,9	24 50,54	6 0 23,7	24 47,49	233 24 53,51
			Paredon	240	9 0 28,8	36 57,35	9 0 23,0	36 46,09	240 36 51,72
			Carbonera	296	0 1 4,0	2 7,44	0 0 49,0	1 38,19	296 1 52,81
			Lindero	296	0 1 4,6	2 8,64	0 0 49,7	1 39,59	296 1 54,11
			Huertas	296	0 1 4,7	2 8,84	0 0 49,4	1 38,99	296 1 53,91
20	5 41		Huertas	296	0 1 4,8	2 9,03	0 0 49,4	1 38,99	296 1 54,01
			Lindero	296	0 1 4,3	2 8,04	0 0 49,0	1 38,19	296 1 53,11
			Carbonera	296	0 1 4,0	2 7,44	0 0 48,9	1 37,99	296 1 52,71
			Paredon	240	9 0 29,0	36 57,75	9 0 22,5	36 45,09	240 36 51,42
			Carril	233	6 0 29,2	34 58,15	6 0 23,7	24 47,49	233 24 52,82
			Bolos	116	0 1 7,0	2 13,42	0 0 49,2	1 38,59	116 1 56,00
			Corral	116	0 1 7,0	2 13,42	0 0 49,2	1 38,59	116 1 56,00
			Paniagua	41	9 0 47,3	37 34,19	9 0 41,0	37 22,16	41 37 28,17
			Conde	0	2 0 15,2	8 30,27	2 0 7,0	8 14,03	0 8 22,15

Quiroga. *Ibanez.*

STATION DE YÉSOS. . 2. — 19 JUIN 1859.

N°	Heures	Cercle vertical	Objets	Index	Microscope I		Microscope II		Moyennes
	h m			°	D T P	′ ″	D T P	′ ″	° ′ ″
21	6 16	à gauche	Conde	200	2 0 15,4	8 30,67	2 0 7,5	8 15,03	200 8 22,85
			Paniagua	241	9 0 47,8	37 35,18	9 0 39,9	37 19,96	241 37 27,57
			Corral	316	0 1 4,3	2 8,04	0 0 50,0	1 40,19	316 1 54,11
			Bolos	316	0 1 4,2	2 7,84	0 0 50,0	1 40,19	316 1 54,01
			Carril	73	6 0 28,7	24 57,15	6 0 21,1	24 42,28	73 24 49,71
			Paredon	80	9 0 29,1	36 57,95	9 0 20,8	36 41,68	80 36 49,81
			Carbonera	136	0 1 4,5	2 8,44	0 0 46,5	1 33,18	136 1 50,81
			Lindero	136	0 1 5,6	2 10,63	0 0 47,0	1 34,18	136 1 52,40
			Huertas	136	0 1 5,6	2 10,63	0 0 47,2	1 34,58	136 1 52,60
22	6 48		Huertas	136	0 1 5,5	2 10,43	0 0 47,2	1 34,58	136 1 52,50
			Lindero	136	0 1 5,4	2 10,23	0 0 47,0	1 34,18	156 1 52,20
			Carbonera	136	0 1 4,5	2 8,44	0 0 46,8	1 33,78	136 1 51,11
			Paredon	80	9 0 29,4	36 58,54	9 0 21,1	36 42,28	80 36 50,41
			Carril	73	6 0 29,2	24 58,15	6 0 21,0	24 42,08	73 24 50,11
			Bolos	316	0 1 4,8	2 9,03	0 0 50,4	1 41,00	316 1 55,01
			Corral	316	0 1 4,5	2 8,44	0 0 50,0	1 40,19	316 1 54,31
			Paniagua	241	9 0 47,3	37 34,19	9 0 39,9	37 19,96	241 37 27,07
			Conde	200	2 0 14,4	8 28,67	2 0 8,3	8 16,63	200 8 22,65
23	17 9	à droite	Conde	40	2 0 14,9	8 29,67	2 0 8,1	8 16,23	40 8 22,95
			Paniagua	81	9 0 47,5	37 34,59	9 0 40,2	37 20,56	81 37 27,57
			Corral	156	0 1 5,8	2 11,03	0 0 48,9	1 37,99	156 1 54,51
			Bolos	156	0 1 6,2	2 11,82	0 0 49,0	1 38,19	156 1 55,00
			Carril	273	6 0 28,2	24 56,15	6 0 20,5	24 41,08	273 24 48,61
			Paredon	280	9 0 27,7	36 55,16	9 0 20,0	36 40,08	280 36 47,62
			Carbonera	336	0 1 2,3	2 4,06	0 0 50,0	1 40,19	336 1 52,12
			Lindero	336	0 1 2,9	2 5,25	0 0 50,9	1 42,00	336 1 53,62
			Huertas	336	0 1 3,0	2 5,45	0 0 50,6	1 41,40	336 1 53,42
24	17 35		Huertas	336	0 1 3,1	2 5,65	0 0 50,4	1 41,00	336 1 53,32
			Lindero	336	0 1 3,0	2 5,45	0 0 50,6	1 41,40	336 1 53,42
			Carbonera	336	0 1 2,5	2 4,45	0 0 50,1	1 40,39	336 1 52,42
			Paredon	280	9 0 27,7	36 55,16	9 0 20,3	36 40,68	280 36 47,92
			Carril	273	6 0 28,2	24 56,15	6 0 20,7	24 41,48	273 24 48,81
			Bolos	156	0 1 6,6	2 12,52	0 0 49,6	1 39,39	156 1 56,00
			Corral	156	0 1 5,9	2 11,22	0 0 49,1	1 38,39	156 1 54,80
			Paniagua	81	9 0 46,3	31 32,20	9 0 40,0	37 20,16	81 37 26,18
			Conde	40	2 0 14,7	8 29,27	2 0 8,3	8 16,63	40 8 22,95

Quiroga. *Saavedra.*

STATION DE YESOS..2. 19 ET 20 JUIN 1859.

N.°	Heures	Cercle vertical	Objets	Index	Microscope A		Microscope B		Moyennes
	h m			°	b T P	' "	b T P	' "	° ' "
25	18 9	à	Conde	240	2 0 11,7	8 23,30	2 0 4,9	8 9,82	240 8 16,56
		gauche	Pauiagua	281	9 0 41,0	37 27,62	9 0 35,3	37 10,74	281 37 19,18
			Corral	356	0 1 1,4	2 2,26	0 0 48,8	1 37,79	356 1 50,02
			Bolos	356	0 1 1,6	2 2,66	0 0 49,0	1 38,19	356 1 50,42
			Carril	113	6 0 25,9	24 51,57	6 0 17,8	24 35,67	113 24 43,62
			Paredon	120	9 0 25,5	36 50,78	9 0 17,1	36 34,27	120 36 42,52
			Carbonera	176	0 1 2,2	2 3,86	0 0 44,1	1 28,37	176 1 46,11
			Lindero	176	0 1 3,5	2 6,45	0 0 45,5	1 31,18	176 1 48,81
			Huertas	176	0 1 3,7	2 6,84	0 0 45,6	1 31,38	176 1 49,11
26	4 12		Huertas	176	0 1 2,8	2 5,05	0 0 44,2	1 28,57	176 1 46,81
			Lindero	176	0 1 2,5	2 4,45	0 0 44,1	1 28,37	176 1 46,41
			Carbonera	176	0 1 2,4	2 4,26	0 0 43,6	1 27,37	176 1 45,81
			Paredon	120	9 0 23,2	36 46,20	9 0 17,6	36 35,27	120 36 40,73
			Carril	113	6 0 23,3	24 46,40	6 0 19,4	24 38,88	113 24 42,64
			Bolos	356	0 1 2,1	54 3,66	0 0 46,9	1 33,58	356 1 48,82
			Corral	356	0 1 1,8	54 3,06	0 0 46,3	1 32,78	356 1 47,92
			Paniagua	281	9 0 41,8	37 23,24	9 0 35,9	37 11,94	281 37 17,59
			Conde	240	2 0 11,4	8 22,70	2 0 3,8	8 7,61	240 8 15,15
27	4 51	à	Conde	80	2 0 16,1	8 32,06	2 0 9,3	8 18,64	80 8 25,35
		droite	Paniagua	121	9 0 45,1	37 29,81	9 0 42,0	37 24,16	121 37 26,98
			Corral	196	0 1 9,4	2 18,19	0 0 50,9	1 42,00	196 2 0,09
			Bolos	196	0 1 10,0	2 19,39	0 0 50,5	1 41,20	196 2 0,2[illegible]
			Carril	313	6 0 28,7	24 57,15	6 0 23,6	24 47,29	313 24 52,22
			Paredon	320	9 0 28,2	36 56,15	9 0 22,9	36 45,89	320 36 51,02
			Carbonera	16	0 1 6,9	2 13,22	0 0 51,3	1 42,30	16 1 58,01
			Lindero	16	0 1 7,9	2 15,21	0 0 52,3	1 44,80	16 2 0,00
			Huertas	16	0 1 7,5	2 14,41	0 0 52,1	1 44,40	16 1 59,40
28	5 21		Huertas	16	0 1 7,5	2 14,41	0 0 52,0	1 44,20	16 1 59,30
			Lindero	16	0 1 8,0	2 15,41	0 0 52,1	1 44,40	16 1 59,90
			Carbonera	16	0 1 7,0	2 13,12	0 0 51,1	1 42,40	16 1 57,91
			Paredon	320	9 0 28,2	36 56,15	9 0 22,9	36 45,89	320 36 51,02
			Carril	313	6 0 28,8	24 57,35	6 0 23,7	24 47,49	313 24 52,42
			Bolos	196	0 1 10,4	1 20,19	0 0 51,7	1 43,60	196 2 1,89
			Corral	196	0 1 10,0	1 19,39	0 0 51,8	1 43,30	196 2 1,59
			Paniagua	121	9 0 41,8	37 29,21	9 0 42,3	37 24,76	121 37 26,98
			Conde	80	2 0 16,0	8 31,86	2 0 9,4	8 18,84	80 8 25,35

Ibañez. *Saavedra.*

STATION DE YESOS. 2. 20 JUIN 1859.

N.°	Heures	Cercle vertical	Objets	Index	Microscope I		Microscope II		Moyennes
	h m			°	h T p	′ ″	h T p	′ ″	° ′ ″
29	5 52	à gauche	Conde	280	2 0 11,9	8 23,70	2 0 4,2	8 8,42	280 8 16,06
			Paniagua	321	9 0 42,0	37 23,63	9 0 36,6	37 13,34	321 37 18,48
			Corral	36	0 1 3,8	2 7,04	0 0 48,0	1 36,19	36 1 51,61
			Bolos	36	0 1 3,9	2 7,24	0 0 48,0	1 36,19	36 1 51,71
			Carril	153	6 0 22,9	21 45,60	6 0 18,8	21 37,67	153 21 41,63
			Paredon	160	9 0 24,4	36 48,59	9 0 18,3	36 36,67	160 36 42,63
			Carbonera	216	0 1 3,8	2 7,04	0 0 45,0	1 30,18	216 1 48,61
			Lindero	216	0 1 4,6	2 8,64	0 0 45,3	1 30,78	216 1 49,71
			Huertas	216	0 1 5,0	2 9,43	0 0 45,9	1 31,98	216 1 50,70
30	6 25		Huertas	216	0 1 4,9	2 9,23	0 0 45,9	1 31,98	216 1 50,60
			Lindero	216	0 1 5,0	2 9,43	0 0 45,7	1 31,58	216 1 50,50
			Carbonera	216	0 1 4,3	2 8,01	0 0 45,0	1 30,18	216 1 49,11
			Paredon	160	9 0 24,2	36 48,19	9 0 18,0	36 36,07	160 36 42,13
			Carril	153	6 0 23,2	21 46,20	6 0 18,8	21 37,67	153 21 41,93
			Bolos	36	0 1 3,6	2 6,64	0 0 48,3	1 36,79	36 1 51,71
			Corral	36	0 1 3,2	2 5,85	0 0 47,8	1 35,79	36 1 50,82
			Paniagua	321	9 0 42,1	37 23,83	9 0 36,1	37 12,31	321 37 18,08
			Conde	280	2 0 11,7	8 23,30	2 0 4,0	8 8,02	280 8 15,66
31	17 0	à droite	Conde	120	2 0 17,3	8 34,45	2 0 12,0	8 24,05	120 8 29,25
			Paniagua	161	9 0 50,8	37 41,16	9 0 43,7	37 27,57	161 37 34,36
			Corral	236	0 1 12,5	2 24,37	0 0 51,3	1 48,81	236 2 6,59
			Bolos	236	0 1 12,4	2 24,17	0 0 51,3	1 48,81	236 2 6,49
			Carril	353	6 0 32,9	25 5,51	6 0 26,5	24 53,10	353 24 59,30
			Paredon	0	9 0 33,0	37 5,71	9 0 26,9	36 53,90	0 36 59,80
			Carbonera	56	0 1 6,8	2 13,02	0 0 54,9	1 50,01	56 2 1,51
			Lindero	56	0 1 7,8	2 15,01	0 0 55,3	1 50,82	56 2 2,91
			Huertas	56	0 1 8,7	2 16,80	0 0 56,0	1 52,22	56 2 4,61
32	17 28		Huertas	56	0 1 8,5	32 16,40	0 0 55,8	1 51,82	56 2 4,11
			Lindero	56	0 1 8,4	52 16,20	0 0 56,3	1 52,82	56 2 4,51
			Carbonera	56	0 1 7,0	52 13,42	0 0 54,9	1 50,01	56 2 1,71
			Paredon	0	9 0 32,7	37 5,11	9 0 27,0	36 54,11	0 37 59,61
			Carril	353	6 0 32,3	25 4,32	6 0 26,8	24 53,70	333 24 59,01
			Bolos	236	0 1 12,2	2 23,77	0 0 51,4	1 49,01	236 2 6,39
			Corral	236	0 1 11,8	2 22,97	0 0 54,2	1 48,61	236 2 5,79
			Paniagua	161	9 0 49,7	37 38,97	9 0 43,9	37 27,97	161 37 33,47
			Conde	120	2 0 17,0	8 33,85	2 0 12,1	8 24,25	120 8 29,05

Ibañez. *Quiroga*

STATION DE YESOS..2. 20 ET 21 JUIN 1859.

N.°	Heures	Cercle vertical	Objets	Index	Microscope I		Microscope II		Moyennes
	h m			°	b T P	′ ″	b T P	′ ″	° ′ ″
33	17 57	à	Conde	320	2 0 13,7	8 27,28	2 0 3,2	8 11,45	320 8 20,85
		gauche	Paniagua	1	9 0 45,6	37 30,80	9 0 39,3	37 18,75	1 37 24,77
			Corral	76	0 1 5,0	2 9,43	0 0 52,0	1 44,20	76 1 56,81
			Bolos	76	0 1 5,0	2 9,43	0 0 41,8	1 43,80	76 1 56,61
			Carril	193	6 0 30,0	24 59,74	6 0 21,2	24 42,48	193 24 51,11
			Paredon	200	9 0 29,4	36 58,54	9 0 20,6	36 41,28	200 36 49,91
			Carbonera	256	0 1 6,1	2 11,62	0 0 46,3	1 32,78	256 1 52,20
			Lindero	256	0 1 7,8	2 15,01	0 0 48,1	1 36,39	256 1 55,70
			Huertas	256	0 1 7,1	2 13,61	0 0 47,5	1 35,18	256 1 54,39
34	5 36		Huertas	256	0 1 9,2	2 17,80	0 0 48,7	1 37,59	256 1 57,69
			Lindero	256	0 1 9,3	2 18,00	0 0 48,9	1 37,99	256 1 57,99
			Carbonera	256	0 1 8,1	2 15,61	0 0 47,5	1 35,18	256 1 55,39
			Paredon	200	9 0 30,0	37 59,74	9 0 22,3	36 44,69	200 36 52,21
			Carril	193	6 0 29,5	24 58,74	6 0 24,0	24 48,03	193 24 53,41
			Bolos	76	0 1 6,5	2 12,42	0 0 51,9	1 44,00	76 1 58,21
			Corral	76	0 1 6,5	2 12,42	0 0 52,2	1 44,60	76 1 58,51
			Paniagua	1	9 0 45,7	37 31,00	9 0 42,2	37 24,56	1 37 27,78
			Conde	320	2 0 15,1	8 30,07	2 0 7,7	8 15,43	320 8 22,78
35	6 4	à	Conde	160	2 0 20,7	8 41,22	2 0 13,0	8 25,05	160 8 33,63
		droite	Paniagua	201	9 0 52,2	37 43,94	9 0 48,0	37 36,19	201 37 40,06
			Corral	276	0 1 13,8	2 26,96	0 0 53,9	1 48,01	276 2 7,48
			Bolos	276	0 1 13,9	2 27,15	0 0 54,1	1 48,41	276 2 7,78
			Carril	33	6 0 33,6	25 6,91	6 0 29,1	24 58,31	33 24 2,61
			Paredon	40	9 0 32,3	37 4,32	9 0 30,5	37 1,12	40 37 2,72
			Carbonera	96	0 1 8,1	2 15,61	0 0 51,6	1 49,41	96 2 2,51
			Lindero	96	0 1 9,7	2 18,79	0 0 56,5	1 53,22	96 2 6,00
			Huertas	96	0 1 9,8	2 18,99	0 0 56,9	1 54,02	96 2 6,50
36	6 33		Huertas	96	0 1 9,7	2 18,79	0 0 56,7	1 53,62	96 2 6,20
			Lindero	96	0 1 10,0	2 19,39	0 0 56,8	1 53,82	96 2 6,60
			Carbonera	96	0 1 8,7	2 16,80	0 0 54,8	1 49,81	96 2 3,30
			Paredon	40	9 0 32,5	37 4,72	9 0 31,0	37 2,12	40 37 3,42
			Carril	33	6 0 35,8	24 7,50	6 0 30,0	24 0,12	33 24 3,71
			Bolos	276	0 1 14,1	2 27,53	0 0 54,1	1 48,41	276 2 7,98
			Corral	276	0 1 14,4	2 28,15	0 0 54,4	1 49,01	276 2 8,58
			Paniagua	201	9 0 51,9	37 43,35	9 0 48,0	37 36,19	201 37 39,77
			Conde	160	2 0 20,8	8 41,42	2 0 13,1	8 26,25	160 8 33,83

Saavedra. *Quiroga.*

STATION DE CONDE..3. — 29 JUIN 1859.

N.°	Heures	Cercle vertical	Objets	Index	Microscope I		Microscope II		Moyennes
	h m			°	D T P	′ ″	D T P	′ ″	° ′ ″
1	5 59	à	Paniagua	0	0 0 16,6	0 33,06	0 0 2,9	0 5,81	0 0 19,43
		gauche	Bolos	69	10 0 31,8	41 3,32	10 0 19,9	40 39,88	69 40 51,60
			Corral	82	0 0 20,3	0 40,42	0 0 13,0	0 26,05	82 0 33,23
			Yesos	121	8 0 49,6	33 38,77	8 0 47,9	33 35,99	121 33 37,38
			Paredon	159	9 1 23,7	38 46,67	9 1 18,3	38 36,90	159 38 41,78
			Carril	163	13 1 49,1	55 37,25	13 1 42,2	55 21,80	163 55 31,02
			Huertas	198	10 0 26,6	40 52,97	10 0 11,4	40 22,84	198 40 37,90
			Lindero	216	9 1 25,0	38 49,26	9 1 5,8	38 11,86	216 38 30,56
			Carbonera	225	1 0 19,4	4 38,63	1 0 0,6	4 1,20	225 4 19,91
2	6 20		Carbonera	225	1 0 19,3	4 38,43	1 0 0,1	4 0,20	225 4 19,31
			Lindero	216	9 1 25,5	38 49,86	9 1 6,2	38 12,66	216 38 31,26
			Huertas	198	10 0 26,2	40 52,17	10 0 11,3	40 22,61	198 40 37,40
			Carril	163	13 1 49,1	55 37,23	13 1 41,2	55 22,79	163 55 30,02
			Paredon	159	9 1 23,3	38 45,87	9 1 17,5	38 35,30	159 38 40,58
			Yesos	121	8 0 48,9	33 37,37	8 0 47,2	33 34,58	121 33 35,97
			Corral	82	0 0 20,1	0 40,02	0 0 12,8	0 25,65	82 0 32,83
			Bolos	69	10 0 30,9	41 1,53	10 0 19,2	40 38,47	69 40 50,00
			Paniagua	0	0 0 15,9	0 31,66	0 0 2,8	0 5,61	0 0 18,63
3	17 22	à	Paniagua	200	0 0 23,9	0 47,59	0 0 13,5	0 27,05	200 0 37,32
		droite	Bolos	269	10 0 40,9	41 21,44	10 0 25,4	40 50,90	269 41 6,17
			Corral	282	0 0 29,8	0 59,34	0 0 17,8	0 35,67	282 0 47,50
			Yesos	321	8 1 0,8	34 1,07	8 0 52,6	33 45,40	321 33 53,23
			Paredon	359	9 1 35,9	39 10,96	9 1 24,2	38 48,73	359 38 59,84
			Carril	3	14 0 1,3	56 2,59	13 1 48,8	55 38,02	3 55 50,30
			Huertas	38	10 0 37,4	41 14,47	10 0 19,7	40 39,48	38 40 56,97
			Lindero	56	9 1 52,9	39 4,99	9 1 14,7	38 29,69	56 38 47,34
			Carbonera	65	1 0 26,3	4 52,37	1 0 11,1	4 22,24	65 4 37,30
4	18 1		Carbonera	65	1 0 26,7	4 53,17	1 0 10,0	4 20,01	63 4 36,60
			Lindero	56	9 1 33,8	39 6,78	9 1 15,4	38 31,09	56 38 48,93
			Huertas	38	10 0 36,0	41 11,69	10 0 18,8	40 37,67	38 40 54,68
			Carril	3	13 1 59,9	55 58,73	13 1 47,6	55 35,6[illegible]	3 55 47,18
			Paredon	359	9 1 34,4	39 7,98	9 1 23,3	38 46,92	359 38 57,45
			Yesos	321	8 0 58,2	33 55,89	8 0 52,2	33 44,60	321 33 50,24
			Corral	282	0 0 28,7	0 57,15	0 0 17,3	0 34,67	282 0 45,91
			Bolos	269	10 0 40,5	41 20,65	10 0 25,3	40 50,70	269 41 5,67
			Paniagua	200	0 0 23,1	0 46,00	0 0 13,3	0 26,65	200 0 36,32

Ibañez. *Saavedra.*

STATION DE CONDE..3. 30 JUIN 1859.

N.°	Heures	Cercle vertical	Objets	Index	Microscope I		Microscope II		Moyennes
	h m			°	D T P	′ ″	D T P	′ ″	° ′ ″
5	6 6	à gauche	Paniagua	40	0 0 16,2	0 32,26	0 0 3,2	0 6,41	40 0 19,35
			Bolos	109	10 0 29,2	40 58,15	10 0 18,4	40 36,87	109 40 47,51
			Corral	122	0 0 17,8	0 35,44	0 0 10,4	0 20,84	122 0 28,14
			Yesos	161	8 0 47,9	33 35,38	8 0 47,0	33 34,18	161 33 34,78
			Paredon	199	9 1 23,1	38 45,48	9 1 17,1	38 34,50	199 38 39,99
			Carril	203	13 1 49,2	55 37,45	13 1 41,2	55 22,79	203 55 30,12
			Huertas	238	10 0 26,0	40 51,77	10 0 10,0	40 20,04	238 40 35,90
			Lindero	256	9 1 24,9	38 49,06	9 1 4,2	38 8,65	256 38 28,85
			Carbonera	263	1 0 14,3	4 28,48	1 0 2,3	4 4,61	265 4 16,54
6	6 32		Carbonera	265	1 0 16,7	4 33,25	0 1 59,9	4 0,27	265 4 16,76
			Lindero	256	9 1 24,6	38 48,46	9 1 4,1	38 8,45	256 38 28,45
			Huertas	238	10 0 25,5	40 50,78	10 0 9,2	40 13,44	238 40 31,61
			Carril	203	13 1 49,4	55 37,84	13 1 40,8	55 21,99	203 55 29,91
			Paredon	190	9 1 24,0	38 47,27	9 1 17,8	38 35,90	199 38 41,58
			Yesos	161	8 0 47,9	33 35,38	8 0 46,5	33 33,18	161 33 34,28
			Corral	122	0 0 18,1	0 36,04	0 0 10,3	0 20,61	122 0 28,34
			Bolos	109	10 0 29,0	40 57,75	10 0 17,4	40 34,87	109 40 46,31
			Paniagua	40	0 0 16,0	0 31,86	0 0 2,8	0 5,61	40 0 18,73
7	17 21	à droite	Paniagua	240	0 0 24,5	0 48,79	0 0 13,1	0 26,25	240 0 37,52
			Bolos	309	10 0 42,0	41 23,63	10 0 26,3	40 52,70	309 41 8,16
			Corral	322	0 0 30,3	1 0,34	0 0 19,0	0 38,07	322 0 49,20
			Yesos	1	8 1 1,3	34 2,06	8 0 53,6	33 47,41	1 33 54,73
			Paredon	39	9 1 37,1	39 13,35	9 1 25,1	38 50,53	39 39 1,94
			Carril	43	14 0 1,3	56 2,59	13 1 49,2	55 38,82	43 55 50,70
			Huertas	78	10 0 36,3	41 12,28	10 0 18,6	40 37,27	78 40 54,77
			Lindero	96	9 1 32,8	39 4,79	9 1 15,2	38 30,69	96 38 47,74
			Carbonera	105	1 0 26,0	4 51,77	1 0 10,2	4 20,44	105 4 36,10
8	17 51		Carbonera	105	1 0 26,3	4 52,37	1 0 10,7	4 21,44	105 4 36,90
			Lindero	96	9 1 32,9	39 4,99	9 1 15,2	38 30,69	96 38 47,84
			Huertas	78	10 0 36,3	41 12,28	10 0 19,0	40 38,07	78 40 55,17
			Carril	43	14 0 0,8	56 1,59	13 1 48,6	55 37,62	43 55 49,60
			Paredon	39	9 1 36,2	39 11,56	9 1 24,7	38 49,73	39 39 0,64
			Yesos	1	8 0 59,5	33 58,48	8 0 53,3	33 46,81	1 33 52,64
			Corral	322	0 0 29,4	0 58,54	0 0 18,2	0 36,47	322 0 47,50
			Bolos	309	10 0 40,2	41 20,05	10 0 25,8	40 51,70	309 41 5,87
			Paniagua	240	0 0 24,7	0 49,18	0 0 12,9	0 25,85	240 0 37,51

Ibanez. *Quiroga.*

STATION DE CONDE..3. 1.er JUILLET 1859.

N.°	Heures	Cercle vertical	Objets	Index	Microscope I		Microscope II		Moyennes
	h m			°	D T P	′ ″	D T P	′ ″	° ′ ″
9	5 0	à	Paniagua	80	0 0 19,0	0 37,83	0 0 6,3	0 12,62	80 0 25,22
		gauche	Bolos	149	10 0 33,3	41 6,31	10 0 22,2	40 44,49	149 40 53,40
			Corral	162	0 0 22,4	0 44,60	0 0 14,5	0 29,06	162 0 36,83
			Yesos	201	8 0 52,3	33 44,14	8 0 50,2	33 40,59	201 33 42,36
			Paredon	239	9 1 27,5	38 54,24	9 1 20,2	38 40,71	239 38 47,47
			Carril	243	13 1 53,8	55 46,61	13 1 45,8	55 32,01	243 55 39,31
			Huertas	278	10 0 30,0	40 59,74	10 0 12,4	40 24,85	278 40 42,29
			Lindero	296	9 1 28,5	38 56,23	9 1 7,5	38 15,25	296 38 35,74
			Carbonera	305	1 0 22,6	4 45,00	1 0 1,4	4 2,81	305 4 23,90
10	5 26		Carbonera	305	1 0 22,7	4 45,20	1 0 1,5	4 3,01	305 4 24,10
			Lindero	296	9 1 28,4	38 56,03	9 1 7,0	38 14,26	296 38 35,14
			Huertas	278	10 0 29,1	40 57,95	10 0 11,9	40 23,85	278 40 40,90
			Carril	243	13 1 52,7	55 44,42	13 1 45,3	55 31,01	243 55 37,71
			Paredon	239	9 1 27,4	38 54,04	9 1 20,3	38 40,90	239 38 47,47
			Yesos	201	8 0 52,0	33 43,55	8 0 50,3	33 40,80	201 33 42,17
			Corral	162	0 0 22,0	0 43,81	0 0 13,8	0 27,65	162 0 35,73
			Bolos	149	10 0 32,9	41 5,51	10 0 21,2	40 42,18	149 40 53,99
			Paniagua	80	0 0 19,0	0 37,83	0 0 6,2	0 12,42	80 0 25,12
11	5 58	à	Paniagua	280	0 0 27,9	0 55,56	0 0 16,1	0 32,26	280 0 43,91
		droite	Bolos	349	10 0 45,8	41 31,20	10 0 29,5	40 59,11	349 41 15,15
			Corral	2	0 0 34,0	1 7,70	0 0 22,7	0 45,49	2 0 56,59
			Yesos	41	8 1 2,5	34 4,45	8 1 0,0	34 0,23	41 34 2,34
			Paredon	79	9 1 38,0	39 15,14	9 1 30,2	39 0,75	79 39 7,94
			Carril	83	14 0 2,8	56 5,58	13 1 53,5	55 47,44	83 55 56,51
			Huertas	118	10 0 39,6	41 18,85	10 0 23,1	40 46,29	118 41 2,57
			Lindero	136	9 1 37,8	39 14,75	9 1 16,1	38 32,50	136 38 53,62
			Carbonera	145	1 0 32,8	5 5,31	1 0 11,2	4 22,44	145 4 43,87
12	6 28		Carbonera	145	1 0 32,7	5 5,11	1 0 11,0	4 22,04	145 4 43,57
			Lindero	136	9 1 38,2	39 15,54	9 1 16,9	38 34,10	136 38 54,82
			Huertas	118	10 0 39,0	41 17,66	10 0 22,4	40 44,89	118 41 1,27
			Carril	83	14 0 1,8	56 3,58	13 1 53,7	55 47,84	83 55 55,71
			Paredon	79	9 1 37,6	39 14,35	9 1 30,0	39 0,35	79 39 7,35
			Yesos	41	8 1 2,0	34 3,16	8 1 0,3	34 0,83	41 34 2,14
			Corral	2	0 0 34,0	1 7,70	0 0 23,0	0 46,09	2 0 56,89
			Bolos	349	10 0 45,8	41 31,20	10 0 29,7	40 50,52	349 41 15,36
			Paniagua	280	0 0 27,9	0 55,56	0 0 16,1	0 32,26	280 0 43,91

Saavedra. *Quiroga.*

STATION DE CONDE..3. — 1.er JUILLET 1859.

N.°	Heures	Cercle vertical	Objets	Index	Microscope I		Microscope II		Moyennes
	h m			°	b T P	' "	b T P	' "	° ' "
13	17 0	à	Paniagua	120	0 0 19,3	0 38,43	0 0 7,3	0 14,63	120 0 26,53
		gauche	Bolos	189	10 0 36,1	41 11,88	10 0 25,1	40 50,30	189 41 1,09
			Corral	202	0 0 26,2	00 52,17	0 0 17,1	0 34,87	202 0 43,52
			Yesos	241	8 0 56,8	33 53,10	8 0 51,0	33 42,20	241 33 47,65
			Paredon	279	9 1 29,1	38 57,42	9 1 20,7	38 41,71	279 38 49,56
			Carril	283	13 1 54,1	55 47,20	13 1 45,3	55 31,01	283 55 39,10
			Huertas	318	10 0 29,2	40 58,15	10 0 15,3	40 30,66	318 40 44,10
			Lindero	336	9 1 26,9	38 53,01	9 1 11,2	38 22,68	336 38 37,86
			Carbonera	343	1 0 21,4	4 42,61	1 0 6,0	4 12,02	345 4 27,31
14	17 28		Carbonera	345	1 0 21,8	4 43,41	1 0 5,8	4 11,62	345 4 27,51
			Lindero	336	9 1 27,1	38 53,44	9 1 11,1	38 22,48	336 38 37,96
			Huertas	318	10 0 29,0	40 57,75	10 0 15,3	40 30,66	318 40 44,20
			Carril	283	13 1 54,0	55 47,00	13 1 45,2	55 30,81	283 55 38,90
			Paredon	279	9 1 28,3	38 55,83	9 1 21,0	38 42,32	279 38 49,07
			Yesos	241	8 0 56,1	33 51,71	8 0 50,8	33 41,80	241 33 46,75
			Corral	202	0 0 24,6	0 48,99	0 0 16,3	0 32,66	202 0 40,82
			Bolos	189	10 0 35,4	41 10,49	10 0 24,3	40 48,69	189 40 59,59
			Paniagua	120	0 0 18,7	0 37,24	0 0 6,8	0 13,63	120 0 25,43
15	18 6	à	Paniagua	320	0 0 27,0	0 53,76	0 0 16,3	0 32,66	320 0 43,21
		droite	Bolos	29	10 0 45,4	41 30,40	10 0 32,1	41 4,32	29 41 17,36
			Corral	42	0 0 31,5	1 2,73	0 0 26,2	0 52,50	42 0 57,61
			Yesos	81	8 1 1,8	34 3,06	8 0 58,7	33 57,63	81 34 0,34
			Paredon	119	9 1 37,2	39 13,55	9 1 28,2	38 50,74	119 39 5,14
			Carril	123	14 0 1,4	56 2,79	13 1 51,0	55 42,45	123 55 52,61
			Huertas	158	10 0 38,6	41 16,86	10 0 22,4	40 44,89	158 41 0,87
			Lindero	176	9 1 37,0	39 13,15	9 1 18,4	38 37,10	176 38 55,12
			Carbonera	185	1 0 30,9	5 1,53	1 0 13,9	4 27,85	185 4 44,69
16	18 38		Carbonera	185	1 0 30,8	5 1,33	1 0 13,5	4 27,05	185 4 44,19
			Lindero	176	9 1 36,6	39 12,36	9 1 18,0	38 36,30	176 38 54,33
			Huertas	158	10 0 38,2	41 16,07	10 0 22,7	40 45,49	158 41 0,78
			Carril	123	14 0 1,4	56 2,79	13 1 51,2	55 42,83	123 55 52,81
			Paredon	119	9 1 36,5	39 12,16	9 1 28,3	38 56,91	119 39 4,55
			Yesos	81	8 1 1,6	34 2,66	8 0 58,2	33 56,63	81 33 59,64
			Corral	42	0 0 33,5	1 6,71	0 0 23,6	0 47,29	42 0 57,00
			Bolos	29	10 0 44,7	41 29,01	10 0 31,8	41 3,72	29 41 16,36
			Paniagua	320	0 0 26,9	0 53,57	0 0 15,3	0 30,66	320 0 42,11

Saavedra. *Ibañez.*

STATION DE CONDE, 3. 2 JUILLET 1859.

N.°	Heures	Cercle vertical	Objets	Index	Microscope I		Microscope II		Moyennes
	h m			°	r t p	' "	r t p	' "	° ' "
17	4 20	à	Paniagua	160	0 0 20,2	0 40,22	0 0 9,0	0 18,04	160 0 29,13
		gauche	Bolos	229	10 0 38,5	41 16,66	10 0 24,4	40 48,89	229 41 2,77
			Corral	242	0 0 26,3	0 52,37	0 0 16,9	0 33,87	242 0 43,12
			Yesos	281	8 0 54,9	33 49,32	8 0 52,5	33 45,20	281 33 47,26
			Paredon	319	9 1 29,1	38 57,43	9 1 22,4	38 45,12	319 38 51,27
			Carril	323	13 1 53,0	55 45,01	13 1 46,4	55 33,21	323 55 39,11
			Huertas	358	10 0 32,7	41 5,11	10 0 16,0	40 32,06	358 40 48,58
			Lindero	16	9 1 31,7	39 2,60	9 1 11,8	38 23,88	16 38 43,24
			Carbonera	25	1 0 25,2	4 50,18	1 0 6,5	4 13,03	25 4 31,60
18	4 48		Carbonera	25	1 0 25,0	4 49,78	1 0 6,6	4 13,23	25 4 31,50
			Lindero	16	9 1 31,3	39 1,80	9 1 11,3	38 22,88	16 38 42,34
			Huertas	358	10 0 32,3	41 4,32	10 0 15,6	40 31,26	358 40 47,79
			Carril	323	13 1 52,9	55 44,81	13 1 46,1	55 33,21	323 55 39,01
			Paredon	319	9 1 28,2	38 55,63	9 1 22,3	38 41,92	319 38 50,27
			Yesos	281	8 0 55,2	33 49,92	8 0 52,9	33 46,01	281 33 47,96
			Corral	242	0 0 26,2	0 52,17	0 0 17,1	0 34,87	242 0 43,52
			Bolos	229	10 0 38,4	41 16,46	10 0 24,2	40 48,49	229 41 2,47
			Paniagua	160	0 0 20,0	0 39,83	0 0 9,2	0 18,44	160 0 29,13
19	5 15	à	Paniagua	0	2 0 29,3	8 58,34	2 0 17,8	8 35,67	0 8 47,00
		droite	Bolos	69	12 0 48,0	49 35,58	12 0 32,6	49 5,33	69 49 20,45
			Corral	82	2 0 35,2	9 10,09	2 0 25,9	8 51,90	82 9 0,99
			Yesos	121	10 1 1,9	42 3,26	10 1 0,4	42 1,03	121 42 2,14
			Paredon	159	11 1 39,9	47 18,93	11 1 31,2	47 2,75	159 47 10,84
			Carril	164	1 0 4,4	4 8,76	0 1 51,8	3 50,05	164 3 59,40
			Huertas	198	12 0 43,9	49 27,42	12 0 23,0	48 46,09	198 49 6,75
			Lindero	216	11 1 42,5	47 24,11	11 1 19,9	46 40,11	216 47 2,11
			Carbonera	225	3 0 37,6	13 11,87	3 0 14,2	12 28,46	225 12 51,66
20	5 41		Carbonera	225	3 0 37,5	13 11,67	3 0 13,8	12 27,65	225 12 51,16
			Lindero	216	11 1 42,3	47 23,71	11 1 19,1	46 39,11	216 47 1,41
			Huertas	198	12 0 41,0	49 27,62	12 0 23,0	48 46,09	198 49 6,85
			Carril	164	1 0 4,1	4 8,16	0 1 55,4	3 51,25	164 3 59,70
			Paredon	159	11 1 39,8	47 18,73	11 1 30,7	47 1,75	159 47 10,24
			Yesos	121	10 1 1,4	42 2,26	10 1 0,7	42 1,64	121 42 1,95
			Corral	82	2 0 35,9	9 11,49	2 0 23,7	8 51,50	82 9 1,49
			Bolos	69	12 0 47,4	49 34,39	12 0 32,2	49 4,53	69 49 19,46
			Paniagua	0	2 0 29,8	8 59,34	2 0 17,9	8 35,87	0 8 47,60

Quiroga. *Ibañez.*

STATION DE CONDE..3 2 ET 3 JUILLET 1859.

N.°	Heures	Cercle vertical	Objets	Index	Microscope I		Microscope II		Moyennes
	h m			°	D T P	′ ″	D T P	′ ″	° ′ ″
21	17 0	à gauche	Paniagua	200	2 0 19,8	8 39,43	2 0 6,6	8 13,23	200 8 26,33
			Bolos	269	12 0 35,2	49 10,09	12 0 22,2	48 44,49	269 48 57,29
			Corral	282	2 0 21,9	8 49,58	2 0 13,5	8 27,05	282 8 38,31
			Yesos	321	10 0 54,1	41 47,73	10 0 48,7	41 37,59	321 41 42,66
			Paredon	359	11 1 28,8	46 56,82	11 1 21,2	46 42,72	359 46 49,77
			Carril	4	0 1 54,0	3 47,00	0 1 45,8	3 32,01	4 3 39,50
			Huertas	38	12 0 31,4	49 2,53	12 0 14,7	48 29,46	38 48 45,99
			Lindero	56	11 1 28,5	46 56,23	11 1 11,2	46 22,68	56 46 39,45
			Carbonera	63	3 0 22,4	12 44,60	3 0 5,9	12 11,82	63 12 28,21
22	17 20		Carbonera	63	3 0 22,0	12 43,81	3 0 5,9	12 11,82	63 12 27,81
			Lindero	56	11 1 28,3	46 55,83	11 1 11,0	46 22,28	56 46 39,05
			Huertas	38	12 0 31,9	49 3,52	12 0 14,6	48 29,26	38 48 46,39
			Carril	4	0 1 53,9	3 46,81	0 1 45,2	3 30,81	4 3 38,81
			Paredon	359	11 1 29,2	46 57,62	11 1 20,9	46 42,11	359 46 49,86
			Yesos	321	10 0 54,3	41 48,43	10 0 47,6	41 35,39	321 41 41,76
			Corral	282	2 0 24,3	8 48,39	2 0 13,0	8 26,05	282 8 37,22
			Bolos	269	12 0 35,0	49 9,69	12 0 21,4	48 42,88	269 48 56,28
			Paniagua	200	2 0 19,7	8 39,23	2 0 6,8	8 13,63	200 8 26,43
	—								
23	5 12	à droite	Paniagua	40	2 0 25,4	8 50,58	2 0 14,5	8 29,06	40 8 39,82
			Bolos	109	12 0 42,4	49 21,43	12 0 26,2	48 52,50	109 49 8,46
			Corral	122	2 0 29,1	8 57,95	2 0 22,3	8 41,69	122 8 51,32
			Yesos	161	10 0 58,3	41 56,09	10 0 56,6	41 53,42	161 41 54,75
			Paredon	199	11 1 33,8	47 10,76	11 1 27,0	46 54,34	199 47 2,55
			Carril	204	1 0 1,2	4 2,39	0 1 50,6	3 41,63	204 3 52,01
			Huertas	238	12 0 39,5	49 18,66	12 0 17,3	48 31,67	238 48 56,96
			Lindero	256	11 1 37,5	47 14,15	11 1 13,7	46 27,69	256 46 50,92
			Carbonera	265	3 0 32,7	13 5,11	3 0 8,0	12 16,05	265 12 40,57
24	5 30		Carbonera	265	3 0 32,8	13 5,31	3 0 8,2	12 16,45	265 12 40,87
			Lindero	256	11 1 37,6	47 14,35	11 1 13,7	46 27,69	256 46 51,02
			Huertas	238	12 0 39,3	49 18,26	12 0 16,8	48 33,67	238 48 55,96
			Carril	204	1 0 1,1	4 2,19	0 1 50,2	3 40,83	204 3 51,51
			Paredon	199	11 1 35,3	47 9,77	11 1 26,3	46 52,91	199 47 1,55
			Yesos	161	10 0 57,4	41 54,30	10 0 56,8	41 53,82	161 41 54,06
			Corral	122	2 0 30,2	9 0,14	2 0 20,1	8 40,28	122 8 50,21
			Bolos	109	12 0 41,6	49 22,84	12 0 27,2	48 51,51	109 49 8,67
			Paniagua	40	2 0 25,4	8 50,58	2 0 15,0	8 30,06	40 8 40,32

Quiroga. *Saavedra.*

STATION DE CONDE..3. 3 JUILLET 1859.

N.°	Heures	Cercle vertical	Objets	Index	Microscope I		Microscope II		Moyennes
	h m			°	D T P	' "	D T P	' "	° ' "
25	6 9	à	Paniagua	240	2 0 18,1	8 36,01	2 0 5,5	8 11,02	240 8 23,53
		gauche	Bolos	309	12 0 34,0	49 7,70	12 0 18,7	48 37,47	300 48 52,58
			Corral	322	2 0 22,1	8 44,01	2 0 12,4	8 24,85	322 8 34,43
			Yesos	1	10 0 50,6	41 40,76	10 0 50,4	41 41,00	1 41 40,88
			Paredon	39	11 1 24,8	46 48,86	11 1 21,8	46 43,92	39 46 46,39
			Carril	44	0 1 51,0	3 41,03	0 1 46,0	3 32,41	44 3 36,72
			Huertas	78	12 0 28,8	48 57,35	12 0 13,6	48 27,25	78 48 42,30
			Lindero	96	11 1 24,6	46 48,46	11 1 7,8	46 15,86	96 46 32,16
			Carbonera	105	3 0 19,2	12 38,23	3 0 3,6	12 7,21	105 12 22,72
26	6 34		Carbonera	105	3 0 19,6	12 39,03	3 0 2,8	12 5,61	105 12 22,32
			Lindero	96	11 1 25,0	46 49,26	11 1 8,0	46 16,26	96 46 32,76
			Huertas	78	12 0 28,5	48 56,75	12 0 13,5	48 27,05	78 48 41,90
			Carril	44	0 1 50,8	3 40,63	0 1 40,2	3 30,81	44 3 35,72
			Paredon	39	11 1 24,7	46 48,66	11 1 21,5	46 43,32	39 46 45,99
			Yesos	1	10 0 50,2	41 39,96	10 0 50,4	41 41,00	1 41 40,48
			Corral	322	2 0 21,3	8 42,41	2 0 43,0	8 26,05	322 8 34,23
			Bolos	309	12 0 32,9	49 5,51	12 0 19,6	48 39,28	309 48 52,39
			Paniagua	240	2 0 18,2	8 36,24	2 0 5,4	8 10,82	240 8 23,53
27	17 5	à	Paniagua	80	2 0 25,0	8 49,78	2 0 16,0	8 32,06	80 8 40,92
		droite	Bolos	149	12 0 42,1	49 23,83	12 0 29,2	48 58,51	149 49 11,17
			Corral	162	2 0 31,5	9 2,73	2 0 21,4	8 42,88	162 8 52,80
			Yesos	201	10 1 0,4	42 0,27	10 0 57,6	41 55,42	201 41 57,84
			Paredon	239	11 1 37,3	47 13,75	11 1 26,3	46 52,91	239 47 3,31
			Carril	244	1 0 2,1	4 4,18	0 1 51,0	3 42,43	244 3 53,30
			Huertas	278	12 0 39,4	49 18,46	12 0 17,6	48 35,27	278 48 56,86
			Lindero	296	11 1 37,3	47 13,75	11 1 14,2	46 28,69	296 46 51,22
			Carbonera	305	3 0 30,1	13 59,94	3 0 8,4	12 16,83	305 12 58,38
28	17 35		Carbonera	305	3 0 30,3	13 0,34	3 0 8,8	12 17,63	305 12 38,98
			Lindero	296	11 1 36,2	47 11,56	11 1 14,0	46 28,29	296 46 49,92
			Huertas	278	12 0 39,1	49 17,86	12 0 17,7	48 35,47	278 48 56,66
			Carril	244	1 0 1,6	4 3,19	0 1 51,0	3 42,43	244 3 52,81
			Paredon	239	11 1 36,7	47 12,56	11 1 26,6	46 53,54	239 47 3,05
			Yesos	201	10 0 59,7	41 58,88	10 0 57,9	41 56,03	201 41 57,45
			Corral	162	2 0 30,4	9 0,53	2 0 21,9	8 43,89	162 8 52,21
			Bolos	149	12 0 41,9	49 23,43	12 0 29,0	48 58,11	149 49 10,77
			Paniagua	80	2 0 24,8	8 49,38	2 0 15,9	8 31,86	80 8 40,62

Ibañez. *Saavedra.*

STATION DE CONDE..3. 3 ET 4 JUILLET 1859.

N.º	Heures	Cercle vertical	Objets	Index	Microscope I		Microscope II		Moyennes
	h m			°	D T P	′ ″	D T P	′ ″	° ′ ″
29	18 2	à gauche	Paniagua	280	2 0 21,5	8 42,81	2 0 6,9	8 13,83	280 8 28,32
			Bolos	349	12 0 37,0	49 13,68	12 0 23,2	48 46,49	349 49 0,08
			Corral	2	2 0 26,1	8 51,97	2 0 17,1	8 34,27	2 8 43,12
			Yesos	41	10 0 55,0	41 49,52	10 0 53,8	41 47,81	41 41 48,66
			Paredon	79	11 1 28,0	46 55,23	11 1 21,3	46 48,93	79 46 52,08
			Carril	84	0 1 53,3	3 45,61	0 1 47,6	3 35,62	84 3 40,61
			Huertas	118	12 0 29,9	48 59,54	12 0 16,4	48 32,86	118 48 46,20
			Lindero	136	11 1 26,8	46 52,81	11 1 11,2	46 22,68	136 46 37,76
			Carbonera	145	3 0 21,5	12 12,81	3 0 6,1	12 12,22	145 12 27,51
30	18 30		Carbonera	145	3 0 21,6	12 43,01	3 0 5,7	12 11,42	145 12 27,21
			Lindero	136	11 1 27,0	46 53,24	11 1 11,7	46 23,68	136 46 38,46
			Huertas	118	12 0 29,1	48 57,95	12 0 16,0	48 32,06	118 48 45,00
			Carril	84	0 1 53,7	3 46,11	0 1 48,2	3 36,82	84 3 41,61
			Paredon	79	11 1 28,3	46 55,83	11 1 24,2	46 48,73	79 46 52,28
			Yesos	41	10 0 54,6	41 48,72	10 0 53,8	41 47,81	41 41 48,26
			Corral	2	2 0 25,1	8 50,58	2 0 16,3	8 32,66	2 8 41,62
			Bolos	349	12 0 37,5	49 14,67	12 0 23,2	48 46,49	349 49 0,58
			Paniagua	280	2 0 21,5	8 42,81	2 0 7,2	8 14,45	280 8 28,62
31	5 6	à droite	Paniagua	120	2 0 22,4	8 44,00	2 0 15,8	8 31,66	120 8 38,13
			Bolos	189	12 0 43,0	49 25,62	12 0 28,4	48 56,91	189 49 11,26
			Corral	202	2 0 31,3	9 2,33	2 0 20,9	8 41,88	202 8 52,10
			Yesos	241	10 0 59,2	41 57,88	10 0 58,9	41 58,03	241 41 57,95
			Paredon	279	11 1 36,3	47 11,76	11 1 26,0	46 52,33	279 47 2,04
			Carril	284	1 0 0,4	4 0,80	0 1 50,1	3 40,63	284 3 50,71
			Huertas	318	12 0 38,6	49 16,86	12 0 16,7	48 33,46	318 48 55,16
			Lindero	336	11 1 37,6	47 14,35	11 1 13,9	46 28,09	336 46 51,22
			Carbonera	345	3 0 33,3	13 6,31	3 0 7,2	12 14,45	345 12 40,37
32	5 38		Carbonera	345	3 0 33,2	13 6,11	3 0 7,2	12 14,43	345 12 40,27
			Lindero	336	11 1 37,1	47 13,35	11 1 13,2	46 26,68	336 46 50,01
			Huertas	318	12 0 38,3	49 16,27	12 0 16,8	48 33,67	318 48 54,97
			Carril	284	0 1 59,9	3 58,75	0 1 49,5	3 39,43	284 3 49,09
			Paredon	279	11 1 35,1	47 9,37	11 1 27,0	46 54,34	279 47 1,85
			Yesos	241	10 0 58,6	41 56,69	10 0 58,5	41 57,23	241 41 56,96
			Corral	202	2 0 31,2	9 2,13	2 0 21,4	8 42,88	202 8 52,50
			Bolos	189	12 0 42,3	49 24,23	12 0 28,5	48 57,11	189 49 10,67
			Paniagua	120	2 0 22,2	8 44,21	2 0 15,8	8 31,66	120 8 37,93

Ibáñez. *Quiroga.*

STATION DE CONDE..3. 4 JUILLET 1859.

N°	Heures	Cercle vertical	Objets	Index	Microscope I		Microscope II		Moyennes
	h m			°	D V P	' ''	D V P	' ''	° ' ''
33	6 7	à gauche	Paniagua	320	2 0 17,3	8 34,15	2 0 3,0	8 6,01	320 8 20,23
			Bolos	29	12 0 35,3	49 10,29	12 0 18,5	48 37,07	29 48 53,68
			Corral	42	2 0 23,5	8 46,79	2 0 12,1	8 24,25	42 8 35,52
			Yesos	81	10 0 48,8	41 37,17	10 0 49,7	41 39,59	81 41 38,38
			Paredon	119	11 1 23,0	46 45,28	11 1 19,9	46 40,11	119 46 42,69
			Carril	124	0 1 48,9	3 36,85	0 1 42,4	3 25,20	124 3 31,02
			Huertas	158	12 0 27,3	48 54,76	12 0 11,1	48 22,21	158 48 38,50
			Lindero	176	11 1 26,0	46 51,25	11 1 0,4	46 13,06	176 46 32,15
			Carbonera	185	3 0 21,4	12 42,61	3 0 0,1	12 0,80	185 12 21,70
34	6 34		Carbonera	185	3 0 21,3	12 42,41	3 0 0,5	12 1,00	185 12 21,70
			Lindero	176	11 1 26,0	46 51,25	11 1 6,0	46 12,26	176 46 31,75
			Huertas	158	12 0 27,1	48 53,96	12 0 11,0	48 22,01	158 48 38,00
			Carril	124	0 1 48,9	3 36,83	0 1 42,5	3 25,40	124 3 31,12
			Paredon	119	11 1 23,1	46 45,48	11 1 19,4	46 39,11	119 46 42,29
			Yesos	81	10 0 49,0	41 37,57	10 0 49,3	41 38,79	81 41 38,18
			Corral	42	2 0 23,3	8 46,79	2 0 12,7	8 25,45	42 8 36,12
			Bolos	29	12 0 35,0	49 9,69	12 0 18,4	48 36,87	29 48 53,28
			Paniagua	320	2 0 17,1	8 34,05	2 0 2,8	8 5,61	320 8 19,83
35	17 1	à droite	Paniagua	160	2 0 22,5	8 44,80	2 0 13,3	8 26,65	160 8 35,72
			Bolos	229	12 0 43,6	49 26,82	12 0 25,9	48 51,90	229 49 9,36
			Corral	242	2 0 29,8	8 59,31	2 0 21,6	8 43,28	242 8 51,31
			Yesos	281	10 0 58,7	41 56,89	10 0 54,4	41 49,01	281 41 52,95
			Paredon	319	11 1 34,2	47 7,58	11 1 23,0	46 46,32	319 46 56,95
			Carril	324	0 1 59,0	3 56,96	0 1 47,2	3 34,82	324 3 45,89
			Huertas	358	12 0 37,3	49 14,27	12 0 16,4	48 32,86	358 48 53,56
			Lindero	16	11 1 35,9	47 9,57	11 1 13,3	46 26,89	16 46 48,23
			Carbonera	25	3 0 28,5	12 56,75	3 0 8,0	12 16,03	25 12 36,39
36	17 33		Carbonera	25	3 0 28,5	12 56,75	3 0 8,0	12 16,03	25 12 36,39
			Lindero	16	11 1 33,1	47 9,37	11 1 13,2	46 26,68	16 46 48,02
			Huertas	358	12 0 37,6	49 14,37	12 0 16,6	48 33,26	358 48 54,06
			Carril	324	0 1 59,2	3 57,36	0 1 47,5	3 35,42	324 3 46,39
			Paredon	319	11 1 33,4	47 5,98	11 1 22,9	46 46,12	319 46 56,05
			Yesos	281	10 0 57,7	41 54,90	10 0 53,9	41 48,01	281 41 51,45
			Corral	242	2 0 31,3	9 2,33	2 0 19,1	8 38,27	242 8 50,30
			Bolos	229	12 0 43,3	49 26,22	12 0 26,3	48 52,70	229 49 9,46
			Paniagua	160	2 0 22,1	8 44,01	2 0 13,1	8 26,25	160 8 35,13

Saavedra. *Quiroga.*

Station de Paniagua..7. | 6 et 7 juillet 1859.

N.°	Heures	Cercle vertical	Objets	Index	Microscope I		Microscope II		Moyennes
	h m			°	D T P	' "	D T P	' "	° ' "
1	6 2	à	Conde	0	0 0 29,9	0 59,54	0 0 10,1	0 20,24	0 0 39,89
		gauche	Huertas	7	3 1 2,5	14 4,45	3 0 41,5	13 23,16	7 13 43,80
			Lindero	19	5 1 3,2	22 5,85	5 0 39,6	21 19,35	19 21 42,60
			Carbonera	29	8 1 46,8	35 32,67	8 1 25,5	34 51,33	29 35 12,00
			Bolos	281	4 1 5,8	18 11,03	4 1 6,0	18 12,26	281 18 11,64
			Corral	312	8 1 42,6	35 24,30	8 1 34,0	35 8,37	312 35 16,33
			Yesos	343	0 1 39,8	3 18,73	0 1 23,0	2 46,32	343 3 2,52
			Carril	349	8 0 1,8	32 3,58	7 1 43,6	31 27,60	349 31 45,59
			Paredon	349	12 0 9,2	48 18,32	11 1 51,4	47 43,23	349 48 0,77
2	6 31		Paredon	349	12 0 9,5	48 18,92	11 1 51,3	47 43,05	349 48 0,97
			Carril	349	8 0 1,4	32 2,79	7 1 43,2	31 26,80	349 31 44,79
			Yesos	343	0 1 39,9	3 18,93	0 1 22,4	2 45,12	343 3 2,02
			Corral	312	8 1 42,8	35 24,70	8 1 34,2	35 8,77	312 35 16,73
			Bolos	281	4 1 6,0	18 11,42	4 1 5,6	18 11,46	281 18 11,44
			Carbonera	29	8 1 46,9	35 32,87	8 1 25,8	34 51,93	29 35 12,40
			Lindero	19	5 1 3,2	22 5,85	5 0 39,7	21 19,55	19 21 42,70
			Huertas	7	3 1 3,1	14 5,65	3 0 40,9	13 21,96	7 13 43,80
			Conde	0	0 0 31,0	1 1,73	0 0 10,1	0 20,24	0 0 40,93
	—								
3	4 20	à	Conde	200	0 0 43,2	1 30,01	0 0 24,0	0 48,09	200 1 9,05
		droite	Huertas	207	3 1 17,2	14 33,73	3 0 53,5	13 47,21	207 14 10,47
			Lindero	219	5 1 17,2	22 33,73	5 0 51,3	21 42,80	219 22 8,26
			Carbonera	229	8 1 58,8	35 56,56	8 1 37,8	35 15,98	229 35 36,27
			Bolos	121	4 1 15,6	18 30,51	4 1 19,5	18 39,31	121 18 34,92
			Corral	152	8 1 56,1	35 51,19	8 1 48,2	35 36,82	152 35 44,00
			Yesos	183	0 1 52,9	3 44,81	0 1 35,8	3 11,97	183 3 28,39
			Carril	189	8 0 15,8	32 31,46	7 1 57,0	31 54,46	189 32 12,96
			Paredon	189	12 0 23,9	48 47,59	12 0 5,4	48 10,82	189 48 29,20
4	5 0		Paredon	189	12 0 23,8	48 47,39	12 0 5,3	48 10,62	189 48 29,00
			Carril	189	8 0 16,1	32 32,06	7 1 57,3	31 55,06	189 32 13,56
			Yesos	183	0 1 54,0	3 47,00	0 1 36,2	3 12,77	183 3 29,88
			Corral	152	8 1 55,9	35 50,79	8 1 47,7	35 35,82	152 35 43,30
			Bolos	121	4 1 15,6	18 30,51	4 1 20,1	18 40,51	121 18 35,52
			Carbonera	229	8 1 58,7	35 56,36	8 1 38,4	35 17,18	229 35 36,77
			Lindero	219	5 1 16,6	22 32,53	5 0 51,8	21 43,80	219 22 8,16
			Huertas	207	3 1 17,1	14 33,53	3 0 54,4	13 49,01	207 14 11,27
			Conde	200	0 0 45,5	1 30,60	0 0 23,9	0 47,89	200 1 9,24

Ibañez. *Saavedra.*

STATION DE PANIAGUA..7. 8 JUILLET 1859.

N.°	Heures	Cercle vertical	Objets	Index	Microscope II		Microscope III		Moyennes
	h m			°	R T P	′ ″	R T P	′ ″	° ′ ″
5	5 7	à	Conde	40	0 0 22,2	0 44,21	0 0 2,9	0 5,81	40 0 25,01
		gauche	Huertas	47	3 0 55,0	13 49,52	3 0 32,7	13 5,53	47 13 27,52
			Lindero	59	5 0 54,7	21 48,92	5 0 31,3	21 2,72	59 21 25,82
			Carbonera	69	8 1 36,6	35 12,36	8 1 16,6	34 33,50	69 34 52,93
			Bolos	321	4 0 56,6	17 52,71	4 0 56,5	17 53,22	321 17 52,96
			Corral	352	8 1 33,9	35 6,98	8 1 23,5	34 51,33	352 34 59,15
			Yesos	23	0 1 31,1	3 1,40	0 1 16,2	2 32,70	23 2 47,05
			Carril	29	7 1 55,1	31 49,20	7 1 36,8	31 13,98	29 31 31,59
			Paredon	29	12 0 1,7	48 3,39	11 1 44,8	47 30,01	29 47 46,70
6	5 31		Paredon	29	12 0 1,7	48 3,39	11 1 44,5	47 29,41	29 47 46,40
			Carril	29	7 1 54,9	31 48,80	7 1 36,3	31 12,97	29 31 30,88
			Yesos	23	0 1 30,7	3 0,61	0 1 15,4	2 31,09	23 2 45,85
			Corral	352	8 1 34,1	35 7,38	8 1 25,7	34 51,73	352 34 59,55
			Bolos	321	4 0 57,4	17 54,30	4 0 56,9	17 54,02	321 17 54,16
			Carbonera	69	8 1 36,3	33 11,76	8 1 16,7	34 33,70	69 34 52,73
			Lindero	59	5 0 54,0	21 47,53	5 0 31,4	21 2,92	59 21 25,22
			Huertas	47	3 0 54,9	13 49,32	3 0 33,5	13 7,13	47 13 28,22
			Conde	40	0 0 22,3	0 44,41	0 0 3,0	0 6,01	40 0 25,21
7	16 39	à	Conde	240	0 0 40,7	1 21,04	0 0 19,6	0 39,28	240 1 0,16
		droite	Huertas	247	3 1 11,5	14 22,38	3 0 49,8	13 39,79	247 13 1,08
			Lindero	259	5 1 9,8	22 18,99	5 0 50,2	21 40,59	259 21 59,79
			Carbonera	269	8 1 52,8	35 44,62	8 1 55,4	35 11,17	269 35 27,89
			Bolos	161	4 1 14,7	18 27,55	4 1 11,9	18 24,08	161 18 25,81
			Corral	192	8 1 53,2	35 45,41	8 1 42,7	35 25,80	192 35 35,60
			Yesos	223	0 1 50,3	3 39,64	0 1 31,8	3 3,96	223 3 21,80
			Carril	229	8 0 10,0	32 19,91	7 1 52,3	31 45,04	229 32 2,47
			Paredon	229	12 0 18,3	48 36,44	12 0 1,2	48 2,40	229 48 19,42
8	17 18		Paredon	229	12 0 18,7	48 37,24	12 0 1,4	48 2,81	229 48 20,02
			Carril	229	8 0 10,1	32 20,11	7 1 52,0	31 44,44	229 32 2,27
			Yesos	223	0 1 50,2	3 39,44	0 1 32,1	3 4,56	223 3 22,00
			Corral	192	8 1 52,6	35 44,22	8 1 42,2	35 24,80	192 35 34,51
			Bolos	161	4 1 14,1	18 27,55	4 1 11,9	18 24,08	161 18 25,81
			Carbonera	269	8 1 51,7	35 42,42	8 1 34,5	35 9,37	269 35 25,89
			Lindero	259	5 1 9,0	22 17,40	5 0 49,4	21 38,99	259 21 58,19
			Huertas	247	3 1 11,0	14 21,38	3 0 49,6	13 39,39	217 14 0,38
			Conde	240	0 0 40,5	1 20,65	0 0 18,8	0 37,67	240 0 59,16

Ibañez. *Quiroga.*

STATION DE PANIAGUA..7. 9 JUILLET 1859.

N.°	Heures	Cercle vertical	Objets	Index	Microscope I		Microscope II		Moyennes
	h m			°	D T P	' "	D T P	' "	° ' "
9	6 7	à gauche	Conde	80	0 0 27,6	C 54,96	0 0 8,2	0 16,43	80 0 35,69
			Huerlas	87	3 0 59,2	13 57,88	3 0 38,2	13 16,55	87 13 37,21
			Lindero	99	5 0 58,7	21 56,89	5 0 36,0	21 12,14	99 21 34,51
			Carbonera	109	8 1 41,9	35 22,91	8 1 21,2	34 42,72	109 35 2,81
			Bolos	1	4 1 2,8	18 5,05	4 1 3,4	18 7,05	1 18 6,05
			Corral	32	8 1 40,9	35 20,92	8 1 33,2	35 6,76	32 35 13,84
			Yesos	63	0 1 36,7	3 12,56	0 1 22,0	2 44,32	63 2 58,44
			Carril	69	7 1 58,1	31 55,17	7 1 41,8	31 24,00	69 31 39,58
			Paredon	69	12 0 5,9	48 11,75	11 1 50,0	47 40,43	69 47 56,09
10	6 31		Paredon	69	12 0 6,0	48 11,95	11 1 50,1	47 40,63	69 47 56,29
			Carril	69	7 1 58,4	31 55,77	7 1 41,2	31 22,79	69 31 39,28
			Yesos	63	0 1 37,3	3 13,75	0 1 21,3	2 42,92	63 2 58,33
			Corral	32	8 1 40,9	35 20,92	8 1 33,7	35 7,76	32 35 14,34
			Bolos	1	4 1 3,6	18 6,64	4 1 4,0	18 8,25	1 18 7,44
			Carbonera	109	8 1 40,6	35 20,32	8 1 24,0	34 42,32	109 35 1,32
			Lindero	99	5 0 58,4	21 56,29	5 0 36,2	21 12,54	99 21 34,41
			Huertas	87	3 0 58,9	13 57,29	3 0 38,0	13 16,15	87 13 36,72
			Conde	80	0 0 27,1	0 53,96	0 0 9,0	0 18,04	80 0 36,00
11	17 33	à droite	Conde	280	0 0 40,7	1 21,04	0 0 19,9	0 39,88	280 1 0,46
			Huertas	287	3 1 11,8	14 22,97	3 0 49,9	13 39,99	287 14 1,48
			Lindero	299	5 1 8,8	22 17,00	5 0 49,9	21 39,09	299 21 58,49
			Carbonera	309	8 1 53,3	35 45,61	8 1 35,3	35 10,97	309 35 28,29
			Bolos	201	4 1 19,0	18 37,31	4 1 13,3	18 26,89	201 18 32,10
			Corral	232	8 1 55,1	35 49,20	8 1 43,5	35 27,40	232 35 38,30
			Yesos	263	0 1 50,9	3 40,83	0 1 31,7	3 3,76	263 3 22,20
			Carril	269	8 0 11,7	32 23,30	7 1 52,3	31 45,01	269 32 4,17
			Paredon	269	12 0 20,0	48 39,83	12 0 0,0	48 0,00	269 48 19,91
12	18 10		Paredon	269	12 0 20,2	48 40,22	12 0 0,4	48 0,80	269 48 20,51
			Carril	269	8 0 11,7	32 23,30	7 1 51,6	31 43,63	269 32 3,46
			Yesos	263	0 1 50,8	3 40,63	0 1 31,9	3 4,16	263 3 22,39
			Corral	232	8 1 55,0	35 49,00	8 1 43,9	35 28,20	232 35 38,60
			Bolos	201	4 1 19,9	18 39,10	4 1 11,1	18 22,48	201 18 30,79
			Carbonera	309	8 1 52,0	35 43,02	8 1 34,4	35 9,17	309 35 26,09
			Lindero	299	5 1 10,0	22 19,39	5 0 49,8	21 39,79	299 21 59,59
			Huertas	287	3 1 12,2	14 23,77	3 0 48,9	13 37,99	287 14 0,88
			Coude	280	0 0 41,3	1 22,24	0 0 18,6	0 37,27	280 0 59,75

Snavedra. *Qniroga.*

STATION DE PANIAGUA..7. 9 ET 10 JUILLET 1859.

N.°	Heures	Cercle vertical	Objets	Index	Microscope I		Microscope II		Moyennes
	h m			°	D T P	′ ″	D T P	′ ″	° ′ ″
13	18 38	à gauche	Conde	120	0 0 26,4	0 52,57	0 0 11,2	0 22,14	120 0 37,50
			Huertas	127	3 0 57,8	13 55,10	3 0 41,2	13 22,56	127 13 38,83
			Lindero	139	5 0 58,1	21 55,69	5 0 40,6	21 21,36	139 21 38,52
			Carbonera	149	8 1 42,2	35 23,51	8 1 24,8	34 49,93	149 35 6,72
			Bolos	41	4 1 7,1	18 13,61	4 1 4,0	18 8,25	41 18 10,93
			Corral	72	8 1 41,2	35 21,52	8 1 35,0	35 10,37	72 35 15,94
			Yesos	103	0 1 36,4	3 11,96	0 1 23,9	2 48,13	103 3 0,04
			Carril	109	7 1 58,2	31 55,37	7 1 44,7	31 29,81	109 31 42,59
			Paredon	109	12 0 5,9	48 11,75	11 1 52,6	47 45,64	109 47 58,69
14	6 25		Paredon	109	11 1 59,5	47 57,96	11 1 44,0	47 28,40	109 47 43,18
			Carril	109	7 1 51,9	31 42,82	7 1 35,9	31 12,17	109 31 27,49
			Yesos	103	0 1 28,8	2 56,82	0 1 15,2	2 30,69	103 2 43,75
			Corral	72	8 1 33,1	35 5,39	8 1 27,1	34 54,54	72 34 59,96
			Bolos	41	4 0 57,4	17 54,30	4 0 57,9	17 56,03	41 17 55,16
			Carbonera	149	8 1 34,7	35 8,57	8 1 15,4	34 31,09	149 34 49,83
			Lindero	139	5 0 52,2	21 43,94	5 0 30,1	21 0,32	139 21 22,13
			Huertas	127	3 0 52,4	13 44,34	3 0 31,8	13 3,72	127 13 24,03
			Conde	120	0 0 20,0	0 39,83	0 0 2,9	0 5,81	120 0 22,82
15	17 10	à droite	Conde	320	0 0 35,4	1 10,49	0 0 14,6	0 29,26	320 0 49,87
			Huertas	327	3 1 6,3	14 12,02	3 0 45,0	13 30,18	327 13 51,10
			Lindero	339	5 1 5,8	22 11,03	5 0 43,6	21 31,38	339 21 51,50
			Carbonera	349	8 1 49,0	35 37,03	8 1 31,9	35 4,16	349 35 20,60
			Bolos	241	4 1 15,5	18 30,34	4 9 5,7	18 11,66	241 18 21,00
			Corral	272	8 1 50,2	35 39,44	8 1 37,1	35 14,58	272 35 27,01
			Yesos	303	0 1 46,1	3 31,27	0 1 25,8	2 51,93	303 3 11,60
			Carril	309	8 0 6,9	32 13,74	7 1 46,2	31 32,81	309 31 53,27
			Paredon	309	12 0 14,3	48 28,48	11 1 53,8	47 48,04	309 48 8,26
16	17 45		Paredon	309	12 0 14,0	48 27,88	11 1 54,0	47 48,44	309 48 8,16
			Carril	309	8 0 6,9	32 13,74	7 1 46,1	31 32,61	309 31 53,17
			Yesos	303	0 1 45,2	3 29,48	0 1 25,7	2 51,73	303 3 10,60
			Corral	272	8 1 50,0	35 39,04	8 1 36,5	35 13,38	272 35 26,21
			Bolos	241	4 1 13,9	18 27,15	4 1 7,6	18 15,46	241 18 21,30
			Carbonera	349	8 1 48,2	35 35,46	8 1 30,3	35 0,93	349 35 18,20
			Lindero	339	5 1 4,7	22 8,84	5 0 45,4	21 30,98	339 21 49,91
			Huertas	327	3 1 5,5	14 10,43	3 0 44,3	13 28,77	327 13 49,60
			Conde	320	0 0 35,7	1 11,09	0 0 14,1	0 28,25	320 0 49,67

Saavedra *Ibañez*

STATION DE PANIAGUA..7. 11 ET 12 JUILLET 1859.

N.°	Heures	Cercle vertical	Objets	Index	Microscope I		Microscope II		Moyennes
	h m			°	p t p	′ ″	p t p	′ ″	° ′ ″
17	6 28	à gauche	Conde	160	0 0 20,2	0 40,22	0 0 6,9	0 13,83	160 0 27,02
			Huertas	167	3 0 52,6	13 44,74	3 0 36,7	13 13,54	167 13 29,14
			Lindero	179	5 0 53,1	21 45,74	5 0 35,7	21 11,51	179 21 28,64
			Carbonera	189	8 1 37,9	35 11,95	8 1 19,8	34 59,91	189 34 57,43
			Bolos	81	4 1 0,2	17 59,87	4 0 57,2	17 54,62	81 17 57,24
			Corral	112	8 1 33,1	35 5,39	8 1 28,8	34 57,95	112 35 1,67
			Yesos	143	0 1 29,3	2 57,82	0 1 17,1	2 34,50	143 2 46,16
			Carril	149	7 1 52,9	31 44,81	7 1 38,0	31 16,38	149 31 30,59
			Paredon	149	12 0 0,8	48 1,59	11 1 46,9	47 34,22	149 47 47,90
18	6 3		Paredon	149	11 1 58,7	47 56,36	11 1 43,7	47 27,80	149 47 42,08
			Carril	149	7 1 50,8	31 40,63	7 1 31,8	31 9,97	149 31 25,30
			Yesos	143	0 1 27,1	2 53,41	0 1 13,8	2 27,89	143 2 40,66
			Corral	112	8 1 30,2	34 59,61	8 1 25,9	34 52,13	112 34 55,87
			Bolos	81	4 0 55,1	17 49,72	4 0 57,1	17 55,02	81 17 52,37
			Carbonera	189	8 1 34,7	35 8,57	8 1 15,7	34 31,69	189 34 50,13
			Lindero	179	5 0 51,9	21 43,35	5 0 30,2	21 0,52	179 21 21,93
			Huertas	167	3 0 51,3	13 42,15	3 0 31,6	13 3,32	167 13 22,73
			Conde	160	0 0 18,8	0 37,44	0 0 1,9	0 3,81	160 0 20,62
19	17 39	à droite	Conde	0	2 0 34,0	9 7,70	2 0 13,1	8 26,25	0 8 46,97
			Huertas	7	5 1 5,0	22 9,43	5 0 44,0	21 28,17	7 21 48,80
			Lindero	19	7 1 3,9	30 7,24	7 0 44,9	29 29,97	19 29 48,60
			Carbonera	29	10 1 47,5	43 34,06	10 1 30,9	43 2,15	29 43 18,10
			Bolos	281	6 1 11,6	26 22,57	6 1 4,0	26 8,25	281 26 15,41
			Corral	312	10 1 48,6	43 36,25	10 1 31,0	43 8,37	312 43 22,31
			Yesos	343	2 1 44,4	11 27,89	2 1 24,0	10 48,33	343 11 8,11
			Carril	349	10 0 5,4	40 10,75	9 1 45,0	39 30,41	349 39 50,58
			Paredon	349	14 0 13,4	56 26,68	13 1 53,0	55 46,41	349 56 66,56
20	18 9		Paredon	349	14 0 13,7	56 27,28	13 1 53,2	55 46,84	349 56 7,06
			Carril	349	10 0 5,7	40 11,35	9 1 45,1	39 30,61	349 39 50,98
			Yesos	343	2 1 41,3	11 27,69	2 1 21,0	10 48,33	343 11 8,01
			Corral	312	10 1 48,8	43 36,65	10 1 34,3	43 8,97	312 43 22,81
			Bolos	281	6 1 12,1	26 23,57	6 1 4,8	26 9,85	281 26 16,71
			Carbonera	29	10 1 47,7	43 34,46	10 1 31,2	43 2,75	29 43 18,60
			Lindero	19	7 1 3,0	30 5,45	7 0 44,0	29 28,17	19 29 46,81
			Huertas	7	5 1 4,9	22 9,23	5 0 44,3	21 28,77	7 21 49,00
			Conde	0	2 0 34,3	9 8,30	2 0 13,0	8 26,05	0 8 47,17

Quiroga. *Ibañez.*

STATION DE PANIAGUA..7. 12 ET 13 JUILLET 1859.

N.°	Heures	Cercle vertical	Objets	Index	Microscope I		Microscope II		Moyennes
	h m			°	D T P	′ ″	D T P	′ ″	° ′ ″
21	18 38	à	Conde	200	2 0 20,5	8 40,82	2 0 5,5	8 11,02	200 8 25,92
		gauche	Huertas	207	5 0 52,9	21 45,31	5 0 36,0	21 12,14	207 21 28,74
			Lindero	219	7 0 52,3	29 44,11	7 0 35,0	29 10,11	219 29 27,14
			Carbonera	229	10 1 36,2	43 11,56	10 1 19,5	42 39,31	229 42 55,43
			Bolos	121	6 0 58,1	25 55,69	6 0 56,0	25 52,22	121 25 53,95
			Corral	152	10 1 33,2	43 5,59	10 1 28,5	42 57,31	152 43 1,46
			Yesos	183	2 1 29,2	10 57,62	2 1 17,0	10 34,30	183 10 45,96
			Carril	189	9 1 51,7	39 42,42	9 1 37,0	39 14,38	189 39 28,40
			Paredon	189	13 1 58,9	55 56,76	13 1 45,2	55 30,81	189 55 43,78
22	19 9		Paredon	189	13 1 59,1	45 57,76	13 1 45,5	55 31,41	189 55 44,58
			Carril	189	9 1 51,9	39 42,82	9 1 37,6	39 15,58	189 39 29,20
			Yesos	183	2 1 30,2	10 59,61	2 1 17,0	10 31,30	183 10 46,93
			Corral	152	10 1 35,2	43 5,59	10 1 22,0	42 56,34	152 43 0,96
			Bolos	121	6 0 57,0	25 53,50	6 0 55,8	25 51,82	121 25 52,66
			Carbonera	229	10 1 36,5	43 12,16	0 1 19,5	42 39,31	229 42 55,73
			Lindero	219	7 0 52,6	29 45,31	7 0 35,0	29 10,11	219 29 27,74
			Huertas	207	5 0 53,2	21 45,94	5 0 35,4	21 10,94	207 21 28,44
			Conde	200	2 0 20,8	8 41,42	2 0 5,0	8 10,02	200 8 25,72
23	6 8	à	Conde	40	2 0 34,9	9 9,50	2 0 14,2	8 28,46	40 8 48,98
		droite	Huertas	47	5 1 5,9	22 11,22	5 0 42,9	21 25,97	47 21 48,59
			Lindero	59	7 1 5,8	30 11,05	7 0 42,9	29 25,97	59 29 48,50
			Carbonera	69	10 1 49,8	43 38,64	10 1 29,9	43 0,15	69 43 19,39
			Bolos	321	6 1 6,8	26 13,02	6 1 9,4	26 19,07	321 26 16,04
			Corral	352	10 1 46,0	43 31,07	10 1 37,7	43 15,78	352 43 23,42
			Yesos	23	2 1 42,0	11 23,11	2 1 25,9	10 50,73	23 11 6,92
			Carril	29	10 0 3,7	40 7,37	9 1 46,6	39 33,61	29 39 50,49
			Paredon	29	14 0 11,4	56 22,70	13 1 54,9	55 50,25	29 56 6,47
24	6 36		Paredon	29	11 0 11,9	56 23,70	13 1 55,4	55 51,25	29 56 7,47
			Carril	29	10 0 3,2	40 6,37	9 1 46,5	39 33,41	29 39 49,89
			Yesos	23	2 1 42,6	11 24,30	2 1 26,1	10 52,53	23 11 8,41
			Corral	352	10 1 45,1	43 29,28	10 1 37,2	43 14,78	352 43 22,03
			Bolos	321	6 1 7,8	26 15,01	6 1 9,8	26 19,87	321 26 17,44
			Carbonera	69	10 1 48,3	43 35,65	10 1 29,8	42 59,95	69 43 17,80
			Lindero	59	7 1 5,9	30 11,22	7 0 43,7	29 27,57	59 29 49,39
			Huertas	47	5 1 6,0	22 11,42	5 3 43,6	21 27,37	47 21 49,39
			Conde	40	2 0 35,0	9 9,69	2 0 13,7	8 27,45	40 8 48,57

Quiroga. *Saavedra.*

STATION DE PANIAGUA..7. 13 JUILLET 1859.

N.°	Heures	Cercle vertical	Objets	Index	Microscope I		Microscope II		Moyennes
	h m			°	D T P	′ ″	D T P	′ ″	° ′ ″
25	17 20	à gauche	Conde	240	2 0 20,9	8 41,62	2 0 8,2	8 16,43	240 8 29,02
			Huertas	247	5 0 55,0	21 45,54	5 0 37,8	21 15,75	247 21 30,64
			Lindero	259	7 0 51,7	29 42,95	7 0 36,1	29 12,34	259 29 27,64
			Carbonera	269	10 1 35,3	43 9,77	10 1 20,3	42 40,91	269 42 55,34
			Bolos	161	6 1 0,9	26 1,27	6 0 55,2	25 50,61	161 25 55,94
			Corral	192	10 1 35,8	43 10,76	10 1 28,8	42 57,95	192 43 1,35
			Yesos	223	2 1 31,3	11 1,80	2 1 19,7	10 39,71	223 10 50,75
			Carril	229	9 1 53,2	39 45,41	9 1 39,9	39 20,19	229 39 32,80
			Paredon	229	14 0 0,2	56 0,40	13 1 47,3	55 35,02	229 55 47,71
26	17 51		Paredon	229	14 0 0,0	56 0,00	13 1 47,0	55 34,42	229 55 47,21
			Carril	229	9 1 55,5	39 45,61	9 1 39,8	39 19,99	229 39 32,80
			Yesos	223	2 1 50,5	11 0,21	2 1 18,4	10 37,10	223 10 48,65
			Corral	192	10 1 35,3	43 9,77	10 1 28,4	42 57,44	192 43 3,45
			Bolos	161	6 1 0,4	26 0,27	6 0 55,2	25 50,61	161 25 55,44
			Carbonera	269	10 1 34,6	43 8,37	10 1 20,0	42 40,31	269 42 54,34
			Lindero	259	7 0 51,1	29 41,75	7 0 36,1	29 12,31	259 29 27,03
			Huertas	247	5 0 52,5	21 44,54	5 0 36,9	21 13,94	247 21 29,24
			Conde	240	2 0 20,6	8 41,02	2 0 7,5	8 14,63	240 8 27,82
27	18 22	à droite	Conde	80	2 0 34,1	9 7,90	2 0 13,0	8 26,05	80 8 46,97
			Huertas	87	5 1 4,2	22 7,84	5 0 43,3	21 26,77	87 21 47,30
			Lindero	99	7 1 2,8	30 5,05	7 0 44,0	29 28,17	99 29 46,61
			Carbonera	109	10 1 45,7	43 30,48	10 1 25,9	42 58,15	109 43 14,31
			Bolos	1	6 1 11,6	26 22,57	6 1 4,9	26 10,05	1 26 16,31
			Corral	32	10 1 48,4	43 35,85	0 1 36,0	43 12,37	32 43 24,11
			Yesos	63	2 1 44,2	11 27,49	2 1 24,9	10 50,13	63 11 8,81
			Carril	69	10 0 6,1	40 12,15	9 1 45,8	39 32,01	69 39 52,08
			Paredon	69	14 0 13,7	56 27,28	13 1 53,9	55 48,21	69 55 7,76
28	19 0		Paredon	69	14 0 13,2	56 26,28	13 1 53,9	55 48,21	69 56 7,25
			Carril	69	10 0 5,7	40 11,35	9 1 45,5	39 31,41	69 39 51,38
			Yesos	63	2 1 44,1	11 27,29	2 1 24,4	10 49,13	63 11 8,21
			Corral	32	10 1 48,2	43 35,46	10 1 36,0	43 12,37	32 43 23,91
			Bolos	1	6 1 10,7	26 20,78	6 1 5,2	26 10,65	1 26 15,71
			Carbonera	100	10 1 45,0	43 29,08	10 1 28,5	42 57,34	109 43 13,21
			Lindero	99	7 1 2,2	30 3,86	7 0 43,6	29 27,37	99 29 45,61
			Huertas	87	5 1 4,2	22 7,84	5 0 42,5	21 25,17	87 21 46,50
			Conde	80	2 0 34,1	9 7,90	2 0 12,1	8 24,85	80 8 46,37

Ibañez. *Saavedra.*

STATION DE PANIAGUA..7. 14 JUILLET 1859.

N.°	Heures	Cercle vertical	Objets	Index	Microscope I		Microscope II		Moyennes
	h m			°	D T P	' "	D T P	' "	° ' "
29	6 0	à gauche	Conde	280	2 0 21,9	8 43,61	2 0 6,1	8 12,22	280 8 27,91
			Huertas	287	5 0 54,4	21 48,33	5 0 36,1	21 12,34	287 21 30,33
			Lindero	299	7 0 54,0	29 47,53	7 0 34,4	29 8,93	299 29 28,23
			Carbonera	309	10 1 37,3	43 13,75	10 1 19,3	42 38,91	309 42 56,33
			Bolos	201	6 0 58,7	25 56,89	6 1 1,3	26 2,84	201 25 59,86
			Corral	232	10 1 36,1	43 11,36	10 1 31,7	43 3,76	232 43 7,56
			Yesos	263	2 1 31,8	11 2,80	2 1 18,9	10 38,11	263 10 50,45
			Carril	269	9 1 51,3	39 47,60	9 1 39,3	39 18,99	269 39 33,29
			Paredon	269	14 0 1,2	56 2,39	13 1 47,1	55 34,62	269 55 48,50
30	6 31		Paredon	269	14 0 0,9	56 1,79	13 1 47,3	55 35,02	269 55 48,40
			Carril	269	9 1 51,2	39 47,40	9 1 39,4	39 19,19	269 39 33,29
			Yesos	263	2 1 32,0	11 3,20	2 1 19,1	10 38,51	263 10 50,85
			Corral	232	10 1 35,7	43 10,56	10 1 31,2	43 2,75	232 43 6,65
			Bolos	201	6 0 59,2	25 57,88	6 1 1,1	26 2,44	201 26 0,16
			Carbonera	309	10 1 36,8	43 12,75	10 1 19,4	42 39,11	303 42 55,93
			Lindero	209	7 0 54,0	29 47,53	7 0 34,7	29 9,53	299 29 28,53
			Huertas	287	5 0 54,5	21 48,52	5 0 36,1	21 12,94	287 21 30,73
			Conde	280	2 0 21,8	8 43,41	2 0 5,6	8 11,22	280 8 27,31
31	17 19	à droite	Conde	120	2 0 40,9	9 21,44	2 0 16,5	8 33,06	120 8 57,25
			Huertas	127	5 1 11,1	22 21,58	5 0 47,7	21 35,59	127 21 58,58
			Lindero	139	7 1 7,5	30 14,41	7 0 47,5	29 35,18	139 29 54,79
			Carbonera	149	10 1 51,6	43 42,23	10 1 34,0	43 8,37	149 43 25,30
			Bolos	41	6 1 18,0	27 35,32	6 1 10,4	26 21,07	41 26 28,19
			Corral	72	10 1 54,0	43 47,00	10 1 40,5	43 21,39	72 43 34,19
			Yesos	103	2 1 49,4	11 37,84	2 1 28,3	10 56,94	103 11 17,39
			Carril	100	10 0 11,0	40 21,90	9 1 49,1	39 38,62	109 40 0,26
			Paredon	109	14 0 19,1	56 38,03	13 1 57,6	55 55,66	109 56 16,84
32	17 49		Paredon	109	14 0 18,7	56 37,24	13 1 57,2	55 54,86	100 56 16,05
			Carril	109	10 0 11,0	40 21,90	9 1 48,9	39 38,22	109 40 0,06
			Yesos	103	2 1 49,0	11 37,05	2 1 28,0	10 56,34	103 11 16,69
			Corral	72	10 1 53,7	43 46,41	10 1 39,3	43 18,99	72 43 32,70
			Bolos	41	6 1 17,6	26 34,52	6 1 10,2	26 20,67	41 26 27,59
			Carbonera	149	10 1 51,6	43 42,23	10 1 34,4	43 9,17	149 43 25,70
			Lindero	139	7 1 7,5	30 14,41	7 0 47,3	29 34,78	139 29 54,59
			Huertas	127	5 1 10,6	22 20,58	5 0 47,3	21 34,78	127 21 57,68
			Conde	120	2 0 40,1	9 19,85	2 0 13,9	8 31,86	120 8 55,85

Ibañez. *Quiroga.*

STATION DE PANIAGUA..7. 14 ET 15 JUILLET 1859.

N.°	Heures	Cercle vertical	Objets	Index	Microscope I		Microscope II		Moyennes
	h m			°	D T P	′ ″	D T P	′ ″	° ′ ″
33	18 21	à gauche	Conde	320	2 0 24,3	8 48,39	2 0 11,7	8 23,45	320 8 35,92
			Huertas	327	5 0 56,8	21 53,10	5 0 43,0	21 24,16	327 21 38,63
			Lindero	339	7 0 57,8	29 55,10	7 0 42,8	29 25,77	339 29 40,43
			Carbonera	349	10 1 40,7	43 20,52	10 1 26,0	42 52,33	349 43 6,42
			Bolos	241	6 1 6,8	26 13,02	6 1 3,0	26 6,25	241 26 9,63
			Corral	272	10 1 38,9	43 16,94	10 1 35,0	43 10,37	272 43 13,65
			Yesos	303	2 1 34,1	11 7,38	2 1 22,3	10 44,92	303 10 56,15
			Carril	309	9 1 56,0	39 50,99	9 1 43,9	39 28,20	309 39 39,59
			Paredon	309	14 0 3,7	56 6,37	13 1 52,2	55 44,84	309 55 55,60
34	18 52		Paredon	309	14 0 3,6	56 7,17	13 1 52,5	55 45,44	309 55 56,30
			Carril	309	9 1 55,7	39 50,39	9 1 43,2	39 26,80	309 39 38,59
			Yesos	303	2 1 31,6	11 8,37	2 1 22,7	10 45,72	303 10 57,04
			Corral	272	10 1 39,1	43 17,35	10 1 34,2	43 8,77	272 43 13,05
			Bolos	241	6 1 6,0	26 11,42	6 1 3,3	26 6,85	241 26 9,13
			Carbonera	349	10 1 40,8	43 20,72	10 1 26,2	42 52,74	349 43 6,73
			Lindero	339	7 0 57,7	29 54,90	7 0 42,5	29 25,17	339 29 40,03
			Huertas	327	5 0 57,2	21 53,90	5 0 41,7	21 23,56	327 21 38,73
			Conde	320	2 0 24,8	8 49,38	2 0 11,2	8 22,44	320 8 35,91
35	6 17	à droite	Conde	160	2 0 35,9	9 11,49	2 0 11,9	8 23,85	160 8 47,67
			Huertas	167	5 1 8,0	22 15,41	5 0 42,1	21 24,36	167 21 49,88
			Lindero	179	7 1 8,2	30 15,80	7 0 40,3	29 20,76	179 29 48,28
			Carbonera	189	10 1 50,5	43 40,04	10 1 27,0	42 54,34	189 43 17,19
			Bolos	81	6 1 9,8	26 18,59	6 1 8,6	26 17,47	81 26 18,03
			Corral	112	10 1 48,1	43 35,26	10 1 35,9	43 12,17	112 43 23,71
			Yesos	143	2 1 44,3	11 27,69	2 1 23,8	10 47,93	143 11 7,81
			Carril	149	10 0 6,7	40 13,34	9 1 45,3	39 31,01	149 39 52,17
			Paredon	149	14 0 14,5	36 28,87	13 1 53,2	55 46,84	149 56 7,85
36	6 45		Paredon	149	14 0 14,2	56 28,28	13 1 52,9	55 46,21	149 56 7,26
			Carril	149	10 0 6,8	40 13,51	9 1 44,8	39 30,01	149 39 51,77
			Yesos	143	2 1 44,2	11 27,49	2 1 23,8	10 47,93	143 11 7,71
			Corral	112	10 1 47,9	43 34,86	10 1 35,8	43 11,97	112 43 23,41
			Bolos	81	6 1 10,7	26 20,78	6 1 8,5	26 17,27	81 26 19,02
			Carbonera	189	10 1 50,1	43 39,24	10 1 27,2	42 54,74	189 43 16,99
			Lindero	179	7 1 7,4	30 14,21	7 0 40,7	29 21,56	179 29 47,88
			Huertas	167	5 1 8,2	22 15,80	5 0 42,0	21 24,16	167 21 49,98
			Conde	160	2 0 36,1	9 11,88	2 0 11,9	8 23,85	160 8 47,86

Saavedra. *Quiroga.*

STATION DE BOLOS..10. 16 ET 17 JUILLET 1859.

N.°	Heures	Cercle vertical	Objets	Index	Microscope I		Microscope II		Moyennes
	h m			°	D T P	′ ″	D T P	′ ″	° ′ ″
1	17 11	à	Conde	0	0 0 24,4	0 48,59	0 0 18,2	0 36,47	0 0 42,53
		gauche	Paniagua	31	9 0 53,2	37 45,94	9 0 50,2	37 40,59	31 37 43,26
			Carril	317	13 0 56,1	13 11,88	13 0 15,6	12 31,26	317 12 51,57
			Paredon	331	11 0 6,8	44 13,54	10 1 51,6	43 43,63	331 43 58,58
			Corral	347	11 1 38,8	47 16,74	11 1 27,4	46 55,14	347 47 5,94
			Yesos	347	11 1 39,1	47 17,33	11 1 27,6	46 55,54	347 47 6,43
			Huertas	347	11 1 32,1	47 15,34	11 1 27,1	46 54,54	347 47 4,94
			Lindero	347	11 1 38,0	47 15,14	11 1 26,6	46 53,54	347 47 4,34
			Carbonera	347	11 1 37,3	47 13,75	11 1 26,3	46 52,94	347 47 3,34
2	17 40		Carbonera	347	11 1 37,7	47 14,55	11 1 26,8	46 53,94	347 47 4,24
			Lindero	347	11 1 37,9	47 14,95	11 1 27,1	46 54,54	347 47 4,74
			Huertas	347	11 1 38,2	47 15,54	11 1 26,6	46 53,54	347 47 4,54
			Yesos	347	11 1 38,2	47 15,54	11 1 26,8	46 53,94	347 47 4,74
			Corral	347	11 1 39,0	47 17,14	11 1 27,4	46 55,14	347 47 6,14
			Paredon	331	11 0 7,0	44 13,94	10 1 51,6	43 43,63	331 43 58,78
			Carril	317	3 0 36,3	13 12,28	3 0 15,7	12 31,46	317 12 51,87
			Paniagua	31	9 0 53,0	37 45,54	9 0 50,4	37 41,00	31 37 43,27
			Conde	0	0 0 24,2	0 48,19	0 0 18,2	0 36,47	0 0 42,33
3	17 25	à	Conde	200	0 0 36,8	1 13,28	0 0 27,5	0 55,11	200 1 4,19
		droite	Paniagua	231	9 1 5,2	38 9,83	9 0 59,2	37 58,63	231 38 4,23
			Carril	157	3 0 46,6	13 32,79	3 0 28,2	12 56,51	157 13 14,65
			Paredon	171	11 0 17,4	44 34,65	11 0 2,4	44 4,81	171 44 19,73
			Corral	187	11 1 51,1	47 41,23	11 1 36,5	47 13,38	187 47 27,30
			Yesos	187	11 1 50,3	47 40,63	11 1 36,8	47 13,98	187 47 27,30
			Huertas	187	11 1 50,8	47 40,63	11 1 36,3	47 12,97	187 47 26,80
			Lindero	187	11 1 50,6	47 40,23	11 1 36,1	47 12,57	187 47 26,40
			Carbonera	187	11 1 49,8	47 38,64	11 1 35,8	47 11,97	187 47 25,30
4	17 54		Carbonera	187	11 1 49,4	47 37,84	11 1 35,9	47 12,17	187 47 25,00
			Lindero	187	11 1 49,4	47 37,84	11 1 35,5	47 11,37	187 47 24,60
			Huertas	187	11 1 50,2	47 39,44	11 1 36,3	47 12,97	187 47 26,20
			Yesos	187	11 1 50,2	47 39,44	11 1 36,3	47 12,97	187 47 26,20
			Corral	187	11 1 51,0	47 41,03	11 1 37,0	47 14,38	187 47 27,70
			Paredon	171	11 0 17,4	44 34,65	11 0 1,8	44 3,61	171 44 19,13
			Carril	157	3 0 46,3	13 32,20	3 0 27,7	12 55,51	157 13 13,85
			Paniagua	231	9 1 4,6	38 8,64	9 0 58,9	37 58,03	231 38 3,33
			Conde	200	0 0 36,3	1 12,28	0 0 27,5	0 55,11	200 1 3,69

Ibañez. *Saavedra.*

STATION DE BOLOS..10. 18 ET 21 JUILLET 1859.

N.°	Heures	Cercle vertical	Objets	Index	Microscope I		Microscope II		Moyennes
	h m			°	D T P	' "	D T P	' "	° ' "
5	17 19	à	Conde	40	0 0 16,8	0 33,45	0 0 10,0	0 20,04	40 0 26,71
		gauche	Paniagua	71	9 0 45,1	37 29,81	9 0 40,9	37 21,96	71 37 25,88
			Carril	357	3 0 27,4	12 54,56	3 0 8,0	12 16,03	357 12 35,29
			Paredon	11	10 1 59,6	43 58,16	10 1 43,7	43 27,80	11 43 42,98
			Corral	27	11 1 31,2	47 1,60	11 1 19,5	46 39,31	27 46 50,45
			Yesos	27	11 1 30,5	47 0,21	11 1 18,9	46 38,11	27 46 49,16
			Huertas	27	11 1 30,0	46 59,21	11 1 18,3	46 36,90	27 46 48,05
			Lindero	27	11 1 29,7	46 58,62	11 1 18,3	46 36,90	27 46 47,76
			Carbonera	27	11 1 29,8	46 58,82	11 1 17,4	46 35,10	27 46 46,96
6	17 50		Carbonera	27	11 1 29,8	46 58,82	11 1 17,6	46 35,50	27 46 47,16
			Lindero	27	11 1 29,8	46 58,82	11 1 18,0	46 36,30	27 46 47,56
			Huertas	27	11 1 29,9	46 59,02	11 1 18,1	46 36,50	27 46 47,76
			Yesos	27	11 1 30,7	47 0,61	11 1 18,7	46 37,71	27 46 49,16
			Corral	27	11 1 31,0	47 1,21	11 1 19,2	46 38,71	27 46 49,96
			Paredon	11	10 1 59,5	43 57,96	10 1 43,1	43 26,60	11 43 42,28
			Carril	357	3 0 27,1	12 53,96	3 0 7,6	12 15,23	357 12 34,59
			Paniagua	71	9 0 44,9	37 29,41	9 0 40,5	37 21,16	71 37 25,28
			Conde	40	0 0 16,9	0 33,65	0 0 10,1	0 20,24	40 0 26,94
	—								
7	18 10	à	Conde	240	0 0 25,4	0 50,58	0 0 15,3	0 30,66	240 0 40,62
		droite	Paniagua	271	9 0 54,0	37 47,53	9 0 45,5	37 31,18	271 37 39,35
			Carril	197	3 0 34,9	13 9,50	3 0 16,3	12 32,66	197 12 51,08
			Paredon	211	11 0 7,7	44 15,33	10 1 49,9	43 40,23	211 43 57,78
			Corral	227	11 1 39,3	47 17,73	11 1 25,0	46 50,33	227 47 4,03
			Yesos	227	11 1 38,7	47 16,54	11 1 24,5	46 49,33	227 47 2,93
			Huertas	227	11 1 38,7	47 16,54	11 1 24,5	46 49,33	227 47 2,93
			Lindero	227	11 1 38,4	47 15,94	11 1 24,0	46 48,33	227 47 2,13
			Carbonera	227	11 1 38,2	47 15,54	11 1 23,9	46 48,13	227 47 1,83
8	18 40		Carbonera	227	11 1 37,7	47 14,55	11 1 23,8	46 47,93	227 47 1,24
			Lindero	227	11 1 38,2	47 15,54	11 1 24,5	46 49,33	227 47 2,43
			Huertas	227	11 1 38,6	47 16,34	11 1 24,2	46 48,73	227 47 2,53
			Yesos	227	11 1 38,6	47 16,34	11 1 24,2	46 48,73	227 47 2,53
			Corral	227	11 1 38,7	47 16,54	11 1 24,0	46 48,33	227 47 2,43
			Paredon	211	11 0 7,7	44 15,33	10 1 50,2	43 40,83	211 43 58,08
			Carril	197	3 0 34,4	13 8,50	3 0 15,7	12 31,46	197 12 49,98
			Paniagua	271	9 0 52,7	37 44,91	9 0 44,5	37 29,17	271 37 37,05
			Conde	240	0 0 24,6	0 48,99	0 0 14,6	0 29,26	240 0 39,12

Ibañez. *Quiroga.*

STATION DE BOLOS..10. 21 ET 22 JUILLET 1859.

N.°	Heures	Cercle vertical	Objets	Index	Microscope I		Microscope II		Moyennes
	h m			°	D T P	' "	D T P	' "	° ' "
9	19 12	à	Conde	80	0 0 40,2	1 20,05	0 0 34,4	1 8,93	80 1 14,49
		gauche	Paniagua	111	9 1 4,8	38 9,03	9 1 7,4	38 15,06	111 38 12,04
			Carril	37	3 0 56,4	13 52,31	3 0 30,3	13 0,72	37 13 26,51
			Paredon	51	11 0 26,3	44 52,37	11 0 6,4	44 12,82	51 44 32,59
			Corral	67	11 1 55,4	47 49,79	11 1 43,1	47 26,60	67 47 38,19
			Yesos	67	11 1 55,2	47 49,39	11 1 43,2	47 26,80	67 47 38,09
			Huertas	67	11 1 54,9	47 48,80	11 1 43,4	47 25,20	67 47 37,00
			Lindero	67	11 1 54,6	47 48,00	11 1 42,3	47 25,00	67 47 36,50
			Carbonera	67	11 1 53,6	47 46,21	11 1 41,5	47 23,39	67 47 34,80
10	19 41		Carbonera	67	11 1 54,1	47 47,20	11 1 41,3	47 22,99	67 47 35,09
			Lindero	67	11 1 54,6	47 48,20	11 1 41,8	47 24,00	67 47 36,10
			Huertas	67	11 1 54,8	47 48,60	11 1 42,3	47 25,00	67 47 36,80
			Yesos	67	11 1 54,9	47 48,80	11 1 42,8	47 26,00	67 47 37,40
			Corral	67	11 1 55,4	47 49,79	11 1 43,1	47 26,60	67 47 38,19
			Paredon	51	11 0 25,6	44 50,98	11 0 7,0	44 14,03	51 44 32,50
			Carril	37	3 0 56,6	13 52,71	3 0 30,1	13 0,32	37 13 26,51
			Paniagua	111	9 1 5,1	38 9,63	9 1 6,8	38 13,86	111 38 11,74
			Conde	80	0 0 40,0	1 19,65	0 0 34,5	1 9,13	80 1 14,39
	—								
11	6 6	à	Conde	280	0 0 36,5	1 12,68	0 0 26,5	0 53,10	280 1 2,89
		droite	Paniagua	311	9 1 3,4	38 6,25	9 0 58,9	37 58,03	311 38 2,14
			Carril	237	3 0 49,5	13 38,57	3 0 28,8	12 57,71	237 13 18,14
			Paredon	251	11 0 19,8	44 39,43	11 0 2,1	44 4,21	251 44 21,82
			Corral	267	11 1 51,7	47 42,42	11 1 37,1	47 14,58	267 47 28,50
			Yesos	267	11 1 54,3	47 41,63	11 1 36.8	47 13,98	267 47 27,80
			Huertas	267	11 1 50,7	47 40,43	11 1 35,9	47 12,17	267 47 26,30
			Lindero	267	11 1 50,9	47 40,83	11 1 36,0	47 12,37	267 47 26,60
			Carbonera	267	11 1 50,2	47 39,44	11 1 35,4	47 11,17	267 47 25,30
12	6 35		Carbonera	267	11 1 50,6	47 40,23	11 1 35,3	47 10,97	267 47 25,60
			Lindero	267	11 1 50,9	47 40,83	11 1 35,9	47 12,17	267 47 26,50
			Huertas	267	11 1 51,3	47 41,63	11 1 36,4	47 13,17	267 47 27,40
			Yesos	267	11 1 51,7	47 42,42	11 1 36,5	47 13,38	267 47 27,90
			Corral	267	11 1 51,7	47 42,42	11 1 36,8	47 13,98	267 47 28,20
			Paredon	251	11 0 20,6	44 41,02	11 0 2,2	44 4,41	251 44 22,71
			Carril	237	3 0 49,4	13 38,37	3 0 29,1	12 58,31	237 13 18,34
			Paniagua	311	9 1 4,8	38 9,03	9 0 59,2	37 58,63	311 38 3,83
			Conde	280	0 0 37,2	1 14,08	0 0 27,3	0 54,71	280 1 4,39

Saavedra. *Quiroga.*

STATION DE BOLOS..10. 23 JUILLET 1859.

N.°	Heures	Cercle vertical	Objets	Index	Microscope I		Microscope II		Moyennes
	h m			°	h r p	′ ″	h r p	′ ″	° ′ ″
13	6 0	à gauche	Conde	120	0 0 23,1	0 46,00	0 0 20,1	0 40,28	120 0 43,14
			Paniagua	151	9 0 51,9	37 43,35	9 0 51,2	37 42,60	151 37 42,97
			Carril	77	3 0 37,0	13 13,68	3 0 17,9	12 35,87	77 12 54,77
			Paredon	91	11 0 6,6	44 13,14	10 1 52,3	43 45,04	91 43 59,09
			Corral	107	11 1 37,1	47 13,35	11 1 28,7	46 57,75	107 47 5,55
			Yesos	107	11 1 36,7	47 12,56	11 1 28,6	46 57,54	107 47 5,05
			Huertas	107	11 1 36,8	47 12,75	11 1 28,1	46 56,54	107 47 4,64
			Lindero	107	11 1 36,4	47 11,96	11 1 28,1	46 56,54	107 47 4,25
			Carbonera	107	11 1 36,1	47 11,36	11 1 27,8	46 55,94	107 47 3,65
14	6 31		Carbonera	107	11 1 35,9	47 10,96	11 1 27,8	46 55,94	107 47 3,45
			Lindero	107	11 1 36,2	47 11,56	11 1 28,5	46 57,34	107 47 4,45
			Huertas	107	11 1 36,3	47 11,76	11 1 28,6	46 57,54	107 47 4,65
			Yesos	107	11 1 36,8	47 12,75	11 1 28,4	46 57,14	107 47 4,94
			Corral	107	11 1 37,3	47 13,75	11 1 29,1	46 58,55	107 47 6,15
			Paredon	91	11 0 6,8	44 13,54	10 1 52,8	43 46,04	91 43 59,79
			Carril	77	3 0 37,3	13 14,27	3 0 18,1	12 36,27	77 12 55,27
			Paniagua	151	9 0 51,9	37 43,35	9 0 51,2	37 42,60	151 37 42,97
			Conde	120	0 0 23,5	0 46,79	0 0 20,1	0 40,28	120 0 43,53
15	18 0	à droite	Conde	320	0 0 41,3	1 22,24	0 0 30,6	1 1,32	320 1 11,78
			Paniagua	351	9 1 11,2	38 21,78	9 1 2,1	38 4,44	351 38 13,11
			Carril	277	3 0 51,2	13 41,93	3 0 32,2	13 4,53	277 13 23,24
			Paredon	291	11 0 22,6	44 45,00	11 0 6,2	44 12,42	291 44 28,71
			Corral	307	11 1 51,6	47 48,20	11 1 40,3	47 20,99	307 47 34,59
			Yesos	307	11 1 54,8	47 48,60	11 1 40,6	47 21,39	307 47 33,09
			Huertas	307	11 1 54,0	47 47,00	11 1 40,1	47 20,59	307 47 33,79
			Lindero	307	11 1 54,2	47 47,40	11 1 39,7	47 19,79	307 47 33,59
			Carbonera	307	11 1 53,9	47 46,81	11 1 39,8	47 19,99	307 47 33,40
16	18 31		Carbonera	307	11 1 53,8	47 46,61	11 1 39,5	47 19,39	307 47 33,00
			Lindero	307	11 1 54,0	47 47,00	11 1 39,2	47 18,79	307 47 32,89
			Huertas	307	11 1 54,5	47 48,00	11 1 40,0	47 20,39	307 47 34,19
			Yesos	307	11 1 54,7	47 48,40	11 1 40,1	47 20,59	307 47 34,49
			Corral	307	11 1 54,6	47 48,20	11 1 40,3	47 20,99	307 47 34,59
			Paredon	291	11 0 22,7	44 45,20	11 0 5,9	44 11,82	291 44 28,51
			Carril	277	3 0 51,3	13 42,15	3 0 32,0	13 4,12	277 13 23,13
			Paniagua	351	9 1 9,8	38 18,99	9 1 2,1	38 4,44	351 38 11,71
			Conde	320	0 0 40,5	1 20,65	0 0 31,1	1 2,32	320 1 11,48

Saavedra. *Ibañez.*

m

STATION DE BOLOS..10. 24 JUILLET 1859.

N.°	Heures	Cercle vertical	Objets	Index	Microscope I		Microscope II		Moyennes
	h m			°	D T P	′ ″	D T P	′ ″	° ′ ″
17	6 5	à	Conde	160	0 0 30,4	1 0,53	0 0 26,3	0 52,70	160 0 56,61
		gauche	Paniagua	191	9 0 59,9	37 59,28	9 0 58,2	37 56,63	191 37 57,95
			Carril	117	3 0 43,0	13 25,62	3 0 23,3	12 46,69	117 13 6,15
			Paredon	131	11 0 12,0	44 23,90	10 1 59,3	43 59,06	131 44 11,48
			Corral	147	11 1 45,0	47 29,08	11 1 35,2	47 10,77	147 47 19,92
			Yesos	147	11 1 44,0	47 27,09	11 1 35,1	47 10,57	147 47 18,83
			Huertas	147	11 1 43,2	47 25,50	11 1 34,7	47 9,77	147 47 17,63
			Lindero	147	11 1 43,2	47 25,50	11 1 34,6	47 9,57	147 47 17,53
			Carbonera	147	11 1 42,9	47 24,90	11 1 33,8	47 7,96	147 47 16,43
18	6 31		Carbonera	147	11 1 42,9	47 24,90	11 1 33,8	47 7,96	147 47 16,43
			Lindero	147	11 1 43,2	47 25,50	11 1 34,3	47 8,97	147 47 17,23
			Huertas	147	11 1 43,5	47 26,10	11 1 34,7	47 9,77	147 47 17,93
			Yesos	147	11 1 43,9	47 26,89	11 1 35,0	47 10,37	147 47 18,63
			Corral	147	11 1 44,4	47 27,89	11 1 35,5	47 11,37	147 47 19,63
			Paredon	131	11 0 12,5	44 24,89	10 1 59,6	43 59,67	131 44 12,28
			Carril	117	3 0 43,0	13 25,62	3 0 24,2	12 48,49	117 13 7,05
			Paniagua	191	9 0 59,5	37 58,48	9 0 57,9	37 56,03	191 37 57,25
			Conde	160	0 0 30,5	1 0,73	0 0 26,6	0 53,30	160 0 57,01
19	17 42	à	Conde	0	2 0 22,4	8 44,60	2 0 12,8	8 25,63	0 8 35,12
		droite	Paniagua	31	11 0 52,8	45 45,14	11 0 44,7	45 29,57	31 45 37,35
			Carril	317	5 0 30,7	21 1,13	5 0 13,4	20 26,85	317 20 43,99
			Paredon	331	13 0 3,5	52 6,97	12 1 47,1	51 31,62	331 51 50,79
			Corral	347	13 1 36,1	55 11,36	13 1 22,3	54 44,92	347 54 58,14
			Yesos	347	13 1 35,7	55 10,56	13 1 21;4	54 43,12	347 54 56,84
			Huertas	347	13 1 35,3	55 9,77	13 1 21,6	54 43,52	347 54 56,64
			Lindero	347	13 1 35,2	55 9,57	13 1 21,3	54 42,92	347 54 56,24
			Carbonera	347	13 1 35,2	55 9,57	13 1 21,1	54 42,52	347 54 56,04
20	18 14		Carbonera	347	13 1 35,1	55 9,37	13 1 21,1	54 42,52	347 54 55,94
			Lindero	347	13 1 35,0	55 9,17	13 1 21,0	54 42,32	347 54 55,74
			Huertas	347	13 1 35,2	55 9,57	13 1 21,5	54 43,32	347 54 56,44
			Yesos	347	13 1 35,4	55 9,97	13 1 21,8	54 43,92	347 54 56,94
			Corral	347	13 1 35,9	55 10,96	13 1 21,9	54 44,12	347 54 57,54
			Paredon	331	13 0 3,0	52 5,97	12 1 47,1	51 31,62	331 51 50,29
			Carril	317	5 0 30,9	21 1,53	5 0 13,1	20 26,25	317 20 43,89
			Paniagua	31	11 0 52,8	45 45,14	11 0 44,8	45 29,77	31 45 37,45
			Conde	0	2 0 21,2	8 42,21	2 0 13,3	8 26,65	0 8 34,43

Quiroga. *Ibañez.*

Station de Bolos.. 40. 25 juillet 1859.

N°	Heures	Cercle vertical	Objets	Index	Microscope I		Microscope II		Moyennes
	h m			°	h v p	′ ″	h v p	′ ″	° ′ ″
21	6 7	à	Conde	200	2 0 17,6	8 35,05	2 0 12,6	8 25,25	200 8 30,15
		gauche	Paniagua	231	11 0 47,3	45 34,19	11 0 44,8	45 29,77	231 45 31,98
			Carril	157	5 0 30,3	21 0,34	5 0 10,6	20 21,21	157 20 40,79
			Paredon	171	13 0 0,8	52 1,59	12 1 45,6	51 31,61	171 51 46,60
			Corral	187	13 1 34,0	55 7,18	13 1 22,4	54 45,12	187 54 56,15
			Yesos	187	13 1 33,3	55 5,79	13 1 21,4	54 45,12	187 54 54,45
			Huertas	187	13 1 32,9	55 4,99	13 1 20,1	54 40,51	187 54 52,75
			Lindero	187	13 1 32,0	55 3,20	13 1 20,2	54 40,71	187 54 51,95
			Carbonera	187	13 1 34,1	55 3,40	13 1 20,2	54 40,71	187 54 52,05
22	6 33		Carbonera	187	13 1 32,0	55 3,20	13 1 20,6	54 41,51	187 54 52,35
			Lindero	187	13 1 32,3	55 3,79	13 1 20,6	54 41,51	187 54 52,65
			Huertas	187	13 1 32,8	55 4,79	13 1 21,0	54 42,32	187 54 53,55
			Yesos	187	13 1 33,5	55 6,18	13 1 21,9	54 44,12	187 54 55,15
			Corral	187	13 1 33,8	55 6,78	13 1 22,2	54 44,72	187 54 55,75
			Paredon	171	13 0 1,0	52 1,99	12 1 45,8	51 32,01	171 51 47,00
			Carril	157	5 0 30,3	21 0,34	5 0 10,7	20 21,44	157 20 40,89
			Paniagua	231	11 0 47,2	45 33,99	11 0 43,6	45 27,37	231 45 30,68
			Conde	200	2 0 17,9	8 35,64	2 0 12,1	8 24,25	200 8 29,94
23	17 28	à	Conde	40	2 0 31,3	9 2,33	2 0 24,6	8 49,30	40 8 55,81
		droite	Paniagua	71	11 0 59,7	45 58,88	11 0 55,1	45 50,41	71 45 54,64
			Carril	357	5 0 40,7	21 21,01	5 0 21,3	20 48,69	357 21 4,86
			Paredon	11	13 0 12,7	52 25,29	12 1 59,2	51 58,86	11 52 12,07
			Corral	27	13 1 45,4	55 29,88	13 1 33,6	55 7,56	27 55 18,72
			Yesos	27	13 1 45,1	55 29,28	13 1 33,3	55 6,96	27 55 18,12
			Huertas	27	13 1 44,5	55 28,09	13 1 32,8	55 5,96	27 55 17,02
			Lindero	27	13 1 44,2	55 27,49	13 1 32,2	55 4,76	27 55 16,12
			Carbonera	27	13 1 44,1	55 27,29	13 1 32,2	55 4,76	27 55 16,02
24	18 0		Carbonera	27	13 1 44,1	55 27,29	13 1 31,9	55 4,16	27 55 15,72
			Lindero	27	13 1 44,4	55 27,89	13 1 32,4	55 5,16	27 55 16,52
			Huertas	27	13 1 44,7	55 28,49	13 1 32,9	55 6,16	27 55 17,32
			Yesos	27	13 1 45,0	55 29,08	13 1 33,1	55 6,56	27 55 17,82
			Corral	27	13 1 45,4	55 29,88	13 1 33,7	55 7,76	27 55 18,82
			Paredon	11	13 0 12,3	52 24,49	12 1 57,9	51 56,26	11 52 10,37
			Carril	357	5 0 40,9	21 21,44	5 0 24,4	20 48,89	357 21 5,16
			Paniagua	71	11 0 58,9	45 57,29	11 0 54,6	45 49,41	71 45 53,35
			Conde	40	2 0 30,9	9 1,53	2 0 24,0	8 48,09	40 8 54,81

Quiroga. *Saavedra.*

STATION DE BOLOS..10. 26 JUILLET 1859.

N.°	Heures	Cercle vertical	Objets	Index	Microscope I		Microscope II		Moyennes
	h m			°	D T P	′ ″	D T P	′ ″	° ′ ″
25	5 52	à	Conde	240	2 0 20,6	8 41,02	2 0 12,3	8 24,65	240 8 32,83
		gauche	Paniagua	271	11 0 48,5	45 36,58	11 0 43,5	45 27,17	271 45 31,87
			Carril	197	5 0 33,9	21 7,50	5 0 11,4	20 22,84	197 20 45,17
			Paredon	211	13 0 4,4	52 8,76	12 1 46,9	51 34,22	211 51 51,49
			Corral	227	13 1 35,2	55 9,57	13 1 22,6	54 45,52	227 54 57,54
			Yesos	227	13 1 33,1	55 9,37	13 1 22,6	54 45,52	227 54 57,44
			Huertas	227	13 1 34,6	55 8,37	13 1 22,1	54 44,52	227 54 56,44
			Lindero	227	13 1 34,3	55 7,78	13 1 22,0	54 44,32	227 54 56,05
			Carbonera	227	13 1 34,1	55 7,38	13 1 21,8	54 43,92	227 54 55,65
26	6 20		Carbonera	227	13 1 33,8	55 6,78	13 1 21,5	54 43,32	227 54 55,05
			Lindero	227	13 1 34,3	55 7,78	13 1 21,8	54 43,92	227 54 55,85
			Huertas	227	13 1 34,7	55 8,57	13 1 22,2	54 44,72	227 54 56,64
			Yesos	227	13 1 35,1	55 9,37	13 1 22,8	54 45,92	227 54 57,64
			Corral	227	13 1 35,4	55 9,97	13 1 23,0	54 46,32	227 54 58,14
			Paredon	211	13 0 4,9	52 9,76	12 1 47,5	51 35,42	211 51 52,59
			Carril	297	5 0 33,3	21 6,31	5 0 12,0	20 24,05	297 20 45,18
			Paniagua	271	11 0 48,6	45 36,78	11 0 43,6	43 27,37	271 45 32,07
			Conde	240	2 0 20,2	8 40,22	2 0 13,2	8 26,45	240 8 33,33
27	17 26	à	Conde	80	2 0 19,1	8 38,03	2 0 12,5	8 25,05	80 8 31,54
		droite	Paniagua	111	11 0 48,2	45 35,98	11 0 43,0	43 26,17	111 45 31,07
			Carril	37	5 0 30,2	21 0,14	5 0 13,6	20 27,25	37 20 43,69
			Paredon	51	13 0 2,3	52 4,58	12 1 46,3	51 33,01	51 51 48,79
			Corral	67	13 1 34,0	55 7,18	13 1 22,2	54 44,72	67 54 55,95
			Yesos	67	13 1 33,2	55 5,59	13 1 21,9	54 44,12	67 54 54,85
			Huertas	67	13 1 32,9	55 4,99	13 1 21,4	54 43,12	67 54 54,05
			Lindero	67	13 1 32,7	55 4,59	13 1 21,0	54 42,32	67 54 53,45
			Carbonera	67	13 1 32,3	55 3,79	13 1 20,6	54 41,51	67 54 52,65
28	17 56		Carbonera	67	13 1 33,4	55 5,98	13 1 21,4	54 43,12	67 54 54,55
			Lindero	67	13 1 33,2	55 5,59	13 1 21,3	54 42,92	67 54 54,25
			Huertas	67	13 1 33,4	55 5,98	13 1 21,4	54 43,12	67 54 54,55
			Yesos	67	13 1 34,0	55 7,18	13 1 21,9	54 44,12	67 54 55,65
			Corral	67	13 1 24,1	55 7,38	13 1 21,6	54 43,52	67 54 55,45
			Paredon	51	13 0 1,8	52 3,58	12 1 46,5	51 33,41	51 51 48,49
			Carril	37	5 0 30,8	21 1,33	5 0 13,7	20 27,45	37 20 44,39
			Paniagua	111	11 0 47,9	45 35,38	11 0 43,3	45 26,77	111 45 31,07
			Conde	80	2 0 19,6	8 39,03	2 0 12,6	8 25,25	80 8 32,14

Ibañez. *Saavedra.*

N.°	Heures	Cercle vertical	Objets	Index	Microscope I		Microscope II		Moyennes
	h m			°	D T P	′ ″	D T P	′ ″	° ′ ″
29	5 30	à	Conde	280	2 0 16,5	8 32,86	2 0 7,8	8 15,63	280 8 24,24
		gauche	Paniagua	311	11 0 46,3	45 32,20	11 0 38,4	45 16,95	311 45 24,57
			Carril	237	5 0 27,5	20 54,76	5 0 10,8	20 21,64	237 20 38,20
			Paredon	251	12 1 59,2	51 57,36	12 1 43,2	51 26,80	251 51 42,08
			Corral	267	13 1 30,8	55 0,81	13 1 18,1	54 36,50	267 54 48,65
			Yesos	267	13 1 30,0	54 59,21	13 1 18,0	54 36,30	267 54 47,75
			Huertas	267	13 1 29,8	54 58,82	13 1 17,2	54 34,70	267 54 46,76
			Lindero	267	13 1 29,7	54 58,62	13 1 17,2	54 34,70	267 54 46,66
			Carbonera	267	13 1 29,3	54 57,82	13 1 17,0	54 34,30	267 54 46,06
30	18 26		Carbonera	267	13 1 29,2	54 57,62	13 1 17,0	54 34,30	267 54 45,96
			Lindero	267	13 1 29,3	54 57,82	13 1 17,0	54 34,30	267 54 46,06
			Huertas	267	13 1 29,6	54 58,42	13 1 17,2	54 34,70	267 54 46,56
			Yesos	267	13 1 30,0	54 59,21	13 1 17,6	54 35,50	267 54 47,35
			Corral	267	13 1 30,8	55 0,81	13 1 18,5	54 37,31	267 54 49,06
			Paredon	251	12 1 59,3	51 57,56	12 1 43,2	51 26,80	251 51 42,18
			Carril	237	5 0 28,0	20 55,76	5 0 10,2	20 20,44	237 20 38,10
			Paniagua	311	11 0 46,2	45 32,00	11 0 38,0	45 16,15	211 45 24,07
			Conde	280	2 0 16,2	8 32,26	2 0 8,0	8 16,03	280 8 24,14
	—								
31	6 0	à	Conde	120	3 0 17,2	12 34,25	3 0 10,1	12 20,24	120 12 27,24
		droite	Paniagua	151	12 0 46,0	49 31,60	12 0 42,3	49 24,76	151 49 28,18
			Carril	77	6 0 30,7	25 1,13	6 0 10,2	24 20,44	77 24 40,78
			Paredon	91	14 0 1,0	56 1,99	13 1 44,2	55 28,81	91 55 45,40
			Corral	107	14 1 32,3	59 3,79	14 1 19,8	58 39,91	107 58 51,85
			Yesos	107	14 1 32,0	59 3,20	14 1 19,3	58 38,91	107 58 51,05
			Huertas	107	14 1 31,6	59 2,40	14 1 18,8	58 37,91	107 58 50,15
			Lindero	107	14 1 31,3	59 1,80	14 1 18,2	58 36,70	107 58 49,25
			Carbonera	107	14 1 30,9	59 1,01	14 1 18,2	58 36,70	107 58 48,85
32	6 27		Carbonera	107	14 1 30,7	59 0,61	14 1 18,2	58 36,70	107 58 48,65
			Lindero	107	14 1 31,2	59 1,60	14 1 18,9	58 38,11	107 58 49,85
			Huertas	107	14 1 31,5	59 2,20	14 1 19,0	58 38,31	107 58 50,25
			Yesos	107	14 1 31,9	59 3,00	14 1 19,4	58 39,11	107 58 51,05
			Corral	107	14 1 32,1	59 3,40	14 1 19,8	58 39,91	107 58 51,65
			Paredon	91	14 0 1,5	56 2,99	13 1 43,9	55 28,20	91 55 45,59
			Carril	77	6 0 31,2	25 2,13	6 0 10,2	24 20,44	77 24 41,28
			Paniagua	151	12 0 45,8	49 31,20	12 0 42,2	49 24,56	151 49 27,88
			Conde	120	3 0 17,2	12 34,25	3 0 10,5	12 21,04	120 12 27,61

Ibañez *Quiroga.*

STATION DE BOLOS..10. 28 ET 29 JUILLET 1859.

N.°	Heures	Cercle vertical	Objets	Index	Microscope I		Microscope II		Moyennes
	h m			°	D T P	′ ″	D T P	′ ″	° ′ ″
33	17 30	à	Conde	320	2 0 16,0	8 31,86	2 0 8,7	8 17,43	320 8 24,64
		gauche	Paniagua	351	11 0 46,5	45 32,59	11 0 39,4	45 18,95	351 45 25,77
			Carril	277	5 0 27,0	20 53,76	5 0 6,9	20 13,83	277 20 33,79
			Paredon	291	12 1 58,7	51 56,36	12 1 42,8	51 26,00	291 51 41,18
			Corral	307	13 1 29,0	54 57,22	13 1 18,3	54 36,90	307 54 47,66
			Yesos	307	13 1 28,7	54 56,63	13 1 17,7	54 35,70	307 54 46,16
			Huertas	307	13 1 28,1	54 55,43	13 1 17,1	54 34,50	307 51 44,96
			Lindero	307	13 1 27,7	54 54,63	13 1 16,1	51 33,10	307 51 43,86
			Carbonera	307	13 1 27,2	54 53,64	13 1 15,8	54 31,89	307 51 42,76
34	18 0		Carbonera	307	13 1 27,1	54 53,44	13 1 16,1	51 32,50	307 54 42,97
			Lindero	307	13 1 27,8	54 54,83	13 1 16,8	54 33,90	307 51 44,36
			Huertas	307	13 1 28,0	54 55,23	13 1 16,2	54 32,70	307 54 43,96
			Yesos	307	13 1 28,8	54 56,82	13 1 17,5	54 35,30	307 51 46,03
			Corral	307	13 1 29,0	54 57,22	13 1 17,9	51 36,10	307 51 46,66
			Paredon	291	12 1 58,5	51 55,97	12 1 42,2	51 24,80	291 51 40,38
			Carril	277	5 0 26,6	20 52,97	5 0 6,4	20 12,82	277 20 32,89
			Paniagua	351	11 0 46,2	45 32,00	11 0 39,4	45 18,95	351 45 25,47
			Conde	320	2 0 15,7	8 31,26	2 0 8,4	8 16,83	320 8 24,04
35	5 35	à	Conde	160	2 0 16,0	8 31,86	2 0 7,1	8 14,23	160 8 23,04
		droite	Paniagua	191	11 0 45,2	45 30,01	11 0 40,1	45 20,36	191 45 25,18
			Carril	117	5 0 28,1	20 55,95	5 0 6,3	20 12,62	117 20 34,28
			Paredon	131	12 1 58,9	51 56,76	12 1 40,1	51 20,59	131 51 38,67
			Corral	147	13 1 26,2	54 51,65	13 1 20,7	54 41,71	147 54 46,68
			Yesos	147	13 1 29,9	54 59,02	13 1 15,5	54 31,29	147 54 45,15
			Huertas	147	13 1 29,0	54 57,22	13 1 15,7	54 31,69	147 51 44,45
			Lindero	147	13 1 28,7	54 56,63	13 1 15,3	51 30,89	117 54 43,76
			Carbonera	147	13 1 28,5	51 56,23	13 1 15,0	54 30,29	147 54 43,26
36	6 0		Carbonera	147	13 1 28,6	54 56,43	13 1 15,0	54 30,29	147 54 43,36
			Lindero	147	13 1 28,9	54 57,02	13 1 15,2	54 30,69	147 54 45,85
			Huertas	147	13 1 29,0	54 57,22	13 1 15,7	54 31,69	147 54 44,45
			Yesos	147	13 1 29,1	54 57,42	13 1 16,0	54 32,50	147 54 44,86
			Corral	147	13 1 29,7	51 58,62	13 1 16,3	54 32,90	147 54 45,76
			Paredon	131	12 1 59,0	51 56,96	12 1 39,5	51 19,39	131 51 38,17
			Carril	117	5 0 28,2	20 56,15	5 0 6,2	20 12,42	117 20 34,28
			Paniagua	191	11 0 44,1	45 27,82	11 0 40,5	45 21,16	191 45 24,49
			Conde	160	2 0 15,4	8 30,67	2 0 7,9	8 15,83	160 8 23,25

Saavedra. *Quiroga.*

N.°	Heures	Cercle vertical	Objets	Index	Microscope I		Microscope II		Moyennes
	h m			°	D T P	′ ″	D T P	′ ″	° ′ ″
1	17 29	à gauche	Conde	0	0 0 32,7	1 5,11	0 0 10,0	0 20,01	0 0 42,57
			Paniagua	50	8 1 37,3	35 13,75	8 1 30,0	35 0,35	50 35 7,05
			Bolos	155	6 1 52,9	27 44,81	6 1 30,5	27 1,35	155 27 23,08
			Carril	290	8 0 0,0	32 0,00	7 1 52,1	31 44,61	290 31 52,32
			Paredon	306	13 1 33,3	35 5,79	13 1 20,9	54 42,11	306 54 53,95
			Yesos	335	6 1 51,2	27 41,43	6 1 30,3	27 0,95	335 27 21,19
			Huertas	335	6 1 51,1	27 41,23	6 1 30,5	27 1,35	335 27 21,29
			Lindero	335	6 1 50,7	27 40,43	6 1 30,0	27 0,35	335 27 20,39
			Carbonera	335	6 1 50,8	27 40,63	6 1 29,8	26 59,95	335 27 20,29
2	18 0		Carbonera	335	6 1 50,8	27 40,63	6 1 29,5	26 59,35	335 27 19,99
			Lindero	335	6 1 50,9	27 40,83	6 1 30,2	27 0,75	335 27 20,79
			Huertas	335	6 1 51,0	27 41,03	6 1 30,4	27 1,15	335 27 21,09
			Yesos	335	6 1 51,1	27 41,83	6 1 30,7	27 1,75	335 27 21,79
			Paredon	306	13 1 33,6	35 6,38	13 1 20,9	54 42,11	306 54 54,21
			Carril	290	8 0 0,0	32 0,00	7 1 52,0	31 44,44	290 31 52,22
			Bolos	155	6 1 53,2	27 45,41	6 1 30,4	27 1,15	155 27 23,28
			Paniagua	50	8 1 34,1	35 7,38	8 1 33,0	35 6,36	50 35 6,87
			Conde	0	0 0 32,4	1 4,52	0 0 10,3	0 20,64	0 0 42,58
3	18 28	à droite	Conde	200	0 0 49,9	1 39,36	0 0 26,1	0 52,30	200 1 15,83
			Paniagua	—	—	—	—	—	—
			Bolos	—	—	—	—	—	—
			Carril	—	—	—	—	—	—
			Paredon	—	—	—	—	—	—
			Yesos	175	7 0 7,0	28 13,04	6 1 47,4	27 35,22	175 27 54,58
			Huertas	175	7 0 6,6	28 13,14	6 1 47,0	27 34,42	175 27 53,78
			Lindero	175	7 0 6,6	28 13,14	6 1 47,0	27 34,42	175 27 53,78
			Carbonera	175	7 0 5,9	28 11,75	6 1 46,1	27 32,61	175 27 52,18
4	18 47		Carbonera	175	7 0 6,1	28 12,15	6 1 46,3	27 32,81	175 27 52,48
			Lindero	173	7 0 6,7	28 13,34	6 1 47,4	27 35,22	175 27 54,28
			Huertas	175	7 0 6,7	28 13,34	6 1 47,1	27 34,62	175 27 53,98
			Yesos	173	7 0 6,8	28 13,54	6 1 47,2	27 34,82	175 27 54,18
			Paredon	—	—	—	—	—	—
			Carril	—	—	—	—	—	—
			Bolos	—	—	—	—	—	—
			Paniagua	—	—	—	—	—	—
			Conde	200	0 0 50,2	1 39,96	0 0 23,7	0 51,50	200 1 15,73

Ibañez. *Saavedra.*

STATION DE CORRAL..6. 2 AOÛT 1859.

N.°	Heures	Cercle vertical	Objets	Index	Microscope I		Microscope II		Moyennes
	h m			°	D T P	′ ″	D T P	′ ″	° ′ ″
5	5 45	à	Conde	40	0 0 27,0	0 53,76	0 0 2,7	0 5,41	40 0 29,58
		gauche	Paniagua	90	8 1 27,0	34 53,24	8 1 23,6	34 47,53	90 34 50,38
			Bolos	195	6 1 44,7	27 28,49	6 1 24,9	26 50,13	195 27 9,31
			Carril	330	7 1 54,5	31 48,00	7 1 43,2	31 26,80	330 31 37,40
			Paredòn	346	13 1 28,4	54 56,03	13 1 13,4	54 26,48	316 54 41,25
			Yesos	—	—	—	—	—	—
			Huertas	—	—	—	—	—	—
			Lindero	—	—	—	—	—	—
			Carbonera	—	—	—	—	—	—
6	6 0		Carbonera	—	—	—	—	—	—
			Lindero	—	—	—	—	—	—
			Huertas	—	—	—	—	—	—
			Yesos	—	—	—	—	—	—
			Paredon	346	13 1 28,2	54 55,63	13 1 12,5	54 27,28	346 24 40,45
			Carril	330	7 1 54,5	31 48,00	7 1 43,1	31 26,60	330 31 37,30
			Bolos	195	6 1 44,5	27 28,09	6 1 24,4	26 49,13	195 27 8,61
			Paniagua	90	8 1 27,0	34 53,24	8 1 23,3	34 46,92	90 34 50,08
			Conde	40	0 0 26,9	0 53,57	0 0 2,6	0 5,21	40 0 29,39
7	6 17	à	Conde	240	0 0 26,7	0 53,17	0 0 2,5	0 5,01	240 0 29,09
		droite	Paniagua	290	8 1 29,3	34 57,82	8 1 21,5	34 43,32	290 34 50,57
			Bolos	35	6 1 47,2	27 33,46	6 1 24,2	26 48,73	35 27 11,09
			Carril	170	7 1 53,0	31 45,01	7 1 46,0	31 32,41	170 31 38,71
			Paredon	186	13 1 27,5	54 54,24	13 1 15,2	54 30,69	186 54 42,46
			Yesos	—	—	—	—	—	—
			Huertas	—	—	—	—	—	—
			Lindero	—	—	—	—	—	—
			Carbonera	—	—	—	—	—	—
8	6 32		Carbonera	—	—	—	—	—	—
			Lindero	—	—	—	—	—	—
			Huertas	—	—	—	—	—	—
			Yesos	—	—	—	—	—	—
			Paredon	186	13 1 27,6	54 54,44	13 1 15,2	54 30,69	186 54 42,56
			Carril	170	7 1 53,1	31 45,21	7 1 46,1	31 32,61	170 31 38,91
			Bolos	35	6 1 47,2	27 33,46	6 1 21,3	26 48,93	35 27 11,19
			Paniagua	290	8 1 29,1	34 57,42	8 1 21,9	34 44,12	290 34 50,77
			Conde	240	0 0 26,3	0 52,37	0 0 3,0	0 6,01	240 0 29,19

Ibañez. *Quiroga.*

STATION DE CORRAL..6. 2 ET 3 AOÛT 1859.

N.°	Heures	Cercle vertical	Objets	Index	Microscope I		Microscope II		Moyennes
	h m			°	D T P	′ ″	D T P	′ ″	° ′ ″
9	17 35	à	Conde	80	0 0 31,4	1 2,53	0 0 6,3	0 12,62	80 0 37,57
		gauche	Paniagua	—	—	—	—	—	—
			Bolos	—	—	—	—	—	—
			Carril	—	—	—	—	—	—
			Paredon	—	—	—	—	—	—
			Yesos	55	6 1 51,0	27 41,03	6 1 28,2	26 56,74	55 27 18,88
			Huertas	55	6 1 51,0	27 41,03	6 1 28,0	26 56,34	55 27 18,68
			Lindero	55	6 1 50,8	27 40,63	6 1 27,8	26 55,94	55 27 18,28
			Carbonera	55	6 1 50,6	27 40,23	6 1 27,8	26 55,04	55 27 18,08
10	17 52		Carbonera	55	6 1 50,6	27 40,23	6 1 27,5	26 55,34	55 27 17,78
			Lindero	55	6 1 50,9	27 40,83	6 1 27,7	26 55,74	55 27 18,28
			Huertas	55	6 1 51,0	27 41,03	6 1 27,9	26 56,14	55 27 18,58
			Yesos	55	6 1 51,2	27 41,43	6 1 28,2	26 56,74	55 27 19,08
			Paredon	—	—	—	—	—	—
			Carril	—	—	—	—	—	—
			Bolos	—	—	—	—	—	—
			Paniagua	—	—	—	—	—	—
			Conde	80	0 0 31,3	1 2,33	0 0 6,2	0 12,42	80 0 37,37
	—								
11	17 42	à	Conde	280	0 0 28,3	0 56,35	0 0 4,3	0 8,02	280 0 32,48
		droite	Paniagua	—	—	—	—	—	—
			Bolos	—	—	—	—	—	—
			Carril	—	—	—	—	—	—
			Paredon	—	—	—	—	—	—
			Yesos	255	6 1 46,6	27 32,27	6 1 26,0	26 52,33	255 27 12,30
			Huertas	255	6 1 45,9	27 30,88	6 1 24,9	26 50,13	255 27 10,50
			Lindero	255	6 1 45,9	27 30,88	6 1 24,6	26 49,53	255 27 10,20
			Carbonera	255	6 1 45,7	27 30,48	6 1 24,7	26 49,73	255 27 10,10
12	17 50		Carbonera	255	6 1 45,8	27 30,68	6 1 24,9	26 50,13	255 27 10,40
			Lindero	255	6 1 45,9	27 30,88	6 1 25,2	26 50,73	255 27 10,80
			Huertas	255	6 1 46,1	27 31,27	6 1 25,2	26 50,73	255 27 11,00
			Yesos	255	6 1 46,7	27 32,47	6 1 25,6	26 51,53	255 27 12,00
			Paredon	—	—	—	—	—	—
			Carril	—	—	—	—	—	—
			Bolos	—	—	—	—	—	—
			Paniagua	—	—	—	—	—	—
			Conde	280	0 0 28,1	0 55,95	0 0 4,1	0 8,22	280 0 32,08

Saavedra. *Quiroga.*

STATION DE CORRAL..6. 4 AOÛT 1859.

N.°	Heures	Cercle vertical	Objets	Index	Microscope I		Microscope II		Moyennes
	h m			°	d t p	′ ″	d t p	′ ″	° ′ ″
13	6 9	à	Conde	280	0 0 28,0	0 55,76	0 0 3,9	0 7,82	280 0 31,79
		gauche	Paniagua	330	8 1 32,2	35 3,60	8 1 22,2	34 44,72	330 34 54,16
			Bolos	75	6 1 49,1	27 37,25	6 1 25,8	26 51,93	75 27 14,59
			Carril	210	7 1 57,4	31 53,78	7 1 48,9	31 38,22	210 31 46,00
			Paredon	226	13 1 30,7	55 0,61	13 1 17,7	54 35,70	226 54 48,15
			Yesos	—	—	—	—	—	—
			Huertas	—	—	—	—	—	—
			Lindero	—	—	—	—	—	—
			Carbonera	—	—	—	—	—	—
14	6 25		Carbonera	—	—	—	—	—	—
			Lindero	—	—	—	—	—	—
			Huertas	—	—	—	—	—	—
			Yesos	—	—	—	—	—	—
			Paredon	226	13 1 30,9	55 1,01	13 1 17,3	54 34,90	226 54 47,95
			Carril	210	7 1 57,3	31 53,58	7 1 48,9	31 38,22	210 31 45,90
			Bolos	75	6 1 49,0	27 37,05	6 1 26,0	26 52,33	75 27 14,69
			Paniagua	330	8 1 29,2	34 57,62	8 1 24,8	34 49,93	330 34 53,77
			Conde	280	0 0 28,1	0 53,95	0 0 4,0	0 8,02	280 0 31,98
15	18 0	à	Conde	120	0 0 27,9	0 55,56	0 0 5,3	0 10,62	120 0 33,09
		droite	Paniagua	170	8 1 29,5	34 58,22	8 1 26,3	34 52,94	170 34 55,58
			Bolos	275	6 1 48,1	27 35,26	6 1 26,9	26 54,14	275 27 14,70
			Carril	50	7 1 57,6	31 54,17	7 1 47,3	31 35,02	50 31 44,59
			Paredon	66	13 1 31,4	55 2,00	13 1 16,8	54 33,90	66 54 47,95
			Yesos	93	6 1 46,9	27 32,87	6 1 25,3	26 50,93	95 27 11,90
			Huertas	95	6 1 46,9	27 32,87	6 1 25,2	26 50,73	95 27 11,80
			Lindero	95	6 1 46,6	27 32,27	6 1 24,8	26 49,93	95 27 11,10
			Carbunera	95	6 1 46,1	27 31,27	6 1 24,5	26 49,33	95 27 10,30
16	18 20		Carbonera	93	6 1 46,5	27 32,07	6 1 24,5	26 49,53	93 27 10,70
			Lindero	93	6 1 47,0	27 33,07	6 1 25,3	26 50,93	93 27 12,00
			Huertas	93	6 1 46,8	27 32,67	6 1 24,8	26 49,93	93 27 11,30
			Yesos	93	6 1 47,1	27 33,27	6 1 25,2	26 50,73	93 27 12,00
			Paredon	66	13 1 31,2	55 1,60	13 1 16,3	54 32,90	66 54 47,25
			Carril	50	7 1 57,6	31 54,17	7 1 47,4	31 35,22	50 31 44,69
			Bolos	275	6 1 48,1	27 35,26	6 1 26,2	26 52,74	275 27 14,00
			Paniagua	170	8 1 29,4	34 58,02	8 1 26,1	34 52,53	170 34 55,27
			Conde	120	0 0 27,6	0 54,06	0 0 5,7	0 11,42	120 0 33,19

Saavedra. *Ibañez.*

STATION DE CORRAL..6. 5 ET 7 AOÛT 1859.

N.°	Heures	Cercle vertical	Objets	Index	Microscope I		Microscope II		Moyennes
	h m			°	D T P	' "	D T P	' "	° ' "
17	17 39	à gauche	Conde	320	0 0 27,0	0 53,76	0 0 2,8	0 5,61	320 0 29,68
			Paniagua	10	8 1 32,0	35 3,20	8 1 24,1	34 48,53	10 34 55,86
			Bolos	115	6 1 46,7	27 32,47	6 1 23,2	26 50,73	115 27 11,60
			Carril	250	7 1 56,6	31 52,18	7 1 47,2	31 34,82	250 31 43,50
			Paredon	266	13 1 30,0	54 59,21	13 1 16,2	54 32,70	266 54 45,95
			Yesos	295	6 1 46,9	27 32,87	6 1 24,8	26 49,93	295 27 11,40
			Huertas	295	6 1 47,0	27 33,07	6 1 24,2	26 49,73	295 27 10,90
			Lindero	295	6 1 46,6	27 32,27	6 1 24,0	26 48,33	295 27 10,30
			Carbonera	295	6 1 45,9	27 30,88	6 1 23,2	26 46,12	295 27 8,80
18	18 8		Carbonera	295	6 1 46,6	27 32,27	6 1 24,0	26 48,33	295 27 10,30
			Lindero	295	6 1 46,9	27 32,87	6 1 24,1	26 48,53	295 27 10,70
			Huertas	295	6 1 47,0	27 33,07	6 1 24,6	26 49,53	295 27 11,30
			Yesos	295	6 1 47,1	27 33,27	6 1 24,5	26 49,33	295 27 11,30
			Paredon	266	13 1 30,0	54 59,21	13 1 16,3	54 32,90	266 54 46,05
			Carril	250	7 1 56,8	31 52,58	7 1 46,3	31 33,01	250 31 42,79
			Bolos	115	6 1 46,5	27 32,07	6 1 25,8	26 51,93	115 27 12,00
			Paniagua	10	8 1 30,1	34 59,41	8 1 23,3	34 50,93	10 34 55,17
			Conde	320	0 0 27,0	0 53,76	0 0 2,3	0 4,61	320 0 29,18
19	5 52	à droite	Conde	160	0 0 27,1	0 53,96	0 0 1,3	0 2,61	100 0 28,28
			Paniagua	210	8 1 29,6	34 58,42	8 1 24,0	34 48,33	210 34 53,37
			Bolos	315	6 1 44,3	27 27,69	6 1 23,0	26 46,32	315 27 7,00
			Carril	90	7 1 54,6	31 48,20	7 1 44,9	31 30,21	90 31 39,20
			Paredon	106	13 1 27,0	54 53,24	13 1 13,0	54 26,28	106 54 39,76
			Yesos	—	—	—	—	—	—
			Huertas	—	—	—	—	—	—
			Lindero	—	—	—	—	—	—
			Carbonera	—	—	—	—	—	—
20	6 11		Carbonera	—	—	—	—	—	—
			Lindero	—	—	—	—	—	—
			Huertas	—	—	—	—	—	—
			Yesos	—	—	—	—	—	—
			Paredon	106	13 1 27,3	54 53,84	13 1 13,3	54 26,89	106 54 40,36
			Carril	90	7 1 54,2	31 47,40	7 1 44,4	31 29,21	90 31 38,30
			Bolos	315	6 1 44,4	27 27,89	6 1 22,3	26 44,92	315 27 6,40
			Paniagua	210	8 1 29,3	34 57,82	8 1 24,0	34 48,33	210 34 53,07
			Conde	160	0 0 26,9	0 53,57	0 0 1,7	0 3,41	160 0 28,49

Quiroga. *Ibañez.*

STATION DE CORRAL. .6. 7 ET 8 AOÛT 1859.

N.°	Heures	Cercle vertical	Objets	Index	Microscope I		Microscope II		Moyennes
	h m			°	D T P	′ ″	D T P	′ ″	° ′ ″
21	17 40	à	Conde	160	0 0 19,8	0 39,43	0 0 2,2	0 4,41	160 0 21,92
		gauche	Paniagua	—	—	—	—	—	—
			Bolos	—	—	—	—	—	—
			Carril	—	—	—	—	—	—
			Paredon	—	—	—	—	—	—
			Yesos	135	6 1 40,6	27 20,32	6 1 20,0	26 40,31	135 27 0,31
			Huertas	135	6 1 40,5	27 20,12	6 1 19,0	26 38,31	135 26 59,21
			Lindero	135	6 1 40,5	27 20,12	6 1 19,2	26 38,71	135 26 59,11
			Carbonera	135	6 1 40,0	27 19,13	6 1 18,8	26 37,91	135 26 58,52
22	17 56		Carbonera	135	6 1 40,2	27 19,53	6 1 19,0	26 38,31	135 26 58,92
			Lindero	135	6 1 40,5	27 20,12	6 1 19,2	26 38,71	135 26 59,41
			Huertas	135	6 1 40,6	27 20,32	6 1 19,0	26 38,31	135 26 59,31
			Yesos	135	6 1 40,8	27 20,72	6 1 19,3	26 38,91	135 26 59,81
			Paredon	—	—	—	—	—	—
			Carril	—	—	—	—	—	—
			Bolos	—	—	—	—	—	—
			Paniagua	—	—	—	—	—	—
			Conde	160	0 0 19,7	0 39,23	0 0 2,2	0 4,41	160 0 21,82
	—								
23	5 26	à	Conde	0	2 0 41,2	9 22,01	2 0 23,6	8 47,29	0 9 4,66
		droite	Paniagua	50	10 1 48,0	43 33,06	10 1 41,6	43 23,60	50 43 29,33
			Bolos	155	8 1 59,6	35 58,16	8 1 44,8	35 30,01	155 35 44,08
			Carril	290	10 0 12,4	40 21,69	9 1 59,8	40 0,07	290 40 12,38
			Paredon	307	0 1 50,6	3 40,23	0 1 26,8	2 53,91	307 3 17,08
			Yesos	—	—	—	—	—	—
			Huertas	—	—	—	—	—	—
			Lindero	—	—	—	—	—	—
			Carbonera	—	—	—	—	—	—
24	5 42		Carbonera	—	—	—	—	—	—
			Lindero	—	—	—	—	—	—
			Huertas	—	—	—	—	—	—
			Yesos	—	—	—	—	—	—
			Paredon	307	0 1 50,8	3 40,63	0 1 26,8	2 53,94	507 3 17,28
			Carril	290	10 0 12,7	40 25,29	10 0 0,1	40 0,20	290 40 12,74
			Bolos	155	8 1 59,6	35 58,16	8 1 44,8	35 30,01	155 35 44,08
			Paniagua	50	10 1 48,0	43 33,06	10 1 41,3	43 22,99	50 43 29,02
			Conde	0	2 0 41,3	9 22,24	2 0 23,7	8 47,49	0 9 4,86

Quiroga. *Saavedra.*

N.º	Heures	Cercle vertical	Objets	Index	Microscope I		Microscope II		Moyennes
	h m			°	m T P	' "	m T P	' "	° ' "
25	17 45	à gauche	Conde	200	2 0 32,7	9 5,11	2 0 7,7	8 15,43	200 8 40,27
			Paniagua	—	—	—	—	—	—
			Bolos	—	—	—	—	—	—
			Carril	—	—	—	—	—	—
			Paredon	—	—	—	—	—	—
			Yesos	175	8 1 51,0	35 41,03	8 1 29,3	34 58,93	175 35 19,99
			Huertas	175	8 1 50,8	35 40,63	8 1 29,7	34 59,73	175 35 20,19
			Lindero	175	8 1 50,6	35 40,23	8 1 29,0	34 58,35	175 35 19,29
			Carbonera	175	8 1 50,1	35 39,24	8 1 28,8	34 57,95	175 35 18,59
26	18 2		Carbonera	175	8 1 50,0	35 39,04	8 1 28,7	34 57,75	175 35 18,39
			Lindero	175	8 1 50,6	35 40,23	8 1 28,9	34 58,15	175 35 19,19
			Huertas	175	8 1 50,9	35 40,83	8 1 29,4	34 59,15	175 35 19,99
			Yesos	175	8 1 50,9	35 40,83	8 1 29,4	34 59,15	175 35 19,99
			Paredon	—	—	—	—	—	—
			Carril	—	—	—	—	—	—
			Bolos	—	—	—	—	—	—
			Paniagua	—	—	—	—	—	—
			Conde	200	2 0 32,1	9 3,92	2 0 8,1	8 16,23	200 8 40,07
27	18 0	à droite	Conde	40	2 0 34,8	9 9,30	2 0 15,7	8 31,46	40 8 50,38
			Paniagua	90	10 1 39,6	43 18,33	10 1 32,3	43 4,96	90 43 11,64
			Bolos	195	8 1 56,6	35 52,18	8 1 34,1	35 8,57	195 35 30,37
			Carril	330	10 0 3,2	40 6,37	9 1 54,6	39 49,65	330 39 58,01
			Paredon	347	0 1 37,5	3 14,15	0 1 23,8	2 47,93	347 3 1,04
			Yesos	15	8 1 53,6	35 46,21	8 1 35,1	35 10,57	15 35 28,39
			Huertas	15	8 1 53,4	35 45,81	8 1 35,1	35 10,57	15 35 28,19
			Lindero	15	8 1 53,2	35 45,41	8 1 35,0	35 10,37	15 35 27,89
			Carbonera	15	8 1 53,2	35 45,41	8 1 34,5	35 9,37	15 35 27,39
28	18 9		Carbonera	15	8 1 51,0	35 41,03	8 1 30,5	35 1,35	15 35 21,19
			Lindero	15	8 1 51,7	35 42,42	8 1 30,7	35 1,75	15 35 22,08
			Huertas	15	8 1 51,8	35 42,62	8 1 31,0	35 2,35	15 35 22,48
			Yesos	15	8 1 52,4	35 43,82	8 1 31,3	35 2,96	15 35 23,39
			Paredon	347	0 1 35,0	3 9,17	0 1 20,8	2 41,91	347 2 55,54
			Carril	330	10 0 0,3	40 0,60	9 1 51,3	39 43,03	330 39 51,81
			Bolos	195	8 1 54,0	35 47,00	8 1 31,2	35 2,75	195 35 24,87
			Paniagua	90	10 1 35,8	43 10,76	10 1 30,2	43 0,75	90 43 5,75
			Conde	40	2 0 33,6	9 6,91	2 0 11,8	8 23,65	40 8 45,28

Ibañez. *Saavedra.*

6

N.°	Heures	Cercle vertical	Objets	Index	Microscope I		Microscope II		Moyennes
	h m			°	D T P	′ ″	D T P	′ ″	° ′ ″
29	17 49	à	Conde	240	2 0 39,5	9 18,66	2 0 16,2	8 32,46	240 8 55,56
		gauche	Paniagua	290	10 1 41,3	43 21,72	10 1 34,9	43 10,17	290 43 15,91
			Bolos	35	8 1 57,8	35 54,57	8 1 38,7	35 17,78	35 35 36,17
			Carril	170	10 0 5,1	40 10,16	9 1 56,2	39 52,85	170 40 1,50
			Paredon	187	0 1 40,9	3 20,92	0 1 25,2	2 50,73	187 3 5,82
			Yesos	215	8 1 58,1	35 55,17	8 1 36,2	35 12,77	215 35 33,97
			Huertas	215	8 1 57,8	35 54,57	8 1 35,3	35 10,97	215 35 32,77
			Lindero	215	8 1 57,6	35 54,17	8 1 35,3	35 10,97	215 35 32,57
			Carbonera	215	8 1 57,0	35 52,98	8 1 34,4	35 9,17	215 35 31,07
30	18 21		Carbonera	215	8 1 57,0	35 52,98	8 1 34,5	35 9,37	215 35 31,17
			Lindero	215	8 1 57,6	35 54,17	8 1 35,2	35 10,77	215 35 32,47
			Huertas	215	8 1 57,9	35 54,77	8 1 35,9	35 12,17	215 35 33,47
			Yesos	215	8 1 58,4	35 55,77	8 1 36,3	35 12,97	215 35 34,37
			Paredon	187	0 1 41,2	3 21,52	0 1 25,7	2 51,73	187 3 6,62
			Carril	170	10 0 5,0	40 9,96	9 1 56,1	39 52,65	170 40 1,30
			Bolos	35	8 1 57,3	35 53,58	8 1 37,8	35 15,98	35 35 34,78
			Paniagua	290	10 1 41,2	43 21,52	10 1 35,5	43 11,37	290 43 16,44
			Conde	240	2 0 39,3	9 18,26	2 0 16,1	8 32,26	240 8 55,26
	—								
31	17 52	à	Conde	80	2 0 39,9	9 19,45	2 0 19,0	8 38,07	80 8 58,76
		droite	Paniagua	—	—	—	—	—	—
			Bolos	—	—	—	—	—	—
			Carril	—	—	—	—	—	—
			Paredon	—	—	—	—	—	—
			Yesos	55	8 1 59,9	35 58,75	8 1 40,7	35 21,79	55 35 40,27
			Huertas	55	8 1 59,4	35 57,76	8 1 39,8	35 19,99	55 35 38,87
			Lindero	55	8 1 59,2	35 57,36	8 1 39,6	35 19,59	55 35 38,47
			Carbonera	55	8 1 58,9	35 56,76	8 1 38,9	35 18,18	55 35 37,47
32	18 9		Carbonera	55	8 1 59,2	35 57,36	8 1 39,1	35 18,59	55 35 37,97
			Lindero	55	8 1 59,5	35 57,96	8 1 39,6	35 19,59	55 35 38,77
			Huertas	55	8 1 59,7	35 58,35	8 1 40,1	35 20,59	55 35 39,47
			Yesos	55	8 1 59,9	35 58,75	8 1 40,3	35 20,99	55 35 39,87
			Paredon	—	—	—	—	—	—
			Carril	—	—	—	—	—	—
			Bolos	—	—	—	—	—	—
			Paniagua	—	—	—	—	—	—
			Conde	80	2 0 39,8	9 19,25	2 0 19,7	8 39,48	80 8 59,36

Ibanez. *Quiroga.*

STATION DE CORRAL..6. 13 AOÛT 1859.

N.°	Heures	Cercle vertical	Objets	Index	Microscope I		Microscope II		Moyennes
	h m			°	D T P	′ ″	D T P	′ ″	° ′ ″
33	5 56	à	Conde	80	2 0 34,1	9 8,50	2 0 18,0	8 36,07	80 8 52,28
		gauche	Paniagua	130	10 1 41,5	43 22,11	10 1 33,3	43 6,96	130 43 14,53
			Bolos	235	8 1 58,9	35 56,76	8 1 37,3	35 14,98	235 35 35,87
			Carril	10	10 0 6,8	40 13,54	9 1 58,3	39 57,06	10 40 5,30
			Paredon	27	0 1 40,4	3 19,92	0 1 28,0	2 56,34	27 3 8,13
			Yesos	—	—	—	—	—	—
			Huertas	—	—	—	—	—	—
			Lindero	—	—	—	—	—	—
			Carbonera	—	—	—	—	—	—
34	6 12		Carbonera	—	—	—	—	—	—
			Lindero	—	—	—	—	—	—
			Huertas	—	—	—	—	—	—
			Yesos	—	—	—	—	—	—
			Paredon	27	0 1 40,4	3 19,92	0 1 28,1	2 56,54	27 3 8,23
			Carril	10	10 0 6,3	40 12,55	9 1 58,1	39 56,66	10 40 4,60
			Bolos	235	8 1 58,8	35 56,56	8 1 37,1	35 14,58	235 35 35,57
			Paniagua	130	10 1 40,8	43 20,72	10 1 34,0	43 8,37	130 43 14,54
			Conde	80	2 0 34,4	9 8,50	2 0 18,0	8 36,07	80 8 52,28
35	17 46	à	Conde	280	2 0 36,6	9 12,88	2 0 11,4	8 22,84	280 8 47,86
		droite	Paniagua	330	10 1 39,0	43 17,14	10 1 33,8	43 7,96	330 43 12,55
			Bolos	75	8 1 55,0	35 49,00	8 1 36,8	35 13,98	75 35 31,49
			Carril	210	10 0 5,5	40 10,95	9 1 55,0	39 50,45	210 40 0,70
			Paredon	227	0 1 40,8	3 20,72	0 1 23,5	2 47,32	227 3 4,02
			Yesos	255	8 1 57,0	35 52,98	8 1 32,9	35 6,16	255 35 29,57
			Huertas	255	8 1 56,2	35 51,39	8 1 32,4	35 5,16	255 35 28,27
			Lindero	255	8 1 56,2	35 51,39	8 1 32,7	35 5,76	255 35 28,57
			Carbonera	255	8 1 55,6	35 50,19	8 1 31,7	35 3,76	255 35 26,97
36	18 15		Carbonera	255	8 1 55,8	35 50,59	8 1 32,4	35 5,16	255 35 27,87
			Lindero	255	8 1 56,3	35 51,58	8 1 32,0	35 4,36	255 35 27,97
			Huertas	255	8 1 56,2	35 51,39	8 1 32,4	35 5,16	255 35 28,27
			Yesos	255	8 1 57,1	35 53,18	8 1 33,1	35 6,56	255 35 29,87
			Paredon	227	0 1 40,8	3 20,72	0 1 23,9	2 48,13	227 3 4,42
			Carril	210	10 0 5,7	40 11,35	9 1 54,8	39 50,05	210 40 0,70
			Bolos	75	8 1 55,4	35 49,79	8 1 35,9	35 12,17	75 35 30,98
			Paniagua	330	10 1 39,4	43 17,93	10 1 32,9	43 6,16	330 43 12,04
			Conde	280	2 0 36,2	9 12,08	2 0 12,1	8 24,25	280 8 48,16

Saavedra. *Quiroga.*

STATION DE CORRAL..6. 14 ET 15 AOÛT 1859.

N.°	Heures	Cercle vertical	Objets	Index	Microscope I		Microscope II		Moyennes
	h m			°	D T P	′ ″	D T P	′ ″	° ′ ″
37	18 0	à	Conde	120	3 0 33,2	13 10,00	3 0 15,3	12 30,66	120 12 50,37
		gauche	Paniagua	170	11 1 40,2	47 19,55	11 1 33,5	47 7,56	170 47 13,44
			Bolos	275	9 1 57,7	39 54,37	9 1 33,9	39 8,17	275 39 31,27
			Carril	50	11 0 3,2	44 6,37	10 1 57,6	43 55,66	50 44 1,01
			Paredon	67	1 1 37,9	7 14,95	1 1 27,0	6 54,34	67 7 4,64
			Yesos	95	9 1 53,4	39 45,81	9 1 35,5	39 11,37	95 39 28,59
			Huertas	95	9 1 53,0	39 45,01	9 1 35,0	39 10,37	95 39 27,69
			Lindero	95	9 1 52,8	39 44,62	9 1 35,0	39 10,37	95 39 27,49
			Carbonera	95	9 1 52,2	39 43,12	9 1 34,3	39 8,97	95 39 26,19
38	18 30		Carbonera	95	9 1 52,0	39 43,02	9 1 34,0	39 8,37	95 39 25,69
			Lindero	95	9 1 53,0	39 45,01	9 1 34,8	39 9,97	95 39 27,49
			Huertas	95	9 1 53,0	39 45,01	9 1 35,0	39 10,37	95 39 27,69
			Yesos	95	9 1 53,3	39 45,61	9 1 35,4	39 11,17	95 39 28,39
			Paredon	67	1 1 37,4	7 13,95	1 1 26,4	6 53,14	67 7 3,54
			Carril	50	11 0 2,9	44 5,77	10 1 57,4	43 55,26	50 44 0,51
			Bolos	275	9 1 57,7	39 54,37	9 1 33,0	39 6,36	275 39 30,36
			Paniagua	170	11 1 36,0	47 11,16	11 1 36,7	47 13,78	170 47 12,47
			Conde	120	3 0 34,9	13 9,50	3 0 14,5	12 29,06	120 12 49,28
39	5 46	à	Conde	320	2 0 29,3	8 58,31	2 0 9,4	8 18,84	320 8 38,50
		droite	Paniagua	10	10 1 36,0	43 11,16	10 1 28,3	42 56,94	10 43 4,05
			Bolos	115	8 1 46,9	35 32,87	8 1 32,9	35 6,16	115 35 19,51
			Carril	250	10 0 0,4	40 0,80	9 1 47,6	39 35,62	250 39 48,21
			Paredon	267	0 1 34,8	3 8,77	0 1 16,4	2 33,10	267 2 50,93
			Yesos	—	—	—	—	—	—
			Huertas	—	—	—	—	—	—
			Lindero	—	—	—	—	—	—
			Carbonera	—	—	—	—	—	—
40	6 2		Carbonera	—	—	—	—	—	—
			Lindero	—	—	—	—	—	—
			Huertas	—	—	—	—	—	—
			Yesos	—	—	—	—	—	—
			Paredon	267	0 1 34,5	3 8,18	0 1 16,3	2 32,90	267 2 50,54
			Carril	250	10 0 0,3	40 0,60	9 1 47,6	39 35,62	250 39 48,11
			Bolos	115	8 1 47,0	35 33,07	8 1 32,2	35 4,76	115 35 18,91
			Paniagua	10	10 1 35,5	43 10,17	10 1 28,4	42 57,14	10 43 3,65
			Conde	320	2 0 29,5	8 58,74	2 0 8,3	8 16,63	320 8 37,68

Ibañez. *Saavedra.*

STATION DE CORRAL...6. 15 ET 16 AOÛT 1859.

N.°	Heures	Cercle vertical	Objets	Index	Microscope II		Microscope III		Moyennes
	h m			°	D T P	′ ″	D T P	′ ″	° ′ ″
41	17 45	à	Conde	160	2 0 26,7	8 53,17	2 0 6,3	8 12,62	160 8 32,89
		gauche	Paniagua	210	10 1 32,2	43 3,60	10 1 25,4	42 51,13	210 42 57,36
			Bolos	315	8 1 48,9	35 36,85	8 1 25,5	34 47,32	315 35 12,08
			Carril	90	9 1 53,1	39 45,21	9 1 47,8	39 36,02	90 39 40,61
			Paredon	107	0 1 26,7	2 52,61	0 1 16,6	2 33,50	107 2 43,07
			Yesos	135	8 1 43,7	35 26,10	8 1 26,0	34 52,33	135 35 9,41
			Huertas	135	8 1 43,5	35 25,70	8 1 25,3	34 50,93	135 35 8,31
			Lindero	135	8 1 43,2	35 25,50	8 1 25,0	34 50,33	135 35 7,91
			Carbonera	135	8 1 42,3	35 23,71	8 1 24,0	34 48,33	135 35 6,02
42	18 17		Carbonera	135	8 1 42,1	35 23,31	8 1 24,2	34 48,73	135 35 6,02
			Lindero	135	8 1 43,1	35 25,30	8 1 24,9	34 50,13	135 35 7,71
			Huertas	135	8 1 43,2	35 25,50	8 1 25,0	34 50,33	135 35 7,91
			Yesos	135	8 1 43,3	35 25,70	8 1 25,2	34 50,73	135 35 8,21
			Paredon	107	0 1 26,9	2 53,01	0 1 17,1	2 34,50	107 2 43,77
			Carril	90	9 1 53,7	39 46,41	9 1 48,3	39 37,02	90 39 41,71
			Bolos	315	8 1 48,3	35 35,65	8 1 23,0	34 46,32	315 35 10,98
			Paniagua	210	10 1 31,4	43 2,00	10 1 25,0	42 50,35	210 42 56,16
			Conde	160	2 0 26,7	8 53,17	2 0 5,9	8 11,82	160 8 32,49
43	17 48	à	Conde	10	0 0 24,0	0 47,79	0 0 6,0	0 12,02	10 0 29,90
		droite	Paniagua	—	—	—	—	—	—
			Bolos	—	—	—	—	—	—
			Carril	—	—	—	—	—	—
			Paredon	—	—	—	—	—	—
			Yesos	345	6 1 45,1	27 29,88	6 1 22,2	26 44,72	345 27 7,30
			Huertas	345	6 1 44,7	27 28,49	6 1 21,3	26 42,92	345 27 5,70
			Lindero	345	6 1 44,9	27 28,88	6 1 21,2	26 42,72	345 27 5,80
			Carbonera	345	6 1 44,5	27 28,09	6 1 21,2	26 42,72	345 27 5,40
44	18 4		Carbonera	345	6 1 44,1	27 27,89	6 1 21,2	26 42,72	345 27 5,30
			Lindero	345	6 1 44,8	27 28,69	6 1 20,9	26 42,11	345 27 5,40
			Huertas	345	6 1 44,9	27 28,88	6 1 21,0	26 42,32	345 27 5,60
			Yesos	345	6 1 45,0	27 30,88	6 1 22,1	26 41,52	345 27 7,70
			Paredon	—	—	—	—	—	—
			Carril	—	—	—	—	—	—
			Bolos	—	—	—	—	—	—
			Paniagua	—	—	—	—	—	—
			Conde	10	0 0 24,1	0 47,09	0 0 5,5	0 11,02	10 0 29,50

Ibañez. *Quiroga.*

N.°	Heures	Cercle vertical	Objets	Index	Microscope I		Microscope II		Moyennes
	h m			°	D T P	′ ″	D T P	′ ″	° ′ ″
45	5 55	à	Conde	210	0 0 25,0	0 49,78	0 0 0,9	0 1,80	210 0 25,79
		gauche	Paniagua	260	8 1 27,6	34 54,41	8 1 18,9	34 38,11	260 34 46,27
			Bolos	5	6 1 43,0	27 29,08	6 1 20,9	26 42,11	5 27 5,59
			Carril	140	7 1 49,6	31 38,24	7 1 42,9	31 26,20	140 31 32,22
			Paredon	156	13 1 23,1	54 45,48	13 1 11,8	54 23,88	156 54 34,68
			Yesos	—	—	—	—	—	—
			Huertas	—	—	—	—	—	—
			Lindero	—	—	—	—	—	—
			Carbonera	—	—	—	—	—	—
46	6 11		Carbonera	—	—	—	—	—	—
			Lindero	—	—	—	—	—	—
			Huertas	—	—	—	—	—	—
			Yesos	—	—	—	—	—	—
			Paredon	156	13 1 23,0	54 45,28	13 1 11,7	54 23,68	156 54 34,48
			Carril	140	7 1 49,3	31 37,65	7 1 42,1	31 24,60	140 31 31,12
			Bolos	5	6 1 44,3	27 27,69	6 1 21,3	26 42,92	5 27 5,30
			Paniagua	260	8 1 24,0	34 47,27	8 1 21,9	34 44,12	260 34 45,69
			Conde	210	0 0 24,1	0 47,99	0 0 0,4	0 0,80	210 0 24,39
47	17 45	à	Conde	50	0 0 25,8	0 51,37	0 0 0,1	0 0,20	50 0 25,78
		droite	Paniagua	100	8 1 24,0	34 47,27	8 1 21,0	34 42,32	100 34 44,79
			Bolos	205	6 1 44,5	27 27,69	6 1 22,9	26 46,12	205 27 6,90
			Carril	340	7 1 52,9	31 44,81	7 1 41,0	31 22,39	340 31 33,60
			Paredon	356	13 1 26,3	54 51,85	13 1 11,1	54 22,48	356 54 37,16
			Yesos	25	6 1 44,0	27 27,09	6 1 21,8	26 43,92	25 27 5,50
			Huertas	25	6 1 43,6	27 26,30	6 1 20,8	26 41,91	25 27 4,10
			Lindero	25	6 1 43,2	27 25,50	6 1 20,5	26 41,31	25 27 3,40
			Carbonera	25	6 1 43,6	27 26,30	6 1 20,4	26 41,11	25 27 3,70
48	18 12		Carbonera	25	6 1 43,5	27 26,10	6 1 20,1	26 40,51	25 27 3,30
			Lindero	25	6 1 45,2	27 25,50	6 1 20,8	26 41,91	25 27 3,70
			Huertas	25	6 1 43,5	27 26,10	6 1 21,0	26 42,32	25 27 4,21
			Yesos	25	6 1 44,6	27 28,29	6 1 21,9	26 44,12	25 27 6,20
			Paredon	356	13 1 26,0	54 51,25	13 1 11,3	54 22,88	356 54 37,06
			Carril	340	7 1 53,0	31 45,01	7 1 41,2	31 22,79	340 31 33,90
			Bolos	205	6 1 44,4	27 27,89	6 1 22,4	26 45,12	205 27 6,50
			Paniagua	100	8 1 24,2	34 47,66	8 1 21,1	34 42,52	100 34 45,09
			Conde	50	0 0 25,6	0 50,98	0 0 0,1	0 0,20	50 0 25,59

Saavedra. *Quiroga.*

STATION DE CORRAL..6. 17 ET 18 AOÛT 1859.

N.°	Heures	Cercle vertical	Objets	Index	Microscope I		Microscope II		Moyennes
	h m			°	D T P	' "	D T P	' "	° ' "
49	18 43	à gauche	Conde	250	0 0 19,8	0 39,43	0 0 2,0	0 4,01	250 0 21,72
			Paniagua	—	—	—	—	—	—
			Bolos	—	—	—	—	—	—
			Carril	—	—	—	—	—	—
			Paredon	—	—	—	—	—	—
			Yesos	225	6 1 40,0	27 19,13	6 1 22,2	26 41,72	225 27 1,92
			Huertas	225	6 1 39,3	27 17,73	6 1 21,7	26 43,72	225 27 0,72
			Lindero	225	6 1 39,3	27 17,73	6 1 21,3	26 42,92	225 27 0,32
			Carbonera	225	6 1 38,4	27 15,94	6 1 21,1	26 42,52	225 27 59,23
50	18 59		Carbonera	225	6 1 38,8	27 16,74	6 1 21,3	26 42,92	225 27 59,83
			Lindero	225	6 1 39,3	27 17,73	6 1 21,7	26 43,72	225 27 0,72
			Huertas	225	6 1 39,2	27 17,53	6 1 21,8	26 43,92	225 27 0,72
			Yesos	225	6 1 39,9	27 18,93	6 1 22,4	26 45,12	225 27 2,02
			Paredon	—	—	—	—	—	—
			Carril	—	—	—	—	—	—
			Bolos	—	—	—	—	—	—
			Paniagua	—	—	—	—	—	—
			Conde	250	0 0 19,6	0 39,03	0 0 1,9	0 3,81	250 0 21,42
51	17 56	à droite	Conde	90	0 0 25,8	0 51,37	0 0 3,2	0 6,41	90 0 28,89
			Paniagua	140	8 1 27,1	34 53,44	8 1 24,5	34 49,33	140 34 51,38
			Bolos	245	6 1 46,8	27 32,67	6 1 26,0	26 52,33	245 27 12,50
			Carril	20	7 1 56,8	31 52,58	7 1 45,2	31 30,81	20 31 41,69
			Paredon	36	13 1 29,7	54 58,62	13 1 14,1	54 28,49	36 54 43,55
			Yesos	65	6 1 46,5	27 32,07	6 1 24,2	26 48,73	65 27 10,40
			Huertas	65	6 1 46,1	27 31,27	6 1 23,1	26 46,52	65 27 8,89
			Lindero	65	6 1 45,8	27 30,68	6 1 23,2	26 46,72	65 27 8,70
			Carbonera	65	6 1 45,5	27 30,08	6 1 22,5	26 45,32	65 27 7,70
52	18 24		Carbonera	65	6 1 45,6	27 30,28	6 1 22,7	26 45,72	65 27 8,00
			Lindero	65	6 1 45,9	27 30,88	6 1 23,1	26 46,52	65 27 8,70
			Huertas	65	6 1 46,2	27 31,47	6 1 23,5	26 47,32	65 27 9,39
			Yesos	65	6 1 46,5	27 32,07	6 1 24,0	26 48,33	65 27 10,20
			Paredon	36	13 1 22,8	54 58,82	13 1 14,2	54 28,69	36 54 43,75
			Carril	20	7 1 56,6	31 52,18	7 1 45,0	31 30,41	20 31 41,29
			Bolos	245	6 1 46,6	27 32,27	6 1 25,7	26 51,73	245 27 12,00
			Paniagua	140	8 1 26,4	34 52,06	8 1 24,1	34 48,53	140 34 50,29
			Conde	90	0 0 25,0	0 49,78	0 0 4,1	0 8,22	90 0 29,00

Saavedra. *Ibañez.*

STATION DE CORRAL..6. 18 ET 19 AOÛT 1859.

N.°	Heures	Cercle vertical	Objets	Index	Microscope I		Microscope II		Moyennes
	h m			°	D T P	′ ″	D T P	′ ″	° ′ ″
53	18 52	à gauche	Conde	290	0 0 27,2	0 54,16	0 0 6,2	0 12,42	290 0 33,29
			Paniagua	—	—	—	—	—	—
			Bolos	—	—	—	—	—	—
			Carril	—	—	—	—	—	—
			Paredon	—	—	—	—	—	—
			Yesos	265	6 1 46,5	27 32,07	6 1 26,7	26 53,74	265 27 12,90
			Huertas	265	6 1 45,9	27 30,88	6 1 25,3	26 51,93	265 27 11,40
			Lindero	265	6 1 46,0	27 31,07	6 1 25,9	26 52,13	265 27 11,60
			Carbonera	265	6 1 45,5	27 30,08	6 1 25,2	26 50,73	265 27 10,10
54	10 8		Carbonera	265	6 1 45,6	27 30,28	6 1 25,7	26 51,73	265 27 11,00
			Lindero	265	6 1 46,0	27 31,07	6 1 25,6	26 51,53	265 27 11,30
			Huertas	265	6 1 45,9	27 30,88	6 1 25,8	26 51,93	265 27 11,40
			Yesos	265	6 1 46,6	27 32,27	6 1 26,7	26 53,74	265 27 13,00
			Paredon	—	—	—	—	—	—
			Carril	—	—	—	—	—	—
			Bolos	—	—	—	—	—	—
			Paniagua	—	—	—	—	—	—
			Conde	290	0 0 27,2	0 54,16	0 0 6,4	0 12,82	290 0 33,49
	—								
55	17 52	à droite	Conde	130	0 0 31,6	1 2,92	0 0 13,1	0 26,25	130 0 44,58
			Paniagua	180	8 1 37,2	35 13,55	8 1 31,2	35 2,75	180 35 8,15
			Bolos	285	6 1 52,6	27 44,22	6 1 33,1	27 6,56	285 27 25,39
			Carril	60	8 0 3,5	32 6,97	7 1 52,2	31 41,84	60 31 55,90
			Paredon	76	13 1 38,0	55 15,14	13 1 21,9	54 44,12	76 54 59,63
			Yesos	105	6 1 52,6	27 44,22	6 1 31,9	27 4,16	105 27 24,19
			Huertas	105	6 1 51,8	27 42,62	6 1 31,0	27 2,35	105 27 22,48
			Lindero	105	6 1 52,0	27 43,02	6 1 30,9	27 2,15	105 27 22,58
			Carbonera	105	6 1 51,5	27 42,03	6 1 30,2	27 0,75	105 27 21,39
56	18 19		Carbonera	105	6 1 51,6	27 42,23	6 1 30,5	27 0,95	105 27 21,59
			Lindero	105	6 1 51,8	27 42,62	6 1 31,2	27 2,75	105 27 22,68
			Huertas	105	6 1 51,9	27 42,82	6 1 31,2	27 2,75	105 27 22,78
			Yesos	105	6 1 52,5	27 44,02	6 1 32,1	27 4,56	105 27 24,29
			Paredon	76	13 1 37,8	55 14,75	13 1 21,9	54 44,12	76 54 59,43
			Carril	60	8 0 3,7	32 7,37	7 1 52,3	31 45,04	60 31 56,20
			Bolos	285	6 1 52,7	27 44,42	6 1 33,3	27 6,96	285 27 25,69
			Paniagua	180	8 1 37,2	35 13,55	8 1 31,0	35 2,35	180 35 7,95
			Conde	130	0 0 31,0	1 1,73	0 0 13,2	0 26,45	130 0 44,09

Quiroga. *Ibañez.*

STATION DE CORRAL..6. 20 AOÛT 1859.

N.°	Heures	Cercle vertical	Objets	Index	Microscope I		Microscope II		Moyennes
	h m			°	D T P	' "	D T P	' "	° ' "
57	4 41	à	Conde	330	0 0 27,7	0 55,16	0 0 4,6	0 9,22	330 0 32,19
		gauche	Paniagua	20	8 1 33,0	35 5,19	8 1 25,1	34 50,53	20 35 57,86
			Bolos	125	6 1 48,7	27 36,45	6 1 26,0	26 52,33	125 27 14,39
			Carril	200	7 1 55,7	31 50,39	7 1 47,1	31 34,62	200 31 42,50
			Paredon	276	13 1 29,5	54 58,22	13 1 16,0	54 32,30	276 54 45,26
			Yesos	—	—	—	—	—	—
			Huertas	—	—	—	—	—	—
			Lindero	—	—	—	—	—	—
			Carbonera	—	—	—	—	—	—
58	4 58		Carbonera	—	—	—	—	—	—
			Lindero	—	—	—	—	—	—
			Huertas	—	—	—	—	—	—
			Yesos	—	—	—	—	—	—
			Paredon	276	13 1 29,5	54 58,22	13 1 15,6	54 31,49	276 54 44,85
			Carril	200	7 1 55,7	31 50,39	7 1 46,9	31 34,22	200 31 42,30
			Bolos	125	6 1 48,6	27 36,25	6 1 25,8	26 51,93	125 27 14,09
			Paniagua	20	8 1 30,1	34 59,11	8 1 27,2	34 54,74	20 34 57,07
			Conde	330	0 0 27,5	0 54,76	0 0 4,7	0 9,42	330 0 32,09
59	5 16	à	Conde	170	0 0 29,7	0 59,14	0 0 7,1	0 14,23	170 0 36,68
		droite	Paniagua	220	8 1 34,7	35 8,57	8 1 27,6	34 55,54	220 35 2,05
			Bolos	325	6 1 49,7	27 38,44	6 1 27,0	26 54,34	325 27 16,39
			Carril	100	7 1 56,7	31 52,38	7 1 48,2	31 36,82	100 31 44,60
			Paredon	116	13 1 30,9	55 1,01	13 1 18,0	54 36,30	116 54 48,65
			Yesos	—	—	—	—	—	—
			Huertas	—	—	—	—	—	—
			Lindero	—	—	—	—	—	—
			Carbonera	—	—	—	—	—	—
60	5 30		Carbonera	—	—	—	—	—	—
			Lindero	—	—	—	—	—	—
			Huertas	—	—	—	—	—	—
			Yesos	—	—	—	—	—	—
			Paredon	116	13 1 30,8	55 0,81	13 1 18,0	54 36,30	116 54 48,55
			Carril	100	7 1 56,7	31 52,38	7 1 48,2	31 36,82	100 31 44,60
			Bolos	325	6 1 49,7	27 38,44	6 1 26,7	26 53,74	325 27 16,09
			Paniagua	220	8 1 30,2	34 59,61	8 1 31,1	35 2,55	220 35 1,08
			Conde	170	0 0 28,8	0 57,35	0 0 7,0	0 14,03	170 0 35,69

Quiroga. *Saavedra.*

STATION DE CORRAL..6. 20 ET 21 AOÛT 1859.

N.º	Heures	Cercle vertical	Objets	Index	Microscope I		Microscope II		Moyennes
	h m			°	D T P	′ ″	D T P	′ ″	° ′ ″
61	18 12	à	Conde	190	2 0 22,9	8 45,60	2 0 3,8	8 7,61	190 8 26,60
		gauche	Paniagua	—	—	—	—	—	—
			Bolos	—	—	—	—	—	—
			Carril	—	—	—	—	—	—
			Paredon	—	—	—	—	—	—
			Yesos	165	8 1 43,3	35 25,70	8 1 22,2	34 44,72	165 35 5,21
			Huertas	165	8 1 42,9	35 24,90	8 1 21,5	34 43,32	165 35 4,11
			Lindero	165	8 1 42,9	35 24,90	8 1 21,3	34 43,32	165 35 4,11
			Carbonera	165	8 1 42,7	35 24,50	8 1 20,9	34 42,11	165 35 3,30
62	18 27		Carbonera	165	8 1 42,7	35 24,50	8 1 21,0	34 42,32	165 35 3,41
			Lindero	165	8 1 42,8	35 24,70	8 1 21,3	34 42,92	165 35 3,81
			Huertas	165	8 1 42,9	35 24,90	8 1 21,6	34 43,52	165 35 4,21
			Yesus	165	8 1 43,5	35 26,10	8 1 22,3	34 44,92	165 35 5,51
			Paredon	—	—	—	—	—	—
			Carril	—	—	—	—	—	—
			Bolos	—	—	—	—	—	—
			Paniagua	—	—	—	—	—	—
			Conde	190	2 0 22,8	8 45,10	2 0 3,8	8 7,61	190 8 26,50
	—								
63	17 45	à	Conde	30	2 0 22,0	8 43,81	2 0 0,0	8 0,00	30 8 21,90
		droite	Paniagua	80	10 1 25,0	42 49,26	10 1 18,7	42 37,71	80 42 43,48
			Bolos	185	8 1 42,3	35 23,71	8 1 19,4	34 39,11	185 35 1,11
			Carril	320	9 1 49,0	39 37,05	9 1 40,2	39 20,79	320 39 28,92
			Paredon	337	0 1 23,0	2 45,28	0 1 9,4	2 19,07	337 2 32,17
			Yesos	5	8 1 40,7	35 20,52	8 1 19,5	34 39,31	5 34 59,91
			Huertas	5	8 1 40,2	35 19,53	8 1 18,9	34 38,11	5 34 58,82
			Lindero	5	8 1 40,0	35 19,13	8 1 19,0	34 38,31	5 34 58,72
			Carbonera	5	8 1 39,2	35 17,53	8 1 18,1	34 36,50	5 34 57,01
64	18 12		Carbonera	5	8 1 39,4	35 17,93	8 1 18,2	34 36,70	5 34 57,31
			Lindero	5	8 1 39,8	35 18,73	8 1 18,8	34 37,91	5 34 58,32
			Huertas	5	8 1 40,1	35 19,33	8 1 18,7	34 37,71	5 34 58,52
			Yesos	5	8 1 40,8	35 20,72	8 1 19,7	34 39,71	5 35 0,21
			Paredon	337	0 1 23,0	2 45,28	0 1 9,0	2 18,27	337 2 31,77
			Carril	320	9 1 48,9	39 36,85	9 1 40,2	39 20,79	320 39 28,82
			Bolos	185	8 1 42,0	35 23,11	8 1 19,1	34 38,51	185 35 0,81
			Paniagua	80	10 1 22,8	42 44,88	10 1 20,8	42 41,91	80 42 43,39
			Conde	30	2 0 21,9	8 43,61	2 0 0,1	8 0,20	30 8 21,90

Ibañes. *Saavedra.*

STATION DE CARRIL..8. 24 AOÛT 1859.

N.°	Heures	Cercle vertical	Objets	Index	Microscope I		Microscope II		Moyennes
	h m			°	D T P	′ ″	D T P	′ ″	° ′ ″
1	5 24	à gauche	Conde	0	0 0 18,7	0 37,24	0 0 11,0	0 22,04	0 0 29,64
			Paredon	4	14 1 43,1	59 25,30	14 1 33,2	59 6,76	4 59 16,03
			Paniagua	5	9 0 15,8	36 31,46	9 0 7,0	36 14,03	5 36 22,74
			Yesos	10	13 1 39,4	55 17,93	13 1 28,1	54 56,54	10 55 7,23
			Corral	28	9 0 29,0	36 57,75	9 0 13,3	36 26,65	28 36 42,20
			Bolos	42	14 1 9,7	58 18,79	14 0 51,3	57 42,80	42 58 0,79
			Carbonera	301	0 0 55,4	1 50,52	0 0 51,8	1 43,80	301 1 47,06
			Lindero	323	4 0 42,3	17 24,23	4 0 40,8	17 21,76	323 17 22,99
			Huertas	345	0 0 7,0	0 13,94	0 0 3,4	0 6,81	345 0 10,37
2	5 51		Huertas	345	0 0 6,8	0 13,54	0 0 2,9	0 5,81	345 0 9,67
			Lindero	323	4 0 42,8	17 25,23	4 0 40,3	17 20,76	323 17 22,99
			Carbonera	301	0 0 55,0	1 49,52	0 0 51,0	1 42,20	301 1 45,86
			Bolos	42	14 1 9,1	58 18,19	14 0 50,0	57 40,19	42 57 59,19
			Corral	28	9 0 28,4	36 56,55	9 0 12,2	36 21,45	28 36 40,50
			Yesos	10	13 1 38,7	55 16,54	13 1 27,1	54 54,54	10 55 5,54
			Paniagua	5	9 0 15,8	36 31,46	9 0 6,8	36 13,63	5 36 22,54
			Paredon	4	14 1 43,4	59 25,90	14 1 33,2	59 6,76	4 59 16,33
			Conde	0	0 0 18,9	0 37,64	0 0 10,9	0 21,81	0 0 29,74
3	17 54	à droite	Conde	200	0 0 32,6	1 4,92	0 0 19,9	0 39,88	200 0 52,40
			Paredon	204	14 1 57,2	59 53,38	14 1 41,9	59 24,20	204 59 38,79
			Paniagua	205	9 0 30,0	36 59,74	9 0 14,8	36 29,66	205 36 44,70
			Yesos	210	13 1 54,5	55 41,02	13 1 35,8	55 11,97	210 55 27,99
			Corral	228	9 0 41,8	37 23,24	9 0 22,7	36 45,49	228 37 4,36
			Bolos	242	14 1 22,3	58 43,88	14 0 59,9	58 0,03	242 58 21,95
			Carbonera	141	0 1 6,4	2 12,22	0 1 1,6	2 3,44	141 2 7,83
			Lindero	163	4 0 55,0	17 49,52	4 0 48,4	17 36,99	163 17 43,25
			Huertas	185	0 0 20,3	0 40,82	0 0 10,6	0 21,24	185 0 31,03
4	18 21		Huertas	185	0 0 20,2	0 40,22	0 0 10,0	0 20,04	185 0 30,13
			Lindero	163	4 0 53,8	17 47,13	4 0 47,8	17 35,79	163 17 41,46
			Carbonera	141	0 1 5,8	2 11,03	0 1 1,3	2 2,84	141 2 6,93
			Bolos	242	14 1 21,7	58 42,69	14 0 50,5	57 59,23	242 58 20,96
			Corral	228	9 0 41,0	37 21,64	9 0 21,8	36 43,68	228 37 2,66
			Yesos	210	13 1 54,4	55 43,82	13 1 35,8	55 11,97	210 55 27,89
			Paniagua	205	9 0 29,4	36 58,54	9 0 14,1	36 28,25	205 36 43,39
			Paredon	204	14 1 57,0	59 52,98	14 1 41,7	59 23,80	204 59 38,39
			Conde	200	0 0 32,1	1 3,92	0 0 19,1	0 38,27	200 0 51,09

Ibañez. *Saavedra.*

STATION DE CARRIL..8. 25 AOÛT 1859.

N.°	Heures	Cercle vertical	Objets	Index	Microscope I		Microscope II		Moyennes
	h m			°	D T P	′ ″	D T P	′ ″	° ′ ″
5	4 35	à	Conde	40	0 0 24,7	0 49,18	0 0 19,0	0 38,07	40 0 43,62
		gauche	Paredon	44	14 1 49,2	59 37,43	11 1 40,7	59 21,79	41 59 29,62
			Paniagua	45	9 0 21,4	36 42,61	9 0 14,0	36 28,05	45 36 35,33
			Yesos	50	13 1 43,1	55 29,28	13 1 35,6	55 11,57	50 55 20,42
			Corral	68	9 0 33,0	37 5,71	9 0 20,0	36 40,08	68 36 52,89
			Bolos	82	14 1 13,8	58 26,96	14 0 59,0	57 58,23	82 58 12,59
			Carbonera	341	0 1 1,2	2 1,87	0 0 18,2	1 56,63	341 1 59,25
			Lindero	3	4 0 50,0	17 39,56	4 0 47,7	17 35,59	3 17 37,57
			Huertas	25	0 0 12,0	0 23,90	0 0 10,0	0 20,04	25 0 21,97
6	5 2		Huertas	25	0 0 11,9	0 23,70	0 0 10,0	0 20,04	25 0 21,87
			Lindero	3	4 0 48,9	17 37,37	4 0 46,9	17 33,98	3 17 35,67
			Carbonera	341	0 1 0,8	2 1,07	0 0 58,3	1 56,83	341 1 58,95
			Bolos	82	14 1 13,5	58 26,36	14 0 58,5	57 57,23	82 58 11,79
			Corral	68	9 0 33,1	37 5,91	9 0 20,0	36 40,08	68 36 52,99
			Yesos	50	13 1 45,0	55 29,08	13 1 35,6	55 11,57	50 55 20,32
			Paniagua	45	9 0 21,1	36 42,02	9 0 14,1	36 28,25	45 36 35,13
			Paredon	41	14 1 49,0	59 37,05	11 1 41,0	59 22,39	41 59 29,72
			Conde	40	0 0 21,3	0 48,39	0 0 18,8	0 37,67	40 0 43,03
7	5 30	à	Conde	249	0 0 24,0	0 47,79	0 0 10,2	0 20,44	240 0 34,11
		droite	Paredon	244	14 1 48,2	59 35,46	11 1 32,6	59 5,56	244 59 20,51
			Paniagua	245	9 0 20,1	36 40,02	9 0 6,0	36 12,02	245 36 26,02
			Yesos	250	13 1 43,2	55 25,50	13 1 26,6	54 53,54	250 55 9,52
			Corral	268	9 0 32,0	37 3,72	9 0 11,1	36 22,24	268 36 42,98
			Bolos	282	14 1 13,0	58 25,36	14 0 49,7	57 39,59	282 58 2,47
			Carbonera	181	0 0 58,1	1 55,69	0 0 52,1	1 44,40	181 1 50,04
			Lindero	203	4 0 47,4	17 34,59	4 0 41,3	17 22,76	203 17 28,57
			Huertas	223	0 0 11,2	0 22,30	0 0 2,5	0 4,61	225 0 13,45
8	5 58		Huertas	225	0 0 10,9	0 21,70	0 0 2,2	0 4,11	225 0 13,05
			Lindero	203	4 0 46,8	17 33,19	4 0 41,2	17 22,56	203 17 27,87
			Carbonera	181	0 0 58,0	1 55,49	0 0 52,8	1 45,81	181 1 50,65
			Bolos	281	14 1 13,0	58 25,36	14 0 49,2	57 38,59	282 58 1,97
			Corral	268	9 0 32,0	37 3,72	9 0 11,3	36 22,64	268 36 43,18
			Yesos	250	13 1 43,4	55 25,90	13 1 27,1	54 54,54	250 55 10,22
			Paniagua	245	9 0 20,2	36 40,22	9 0 6,1	36 12,22	245 36 26,22
			Paredon	244	14 1 47,5	59 34,06	11 1 32,2	59 4,76	241 59 19,41
			Conde	240	0 0 23,7	0 47,19	0 0 10,9	0 21,84	240 0 34,51

Ibañez. *Quiroga.*

N.°	Heures	Cercle vertical	Objets	Index	Microscope I		Microscope II		Moyennes
	h m			°	r t p	' "	r t p	' "	° ' "
9	5 0	à gauche	Conde	80	0 0 25,0	0 49,78	0 0 17,8	0 35,67	80 0 42,72
			Paredon	84	14 1 49,2	59 37,15	14 1 40,8	59 21,99	84 59 29,72
			Paniagua	85	9 0 21,9	36 43,61	9 0 13,4	36 26,85	85 36 35,23
			Yesos	90	13 1 44,7	55 28,49	13 1 34,9	55 10,17	90 55 19,33
			Corral	108	9 0 32,3	37 4,32	9 0 20,4	36 40,88	108 36 52,60
			Bolos	122	14 1 13,0	38 25,36	14 0 59,8	57 59,83	122 58 12,59
			Carbónera	21	0 1 3,7	2 6,84	0 0 58,0	1 56,23	21 2 1,53
			Lindero	43	4 0 52,6	17 44,74	4 0 47,0	17 31,18	43 17 39,46
			Huertas	65	0 0 14,0	0 27,83	0 0 9,5	0 19,04	65 0 23,46
10	5 28		Huertas	65	0 0 11,3	0 22,50	0 0 9,0	0 18,04	65 0 20,27
			Lindero	43	4 0 49,5	17 38,57	4 0 46,0	17 32,18	43 17 35,37
			Carbonera	21	0 1 1,0	2 1,47	0 0 57,4	1 55,02	21 1 58,24
			Bolos	122	14 1 12,3	38 23,97	14 0 56,5	57 53,22	122 58 8,59
			Corral	108	9 0 31,4	37 2,53	9 0 18,5	36 37,07	108 36 49,80
			Yesos	90	13 1 42,8	35 24,70	13 1 33,3	55 6,96	90 55 15,83
			Paniagua	85	9 0 19,5	36 38,83	9 0 12,1	36 24,25	85 36 31,54
			Paredon	84	14 1 47,3	59 33,06	14 1 39,2	59 18,79	84 59 26,22
			Condé	80	0 0 22,4	0 44,60	0 0 17,0	0 34,07	80 0 39,33
11	5 57	à droite	Condé	280	0 0 23,9	0 47,59	0 0 11,5	0 23,04	230 0 35,31
			Paredon	284	14 1 49,2	59 37,15	14 1 34,0	59 8,37	284 59 22,91
			Paniagua	285	9 0 20,5	36 40,82	9 0 6,7	36 13,43	285 36 27,12
			Yesos	290	13 1 44,2	55 27,49	13 1 28,0	54 56,34	290 55 11,91
			Corral	308	9 0 33,7	37 7,11	9 0 13,4	36 26,85	308 36 46,98
			Bolos	322	14 1 13,8	58 26,96	14 0 50,9	57 42,00	322 58 4,18
			Carbonera	221	0 1 0,0	1 59,48	0 0 55,3	1 50,82	221 1 55,15
			Lindero	243	4 0 48,4	17 36,38	4 0 43,1	17 30,38	243 17 33,38
			Huertas	263	0 0 11,4	0 22,70	0 0 4,2	0 8,42	263 0 15,56
12	5 47		Huertas	265	0 0 7,0	0 13,94	0 0 1,0	0 2,00	263 0 7,97
			Lindero	243	4 0 43,8	17 27,22	4 0 41,0	17 22,16	243 17 24,69
			Carbonera	221	0 0 56,1	1 51,71	0 0 51,1	1 42,40	221 1 47,05
			Bolos	322	14 1 9,1	58 17,60	14 0 46,5	57 33,18	322 57 55,39
			Corral	308	9 0 28,2	36 56,15	9 0 9,2	36 18,44	308 36 37,29
			Yesos	290	13 1 39,9	55 18,93	13 1 23,6	54 47,53	290 55 3,23
			Paniagua	285	9 0 15,4	36 30,07	9 0 2,4	36 4,81	285 36 17,74
			Paredon	284	14 1 43,0	59 26,89	14 1 20,6	58 59,55	284 59 13,22
			Conde	280	0 0 19,9	0 39,63	0 0 7,6	0 15,23	280 0 27,43

Saavedra. *Quiroga.*

STATION DE CARRIL..8. 28 AOÛT 1859.

N.°	Heures	Cercle vertical	Objets	Index	Microscope I		Microscope II		Moyennes
	h m			°	D T P	′ ″	D T P	′ ″	° ′ ″
13	5 7	à	Conde	120	0 0 25,2	0 46,20	0 0 17,7	0 35,47	120 0 40,83
		gauche	Paredon	124	14 1 47,5	50 34,06	14 1 39,4	59 19,19	124 50 26,62
			Paniagua	125	9 0 19,9	36 39,63	9 0 12,7	36 25,45	125 36 32,54
			Yesos	130	13 1 42,3	55 23,71	13 1 32,9	55 6,16	130 55 14,93
			Corral	148	9 0 31,7	37 3,12	9 0 18,2	36 36,17	148 36 49,79
			Bolos	162	14 1 13,4	58 26,16	14 0 57,0	57 54,22	162 58 10,19
			Carbonera	61	0 1 1,9	2 3,26	0 0 59,2	1 58,63	61 2 0,91
			Lindero	83	4 0 49,2	17 37,97	4 0 48,0	17 36,19	83 17 37,08
			Huertas	105	0 0 10,2	0 20,31	0 0 7,9	0 15,85	105 0 18,07
14	5 31		Huertas	105	0 0 10,1	0 20,11	0 0 7,7	0 15,43	105 0 17,77
			Lindero	83	4 0 49,2	17 37,97	4 0 48,0	17 36,19	83 17 37,08
			Carbonera	61	0 1 0,8	2 1,07	0 0 59,0	1 58,23	61 1 59,65
			Bolos	162	14 1 14,0	58 27,35	14 0 56,5	57 53,22	162 58 10,28
			Corral	148	9 0 31,4	37 2,53	9 0 18,0	36 36,07	148 36 49,30
			Yesos	130	13 1 42,6	55 24,30	13 1 33,8	55 7,96	130 55 16,13
			Paniagua	125	9 0 19,4	36 38,63	9 0 12,8	36 25,65	125 36 32,14
			Paredon	124	14 1 47,1	59 33,27	14 1 39,2	59 18,79	124 59 26,03
			Conde	120	0 0 22,6	0 45,00	0 0 18,2	0 36,47	120 0 40,73
15	18 3	à	Conde	320	0 0 21,6	0 43,01	0 0 7,8	0 15,63	320 0 29,32
		droite	Paredon	324	14 1 45,0	59 29,08	14 1 29,2	58 58,75	324 59 13,91
			Paniagua	325	9 0 17,0	36 33,85	9 0 1,8	36 3,61	325 36 18,73
			Yesos	330	13 1 41,4	55 21,91	13 1 23,6	54 47,53	330 55 4,72
			Corral	348	9 0 30,1	36 59,94	9 0 10,4	36 20,84	348 36 40,39
			Bolos	2	14 1 10,8	58 20,98	14 0 50,2	57 40,59	2 58 0,78
			Carbonera	261	0 0 58,1	1 55,69	0 0 50,3	1 40,80	261 1 48,21
			Lindero	283	4 0 47,4	17 34,39	4 0 36,1	17 12,34	283 17 23,36
			Huertas	305	0 0 9,7	0 19,32	14 1 57,8	59 56,06	305 0 7,69
16	18 33		Huertas	305	0 0 9,7	0 19,32	14 1 57,3	59 55,06	305 0 7,19
			Lindero	283	4 0 47,0	17 33,59	4 0 36,2	17 12,54	283 17 23,06
			Carbonera	261	0 0 57,9	1 55,29	0 0 50,2	1 40,59	261 1 47,94
			Bolos	2	14 1 10,6	58 20,58	14 0 50,0	57 40,19	2 58 0,38
			Corral	348	9 0 30,5	37 0,73	9 0 10,2	36 20,44	348 36 40,58
			Yesos	330	13 1 41,0	55 21,12	13 1 23,2	54 46,72	330 55 3,92
			Paniagua	325	9 0 16,9	36 33,65	9 0 1,8	36 3,61	325 36 18,63
			Paredon	324	14 1 44,9	59 28,88	14 1 28,8	58 57,95	324 59 13,41
			Conde	320	0 0 20,9	0 41,62	0 0 7,0	0 14,03	320 0 27,82

Saavedra. *Ibañes.*

STATION DE CARRIL..8. 29 ET 30 AOÛT 1859.

N.°	Heures	Cercle vertical	Objets	Index	Microscope I		Microscope II		Moyennes
	h m			°	D T P	′ ″	D T P	′ ″	° ′ ″
17	5 27	à	Conde	160	0 0 22,8	0 45,40	0 0 16,0	0 32,06	160 0 38,73
		gauche	Paredon	164	11 1 47,9	59 31,86	11 1 38,6	59 17,58	164 59 26,22
			Paniagua	165	9 0 18,7	36 37,24	9 0 11,1	36 22,24	165 36 29,74
			Yesos	170	13 1 43,3	55 25,70	13 1 32,4	55 5,16	170 55 15,43
			Corral	188	9 0 32,2	37 4,12	9 0 18,0	36 36,07	188 36 50,09
			Bolos	202	11 1 13,9	58 27,15	11 0 55,1	57 50,41	202 58 8,78
			Carbonera	101	0 0 57,3	1 54,10	0 0 57,1	1 54,42	101 1 54,26
			Lindéro	123	4 0 46,6	17 32,79	4 0 47,0	17 34,18	123 17 33,48
			Huertas	145	0 0 9,0	0 17,92	0 0 6,1	0 12,22	145 0 15,07
18	5 51		Huertas	145	0 0 8,8	0 17,52	0 0 6,3	0 12,62	145 0 15,07
			Lindero	123	4 0 46,9	17 33,39	4 0 45,8	17 31,78	123 17 32,58
			Carbonera	101	0 0 57,6	1 54,70	0 0 56,7	1 53,62	101 1 54,16
			Bolos	202	11 1 14,7	58 28,75	11 0 55,0	57 50,21	202 58 9,48
			Corral	188	9 0 32,8	37 5,31	9 0 16,8	36 33,67	188 36 49,49
			Yesos	170	13 1 42,6	55 21,50	13 1 32,0	55 4,36	170 55 14,33
			Paniagua	165	9 0 19,1	36 38,03	9 0 11,3	36 22,61	165 36 30,33
			Paredon	164	11 1 48,3	59 35,65	11 1 38,1	59 16,58	164 59 26,11
			Conde	160	0 0 22,7	0 45,20	0 0 16,0	0 32,06	160 0.38,63
19	5 20	à	Conde	0	2 0 21,8	8 43,41	2 0 10,0	8 20,04	0 8 31,72
		droite	Paredon	5	1 1 45,6	7 30,28	1 1 32,1	7 4,56	5 7 17,42
			Paniagua	5	11 0 18,9	44 37,64	11 0 5,9	44 11,82	5 44 24,73
			Yesos	11	0 1 42,9	3 24,90	0 1 27,8	2 55,94	11 3 10,42
			Corral	28	11 0 31,7	45 3,12	11 0 12,8	44 25,65	28 44 44,38
			Bolos	43	1 1 12,8	6 24,96	1 0 50,7	5 41,00	43 6 3,28
			Carbonera	301	2 0 57,3	9 54,10	2 0 51,2	9 42,60	301 9 48,35
			Lindero	323	6 0 44,1	25 27,82	6 0 40,0	25 20,16	323 25 23,99
			Huertas	345	2 0 9,0	8 17,92	2 0 1,2	8 2,40	345 8 10,16
20	5 48		Huertas	345	2 0 9,0	8 17,92	2 0 1,0	8 2,00	345 8 9,96
			Lindero	323	6 0 43,9	25 27,42	6 0 40,2	25 20,56	323 25 23,99
			Carbonera	301	2 0 57,2	9 53,90	2 0 51,4	9 43,00	301 9 48,45
			Bolos	43	1 1 12,5	6 24,37	1 0 50,5	5 41,20	43 6 2,78
			Corral	28	11 0 31,2	45 2,13	11 0 12,3	44 24,65	28 44 43,39
			Yesos	11	0 1 42,0	3 24,90	0 1 27,2	2 54,74	11 3 9,82
			Paniagua	5	11 0 18,9	44 37,64	11 0 6,0	44 12,02	5 44 24,83
			Paredon	5	1 1 45,8	7 30,68	1 1 32,0	7 4,36	5 7 17,52
			Conde	0	2 0 21,7	8 43,21	2 0 9,8	8 19,64	0 8 31,42

Quiroga. *Ibanez*

STATION DE CARRIL..8. 30 ET 31 AOÛT 1859.

N.°	Heures	Cercle vertical	Objets	Index	Microscope I		Microscope II		Moyennes
	h m			°	D T P	′ ″	D T P	′ ″	° ′ ″
21	17 47	à gauche	Conde	200	2 0 23,7	8 47,19	2 0 15,1	8 30,86	200 8 39,02
			Paredon	205	1 1 49,0	7 37,05	1 1 37,8	7 15,98	205 7 26,51
			Paniagua	205	11 0 21,2	44 42,21	11 0 11,2	44 22,44	205 44 32,32
			Yesos	211	0 1 45,0	3 29,08	0 1 33,4	3 7,16	211 3 18,12
			Corral	228	11 0 33,0	45 5,71	11 0 19,0	44 38,07	228 44 51,89
			Bolos	243	1 1 13,2	6 25,76	1 0 56,9	5 54,02	243 6 9,89
			Carbonera	141	2 0 59,4	9 58,28	2 0 55,8	9 51,82	141 9 55,05
			Lindero	163	6 0 49,0	25 37,57	6 0 44,0	25 28,17	163 25 32,87
			Huertas	185	2 0 12,0	8 23,90	2 0 6,1	8 12,22	185 8 18,06
22	18 11		Huertas	185	2 0 11,9	8 23,70	2 0 6,1	8 12,22	185 8 17,96
			Lindero	163	6 0 48,9	25 37,37	6 0 44,2	25 28,57	163 25 32,97
			Carbonera	141	2 0 59,3	9 58,08	2 0 55,1	9 50,41	141 9 54,24
			Bolos	243	1 1 13,0	6 25,36	1 0 57,2	5 54,62	243 6 9,99
			Corral	228	11 0 32,9	45 5,51	11 0 18,3	44 36,67	228 44 51,09
			Yesos	211	0 1 45,0	3 29,08	0 1 34,0	3 8,37	211 3 18,72
			Paniagua	205	11 0 21,0	44 41,82	11 0 11,0	44 22,04	205 44 31,93
			Paredon	205	1 1 48,9	7 36,83	1 1 37,3	7 14,98	205 7 25,91
			Conde	200	2 0 23,8	8 47,59	2 0 15,0	8 30,06	200 8 38,72
23	5 25	à droite	Conde	40	2 0 20,0	8 39,83	2 0 8,0	8 16,03	40 8 27,93
			Paredon	45	1 1 44,0	7 27,09	1 1 30,2	7 0,75	45 7 13,92
			Paniagua	45	11 0 16,8	44 33,45	11 0 3,9	44 7,82	45 44 20,63
			Yesos	51	0 1 39,9	3 18,93	0 1 21,5	2 49,33	51 3 4,13
			Corral	68	11 0 28,0	44 55,76	11 0 10,0	44 20,01	68 44 37,90
			Bolos	83	1 1 9,3	6 18,00	1 0 47,8	5 35,79	83 5 56,89
			Carbonera	341	2 0 53,5	9 50,52	2 0 48,0	9 36,19	341 9 43,35
			Lindero	3	6 0 43,8	25 27,22	6 0 37,9	25 15,95	3 25 21,58
			Huertas	25	2 0 7,1	8 14,14	1 1 58,8	7 58,06	25 8 6,10
24	5 51		Huertas	25	2 0 7,0	8 13,94	1 1 59,4	7 59,26	25 8 6,60
			Lindero	3	6 0 43,4	25 26,42	6 0 37,9	25 15,95	3 25 21,18
			Carbonera	341	2 0 53,0	9 49,52	2 0 47,9	9 35,99	341 9 42,75
			Bolos	83	1 1 9,1	6 17,60	1 0 47,3	5 34,78	83 5 56,19
			Corral	68	11 0 28,1	44 55,95	11 0 10,1	44 20,21	68 44 38,09
			Yesos	51	0 1 39,9	3 18,93	0 1 21,5	2 49,33	51 3 4,13
			Paniagua	45	11 0 16,7	44 33,25	11 0 3,7	44 7,41	45 44 20,33
			Paredon	45	1 1 44,0	7 27,09	1 1 30,2	7 0,75	45 7 13,92
			Conde	40	2 0 20,2	8 40,22	2 0 8,1	8 16,23	40 8 28,22

Quiroga. *Saavedra.*

STATION DE CARRIL..8. 1, 2 ET 3 SEPTEMBRE 1859.

N.°	Heures	Cercle vertical	Objets	Index	Microscope I		Microscope II		Moyennes
	h m			o	D T P	′ ″	D T P	′ ″	° ′ ″
25	5 38	à gauche	Conde	240	2 0 21,9	8 43,61	2 0 13,6	8 27,25	240 8 35,43
			Paredon	245	1 1 47,1	7 53,27	1 1 36,0	7 12,37	245 7 22,82
			Paniagua	245	11 0 19,2	44 36,23	11 0 9,7	44 19,44	245 44 28,83
			Yesos	251	0 1 42,2	3 23,51	0 1 29,2	2 58,75	251 3 11,13
			Corral	268	11 0 30,9	45 1,53	11 0 15,0	44 30,06	268 44 45,79
			Bolos	283	1 1 11,9	6 23,17	1 0 51,7	3 43,60	283 6 3,38
			Carbonera	181	2 0 57,6	9 54,70	2 0 55,1	9 50,41	181 9 52,55
			Lindero	203	6 0 46,3	25 32,20	6 0 43,8	25 27,77	203 25 29,98
			Huertas	225	2 0 9,3	8 18,52	2 0 6,0	8 12,02	225 8 15,27
26	5 35		Huertas	225	2 0 9,8	8 19,51	2 0 7,1	8 14,23	225 8 16,87
			Lindero	203	6 0 46,6	25 32,79	6 0 45,3	25 30,78	203 25 31,78
			Carbonera	181	2 0 58,3	9 56,09	2 0 56,9	9 54,02	181 9 55,05
			Bolos	283	1 1 13,8	6 26,96	1 0 52,5	5 45,20	283 6 6,08
			Corral	268	11 0 32,2	45 4,12	11 0 15,6	44 31,26	268 44 47,69
			Yesos	251	0 1 43,2	3 25,50	0 1 31,4	3 3,16	251 3 14,33
			Paniagua	245	11 0 20,2	44 40,22	11 0 10,5	44 21,04	245 44 30,63
			Paredon	245	1 1 47,5	7 54,06	1 1 37,8	7 15,98	245 7 25,02
			Conde	240	2 0 22,9	8 45,60	2 0 15,0	8 30,06	240 8 37,83
27	4 37	à droite	Conde	80	2 0 19,7	8 39,23	2 0 10,5	8 21,04	80 8 30,13
			Paredon	85	1 1 44,2	7 27,49	1 1 32,0	7 4,36	85 7 15,92
			Paniagua	85	11 0 16,8	44 33,45	11 0 6,0	44 12,02	85 44 22,73
			Yesos	91	0 1 39,7	3 18,53	0 1 25,8	2 51,93	91 3 5,23
			Corral	108	11 0 29,3	44 58,35	11 0 11,0	44 22,01	108 44 40,19
			Bolos	123	1 1 10,0	6 19,59	1 0 48,1	5 36,99	123 5 58,19
			Carbonera	21	2 0 56,9	9 53,30	2 0 51,3	9 42,80	21 9 48,05
			Lindero	43	6 0 43,5	25 26,62	6 0 41,8	25 23,76	43 25 25,19
			Huertas	65	2 0 7,3	8 14,54	2 0 2,8	8 5,61	65 8 10,07
28	5 5		Huertas	65	2 0 7,3	8 14,54	2 0 2,6	8 5,21	65 8 9,87
			Lindero	43	6 0 43,4	25 26,41	6 0 42,0	25 24,16	43 25 25,29
			Carbonera	21	2 0 56,6	9 52,71	2 0 51,5	9 43,20	21 9 47,95
			Bolos	123	1 1 10,1	6 19,59	1 0 47,8	5 35,79	123 5 57,69
			Corral	108	11 0 29,3	44 58,34	11 0 10,7	44 21,44	108 44 39,89
			Yesos	91	0 1 39,3	3 17,73	0 1 25,8	2 51,93	91 3 4,83
			Paniagua	85	11 0 16,5	44 32,86	11 0 5,3	44 10,62	85 44 21,74
			Paredon	85	1 1 44,0	7 27,09	1 1 31,2	7 2,75	85 7 14,92
			Conde	80	2 0 19,6	8 39,03	2 0 10,5	8 21,04	80 8 30,03

Ibañez. *Saavedra.*

STATION DE CARRIL..8. 3, 4 ET 5 SEPTEMBRE 1859.

N.º	Heures	Cercle vertical	Objets	Index	Microscope I		Microscope II		Moyennes
	h m			°	b v p	′ ″	b v p	′ ″	° ′ ″
29	5 35	à gauche	Conde	280	2 0 23,0	8 45,80	2 0 13,1	8 26,25	280 8 36,02
			Paredon	285	1 1 48,1	7 35,26	1 1 37,0	7 14,38	285 7 24,82
			Paniagua	285	11 0 19,8	44 39,43	11 0 9,6	44 19,24	285 44 29,33
			Yesos	291	0 1 42,8	3 24,70	0 1 30,4	3 1,15	291 3 12,92
			Corral	308	11 0 31,3	45 2,33	11 0 15,0	44 30,06	308 44 46,19
			Bolos	323	1 1 12,7	6 24,77	1 0 52,3	5 44,80	323 6 4,78
			Carbonera	221	2 1 0,0	9 59,48	2 0 57,2	9 54,62	221 9 57,05
			Lindero	243	6 0 48,0	25 35,58	6 0 46,0	25 32,18	243 25 33,88
			Huertas	265	2 0 9,0	8 19,12	2 0 5,9	8 11,82	245 8 15,47
30	5 16		Huertas	265	2 0 10,8	8 21,51	2 0 8,3	8 16,63	265 8 19,07
			Lindero	243	6 0 48,2	25 35,98	6 0 48,1	25 36,39	243 25 36,18
			Carbonera	221	2 1 0,0	9 59,48	2 0 57,9	9 56,03	221 9 57,75
			Bolos	323	1 1 13,3	6 25,96	1 0 54,9	5 50,01	323 6 7,98
			Corral	308	11 0 33,0	45 5,71	11 0 16,9	44 33,87	308 44 49,79
			Yesos	291	0 1 41,0	3 27,09	0 1 32,2	3 4,76	291 3 15,92
			Paniagua	285	11 0 19,5	44 38,83	11 0 10,8	44 21,64	285 44 30,23
			Paredon	285	1 1 48,0	7 35,06	1 1 38,2	7 16,78	285 7 25,92
			Conde	280	2 0 23,3	8 46,40	2 0 15,2	8 30,46	280 8 38,43
31	5 12	à droite	Conde	120	3 0 20,5	12 40,82	3 0 11,4	12 22,84	120 12 31,83
			Paredon	125	2 1 45,6	11 30,28	2 1 33,3	11 6,96	125 11 18,62
			Paniagua	125	12 0 17,6	48 35,05	12 0 6,8	48 13,63	125 48 24,34
			Yesos	131	1 1 41,4	7 21,91	1 1 28,1	6 56,54	131 7 9,22
			Corral	148	12 0 30,6	49 0,93	12 0 13,1	48 26,25	148 48 43,59
			Bolos	163	2 1 12,6	10 24,57	2 0 51,3	9 42,80	163 10 3,68
			Carbonera	61	3 0 58,0	13 55,49	3 0 54,3	13 48,81	61 13 52,15
			Lindero	83	7 0 43,9	29 27,42	7 0 45,6	29 27,37	83 29 27,39
			Huertas	105	3 0 7,7	12 15,33	3 0 4,1	12 8,22	105 12 11,77
32	5 39		Huertas	105	3 0 7,6	12 15,13	3 0 4,2	13 8,42	105 12 11,77
			Lindero	83	7 0 44,5	29 28,61	7 0 44,2	29 28,57	83 29 28,59
			Carbonera	61	3 0 58,0	13 55,49	3 0 54,7	13 49,61	61 13 52,55
			Bolos	163	2 1 12,1	10 23,57	2 0 50,6	9 41,40	163 10 2,48
			Corral	148	12 0 30,5	49 0,73	12 0 12,7	48 25,45	148 48 43,09
			Yesos	131	1 1 41,4	7 21,91	1 1 27,8	6 55,54	131 7 8,72
			Paniagua	125	12 0 16,7	48 33,25	12 0 7,1	48 14,23	125 48 23,74
			Paredon	125	2 1 43,3	11 29,68	2 1 33,1	11 6,56	125 11 18,12
			Conde	120	3 0 20,5	12 40,82	3 0 11,6	12 23,25	120 12 32,03

Ibañez. *Quiroga.*

STATION DE CARRIL..8. 6 ET 7 SEPTEMBRE 1859.

N.°	Heures	Cercle vertical	Objets	Index	Microscope I		Microscope II		Moyennes
	h m			°	D T P	′ ″	D T P	′ ″	° ′ ″
33	5 7	à	Conde	320	2 0 21,4	8 42,61	2 0 12,2	8 24,45	320 8 33,53
		gauche	Paredon	325	1 1 46,6	7 32,27	1 1 33,1	7 10,57	325 7 21,42
			Paniagua	325	11 0 18,2	44 36,24	11 0 8,8	44 17,63	325 44 26,93
			Yesos	331	0 1 42,7	3 24,50	0 1 29,0	2 58,35	331 3 11,42
			Corral	348	11 0 33,1	45 5,91	11 0 15,1	44 30,26	348 44 48,08
			Bolos	3	1 1 13,6	6 26,56	1 0 52,7	5 45,61	3 6 6,08
			Carbonera	261	2 0 59,1	9 57,68	2 0 55,4	9 51,02	261 9 54,35
			Lindero	283	6 0 47,3	25 34,19	6 0 43,6	25 27,37	283 25 30,78
			Huertas	305	2 0 9,2	8 18,32	2 0 5,1	8 10,22	305 8 14,27
34	5 37		Huertas	305	2 0 8,9	8 17,72	2 0 5,1	8 10,22	305 8 13,97
			Lindero	283	6 0 46,3	25 32,20	6 0 43,8	25 27,77	283 25 29,98
			Carbonera	261	2 0 59,1	9 57,68	2 0 55,2	9 50,61	261 9 54,14
			Bolos	3	1 1 14,1	6 27,55	1 0 52,8	5 45,81	3 6 6,68
			Corral	348	11 0 33,3	45 6,31	11 0 14,7	44 29,46	348 44 47,88
			Yesos	331	0 1 42,8	3 24,70	0 1 29,3	2 58,95	331 3 11,82
			Paniagua	325	11 0 18,8	44 37,44	11 0 8,5	44 17,03	325 44 27,23
			Paredon	325	1 1 46,3	7 31,67	1 1 34,8	7 9,97	325 7 20,82
			Condé	320	2 0 21,6	8 43,01	2 0 12,3	8 24,65	320 8 33,83
35	4 55	à	Conde	160	2 0 23,2	8 46,20	2 0 14,3	8 28,66	160 8 37,43
		droite	Paredon	165	1 1 47,2	7 33,46	1 1 35,9	7 12,17	165 7 22,81
			Paniagua	165	11 0 19,6	44 39,03	11 0 9,9	44 19,84	165 44 29,43
			Yesos	171	0 1 42,9	3 24,90	0 1 30,0	3 0,35	171 3 12,62
			Corral	188	11 0 34,0	45 7,70	11 0 16,0	44 32,06	188 44 49,88
			Bolos	203	1 1 15,6	6 30,54	1 0 53,0	5 46,21	203 6 8,37
			Carbonera	101	2 0 58,0	9 55,49	2 0 55,9	9 52,02	101 9 53,75
			Lindero	123	6 0 45,5	25 30,60	6 0 46,0	25 32,18	123 25 31,39
			Huertas	145	2 0 9,1	8 18,12	2 0 5,9	8 11,82	145 8 14,97
36	5 22		Huertas	145	2 0 9,0	8 17,92	2 0 5,9	8 11,82	145 8 14,87
			Lindero	123	6 0 45,2	25 30,01	6 0 46,1	25 32,38	123 25 31,19
			Carbonera	101	2 0 58,6	9 56,69	2 0 56,1	9 52,42	101 9 54,55
			Bolos	203	1 1 15,1	6 29,54	1 0 53,0	5 46,21	203 6 7,87
			Corral	188	11 0 34,0	45 7,70	11 0 15,3	44 30,66	188 44 49,18
			Yesos	171	0 1 43,3	3 25,70	0 1 30,3	3 0,95	171 3 13,32
			Paniagua	165	11 0 19,6	44 39,03	11 0 9,9	44 19,84	165 44 29,43
			Paredon	165	1 1 47,5	7 34,06	1 1 36,1	7 12,57	165 7 23,31
			Conde	160	2 0 23,6	8 46,99	2 0 14,2	8 28,46	160 8 37,72

Saavedra. *Quiroga.*

APPENDICE N.° 3.

OBSERVATIONS DES DISTANCES ZENITHALES.

STATION DE BOLOS..10 — OBJET CONDE..3. 7 ET 8 OCTOBRE 1859.

N.°	Heures	Niveau		Index	Microscope A		Microscope B		Moyennes
	h m	p p	"	°	D T P	' "	D T P	' "	° ' "
1	21 50	14,3 34,3 10,0 30,0	— 3,87	180 1	0 0 33,2 3 1 46,8	1 6,06 18 32,50	0 0 33,0 3 1 30,9	1 5,71 18 1,01	180 1 5,88 1 18 16,75
2	58	16,5 36,2 13,5 33,1	+ 2,71	1 180	3 1 51,2 0 0 35,0	18 41,25 1 9,64	3 1 34,7 0 0 32,8	18 8,58 1 5,31	1 18 21,91 180 1 7,47
3	22 4	8,0 27,4 11,5 30,9	+ 3,15	190 11	0 0 29,6 3 1 46,1	0 58,90 18 31,70	0 0 27,2 3 1 29,1	0 54,16 17 58,02	190 0 56,53 11 18 14,86
4	10	17,9 36,9 20,2 39,1	— 2,02	11 190	3 1 50,6 0 0 39,0	18 40,06 1 17,60	3 1 33,6 0 0 36,3	18 6,39 1 12,28	11 18 23,22 190 1 14,94
5	18	20,5 39,2 10,0 28,6	— 9,19	200 21	0 0 38,8 3 1 44,1	1 17,20 18 27,13	0 0 36,1 3 1 26,6	1 11,89 17 52,15	200 1 14,54 21 18 9,79
6	24	16,4 34,9 18,3 36,6	— 1,62	21 200	3 1 48,6 0 0 35,7	18 36,08 1 11,03	3 1 31,1 0 0 33,2	18 1,41 1 6,11	21 18 18,74 200 1 8,57
7	31	18,5 36,7 19,4 37,6	+ 0,81	210 31	0 0 36,0 3 1 50,0	1 11,63 18 38,87	0 0 32,9 3 1 33,0	1 5,51 18 5,19	210 1 8,57 31 18 22,03
8	37	21,5 39,7 21,6 39,6	0,00	31 210	3 1 51,4 0 0 39,5	18 41,65 1 18,59	3 1 34,0 0 0 35,5	18 7,18 1 10,69	31 18 24,41 210 1 14,64
9	43	20,8 38,8 18,0 35,8	— 2,61	220 41	0 0 38,2 3 1 47,5	1 16,01 18 33,89	0 0 34,6 3 1 30,0	1 8,90 17 59,22	220 1 12,45 41 18 16,55
10	51	17,9 35,8 17,9 35,6	+ 0,09	41 220	3 1 48,8 0 0 35,5	18 36,48 1 10,63	3 1 30,6 0 0 32,0	18 0,41 1 3,72	41 18 18,44 220 1 7,17
11	59	17,3 34,9 22,4 40,0	+ 4,59	230 51	0 0 34,5 3 1 50,9	1 8,64 18 40,06	0 0 30,7 3 1 32,6	1 1,13 18 4,39	230 1 4,88 51 18 22,52
12	23 11	17,5 35,0 23,6 40,9	— 5,40	51 230	3 1 47,2 0 0 39,5	18 33,30 1 18,59	3 1 29,4 0 0 35,0	17 58,02 1 9,70	51 18 15,66 230 1 14,14
13	19	21,3 41,5 18,9 36,0	— 4,90	240 61	0 0 39,4 3 1 46,3	1 18,39 18 31,51	0 0 34,8 3 1 27,1	1 9,30 17 53,14	240 1 13,84 61 18 12,47
14	24	18,3 35,4 17,7 34,7	+ 0,58	61 240	3 1 48,0 0 0 31,2	18 34,89 1 8,03	3 1 28,7 0 0 27,7	17 56,63 0 55,16	61 18 15,76 240 1 1,60
15	0 40	17,5 34,6 22,2 39,1	+ 4,14	250 71	0 0 31,3 3 1 50,9	1 8,25 18 40,06	0 0 27,6 3 1 31,0	0 54,96 18 1,21	250 1 1,60 71 18 20,93
16	47	20,0 37,0 25,0 42,0	— 4,50	71 250	3 1 49,0 0 0 38,4	18 36,88 1 16,40	3 1 29,0 0 0 33,8	17 57,23 1 7,31	71 18 17,05 250 1 11,85
17	54	21,5 38,3 13,1 30,0	— 7,51	260 81	0 0 35,8 3 1 41,9	1 11,23 18 22,75	0 0 31,3 3 1 23,7	1 2,33 17 46,67	260 1 6,78 81 18 4,71
18	1 2	13,5 30,3 17,5 34,2	— 3,55	81 260	3 1 42,9 0 0 35,0	18 24,71 1 9,64	3 1 24,0 0 0 29,3	17 47,27 0 58,35	81 18 6,00 260 1 3,99
19	10	16,5 33,1 18,5 35,0	+ 1,75	270 91	0 0 33,7 3 1 44,5	1 7,03 18 27,92	0 0 28,3 3 1 26,1	0 56,35 17 51,45	270 1 1,70 91 18 9,68
20	17	18,3 34,8 22,7 39,0	— 3,87	91 270	3 1 44,2 0 0 36,7	18 27,53 1 13,02	3 1 25,6 0 0 32,0	17 50,16 1 3,72	91 18 8,89 270 1 8,37

Ibañes.

p

STATION DE BOLOS..10 — OBJET CONDE..3. 8 OCTOBRE 1859.

N°	Heures	Niveau		Index	Microscope A		Microscope B		Moyennes
	h m	P P	″	°	D T P	′ ″	D T P	′ ″	° ′ ″
21	1 21	21,9 41,1 16,4 32,8	— 7,56	280 101	0 0 37,5 3 1 41,1	1 11,61 18 27,13	0 0 33,3 3 1 24,8	1 6,31 17 48,86	280 1 10,46 101 18 7,99
22	30	15,3 31,8 19,0 35,4	— 3,28	101 280	3 1 42,5 0 0 34,2	18 23,94 1 8,05	3 1 23,9 0 0 28,0	17 47,07 0 55,76	101 18 5,50 280 1 1,90
23	35	19,0 35,1 22,6 39,1	+ 3,28	290 111	0 0 33,6 3 1 49,1	1 6,85 18 37,08	0 0 27,7 3 1 29,9	0 55,16 17 59,02	290 1 1,00 111 18 18,05
24	41	19,1 35,8 25,2 41,9	— 5,49	111 290	3 1 45,3 0 0 39,6	18 29,52 1 18,79	3 1 26,1 0 0 33,1	17 51,45 1 5,91	111 18 10,48 290 1 12,35
25	48	23,9 40,6 16,6 35,2	— 6,61	300 121	0 0 39,3 3 1 43,5	1 18,20 18 25,93	0 0 32,5 3 1 25,3	1 4,72 17 49,86	300 1 11,46 121 18 7,89
26	56	17,0 33,8 22,0 38,8	— 4,50	121 300	3 1 45,8 0 0 36,7	18 30,51 1 13,02	3 1 27,0 0 0 30,3	17 53,24 1 0,34	121 18 11,87 300 1 6,68
27	2 2	19,9 36,6 21,1 38,0	+ 1,17	310 131	0 0 35,2 3 1 48,9	1 10,04 18 36,68	0 0 28,3 3 1 30,1	0 56,35 17 59,42	310 1 3,19 131 18 18,05
28	9	17,4 34,1 25,2 42,0	— 7,06	131 310	3 1 45,2 0 0 40,2	18 29,32 1 19,99	3 1 27,1 0 0 31,1	17 53,44 1 7,90	131 18 11,38 310 1 13,94
29	14	25,7 42,5 15,4 32,3	— 9,22	320 141	0 0 39,1 3 1 45,0	1 17,80 18 28,92	0 0 33,0 3 1 26,3	1 5,71 17 51,85	320 1 11,75 141 18 10,38
30	21	12,0 29,0 21,5 38,4	— 8,50	141 320	3 1 42,2 0 0 35,7	18 23,35 1 11,03	3 1 23,8 0 0 29,8	17 46,87 0 59,34	141 18 5,11 320 1 5,18
31	28	17,9 34,8 21,5 38,4	+ 3,24	330 151	0 0 33,7 3 1 49,0	1 7,05 18 36,88	0 0 27,5 3 1 30,2	0 54,76 17 59,62	330 1 0,90 151 18 18,25
32	36	17,9 34,8 24,4 41,1	— 5,76	151 330	3 1 45,9 0 0 38,2	18 30,71 1 16,01	3 1 28,0 0 0 32,3	17 55,23 1 4,32	151 18 12,97 330 1 10,16
33	46	20,8 37,6 14,5 31,4	— 5,62	340 161	0 0 33,1 3 1 43,3	1 9,84 18 25,54	0 0 29,7 3 1 25,2	0 59,14 17 49,06	340 1 4,49 161 18 7,60
34	52	15,3 32,1 21,4 38,1	— 5,44	161 340	3 1 43,6 0 0 36,7	18 26,13 1 13,02	3 1 25,8 0 0 30,4	17 50,85 1 0,54	161 18 8,49 340 1 6,78
35	59	18,1 34,9 21,4 38,1	+ 2,92	350 171	0 0 32,6 3 1 48,9	1 4,86 18 36,68	0 0 26,7 3 1 31,3	0 53,17 18 1,81	350 0 59,01 171 18 19,24
36	3 5	17,5 34,2 25,0 41,9	— 6,84	171 350	3 1 44,7 0 0 39,9	18 27,92 1 19,39	3 1 27,1 0 0 33,4	17 53,44 1 6,51	171 18 10,68 350 1 12,95
37	21 43	10,4 33,0 13,1 35,7	+ 2,43	5 186	0 0 35,3 3 1 51,0	1 10,24 18 40,86	0 0 36,2 3 1 36,8	1 12,09 18 12,76	5 1 11,16 186 18 26,81
38	51	7,4 29,9 10,6 33,1	— 2,88	186 5	3 1 45,3 0 0 35,9	18 29,52 1 11,43	3 1 31,6 0 0 36,2	18 2,40 1 12,09	186 18 15,96 5 1 11,76
39	57	22,5 45,1 25,4 48,0	+ 2,61	15 196	0 0 12,8 3 1 26,2	0 25,47 17 51,51	0 0 11,9 3 1 12,2	0 23,70 17 23,77	15 0 24,58 196 17 37,64
40	22 3	19,7 42,1 10,4 32,9	+ 8,32	196 15	3 1 20,9 0 0 1,3	17 40,97 0 2,59	3 1 6,4 0 0 1,0	17 12,22 0 1,99	196 17 26,50 15 0 2,29

Ibañez.

STATION DE BOLOS..10 — OBJET CONDE..3. — 8 ET 9 OCTOBRE 1859.

N.°	Heures	Niveau		Index	Microscope A		Microscope B		Moyennes
	h m	p p	″	°	D T P	′ ″	D T P	′ ″	° ′ ″
41	23 10	23,7 46,1 6,0 28,6	— 15,84	25 206	0 0 10,8 3 1 9,3	0 21,49 17 17,89	0 0 10,7 3 0 54,3	0 21,31 16 48,13	25 0 21,40 206 17 3,01
42	16	5,6 28,1 10,2 32,8	— 4,18	206 25	3 1 9,0 0 0 0,6	17 17,29 0 1,19	3 0 51,8 0 0 0,0	16 49,12 0 0,00	206 17 3,20 25 0 0,59
43	23	24,9 47,4 24,8 47,1	— 0,18	35 216	0 0 43,2 3 1 56,9	1 25,96 18 52,60	0 0 45,4 3 1 41,8	1 26,42 18 22,71	35 1 26,19 216 18 37,65
44	29	10,9 35,3 21,0 43,5	— 9,15	216 35	3 1 44,6 0 0 40,5	18 28,12 1 20,58	3 1 30,4 0 0 41,4	18 0,01 1 22,41	216 18 14,06 35 1 21,51
45	35	20,9 43,3 7,0 29,1	— 12,51	45 226	0 0 28,0 3 1 27,3	0 55,71 17 55,70	0 0 28,8 3 1 13,0	0 57,35 17 23,36	45 0 56,53 226 17 39,53
46	41	7,0 29,4 10,9 35,1	— 3,42	226 45	3 1 27,5 0 0 20,0	17 54,10 0 39,79	3 1 12,8 0 0 19,3	17 24,97 0 38,43	226 17 39,53 45 0 39,11
47	47	23,4 45,7 21,6 43,8	— 1,06	55 236	0 0 23,5 3 1 31,1	0 46,76 18 1,26	0 0 23,6 3 1 16,5	0 46,90 17 32,33	55 0 46,87 236 17 46,79
48	53	16,0 38,4 11,8 37,0	+ 1,17	236 55	3 1 27,9 0 0 15,3	17 54,89 0 30,44	3 1 13,5 0 0 14,6	17 26,36 0 29,07	236 17 40,62 55 0 29,75
49	59	20,8 43,0 18,0 40,2	— 2,52	65 246	0 0 25,0 3 1 33,9	0 49,74 18 6,83	0 0 24,9 3 1 18,0	0 49,58 17 35,32	65 0 49,66 246 17 51,07
50	1 54	18,3 40,5 15,3 37,3	+ 2,79	246 65	3 1 33,5 0 0 21,0	18 6,04 0 41,78	3 1 17,9 0 0 21,1	17 35,12 0 42,02	246 17 50,58 65 0 41,90
51	2 0	23,0 44,8 13,7 35,3	— 8,46	75 256	0 0 32,5 3 1 38,0	1 4,67 18 14,99	0 0 33,7 3 1 20,5	1 7,11 17 40,30	75 1 5,89 256 17 57,64
52	5	23,4 44,7 14,7 35,8	+ 7,78	256 75	3 1 47,8 0 0 26,8	18 34,49 0 55,32	3 1 30,3 0 0 28,2	17 59,81 0 56,15	256 18 17,15 75 0 54,73
53	13	17,2 38,4 21,2 45,5	+ 6,34	85 266	0 0 15,6 3 1 38,8	0 31,01 18 16,58	0 0 18,7 3 1 22,0	0 37,24 17 43,29	85 0 34,14 266 17 59,93
54	20	15,7 36,8 9,0 30,0	+ 6,07	266 85	3 1 30,3 0 0 8,3	17 59,67 0 16,51	3 1 14,7 0 0 11,6	17 28,75 0 23,10	266 17 44,21 85 0 19,80
55	27	22,0 43,3 20,3 41,4	— 1,62	95 276	0 0 22,8 3 1 37,0	0 45,37 18 13,00	0 0 24,7 3 1 19,9	0 49,19 17 39,10	95 0 47,28 276 17 56,05
56	33	20,0 41,3 12,8 31,0	+ 6,52	276 95	3 1 36,9 0 0 14,7	18 12,80 0 29,25	3 1 19,8 0 0 17,0	17 38,91 0 33,85	276 17 55,85 95 0 31,55
57	38	19,0 40,5 26,7 48,0	+ 6,93	105 286	0 0 19,0 3 1 45,2	0 37,80 18 29,32	0 0 20,8 3 1 28,0	0 41,42 17 55,23	105 0 39,61 286 18 12,27
58	44	22,0 41,3 10,7 32,1	+ 10,57	286 105	3 1 39,2 0 0 13,0	18 17,38 0 25,87	3 1 22,5 0 0 14,9	17 43,88 0 29,67	286 18 0,63 105 0 27,77
59	50	10,9 32,6 10,4 32,0	— 0,49	115 296	0 0 14,3 3 1 30,2	0 28,45 17 59,47	0 0 15,0 3 1 15,0	0 29,87 17 29,35	115 0 29,16 296 17 44,41
60	55	22,6 44,2 10,7 32,3	+ 10,71	296 115	3 1 38,3 0 0 14,0	18 15,59 0 27,86	3 1 26,0 0 0 15,0	17 51,25 0 29,87	296 18 3,42 115 0 28,86

Quiroga.

STATION DE CONDE..3 — OBJET BOLOS..10. 7 ET 8 OCTOBRE 1859.

N°	Heures	Niveau		Index	Microscope A		Microscope B		Moyennes
	h m	p p	"	°	D T P	' "	D T P	' "	° ' "
1	21 50	23,0 49,2 14,0 40,7	— 7,70	29 208	10 1 52,7 4 1 31,7	43 45,14 19 3,19	10 1 52,2 4 1 20,3	43 45,19 18 41,38	29 43 45,31 208 18 32,28
2	58	11,8 38,1 21,0 47,2	— 8,05	208 29	4 1 29,0 10 1 50,4	18 57,80 43 40,55	4 1 21,0 10 1 52,9	18 42,79 43 46,90	208 18 50,29 29 43 45,72
3	22 4	14,9 41,1 5,7 31,8	— 8,14	29 208	10 1 42,9 4 1 23,7	43 25,56 18 47,21	10 1 50,9 4 1 14,8	43 42,88 18 30,33	29 43 34,22 208 18 38,77
4	10	9,0 35,1 20,9 46,9	— 10,43	208 29	4 1 27,9 10 1 48,7	18 55,60 43 37,15	4 1 17,1 10 1 51,8	18 35,55 43 44,68	208 18 45,57 29 43 40,91
5	18	19,9 45,9 7,2 33,0	— 11,26	29 208	10 1 47,6 4 1 26,6	43 31,95 18 53,00	10 1 51,2 4 1 14,1	43 49,51 18 29,52	29 43 42,23 208 18 41,26
6	24	9,0 34,9 19,8 45,5	— 9,42	208 29	4 1 25,8 10 1 47,3	18 51,10 43 34,35	4 1 15,1 10 1 54,8	18 30,93 43 50,71	208 18 41,16 29 43 42,53
7	31	17,8 43,4 7,3 32,9	— 9,24	29 208	10 1 45,0 4 1 27,5	43 29,76 18 51,80	10 1 56,4 4 1 15,0	43 51,92 18 30,73	29 43 40,84 208 18 42,76
8	37	7,6 33,2 19,8 45,1	— 10,74	208 29	4 1 27,5 10 1 48,2	18 54,80 43 36,15	4 1 15,1 10 1 51,9	18 30,93 43 50,91	208 18 42,86 29 43 43,53
9	45	19,6 45,2 6,5 32,0	— 11,57	29 208	10 1 44,8 4 1 27,8	43 29,36 18 55,40	10 1 53,7 4 1 13,1	43 48,50 18 26,91	29 43 38,93 208 18 41,15
10	51	7,0 32,1 21,0 46,5	— 12,36	208 29	4 1 27,0 10 1 49,9	18 53,80 43 39,55	4 1 14,5 10 1 55,6	18 29,72 43 52,32	208 18 41,76 29 43 45,93
11	59	21,0 46,3 7,0 32,4	— 12,28	29 208	10 1 48,4 4 1 27,6	43 36,55 18 55,00	10 1 56,6 4 1 15,6	43 51,33 18 31,93	29 43 45,14 208 18 43,46
12	23 11	7,9 33,2 22,1 47,8	— 12,80	208 29	4 1 26,8 10 1 50,3	18 53,40 43 40,35	4 1 14,8 10 1 55,2	18 30,33 43 51,52	208 18 41,86 29 43 45,93
13	19	19,8 45,1 9,2 34,5	— 9,33	29 208	10 1 42,3 4 1 24,4	43 24,36 18 48,61	10 1 52,3 4 1 15,6	43 45,69 18 31,93	29 43 35,02 208 18 40,27
14	24	9,2 34,4 20,9 46,2	— 10,34	208 29.	4 1 25,3 10 1 42,8	18 50,40 43 25,36	4 1 16,4 10 1 52,8	18 33,54 43 46,69	208 18 41,97 29 43 36,02
15	0 40	19,8 45,1 10,5 35,7	— 8,23	29 208	10 1 41,5 4 1 24,9	43 22,77 18 49,60	10 1 52,1 4 1 16,4	43 45,29 18 33,54	29 43 34,03 208 18 41,57
16	47	11,7 36,8 22,3 47,5	— 9,37	208 29	4 1 24,3 10 1 42,4	18 48,41 43 24,56	4 1 16,4 10 1 52,9	18 33,54 43 46,90	208 18 40,97 29 43 35,73
17	54	21,4 46,6 11,7 36,8	— 8,58	29 208	10 1 40,9 4 1 22,9	43 21,57 18 45,61	10 1 52,2 4 1 13,6	43 45,19 18 27,91	29 43 33,53 208 18 36,76
18	1 2	11,7 36,8 21,0 49,0	— 10,78	208 29	4 1 23,0 10 1 44,3	18 45,81 43 28,36	4 1 14,3 10 1 53,6	18 29,32 43 48,30	208 18 37,56 29 43 38,33
19	10	23,9 48,8 14,1 39,1	— 8,58	29 208	10 1 42,2 4 1 22,7	43 24,16 18 45,21	10 1 53,8 4 1 13,8	43 48,70 18 28,32	29 43 36,43 208 18 36,76
20	17	14,1 39,1 26,1 50,9	— 10,47	208 29	4 1 23,3 10 1 43,1	18 46,41 43 25,96	4 1 14,7 10 1 53,0	18 30,12 43 47,10	208 18 38,26 29 43 36,53

Saavedra.

STATION DE CONDE..3 — OBJET BOLOS..10. 8 OCTOBRE 1859.

N.°	Heures	Niveau		Index	Microscope A		Microscope B		Moyennes
	h m	p p	"	°	D T P	' "	D T P	' "	° ' "
21	1 24	18,8 43,8 9,7 34,7	— 8,01	29 208	10 1 32,6 4 1 19,9	43 4,99 18 39,62	10 1 45,8 4 1 10,2	43 32,63 18 21,08	29 43 18,81 208 18 30,35
22	30	10,0 35,0 22,2 47,4	— 10,82	208 29	4 1 19,7 10 1 36,3	18 39,22 43 12,38	4 1 10,3 10 1 47,1	18 21,28 43 35,24	208 18 30,25 29 43 23,81
23	35	13,6 38,7 10,0 35,2	— 3,12	29 208	10 1 26,7 4 1 19,2	42 53,20 18 38,22	10 1 42,9 4 1 9,4	43 26,80 18 19,47	29 43 10,00 208 18 28,84
24	41	10,0 35,1 16,4 41,5	— 5,63	208 29	4 1 18,4 10 1 30,2	18 36,02 43 0,19	4 1 9,0 10 1 41,1	18 18,67 43 23,18	208 18 27,34 29 43 11,68
25	48	16,1 41,1 10,2 35,2	— 5,19	29 208	10 1 29,7 4 1 18,4	42 59,19 18 36,62	10 1 41,8 4 1 8,7	43 24,59 18 18,07	29 43 11,89 208 18 27,34
26	56	10,6 35,6 16,4 41,4	— 5,10	208 29	4 1 18,6 10 1 31,8	18 37,02 43 3,39	4 1 9,0 10 1 41,0	18 18,67 43 22,98	208 18 27,84 29 43 13,18
27	2 2	16,4 41,4 12,9 37,9	— 3,08	29 208	10 1 30,2 4 1 19,2	43 0,19 18 38,22	10 1 40,7 4 1 10,8	43 22,38 18 22,29	29 43 11,28 208 18 30,25
28	9	12,9 37,9 19,7 44,8	— 6,03	208 29	4 1 18,6 10 1 31,4	18 37,02 43 2,59	4 1 10,0 10 1 43,2	18 20,68 43 27,40	208 18 28,85 29 43 14,99
29	14	19,8 44,8 12,9 37,9	— 6,07	29 208	10 1 30,1 4 1 19,3	42 59,99 18 38,42	10 1 40,8 4 1 11,6	43 22,58 18 23,89	29 43 11,28 208 18 31,15
30	21	12,9 37,9 19,8 44,8	— 6,07	208 29	4 1 19,2 10 1 31,3	18 38,22 43 2,39	4 1 10,8 10 1 41,6	18 22,29 43 24,19	208 18 30,25 29 43 13,29
31	28	19,5 44,7 11,8 36,9	— 6,82	29 208	10 1 29,4 4 1 18,7	42 58,59 18 37,22	10 1 40,9 4 1 8,8	43 22,78 18 18,27	29 43 10,68 208 18 27,74
32	36	11,8 36,9 19,7 44,8	— 6,95	208 29	4 1 18,3 10 1 30,4	18 36,42 43 0,59	4 1 8,7 10 1 42,0	18 18,07 43 24,99	208 18 27,24 29 43 12,79
33	46	19,7 44,8 13,7 38,7	— 5,32	29 208	10 1 29,9 4 1 19,7	42 59,59 18 39,22	10 1 42,1 4 1 10,0	43 25,19 18 20,68	29 43 12,39 208 18 29,95
34	52	13,8 38,7 19,8 44,8	— 5,32	208 29	4 1 19,3 10 1 31,5	18 38,42 43 2,79	4 1 9,7 10 1 41,9	18 20,08 43 24,79	208 18 29,25 29 43 13,79
35	59	19,8 44,9 13,8 38,8	— 5,32	29 208	10 1 30,5 4 1 19,4	43 0,79 18 38,62	10 1 41,4 4 1 9,8	43 23,78 18 20,28	29 43 12,28 208 18 29,45
36	3 5	13,9 39,0 19,8 41,9	— 5,19	208 29	4 1 19,7 10 1 29,6	18 39,22 42 58,99	4 1 10,2 10 1 41,6	18 21,08 43 24,19	208 18 30,15 29 43 11,59
37	21 45	11,0 39,6 7,7 36,2	— 2,95	29 208	10 1 32,8 4 1 26,9	43 5,39 18 53,00	10 1 34,8 4 1 7,5	43 10,52 18 15,65	29 43 7,95 208 18 34,62
38	51	7,7 36,3 13,4 42,0	— 5,02	208 29	4 1 26,6 10 1 36,2	18 53,00 43 12,18	4 1 8,4 10 1 33,4	18 17,46 43 7,71	208 18 35,23 29 43 9,94
39	57	12,8 41,3 8,4 36,9	— 3,87	29 208	10 1 35,9 4 1 26,7	43 11,58 18 53,20	10 1 34,0 4 1 9,7	43 8,91 18 20,08	29 43 10,24 208 18 36,64
40	22 3	8,3 36,9 13,0 41,4	— 4,05	208 29	4 1 26,7 10 1 34,8	18 53,20 43 9,38	4 1 9,7 10 1 34,6	18 20,08 43 10,12	208 18 36,64 29 43 9,75

Saavedra.

STATION DE CONDE..3 — OBJET BOLOS..10. 8 ET 9 OCTOBRE 1859.

N.°	Heures	Niveau		Index	Microscope A		Microscope B		Moyennes
	h m	p p	″	°	D T P	′ ″	D T P	′ ″	° ′ ″
41	22 10	11,7 40,1 8,3 36,8	— 2,95	29 208	10 1 33,2 4 1 25,4	43 6,19 18 50,00	10 1 34,5 4 1 10,9	43 9,92 18 22,49	29 43 8,05 208 18 36,54
42	16	8,4 36,9 14,6 43,0	— 5,41	208 29	4 1 25,1 10 1 37,8	18 50,00 43 15,38	4 1 10,8 10 1 36,7	18 22,29 43 14,31	208 18 36,14 29 43 14,86
43	23	14,5 43,0 9,1 37,7	— 4,71	29 208	10 1 37,2 4 1 25,8	43 14,18 18 51,40	10 1 37,2 4 1 11,4	43 15,34 18 23,49	29 43 14,76 208 18 37,44
44	29	9,0 37,6 14,2 42,7	— 4,53	208 29	4 1 25,7 10 1 37,7	18 51,20 43 13,18	4 1 11,6 10 1 34,8	18 23,89 43 10,52	208 18 37,54 29 43 12,85
·45	35	13,1 41,9 8,4 36,9	— 4,40	29 208	10 1 36,9 4 1 24,8	43 13,58 18 49,40	10 1 35,3 4 1 10,0	43 11,52 18 20,68	29 43 12,55 208 18 35,04
46	41	7,2 35,8 14,0 42,4	— 5,90	208 29	4 1 23,6 10 1 38,1	18 47,01 43 15,97	4 1 9,2 10 1 36,6	18 19,07 43 14,14	208 18 33,04 29 43 15,05
47	47	12,7 41,0 7,3 35,7	— 4,71	29 208	10 1 37,6 4 1 26,2	43 14,98 18 52,20	10 1 38,9 4 1 11,0	43 18,76 18 22,69	29 43 16,87 208 18 37,44
48	53	9,0 37,1 16,4 44,6	— 6,56	208 29	4 1 25,8 10 1 42,5	18 51,40 43 24,76	4 1 12,0 10 1 37,7	18 24,70 43 16,35	208 18 38,05 29 43 20,55
49	59	16,0 44,0 9,1 37,2	— 6,05	29 208	10 1 40,9 4 1 25,0	43 21,57 18 49,80	10 1 39,0 4 1 10,4	43 18,96 18 21,48	29 43 20,26 208 18 35,64
50	1 54	9,1 37,1 15,3 43,3	— 5,46	208 29	4 1 25,0 10 1 38,4	18 49,80 43 16,57	4 1 10,8 10 1 38,7	18 22,29 43 18,56	208 18 36,04 29 43 17,46
51	2 0	13,5 41,5 6,0 33,9	— 6,61	29 208	10 1 36,8 4 1 24,4	43 13,38 18 48,01	10 1 39,4 4 1 8,3	43 19,76 18 17,26	29 43 16,57 208 18 32,63
52	5	7,0 35,0 15,2 43,2	— 7,22	208 29	4 1 23,9 10 1 38,2	18 47,61 43 16,17	4 1 8,8 10 1 37,4	18 18,27 43 15,74	208 18 32,94 29 43 15,95
53	13	13,5 41,5 6,0 34,0	— 6,60	29 208	10 1 35,3 4 1 23,6	43 10,38 18 47,01	10 1 38,8 4 1 7,4	43 18,56 18 15,45	29 43 14,47 208 18 31,23
54	20	6,0 34,0 14,6 42,6	— 7,57	208 29	4 1 23,6 10 1 37,6	18 47,01 43 14,98	4 1 7,6 10 1 39,1	18 15,86 43 19,16	208 18 31,43 29 43 17,07
55	27	14,8 42,8 6,7 34,6	— 7,17	29 208	10 1 36,3 4 1 22,7	43 12,38 18 45,21	10 1 39,2 4 1 7,7	43 19,36 18 16,06	29 43 15,87 208 18 30,63
56	33	6,5 34,4 11,2 42,1	— 6,78	208 29	4 1 23,6 10 1 35,0	18 47,01 43 9,78	4 1 8,4 10 1 39,4	18 17,46 43 19,76	208 18 32,23 29 43 14,77
57	38	13,4 41,3 7,2 35,1	— 5,46	29 208	10 1 33,3 4 1 23,1	43 6,39 18 46,01	10 1 39,6 4 1 7,5	43 20,17 18 15,65	29 43 13,28 208 18 30,83
58	44	6,7 34,3 11,1 41,8	— 6,56	208 29	4 1 23,3 10 1 36,4	18 46,41 43 12,58	4 1 8,2 10 1 40,4	18 17,06 43 21,77	208 18 31,73 29 43 17,17
59	50	14,0 41,7 5,6 35,1	— 7,48	29 208	10 1 34,7 4 1 21,9	43 9,18 18 43,61	10 1 39,0 4 1 7,7	43 18,96 18 16,06	29 43 14,07 208 18 29,83
60	55	5,6 33,1 16,0 43,6	— 9,20	208 29	4 1 22,1 10 1 39,3	18 44,01 43 18,37	4 1 7,8 10 1 39,2	18 16,26 43 19,36	208 18 30,13 29 43 18,86

Saavedra.

STATION DE CARBONERA..9 — OBJET CONDE..3. 10 ET 11 OCTOBRE 1859.

N.°	Heures	Niveau		Index	Microscope A		Microscope B		Moyennes
	h m	p p	"	°	D T P	' "	D T P	' "	° ' "
1	23 0	26,0 49,1 5,6 28,8	— 18,31	180 1	4 0 15,4 8 0 27,8	20 30,61 40 55,31	4 0 19,7 8 0 14,9	20 39,23 40 29,67	180 20 31,93 1 40 42,49
2	12	10,2 33,2 23,3 46,3	— 11,79	1 180	8 0 43,4 4 0 23,2	41 26,35 20 46,16	8 0 31,4 4 0 28,7	41 2,55 20 57,15	1 41 14,41 180 20 51,65
3	20	26,2 49,1 4,4 27,3	— 19,62	190 11	4 0 15,4 8 0 23,3	20 30,61 40 50,31	4 0 21,4 8 0 12,6	20 42,61 40 25,09	190 20 36,62 11 40 37,71
4	28	0,6 23,5 27,2 50,1	— 23,94	11 190	8 0 32,4 4 0 31,4	41 4,17 21 2,48	8 0 19,3 4 0 26,3	40 38,43 20 52,37	11 40 51,45 190 20 57,12
5	0 40	18,4 40,6 0,6 23,0	— 15,79	200 21	4 0 15,4 8 0 30,3	20 30,64 41 0,29	4 0 20,6 8 0 17,6	20 41,02 40 35,05	200 20 35,83 21 40 47,67
6	47	0,7 23,2 8,0 30,4	— 6,52	21 200	8 0 31,2 4 0 6,9	41 2,08 20 13,73	8 0 13,9 4 0 11,4	40 27,68 20 22,70	21 40 44,88 200 20 18,21
7	53	15,3 37,4 15,7 37,8	+ 0,36	210 31	4 0 13,2 8 0 43,7	20 26,26 41 26,93	4 0 17,2 8 0 29,1	20 34,25 40 57,95	210 20 30,25 31 41 12,45
8	59	15,7 37,8 23,7 45,6	— 7,11	31 210	8 0 43,8 4 0 20,7	41 27,15 20 41,19	8 0 29,1 4 0 24,9	40 57,95 20 49,58	31 41 12,55 210 20 45,38
9	1 6	24,0 46,0 8,8 30,8	— 13,68	220 41	4 0 20,2 8 0 37,2	20 40,19 41 14,02	4 0 24,8 8 0 22,7	20 49,38 40 45,20	220 20 44,78 41 40 59,61
10	13	8,6 30,5 15,1 37,0	— 5,85	41 220	8 0 37,2 4 0 11,8	41 14,02 20 23,48	8 0 23,2 4 0 16,1	40 46,20 20 32,06	41 41 0,11 220 20 27,77
11	20	15,8 37,8 10,4 32,3	— 4,90	250 51	4 0 12,3 8 0 39,1	20 24,47 41 17,80	4 0 17,1 8 0 23,9	20 34,05 40 47,59	250 20 29,26 51 41 2,69
12	26	10,4 32,3 15,0 37,0	— 4,18	51 250	8 0 38,9 4 0 11,9	41 17,40 20 23,68	8 0 24,4 4 0 16,2	40 48,59 20 32,26	51 41 2,99 250 20 27,97
13	35	15,1 37,0 9,8 31,7	— 4,77	240 61	4 0 11,8 8 0 38,0	20 23,48 41 15,61	4 0 15,9 8 0 23,2	20 31,66 40 46,20	240 20 27,57 61 41 0,90
14	41	10,0 31,8 17,5 39,1	— 6,66	61 240	8 0 38,2 4 0 13,9	41 16,01 20 27,66	8 0 23,2 4 0 18,0	40 46,20 20 35,84	61 41 1,10 240 20 31,75
15	48	14,5 36,1 20,5 42,2	+ 5,44	250 71	4 0 8,1 8 0 47,3	20 16,12 41 34,11	4 0 10,4 8 0 31,9	20 20,71 41 3,52	250 20 18,41 71 41 18,81
16	55	20,8 42,6 20,0 41,7	+ 0,76	71 250	8 0 47,2 4 0 15,3	41 33,91 20 30,41	8 0 31,4 4 0 19,7	41 2,53 20 39,23	71 41 18,22 250 20 31,83
17	2 38	18,9 40,7 22,6 44,2	+ 3,24	260 81	4 0 11,7 8 0 48,5	20 23,28 41 36,50	4 0 16,0 8 0 33,4	20 31,86 41 6,51	260 20 27,57 81 41 21,50
18	46	19,8 41,4 25,0 46,7	— 4,72	81 260	8 0 45,4 4 0 19,8	41 30,33 20 39,40	8 0 31,3 4 0 24,9	41 2,33 20 49,58	81 41 16,33 260 20 44,19
19	53	24,8 46,4 13,8 35,4	— 9,90	270 91	4 0 19,4 8 0 41,8	20 38,60 41 23,17	4 0 25,1 8 0 27,1	20 49,98 40 53,96	270 20 44,29 91 41 8,56
20	3 0	14,2 36,0 19,4 41,1	— 4,63	91 270	8 0 41,2 4 0 14,5	41 21,98 20 28,85	8 0 27,1 4 0 19,1	40 53,96 20 38,03	91 41 7,97 270 20 33,44

Ibañez.

STATION DE CARBONERA..9 — OBJET CONDE..3. 11 ET 12 OCTOBRE 1859.

N.°	Heures	Niveau		Index	Microscope A		Microscope B		Moyennes
	h m	p p	"	°	D T P	' "	D T P	' "	° ' "
21	3 6	19,0 40,7 8,1 29,9	— 9,76	280 101	4 0 14,2 8 0 37,2	20 28,25 41 14,02	4 0 19,6 8 0 22,3	20 39,03 40 44,41	208 20 33,64 101 40 59,21
22	13	8,1 20,9 16,5 38,2	— 7,51	101 280	8 0 37,2 4 0 11,7	41 14,02 20 23,28	8 0 22,4 4 0 17,1	40 44,61 20 34,05	101 40 59,31 208 20 28,66
23	20	17,0 38,7 8,4 30,2	— 7,69	290 111	4 0 11,8 8 0 37,9	20 23,48 41 15,41	4 0 17,1 8 0 23,8	20 34,05 40 47,39	290 20 28,76 111 41 1,10
24	25	8,7 30,5 13,0 31,8	— 3,87	111 290	8 0 37,7 4 0 9,3	41 15,01 20 18,50	8 0 23,4 4 0 13,9	40 46,60 20 27,68	111 41 0,80 290 20 23,09
25	32	13,0 31,9 7,6 29,3	— 4,95	300 121	4 0 9,4 8 0 37,8	20 18,70 41 15,21	4 0 14,0 8 0 22,7	20 27,88 40 45,20	300 20 23,29 121 41 0,20
26	40	7,8 29,6 15,6 37,3	— 6,97	121 300	8 0 37,4 4 0 10,4	41 14,41 20 20,69	8 0 23,2 4 0 15,7	40 46,20 20 31,26	121 41 0,30 300 20 25,97
27	23 15	13,4 34,1 0,5 21,1	— 11,65	310 131	4 0 14,1 8 0 30,3	20 28,05 41 0,29	4 0 15,8 8 0 12,2	20 31,46 40 24,29	310 20 29,75 131 40 42,29
28	23	5,0 25,7 9,5 30,1	— 4,00	151 310	8 0 34,7 4 0 9,8	41 9,04 20 19,50	8 0 17,0 4 0 10,8	40 33,85 20 21,51	151 40 51,44 310 20 20,50
29	30	13,4 34,0 2,6 23,2	— 9,72	320 141	4 0 13,1 8 0 31,8	20 26,07 41 3,27	4 0 14,2 8 0 13,0	20 28,28 40 25,89	320 20 27,17 141 40 44,58
30	35	2,9 23,4 16,0 36,5	— 11,79	141 320	8 0 31,8 4 0 15,2	41 3,27 20 30,24	8 0 12,7 4 0 16,2	40 25,29 20 32,26	141 40 44,28 320 20 31,25
31	43	15,2 35,6 5,1 25,6	— 9,04	330 151	4 0 15,0 8 0 35,0	20 29,85 41 9,64	4 0 16,2 8 0 16,1	20 32,26 40 32,06	330 20 31,05 151 40 50,85
32	50	5,1 25,8 15,7 36,1	— 9,27	151 330	8 0 35,0 4 0 15,4	41 9,64 20 30,64	8 0 15,8 4 0 16,7	40 31,46 20 33,25	151 40 50,55 330 20 31,94
33	55	9,3 29,7 0,0 20,2	— 8,46	340 161	4 0 9,6 8 0 28,8	20 19,10 40 57,30	4 0 11,0 8 0 10,0	20 21,90 40 19,91	340 20 20,50 161 40 38,60
34	0 1	2,1 22,5 13,4 33,7	— 10,12	161 340	8 0 32,3 4 0 12,1	41 4,27 20 21,08	8 0 13,5 4 0 13,0	40 26,88 20 23,89	161 40 45,57 340 20 24,98
35	7	17,5 37,8 6,5 26,9	— 9,85	350 171	4 0 15,7 8 0 36,4	20 31,24 41 12,43	4 0 16,9 8 0 17,8	20 33,65 40 35,45	350 20 32,44 171 40 53,94
36	13	6,2 26,6 13,0 33,4	— 6,12	171 350	8 0 36,3 4 0 12,0	41 12,23 20 23,88	8 0 17,9 4 0 13,6	40 35,61 20 27,08	171 40 53,93 350 20 25,48
37	19	20,0 40,2 3,1 23,4	— 15,16	5 186	0 0 17,3 4 0 32,3	0 34,42 21 4,27	0 0 18,6 4 0 12,3	0 37,04 20 24,49	5 0 35,73 186 20 44,38
38	28	3,3 23,6 21,0 41,1	— 15,84	186 5	4 0 32,6 0 0 18,1	21 4,86 0 36,01	4 0 13,0 0 0 19,8	20 25,89 0 39,43	186 20 45,37 5 0 37,72
39	34	21,1 41,2 2,8 23,0	— 16,12	15 196	0 0 18,1 4 0 32,3	0 36,01 21 4,27	0 0 19,6 4 0 12,3	0 39,03 20 24,49	15 0 37,52 196 20 44,38
40	40	7,4 27,6 14,4 34,6	— 6,30	196 15	4 0 37,3 0 0 13,9	21 14,22 0 27,66	4 0 17,8 0 0 15,1	20 35,45 0 30,07	196 20 54,83 15 0 28,86

Ibañez.

Station de Carbonera..9 — Objet Conde..3. **12 octobre 1859.**

N.°	Heures	Niveau		Index	Microscope A		Microscope B		Moyennes
	h m	p p	″	°	b t p	′ ″	b t p	′ ″	° ′ ″
41	0 43	14,6 34,7 7,9 28,0	— 6,03	25 206	0 0 13,9 4 0 37,6	0 27,66 21 14,84	0 0 15,1 4 0 17,9	0 30,07 20 35,64	25 0 28,86 206 20 55,22
42	50	3,0 23,1 18,3 38,2	—13,68	206 25	4 0 31,9 0 0 14,4	21 3,47 0 28,65	4 0 12,0 0 0 15,7	20 23,90 0 31,26	206 20 43,68 25 0 29,95
43	56	17,9 37,9 11,0 31,0	— 6,21	35 216	0 0 14,6 4 0 40,6	0 29,05 21 20,78	0 0 16,0 4 0 19,7	0 31,86 20 39,23	35 0 30,45 216 21 0,00
44	1 9	10,8 30,8 17,6 37,5	— 6,07	216 35	4 0 40,4 0 0 14,4	21 20,38 0 28,65	4 0 20,2 0 0 15,3	20 40,22 0 30,47	216 21 0,30 35 0 29,56
45	2 20	22,5 42,1 2,3 22,0	—18,13	45 226	0 0 25,9 4 0 39,4	0 51,53 21 18,39	0 0 26,6 4 0 19,1	0 52,97 20 38,03	45 0 52,25 226 20 58,21
46	28	2,7 22,3 19,4 39,0	—15,03	226 45	4 0 39,3 0 0 24,3	21 18,20 0 48,55	4 0 19,0 0 0 25,2	20 37,83 0 50,18	226 20 58,01 45 0 49,26
47	35	19,8 39,3 3,8 23,3	—14,40	55 236	0 0 24,4 4 0 40,2	0 48,53 21 19,99	0 0 25,2 4 0 19,3	0 50,18 20 38,43	55 0 49,36 236 20 59,21
48	42	2,5 22,0 23,9 43,3	—19,21	236 55	4 0 38,5 0 0 27,0	21 16,60 0 53,72	4 0 17,3 0 0 27,3	20 34,43 0 54,36	236 20 55,52 55 0 54,04
49	49	18,0 37,4 8,8 28,1	— 8,32	65 246	0 0 22,1 4 0 41,9	0 43,97 21 29,34	0 0 23,8 4 0 24,9	0 45,40 20 49,58	65 0 44,68 246 21 9,46
50	55	11,4 30,8 24,4 43,8	—11,70	246 65	4 0 46,5 0 0 27,5	21 32,52 0 54,72	4 0 25,9 0 0 26,3	20 51,57 0 52,37	246 21 12,04 65 0 53,54
51	3 1	21,8 44,0 3,9 23,1	—18,81	75 256	0 0 27,0 4 0 40,6	0 53,72 21 20,78	0 0 25,7 4 0 20,0	0 51,18 20 39,83	75 0 52,45 256 21 0,30
52	6	4,0 23,2 25,0 44,2	—18,90	256 75	4 0 40,9 0 0 27,3	21 21,38 0 54,32	4 0 19,4 0 0 26,9	20 38,63 0 53,57	256 21 0,00 75 0 53,94
53	12	19,1 38,6 7,9 27,1	—10,35	85 266	0 0 22,2 4 0 45,6	0 44,17 21 30,73	0 0 22,3 4 0 24,0	0 44,11 20 47,79	85 0 44,29 266 21 9,26
54	18	13,9 33,1 20,0 39,2	— 5,10	266 85	4 0 50,0 0 0 23,9	21 39,48 0 47,55	4 0 28,9 0 0 23,1	20 57,55 0 46,00	266 21 18,51 85 0 46,77
55	21	19,4 38,6 11,7 31,0	— 6,88	95 276	0 0 23,9 4 0 47,2	0 47,55 21 33,91	0 0 23,7 4 0 26,3	0 46,80 20 52,37	95 0 47,17 276 21 13,14
56	30	6,1 25,1 20,9 40,1	—13,27	276 95	4 0 43,0 0 0 23,6	21 25,56 0 46,96	4 0 22,1 0 0 22,9	20 44,01 0 45,60	276 21 4,78 95 0 46,28
57	37	15,5 34,8 10,9 30,1	— 4,18	105 286	0 0 20,2 4 0 47,1	0 40,19 21 34,31	0 0 19,2 4 0 26,2	0 38,23 20 52,17	105 0 39,21 286 21 13,24
58	43	3,7 23,0 23,5 42,8	—17,82	286 105	4 0 39,0 0 0 26,1	21 17,60 0 51,93	4 0 18,0 0 0 25,2	20 35,84 0 50,18	286 20 56,72 105 0 51,05
59	49	23,3 42,6 12,0 31,3	—10,17	115 296	0 0 27,0 4 0 49,3	0 53,72 21 38,09	0 0 25,4 4 0 28,4	0 50,58 20 56,55	115 0 52,15 296 21 17,32
60	55	11,6 30,9 21,8 41,1	— 9,18	296 115	4 0 49,6 0 0 22,2	21 38,69 0 44,17	4 0 28,4 0 0 22,6	20 56,55 0 45,00	296 21 17,62 115 0 44,58

Ibañez.

STATION DE CONDE..3 — OBJET CARBONERA..9. 10 ET 11 OCTOBRE 1859.

N.°	Heures	Niveau		Index	Microscope A		Microscope B		Moyennes
	h m	p p	″	°	D T P	′ ″	D T P	′ ″	° ′ ″
1	23 0	19,8 48,7 9,0 37,8	— 9,55	29 208	11 0 20,8 4 0 39,4	44 41,55 17 18,71	11 0 30,4 4 0 19,3	45 1,09 16 38,79	29 44 51,32 208 16 58,75
2	12	9,0 37,8 19,8 48,7	— 9,55	208 29	4 0 39,6 11 0 20,8	17 19,11 44 41,55	4 0 19,7 11 0 30,2	16 39,59 45 0,69	208 16 59,35 29 44 51,12
3	20	20,4 49,3 9,0 37,8	—10,08	29 208	11 0 21,3 4 0 58,9	44 42,55 17 17,71	11 0 31,0 4 0 19,5	45 2,30 16 39,19	29 44 52,42 208 16 58,45
4	28	9,0 37,8 19,7 48,5	— 9,42	208 29	4 0 39,0 11 0 20,8	17 17,91 44 41,55	4 0 19,7 11 0 30,2	16 39,59 45 0,69	208 16 58,75 29 44 51,12
5	0 40	19,6 48,3 8,3 38,8	— 9,15	29 208	11 0 20,0 4 0 39,8	44 59,95 17 19,51	11 0 31,0 4 0 19,3	45 2,30 16 38,79	29 44 51,12 208 16 59,15
6	47	9,0 37,5 18,2 46,8	— 8,14	208 29	4 0 39,9 11 0 21,0	17 19,71 44 41,95	4 0 20,0 11 0 31,0	16 40,19 45 2,30	208 16 59,95 29 44 52,12
7	53	17,7 46,0 4,3 32,4	—11,88	29 208	11 0 20,9 4 0 35,9	44 41,75 17 11,72	11 0 31,0 4 0 18,0	45 2,30 16 36,17	29 44 52,02 208 16 53,94
8	59	4,3 32,5 19,7 47,8	—13,51	208 29	4 0 35,8 11 0 22,0	17 11,52 44 43,95	4 0 18,3 11 0 31,8	16 36,78 45 3,91	208 16 54,15 29 44 53,93
9	1 6	17,0 45,3 5,1 33,2	—10,56	29 208	11 0 21,0 4 0 36,1	44 41,93 17 12,12	11 0 31,0 4 0 19,4	45 2,30 16 38,99	29 44 52,12 208 16 55,55
10	13	4,7 32,8 18,2 46,3	—11,88	208 29	4 0 36,8 11 0 21,1	17 13,52 44 42,15	4 0 20,0 11 0 31,0	16 40,19 45 2,30	208 16 56,85 29 44 52,22
11	20	16,3 44,3 6,0 34,0	— 9,06	29 208	11 0 19,0 4 0 38,1	44 37,96 17 16,11	11 0 30,0 4 0 21,0	45 0,29 16 42,20	29 44 49,12 208 16 59,15
12	26	6,3 34,3 17,0 45,0	— 9,42	208 29	4 0 38,5 11 0 20,1	17 16,91 44 40,15	4 0 20,9 11 0 31,3	16 42,00 45 2,90	208 16 59,45 29 44 51,52
13	33	16,8 44,8 5,0 33,0	—10,38	29 208	11 0 19,2 4 0 37,8	44 38,36 17 15,51	11 0 31,0 4 0 19,9	45 2,30 16 39,99	29 41 50,33 208 16 57,75
14	41	5,0 33,0 17,0 45,0	—10,56	208 29	4 0 38,1 11 0 21,3	17 16,11 44 42,55	4 0 20,0 11 0 31,7	16 40,19 45 3,71	208 16 58,15 29 44 53,13
15	48	15,2 43,2 5,0 33,0	— 8,98	29 208	11 0 18,3 4 0 37,8	44 36,56 17 15,51	11 0 29,6 4 0 18,9	44 59,49 16 37,98	29 44 48,02 208 16 56,74
16	55	4,2 32,2 16,3 44,3	—10,65	208 29	4 0 36,9 11 0 20,8	17 13,72 44 41,55	4 0 18,0 11 0 31,2	16 36,17 45 2,70	208 16 54,94 29 44 52,12
17	2 38	15,2 43,2 3,3 31,4	—10,43	29 208	11 0 18,7 4 0 37,8	44 37,36 17 15,51	11 0 30,0 4 0 16,3	45 0,29 16 32,76	29 44 48,82 208 16 54,13
18	46	4,3 32,3 15,3 43,3	— 9,68	208 29	4 0 38,9 11 0 20,0	17 17,71 44 39,95	4 0 17,0 11 0 31,8	16 34,16 45 3,91	208 16 55,93 29 44 51,93
19	53	15,3 43,3 3,3 31,3	—10,56	29 208	11 0 20,2 4 0 37,0	44 40,35 17 13,91	11 0 31,8 4 0 16,4	45 3,91 16 32,96	29 44 52,13 208 16 53,43
20	3 0	3,3 31,2 15,9 43,8	—11,00	208 29	4 0 37,0 11 0 20,7	17 13,91 44 41,35	4 0 16,3 11 0 31,9	16 32,76 45 4,11	208 16 53,33 29 44 52,73

Quiroga.

STATION DE CONDE..3 — OBJET CARBONERA..9. 11 ET 12 OCTOBRE 1859.

N.°	Heures	Niveau		Index	Microscope A		Microscope B		Moyennes
	h m	p p	″	°	R T P	′ ″	R T P	′ ″	° ′ ″
21	3 6	15,9 43,8 3,3 31,0	— 11,18	29 208	11 0 20,4 4 0 36,5	44 40,75 17 12,92	11 0 31,8 4 0 18,7	45 3,91 16 37,58	29 44 52,33 208 16 53,25
22	13	3,3 31,0 16,4 44,1	— 11,53	208 29	4 0 36,2 11 0 22,0	17 12,32 44 43,95	4 0 18,2 11 0 32,7	16 36,58 45 5,72	208 16 54,45 29 44 54,83
23	20	15,3 43,0 3,3 31,1	— 10,52	29 208	11 0 20,3 4 0 37,4	44 40,55 17 14,71	11 0 31,4 4 0 18,4	45 3,10 16 36,98	29 44 51,82 208 16 55,84
24	25	3,3 31,1 16,0 43,8	— 11,18	208 29	4 0 37,9 11 0 20,9	17 15,71 44 41,75	4 0 18,2 11 0 30,9	16 36,58 45 2,10	208 16 56,14 29 44 51,92
25	32	15,3 43,1 3,3 31,2	— 10,52	29 208	11 0 20,3 4 0 36,2	44 40,55 17 12,32	11 0 31,1 4 0 18,0	45 2,50 16 36,17	29 44 51,52 208 16 54,21
26	40	3,3 31,2 16,0 43,8	— 11,13	208 29	4 0 36,1 11 0 20,8	17 12,12 44 41,55	4 0 18,2 11 0 30,9	16 36,58 45 2,10	208 16 54,35 29 44 51,82
27	23 15	15,3 42,7 6,0 33,1	— 8,32	29 208	11 0 22,7 4 0 41,8	44 43,35 17 23,50	11 0 37,4 4 0 24,4	45 15,16 16 49,04	29 45 0,25 208 17 6,27
28	23	6,0 33,1 16,4 43,6	— 9,20	208 29	4 0 41,3 11 0 25,6	17 22,51 44 51,14	4 0 24,2 11 0 38,8	16 48,63 45 17,98	208 17 5,57 29 45 4,56
29	30	16,2 43,3 6,0 33,0	— 9,02	29 208	11 0 23,6 4 0 41,4	44 47,15 17 22,70	11 0 37,6 4 0 22,2	45 15,56 16 44,62	29 45 1,35 208 17 3,66
30	35	6,0 33,0 16,9 44,0	— 9,64	208 29	4 0 41,3 11 0 25,0	17 23,51 44 49,94	4 0 23,0 11 0 38,9	16 46,22 45 18,18	208 17 4,36 29 45 4,06
31	43	16,3 43,4 4,4 31,4	— 10,52	29 208	11 0 23,8 4 0 41,5	44 47,55 17 21,90	11 0 38,9 4 0 20,7	45 18,18 16 41,60	29 45 2,86 208 17 2,25
32	50	4,7 31,8 18,2 45,3	— 11,88	208 29	4 0 41,5 11 0 25,8	17 22,90 44 51,54	4 0 20,8 11 0 39,1	16 41,80 45 18,58	208 17 2,35 29 45 5,06
33	55	17,4 44,5 5,2 32,2	— 10,78	29 208	11 0 25,2 4 0 41,8	44 50,34 17 23,50	11 0 39,0 4 0 21,2	45 18,38 16 42,61	29 45 4,36 208 17 3,05
34	0 1	5,2 32,2 16,4 43,4	— 9,86	208 29	4 0 41,7 11 0 23,4	17 23,30 44 46,75	4 0 21,8 11 0 38,2	16 43,81 45 16,77	208 17 3,55 29 45 1,76
35	7	16,1 43,0 5,2 32,1	— 9,59	29 208	11 0 23,1 4 0 41,9	44 46,15 17 23,70	11 0 38,2 4 0 21,7	45 16,77 16 43,61	29 45 1,46 208 17 3,65
36	13	6,0 33,0 16,4 43,3	— 9,11	208 29	4 0 41,7 11 0 24,2	17 23,30 44 48,34	4 0 21,7 11 0 39,1	16 43,61 45 18,58	208 17 3,45 29 45 3,16
37	19	15,4 43,3 4,7 31,7	— 9,81	29 208	11 0 23,8 4 0 40,9	44 47,55 17 21,71	11 0 38,2 4 0 21,3	45 16,77 16 42,81	29 45 2,16 208 17 2,26
38	28	4,7 31,7 16,4 43,4	— 10,30	208 29	4 0 40,6 11 0 23,5	17 21,11 44 46,95	4 0 21,6 11 0 38,5	16 43,41 45 17,37	208 17 2,26 29 45 2,16
39	34	16,4 43,3 5,8 32,8	— 9,28	29 208	11 0 23,3 4 0 42,7	44 46,55 17 25,30	11 0 38,4 4 0 21,4	45 17,17 16 43,01	29 45 1,86 208 17 4,15
40	40	6,0 33,0 16,8 43,8	— 9,50	208 29	4 0 41,7 11 0 23,2	17 23,30 44 46,35	4 0 21,7 11 0 38,6	16 43,61 45 17,57	208 17 3,45 29 45 1,96

Quiroga.

STATION DE CONDE..3 — OBJET CARBONERA..9. 12 OCTOBRE 1859.

N.°	Heures	Niveau		Index	Microscope A		Microscope B		Moyennes
	h m	p p	″	o	D T P	′ ″	D T P	′ ″	o ′ ″
41	0 45	16,4 43,3 4,6 32,5	— 9,94	29 208	11 0 23,3 4 0 42,0	44 46,55 17 23,90	11 0 38,2 4 0 21,4	45 16,77 16 43,01	29 45 1,66 208 17 3,45
42	50	4,6 32,4 16,9 43,8	— 10,43	208 29	4 0 42,1 11 0 24,0	17 24,10 44 47,94	4 0 21,7 11 0 38,6	16 43,61 45 17,57	208 17 3,85 29 45 2,75
43	56	16,4 43,2 4,8 31,7	— 10,16	29 208	11 0 23,3 4 0 42,7	44 46,55 17 25,30	11 0 38,9 4 0 18,9	45 18,18 16 37,98	29 45 2,36 208 17 1,64
44	1 9	4,7 31,7 16,9 43,7	— 10,65	208 29	4 0 42,9 11 0 24,2	17 23,70 44 48,34	4 0 19,4 11 0 39,4	16 38,99 45 19,18	208 17 2,31 29 45 3,76
45	2 20	25,0 51,6 15,8 42,3	— 8,14	29 208	11 0 31,5 4 0 50,1	45 02,93 17 40,08	11 0 48,1 4 0 27,3	45 36,67 16 51,86	29 45 19,80 208 17 17,47
46	28	9,0 35,5 19,7 46,3	— 9,46	208 29	4 0 38,0 11 0 23,2	17 15,91 44 46,35	4 0 27,8 11 0 37,8	16 53,87 45 15,97	208 17 5,89 29 45 1,16
47	35	19,7 46,2 9,0 35,3	— 9,50	29 208	11 0 22,1 4 0 40,1	44 44,15 17 20,11	11 0 37,2 4 0 23,8	45 14,76 16 47,83	29 44 59,45 208 17 5,97
48	42	9,0 35,5 20,8 47,3	— 10,38	208 29	4 0 39,0 11 0 24,7	17 17,91 44 49,31	4 0 24,0 11 0 38,3	16 48,23 45 16,97	208 17 3,07 29 45 3,15
49	49	19,7 46,3 6,7 33,0	— 11,57	29 208	11 0 23,2 4 0 41,0	44 46,35 17 21,91	11 0 37,2 4 0 21,8	45 14,76 16 43,81	29 45 0,55 208 17 2,86
50	55	7,2 33,7 20,0 46,3	— 11,26	208 29	4 0 40,2 11 0 21,5	17 20,31 44 48,94	4 0 21,3 11 0 37,0	16 42,81 45 14,36	208 17 1,56 29 45 1,65
51	3 1	19,7 46,3 6,6 33,1	— 11,57	29 208	11 0 23,0 4 0 40,9	44 45,95 17 21,71	11 0 36,5 4 0 21,3	45 13,35 16 42,81	29 44 59,63 208 17 2,26
52	6	6,6 33,1 21,3 47,8	— 12,94	208 29	4 0 40,8 11 0 25,5	17 21,51 44 50,94	4 0 21,0 11 0 38,3	16 42,20 45 16,97	208 17 1,85 29 45 3,95
53	12	20,8 47,3 6,7 33,1	— 12,45	29 208	11 0 21,2 4 0 41,0	44 48,34 17 21,91	11 0 37,7 4 0 21,2	45 15,77 16 42,61	29 45 2,05 208 17 2,26
54	18	8,2 34,7 21,4 48,0	— 11,66	208 29	4 0 41,0 11 0 25,0	17 21,91 44 49,94	4 0 21,8 11 0 37,8	16 43,81 45 15,97	208 17 2,86 29 45 2,95
55	24	20,8 47,3 6,7 33,1	— 12,15	29 208	11 0 23,7 4 0 40,8	44 47,35 17 21,51	11 0 37,0 4 0 20,3	45 14,36 16 40,80	29 45 0,85 208 17 1,15
56	30	9,0 35,5 21,3 47,9	— 10,87	208 29	4 0 41,8 11 0 25,0	17 23,50 44 49,94	4 0 21,6 11 0 38,3	16 43,41 45 16,97	208 17 3,45 29 45 3,45
57	37	21,3 47,9 9,0 35,6	— 10,82	29 208	11 0 24,1 4 0 40,2	44 48,14 17 20,31	11 0 37,8 4 0 20,6	45 15,97 16 41,40	29 45 2,05 208 17 0,85
58	43	9,1 35,7 22,4 48,8	— 11,62	208 29	4 0 41,2 11 0 25,5	17 22,31 44 50,94	4 0 21,7 11 0 37,6	16 43,61 45 15,56	208 17 2,96 29 45 3,25
59	49	22,1 48,7 9,0 35,5	— 11,57	29 208	11 0 21,4 4 0 41,1	44 48,74 17 22,11	11 0 37,3 4 0 21,6	45 14,96 16 43,41	29 45 1,85 208 17 2,76
60	55	10,0 36,5 22,0 48,6	— 10,60	208 29	4 0 41,5 11 0 21,0	17 22,90 44 47,94	4 0 21,9 11 0 36,8	16 44,01 45 13,96	208 17 3,45 29 45 0,95

Saavedra.

STATION DE CARBONERA..9 — OBJET BOLOS..10. 15 OCTOBRE 1859.

N.°	Heures	Niveau		Index	Microscope A		Microscope B		Moyennes
	h m	p p	″	°	D T P	′ ″	D T P	′ ″	° ′ ″
1	2 39	24,6 42,9 11,8 30,1	— 11,52	0 180	1 1 25,8 0 0 47,5	7 50,72 1 34,51	1 1 31,9 0 0 24,7	8 3,00 0 49,19	0 7 56,86 180 1 11,85
2	44	17,8 36,1 20,1 44,4	— 7,47	180 0	0 0 52,3 1 1 22,0	1 41,06 7 43,16	0 0 29,1 1 1 25,6	0 57,95 7 50,46	180 1 21,00 0 7 46,81
3	50	25,1 41,2 12,8 31,0	— 9,22	10 190	1 1 18,0 0 0 51,9	7 35,20 1 43,27	1 1 22,0 0 0 28,1	7 43,29 0 55,96	10 7 39,24 190 1 19,61
4	55	10,8 28,9 28,0 46,1	— 15,48	190 10	0 0 47,3 1 1 23,8	1 34,11 7 46,74	0 0 23,3 1 1 28,0	0 46,40 7 55,23	190 1 10,25 10 7 50,98
5	3 2	28,4 46,6 18,4 36,6	— 9,00	20 200	1 1 25,3 0 0 54,8	7 49,72 1 49,04	1 1 29,5 0 0 30,4	7 58,22 1 0,54	20 7 53,97 200 1 24,79
6	8	20,5 38,8 25,9 44,0	— 4,77	200 20	0 0 54,6 1 1 23,0	1 48,64 7 45,15	0 0 31,3 1 1 25,0	1 2,33 7 49,26	200 1 25,48 20 7 47,20
7	14	22,8 40,9 14,8 32,9	— 7,20	30 210	1 1 16,4 0 0 56,7	7 31,42 1 53,82	1 1 20,4 0 0 32,9	7 40,10 1 5,51	30 7 35,76 210 1 29,16
8	19	11,3 29,5 25,7 43,9	— 12,90	210 30	0 0 53,4 1 1 18,3	1 46,25 7 35,79	0 0 30,0 1 1 21,6	0 59,74 7 42,49	210 1 22,99 30 7 39,14
9	24	26,7 44,9 10,9 29,1	— 14,22	40 220	1 1 20,5 0 0 52,2	7 40,17 1 43,86	1 1 24,4 0 0 29,0	7 48,07 0 57,75	40 7 44,12 220 1 20,80
10	30	10,8 28,9 26,0 44,1	— 13,68	220 40	0 0 52,7 1 1 17,4	1 44,86 7 34,00	0 0 28,8 1 1 20,8	0 57,33 7 40,90	220 1 21,10 40 7 37,45
11	35	26,9 45,2 15,8 31,1	— 9,99	50 230	1 1 21,0 0 0 57,0	7 41,17 1 53,41	1 1 23,1 0 0 33,0	7 45,48 1 5,71	50 7 43,32 230 1 29,56
12	39	16,1 34,6 26,9 45,3	— 9,67	230 50	0 0 57,2 1 1 21,8	1 53,81 7 42,76	0 0 33,3 1 1 24,6	1 6,31 7 48,46	230 1 30,06 50 7 45,61
13	44	26,3 44,7 16,4 34,9	— 8,86	60 240	1 1 23,2 0 0 55,3	7 45,54 1 50,03	1 1 26,0 0 0 30,9	7 51,25 1 1,53	60 7 48,39 240 1 25,78
14	49	16,5 34,9 24,6 43,0	— 7,29	240 60	0 0 54,0 1 1 20,7	1 47,44 7 40,57	0 0 30,7 1 1 22,9	1 1,13 7 45,08	240 1 24,28 60 7 42,82
15	55	26,9 45,1 15,1 33,4	— 10,57	70 250	1 1 22,5 0 0 55,7	7 44,15 1 50,83	1 1 26,1 0 0 31,5	7 51,45 1 2,73	70 7 47,80 250 1 26,78
16	4 0	17,9 36,1 22,5 40,7	— 4,14	250 70	0 0 57,7 1 1 16,2	1 54,81 7 31,62	0 0 34,0 1 1 18,3	1 7,70 7 35,92	250 1 31,25 70 7 33,77
17	5	26,8 45,0 18,9 37,2	— 7,06	80 260	1 1 18,9 0 1 1,9	7 36,99 2 3,16	1 1 21,7 0 0 37,4	7 42,60 1 14,47	80 7 39,84 260 1 38,81
18	10	12,0 30,4 23,0 41,2	— 9,81	260 80	0 0 56,1 1 1 13,1	1 51,62 7 25,45	0 0 32,7 1 1 15,3	1 5,12 7 29,94	260 1 28,37 80 7 27,69
19	15	26,7 45,0 18,7 37,0	— 7,20	90 270	1 1 15,8 0 1 3,2	7 30,82 2 5,75	1 1 18,6 0 0 39,8	7 36,52 1 19,25	90 7 33,67 270 1 42,50
20	20	19,0 37,5 26,2 44,7	— 6,18	270 90	0 1 4,1 1 1 14,7	2 7,54 7 28,63	0 0 40,4 1 1 17,4	1 20,45 7 34,13	270 1 43,93 90 7 31,38

Ibañez.

STATION DE CARBONERA..9 — OBJET BOLOS..10. 15 ET 16 OCTOBRE 1859.

N.°	Heures	Niveau		Index	Microscope A		Microscope B		Moyennes
	h m	p p	″	°	D T P	′ ″	D T P	′ ″	° ′ ″
21	4 26	26,8 45,4 17,1 35,9	— 8,64	100 280	1 1 14,0 0 1 6,0	7 27,24 2 11,32	1 1 16,9 0 0 43,2	7 33,13 1 26,02	100 7 30,18 280 1 48,67
22	31	18,0 36,8 24,5 43,1	— 5,76	280 100	0 1 7,6 1 1 8,0	2 14,50 7 15,30	0 0 44,9 1 1 10,5	1 29,41 7 20,39	280 1 51,95 100 7 17,84
23	3 9	22,8 40,7 15,3 33,2	— 6,73	110 290	1 1 18,0 0 0 57,5	7 35,20 1 54,41	1 1 20,3 0 0 32,6	7 39,90 1 4,92	110 7 37,55 290 1 29,66
24	10	17,9 35,8 20,9 38,9	— 2,74	290 110	0 0 55,3 1 1 15,5	1 50,03 7 30,22	0 0 33,5 1 1 17,9	1 6,71 7 35,12	290 1 28,37 110 7 32,67
25	15	23,1 41,1 18,0 36,0	— 4,59	120 300	1 1 16,6 0 1 0,2	7 32,41 1 59,78	1 1 18,8 0 0 36,0	7 36,91 1 11,69	120 7 34,66 300 1 35,73
26	20	18,2 36,3 21,3 39,5	— 2,83	300 120	0 1 0,7 1 1 15,4	2 0,77 7 30,02	0 0 36,1 1 1 18,0	1 11,89 7 35,32	300 1 36,33 120 7 32,67
27	25	25,4 43,6 16,7 35,0	— 7,78	130 310	1 1 16,8 0 0 58,9	7 32,81 1 57,19	1 1 19,7 0 0 35,3	7 38,71 1 10,29	130 7 35,76 310 1 33,74
28	30	10,8 29,0 20,9 39,1	— 9,09	310 130	0 0 53,4 1 1 12,4	1 46,25 7 24,05	0 0 29,9 1 1 14,9	0 59,54 7 29,15	310 1 22,89 130 7 26,60
29	34	24,8 43,1 10,9 29,2	—12,51	140 320	1 1 19,8 0 0 54,7	7 38,78 1 48,84	1 1 21,8 0 0 30,1	7 42,89 0 59,94	140 7 40,83 320 1 24,39
30	39	10,9 29,2 24,7 43,0	—12,42	320 140	0 0 54,8 1 1 19,6	1 49,04 7 38,38	0 0 30,6 1 1 21,5	1 0,93 7 42,29	320 1 24,98 140 7 40,33
31	44	24,0 42,5 17,7 36,1	— 5,71	150 330	1 1 14,7 0 1 2,1	7 28,63 2 3,56	1 1 17,8 0 0 38,9	7 34,92 1 17,46	150 7 31,77 330 1 40,51
32	49	19,0 37,5 19,4 38,0	— 0,40	330 150	0 1 3,0 1 1 11,2	2 5,35 7 21,67	0 0 39,3 1 1 12,6	1 18,26 7 24,57	330 1 41,80 150 7 23,12
33	53	19,1 37,6 16,2 34,8	— 2,56	160 340	1 1 11,5 0 0 59,8	7 22,26 1 58,98	1 1 13,0 0 0 36,1	7 25,36 1 11,89	160 7 23,81 340 1 35,43
34	57	19,1 37,8 17,4 36,1	+ 1,53	340 160	0 1 3,3 1 1 9,5	2 5,95 7 18,28	0 0 38,9 1 1 11,7	1 17,46 7 22,78	340 1 41,70 160 7 20,53
35	4 2	22,2 40,9 16,9 33,5	— 4,81	170 350	1 1 14,6 0 1 3,9	7 28,43 2 7,14	1 1 16,3 0 0 39,9	7 31,94 1 19,45	170 7 30,18 350 1 43,29
36	6	18,0 36,7 22,2 40,9	— 3,78	350 170	0 1 5,2 1 1 13,0	2 9,73 7 25,25	0 0 41,4 1 1 14,7	1 22,44 7 28,75	350 1 46,08 170 7 27,00
37	10	22,3 41,0 17,4 36,1	— 4,41	185 5	1 1 14,1 0 1 1,7	7 27,44 2 2,76	1 1 15,9 0 0 37,8	7 31,14 1 15,27	185 7 29,29 5 1 39,01
38	15	16,9 35,7 16,9 35,7	0,00	5 185	0 1 1,5 1 1 9,4	2 2,37 7 18,09	0 0 37,7 1 1 11,0	1 15,07 7 21,38	5 1 38,72 185 7 19,73
39	19	15,9 34,6 14,7 33,4	— 1,08	195 15	1 1 8,5 0 1 1,0	7 16,29 2 1,37	1 1 10,2 0 0 38,0	7 19,79 1 15,67	195 7 18,04 15 1 38,52
40	24	18,3 37,1 20,4 39,1	— 1,84	15 195	0 1 4,1 1 1 9,8	2 7,54 7 18,88	0 0 40,8 1 1 11,5	1 21,25 7 22,38	15 1 44,39 195 7 20,63

Ibañez.

Station de Carbonera..9 — Objet Bolgs..10. 16 et 17 octobre 1859.

N.°	Heures	Niveau		Index	Microscope A		Microscope B		Moyennes
	h m	p p	"	°	D T p	' "	D T p	' "	° ' "
41	4 28	21,5 40,2 20,0 38,7	— 1,35	205 25	1 1 10,8 0 1 5,8	7 20,87 2 10,92	1 1 12,6 0 0 42,1	7 24,57 1 23,83	205 7 22,72 25 1 47,37
42	33	20,0 38,7 16,9 35,4	+ 2,88	25 205	0 1 6,4 1 1 6,4	2 12,12 7 12,12	0 0 42,3 1 1 8,9	1 24,23 7 17,20	25 1 48,17 205 7 14,66
43	38	21,5 40,1 11,2 30,0	— 9,18	215 35	1 1 9,9 0 1 1,0	7 19,08 2 1,37	1 1 12,0 0 0 37,1	7 23,37 1 13,88	215 7 21,22 35 1 37,62
44	44	10,9 29,6 24,4 43,1	—12,15	35 215	0 1 1,0 1 1 10,3	2 1,37 7 19,88	0 0 37,5 1 1 12,4	1 14,67 7 24,17	35 1 38,02 215 7 22,02
45	21 7	28,8 50,2 12,3 32,7	—15,30	225 45	1 1 33,0 0 1 1,7	8 5,04 2 2,76	1 1 36,0 0 0 42,9	8 11,16 1 25,43	225 8 8,10 45 1 44,09
46	16	14,0 35,3 23,0 44,2	— 8,05	45 225	0 0 43,5 1 1 3,7	1 26,55 7 6,74	0 0 23,6 1 1 9,4	0 46,99 7 18,20	45 1 6,77 225 7 12,47
47	23	20,0 41,3 13,7 34,8	— 5,76	235 55	1 1 0,6 0 0 41,2	7 0,58 1 21,98	1 1 6,3 0 0 21,1	7 12,02 0 42,02	235 7 6,30 55 1 2,00
48	30	4,3 25,4 20,7 41,7	—14,71	55 235	0 0 44,8 1 1 14,8	1 29,14 7 28,83	0 0 24,8 1 1 22,2	0 49,38 7 43,68	55 1 9,26 235 7 36,25
49	37	20,2 40,9 12,8 33,7	— 6,57	245 65	1 1 14,0 0 0 53,0	7 27,24 1 45,45	1 1 21,8 0 0 32,9	7 42,89 1 5,51	245 7 35,06 65 1 25,48
50	50	6,3 27,0 16,0 36,7	— 8,73	65 245	0 0 32,3 1 1 3,8	1 4,27 7 6,94	0 0 12,9 1 1 11,4	0 25,69 7 22,18	65 0 44,98 245 7 14,56
51	56	13,0 33,6 4,2 24,5	— 8,05	255 75	1 1 1,0 0 0 31,3	7 1,37 1 2,28	1 1 9,2 0 0 11,0	7 17,80 0 21,90	255 7 9,58 75 0 42,09
52	1 18	7,3 24,8 16,0 33,3	— 7,74	75 255	0 0 42,8 1 1 18,1	1 25,16 7 35,40	0 0 19,3 1 1 22,0	0 38,43 7 43,29	75 1 1,79 255 7 39,34
53	23	15,0 32,3 9,2 26,5	— 5,22	265 85	1 1 15,3 0 0 44,5	7 29,82 1 28,54	1 1 20,6 0 0 20,3	[illegible] 40,50 0 40,12	265 7 35,16 85 1 4,48
54	30	5,6 22,8 18,8 36,0	—11,88	85 265	0 0 45,7 1 1 20,7	1 30,93 7 40,57	0 0 23,7 1 1 22,0	0 47,19 7 43,29	85 1 9,06 265 7 41,93
55	35	15,3 32,4 9,4 26,6	— 5,26	275 95	1 1 18,9 0 0 49,1	7 36,99 1 37,69	1 1 20,3 0 0 27,7	7 39,90 0 55,16	275 7 38,44 95 1 16,42
56	40	7,7 24,8 18,8 36,0	—10,03	95 275	0 0 48,9 1 1 20,8	1 37,30 7 40,77	0 0 26,1 1 1 23,7	0 51,97 7 46,67	95 1 14,63 275 7 43,72
57	46	19,8 37,0 8,1 25,3	—10,53	285 105	1 1 21,7 0 0 51,3	7 42,56 1 42,07	1 1 24,0 0 0 28,6	7 47,27 0 56,95	285 7 44,91 105 1 19,51
58	51	5,5 22,7 18,4 35,5	—11,56	105 285	0 0 54,3 1 1 25,8	1 48,04 7 50,72	0 0 30,8 1 1 29,1	1 1,33 7 57,42	105 1 24,68 285 7 54,07
59	55	20,1 37,2 7,4 24,6	—11,38	295 115	1 1 26,5 0 0 51,7	7 52,11 1 42,87	1 1 30,8 0 0 28,3	8 0,81 0 56,35	295 7 56,46 115 1 19,61
60	2 0	7,0 24,2 17,8 34,9	— 9,67	115 295	0 0 49,7 1 1 23,0	1 38,89 7 45,15	0 0 24,2 1 1 27,0	0 48,19 7 53,24	115 1 13,54 295 7 49,19

Ibañez.

STATION DE CARBONERA..9 — OBJET BOLOS..10. 17 OCTOBRE 1859.

N.°	Heures	Niveau		Index	Microscope A		Microscope B		Moyennes
	h m	p p	″	°	D T P	′ ″	D T P	′ ″	° ′ ″
61	2 10	17,8 34,9 7,6 24,7	— 9,18	305 125	1 1 22,0 0 0 51,8	7 43,16 1 43,07	1 1 26,0 0 0 27,0	7 51,25 0 53,77	305 7 47,20 125 1 18,42
62	14	8,7 25,8 20,4 17,5	— 1,53	125 305	0 0 51,8 1 1 22,2	1 43,07 7 43,55	0 0 27,3 1 1 25,3	0 54,36 7 49,86	125 1 18,71 305 7 46,70
63	18	17,2 34,1 6,0 23,0	—10,03	315 135	1 1 18,3 0 0 51,8	7 35,79 1 43,07	1 1 22,2 0 0 26,3	7 43,68 0 52,37	315 7 39,73 135 1 17,72
64	23	6,3 23,3 21,0 37,8	—13,14	135 315	0 0 53,3 1 1 28,5	1 50,03 7 56,09	0 0 30,2 1 1 31,8	1 0,14 8 2,80	135 1 25,08 315 7 59,44
65	28	18,9 35,8 8,2 25,2	— 9,58	325 145	1 1 27,1 0 0 56,7	7 53,50 1 52,82	1 1 30,8 0 0 32,4	8 0,81 1 4,52	325 7 57,05 145 1 28,67
66	32	9,2 26,1 20,6 37,1	—10,21	145 325	0 0 43,2 1 1 15,3	1 25,96 7 29,83	0 0 19,5 1 1 16,9	0 38,83 7 33,13	145 1 2,39 325 7 31,47
67	37	18,8 35,7 8,8 25,7	— 9,00	335 155	1 1 13,8 0 0 36,8	7 26,84 1 13,22	1 1 16,3 0 0 12,0	7 31,94 0 23,90	335 7 29,39 155 0 48,56
68	43	5,8 22,7 21,4 38,2	—13,09	155 335	0 0 44,9 1 1 28,8	1 29,34 7 56,69	0 0 20,7 1 1 31,1	0 41,22 8 1,41	155 1 5,28 335 7 59,05
69	48	20,3 36,8 8,8 25,7	—10,17	345 165	1 1 26,8 0 0 53,4	7 52,71 1 46,25	1 1 30,0 0 0 29,0	7 59,22 0 57,75	345 7 55,96 165 1 22,00
70	53	7,0 23,8 19,3 35,9	—10,98	165 345	0 0 51,7 1 1 26,0	1 42,87 7 51,11	0 0 27,2 1 1 27,0	0 54,16 7 53,24	165 1 18,51 345 7 52,17
71	59	19,3 35,9 7,8 24,7	—10,22	355 175	1 1 24,5 0 0 56,1	7 48,13 1 51,62	1 1 25,8 0 0 31,1	7 50,85 1 1,93	355 7 49,49 175 1 26,77
72	3 7	8,8 23,6 21,8 38,7	—11,74	175 355	0 1 5,8 1 1 29,3	2 10,92 7 57,68	0 0 40,8 1 1 31,1	1 21,25 8 1,41	175 1 46,08 355 7 59,54
73	15	22,7 39,5 8,7 25,5	—12,60	3 183	1 1 31,8 0 1 5,5	8 2,65 2 10,33	1 1 32,6 0 0 41,8	8 4,39 1 23,24	3 8 3,52 183 1 46,78
74	21	10,0 27,0 19,9 36,9	— 8,91	183 3	0 0 29,9 1 0 19,9	0 59,49 6 39,29	0 0 6,8 1 0 49,8	0 13,54 6 39,17	183 0 36,51 3 6 39,23
75	27	22,5 39,7 8,2 25,3	—12,91	13 193	1 0 53,7 0 0 26,0	6 41,86 0 51,73	1 0 52,9 0 0 2,5	6 45,34 0 4,98	13 6 43,10 193 0 28,35
76	32	5,0 22,2 22,6 39,7	—15,79	193 13	0 0 36,0 1 1 10,4	1 11,63 7 20,07	0 0 12,9 1 1 7,8	0 25,69 7 15,01	193 0 48,66 13 7 17,54
77	36	23,8 40,0 8,2 25,4	—13,14	23 203	1 1 10,5 0 0 37,2	7 20,27 1 14,02	1 1 10,0 0 0 13,8	7 19,39 0 27,48	23 7 19,83 203 0 50,25
78	41	5,0 22,0 19,7 36,8	—13,27	203 23	0 0 43,9 1 1 19,3	1 27,35 7 37,78	0 0 20,9 1 1 18,7	0 41,62 7 36,72	203 1 4,48 23 7 37,25
79	48	23,0 40,1 8,8 26,8	—12,37	33 213	1 1 20,2 0 0 49,1	7 39,57 1 37,60	1 1 20,0 0 0 26,7	7 39,30 0 53,17	33 7 39,43 213 1 15,43
80	54	6,6 23,7 22,9 39,9	—14,62	213 33	0 0 55,0 1 1 31,0	1 49,43 8 1,06	0 0 33,6 1 1 30,4	1 6,91 8 0,01	213 1 28,17 33 8 0,53

Ibañez.

STATION DE CARBONERA..9 — OBJET BOLOS..10. 17, 18 ET 19 OCTOBRE 1859.

N.°	Heures	Niveau		Index	Microscope A		Microscope B		Moyennes	
	h m	p p	″	°	D T P	′ ″	D T P	′ ″	°	′ ″
81	3 59	23,0 40,0 6,3 23,5	−15,03	43 223	1 1 31,2 0 0 56,0	8 1,46 1 51,12	1 1 30,8 0 0 31,0	8 0,81 1 7,70	43 223	8 1,13 1 29,56
82	4 4	9,8 26,8 20,9 37,8	− 9,94	223 43	0 0 51,8 1 1 26,3	1 49,04 7 51,71	0 0 53,0 1 1 22,8	1 5,71 7 44,58	223 43	1 27,37 7 48,29
83	9	22,0 39,0 6,7 23,7	−13,77	53 233	1 1 25,3 0 0 51,8	7 49,52 1 43,07	1 1 22,3 0 0 30,0	7 43,88 0 59,74	53 233	7 46,70 1 21,40
84	14	6,2 23,0 20,3 37,3	−12,78	233 53	0 0 57,2 1 1 29,7	1 53,81 7 58,48	0 0 34,9 1 1 26,3	1 9,50 7 51,85	233 53	1 31,65 7 55,16
85	19	18,8 35,8 9,0 26,0	− 8,82	63 243	1 1 28,8 0 1 0,7	7 56,09 2 0,77	1 1 25,7 0 0 39,1	7 50,65 1 17,86	63 243	7 53,67 1 39,31
86	24	6,2 23,2 21,7 38,7	−13,93	243 63	0 0 49,8 1 1 19,2	1 39,09 7 37,58	0 0 27,6 1 1 16,6	0 54,96 7 32,53	243 63	1 17,02 7 35,05
87	4 7	10,6 27,1 23,0 39,9	+11,20	73 253	1 0 55,9 0 0 52,3	6 51,22 1 44,06	1 0 53,0 0 0 28,4	6 45,54 0 56,15	73 253	6 48,38 1 20,10
88	13	22,8 39,7 8,8 25,7	+12,60	253 73	0 0 53,6 1 0 50,8	1 46,65 6 41,08	0 0 29,3 1 0 48,0	0 58,35 6 35,58	253 73	1 22,50 6 38,33
89	18	7,5 21,5 23,0 40,1	+13,93	83 263	1 0 48,4 0 0 58,1	6 36,30 1 55,60	1 0 45,7 0 0 33,2	6 31,00 1 6,11	83 233	6 33,65 1 30,85
90	22	19,0 36,0 9,4 26,2	+ 8,86	263 83	0 0 54,8 1 0 47,0	1 49,04 6 33,52	0 0 30,1 1 0 41,8	0 59,94 6 29,21	263 83	1 24,49 6 31,36
91	26	9,9 27,1 21,7 38,9	+10,62	93 273	1 0 47,5 0 0 58,5	6 34,51 1 56,40	1 0 45,6 0 0 35,1	6 30,80 1 9,89	93 273	6 32,65 1 33,14
92	30	21,7 38,9 7,2 24,7	+12,91	273 93	0 0 59,4 1 0 40,9	1 58,19 6 21,38	0 0 36,2 1 0 39,0	1 12,09 6 17,66	273 93	1 35,14 6 19,52
93	37	8,9 26,3 21,0 38,4	+10,89	103 283	1 0 41,5 0 1 4,9	6 23,57 2 9,13	1 0 39,3 0 0 41,4	6 18,26 1 22,41	103 283	6 20,41 1 45,78
94	42	17,1 35,0 9,9 27,4	+ 6,79	283 103	0 1 4,0 1 0 38,6	2 7,34 6 16,80	0 0 40,7 1 0 37,0	1 21,05 6 13,68	283 103	1 44,19 6 15,24
95	46	6,9 24,5 20,9 38,6	+12,64	113 293	1 0 34,0 0 1 9,9	6 7,65 2 19,08	1 0 32,7 0 0 46,2	6 5,12 1 32,00	113 293	6 6,38 1 55,54
96	51	21,0 38,7 9,0 26,8	+10,75	293 113	0 1 10,4 1 0 33,4	2 20,07 6 6,16	0 0 47,5 1 0 32,1	1 34,59 6 3,92	293 113	1 57,33 6 5,19
97	1 28	8,9 28,1 8,4 27,6	− 0,45	123 303	1 1 1,4 0 0 39,6	7 2,17 1 18,79	1 1 0,2 0 0 18,2	6 59,88 0 36,21	123 303	7 1,02 0 57,51
98	35	4,2 23,5 13,1 32,3	− 7,96	303 123	0 0 34,0 1 1 9,8	1 7,65 7 18,88	0 0 12,1 1 1 7,4	0 21,69 7 17,21	303 123	0 46,17 7 16,54
99	40	8,8 28,0 7,0 26,2	− 1,66	133 313	1 1 5,3 0 0 39,8	7 9,93 1 19,19	1 1 3,8 0 0 17,4	7 7,01 0 54,65	133 313	7 8,48 0 56,92
100	46	3,2 22,3 12,0 31,1	− 7,92	313 133	0 0 36,9 1 1 6,4	1 15,12 7 12,12	0 0 15,3 1 1 5,4	0 30,47 7 10,25	313 133	0 51,94 7 11,17

Ibañez.

STATION DE CARBONERA..9 — OBJET BOLOS..10. 19 OCTOBRE 1859.

N.°	Heures	Niveau		Index	Microscope A		Microscope B		Moyennes
	h m	p p	″	°	D T P	′ ″	D T P	′ ″	° ′ ″
101	1 50	14,5 33,6 3,3 27,3	— 7,87	143 323	1 1 9,3 0 0 40,2	7 17,89 1 19,99	1 1 8,9 0 0 18,2	7 17,20 0 36,24	143 7 17,54 323 0 58,11
102	54	3,4 22,5 8,0 27,1	— 4,14	323 143	0 0 35,0 1 1 0,0	1 9,64 6 59,38	0 0 13,0 1 1 0,2	0 25,69 6 59,88	323 0 47,76 143 6 59,63
103	2 2	8,2 27,4 8,2 27,3	— 0,04	153 333	1 1 1,3 0 0 41,8	7 1,97 1 23,17	1 1 0,8 0 0 19,4	7 1,07 0 38,63	153 7 1,52 333 1 0,90
104	7	8,4 27,6 15,3 34,4	— 6,16	333 153	0 0 44,2 1 1 3,3	1 27,94 7 5,95	0 0 22,0 1 1 3,5	0 43,81 7 6,45	333 1 5,87 153 7 6,20
105	11	16,0 35,1 9,6 28,8	— 5,71	163 343	1 1 3,3 0 0 45,4	7 5,95 1 30,33	1 1 3,6 0 0 23,3	7 6,65 0 46,40	163 7 6,30 343 1 8,36
106	16	10,1 29,3 13,9 33,1	— 3,42	343 163	0 0 44,3 1 1 4,6	1 28,14 7 8,53	0 0 22,7 1 1 3,8	0 45,20 7 7,04	343 1 6,67 163 7 7,78
107	21	8,0 27,3 9,2 28,5	+ 1,08	173 353	1 0 57,2 0 0 45,0	6 53,81 1 29,54	1 0 57,0 0 0 23,4	6 53,50 0 46,60	173 6 53,65 353 1 8,07
108	26	3,2 22,5 8,5 27,8	— 4,77	353 173	0 0 39,8 1 0 57,4	1 19,19 6 54,21	0 0 17,0 0 0 57,0	0 33,85 6 53,50	353 0 56,52 173 6 53,85
109	3 8	13,2 32,2 9,8 28,8	— 3,06	187 7	1 1 2,8 0 0 45,3	7 4,95 1 30,13	1 1 1,3 0 0 22,9	7 2,07 0 45,60	187 7 3,51 7 1 7,86
110	14	3,8 22,8 9,1 28,0	— 4,72	7 187	0 0 37,8 1 0 58,5	1 15,21 6 56,40	0 0 15,8 1 0 58,1	0 31,46 6 55,69	7 0 53,33 187 6 56,04
111	18	14,4 33,3 8,4 27,3	— 5,40	197 17	1 1 2,6 0 0 43,4	7 4,56 1 26,35	1 1 1,7 0 0 21,7	7 2,86 0 43,21	197 7 3,71 17 1 4,78
112	23	5,6 24,7 9,0 28,0	— 3,01	17 197	0 0 39,3 1 1 0,7	1 18,20 7 0,77	0 0 17,4 1 0 58,4	0 34,65 6 56,29	17 0 56,42 197 6 58,53
113	28	9,0 27,9 8,4 27,1	— 0,49	207 27	1 1 0,3 0 0 44,3	6 59,98 1 28,14	1 0 57,2 0 0 21,9	6 53,90 0 43,61	207 6 56,94 27 1 5,87
114	36	8,0 26,9 13,9 32,8	— 5,31	27 207	0 0 44,2 1 1 1,9	1 27,94 7 3,16	0 0 21,8 1 1 0,8	0 43,41 7 1,07	27 1 5,67 207 7 2,11
115	41	9,0 27,9 9,0 28,0	+ 0,04	217 37	1 0 57,0 0 0 45,9	6 53,41 1 31,33	1 0 56,2 0 0 24,0	6 51,91 0 47,79	217 6 52,66 37 1 9,56
116	45	3,4 22,4 9,9 28,9	— 5,85	37 217	0 0 39,8 1 0 56,6	1 19,19 6 52,62	0 0 17,8 1 0 56,5	0 35,45 6 52,51	37 0 57,32 217 6 52,56
117	50	9,7 28,7 8,6 27,6	— 0,99	227 47	1 0 56,1 0 0 46,6	6 51,62 1 32,72	1 0 55,2 0 0 24,9	6 49,92 0 49,58	227 6 50,77 47 1 11,15
118	54	8,4 27,4 9,5 28,5	— 0,99	47 227	0 0 47,0 1 0 55,2	1 33,52 6 49,83	0 0 25,1 1 0 53,7	0 49,98 6 46,93	47 1 11,75 227 6 48,38
119	59	12,9 31,9 8,1 27,2	— 4,27	237 57	1 0 58,8 0 0 47,0	6 56,99 1 33,52	1 0 58,0 0 0 25,2	6 55,50 0 50,18	237 6 56,24 57 1 11,85
120	4 3	8,0 27,1 8,9 28,0	— 0,81	57 237	0 0 46,9 1 0 55,6	1 33,32 6 50,63	0 0 25,2 1 0 53,7	0 50,18 6 46,93	57 1 11,75 237 6 48,78

Quiroga.

STATION DE BOLOS..10 — OBJET CARBONERA..9. 15 OCTOBRE 1859.

N.°	Heures	Niveau		Index	Microscope A		Microscope B		Moyennes
	h m	p p	"	°	D T P	' "	D T P	' "	° ' "
1	2 39	23,9 49,2 9,7 35,0	— 12,50	29 208	1 0 32,6 14 0 16,6	5 5,12 56 33,16	1 0 45,3 14 0 2,0	5 31,01 56 4,02	29 5 18,08 208 56 18,59
2	44	9,7 35,0 24,0 49,1	— 12,50	208 29	14 0 17,0 1 0 31,9	56 33,96 5 3,73	14 0 3,8 1 0 41,8	56 7,64 5 24,01	208 56 20,80 29 5 13,87
3	50	24,0 49,2 10,0 35,3	— 12,28	29 208	1 0 31,2 14 0 20,1	5 2,33 56 40,15	1 0 41,1 14 0 5,4	5 22,60 56 10,85	29 5 12,46 208 56 25,50
4	55	10,0 35,4 23,3 48,8	— 11,75	208 29	14 0 19,6 1 0 30,4	56 39,15 5 0,73	14 0 4,9 1 0 40,1	56 9,85 5 20,59	208 56 24,50 29 5 10,66
5	3 2	23,1 48,7 9,2 34,8	— 12,23	29 208	1 0 30,3 14 0 17,4	5 0,53 56 34,76	1 0 40,9 14 0 4,1	5 22,20 56 8,24	29 5 11,36 208 56 21,50
6	8	9,7 35,1 23,0 48,2	— 11,62	208 29	14 0 17,9 1 0 28,4	56 33,76 4 56,73	14 0 4,9 1 0 38,2	56 9,85 5 16,77	208 56 22,80 29 5 6,75
7	14	25,2 48,7 10,2 35,8	— 11,40	29 208	1 0 27,3 14 0 20,1	4 54,54 56 40,15	1 0 36,8 14 0 10,8	5 13,96 56 21,70	29 5 4,25 208 56 30,92
8	19	10,2 35,8 24,0 49,5	— 12,10	208 29	14 0 20,1 1 0 28,9	56 40,15 4 57,73	14 0 10,9 1 0 36,6	56 21,91 5 13,56	208 56 31,03 29 5 5,64
9	24	24,0 49,5 11,3 36,9	— 11,13	29 208	1 0 28,4 14 0 20,9	4 56,73 56 41,75	1 0 36,6 14 0 10,8	5 13,56 56 21,70	29 5 5,14 208 56 31,72
10	30	11,1 36,8 23,5 49,0	— 10,82	208 29	14 0 20,2 1 0 28,1	56 40,35 4 56,14	14 0 11,0 1 0 35,9	56 22,11 5 12,15	208 56 31,23 29 5 4,14
11	35	21,0 46,5 6,9 32,4	— 12,41	29 208	1 0 18,9 14 0 19,0	4 37,76 56 37,96	1 0 33,2 14 0 9,0	5 6,72 56 18,09	29 4 52,24 208 56 28,02
12	39	7,6 23,1 20,9 46,6	— 16,19	208 29	14 0 19,2 1 0 21,4	56 38,36 4 42,75	14 0 9,4 1 0 32,0	56 18,89 5 4,31	208 56 28,62 29 4 53,53
13	44	20,9 46,6 7,3 33,0	— 11,97	29 208	1 0 21,2 14 0 18,8	4 42,33 56 37,56	1 0 32,2 14 0 7,7	5 4,71 56 15,47	29 4 53,53 208 56 26,51
14	49	7,2 33,0 21,8 47,5	— 12,80	208 29	14 0 17,9 1 0 24,3	56 35,76 4 48,54	14 0 7,8 1 0 32,3	56 15,68 5 4,91	208 56 25,72 29 4 56,72
15	55	21,6 47,3 9,1 35,0	— 10,91	29 208	1 0 24,0 14 0 16,1	4 47,91 56 32,16	1 0 33,1 14 0 5,5	5 6,52 56 11,05	29 4 57,26 208 56 21,60
16	4 0	9,0 35,0 22,8 48,6	— 12,06	208 29	14 0 16,1 1 0 24,6	56 32,16 4 49,14	14 0 6,0 1 0 33,3	56 12,05 5 6,92	208 56 22,11 29 4 58,03
17	5	23,0 48,7 10,0 35,9	— 11,35	29 208	1 0 22,8 14 0 19,9	4 45,55 56 39,75	1 0 32,7 14 0 9,6	5 5,72 56 19,29	29 4 55,63 208 56 29,52
18	10	10,0 35,9 23,1 49,0	— 11,53	208 29	14 0 20,7 1 0 20,3	56 41,35 4 40,53	14 0 11,0 1 0 29,1	56 22,11 4 58,48	208 56 31,73 29 4 49,51
19	15	23,1 48,9 11,0 36,8	— 10,65	29 208	1 0 18,6 14 0 22,2	4 37,16 56 44,35	1 0 28,2 14 0 11,7	4 56,67 56 23,51	29 4 46,91 208 56 33,93
20	20	11,0 36,9 24,5 50,2	— 11,79	208 29	14 0 21,9 1 0 23,4	56 43,75 4 46,75	14 0 11,9 1 0 29,8	56 23,92 4 59,89	208 56 33,83 29 4 53,32

Saavedra.

STATION DE BOLOS..10 — OBJET CARBONERA..9. 15 ET 16 OCTOBRE 1859.

N.°	Heures	Niveau		Index	Microscope A		Microscope B		Moyennes
	h m	p p	″	°	h T p	′ ″	h T p	′ ″	° ′ ″
21	4 26	20,0 45,8 7,0 32,9	— 11,40	29 208	1 0 12,3 14 0 20,0	4 24,57 56 39,95	1 0 24,2 14 0 11,0	4 48,63 56 22,11	29 4 36,60 208 56 31,03
22	31	7,0 32,9 22,1 48,3	— 13,55	208 29	14 0 28,0 1 0 12,8	56 39,95 4 25,57	14 0 11,1 1 0 20,6	56 22,31 4 41,40	208 56 31,13 29 4 33,48
23	3 5	19,8 45,1 4,3 29,7	— 13,60	29 208	1 0 22,7 14 0 15,7	4 45,35 56 31,36	1 0 32,7 14 0 2,4	5 5,72 56 4,82	29 4 55,53 208 56 18,09
24	10	4,3 29,7 21,0 45,2	— 14,61	208 29	14 0 15,8 1 0 24,8	56 31,56 4 49,54	14 0 2,3 1 0 31,8	56 4,02 5 3,91	208 56 18,09 29 4 56,72
25	15	21,0 46,2 4,3 29,7	— 14,61	29 208	1 0 24,7 14 0 11,0	4 49,34 56 21,97	1 0 32,4 14 0 5,2	5 5,11 56 6,45	29 4 57,22 208 56 14,20
26	20	5,6 30,9 21,7 46,9	— 14,12	208 29	14 0 11,3 1 0 25,4	56 22,57 4 46,75	14 0 5,6 1 0 31,2	56 7,23 5 2,70	208 56 14,90 29 4 54,72
27	25	21,3 46,6 6,7 31,8	— 12,94	29 208	1 0 22,9 14 0 14,8	4 45,75 56 29,57	1 0 31,2 14 0 5,2	5 2,70 56 10,45	29 4 54,22 208 56 20,01
28	30	6,7 31,8 22,3 47,8	— 13,99	208 29	14 0 13,1 1 0 22,3	56 26,17 4 44,55	14 0 5,4 1 0 30,9	56 10,85 5 2,10	208 56 18,51 29 4 53,32
29	34	22,6 47,8 8,9 34,0	— 12,10	29 208	1 0 22,6 14 0 11,8	4 45,15 56 23,57	1 0 31,5 14 0 5,5	5 3,31 56 11,05	29 4 54,23 208 56 17,31
30	39	9,0 34,1 23,5 48,7	— 12,80	208 29	14 0 12,0 1 0 22,9	56 23,97 4 45,75	14 0 5,7 1 0 31,2	56 11,16 5 2,70	208 56 17,71 29 4 54,22
31	44	23,7 48,9 9,8 33,9	— 12,23	29 208	1 0 22,4 14 0 12,6	4 44,75 56 25,17	1 0 30,6 14 0 7,8	5 1,50 56 15,68	29 4 53,12 208 56 20,42
32	49	9,8 35,0 24,4 49,5	— 12,80	208 29	14 0 12,3 1 0 23,0	56 24,57 4 45,93	14 0 7,0 1 0 30,4	56 14,07 5 1,09	208 56 19,32 29 4 53,52
33	53	25,0 50,0 10,0 35,1	— 13,16	29 208	1 0 22,9 14 0 14,8	4 45,75 56 29,57	1 0 30,3 14 0 8,9	5 0,69 56 17,89	29 4 53,32 208 56 23,73
34	57	11,1 36,2 26,0 51,1	— 13,11	208 29	14 0 16,2 1 0 24,8	56 32,36 4 49,54	14 0 10,3 1 0 31,0	56 20,70 5 2,30	208 56 26,53 29 4 55,92
35	4 2	26,0 51,0 11,5 36,8	— 12,63	29 208	1 0 24,3 14 0 15,8	4 48,54 56 31,56	1 0 30,2 14 0 9,8	5 0,69 56 19,70	29 4 54,61 208 56 25,63
36	6	11,7 36,8 25,5 50,7	— 12,19	208 29	14 0 16,2 1 0 20,3	56 32,36 4 40,55	14 0 10,9 1 0 27,9	56 21,91 4 56,07	208 56 27,13 29 4 48,31
37	10	25,7 50,9 11,1 36,2	— 12,89	29 208	1 0 19,3 14 0 17,2	4 38,56 56 34,36	1 0 28,0 14 0 12,0	4 56,27 56 24,12	29 4 47,41 208 56 29,24
38	15	11,5 36,6 25,8 51,0	— 12,63	208 29	14 0 17,8 1 0 18,9	56 35,56 4 37,76	14 0 12,9 1 0 25,4	56 25,93 4 51,05	208 56 30,74 29 4 44,40
39	19	25,6 50,8 13,3 38,7	— 10,74	29 208	1 0 18,0 14 0 18,3	4 35,96 56 36,56	1 0 24,8 14 0 13,7	4 49,84 56 27,53	29 4 42,90 208 56 32,04
40	24	13,3 38,7 26,0 51,7	— 11,31	208 29	14 0 19,5 1 0 18,0	56 38,96 4 35,96	14 0 14,8 1 0 23,7	56 29,74 4 47,63	208 56 34,35 29 4 41,79

Saavedra.

STATION DE BOLOS..10 — OBJET CARBONERA..9. 16 ET 17 OCTOBRE 1859.

N.°	Heures	Niveau		Index	Microscope A		Microscope B		Moyennes
	h m	p p	″	°	D T P	′ ″	D T P	′ ″	° ′ ″
41	4 28	22,7 48,0 9,8 35,5	— 11,18	29 208	1 0 9,3 14 0 16,5	4 18,58 56 32,96	1 0 23,2 14 0 11,2	4 46,63 56 22,51	29 4 32,60 208 56 27,73
42	33	10,3 35,9 23,3 48,9	— 11,14	208 29	14 0 17,6 1 0 15,3	56 35,16 4 30,56	14 0 12,4 1 0 21,0	56 24,92 4 42,20	208 56 30,04 29 4 36,38
43	38	23,3 48,9 10,0 35,7	— 11,66	29 208	1 0 14,3 14 0 16,7	4 28,57 56 33,36	1 0 21,0 14 0 11,3	4 42,20 56 22,71	29 4 35,38 208 56 28,03
44	44	10,0 35,7 24,8 50,4	— 12,98	208 29	14 0 17,3 1 0 14,1	56 34,56 4 28,17	14 0 12,5 1 0 18,7	56 25,12 4 37,58	208 56 29,84 29 4 32,87
45	21 7	19,8 47,0 3,4 30,4	— 14,52	29 208	1 0 21,7 14 0 11,3	4 43,33 56 22,51	1 0 25,6 13 1 55,7	4 51,45 55 52,52	29 4 47,40 208 56 7,54
46	16	3,4 30,4 19,8 47,0	— 14,52	208 29	14 0 10,8 1 0 21,7	56 21,58 4 43,35	13 1 55,7 1 0 24,7	55 52,52 4 49,61	208 56 7,05 29 4 46,49
47	23	19,8 46,9 3,4 30,3	— 14,52	29 208	1 0 20,3 14 0 12,1	4 40,55 56 24,17	1 0 24,9 13 1 57,4	4 50,04 55 55,94	29 4 45,29 208 56 10,05
48	30	3,4 30,3 19,8 46,9	— 14,52	208 29	14 0 12,1 1 0 19,6	56 24,17 4 39,15	13 1 58,2 1 0 24,7	55 57,55 4 49,64	208 56 10,86 29 4 44,39
49	37	19,8 46,8 3,4 30,2	— 14,52	29 208	1 0 19,2 14 0 11,0	4 38,36 56 21,97	1 0 25,7 13 1 58,4	4 51,65 55 57,95	29 4 45,00 208 56 9,96
50	50	3,3 30,1 19,8 46,6	— 14,52	208 29	14 0 11,1 1 0 23,5	56 22,17 4 46,95	13 1 58,7 1 0 26,7	55 58,55 4 53,66	208 56 10,36 29 4 50,50
51	56	19,8 46,5 5,4 30,0	— 14,48	29 208	1 0 23,1 14 0 8,5	4 46,15 56 16,58	1 0 27,5 13 1 55,4	4 55,27 55 51,92	29 4 50,71 208 56 4,25
52	1 18	8,3 33,5 18,3 43,1	— 8,62	208 29	14 0 19,8 1 0 36,2	56 39,55 5 12,32	14 0 8,1 1 0 41,2	56 16,28 5 26,83	208 56 27,91 29 5 20,57
53	23	20,3 45,2 9,0 33,8	— 9,99	29 208	1 0 22,7 14 0 11,2	4 45,35 56 22,37	1 0 37,8 14 0 1,4	5 15,97 56 2,81	29 5 0,66 208 56 12,59
54	30	9,0 33,8 23,3 48,0	— 12,54	208 29	14 0 11,3 1 0 26,7	56 22,57 4 53,34	14 0 1,8 1 0 36,8	56 3,62 5 13,96	208 56 13,09 29 5 3,65
55	35	23,5 48,2 9,0 33,8	— 12,72	29 208	1 0 25,8 14 0 12,3	4 51,54 56 24,57	1 0 35,3 14 0 0,0	5 10,94 56 0,00	29 5 1,24 208 56 12,28
56	40	9,2 34,0 23,5 48,2	— 12,54	208 29	14 0 11,6 1 0 26,2	56 23,17 4 52,34	13 1 58,8 1 0 35,0	55 58,75 5 10,34	208 56 10,96 29 5 1,34
57	46	22,8 47,5 9,0 33,8	— 12,10	29 208	1 0 25,2 14 0 11,4	4 50,34 56 22,77	1 0 34,1 13 1 53,9	5 8,53 55 52,92	29 4 59,43 208 56 7,84
58	51	9,0 33,9 24,8 49,4	— 13,77	208 29	14 0 12,4 1 0 27,2	56 24,77 4 54,34	13 1 58,1 1 0 34,5	55 57,35 5 9,33	208 56 11,06 29 5 1,83
59	55	24,8 49,4 12,0 36,8	— 11,18	29 208	1 0 25,9 14 0 11,6	4 51,74 56 23,17	1 0 34,1 14 0 5,0	5 8,53 56 10,05	29 5 0,13 208 56 16,61
60	2 0	12,0 36,8 24,8 49,1	— 11,18	208 29	14 0 11,4 1 0 25,6	56 22,77 4 51,14	14 0 5,3 1 0 36,8	56 10,65 5 13,96	208 56 16,71 29 5 2,55

Quiroga.

STATION DE BOLOS..10 — OBJET CARBONERA..9. 17 OCTOBRE 1859.

N.°	Heures	Niveau		Index	Microscope A		Microscope B		Moyennes
	h m	p p	″	°	D T P	′ ″	D T P	′ ″	° ′ ″
61	2 10	20,9 45,7 9,1 34,0	—10,34	29 208	1 0 17,6 14 0 8,6	4 33,16 56 11,18	1 0 32,9 14 0 1,2	5 6,12 56 2,41	29 4 50,64 208 56 9,79
62	14	9,1 34,0 23,2 48,1	—12,41	208 29	14 0 8,3 1 0 23,1	56 16,58 4 46,15	14 0 1,3 1 0 32,4	56 2,61 5 5,11	208 56 9,59 29 4 53,63
63	18	23,0 47,9 9,7 34,5	—11,75	29 208	1 0 21,2 14 0 9,0	4 42,35 56 17,98	1 0 31,4 14 0 2,9	5 3,10 56 5,85	29 4 52,72 208 56 11,90
64	23	10,0 34,9 23,0 48,0	—11,48	208 29	14 0 9,1 1 0 20,7	56 18,18 4 41,35	14 0 3,0 1 0 31,5	56 6,03 5 3,31	208 56 12,10 29 4 52,33
65	28	23,0 47,9 10,0 34,9	—11,44	29 208	1 0 20,6 14 0 8,5	4 41,15 56 16,98	1 0 31,1 14 0 0,7	5 2,50 56 1,41	29 4 51,82 208 56 9,19
66	32	10,1 35,0 23,9 48,7	—12,10	208 29	14 0 8,7 1 0 22,0	56 17,38 4 43,95	14 0 1,0 1 0 32,3	56 2,01 5 4,91	208 56 9,69 29 4 54,43
67	37	23,9 48,8 10,1 35,0	—12,14	29 208	1 0 21,7 14 0 7,8	4 43,35 56 15,58	1 0 32,4 13 1 59,1	5 5,11 55 59,36	29 4 54,23 208 56 7,47
68	43	10,1 35,0 24,8 49,7	—12,94	208 29	14 0 7,3 1 0 24,7	56 14,58 4 49,34	13 1 58,8 1 0 32,9	55 58,15 5 6,12	208 56 6,66 29 4 57,73
69	48	23,9 48,8 10,8 35,7	—11,53	29 208	1 0 23,0 14 0 5,4	4 45,95 56 10,79	1 0 32,8 13 1 57,9	5 5,92 55 56,94	29 4 55,93 208 56 3,86
70	53	11,1 36,1 26,0 50,8	—13,02	208 29	14 0 6,9 1 0 24,3	56 13,78 4 48,54	13 1 59,6 1 0 31,2	56 0,36 5 2,70	208 56 7,07 29 4 55,62
71	59	19,5 44,3 6,3 31,1	—11,62	29 208	1 0 12,8 14 0 4,4	4 25,57 56 8,79	1 0 27,9 13 1 57,3	4 56,07 55 55,74	29 4 40,82 208 56 2,26
72	3 7	6,2 31,0 18,9 43,8	—11,22	208 29	14 0 4,7 1 0 12,9	56 9,39 4 25,77	13 1 58,3 1 0 24,9	55 51,75 4 50,04	208 56 3,57 29 4 37,90
73	15	18,8 43,8 6,5 31,4	—10,87	29 208	1 0 11,2 14 0 5,6	4 22,37 56 11,19	1 0 24,1 13 1 57,9	4 48,43 55 56,94	29 4 35,40 208 56 4,06
74	21	8,2 33,2 21,2 46,4	—11,53	208 29	14 0 6,0 1 0 15,0	56 11,99 4 29,97	14 0 0,3 1 0 22,1	56 0,60 4 45,02	208 56 6,29 29 4 37,49
75	27	21,2 46,4 7,0 32,1	—12,54	29 208	1 0 13,7 14 0 5,8	4 27,37 56 11,59	1 0 22,3 13 1 58,7	4 44,83 55 58,55	29 4 36,09 208 56 5,07
76	32	7,2 32,3 21,3 46,5	—12,45	208 29	14 0 6,0 1 0 13,9	56 11,99 4 27,77	13 1 59,2 1 0 22,9	55 59,56 4 46,02	208 56 5,77 29 4 36,89
77	36	21,3 46,5 9,0 34,1	—10,87	29 208	1 0 13,8 14 0 6,8	4 27,57 56 13,58	1 0 22,6 14 0 0,2	4 45,12 56 0,40	29 4 36,19 208 56 6,99
78	41	9,2 34,3 23,9 49,0	—12,94	208 29	14 0 6,6 1 0 16,9	56 13,18 4 33,76	13 1 59,9 1 0 23,9	56 0,96 4 48,03	208 56 7,07 29 4 40,89
79	48	23,9 49,0 9,8 35,0	—12,36	29 208	1 0 15,0 14 0 7,4	4 29,97 56 14,78	1 0 23,7 13 1 58,7	4 47,63 55 58,55	29 4 38,80 208 56 6,66
80	54	10,0 35,1 23,9 49,0	—12,25	208 29	14 0 6,6 1 0 17,2	56 13,18 4 34,36	13 1 58,5 1 0 25,7	55 58,15 4 51,65	208 56 5,66 29 4 43,00

Quiroga.

STATION DE BOLOS..10 — OBJET CARBONERA..9. 17, 18 ET 19 OCTOBRE 1859.

N.°	Heures	Niveau		Index	Microscope A		Microscope B		Moyennes
	h m	p p	"	°	p t p	' "	p t p	' "	° ' "
81	3 59	22,9 48,0 9,1 34,3	—12,10	29 208	1 0 16,6 14 0 3,2	4 33,16 56 6,39	1 0 25,8 13 1 56,1	4 51,85 55 53,33	29 4 42,50 208 55 59,86
82	4 4	9,2 34,4 23,0 48,1	—12,10	208 29	14 0 4,1 1 0 22,3	56 8,19 4 44,55	13 1 57,0 1 0 25,1	55 55,13 4 50,44	208 56 1,66 29 4 47,49
83	9	22,9 47,9 10,0 35,0	—11,35	29 208	1 0 15,8 14 0 2,8	4 31,56 56 5,59	1 0 24,8 13 1 55,3	4 49,84 55 51,72	29 4 40,70 208 55 58,65
84	14	10,1 35,1 24,2 49,2	—12,41	208 29	14 0 2,8 1 0 17,9	56 5,59 4 35,76	13 1 55,6 1 0 23,7	55 52,32 4 51,65	208 55 58,95 29 4 43,70
85	19	24,2 49,2 11,1 36,1	—11,53	29 208	1 0 16,1 14 0 5,1	4 32,16 56 10,19	1 0 24,5 13 1 57,8	4 49,24 55 56,74	29 4 40,70 208 56 3,46
86	24	11,0 35,9 24,0 49,0	—11,48	208 29	14 0 5,2 1 0 15,3	56 10,39 4 30,56	13 1 58,3 1 0 24,3	55 57,75 4 48,84	208 56 4,07 29 4 39,70
87	4 7	25,4 50,2 10,0 35,0	—13,46	29 208	1 0 12,4 14 0 12,3	4 24,77 56 24,57	1 0 28,3 13 1 53,0	4 56,87 55 47,10	29 4 40,82 208 56 5,83
88	13	9,1 34,0 24,8 49,6	—13,77	208 29	14 0 8,9 1 0 11,4	56 17,78 4 22,77	13 1 57,7 1 0 23,2	55 56,54 4 46,63	208 56 7,16 29 4 34,70
89	18	20,9 45,8 3,3 28,1	—15,53	29 208	1 0 3,8 14 0 10,9	4 7,59 56 21,77	1 0 18,2 13 1 49,5	4 36,58 55 40,06	29 4 22,08 208 56 0,91
90	22	3,4 28,2 19,8 44,8	—14,52	208 29	14 0 11,4 1 0 0,7	56 22,77 4 1,40	13 1 51,4 1 0 15,2	55 43,88 4 30,55	208 56 3,32 29 4 15,97
91	26	19,8 44,8 3,3 28,5	—14,52	29 208	1 0 0,0 14 0 13,3	4 0,00 56 26,57	1 0 15,1 13 1 51,9	4 30,35 55 44,89	29 4 15,17 208 56 5,73
92	30	3,3 28,4 20,8 46,0	—15,44	208 29	14 0 13,4 0 1 57,0	56 26,77 3 53,73	13 1 53,2 1 0 11,4	55 47,50 4 22,91	208 56 7,13 29 4 8,32
93	37	19,7 45,0 4,1 29,4	—13,73	29 208	0 1 54,2 14 0 20,3	3 48,14 56 40,55	1 0 9,4 13 1 58,4	4 18,89 55 57,95	29 4 3,51 208 56 19,25
94	42	4,1 29,4 20,9 46,2	—14,78	208 29	14 0 21,1 0 1 52,1	56 42,15 3 43,94	14 0 0,0 1 0 6,1	56 0,00 4 12,26	208 56 21,07 29 3 58,10
95	46	20,9 46,3 3,4 28,9	—15,36	29 208	0 1 49,8 14 0 25,2	3 39,35 56 50,34	1 0 3,9 14 0 3,4	4 7,84 56 6,83	29 3 53,59 208 56 28,58
96	51	3,9 29,3 22,2 47,9	—16,24	208 29	14 0 24,8 0 1 49,4	56 49,54 3 38,55	14 0 3,8 1 0 2,0	56 7,64 4 4,02	208 56 28,59 29 3 51,28
97	1 28	4,3 30,5 6,0 32,5	+. 1,63	29 208	1 0 4,2 14 0 11,7	4 8,39 56 23,37	1 0 19,3 13 1 50,9	4 38,79 55 42,88	29 4 23,59 208 56 3,12
98	35	6,4 32,8 22,7 48,8	—14,21	208 29	14 0 12,0 1 0 21,8	56 23,97 4 43,55	13 1 51,2 1 0 34,1	55 43,48 5 8,53	208 56 3,72 29 4 56,04
99	40	22,7 48,8 3,3 29,7	—16,91	29 208	1 0 20,3 14 0 13,0	4 40,55 56 25,97	1 0 32,8 13 1 51,0	5 5,92 55 43,08	29 4 53,23 208 56 4,52
100	46	3,3 29,7 23,9 50,0	—18,00	208 29	14 0 13,0 1 0 23,0	56 25,97 4 45,95	13 1 51,2 1 0 34,0	55 43,48 5 8,33	208 56 4,72 29 4 57,14

Quiroga.

STATION DE BOLOS..10 — OBJET CARBONERA..9. 19 OCTOBRE 1859.

N.°	Heures	Niveau		Index	Microscope A		Microscope B		Moyennes
	h m	p p	″	°	m T p	′ ″	m T p	′ ″	° ′ ″
101	1 50	23,8 50,0 3,3 29,7	— 17,95	29 208	1 0 23,1 14 0 15,0	4 46,15 56 29,97	1 0 34,8 13 1 51,1	5 9,94 55 43,28	29 4 58,04 208 56 6,62
102	54	3,7 30,0 24,7 48,9	— 16,68	208 29	14 0 14,0 1 0 23,2	56 27,97 4 46,35	13 1 51,3 1 0 35,0	55 43,68 5 10,34	208 56 5,82 29 4 58,34
103	2 2	22,5 48,7 3,2 29,5	— 16,94	29 208	1 0 21,4 14 0 14,0	4 42,75 56 27,97	1 0 34,4 13 1 51,0	5 9,13 55 43,08	29 4 55,94 208 56 5,52
104	7	3,3 29,6 23,2 49,3	— 17,42	208 29	14 0 13,9 1 0 21,8	56 27,77 4 43,55	13 1 51,7 1 0 32,9	55 44,48 5 6,12	208 56 6,12 29 4 54,83
105	11	23,0 49,1 4,2 30,3	— 16,54	29 208	1 0 20,7 14 0 14,7	4 41,35 56 29,37	1 0 32,0 13 1 52,2	5 4,31 55 45,49	29 4 52,83 208 56 7,43
106	16	4,3 30,3 23,3 49,1	— 16,76	208 29	14 0 14,3 1 0 21,2	56 28,57 4 42,35	13 1 53,8 1 0 30,9	55 48,70 5 2,10	208 56 8,63 29 4 52,22
107	21	23,5 49,4 4,3 50,3	— 16,76	29 208	1 0 20,3 14 0 14,4	4 40,55 56 28,77	1 0 31,0 13 1 55,6	5 2,30 55 52,32	29 4 51,42 208 56 10,54
108	26	4,3 30,3 23,9 49,9	— 17,25	208 29	14 0 14,5 1 0 21,3	56 28,97 4 42,55	13 1 55,9 1 0 32,0	55 52,92 5 4,31	208 56 10,94 29 4 53,43
109	3 8	23,4 49,4 5,7 32,0	— 15,31	29 208	1 0 19,8 14 0 15,2	4 39,55 56 30,37	1 0 32,8 13 1 53,8	5 5,92 55 48,70	29 4 52,73 208 56 9,53
110	14	5,1 31,4 24,9 51,0	— 17,34	208 29	14 0 14,8 1 0 22,0	56 29,57 4 43,95	13 1 54,0 1 0 32,2	55 49,11 5 4,71	208 56 9,34 29 4 54,33
111	18	24,6 50,7 6,3 32,6	— 16,02	29 208	1 0 20,3 14 0 16,0	4 40,53 56 31,96	1 0 31,2 13 1 55,9	5 2,70 55 52,92	29 4 51,62 208 56 12,44
112	23	6,3 32,6 23,6 51,7	— 16,90	208 29	14 0 15,4 1 0 21,7	56 30,17 4 43,33	13 1 54,8 1 0 30,2	55 50,74 5 0,69	208 56 10,44 29 4 52,02
113	28	22,8 48,9 6,9 33,1	— 13,95	29 208	1 0 17,5 14 0 10,2	4 34,96 56 20,38	1 0 28,0 14 0 2,5	4 56,27 56 5,04	29 4 45,61 208 56 12,70
114	36	6,8 33,1 23,9 50,0	— 14,96	208 29	14 0 11,2 1 0 19,5	56 22,37 4 38,96	14 0 2,8 1 0 26,7	56 5,63 4 53,66	208 56 14,00 29 4 46,31
115	41	23,7 49,8 6,0 32,1	— 15,58	29 208	1 0 18,0 14 0 13,0	4 35,96 56 25,97	1 0 27,1 14 0 1,8	4 54,46 56 3,62	29 4 45,21 208 56 14,79
116	45	5,9 32,0 24,7 50,8	— 16,54	208 29	14 0 12,4 1 0 16,7	56 24,77 4 33,36	14 0 1,7 1 0 25,2	56 3,42 4 50,64	208 56 14,09 29 4 42,00
117	50	24,9 50,9 5,0 31,1	— 17,47	29 208	1 0 16,0 14 0 18,0	4 31,96 56 35,96	1 0 25,0 13 1 59,0	4 50,24 55 59,15	29 4 41,10 208 56 17,55
118	54	5,0 31,1 24,7 50,8	— 17,34	208 29	14 0 17,6 1 0 14,0	56 35,16 4 27,97	13 1 59,0 1 0 23,4	55 59,15 4 47,03	208 56 17,15 29 4 37,50
119	59	24,7 50,8 5,2 31,4	— 17,12	29 208	1 0 13,9 14 0 16,3	4 27,77 56 32,56	1 0 24,5 13 1 57,3	4 49,24 55 55,74	29 4 38,50 208 56 14,15
120	4 3	5,2 31,5 25,3 51,4	— 17,60	208 29	14 0 15,9 1 0 15,2	56 31,76 4 30,57	13 1 56,8 1 0 24,2	55 54,73 4 48,03	208 56 13,24 29 4 39,50

Saavedra.

APPENDICE N.° 6.

OBSERVATIONS MÉTÉOROLOGIQUES.

STATION DE BOLOS (*). 7, 8 ET 9 OCTOBRE 1859.

N.°	Heures	Baromètre N.° 331.			Thermomètre sec, N.° 731		Thermomètre mouillé, N.° 749		Tension	Humidité relative
		Hauteur observée	Température	Pression à 0°						
	h m	mm	°	mm	p	°	p	°	mm	
1	21 50	701,21	16,9	699,31	226,0	17,1	175,0	13,4	9,38	63
2	58	701,16	17,4	699,20	228,1	17,4	176,0	13,5	9,32	62
3	22 4	701,11	17,9	699,09	231,8	17,8	177,6	13,8	9,17	62
4	10	701,11	17,0	699,19	231,9	17,8	177,4	13,3	8,82	56
5	18	701,01	18,9	698,88	232,0	17,8	177,3	13,7	9,34	61
6	24	700,96	19,2	698,80	239,1	18,7	180,0	14,1	9,41	57
7	31	700,81	19,7	698,59	216,2	19,6	181,0	14,2	9,00	51
8	37	700,76	19,7	698,54	217,0	19,7	182,4	14,4	9,23	52
9	45	700,66	19,9	698,42	219,6	20,0	182,9	14,3	9,18	50
10	51	700,56	19,8	698,33	230,5	20,1	182,0	14,4	9,02	49
11	59	700,51	20,6	698,19	254,5	20,6	181,0	14,2	8,41	45
12	23 11	700,41	20,9	698,05	255,4	20,7	182,1	14,4	8,66	45
13	19	699,91	21,5	697,49	257,8	21,0	185,4	14,6	8,76	46
14	24	699,91	21,3	697,51	258,0	21,1	183,6	14,6	8,70	45
15	0 40	690,86	21,4	697,48	258,2	21,1	184,5	14,7	8,81	46
16	47	699,76	21,3	697,36	260,0	21,3	185,3	14,8	8,86	45
17	54	699,61	21,5	697,19	263,6	21,7	186,4	15,0	8,93	44
18	1 2	699,56	22,0	697,08	261,9	21,7	184,4	14,7	8,52	43
19	10	699,41	22,1	696,89	262,6	21,6	177,8	13,8	7,34	37
20	17	699,41	22,4	696,89	262,2	21,6	177,5	13,8	7,34	37
21	24	693,26	22,2	696,76	261,8	21,5	177,3	13,8	7,40	37
22	30	698,96	21,9	696,19	261,0	21,4	172,1	13,0	6,41	32
23	35	698,56	21,7	696,11	260,0	21,3	168,5	12,3	5,87	28
24	41	698,56	21,7	696,11	260,1	21,3	168,4	12,5	5,87	28
25	48	698,51	21,9	696,04	264,4	21,6	170,0	12,7	5,95	29
26	56	698,41	21,9	695,94	261,3	21,5	171,0	12,9	6,28	31
27	2 2	698,36	21,9	695,89	260,0	21,3	171,8	13,0	6,17	32
28	9	698,31	21,8	695,83	258,2	21,1	170,3	12,7	6,71	32
29	14	698,21	21,7	695,76	256,0	20,8	169,0	12,6	6,26	33
30	21	698,06	21,7	695,61	256,0	20,8	169,2	12,6	6,26	33
31	28	697,96	21,5	695,54	255,5	20,8	169,5	12,6	6,26	33
32	36	697,86	21,6	695,44	255,0	20,7	169,8	12,7	6,45	34
33	46	697,81	21,7	695,38	255,0	20,7	170,0	12,7	6,45	34
34	52	697,71	21,7	695,28	253,0	20,4	167,1	12,3	6,11	31
35	59	697,66	21,6	695,24	250,7	20,2	164,4	12,0	5,81	31
36	3 5	697,71	21,6	695,29	250,0	20,1	164,1	11,9	5,81	31
37	21 45	698,91	12,1	697,55	183,5	11,9	146,3	9,5	7,52	71
38	51	698,91	12,1	697,55	183,7	12,0	146,9	9,5	7,46	70
39	57	698,86	12,0	697,54	184,0	12,0	147,0	9,6	7,58	72
40	22 3	698,86	12,1	697,50	183,7	12,0	147,0	9,6	7,58	72
41	10	698,91	12,2	697,54	183,4	11,9	147,0	9,6	7,61	73
42	16	698,86	12,2	697,49	183,4	11,9	146,8	9,5	7,52	71
43	23	698,86	12,1	697,50	183,5	11,9	146,6	9,5	7,52	71
44	29	698,86	12,2	697,49	187,7	12,4	149,8	9,9	7,70	71
45	35	698,86	12,4	697,46	191,5	12,9	152,0	10,3	7,90	70
46	41	698,81	12,6	697,39	191,0	12,8	150,4	10,0	7,60	68
47	47	698,81	12,9	697,36	190,4	12,8	149,4	9,9	7,50	67
48	53	698,81	12,8	697,37	190,9	12,8	150,5	10,0	7,60	68
49	59	698,81	13,0	697,34	194,0	13,2	154,0	10,3	7,96	69
50	1 54	698,81	13,7	697,27	200,2	14,0	158,3	11,1	8,24	68
51	2 0	698,81	14,0	697,25	206,2	14,7	163,0	11,8	8,73	69
52	3	698,81	14,1	697,22	201,5	14,5	159,3	11,2	8,07	64
53	13	698,81	14,3	697,20	202,6	14,5	155,0	10,7	7,59	61
54	20	698,81	14,3	697,20	200,9	14,0	154,3	10,6	7,60	63
55	27	698,81	14,3	697,20	198,0	13,7	153,0	10,4	7,54	63
56	33	698,81	14,0	697,23	196,2	13,5	151,9	10,2	7,42	63
57	38	698,81	13,9	697,21	194,2	13,2	150,7	10,0	7,56	64
58	44	698,76	13,8	697,20	192,6	13,0	149,6	9,9	7,38	65
59	50	698,66	13,6	697,13	194,0	12,8	148,6	9,8	7,38	66
60	55	698,66	13,7	697,12	191,5	12,9	148,7	9,8	7,32	65

(*) On observait simultanément à la station de Conde.

Station de Condé (*). 7, 8 et 9 octobre 1859.

N.°	Heures	Baromètre N.° 553. Hauteur observée	Température	Pression à 0°	Thermomètre sec, N.° 753		Thermomètre mouillé, N.° 754		Tension	Humidité relative
	h m	mm	°	mm	p	°	p	°	mm	
1	21 50	696,51	17,1	694,60	206,5	16,4	147,0	13,4	9,78	69
2	58	695,46	17,4	693,51	209,0	16,7	149,0	13,6	9,86	69
3	22 4	693,41	17,9	691,41	212,5	17,1	150,0	13,8	9,88	67
4	10	693,41	18,4	691,35	216,0	17,6	152,3	14,1	10,02	66
5	18	693,41	18,9	691,30	219,9	18,1	154,4	14,4	10,19	64
6	24	693,31	18,9	691,20	219,9	18,1	151,6	14,0	9,63	61
7	31	693,21	19,0	691,08	220,0	18,1	149,0	13,6	9,06	58
8	37	692,91	19,1	690,79	220,6	18,2	148,8	13,6	9,05	57
9	45	692,71	19,3	690,57	221,1	18,2	148,2	13,5	8,92	55
10	51	692,66	19,5	690,49	221,8	18,3	149,3	13,7	9,12	57
11	59	692,61	19,7	690,42	222,0	18,3	150,9	13,9	9,33	59
12	23 11	692,51	19,8	690,31	230,0	19,4	156,1	14,6	9,73	57
13	19	692,41	19,9	690,20	239,0	20,5	160,0	15,2	9,89	55
14	24	692,46	19,9	690,25	238,9	20,5	159,9	15,1	9,75	53
15	0 40	692,46	19,9	690,25	238,6	20,5	159,5	15,1	9,75	53
16	47	692,41	19,6	690,23	238,6	20,5	151,0	14,3	8,69	46
17	54	692,01	20,4	689,77	238,6	20,5	149,7	13,7	7,88	43
18	1 2	691,81	20,3	689,55	239,1	20,6	150,2	13,8	7,95	43
19	10	691,66	20,5	689,38	240,0	20,6	151,1	13,9	8,09	43
20	17	691,46	20,5	689,18	238,0	20,4	150,1	13,8	8,08	44
21	24	691,36	20,5	689,08	234,0	19,9	148,2	13,5	7,94	43
22	30	691,16	20,4	688,92	237,6	20,3	147,7	13,4	7,61	40
23	35	690,91	20,0	688,69	239,0	20,5	145,2	13,1	7,10	37
24	41	690,81	20,0	688,59	239,0	20,5	144,7	13,0	6,97	36
25	48	690,71	20,0	688,49	239,0	20,5	144,0	12,9	6,90	36
26	56	690,66	20,1	688,43	239,7	20,6	145,3	13,1	7,04	36
27	2 2	690,66	20,1	688,43	240,3	20,7	146,0	13,2	7,11	36
28	9	690,51	20,1	688,28	239,5	20,6	143,2	12,8	6,71	35
29	14	690,41	20,2	688,17	239,0	20,5	140,7	12,5	6,38	32
30	21	690,41	20,1	688,18	238,8	20,5	141,3	12,6	6,51	34
31	28	690,41	20,0	688,19	238,1	20,4	142,4	12,7	6,70	35
32	36	690,31	20,1	688,08	236,7	20,2	140,5	12,5	6,56	33
33	46	689,96	20,2	687,72	234,2	19,9	138,0	12,1	6,22	33
34	52	689,91	20,2	687,67	234,0	19,9	138,0	12,1	6,22	33
35	59	689,81	20,5	687,55	234,0	19,9	138,0	12,1	6,22	33
36	3 5	689,81	20,3	687,55	234,0	19,9	138,0	12,1	6,22	33
37	21 45	689,56	10,2	688,13	158,8	10,4	112,0	8,6	7,39	77
38	51	689,91	10,4	688,75	161,2	10,7	111,2	8,5	7,09	72
39	57	690,36	10,5	689,19	164,0	11,0	110,7	8,4	6,85	68
40	22 3	690,11	10,5	688,94	161,3	10,7	111,5	8,5	7,09	72
41	10	690,01	10,5	688,84	159,0	10,4	112,3	8,6	7,39	77
42	16	690,26	10,5	689,09	159,7	10,5	110,6	8,4	7,09	73
43	23	690,41	10,5	689,24	160,0	10,5	109,3	8,2	6,85	71
44	29	690,31	10,6	689,13	161,4	10,7	110,3	8,3	6,85	70
45	35	690,36	10,6	689,18	162,3	10,8	111,2	8,5	7,03	71
46	41	690,36	10,7	689,17	161,1	10,7	111,9	8,6	7,21	74
47	47	690,36	10,9	689,15	159,0	10,4	112,0	8,6	7,39	77
48	53	690,36	11,2	689,12	160,0	10,5	113,5	8,8	7,57	78
49	59	690,51	11,5	689,23	164,0	11,0	114,3	8,9	7,39	74
50	1 54	690,41	11,9	689,09	169,7	11,7	114,4	8,9	7,03	67
51	2 0	690,51	12,0	689,18	168,3	11,6	116,0	9,2	7,35	71
52	5	690,56	12,0	689,23	167,2	11,4	117,5	9,4	7,71	75
53	13	690,46	11,9	689,14	168,5	11,6	117,8	9,4	7,59	73
54	20	690,31	11,7	689,01	169,3	11,7	118,0	9,4	7,53	72
55	27	690,41	11,8	689,10	172,7	12,1	118,0	9,4	7,35	68
56	33	690,41	11,9	689,09	174,0	12,3	118,0	9,4	7,23	66
57	38	690,21	12,2	688,85	173,3	12,2	114,7	9,0	6,80	63
58	44	690,01	12,4	688,63	171,2	11,9	111,0	8,5	6,13	59
59	50	690,31	12,7	688,90	173,8	12,3	113,9	8,9	6,67	61
60	55	690,51	12,9	689,08	176,4	12,6	118,7	9,5	7,17	64

(*) On observait simultanément à la station de Bolos.

Station de Carbonera (*). 10, 11 et 12 octobre 1859.

N.°	Heures	Baromètre N.° 332			Thermomètre sec, N.° 740		Thermomètre mouillé, N.° 752		Tension	Humidité relative
		Hauteur observée	Température	Pression à 0°						
	h m	mm	°	mm	p	°	p	°	mm	
1	23 0	698,56	11,2	697,30	162,6	11,7	167,8	10,0	8,23	79
2	12	698,66	11,5	697,36	163,1	11,8	159,3	10,2	8,41	80
3	20	698,66	11,4	697,38	162,0	11,6	166,9	9,9	8,18	79
4	28	698,61	11,5	697,31	165,3	12,1	170,3	10,3	8,35	78
5	0 40	699,16	12,2	698,09	162,6	11,7	166,0	9,8	8,40	77
6	47	699,16	12,0	698,11	162,6	11,7	166,3	9,8	8,00	77
7	53	699,16	12,7	698,03	167,0	12,3	170,0	10,3	8,23	76
8	59	699,11	12,8	697,97	170,6	12,8	174,5	10,8	8,53	77
9	1 6	699,31	12,8	697,87	170,6	12,8	173,4	10,7	8,41	76
10	13	699,31	12,9	697,86	171,0	12,9	174,0	10,8	8,47	76
11	20	699,31	12,9	697,86	170,7	12,8	173,6	10,7	8,41	76
12	26	699,31	12,9	697,86	173,0	13,1	175,6	11,0	8,61	76
13	35	699,26	13,1	697,78	173,6	13,2	176,8	11,1	8,68	76
14	41	699,26	13,3	697,76	175,1	13,4	176,7	11,1	8,56	74
15	48	699,26	13,3	697,76	174,1	13,3	176,5	11,1	8,62	75
16	55	699,26	13,3	697,76	172,9	13,1	178,2	11,3	9,00	79
17	2 38	699,31	13,7	697,77	175,1	13,4	182,4	11,8	9,47	82
18	46	699,41	13,5	697,89	175,0	13,4	182,4	11,8	9,47	82
19	53	699,46	13,4	697,95	172,1	13,0	182,0	11,7	9,54	85
20	3 0	699,41	13,3	697,91	171,0	12,9	182,0	11,7	9,60	86
21	6	699,46	13,2	697,97	171,4	12,9	181,4	11,7	9,60	86
22	13	699,56	13,1	698,08	170,6	12,8	180,8	11,6	9,53	86
23	20	699,56	13,1	698,08	170,6	12,8	180,8	11,6	9,53	86
24	25	699,56	13,1	698,08	170,6	12,8	180,9	11,6	9,53	86
25	32	699,56	13,1	698,08	170,6	12,8	181,0	11,6	9,53	86
26	40	699,46	12,9	698,01	170,7	12,8	180,6	11,6	9,53	86
27	23 15	703,01	15,5	701,25	193,0	15,9	178,0	11,3	7,44	53
28	23	702,91	15,5	701,16	194,0	16,0	177,5	11,2	7,23	52
29	30	702,86	15,5	701,11	195,0	16,2	179,2	11,4	7,39	53
30	35	702,81	15,6	701,05	196,5	16,4	180,4	11,6	7,53	53
31	43	702,71	15,8	700,93	196,0	16,3	180,9	11,6	7,59	54
32	50	702,66	15,8	700,88	196,5	16,4	179,0	11,4	7,27	50
33	55	702,61	15,9	700,82	196,5	16,4	178,8	11,4	7,27	50
34	0 1	702,51	15,9	700,72	194,6	16,1	178,1	11,3	7,32	52
35	7	702,41	15,9	700,62	194,0	16,0	177,8	11,2	7,25	52
36	13	702,41	15,9	700,62	194,4	16,1	178,1	11,3	7,32	52
37	19	702,36	15,9	700,57	198,0	16,6	183,0	11,9	7,80	51
38	28	702,31	16,2	700,48	201,0	17,0	183,4	11,9	7,56	51
39	34	702,31	16,3	700,47	201,8	17,1	182,3	11,8	7,37	49
40	40	702,31	16,4	700,46	200,0	16,9	179,8	11,5	7,10	47
41	45	702,26	16,5	700,40	202,3	17,2	183,7	12,0	7,53	50
42	50	702,21	16,6	700,34	202,3	17,2	183,0	11,9	7,41	49
43	56	702,06	16,6	700,19	199,0	16,7	176,6	11,1	6,73	46
44	1 9	702,06	16,6	700,19	199,0	16,7	176,4	11,1	6,73	46
45	2 20	701,61	17,0	699,69	204,7	17,5	178,4	11,3	6,51	41
46	28	701,56	17,1	699,63	205,0	17,6	180,5	11,6	6,81	44
47	35	701,56	17,5	699,59	209,6	18,3	185,2	12,1	7,09	43
48	42	701,56	17,7	699,57	208,0	18,0	185,0	12,1	7,21	45
49	49	701,56	17,8	699,55	209,6	18,2	185,5	12,2	7,22	44
50	55	701,56	17,9	699,54	211,0	18,4	184,0	12,0	6,84	42
51	3 1	701,51	17,9	699,49	205,0	17,6	179,0	11,4	6,58	41
52	6	701,51	17,7	699,52	201,8	17,1	176,4	11,1	6,49	43
53	12	701,46	17,5	699,49	201,0	17,0	175,8	11,0	6,42	43
54	18	701,46	17,3	699,51	199,6	16,8	173,7	10,7	6,16	42
55	24	701,46	17,5	699,49	206,6	17,8	180,5	11,6	6,72	43
56	30	701,51	17,6	699,53	201,9	17,1	176,0	11,0	6,36	42
57	37	701,56	17,5	699,59	202,3	17,2	177,9	11,2	6,56	43
58	43	701,51	17,5	699,54	206,0	17,7	181,0	11,6	6,78	43
59	49	701,46	17,7	699,47	200,0	16,9	175,5	11,0	6,48	43
60	55	701,46	17,4	699,50	194,5	16,1	172,0	10,5	6,31	44

(*) On observait simultanément à la station de Conde.

STATION DE CONDE (*). 10, 11 ET 12 OCTOBRE 1859.

N°	Heures	Baromètre N° 333 Hauteur observée	Température	Pression à 0°	Thermomètre sec, N° 753		Thermomètre mouillé, N° 751		Tension	Humidité relative
	h m	mm	o	mm	p	o	p	o	mm	
1	23 00	690,31	9,2	689,29	130,9	9,4	136,3	8,4	7,67	86
2	12	690,31	9,3	689,28	151,1	9,5	132,0	7,9	7,08	79
3	20	690,31	9,5	689,25	152,1	9,5	132,9	8,0	7,16	80
4	28	690,51	9,5	689,45	156,0	10,0	139,8	8,8	7,82	84
5	0 40	691,16	10,0	690,05	159,0	10,1	141,9	9,0	7,78	82
6	47	691,06	10,2	689,93	162,8	10,9	144,6	9,3	7,89	80
7	53	691,06	11,2	689,82	171,6	12,0	151,5	10,4	8,51	80
8	59	691,06	11,4	689,79	169,9	11,8	152,5	10,2	8,42	80
9	1 6	691,06	11,5	689,78	171,3	11,9	152,3	10,2	8,36	79
10	13	690,96	11,7	689,66	171,9	12,0	152,8	10,2	8,30	78
11	20	690,96	11,8	689,65	169,3	11,7	151,5	10,1	8,36	80
12	26	691,11	11,8	689,80	171,3	11,9	151,5	10,1	8,21	78
13	35	691,11	11,9	689,79	172,0	12,0	151,3	10,1	8,18	77
14	41	691,06	11,9	689,74	169,8	11,8	149,8	9,9	8,07	77
15	48	691,06	11,9	689,74	169,3	11,7	150,0	9,9	8,13	78
16	55	691,06	11,9	689,74	171,0	11,9	151,0	10,0	8,12	77
17	2 38	690,71	11,8	689,40	178,5	12,8	163,1	11,4	9,28	83
18	46	690,86	12,0	689,53	175,9	12,5	163,3	11,4	9,46	86
19	53	690,96	12,5	689,57	179,0	12,9	162,3	11,3	9,13	81
20	3 00	690,81	12,9	689,38	179,0	12,9	166,1	11,7	9,61	86
21	6	691,06	13,0	689,62	179,9	13,0	166,3	11,7	9,55	85
22	13	691,06	13,0	689,62	173,0	12,2	161,1	11,2	9,38	87
23	20	690,86	12,9	689,43	170,5	11,8	158,1	10,8	9,09	87
24	25	691,01	12,7	689,60	171,1	11,9	158,0	10,8	9,03	86
25	32	691,01	12,6	689,61	171,0	11,9	157,5	10,8	9,03	86
26	40	691,26	12,1	689,88	171,0	11,9	158,0	10,8	9,03	86
27	23 15	695,06	14,1	693,48	189,0	14,2	151,5	10,4	7,32	58
28	23	695,06	14,4	693,45	193,0	14,7	156,5	10,7	7,38	58
29	30	694,91	14,6	693,28	193,0	14,9	158,2	10,8	7,38	57
30	35	694,91	14,6	693,28	196,0	15,0	158,5	10,9	7,44	57
31	43	694,66	14,7	693,02	193,6	14,7	158,0	10,8	7,50	59
32	50	694,66	14,6	693,03	193,2	14,7	156,0	10,6	7,26	57
33	55	694,66	14,6	693,03	196,0	15,0	159,0	10,9	7,44	57
34	0 1	694,66	14,8	693,00	192,0	14,5	158,5	10,9	7,74	61
35	7	694,51	14,8	692,85	192,0	14,5	157,0	10,7	7,50	60
36	13	694,51	14,7	692,87	195,0	14,9	157,6	10,8	7,38	57
37	19	694,26	14,7	692,62	192,6	14,6	153,7	10,3	6,96	54
38	28	694,21	14,7	692,57	197,8	15,3	155,5	10,5	6,83	50
39	34	694,21	14,8	692,55	197,3	15,2	158,5	10,9	7,32	55
40	40	694,21	14,8	692,55	199,0	15,4	158,0	10,8	7,13	53
41	45	694,21	14,9	692,54	201,0	15,7	156,9	10,7	6,85	50
42	50	694,16	15,0	692,48	196,0	15,0	153,2	10,5	6,96	52
43	56	694,16	15,0	692,48	198,0	15,3	150,9	10,0	6,22	46
44	1 9	694,16	15,0	692,48	197,2	15,2	154,6	10,4	6,77	50
45	2 20	693,69	15,8	691,89	205,0	16,2	150,0	10,9	6,76	48
46	28	693,56	16,0	691,77	205,2	16,2	159,0	10,9	6,76	48
47	35	693,61	16,0	691,82	207,2	16,5	157,0	10,7	6,39	44
48	42	693,61	16,2	691,80	207,5	16,5	158,9	10,9	6,63	46
49	49	693,61	16,2	691,80	206,0	16,3	155,7	10,6	6,39	45
50	55	693,56	16,3	691,74	207,0	16,4	157,2	10,7	6,45	45
51	3 1	693,46	16,2	691,65	204,9	16,2	152,3	10,2	5,97	41
52	6	693,16	16,0	691,67	206,5	16,4	155,5	10,5	6,21	41
53	12	693,16	16,1	691,66	207,2	16,5	155,3	10,5	6,15	41
54	18	693,16	16,0	691,67	202,2	15,8	151,3	10,1	6,09	43
55	24	693,44	16,0	691,67	203,3	16,2	154,0	10,4	6,21	42
56	30	693,46	16,0	691,67	204,5	16,1	151,3	10,4	6,27	43
57	37	693,46	16,1	691,66	204,6	16,1	154,0	10,4	6,27	43
58	45	693,41	16,3	691,59	201,0	16,1	153,0	10,3	6,15	42
59	49	693,41	16,3	691,59	204,0	16,1	151,7	10,1	5,91	41
60	55	693,41	16,4	691,53	200,9	15,7	150,3	10,0	6,03	45

(*) On observait simultanément à la station de Carbonera.

STATION DE CARBONERA (*). 15, 16 ET 17 OCTOBRE 1859.

N.°	Heures	Baromètre N.° 351.			Thermomètre sec, N.° 789		Thermomètre mouillé, N.° 752		Tension	Humidité relative
		Hauteur observée	Température	Pression à 0°						
	h m	mm	°	mm	P	°	P	°	mm	
1	2 39	698,71	20,1	696,44	220,0	19,7	201,0	14,1	8,84	50
2	44	698,71	19,9	696,47	217,0	19,2	200,0	13,9	8,80	52
3	50	698,76	19,9	696,52	215,1	19,0	197,0	13,6	8,52	51
4	55	698,76	20,0	696,51	221,0	19,8	206,0	14,7	9,39	54
5	3 2	698,76	19,9	696,52	219,6	19,6	202,2	14,2	9,00	51
6	8	698,66	20,1	696,39	220,1	19,7	200,8	14,0	8,70	49
7	14	698,76	20,4	696,46	216,0	19,1	198,0	13,7	8,59	51
8	19	698,76	20,0	696,51	214,0	18,8	197,5	13,6	8,65	53
9	21	698,76	19,7	696,54	212,5	18,6	199,8	13,9	9,16	56
10	30	698,76	19,5	696,56	212,0	18,5	199,0	13,8	9,09	56
11	35	698,71	19,4	696,52	214,0	18,8	201,6	14,1	9,35	56
12	39	698,71	19,6	696,50	213,0	18,7	199,2	13,8	8,97	55
13	44	698,66	19,5	696,46	214,7	18,9	200,6	14,0	9,15	55
14	49	698,76	19,5	696,56	214,7	18,9	201,6	14,1	9,29	56
15	55	698,76	19,5	696,56	210,0	18,3	199,8	13,9	9,30	59
16	4 0	698,76	19,3	696,59	209,0	18,1	199,5	13,9	9,42	60
17	5	698,76	19,1	696,61	209,0	18,1	200,4	14,0	9,60	61
18	10	698,76	18,9	696,63	206,7	17,8	199,1	13,8	9,47	62
19	13	698,76	18,7	696,65	201,5	17,5	199,4	13,9	9,79	65
20	20	698,76	18,5	696,68	204,0	17,4	199,2	13,8	9,72	65
21	26	698,66	18,2	696,61	204,0	17,4	196,8	13,6	9,45	63
22	31	698,66	18,1	696,62	201,0	17,0	194,5	13,3	9,31	63
23	3 5	702,56	19,5	700,36	211,0	18,4	193,0	13,1	8,24	51
24	10	702,56	19,4	700,37	208,1	18,0	189,2	12,6	7,82	50
25	15	702,56	19,2	700,40	207,5	17,9	189,7	12,7	8,02	52
26	20	702,56	18,8	700,44	201,0	17,4	188,0	12,5	8,06	52
27	25	702,56	18,7	700,45	204,5	17,5	189,0	12,6	8,13	54
28	30	702,56	18,5	700,48	204,5	17,5	189,6	12,7	8,26	55
29	34	702,56	18,6	700,46	207,3	17,9	191,5	12,9	8,28	53
30	39	702,61	18,5	700,53	206,0	17,7	190,7	12,8	8,27	54
31	44	702,66	18,4	700,59	204,5	17,5	189,0	12,6	8,13	54
32	49	702,66	18,2	700,61	203,0	17,3	188,8	12,6	8,25	55
33	53	702,61	18,1	700,57	204,6	17,5	190,0	12,7	8,26	55
34	57	702,61	18,3	700,55	204,6	17,5	188,0	12,5	8,00	52
35	4 2	702,61	18,3	700,55	203,1	17,3	188,0	12,5	8,12	53
36	6	702,61	18,2	700,56	201,0	17,0	186,4	12,3	8,01	54
37	10	702,61	18,1	700,57	201,0	17,0	186,8	12,3	8,01	54
38	15	702,66	18,2	700,61	202,3	17,2	187,5	12,4	8,05	53
39	19	702,66	18,3	700,60	202,3	17,2	188,0	12,5	8,18	54
40	24	702,66	18,3	700,60	201,9	17,1	185,1	12,1	7,72	52
41	28	702,71	18,4	700,64	201,0	17,0	186,4	12,3	8,01	54
42	33	702,71	18,5	700,63	201,0	17,0	186,0	12,2	7,91	53
43	38	702,81	18,6	700,71	199,0	16,7	185,2	12,1	7,96	55
44	44	702,86	18,5	700,78	196,6	16,4	184,0	12,0	7,97	56
45	21 07	701,16	14,6	702,50	191,6	15,7	198,3	13,7	10,60	79
46	16	701,31	14,6	702,65	190,0	15,5	196,2	13,5	10,44	78
47	23	701,31	14,7	702,64	193,0	15,9	199,0	13,8	10,62	75
48	30	701,31	14,7	702,64	196,0	16,3	201,5	14,1	10,74	77
49	37	701,26	15,1	702,55	201,0	17,0	205,8	14,6	11,02	76
50	50	701,26	15,7	702,48	201,7	17,1	206,6	14,7	11,10	76
51	56	701,26	16,0	702,44	205,1	17,6	209,5	15,1	11,35	75
52	1 18	703,26	20,8	700,90	231,0	21,2	216,3	15,9	10,41	54
53	23	703,21	21,1	700,82	239,8	22,4	220,2	16,4	10,50	50
54	30	703,21	21,2	700,80	233,0	21,5	216,3	15,9	10,27	53
55	35	703,21	21,2	700,80	231,7	21,3	216.5	16,0	10,52	54
56	40	703,21	21,0	700,83	231,7	21,3	217,0	16,0	10,52	54
57	46	703,16	21,0	700,78	232,3	21,4	218,5	16,2	10,76	55
58	51	703,16	21,0	700,78	231,8	21,3	218,7	16,2	10,83	56
59	55	703,21	20,9	700,84	230,0	21,9	221,0	16,5	10,91	54
60	2 0	703,21	21,3	700,79	239,7	22,1	222,0	16,6	10,80	53

(*) On observait simultanément à la station de Bolos.

STATION DE CARBONERA (*). 17, 18 ET 19 OCTOBRE 1859.

N.°	Heures	Baromètre N.° 352. Hauteur observée	Température	Pression à 0°	Thermomètre sec, N.° 749		Thermomètre mouillé, N.° 752		Tension	Humidité relative
	h m	mm	o	mm	p	o	p	o	mm	
61	2 10	703,16	21,4	700,73	237,6	22,1	217,6	16,4	10,23	50
62	14	703,16	21,5	700,73	238,2	22,2	218,3	16,2	10,32	50
63	18	703,21	21,5	700,77	236,0	21,9	216,8	16,0	10,20	50
64	23	703,21	21,5	700,77	237,6	22,1	216,4	15,9	9,90	49
65	28	703,21	21,5	700,77	236,1	21,9	216,6	16,0	10,20	50
66	32	703,21	21,4	700,78	336,0	21,9	216,5	16,0	10,20	50
67	37	703,26	21,5	700,82	239,0	22,3	214,3	15,7	9,55	47
68	43	703,28	21,9	700,77	239,0	22,3	211,4	15,3	8,93	43
69	48	703,26	21,7	700,80	235,1	21,8	210,2	15,2	9,15	45
70	53	703,31	21,9	700,82	238,1	22,3	209,4	15,1	8,77	42
71	59	703,31	21,8	700,84	231,0	21,2	203,4	14,4	7,80	43
72	3 7	703,31	21,4	700,88	228,2	20,8	203,0	14,3	8,46	44
73	15	703,31	21,1	700,92	227,0	20,6	202,6	14,2	8,44	45
74	21	703,26	20,5	700,93	224,7	20,3	203,7	14,4	8,90	48
75	27	703,26	20,5	700,93	227,0	20,6	205,6	14,6	9,00	49
76	32	703,31	20,5	700,98	229,0	20,9	206,0	14,7	8,96	48
77	36	703,31	20,7	700,96	230,3	21,1	207,4	14,8	8,98	47
78	41	703,36	21,0	700,98	231,2	21,2	210,5	15,2	9,47	49
79	48	703,36	21,3	700,94	229,1	20,9	206,9	14,8	9,10	48
80	54	703,36	21,2	700,95	227,6	20,7	207,4	14,8	9,22	49
81	59	703,36	21,3	700,94	227,6	20,7	208,0	14,9	9,36	50
82	4 4	703,36	21,3	700,94	227,6	20,7	207,3	14,8	9,22	49
83	9	703,36	21,3	700,94	227,6	20,7	208,0	14,9	9,36	50
84	14	703,36	21,3	700,94	224,7	20,3	205,8	14,6	9,18	50
85	19	703,31	21,3	700,85	224,7	20,3	207,1	14,8	9,42	52
86	24	703,31	21,3	700,89	223,4	20,4	207,4	14,8	9,55	53
87	4 7	705,26	21,1	702,87	222,0	19,9	199,8	13,9	8,41	47
88	13	705,26	21,0	702,88	220,2	19,7	201,5	14,1	8,84	50
89	18	705,26	20,7	702,91	217,0	19,2	206,6	14,0	8,97	53
90	22	705,26	20,5	702,93	215,3	19,0	200,0	13,9	8,92	53
91	26	705,26	20,2	702,97	214,6	18,9	201,0	14,1	9,29	56
92	30	705,21	20,0	702,94	212,7	18,6	199,8	13,9	9,16	56
93	37	705,11	19,7	702,87	211,0	18,4	199,6	13,9	9,24	58
94	42	705,06	19,4	702,86	209,7	18,2	199,9	13,9	9,36	59
95	46	705,01	19,2	702,83	208,1	18,0	199,3	13,9	9,48	61
96	51	705,01	18,9	702,86	207,3	17,9	198,0	13,7	9,28	60
97	1 28	704,36	17,6	702,36	204,0	17,4	191,4	12,9	8,54	56
98	33	704,36	17,4	702,39	208,0	18,0	191,4	12,9	8,22	52
99	40	704,36	17,7	702,35	207,3	17,9	190,5	12,8	8,15	52
100	46	704,36	17,5	702,37	206,6	17,8	191,0	12,8	8,21	53
101	50	704,26	17,8	702,24	212,0	18,5	193,0	13,1	8,17	50
102	54	704,26	17,8	702,24	207,4	17,9	189,3	12,6	7,89	51
103	2 2	704,26	17,5	702,27	201,9	17,1	183,8	12,2	7,85	52
104	7	704,26	17,4	702,29	201,9	17,1	185,0	12,1	7,72	52
105	11	704,26	17,2	702,31	201,9	17,1	183,7	12,2	7,85	52
106	16	704,26	17,3	702,30	205,0	17,6	185,6	12,2	7,54	49
107	21	704,26	17,4	702,29	201,0	17,4	186,0	12,2	7,67	50
108	26	704,26	17,2	702,31	201,0	17,4	183,6	11,9	7,32	48
109	3 8	704,26	18,0	702,22	206,7	17,8	183,0	11,9	7,11	45
110	14	704,26	18,4	702,17	208,4	18,0	186,0	12,2	7,34	46
111	18	704,26	18,1	702,21	205,0	17,3	183,7	12,0	7,17	49
112	23	704,21	18,1	702,16	206,0	17,7	185,2	12,1	7,39	47
113	28	704,21	18,2	702,14	206,7	17,8	186,3	12,3	7,55	48
114	36	704,21	18,2	702,14	203,1	17,3	181,7	11,7	7,15	47
115	41	704,21	18,0	702,17	202,4	17,2	180,5	11,6	7,08	47
116	45	704,21	17,9	702,18	201,8	17,1	181,0	11,6	7,11	48
117	50	704,16	17,9	702,13	201,8	17,4	180,2	11,5	7,01	46
118	54	704,16	17,8	702,14	201,0	17,0	178,9	11,4	6,94	46
119	59	704,16	17,8	702,14	200,1	16,9	179,4	11,4	6,97	46
120	4 3	704,16	17,7	702,15	199,6	16,8	179,8	11,5	7,16	48

(*) On observait simultanément à la station de Bolos.

STATION DE BOLOS (*). 15, 16 ET 17 OCTOBRE 1859.

N.°	Heures	Baromètre N.° 553 Hauteur observée	Température	Pression à 0°	Thermomètre sec, N.° 783		Thermomètre mouillé, N.° 751		Tension	Humidité relative
	h m	mm	°	mm	p	°	p	°	mm	
1	2 39	698,36	19,5	696,16	221,5	18,3	183,0	13,6	8,99	56
2	41	698,36	19,5	696,16	222,0	18,3	184,3	13,7	9,12	57
3	50	698,36	19,3	696,19	218,0	17,8	180,3	13,3	8,83	56
4	55	698,36	19,2	696,20	217,0	17,7	181,3	13,4	9,01	58
5	3 2	698,31	18,9	696,18	221,0	18,2	183,9	13,7	9,13	58
6	8	698,31	19,1	696,16	221,3	18,2	187,0	14,0	9,56	60
7	14	698,31	19,0	696,17	217,3	17,7	184,0	13,7	9,43	62
8	19	698,31	19,0	696,17	216,0	17,6	183,9	13,7	9,49	62
9	24	698,31	18,9	696,18	216,0	17,6	184,0	13,7	9,49	62
10	30	698,31	18,7	696,20	217,0	17,7	184,3	13,7	9,13	62
11	35	698,31	18,5	696,23	215,7	17,5	182,5	13,5	9,29	61
12	39	698,31	18,3	696,25	214,5	17,4	181,7	13,4	9,22	61
13	44	698,31	18,2	696,26	215,0	17,4	182,0	13,5	9,35	62
14	49	698,21	18,2	696,16	214,5	17,4	181,8	13,5	9,35	62
15	55	698,21	18,2	696,16	215,0	17,4	182,0	13,5	9,35	62
16	4 0	698,21	18,2	696,16	218,0	17,8	184,3	13,7	9,37	61
17	5	698,31	18,2	696,26	216,0	17,6	185,0	13,8	9,62	63
18	10	698,31	18,2	696,26	214,0	17,3	184,5	13,7	9,68	63
19	15	698,31	18,2	696,26	211,0	16,9	181,9	13,5	9,61	66
20	20	698,31	18,2	696,26	214,0	17,3	182,0	13,5	9,41	63
21	26	698,31	17,9	696,29	210,5	16,9	181,0	13,4	9,48	65
22	31	698,31	17,7	696,32	207,1	16,5	179,0	13,1	9,33	66
23	3 5	702,16	19,3	699,99	219,3	18,0	186,8	14,0	9,66	62
24	10	702,16	19,4	699,97	219,0	18,0	186,8	14,0	9,66	62
25	15	702,16	19,5	699,96	219,0	18,0	185,5	13,9	9,18	61
26	20	702,16	19,5	699,96	221,1	18,6	188,3	14,2	9,57	59
27	25	702,16	19,6	699,95	221,0	18,6	189,0	14,2	9,57	59
28	30	702,16	19,9	699,92	222,0	18,3	189,4	14,3	9,90	62
29	34	702,16	20,2	699,88	220,5	18,1	185,1	13,8	9,29	59
30	39	702,21	20,0	699,96	221,0	18,2	185,3	13,8	9,23	59
31	44	702,36	20,0	700,11	219,0	18,0	184,2	13,7	9,22	59
32	49	702,36	19,9	700,12	217,3	17,7	182,6	13,5	9,14	59
33	53	702,36	19,9	700,12	218,4	17,9	183,1	13,6	9,15	59
34	57	702,36	19,8	700,13	219,0	18,0	184,3	13,7	9,22	59
35	4 2	702,36	19,7	700,14	219,0	18,0	184,8	13,8	9,35	60
36	6	702,36	19,6	700,15	215,3	17,5	183,5	13,6	9,39	62
37	10	702,36	19,4	700,17	211,3	17,0	180,7	13,3	9,31	63
38	15	702,36	19,1	700,21	210,5	16,9	179,0	13,1	9,10	63
39	19	702,31	18,9	700,18	209,0	16,7	179,0	13,1	9,23	64
40	24	702,31	18,5	700,23	208,2	16,6	181,0	13,4	9,63	67
41	28	702,31	18,5	700,23	204,3	16,6	181,0	13,4	9,63	67
42	33	702,31	18,4	700,24	207,5	16,5	180,6	13,3	9,56	67
43	38	702,31	18,2	700,26	205,5	16,3	180,3	13,3	9,68	69
44	44	702,31	18,0	700,28	203,9	16,0	179,0	13,1	9,60	70
45	21 7	703,86	14,5	702,21	187,1	13,9	177,0	12,9	10,52	89
46	16	703,93	14,6	702,30	193,9	14,8	183,5	13,6	10,93	87
47	23	703,96	14,7	702,29	191,0	14,8	184,0	13,7	11,03	88
48	30	703,96	14,9	702,27	193,3	15,0	185,0	13,8	11,11	87
49	37	703,93	15,3	702,22	201,4	15,7	191,0	14,5	11,62	87
50	50	703,91	15,8	702,12	198,2	15,3	189,5	14,3	11,58	89
51	56	703,91	16,1	702,08	202,1	15,8	189,5	14,3	11,28	84
52	1 18	703,01	21,6	700,56	212,0	20,9	205,0	16,0	10,77	57
53	25	703,01	21,6	700,56	212,0	20,9	203,9	15,9	10,59	57
54	30	702,96	21,5	700,52	241,0	20,8	205,8	16,1	10,98	58
55	35	702,96	21,5	700,52	238,0	20,4	202,3	15,7	10,62	58
56	40	702,91	21,3	700,51	239,1	20,5	204,0	15,9	10,84	59
57	46	702,91	21,3	700,51	243,2	21,1	206,8	16,2	10,95	57
58	51	702,86	21,3	700,46	241,0	20,8	206,3	16,1	10,98	58
59	55	702,86	21,3	700,46	240,8	20,7	204,3	15,9	10,72	58
60	2 0	702,86	21,3	700,46	240,5	20,7	204,0	15,9	10,72	58

(*) On observait simultanément à la station de Carbonera.

Station de Bolos (*). **17, 18 et 19 octobre 1859.**

N.°	Heures	Baromètre N.° 353. Hauteur observée	Baromètre N.° 353. Température	Baromètre N.° 353. Pression à 0°	Thermomètre sec, N.° 733		Thermomètre mouillé, N.° 731		Tension	Humidité relative
	h m	mm	°	mm	p	°	p	°	mm	
61	2 10	702,86	21,3	700,46	239,5	20,6	204,9	16,0	10,95	59
62	14	702,86	21,1	700,48	239,2	20,5	204,0	15,9	10,84	59
63	18	702,86	21,1	700,48	239,5	20,6	204,3	15,9	10,78	58
64	23	702,86	21,0	700,49	240,0	20,6	202,9	15,8	10,64	58
65	28	702,86	21,0	700,49	240,0	20,6	202,5	15,7	10,50	57
66	32	702,86	21,0	700,49	242,0	20,9	204,0	15,9	10,59	57
67	37	702,86	20,9	700,50	239,4	20,6	197,6	15,2	9,79	53
68	43	702,86	20,9	700,50	240,2	20,7	195,6	15,0	9,49	50
69	48	702,86	20,9	700,50	239,6	20,6	195,0	14,9	9,42	50
70	53	702,86	20,9	700,50	241,1	20,8	196,0	15,0	9,43	50
71	59	702,86	21,1	700,48	240,0	20,6	196,0	15,0	9,55	51
72	3 7	702,86	20,9	700,50	237,0	20,3	192,8	14,7	9,32	51
73	15	702,86	20,8	700,52	236,3	20,2	192,4	14,6	9,21	51
74	21	702,86	20,4	700,56	235,5	20,1	192,0	14,6	9,26	52
75	27	702,86	20,3	700,57	234,5	19,0	189,5	14,3	9,00	50
76	32	702,86	20,2	700,58	233,7	19,8	189,5	14,3	9,02	50
77	36	702,86	20,1	700,59	233,1	19,8	192,7	14,7	9,59	54
78	41	702,86	20,0	700,61	233,0	19,7	193,7	14,8	9,79	56
79	48	702,86	20,0	700,61	232,9	19,7	190,8	14,5	9,37	53
80	54	702,86	20,0	700,61	233,0	19,7	192,0	14,6	9,51	54
81	59	702,86	20,2	700,58	236,0	20,1	193,9	14,8	9,55	53
82	4 4	702,86	20,3	700,57	234,3	19,9	193,7	14,8	9,67	54
83	9	702,86	20,6	700,54	235,9	20,1	194,5	14,9	9,69	54
84	14	702,86	20,7	700,53	236,0	20,1	195,1	14,9	9,69	54
85	19	702,86	20,8	700,52	234,1	19,9	195,1	14,9	9,81	55
86	24	702,86	20,8	700,52	234,0	19,9	193,2	14,7	9,53	54
87	4 7	704,91	21,0	702,53	229,9	19,3	186,7	14,0	8,91	52
88	13	704,91	21,0	702,53	227,5	19,0	185,0	13,8	8,79	53
89	18	704,91	20,8	702,55	224,5	18,7	183,5	13,6	8,71	53
90	22	704,91	20,3	702,61	223,0	18,5	183,0	13,6	8,83	55
91	26	704,91	20,0	702,64	222,5	18,4	183,9	13,7	9,02	56
92	30	704,86	20,0	702,59	221,4	18,3	183,2	13,6	8,93	56
93	37	704,81	19,8	702,56	218,5	17,9	182,7	13,6	9,15	59
94	42	704,71	19,5	702,51	216,0	17,6	182,1	13,5	9,20	60
95	46	704,66	19,2	702,48	214,5	17,4	182,7	13,6	9,45	63
96	51	704,66	19,0	702,50	208,0	16,6	182,7	13,6	9,89	70
97	1 28	703,86	17,6	701,86	211,0	16,9	167,3	11,8	7,49	51
98	35	703,86	17,6	701,86	213,0	17,2	172,4	12,4	8,05	53
99	40	703,86	17,6	701,86	212,0	17,1	169,5	12,1	7,72	52
100	46	703,86	17,6	701,86	211,9	17,1	172,4	12,4	8,11	54
101	50	703,86	17,8	701,84	210,2	16,8	172,9	12,5	8,38	57
102	54	703,86	17,9	701,83	209,9	16,8	172,9	12,5	8,38	57
103	2 2	703,76	17,9	701,73	208,0	16,6	170,1	12,2	8,11	56
104	7	703,76	17,9	701,73	208,9	16,7	172,1	12,4	8,31	57
105	11	703,76	17,8	701,74	213,1	17,2	173,8	12,6	8,31	56
106	16	703,76	17,8	701,74	214,0	17,3	171,5	12,3	7,86	52
107	21	703,76	17,9	701,73	213,0	17,2	175,3	12,7	8,40	56
108	26	703,76	17,0	701,83	214,1	17,5	170,3	12,2	7,73	51
109	3 8	703,71	17,4	701,74	212,6	17,2	165,2	11,6	7,08	47
110	14	703,66	17,6	701,66	211,1	17,0	166,0	11,7	7,30	49
111	18	703,66	17,9	701,63	214,0	17,3	165,0	11,6	7,02	46
112	23	703,66	17,9	701,63	214,0	17,3	166,0	11,7	7,15	47
113	28	703,66	17,9	701,63	211,9	17,1	161,0	11,1	6,49	43
114	36	703,66	17,8	701,64	209,5	16,8	162,0	11,3	6,90	46
115	41	703,66	17,8	701,64	210,0	16,8	165,5	11,7	7,12	51
116	45	703,66	17,9	701,63	209,0	16,7	161,7	11,2	6,83	46
117	50	703,66	17,8	701,64	208,0	16,6	165,1	11,6	7,41	52
118	54	703,66	17,8	701,64	206,0	16,3	161,0	11,1	6,94	49
119	59	703,61	17,4	701,64	211,0	16,9	168,8	12,0	7,71	52
120	4 3	703,61	17,4	701,64	207,5	16,5	168,0	11,9	7,86	55

(*) On observait simultanément à la station de Carbonera.

APPENDICE N.° 7.

OBSERVATIONS RELATIVES À LA FLEXION DES LUNETTES.

THÉODOLITE DE BRUNNER — VISANT CELUI DE REPSOLD. 3, 4, 6 ET 7 MAI 1861.

N.°	Heures	Niveau		Index	Microscope A		Microscope B		Moyennes
	h m	p p	″	°	D T P	′ ″	D T P	′ ″	° ′ ″
1	3 17	47,6 31,0 36,8 20,2	— 9,72	0 179	0 0 0,8 7 2 25,2	0 1,59 39 48,90	0 0 7,5 7 2 2,1	0 14,93 39 3,14	0 0 8,26 179 39 26,02
2		38,4 21,7 47,3 30,6	— 8,01	179 0	7 2 26,2 0 0 1,8	39 50,89 0 3,58	7 2 3,4 0 0 7,5	39 5,75 0 14,93	179 39 28,31 0 0 9,25
3		47,9 30,7 35,8 16,6	— 10,89	0 179	0 0 2,8 7 2 24,0	0 5,57 39 46,52	0 0 8,1 7 2 2,5	0 16,13 39 3,93	0 0 10,83 179 39 25,22
4		37,6 20,4 46,9 29,6	— 8,32	179 0	7 2 26,7 0 0 2,2	39 51,89 0 4,38	7 2 4,5 0 0 7,0	39 7,92 0 13,94	179 39 29,90 0 0 9,16
5		47,9 30,4 36,8 19,4	— 9,94	0 179	0 0 2,2 7 2 27,0	0 4,38 39 52,49	0 0 7,5 7 2 5,4	0 14,93 39 9,71	0 0 9,65 179 39 31,10
6		35,1 17,7 47,5 29,9	— 11,07	179 0	7 2 25,4 0 0 2,8	39 49,30 0 5,57	7 2 3,6 0 0 7,1	39 6,12 0 14,14	179 39 27,71 0 0 9,85
7	3 22	43,0 27,6 41,8 26,3	— 1,12	35 215	11 1 31,9 8 1 9,2	58 2,85 42 17,69	11 1 37,4 8 0 43,6	58 13,95 41 26,82	35 58 8,40 215 41 52,25
8		41,8 26,1 44,9 29,1	— 2,74	215 35	8 1 9,2 11 1 32,6	42 17,69 58 4,25	8 0 43,9 11 1 41,9	41 27,42 58 22,91	215 41 52,53 35 58 13,58
9		43,5 27,5 40,7 24,8	— 2,47	35 215	11 1 29,4 8 1 8,5	57 57,88 42 16,29	11 1 40,0 8 0 44,7	58 19,13 41 29,01	35 58 8,50 215 41 52,65
10		40,6 24,7 44,5 28,5	— 3,46	215 35	8 1 8,4 11 1 32,4	42 16,10 58 3,85	8 0 44,3 11 1 40,9	41 28,21 58 20,92	215 41 52,15 35 58 12,38
11		43,8 27,5 42,0 25,8	— 1,57	35 215	11 1 30,6 8 1 10,3	58 0,27 42 19,88	11 1 39,9 8 0 47,6	58 18,93 41 34,79	35 58 9,60 215 41 57,33
12		42,5 26,3 44,1 27,8	— 1,39	215 35	8 1 10,9 11 1 32,3	42 21,07 58 3,65	8 0 47,2 11 1 39,9	41 33,99 58 18,93	215 41 57,53 35 58 11,29
13	3 1	44,1 28,3 35,9 17,9	— 7,47	72 251	1 0 58,2 9 2 18,5	6 55,80 49 35,57	1 1 1,8 9 1 58,0	7 3,06 48 51,97	72 6 59,43 251 49 15,27
14		34,1 15,9 45,7 27,6	— 10,48	251 72	9 2 17,2 1 1 1,2	49 32,99 7 1,77	9 1 56,6 1 1 3,0	48 52,19 7 5,45	251 49 12,59 72 7 3,61
15		45,7 27,0 30,6 11,9	— 13,59	72 251	1 1 1,3 9 2 15,4	7 1,97 49 29,41	1 1 3,8 9 1 54,2	7 7,04 48 47,41	72 7 4,50 251 49 8,41
16		30,7 11,9 45,7 26,9	— 13,50	251 72	9 2 16,0 1 1 1,4	49 30,60 7 2,17	9 1 54,7 1 1 4,1	48 48,40 7 7,64	251 49 9,50 72 7 4,90
17		42,5 23,4 34,3 15,0	— 7,47	72 251	1 0 57,5 9 2 20,0	6 54,41 49 38,56	1 1 0,3 9 1 59,4	7 0,08 48 57,76	72 6 57,24 251 49 18,16
18		35,0 15,6 44,6 25,3	— 8,68	251 72	9 2 20,6 1 1 0,3	49 39,75 6 59,98	9 1 59,5 1 1 2,8	48 57,96 7 5,05	251 49 18,85 72 6 57,51
19	2 50	47,7 32,5 37,0 21,6	— 9,72	107 288	9 1 54,0 0 2 0,0	48 46,83 3 58,76	9 1 57,7 0 1 33,1	48 51,38 3 5,99	107 48 50,60 288 3 32,37
20		35,6 20,0 47,5 31,8	— 10,66	288 107	0 1 58,7 9 1 51,1	3 56,18 48 17,62	0 1 32,4 9 1 58,0	3 4,00 48 51,97	288 3 30,09 107 48 51,29

Ibañez.

THÉODOLITE DE BRUNNER — VISANT CELUI DE REPSOLD. 7, 8 ET 13 MAI 1861.

N.°	Heures	Niveau		Index	Microscope A		Microscope B		Moyennes
	h m	p p	″	°	h t p	′ ″	h t p	′ ″	° ′ ″
21	3 28	48,1 31,4 36,2 19,4	— 10,75	107 288	9 1 51,1 0 2 0,0	48 47,62 3 58,76	9 1 58,5 0 1 35,8	48 53,97 3 10,77	107 48 51,79 288 3 34,76
22		36,7 19,8 47,5 30,4	— 9,63	288 107	0 2 0,6 9 1 51,5	3 59,96 48 47,82	0 1 36,1 9 1 57,4	3 11,36 48 53,78	288 3 35,66 107 48 50,80
23		45,9 28,0 33,4 17,5	— 9,45	107 288	9 1 51,6 0 2 1,3	48 42,05 4 1,35	9 1 55,8 0 1 38,1	48 50,59 3 15,35	107 48 46,32 288 3 38,35
24		35,4 17,2 46,7 28,6	— 10,35	288 107	0 2 1,6 9 1 52,6	4 1,95 48 44,04	0 1 38,6 9 1 57,3	3 16,34 48 53,58	288 3 39,14 107 48 48,81
25	4 44	41,1 25,2 26,5 10,5	— 13,18	143 323	10 1 7,5 6 1 38,3	52 14,30 33 15,59	10 1 5,5 6 1 12,3	52 10,43 32 23,97	143 52 12,36 323 32 49,78
26		27,2 11,2 40,5 24,4	— 11,92	323 143	6 1 39,4 10 1 4,0	33 17,78 52 7,34	6 1 12,6 10 1 7,7	32 24,57 52 14,81	323 32 51,17 143 52 11,07
27		40,0 24,4 25,0 8,7	— 13,81	143 323	10 1 5,2 6 1 36,8	52 9,73 33 12,60	10 1 8,0 6 1 13,3	52 15,41 32 25,96	143 52 12,57 323 32 49,28
28		26,0 9,1 41,3 24,5	— 13,81	323 143	6 1 38,0 10 1 5,7	33 14,99 52 10,72	6 1 13,4 10 1 8,2	32 26,16 52 15,81	323 32 50,57 143 52 13,26
29		41,4 24,4 26,4 9,2	— 13,59	143 323	10 1 5,6 6 1 39,7	52 10,52 33 18,37	10 1 7,8 6 1 17,0	52 15,01 32 33,33	143 52 12,76 323 32 55,85
30		26,6 9,5 39,6 22,5	— 11,70	323 143	6 1 40,3 10 1 4,3	33 19,57 52 7,94	6 1 17,3 10 1 6,0	32 33,93 52 11,43	323 32 56,75 143 52 9,68
31	3 45	31,8 11,7 26,5 6,4	— 4,77	180 0	0 0 53,7 3 2 8,9	1 46,85 19 16,47	0 0 54,4 3 1 51,0	1 48,33 18 41,03	180 1 47,59 0 18 58,75
32		25,4 5,2 34,8 14,7	— 8,50	0 180	3 2 7,9 0 0 55,7	19 14,48 1 50,83	3 1 49,7 0 0 56,6	18 38,45 1 52,71	0 18 56,46 180 1 51,77
33		37,9 17,4 22,6 2,0	— 13,81	180 0	0 0 58,8 3 2 5,0	1 56,99 19 8,71	0 0 59,1 3 1 46,1	1 57,09 18 31,87	180 1 57,34 0 18 50,29
34		27,4 6,7 35,2 14,6	— 7,06	0 180	3 2 10,9 0 0 57,3	19 20,45 1 54,01	3 1 51,9 0 0 57,0	18 42,83 1 53,50	0 19 1,64 180 1 53,75
35		31,4 13,5 26,5 5,5	— 7,15	180 0	0 0 57,9 3 2 10,8	1 55,20 19 20,25	0 0 58,3 3 1 52,1	1 56,00 18 43,22	180 1 55,64 0 19 1,73
36		20,5 0,0 30,3 9,2	— 8,55	0 180	3 2 3,1 0 0 52,2	19 4,93 1 43,86	3 1 44,8 0 0 52,1	18 28,69 1 43,75	0 18 46,81 180 1 43,80
37	3 23	32,8 14,7 21,5 11,3	— 3,01	215 34	7 0 1,4 11 0 31,6	35 2,79 56 2,87	7 0 0,0 11 0 13,3	35 0,00 55 26,48	215 35 1,39 34 55 44,67
38		31,0 12,7 33,0 14,5	— 1,71	34 215	11 0 33,4 7 0 0,1	56 6,46 35 0,20	11 0 14,3 7 0 0,0	55 28,48 35 0,00	34 55 47,47 215 35 0,10
39		32,7 13,9 26,2 7,2	— 5,94	215 34	7 0 2,1 11 0 30,4	35 4,18 56 0,49	7 0 1,0 11 0 10,9	35 1,99 55 21,71	215 35 3,08 34 55 41,10
40		20,9 10,9 32,6 13,6	— 2,45	34 215	11 0 34,0 7 0 1,5	56 7,65 35 2,98	11 0 14,7 7 0 0,6	55 29,27 35 1,19	34 55 48,46 215 33 2,08

Ibañez.

THÉODOLITE DE BRUNNER — VISANT CELUI DE REPSOLD. 13, 16, 17 ET 18 MAI 1861.

N.°	Heures	Niveau		Index	Microscope A		Microscope B		Moyennes
	h m	p p	″	°	D T P	′ ″	D T P	′ ″	° ′ ″
41	4 40	32,7 13,6 27,4 8,1	— 4,86	215 34	7 0 1,6 11 0 32,9	35 3,18 56 5,46	7 0 1,0 11 0 13,7	35 1,99 55 27,28	215 35 2,58 34 55 46,37
42		21,9 5,6 31,1 11,9	— 5,62	31 215	11 0 30,8 7 0 0,4	56 1,28 35 0,80	11 0 11,6 7 0 0,0	55 23,10 35 0,00	31 55 42,19 215 35 0,40
43	4 20	40,0 23,5 31,9 17,1	— 7,29	245 65	7 1 54,3 3 2 2,8	38 47,82 19 4,34	7 2 2,4 3 1 32,3	39 3,74 18 3,80	245 38 55,78 65 18 34,07
44		31,4 16,9 40,4 25,9	— 8,10	65 245	3 2 2,1 7 1 55,8	19 3,51 38 50,11	3 1 32,5 7 2 2,9	18 4,20 39 4,73	65 18 33,87 245 38 57,57
45		41,7 27,1 29,4 14,7	— 11,11	245 65	7 1 55,0 3 1 59,7	38 48,82 18 58,17	7 2 0,2 3 1 30,0	38 59,35 17 59,21	245 38 51,08 65 18 28,69
46		31,1 16,5 42,4 17,8	— 5,67	65 245	3 2 1,5 7 1 53,1	19 1,73 38 49,01	3 1 34,8 7 2 0,6	18 8,78 39 0,15	65 18 35,26 245 38 51,58
47		40,4 25,7 30,7 16,0	— 8,73	245 65	7 1 53,3 3 2 1,3	38 49,11 19 1,35	7 2 0,8 3 1 31,9	39 0,55 18 3,00	245 38 51,98 65 18 32,17
48		31,0 16,3 41,0 26,2	— 8,95	65 245	3 2 1,5 7 1 55,6	19 1,75 38 50,01	3 1 31,8 7 2 1,3	18 2,80 39 1,54	65 18 32,27 245 38 55,77
49	4 28	35,6 21,7 36,7 22,8	+ 0,99	288 108	0 2 1,2 0 0 4,6	4 1,15 0 9,15	0 1 59,5 11 2 7,2	3 57,96 59 13,29	288 3 59,55 107 59 41,22
50		37,3 23,3 36,9 22,8	+ 0,40	108 288	0 0 5,1 0 1 59,4	0 10,71 3 57,57	11 2 7,4 0 2 2,1	59 13,69 4 3,14	107 59 42,21 288 4 0,35
51		36,9 22,1 35,6 21,1	— 1,17	288 108	0 1 59,2 0 0 4,1	3 57,17 0 8,16	0 2 2,3 11 2 7,7	4 3,54 59 14,29	288 4 0,35 107 59 41,22
52		36,1 21,6 35,1 20,7	+ 0,85	108 288	0 0 5,2 0 1 58,0	0 10,35 3 54,78	11 2 7,7 0 2 1,4	59 14,29 4 1,74	107 59 42,32 288 3 58,26
53		36,5 21,9 33,1 20,4	— 1,30	288 108	0 1 58,3 0 0 3,7	3 55,38 0 7,36	0 2 2,1 11 2 7,8	4 3,14 59 14,19	288 3 59,26 107 59 40,92
54		33,7 19,0 36,3 21,6	— 2,34	108 288	0 0 3,1 0 1 58,8	0 6,76 3 56,38	11 2 6,9 0 2 2,2	59 12,70 4 3,34	107 59 39,73 288 3 59,86
55	4 27	35,1 22,2 38,8 23,9	+ 3,33	324 144	5 2 11,3 5 1 19,5	29 21,25 27 38,18	5 2 14,7 5 0 48,4	29 28,23 26 30,38	324 29 21,71 144 27 7,28
56		37,0 23,9 35,6 22,5	+ 1,26	144 324	5 1 18,5 5 2 12,2	27 36,19 29 23,01	5 0 48,0 5 2 15,7	26 35,58 29 30,22	144 27 5,88 324 29 26,63
57		35,6 22,2 35,5 22,0	— 0,13	324 144	5 2 13,7 5 1 17,3	29 26,02 27 33,80	5 2 18,5 5 0 48,9	29 35,80 26 37,37	324 29 30,91 144 27 5,58
58		37,2 23,7 34,6 21,0	+ 2,38	144 324	5 1 19,7 5 2 10,9	27 38,58 29 20,45	5 0 50,4 5 2 11,1	26 40,36 29 27,63	144 27 9,47 324 29 24,01
59		32,8 19,0 35,4 21,5	+ 2,29	324 144	5 2 8,0 5 1 18,2	29 14,68 27 35,59	5 2 13,2 5 0 50,1	29 25,21 26 39,76	324 29 19,96 144 27 7,67
60		36,6 22,7 34,0 20,0	+ 2,38	144 324	5 1 19,3 5 2 11,0	27 37,78 29 20,65	5 0 50,9 5 2 13,1	26 41,36 29 25,61	144 27 9,57 324 29 23,11

Ibañez.

Théodolite de Repsold — visant celui de Brunner. **3, 4, 6 et 7 mai 1861.**

N.°	Heures	Niveau		Index	Microscope A		Microscope B		Moyennes
	h m	p p	″	°	D T P	′ ″	D T P	′ ″	° ′ ″
1	3 36	43,6 16,5 24,0 0,0	— 15,88	30 211	13 0 32,2 3 0 41,0	53 4,53 13 21,91	13 0 42,8 3 0 27,0	53 26,02 12 54,26	30 53 15,17 211 13 8,08
2		24,0 0,0 48,0 21,0	— 19,80	211 30	3 0 40,2 13 0 39,7	13 20,31 53 19,31	3 0 26,2 13 0 40,6	12 52,65 53 21,59	211 13 6,48 30 53 20,45
3		46,2 19,0 21,7 0,0	— 19,14	30 211	13 0 39,2 3 0 40,0	53 18,31 13 19,91	13 0 40,7 3 0 26,8	53 21,79 12 53,86	30 53 20,05 211 13 6,88
4		21,6 0,0 46,1 19,0	— 19,14	211 30	3 0 39,4 13 0 38,8	13 18,71 53 17,51	3 0 27,1 13 0 43,5	12 54,46 53 27,42	211 13 6,58 30 53 22,46
5		48,7 21,4 30,7 3,5	— 15,80	30 211	13 0 39,9 3 0 44,0	53 19,71 13 27,90	13 0 47,0 3 0 29,0	53 34,46 12 58,28	30 53 27,08 211 13 13,09
6		30,6 3,4 50,5 23,3	— 17,51	211 30	3 0 43,3 13 0 42,6	13 26,50 53 25,10	3 0 28,4 13 0 47,3	12 57,08 53 35,06	211 13 11,79 30 53 30,08
7	3 40	42,3 16,0 33,1 6,7	— 8,14	30 211	13 1 32,0 2 1 44,8	55 3,79 11 29,36	13 1 47,0 2 1 31,0	55 35,04 11 2,88	30 55 19,41 211 11 16,12
8		33,1 6,7 48,5 22,0	— 13,51	211 30	2 1 45,0 13 1 42,4	11 29,76 55 24,56	2 1 32,1 13 1 45,6	11 5,09 55 32,22	211 11 17,42 30 55 28,39
9		46,5 20,0 32,5 6,0	— 12,32	30 211	13 1 41,9 2 1 43,4	55 23,57 11 26,56	13 1 45,8 2 1 30,0	55 32,63 11 0,87	30 55 28,10 211 11 13,71
10		32,2 5,8 48,5 22,9	— 14,70	211 30	2 1 42,9 13 1 43,8	11 25,56 55 27,36	2 1 30,5 13 1 46,7	11 1,88 55 34,43	211 11 13,72 30 55 30,89
11		47,6 21,0 32,1 5,7	— 13,55	30 211	13 1 43,3 2 1 42,4	55 26,36 11 24,56	13 1 45,6 2 1 29,5	55 32,22 10 59,87	30 55 29,29 211 11 12,21
12		32,5 5,8 47,6 21,0	— 13,33	211 30	2 1 43,0 13 1 41,0	11 25,76 55 27,76	2 1 30,2 13 1 46,1	11 1,27 55 33,23	211 11 13,51 30 55 30,19
13	3 17	50,4 22,0 43,0 15,0	— 6,34	30 211	13 1 19,9 3 0 8,9	54 39,62 12 17,78	13 1 30,6 2 1 56,6	55 2,08 11 54,33	30 54 50,85 211 12 6,05
14		43,9 15,6 53,0 24,7	— 8,01	211 30	3 0 8,0 13 1 20,2	12 15,98 54 40,22	2 1 55,8 13 1 31,0	11 52,72 55 2,88	211 12 4,35 30 54 51,55
15		51,1 23,0 42,3 14,0	— 7,83	30 211	13 1 22,0 3 0 8,2	54 43,81 12 16,38	13 1 30,3 2 1 55,8	55 1,48 11 52,72	30 54 52,61 211 12 4,55
16		42,0 13,8 51,1 23,0	— 8,05	211 30	3 0 7,6 13 1 22,2	12 15,18 54 44,21	2 1 54,2 13 1 30,9	11 49,51 55 2,68	211 12 2,34 30 54 53,44
17		50,5 22,0 42,0 13,7	— 7,39	30 211	13 1 21,0 3 0 7,4	54 41,81 12 14,78	13 1 30,8 2 1 54,6	55 2,48 11 50,31	30 54 52,14 211 12 2,54
18		42,5 14,1 51,5 23,2	— 7,96	211 30	3 0 7,0 13 1 20,0	12 13,98 54 39,82	2 1 53,7 13 1 30,5	11 48,50 55 1,88	211 12 1,24 30 54 50,85
19	3 6	51,0 23,3 37,9 10,2	— 11,53	31 210	2 1 26,8 13 1 58,5	10 53,40 55 56,73	2 1 39,1 13 1 46,4	11 19,16 55 33,83	31 11 6,28 210 55 45,28
20		39,0 11,4 53,0 23,8	— 13,50	210 31	13 1 58,4 2 1 32,2	55 56,53 11 4,19	13 1 46,1 2 1 40,0	55 33,23 11 20,97	210 55 44,88 31 11 12,58

Ibañez.

THÉODOLITE DE REPSOLD — VISANT CELUI DE BRUNNER. 7, 8 ET 13 MAI 1861.

N.°	Heures	Niveau		Index	Microscope A		Microscope B		Moyennes
	h m	p p	″	°	D T P	′ ″	D T P	′ ″	° ′ ″
21	3 44	51,5 23,9 37,6 10,0	—12,23	31 210	2 1 30,2 13 1 56,5	11 0,19 55 52,73	2 1 40,0 13 1 43,4	11 20,97 55 27,80	31 11 10,58 210 55 40,26
22		37,6 10,0 52,8 25,1	—13,33	210 31	13 1 56,2 2 1 29,9	55 52,13 10 59,59	13 1 43,3 2 1 41,2	55 27,60 11 23,38	210 55 39,86 31 11 11,48
23		51,5 23,8 37,8 10,0	—12,10	31 210	2 1 31,3 13 1 56,2	11 2,39 55 52,13	2 1 40,2 13 1 43,1	11 21,37 55 27,20	31 11 11,88 210 55 39,66
24		37,9 10,1 53,1 25,7	—13,55	210 31	13 1 55,1 2 1 36,2	55 51,13 11 12,18	13 1 43,1 2 1 42,1	55 27,20 11 25,19	210 55 39,16 31 11 18,68
25	5 3	40,8 13,7 28,7 1,7	—10,60	30 211	13 0 37,7 3 0 8,0	53 15,51 12 15,98	13 0 49,5 2 1 56,5	53 39,48 11 51,13	30 53 27,39 211 12 5,05
26		28,6 1,6 43,4 16,4	—13,02	211 30	3 0 7,8 13 0 42,0	12 15,58 53 23,90	2 1 55,9 13 0 51,0	11 52,92 53 42,49	211 12 4,25 30 53 33,19
27		41,2 14,3 27,3 0,2	—12,32	30 211	13 0 39,4 3 0 7,0	53 18,71 12 13,98	13 0 50,7 2 1 55,5	53 41,89 11 52,12	30 53 30,30 211 12 3,05
28		27,3 0,1 43,0 16,0	—13,90	211 30	3 0 7,0 13 0 42,5	12 13,98 53 24,90	2 1 55,2 13 0 51,0	11 51,52 53 42,49	211 12 2,75 30 53 33,69
29		40,6 13,7 27,1 0,0	—11,97	30 211	13 0 41,6 3 0 6,5	53 23,10 12 12,99	13 0 52,5 2 1 53,9	53 45,51 11 48,90	30 53 34,30 211 12 0,94
30		27,1 0,0 42,4 15,3	—13,46	211 30	3 0 5,7 13 0 43,2	12 11,39 53 26,30	2 1 53,1 13 0 51,6	11 47,30 53 43,70	211 11 59,34 30 53 35,00
31	3 58	52,0 23,2 42,1 13,6	— 8,58	31 210	3 0 1,2 13 1 24,4	12 2,40 54 48,61	3 0 13,6 13 1 13,1	12 27,33 54 26,91	31 12 14,86 210 54 37,76
32		42,1 13,6 54,5 26,0	—10,91	210 31	13 1 23,9 3 0 5,1	54 47,61 12 10,19	13 1 12,2 3 0 13,7	54 25,40 12 27,53	210 54 36,35 31 12 18,86
33		47,2 18,7 33,8 5,0	—11,92	31 210	3 0 0,0 13 1 17,1	12 0,00 54 34,02	3 0 6,7 13 1 6,0	12 13,46 54 12,64	31 12 6,73 210 54 23,33
34		34,6 6,0 48,1 19,5	—11,88	210 31	13 1 17,2 3 0 0,8	54 34,22 12 1,60	13 1 6,0 3 0 6,7	54 12,64 12 13,46	210 54 23,43 31 12 7,53
35		48,0 19,3 34,9 6,0	—11,62	31 210	2 1 56,9 13 1 15,9	11 53,53 54 31,63	3 0 8,0 13 1 4,0	12 16,08 54 8,62	31 12 4,80 210 54 20,12
36		33,0 4,0 50,8 22,0	—15,75	210 31	13 1 15,9 3 0 2,0	54 31,63 12 4,00	13 1 3,8 3 0 7,5	54 8,22 12 15,07	210 54 19,92 31 12 9,53
37	3 47	42,0 13,8 26,7 0,0	—12,80	30 211	10 1 35,0 5 1 10,4	43 9,78 22 20,64	10 1 44,2 5 0 50,9	43 29,41 21 42,29	30 43 19,59 211 22 1,46
38		27,0 1,0 43,0 17,0	—14,08	211 30	5 1 10,0 10 1 38,0	22 19,84 43 15,77	5 0 52,0 10 1 43,0	21 44,50 43 27,00	211 22 2,17 30 43 21,38
39		41,6 13,6 28,0 0,0	—11,97	30 211	10 1 35,0 5 1 10,1	43 9,78 22 20,04	10 1 41,1 5 0 50,9	43 23,18 21 42,29	30 43 16,48 211 22 1,16
40		28,0 0,0 43,0 15,0	—13,20	211 30	5 1 9,4 10 1 36,2	22 18,64 43 12,18	5 0 51,4 10 1 41,5	21 43,30 43 23,98	211 22 0,97 30 43 18,08

Ibañez.

Théodolite de Repsold — visant celui de Brunner. 13, 16, 17 et 18 mai 1861.

N.°	Heures	Niveau		Index	Microscope A		Microscope B		Moyennes
	h m	p p	″	°	D T P	′ ″	D T P	′ ″	° ′ ″
41	4 59	45,9 17,7 28,6 0,2	— 15,31	30 211	10 1 37,0 5 1 9,8	43 13,78 22 19,44	10 1 45,0 5 0 48,2	43 31,02 21 36,87	30 43 22,40 211 21 58,15
42		29,4 1,1 44,7 16,6	— 13,55	211 30	5 1 9,1 10 1 37,0	22 18,04 43 13,78	5 0 51,0 10 1 42,7	21 42,49 43 26,40	211 22 0,26 30 43 20,09
43	4 34	42,1 16,4 27,9 2,0	— 12,58	30 211	13 0 25,6 3 0 27,1	52 51,14 12 54,14	13 0 37,9 3 0 16,5	53 16,17 12 33,16	30 53 3,65 211 12 43,65
44		27,7 2,0 47,6 22,0	— 17,56	211 30	3 0 26,0 13 0 29,3	12 51,94 52 58,53	3,0 15,8 13 0 37,9	12 31,75 53 16,17	211 12 41,84 30 53 7,35
45		45,1 19,6 29,0 3,5	— 14,17	30 211	13 0 27,2 3 0 26,4	52 54,34 12 52,74	13 0 37,7 3 0 16,1	53 15,77 12 32,36	30 53 5,05 211 12 42,55
46		29,0 3,5 48,0 22,4	— 16,68	211 30	3 0 25,8 13 0 31,1	12 51,54 53 2,13	3 0 16,0 13 0 38,7	12 32,16 53 17,78	211 12 41,85 30 53 9,95
47		47,6 22,0 27,0 1,0	— 18,30	30 211	13 0 30,0 3 0 25,4	52 59,93 12 50,74	13 0 39,2 3 0 15,0	53 18,78 12 30,15	30 53 9,35 211 12 40,44
48		26,9 1,1 47,0 21,4	— 17,78	211 30	3 0 24,9 13 0 32,1	12 49,74 53 4,13	3 0 15,5 13 0 39,2	12 31,15 53 18,78	211 12 40,44 30 53 11,45
49	4 44	44,0 18,7 28,8 3,5	— 13,38	31 211	0 0 21,0 1 0 30,8	0 41,95 5 1,53	0 0 38,5 1 0 22,0	1 17,37 4 44,21	31 0 59,66 211 4 52,87
50		28,9 3,5 44,0 18,7	— 13,33	211 31	1 0 30,6 0 0 26,6	5 1,13 0 53,14	1 0 23,8 0 0 36,7	4 45,82 1 13,76	211 4 53,47 31 1 3,45
51		45,0 19,7 28,9 3,5	— 14,21	31 211	0 0 23,0 1 0 29,8	0 45,95 4 59,53	0 0 36,7 1 0 21,4	1 13,76 4 43,01	31 0 59,85 211 4 51,27
52		28,9 3,5 44,4 19,0	— 13,64	211 31	1 0 29,8 0 0 24,2	4 59,53 0 48,34	1 0 21,0 0 0 37,0	4 42,20 1 14,36	211 4 50,86 31 1 1,35
53		44,2 18,9 29,0 3,5	— 13,46	31 211	0 0 22,8 1 0 30,3	0 45,55 5 0,53	0 0 36,8 1 0 21,1	1 13,96 4 42,40	31 0 59,75 211 4 51,46
54		29,0 3,5 44,3 19,0	— 13,55	211 31	1 0 29,9 0 0 26,3	4 59,73 0 52,54	1 0 21,3 0 0 38,6	4 42,81 1 17,57	211 4 51,27 31 1 5,05
55	4 48	44,7 19,8 28,3 3,5	— 14,39	31 211	0 0 52,1 1 0 1,5	1 44,08 4 3,00	0 1 9,4 0 1 52,1	2 19,47 3 45,29	31 2 1,77 211 3 54,14
56		28,4 3,6 47,0 22,0	— 16,28	211 31	1 0 1,0 0 0 53,9	4 2,00 1 47,68	0 1 51,0 0 1 6,3	3 43,08 2 13,24	211 3 52,54 31 2 0,46
57		46,0 21,0 28,5 3,5	— 15,40	31 211	0 0 52,3 1 0 0,0	1 44,48 4 0,00	0 1 6,2 0 1 50,2	2 13,04 3 41,47	31 1 58,76 211 3 50,73
58		28,5 3,5 47,0 22,0	— 16,28	211 31	1 0 0,0 0 0 55,9	4 0,00 1 51,67	0 1 49,2 0 1 5,8	3 39,46 2 12,24	211 3 49,73 31 2 1,95
59		46,1 21,0 28,7 3,6	— 15,31	31 211	0 0 53,9 0 1 59,4	1 47,68 3 58,53	0 1 5,1 0 1 48,8	2 10,83 3 38,66	31 1 59,25 211 3 48,59
60		28,7 3,5 47,1 22,0	— 16,24	211 31	0 1 59,8 0 0 56,9	3 59,32 1 53,67	0 1 48,5 0 1 6,6	3 38,05 2 13,85	211 3 48,68 31 2 3,76

Ibañez.

APPENDICE N.° 8.

NIVELLEMENT DE LA BASE, D'APRÈS LES INCLINAISONS DES RÈGLES.

1.ère JOURNÉE.			2.ème JOURNÉE.			3.ème JOURNÉE.		
Positions des règles	d_1	Cotes	Positions des règles	d_1	Cotes	Positions des règles	d_1	Cotes
	m	m		m	m		m	m
		43,000	19	— 0,051	41,488	51	— 0,084	40,003
1	— 0,079	42,921	20	— 0,099	41,389	52	— 0,099	39,904
2	— 0,198	42,723	21	— 0,074	41,315	53	— 0,110	39,794
3	— 0,125	42,598	22	— 0,051	41,264	54	— 0,099	39,695
4	— 0,082	42,516	23	— 0,103	41,161	55	— 0,077	39,618
5	— 0,041	42,475	24	— 0,029	41,132	56	— 0,080	39,538
6	— 0,104	42,371	25	— 0,035	41,097	57	— 0,105	39,433
7	— 0,085	42,286	26	— 0,053	41,044	58	— 0,116	39,317
8	— 0,133	42,153	27	— 0,017	41,027	59	— 0,073	39,244
9	— 0,074	42,079	28	— 0,066	40,961	60	— 0,083	39,161
10	— 0,087	41,992	29	— 0,024	40,937	61	— 0,080	39,081
11	— 0,057	41,935	30	— 0,001	40,936	62	— 0,025	39,056
12	— 0,046	41,889	31	— 0,015	40,921	63	— 0,070	38,986
13	— 0,095	41,794	32	— 0,017	40,904	64	— 0,082	38,904
14	— 0,077	41,717	33	— 0,059	40,845	65	— 0,054	38,850
15	— 0,033	41,684	34	— 0,004	40,841	66	— 0,073	38,777
16	— 0,072	41,612	35	— 0,026	40,815	67	— 0,038	38,739
17	— 0,031	41,581	36	— 0,061	40,754	68	— 0,082	38,657
18	— 0,042	41,539	37	— 0,014	40,740	69	— 0,036	38,621
			38	— 0,048	40,692	70	— 0,027	38,594
			39	— 0,061	40,631	71	— 0,063	38,531
			40	— 0,065	40,566	72	— 0,023	38,508
			41	— 0,042	40,524	73	— 0,107	38,401
			42	— 0,014	40,510	74	— 0,075	38,326
			43	— 0,019	40,491	75	— 0,070	38,256
			44	— 0,018	40,473	76	— 0,098	38,158
			45	— 0,069	40,404	77	— 0,074	38,084
			46	— 0,094	40,310	78	— 0,090	37,994
			47	— 0,016	40,294	79	— 0,075	37,919
			48	— 0,077	40,217	80	— 0,047	37,872
			49	— 0,072	40,145			
			50	— 0,058	40,087			

4.ème JOURNÉE.			5.ème JOURNÉE.			6.ème JOURNÉE.		
Positions des règles	d_1	Cotes	Positions des règles	d_1	Cotes	Positions des règles	d_1	Cotes
	m	m		m	m		m	m
81	— 0,066	37,806	116	— 0,050	36,061	156	— 0,003	34,487
82	— 0,056	37,750	117	— 0,033	36,028	157	— 0,048	34,439
83	— 0,095	37,655	118	— 0,028	36,000	158	— 0,055	34,384
84	— 0,039	37,616	119	— 0,063	35,937	159	— 0,029	34,355
85	— 0,041	37,575	120	— 0,042	35,895	160	— 0,026	34,329
86	— 0,040	37,535	121	— 0,068	35,827	161	— 0,033	34,296
87	— 0,045	37,490	122	— 0,049	35,778	162	+ 0,004	34,300
88	— 0,067	37,423	123	— 0,045	35,733	163	— 0,047	34,253
89	— 0,042	37,381	124	— 0,041	35,692	164	— 0,086	34,167
90	— 0,038	37,343	125	— 0,083	35,609	165	— 0,056	34,111
91	— 0,065	37,278	126	— 0,052	35,557	166	— 0,031	34,080
92	— 0,036	37,242	127	— 0,040	35,517	167	— 0,048	34,032
93	— 0,056	37,186	128	— 0,027	35,490	168	— 0,017	34,015
94	— 0,059	37,127	129	— 0,022	35,468	169	— 0,037	33,978
95	— 0,029	37,098	130	— 0,074	35,394	170	— 0,025	33,953
96	— 0,057	37,041	131	— 0,049	35,345	171	— 0,050	33,903
97	— 0,036	37,005	132	— 0,069	35,276	172	— 0,049	33,854
98	— 0,052	36,953	133	— 0,053	35,223	173	— 0,026	33,828
99	— 0,023	36,930	134	— 0,031	35,192	174	— 0,026	33,802
100	— 0,052	36,878	135	— 0,020	35,172	175	— 0,006	33,796
101	— 0,066	36,812	136	— 0,014	35,158	176	— 0,018	33,778
102	— 0,078	36,734	137	— 0,021	35,137	177	— 0,036	33,742
103	— 0,048	36,686	138	— 0,036	35,101	178	+ 0,008	33,750
104	— 0,052	36,634	139	— 0,022	35,079	179	— 0,074	33,676
105	— 0,004	36,630	140	— 0,033	35,046	180	— 0,023	33,653
106	— 0,058	36,572	141	— 0,027	35,019	181	— 0,046	33,607
107	— 0,036	36,536	142	— 0,051	34,968	182	— 0,034	33,573
108	— 0,063	36,473	143	— 0,036	34,932	183	— 0,035	33,518
109	— 0,050	36,423	144	— 0,041	34,891	184	— 0,019	33,499
110	— 0,039	36,384	145	— 0,002	34,889	185	— 0,023	33,476
111	— 0,032	36,352	146	— 0,057	34,832	186	— 0,015	33,461
112	— 0,111	36,241	147	— 0,022	34,810	187	— 0,010	33,451
113	— 0,047	36,194	148	— 0,050	34,760	188	— 0,031	33,420
114	— 0,066	36,128	149	— 0,022	34,738	189	— 0,070	33,350
115	— 0,017	36,111	150	— 0,033	34,705	190	— 0,043	33,307
			151	— 0,027	34,678			
			152	— 0,051	34,627			
			153	— 0,045	34,582			
			154	— 0,051	34,531			
			155	— 0,041	34,490			

7.ème JOURNÉE.			8.ème JOURNÉE.			9.ème JOURNÉE.		
Positions des règles	d_1	Cotes	Positions des règles	d_1	Cotes	Positions des règles	d_1	Cotes
	m	m		m	m		m	m
191	− 0,018	33,289	231	− 0,021	32,144	256	− 0,037	31,578
192	− 0,036	33,253	232	− 0,019	32,125	257	− 0,006	31,572
193	− 0,039	33,214	233	0,000	32,125	258	− 0,043	31,529
194	− 0,023	33,191	234	− 0,078	32,047	259	+ 0,016	31,545
195	− 0,024	33,167	235	− 0,003	32,044	260	− 0,022	31,523
196	− 0,026	33,141	236	− 0,034	32,010	261	− 0,023	31,500
197	− 0,032	33,109	237	− 0,027	31,983	262	− 0,018	31,482
198	− 0,035	33,074	238	− 0,049	31,934	263	− 0,022	31,460
199	− 0,034	33,040	239	+ 0,019	31,953	264	− 0,028	31,432
200	− 0,023	33,017	240	+ 0,006	31,959	265	− 0,006	31,426
201	− 0,022	32,995	241	− 0,071	31,888	266	− 0,024	31,402
202	− 0,048	32,947	242	− 0,052	31,836	267	− 0,020	31,382
203	− 0,047	32,900	243	− 0,027	31,809	268	− 0,035	31,347
204	− 0,003	32,897	244	− 0,040	31,769	269	− 0,025	31,322
205	− 0,052	32,845	245	0,000	31,769	270	− 0,023	31,299
206	− 0,018	32,827	246	− 0,031	31,738	271	− 0,030	31,269
207	− 0,032	32,795	247	− 0,005	31,733	272	− 0,014	31,255
208	− 0,029	32,766	248	− 0,017	31,716	273	− 0,009	31,246
209	+ 0,001	32,867	249	0,000	31,716	274	− 0,020	31,226
210	− 0,056	32,711	250	− 0,006	31,710	275	− 0,012	31,214
211	− 0,033	32,678	251	− 0,022	31,688	276	− 0,003	31,211
212	− 0,019	32,659	252	− 0,033	31,655	277	− 0,015	31,196
213	− 0,047	32,612	253	− 0,018	31,637	278	− 0,025	31,171
214	− 0,030	32,582	254	− 0,011	31,626	279	− 0,007	31,164
215	− 0,010	32,572	255	− 0,011	31,615	280	− 0,009	31,155
216	− 0,030	32,542				281	− 0,036	31,119
217	− 0,020	32,522				282	− 0,007	31,112
218	− 0,035	32,487				283	− 0,020	31,092
219	− 0,025	32,462				284	− 0,023	31,069
220	− 0,022	32,440				285	+ 0,016	31,085
221	− 0,039	32,401				286	− 0,026	31,059
222	− 0,012	32,389				287	+ 0,001	31,060
223	− 0,011	32,378				288	− 0,014	31,046
224	− 0,005	32,373				289	− 0,011	31,035
225	− 0,043	32,330				290	− 0,022	31,013
226	− 0,016	32,314				291	+ 0,007	31,020
227	− 0,060	32,254				292	− 0,006	31,014
228	− 0,040	32,214				293	− 0,018	30,996
229	− 0,028	32,186				294	− 0,075	30,921
230	− 0,021	32,165				295	+ 0,038	30,959

10.ème JOURNÉE.			11.ème JOURNÉE.			12.ème JOURNÉE.		
Positions des règles	d_1	Cotes	Positions des règles	d_1	Cotes	Positions des règles	d_1	Cotes
	m	m		m	m		m	m
296	— 0,034	30,925	326	+ 0,008	30,490	351	— 0,012	29,950
297	+ 0,012	30,937	327	— 0,001	30,489	352	— 0,021	29,929
298	— 0,041	30,896	328	+ 0,019	30,508	353	— 0,013	29,916
299	— 0,032	30,861	329	— 0,127	30,381	354	— 0,012	29,904
300	— 0,013	30,848	330	— 0,002	30,379	355	— 0,011	29,893
301	— 0,003	30,845	331	+ 0,042	30,421	356	— 0,009	29,884
302	— 0,032	30,813	332	— 0,029	30,392	357	— 0,030	29,854
303	— 0,007	30,806	333	— 0,036	30,356	358	— 0,010	29,844
304	— 0,021	30,785	334	— 0,056	30,300	359	— 0,002	29,842
305	— 0,007	30,778	335	— 0,016	30,284	360	— 0,012	29,830
306	— 0,026	30,752	336	— 0,051	30,233	361	— 0,018	29,812
307	— 0,034	30,718	337	— 0,031	30,202	362	— 0,012	29,800
308	— 0,001	30,717	338	— 0,039	30,163	363	— 0,007	29,793
309	— 0,024	30,693	339	— 0,018	30,145	364	— 0,051	29,742
310	— 0,030	30,663	340	— 0,012	30,133	365	+ 0,061	29,803
311	— 0,023	30,640	341	— 0,007	30,126	366	— 0,002	29,801
312	— 0,043	30,597	342	+ 0,002	30,128	367	— 0,060	29,741
313	— 0,001	30,596	343	— 0,020	30,108	368	— 0,036	29,705
314	— 0,021	30,575	344	— 0,054	30,054	369	+ 0,006	29,711
315	— 0,003	30,572	345	— 0,011	30,043	370	— 0,011	29,700
316	— 0,013	30,559	346	— 0,006	30,037	371	— 0,016	29,684
317	— 0,001	30,558	347	— 0,039	29,998	372	— 0,019	29,665
318	— 0,004	30,554	348	+ 0,001	29,999	373	+ 0,003	29,668
319	— 0,033	30,521	349	— 0,022	29,977	374	— 0,010	29,658
320	— 0,006	30,515	350	— 0,015	29,962	375	— 0,005	29,653
321	— 0,021	30,494				376	— 0,026	29,627
322	+ 0,002	30,496				377	— 0,008	29,619
323	+ 0,001	30,497				378	— 0,012	29,607
324	— 0,019	30,478				379	— 0,006	29,601
325	+ 0,004	30,482				380	— 0,024	29,577
						381	— 0,015	29,562
						382	— 0,017	29,545
						383	+ 0,009	29,554
						384	— 0,019	29,535
						385	0,000	29,535
						386	— 0,020	29,515
						387	— 0,012	29,503
						388	+ 0,010	29,513
						389	— 0,007	29,506
						390	— 0,030	29,476

13.ème JOURNÉE.			14.ème JOURNÉE.			15.ème JOURNÉE.		
Positions des règles	d_1	Cotes	Positions des règles	d_1	Cotes	Positions des règles	d_1	Cotes
	m	m		m	m		m	m
391	— 0,023	29,453	431	— 0,041	29,359	461	+ 0,010	28,957
392	— 0,017	29,436	432	— 0,018	29,341	462	+ 0,021	28,961
393	— 0,002	29,434	433	— 0,044	29,297	463	+ 0,008	28,989
394	— 0,028	29,406	434	— 0,061	29,236	464	— 0,020	28,969
395	— 0,010	29,396	435	— 0,028	29,208	465	— 0,070	28,899
396	— 0,025	29,371	436	— 0,042	29,166	466	— 0,121	28,778
397	— 0,001	29,370	437	— 0,063	29,103	467	— 0,086	28,692
398	— 0,015	29,355	438	— 0,022	29,081	468	— 0,039	28,653
399	— 0,012	29,343	439	— 0,022	29,059	469	— 0,011	28,642
400	— 0,001	29,342	440	— 0,015	29,044	470	— 0,027	28,615
401	— 0,025	29,317	441	— 0,023	29,021	471	+ 0,008	28,623
402	— 0,010	29,307	442	0,000	29,021	472	+ 0,003	28,626
403	+ 0,017	29,324	443	+ 0,006	29,027	473	— 0,011	28,615
404	— 0,021	29,303	444	— 0,027	29,000	474	— 0,061	28,554
405	— 0,002	29,301	445	— 0,002	28,998	475	+ 0,034	28,588
406	— 0,031	29,270	446	— 0,008	28,990	476	+ 0,033	28,621
407	— 0,005	29,265	447	— 0,009	28,981	477	+ 0,047	28,668
408	0,000	29,265	448	— 0,005	28,976	478	+ 0,019	28,687
409	+ 0,007	29,272	449	— 0,009	28,967	479	— 0,024	28,663
410	— 0,014	29,258	450	— 0,002	28,965	480	— 0,018	28,645
411	+ 0,001	29,259	451	— 0,007	28,958	481	— 0,037	28,608
412	+ 0,010	29,269	452	— 0,001	28,957	482	— 0,007	28,601
413	+ 0,028	29,297	453	+ 0,017	28,974	483	— 0,026	28,575
414	— 0,027	29,270	454	— 0,020	28,954	484	— 0,025	28,550
415	+ 0,002	29,272	455	— 0,027	28,927	485	— 0,007	28,543
416	— 0,013	29,259	456	— 0,003	28,924	486	— 0,029	28,514
417	+ 0,029	29,288	457	— 0,014	28,910	487	— 0,002	28,512
418	+ 0,003	29,291	458	+ 0,027	28,937	488	— 0,011	28,501
419	+ 0,021	29,312	459	0,000	28,937	489	— 0,012	28,489
420	+ 0,034	29,346	460	+ 0,010	28,947	490	— 0,018	28,471
421	+ 0,028	29,374				491	— 0,021	28,450
422	+ 0,046	29,420				492	— 0,014	28,436
423	+ 0,029	29,449				493	+ 0,024	28,460
424	+ 0,006	29,455				494	— 0,059	28,401
425	+ 0,020	29,475				495	— 0,002	28,399
426	+ 0,008	29,483				496	— 0,025	28,374
427	— 0,022	29,461				497	— 0,015	28,359
428	— 0,041	29,420				498	— 0,015	28,344
429	+ 0,009	29,429				499	— 0,007	28,337
430	— 0,029	29,400				500	— 0,022	28,315
						501	0,000	28,315
						502	— 0,013	28,302
						503	+ 0,006	28,308
						504	— 0,026	28,282
						505	— 0,007	28,275
						506	— 0,030	28,245
						507	+ 0,008	28,253
						508	— 0,022	28,231
						509	+ 0,011	28,242
						510	+ 0,016	28,258

16.ème JOURNÉE.			17.ème JOURNÉE.			18.ème JOURNÉE.		
Positions des règles	d_1	Cotes	Positions des règles	d_1	Cotes	Positions des règles	d_1	Cotes
	m	m		m	m		m	m
511	+ 0,002	28,260	551	+ 0,021	28,144	591	— 0,034	27,133
512	— 0,017	28,243	552	+ 0,006	28,150	592	— 0,037	27,096
513	— 0,009	28,234	553	— 0,004	28,146	593	— 0,023	27,073
514	— 0,005	28,229	554	+ 0,009	28,155	594	+ 0,017	27,090
515	— 0,005	28,224	555	— 0,005	28,150	595	— 0,025	27,065
516	+ 0,019	28,243	556	+ 0,005	28,155	596	+ 0,018	27,083
517	— 0,012	28,231	557	— 0,025	28,130	597	— 0,017	27,066
518	— 0,024	28,207	558	+ 0,007	28,137	598	— 0,020	27,046
519	+ 0,018	28,225	559	— 0,013	28,124	599	— 0,006	27,040
520	— 0,022	28,203	560	— 0,006	28,118	600	— 0,016	27,024
521	+ 0,006	28,209	561	— 0,008	28,110	601	— 0,001	27,023
522	+ 0,003	28,212	562	+ 0,012	28,122	602	+ 0,008	27,031
523	— 0,037	28,175	563	— 0,017	28,105	603	— 0,021	27,010
524	— 0,009	28,166	564	— 0,022	28,083	604	+ 0,017	27,027
525	— 0,004	28,162	565	— 0,015	28,068	605	— 0,007	27,020
526	— 0,020	28,142	566	— 0,015	28,053	606	+ 0,011	27,031
527	— 0,020	28,122	567	— 0,034	28,019	607	+ 0,015	27,046
528	— 0,021	28,101	568	— 0,083	27,936	608	+ 0,003	27,049
529	+ 0,034	28,135	569	— 0,023	27,913	609	+ 0,063	27,112
530	— 0,027	28,108	570	— 0,031	27,882	610	+ 0,048	27,160
531	— 0,023	28,085	571	+ 0,011	27,893	611	+ 0,049	27,209
532	— 0,002	28,083	572	— 0,010	27,883	612	+ 0,137	27,346
533	— 0,020	28,063	573	— 0,028	27,855	613	+ 0,129	27,475
534	— 0,009	28,054	574	— 0,007	27,848	614	+ 0,078	27,553
535	— 0,002	28,052	575	— 0,043	27,805	615	+ 0,113	27,666
536	+ 0,049	28,101	576	— 0,070	27,735	616	+ 0,121	27,787
537	— 0,016	28,085	577	— 0,015	27,720	617	+ 0,125	27,912
538	— 0,017	28,068	578	— 0,013	27,707	618	+ 0,040	27,952
539	+ 0,017	28,085	579	— 0,069	27,638	619	+ 0,046	27,998
540	+ 0,037	28,122	580	— 0,038	27,600	620	+ 0,017	28,015
541	— 0,005	28,117	581	— 0,013	27,587	621	+ 0,036	28,051
542	— 0,028	28,089	582	+ 0,011	27,598	622	+ 0,036	28,087
543	— 0,011	28,078	583	— 0,086	27,512	623	— 0,001	28,086
544	+ 0,009	28,087	584	— 0,054	27,458	624	+ 0,035	28,121
545	+ 0,029	28,116	585	— 0,009	27,449	625	+ 0,008	28,129
546	+ 0,002	28,118	586	— 0,084	27,365	626	+ 0,044	28,173
547	+ 0,008	28,126	587	— 0,070	27,295	627	+ 0,003	28,176
548	— 0,008	28,118	588	— 0,036	27,259	628	— 0,024	28,152
549	+ 0,003	28,121	589	— 0,044	27,215	629	+ 0,040	28,192
550	+ 0,002	28,123	590	— 0,048	27,167	630	— 0,039	28,153

19.ème JOURNÉE.			20.ème JOURNÉE.			21.ème JOURNÉE.		
Positions des règles	d_1	Cotes	Positions des règles	d_1	Cotes	Positions des règles	d_1	Cotes
	m	m		m	m		m	m
631	+ 0,050	28,203	671	+ 0,037	28,328	711	+ 0,018	28,198
632	+ 0,014	28,217	672	— 0,004	28,324	712	— 0,013	28,185
633	+ 0,004	28,221	673	— 0,008	28,316	713	— 0,034	28,151
634	+ 0,002	28,223	674	+ 0,015	28,331	714	+ 0,013	28,164
635	+ 0,007	28,230	675	— 0,019	28,312	715	— 0,025	28,139
636	+ 0,013	28,243	676	+ 0,008	28,320	716	— 0,010	28,129
637	— 0,013	28,230	677	— 0,010	28,310	717	— 0,009	28,120
638	+ 0,010	28,240	678	— 0,026	28,284	718	— 0,030	28,090
639	— 0,036	28,204	679	+ 0,009	28,293	719	+ 0,005	28,095
640	— 0,007	28,197	680	+ 0,012	28,305	720	— 0,036	28,059
641	+ 0,008	28,205	681	+ 0,005	28,310	721	— 0,015	28,044
642	+ 0,015	28,220	682	— 0,006	28,304	722	— 0,007	28,037
643	— 0,031	28,189	683	— 0,019	28,285	723	— 0,044	27,993
644	0,000	28,189	684	+ 0,016	28,301	724	— 0,027	27,966
645	+ 0,012	28,201	685	— 0,001	28,300	725	+ 0,019	27,985
646	+ 0,013	28,214	686	— 0,006	28,294	726	— 0,041	27,944
647	— 0,010	28,204	687	— 0,012	28,282	727	— 0,038	27,906
648	+ 0,003	28,207	688	— 0,013	28,269	728	— 0,044	27,862
649	— 0,010	28,197	689	+ 0,021	28,290	729	— 0,017	27,845
650	+ 0,006	28,203	690	— 0,009	28,281	730	— 0,020	27,825
651	+ 0,057	28,260	691	— 0,021	28,260	731	— 0,013	27,812
652	+ 0,018	28,278	692	— 0,013	28,247	732	— 0,017	27,795
653	+ 0,043	28,321	693	— 0,009	28,238	733	— 0,028	27,767
654	+ 0,008	28,329	694	+ 0,006	28,244	734	+ 0,002	27,769
655	— 0,040	28,289	695	— 0,027	28,217	735	— 0,040	27,729
656	+ 0,012	28,301	696	+ 0,011	28,228	736	+ 0,012	27,741
657	+ 0,014	28,315	697	+ 0,007	28,235	737	0,000	27,741
658	— 0,001	28,314	698	— 0,025	28,210	738	— 0,026	27,715
659	— 0,046	28,268	699	— 0,003	28,207	739	+ 0,014	27,729
660	0,000	28,268	700	— 0,018	28,189	740	— 0,013	27,716
661	+ 0,023	28,291	701	+ 0,016	28,205	741	— 0,002	27,714
662	+ 0,011	28,302	702	— 0,008	28,197	742	+ 0,025	27,739
663	— 0,012	28,290	703	— 0,023	28,174	743	— 0,016	27,723
664	+ 0,050	28,340	704	+ 0,007	28,181	744	+ 0,024	27,747
665	— 0,021	28,319	705	+ 0,002	28,183	745	— 0,009	27,738
666	— 0,019	28,300	706	+ 0,002	28,185	746	+ 0,031	27,769
667	+ 0,016	28,316	707	+ 0,046	28,231	747	0,000	27,769
668	+ 0,012	28,328	708	— 0,019	28,212	748	+ 0,007	27,776
669	— 0,001	28,327	709	+ 0,040	28,252	749	+ 0,011	27,787
670	— 0,036	28,291	710	— 0,072	28,180	750	— 0,006	27,781

22.ème JOURNÉE.			23.ème JOURNÉE.			24.ème JOURNÉE.		
Positions des règles	d_1	Cotes	Positions des règles	d_1	Cotes	Positions des règles	d_1	Cotes
	m	m		m	m		m	m
751	+ 0,036	27,817	791	— 0,042	27,952	831	+ 0,008	27,819
752	+ 0,015	27,832	792	— 0,019	27,933	832	+ 0,001	27,820
753	+ 0,015	27,847	793	+ 0,003	27,936	833	+ 0,031	27,851
754	+ 0,019	27,866	794	— 0,017	27,919	834	+ 0,008	27,859
755	+ 0,007	27,873	795	0,000	27,919	835	+ 0,034	27,893
756	+ 0,019	27,892	796	+ 0,027	27,946	836	+ 0,024	27,917
757	+ 0,009	27,901	797	— 0,032	27,914	837	+ 0,026	27,943
758	— 0,004	27,897	798	— 0,001	27,913	838	+ 0,035	27,978
759	+ 0,022	27,919	799	— 0,012	27,901	839	+ 0,019	27,997
760	— 0,004	27,915	800	+ 0,021	27,922	840	+ 0,039	28,036
761	— 0,005	27,910	801	+ 0,004	27,926	841	+ 0,054	28,090
762	+ 0,030	27,940	802	+ 0,024	27,950	842	— 0,011	28,079
763	— 0,005	27,935	803	+ 0,025	27,975	843	+ 0,042	28,121
764	— 0,001	27,934	804	— 0,018	27,957	844	— 0,007	28,114
765	+ 0,018	27,952	805	+ 0,013	27,970	845	+ 0,039	28,153
766	— 0,001	27,951	806	— 0,008	27,962	846	— 0,006	28,147
767	+ 0,013	27,964	807	— 0,027	27,935	847	+ 0,016	28,163
768	+ 0,015	27,979	808	— 0,015	27,920	848	+ 0,024	28,184
769	— 0,013	27,966	809	— 0,021	27,899	849	+ 0,003	28,187
770	+ 0,001	27,967	810	— 0,033	27,866	850	— 0,013	28,174
771	— 0,001	27,966	811	— 0,009	27,857	851	+ 0,008	28,182
772	+ 0,040	28,006	812	— 0,053	27,804	852	— 0,020	28,162
773	+ 0,033	28,039	813	+ 0,038	27,842	853	— 0,001	28,161
774	— 0,005	28,034	814	— 0,017	27,825	854	— 0,013	28,148
775	— 0,029	28,005	815	— 0,025	27,800	855	— 0,029	28,119
776	+ 0,011	28,016	816	+ 0,022	27,822	856	— 0,006	28,113
777	+ 0,044	28,060	817	— 0,022	27,800	857	— 0,010	28,103
778	— 0,019	28,041	818	— 0,018	27,782	858	— 0,031	28,072
779	+ 0,022	28,063	819	— 0,042	27,740	859	— 0,049	28,023
780	— 0,007	28,056	820	— 0,011	27,729	860	+ 0,006	28,029
781	— 0,007	28,049	821	— 0,030	27,699	861	— 0,046	27,983
782	+ 0,009	28,058	822	— 0,031	27,668	862	— 0,040	27,943
783	— 0,007	28,051	823	+ 0,020	27,688	863	— 0,003	27,940
784	— 0,006	28,045	824	+ 0,010	27,698	864	— 0,049	27,891
785	+ 0,014	28,059	825	+ 0,051	27,749	865	— 0,017	27,874
786	— 0,014	28,045	826	+ 0,001	27,750	866	— 0,012	27,862
787	+ 0,001	28,046	827	+ 0,023	27,773	867	— 0,045	27,817
788	— 0,015	28,031	828	+ 0,022	27,795	868	+ 0,016	27,833
789	+ 0,011	28,042	829	— 0,006	27,789	869	+ 0,031	27,864
790	— 0,048	27,994	830	+ 0,022	27,811	870	— 0,116	27,748
						871	— 0,061	27,687
						872	— 0,040	27,617
						873	+ 0,003	27,650
						874	— 0,040	27,610
						875	— 0,027	27,583
						876	— 0,020	27,563
						877	— 0,013	27,550
						878	— 0,041	27,509
						879	— 0,050	27,479
						880	— 0,032	27,447

25.ème JOURNÉE.			26.ème JOURNÉE.			27.ème JOURNÉE.		
Positions des règles	d_1	Cotes	Positions des règles	d_1	Cotes	Positions des règles	d_1	Cotes
	m	m		m	m		m	m
881	— 0,002	27,445	921	— 0,004	25,148	961	+ 0,072	26,325
882	— 0,040	27,405	922	— 0,048	25,100	962	+ 0,036	26,361
883	— 0,030	27,375	923	— 0,032	25,068	963	+ 0,056	26,417
884	— 0,053	27,322	924	— 0,011	25,057	964	+ 0,038	26,455
885	— 0,045	27,277	925	— 0,022	25,035	965	+ 0,037	26,492
886	— 0,051	27,226	926	— 0,012	25,023	966	+ 0,058	26,550
887	— 0,049	27,177	927	— 0,012	25,011	967	+ 0,012	26,562
888	— 0,028	27,149	928	— 0,024	24,987	968	+ 0,038	26,600
889	— 0,021	27,123	929	— 0,015	24,972	969	+ 0,060	26,660
890	— 0,062	27,063	930	— 0,021	24,951	970	+ 0,021	26,681
891	— 0,050	27,013	931	+ 0,044	24,995	971	+ 0,023	26,704
892	— 0,028	26,985	932	+ 0,024	25,019	972	+ 0,034	26,738
893	— 0,076	26,900	933	+ 0,042	25,061	973	+ 0,028	26,766
894	— 0,020	26,889	934	+ 0,048	25,109	974	+ 0,031	26,797
895	— 0,064	26,825	935	+ 0,059	25,168	975	+ 0,003	26,800
896	— 0,059	26,766	936	+ 0,067	25,225	976	+ 0,028	26,828
897	— 0,071	26,695	937	+ 0,060	25,295	977	+ 0,025	26,853
898	— 0,119	26,576	938	+ 0,020	25,315	978	+ 0,010	26,863
899	— 0,095	26,481	939	+ 0,095	25,410	979	+ 0,023	26,886
900	— 0,068	26,413	940	+ 0,005	25,415	980	+ 0,032	26,918
901	— 0,091	26,322	941	+ 0,063	25,478	981	+ 0,018	26,936
902	— 0,102	26,220	942	+ 0,024	25,502	982	+ 0,014	26,950
903	— 0,020	26,200	943	+ 0,016	25,518	983	+ 0,028	26,978
904	— 0,064	26,136	944	+ 0,010	25,528	984	+ 0,063	27,041
905	— 0,098	26,038	945	— 0,001	25,527	985	+ 0,091	27,132
906	— 0,072	25,966	946	— 0,020	25,507	986	0,000	27,132
907	— 0,092	25,874	947	— 0,020	25,487	987	— 0,058	27,074
908	— 0,081	25,793	948	— 0,004	25,483	988	— 0,019	27,055
909	— 0,053	25,740	949	+ 0,029	25,512	989	+ 0,021	27,076
910	— 0,075	25,665	950	+ 0,019	25,531	990	+ 0,002	27,078
911	— 0,053	25,612	951	+ 0,047	25,578	991	— 0,003	27,075
912	— 0,058	25,554	952	+ 0,062	25,640	992	— 0,007	27,068
913	— 0,061	25,493	953	+ 0,059	25,699	993	+ 0,001	27,069
914	— 0,052	25,441	954	+ 0,073	25,772	994	— 0,005	27,064
915	— 0,060	25,381	955	+ 0,090	25,862	995	+ 0,025	27,089
916	— 0,046	25,335	956	+ 0,108	25,970	996	+ 0,001	27,090
917	— 0,056	25,279	957	+ 0,098	26,068	997	— 0,011	27,079
918	— 0,003	25,276	958	+ 0,061	26,129	998	— 0,010	27,069
919	— 0,048	25,228	959	+ 0,095	26,224	999	+ 0,015	27,084
920	— 0,076	25,152	960	+ 0,029	26,253	1000	+ 0,002	27,086

28.ème JOURNÉE.			29.ème JOURNÉE.			30.ème JOURNÉE.		
Positions des règles	d_1	Cotes	Positions des règles	d_1	Cotes	Positions des règles	d_1	Cotes
	m	m		m	m		m	m
1001	0,000	27,086	1041	− 0,045	26,979	1061	− 0,031	25.908
1002	+ 0,020	27,106	1042	− 0,048	26,931	1062	− 0,077	25,831
1003	− 0,005	27,101	1043	− 0,011	26,920	1063	− 0,054	25,777
1004	+ 0,003	27,104	1044	− 0,070	26,850	1064	− 0,045	25,732
1005	+ 0,008	27,112	1045	− 0,028	26,822	1065	− 0,056	25,676
1006	− 0,013	27,099	1046	− 0,075	26,747	1066	− 0,078	25,598
1007	− 0,013	27,086	1047	− 0,045	26,702	1067	− 0,079	25,519
1008	− 0,005	27,081	1048	− 0,061	26,641	1068	− 0,086	25,433
1009	+ 0,019	27,100	1049	− 0,037	26,604	1069	− 0,076	25,357
1010	+ 0,002	27,102	1050	− 0,055	26,549	1070	− 0,075	25,282
1011	+ 0,002	27,104	1051	− 0.033	26,516	1071	− 0,099	25,183
1012	+ 0,005	27,109	1052	− 0,071	26,445	1072	− 0,101	25,082
1013	+ 0,014	27,123	1053	− 0,062	26,383	1073	− 0,069	25,013
1014	+ 0,035	27,158	1054	− 0,096	26,287	1074	− 0,090	24,923
1015	+ 0.032	27,190	1055	− 0,060	26,227	1075	− 0,115	24,808
1016	− 0,007	27,183	1056	− 0,092	26,135	1076	− 0,102	24,706
1017	+ 0,002	27,185	1057	− 0,067	26,068	1077	− 0,075	24,631
1018	− 0,016	27,169	1058	− 0,054	26,014	1078	− 0,104	24,527
1019	+ 0,030	27,199	1059	− 0,039	25,975	1079	− 0,066	24,461
1020	+ 0,026	27,225	1060	− 0,036	25,939	1080	− 0,090	24,371
1021	0,000	27,225				1081	− 0,087	24,284
1022	− 0,015	27,210				1082	− 0,095	24,189
1023	+ 0,028	27,238				1083	− 0,017	24,172
1024	− 0,024	27,214				1084	− 0,052	24,120
1025	− 0,026	27,188				1085	− 0,083	24,037
1026	− 0,019	27,169				1086	− 0,131	23,906
1027	− 0,011	27,158				1087	− 0,077	23,829
1028	+ 0,007	27,165				1088	− 0,087	23,742
1029	+ 0,078	27,243				1089	− 0,072	23,670
1030	− 0,006	27,237				1090	− 0,062	23,608
1031	− 0,033	27.204				1091	− 0,103	23,505
1032	− 0,011	27,193				1092	− 0,081	23,424
1033	+ 0,019	27,212				1093	− 0,077	23,347
1034	+ 0,009	27,221				1094	− 0,080	23,267
1035	− 0,023	27,198				1095	− 0,081	23,186
1036	− 0,044	27,154				1096	− 0,050	23,136
1037	− 0,039	27,115				1097	− 0,061	23,075
1038	− 0,054	27,061				1098	− 0,043	23,032
1039	− 0,003	27,058				1099	− 0,046	22,986
1040	− 0,034	27,024				1100	− 0,056	22,930

31.ème JOURNÉE.			32.ème JOURNÉE.			33.ème JOURNÉE.		
Positions des règles	d_1	Cotes	Positions des règles	d_1	Cotes	Positions des règles	d_1	Cotes
	m	m		m	m		m	m
1101	— 0,024	22,906	1141	+ 0,039	25,230	1191	— 0,016	25,816
1102	— 0,070	22,836	1142	+ 0,108	25,338	1192	— 0,032	25,784
1103	— 0,037	22,799	1143	+ 0,035	25,491	1193	— 0,027	25,757
1104	— 0,007	22,792	1144	+ 0,109	25,600	1194	— 0,020	25,737
1105	+ 0,002	22,794	1145	+ 0,099	25,699	1195	— 0,034	25,703
1106	+ 0,053	22,847	1146	+ 0,096	25,795	1196	— 0,038	25,665
1107	+ 0,052	22,899	1147	+ 0,087	25,882	1197	— 0,049	25,616
1108	— 0,047	22,852	1148	+ 0,107	25,989	1198	— 0,050	25,566
1109	— 0,041	22,811	1149	+ 0,105	26,094	1199	— 0,011	25,555
1110	+ 0,046	22,857	1150	+ 0,111	26,205	1200	— 0,066	25,489
1111	+ 0,012	22,869	1151	+ 0,099	26,304	1201	— 0,039	25,450
1112	+ 0,043	22,912	1152	+ 0,133	26,437	1202	— 0,059	25,391
1113	+ 0,037	22,949	1153	+ 0,057	26,494	1203	— 0,063	25,328
1114	+ 0,051	23,000	1154	+ 0,025	26,519	1204	— 0,050	25,278
1115	+ 0,066	23,066	1155	+ 0,081	26,600	1205	— 0,037	25,241
1116	+ 0,063	23,129	1156	+ 0,061	26,661	1206	— 0,050	25,191
1117	+ 0,069	23,198	1157	+ 0,023	26,684	1207	— 0,052	25,139
1118	+ 0,060	23,258	1158	+ 0,037	26,721	1208	— 0,056	25,083
1119	+ 0,064	23,322	1159	+ 0,010	26,731	1209	— 0,029	25,054
1120	+ 0,058	23,380	1160	— 0,022	26,709	1210	— 0,037	25,017
1121	+ 0,037	23,417	1161	— 0,031	26,678	1211	— 0,043	24,974
1122	+ 0,018	23,435	1162	— 0,052	26,626	1212	— 0,037	24,937
1123	+ 0,017	23,452	1163	— 0,023	26,603	1213	+ 0,009	24,946
1124	+ 0,030	23,482	1164	— 0,039	26,564	1214	+ 0,040	24,986
1125	+ 0,063	23,545	1165	— 0,012	26,552	1215	— 0,121	24,865
1126	+ 0,047	23,592	1166	— 0,039	26,513	1216	— 0,039	24,826
1127	+ 0,079	23,671	1167	— 0,024	26,489	1217	— 0,052	24,774
1128	+ 0,105	23,776	1168	— 0,019	26,470	1218	— 0,032	24,742
1129	+ 0,143	23,919	1169	— 0,027	26,443	1219	— 0,012	24,730
1130	+ 0,183	24,102	1170	— 0,026	26,417	1220	— 0,042	24,688
1131	+ 0,097	24,199	1171	— 0,018	26,399	1221	— 0,051	24,637
1132	+ 0,126	24,325	1172	— 0,047	26,352	1222	— 0,053	24,584
1133	+ 0,121	24,446	1173	+ 0,012	26,364	1223	— 0,045	24,539
1134	+ 0,137	24,583	1174	— 0,052	26,312	1224	— 0,032	24,507
1135	+ 0,118	24,701	1175	— 0,035	26,277	1225	— 0,033	24,474
1136	+ 0,087	24,788	1176	— 0,040	26,237	1226	— 0,055	24,419
1137	+ 0,137	24,925	1177	— 0,040	26,197	1227	— 0,023	24,396
1138	+ 0,108	25,033	1178	— 0,039	26,158	1228	— 0,048	24,348
1139	+ 0,070	25,103	1179	— 0,001	26,157	1229	— 0,011	24,337
1140	+ 0,088	25,191	1180	— 0,046	26,111	1230	— 0,031	24,306
			1181	— 0,024	26,087	1231	— 0,026	24,280
			1182	— 0,042	26,045	1232	— 0,032	24,248
			1183	— 0,042	26,003	1233	— 0,010	24,238
			1184	— 0,014	25,989	1234	+ 0,019	24,257
			1185	— 0,016	25,973	1235	— 0,053	24,204
			1186	— 0,047	25,926	1236	— 0,060	24,144
			1187	— 0,005	25,921	1237	— 0,069	24,075
			1188	— 0,033	25,888	1238	— 0,080	23,995
			1189	— 0,016	25,872	1239	— 0,076	23,919
			1190	— 0,040	25,832	1240	— 0,072	23,847

34.ème JOURNÉE.			35.ème JOURNÉE.			36.ème JOURNÉE.		
Positions des règles	d_1	Cotes	Positions des règles	d_1	Cotes	Positions des règles	d_1	Cotes
	m	m		m	m		m	m
1241	— 0,028	23,819	1291	+ 0,008	20,683	1341	+ 0,125	25,668
1242	— 0,060	23,759	1292	— 0,005	20,678	1342	+ 0,096	25,764
1243	— 0,019	23,740	1293	+ 0,012	20,690	1343	+ 0,066	25,830
1244	— 0,043	23,697	1294	+ 0,006	20,696	1344	+ 0,065	25,895
1245	— 0,011	23,686	1295	+ 0,008	20,704	1345	+ 0,067	25,960
1246	— 0,032	23,654	1296	+ 0,011	20,715	1346	+ 0,014	25,974
1247	— 0,069	23,585	1297	+ 0,005	20,720	1347	+ 0,030	26,004
1248	— 0,043	23,512	1298	+ 0,019	20,739	1348	+ 0,025	26,029
1249	— 0,013	23,499	1299	+ 0,035	20,774	1349	+ 0,033	26,062
1250	— 0,111	23,388	1300	+ 0,063	20,837	1350	+ 0,026	26,088
1251	— 0,075	23,313	1301	+ 0,025	20,862	1351	+ 0,025	26,113
1252	— 0,093	23,220	1302	+ 0,030	20,892	1352	+ 0,027	26,140
1253	— 0,082	23,138	1303	+ 0,019	20,911	1353	+ 0,049	26,189
1254	— 0,087	23,051	1304	+ 0,098	21,030	1354	+ 0,035	26,224
1255	— 0,081	22,970	1305	+ 0,137	21,176	1355	+ 0,015	26,239
1256	— 0,109	22,861	1306	+ 0,111	21,287	1356	+ 0,012	26,251
1257	— 0,075	22,786	1307	+ 0,049	21,336	1357	+ 0,024	26,275
1258	— 0,090	22,696	1308	+ 0,011	21,347	1358	— 0,010	26,265
1259	— 0,113	22,583	1309	+ 0,011	21,358	1359	— 0,013	26,252
1260	— 0,134	22,449	1310	— 0,001	21,357			
1261	— 0,153	22,296	1311	+ 0,046	21,403			
1262	— 0,200	22,096	1312	+ 0,115	21,518			
1263	— 0,201	21,895	1313	+ 0,196	21,714			
1264	— 0,152	21,743	1314	+ 0,080	21,794			
1265	— 0,172	21,571	1315	+ 0,097	21,891			
1266	— 0,263	21,308	1316	+ 0,110	22,001			
1267	— 0,226	21,082	1317	+ 0,099	22,100			
1268	— 0,134	20,948	1318	+ 0,133	22,233			
1269	— 0,069	20,879	1319	+ 0,142	22,375			
1270	— 0,060	20,819	1320	+ 0,133	22,508			
1271	— 0,039	20,780	1321	+ 0,127	22,635			
1272	— 0,027	20,753	1322	+ 0,105	22,740			
1273	— 0,012	20,741	1323	+ 0,125	22,865			
1274	— 0,005	20,736	1324	+ 0,135	23,000			
1275	— 0,027	20,709	1325	+ 0,143	23,143			
1276	— 0,011	20,698	1326	+ 0,125	23,268			
1277	+ 0,004	20,702	1327	+ 0,145	23,413			
1278	— 0,029	20,673	1328	+ 0,143	23,556			
1279	+ 0,016	20,689	1329	+ 0,152	23,708			
1280	— 0,013	20,676	1330	+ 0,133	23,841			
1281	+ 0,004	20,680	1331	+ 0,167	24,008			
1282	— 0,020	20,660	1332	+ 0,165	24,173			
1283	— 0,002	20,658	1333	+ 0,165	24,338			
1284	+ 0,005	20,663	1334	+ 0,170	24,508			
1285	+ 0,019	20,682	1335	+ 0,196	24,704			
1286	— 0,001	20,681	1336	+ 0,174	24,878			
1287	— 0,009	20,672	1337	+ 0,179	25,057			
1288	— 0,015	20,657	1338	+ 0,170	25,227			
1289	+ 0,034	20,691	1339	+ 0,176	25,403			
1290	— 0,016	20,675	1340	+ 0,140	25,543			

37.ème JOURNÉE.			38.ème JOURNÉE.			39.ème JOURNÉE.		
Positions des règles	d_1	Cotes	Positions des règles	d_1	Cotes	Positions des règles	d_1	Cotes
	m	m		m	m		m	m
1360	+ 0,035	26,347	1420	+ 0,006	26,184	1480	+ 0,042	24,982
1361	+ 0,011	26,358	1421	— 0,012	26,172	1481	+ 0,111	25,093
1362	+ 0,001	26,359	1422	+ 0,021	26,193	1482	+ 0,038	25,131
1363	+ 0,001	26,360	1423	— 0,048	26,145	1483	+ 0,045	25,176
1364	+ 0,019	26,379	1424	— 0,069	26,076	1484	+ 0,056	25,232
1365	— 0,001	26,378	1425	— 0,043	26,033	1485	+ 0,015	25,247
1366	— 0,002	26,376	1426	— 0,036	25,997	1486	+ 0,060	25,307
1367	+ 0,020	26,396	1427	— 0,011	25,986	1487	— 0,008	25,299
1368	+ 0,006	26,402	1428	— 0,008	25,978	1488	+ 0,044	25,343
1369	— 0,006	26,396	1429	— 0,021	25,957	1489	+ 0,038	25,381
1370	+ 0,022	26,418	1430	— 0,032	25,925	1490	+ 0,020	25,401
1371	+ 0,030	26,448	1431	— 0,048	25,877	1491	+ 0,018	25,419
1372	+ 0,052	26,500	1432	— 0,017	25,860	1492	+ 0,043	25,462
1373	+ 0,004	26,504	1433	— 0,023	25,837	1493	+ 0,043	25,505
1374	+ 0,005	26,509	1434	— 0,025	25,812	1494	+ 0,037	25,542
1375	— 0,036	26,473	1435	— 0,012	25,800	1495	+ 0,012	25,554
1376	— 0,030	26,443	1436	— 0,012	25,788	1496	+ 0,041	25,595
1377	+ 0,012	26,455	1437	— 0,042	25,746	1497	+ 0,009	25,604
1378	— 0,017	26,438	1438	— 0,031	25,715	1498	+ 0,016	25,620
1379	— 0,001	26,437	1439	— 0,014	25,701	1499	+ 0,034	25,654
1380	— 0,010	26,427	1440	— 0,023	25,678	1500	+ 0,017	25,671
1381	— 0,003	26,424	1441	— 0,032	25,646	1501	+ 0,056	25,727
1382	+ 0,002	26,426	1442	— 0,044	25,602	1502	+ 0,030	25,757
1383	— 0,011	26,415	1443	— 0,087	25,515	1503	+ 0,016	25,773
1384	+ 0,001	26,416	1444	— 0,023	25,492	1504	+ 0,039	25,812
1385	+ 0,007	26,423	1445	— 0,115	25,377	1505	+ 0,024	25,836
1386	— 0,024	26,399	1446	— 0,148	25,229	1506	+ 0,014	25,850
1387	+ 0,009	26,408	1447	— 0,127	25,102	1507	— 0,003	25,847
1388	+ 0,001	26,409	1448	— 0,046	25,056	1508	0,000	25,847
1389	+ 0,010	26,419	1449	— 0,008	25,048	1509	+ 0,009	25,856
1390	+ 0,026	26,445	1450	— 0,031	25,017	1510	— 0,006	25,850
1391	— 0,035	26,410	1451	— 0,036	24,981	1511	+ 0,020	25,870
1392	— 0,012	26,398	1452	— 0,025	24,956	1512	— 0,031	25,839
1393	— 0,015	26,383	1453	— 0,022	24,934	1513	— 0,003	25,836
1394	+ 0,028	26,411	1454	— 0,032	24,902	1514	— 0,017	25,819
1395	— 0,004	26,407	1455	— 0,035	24,867	1515	— 0,009	25,810
1396	— 0,027	26,380	1456	— 0,049	24,818	1516	+ 0,019	25,829
1397	+ 0,016	26,396	1457	— 0,018	24,800	1517	— 0,071	25,758
1398	— 0,016	26,380	1458	— 0,020	24,780	1518	— 0,049	25,709
1399	+ 0,021	26,401	1459	— 0,057	24,723	1519	— 0,026	25,683
1400	— 0,026	26,375	1460	— 0,024	24,699	1520	— 0,030	25,653
1401	+ 0,002	26,377	1461	— 0,045	24,654	1521	— 0,001	25,652
1402	— 0,010	26,367	1462	— 0,022	24,632	1522	— 0,019	25,633
1403	— 0,014	26,353	1463	— 0,015	24,617	1523	— 0,038	25,595
1404	— 0,010	26,343	1464	— 0,015	24,602	1524	+ 0,002	25,597
1405	+ 0,009	26,352	1465	— 0,023	24,579	1525	— 0,025	25,572
1406	— 0,014	26,338	1466	— 0,036	24,543	1526	+ 0,025	25,597
1407	— 0,006	26,332	1467	— 0,043	24,500	1527	— 0,031	25,566
1408	— 0,015	26,317	1468	+ 0,014	24,514	1528	+ 0,009	25,575
1409	— 0,013	26,304	1469	+ 0,010	24,524	1529	+ 0,011	25,586
1410	0,000	26,304	1470	+ 0,045	24,569	1530	+ 0,019	25,605
1411	— 0,033	26,271	1471	— 0,008	24,561	1531	+ 0,026	25,631
1412	— 0,008	26,263	1472	+ 0,008	24,569	1532	+ 0,013	25,644
1413	+ 0,004	26,267	1473	+ 0,042	24,611	1533	+ 0,023	25,667
1414	— 0,009	26,258	1474	+ 0,053	24,664	1534	+ 0,019	25,686
1415	— 0,014	26,244	1475	+ 0,107	24,771	1535	+ 0,009	25,695
1416	— 0,035	26,209	1476	+ 0,023	24,794	1536	+ 0,072	25,767
1417	+ 0,013	26,222	1477	+ 0,010	24,804	1537	+ 0,030	25,797
1418	— 0,027	26,195	1478	+ 0,046	24,850	1538	+ 0,036	25,833
1419	— 0,017	26,178	1479	+ 0,090	24,940	1539	+ 0,029	25,862

40.ème JOURNÉE.			41.ème JOURNÉE.			42.ème JOURNÉE.		
Positions des règles	d_1	Cotes	Positions des règles	d_1	Cotes	Positions des règles	d_1	Cotes
	m	m		m	m		m	m
1540	+ 0,009	25,871	1600	— 0,006	26,008	1660	— 0,019	26,000
1541	+ 0,066	25,937	1601	+ 0,016	26,024	1661	+ 0,017	26,017
1542	+ 0,004	25,941	1602	— 0,001	26,023	1662	— 0,039	25,978
1543	— 0,001	25,940	1603	+ 0,007	26,030	1663	+ 0,006	25,984
1544	+ 0,022	25,962	1604	+ 0,013	26,043	1664	+ 0,001	25,985
1545	— 0,006	25,956	1605	— 0,022	26,021	1665	— 0,032	25,953
1546	+ 0,033	25,989	1606	+ 0,036	26,057	1666	+ 0,015	25,968
1547	— 0,019	25,970	1607	— 0,019	26,038	1667	— 0,032	25,936
1548	+ 0,015	25,985	1608	— 0,012	26,026	1668	+ 0,012	25,948
1549	+ 0,032	26,017	1609	+ 0,008	26,034	1669	— 0,013	25,935
1550	— 0,007	26,010	1610	+ 0,001	26,035	1670	— 0,007	25,928
1551	+ 0,028	26,038	1611	+ 0,038	26,073	1671	+ 0,034	25,962
1552	— 0,015	26,023	1612	— 0,012	26,061	1672	— 0,030	25,932
1553	+ 0,002	26,025	1613	— 0,010	26,051	1673	+ 0,024	25,956
1554	+ 0,023	26,048	1614	— 0,014	26,037	1674	— 0,019	25,937
1555	— 0,012	26,036	1615	+ 0,001	26,038	1675	— 0,009	25,928
1556	+ 0,035	26,071	1616	+ 0,021	26,059	1676	+ 0,028	25,956
1557	+ 0,005	26,076	1617	— 0,013	26,046	1677	— 0,042	25,914
1558	+ 0,003	26,079	1618	— 0,003	26,043	1678	+ 0,012	25,926
1559	+ 0,002	26,081	1619	+ 0,009	26,052	1679	+ 0,007	25,933
1560	— 0,002	26,079	1620	— 0,008	26,044	1680	— 0,025	25,908
1561	+ 0,058	26,137	1621	+ 0,023	26,067	1681	+ 0,028	25,936
1562	+ 0,012	26,149	1622	— 0,039	26,028	1682	— 0,015	25,921
1563	+ 0,053	26,202	1623	— 0,013	26,015	1683	+ 0,009	25,930
1564	— 0,043	26,159	1624	— 0,012	26,003	1684	+ 0,005	25,935
1565	— 0,039	26,120	1625	— 0,023	25,980	1685	— 0,043	25,892
1566	+ 0,019	26,139	1626	+ 0,034	26,014	1686	+ 0,031	25,923
1567	— 0,022	26,117	1627	— 0,026	25,988	1687	— 0,029	25,894
1568	+ 0,013	26,130	1628	+ 0,004	25,992	1688	+ 0,014	25,908
1569	— 0,005	26,125	1529	+ 0,001	25,993	1689	— 0,023	25,885
1570	+ 0,010	26,135	1630	— 0,012	25,981	1690	— 0,023	25,862
1571	+ 0,019	26,154	1631	+ 0,027	26,008	1691	— 0,031	25,831
1572	— 0,017	26,137	1632	— 0,018	25,990	1692	— 0,148	25,683
1573	— 0,009	26,128	1633	+ 0,002	25,992	1693	— 0,175	25,508
1574	+ 0,011	26,139	1634	+ 0,002	25,994	1694	+ 0,043	25,551
1575	— 0,023	26,116	1635	+ 0,036	26,030	1695	+ 0,123	25,674
1576	+ 0,028	26,144	1636	+ 0,022	26,052	1696	+ 0,148	25,822
1577	— 0,011	26,133	1637	— 0,016	26,036	1697	— 0,050	25,772
1578	— 0,016	26,117	1638	— 0,017	26,019	1698	+ 0,082	25,854
1579	— 0,009	26,108	1639	+ 0,001	26,020	1699	+ 0,028	25,882
1580	— 0,013	26,095	1640	— 0,005	26,015	1700	+ 0,007	25,889
1581	+ 0,018	26,113	1641	+ 0,035	26,050	1701	+ 0,023	25,912
1582	— 0,018	26,095	1642	— 0,011	26,039	1702	+ 0,012	25,924
1583	— 0,028	26,067	1643	+ 0,012	26,051	1703	+ 0,018	25,942
1584	+ 0,012	26,079	1644	+ 0,041	26,092	1704	+ 0,009	25,951
1585	+ 0,012	26,091	1645	+ 0,021	26,113	1705	— 0,014	25,937
1586	+ 0,029	26,120	1646	+ 0,028	26,141	1706	+ 0,027	25,964
1587	— 0,090	26,030	1647	— 0,014	26,127	1707	— 0,012	25,952
1588	— 0,005	26,025	1648	— 0,001	26,126	1708	+ 0,008	25,960
1589	— 0,007	26,018	1649	— 0,012	26,114	1709	— 0,041	25,919
1590	— 0,002	26,016	1650	— 0,002	26,112	1710	— 0,019	25,930
1591	+ 0,016	26,032	1651	+ 0,023	26,135	1711	+ 0,031	25,961
1592	— 0,012	26,020	1652	— 0,031	26,104	1712	— 0,017	25,944
1593	— 0,002	26,018	1653	— 0,008	26,096	1713	+ 0,001	25,945
1594	+ 0,011	26,029	1654	+ 0,020	26,116	1714	— 0,002	25,943
1595	— 0,028	26,001	1655	+ 0,029	26,145	1715	+ 0,002	25,945
1596	+ 0,057	26,058	1656	— 0,028	26,117	1716	+ 0,020	25,965
1597	— 0,039	26,019	1657	— 0,051	26,066	1717	+ 0,001	25,966
1598	— 0,002	26,017	1658	— 0,038	26,028	1718	+ 0,001	25,967
1599	— 0,003	26,014	1659	— 0,009	26,019	1719	+ 0,004	25,971

43.ème JOURNÉE.			44.ème JOURNÉE.			45.ème JOURNÉE.		
Positions des règles	d_t	Cotes	Positions des règles	d_t	Cotes	Positions des règles	d_t	Cotes
	m	m		m	m		m	m
1720	— 0,029	25,942	1780	— 0,063	25,381	1840	+ 0,015	25,467
1721	— 0,055	25,887	1781	— 0,001	25,380	1841	+ 0,030	25,497
1722	— 0,047	25,840	1782	— 0,051	25,329	1842	— 0,023	25,474
1723	+ 0,038	25,878	1783	— 0,016	25,313	1843	+ 0,027	25,501
1724	— 0,026	25,852	1784	— 0,032	25,281	1844	— 0,005	25,496
1725	— 0,038	25,814	1785	— 0,027	25,254	1845	— 0,008	25,488
1726	+ 0,014	25,828	1786	— 0,009	25,245	1846	+ 0,052	25,540
1727	— 0,024	25,804	1787	— 0,020	25,225	1847	+ 0,015	25,555
1728	+ 0,007	25,811	1788	— 0,019	25,206	1848	— 0,137	25,418
1729	— 0,023	25,788	1789	— 0,024	25,182	1849	+ 0,095	25,513
1730	— 0,011	25,777	1790	— 0,023	25,150	1850	— 0,079	25,434
1731	+ 0,014	25,791	1791	+ 0,010	25,169	1851	— 0,146	25,288
1732	+ 0,015	25,806	1792	— 0,036	25,133	1852	— 0,094	25,194
1733	— 0,016	25,790	1793	+ 0,005	25,138	1853	— 0,080	25,114
1734	— 0,021	25,769	1794	— 0,010	25,128	1854	— 0,018	25,096
1735	— 0,003	25,766	1795	— 0,007	25,121	1855	— 0,013	25,083
1736	+ 0,012	25,778	1796	+ 0,028	25,149	1856	+ 0,020	25,103
1737	— 0,018	25,760	1797	— 0,036	25,113	1857	— 0,034	25,069
1738	— 0,002	25,758	1798	+ 0,008	25,121	1858	+ 0,010	25,079
1739	+ 0,009	25,767	1799	+ 0,011	25,132	1859	— 0,005	25,074
1740	+ 0,018	25,785	1800	— 0,019	25,113	1860	— 0,018	25,056
1741	+ 0,043	25,828	1801	+ 0,019	25,132	1861	+ 0,016	25,072
1742	— 0,086	25,742	1802	— 0,016	25,116	1862	— 0,013	25,059
1743	— 0,031	25,711	1803	— 0,013	25,103	1863	+ 0,033	25,092
1744	+ 0,003	25,714	1804	+ 0,013	25,116	1864	— 0,004	25,088
1745	— 0,023	25,691	1805	— 0,032	25,084	1865	— 0,043	25,045
1746	+ 0,017	25,708	1806	+ 0,018	25,102	1866	— 0,007	25,038
1747	— 0,027	25,681	1807	— 0,020	25,082	1867	— 0,021	25,017
1748	+ 0,024	25,705	1808	+ 0,020	25,102	1868	+ 0,012	25,029
1749	— 0,021	25,684	1809	— 0,015	25,087	1869	— 0,028	25,001
1750	— 0,011	25,673	1810	— 0,011	25,076	1870	+ 0,007	25,008
1751	+ 0,017	25,690	1811	+ 0,018	25,094	1871	+ 0,022	25,030
1752	— 0,027	25,663	1812	+ 0,003	25,097	1872	— 0,034	24,996
1753	— 0,006	25,657	1813	+ 0,018	25,115	1873	+ 0,009	25,005
1754	— 0,005	25,652	1814	+ 0,021	25,136	1874	+ 0,026	25,031
1755	— 0,013	25,639	1815	+ 0,019	25,155	1875	0,000	25,031
1756	+ 0,032	25,671	1816	+ 0,005	25,160	1876	+ 0,006	25,037
1757	— 0,036	25,635	1817	— 0,015	25,145	1877	— 0,028	25,009
1758	— 0,011	25,624	1818	+ 0,003	25,148	1878	+ 0,003	25,012
1759	+ 0,016	25,640	1819	+ 0,013	25,161	1879	— 0,002	25,010
1760	— 0,027	25,613	1820	— 0,006	25,155	1880	— 0,023	24,987
1761	+ 0,022	25,635	1821	+ 0,030	25,185	1881	+ 0,022	25,009
1762	— 0,020	25,615	1822	— 0,019	25,166	1882	— 0,042	24,967
1763	— 0,001	25,614	1823	+ 0,022	25,188	1883	+ 0,009	24,976
1764	+ 0,020	25,634	1824	+ 0,026	25,214	1884	— 0,012	24,964
1765	— 0,052	25,582	1825	+ 0,019	25,233	1885	— 0,011	24,953
1766	+ 0,024	25,606	1826	+ 0,057	25,290	1886	+ 0,010	24,963
1767	— 0,020	25,586	1827	+ 0,015	25,305	1887	— 0,021	24,942
1768	+ 0,009	25,595	1828	+ 0,057	25,362	1888	— 0,001	24,941
1769	— 0,023	25,572	1829	+ 0,003	25,365	1889	— 0,007	24,934
1770	— 0,006	25,566	1830	+ 0,009	25,374	1890	— 0,007	24,927
1771	+ 0,025	25,591	1831	+ 0,043	25,417	1891	+ 0,022	24,949
1772	— 0,017	25,574	1832	— 0,004	25,413	1892	— 0,025	24,924
1773	+ 0,025	25,599	1833	+ 0,015	25,428	1893	+ 0,014	24,938
1774	— 0,004	25,595	1834	— 0,001	25,427	1894	— 0,015	24,923
1775	— 0,026	25,569	1835	+ 0,005	25,432	1895	+ 0,015	24,938
1776	+ 0,020	25,589	1836	+ 0,030	25,462	1896	+ 0,037	24,975
1777	— 0,088	25,501	1837	— 0,019	25,443	1897	— 0,013	24,962
1778	— 0,012	25,489	1838	+ 0,008	25,451	1898	+ 0,001	24,963
1779	— 0,045	25,444	1839	+ 0,001	25,452	1899	— 0,015	24,948

46.ème JOURNÉE.			47.ème JOURNÉE.			48.ème JOURNÉE.		
Positions des règles	d_1	Cotes	Positions des règles	d_1	Cotes	Positions des règles	d_1	Cotes
	m	m		m	m		m	m
1900	+ 0,011	24,959	1960	— 0,019	24,701	2020	+ 0,003	23,838
1901	+ 0,009	24,968	1961	+ 0,026	24,727	2021	— 0,007	23,831
1902	+ 0,018	24,986	1962	— 0,061	24,666	2022	— 0,035	23,796
1903	+ 0,019	25,005	1963	— 0,022	24,644	2023	— 0,027	23,769
1904	— 0,002	25,003	1964	— 0,006	24,638	2024	+ 0,008	23,777
1905	— 0,024	24,979	1965	— 0,030	24,608	2025	— 0,030	23,747
1906	+ 0,036	25,015	1966	+ 0,001	24,609	2026	+ 0,020	23,767
1907	— 0,010	25,005	1967	— 0,045	24,564	2027	— 0,001	23,766
1908	+ 0,005	25,010	1968	— 0,034	24,530	2028	+ 0,025	23,791
1909	+ 0,011	25,021	1969	— 0,033	24,497	2029	+ 0,074	23,865
1910	+ 0,005	25,026	1970	— 0,050	24,447	2030	+ 0,028	23,893
1911	+ 0,052	25,078	1971	— 0,023	24,424	2031	— 0,029	23,864
1912	— 0,003	25,075	1972	— 0,086	24,338	2032	0,000	23,864
1913	+ 0,009	25,084	1973	— 0,074	24,264	2033	+ 0,020	23,884
1914	— 0,037	25,047	1974	— 0,061	24,203	2034	— 0,052	23,832
1915	— 0,004	25,043	1975	— 0,088	24,115	2035	+ 0,026	23,858
1916	+ 0,012	25,055	1976	— 0,059	24,056	2036	+ 0,051	23,909
1917	— 0,033	25,022	1977	— 0,095	23,961	2037	+ 0,029	23,938
1918	+ 0,008	25,030	1978	— 0,087	23,874	2038	+ 0,023	23,961
1919	+ 0,005	25,035	1979	— 0,067	23,807	2039	+ 0,049	24,010
1920	+ 0,030	25,065	1980	— 0,110	23,697	2040	+ 0,034	24,044
1921	+ 0,003	25,068	1981	— 0,033	23,664	2041	+ 0,046	24,090
1922	— 0,017	25,051	1982	— 0,094	23,570	2042	+ 0,015	24,105
1923	+ 0,008	25,059	1983	— 0,056	23,514	2043	0,018	24,123
1924	— 0,005	25,054	1984	— 0,054	23,460	2044	+ 0,051	24,174
1925	— 0,019	25,035	1985	— 0,055	23,405	2045	0,000	24,174
1926	+ 0,021	25,056	1986	— 0,017	23,388	2046	+ 0,069	24,243
1927	— 0,013	25,043	1987	— 0,039	23,349	2047	+ 0,008	24,251
1928	+ 0,005	25,048	1988	— 0,033	23,316	2048	+ 0,033	24,284
1929	— 0,003	25,045	1989	— 0,047	23,269	2049	— 0,003	24,281
1930	— 0,021	25,024	1990	— 0,031	23,238	2050	— 0,002	24,279
1931	+ 0,018	25,042	1991	+ 0,008	23,246	2051	+ 0,015	24,294
1932	— 0,026	25,016	1992	+ 0,009	23,255	2052	— 0,010	24,284
1933	+ 0,003	25,019	1993	+ 0,034	23,289	2053	— 0,007	24,277
1934	— 0,019	25,000	1994	+ 0,076	23,365	2054	+ 0,002	24,279
1935	— 0,008	24,992	1995	+ 0,030	23,395	2055	— 0,017	24,262
1936	— 0,028	24,964	1996	— 0,009	23,386	2056	+ 0,020	24,282
1937	— 0,037	24,927	1997	0,000	23,386	2057	— 0,020	24,262
1938	+ 0,047	24,974	1998	+ 0,022	23,408	2058	— 0,021	24,241
1939	— 0,051	24,923	1999	— 0,009	23,399	2059	+ 0,002	24,243
1940	— 0,086	24,837	2000	+ 0,004	23,403	2060	— 0,024	24,219
1941	+ 0,009	24,846	2001	+ 0,048	23,451	2061	+ 0,016	24,235
1942	— 0,010	24,836	2002	+ 0,014	23,465	2062	— 0,029	24,206
1943	+ 0,007	24,843	2003	+ 0,020	23,485	2063	— 0,025	24,181
1944	+ 0,014	24,857	2004	+ 0,037	23,522	2064	+ 0,004	24,185
1945	— 0,015	24,842	2005	+ 0,006	23,528	2065	0,000	24,185
1946	+ 0,036	24,878	2006	+ 0,001	23,529	2066	+ 0,040	24,225
1947	— 0,022	24,856	2007	— 0,012	23,517	2067	— 0,107	24,118
1948	+ 0,003	24,859	2008	+ 0,066	23,583	2068	— 0,061	24,057
1949	— 0,007	24,852	2009	+ 0,046	23,629	2069	+ 0,029	24,086
1950	— 0,030	24,822	2010	+ 0,050	23,679			
1951	+ 0,029	24,851	2011	+ 0,060	23,739			
1952	— 0,038	24,813	2012	+ 0,022	23,761			
1953	— 0,010	24,803	2013	+ 0,021	23,782			
1954	— 0,003	24,800	2014	+ 0,047	23,829			
1955	— 0,013	24,787	2015	+ 0,034	23,863			
1956	— 0,002	24,785	2016	+ 0,091	23,954			
1957	— 0,029	24,756	2017	— 0,046	23,908			
1958	— 0,016	24,740	2018	— 0,034	23,874			
1959	— 0,020	24,720	2019	— 0,039	23,835			

49.ème JOURNÉE.			50.ème JOURNÉE.			51.ème JOURNÉE.		
Positions des règles	d_1	Cotes	Positions des règles	d_1	Cotes	Positions des règles	d_1	Cotes
	m	m		m	m		m	m
2070	— 0,051	24,035	2130	+ 0,124	22,228	2190	— 0,028	23,480
2071	+ 0,112	24,147	2131	+ 0,142	22,370	2191	+ 0,022	23,502
2072	— 0,035	24,112	2132	+ 0,087	22,457	2192	— 0,043	23,459
2073	— 0,009	24,103	2133	+ 0,110	22,567	2193	— 0,009	23,450
2074	— 0,040	24,063	2134	+ 0,110	22,677	2194	+ 0,003	23,453
2075	— 0,016	24,047	2135	+ 0,064	22,741	2195	— 0,026	23,427
2076	+ 0,001	24,048	2136	+ 0,118	22,859	2196	+ 0,028	23,455
2077	— 0,034	24,014	2137	+ 0,040	22,899	2197	— 0,035	23,420
2078	— 0,039	23,975	2138	— 0,005	22,894	2198	+ 0,005	23,425
2079	— 0,013	23,962	2139	+ 0,072	22,966	2199	+ 0,004	23,429
2080	— 0,040	23,922	2140	+ 0,055	23,021	2200	— 0,024	23,405
2081	— 0,015	23,907	2141	+ 0,098	23,119	2201	+ 0,031	23,436
2082	— 0,043	23,864	2142	+ 0,043	23,162	2202	— 0,022	23,414
2083	— 0,030	23,834	2143	+ 0,058	23,220	2203	+ 0,006	23,420
2084	— 0,029	23,805	2144	+ 0,074	23,294	2204	— 0,005	23,415
2085	— 0,048	23,757	2145	+ 0,029	23,323	2205	— 0,009	23,406
2086	— 0,021	23,736	2146	+ 0,084	23,407	2206	+ 0,032	23,438
2087	— 0,037	23,699	2147	+ 0,034	23,441	2207	+ 0,029	23,467
2088	— 0,018	23,681	2148	+ 0,062	23,503	2208	+ 0,003	23,470
2089	— 0,024	23,657	2149	+ 0,031	23,534	2209	+ 0,004	23,474
2090	— 0,039	23,618	2150	+ 0,028	23,562	2210	— 0,007	23,467
2091	+ 0,014	23,632	2151	+ 0,053	23,615	2211	+ 0,024	23,491
2092	+ 0,033	23,665	2152	+ 0,005	23,620	2212	— 0,035	23,456
2093	— 0,110	23,555	2153	+ 0,037	23,657	2213	+ 0,003	23,459
2094	— 0,070	23,485	2154	— 0,017	23,640	2214	+ 0,009	23,468
2095	— 0,054	23,431	2155	— 0,023	23,617	2215	— 0,024	23,444
2096	— 0,021	23,410	2156	+ 0,025	23,642	2216	+ 0,019	23,463
2097	— 0,071	23,339	2157	— 0,014	23,628	2217	— 0,029	23,434
2098	— 0,032	23,307	2158	+ 0,063	23,691	2218	+ 0,008	23,442
2099	— 0,040	23,267	2159	— 0,004	23,687	2219	— 0,005	23,437
2100	— 0,057	23,210	2160	— 0,104	23,583	2220	— 0,026	23,411
2101	— 0,028	23,182	2161	— 0,013	23,570	2221	+ 0,033	23,444
2102	— 0,101	23,081	2162	— 0,033	23,537	2222	— 0,026	23,418
2103	— 0,073	23,008	2163	— 0,015	23,522	2223	+ 0,005	23,423
2104	— 0,064	22,944	2164	— 0,037	23,485	2224	— 0,005	23,418
2105	— 0,085	22,859	2165	— 0,032	23,453	2225	— 0,009	23,409
2106	— 0,036	22,823	2166	+ 0,018	23,451	2226	+ 0,030	23,439
2107	— 0,110	22,713	2167	— 0,053	23,398	2227	— 0,016	23,423
2108	— 0,057	22,656	2168	+ 0,022	23,420	2228	+ 0,022	23,445
2109	— 0,063	22,593	2169	+ 0,014	23,434	2229	+ 0,055	23,500
2110	— 0,073	22,520	2170	— 0,010	23,424	2230	+ 0,092	23,592
2111	— 0,125	22,395	2171	+ 0,030	23,454	2231	0,000	23,592
2112	— 0,147	22,248	2172	— 0,014	23,440	2232	— 0,100	23,492
2113	— 0,080	22,168	2173	+ 0,009	23,449	2233	+ 0,002	23,494
2114	— 0,063	22,105	2174	+ 0,017	23,466	2234	+ 0,010	23,504
2115	— 0,065	22,040	2175	— 0,020	23,446	2235	— 0,013	23,491
2116	— 0,033	22,007	2176	+ 0,058	23,504	2236	+ 0,022	23,513
2117	— 0,095	21,912	2177	— 0,023	23,481	2237	— 0,015	23,498
2118	— 0,030	21,882	2178	+ 0,028	23,509	2238	+ 0,016	23,514
2119	— 0,066	21,816	2179	+ 0,017	23,526	2239	+ 0,005	23,519
2120	+ 0,053	21,869	2180	+ 0,001	23,527	2240	— 0,017	23,502
2121	+ 0,022	21,891	2181	+ 0,031	23,558	2241	+ 0,037	23,539
2122	— 0,042	21,849	2182	+ 0,028	23,586	2242	— 0,015	23,524
2123	+ 0,035	21,884	2183	+ 0,034	23,620	2243	+ 0,018	23,542
2124	+ 0,034	21,918	2184	+ 0,025	23,645	2244	— 0,011	23,531
2125	+ 0,058	21,976	2185	— 0,063	23,582	2245	— 0,009	23,522
2126	+ 0,024	21,980	2186	— 0,004	23,578	2246	+ 0,044	23,566
2127	— 0,077	21,903	2187	— 0,059	23,519	2247	— 0,026	23,540
2128	+ 0,119	22,022	2188	— 0,011	23,508	2248	+ 0,012	23,552
2129	+ 0,082	22,104	2189	0,000	23,508	2249	+ 0,048	23,600

52.ème JOURNÉE.			53.ème JOURNÉE.			54.ème JOURNÉE.		
Positions des règles	d_1	Cotes	Positions des règles	d_1	Cotes	Positions des règles	d_1	Cotes
	m	m		m	m		m	m
2250	+ 0,002	23,602	2310	— 0,081	21,792	2370	+ 0,054	19,761
2251	— 0,051	23,551	2311	— 0,091	21,701	2371	+ 0,097	19,858
2252	— 0,054	23,497	2312	— 0,142	21,559	2372	+ 0,072	19,930
2253	+ 0,006	23,503	2313	— 0,083	21,476	2373	+ 0,034	19,964
2254	— 0,003	23,500	2314	— 0,119	21,357	2374	— 0,010	19,954
2255	— 0,004	23,496	2315	— 0,130	21,227	2375	— 0,010	19,944
2256	— 0,002	23,494	2316	— 0,108	21,119	2376	+ 0,045	19,989
2257	— 0,022	23,472	2317	— 0,119	21,000	2377	+ 0,003	19,992
2258	— 0,006	23,466	2318	— 0,086	20,914	2378	+ 0,002	19,994
2259	— 0,021	23,445	2319	— 0,095	20,819	2379	— 0,022	19,972
2260	— 0,030	23,415	2320	— 0,091	20,728	2380	— 0,060	19,912
2261	+ 0,007	23,422	2321	— 0,011	20,717	2381	— 0,062	19,850
2262	— 0,031	23,391	2322	— 0,071	20,646	2382	— 0,144	19,706
2263	— 0,019	23,372	2323	+ 0,008	20,654	2383	— 0,138	19,568
2264	— 0,018	23,354	2324	+ 0,055	20,709	2384	— 0,178	19,390
2265	— 0,030	23,324	2325	+ 0,024	20,733	2385	— 0,204	19,186
2266	— 0,001	23,323	2326	— 0,032	20,701	2386	— 0,206	18,980
2267	— 0,063	23,260	2327	— 0,095	20,606	2387	— 0,256	18,724
2268	— 0,015	23,245	2328	— 0,059	20,547	2388	— 0,206	18,518
2269	— 0,028	23,217	2329	— 0,102	20,445	2389	— 0,200	18,318
2270	— 0,040	23,177	2330	— 0,132	20,313	2390	— 0,177	18,141
2271	— 0,019	23,158	2331	— 0,081	20,252	2391	— 0,124	18,017
2272	— 0,067	23,091	2332	— 0,130	20,102	2392	— 0,164	17,853
2273	— 0,009	23,082	2333	— 0,084	20,018	2393	— 0,085	17,768
2274	— 0,023	23,059	2334	— 0,112	19,906	2394	— 0,072	17,696
2275	— 0,221	22,838	2335	— 0,122	19,784	2395	— 0,110	17,586
2276	+ 0,101	22,939	2336	— 0,069	19,715	2396	— 0,068	17,518
2277	— 0,015	22,924	2337	— 0,113	19,602	2397	— 0,127	17,391
2278	— 0,026	22,898	2338	— 0,079	19,523	2398	— 0,072	17,319
2279	— 0,030	22,868	2339	— 0,096	19,427	2399	— 0,038	17,281
2280	— 0,081	22,787	2340	— 0,129	19,298	2400	— 0,008	17,273
2281	— 0,007	22,780	2341	— 0,076	19,222	2401	+ 0,038	17,311
2282	— 0,061	22,719	2342	— 0,118	19,104	2402	— 0,077	17,234
2283	— 0,039	22,680	2343	— 0,094	19,010	2403	— 0,072	17,162
2284	— 0,051	22,629	2344	— 0,091	18,919	2404	— 0,046	17,116
2285	— 0,040	22,589	2345	— 0,109	18,810	2405	— 0,045	17,161
2286	0,000	22,589	2346	+ 0,022	18,832	2406	— 0,162	16,999
2287	— 0,056	22,533	2347	— 0,063	18,769	2407	+ 0,240	17,239
2288	— 0,044	22,489	2348	+ 0,009	18,778	2408	+ 0,262	17,501
2289	— 0,004	22,485	2349	+ 0,026	18,804	2409	+ 0,259	17,760
2290	— 0,029	22,456	2350	+ 0,028	18,832	2410	+ 0,263	18,023
2291	+ 0,003	22,459	2351	+ 0,070	18,902	2411	+ 0,263	18,286
2292	— 0,052	22,407	2352	— 0,015	18,887	2412	+ 0,232	18,518
2293	— 0,019	22,388	2353	+ 0,016	18,903	2413	+ 0,241	18,759
2294	— 0,030	22,358	2354	+ 0,015	18,918	2414	+ 0,205	18,964
2295	— 0,023	22,335	2355	+ 0,011	18,929	2415	+ 0,194	19,158
2296	— 0,016	22,319	2356	+ 0,095	19,024	2416	+ 0,227	19,385
2297	+ 0,004	22,323	2357	+ 0,054	19,078	2417	+ 0,189	19,574
2298	+ 0,010	22,333	2358	+ 0,027	19,105	2418	+ 0,205	19,779
2299	— 0,130	22,203	2359	— 0,006	19,099	2419	+ 0,152	19,931
2300	— 0,115	22,088	2360	— 0,007	19,092	2420	+ 0,133	20,064
2301	+ 0,040	22,028	2361	+ 0,076	19,168	2421	+ 0,192	20,256
2302	— 0,046	21,982	2362	— 0,002	19,166	2422	+ 0,122	20,378
2303	— 0,003	22,079	2363	+ 0,087	19,253	2423	+ 0,138	20,516
2304	— 0,034	22,045	2364	+ 0,077	19,330	2424	+ 0,137	20,653
2305	+ 0,003	22,048	2365	+ 0,081	19,411	2425	+ 0,106	20,759
2306	+ 0,014	22,062	2366	+ 0,104	19,515	2426	+ 0,123	20,882
2307	— 0,055	22,007	2367	+ 0,057	19,572	2427	+ 0,016	20,898
2308	— 0,071	21,936	2368	+ 0,081	19,653	2428	+ 0,072	20,970
2309	— 0,063	21,873	2369	+ 0,054	19,707	2429	+ 0,081	21,051

55.ème JOURNÉE.			56.ème JOURNÉE.			57.ème JOURNÉE.		
Positions des règles	d_1	Cotes	Positions des règles	d_1	Cotes	Positions des règles	d_1	Cotes
	m	m		m	m		m	m
2430	+ 0,031	21,085	2490	0,000	22,237	2550	— 0,003	22,059
2431	+ 0,049	21,134	2491	+ 0,030	22,267	2551	+ 0,028	22,087
2432	+ 0,015	21,149	2492	— 0,033	22,234	2552	— 0,026	22,061
2433	+ 0,049	21,198	2493	+ 0,001	22,235	2553	— 0,008	22,053
2434	+ 0,039	21,237	2494	+ 0,054	22,289	2554	— 0,001	22,052
2435	+ 0,047	21,284	2495	— 0,051	22,238	2555	— 0,021	22,031
2436	+ 0,115	21,399	2496	+ 0,019	22,257	2556	+ 0,015	22,046
2437	+ 0,065	21,464	2497	— 0,011	22,246	2557	— 0,018	22,028
2438	+ 0,090	21,554	2498	— 0,004	22,242	2558	— 0,021	22,007
2439	+ 0,098	21,652	2499	+ 0,005	22,247	2559	+ 0,018	22,025
2440	+ 0,110	21,762	2500	— 0,004	22,243	2560	— 0,040	21,985
2441	+ 0,139	21,901	2501	— 0,017	22,226	2561	+ 0,047	22,032
2442	+ 0,081	21,982	2502	— 0,020	22,206	2562	— 0,057	21,975
2443	+ 0,111	22,093	2503	— 0,021	22,185	2563	+ 0,007	21,982
2444	+ 0,098	22,191	2504	+ 0,015	22,200	2564	0,000	21,982
2445	+ 0,071	22,262	2505	— 0,022	22,178	2565	+ 0,019	22,001
2446	+ 0,076	22,338	2506	+ 0,022	22,200	2566	+ 0,065	22,066
2447	+ 0,031	22,369	2507	— 0,024	22,176	2567	— 0,062	22,004
2448	+ 0,116	22,485	2508	+ 0,004	22,180	2568	+ 0,001	22,005
2449	— 0,010	22,475	2509	— 0,001	22,179	2569	+ 0,011	22,016
2450	— 0,053	22,422	2510	— 0,022	22,157	2570	— 0,054	21,962
2451	0,000	22,422	2511	+ 0,025	22,182	2571	— 0,012	21,950
2452	— 0,048	22,374	2512	— 0,014	22,168	2572	— 0,046	21,904
2453	+ 0,018	22,392	2513	+ 0,005	22,173	2573	— 0,025	21,879
2454	— 0,015	22,377	2514	+ 0,004	22,177	2574	— 0,022	21,857
2455	+ 0,011	22,388	2515	— 0,007	22,170	2575	— 0,038	21,819
2456	+ 0,081	22,469	2516	+ 0,025	22,195	2576	— 0,006	21,813
2457	+ 0,017	22,486	2517	— 0,016	22,179	2577	— 0,016	21,797
2458	— 0,052	22,434	2518	— 0,008	22,171	2578	— 0,015	21,782
2459	— 0,008	22,426	2519	— 0,011	22,163	2579	— 0,013	21,769
2460	— 0,042	22,384	2520	— 0,020	22,143	2580	— 0,018	21,751
2461	+ 0,033	22,417	2521	+ 0,038	22,181	2581	+ 0,027	21,778
2462	— 0,036	22,381	2522	— 0,012	22,169	2582	— 0,036	21,742
2463	+ 0,023	22,404	2523	— 0,009	22,160	2583	— 0,022	21,720
2464	+ 0,011	22,415	2524	— 0,003	22,157	2584	— 0,001	21,719
2465	— 0,025	22,390	2525	+ 0,001	22,158	2585	— 0,002	21,717
2466	+ 0,019	22,409	2526	+ 0,018	22,176	2586	+ 0,023	21,740
2467	— 0,026	22,383	2527	— 0,005	22,171	2587	— 0,026	21,714
2468	+ 0,009	22,392	2528	— 0,006	22,165	2588	0,000	21,714
2469	+ 0,001	22,393	2529	+ 0,013	22,178	2589	+ 0,002	21,716
2470	+ 0,003	22,396	2530	+ 0,016	22,194	2590	— 0,011	21,705
2471	+ 0,020	22,416	2531	+ 0,073	22,267	2591	+ 0,024	21,729
2472	— 0,039	22,377	2532	— 0,077	22,190	2592	— 0,003	21,726
2473	+ 0,003	22,380	2533	— 0,044	22,146	2593	+ 0,001	21,727
2474	— 0,014	22,366	2534	— 0,001	22,145	2594	+ 0,005	21,732
2475	— 0,025	22,341	2535	— 0,012	22,133	2595	— 0,008	21,724
2476	+ 0,014	22,355	2536	+ 0,029	22,162	2596	+ 0,033	21,757
2477	— 0,019	22,336	2537	— 0,017	22,145	2597	+ 0,004	21,761
2478	— 0,015	22,321	2538	— 0,014	22,131	2598	+ 0,012	21,773
2479	+ 0,002	22,323	2539	+ 0,008	22,139	2599	+ 0,013	21,786
2480	— 0,026	22,297	2540	— 0,015	22,124	2600	— 0,012	21,774
2481	+ 0,021	22,318	2541	+ 0,028	22,152	2601	+ 0,038	21,812
2482	— 0,027	22,291	2542	— 0,022	22,130	2602	— 0,012	21,800
2483	+ 0,007	22,298	2543	— 0,005	22,125	2603	+ 0,017	21,817
2484	+ 0,009	22,307	2544	+ 0,037	22,162	2604	+ 0,005	21,822
2485	— 0,019	22,288	2545	+ 0,023	22,185	2605	— 0,007	21,815
2486	0,000	22,288	2546	+ 0,011	22,196	2606	+ 0,058	21,873
2487	— 0,048	22,240	2547	— 0,083	22,113	2607	+ 0,057	21,930
2488	+ 0,011	22,251	2548	— 0,017	22,096	2608	+ 0,053	21,983
2489	— 0,014	22,237	2549	— 0,034	22,062	2609	+ 0,012	21,995

58.ème JOURNÉE.			59.ème JOURNÉE.			60.ème JOURNÉE.		
Positions des règles	d_1	Cotes	Positions des règles	d_1	Cotes	Positions des règles	d_1	Cotes
	m	m		m	m		m	m
2610	— 0,012	21,983	2670	— 0,009	21,968	2730	— 0,018	22,282
2611	+ 0,018	22,001	2671	+ 0,025	21,993	2731	+ 0,018	22,300
2612	— 0,018	21,983	2672	— 0,020	21,973	2732	— 0,035	22,265
2613	+ 0,010	21,993	2673	+ 0,016	21,989	2733	+ 0,041	22,306
2614	+ 0,006	21,999	2674	+ 0,032	22,021	2734	+ 0,050	22,356
2615	— 0,001	21,998	2675	0,000	22,021	2735	— 0,017	22,339
2616	+ 0,005	22,003	2676	+ 0,026	22,047	2736	— 0,031	22,308
2617	+ 0,015	22,018	2677	— 0,011	22,036	2737	— 0,025	22,283
2618	+ 0,010	22,028	2678	+ 0,031	22,067	2738	+ 0,013	22,296
2619	+ 0,004	22,032	2679	+ 0,010	22,077	2739	+ 0,002	22,298
2620	— 0,027	22,005	2680	— 0,011	22,066	2740	— 0,019	22,279
2621	+ 0,027	22,032	2681	+ 0,045	22,111	2741	+ 0,032	22,311
2622	— 0,031	22,001	2682	— 0,007	22,104	2742	— 0,023	22,288
2623	+ 0,021	22,022	2683	— 0,012	22,092	2743	+ 0,005	22,293
2624	+ 0,001	22,023	2684	+ 0,006	22,098	2744	+ 0,028	22,321
2625	— 0,012	22,011	2685	— 0,012	22,086	2745	— 0,009	22,312
2626	+ 0,023	22,034	2686	+ 0,003	22,089	2746	+ 0,022	22,334
2627	— 0,018	22,016	2687	— 0,088	22,001	2747	— 0,028	22,306
2628	+ 0,019	22,035	2688	+ 0,041	22,042	2748	+ 0,020	22,326
2629	— 0,001	22,034	2689	+ 0,009	22,051	2749	+ 0,001	22,327
2630	— 0,016	22,018	2690	— 0,031	22,020	2750	— 0,003	22,324
2631	+ 0,030	22,048	2691	+ 0,009	22,029	2751	+ 0,013	22,337
2632	— 0,024	22,024	2692	— 0,017	22,012	2752	— 0,036	22,301
2633	+ 0,022	22,046	2693	+ 0,003	22,015	2753	+ 0,026	22,327
2634	+ 0,003	22,049	2694	— 0,004	22,011	2754	+ 0,001	22,328
2635	+ 0,030	22,079	2695	— 0,024	21,987	2755	— 0,016	22,312
2636	— 0,034	22,045	2696	+ 0,029	22,016	2756	+ 0,016	22,328
2637	— 0,025	22,020	2697	— 0,013	22,003	2757	— 0,019	22,309
2638	— 0,022	21,998	2698	+ 0,022	22,025	2758	— 0,009	22,300
2639	— 0,005	21,993	2699	+ 0,021	22,046	2759	— 0,001	22,299
2640	— 0,015	21,978	2700	0,000	22,046	2760	— 0,025	22,274
2641	+ 0,033	22,011	2701	+ 0,072	22,118	2761	+ 0,043	22,317
2642	— 0,023	21,988	2702	+ 0,049	22,167	2762	— 0,046	22,271
2643	+ 0,011	21,999	2703	+ 0,012	22,179	2763	— 0,012	22,259
2644	— 0,001	21,998	2704	0,000	22,179	2764	— 0,028	22,231
2645	— 0,021	21,977	2705	— 0,020	22,159	2765	— 0,029	22,202
2646	+ 0,027	22,004	2706	+ 0,022	22,181	2766	+ 0,007	22,209
2647	— 0,031	21,973	2707	— 0,024	22,157	2767	+ 0,007	22,216
2648	+ 0,015	21,988	2708	— 0,006	22,151	2768	— 0,002	22,214
2649	— 0,008	21,980	2709	— 0,003	22,148			
2650	— 0,014	21,966	2710	— 0,011	22,137			
2651	+ 0,023	21,989	2711	+ 0,014	22,151			
2652	— 0,018	21,971	2712	— 0,023	22,128			
2653	+ 0,032	22,003	2713	+ 0,007	22,135			
2654	+ 0,055	22,058	2714	+ 0,035	22,170			
2655	— 0,048	22,010	2715	0,000	22,170			
2656	— 0,021	21,989	2716	+ 0,036	22,206			
2657	— 0,047	21,942	2717	— 0,006	22,200			
2658	— 0,045	21,897	2718	0,000	22,200			
2659	+ 0,004	21,901	2719	+ 0,020	22,220			
2660	— 0,016	21,885	2720	— 0,013	22,207			
2661	+ 0,027	21,912	2721	+ 0,027	22,234			
2662	— 0,023	21,889	2722	— 0,017	22,217			
2663	+ 0,045	21,934	2723	+ 0,004	22,221			
2664	— 0,001	21,933	2724	+ 0,019	22,240			
2665	— 0,018	21,915	2725	— 0,026	22,214			
2666	+ 0,057	21,972	2726	+ 0,035	22,249			
2667	+ 0,019	21,991	2727	— 0,001	22,248			
2668	+ 0,014	22,005	2728	+ 0,046	22,294			
2669	— 0,028	21,977	2729	+ 0,006	22,300			

61.ème JOURNÉE.			62.ème JOURNÉE.			63.ème JOURNÉE.		
Positions des règles	d_1	Cotes	Positions des règles	d_1	Cotes	Positions des règles	d_1	Cotes
	m	m		m	m		m	m
2769	− 0,070	22,144	2829	− 0,014	20,565	2889	+ 0,027	18,294
2770	− 0,026	22,118	2830	− 0,067	20,498	2890	− 0,021	18,273
2771	− 0,011	22,107	2831	− 0,029	20,469	2891	+ 0,009	18,282
2772	− 0,017	22,090	2832	− 0,043	20,426	2892	+ 0,001	18,283
2773	− 0,023	22,067	2833	− 0,048	20,378	2893	+ 0,004	18,287
2774	− 0,005	22,062	2834	− 0,005	20,373	2894	− 0,012	18,275
2775	− 0,025	22,037	2835	− 0,039	20,334	2895	− 0,038	18,237
2776	+ 0,016	22,053	2836	− 0,011	20,323	2896	− 0,008	18,229
2777	− 0,011	22,042	2837	− 0,013	20,310	2897	− 0,010	18,219
2778	− 0,009	22,033	2838	+ 0,010	20,320	2898	− 0,034	18,185
2779	+ 0,017	22,050	2839	+ 0,003	20,323	2899	− 0,001	18,184
2780	− 0,022	22,028	2840	+ 0,005	20,328	2900	− 0,066	18,118
2781	− 0,046	21,982	2841	+ 0,002	20,330	2901	− 0,034	18,084
2782	− 0,034	21,948	2842	− 0,024	20,306	2902	− 0,042	18,042
2783	− 0,020	21,928	2843	− 0,009	20,297	2903	− 0,027	18,015
2784	+ 0,001	21,929	2844	+ 0,024	20,321	2904	− 0,031	17,984
2785	− 0,021	21,908	2845	− 0,015	20,306	2905	− 0,064	17,920
2786	− 0,016	21,892	2846	− 0,085	20,221	2906	− 0,045	17,875
2787	− 0,037	21,855	2847	− 0,069	20,152	2907	− 0,055	17,820
2788	− 0,012	21,843	2848	− 0,093	20,059	2908	− 0,057	17,763
2789	+ 0,007	21,850	2849	− 0,058	20,001	2909	− 0,050	17,713
2790	− 0,045	21,805	2850	− 0,104	19,897	2910	− 0,077	17,636
2791	− 0,009	21,7.6	2851	− 0,051	19,846	2911	− 0,010	17,626
2792	− 0,010	21,786	2852	− 0,103	19,743	2912	− 0,043	17,583
2793	− 0,017	21,769	2853	− 0,047	19,696	2913	− 0,046	17,537
2794	0,000	21,769	2854	− 0,081	19,615	2914	− 0,019	17,518
2795	0,000	21,769	2855	− 0,088	19,527	2915	− 0,053	17,465
2796	+ 0,001	21,770	2856	− 0,077	19,450	2916	− 0,040	17,425
2797	− 0,015	21,755	2857	− 0,043	19,407	2917	− 0,028	17,397
2798	− 0,013	21,742	2858	− 0,056	19,351	2918	− 0,021	17,376
2799	+ 0,013	21,755	2859	− 0,063	19,288	2919	− 0,027	17,349
2800	− 0,024	21,731	2860	− 0,049	19,239	2920	− 0,060	17,289
2801	+ 0,010	21,741	2861	− 0,058	19,181	2921	− 0,040	17,249
2802	− 0,035	21,706	2862	− 0,107	19,074	2922	− 0,027	17,222
2803	− 0,014	21,692	2863	− 0,085	18,989	2923	− 0,014	17,208
2804	− 0,007	21,685	2864	− 0,087	18,902	2924	+ 0,047	17,255
2805	− 0,081	21,604	2865	− 0,083	18,819	2925	− 0,027	17,228
2806	− 0,089	21,515	2866	− 0,084	18,735	2926	− 0,150	17,078
2807	− 0,005	21,510	2867	− 0,061	18,674	2927	− 0,090	16,988
2808	− 0,020	21,490	2868	− 0,054	18,620	2928	− 0,084	16,904
2809	− 0,002	21,488	2869	− 0,027	18,593	2929	− 0,037	16,867
2810	− 0,053	21,435	2870	− 0,045	18,548	2930	− 0,061	16,806
2811	− 0,025	21,410	2871	− 0,026	18,522	2931	− 0,052	16,754
2812	− 0,038	21,372	2872	− 0,082	18,440	2932	− 0,046	16,708
2813	− 0,040	21,332	2873	− 0,019	18,421	2933	− 0,046	16,662
2814	− 0,010	21,322	2874	− 0,008	18,413	2934	0,000	16,662
2815	− 0,061	21,261	2875	− 0,047	18,366	2935	− 0,085	16,577
2816	− 0,047	21,214	2876	− 0,022	18,344	2936	− 0,058	16,519
2817	− 0,060	21,154	2877	− 0,027	18,317	2937	− 0,033	16,486
2818	− 0,069	21,085	2878	− 0,002	18,315	2938	− 0,050	16,436
2819	− 0,012	21,073	2879	+ 0,025	18,340	2939	− 0,047	16,389
2820	− 0,026	21,047	2880	− 0,032	18,308	2940	− 0,062	16,327
2821	− 0,070	20,977	2881	− 0,041	18,267	2941	− 0,013	16,314
2822	− 0,098	20,879	2882	− 0,052	18,215	2942	− 0,033	16,281
2823	− 0,052	20,827	2883	− 0,012	18,203	2943	− 0,077	16,204
2824	− 0,033	20,794	2884	+ 0,034	18,237	2944	− 0,018	16,186
2825	− 0,086	20,708	2885	− 0,014	18,223	2945	− 0,053	16,133
2826	− 0,036	20,672	2886	+ 0,026	18,249	2946	− 0,065	16,068
2827	− 0,052	20,620	2887	− 0,016	18,233	2947	− 0,029	16,039
2828	− 0,041	20,579	2888	+ 0,034	18,267	2948	− 0,109	15,930

64.ème JOURNÉE.			65.ème JOURNÉE.			66.ème JOURNÉE.		
Positions des règles	d_1	Cotes	Positions des règles	d_2	Cotes	Positions des règles	d_3	Cotes
	m	m		m	m		m	m
2949	+ 0,046	15,976	3009	+ 0,260	13,871	3069	+ 0,024	17,668
2950	— 0,062	15,914	3010	+ 0,092	13,963	3070	— 0,005	17,663
2951	— 0,021	15,893	3011	+ 0,095	14,058	3071	+ 0,044	17,707
2952	— 0,043	15,850	3012	+ 0,140	14,198	3072	+ 0,050	17,757
2953	— 0,020	15,830	3013	+ 0,128	14,326	3073	+ 0,003	17,760
2954	+ 0,006	15,836	3014	+ 0,167	14,493	3074	+ 0,004	17,764
2955	— 0,037	15,799	3015	+ 0,114	14,607	3075	+ 0,012	17,776
2956	— 0,031	15,768	3016	+ 0,111	14,718	3076	+ 0,015	17,791
2957	— 0,032	15,736	3017	+ 0,122	14,840	3077	+ 0,043	17,834
2958	— 0,026	15,710	3018	+ 0,075	14,915	3078	— 0,085	17,749
2959	— 0,014	15,696	3019	+ 0,103	15,018	3079	— 0,065	17,684
2960	— 0,065	15,631	3020	+ 0,030	15,048	3080	— 0,026	17,658
2961	+ 0,012	15,643	3021	+ 0,073	15,121	3081	— 0,005	17,653
2962	— 0,038	15,605	3022	— 0,052	15,069	3082	+ 0,016	17,669
2963	— 0,029	15,576	3023	+ 0,036	15,105	3083	— 0,021	17,648
2964	— 0,005	15,571	3024	+ 0,069	15,174	3084	+ 0,027	17,675
2965	— 0,044	15,527	3025	+ 0,030	15,204	3085	— 0,014	17,661
2966	— 0,016	15,511	3026	+ 0,050	15,254	3086	— 0,007	17,654
2967	— 0,023	15,488	3027	+ 0,019	15,273	3087	+ 0,015	17,669
2968	— 0,035	15,453	3028	+ 0,073	15,346	3088	— 0,005	17,664
2969	— 0,017	15,436	3029	+ 0,075	15,421	3089	+ 0,025	17,689
2970	— 0,013	15,423	3030	+ 0,058	15,479	3090	— 0,011	17,678
2971	— 0,085	15,338	3031	+ 0,075	15,554	3091	— 0,016	17,662
2972	— 0,084	15,254	3032	+ 0,058	15,612	3092	— 0,002	17,660
2973	— 0,066	15,188	3033	+ 0,081	15,693	3093	— 0,002	17,658
2974	— 0,053	15,135	3034	+ 0,063	15,756	3094	+ 0,012	17,670
2975	— 0,090	15,045	3035	+ 0,046	15,802	3095	— 0,034	17,636
2976	— 0,068	14,977	3036	+ 0,064	15,866	3096	— 0,014	17,622
2977	— 0,082	14,895	3037	+ 0,048	15,914	3097	+ 0,014	17,636
2978	— 0,082	14,813	3038	+ 0,075	15,989	3098	+ 0,042	17,678
2979	— 0,095	14,718	3039	+ 0,058	16,047	3099	+ 0,073	17,751
2980	— 0,097	14,621	3040	+ 0,039	16,086	3100	— 0,108	17,643
2981	— 0,073	14,548	3041	+ 0,061	16,147	3101	— 0,033	17,610
2982	— 0,094	14,454	3042	+ 0,055	16,202	3102	+ 0,011	17,621
2983	— 0,096	14,358	3043	+ 0,064	16,266	3103	+ 0,012	17,633
2984	— 0,046	14,312	3044	+ 0,066	16,332	3104	+ 0,023	17,656
2985	— 0,086	14,226	3045	+ 0,055	16,387	3105	+ 0,016	17,672
2986	— 0,055	14,171	3046	+ 0,082	16,469	3106	+ 0,013	17,685
2987	— 0,093	14,078	3047	+ 0,064	16,533	3107	+ 0,039	17,724
2988	— 0,073	14,005	3048	+ 0,073	16,606	3108	+ 0,034	17,758
2989	— 0,054	13,951	3049	+ 0,108	16,714	3109	+ 0,043	17,801
2990	— 0,130	13,821	3050	+ 0,068	16,782	3110	+ 0,026	17,827
2991	— 0,060	13,761	3051	+ 0,083	16,865	3111	+ 0,057	17,884
2992	— 0,100	13,661	3052	+ 0,057	16,922	3112	+ 0,069	17,953
2993	— 0,061	13,600	3053	+ 0,094	17,016	3113	+ 0,074	18,027
2994	— 0,049	13,551	3054	+ 0,089	17,105	3114	+ 0,114	18,141
2995	— 0,059	13,492	3055	+ 0,041	17,146	3115	+ 0,079	18,220
2996	— 0,011	13,481	3056	+ 0,064	17,210	3116	— 0,075	18,145
2997	— 0,013	13,468	3057	+ 0,058	17,268	3117	+ 0,060	18,205
2998	— 0,012	13,456	3058	+ 0,026	17,294	3118	+ 0,037	18,242
2999	— 0,014	13,442	3059	+ 0,076	17,370	3119	+ 0,069	18,311
3000	— 0,039	13,403	3060	+ 0,015	17,385	3120	+ 0,028	18,339
3001	+ 0,048	13,451	3061	+ 0,078	17,463	3121	+ 0,043	18,382
3002	— 0,010	13,441	3062	+ 0,035	17,498	3122	+ 0,055	18,437
3003	+ 0,012	13,453	3063	+ 0,027	17,525	3123	+ 0,032	18,469
3004	— 0,005	13,448	3064	+ 0,040	17,565	3124	+ 0,059	18,528
3005	+ 0,041	13,489	3065	+ 0,032	17,597	3125	+ 0,022	18,550
3006	+ 0,020	13,509	3066	+ 0,014	17,611	3126	+ 0,003	18,553
3007	+ 0,050	13,559	3067	+ 0,005	17,616	3127	+ 0,010	18,563
3008	+ 0,052	13,611	3068	+ 0,028	17,644	3128	+ 0,006	18,569

67.ème JOURNÉE.			68.ème JOURNÉE.			69.ème JOURNÉE.		
Positions des règles	d_2	Cotes	Positions des règles	d_1	Cotes	Positions des règles	d_1	Cotes
	m	m		m	m		m	m
3129	+ 0,094	18,663	3149	+ 0,019	18,972	3189	— 0,036	18,536
3130	— 0,010	18,653	3150	+ 0,034	19,006	3190	— 0,086	18,450
3131	+ 0,039	18,692	3151	+ 0,053	19,059	3191	— 0,032	18,418
3132	+ 0,036	18,728	3152	+ 0,173	19,232	3192	— 0,055	18,363
3133	+ 0,009	18,737	3153	+ 0,042	19,274	3193	0,000	18,363
3134	+ 0,048	18,785	3154	— 0,023	19,251	3194	— 0,009	18,354
3135	+ 0,003	18,788	3155	+ 0,062	19,313	3195	— 0,021	18,333
3136	— 0,002	18,786	3156	+ 0,009	19,322	3196	+ 0,033	18,366
3137	+ 0,051	18,837	3157	+ 0,073	19,395	3197	— 0,021	18,345
3138	+ 0,002	18,839	3158	+ 0,027	19,422	3198	— 0,057	18,288
3139	+ 0,032	18,871	3159	+ 0,062	19,484	3199	— 0,053	18,235
3140	— 0,014	18,857	3160	+ 0,015	19,499	3200	— 0,021	18,214
3141	0,000	18,857	3161	+ 0,038	19,537	3201	+ 0,014	18,228
3142	+ 0,006	18,863	3162	+ 0,054	19,591	3202	+ 0,007	18,235
3143	— 0,023	18,840	3163	+ 0,012	19,603	3203	+ 0,026	18,261
3144	+ 0,006	18,846	3164	— 0,019	19,584	3204	+ 0,081	18,342
3145	+ 0,019	18,865	3165	— 0,009	19,575	3205	+ 0,056	18,398
3146	+ 0,019	18,884	3166	— 0,010	19,565	3206	+ 0,144	18,542
3147	+ 0,048	18,932	3167	— 0,004	19,561	3207	+ 0,155	18,697
3148	+ 0,021	18,953	3168	+ 0,008	19,569	3208	+ 0,187	18,884
			3169	+ 0,005	19,574	3209	+ 0,174	19,058
			3170	— 0,017	19,557	3210	+ 0,139	19,197
			3171	+ 0,071	19,628	3211	+ 0,144	19,341
			3172	— 0,026	19,602	3212	+ 0,124	19,465
			3173	— 0,101	19,501	3213	+ 0,107	19,572
			3174	— 0,055	19,446	3214	+ 0,072	19,644
			3175	— 0,044	19,402	3215	+ 0,034	19,678
			3176	— 0,010	19,392	3216	+ 0,066	19,744
			3177	+ 0,012	19,404	3217	+ 0,062	19,806
			3178	— 0,077	19,327	3218	+ 0,077	19,883
			3179	— 0,108	19,219	3219	+ 0,072	19,955
			3180	— 0,111	19,108	3220	+ 0,044	19,999
			3181	— 0,071	19,037	3221	— 0,012	19,987
			3182	— 0,057	18,980	3222	+ 0,034	20,021
			3183	— 0,052	18,928	3223	+ 0,033	20,054
			3184	— 0,047	18,881	3224	+ 0,070	20,124
			3185	— 0,099	18,782	3225	+ 0,019	20,143
			3186	— 0,064	18,718	3226	+ 0,063	20,206
			3187	— 0,059	18,659	3227	— 0,020	20,186
			3188	— 0,087	18,572	3228	+ 0,058	20,244
						3229	+ 0,058	20,302
						3230	+ 0,015	20,317
						3231	+ 0,045	20,362
						3232	+ 0,007	20,369
						3233	+ 0,036	20,405
						3234	+ 0,042	20,447
						3235	+ 0,005	20,452
						3236	+ 0,034	20,486
						3237	+ 0,031	20,517
						3238	+ 0,042	20,559
						3239	+ 0,041	20,600
						3240	+ 0,008	20,608
						3241	+ 0,045	20,653
						3242	— 0,002	20,651
						3243	+ 0,003	20,654
						3244	+ 0,032	20,686
						3245	— 0,018	20,668
						3246	+ 0,040	20,708
						3247	— 0,034	20,674
						3248	+ 0,057	20,731

70.ème JOURNÉE.			71.ème JOURNÉE.			72.ème JOURNÉE.		
Positions des règles	d_1	Cotes	Positions des règles	d_1	Cotes	Positions des règles	d_1	Cotes
	m	m		m	m		m	m
3249	+ 0,013	20,744	3309	— 0,022	19,633	3369	— 0,002	19,896
3250	— 0,020	20,724	3310	— 0,061	19,572	3370	— 0,042	19,854
3251	+ 0,029	20,753	3311	— 0,020	19,552	3371	— 0,023	19,831
3252	+ 0,014	20,767	3312	— 0,082	19,470	3372	— 0,024	19,807
3253	— 0,002	20,765	3313	— 0,039	19,431	3373	— 0,015	19,792
3254	— 0,004	20,761	3314	— 0,053	19,378	3374	+ 0,071	19,863
3255	— 0,025	20,736	3315	— 0,079	19,299	3375	+ 0,019	19,882
3256	+ 0,029	20,765	3316	— 0,064	19,235	3376	— 0,033	19,849
3257	+ 0,026	20,791	3317	— 0,065	19,170	3377	— 0,023	19,826
3258	— 0,015	20,776	3318	— 0,073	19,097	3378	— 0,081	19,745
3259	— 0,018	20,758	3319	— 0,071	19,026	3379	— 0,037	19,708
3260	— 0,033	20,725	3320	— 0,111	18,915	3380	— 0,079	19,629
3261	+ 0,006	20,731	3321	— 0,024	18,891	3381	+ 0,003	19,632
3262	+ 0,006	20,737	3322	— 0,040	18,851	3382	+ 0,001	19,633
3263	+ 0,022	20,759	3323	— 0,005	18,846	3383	+ 0,001	19,634
3264	+ 0,005	20,764	3324	— 0,002	18,844	3384	+ 0,016	19,650
3265	— 0,026	20,738	3325	— 0,039	18,805	3385	— 0,018	19,632
3266	— 0,022	20,716	3326	— 0,032	18,773	3386	+ 0,007	19,639
3267	— 0,017	20,699	3327	— 0,025	18,748	3387	+ 0,005	19,644
3268	— 0,005	20,694	3328	+ 0,031	18,779	3388	+ 0,019	19,663
3269	— 0,005	20,689	3329	+ 0,043	18,822	3389	+ 0,019	19,682
3270	— 0,026	20,663	3330	+ 0,006	18,828	3390	— 0,014	19,668
3271	— 0,022	20,641	3331	+ 0,027	18,855	3391	+ 0,006	19,674
3272	— 0,029	20,612	3332	— 0,007	18,848	3392	+ 0,020	19,694
3273	— 0,027	20,585	3333	+ 0,032	18,880	3393	+ 0,032	19,726
3274	— 0,023	20,562	3334	+ 0,070	18,950	3394	— 0,055	19,671
3275	— 0,059	20,503	3335	+ 0,021	18,971	3395	— 0,001	19,670
3276	— 0,030	20,473	3336	+ 0,086	19,057	3396	+ 0,049	19,719
3277	— 0,032	20,441	3337	— 0,001	19,056	3397	+ 0,078	19,797
3278	— 0,042	20,399	3338	+ 0,087	19,143	3398	— 0,064	19,733
3279	— 0,027	20,372	3339	+ 0,087	19,230	3399	+ 0,081	19,814
3280	— 0,050	20,322	3340	+ 0,066	19,296	3400	+ 0,026	19,840
3281	— 0,019	20,303	3341	+ 0,100	19,396	3401	+ 0,097	19,937
3282	— 0,012	20,291	3342	+ 0,073	19,469	3402	+ 0,080	20,017
3283	— 0,030	20,261	3343	+ 0,070	19,539	3403	+ 0,068	20,085
3284	— 0,017	20,244	3344	+ 0,093	19,632	3404	+ 0,111	20,196
3285	— 0,057	20,187	3345	— 0,031	19,601	3405	+ 0,077	20,273
3286	— 0,015	20,172	3346	+ 0,084	19,685	3406	+ 0,026	20,299
3287	— 0,036	20,136	3347	+ 0,039	19,724	3407	+ 0,016	20,315
3288	— 0,020	20,116	3348	+ 0,076	19,800	3408	+ 0,011	20,326
3289	— 0,027	20,089	3349	+ 0,062	19,862	3409	+ 0,047	20,373
3290	— 0,048	20,041	3350	+ 0,009	19,871	3410	+ 0,004	20,377
3291	— 0,019	20,022	3351	+ 0,049	19,920	3411	+ 0,022	20,399
3292	— 0,011	20,011	3352	+ 0,022	19,942	3412	+ 0,024	20,423
3293	— 0,031	19,980	3353	+ 0,027	19,969	3413	+ 0,004	20,427
3294	— 0,012	19,968	3354	+ 0,001	19,970	3414	+ 0,023	20,450
3295	— 0,034	19,934	3355	+ 0,039	20,009	3415	0,000	20,450
3296	— 0,008	19,926	3356	— 0,029	19,980	3416	+ 0,008	20,458
3297	— 0,002	19,924	3357	— 0,088	19,892	3417	+ 0,020	20,478
3298	— 0,023	19,901	3358	— 0,081	19,811	3418	+ 0,018	20,496
3299	+ 0,030	19,931	3359	— 0,160	19,651	3419	+ 0,028	20,524
3300	— 0,008	19,923	3360	— 0,142	19,509	3420	— 0,021	20,503
3301	— 0,043	19,880	3361	+ 0,038	19,547	3421	+ 0,016	20,519
3302	— 0,052	19,828	3362	+ 0,126	19,673	3422	+ 0,066	20,585
3303	— 0,022	19,806	3363	+ 0,048	19,721	3423	+ 0,009	20,594
3304	— 0,028	19,778	3364	+ 0,077	19,798	3424	+ 0,049	20,643
3305	— 0,044	19,734	3365	+ 0,010	19,808	3425	+ 0,009	20,652
3306	— 0,029	19,705	3366	+ 0,040	19,848	3426	+ 0,045	20,697
3307	— 0,021	19,684	3367	+ 0,026	19,874	3427	+ 0,036	20,733
3308	— 0,029	19,655	3368	+ 0,024	19,898	3428	+ 0,036	20,769

73.ème JOURNÉE.			74.ème JOURNÉE.			75.ème JOURNÉE.		
Positions des règles	d_1	Cotes	Positions des règles	d_1	Cotes	Positions des règles	d_1	Cotes
	m	m		m	m		m	m
3429	+ 0,074	20,843	3489	+ 0,013	23,354	3549	+ 0,034	25,629
3430	+ 0,024	20,867	3490	— 0,019	23,335	3550	+ 0,015	25,644
3431	+ 0,051	20,918	3491	+ 0,024	23,359	3551	+ 0,048	25,692
3432	+ 0,034	20,952	3492	+ 0,011	23,370	3552	+ 0,073	25,765
3433	+ 0,056	21,008	3493	+ 0,026	23,396	3553	+ 0,077	25,842
3434	+ 0,056	21,064	3494	+ 0,040	23,436	3554	+ 0,121	25,963
3435	+ 0,020	21,084	3495	[illegible] 0,009	23,427	3555	+ 0,085	26,048
3436	+ 0,054	21,138	3496	[illegible] 0,034	23,461	3556	+ 0,107	26,155
3437	+ 0,055	21,193	3497	+ 0,026	23,487	3557	+ 0,048	26,203
3438	+ 0,048	21,241	3498	+ 0,027	23,514	3558	+ 0,067	26,270
3439	+ 0,045	21,286	3499	+ 0,023	23,537	3559	+ 0,102	26,372
3440	+ 0,071	21,357	3500	— 0,018	23,519	3560	+ 0,067	26,439
3441	+ 0,092	21,449	3501	+ 0,039	23,558	3561	+ 0,047	26,486
3442	+ 0,049	21,498	3502	— 0,012	23,546	3562	+ 0,110	26,596
3443	— 0,026	21,472	3503	+ 0,007	23,553	3563	+ 0,098	26,694
3444	+ 0,022	21,494	3504	+ 0,008	23,561	3564	+ 0,105	26,799
3445	+ 0,025	21,519	3505	— 0,018	23,543	3565	+ 0,107	26,906
3446	+ 0,064	21,583	3506	+ 0,013	23,556	3566	+ 0,104	27,010
3447	+ 0,046	21,629	3507	— 0,014	23,542	3567	+ 0,093	27,103
3448	+ 0,029	21,658	3508	+ 0,005	23,547	3568	+ 0,079	27,182
3449	+ 0,066	21,724	3509	+ 0,013	23,560	3569	+ 0,108	27,290
3450	+ 0,027	21,751	3510	— 0,024	23,536	3570	+ 0,069	27,359
3451	+ 0,046	21,797	3511	+ 0,042	23,578	3571	+ 0,081	27,440
3452	+ 0,054	21,851	3512	— 0,017	23,561	3572	+ 0,067	27,507
3453	+ 0,071	21,922	3513	— 0,016	23,545	3573	+ 0,061	27,568
3454	+ 0,057	21,979	3514	— 0,052	23,493	3574	+ 0,054	27,622
3455	+ 0,022	22,001	3515	— 0,104	23,389	3575	— 0,004	27,618
3456	+ 0,053	22,054	3516	— 0,051	23,338	3576	+ 0,036	27,654
3457	+ 0,076	22,130	3517	+ 0,019	23,357	3577	+ 0,005	27,659
3458	+ 0,047	22,177	3518	+ 0,089	23,446	3578	+ 0,077	27,736
3459	+ 0,058	22,235	3519	+ 0,048	23,494	3579	+ 0,043	27,779
3460	+ 0,046	22,281	3520	+ 0,011	23,505	3580	+ 0,051	27,830
3461	+ 0,036	22,317	3521	+ 0,139	23,644	3581	+ 0,091	27,921
3462	+ 0,027	22,344	3522	+ 0,170	23,814	3582	+ 0,084	28,008
3463	— 0,017	22,327	3523	+ 0,191	24,005	3583	+ 0,034	28,042
3464	+ 0,024	22,351	3524	+ 0,233	24,238	3584	+ 0,045	28,087
3465	+ 0,013	22,364	3525	+ 0,158	24,396	3585	— 0,016	28,071
3466	+ 0,041	22,405	3526	+ 0,149	24,545	3586	+ 0,017	28,088
3467	+ 0,052	22,457	3527	+ 0,061	24,606	3587	0,000	28,088
3468	+ 0,050	22,507	3528	+ 0,050	24,656	3588	+ 0,034	28,122
3469	+ 0,060	22,567	3529	+ 0,003	24,659	3589	+ 0,018	28,140
3470	+ 0,022	22,589	3530	— 0,029	24,630	3590	+ 0,013	28,153
3471	+ 0,060	22,649	3531	+ 0,027	24,657	3591	+ 0,004	28,157
3472	+ 0,061	22,710	3532	+ 0,013	24,670	3592	+ 0,016	28,173
3473	+ 0,081	22,791	3533	+ 0,040	24,710	3593	+ 0,024	28,197
3474	+ 0,078	22,869	3534	+ 0,012	24,722	3594	+ 0,054	28,251
3475	+ 0,031	22,900	3535	— 0,015	24,707	3595	+ 0,012	28,263
3476	+ 0,079	22,979	3536	+ 0,042	24,749	3596	+ 0,077	28,340
3477	+ 0,097	23,076	3537	+ 0,009	24,758	3597	+ 0,088	28,428
3478	+ 0,045	23,121	3538	+ 0,037	24,795	3598	+ 0,092	28,520
3479	+ 0,109	23,230	3539	+ 0,062	24,857	3599	+ 0,098	28,618
3480	+ 0,093	23,323	3540	+ 0,023	24,880	3600	+ 0,046	28,664
3481	— 0,047	23,276	3541	+ 0,070	24,950	3601	+ 0,095	28,759
3482	+ 0,006	23,282	3542	+ 0,055	25,005	3602	+ 0,059	28,818
3483	+ 0,017	23,299	3543	+ 0,123	25,128	3603	+ 0,055	28,873
3484	+ 0,024	23,323	3544	+ 0,139	25,267	3604	+ 0,068	28,941
3485	— 0,002	23,321	3545	+ 0,102	25,369	3605	+ 0,035	28,976
3486	+ 0,004	23,325	3546	+ 0,111	25,480	3606	+ 0,065	29,041
3487	+ 0,007	23,332	3547	+ 0,026	25,506	3607	+ 0,075	29,116
3488	+ 0,009	23,341	3548	+ 0,089	25,595	3608	+ 0,039	29,155

76.ème JOURNÉE.			77.ème JOURNÉE.			78.ème JOURNÉE.		
Positions des règles	d_1	Cotes	Positions des règles	d_1	Cotes	Positions des règles	d_1	Cotes
	m	m		m	m		m	m
3609	+ 0,077	29,232	3669	+ 0,073	33,438	3729	+ 0,132	39,301
3610	+ 0,036	29,268	3670	+ 0,055	33,493	3730	+ 0,107	39,408
3611	+ 0,057	29,325	3671	+ 0,090	33,583	3731	+ 0,154	39,562
3612	+ 0,075	29,400	3672	+ 0,039	33,622	3732	+ 0,126	39,688
3613	+ 0,074	29,474	3673	+ 0,109	33,731	3733	+ 0,103	39,791
3614	+ 0,104	29,578	3674	+ 0,131	33,862	3734	+ 0,159	39,950
3615	+ 0,046	29,624	3675	+ 0,09[illegible]	33,958	3735	+ 0,101	40,051
3616	+ 0,064	29,688	3676	+ 0,10[illegible]	34,066	3736	+ 0,148	40,199
3617	+ 0,065	29,753	3677	+ 0,048	34,114	3737	+ 0,114	40,313
3618	+ 0,050	29,803	3678	+ 0,071	34,185	3738	+ 0,145	40,458
3619	+ 0,063	29,866	3679	+ 0,093	34,278	3739	+ 0,140	40,598
3620	+ 0,032	29,898	3680	+ 0,066	34,344	3740	+ 0,103	40,701
3621	+ 0,086	29,984	3681	+ 0,120	34,464	3741	+ 0,197	40,898
3622	+ 0,066	30,050	3682	+ 0,089	34,553	3742	+ 0,114	41,012
3623	+ 0,087	30,137	3683	+ 0,128	34,681	3743	+ 0,129	41,141
3624	+ 0,099	30,236	3684	+ 0,125	34,806	3744	+ 0,175	41,316
3625	+ 0,076	30,312	3685	+ 0,087	34,893	3745	+ 0,125	41,441
3626	+ 0,198	30,510	3686	+ 0,162	35,055	3746	+ 0,182	41,623
3627	+ 0,101	30,611	3687	+ 0,078	35,133	3747	+ 0,148	41,771
3628	+ 0,094	30,705	3688	+ 0,091	35,224	3748	+ 0,186	41,957
3629	+ 0,071	30,776	3689	+ 0,101	35,325	3749	+ 0,147	42,104
3630	+ 0,027	30,803	3690	+ 0,060	35,385	3750	+ 0,134	42,238
3631	+ 0,090	30,893	3691	+ 0,087	35,472	3751	+ 0,169	42,407
3632	+ 0,073	30,966	3692	+ 0,068	35,540	3752	+ 0,145	42,552
3633	+ 0,090	31,056	3693	+ 0,074	35,614	3753	+ 0,153	42,705
3634	+ 0,134	31,190	3694	+ 0,095	35,709	3754	+ 0,170	42,875
3635	+ 0,036	31,226	3695	+ 0,029	35,738	3755	+ 0,131	43,006
3636	+ 0,067	31,293	3696	+ 0,085	35,823	3756	+ 0,139	43,145
3637	+ 0,102	31,395	3697	+ 0,074	35,897	3757	+ 0,107	43,252
3638	+ 0,091	31,486	3698	+ 0,098	35,995	3758	+ 0,111	43,363
3639	+ 0,122	31,608	3699	+ 0,111	36,106	3759	+ 0,099	43,462
3640	+ 0,072	31,680	3700	+ 0,060	36,166	3760	+ 0,065	43,527
3641	+ 0,004	31,684	3701	+ 0,156	36,322	3761	+ 0,092	43,619
3642	+ 0,074	31,758	3702	+ 0,123	36,445	3762	+ 0,041	43,660
3643	+ 0,061	31,819	3703	+ 0,183	36,628	3763	+ 0,049	43,709
3644	+ 0,093	31,912	3704	+ 0,172	36,800	3764	− 0,060	43,649
3645	+ 0,065	31,977	3705	+ 0,136	36,936			
3646	+ 0,071	32,048	3706	+ 0,083	37,019			
3647	+ 0,078	32,126	3707	+ 0,078	37,097			
3648	+ 0,063	32,189	3708	+ 0,153	37,250			
3649	+ 0,095	32,284	3709	+ 0,135	37,385			
3650	+ 0,033	32,317	3710	+ 0,074	37,459			
3651	+ 0,054	32,371	3711	+ 0,139	37,598			
3652	+ 0,082	32,453	3712	+ 0,094	37,692			
3653	+ 0,068	32,521	3713	+ 0,081	37,773			
3654	+ 0,070	32,591	3714	+ 0,097	37,870			
3655	+ 0,022	32,613	3715	+ 0,036	37,906			
3656	+ 0,060	32,673	3716	+ 0,096	38,002			
3657	+ 0,065	32,738	3717	+ 0,051	38,053			
3658	+ 0,041	32,779	3718	+ 0,076	38,129			
3659	+ 0,060	32,839	3719	+ 0,089	38,218			
3660	+ 0,019	32,858	3720	+ 0,069	38,287			
3661	+ 0,064	32,922	3721	+ 0,095	38,382			
3662	+ 0,069	32,991	3722	+ 0,096	38,478			
3663	+ 0,052	33,043	3723	+ 0,107	38,585			
3664	+ 0,063	33,106	3724	+ 0,128	38,713			
3665	+ 0,052	33,158	3725	+ 0,098	38,811			
3666	+ 0,062	33,220	3726	+ 0,127	38,938			
3667	+ 0,075	33,295	3727	+ 0,127	39,065			
3668	+ 0,070	33,365	3728	+ 0,104	39,169			

APPENDICE N.° 9.

COMPARAISON DE LA RÈGLE GÉODÉSIQUE ÉGYPTIENNE AVEC L'ESPAGNOLE.

Le Gouvernement égyptien chargea M. Brunner, en 1858, de faire un appareil à mesurer les bases, semblable à celui qu'il avait construit pour le Gouvernement espagnol, deux années auparavant, et qui, après avoir été employé à la mesure de la base de Madridejos, fut déposé dans les bureaux de la Junte générale de Statistique. L'appareil égyptien avait été soumis à Paris aux expériences nécessaires pour déterminer ses coefficients de dilatation, mais il était indispensable d'en connaître la longueur en le comparant avec un des étalons européens, et l'on choisit à cet effet la règle géodésique espagnole.

Après avoir obtenu les autorisations officielles pour faire la comparaison, l'astronome du Kaire M. Ismail Effendy Moustapha se rendit à Madrid avec l'appareil, et la Junte de Statistique ayant chargé le colonel Ibañez de procéder à l'opération de concert avec l'astronome égyptien, les deux observateurs arrêtèrent la méthode qu'on devrait suivre, et décidèrent quels seraient les travaux d'installation les plus indispensables.

Dans la salle occidentale de l'Observatoire royal, on construisit deux piliers de granit *A*, *A'* (*fig.* 52, 53, 54) qui reposaient sur les bases *B*, *B'* de la même matière, et supportaient les prismes en pierre calcaire *C*, *C'*, auxquels on devait fixer les microscopes *M*, *M'*. On fit les excavations nécessaires pour isoler les piliers, de sorte que tout autour de leurs bases il restait un espace vide *EE*, *E'E'*.

Les supports *S, S, S', S'* des règles *RR, R'R'*, furent placés sur deux madriers *DD, D'D'*, qui pouvaient glisser en sens transversal sur les rails *FF, F'F'* fixés à de fortes poutrelles *VV, V'V'*, posées elles-mêmes sur les dalles de la salle et maintenues en place par de petits massifs en maçonnerie *W, W, W', W'*. Les pièces en fer *I, I, I, I*, fixées à la face inférieure des madriers, embrassaient le rail *FF* qui servait de guide, tandis que les pièces *I', I', I', I'* posaient simplement sur le rail *F'F'*. On avait arrondi légèrement dans les deux rails et dans les parties latérales des pièces *I, I, I, I*, les surfaces où avait lieu le contact, et le mouvement des règles en avant et en arrière, s'opérait avec un faible effort à l'aide de deux leviers *J, J*, qui après avoir traversé les pièces en fer *Y, Y*, faisant corps avec les madriers, s'engagaient successivement dans les entailles *U, U, U*... Deux arrêts tournants *K, K'* servaient, lorsqu'ils étaient dressés, à arrêter les madriers dans la position que chacun d'eux devait occuper pour que les traits des règles à observer, fussent visibles dans le champ des microscopes, et les vis des supports *S, S, S', S'* complétaient la coïncidence avec les axes optiques. Pendant que l'on approchait de ceux-ci la règle égyptienne, l'espagnole était repoussée vers les piliers *A, A'*, mais un arrêt fixe *Z* l'empêchait de les toucher. Un plancher fut établi à une hauteur suffisante au-dessus des dalles, au moyen de six poutrelles *G, G, G*... posées sur deux autres *H H*, distantes de deux mètres des centres des piliers.

Les microscopes de l'appareil égyptien, qui devaient être employés à la comparaison, étaient fixés aux prismes *C, C'*, à l'aide de deux barres de fer *a, a'* (*fig.* 55, 56, 57), scellées au plomb, sur lesquelles étaient solidement assujettis avec les vis *c, c, c', c'*, les coussinets en laiton *b, b'*. La distance entre les deux barres, était un peu plus grande que la longueur de la partie conique de l'axe horizontal *ff* du microscope. Il restait ainsi un petit jeu en sens longitudinal, qui permettait de régler les deux microscopes à la distance voulue. Les pièces *d, d'*, fixées aux barres par les vis *e*, *e*, *e'*, *e'*, étaient traversées par d'autres vis plus grandes *T*, *T'* qui servaient à retenir latéralement l'axe *ff*, dont la position devenait plus invariable en serrant les contre-écrous *m*, *m'*. Les coussinets *b*, *b'* furent construits à dessein sans mouvements de rectification, mais on tailla et l'on posa les pierres avec une telle exactitude qu'après avoir placé le microscope *M'* (*fig.* 52, 53) à l'extrémité Sud du comparateur, le niveau *n n* (*fig.* 55, 56, 57) n'indiqua pas (*) qu'il y eût rien à retoucher, et quant à l'autre microscope *M*, il suffit d'user légèrement un des coussinets pour atteindre l'horizontalité voulue.

Pour maintenir les microscopes avec la moindre inclinaison possible en sens transversal, on scella également à la partie inférieure des pierres calcaires, la pièce en fer *gg*, dans laquelle passaient les vis à écrou *t*, *t'*, qui retenaient le tube de chacun des microscopes. On rendait sensiblement nulle cette inclinaison transversale à l'aide d'une pièce *p q* (*fig.* 58) composée d'un cylindre creux en laiton, aux deux bouts duquel étaient ajustées deux règles d'égale longueur. En appliquant contre le tube du microscope les extrémités postérieures de ces règles, on faisait coïncider avec un fil à plomb les autres extrémités, au moyen des vis *t*, *t'* (*fig.* 55, 56, 57) et l'on serrait les contre-écrous, ainsi que les tourniquets *s s*, *s' s'*, des coussinets.

Avant de placer les microscopes dans le comparateur, on rectifia les entailles centrales de leurs peignes, en les ramenant à leur véritable position par des retournements de 180° des cercles de l'appareil et par des observations directes et inverses des traits de la règle. Cette rectifi-

(*) Pour connaître la valeur angulaire des divisions du niveau de la règle égyptienne, et du niveau employé à la détermination de l'inclinaison des axes des microscopes, on fit usage d'une éprouvette dans laquelle un pas de sa vis correspondait à 59",16. La tête circulaire de la vis était divisée en 60 parties. Le niveau de la règle espagnole avait déjà été examiné auparavant.

cation terminée, on fixa avec de la cire les vis *h*, *h* des peignes, pour prévenir tout dérangement.

On rectifia aussi les quatorze coussinets du banc dans les deux appareils, à l'aide des niveaux *NN*, *NN* (*fig.* 52, 53) et des petites vis verticales, jusqu'à ce que tous les supports cylindriques des règles de platine fussent à très peu de chose près dans un même plan. Ceci fait, on amena la règle espagnole sous les microscopes, montés déjà à *M*, *M'*, en lui donnant avec les grandes vis des supports une position horizontale, et l'on régla à l'aide des pignons *o*, *o* (*fig.* 55, 56, 57) la hauteur des micromètres, de sorte que les images des traits fussent dans les plans des réticules. La règle égyptienne occupa à son tour la place de l'espagnole, et, avec les mouvements de ses supports, elle fut placée horizontalement et à la hauteur nécessaire pour que les images de ses traits fussent également en coïncidence avec les réticules.

Les grandes vis *T*, *T'* et leurs contre-écrous *m*, *m'* furent employés à fixer les microscopes à la distance déterminée sur la règle de platine espagnole par les traits 39485 et 510, les mêmes que l'on avait choisis pour la comparaison avec la règle n.° 1 de Borda et l'étude des dilatations en 1856, aussi bien que pour la mesure de la base de Madridejos. Les microscopes étant définitivement établis, on fixa avec de la cire à leurs tubes extérieurs, les tubes intérieurs où reposent les micromètres, et l'on dévissa les clefs *i*, *i* pour éviter que par inadvertance l'union de ces tubes ne fût dérangée.

Sur une petite table *O* (*fig.* 52, 53, 54) on établit un thermomètre centigrade *L*, pour connaître approximativement les variations de température de la salle, et à côté des microscopes deux tabourets *X*, *X'* furent placés pour les observateurs.

Le 13 novembre 1862, tous les préparatifs étant terminés, on fit d'abord une rectification générale des quatorze coussinets des deux appareils, on nivela les règles de platine à leurs parties centrales pendant qu'elles étaient placées sous le comparateur; et la petite inclinaison des axes des microscopes fut déterminée.

Pour obtenir la valeur des tours des vis micrométriques, les observateurs, assis sur les tabourets, firent alternativement six pointés sur chacun des traits 39485 et 39488 au Nord, 510 et 513 au Sud. Ces observations furent faites aussi bien sur la règle de platine espagnole que sur l'égyptienne. On était convenu de donner la valeur de 10 tours à l'indication correspondante aux entailles centrales des peignes, pour ne pas avoir de lectures micrométriques positives et négatives.

La règle espagnole étant placée sous les microscopes, les deux observateurs firent simultanément et à un signal donné, neuf pointés : trois consécutifs sur les traits 39485 et 510 du platine, trois sur les 39575 et 610 correspondant au laiton, et trois autres sur les mêmes traits du platine. On notait l'heure et la minute au commencement du premier pointé de chaque groupe de trois. Deux aides firent immédiatement marcher les règles en approchant l'espagnole des piliers, pendant que l'égyptienne venait se placer sous le comparateur. Après avoir préparé celle-ci pour l'observation à l'aide des vis des supports, on fit neuf pointés distribués comme plus haut entre les traits de même numéro que les traits de la règle espagnole, excepté celui 39575 qui, se trouvant hors du champ du microscope, fut remplacé par le trait 39585.

Ces dix-huit observations constituaient la première comparaison. Dans la seconde, on observa d'abord la règle égyptienne, en faisant trois pointés sur le laiton, trois sur le platine, et trois autres sur le laiton. On replaça enfin la règle espagnole sous les microscopes, et l'on répéta sur celle-ci les mêmes pointés. De cette manière, dans chaque couple de comparaisons, le platine et le laiton des deux règles étaient observés un même nombre de fois. Les observateurs changeaient de microscope à la fin de chaque comparaison d'ordre pair, et l'on notait en même temps la température indiquée par le thermomètre *L*. Quand on terminait le travail de la journée, ce qui eut toujours lieu après une ou plusieurs séries de dix comparaisons chacune, on déterminait de nouveau les valeurs des tours de vis des micromètres par rapport aux deux règles, les inclinaisons de celles-ci, et celles des axes des microscopes du comparateur.

Ce système d'observations fut continué pendant les neuf jours qui furent employés à faire quatorze séries formant un total de **140** comparaisons. Ce nombre parut suffisant pour assurer l'exactitude du résultat.

A la fin de toutes les comparaisons on vérifia, dans les deux appareils, le nivellement des quatorze supports des règles de platine.

Les deux observateurs inscrivaient eux-mêmes les lectures sur des petits cahiers, dont la transcription a formé le registre général qui se trouve dans les bureaux de la Junte de Statistique. Les originaux restèrent entre les mains de M. Ismail Moustapha, pour être déposés aux archives de la Commission de la Carte d'Egypte.

Si, en adoptant les notations de l'ouvrage *Expériences*, etc., l'on désigne par :

C... la distance comprise, sur la règle qu'on observe, entre les prolongements des axes optiques des microscopes du comparateur,

p'', p'... les moyennes des lectures micrométriques faites aux microscopes Nord et Sud, sur le platine de la règle espagnole, dans chacune des comparaisons,

l'', l'... les moyennes analogues pour le laiton,

h'', h'... les valeurs des tours de vis des micromètres Nord et Sud, évalués en divisions de la règle espagnole,

N... le nombre des divisions comprises entre les deux traits pointés 39485 et 510, auxquels se rapporte la longueur normale de la même règle,

R... la distance entre ces deux traits à la température à laquelle les règles de platine et de laiton ont la même longueur,

r... le rapport constant entre la dilatation de la règle de platine et la différence des dilatations des deux métaux,

10,000... les lectures correspondantes aux entailles centrales des peignes des micromètres;

et si l'on pose pour simplifier,

$$(a) \qquad h''(p''-10{,}000)+h'(10{,}000-p')=Q,$$

$$(b) \qquad h''(p''-l'')+h'(l'-p')=M,$$

on aura :

$$(c) \qquad \frac{C}{R}=\frac{N+Q}{N-rM}.$$

En admettant les mêmes notations affectées de l'indice 1, pour la règle égyptienne, on aura également :

$$(d) \qquad \frac{C}{R_1}=\frac{N_1+Q_1}{N_1-r_1M_1}$$

et, par conséquent :

$$(e) \qquad \frac{R_1}{R}=\frac{1+\frac{Q}{N}}{1+\frac{Q_1}{N_1}}\cdot\frac{1-\frac{r_1M_1}{N_1}}{1-\frac{rM}{N}};$$

en développant cette expression, on a :

$$\frac{R_1}{R}=1+\frac{Q+rM}{N}-\frac{Q_1+r_1M_1}{N_1}+\frac{Q_1^2}{N_1^2}-\frac{QQ_1}{NN_1}-\frac{Qr_1M_1}{NN_1}+\frac{Q_1r_1M_1}{N_1^2}$$
$$+\frac{QrM}{N^2}-\frac{Q_1}{N_1}\cdot\frac{rM}{N}+\frac{r^2M^2}{N^2}-\frac{rM}{N}\cdot\frac{r_1M_1}{N_1}+\cdots$$

En négligeant, à cause de leur petitesse, les termes d'un ordre supérieur au premier, et puisque dans le cas actuel $N_1 = N$, si l'on pose pour simplifier :

$$(f) \qquad (Q + rM) - (Q_1 + r_1 M_1) = x,$$

il résulte :

$$(g) \qquad \frac{R_1}{R} = 1 + \frac{x}{N} \cdot$$

Chacune des comparaisons fournit une équation semblable à l'équation (f), et de l'ensemble de toutes on déduit la relation (g) entre les longueurs des deux règles égyptienne et espagnole.

Les *Tableaux* **A**, **B**, **C**, présentent les moyennes p'', l'', p', l', p''_1, l''_1, p'_1, l'_1 des lectures micrométriques faites sur les deux règles avec les microscopes Nord et Sud, dans les **140** comparaisons.

Les heures indiquées sont celles qui correspondent au quatrième des neufs pointés que chacun des deux observateurs faisait successivement.

La dernière colonne renferme les initiales *I* et *M* des noms des observateurs espagnol et égyptien, et l'on a toujours placé la première, celle qui indique l'observateur qui était au microscope Nord.

Tableau A. 13, 14 et 15 novembre 1862.

Comparaisons	Heures	Thermomètre L	Règle espagnole.				Heures	Règle égyptienne.				Observateurs
			p''	l''	p'	l'		p''_1	l''_1	p'_1	l'_1	
	h m	°	τ	τ	τ	τ	h m	τ	τ	τ	τ	
1	2 10		10,312	11,896	11,450	10,191	2 16	10,443	9,148	10,086	9,583	M. I.
2	28	15,2	8,532	10,013	9,742	8,495	21	10,445	9,139	10,130	9,659	
3	37		8,509	0,974	9,778	8,549	43	10,685	9,353	10,420	10,012	I. M.
4	56	14,6	9,883	11,377	11,1[illegible]	9,928	49	10,735	9,406	10,453	10,032	
5	3 3		9,884	11,403	11,090	9,820	3 10	10,317	8,942	10,025	9,607	M. I.
6	21	15,0	9,670	11,137	10,896	9,671	15	10,353	8,967	10,081	9,643	
7	31		9,653	11,082	10,908	9,690	40	10,844	9,461	10,626	10,250	I. M.
8	50	14,9	9,415	10,893	10,623	9,439	45	10,893	9,533	10,636	10,211	
9	56		9,432	10,902	10,575	9,378	4 3	10,693	9,375	10,295	9,839	M. I.
10	4 15	14,1	8,569	10,132	9,582	8,312	8	10,747	9,436	10,317	9,859	
11	22 5		8,451	10,468	8,796	7,105	22 15	10,426	9,560	9,394	8,451	I. M.
12	25	12,6	9,758	11,741	10,213	8,493	18	10,425	9,543	9,396	8,491	
13	31		9,782	11,770	10,167	8,474	37	10,958	10,066	9,913	9,076	M. I.
14	51	13,0	10,497	12,507	10,909	9,253	43	10,976	10,084	9,943	9,099	
15	23 0		10,425	12,346	10,983	9,327	23 6	10,446	9,468	9,629	8,836	I. M.
16	19	14,0	8,437	10,255	9,251	7,686	10	10,448	9,423	9,655	8,918	
17	59		8,314	9,940	9,315	7,938	0 4	10,453	9,126	10,155	9,671	M. I.
18	0 14	14,8	10,327	11,897	11,359	10,053	8	10,480	9,150	10,202	9,704	
19	21		10,229	11,808	11,375	10,085	26	10,559	9,238	10,305	9,807	I. M.
20	38	14,5	8,159	9,731	9,259	7,985	31	10,610	9,288	10,323	9,818	
21	43		8,158	9,758	9,204	7,917	50	10,501	9,224	10,084	9,587	M. I.
22	1 1	14,8	9,553	11,181	10,601	9,331	54	10,511	9,240	10,097	9,596	
23	21		9,431	10,977	10,610	9,365	1 30	11,165	9,828	10,937	10,481	I. M.
24	40	13,0	8,365	9,847	9,626	8,435	35	11,187	9,824	10,973	10,519	
25	46		8,357	9,856	9,604	8,440	52	10,403	9,019	10,215	9,828	M. I.
26	2 2	15,4	8,223	9,730	9,566	8,430	57	10,409	9,010	10,232	9,869	
27	10		8,179	9,613	9,569	8,430	2 15	10,265	8,822	10,203	9,811	I. M.
28	25	15,5	9,117	10,523	10,552	9,446	19	10,268	8,812	10,211	9,877	
29	34		9,121	10,569	10,522	9,429	40	10,616	9,131	10,552	10,284	M. I.
30	51	15,6	9,794	11,203	11,193	10,118	45	10,640	9,136	10,577	10,323	
31	22 34		10,424	12,659	10,117	8,625	22 40	11,629	10,968	10,168	9,127	M. I.
32	52	12,4	9,677	11,836	9,777	8,063	44	11,610	10,951	10,215	9,181	
33	59		9,636	11,748	9,815	8,098	23 6	10,505	9,728	9,257	8,247	I. M.
34	23 16	12,6	8,990	11,024	9,321	7,641	10	10,480	9,683	9,235	8,297	
35	38		8,881	10,818	9,339	7,751	44	11,557	10,670	10,535	9,779	M. I.
36	56	13,6	10,707	12,625	11,284	9,766	48	11,573	10,647	10,573	9,836	
37	0 2		10,657	12,505	11,319	9,836	0 8	10,666	9,591	9,919	9,299	I. M.
38	20	13,8	9,213	10,974	9,970	8,535	12	10,649	9,548	9,945	9,340	
39	26		9,242	11,043	9,917	8,491	33	10,134	9,075	9,341	8,709	M. I.
40	48	13,6	10,124	11,984	10,674	9,277	42	10,182	9,151	9,326	8,675	
41	59		10,092	11,950	10,674	9,255	1 5	11,453	10,470	10,505	9,826	I. M.
42	1 15	13,8	9,496	11,328	10,125	8,688	9	11,466	10,467	10,531	9,861	
43	21		9,297	11,148	9,903	8,478	27	11,248	10,246	10,308	9,635	M. I.
44	41	13,8	8,965	10,801	9,585	8,201	32	11,274	10,277	10,335	9,647	
45	48		8,933	10,757	9,598	8,190	55	10,364	9,349	9,447	8,782	I. M.
46	2 6	13,7	8,980	10,806	9,618	8,214	59	10,383	9,382	9,444	8,756	
47	22		8,992	10,856	9,551	8,165	2 28	10,806	9,843	9,795	9,152	M. I.
48	38	13,6	9,490	11,387	9,904	8,561	32	10,850	9,868	9,791	9,110	
49	46		9,481	11,353	10,005	8,545	52	10,761	9,795	9,750	9,031	I. M.
50	3 4	13,3	9,573	11,143	10,072	8,617	57	10,777	9,818	9,754	9,030	

TABLEAU **B**. 15, 16, 17 ET 18 NOVEMBRE 1862.

Comparaisons	Heures	Thermomètre L	Règle espagnole.				Heures	Règle égyptienne.				Observateurs
			p''	t''	p'	t'		p''_1	t''_1	p'_1	t'_1	
	h m	°	T	T	T	T	h m	T	T	T	T	
51	22 6		9,529	11,745	9,193	7,621	22 12	10,972	10,374	9,446	8,361	I. M.
52	22	11,8	9,599	11,777	9,628	7,531	16	10,977	10,368	9,457	8,365	
53	28		9,579	11,757	9,596	7,834	35	11,424	10,714	10,040	9,035	M. I.
54	45	12,4	10,071	12,199	10,231	8,513	39	11,409	10,685	10,093	9,066	
55	52		10,014	12,089	10,259	8,539	58	10,549	9,742	9,312	8,376	I. M.
56	23 11	12,1	8,276	10,314	8,581	6,914	23 2	10,551	9,737	9,330	8,406	
57	20		8,244	10,283	8,555	6,893	27	10,259	9,366	9,199	8,332	M. I.
58	38	12,8	10,055	12,074	10,432	8,799	31	10,254	9,371	9,216	8,364	
59	0 13		9,994	11,904	10,433	8,833	0 19	11,366	10,395	10,387	9,629	I. M.
60	29	12,8	9,837	11,766	10,306	8,722	23	11,394	10,440	10,400	9,617	
61	22 5		10,679	13,300	9,944	7,739	22 11	10,950	10,673	8,767	7,359	M. I.
62	23	10,3	9,885	12,430	9,317	7,217	16	10,913	10,657	8,789	7,399	
63	30		9,836	12,319	9,350	7,256	35	11,869	11,470	9,934	8,595	I. M.
64	46	10,7	9,729	12,118	9,358	7,349	39	11,862	11,441	9,953	8,611	
65	58		9,628	11,987	9,352	7,382	23 4	12,156	11,590	10,430	9,286	M. I.
66	23 15	11,5	10,972	13,275	10,820	8,937	8	12,144	11,569	10,468	9,328	
67	53		10,712	12,741	10,873	9,133	59	10,701	9,859	9,410	8,518	I. M.
68	0 10	12,1	8,220	10,269	8,370	6,651	0 4	10,728	9,906	9,420	8,500	
69	15		8,189	10,227	8,318	6,617	23	10,985	10,119	9,693	8,788	M. I.
70	36	12,8	10,353	12,392	10,540	8,903	30	10,968	10,137	9,708	8,894	
71	49		10,216	12,132	10,590	8,989	54	9,820	8,890	8,806	8,027	I. M.
72	1 5	12,9	8,323	10,171	8,801	7,259	59	9,812	8,858	8,826	8,046	
73	12		8,339	10,155	8,723	7,225	1 18	11,040	10,031	9,959	9,213	M. I.
74	31	12,4	8,996	10,934	9,244	7,671	25	11,120	10,118	9,941	9,155	
75	39		8,990	10,933	9,227	7,615	45	10,652	9,777	9,418	8,559	I. M.
76	55	12,0	9,432	11,418	9,558	7,954	48	10,676	9,802	9,421	8,555	
77	2 2		9,448	11,483	9,502	7,913	2 8	11,054	10,171	9,615	8,718	M. I.
78	20	12,3	10,441	12,518	10,470	8,841	14	11,059	10,168	9,628	8,710	
79	26		10,403	12,419	10,504	8,862	32	10,357	9,512	9,050	8,125	I. M.
80	42	12,2	8,912	10,922	9,114	7,453	36	10,347	9,504	9,056	8,138	
81	22 1		9,370	11,732	8,930	6,935	22 7	11,918	11,480	10,080	8,801	I. M.
82	17	11,0	9,720	12,024	9,381	7,435	11	11,952	11,476	10,110	8,833	
83	23		9,685	11,971	9,358	7,424	29	11,410	10,835	9,585	8,431	M. I.
84	38	11,6	10,436	12,676	10,234	8,373	33	11,405	10,809	9,617	8,488	
85	46		10,371	12,573	10,269	8,419	51	12,090	11,455	10,489	9,415	I. M.
86	23 2	11,4	10,705	12,851	10,653	8,864	55	12,103	11,452	10,501	9,434	
87	10		10,641	12,757	10,624	8,870	23 15	10,947	10,200	9,513	8,531	M. I.
88	26	12,6	9,833	11,858	10,005	8,321	20	10,929	10,172	9,544	8,585	
89	35		9,762	11,752	10,036	8,354	41	11,884	10,993	10,715	9,872	I. M.
90	50	12,8	10,165	12,077	10,518	8,936	45	11,870	10,968	10,738	9,920	
91	0 23		10,087	11,962	10,406	8,840	0 28	10,939	9,944	9,850	9,079	M. I.
92	38	13,2	10,826	12,711	11,133	9,621	32	10,959	9,962	9,859	9,093	
93	46		10,786	12,624	11,212	9,649	51	10,361	9,346	9,347	8,556	I. M.
94	1 1	13,2	9,739	11,550	10,231	8,603	56	10,369	9,357	9,378	8,586	
95	7		9,691	11,479	10,201	8,684	1 12	9,934	8,867	8,931	8,222	M. I.
96	23	13,7	10,085	11,849	10,625	9,183	17	9,949	8,875	8,967	8,246	
97	55		9,982	11,700	10,660	9,276	2 0	11,114	9,989	10,327	9,641	I. M.
98	2 9	13,8	10,573	12,206	11,254	9,871	4	11,146	10,015	10,326	9,656	
99	17		10,521	12,199	11,221	9,840	23	11,344	10,192	10,503	9,911	M. I.
100	33	14,0	10,083	11,764	10,844	9,472	27	11,362	10,182	10,535	9,945	

Tableau C. **18, 19, 20 et 21 novembre 1862.**

Comparaisons	Heures	Thermomètre L	Règle espagnole. p''	l''	p'	l'	Heures	Règle égyptienne. p''_1	l''_1	p'_1	l'_1	Observateurs
	h m	°	r	r	r	r	h m	r	r	r	r	
101	22 6		10,306	12,562	10,075	8,199	22 14	11,982	11,390	10,266	9,151	M. I.
102	26	11,7	10,146	12,646	10,334	8,510	18	11,990	11,403	10,306	9,182	
103	38		10,389	12,525	10,378	8,583	44	11,328	10,620	9,886	8,801	I. M.
104	54	12,1	10,269	12,314	10,359	8,615	48	11,324	10,588	9,895	8,859	
105	23 1		10,194	12,227	10,336	8,613	23 6	11,933	11,115	10,633	9,697	M. I.
106	16	12,6	10,700	12,679	10,940	9,294	10	11,936	11,098	10,651	9,738	
107	31		10,608	12,534	10,982	9,375	36	12,318	11,366	11,761	10,131	I. M.
108	47	13,0	9,734	11,629	10,235	8,679	41	12,315	11,365	11,304	10,173	
109	51		9,713	11,553	10,204	8,654	56	10,795	9,784	9,805	9,078	M. I.
110	0 6	13,4	9,629	11,450	10,137	8,606	0 0	10,824	9,797	9,823	9,103	
111	35		9,600	11,385	10,106	8,593	39	11 318	10,299	10,313	9,552	I. M.
112	48	13,2	9,570	11,359	10,086	8,581	44	11,317	10,332	10,328	9,552	
113	54		9,519	11,316	10,044	8,546	39	11,352	10,318	10,320	9,565	M. I.
114	1 8	13,4	9,170	10,939	9,666	8,234	1 3	11,364	10,338	10,338	9,591	
115	14		9,159	10,915	9,675	8,233	19	11,883	10,862	10,914	10,183	I. M.
116	28	13,9	9,058	10,819	9,648	8,224	23	11,891	10,866	10,959	10,219	
117	37		9,027	10,767	9,608	8,195	45	11,295	10,209	10,355	9,650	M. I.
118	52	14,0	8,935	10,679	9,571	8,182	47	11,304	10,215	10,351	9,666	
119	2 4		8,856	10,356	9,619	8,255	2 9	11,714	10,565	11,010	10,348	I. M.
120	20	14,1	8,848	10,491	9,659	8,351	14	11,725	10,560	11,052	10,404	
121	0 6		9,633	11,655	9,766	8,089	0 12	10,100	9,331	8,725	7,677	I. M.
122	24	12,2	8,838	10,851	9,024	7,335	18	10,135	9,380	8,745	7,712	
123	35		8,796	10,806	8,996	7,326	41	11,843	11,080	10,472	9,491	M. I.
124	51	12,7	9,727	11,706	10,004	8,363	46	11,841	11,076	10,481	9,521	
125	1 5		9,679	11,607	10,044	8,128	1 10	9,322	8,457	8,109	7,189	I. M.
126	24	12,8	8,875	10,795	9,281	7,679	15	9,337	8,475	8,124	7,203	
127	33		8,852	10,762	9,233	7,650	38	11,112	10,231	9,685	8,981	M. I.
128	50	12,3	10,109	12,029	10,369	8,782	42	11,141	10,271	9,886	9,010	
129	2 12		10,151	12,099	10,335	8,704	2 18	9,311	8,501	7,940	6,967	I. M.
130	30	11,8	10,098	12,105	10,198	8,546	22	9,310	8,520	7,979	6,975	
131	0 7		11,364	13,762	10,876	8,877	0 13	12,963	12,573	10,970	9,603	M. I.
132	24	11,0	11,231	13,620	10,804	8,811	17	13,015	12,591	11,002	9,652	
133	31		11,211	13,552	10,852	8,875	37	12,403	11,883	10,582	9,290	I. M.
134	49	11,0	9,656	11,923	9,426	7,491	41	12,398	11,882	10,610	9,332	
135	55		9,658	11,924	9,369	7,461	1 1	13,020	12,517	11,152	9,875	M. I.
136	1 13	10,6	9,797	12,137	9,416	7,491	6	13,058	12,537	11,137	9,879	
137	30		9,804	12,151	9,399	7,441	35	10,273	9,774	8,359	7,099	I. M.
138	46	10,8	8,965	11,322	8,620	6,684	38	10,298	9,788	8,409	7,114	
139	52		8,947	11,296	8,591	6,667	57	11,818	11,316	10,003	8,762	M. I.
140	2 8	11,2	10,424	12,729	10,148	8,234	2 2	11,863	11,326	10,023	8,791	

Voici, pour les quatorze séries de dix comparaisons, les valeurs h'', h' des tours des vis micrométriques des microscopes évalués en divisions de la règle de platine espagnole, et les valeurs analogues h''_1, h'_1 relatives à la règle égyptienne :

Séries	h''	h'	h''_1	h'_1
	»	»	»	»
I	0,981	1,002	1,000	1,008
II	0,982	1,003	1,001	1,003
III	0,980	1,001	1,000	1,008
IV	0,985	1,005	1,002	1,001
V	0,988	1,003	1,000	1,004
VI	0,978	1,005	0,999	1,004
VII	0,978	1,006	1,007	1,011
VIII	0,981	1,001	1,007	1,001
IX	0,991	1,009	1,006	1,002
X	0,987	1,001	1,000	1,001
XI	0,989	1,006	1,004	1,008
XII	0,991	1,004	1,000	1,000
XIII	0,986	1,006	1,007	1,005
XIV	0,983	1,011	1,003	1,004

Les expériences faites en 1856 avec l'appareil espagnol, donnèrent $r=0,905$; et pour la règle égyptienne, d'après les travaux exécutés récemment à Paris, $r_1=0,918$.

Si l'on combine toutes les données numériques qui précèdent, sous la forme indiquée par les équations (a), (b), (f), on obtient les valeurs de $Q+rM$ et de $Q_1+r_1M_1$ renfermées dans les trois *Tableaux* **D, E, F**.

Tableau D. **Séries I à V.**

Comparaisons	Règle espagnole.				Règle égyptienne.			
	Q	M	rM	Q + rM	Q_1	M_1	$r_1 M_1$	$Q_1 + r_1 M_1$
	D	D	D	D	D	D	D	D
1	— 1,116	— 2,784	— 2,520	— 3,636	+ 0,357	+ 0,791	+ 0,726	+ 1,083
2	— 1,181	— 2,676	— 2,422	— 3,603	+ 0,315	+ 0,831	+ 0,763	+ 1,078
3	— 1,240	— 2,667	— 2,414	— 3,654	+ 0,262	+ 0,897	+ 0,824	+ 1,086
4	— 1,252	— 2,684	— 2,429	— 3,681	+ 0,277	+ 0,848	+ 0,780	+ 1,057
5	— 1,205	— 2,760	— 2,498	— 3,703	+ 0,292	+ 0,954	+ 0,876	+ 1,168
6	— 1,222	— 2,701	— 2,443	— 3,665	+ 0,252	+ 0,945	+ 0,886	+ 1,138
7	— 1,248	— 2,619	— 2,370	— 3,618	+ 0,213	+ 1,004	+ 0,923	+ 1,136
8	— 1,168	— 2,607	— 2,359	— 3,527	+ 0,252	+ 0,933	+ 0,857	+ 1,109
9	— 1,131	— 2,642	— 2,391	— 3,522	+ 0,396	+ 0,859	+ 0,789	+ 1,185
10	— 0,984	— 2,805	— 2,539	— 3,523	+ 0,428	+ 0,851	+ 0,782	+ 1,210
11	— 0,311	— 3,673	— 3,324	— 3,635	+ 1,034	— 0,079	— 0,027	+ 1,007
12	— 0,451	— 3,664	— 3,316	— 3,767	+ 1,031	— 0,025	— 0,072	+ 0,959
13	— 0,380	— 3,645	— 3,299	— 3,679	+ 1,045	+ 0,052	+ 0,047	+ 1,092
14	— 0,424	— 3,630	— 3,286	— 3,710	+ 1,033	+ 0,015	+ 0,041	+ 1,074
15	— 0,569	— 3,544	— 3,208	— 3,777	+ 0,818	+ 0,183	+ 0,169	+ 0,987
16	— 0,791	— 3,359	— 3,040	— 3,831	+ 0,794	+ 0,296	+ 0,172	+ 0,966
17	— 0,966	— 2,975	— 2,693	— 3,659	+ 0,308	+ 0,842	+ 0,774	+ 1,082
18	— 1,046	— 2,853	— 2,582	— 3,628	+ 0,278	+ 0,831	+ 0,764	+ 1,042
19	— 1,154	— 2,840	— 2,571	— 3,725	+ 0,255	+ 0,834	+ 0,766	+ 1,021
20	— 1,062	— 2,819	— 2,552	— 3,614	+ 0,286	+ 0,846	+ 0,777	+ 1,063
21	— 1,010	— 2,857	— 2,586	— 3,596	+ 0,417	+ 0,777	+ 0,714	+ 1,131
22	— 1,039	— 2,867	— 2,595	— 3,634	+ 0,414	+ 0,768	+ 0,706	+ 1,120
23	— 1,166	— 2,759	— 2,497	— 3,663	+ 0,221	+ 0,878	+ 0,807	+ 1,028
24	— 1,228	— 2,644	— 2,393	— 3,621	+ 0,197	+ 0,896	+ 0,823	+ 1,020
25	— 1,214	— 2,630	— 2,380	— 3,594	+ 0,186	+ 0,994	+ 0,913	+ 1,099
26	— 1,308	— 2,613	— 2,365	— 3,673	+ 0,165	+ 1,033	+ 0,949	+ 1,114
27	— 1,355	— 2,546	— 2,309	— 3,664	+ 0,060	+ 1,078	+ 0,990	+ 1,050
28	— 1,418	— 2,490	— 2,254	— 3,672	+ 0,055	+ 1,119	+ 1,028	+ 1,083
29	— 1,384	— 2,513	— 2,275	— 3,659	+ 0,060	+ 1,215	+ 1,116	+ 1,176
30	— 1,395	— 2,456	— 2,223	— 3,618	+ 0,061	+ 1,250	+ 1,149	+ 1,210
31	— 0,001	— 4,001	— 3,622	— 3,622	+ 1,464	— 0,383	— 0,351	+ 1,113
32	— 0,094	— 3,848	— 3,483	— 3,577	+ 1,428	— 0,345	— 0,311	+ 1,117
33	— 0,173	— 3,814	— 3,452	— 3,625	+ 1,269	— 0,214	— 0,196	+ 1,073
34	— 0,316	— 3,695	— 3,344	— 3,660	+ 1,246	— 0,142	— 0,130	+ 1,116
35	— 0,439	— 3,535	— 3,200	— 3,639	+ 1,025	+ 0,153	+ 0,140	+ 1,165
36	— 0,593	— 3,414	— 3,090	— 3,683	+ 1,003	+ 0,191	+ 0,175	+ 1,178
37	— 0,678	— 3,309	— 2,995	— 3,673	+ 0,748	+ 0,455	+ 0,418	+ 1,166
38	— 0,745	— 3,177	— 2,876	— 3,621	+ 0,705	+ 0,497	+ 0,457	+ 1,162
39	— 0,653	— 3,207	— 2,903	— 3,556	+ 0,793	+ 0,428	+ 0,393	+ 1,186
40	— 0,555	— 3,238	— 2,931	— 3,486	+ 0,853	+ 0,378	+ 0,339	+ 1,192
41	— 0,584	— 3,258	— 2,949	— 3,533	+ 0,946	+ 0,301	+ 0,276	+ 1,222
42	— 0,623	— 3,251	— 2,943	— 3,566	+ 0,933	+ 0,326	+ 0,299	+ 1,232
43	— 0,497	— 3,167	— 2,866	— 3,363	+ 0,939	+ 0,327	+ 0,300	+ 1,239
44	— 0,607	— 3,203	— 2,899	— 3,506	+ 0,888	+ 0,257	+ 0,236	+ 1,124
45	— 0,652	— 3,215	— 2,910	— 3,562	+ 0,919	+ 0,347	+ 0,340	+ 1,159
46	— 0,626	— 3,214	— 2,909	— 3,535	+ 0,941	+ 0,310	+ 0,284	+ 1,225
47	— 0,545	— 3,231	— 2,926	— 3,471	+ 1,012	+ 0,318	+ 0,291	+ 1,301
48	— 0,498	— 3,312	— 2,997	— 3,495	+ 1,040	+ 0,309	+ 0,285	+ 1,325
49	— 0,515	— 3,313	— 2,998	— 3,513	+ 1,012	+ 0,264	+ 0,242	+ 1,254
50	— 0,494	— 3,307	— 2,994	— 3,488	+ 1,024	+ 0,252	+ 0,231	+ 1,255

TABLEAU E. SÉRIES VI À X.

Comparaisons	Règle espagnole				Règle égyptienne.			
	Q	M	rM	$Q+rM$	Q_1	M_1	r_1M_1	$Q_1+r_1M_1$
	D	D	D	D	D	D	D	D
51	+ 0,047	— 4,054	— 3,669	— 3,622	+ 1,520	— 0,487	— 0,447	+ 1,073
52	— 0,020	— 3,943	— 3,566	— 3,586	+ 1,524	— 0,483	— 0,443	+ 1,081
53	— 0,008	— 3,906	— 3,535	— 3,543	+ 1,388	— 0,295	— 0,270	+ 1,118
54	— 0,162	— 3,802	— 3,441	— 3,603	+ 1,290	— 0,305	— 0,278	+ 1,012
55	— 0,246	— 3,766	— 3,408	— 3,654	+ 1,235	— 0,135	— 0,123	+ 1,112
56	— 0,255	— 3,662	— 3,318	— 3,573	+ 1,222	— 0,119	— 0,109	+ 1,113
57	— 0,261	— 3,659	— 3,311	— 3,572	+ 1,064	— 0,017	+ 0,015	+ 1,079
58	— 0,380	— 3,618	— 3,274	— 3,654	+ 1,042	+ 0,022	+ 0,020	+ 1,062
59	— 0,441	— 3,471	— 3,141	— 3,582	+ 0,970	+ 0,205	+ 0,188	+ 1,158
60	— 0,468	— 3,474	— 3,144	— 3,612	+ 0,985	+ 0,162	+ 0,118	+ 1,103
61	+ 0,720	— 4,782	— 4,328	— 3,608	+ 2,202	— 1,149	— 1,056	+ 1,146
62	+ 0,574	— 4,602	— 4,165	— 3,591	+ 2,173	— 1,101	— 1,012	+ 1,161
63	+ 0,493	— 4,535	— 4,103	— 3,610	+ 1,948	— 0,952	— 0,873	+ 1,075
64	+ 0,382	— 4,359	— 3,945	— 3,563	+ 1,922	— 0,903	— 0,828	+ 1,094
65	+ 0,288	— 4,289	— 3,880	— 3,592	+ 1,737	— 0,586	— 0,537	+ 1,200
66	+ 0,126	— 4,146	— 3,752	— 3,626	+ 1,687	— 0,572	— 0,525	+ 1,162
67	— 0,183	— 3,736	— 3,304	— 3,487	+ 1,302	— 0,024	— 0,020	+ 1,282
68	— 0,102	— 3,734	— 3,379	— 3,481	+ 1,319	— 0,102	— 0,093	+ 1,226
69	— 0,078	— 3,703	— 3,351	— 3,429	+ 1,302	— 0,053	— 0,048	+ 1,252
70	— 0,199	— 3,640	— 3,295	— 3,494	+ 1,266	— 0,061	— 0,056	+ 1,210
71	— 0,388	— 3,480	— 3,149	— 3,537	+ 1,014	+ 0,156	+ 0,143	+ 1,157
72	— 0,446	— 3,358	— 3,038	— 3,484	+ 0,986	+ 0,180	+ 0,165	+ 1,151
73	— 0,350	— 3,280	— 2,968	— 3,318	+ 1,087	+ 0,268	+ 0,245	+ 1,332
74	— 0,227	— 3,474	— 3,143	— 3,370	+ 1,186	+ 0,221	+ 0,202	+ 1,388
75	— 0,217	— 3,519	— 3,184	— 3,401	+ 1,238	+ 0,020	+ 0,018	+ 1,256
76	— 0,115	— 3,553	— 3,215	— 3,330	+ 1,259	+ 0,012	+ 0,011	+ 1,270
77	— 0,043	— 3,589	— 3,248	— 3,291	+ 1,445	+ 0,026	+ 0,023	+ 1,468
78	— 0,038	— 3,666	— 3,317	— 3,355	+ 1,438	— 0,022	— 0,020	+ 1,458
79	— 0,095	— 3,603	— 3,260	— 3,351	+ 1,310	— 0,076	— 0,070	+ 1,380
80	— 0,174	— 3,627	— 3,189	— 3,463	+ 1,294	— 0,071	— 0,065	+ 1,359
81	+ 0,455	— 4,355	— 3,946	— 3,491	+ 1,880	— 0,810	— 0,743	+ 1,137
82	+ 0,347	— 4,247	— 3,843	— 3,496	+ 1,854	— 0,798	— 0,732	+ 1,122
83	+ 0,338	— 4,214	— 3,814	— 3,476	+ 1,834	— 0,575	— 0,527	+ 1,307
84	+ 0,196	— 4,096	— 3,707	— 3,511	+ 1,797	— 0,532	— 0,488	+ 1,309
85	+ 0,097	— 4,058	— 3,672	— 3,575	+ 1,623	— 0,427	— 0,392	+ 1,231
86	+ 0,040	— 3,931	— 3,557	— 3,517	+ 1,614	— 0,413	— 0,379	+ 1,235
87	+ 0,006	— 3,866	— 3,499	— 3,493	+ 1,440	— 0,235	— 0,214	+ 1,226
88	— 0,171	— 3,706	— 3,355	— 3,526	+ 1,392	— 0,199	— 0,184	+ 1,208
89	— 0,272	— 3,668	— 3,319	— 3,591	+ 1,169	+ 0,042	+ 0,038	+ 1,201
90	— 0,359	— 3,491	— 3,159	— 3,518	+ 1,142	+ 0,088	+ 0,080	+ 1,222
91	— 0,320	— 3,418	— 3,093	— 3,413	+ 1,080	+ 0,223	+ 0,204	+ 1,293
92	— 0,379	— 3,434	— 3,008	— 3,387	+ 1,100	+ 0,230	+ 0,211	+ 1,311
93	— 0,437	— 3,278	— 2,967	— 3,404	+ 1,018	+ 0,227	+ 0,208	+ 1,226
94	— 0,499	— 3,337	— 3,020	— 3,519	+ 0,992	+ 0,220	+ 0,202	+ 1,194
95	— 0,507	— 3,284	— 2,972	— 3,479	+ 0,984	+ 0,337	+ 0,309	+ 1,293
96	— 0,542	— 3,185	— 2,882	— 3,424	+ 0,983	+ 0,352	+ 0,323	+ 1,306
97	— 0,679	— 3,074	— 2,782	— 3,461	+ 0,787	+ 0,420	+ 0,385	+ 1,172
98	— 0,689	— 3,055	— 2,765	— 3,454	+ 0,823	+ 0,466	+ 0,427	+ 1,250
99	— 0,711	— 3,042	— 2,733	— 3,461	+ 0,840	+ 0,562	+ 0,515	+ 1,355
100	— 0,724	— 2,994	— 2,710	— 3,434	+ 0,836	+ 0,589	+ 0,540	+ 1,376

TABLEAU F. SÉRIES XI À XIV.

Comparaisons	Règle espagnole.				Règle égyptienne.			
	Q	M	rM	$Q+rM$	Q_1	M_1	r_1M_1	$Q_1+r_1M_1$
	μ	μ	μ	μ	μ	μ	μ	μ
101	+ 0,228	— 4,118	— 3,726	— 3,498	+ 1,722	— 0,530	— 0,486	+ 1,236
102	+ 0,105	— 4,011	— 3,630	— 3,525	+ 1,690	— 0,544	— 0,499	+ 1,191
103	+ 0,005	— 3,913	— 3,541	— 3,536	+ 1,448	— 0,380	— 0,348	+ 1,100
104	— 0,095	— 3,787	— 3,427	— 3,522	+ 1,435	— 0,305	— 0,280	+ 1,155
105	— 0,146	— 3,741	— 3,388	— 3,534	+ 1,303	— 0,118	— 0,108	+ 1,195
106	— 0,254	— 3,614	— 3,271	— 3,525	+ 1,288	— 0,078	— 0,071	+ 1,217
107	— 0,387	— 3,522	— 3,187	— 3,574	+ 1,056	+ 0,119	+ 0,109	+ 1,165
108	— 0,479	— 3,419	— 3,094	— 3,573	+ 1,010	+ 0,217	+ 0,199	+ 1,209
109	— 0,489	— 3,381	— 3,060	— 3,549	+ 0,994	+ 0,282	+ 0,259	+ 1,253
110	— 0,505	— 3,341	— 3,024	— 3,529	+ 1,002	+ 0,306	+ 0,281	+ 1,283
111	— 0,503	— 3,289	— 2,977	— 3,480	+ 1,003	+ 0,256	+ 0,235	+ 1,238
112	— 0,512	— 3,284	— 2,972	— 3,484	+ 1,019	+ 0,239	+ 0,219	+ 1,238
113	— 0,522	— 3,286	— 2,973	— 3,495	+ 1,032	+ 0,280	+ 0,257	+ 1,289
114	— 0,488	— 3,192	— 2,889	— 3,377	+ 1,026	+ 0,279	+ 0,256	+ 1,282
115	— 0,508	— 3,189	— 2,886	— 3,394	+ 0,969	+ 0,290	+ 0,266	+ 1,235
116	— 0,581	— 3,176	— 2,874	— 3,455	+ 0,933	+ 0,285	+ 0,261	+ 1,193
117	— 0,571	— 3,143	— 2,844	— 3,415	+ 0,952	+ 0,393	+ 0,360	+ 1,312
118	— 0,625	— 3,123	— 2,826	— 3,451	+ 0,963	+ 0,414	+ 0,380	+ 1,343
119	— 0,751	— 3,034	— 2,764	— 3,515	+ 0,704	+ 0,485	+ 0,445	+ 1,149
120	— 0,800	— 2,943	— 2,663	— 3,463	+ 0,673	+ 0,519	+ 0,476	+ 1,149
121	— 0,127	— 3,671	— 3,373	— 3,500	+ 1,382	— 0,299	— 0,275	+ 1,107
122	— 0,164	— 3,683	— 3,384	— 3,548	+ 1,395	— 0,280	— 0,257	+ 1,138
123	— 0,177	— 3,662	— 3,365	— 3,542	+ 1,382	— 0,216	— 0,198	+ 1,184
124	— 0,273	— 3,594	— 3,303	— 3,576	+ 1,368	— 0,196	— 0,180	+ 1,188
125	— 0,322	— 3,480	— 3,198	— 3,520	+ 1,217	— 0,055	— 0,050	+ 1,167
126	— 0,385	— 3,504	— 3,220	— 3,605	+ 1,217	— 0,059	— 0,054	+ 1,163
127	— 0,360	— 3,476	— 3,194	— 3,554	+ 1,235	— 0,042	— 0,038	+ 1,197
128	— 0,263	— 3,489	— 3,266	— 3,529	+ 1,263	— 0,005	— 0,004	+ 1,259
129	— 0,188	— 3,561	— 3,272	— 3,460	+ 1,376	— 0,163	— 0,150	+ 1,226
130	— 0,102	— 3,642	— 3,347	— 3,449	+ 1,366	— 0,174	— 0,160	+ 1,206
131	+ 0,459	— 4,382	— 4,027	— 3,568	+ 2,018	— 0,961	— 0,883	+ 1,135
132	+ 0,400	— 4,368	— 4,006	— 3,606	+ 2,018	— 0,933	— 0,857	+ 1,161
133	+ 0,332	— 4,304	— 3,956	— 3,624	+ 1,826	— 0,775	— 0,712	+ 1,114
134	+ 0,241	— 4,189	— 3,850	— 3,609	+ 1,793	— 0,765	— 0,703	+ 1,090
135	+ 0,301	— 4,161	— 3,824	— 3,523	+ 1,893	— 0,759	— 0,698	+ 1,195
136	+ 0,390	— 4,251	— 3,906	— 3,516	+ 1,926	— 0,739	— 0,679	+ 1,247
137	+ 0,415	— 4,291	— 3,943	— 3,528	+ 1,921	— 0,764	— 0,702	+ 1,219
138	+ 0,375	— 4,289	— 3,941	— 3,566	+ 1,896	— 0,788	— 0,724	+ 1,172
139	+ 0,386	— 4,260	— 3,915	— 3,529	+ 1,856	— 0,713	— 0,655	+ 1,201
140	+ 0,269	— 4,204	— 3,863	— 3,594	+ 1,845	— 0,699	— 0,642	+ 1,203

Dans la formation des différentes valeurs de Q et de Q_1 on a négligé l'effet des petites variations de l'inclinaison des règles et des microscopes, attendu que la moyenne des différences observées dans ceux-ci pendant la durée des observations d'une journée, ne produit qu'une erreur de $0^{mm},005$. Les variations des inclinaisons des règles n'ont aucune influence sensible. Dans les *Tableaux* **G** et **H** relatifs aux nivellements, on a représenté par :

I... l'inclinaison de la règle espagnole, observée avant de commencer les comparaisons de chaque journée,

I'... l'inclinaison observée après avoir terminé celles-ci,

I_1, I'_1... les inclinaisons analogues de la règle égyptienne,

i, i', i_1, i'_1... les inclinaisons des microscopes Nord et Sud, avant et après les comparaisons.

TABLEAU **G**. INCLINAISONS DES RÈGLES.

Dates	Règle espagnole.						Règle égyptienne.			
	Heures	I	Heure.	I'	I' − I		I_1	I'_1	$I'_1 - I_1$	
	h m	p	h m	p	p	″	p	p	p	″
13	11 18	+ 0,10	4 30	+ 0,50	+ 0,40	+ 4,6	− 0,20	+ 0,47	+ 0,67	+ 7,2
14	9 13	+ 0,40	5 21	+ 0,27	− 0,13	− 1,5	+ 0,55	+ 0,57	+ 0,02	+ 0,2
15	9 36	+ 0,27	3 32	− 0,30	− 0,03	− 0,3	+ 0,07	− 0,30	− 0,23	− 2,5
16	9 20	+ 0,35	2 23	+ 0,10	− 0,25	− 2,8	+ 0,10	+ 0,10	0,00	0,0
17	8 46	+ 0,10	3 9	0,00	− 0,10	− 1,1	+ 0,22	− 0,27	− 0,19	− 5,2
18	9 18	+ 0,35	2 56	+ 0,50	+ 0,15	+ 1,7	+ 1,15	+ 1,45	+ 0,30	+ 3,2
19	9 27	+ 0,35	3 2	+ 0,35	0,00	0,0	+ 1,00	+ 1,25	+ 0,25	+ 2,7
20	11 27	+ 0,37	3 3	+ 0,42	+ 0,05	+ 0,6	+ 1,35	+ 0,89	− 0,55	− 5,9
21	9 8	+ 0,57	2 4	+ 0,42	− 0,23	− 2,8	+ 1,07	+ 0,87	− 0,20	− 2,1

TABLEAU **H**. INCLINAISONS DES MICROSCOPES.

Dates	Microscope Nord.						Microscope Sud.			
	Heures	i	Heures	i'	$i' - i$		i_1	i'_1	$i'_1 - i_1$	
	h m	p	h m	p	p	″	p	p	p	″
13	12 30	+ 1,00	4 37	+ 0,32	− 0,68	− 9,5	− 1,15	− 0,62	+ 0,53	+ 7,4
14	9 28	− 0,20	3 36	+ 0,20	+ 0,40	+ 5,6	− 0,55	− 0,47	+ 0,08	+ 1,1
15	9 49	+ 0,17	3 44	− 0,02	− 0,19	− 2,7	− 0,82	− 0,52	+ 0,30	+ 4,2
16	9 27	+ 0,05	2 30	− 0,05	− 0,10	− 1,4	− 0,55	− 0,46	+ 0,15	+ 2,1
17	9 10	+ 0,02	4 13	− 0,10	− 0,12	− 1,7	− 0,50	− 0,37	+ 0,13	+ 1,8
18	9 24	− 0,12	3 7	− 0,42	− 0,30	− 4,2	− 0,42	− 0,30	+ 0,12	+ 1,7
19	9 31	− 0,25	3 9	− 0,20	+ 0,05	+ 0,7	− 0,30	− 0,47	− 0,17	− 2,4
20	11 34	− 0,25	3 10	− 0,17	− 0,08	− 1,1	− 0,39	− 0,40	− 0,10	− 1,4
21	9 48	− 0,35	2 46	− 0,50	− 0,15	− 2,1	− 0,35	− 0,30	+ 0,05	+ 0,7

Les valeurs comprises dans les *Tableaux* **D, E, F,** ont fourni 140 équations analogues à l'équation (*f*). On n'a pas tenu compte des termes du second ordre du développement de l'expression (*e*), car la somme de ces termes pour la comparaison n.° 28, où la valeur de Q est la plus considérable, n'a aucun chiffre significatif avant la hüitième décimale.

Le *Tableau* **J** présente les 140 valeurs de x [formule (*f*)] fournies par les comparaisons des deux règles, les valeurs qui se rapportent à chacune des 14 séries, et toutes les différences avec la moyenne générale.

Tableau J. **Comparaisons de 1 à 140.**

Valeurs de x	Différences avec la moyenne	Valeurs de x	Différences avec la moyenne	Valeurs de x	Différences avec la moyenne	Valeurs de x	Différences avec la moyenne
°	°	°	°	°	°	°	°
— 4,719	+ 0,009	— 4,745	— 0,017	— 4,628	+ 0,100	— 4,607	+ 0,121
— 4,681	+ 0,047	— 4,798	— 0,070	— 4,618	+ 0,110	— 4,686	+ 0,042
— 4,740	— 0,012	— 4,602	+ 0,126	— 4,780	— 0,052	— 4,726	+ 0,002
— 4,738	— 0,010	— 4,630	+ 0,098	— 4,816	— 0,088	— 4,764	— 0,036
— 4,871	— 0,143	— 4,821	— 0,093	— 4,806	— 0,078	— 4,687	+ 0,041
— 4,803	— 0,075	— 4,760	— 0,032	— 4,752	— 0,024	— 4,768	— 0,040
— 4,754	— 0,026	— 4,775	— 0,047	— 4,719	+ 0,009	— 4,751	— 0,023
— 4,636	+ 0,092	— 4,820	— 0,092	— 4,734	— 0,006	— 4,788	— 0,060
— 4,707	+ 0,021	— 4,772	— 0,044	— 4,798	— 0,070	— 4,685	0,043
— 4,735	— 0,005	— 4,743	— 0,015	— 4,740	— 0,012	— 4,655	+ 0,073
— 4,642	+ 0,086	— 4,695	+ 0,033	— 4,706	+ 0,022	— 4,703	+ 0,025
— 4,726	+ 0,002	— 4,667	+ 0,061	— 4,698	+ 0,030	— 4,767	— 0,039
— 4,771	— 0,043	— 4,661	+ 0,067	— 4,630	+ 0,098	— 4,738	— 0,010
— 4,784	— 0,056	— 4,645	+ 0,083	— 4,713	+ 0,015	— 4,699	+ 0,029
— 4,764	— 0,036	— 4,766	— 0,038	— 4,772	— 0,044	— 4,718	+ 0,010
— 4,797	— 0,069	— 4,686	+ 0,042	— 4,730	— 0,002	— 4,763	— 0,035
— 4,741	— 0,013	— 4,651	+ 0,077	— 4,638	+ 0,090	— 4,747	— 0,019
— 4,664	+ 0,064	— 4,716	+ 0,012	— 4,701	+ 0,027	— 4,738	— 0,010
— 4,746	— 0,018	— 4,740	— 0,012	— 4,819	— 0,091	— 4,730	— 0,002
— 4,677	+ 0,051	— 4,615	+ 0,113	— 4,810	— 0,082	— 4,797	— 0,069
— 4,727	+ 0,001	— 4,754	— 0,026	— 4,734	— 0,006	MOYENNES des séries.	
— 4,754	— 0,026	— 4,752	— 0,024	— 4,716	+ 0,012		
— 4,691	+ 0,037	— 4,685	+ 0,043	— 4,636	+ 0,092		
— 4,641	+ 0,087	— 4,657	+ 0,071	— 4,677	+ 0,051		
— 4,697	+ 0,031	— 4,792	— 0,064	— 4,729	— 0,001		
— 4,786	— 0,058	— 4,788	— 0,060	— 4,742	— 0,014		
— 4,714	+ 0,014	— 4,813	— 0,085	— 4,739	— 0,011		
— 4,754	— 0,026	— 4,707	+ 0,021	— 4,782	— 0,054	— 4,7382	— 0,0104
— 4,834	— 0,106	— 4,685	+ 0,043	— 4,802	— 0,074	— 4,7312	— 0,0034
— 4,827	— 0,099	— 4,704	+ 0,024	— 4,812	— 0,084	— 4,7425	— 0,0147
						— 4,7610	— 0,0332
						— 4,7466	— 0,0188
						— 4,6842	+ 0,0436
— 4,735	— 0,007	— 4,694	+ 0,034	— 4,718	+ 0,010	— 4,7337	— 0,0059
— 4,694	+ 0,034	— 4,635	+ 0,093	— 4,722	+ 0,006	— 4,7088	+ 0,0190
— 4,698	+ 0,030	— 4,650	+ 0,078	— 4,784	— 0,056	— 4,7391	— 0,0113
— 4,776	— 0,048	— 4,758	— 0,030	— 4,659	+ 0,069	— 4,7217	+ 0,0061
— 4,804	— 0,076	— 4,657	+ 0,071	— 4,629	+ 0,099	— 4,7369	— 0,0091
— 4,861	— 0,133	— 4,600	+ 0,128	— 4,648	+ 0,080	— 4,6944	+ 0,0334
— 4,839	— 0,111	— 4,728	0,000	— 4,735	— 0,007	— 4,7117	+ 0,0161
— 4,783	— 0,055	— 4,813	— 0,085	— 4,775	— 0,047	— 4,7400	— 0,0122
— 4,742	— 0,014	— 4,731	— 0,003	— 4,662	+ 0,066		
— 4,678	+ 0,050	— 4,822	— 0,094	— 4,612	+ 0,116		

MOYENNE GÉNÉRALE... $x = -4^{\circ},7278$.

En introduisant la moyenne précédente —4,7278 dans la formule (*g*), et attendu que :

(*h*) $$N=38975,$$

il vient :

(*i*) $$\frac{R_1}{R}=0,999878695;$$

et en substituant la valeur

$$R=3898{,}^{\text{mm}}5112$$

trouvée d'après la comparaison de la règle espagnole avec la règle n.° 1 de Borda, on a :

(*j*) $$R_1=3898{,}^{\text{dm}}0384.$$

Les différences avec la moyenne que présente le *Tableau J* pour les 140 comparaisons, servent à déduire l'erreur moyenne d'une comparaison :

(*k*) $$\sqrt{\frac{0,5127460}{140-1}}=\pm\,0,0607;$$

et les différences avec la même moyenne dans les quatorze séries de dix comparaisons, donnent pour l'erreur moyenne d'une série :

(*l*) $$\sqrt{\frac{0,00585957}{14-1}}=\pm\,0,0212.$$

L'unité à laquelle se rapporte l'erreur moyenne (*k*), étant le *décimillimètre*, on aura pour l'erreur probable de la moyenne $x=-0{,}^{\text{mm}}4728$:

(*m*) $$\Delta_x=0,6745\,\frac{0{,}^{\text{mm}}0061}{\sqrt{140}}=\pm\,0{,}^{\text{mm}}0003;$$

et puisque l'erreur probable de R est, d'après l'ouvrage *Expériences*, etc. :

(*n*) $$\Delta_R = \pm \overset{mm}{0,0010},$$

l'équation (*g*) donne pour l'erreur probable de R_1 :

(*o*) $$\Delta_{R_1} = \sqrt{\left(\left(1+\frac{x}{N}\right)\Delta_R\right)^2 + \left(\frac{R}{N}\Delta_x\right)^2} = \pm \overset{mm}{0,0011}.$$

La longueur de la règle égyptienne est, par conséquent, d'après la comparaison avec la règle espagnole :

(*p*) $$R_1 = \overset{mm}{3898,0384} \pm \overset{mm}{0,0011}.$$

APPENDICE N.° 10.

PUBLICATIONS RELATIVES AUX TRAVAUX GÉODÉSIQUES EXÉCUTÉS DANS DIFFÉRENTS PAYS (*).

W. Snellii, Eratosthenes Batavus de terrae ambitus vera quantitate. Lugduni Batavorum, 1617. 1 vol. 4.°

Picard, Traité du Nivellement avec une relation de quelques Nivellements faits par ordre du Roy, et un abbregé de la Mesure de la Terre, mis en lumière par *M. de la Hire*. Paris, 1684. 1 vol. 8.°

Waller, The measure of the Earth, being an account of several observations made by the members of the Academy at Paris. London, 1688. 1 vol. fol.

Norwood's, Measure of the Earth. London, 1694. 1 vol. 4.°

Cassini, Traité de la grandeur et de la figure de la Terre. Amsterdam, 1723. 1 vol. 8.°

Cassini, De la perpendiculaire à la méridienne de Paris, prolongée vers l'Orient. Mémoires de l'Académie des sciences de Paris, 1734.

Cassini de Thury, De la perpendiculaire à la méridienne de Paris. Mém. de l'Académie de Paris, 1735, 1736.

Maupertuis, La figure de la Terre, déterminée par les observations de *M. M. de Maupertuis*, *Clairaut*, *Camus*, *le Monnier*, de

(*) La Bibliothèque de la Junte générale de Statistique possède la plus grande partie des ouvrages rapportés dans cet *Appendice*.

l'Académie Royale des Sciences, et de *M. l'Abbé Outhier*, correspondant de la même Académie, accompagnés de *M. Celsius*, Professeur d'Astronomie à Upsal, faites par ordre du Roy au Cercle Polaire. Paris, 1738. 1 vol. 8.°

Maupertuis, Examen des ouvrages qui ont été faits pour déterminer la figure de la Terre. Oldenbourg, 1738. 1 vol. 8.°

Cassini de Thury, Sur les opérations géometriques en France 1737, 1738. Mém. de l'Académie de Paris, 1739.

J. Alexander, On a place in New-York, for measuring a degree of latitude. Phil. Transactions. 1740.

Cassini de Thury, La méridienne de Paris prolongée vers le Nord. Mém. de l'Académie de Paris, 1740.

Picard, Dégré du méridien entre Paris et Amiens. Paris, 1740. 1 vol. 8.

Maupertuis, Figur der Erden. Aus dem Französischen übersetzt. Zürich, 1741. 1 vol. 8.°

J. Cassini, Abhandlung von der Figur und Grösse der Erden; übersetzt von *J. A. Klimmen*. Arnstadt und Leipzig, 1741. 1 vol. 8.°

Maupertuis, Figura telluris; translulit *A. Zeller*. Lipsiae, 1742. 1 vol. 8.°

Picard, *Maupertuis*, *Clairaut*, *Camus*, *le Monnier*, Der Meridiangrad zwischen Paris und Amiens. Zürich, 1742. 1 vol. 8.°

Cassini, La Méridienne de l'Observatoire Royal de Paris, vérifiée dans toute l'étendue du Royaume par des nouvelles observations; pour en déduire la vraye grandeur des degrés de la Terre, tant en longitude qu'en latitude, et pour y assujettir toutes les opérations géométriques faites par ordre du Roy, pour lever une Carte générale de la France. Paris, 1744. 1 vol. 4.°

S. Klingenstierna, Von Erfindung der Grösse und Gestalt der Erde aus Vergleichung 2 Meridiangrade. Stockholm, 1744. Br.

Outhier, Journal d'un voyage au Nord en 1736 et 1737. Amsterdam, 1746. 1 vol. 8.°

D. Jorge Juan y *D. Antonio de Ulloa*, Observaciones hechas en los reinos del Perù, de las cuales se deduce la figura y magnitud de la Tierra. Madrid, 1748. 1 vol. 4.°

D. Jorge Juan y *D. Antonio de Ulloa*, Relacion histórica del viaje á la América Meridional, hecho de órden de S. M. para medir algunos grados de meridiano terrestre. Madrid, 1748. 4 vol. 4.°

Cassini de Thury, Jonction de la méridienne de Paris avec celle de Snellius. Mém. de l'Académie de Paris, 1748.

Bouguer, La figure de la Terre, déterminée par les observations de *M. M. Bouguer*, et *de la Condamine*, de l'Académie Royale des Sciences, envoyés par ordre du Roy au Pérou, pour observer aux environs de l'Équateur. Paris, 1749. 1 vol. 4.°

La Condamine, Journal du voyage fait par ordre du Roy, à l'Équateur, servant d'introduction historique à la mesure dés trois premiers degrés du méridien. Paris, 1751. 1 vol. 4.°

La Condamine, Mesure des trois premiers degrés du méridien dans l'hémisphere austral. Paris, 1751. 1 vol. 4.°

La Condamine, Supplément au journal historique du voyage à l'Équateur. Paris, 1752. 1 vol. 4.°

Bouguer, Justification des mémoires de l'Académie et du livre de la figure de la Terre. Paris, 1752. 1 vol. 4.°

D. Jeorge Juan et *D. Antoine d'Ulloa*, Voyage historique de l'Amérique méridionale. Traduit de l'espagnol par *de Mouvillon*. Paris, 1752. 2 vol. 4.°

J. J. Vorlaender, Geographische Bestimmungen im K. Preuss. Regierungsbezirke Minden vermittelst des trig. Netzes. Minden, 1853, 1 vol. 4.°

Bouguer, Camus, Opérations pour mesurer l'intervalle entre Villejuive et Juvisy. Mém. de l'Académie de Paris, 1754.

Bouguer, Lettre sur divers points d'astronomie pratique et remarques sur le supplément au journal de *M. de la Condamine*. Réponse à la lettre de *M. Bouguer*. Paris, 1754. 1 vol. 4.°

Maire et *Boscovich*, De litteraria expeditione per pontificiam regionem ad dimetiendos duos meridiani gradus. Romae, 1755. 1 vol. 4.°

Bouguer, Camus, Cassini et *Pingré*, Opérations pour la vérification du degré du méridien compris entre Paris et Amiens. Paris, 1757. 1 vol. 8.°

Cassini de Thury, Prolongation de la perpendiculaire jusqu'à Vienne. Mém. de l'Académie de Paris, 1763.

Christianus Mayer, Basis Palatina anno 1762 dimensa, etc. Manhemii, 1763. 1 vol. 4.°

Cassini de Thury, Relation de deux voyages faits en Allemagne. Paris, 1763. 1 vol. 4.°

La Caille, Journal historique du voyage fait au Cap de Bonne Espérance. Paris, 1763. 1 vol. 8.°

J. Liesganig, Account of the measurement of 3 degrees of latitude. Phil. Transactions, 1768.

Ch. Mason and *J. Dixon*, Observations for determining the length of a degree of latitude in North America. Phil. Transactions, 1768.

J. Liesganig, Dimensio graduum meridiani Viennensis et Hungarici. Vindobonae, 1770. 1 vol. 4.°

Maire et *Boscovich*, Voyage astronomique et géographique dans l'état de l'église. Traduit du latin. Paris, 1770. 1 vol. 4.°

D. Jorge Juan and *D. Antonio de Ulloa*, A Voyage to South America. Translated from the original Spanish. The Third edition : By Mr. John Adams. London, 1772. 2 vol. 8.°

D. Jorge Juan y *D. Antonio de Ulloa*, Observaciones hechas en los reinos del Perú, de las cuales se deduce la figura y magnitud de la Tierra. 2.ª edicion. Madrid, 1773. 1 vol. 4.°

Beccaria, Gradus taurinensis. Augustae Taurinorum, 1774. 1 vol. 4.°

Cassini de Thury, Relation d'un voyage en Allemagne. Paris, 1775. 1 vol. 4.°

Cassini, Description géométrique de la France. Paris, 1783. 1 vol. 4.°

M. G. Roy, An account of the measurement of a Base on Hounslow-Heath. Phil. Transactions, vol. LXXV. London, 1785.

Examen des diverses circonstances, qui ont mérité l'attention des observateurs, lorsqu'ils ont mesuré les bases des degrés du méridien. Remarques proposées à l'Académie royale des sciences, sur le degré de *M. Picard*, compris entre Paris et Amiens. Paris, 1787. Br.

Th. Bugge, Beschreibung der Ausmessungs-Methode, welche bei den Dänischen geogr. Karten angewendet worden. Dresden, 1787. 1 vol. 4.°

Roy, Description des moyens employés pour mesurer la base de Hounslow-Heath. Thaduit de l'anglais par *Prony*. Paris, 1787. Br.

V. Tofiño, Derrotero de las costas de España en el Mediterráneo y su correspondiente de Africa. Madrid, 1787. 1 vol. 8.° Atlas.

Roy, An account of the proposed trigon. operation for determining the relative situation of the royal observatories of Greenwich and Paris. London 1787.—Account of the trigonomet. operat. whereby the distance between the merid. of the Obs. of Greenwich and Paris has been determined. London, 1790. 1 vol. 4.°

Cassini, De la jonction des Observatoires de Paris et de Greenwich. Mém. de l'Académie des sciences de Paris, 1788.

V. Tofiño, Derrotero de las costas de España en el Océano Atlántico. Madrid, 1789. 1 vol. 8.° Atlas.

Klostermann, Recherches sur le degré du méridien entre Paris et Amiens et sur la jonction de l'Observatoire Royal de Greenwich à celui de Paris. St. Pétersbourg, 1789. Br.

Js. Dalby, Remarks on *Roy's* Account of the trigon. oper. Phil. Transactions, 1790.

J. G. Tralles, Beiträge für allgemeine Naturlehre. (Bestimmung der Höhen der Berge des Canton Bern). Istes Heft. Bern, 1790. 1 vol. 8.°

Cassini, *Méchain* et *Le Gendre*, Exposé des opérations faites en France en 1787, pour la jonction des observatoires de Paris et de Greenwich. Paris, 1791. 1 vol. 4.°

Description des opérations faites en Angleterre pour déterminer les positions respectives des observatoires de Greenwich et de Paris. Traduite de l'anglais par *R. Prony*. Paris, 1791. 1 vol. 4.°

Js. Dalby, The longitudes of Dunkirk and Paris from Greenwich, deduced from the triangular measurement. Phil. Transactions, 1791.

M. Topping, Measurement of a base line on the coast of Coromandel. Phil. Transactions, 1792.

Fr. Chr. Müller, Trigonometrische Vermessung der Grafschaft Marck. 1793. 1 vol. 4.°

E. Williams, *W. Mudge* and *Is. Dalby*, An account of the trigonometrical survey in 1791-1794. Phil. Transactions, 1795.

Js. Dalby, Account of *R. Burrow's* measurement of a degree of longitude and another of latitude in Bengal in the years 1790, 1791, 1795. Br.

J. A. Amman, Geographische Ortsbest. in Schwaben u. s. w. Dillingen, 1796. Br.

Amman, Nachrichten in Bezug auf die Aufnahme des Hochstiffts Augsburg. Astronomisches Jahrbuch von Bode Spl. III, 1797.

E. Williams, W. Mudge and *Is. Dalby*, An account of the trig. survey in the years 1795 and 1796. Phil. Transactions, 1797.

Beeck Calkoen, Ueber die Messung eines Breitengrades durch Snellius, verbessert von *P. van Musschenbroeck*. 1798. Zach, Allgemeine geographische Ephemeriden, 1.

Oriani, Lage u. Höhe des Mont-Rosa und des Schreckhorn. 1798. Zach, Allgemeine geographische Ephemeriden, 1.

Oriani, Geographische Bestimmungen in Oberitalien, Höhe der Seen von Como u. s. w. 1798. Zach, Allgemeine geographische Ephemeriden, 2.

Textor, Nachricht von den Ost-u. Westpreussischen Landesvermessungen. 1798. Zach, Allgemeine geographische Ephemeriden, 2.

Tralles, Ueber die Landesvermessung der Schweiz. 1798. Zach, Allgemeine geographische Ephemeriden, 1.

Nachrichten von der Oldenburgischen Vermessung. 1799. Zach, Allgemeine geographische Ephemeriden, 3, 4.

Joh. Feer, Ueber die trigon. und astron. Vermessung des Rheinthales der Schweiz. 1799. Zach, Allgemeine geographische Ephemeriden, 3.

E. Prosperin, Ueber die geographische Länge des 1736 und 37 in Lappland gemessenen Breitengrades. 1799. Zach, Allgemeine geographische Ephemeriden, 4.

J. Svanberg, Bericht über eine Reise nach Pello, in Bezug auf die Französische Gradmessung von 1736. Kongl. Svenska Vetenskaps Akademiens Handlingar, 1799.

Zach, Nachricht von der Batavischen Messung. 1799. Zach, Allgemeine geographische Ephemeriden, 4.

William Mudge and *Isaac Dalby*, An account of the operations carried on for accomplishing a Trigonometrical Survey of England and Wales. London, 1799, 1801, 1804, 1811. 3 vol. 4."

Amman, Nachricht von seiner Vermessung in Augsburgischen. Astronomisches Jahrbuch von Bode, 1800.

Rapport sur la mesure de la méridienne de France, et les résultats qui en ont été déduits pour déterminer les bases du nouveau système métrique. 1800. Mém. de l'Académie des sciences de Paris, 2.

G. Knogler, Von einer Chinesischen Gradmessung. 1800. Zach, monatliche Correspondenz, 1.

W. Mudge, An account of the trigonometrical survey, carried on in the years 1797-1799. Phil. transactions, 1800.

Textor, Die Ost-und Westpreussische Landesverm. 1800. Zach, monatliche Correspondenz, 1.

Lecoq, Trigonom. Vermess. in Westpfalen. 1800-1803. Zach, monatliche Correspondenz, 1, 2, 8, 9.

Melanderhielm und *Svanberg*, Nordische Gradmessung. 1800-1803. Zach, monatliche Correspondenz, 1, 2, 5, 7.

Gildemeister, Trigonometrische Aufnahme des Gebiets von Bremen. 1801. Zach, monatliche Correspondenz, 3.

Lambton's measure of the meridian arc in India. Asiatic Researches vol. VII, X, XII, XIII. Calcutta, 1801, 1808, 1816, 1820. 4 vol. 4.°

Ueber die trigonometrische Vermessung von Ostfriesland. 1802. Zach, monatliche Correspondenz, 5.

Bohnenberger, Trigonometrische Vermessung Schwabens. 1802. Zach, monatliche Correspondenz, 5, 6.

Henry, Ueber die Landesvermessung von Bayern. 1802. Zach, monatliche Correspondenz, 6.

Melanderhielm, Sur la nouvelle mesure d'un degré en Laponie Abhandlungen der Berliner Akademie, 1802.

G. W. S. Beigel, Ueber die trigon. Vermessung von Bayern. 1803. Zach, monatliche Correspondenz, 7, 8.

Calandrelli, Elevazione della specola e delle principali colline di Roma sopra il livello del mare. Roma, 1803. 1 vol. 4.°

Kraijenhoff, Die Landesvermess. der Batavischen Republ. 1803, 1804. Zach, monatliche Correspondenz, 8, 9.

Méchain, Fortsetzung der Französischen Gradmessung durch Spanien. 1803. Zach, monatliche Correspondenz, 7

W. Mudge, An account of the measurement of an arc of meridian from Dunnose to Clifton, in 1800–1802. Phil. transactions, 1803.

A. v. Zach. Trigon. Verm. der ehem. Venetianischen Staaten. 1803. Zach, monatliche Correspondenz, 7.

Zach, Beweis, dass die Oesterreichische Gradmessung des Jesuiten *Liesganig* sehr fehlerhaft u. untauglich sei. 1803, 1804, 1811. Zach, monatliche Correspondenz, 8, 9, 23.

Schiegg, Ueber die Vermessung von Bayern, nebst Bemerkungen von *Zach*. 1804. Zach, monatliche Correspondenz, 10.

Soldner, Vorschlag zu einer Gradmessung in Afrika. 1804. Zach, monatliche Correspondenz, 9.

Van Swinden, Bestimmung des vom *P. Thomas* bei dessen Chinesischer Gradmessung gebrauchten Masses. 1804. Zach, monatliche Correspondenz, 10.

Zach, Ueber die trigon. und astr. Aufnahme von Thüringen und die Gothaische Gradmessung. 1804. Zach, monatliche Correspondenz, 9, 10.

Ostindische Gradmessung der Länge und Breite in Bengalen. 1805. Zach, manatliche Correspondenz, 12.

A. David, Trigon. Vermess. zur Verbindung der Prager Sternw. mit dem Lorenzberg, und zur Best. der Breite des Orts auf dem Hradschin, wo *Tycho* beobachtet. Abhandlungen der K. Böhm. Gesell. der Wissensch. 1805.

Fallon, Bestimmung der Höhe des Orteles in Tyrol. 1805. Zach, monatliche Correspondenz, 11.

Fallon, Trig. Höhenbest. der Berge um Insbrück. 1805. Zach, monatliche Correspondenz, 12.

Schwedische Gradmess. (Bericht über die vollendete.) 1805, 1806. Zcha, monatliche Correspondenz, 12, 13, 14.

Svanberg, Exposition des opérations faites en Lapponie, pour la détermination d'un arc du méridien, en 1801, 1802 et 1803; par *M. M. Oefverbom*, *Svanberg*, *Holmquist* et *Palander*. Stockholm, 1805. 1 vol. 8.°

Lindenau, Ueber den Gebrauch der Gradmessungen zur Bestimmung der Figur der Erde. 1806. Zach, monatliche Correspondenz, 14.

Melanderhielm, Messung des Meridiangrades in Lappland. Astronomiches Jahrbuch von Bode, 1806.

Anzeige der Base du système métrique. 1806. Zach, monatliche Correspondenz, 13, 14.

Th. Grenus, Ueber einige Bemerkungen *Svanberg's* über die Gradmessung in Peru. 1806. Zach, monatliche Correspondenz, 13.

Oltmanns, Ueber die Verbindung von Veracruz mit Mexico nach *Humboldt*. 1806. Zach, monatliche Correspondenz, 14,

Zach, Nachrichten von der Königl. Preussischen trigonometrischen und astronomischen Aufnahme von Thüringen und dem Eichsfelde, und von der herzogl. Sachsen-Gothaischen Gradmessung zur Bestimmung der wahren Gestalt der Erde. Erster Theil. Gotha, 1806. 1 vol. 8.°

Méchain et *Delambre*, Base du système métrique décimal. Paris, 1806, 1807, 1810. 3 vol. 4.°

Lindenau, Ueber einige Breitenbestimmungen und den daraus folgenden Werth eines Breitengrades unter dem Accuator. Vorschlag zu einer Längengradmessung am Aequator. 1807. Zach, monatliche Correspondenz, 16.

Grenus, Vergleichung der Werke von *Bouguer*, *Lacondamine* und *Ulloa* über die Peruanische Gradmessug. 1807. Zach, monatliche Correspondenz, 16.

A. Mayer von Heldenfeld, Neues astr.-trig. Netz über die ganze Oesterreichische Monarchie. 1807, 1808. Zach, monatliche Correspondenz, 15, 18.

Nachrichten über die Fortsetzung der französischen Gradmessung bis zu den balearischen Inseln. 1807, 1810. Zach, monatliche Correspondenz, 16, 21.

Delambre, Analyse de l'ouvrage de *Svanberg* sur la mesure de Laponie. Connaissance des temps, 1808.

Benzenberg, Trig. Aufnahme des Herzogth. Berg. Astronomiches Jahrbuch von Bode, 1808. Spl. 1808.

Lindenau, Resultate einer Winterreise auf den Inselsberg. 1808. Zach, monatliche Correspondenz, 17.

C. F. Seyffer, De altitudine speculae astronomicae Monachiensis supra mare internum. Denkschriften der K. Akademie der Wissenschaften zu München, 1808.

Zach, Astronom. und geod. Bestimm. im Golfo della Spezzia. 1808, Zach, monatliche Correspondenz, 18.

Bouguer, Justification des mémoires de l'Académie Royale des sciences de 1744, et du livre de la figure de la Terre, déterminée par les observations faites au Pérou, sur plusieurs faits qui concernent les opérations des Académiciens. Seconde édition. Paris, 1809. 1 vol. 4.°

Höhenbestimmungen im Fichtelgebirge. 1810. Zach, monatliche Correspondenz, 21.

A. de Humboldt, Recueil d'observations astronomiques, d'opérations trigonométriques et de mesures barométriques faites pendant le cours d'un voyage aux régions équinoxiales du nouveau continent. Rédigées et calculées par *Jabbo Oltmann's*. Paris, 1810. 2 vol. fol.

Zach, Mémoire sur le degré du méridien mesuré en Piémont par le *Père Beccaria*. Turin, 1811. 1 vol. 4.°

Textor, Von der trig. Vermess. in der Kurmark. 1811. Zach, monatliche Correspondenz, 24.

Beitrag zu neuern Höhenmessungen. 1811. Zach, monatliche Correspondenz, 24.

Goldbach, Ueber Vermessungen im Gouv. Moskau. Astronomisches Jahrbuch vou Bode, 1811, 1812.

Zach, Ueber die Gradmessung am Aequator. 1812. Zach, monatliche Correspondenz, 26.

C. F. Seyffer, De positu basis et retis triangulorum per Bojoariam porrectorum. Denkschriften der K. Akademie der Wissenschaften zu München, 1812

J. Rodriguez, Observations on the measurement of 3 degrees of the meridian conducted in England by *W. Mudge*. 1812. Phil. transactions, 1812.

Pansner, Nachricht über geodätische Arbeiten in Rusland. 1812. Zach, monatliche Correspondenz, 26.

Lindenau, Berechn. von *Pansner's* Höhenbest. in Russland. 1812. Zach, monatliche Correspondenz, 25.

Lindenau, Resultate der 1802 beendigten engl. Gradmess. 1812. Zach, monatliche Correspondenz, 25, 26.

Richter v. Binnenthal, Die trig. Vermess. Oesterreichs. 1812. Zach, monatliche Correspondenz, 25.

Zach, Ueber die Gradmessung vom *P. Beccaria*. 1813. Zach, monatliche Correspondenz, 27.

J. Soldner, Bestimmung des Azim. von Altomünster. München, 1813. Br.

T. v. Charpentier, Höhenbestimmungen in Schlesien. 1813. Zach, monatliche Correspondenz, 28.

Ueber die Vortrefflichkeit der österreichischen und bayerschen Landes-Vermessung, und ihrer genauen Uebereinstimmung. 1813. Zach, monatliche Correspondenz, 28.

Augustin, Ueber die trig. Verm. der österreichschen Mon. 1813. Zach, monatliche Correspondenz, 27.

Pansner, Nachricht von der Vermessung im Petersburg. Gouv. Astronomiches Jahrbuch von Bode, 1814.

Zach, L'attraction des montagnes, et ses effets sur les fils à plomb ou sur les niveaux des instrumens d'astronomie. Avignon, 1814. 2 vol. 8.°

J. Oltmanns, Die trigonometrisch-topographische Vermessung von Ostfriesland. Leer, 1815. Br.

O. Gregory, Dissertations and letters by *Rodriguez*, *Delambre*, *Zach*, etc. on the trigonometrical survey of England and Wales. London, 1815. Br.

Darstellung und Resultate von der im Jahr 1814 angefangenen trigonometrischen Messung im Hamburgischen Gebiet. Hamburg, 1815. Br.

Wisniewski, Mesure de la hauteur du mont Elbrus. 1816. Mémoires de l'Acad. Imp. des sciences de S.t Pétersbourg, 7.

Lindenau, Die trigonom. Vermess. in Ostindien. 1816, 1818. Lindenau und Bohnenberger, Zeitsch. für Astronomie, 2, 4, 6.

Zach, Entwurf zu einer Längen-u. Breitengradm. in Oberitalien. 1816. Lindenau und Bohnenberger, Zeitsch. für Astronomie, 2.

Horner, Höhenbestimmungen in Graubündten. 1816. Lindenau und Bohnenberger, Zeitsch. für Astronomie, 2.

Délambre, Extrait d'un mémoire de *Rodriguez*, sur la mésure de 3 degrés en Angleterre. Connaissance des temps, 1816.

W. *Struve*, Nachricht von der trigonometrischen Vermessung Livlands. 1817. Lindenau und Bohnenberger, Zeitsch. für Astronomie, 4.

Bessel, Trigon. Bestimmung einiger Puncte in Königsberg, und Prüfung einiger Winkel der *Textor*'schen Vermessung. 1817. Lindenau und Bohnenberger, Zeitsch. für Astronomie, 4.

Zach, Triangulation im Grossherzogthum Toscana. 1818. Lindenau und Bohnenberger, Zeitsch. für Astronomie, 5.

Zach, Observ. au Golfe de la Spezia. 1818. Zach, Correspondance astronomique, 1.

Schumacher, Mesure des degrés en Danemark. 1818. Zach, Correspondance astronomique, 1, 3.

Schouw, Hauteur de montagnes en Suède, Norvège, Laponie et Italie. 1818. Zach, Correspondance astronomique, 1, 2.

Müffling, Geschichte der Rheinvermessung. 1818. Lindenau und Bohnenberger, Zeitsch. für Astronomie, 5.

W. *Lambton*, An abstract of the results deduced from the measurement of an arc of the meridian extending from latitude 8° 9′ 38″,4 to 18° 3′ 23″,6. Phil. transactions, 1818.

Th. Greatorex, Observations on the heights of mountains in the north of England. Phil. transactions, 1818.

Biot, Notices sur les voyages entrepris pour mesurer la courbure de la Terre, etc., entre les îles Pythiuses et les îles Shetland. Mémoires de l'Académie des sciences de Paris, 1818.

Opérat. trig. pour la descr. de l'Angleterre. Extr. par *Delambre*. Connaissance des temps, 1818.

Inghirami, Di una base trigonometrica misurata in Toscana nell'autunno del 1817. Firence, 1818. 1 vol. 8.°

Zach, (Articles géod. rel. à la France). 1818-1820. Zach, Correspondance astronomique, 1, 3, 4.

Zach, Opérations géodésiques faites à Gap. 1819. Zach, Correspondance astronomique, 3.

Zach, Notices sur les opérations géodésiques en Italie de *Riccioli* et *Grimaldi*, de *Manfredi* et *Stancari*. 1819. Zach, Correspondance astronomique, 2.

U. Thersner, Triangulirung in Schonen 1812 und 1815. Kongl. Svenska Vetenskaps Akademiens Handlingar, 1819.

W. Struve, Nachricht von einer Vermess. Lieflands. I, II. Astronomisches Jahrbuch von Bode. 1819, 1820.

J. F. Weiss, Ueber trigonometrische Höhen-Berechnung, nebst einem Niveau-Verzeichnisz durch Süd-Baiern. München, 1820. Br.

Müffling, Sur les travaux géodésiques Prussiens repris, entre la frontière de la France et le Seeberg. 1820. Zach, Correspondance astronomique, 4.

Fallon, Levés du Tyrol, et sur les positions géographiques de quelques villes de l'Italie, et sur les différences que l'on y a remarquées entre les déterm. astr. et trigonom. 1820. Zach, Correspondance astronomique, 5.

H. C. Schumacher, Skrivelse till Herr *D. W. Olbers* i Bremen, indeholdende en Beskrivelse over det Apparat han har anvendt til Maalingen of Standlinien ved Brak i 1820. Altona, 1821. Br.

W. Bald, Account of a trigon. survey of Mayo in Ireland. 1821. Transactions of the R. Irish Academy, 14.

H. C. Schumacher, Schreiben an den Herrn Doctor W. *Olbers* in Bremen, enthaltend eine Nachricht über den Apparat, dessen er sich zur Messung der Basis bei Braack im Jahre 1820 bedient hat. Altona, 1821. Br.

Biot et *Arago*, Recueil d'observations géodésiques, astronomiques et physiques, exécutées par ordre du Bureau des longitudes de France, en Espagne, en France, en Angleterre et en Écosse, pour déterminer la variation de la pesanteur et des degrés terrestres sur le prolongement du Méridien de Paris, faisant suite au troisième volume de la Base du système métrique. Paris, 1821. 1 vol. 4.°

Zach, Critique de la mes. d. degrés de *Liesganig*. 1822. Zach, Correspondance astronomique, 7.

W. Struve, Nachricht von der Russischen Gradm. 1822. Artronomische Nachrichten, 5.

Fr. M. Schwerd, Die kleine Speyerer Basis. Speyer, 1822. Br.

Gauss, Nachricht von der Hannöv. Gradmessung. 1822. Astronomische Nachrichten, 7, 24.

G. Everest, On the Triangulation of the Cape of G. H. 1822. Memoirs of the Roy. Astronomical Society, 1.

Encke, Höhenbest. in Thüringen von *Lindenau*. 1822. Astronomische Nachrichten, 12.

Laplace, Application du calcul des probabilités aux opérations géod. de la méridienne de France. Connaissance des temps, 1822.

Puissant, Notice des opérations géodésiques, faites vers la fin du dernier siècle pour former le plan topographique de la Corse ainsi que pour lier cette île aux côtes de Toscane. Connaissance des temps, 1822.

J. A. Hodgson, *J. D. Herbert*, Trig. and astr. operations for determining the peacks, heights and positions of the Himalaya mountains. 1822. (From the Asiatic Researches, vol. XIV.)

L. A. Fallon, Archiv der astronomisch-trigonometrischen Vermessung der K. K. Oesterreichischen Staaten. Band I. Wien, 1822. 1 vol. 4.°

W. Struve, Abschriften der Tagebücher der Gradmessung in den Ostseeprovinzen Russlands.

a) Tagebuch der gradmessung. Geordnete Reinschrift. 3 Bände. 1822-1829. Br.

b) Tagebuch der Basismessung bei S.t Simonis 1827, geführt von *W. Struve*. Abschrift nebst Zusammenstellung aller Massvergleichungen. 1827-1829. Br.

c) Tagebuch der Basis-Messung bei S.t Simonis 1827, geführt von *W. v. Wrangell*. Abschrift. Br.

W. Struve, Nachricht von der Gradmessung. 1823. Astronomische Nachrichten, 32, 33.

Schubert, Notice hist. sur les travaux géod. en Russie. 1823. Br.

Oriani, Posizione geografica di alcuni monti visibili da Milano. Effemeridi astronomiche di Milano, 1823.

Oltmanns, Resultate aus den am Vesuv von *A. v. Humboldt* u. A. angestellten Höhenmessungen. Abhandlungen der Berliner Akademie, 1823.

Müffling, Ueber seine Längengradmessung. 1823. Astronomische Nachrichten, 27.

W. Lambton, Corrections applied to the Great (Indian) Meridional Arc, to reduce it to Parliamentary Standard. Phil. transactions, 1823.

Edgeworth, Letter respecting the triangles of the County of Roscommon. 1823. Transactions of the R. Irish Academy, 14.

F. Carlini, Relazione delle operazioni intraprese al fine di determinare le differenze di longitudine fra diversi luoghi d'Italia col mezzo de'segnali a polvere dati sul monte Cimone. Effemeridi astronomiche di Milano, 1823.

B. Bevan, Heights of places in the Trig. Survey of Gr. Britain. Phil. transactions, 1823.

C. v. Reissig, Der apparat zur Bassismessung. S.t Petersburg, 1823. 1 vol. fol.

A. David, Trigonometrische Vermessung, Astronomische Ortsbestimmung des Egerlandes. Prag. 1824. 1 vol. 8.°

W. Struve, Sur la mesure des degrés du méridien de Dorpat. (Réjection de la mesure des angles par répétition. Réfutation de l'opinion de *M. Amaci* sur l'inexactitude des lectures sur les cercles méridiens à l'aide des verniers.) 1824. Zach, Correspondance astronomique, 11.

E. Sabine, A comparison of barometrical measurement with the trigonometrical determination of a height at Spitzbergen. Phil. transactions, 1824.

Barbié-du-Bocage fils, Compte rendu de la Carte de la Corse. Paris, 1824. Br.

Oltmanns, Trigon. Ortsbestimmungen in Westphalen. 1824. Astronomische Nachrichten, 48.

Puissant, Sur les opérations trigonométriques qui rattachent l'île d'Elbe et la côte de Toscane à l'île de Corse. Connaissance des temps, 1824.

Oriani, Pos. geogr. di alcuni monti e città della Lombardia. Effemeridi astronomiche di Milano, 1824, 1825.

F. R. Hassler, Papers on various subjects connected with the Survey of the Coast of the United States. Philadelphia, 1824. 1 vol. 4.°

Nuovi segnali a polvere dati sul Cimone per verificar le differenze de' meridiani di alcuni osservatorj. Effemeridi astronomiche di Milano, 1825.

Opérations geodésiques et astronomiques pour la mesure d'un arc du parallèle moyen en Piémont et en Savoie, par une Commission composée d'Officiers de l'Etat Mayor Général et d'Astronomes

Piémontais et Autrichiens. Milan, 1825, 1827. 2 vol. fol. atlas.

Muffling, Ueber die Längengradmessung zwischen Dünkirchen und dem Seeberg. 1826. Br.

J. Herschel, Account of a series of observations made in the summer 1825 for determining the difference of the meridians of Greenwich and Paris. London, 1826. Phil. transactions.

Osservazioni dei segnali a polvere dati sulla sommità del monte Baldo. Effemeridi astronomiche di Milano, 1826.

Gauss, Triangulirung im Hannöverschen u. s. w. Astronomisches Jahrbuch von Bode, 1826.

J. Luyando, Memoria en que se manifiestan las operaciones practicadas para levantar fundamentalmente la carta del estrecho de Gibraltar. Madrid, 1826. Br.

W. Struve, Vorläufiger Bericht von der Russischen Gradmessung, mit Allerhöchster Genehmigung auf Veranstaltung der kaiserlichen Universität zu Dorpat, während der Jahre 1821 bis 1827 in den Ostseeprovinzen des Reichs ausgeführt. Dorpat, 1827. Br.

Oriani, Misura dell' arco del meridiano compreso fra Milano é Genova. Effemeridi astronomiche di Milano, 1827.

Rosenberger, Ueber die 1736 und 1737 in Schweden vorgenommene Gradmessung. 1827. Astronomische Nachrichten, 121, 122.

Oltmanns, Triangulirung von Ostfriesland. Astronomisches Jahrbuch von Bode, 1827.

Biot, Mémoire sur la figure de la Terre. Paris, 1827. Br.

Kraijenhoff, Précis historique des opérations géodésiques et astronomiques, faites en Hollande. La Haye, 1827. 1 vol. 4.°

Gauss, Bestimmung des Breitenunterschiedes zwischen Göttingen und Altona am Ramsden'schen Zenithsector. Göttingen, 1828. Br.

Fallon, Längenunterschiede durch Blickfeuer zwischen Padua und Fiume. 1828. Astronomische Nachrichten, 129.

Bessel, Ueber die von *F. R. Hassler* zur Vermessung der Küste der vereinigten Staaten ergriffenen Massregeln. 1828. Astronomische Nachrichten, 137.

Kater, An account of trigonometrical operations in the years 1821, 1822, and 1823, for determining the difference of longitude between the Royal Observatories of Paris and Greenwich. London, 1828. 1 vol. 4.°

F. Carlini, Esposizione delle osservazioni di segnali à polvere nuovamente accesi sul monte Baldo e sul monte Cimone nell' anno 1825. — Seguito dell'esposizione, etc. Effemeridi astronomiche di Milano, 1828, 1829.

E. Schmidt, Bestimmung der Grösse der Erde aus den vorzüglichsten Messungen der Breitengrade. 1829. Astronomische Nachrichten, 161.

W. Struve, Resultate der Gradmessung in den Ostseeprovinzen Russlands. 1829. Astronomische Nachrichten, 164.

Bessel, On the plans, arrangements and methods proposed and used by *Hassler*, with a view to an accurate survey of the coast of the U. S. (Transl. by *Renwick* from Astronomische Nachrichten, 137). Phil. Magaz. 1829.

Brousseaud et *Nicollet*, Mémoire sur la mesure d'un arc de parallèle moyen entre le pôle et l'équateur. Conn. des temps, 1829.

George Everest, An account of the measurement of an arc of the meridian between 18° 3′ and 24° 7′ being a continuation of the grand meridional arc of India. London, 1830. 1 vol. 4.°

J. B. Biot et *E. Biot*, Sur la mesure des azimuts dans les opérations géodésiques et en particulier sur l'azimut observé à Fiume. 1827. Connaissance des temps, 1830.

G. v. Fuss, Geographische, magnetische und hypsometrische Bestimmungen, auf einer Reise nach Sibirien, und China, in d. J. 1830–1832. Mém. de l'Acad. Imp. des scienc. de Saint Pétersbourg.

L. A. Fallon, Höhenmessung von Oesterreich aus trig. Nivellirungen. Herausgegeben von *F. Freisauff v. Neudegg*. Wien, 1831. 1 vol. 4.°

W. Struve, Beschreibung der Breitengradmessung in den Ostseeprovinzen Russlands. 2 Theile, nebst Kupfer tafeln. Dorpat, 1831. 3 vol. 4.°

Coraboeuf, Mémoire sur les opérations géodésiques des Pyrénées et la comparaison du niveau des deux mers. Paris, 1831. 1 vol. 4.°

Ch. L. Gerling, Beiträge zur Geographie Kurhessens und der umliegenden Gegenden. Cassel, 1831, 1839. 2 vol. 8.°

Nicollet, Mémoire sur un nouveau calcul des latitudes de Mont-Jouy et de Barcelone, pour servir de supplément à la Base du syst. métr. Connaissance des temps, 1831.

Lenz, Ueber die Veränderungen der Höhen, welche die Oberfläche des Caspischen Meeres bis zum 1. April 1830 erlitten hat. 1831. Mém. de l'Acad. Imp. des scienc. de Saint Pétersbourg.

F. R. Hassler, Documents relatives to the Survey of the coast of the United States, and to the construction of weight and measures. Collection I from 1832 to 1835; Collection II from 1835 to 1842. Washington. 2 vol. 8.°

Coraboeuf, Exposé des opérations faites, en 1825, aux deux extrémités de la base de Perpignan. Connaissance des temps, 1832.

Henry Kater, An account of the construction and verification of certain Standards of linear measure for the Russian Government. London, 1832. Br.

W. Struve, Vereinigung der beiden in den Ostseeprovinzen und in

Lithauen bearbeiteten Bogen der Russischen Gradmessung. 1832. Mém. de l'Acad. Imp. des scienc. de Saint Pétersbourg.

Nouvelle description géométrique de la France, formant les tomes VI, VII et IX du Mémorial du Dépôt général de la Guerre. Paris, 1832, 1840, 1853. 3 vol. 4.°

W. Struve, Vereinigung der beiden Bogen der Russischen Gradmessung. Astronomische Nachrichten, 1833.

Puissant, Notice sur les opérations géodésiques et astronomiques qui servent de fondement à la nouvelle carte de France. 1833. Mém. de l'Académie des sciences de Paris, 14.

W. Struve, Ueber die neuesten geodätischen Arbeiten in Russland. Ueber Sernow, vom Flächeninhalt des Russischen Reichs. Dorp. Jahrb, 1833.

H. Berghaus, Nivellement des Fichtelgebirges und des Frankenjura nach den Barometermessungen, trigonometrischen und nivellitischen operationen von *Berghaus*, *Bischoff*, etc. Berlin, 1834. 1 vol. 8.°

Auszug aus *Fedorov's* astronom. und trigonometrischen Beobachtungen, auf *Parrot's* Reise zum Ararat, und deren Resultate. Berlin, 1834. 1 vol. 8.°

Sur les opérations géodésiques en Morée, en 1829 et 1830. Connaissance des temps, 1835.

Hansteen, Beskrivelse til Kartet over den Norske kyst fra Haltenöe til Leköe. Christiania, 1835. Br.

Eckhardt, Nachricht von den geodät. Operationen zur Verbindung der Observatorien Göttingen, Seeberg... Strassburg. 1835. Astronomische Nachrichten, 272.

Kraijenhoff, Recueil des observations hidrographiques et topographiques, faites en Hollande. La Haye, 1835. 1 vol. 4.°

Записки Гидрографическаго Депо. Ч. I-V. С. Петербургъ 1835-1837. 5 vol. 4.°

Puissant, Nouvelles remarques sur la comparaison des mesures géodésiques et astronomiques de France. Comptes rendus des séances de l'Académie des sciences de Paris, 1836. I.

Puissant, Remarques sur la détermination de la longueur de l'arc du méridien entre Montjouy et Formentera. Comptés rendus des séances de l'Académie des sciences de Paris, 1836. I.

Puissant, Nouvelle détermination de la distance méridienne de Montjouy à Formentera, etc. 1836-1838. Mém. de l'Académie des sciences de Paris, 16.

Parrot, Ueber den Höhenunterschied des caspischen und schwarzen Meeres. 1836. Astronomische Nachrichten, 316.

Parrot, Sur l'expédition pour déterminer le niveau de la mer Caspienne. Bulletin de l'Académie de Saint Pétersbourg, 1836.

W. Struve, Bericht über d. Fortsetz. d. Russ. Gradm. nach Norden. 1836. Br.

Baeyer, Bestimmung der Höhe von Berlin. 1836. Astronomische Nachrichten, 317.

Encke, Beobachtungen zu Swinemünde und Arkona im Jahre 1833, während der Russischen Chronometer-Expedition. 1836. Br.

Хронометрическая Экспедиція произведенная въ 1833 году. Подъ начальствомъ Генералъ-Лейтенанта ШУБЕРТА. СПб. 1836. 1 vol. 4.°

L. v. Pansner, Höhen über der Meeresfläche im europäischen und asiatischen Russland. Berlin, 1836. Br.

W. Struve, Bericht über *W. Fedorow's* Reise in Sibirien. 1836. Br.

Bessel, Ueber den Einfluss der Unregelmässigkeiten der Figur der Erde auf geodätische Arbeiten und ihre Vergleichung mit den astronomischen Bestimmungen. 1837. Astronomische Nachrichten, 329-331.

Colby, Ordnance Survey of the County of Londonderry. Vol. I. Dublin, 1837. 1 vol. 4.°

W. Struve, Rapports 1 à 4 sur l'expédition pour trouver la différence de niveau de la mer Noire et de la mer Caspienne. 1837, 1838. Bulletin de l'Académie de Saint Pétersbourg.

W. Struve, Bericht über die Expedition zur Bestimmung des Höhenunterschiedes zwischen dem schwarzen und caspischen Meere. 1837. Astronomische Nachrichten, 336.

Peytier, Mesures de hauteurs en Grèce. Comptes rendus des séances de l'Académie des sciences de Paris. 1837. I.

C. A. F. Peters, Uebersicht der in Hamburg und dessen Umgegend angestellten geodätischen Messungen. 1837. Br.

Hamel, Ueber die Höhe der Stadt Moskau und der Flüsse Moskwa und Oka über der Meeresfläche. Bulletin de l'Académie de Saint Pétersbourg, 1837.

Bessel, Ueber die Polhöhen, welche der Englischen Gradmessung zum Grunde liegen. 1837. Astronomische Nachrichten, 336.

Bessel, Neue Berechnung der Beobachtungen der Polhöhen, auf welchen die zweite in Indien ausgeführte Gradm. beruht. 1837. Astronomische Nachrichten, 334, 335.

Записки Военнотопографическаго Депо Ч. I-XVII. СПб. 1837-1855. 17 vol. 4.°

F. W. Bessel und *Baeyer*, Gradmessung in Ostpreussen und ihre Verbindung mit Preussischen und Russischen Dreieckskeiten. Berlin, 1838. 1 vol. 4.°

Whewell, Account of a level line, measured from the Bristol Channel to the English Channel. Reports of the British Association for the advancement of science, 1838.

Callier, Niveau de la mer Morte. Comptes rendus des séances de l'Académie des sciences de Paris, 1838. II.

Schrenk, Resultate der, behuf der höchstverordneten Landes-Parcellar-Vermessung in den Jahren 1835, 1836 und 1837 ausgeführten Triangulirung des Herzogthums Oldenburg. Oldenburg, 1838. Br.

Trigonometrisch bestimmte Höhen der Schweiz. Zürich, 1838. Br.

Puissant, Sur l'application du calcul des probabilités à la mesure de la précision d'un grand nivellement. Comptes rendus des séances de l'Académie des sciences de Paris, 1838.

Brousseaud, Mesure d'un arc du Parallèle moyen entre le Pole et l'Equateur. Limoges, 1839. 1 vol. 4.°

G. Sabler, Beobachtungen über die irdische Strahlenbrechung und über die Gesetze der Veränderung derselben. Dorpat, 1839. Br.

A. Sawitsch, Ueber die Höhe des Caspischen Meeres und der Hauptspitzen der Caucasischen Gebirge. Dorpat, 1839. Br.

T. R. Robinson, Determination of the arc of longitude between Armagh and Dublin. Reports of the British Association for the advancement of science, 1839.

T. Maclear, On the position of *La Caille's* Stations at the Cape of G. H. 1839. Memoirs of the Roy. Astronomical Society, 11.

La Marmora, Notice sur les opérations géodésiques faites en Sardaigne pour la construction de la carte de cette ile, pendant les années 1835-1838. Inserée dans le premier volume du Voyage en Sardaigne. Paris, 1839. 1 vol. 8.°

F. W. Bessel, Darstellung der Untersuchungen und Maassregeln, welche, in den Jahren 1835 bis 1838, durch die Einheit des Preussischen Längenmaasses veranlasst worden sind. Berlin, 1839. 1 vol. 4.°

J. J. Baeyer, Nivellement zwischen Swinemünde und Berlin Aufdienstliche Veranlassung ausgefuhrt. Berlin, 1840. 1 vol. 4.°

J. Eschmann, Ergebnisse der trigonometrischen Vermessungen in der Schweiz. Zürich, 1840. 1 vol. 4.°

Schrön, Höhenbest. in Sachsen-Veimar-Eisenach. Weimar, 1840. Br.

Everest, On the astronomical circles of the trigonometrical survey of India. 1840. Memoirs of the Roy. Astronomical Society, 12.

W. Struve, Sur la mesure des degrés de méridien en Russie. 1840. Br.

Колоколовъ, Описаніе составленія карты западнои части Россіи Ген.-лент Шуберта. 1840.

F. Folque, Memoria sobre os trabalhos geodesicos executados em Portugal. Lisboa, 1841, 1849, 1850. 3 vol. 4.°

C. Hoffmann und *G. Salzenberg*, Trigonometrisches Nivellement der Oder von Oderberg bis zur österr. Gränze. Berlin, 1841. 1 vol. 4.°

Bessel, Ueber einen Fehler in der Berechnung der französischen Gradmessung und seinen Einfl. auf die Best. der Figur der Erde. 1841. Astronomische Nachrichten, 438.

Hällström, Ny mätning of Abo Slotts höjd öfver hafsytan, jemte slutsatser om södra Finlands höjning ofver hafvet. 1841. Acta Societatis Fennicae.

Cenni intorno alla formazione della carta topografica degli Stati di S. M. il Re di Sardegna in terraferma opera del R. Corpo di Stato Maggiore generale. Torino, 1841. Br.

Rapport sur la cause de l'erreur dans le calcul de l'arc du méridien entre Dunkerque et Formentéra. Comptes rendus des séances de l'Académie des sciences de Paris, 1841. I. Connaissance des temps, 1844.

W. Struve, Rapport sur la publication des travaux relatifs au nivellement entre la mer Noire et la mer Caspienne. 1842. Bulletin de l'Académie de Saint Pétersbourg.

F. R. Hassler, Coast Survey (Amerika). 1842. Astronomische Nachrichten, 453, 454.

Gerling, Geodätische Festlegung von Marburg. 1842. Astronomische Nachrichten, 458.

Тригонометрическая Съемка Губерній С. Петербургской, Псковской Витебской и Части Новгородской, произведенная Ген. Лейт. Шубертомъ. С. Петербургъ Части I, II, III. 1842. 3 vol. 4.°

Thomas Maclear, Operations for the verification and extension of the Arc of meridian of the Cape of Good Hope Part I and P. II. London. 1 vol. 4.°

O. W. Struve, Détermination des positions géographiques de Novgorod, Moscou, Riazan, Vipetsk, Voronèje et Toula. St Pétersbourg, 1843. Br.

Biot, Mémoire sur la latitude de l'extrémité Australe de l'arc Méridien de France et d'Espagne. Paris, 1843. Br.

Hommaire-Dehel, Différence de niveau entre la mer Caspienne et la mer d'Azov. Comptes rendus des séances de l'Académie des sciences de Paris, 1843. I.

Th. Galloway, On the application of the method of least squares, to the determination of the errors of observation in a portion of the Ordnance Survey in England. 1843. Memoirs of the Roy. Astronomical Society, 15.

F. Carlini, Dell'ampiezza dell'arco di meridiano terminato dai paralleli di Zurigo e di Genova, premessa una notizia sui gradi del meridiano di Roma e di Torino. Effemeridi astronomiche di Milano, 1843.

Schumacher, Coordinaten einiger Puncte von Hamburg. 1843. Br.

F. Folque, Memoria sobre os trabalhos geodesicos executados em Portugal. Memorias da Academia Real das sciencias de Lisboa, Classe de sciencias mathematicas, phisicas e naturales, 1843, 1848, 1850, 1856.

РЕИНЕКЕ, М., Описаніе сѣвернаго берега Россіи. I, II. СПб. 1843. 1850. III. Карта Бѣлаго моря. 1 vol. 4.°

W. Struve, Expédition chronométrique, exécutée par ordre de Sa Majesté l'Empereur, entre Poulková et Altona, pour la détermination de la longitude, etc. S.t Pétersbourg, 1844. 1 vol. fol.

Bégat, Exposé des opérations geódésiques relatives aux travaux hydrographiques, exécutées sur les côtes méridionales de la France, sous la direction de feu *M. Monnier*. Paris, 1844. 1 vol. 4.°

W. Struve, Resultate der in den Jahren 1816 bis 1819 ausgeführten astronomisch–trigonometrischen Vermessung Livlands. S.t Petersburg, 1844. Br.

A. D. Bache, Reports and Documents relating to the Coast Survey of the United States for 1844-1851. 1 vol. 8.°

Wolf, Notizen zur Geschichte der Vermess. in der Schweiz. Mitteilungen der naturforschenden Gesellschaft in Bern. 1844.

Röbbelen, Nivellirungen in Hamburg. *Schumacher*, Höhen einiger Gebäude in Hamburg. Tafeln zur Verwandlung Hamb. Gewichte, 1844. Br.

W. Struve, Astronomische Ortsbestimmungen in der Europaischen Turkei, Kaukasien und klein–Asien, nach den von den Officieren des Kaiserlichen Generalstabes in den Jahren 1828 bis 1832 Angestellten Astronomischen Beobachtungen. S.t Petersburg, 1845. Br.

W. Struve, Ueber den Flächeninhalt der 37 Westlichen Gouvernements und Provinzen des Europäischen Russlands. S.t Petersburg, 1845. Br.

W. Struve, Ueber die 1845 auszuführende Chronometerexpedition in's Innere Russlands. 1845. Bulletin de l'Académie de St Pétersbourg.

W. Struve, et *O. Struve*, Expédition chronométrique entre Altona et Greenwich. S.t Pétersbourg, 1846. 1 vol. fol.

Ricchebach, Esame imparziale della triangolazione del *P. Boscowich*. Roma, 1846. Br.

Johann Marieni, Trigonometrische Vermessungen im Kirchenstaate und in Toscana, ausgeführt von dem Verfasser unter der Direction des K. K. militärischen geografischen Institutes in den Jahren 1841, 1842 und 1843. Wien, 1846. 1 vol. 4.°

Airy, Account on the measurement of an arc of longitude between Greenwich and Valentia. London, 1846. Br.

W. Struve, Rapport fait à l'Académie Impériale des sciences sur une mission scientifique dont il fut chargé en 1847. S.t Pétersbourg, 1847. Br.

William Yolland, Ordnance Survey. An account of the measurement of the Lough Foyle base in Ireland, with its verification and extension by triangulation; together vith the various methods of computation followed on the Ordnance Survey and the requisite tables. London, 1847. 1 vol. 4.°

Everest, An account of the measurement of two sections of the meridional arc of India, bounded by the parallels of 18° 3′ 15″; 24° 7′ 11″; & 29° 30′ 48″. London, 1847. 1 vol. 4.° Atlas.

Wolf, Zur Geschichte der geodätischen Vermessungen. 1848. Mittheilungen der naturforschenden Gesellschaft in Bern.

R. Shortrede, On the latitude of Dera, and on the disturbing attraction of the Himalayas. 1848. Memoirs of the Roy. Astronomical Society.

K. Kreil und *K. Fritsch*, Magnetische und geographische Ortsbestimmungen im österreichischen Kaiserstaate. Jahrgänge 1846-1851. Prag. 1848-1852. 5 vol. 4.°

G. Fuss, *A. Sawitsch* und *G. Sabler*, Beschreibung der zur Ermittelung des Höhenunterschiedes zwischen dem schwarzen und dem Caspischen Meere mit allerhöchster Genehmigung auf Veranstaltung der kaiserlichen Akademie der Wissenschaften in den Jahren 1836 und 1837 ausgeführten Messungen, nach den Tagebüchern und Berechnungen der drei Beobachter zusammengestellt von *G. Sabler*. Im Auftrag der Akademie herausgegeben von *W. Struve*. S.t Petersburg, 1849. 1 vol. 4.°

J. J. Baeyer, Die Küstenvermessung und ihre Verbindung mit der Berliner Grundlinie. Ausgeführt von der trigonometrischen Abtheilung des Generalstabes. Berlin, 1849. 1 vol. 4.°

F. Woldstedt, Die Höhen der Dreieckspunkte der Finnländischen Gradmessung über der Meeresfläche berechnet von... Helsingfors, 1849. 1 vol. 4.°

J. A. Pearce, Speech on the subject of the Coast-Survey of the United States. Washington, 1849. Br.

W. Doellen, Bestimmung der Höhe über dem Meere für einige in der Ungegend von Pawlowsk gelegene Punkte. 1849. Bulletin de l'Académie de S.t Pétersbourg.

Davis, The coast survey of the united states. Cambridge, 1849. Br.

S. C. Walker, On the recent telegraph operations of the U. S. Coast Survey. 1850. Gould, The Astronomical Journal, 7, 14.

W. Struve, Résultats des opérations exécutées en 1836 et 1837 dans la province ciscaucasienne. 1850. Bulletin de l'Académie de S.t Pétersbourg. Connaissance des temps, 1853.

Манганари, М., Съемка мармарнаго моря. 1850.

Report of the Superintendent of the Coast Survey, showing the progress of the Survey during the years 1851, 1852, 1853, 1854, 1855, 1856, 1859, 1860. Washington. 8 vol. 4.°

Base géodésique mesurée en juillet 1850, aux environs de Bruxelles, sur le plateau de Linthout, par les Officiers d'Etat-major attachés au Dépot de la Guerre. Triangulation que relie cette longueur à l'Observatoire Royal de Bruxelles. Bruxelles, 1851. Br. lithographiée.

Melvill, Trigonometrical survey (India) return to an Order of the Honourable The House of Commons, dated 12 February 1850. East India House, 1851. Br.

On the Ordnance Survey of Scotland. Reports of the British Association for the advancement of science. 1851.

Lindhagen, Bericht über die Expedition nach Finmarken. 1851. Bulletin de l'Académie de S.t Pétersbourg.

Fischer-Ooster, Zur Höhenkenntniss des Cantons Bern. Mittheilungen der naturforschenden Gessellschaft in Bern, 1852.

K. v. Littrow, Bericht über die in den Jahren 1847-1851 ausgeführte österreichisch-russische Verbindungs-Triangulation. Wien, 1852. Br.

W. Struve, Exposé historique des travaux exécutés jusqu'à la fin de l'année 1851 pour la mesure de l'arc du méridien entre Fuglenaes 77° 40′ et Ismaïl 45° 25′. Suivi de deux rapports de *M. G. Lindhagen* sur l'expédition de Finnmarken en 1850 et sur les opérations de Lapponie exécutées en 1851. S.t Pétersbourg, 1852. Br.

W. Struve, Sur la jonction des opérations astronomico-géodésiques exécutées par ordre des Gouvernements Russe et Autrichien. S.t Pétersbourg, 1852. Br.

(Перевощиковъ, *Д.*) Историческое обозрѣніе работъ для измѣренія меридіана между 70° 40′ и 45° 20′. 1852.

J. M. Ziegler, Sammlung absoluter Höhen der Schweiz und der Nachbarländer. Zürich, 1853. 1 vol. 8.°

W. Struve, Sur la jonction des opérations géodésiques Russes et Autrichiennes. S.t Pétersbourg, 1853. Bulletin de l'Académie de S.t Pétersbourg.

O. et *W. Struve*, Nachricht von der Vollendung der Gradmessung zwischen der Donau und dem Eismeere. Veröffentlicht in Auftrag der Akademie der Wissenschaften. S.t Petersburg, 1853. Br.

M. Prazmovski, Rapport sur les travaux de l'expédition de Bessarabie, en 1852. Pétersbourg, 1853. Bulletin de l'Académie de S.t Pétersbourg.

Littrow, Bericht über die in den Jahren 1847-1851 ausgeführte Verbindung der österreichischen und russischen Landesverm. Wien, 1853. Br.

Frz. v. Hausmann, Höhenmess. in Tirol und Vorarlberg. Insbruck, 1853. Br.

Coraboeuf, Notice sur les opérations géodésiques que les ingénieurs-géographes français exécutèrent à Rome en 1809 et 1810. Paris, 1853. Br.

Wolfers, Bericht über *W. Struve*, jonction des opérations Russes et Autrichiennes. 1853. Br.

J. J. Vorlaender, Geographische Bestimmungen im K. Preuss. Regierungsbezirke Minden vermittelst des trig. Netzes. Minden, 1853. 1 vol. 4.°

O. Struve, Expéditions chronométriques de 1845 et 1846. S.t Pétersbourg, 1853. 1 vol. 4.°

Шидловскiй, Отчетъ объ астрономическомъ путешествiи въ 1847 и 1848 годахъ. Харковъ. 1853.

J. P. Wolfers, Nachricht von der Vollendung der Gradmessung zwischen der Donau und dem Eismeere. 1854. Grunert, Archiv für Mathematik und Physik, 23.

Baeyer, Ueber die Anfertigung einiger Copien von der *Bessel'* schen Toise. 1854. Astronomische Nachrichten, 906.

Boscowich, Base sur la voie Appienne. Comptes rendus des séances de l'Académie des sciences de Paris, 1854. I.

W. Struve, Tableau des résultats tirés des comparaisons faites à Poulkova en 1850, 1852 et 1853 entre plusieurs unités lineaires. 1854. Manuscrit.

Струве, О., Разборъ астрономической части сочиненія Ковальскаго: Сѣверный Уралъ etc. Т. I. 1854.

Compte rendu des opérations de la Commission instituée par M. le Ministre de la Guerre, pour étalonner les règles qui ont été employées en 1850, 1851, 1852 et 1853, par MM. les officiers d'Etat-Major de la Section géodésique du Dépôt de la Guerre, à la mesure des bases géodésiques Belges. Bruxelles, 1855. 1 vol. 4.°

P. Hossard, Notes sur la mesure des Bases. Insérées dans la troisième édition de la Géodésie de Francœur. Paris, 1855. 1 vol. 8.°

O. Struve, Positions géographiques déterminées en 1848 par le Lieutenant-Colonel Lemm dans le gouvernement de Novgorod. S.t Pétersbourg, 1855. 1 vol. 4.°

F. Carlini, Intorno le misure per la determinazione della differenza di altezza fra il Mar Nero ed il Caspio. Milano, 1855. Br.

Ordnance Survey, Abstracts of principal lines of spirit levelling in Ireland, under the direction of the Late Major-General *Colby*. London, 1855. 1 vol. 4.°

J. Rogg, Ueber geodätische Ortsberechnungen und die geographische Lage von Tübingen. Stuttgart, 1856. Br.

Записки Военно-Топографическаго Депо Ч. XVIII-XIX. СПб. 1856, 1857. 2 vol. 4.

Th. Maclear, Operations for the verification and extension of the Arc of meridian at the Cape of Good Hope. Part III, IV. London. 1 vol. 4.°

Nerenburger, Notice sur les triangulations qui ont été faites, en Belgique, depuis 1617 jusqu' à nos jours. Bruxelles. 1857. Br.

W. Struve, Arc du Méridien de 25° 20′ entre le Danube et la Mer Glaciale, mesuré, depuis 1816 jusqu'en 1855, sous la direction de *C. de Tenner*, Général d'Infanterie de l'État-Major Impérial de Russie, *N. H. Selander*, Directeur de l'Observatoire Royal de Stockholm, *Chr. Hansteen*, Directeur du Département géographique Royal de Norvège, *F. G. W. Struve*, Directeur de l'Observatoire-Central-Nicolas de Russie. S.t Pétersbourg, 1857, 1860. 2 vol. 4.° Atlas.

J. J. Baeyer, Die Verbindungen der Preussischen und Russischen Dreieckskettenbei Thorn und Tarnowitz. Ausgeführt von der trigonometrischen Abtheilung des Generalstabes. Berlin, 1857. 1 vol. 4.°

G. B. Airy, Sur la différence de longitude des observatoires de Bruxelles et de Greenwich, déterminée par des signaux galvaniques, 1854. Traduit de l'anglais. Bruxelles, 1857. Br.

F. Encke, Ueber die Bestimmung des Längen-Unterschiedes zwischen den Sternwarten von Königsberg und Berlin. Berlin, 1858. Br.

P. A. Secchi, Misura della Base trigonometrica eseguita sulla via Appia per ordine del Governo pontificio nel 1854-1855. Roma, 1858. 1 vol. fol.

Ordnance Survey. Account of the Observations and Calculations of the Principal Triangulation; and of the Figure, Dimensions and Mean Specific Gravity of the Earth as derived therefrom. London, 1858. 1 vol. 4.° Atlas.

C. Kohler. Die Landesvermessung des Königreichs Württemberg. In wissenschaftlicher, technischer und geschichtlicher Beziehung auf Befehl der K. Regierung bearbeitet und mit deren Genehmigung herausgegeben von... Stuttgart, 1858. 1 vol. 8.°

T. F. de Schubert, Exposé des travaux astronomiques et géodésiques exécutés en Russie dans un but géographique jusqu'à l'année 1855. S.t Pétersbourg, 1858. 1 vol. fol. 1 sup. Atlas.

F. Encke, Ueber die Bestimmung des Längen-Unterschiedes zwischen den Sternwarten von Brüssel und Berlin abgeleitet auf telegraphischen Wege im Jahre 1857. Berlin, 1858. Br.

Laussedat, Note sur les travaux géodésiques de la carte d'Espagne. Comptes rendus des séances de l'Académie des sciences de Paris, 1859: I.

A. d'Abadie, Resumé géodésique des positions determinées en Éthiopie. Leipzig, 1859. Br.

Ibañez y *Saavedra,* Experiencias hechas con el aparato de medir bases, perteneciente á la Comision del Mapa de España. Publicadas de Real órden. Madrid, 1859. 1 vol. 4.°

A. d'Abadie, Géodésie d'une partie de la haute Éthiopie, revue et rédigée par *R. Radau.* Paris, 1860, 1861. 2 vol. fol.

Ibañez et *Saavedra,* Expériences faites avec l'appareil à mesurer les bases appartenant à la Commission de la Carte d'Espagne. Ouvrage publié par ordre de la Reine. Traduit de l'espagnol par *A. Laussedat,* Capitaine du génie, Professeur de géodésie à l'École polytechnique. Paris, 1860. 1 vol. 4.°

C. A. F. Peters, Ueber die Bestimmung des Längenunterschiedes zwischen Altona und Schwerin. Altona, 1861. 1 vol. 4.°

Ordnance Survey, Abstracts of the principal lines of spirit levelling in England and Wales by Colonel *Sir Henry James.* London, 1861. 1 vol. 4.° Atlas.

J. F. Encke, Sur la différence de longitude des observatoires de Bruxelles et de Berlin, determinée, en 1857, par des signaux galvaniques. Traduit de l'allemand. Bruxelles, 1861. Br.

Laussedat, Différence de longitude de l'observatoire de Toulouse et de la citadelle de Montpellier obtenue à l'aide de signaux électriques, par *M. Petit* à Toulouse et *M. Laussedat* à Montpellier. Comptes rendus des séances de l'Académie des sciences de Paris, 1862. I.

Ismaïl é *Ibañez*, Comparacion de la regla geodésica perteneciente al Gobierno de S. A. el Virey de Egipto, con la que sirvió para la medicion de la base central del Mapa de España. Publicada por la Real Academia de Ciencias. Madrid, 1863. 1 vol. 4.°

Fayé, Nouvel appareil pour mesurer les bases géodésiques. Comptes rendus des séances de l'Académie des sciences de Paris, 1863. I.

Ibañez, Noticia de los resultados obtenidos en la medicion de la Base central del Mapa de España. Revista de los progresos de las ciencias, tomo XIII. Madrid, 1863.

J. J. Baeyer, General-Bericht über die mitteleuropäische Gradmessung pro 1863. Berlin, 1864. Br.

Aguilar, Schreiben des Herrn Prof. *Aguilar*, Directors der k. Sternwarte in Madrid, an den Herausgeber. 1864. Astronomische Nachrichten, 1462.

Ibañez, Notice sur les résultats obtenus dans la mesure de la base centrale de la Carte d'Espagne, lue à l'Académie royale des sciences de Madrid (séance du 30 Novembre 1863). 1864. Astronomische Nachrichten, 1462.

Ibañez, Estudios sobre nivelacion geodésica. Publicados de Real órden. Madrid, 1864. Br.

Laussedat, Sur les opérations en cours d'exécution pour la carte d'Espagne, d'après les renseignements donnés à l'Académie de Madrid par M. le colonel *Ibañez*. Comptes rendus des séances de l'Académie des sciences de Paris, 1864. I.

E. Plantamour et *A. Hirsch*, Détermination télégraphique de la différence de longitude entre les observatoires de Genève et de Neuchatel. Genève et Bale, 1864. 1 vol. 4.°

Ismaïl, Recherche des coefficients de dilatation et étalonnage de l'appareil à mesurer les bases géodésiques appartenant au gouvernement égyptien. Ouvrage publié par ordre et sous les auspices de S. A. Ismaïl-Pacha Vice-Roi d'Egypte. Paris, 1864. 1 vol. 4.°

APPENDICE N.° 11.

ÉTAT DE LA TRIANGULATION GÉODÉSIQUE D'ESPAGNE À LA DATE DU 30 OCTOBRE 1865.

Le Ministère de la Guerre, en créant en 1853 la Commission de la Carte, décida que ses travaux seraient soumis à l'examen d'une Junte dont S. Exc. le Maréchal de camp D. Manuel Monteverde était Président. M. le Brigadier du génie, D. Fernando Garcia San Pedro avait été nommé Vice-président de cette Junte et chef immédiat de la Commission de la Carte, qui était composée des Officiers (du grade de colonel à celui de capitaine), dont les noms suivent: D. Frutos Saavedra Meneses, de l'artillerie; D. Cárlos Ibañez, D. Manuel Recacho et D. Juan Ibarreta, du génie; D. Juan de Velasco, D. Joaquin Sanchiz, D. Pedro de Zea et D. Fernando Monet, de l'état-major. M. Garcia San Pedro étant mort en 1854, fut remplacé par S. Exc. M. le Brigadier Marquis de Hijosa de Alava, Président par intérim, en l'absence de S. Exc. le Général Monteverde chargé, ainsi que l'Officier d'état-major secrétaire de la Junte, D. Angel Alvarez, d'une mission pour la délimitation de la frontière entre l'Espagne et la France. M. le colonel d'artillerie, D. Manuel Fernandez de los Senderos fut en outre nommé Vice-président, et le personnel chargé de la construction de la Carte s'accrut successivement de MM. les Officiers D. Félix Hurtado de Corcuera, de l'artillerie; D. Ramón Soriano, D. Lino Vea Murguia et D. Joaquin Barraquer, du génie; D. Manuel Ruiz Moreno, D. Pedro Peñaredonda, D. Cesáreo Quiroga et D. Rafael Assin, de l'état-major.

Tous les travaux de mesure et d'étude du territoire ayant été placés en 1859 dans les attributions de la Junte générale de Statistique, plusieurs Directions furent créées dans le sein de cette Junte et, entre autres, une Direction des opérations géodésiques, avec le personnel militaire qui vient d'être indiqué, une autre pour les opérations topographiques et cadastrales exécutées par un corps d'auxiliaires instruits à cet effet, et une autre pour les études géologiques, hydrologiques, forestières, etc., incombant aux ingénieurs civils. Le chef de la première Direction était S. Exc. M. le Maréchal de camp D. Francisco de Luxan qui, nommé Ministre du Fomento en 1863, fut remplacé par S. Exc. M. le Brigadier D. Joaquin Blake. Le nombre des Officiers fut porté à vingt par les nominations successives de MM. les Officiers D. José Rodriguez Solano, D. Mario de la Sala, D. Francisco Cabello, D. Francisco Hernandez, D. Pedro Mendez Tello et D. Enrique Uriarte, de l'artillerie; D. Eduardo Alvarez Seara et D. Juan Ruiz Moreno, du génie; D. Gregorio Jimenez, D. Eusebio Ruiz Salaverria, D. Tomas Caramés, D. Juan Burriel, D. Luis Otero, D. José Coello et D. Joaquin Ahumada, de l'état-major.

Par un Décret royal en date du 15 juillet 1865, la Junte de Statistique conserve la qualité de Junte consultative pour toutes les affaires dont elle était chargée antérieurement, et deux Directions générales placées sous le contrôle immédiat de la Présidence du Conseil des Ministres ont été créées. L'une comprend les travaux statistiques et l'autre les travaux géographiques. Le chef de cette dernière est M. le colonel du génie, D. Francisco Coello Quesada, qui était déjà Directeur des opérations topographico-cadastrales depuis la création de ce service.

Les diverses organisations que l'on vient d'indiquer n'altérèrent en rien le plan adopté depuis 1854. Après avoir reconnu le pays dans toute son étendue, on projeta, de deux en deux degrés approximativement, et en suivant la direction du Nord au Sud ou celle de l'Est à l'Ouest, des chaînes de triangles du premier ordre (*), qui divisent le territoire en grands quadrilatères et se relient avec d'autres, également du premier ordre, qui sont établies le long des côtes. Cette triangulation se ratache en outre à celle du Portugal et aux triangles français des Pyrénées et de la méridienne de Dunkerque. Les chaînes principales ont reçu les noms des méridiens de Salamanca, de Madrid, de Pamplona et de Lérida, et des parallèles de Palencia, de Madrid et de Badajoz, et l'on a également désigné les divers quadrilatères du nom des villes les plus importantes qu'ils renferment. Ces quadrilatères sont couverts de grands triangles reliés aux précédents et forment avec eux le réseau espagnol du premier ordre; les sommets de ces triangles atteindront le nombre de 520 dont 485 sont déjà choisis et signalés.

Dans cette triangulation on a fait usage de théodolites réitérateurs

(*) Voir la dernière Planche de ce volume qui est la même que celle de l'ouvrage original et qui porte en espagnol les diverses indications dont voici la traduction :

« Triangulation géodésique de l'Espagne.—État du travail à la date du 30 octobre 1865.—Echelles.—Kilomètres.—Lieues de 20.000 pieds castillans.—Les lignes pleines indiquent les triangles mesurés en Portugal, sur la chaîne française des Pyrénées et sur le prolongement de la méridienne de Dunkerque.—Les lignes en traits interrompus représentent les triangles choisis en Espagne.—Les cercles couverts de hachures parallèles indiquent les sommets où ont été faites les stations définitives.—Les circonférences pointillées sans hachures marquent les positions des sommets préparés pour l'observation.—Un petit cercle extérieur et un autre intérieur couvert de hachures indiquent une capitale de province dont la position a été déterminée astronomiquement.—Un petit triangle circonscrit au cercle extérieur se rapporte à une capitale de province, dont la position a été déterminée géodésiquement.—Les chaînes géodésiques de la triangulation espagnole se distinguent par une teinte uniforme.—Les lignes courbes d'un trait fort délimitent les Districts géodésico-cadastraux dans lesquels on exécute à la fois les opérations géodésiques et topographiques.—Les sommets de l'Ile de Mallorca sont préparés pour l'observation, et les stations définitives ont déjà été faites à 20 d'entre eux.»

Sur la Planche qui représente la vue générale de la mesure de la Base, on a également laissé en espagnol les deux titres : « Carte d'Espagne » et « Mesure de la Base de Madridejos.»

d'Ertel (§ 6), Repsold (*) et Pistor, avec des microscopes micrométriques qui permettent d'évaluer directement 1″ ou 2″, les instruments étant toujours disposés sur des piliers en pierre. Le nombre des observations faites aux sommets des chaînes dépasse ordinairement 48 pour chaque direction azimutale et 12 pour les distances zénithales, mais ces nombres sont réduits respectivement à 12 et à 6 aux stations des quadrilatères. Selon la grandeur des côtés et les circonstances plus ou moins désavantageuses sous le rapport de la visibilité, on emploie comme signaux, soit des héliotropes (§ § 37, 38), soit des mires rectangulaires noires d'une surface de 6 à 9 mètres carrés. Sur les montagnes très-élevées on fait des constructions coniques en maçonnerie ou en charpente qui supportent des mires planes également peintes en noir.

Les observations angulaires définitives de la chaîne du méridien de Madrid et de celles qui, partant de la première, suivent la côte septentrionale jusqu'en France et la côte méridionale jusqu'à Cádiz, ont été faites par MM. Ruiz Moreno (D. Manuel et D. Juan), Monet et Quiroga. On doit celles de presque tous les triangles du parallèle de Madrid à MM. Corcuera et Barraquer et celles de quelques-unes des stations de ce même parallèle à MM. Peñaredonda et Jimenez. Sur la chaîne du méridien de Salamanca, qui est terminée comme les deux précédentes, les angles ont été observés par MM. Sanchiz, Monet et Ahumada, et MM. Ibarreta et Solano sont sur le point d'achever le parallèle de Badajoz. M. Caramés a fait plusieurs observations sur celui de Palencia, a terminé celles du quadrilatère de Carrion et effectué celles du quadrilatère de Valladolid en collaboration avec M. Seara. Les observations du quadrilatère de Toledo confiées à MM. Assin et Mendez Tello, et celles des quadrilatères de Vitoria et de Córdoba dues à MM. Uriarte et Hernandez, sont également sur le point d'être terminées. M. Ibañez est

(*) Voyez la description qui en est faite dans le chapitre III.

chargé de rattacher les Iles Baleares à la côte de Valence, en modifiant les derniers triangles de la méridienne de Dunkerque.

Ces divers travaux forment un total de 380 sommets, où l'on a élevé les constructions nécessaires pour procéder à l'observation définitive, ce que l'on a déjà fait en 224 stations pour lesquelles on a calculé en grande partie *les directions les plus probables* (§§ 45 à 49), par la méthode de Baeyer. On prépare la mesure de nouvelles bases et un nivellement géodésique spécial qui traversera le territoire de la Péninsule, de l'Océan à la Méditerranée. Des observations astronomiques doivent en outre être faites à différents sommets du réseau fondamental. M. le Directeur de l'Observatoire de Madrid, D. Antonio Aguilar et les autres astronomes attachés au même établissement ont déjà réuni les données nécessaires à la détermination de la longitude et de la latitude géographiques de 17 capitales de provinces dont la position est également rattachée aux côtés des grands triangles.

Les opérations géodésiques du second ordre entreprises depuis 1860 par MM. Otero, Burriel, Sala et le corps des auxiliaires, sont terminées dans la province de Madrid et dans une partie de celle de Toledo. Tout ce qui se rapporte, non seulement au troisième ordre, mais aux détails de la topographie, est très-avancé dans la première de ces provinces. Des travaux semblables sont exécutés par les auxiliaires dans l'île Mayorque et dans le Guipúzcoa, sous la direction de MM. Ibañez et Otero, chefs de deux des Districts géodésico-cadastraux créés dernièrement. On emploie dans ces travaux des théodolites de Brunner, les uns destinés au second ordre et qui permettent d'évaluer les angles à 5″ près et les autres destinés au troisième ordre qui donnent les angles à 10″ près. Avec ces instruments on réitère les directions azimutales respectivement 8 fois et 4 fois et les distances zénithales 4 fois pour les deux ordres.

Les opérations topographiques marchent ainsi simultanément avec les opérations géodésiques fondamentales. Celles-ci on déjà permis de relier la Base de Madridejos aveo celles de Lisboa et de Gourbera, de réunir les quatre Observatoires astronomiques de San Fernando, Madrid, Lisbonne et Coimbra aveo ceux de toute l'Europe, et de prolonger le grand réseau continental jusqu'au détroit de Gibraltar, d'où l'on pourra l'étendre un jour aux côtes d'Afrique.

TABLE DES MATIÈRES.

CHAPITRE PREMIER.

DISPOSITIONS PRÉPARATOIRES.

CHAPITRE II.

MESURE DE LA BASE.

99

CHAPITRE III.

THÉODOLITE ET SIGNAUX.

CHAPITRE IV.

TRIANGULATION.

CHAPITRE V.

COMPENSATION DU RÉSEAU TRIGONOMÉTRIQUE.

CHAPITRE VI.

NIVELLEMENT.

CONCLUSION.

APPENDICES.

ERRATA.

La lettre r veut dire en remontant.

Page.	*Ligne.*	*au lieu de :*	*lisez :*
3	8	proceda	procéda
3	15	gran	grand
3	16	representées	représentées
3	17	figura 4	figure 4
4	13	superiéure	supérieure
7	13-r	Celle ci	Celle-ci
9	11-r	operation	opération
10	14	écars	écarts
10	15	accidentale	occidentale
14	3	l'éxactitude	l'exactitude
15	9	reglaient	réglaient
16	7	opéra	opérât
16	15	trove	trouve
117	4-r	deduisant	déduisant
120	8	inferieurs	inférieurs
120	5-r	l'intérieure	l'intérieur
121	12-r	correspond	corresponde
122	9	sur	dans
122	2-r	ne le	ne les
123	4	demi division	demi-division
125	1	coler	caler
127	13	consequence	conséquence
127	6-r	reduction	réduction
135	13	convénablement	convenablement
136	9-r	tourner	tourner le théodolite
160	6	designe	désigne
166	5	quotiens	quotients
173	3	égale	est égale
179	8-r	premiére	première
183	1	substituent	substituant
185	5-r	donnés	données
186	12	nuls dans la seconde ceux de A et C	que ceux de A et de C soient , nuls dans la seconde
186	13	nuls dans la troisième ceux de A et B.	que ceux de A et de B soient nuls dans la troisième
188	10-r	sistème	système
189	6	correlatifs	corrélatifs
189	12-r	systéme	système
191	7-r	à *A* l'extrémité *B*, et à *B*	en *A* l'extrémité *B*, et en *B*
192	2-r	deduit	déduit
211	2	relatives	relative
231	3-r	rélatifs	relatifs
267	10	designant	désignant
272	2	degrès	degrés
273	4	divesés	divisés

Page.	*Ligne.*	*au lieu de :*	*lisez :*
275	8-r	difference	différence
277	7	et la	et dans la
285	12	etait	était
291	6	qu'a	qui a
291	9	reduites	réduites
292	7-r	qu'a	qui a
293	4	employeés	employées
297	10	qu'a	qui a
297	13	touts	tous
290	6-r	consequent	copséquent
299	8-r	99 y 72	90 et 72
Dans les tableaux		journées	jours

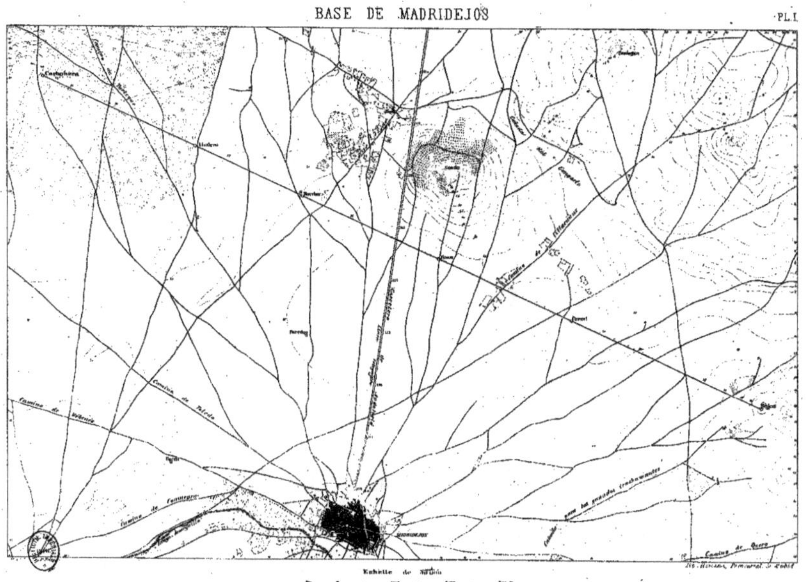
BASE DE MADRIDEJOS
PL. I

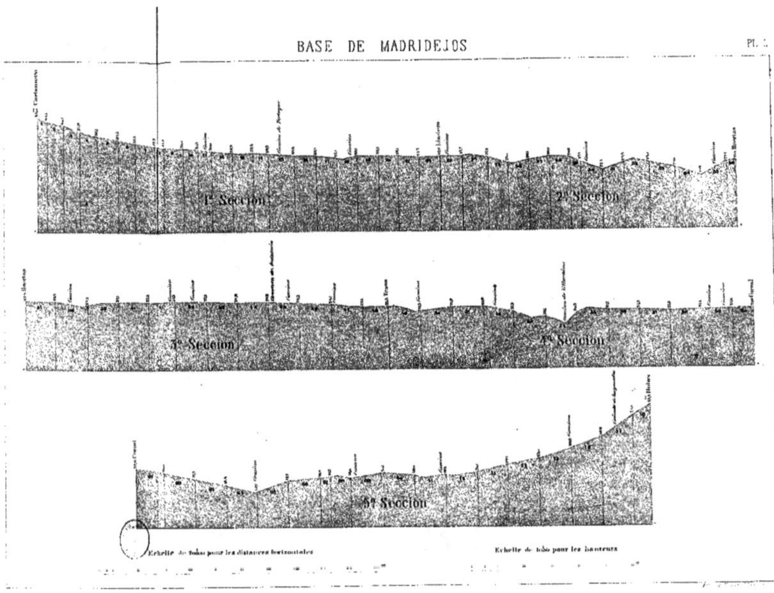
BASE DE MADRIDEJOS
1ª Seccion
2ª Seccion
3ª Seccion
4ª Seccion
5ª Seccion
Echelle pour les distances horizontales
Echelle pour les hauteurs

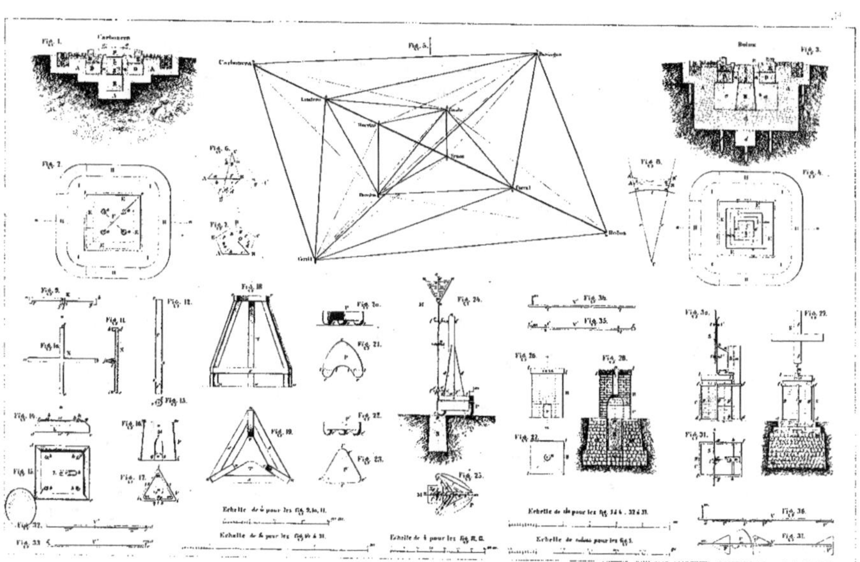

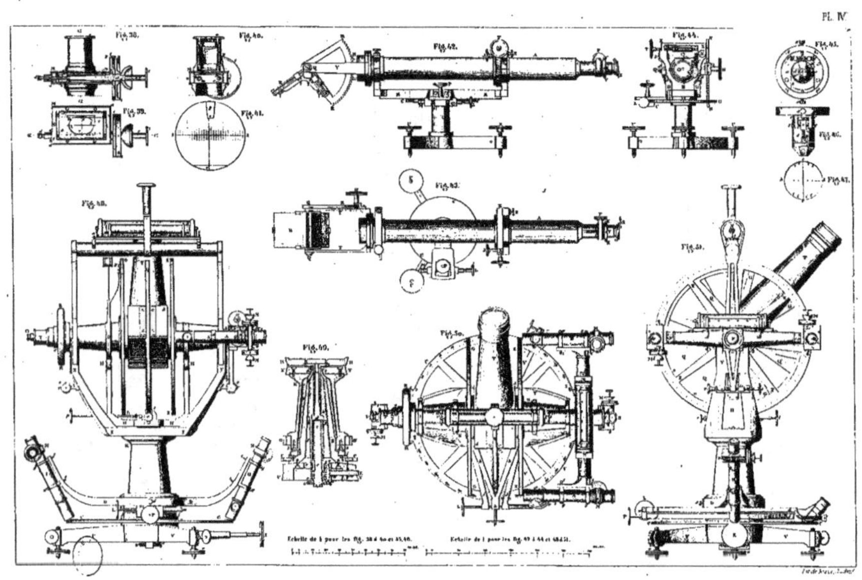
Pl. IV
Fig. 38.
Fig. 39.
Fig. 40.
Fig. 41.
Fig. 42.
Fig. 43.
Fig. 44.
Fig. 45.
Fig. 46.
Fig. 47.
Fig. 48.
Fig. 49.
Fig. 50.
Fig. 51.

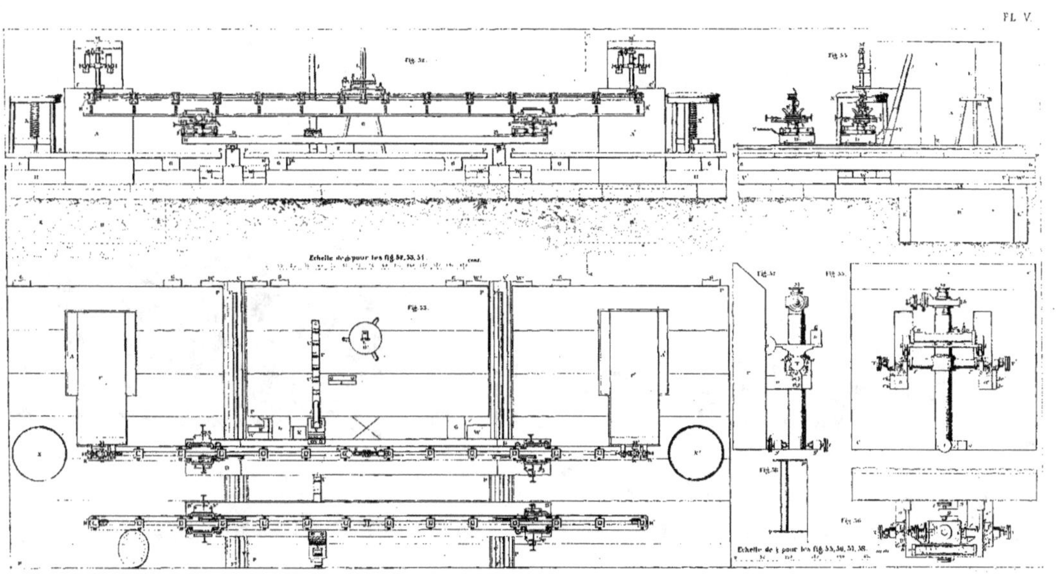
PL. V.
Fig. 52.
Fig. 53.
Fig. 54.
Fig. 55.
Fig. 56.
Fig. 57.
Fig. 58.

MAPA DE ESPAÑA.

MEDICION DE LA BASE DE MADRIDEJOS

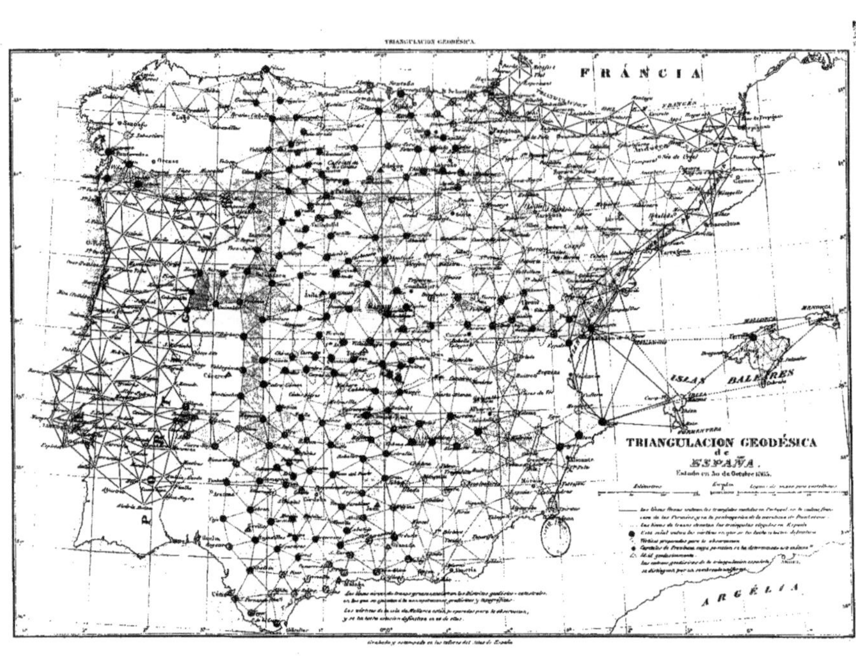
FRANCIA
ISLAS BALEARES
IBIZA
FORMENTERA
TRIANGULACION GEODÉSICA
de
ESPAÑA.
Estado en 30 de Octubre 1865.
ARGÉLIA

www.ingramcontent.com/pod-product-compliance
Lightning Source LLC
LaVergne TN
LVHW050448060726
842526LV00001B/89

9782016153758